智能变电站换流站施工与巡检新技术

《智能变电站换流站施工与巡检新技术》编委会　编著

中国水利水电出版社
www.waterpub.com.cn
·北京·

内 容 提 要

　　《智能变电站换流站施工与巡检新技术》是《架空输电线路施工与巡检新技术》的姊妹篇。本书共分两篇二十一章。第一篇为智能变电站换流站施工新技术，分为十章，内容包括智能变电站换流站施工管理创新、变电站换流站基础施工新技术、变电站换流站建构筑物施工新技术、电气一次系统施工新技术、变电站换流站工程施工现场关键点作业安全管控措施、电缆工程施工现场关键点作业安全管控措施、变电站换流站工程质量通病防治技术措施、变电站换流站工程工艺标准库、变电站换流站施工先进标准工艺、变电站换流站施工新技术应用案例精选。第二篇为智能变电站换流站巡检新技术，内容包括变电站换流站巡检管理创新、变电设备在线监测技术、变电站换流站智能机器人巡检技术、变电站换流站智能机器人巡检系统、变电站换流站无人机巡检技术、变电站无人机巡检作业、变电站换流站检修作业管理、变电站换流站检修新技术、变电站换流站带电作业新技术、变电站换流站状态检修试验、电网智能运检技术。

　　本书可供变电站换流站施工、巡检技术人员和管理人员阅读，也可供变电站换流站设计、监理人员参考，还可作为电力技术院校相关专业师生的参考读物。

图书在版编目（CIP）数据

智能变电站换流站施工与巡检新技术 / 《智能变
站换流站施工与巡检新技术》编委会编著. -- 北京：中
国水利水电出版社，2022.10
ISBN 978-7-5226-1027-6

Ⅰ. ①智… Ⅱ. ①智… Ⅲ. ①智能系统－变电所－换
流站－工程施工②智能系统－变电所－换流站－巡回检测
Ⅳ. ①TM63

中国版本图书馆CIP数据核字(2022)第186229号

书　　名	**智能变电站换流站施工与巡检新技术** ZHINENG BIANDIANZHAN HUANLIUZHAN SHIGONG YU XUNJIAN XIN JISHU
作　　者	《智能变电站换流站施工与巡检新技术》编委会　编著
出版发行	中国水利水电出版社 （北京市海淀区玉渊潭南路 1 号 D 座　100038） 网址：www.waterpub.com.cn E-mail：sales@mwr.gov.cn 电话：(010) 68545888（营销中心）
经　　售	北京科水图书销售有限公司 电话：(010) 68545874、63202643 全国各地新华书店和相关出版物销售网点
排　　版	中国水利水电出版社微机排版中心
印　　刷	天津嘉恒印务有限公司
规　　格	210mm×297mm　16 开本　44.75 印张　1826 千字
版　　次	2022 年 10 月第 1 版　2022 年 10 月第 1 次印刷
印　　数	0001—2000 册
定　　价	**295.00 元**

《智能变电站换流站施工与巡检新技术》
编 委 会 名 单

前言

"十三五"期间我国输变电网快速发展，有力支撑了国民经济快速发展的用电需要，同时也存在跨区输电通道利用率低、直流多馈入及"强直弱交"安全问题突出、高比例新能源系统特性复杂等问题和挑战。应对挑战，必须适应新时代我国能源开发和消费新格局，"十四五"期间电网发展将会以安全为基础、以需求为导向，统筹主网和配网、系统一次和二次、城乡及东西部发展需求，加快构建以特高压为骨干网架的东西部同步电网建设，各级电网协调发展，着力提高电网安全水平、运行效率和智能化水平，实现更大范围资源优化配置，促进清洁能源大规模开发和高效利用，为经济社会发展和人民美好生活提供安全、优质、可持续的电力保障。到 2025 年，我国东部区域加快形成"三华"特高压同步电网，建成"五横四纵"特高压交流主网架。华北优化完善特高压交流主网架，华中建成"日"字形特高压交流环网，华北-华中、华北-华东、华中-华东分别建成 2 个、2 个、3 个特高压交流通道。推进落实我国新时代西部大开发新格局，新建 7 个西北、西南能源基地电力外送特高压直流工程，总输电容量达到 5600 万 kW。其中，西北外送建设陕北榆林-湖北武汉、甘肃-山东、新疆-重庆 3 个特高压直流输电工程，总输送容量达到 2400 万 kW；西南外送新建四川雅中-江西南昌、白鹤滩-江苏、白鹤滩-浙江、金上-湖北 4 个特高压直流输电工程，总输送容量达到 3200 万 kW。到 2025 年，我国特高压直流工程达到 23 回，总输送容量达到 1.8 亿 kW。

智能变电站换流站的建设施工任务艰巨而光荣，伴随而来的变电站换流站的巡检工作量也日益繁重和艰苦。为适应新时代电力发展的需求，作者在总结回顾"十三五"期间变电站换流站施工和巡检技术的基础上，编写了《智能变电站换流站施工与巡检新技术》作为已出版的《架空输电线路施工与巡检新技术》一书的姊妹篇，以期对"十四五"乃至以后的变电站换流站施工和巡检有借鉴作用。鉴于推行不停电作业，在施工、检修等工作中积极应用机器人、无人机，本书也更加侧重这方面的内容。

《智能变电站换流站施工与巡检新技术》与《架空输电线路施工与巡检新技术》保持着相同的篇章节布局和编写体例。本书共分两篇二十一章。第一篇为智能变电站换流站施工新技术，分为十章，内容包括智能变电站换流站施工管理创新、变电站换流站基础施工新技术、变电站换流站建构筑物施工新技术、电气一次系统施工新技术、变电站换流站工程施工现场关键点作业安全管控措施、电缆工程施工现场关键点作业安全管控措施、变电站换流站工程质量通病防治技术措施、变电站换流站工程工艺标准库、变电站换流站施工先进标准工艺、变电站换流站施工新技术应用案例精选 。第二篇为智能变电站换流站巡检新技术，内容包括变电站换流站巡检管理创新、变电设备在线监测技术、变电站换流站智能机器人巡检技术、变电站换流站智能机器人巡检系统、变电站换流站无人机巡检技术、变电站无人机巡检作业、变电站换流站检修作业管理、变电站换流站检修新技术、变电站换流站带电作业新技术、变电站换流站状态检修试验、电网智能运检技术。

在本书编写过程中，作者结合了日常工作实践，并参考了众多专家的相关专著、论文及相关标准、图集等文献资料，在此向相关文献的作者致以诚挚的谢意，并衷心希望继续得到各位同仁的帮助和指导。

本书在编写过程中得到国网新疆电力有限公司基建部、新疆送变电有限公司的大力支持和帮助，在此表示诚挚的谢意。

本书可供变电站换流站施工、巡检技术人员和管理人员阅读，也可供变电站换流站设计、监理人员参考，还可作为电力技术院校相关专业师生的参考读物。

由于作者的经验和水平有限，书中可能还有错误和不足之处，请广大读者批评指正。

作者

2022 年 8 月

目录

第一篇

智能变电站换流站施工新技术

第一章

智能变电站换流站施工管理创新

第一节　输变电工程初步设计审批管理

一、初步设计审批的总体要求和评审管理流程

（一）初步设计审批的总体要求

初步设计审批的总体要求是依据可行性研究的方案和投资估算，开展国网公司系统境内投资 35kV（含新建变电站同期配套 10kV 送出线路工程）及以上输变电工程建设方案的技术经济分析和评价，确定安全可靠、技术先进、造价合理、控制精准的设计方案。

（二）工程初步设计评审管理流程

输变电工程初步设计评审管理流程及过程描述如图 1-1-1-1 所示。

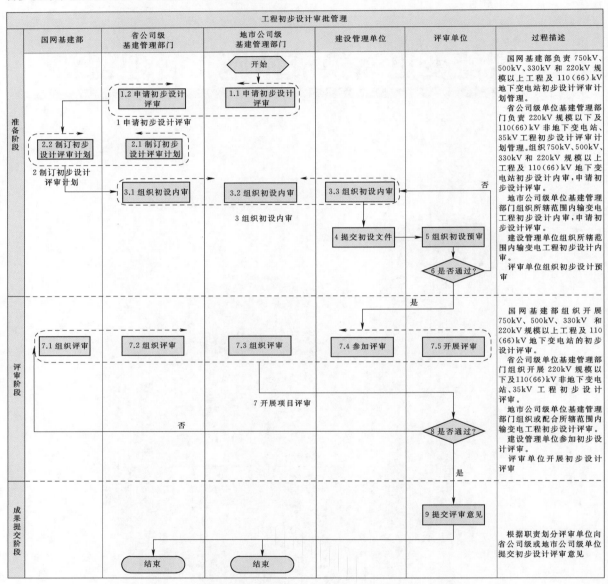

图 1-1-1-1　输变电工程初步设计评审管理流程及过程描述

二、初步设计评审会议

（一）初步设计评审会议职责

初步设计评审会议由批复单位或委托项目法人单位主持召开，评审单位具体承担评审工作。公司各级单位发展、财务、设备管理、调控、科技、安监等部门应参与工程初步设计评审，并提出专业意见。国网经研院、省经研院、地市经研所等技术支撑单位应积极参与承担初步设计评审工作。

（1）发展部门负责审查初步设计执行可研情况，重点对接入系统方案、变电站主接线形式及总平面布置、建设规模、线路路径和站址等情况进行审查。

（2）设备管理部门负责对初步设计执行输变电技术标准、主设备选择、"三新"设备采用、安全可靠性、反

措等提出专业意见。

（3）调控部门负责对系统接线方式、继电保护、监控和自动化等提出专业意见。

（4）财务、科技、安监等部门负责对工程提出专业意见。各部门（单位）应充分发表专业建议，经沟通协调，形成统一的建设方案。

（二）初步设计评审要求

1．基本要求

（1）对于特殊地质、地理环境等现场条件对造价影响较大的工程，宜安排实地踏勘，在工程所在地召开评审会议。

（2）评审单位应保证在评审和收口阶段技术要求和工作人员的连续性。

（3）工程初步设计技术方案和概算投资原则上应同时开展评审。

2．初步设计评审会议应确定主要设计方案和概算投资

（1）变电站工程建设规模、主接线形式、电气布置、主要设备型式及参数、总平面布置和主要建筑结构形式等。

（2）线路工程路径、气象条件、导地线、绝缘配置、杆塔和基础、光缆敷设及引入、电缆线路敷设等。

（3）需单独立项的工程科研项目。

（4）对外委单项工程的设计文件进行评审或确认。

（5）工程概算投资。

（6）初步设计与通用设计对比，概算与可研估算、通用造价、年度造价分析结果对比，通用设备和新技术、新设备、新工艺等应用情况。

3．工程初步设计评审会议纪要

工程初步设计评审会议纪要内容包括评审具体意见、遗留问题及要求、对初步设计评审收口工作的建议、计价依据未明确或计价标准可调整的费用一览表。

三、初步设计批复和评价考核

（一）初步设计批复

（1）国家电网有限公司批复的项目由省公司级单位提出请示，省公司级单位批复的项目由建设管理单位（地市公司）提出请示，地市公司级单位批复的项目由地市公司自行批复。批复单位根据请示文件和评审意见，批复工程初步设计。

（2）请示文件内容包括对评审意见的评价，与可研批复和核准文件中建设规模、建设方案和投资的差异，列示初步设计评审意见、工程核准文件和可研批复文件文号。请示文件应以初步设计评审意见和工程核准文件作为附件。

（3）多项工程可在同一个初步设计批复申请或批复文件中合并办理，分项计列。

（4）初步设计及投资概算经审定后，作为考核控制工程造价的依据，原则上不予调整。

（二）评价考核

评审单位应具备符合国家有关规定的工程咨询资质。将评审单位的评价结果作为评审费用和评审工作量调整的依据。

1．对项目法人单位或建设管理单位评价内容

（1）评审计划安排及执行情况。

（2）初步设计文件内审质量把关及深度要求，工程各项建设条件的合规有效性。

（3）评审集中管理及流程规范性。

（4）初步设计批复及时性及规范性。

2．对评审单位评价的主要内容

（1）评审范围和深度合规性。

（2）技术方案的优化适用性、概算投资的合理可控性。

（3）评审成果的完整性、准确性和及时性。

（4）评审计划落实情况及过程管理规范性。

（5）评审过程（会议）效率及评审过程规范性。

3．信息反馈的主要内容

（1）工程设计评审工作月度报表。

（2）评审工作中需要协调的主要问题。

第二节　输变电工程设计施工监理招标管理

一、输变电工程设计施工监理招标基本要求和职责

1．基本要求

（1）公司系统35kV及以上输变电工程设计施工监理招标实行集中管理。

（2）公司系统输变电工程设计施工监理招标工作实行"一级平台、两级管理"，公司系统招标活动应当在公司一级部署的电子商务交易平台信息系统进行，由公司总部、省（自治区、直辖市）电力公司（以下简称"省公司"）按分工负责开展招标集中管理。

（3）公司系统输变电工程达到国家《工程建设项目招标范围和规模标准规定》（中华人民共和国国家发展计划委员会令第3号）规定规模标准的，必须公开招标。公司总部负责特高压、直流工程和500～750kV输变电工程中跨区跨省以及中央部署、公司关注的重大战略性工程设计施工监理招标集中管理，负责对省公司设计施工监理招标活动的监督管理。省公司负责总部招标范围外的35kV及以上电压等级输变电工程设计施工监理招标集中管理。

2．职责分工

（1）国网基建部是公司输变电工程设计施工监理招标集中管理的专业管理部门，负责制订招标集中管理的规章制度，负责制订输变电工程设计施工监理队伍招标的资格业绩条件、项目标包划分原则，负责输变电工程设计施工监理招标的专业管理、建设现场合同履约管理、工程承包商的资信管理等工作。

（2）国网特高压部是特高压工程和直流工程设计施工监理招标的专业管理部门，负责制订特高压、直流工程设计施工监理队伍招标的资格业绩条件、项目标包划分原则，负责特高压、直流工程设计施工监理招标的专业管理、建设现场合同履约管理等工作。

（3）国网物资部（国网招投标中心）是公司输变电工程设计施工监理招标工作的归口管理部门，负责组织实施纳入总部集中招标项目的招标活动。

（4）国网基建部、国网物资部（国网招投标中心）负责对省公司组织的输变电工程设计施工监理招标工作进行检查监督和指导。

（5）国网法律部、省公司法律部门分别为公司总部、省公司组织的输变电工程设计施工监理招标活动提供法律支持和保障。

（6）国网监察局、省公司监察部门分别负责对公司总部、省公司组织的输变电工程设计施工监理招标活动进行全过程监督。

（7）业主单位（建设管理单位）组织工程项目招标技术文件编制，组织编制招标控制价（施工招标控制价须委托有相应资质的造价咨询单位编制）。国网特高压部负责组织编制特高压、直流工程设计施工监理招标技术文件和招标控制限价；特高压、直流工程由属地省公司组织招标的，属地省公司负责组织编制招标技术文件和招标控制限价，且招标控制限价须经国网特高压部审核。750kV及以下工程招标控制价须经项目所属省公司基建管理部门审核。

二、输变电工程设计施工监理招标管理

1．资格业绩条件

在国家规定相应的资质基础上，输变电工程设计施工监理承包商的资格业绩条件主要包括：

（1）承担不同电压等级工程任务的业绩条件。设计施工监理承包商承担输变电工程的资格业绩条件由基建管理部门商项目法人单位在招标文件中明确。

（2）资信条件。资信条件以每年国网基建部及省公司建设部发布的资信评价结果为依据。

（3）公司规定的其他条件。

2．招标计划管理

（1）公司输变电工程设计施工监理招标实行计划管理。年度招标计划分公司总部直接组织的招标计划、省公司组织的招标计划两部分。

（2）公司总部、省公司根据工程建设实际和重点工程进展，合理安排招标批次。总部负责招标的输变电工程，也可委托工程相关省公司组织。省公司负责招标的输变电工程，不得委托下属单位组织。

3．招标公告发布

公司系统输变电工程的设计施工监理招标须严格执行国家的法律、法规和公司招投标管理的规定，规范开展招标活动，采用公司招标文件范本，在法定媒体及公司电子商务平台上发布招标公告。

公司总部和省公司招投标管理部门商基建管理部门提出评标委员会组建方案，经招投标工作领导小组（办公室）批准后，在监察部门的监督下，按规定抽取评标专家（从相应专家库抽取的专家不得少于评标委员会人数的$\frac{2}{3}$），组成评标委员会。评标委员会的主任委员由基建管理部门指派人员担任，副主任委员由招投标管理部门指派人员担任。评标委员会技术组和商务组均应有业主单位的代表参加。

公司系统输变电工程设计施工监理招标评标采用综合评分法。

三、输变电工程设计施工监理招标工作流程

1．总部直接组织的输变电工程设计施工监理招标工作流程

总部直接组织的输变电工程设计施工监理招标工作流程如图1-1-2-1所示。

（1）招标任务下达。根据年度招标批次计划，国网基建部、特高压部根据工程实际情况，提出招标方案（资格业绩、标包划分、标包限制等），必要时向分管领导签报请示，经分管领导同意后按领导批示向国网物资部（国网招投标中心）递送招标计划函。国网物资部（国网招投标中心）据此向合同受托招标代理机构（以下简称"招标代理机构"）下达招标任务。

（2）招标文件编制。国网物资部（国网招投标中心）、基建部、国网特高压部分别组织招标代理机构、业主单位等根据公司招标文件范本，编写招标文件的商务部分和技术部分。

（3）招标文件审查与会签。国网物资部（国网招投标中心）牵头，会同国网基建部、特高压部、法律部等相关部门组织对招标文件进行审查，并履行会签、批准手续。

（4）招标文件发布。招标代理机构通过法定媒体及电子商务平台等媒体发布招标公告和招标文件。

（5）现场踏勘与答疑。业主单位组织投标人进行现场踏勘（必要时），国网物资部（国网招投标中心）会同国网基建部（或国网特高压部）组织招标答疑。

（6）按规定组建评委会。

（7）开标和评标。招标代理机构组织开标。评标委员会负责评标工作，完成评标报告并提出中标推荐意见。

（8）定标和公告。国网物资部（国网招投标中心）向公司招投标工作领导小组专题会议报告评标情况，经领导小组定标后，组织招标代理机构发布中标候选人公示、中标公告，发出中标通知书。

（9）合同签订。业主单位根据中标结果组织合同签订。

2．省公司组织的输变电工程设计施工监理招标工作流程

省公司组织的输变电工程设计施工监理招标工作流程如图1-1-2-2所示。

（1）招标任务下达。按照总部下达的省公司招标计

划，在每批项目招标前，省公司基建管理部门向招投标管理部门提出招标计划函，招投标管理部门接函后向招标代理机构下达招标任务。

（2）招标文件编制。省公司招投标管理部门、基建管理部门组织招标代理机构、业主单位根据公司招标文件范本，分别编写招标文件的商务部分和技术部分。

（3）招标文件审查与会签。省公司招投标管理部门会同基建管理部门、经济法律部门等相关部门对招标文件进行审查，并履行会签、批准手续。

（4）招标文件发布。招标代理机构招标代理机构通过法定媒体及电子商务平台等媒体发布招标公告和招标文件。

（5）现场踏勘与答疑。省公司基建管理部门组织投标人进行现场踏勘（必要时），招投标管理部门会同基建管理部门共同组织招标答疑。

（6）按规定组建评标委员会。

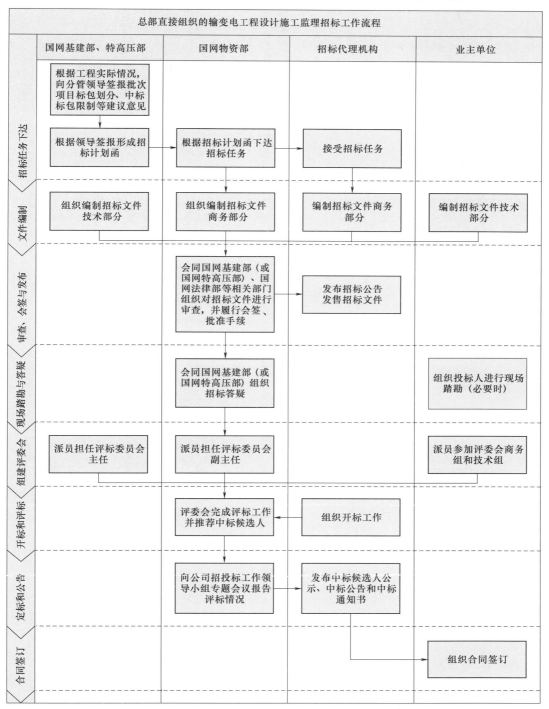

图 1-1-2-1　总部直接组织的输变电工程设计施工监理招标工作流程

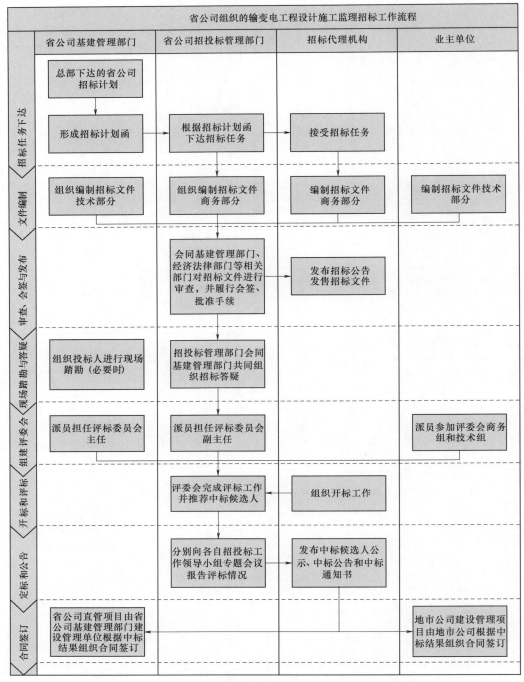

图1-1-2-2 省公司组织的输变电工程设计施工监理招标工作流程

（7）开标和评标。招标代理机构组织开标。评标委员会负责评标工作，完成评标报告并提出中标推荐意见。

（8）定标和公告。省公司招投标管理部门分别向各自招投标工作领导小组专题会议报告评标情况，经领导小组定标后，组织招标代理机构发布中标候选人公示、发布中标公告及发出中标通知书。

（9）合同签订。省公司直管项目由省公司基建管理部门或省公司委托建设管理单位根据中标结果组织合同签订；地市公司建设管理项目由地市公司根据中标结果组织合同签订。

第三节 输变电工程设计质量管理

一、基本要求

（一）输变电工程设计质量管理目的

输变电工程设计质量管理目的是落实国家电网有限公司（以下简称"公司"）安全、优质、经济、绿色、高效的发展理念，进一步加强设计管理，提升输变电工程设计质量，深入推进电网高质量建设，实现电网建设本质安全、绿色环保、全寿命周期最优。

（二）输变电工程设计质量管理工作内容

输变电工程设计质量管理主要工作包括工程设计质量全过程管控、设计质量评价考核、设计承包商资信管理、设计质量监督检查等。

（三）职责分工

输变电工程设计质量管理实行公司总部、省（自治区、直辖市）电力公司（以下简称"省公司"）两级管理。国网特高压部负责特高压工程的设计质量管理工作。建设管理单位负责贯彻落实公司输变电工程设计质量管理相关制度、管理要求，加强工程设计质量全过程管控，按照合同约定对设计单位进行管理，落实设计质量终身责任制要求。

1. 国网基建部管理职责

（1）负责输变电工程设计质量归口管理，制定输变电工程设计质量管理制度。

（2）明确35～750kV输变电工程设计质量管控要点，制定设计质量评价标准，发布设计质量控制技术重点清单、设计常见病清册。

（3）按照负面清单形式开展设计承包商资信评价管理。

（4）对省公司35～750kV工程设计质量管理情况进行监督、检查，搭建设计技术交流提升平台。

2. 省公司建设部管理职责

（1）负责贯彻执行公司输变电工程设计质量管理相关制度、管理要求。

（2）履行设计质量管理主体责任，负责所辖区域内输变电工程设计质量全过程管控工作。

（3）对照设计质量控制技术重点清单，严格控制技术要点，落实管理要求。

（4）对照设计常见病清册，在工程设计管理中组织逐项落实、整改，及时记录、总结、分析整改情况。

（5）按照设计质量评价标准，组织开展工程设计质量评价及考核，汇总、分析工程设计质量问题，形成设计承包商负面清单，报送国网基建部。

二、设计质量全过程管控

（一）基本要求

（1）加强设计质量全过程精益化管控，推行标准化设计、工厂化加工、模块化建设、机械化施工、智能化技术，强化勘测设计深度，提高工程设计质量。重点工程杜绝重大设计变更，一般工程减少设计变更。

（2）坚持先勘测、再设计的原则，强化勘测与设计无缝衔接、设计方案与勘测结论匹配一致。勘测队伍应具备相应的资质和能力。

（3）项目可研应加强站址、路径、环评、水保等前期工作深度，实现可研与初步设计切实衔接，避免后续阶段出现颠覆。

（4）初步设计应执行相关法律法规、规程规范、项目可行性研究报告批复文件，遵循全寿命周期设计理念，全面应用标准化建设成果，积极应用成熟适用的新技术。设计方案应进行比选论证，满足初步设计内容深度规定、技术标准以及技术管理要求。

（5）初步设计评审应严格遵守国家有关工程建设方针、政策和强制性标准，对工程设计方案全面审核、把关。评审意见应全面、准确反映公司设计管理要求。对评审过程中发现的问题，应要求设计单位及时修改完善。

（6）施工图设计应执行相关规程规范，全面落实初步设计批复意见，应用公司标准化建设成果，落实相关技术管理要求。在满足施工图设计内容深度规定的基础上，精细化开展施工图设计，注重与施工有效衔接。

（7）施工图会检应严格执行初步设计批复意见，重点检查专业之间的协调性、设计文件的正确性完整性，以及设计常见病发生情况。必要时应结合工程情况开展重点技术专项审查，确保设计方案安全可行。

（8）工程开工前设计单位应按要求进行施工图交底。工程实施过程中设计单位应按要求配置工地代表，及时协调解决设计技术问题。

（9）竣工图设计应符合国家、行业、公司相关竣工图编制规定，内容应与施工图设计、设计变更、施工验收记录、调试记录等相符合，真实、完整体现工程实际。

（二）设计质量关键环节重点管控

为进一步提高工程设计质量，强化设计质量关键环节重点管控，公司定期梳理影响工程设计质量的技术问题，发布输变电工程设计质量控制技术重点清单、设计常见病清册，明确工程设计阶段设计质量管控要点，提前防范技术问题。

（1）初步设计阶段，建设管理单位要对照设计质量控制技术重点清单，对技术重点进行严格管理，如有涉及清单中的问题，应按程序报批，经批准后实施。

（2）初步设计、施工图设计阶段，建设管理单位要对照设计常见病清册中的常见技术问题，组织逐项梳理、落实整改，并做好问题记录、分析总结。

（3）省公司要定期梳理、总结、分析工程初步设计评审、施工图会检等关键环节中发现的设计技术问题，制订针对性的设计质量改进提升措施。

（三）输变电工程设计质量管理流程

输变电工程设计质量管理流程如图1-1-3-1所示。

三、工程设计质量评价和监督检查

（一）工程设计质量评价

开展工程设计质量评价要统一量化评价标准，推进各阶段设计质量管控要求落地。

（1）设计质量评价要素聚焦公司基建技术管理重点工作，主要包括标准化成果应用、重点推广新技术应用、勘测设计深度等方面。

（2）各省公司组织对所辖工程设计质量进行真实、客观评价，评价结果纳入设计合同，按合同约定对设计

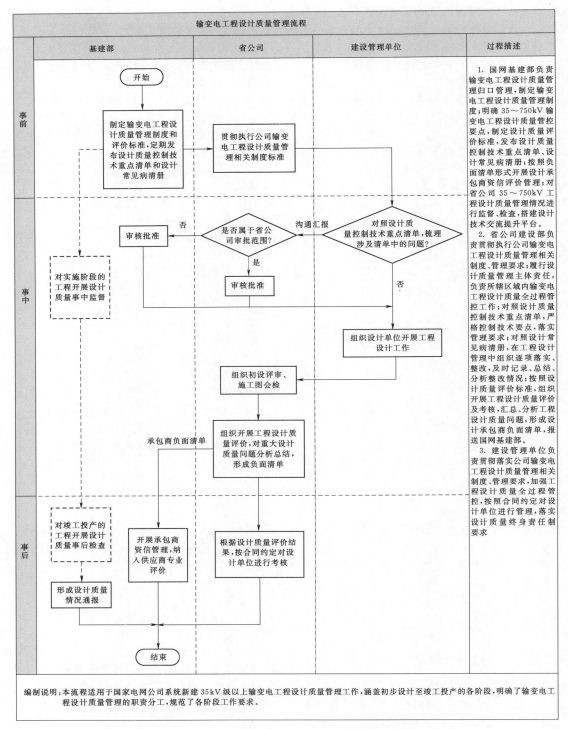

图 1-1-3-1 输变电工程设计质量管理流程

单位进行考核。

（3）设计相关质量事件按照公司有关规定进行调查处理，经认定属于设计责任的，由设计单位按照合同约定赔偿损失。

（4）对设计责任造成的六级及以上质量事件、设计责任造成的重大设计变更等重大设计质量问题，各省公司要立即组织查明原因、及时整改，对相关责任单位约谈问责，编制设计质量问题情况分析报告，并形成设计承包商负面清单。

（5）省公司每季度末将设计承包商负面清单（附设计质量问题情况分析报告及相关作证材料）报送国网基建部。公司根据省公司报送的负面清单开展设计承包商资信管理，纳入公司供应商专业评价，作为公司系统工程设计招标的重要依据。

（二）设计质量监督检查

落实"放管服"改革要求，公司加强对省公司设计质量管理的事中监督、事后检查，不定期对不同阶段工程的设计质量及管理要求落实情况进行抽查，强化落实省公司设计质量管理的主体责任。

（1）对处于实施阶段的工程开展设计质量事中监督，重点检查通用设计和通用设备应用情况、设计质量控制"一单一册"落实情况、工程勘测设计深度、各阶段设计原则一致性等。

（2）对竣工投产的工程开展设计质量事后检查，重点检查设计质量评价情况、通用设备"四统一"执行情况、模块化和机械化关键技术落实情况、设计原因引起的变更等。

（3）对监督检查中发现的设计质量问题以及设计管理不到位、问题整改不坚决等情况，形成设计质量情况通报。对出现重大设计质量问题的设计单位和设计质量管理流于形式的省公司进行约谈问责。

（三）输变电工程设计质量评价和监督重点

输变电工程设计质量评价和监督重点见表1-1-3-1。

表1-1-3-1　　　　　　　　　　　输变电工程设计质量评价和监督重点

序号	内　容		评价和监督重点
一	标准化		
1	通用设计	变电站通用设计	（1）原则上，应直接采用通用设计方案。 （2）条件受限时，可对通用设计方案进行拼接调整，应方案优化、指标合理。 （3）特殊情况未采用通用设计方案时，应报批
		线路通用设计	（1）原则上，应直接采用通用设计模块。 （2）无直接可采用通用设计模块时，可采用相邻模块代用，应经校验，裕度合理。 （3）特殊情况未采用通用设计模块时，应报批
2	通用设备	通用设备应用	（1）原则上，直接应用适用的通用设备。 （2）特殊情况未采用通用设备时，应报批
		"四统一"执行	设备招标采购、资料确认、施工图设计、施工安装等全过程应严格执行通用设备"四统一"要求
二	技术方案		
1	设计方案一致性		原则上，工程可研设计、初步设计、施工图设计、竣工图设计等各阶段建设规模、技术原则、主要技术方案应协调一致
2	勘测		（1）坚持先勘测、再设计的原则。 （2）严格执行各阶段勘测深度规定。 （3）设计方案应与勘测结论合理匹配
3	初步设计		（1）严格执行初步设计内容深度规定。 （2）严格遵循技术标准及电网反事故措施。 （3）避免设计常见病
4	施工图设计		（1）严格执行施工图设计内容深度规定。 （2）严格执行相关强制性条文及电网反事故措施。 （3）避免设计常见病。 （4）有效指导施工
5	设计变更		重点工程杜绝重大设计变更，一般工程减少设计变更
三	公司重点推广技术		对于公司重点推广的基建技术（如三维设计、变电站模块化建设、线路机械化施工、环保基础等），特殊情况不能推广应用时，应报批

第四节　输变电工程进度计划管理

一、基本要求和职责分工

（一）基本要求

（1）进度计划指各级单位相关管理部门根据职责分工对输变电工程（境内35kV及以上输变电工程）项目前期、工程前期、工程建设、总结评价阶段建设全过程关键节点的时间安排，是对综合计划的细化落实。

（2）进度计划管理遵循"依法开工、有序推进、均衡投产"的原则。

（3）输变电工程进度计划管理流程如图1-1-4-1所示。

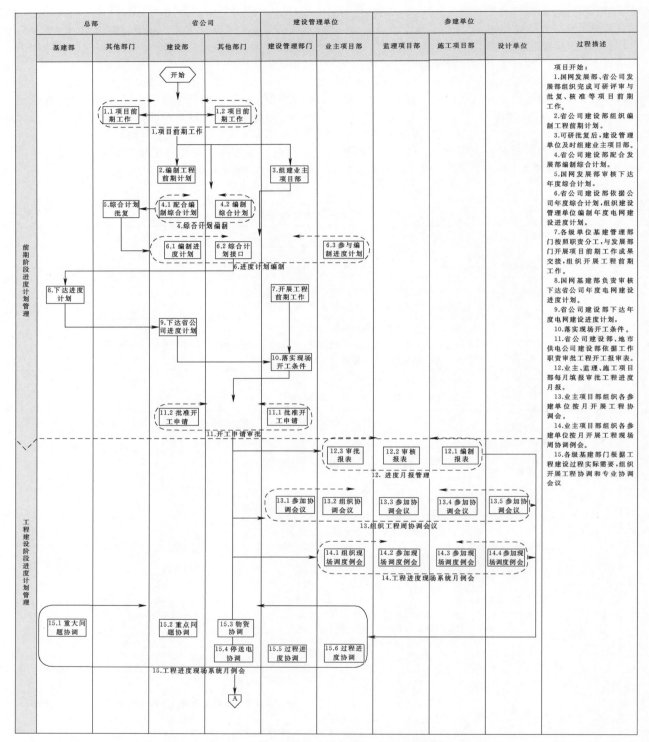

图 1-1-4-1　输变电工程进度计划管理流程

（二）国网公司总部职责分工

1. 基建部管理职责

（1）负责工程前期工作的归口管理。

（2）负责 500kV 及以上电网工程、中央部署重大战略性工程（乡村振兴、脱贫攻坚、军民融合、清洁供暖等）进度计划的制定下达与执行管理，对 35～330kV 电网工程按照总体规模进行计划管控。

（3）负责跨区跨省常规电网项目的建设总体协调，组织项目启动投运。

（4）负责工程建设方面重大问题协调。

（5）负责开工、投产计划完成情况统计。

（6）负责开展省、自治区、直辖市电力公司（以下简称"省公司"）的工程前期和工程建设等进度计划管理情况的检查考核。

2. 建设部管理职责

（1）负责所辖工程建设进度计划及调整建议编制、上报、下达与组织实施，配合发展部编制综合计划及调整建议。

（2）负责按明细分解除中央部署重大战略性工程（乡村振兴、脱贫攻坚、军民融合、清洁供暖等）以外的35～330kV工程，下达年度进度计划并组织实施。

（3）负责所辖工程的进度管控与建设协调工作。

（4）负责所辖工程建设进度信息的维护管理，开展进度计划执行情况的统计与分析，出现偏差时，制订并落实纠偏措施。

（5）负责对建设管理单位的工程前期和工程建设等进度计划管理情况的检查与考核。

3. 其他部门职责

（1）发展部负责所辖工程的项目前期工作管理，负责综合计划的编制、上报、下达与组织实施。

（2）财务部负责所辖工程建设资金、预算的管理，负责工程预算的组织编制、下达与调整。

（3）物资部（招投标管理中心）负责招标计划的编制、上报，负责组织开展省公司层面的集中招标工作，负责省公司层面物资履约重大问题协调工作。

（4）科信部门负责所辖工程竣工环保、水保设施验收管理，负责验收计划的编制、下达与组织实施。

（5）调控部门负责审定调管范围内工程停送电计划，负责与上级调度的沟通协调。

（6）特高压建设部负责特高压交直流工程进度计划管理。

（三）省级建设分公司职责

（1）负责所辖工程建设进度计划及调整建议的编制、上报与组织实施。

（2）负责所辖工程建设进度信息的维护管理，开展进度计划执行情况的统计与分析，出现偏差时制订并落实纠偏措施。

（3）负责所辖工程预算的组织编制、上报。

（4）负责所辖工程停送电计划的组织编制、上报。

（四）地市供电企业层面管理职责

1. 建设部职责

（1）负责所辖工程建设进度计划及调整建议的编制、上报与组织实施，配合发展部编制所辖工程综合计划及调整建议。

（2）负责所辖工程的进度管控与建设协调工作。

（3）负责所辖工程建设进度信息的维护管理，开展进度计划执行情况的统计与分析，出现偏差时制订并落实纠偏措施。

（4）负责组织开展各级输变电工程建设的属地协调工作。

2. 其他部门职责

（1）发展部负责所辖工程的项目前期工作管理，负责综合计划的编制、上报与组织实施。

（2）财务部负责所辖工程建设资金、预算管理，负责工程预算的组织编制、上报与调整。

（3）物资部（物资供应中心）负责所辖工程的物资需求计划汇总上报与初审，并按计划组织开展物资供应，协调解决存在的问题。

（4）调控部门负责审定调管范围内工程的停送电计划，负责与上级调度的沟通协调。

3. 县供电企业和乡镇供电所

县供电企业发展建设部、乡镇供电所开展各级输变电工程建设的属地协调工作，参与工程前期工作协调。

（五）业主项目部（项目管理部）管理职责

（1）根据工程建设进度计划，编制项目进度实施计划，审批设计单位编制的项目设计计划、施工项目部编制的施工进度计划，并监督执行。

（2）根据项目进度实施计划，组织编制工程物资需求计划，协调物资供应进度。

（3）负责督促施工项目部上报停电需求计划，并监督执行。

（4）负责检查工程现场建设进度计划执行情况，对偏离进度计划的项目，制订并落实纠偏措施。

（5）负责建设协调工作，定期组织召开月度工作例会，协调进度计划管理工作。

（6）通过基建管理系统，及时、准确填报工程建设进度信息。

（六）参建单位相关责任

1. 监理单位（监理项目部）责任

（1）审核施工项目部编制的施工进度计划，并监督其按计划组织施工。

（2）组织召开工程进度现场协调会，协调解决建设进度计划执行存在的问题，向业主项目部反馈进度计划执行管控情况。

（3）完成合同约定的其他相关工作。

2. 施工单位（施工项目部）责任

（1）编制施工进度计划，报监理项目部审核、业主项目部审批后实施。

（2）参加工程进度现场协调会，向监理项目部反馈进度计划执行与管控情况。

（3）负责上报施工停电需求计划。

（4）完成合同约定的其他相关工作。

3. 设计单位责任

（1）编制项目设计计划，按计划提交施工图纸，开展设计交底、现场服务、竣工图编制等工作。

（2）完成合同约定的其他相关工作。

二、工程前期管理和开工管理

（一）工程前期管理

工程前期是指由基建管理部门牵头负责的项目开工

前的建设准备工作，包括设计招标、初步设计及评审、物资招标、施工图设计、施工及监理招标、施工许可相关手续办理、"四通一平"、工程策划等。

工程前期管理应遵循"依法合规、统筹兼顾、保障建设"原则。

（1）各级单位发展策划部门应及时完成可研评审与批复、核准等项目前期工作，确保电网项目储备充足。

（2）建设管理部门（单位）应提前并深度参与项目可行性研究工作，对站址、路径、主要技术原则、重要交叉跨越、停电过渡方案等关键因素提出意见。

（3）工程前期工作启动前，建设管理单位与项目前期管理部门应做好项目前期工作成果交接工作，履行正式交接手续，交接的成果资料应按照国家电网有限公司输变电工程前期管理办法规定执行。

（4）为确保工程前期工作有序推进，应提前编制新开工项目工程前期计划。计划编制时应充分考虑工程前期的合理工作周期，不同类型工程前期的合理工作周期应按照国家电网有限公司输变电工程前期管理办法规定执行。

（5）全面推广"先签后建"建设模式，在工程本体开工前即开展通道清理工作。重大通道障碍物应在初步设计阶段签订赔偿协议，具备条件的在工程本体开工前拆迁完毕。

（二）输变电工程开工前必须落实的标准化开工条件

开工管理遵循"依法合规、分层报批"原则。变电工程以主体工程基础开挖为开工标志，线路工程以线路基础开挖为开工标志。输变电工程开工前必须落实以下标准化开工条件。

1. 应取得的行政审批手续

（1）项目核准。

（2）建设工程（市政工程）规划许可证。

（3）林木采伐许可证、海域使用权证书（如需要）。

（4）临时用地审批（如需要）。

（5）国有土地划拨决定书或建设用地批准书。

（6）建筑工程施工许可证（如需要）。

（7）变电站工程消防设计审核合格意见（或备案）。

（8）质量监督注册书。

（9）环评批复（如需要）。

（10）水保批复（如需要）。

2. 应满足的管理要求

（1）项目已列入公司年度综合计划及预算。

（2）已下达投资预算，完成新开工计划备案。

（3）已取得初步设计批复。

（4）已完成设计、施工、监理招标，并与中标单位签订合同。

（5）已组建业主、监理项目部（项目管理部）、施工项目部，项目部配置已达标，项目管理实施规划已审批。

（6）施工图交付计划已制定，交付进度满足连续施工需求，开工相关施工图已会检。

（7）变电工程已完成"四通一平"，线路工程已完成

复测。"四通一平"：指变电站项目建设前期，施工现场进行的通水、通电、通信、通路及场地平整等工作。

（8）施工人力和机械设备已进场，物资、材料供应满足连续施工的需要。

（三）开工前需履行的内部审批手续

（1）开工条件满足后，施工项目部提交工程开工报审表，经监理项目部审查同意后，报业主项目部（项目管理部）。

（2）业主项目部（项目管理部）审核通过后，220kV及以上工程开工报审表上报省公司建设部审批，110kV及以下工程开工报审表上报地市公司建设部审批，审批通过后，方可开工建设。

（3）同一工程含有多个施工标段时，第一个开工标段的开工时间为工程的开工时间，其他标段的工程开工报审表，由业主项目部（项目管理部）负责审批，确保满足依法合规开工条件。

（4）开工准备信息及时录入基建管理系统，并完成流程审批。

（四）输变电工程开工报审表

输变电工程开工报审表格式见表1-1-4-1。

三、工期管理

工期是指从开工到投产的工程建设阶段所持续的时间。输变电工程建设应加强工期管理，在合理工期内开展工程建设。工程建设阶段关键路径的实际进度与目标计划发生偏离时，应分析原因，制订并落实纠偏措施。

（一）科学合理制定工期

输变电工程建设的合理工期综合电压等级、气候条件、工艺要求、外部环境、设备供应等因素科学合理制定。

（1）常规新建工程的合理工期：110（66）kV工程10～13个月，220kV、330kV工程13～16个月，500kV工程15～18个月，750kV工程16～19个月。

（2）年度日均气温低于5℃在90d以上的地区，工期可相应增加3个月。

（3）地下变电站、隧道电缆等特殊工程的合理工期，由各省公司按类别制定试行，适时纳入公司统一管理。

（二）工程建设不得随意压缩工期

（1）电力工程建设标准强制性条文、标准工艺中有明确工艺要求的建设环节，必须保证相应工序的施工时间。

（2）因项目前期或工程前期等原因造成开工推迟的，按合理工期要求相应顺延投产时间。

在项目前期，由发展策划部门负责的从可研到核准工作，包括立项、可研编制、可研审批、规划意见书、土地预审、环评批复（如需要）、水保批复（如需要）、核准等内容。

（三）应急工程的工期管理要求

对于建设周期紧张，需在较短时间内建成投运发挥作用的关系到国计民生的应急工程，必须提前制定安全质量保障措施，经审批后方可实施。其中，220kV及以

表 1-1-4-1 　　　　　　　　　　　　　输变电工程开工报审表

工程开工报审表（220kV 及以上工程）

工程名称：　　　　　　　　　　　　　　　　　　　　　　　　　　　　编号：

致　　　　　　　　　　监理项目部：

我方承担的　　　　　　　　工程，已完成了开工前的各项准备工作，特申请于　　年　　月　　日开工，请审查。

□ 项目管理实施规划已审批；

□ 施工图会检已进行；

□ 各项施工管理制度和相应的施工方案已制定并审查合格；

□ 输变电工程施工安全管控措施满足要求；

□ 施工安全技术交底已进行；

□ 施工人力和机械已进场，施工组织已落实到位；

□ 物资、材料准备能满足连续施工的需要；

□ 计量器具、仪表经法定单位检验合格；

□ 特种作业人员能满足施工需要。

施工项目部（章）：

项目经理：

日　　期：

监理项目部审查意见：

监理项目部（章）：

总监理工程师：

日　　期：

业主项目部审查意见：

业主项目部（章）：

项目经理：

日　　期：

建设管理单位审查意见：

建设管理单位/部门（章）：

建设部门负责人：

日　　期：

省级公司建设部审批意见：

建设部（章）：

建设部负责人：

日　　期：

注　本表一式　　份，由施工项目部填报，业主项目部、监理项目部各一份，施工项目部　　份。

工程开工报审表（110kV 及以下工程）

工程名称：　　　　　　　　　　　　　　　　　　　　　　　　　　　　　编号：

致　　　　　　　　　监理项目部：
　　　我方承担的　　　　　　　　工程，已完成了开工前的各项准备工作，特申请于　　年　　月　　日开工，请审查。
　　□ 项目管理实施规划已审批；
　　□ 施工图会检已进行；
　　□ 各项施工管理制度和相应的施工方案已制定并审查合格；
　　□ 输变电工程施工安全管控措施满足要求；
　　□ 施工安全技术交底已进行；
　　□ 施工人力和机械已进场，施工组织已落实到位；
　　□ 物资、材料准备能满足连续施工的需要；
　　□ 计量器具、仪表经法定单位检验合格；
　　□ 特种作业人员能满足施工需要。

施工项目部（章）：
项目经理：
日　　期：

监理项目部审查意见：

监理项目部（章）：
总监理工程师：
日　　期：

业主项目部审查意见：

业主项目部（章）：
项目经理：
日　　期：

建设管理单位审批意见：

建设管理单位/部门（章）：
建设部门负责人：
日　　期：

注　本表一式　　份，由施工项目部填报，业主项目部、监理项目部各一份，施工项目部　　份。

上工程由省公司建设部、安质部审批；110kV 及以下工程由地市公司建设部、安质部审批。物资部门应配合提前开展设备材料物资采购、设计施工监理招标等工作。

（四）超过计划工期的工程

超过计划工期的建设项目，各级单位基建管理部门应加强警示督办，超过以下时限的工程视为建设周期过长工程。

110（66）kV 工程 19 个月；220kV、330kV 工程 22 个月；500kV 工程 24 个月；750kV 工程 25 个月；地下变电站 48 个月；隧道电缆工程 36 个月（5km 以内）、42 个月（5km 以上）；城市综合管廊电缆工程 48 个月。

四、进度计划编制

（一）进度计划编制基本要求

（1）公司综合计划及进度计划是开展输变电工程建设的主要依据，财务、物资、调度运行、生产运维及科信、营销等部门制订的电网建设相关专项计划应与其协调一致。

（2）进度计划编制工作由基建部门负责，发展、物资、调度、科信部门提供项目前期、招标采购、停电配合、环保水保验收关键节点的时间信息。

（3）国家电网公司下达的进度计划包含以下重要节点的时间信息：项目前期的可研批复、核准批复；工程前期的设计招标、初步设计批复、首批物资定标、施工招标；以及工程建设阶段的开工、投产等。

（4）省公司下达的进度计划主要包含以下重要节点时间信息：项目前期的可研批复、核准批复、环评批复（如需要）、水保批复（如需要）等；工程前期的设计及监理招标、初步设计批复、首批物资招标、施工招标、消防设计审核（或备案）等；工程建设阶段的开工、土建（基础）、安装（组塔）、调试（架线）、消防验收、环保验收（如需要）、水保验收（如需要）、投产等。

（5）进度计划编制应充分考虑外部环境、建设规模、招标采购及设备物资生产供应合理周期、初设评审及批复周期、施工难度、停电安排等因素，把握开工节奏，保证合理工期，实现均衡投产。

（6）对于多个建设管理单位负责建设管理的跨辖区

工程，由上级基建管理部门协调统一制定项目进度计划。

（7）各级基建管理部门应会同发展、运检、物资、调度、信通等部门，逐级、逐项开展工程建设进度计划审查工作。

（8）公司年度建设进度计划下达后，省公司建设部负责分解落实建设任务，编制下达省公司年度建设进度计划。

（9）省公司年度建设进度计划下达后，建设管理单位组织业主项目部（项目管理部）按照进度计划编制项目进度实施计划，组织参建单位编制具体实施计划。

（二）进度计划编制具体要求

进度计划编制应充分考虑项目前期、工程前期工作时间及进展情况，严格遵循基本建设程序，合理制定计划开工时间。

（1）可研批复之前，不得开展设计、监理招标。

（2）取得以下要件之前，不得组织开展初步设计评审：

1）选址（选线）意见书批复。

2）核准批复。

3）站址（路径）保护区批复（如需要）。

4）站址（路径）生态红线评估批复（如需要）。

5）经审查的环评报告（如需要）。

6）经审查的水保报告（如需要）。

7）消防水源、文物、军事、水利、林业、安全、气象、交通、地震、公安、民航、军航、电信、防洪、通航、重要厂矿等相关协议（如需要）。

（3）项目核准、初设批复之前，不得安排物资采购与施工招标。

（4）落实标准化开工条件之前，不得安排开工。

（5）取得以下要件之前，不得安排投产：

1）质量监督阶段验收报告。

2）变电站工程消防验收合格意见（或备案）。

3）工程竣工验收报告。

4）不动产登记权证（土地）登记或土地许可。

5）环保验收报告（如需要）。

6）水保验收报告（如需要）。

（三）进度计划编制主要工作流程

（1）每年8—10月，省公司建设部配合发展部编制下年度综合计划建议，并据此编制下年度进度计划建议。

（2）每年11月，省公司建设部以综合计划项目预安排计划为基础，编制上报下年度一季度开工投产项目进度计划建议，经公司审批后，12月下达一季度开工投产项目进度预安排。

（3）次年1—2月，省公司上报下年度电网建设进度计划建议，经公司审核后，2月下达公司年度建设进度计划。

五、进度计划实施

（一）基本要求

（1）各级单位基建管理部门负责协调财务、物资、调度、运检、科信部门，统筹工程投资预算、物资供应、停电计划、验收启动等工作安排，按目标计划对工程建

设阶段关键路径加强管控，满足进度计划要求。

（2）业主、监理项目部（项目管理部）、施工项目部应用基建管理系统，及时、准确填报工程进度计划实施情况。

（3）各级单位基建管理部门应用基建管理系统，开展开工、投产计划月度完成情况统计、分析与预测，形成进度月报表，总结和指导进度计划实施工作。

（4）每年3月、6月、9月，国网基建部组织省公司建设部，开展开工、投产计划季度完成预测。

（5）每年10月，省公司应将列入下年度上半年开工预安排且已核准、已取得初步设计评审意见的项目，申报纳入集中招标批次，开展工程物资、施工招标采购工作。

（6）公司各级单位整合发展策划、基建管理、运维检修及营销等资源，建立统一的电网建设协调与对外服务协同机制，统筹加强外部协调。

（7）各级单位基建管理部门应利用基建工作的月度协调会、重点工程建设协调会等协调机制，协调解决工程建设重大问题，推动进度计划有效实施。

（二）进度计划调整原则与要求

（1）对于未列入年度综合计划，符合公司"绿色通道"、应急项目管理范畴的，在履行国网公司相应决策程序后实施，并按照公司管理要求，及时纳入年度综合计划，进行预算调整。

（2）因不可抗力、项目前期、工程前期、外部条件、设备供货延期等原因影响开工、投产时间的项目，确需调整进度计划的，建设管理单位向省公司建设部申请调整进度计划。需跨年度调整开工或投产时间的，纳入综合计划调整建议，报国网发展部审批。

（3）每年8—10月，各级单位发展策划部门会同基建管理部门，开展年度综合计划调整工作，同步开展进度计划调整工作。省公司建设部会同发展策划部，梳理开工投产跨年度调整项目需求，纳入综合计划调整建议。

（4）省公司建设部根据国网公司下达的调整计划及时调整进度计划，建设管理单位根据省公司调整的进度计划及时调整项目进度实施计划，确保调整后的进度计划刚性实施。

第五节　基建新技术研究及应用管理

一、基本要求及职责分工

（一）基本要求

基建新技术是指以提高工程寿命、节能降耗、绿色环保为方向，解决工程建设技术重点、难点问题为目标的设计类新技术、施工类新技术。为贯彻建设"三型两网"世界一流能源互联网企业战略目标，激发基建技术创新活力，推进基建新技术实用化研究及应用，必须加强国家电网公司基建新技术研究及应用管理。基建新技术研究及应用管理，是指采取依托工程、设计竞赛等方式，确定研究内容、技术宣贯、成果应用、监督考核等管理方面的工作要求。

基建新技术研究及应用采取国网基建部、省（自治

区、直辖市）公司（以下简称"省公司"）建设部两级管理的方式，并依托公司双创线上平台、基建综合数字化管理平台等，利用信息化手段提高管理实效。管理范围为公司建设管理的 35kV 及以上输变电工程（含新建变电站同期配套 10kV 送出线路工程）的基建新技术研究及应用管理工作。

基建新技术研究及应用管理流程如图 1-1-5-1 所示。

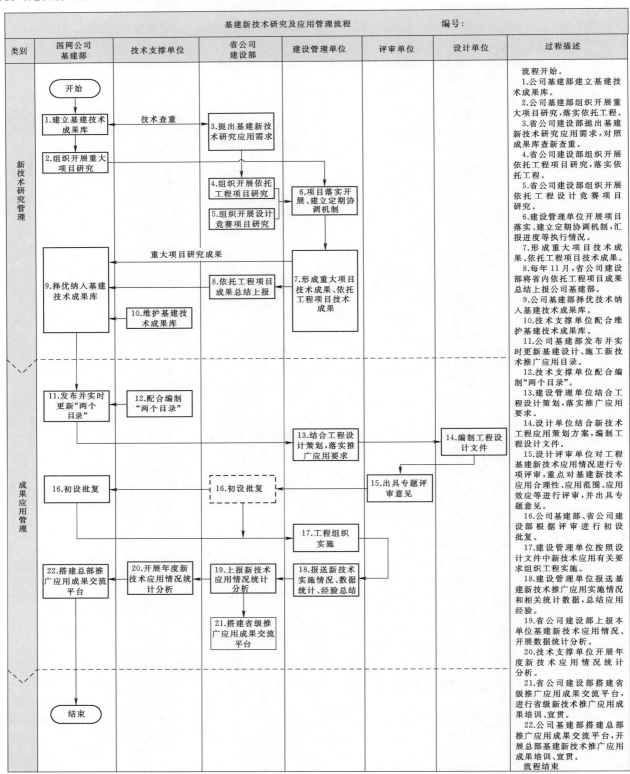

图 1-1-5-1 基建新技术研究及应用管理流程

（二）国网基建部管理职责

（1）负责基建新技术研究及应用工作的推进、指导、协调和监督。

（2）负责提出基建新技术研究方向及目标。

（3）负责牵头组织重大、关键基建新技术研究，确定试点工程。

（4）负责基建新技术研究成果发布及管理。

（5）负责组织重大基建新技术研究成果应用培训、宣贯。

（三）省公司建设部管理职责

（1）负责组织开展本省基建新技术研究工作，配合国网基建部组织开展重大、关键基建新技术研究。

（2）负责组织本省基建新技术研究成果培训、宣贯。

（3）负责确定本省基建新技术试点工程，配合国网基建部确定重大、关键基建新技术研究的试点工程。

（四）建设管理单位（负责具体工程建设管理的省公司级单位、地市供电企业、县供电企业，下同）管理职责

（1）负责基建新技术研究的落实，掌握研究进度、阶段成果和质量水平等情况。

（2）负责明确各工程新技术应用条目，组织基建新技术推广应用成果在工程中的具体实施。

（3）报送基建新技术推广应用实施情况和相关统计数据，总结应用经验。

（五）技术支撑单位管理职责

（1）中国电科院、国网经研院、国网联研院等直属科研单位负责跟踪国内外工程建设新技术、新材料、新工艺、新装备发展动态并按季度报送国网基建部。

（2）中国电科院负责配合国网基建部编制基建技术（含新技术）统计指标体系，并按年度开展统计分析工作。

（3）中国电科院负责配合国网基建部编制基建技术推广应用实施目录；维护公司基建新技术成果库。

（4）省公司经研院负责配合省公司建设部开展基建新技术研究及应用工作。

二、基建新技术研究方向和研究内容

（一）基建新技术研究方向

基建新技术研究方向包括但不限于：

（1）由于国家强制标准调整，需要结合电网工程建设实际情况开展研究的。

（2）国家部委发布推广应用的工程建设新技术等。

（3）公司规划设计、工程建设标准及其他技术规定等需结合工程实践进行优化调整的。

（4）《国家电网公司重点推广新技术目录》《国家电网公司新技术目录》、公司年度科技成果等需要结合工程实践开展深化应用的。

（5）国内外其他领域技术在电网建设工程中集成创新和综合应用的。

（二）基建新技术研究内容

1. 设计新技术研究

设计新技术研究包括变电一次设计、变电二次设计、变电土建设计、线路电气设计、线路结构设计等。

2. 施工科技创新研究

施工科技创新研究包括施工技术、施工装备、施工调试和施工管理等。

（三）基建新技术研究管理重点

（1）省公司建设部负责组织提出基建新技术研究应用需求，利用基建新技术成果库进行查新查重，避免重复研究。新技术依托工程是为新技术应用提供验证的工程，根据拟采用基建新技术的具体特点，结合电网工程具体建设的实际情况，可选取拟建、在建工程。

（2）依托工程开展研究，其经费在依托工程概算的知识产权转让与研究试验费中计列，专款专用。研究经费结算，应统一纳入依托工程结算管理。

（3）依托工程开展设计竞赛，应围绕竞赛重点进行专项研究，分类梳理创新亮点，将创新亮点整合集成到依托工程中，结合工程进度及时总结应用成效。

（4）依托工程基建新技术研究应按照国家相关法律法规、公司招投标管理有关规范进行。

（5）依托工程开展基建新技术研究，研究工作应在工程施工结束前完成，确保研究成果应用落地。

（6）省公司建设部加强研究全过程管理，建立定期检查协调机制。开展阶段性成果检查与协调，掌握研究进展，推进研究按计划实施。每年11月，省公司建设部汇总全年研究成果，电子版材料报送国网基建部。

（7）在基建新技术研究过程中，依托工程建设发生重大变化，研究内容无法实施或目标无法实现的，研究工作可以终止，并报省公司备案。

三、基建新技术成果应用管理

（一）基建新技术成果分类

根据基建新技术先进性、成熟度、适用性，基建新技术成果分为推广应用类、发布应用类、限制禁止类三类。

（1）推广应用类。安全可靠、技术先进、效益显著的技术，工程条件适用时应积极应用。

（2）发布应用类。安全可靠，技术原理、方法可行的技术，应结合工程条件专题论证，经公司批复后方可采用。

（3）限制禁止类。已无法满足电网工程建设的实用要求，阻碍技术进步及行业发展的技术，或已有替代技术，需加以限制、禁止。

（二）基建新技术成果发布

基建新技术成果按年度发布，采取"两个目录"的方式：设计新技术以基建设计新技术应用实施目录形式发布，施工新技术以施工科技创新成果推广目录形式发布。

（三）基建新技术成果应用

（1）国网基建部建立基建技术研究成果滚动更新机

制，及时将具有推广应用价值的成果纳入"两个目录"，推动成果在公司系统内共享共用。

（2）技术成果及知识产权应按照《国家电网公司知识产权管理办法》等相关规定进行申请、登记、保护和使用。

（3）基建新技术主要通过新技术试点工程和技术交流等形式进行推广应用。

（4）搭建技术交流平台，加强基建新技术推广应用成果培训、宣贯。总部和各省公司原则上每年组织不少于一次的新技术推广应用培训宣贯会议。

（5）省公司建设部应组织建设、设计、施工等单位，结合工程设计策划，推进基建新技术推广应用工作。

（6）建设管理单位在工程初步设计开展前，策划新技术应用条目，在工程建设过程中全面落实基建新技术应用的有关要求。

（7）设计阶段应在初步设计中专题（或章节）论述新技术成果应用方案，在相关工程施工图文件中落实新技术应用，并向施工、监理单位进行交底。施工单位、设计单位应当根据设计要求，制定新技术施工方案和监理方案。

（8）设计评审中应对工程初步设计和施工图阶段的基建新技术应用情况进行专项评审，重点对基建新技术应用合理性、应用范围、应用效益、施工图落地等进行评审，并出具专题意见。

（9）对于成熟可靠、适用范围广的基建新技术推广应用成果，纳入通用设计等标准化建设成果。鼓励将基建新技术研究中形成的专有技术、专利技术向技术标准、产品标准转化，推动基建新技术与工程应用、标准制定、产业升级协同发展。

（四）基建新技术研究及应用管理检查考核

（1）对未按照基建新技术试点工程实施计划和要求组织实施的相关单位，将给予通报批评。

（2）发生重大质量事故或弄虚作假、编造资料的，按照公司有关规定追究相关人员的责任。

（3）对应用限制禁止类技术的设计单位、施工单位、监理单位，将其纳入供应商不良行为。

（4）国网基建部组织对省公司基建新技术研究及应用全过程管理情况进行督导检查，对履行管理主体责任不力的单位进行通报批评。

第六节 基建施工装备管理

一、施工装备分类与重大施工装备目录

施工装备主要是指公司基建工程施工使用的具有1kW以上动力的资产类装备。施工装备按应用分，可分为通用施工装备和电网专用施工装备；按重要性分，可分为重大施工装备和一般施工装备，其中重大施工装备是指功能（钻孔扭矩、起重力矩、额定张力等）较强或价值较高（原值200万元以上），主要应用于重点电网工

程建设的专用施工装备。为保障基建施工安全和质量，提升工程机械化施工水平，应加强和规范国家电网有限公司（以下简称"公司"）基建施工装备（以下简称"施工装备"）管理。

重大基建施工装备目录（2019年版）见表1-1-6-1。

表1-1-6-1   重大基建施工装备目录（2019年版）

序号	工序	名 称	主 要 参 数
1	基础施工	轮胎式旋挖钻机（电网工程专用）	最大钻孔扭矩100kN·m及以上
2		履带式旋挖钻机（电网工程专用）	最大钻孔扭矩150kN·m及以上
3	组塔施工	单动臂落地抱杆	额定起重力矩在50t·m及以上
4		双平臂落地抱杆	额定起重力矩在80t·m及以上
5	架线施工	牵引机	额定牵引力在250kN及以上
6		张力机	额定张力在2×80kN及以上
7	变电施工	真空净油机	滤油速度在12000L/h及以上
8		加热装置	低频型：额定输出容量在800kVA，额定加热功率在600kW及以上。 工频型：额定输出容量在3000kVA，额定加热功率在600kW及以上

注 重大施工装备除表中所列装备外，还包括价值较高（原值200万元以上）且主要用于重点电网工程建设的专用施工装备。

二、职责分工

1. 国网基建部职责

（1）负责制定施工装备相关管理制度，指导施工装备发展方向，对省公司施工装备管理工作进行监督和检查。

（2）负责推动和协调省公司创新研发重大施工装备。

（3）负责监督和检查省公司新型装备应用、重大装备安全使用等工作。

（4）负责推进施工装备信息化管理。

2. 省公司建设部职责

（1）负责贯彻落实公司关于施工装备管理的有关要求；负责对省公司资产施工装备的专业管理，监督相关单位按公司要求开展安全使用、台账维护、资产运营等管理。

（2）根据电网建设发展需要，负责组织辖区内施工企业开展施工装备创新研发，指导购置施工装备。

（3）负责指导辖区内施工企业开展施工装备信息化管理。

3. 施工企业职责

（1）严格执行国家、行业、公司施工装备安全管理规定和要求。

（2）根据企业发展和电网建设的需求，开展施工装备创新研发和新型装备应用。

（3）按公司管理要求，开展施工装备信息化相关工作。

（4）根据电网工程建设特点和市场需求，开展施工装备租赁业务，并做好租赁装备的安全管理、维修保养、档案管理、信息化应用等工作。

4. 中国电科院职责

（1）负责贯彻落实公司施工装备管理工作要求，为公司施工装备管理工作提供技术支撑。

（2）协助国网基建部开展施工装备创新研发工作。

（3）作为检验检测机构，接受各单位新型施工装备的检验检测委托；负责集中购置施工装备的抽样检验、重点工程施工装备的现场检验等工作。

（4）接受施工企业的培训委托，协调公司系统内、外培训机构开展施工装备操作技能培训。

三、施工装备配置和创新研发

1. 施工装备配置

（1）施工企业应按照国家有关管理要求购置施工装备，满足企业资质要求和支撑所承揽的工程建设任务。

（2）施工企业应按照国家和公司招标管理要求开展施工装备购置工作。

（3）省公司因工作需要采购的重大施工装备，应按照公司要求开展采购工作。

（4）省公司要加强所属装备的管理，做好设备的完好状态、资产运营和寿命管理工作。

2. 施工装备创新研发

（1）结合公司对电网工程建设的特殊需求，开展电网专用施工装备研发工作。

（2）公司采取科技项目立项、重点工程专项等形式开展重大施工装备的创新研发。

（3）充分发挥施工企业自主创新积极性，结合工程建设、施工，开展一般施工装备创新研发。

（4）施工装备创新研发应注重成果推广应用，按照样机研制、试验检测、试点应用、持续改进、扩大试点应用的研发流程开展。

3. 评价与考核

（1）省公司对所辖施工企业的重大施工装备应用维护、安全使用、资产运营进行评价、考核。

（2）省公司对所辖施工企业的施工装备创新研发项目验收和成果推广进行评价、考核。

（3）国家电网公司对重大装备的研发、管理和应用情况进行评价、考核。

四、施工装备安全使用与信息化管理

1. 施工装备安全使用

（1）施工装备的使用严格执行国家、行业、公司安全管理方面的法律法规、管理制度；对进入现场的施工装备按照施工装备技术标准进行安全管理和使用。

（2）应依据采购合同、技术规范书等相关文件对新购施工装备进行出厂验收和入库。

（3）应按标准规范对新研制施工装备检测合格后方可投入现场应用。

（4）应根据相关管理要求对施工装备开展定期检验，确保长期处于安全可用状态。

（5）施工装备超过规定使用年限或不具备修复价值时，进行资产处置、停用处理，流程执行公司相关管理办法。

（6）超过规定使用年限的施工装备，经专业鉴定仍可继续使用时，应通过缩短安全检测周期、增加使用前检测环节等方式加强管理。

2. 施工装备信息化管理

（1）充分利用信息化管理手段，实现施工装备标准化管理，为施工装备的更新换代提供决策依据。

（2）重大施工装备逐步实现实时在线管理，促进施工企业间施工装备信息共享，提高施工装备应用效率。

（3）利用信息化管理手段，定期更新发布重大施工装备信息。

第七节 基建项目管理规定

一、项目管理与基建项目管理

项目管理是以项目建设进度管理为主线，通过计划、组织、控制与协调，有序推动工程依法合规建设，全面实现项目建设目标的过程，主要管理内容包括进度计划管理、建设协调、参建队伍选择及合同履约管理、信息与档案管理、总结评价等，安全、质量、技术、造价管理要求在各自专业管理规定中明确。

国家电网公司基建项目管理是指境内35kV及以上输变电工程项目管理。

为规范国家电网有限公司（以下简称"公司"）基建项目管理工作，提高项目管理水平，必须加强基建项目管理。

二、职责分工

1. 公司各级单位职责分工

按照基建工程建设程序及各相关业务部门管理职责，公司各级单位发展、基建、物资、设备、调控、财务、科技、营销、信通、档案等部门参与工程项目建设全过程管理。

（1）发展部门负责基建项目前期（立项、可研、核准及其他支撑性材料）阶段管理，负责年度综合计划管理，形成项目前期工作成果移交基建管理部门组织实施。

（2）基建管理部门参与项目前期工作，负责工程前期、工程建设与总结评价三个阶段管理工作，负责组织基建工程的工程设计、设备安装、设备调试、竣工验收阶段的技术监督工作，负责与设备部门共同组织启动验收，负责基建工程项目档案的直接管理与组织协调工作。工程启动投运后移交设备部门运行，工程结算后移交财务部门决算，投运后工程档案移交档案部门归档。

（3）物资（招投标管理）部门负责基建工程相关招标采购管理和物资管理，负责组织实施相关招标采购、物资合同签订履约、质量监督、配送和仓储管理等工作，

负责制定招标批次、物资供应计划。

（4）设备部门负责生产运行准备，协调基建部门开展工程设计、设备安装、设备调试、竣工验收阶段技术监督，会同基建部门开展竣工验收阶段中设备交接验收的技术监督工作，参与工程设计审查、主要设备验收、阶段性验收，与基建管理部门共同组织启动验收。

（5）调控部门参与工程设计审查，负责新设备启动调试调度准备工作，负责根据调试方案编制基建工程新设备启动调度方案，审定停送电计划，参与启动验收、投产试运行等工作。

（6）财务部门负责基建工程建设资金管理、竣工决算和转资管理，会同基建管理部门加强基建成本管理。

（7）科技部门是基建项目环保、水保管理的业务归口部门，负责工程项目环保、水保专项验收和监督检查；参与工程初步设计审查、启动验收、竣工验收。

（8）营销部门负责在基建工程的设计审查、建设和竣工验收阶段指导国家计量法律法规、公司计量管理方面的规章制度及技术标准的执行。

（9）信通部门参与工程设计审查、阶段性验收、启动验收及投产试运行，负责配套通信项目专业化管理，重点开展生产运行准备、质量管理及技术监督工作。

（10）档案部门是工程项目档案管理的业务归口部门，负责基建工程项目档案管理的监督检查指导，负责本单位重大基建项目档案的验收，接收和保管符合公司档案管理要求的相关档案。

2．公司各级单位基建管理部门项目管理职责分工

（1）国网基建部监督、检查、指导、考核省公司级单位［省（自治区、直辖市）电力公司及直属建设公司］项目管理工作。负责500kV及以上电网工程、中央部署重大战略性工程（乡村振兴、脱贫攻坚、军民融合、清洁供暖等）进度计划的制定下达与执行管理，对35～330kV电网工程按照总体规模进行计划管控。负责推进项目部标准化建设，协调处理项目建设重大问题等工作。负责设计施工监理（咨询）队伍招标基建专业管理，会同国网物资部（招投标管理中心）开展500～750kV工程中，跨区跨省和中央部署、公司关注的重大战略性工程队伍集中招标工作。

国网特高压部负责特高压和直流工程项目建设管理，会同国网物资部（招投标管理中心）开展特高压和直流工程队伍集中招标工作。

（2）省公司建设部负责组织推进所辖工程项目建设，监督、检查、指导、考核省建设分公司、地市（县）供电企业项目管理工作。负责编制进度计划，上报国网基建部审批后组织实施；按明细分解除中央部署重大战略性工程（乡村振兴、脱贫攻坚、军民融合、清洁供暖等）以外的35～330kV工程，下达年度进度计划并组织实施。负责省公司建设项目工程前期管理，负责特高压建设统筹协调，组织地市（县）供电企业开展辖区内各级电网建设项目属地协调等工作。负责所辖输变电工程设计施工监理（咨询）队伍招标专业管理，会同省物资部（招

投标管理中心）开展总部招标范围外其余500kV、750kV输变电项目以及500kV以下电压等级输变电工程队伍集中招标工作。负责所辖输变电工程合同、信息、档案管理。省公司建设分公司（以下简称"省建设分公司"）受托负责公司总部和省公司直接管理工程项目的建设管理。负责编制项目进度计划建议，执行省公司下达的建设进度计划。负责本单位建设管理工程的业主项目部组建及管理，以及工程合同、信息、档案管理。

（3）地市供电企业建设部负责编制项目进度计划建议，执行省公司下达的建设进度计划。负责所辖地区各级电网建设项目的属地协调工作。负责所辖业主项目部管理工作的监督检查，以及工程合同、信息、档案管理。

地市供电企业项目管理中心负责业主项目部组建，负责电网项目的建设过程管理，推动工程建设按计划实施，实现工程进度、安全、质量、技术和造价等各项建设目标。

（4）县供电企业承担所辖地区各级电网建设项目的属地协调工作。

三、进度计划管理

1．进度计划管理基本要求

进度计划管理应遵循项目建设的客观规律和基本程序，科学编制电网建设进度计划，开展进度计划全过程管理，采取有效的管理措施，实现基建工程依法开工、有序推进、均衡投产的总体控制目标。

2．进度计划管理总体流程

（1）建设管理单位滚动修订年度电网建设进度计划并报省公司。

（2）省公司级单位［包括省（自治区、直辖市）电力公司和公司直属建设公司］统筹考虑均衡投产要求组织审查、修订电网建设进度计划并报国网基建部。

（3）国网基建部下达年度电网建设进度计划并监督执行。

（4）建设管理单位（负责具体工程项目建设管理的省公司级单位、地市供电企业、县供电企业）执行年度电网建设进度计划，有序推进工程建设。

（5）各级单位基建管理部门按期统计上报工程开工、投产计划执行情况，定期分析项目建设进展情况并开展进度纠偏。

（6）因外部条件等原因造成不能按计划开工、投产的工程，提出进度计划和综合计划调整申请报上级管理部门批准，经决策后实施。

3．工期管理

科学确定合理工期，并严格执行，确保工程建设安全质量。

（1）根据设备制造、施工建设的客观规律，结合科技进步、工艺创新对降低工期的促进作用，按照工程电压等级、气候条件等不同参数，确定输变电工程从开工到投产的合理工期。

（2）保证相应工序的合理施工时间，严禁随意压缩

工期。

（3）因项目前期或工程前期等原因造成开工推迟的，应顺延投产时间。

4. 合理编制电网建设进度计划

（1）电网建设进度计划编制应以公司综合计划为依据，充分考虑电网规划、项目前期、工程前期、招标采购及物资生产供应合理周期及电网实际运行情况等因素，落实合理工期、均衡投产等要求。

（2）电网建设进度计划应包含工程建设各阶段的重要节点进度信息，如可研评审意见取得、项目核准、设计招标定标、初设评审批复、首批物资招标定标、施工招标定标、场平完成、开工、投产、工程结算等节点时间。

5. 严格执行电网建设进度计划

严格执行电网建设进度计划，有序推进工程建设，确保建设任务按期完成。

（1）基建管理部门严格执行电网建设进度计划，推进工程前期工作，落实标准化开工条件，履行相关开工手续，依法开工建设。

（2）业主项目部（项目管理部）根据电网建设进度计划，组织有关参建单位编制项目进度实施计划、招标需求计划、设计进度计划、物资供应计划、停电计划等，实现各项计划有效衔接，按计划有序推进工程建设。

（3）各级单位基建管理部门和业主项目部，应及时统计分析所辖工程的建设进度计划执行情况，当项目进度偏离计划进度时，应及时采取有效的纠偏措施。

（4）因项目前期、设备供货延期、外部条件、不可抗力等原因，确需调整电网建设进度计划的，应履行相关审批手续。

四、建设协调与队伍合同管理

1. 建设协调

按照"统筹资源、属地协调"管理原则，推进建设外部环境协调和内部横向工作协调，提高建设协调效率，确保工程按计划实施。

（1）统筹公司建设外部协调资源，建立常态协调工作机制，落实各级单位建设协调责任。加强与政府部门的沟通汇报，争取政府部门政策支持。

（2）建立电网建设协调与对外服务协同机制，加强各级单位基建管理部门与发展、物资、营销、设备、调控、科技、通信、财务、档案等相关专业部门的协调沟通与工作衔接。加强综合计划与建设进度计划、工程形象进度与财务进度的协调统一，建立物资协调工作机制和工程建设外部协调属地化工作机制，动态跟踪设备、材料的生产和供货情况，及时协调解决出现的问题，提高工程建设效率。加强工程项目文件材料积累管理，实现工程项目建设与工程文件材料收集整理同步推进。加强工程环保、水保重大变动管控，依法合规办理相关手续。

（3）各级单位基建管理部门定期组织召开重点工程建设协调会，分析建设进度计划执行情况，协调解决存在问题，提出改进措施并跟踪落实。

（4）业主项目部（项目管理部）具体负责工程的日常协调管理，开展项目建设外部协调和政策处理工作，重大问题上报建设管理单位协调解决。

（5）工程启动验收投运前，按规定成立工程启动验收委员会（启委会），启委会工作组根据启委会确定的验收、投运等时间节点开展工作，确保工程有序启动投运。

2. 参建队伍选择

按照国家法律法规及公司相关规定，遵循"公开、公平、公正和诚实信用"的原则，择优选择参建队伍。

（1）总部、省公司两级基建管理部门，按照国家招投标有关规定，择优选择资质合格、业绩优秀、服务优质的工程设计、施工、监理（咨询）队伍。

（2）公司系统输变电工程设计、施工、监理（咨询）队伍选择，必须通过有相应资质的招标代理机构（公司系统招标活动应当在公司一级部署的电子商务交易平台或省级政府规定的统一招标平台）进行，由公司总部、省公司按分工负责开展招标集中管理。

（3）根据年度电网建设进度计划，制订设计、施工、监理（咨询）集中招标申报计划，满足项目开工、进度需要。

（4）基建管理部门重点做好标段划分、招标文件审查、评标等工作。在招标文件中明确公司标准化建设及管理要求，安全、质量、进度、技术、造价等管理目标。

3. 合同管理

规范设计、施工、监理（咨询）合同管理。

（1）建设管理单位根据招标结果，负责签订工程设计、施工、监理（咨询）合同。

（2）建设管理单位加强合同执行管理，监督参建单位落实合同约定的目标、措施、要求。

（3）建设管理单位组织业主项目部（项目管理部），根据参建单位合同履约情况开展评价考核。

（4）工程建设中发生工程建设合同变更事项的，由工程建设合同签订单位组织办理工程建设合同变更，按照公司合同会签程序，签订工程建设合同变更协议或补充协议。

4. 参建队伍选择和合同管理的总体流程

（1）基建管理部门根据两级集中招标范围划分和建设进度计划安排，制定设计、施工、监理（咨询）招标计划并上报。

（2）设计、施工、监理（咨询）招标计划审定下达后，基建管理部门商招标管理部门进行招标，各级单位基建管理部门参与招标文件审查和评标。

（3）建设管理单位根据中标结果组织签订合同，业主项目部（项目管理部）监督合同执行，根据履约情况对参建队伍进行激励评价。

五、项目部管理

1. 基本要求

基建工程组织成立业主项目部（项目管理部），配备合格的业主项目经理，根据管理需要配备管理专责，并落实业主项目部标准化管理要求。

(1) 公司以业主项目部（项目管理部）为项目管理的基本执行单元，业主项目部（项目管理部）工作实行项目经理负责制，负责项目建设过程管控和参建单位管理，通过计划、组织、协调、监督、评价，有序推动项目建设，实现工程建设进度、安全、质量、造价和技术管控目标。

(2) 业主项目部（项目管理部）负责对设计、监理（咨询）、施工、物资供应商等参建单位的管理协调。推进监理项目部、施工项目部标准化建设。

2. 项目管理总体流程

项目管理总体流程如下：

(1) 建设管理单位根据年度工程建设任务组建业主项目部；省建设分公司（监理公司）负责建设管理并同时承担监理业务的输变电工程，可组建项目管理部。

(2) 业主项目部（项目管理部）编制项目管理策划文件并下发参建单位执行，审定设计、施工、监理（咨询）单位项目管理策划文件。

(3) 业主项目部（项目管理部）落实工程开工条件，依法组织工程开工。

(4) 业主项目部（项目管理部）加强对参建队伍和建设过程关键节点管控，推动参建各方按计划进行工程建设，收集、整理、上报工程建设信息。

(5) 业主项目部（项目管理部）参与工程启动验收，及时完成工程项目文件材料的收集、整理、归档工作；对施工、监理项目部进行评价，配合建设管理单位基建管理部门对设计质量进行评价。

六、信息档案管理与检查考核

1. 信息档案管理

(1) 应用基建管理系统，及时准确统计上报工程项目建设进展情况，定期分析关键信息，提升工程项目管理效率。

(2) 按照公司电网建设项目档案管理办法要求，将工程项目档案管理融入工程日常管理。项目开工前，明确工程项目文件材料收集计划、归档要求、时间节点、责任单位等；工程建设过程中，注重督导参建单位确保文件材料积累进度与工程建设进度相协同，开展预立卷；项目竣工后，及时组织有关部门和参建单位完成项目文件材料的收集、整理工作，并以工程项目为单位向档案部门归档。

2. 检查考核

(1) 建立基建项目管理逐级评价考核常态机制，根据年度基建项目管理重点工作安排，制定年度基建项目管理考核标准及评价标准，定期逐级开展评价。

(2) 建立基建项目管理创新激励机制，鼓励各单位在贯彻落实标准化管理要求的同时，推进管理方式方法创新，经公司总结提炼和深入论证后，形成可供推广实施的典型经验。

(3) 公司总部、省公司级单位分层组织开展项目管理竞赛，促进项目管理整体水平的稳步提升。

(4) 建立业主项目部（项目管理部）工作评价机制，在工程投产后一个月内，建设管理单位组织开展业主项目部（项目管理部）管理综合评价。

(5) 建立项目经理持证上岗和评价激励机制，分层级评选"优秀业主项目经理"，促进业主项目经理管理技能和业务水平提升。

第八节 基建改革配套政策及其验收标准

一、基建改革配套政策

国家电网公司出台"深化基建队伍改革、强化施工安全管理"12项配套政策。12项配套政策着眼于推动基建队伍的改革发展，强化落实安全管理责任，有针对性地解决施工安全难题。

1. 施工现场关键点作业安全管控措施

明确施工现场关键点作业风险提示、作业必备条件、作业过程安全管控措施，划出关键作业施工安全管理的底线、红线，作为强制性措施。完成输变电工程施工作业票修订，将施工现场关键点作业安全管控措施纳入施工作业票，明确施工作业任务分工、安全必备条件、技术要点，落实"签字放行"要求，推动管控措施有效落实到作业现场。启动安全警示教育视频培训教材编制工作，强化一线作业人员安全培训，进一步提高宣贯培训实效。

2. 输变电工程安全责任量化考核意见

明确安全管控关键点责任单位和关键人员的量化考核标准，将安全责任落实到单位和个人，实现安全管控责任"对号入座"和量化评价考核；组织省公司根据实际研究制定实施细则，省公司组织所属建管、施工、监理单位制定个人安全责任量化考核奖惩实施细则，逐级抓好落实。同时，建立两级基建安全责任落实督查及量化考核常态机制，依据督查结果定期对参建单位及关键人员进行量化考核排名，与队伍招标、同业对标、企业负责人考核及个人奖惩挂钩，并建立约谈警示机制，推动安全管控责任落实，确保一级对一级负责。

3. 关于加强线路工程作业层班组建设的指导意见

明确线路工程组塔、架线只能劳务分包，劳务分包队伍必须在施工单位作业班组骨干的组织、指挥、监护下开展具体作业，严禁采取专业分包或分包队伍自行施工；同时，明确施工单位线路组塔、架线作业班组骨干配置的最低标准（班长兼指挥、安全员、技术兼质检员）及任职资格，推动施工单位强化技能人才补充、培养和配置。

4. 关于加强线路工程核心劳务分包队伍培育及管控的指导意见

明确劳务核心分包队伍的准入条件、培育支持政策、择优使用原则，核心劳务分包队伍必须具备长期稳定的技能骨干，施工单位在择优使用、核心人员培养、工程结算等方面出台具体的培养扶持政策，建立互惠共赢的战略合作关系，每年进行核心劳务分包队伍量化评价和动态调整，形成公平竞争态势，推动核心劳务分包队伍逐步成长为业务精干、服务优质的劳务作业专业公司，成为施工单位有力支撑，从机制上杜绝没有核心人员、没有实际作业能力的"皮包分包队伍"进入分包市场，让"干得好、干得多"的队伍"干得更多、干得更好"；明确了施工单位强化核心分包队伍人员"四统一"管理有关要求，强化分包队伍核心人员培训及管理，提升分包队伍业务素质；明确公司各级财务、审计、经法、监察等相关专业强化分包管理的有关要求，确保劳务分包依法合规。

5. 关于加强项目管理关键人员全过程管控的指导意见

明确关键人员全过程管控意见。一是统一建库，将业主、监理、施工三个项目部及作业层管理骨干作为项目管理关键人员（简称"关键人员"）进行全过程管控；二是持证上岗，在公司层面建立统一数据库对关键人员信息进行集中管控和查询核实，统一明确关键人员岗位任职资格及培训持证上岗要求；三是招标核实，将关键人员配置作为施工监理招标硬约束，从机制上杜绝成建制人员配置不到位、实际能力不足的施工、监理单位进入施工、监理市场；四是履职监督，采取远程监控和现场督查相结合的方式，强化关键人员现场履职监督；五是量化考核，在安全质量责任量化考核中对关键人员进行量化评价考核，并与个人绩效工资挂钩。

6. 基建安全日常管控体系优化方案

优化完善安全管理工作流程，归并精简过程档案资料和日常信息报表，形成第一批减负清单，精简日常案头工作量40%左右。同时进一步明晰基建安全工作重点及各级管控责任，确保各级管理人员突出重点抓落实，集中精力抓实现场管控。

7. 施工单位技术装备配置规划及计划、预算安排

将施工单位技术装备购置纳入年度综合计划和预算安排，将施工装备技术创新项目纳入年度科技项目，形成施工单位技术装备购置应用、创新研发的良性态势；将7种、2.9亿元施工装备急需采购计划纳入2017年综合计划和预算安排调整，其余28种、2亿元装备采购计划纳入2018年综合计划和预算安排；形成输变电工程19种施工装备创新研发需求，纳入公司2018年科技项目。

8. 施工监理企业劳动用工及薪酬激励指导意见

在深化完善施工监理企业用工机制方面，一是盘活企业内部人员存量，施工监理企业一线人员占比达80%以上；二是优化毕业生招聘学历及专业结构，重点补充一线紧缺专业人才；三是优化社会化用工机制，以省公司为单位加强用工总量管控，省公司指导施工监理企业根据实际业务需要，在总量控制范围内动态调整社会化用工规模，并报上级单位备案；四是加强劳动合同管理和用工机制建设，通过考核评价，及时淘汰不符合业务发展需要人员，实现管理人员能上能下、员工能进能出，

以满足施工监理业务发展需求。

在健全完善施工监理企业考核分配机制方面，一是指导各省公司优化施工监理企业工资总额管理机制，工资总额核定与企业利润、营业收入、产值等指标紧密挂钩；二是指导施工监理企业深化岗位绩效工资制度改革，加大一线岗位薪酬激励力度，与项目安全、质量等目标量化考核相挂钩，调动一线员工积极性，有效落实安全质量责任。

9. 基建相关机构及职责调整完善方案

有效整合公司建设管理和监理队伍资源，统筹加强工程项目管理，强化落实业主、监理、施工单位安全责任。

在加强省公司层面工程项目管理方面，一是将省经研院建设管理中心、监理公司独立出来，合并组建省建设分公司（省监理公司），履行省公司层面建设管理单位职责和监理单位职责；二是统筹业主项目部、监理项目部力量，同时承接建设管理、工程监理任务，合并组建监理项目部（业主项目部），加强现场工程项目建设全过程管理；三是全过程工程咨询试点单位"一步到位"，组建电力建设全过程工程咨询公司，现场将业主项目部、监理项目部整合成项目管理部，减少现场一个管理层级，优化管理流程和要求，做实甲方项目现场管理。

在加强地市层面工程项目管理方面，将地市公司项目管理中心从建设部独立出来，作为地市公司二级机构，定位为工程项目管理专业机构，实现对基建、配网、技改、大修、营销等工程项目建设过程集约化、专业化管理（根据需要设基建项目管理组、配网项目管理组）。

在加强各级基建部门的建设职能管理方面，省公司、地市公司建设部负责本单位基建进度、安全、质量、技术、造价、队伍的专业管理及监督考核，不再担任业主项目经理直接负责现场工程建设过程管理。调整省公司建设部项目管理处职责，负责工程技术管理、项目部标准化建设及监督考核、特高压及常规工程建设统筹协调等职责，不再负责省公司直管项目现场建设过程管理职责。省公司建设部特高压管理处（选设，部分单位有）项目现场建设过程管理职责及人员划转到省建设分公司（省监理公司）。

在加强所属施工企业安全管理方面，在保持现有机构数量不增加的情况下，依据相关法律法规要求独立设置安全监察部，加强现场安全监督检查，强化落实施工安全管理主体责任。

同时，建立省公司动态核定建设管理单位人员编制的机制，总部不再控制省公司所属单位人员编制。

10. 施工集体企业瘦身健体优化整合指导意见

在推进施工企业整合的同时，重点加强其核心能力建设。一是加强作业层能力建设，通过技能人才补充优化，组建成建制作业班组，自行承担变电安装、调试和线路组塔、架线等核心业务，劳务分包作业必须在施工集体企业作业班组骨干的组织、指挥、监护下作业，坚决杜绝违规分包、违法转包；二是加强施工管理能力建设，施工项目部能够实现对自行作业班组和分包作业队

伍施工安全、质量、技术、进度等进行有效管控；三是加强技术装备补充和管理，严禁劳务分包队伍自带技术装备及施工工器具进行作业；四是严格依据实际承载力承接施工任务，施工集体企业根据自身实际能力，参与施工市场竞争，量力而行承接施工作业任务，确保施工作业安全。

11. 开展全过程工程咨询试点的实施方案

明确开展全过程工程咨询试点的总体思路和原则要求，主动适应国家全过程工程咨询改革形势要求，积极探索输变电工程建设管理新模式，切实提高建设项目现场全过程管控实效，有效解决业主项目部和监理项目部两层都薄弱、两层都不到位等问题，全面提升基建本质安全水平，按照依法依规、注重实效、有序推进的原则开展改革试点工作。

确定试点单位及试点范围，选择北京、上海、江苏、浙江、福建、湖南、四川等7个省（直辖市）公司开展省公司层面的输变电工程全过程工程咨询改革试点。

明确改革试点的主要内容及工作要求，改革试点主要内容包括调整组织机构、优化管理界面及流程、强化人才补充和激励、创造良好改革条件4个方面，要求7家试点单位适时开展试点，积极争取有关政策，研究制定具体操作方案。

12. 推进质量监督体制改革的实施方案

公司积极与国家能源局沟通，一是争取剥离挂靠公司系统的省电力工程质量监督中心站非电网工程质量监督职能；二是在公司层面设立质量监督分站，挂靠基建部管理，办事机构设在中国电科院质监中心，协助基建部对27个省电力工程质量监督中心站进行业务指导，并具体负责组织开展特高压等跨区重点工程质量监督。公司将继续跟踪国家能源局改革方案，并根据相关要求推进公司系统质量监督体系深化完善。

以上12项配套措施涉及管理模式、组织机构、劳动用工、薪酬分配、管控机制、市场机制、考核机制、技术装备、技术措施、管控手段等多个方面，归纳起来核心是做实现场两级管理、抓住两个关键因素、加强三个支撑保障、健全两个管控机制。

（1）做实现场两级管理。一是做实施工单位作业现场管控。加强施工单位作业层班组建设，确保劳务分包作业在施工单位组织、指挥、监护下进行，从根本上解决"以包代管"问题。二是做实甲方现场工程项目管理。整合建设管理和工程监理资源，统筹加强工程项目管理。

（2）抓住两个关键因素。一是抓住项目管理关键人。通过统一建库、持证上岗、招标核实、现场监督、量化考核，进行全过程管控。二是抓住现场作业关键点。划出关键作业施工安全管理的底线、红线，作为强制性措施，落实"签字放行"要求。

（3）加强三个支撑保障。一是加强施工监理企业人力支撑保障。明确施工、监理企业长期职工、社会化用工补充渠道，重点补充急需技术技能人才；建立面向一线的薪酬激励机制，推动存量人员向一线流动，下决心解决一线"空壳化"、机关"贵族化"问题。二是培育核心分包队伍形成施工单位有力劳务支撑保障。通过严格准入、培育支持、择优使用等政策，推动核心劳务分包队伍逐步成长为业务精干、服务优质的劳务作业专业公司，形成施工单位长期稳定的劳务支撑。三是加强施工技术装备支撑保障。研究制定基建施工企业装备配置管理办法，建立施工单位技术装备定期补充、创新提升的常态机制。

（4）健全两个管控机制。一是健全队伍市场化激励约束机制。将现场关键人员配置作为施工、监理招标硬约束，从机制上杜绝建制人员不足的队伍进入施工、监理市场；将具有一定数量长期稳定的技能骨干作为核心劳务分包队伍的准入门槛，从机制上杜绝没有实际作业能力的分包队伍进入分包市场。二是健全现场督查及量化考核机制。推动"关键人"落实责任，有效管控"关键点"。

"深化基建队伍改革、强化施工安全管理"12项配套政策概要见表1-1-8-1。

表1-1-8-1　　"深化基建队伍改革、强化施工安全管理"12项配套政策概要

序号	政策名称	拟解决的问题	核心内容	主管部门	备注
1	施工现场关键点作业安全管控措施	施工一线作业人员因缺乏基本安全意识、基本安全常识和基本技能，野蛮施工作业引发低级安全事故	分析输变电工程施工现场各作业环节中可能导致人身事故的关键点，重点针对责任不落实、制度不落实、方案不落实、措施不落实问题，总结提炼出能够有效防止人身事故的关键措施，供一线人员宣贯培训和学习执行和各级检查必查内容	基建部	已于2017年6月22日以国家电网基建〔2017〕503号文印发
2	输变电工程安全责任量化考核意见	安全责任不能落实到具体单位和个人，责任落实无考核标准，"尽职免责、失职追责"要求不能落到实处	建立基建安全责任落实督查及量化考核常态机制，明确安全管控关键点责任单位和关键人员的量化考核标准，将安全责任具体落实到单位和个人，实现安全管控责任"对号入座"和量化评价考核，并于个人上岗、薪酬绩效挂钩，与施工监理单位招投标挂钩，与各单位主要负责人业绩考核和同业对标挂钩	基建部	已于2017年6月22日以国家电网基建〔2017〕503号文印发

序号	政策名称	拟解决的问题	核 心 内 容	主管部门	备 注
3	关于加强线路工程作业层班组建设的指导意见	线路工程"以包代管",由分包单位自行组织、指挥作业,公司现场管理要求无法落地,安全风险难以受控	明确线路工程组塔、架线只能劳务分包,劳务分包队伍必须在施工单位作业班组骨干的组织、管控、监护下开展具体作业,严禁专业分包或分包队伍自行施工。明确施工单位线路组塔、架线作业班组骨干配置的最低标准(班长兼指挥、安全员、技术兼质检员)及任职资格,推动施工单位强化技能人才补充、培养和配置,切实加强作业层班组建设,牢牢把握施工单位安全质量管控主动权	基建部	本次印发。需省公司制定实施方案并组织所属施工单位制定实施细则
4	关于加强线路工程核心劳务分包队伍培育及管控的指导意见	分包队伍多、杂、散,能力水平整体不足、参差不齐,对公司线路工程施工难以有效支撑	明确了劳务核心分包队伍准入条件、培育支持政策、择优使用原则,推动优秀劳务分包队伍逐步成长为业务精干、服务优质的劳务作业专业公司,形成施工单位有力支撑,从机制上杜绝没有核心人员、没有实际作业能力的"皮包分包队伍"进入分包市场;明确施工单位强化核心分包队伍人员"四统一"管理有关要求,强化分包队伍核心人员培训及管理,提升分包队伍素质;明确公司各级财务、审计、经法、监察等相关专业强化分包管理的有关要求,确保劳务分包依法合规	基建部	本次印发。需省公司制定实施方案并组织所属施工单位制定实施细则
5	关于加强项目管理关键人员全过程管控的指导意见	一线关键人员配置不足、能力不足、责任心不足、履职不到位,各单位对关键人员配置及履职状况难以有效掌握和管控	将业主、监理、施工三个项目部及作业层管理骨干作为项目管理关键人员统一建库进行全过程管控;统一明确关键人员岗位任职资格,以及培训持证上岗要求,在公司层面建立统一数据库对关键人员信息进行集中管控和查询核实,确保持证上岗;将关键人员配置作为施工监理招标硬约束,修订公司施工、监理招标文件范围及合同范本,从机制上杜绝成建制人员配置不到位、实际能力不足的施工、监理单位进入施工现场;采取远程监控和现场督查相结合,强化关键人员现场履职监督;在安全质量责任量化考核中对关键人员进行量化评价,并与个人绩效工资挂钩	基建部	本次印发。需要各省公司研究制定实施细则
6	基建安全日常管控体系优化方案	减轻一线人员"案头"工作负担,突出重点抓落实,确保管理人员将主要精力放在抓现场管控上,确保将法律法规强制要求的重点工作有效落实到位	优化业主监理安全管理总体策划、风险管理、分包管理流程,以量化考核替代安全管理评价,将数码照片管理融入具体管理内容。强化风险管理,对固有风险重新梳理,落实省公司层面对三级及以上风险管理责任;规范作业票管理,将作业票与风险管理相结合、与班组级交底相结合、与作业层管理相结合,突出现场作业管理"一张票"管理。简化现场资料记录,除法规要求外,管理记录以可追溯证据方式可备为主(如微信记录等),不片面追求纸质文档。精减日常案头工作量40%左右	基建部	本次印发
7	施工单位技术装备配置规划及计划、预算安排	施工单位技术装备定期补充机制不健全,施工单位技术装备购置费用不足,先进实用装备研究投入补充	将施工单位技术装备购置纳入年度综合计划和预算安排,将施工装备技术创新项目纳入年度科技项目,形成施工单位技术装备购置应用、创新研发的良性态势;将7种、2.9亿元施工装备急需采购计划纳入了今年综合计划和预算安排调整,其余28种、2亿元装备采购计划纳入2018年综合计划和预算安排;形成输变电工程19种施工装备创新研发需求,纳入公司2018年科技项目,从专业化、标准化、系列化等三个方面创新提升施工装备技术水平,提高机械化施工能力	基建部	10月27日已通过公司规委会审查,文另发

序号	政策名称	拟解决的问题	核 心 内 容	主管部门	备 注
8	施工监理企业劳动用工及薪酬激励指导意见	施工作业层"空壳化"、监理单位人员素质严重不足，人员下一线缺乏积极性，增量人员补充方式单一，施工"以包代管"、监理"形同虚设"问题	深化完善施工监理企业用工机制：盘活人员存量，优先从施工监理企业内部做好存量盘活，确因业务发展需要的可由省公司统筹，通过内部市场平台在所属地市、县公司范围内，选拔合适人员支援施工监理企业，施工监理企业一线人员占比达80％以上；优化毕业生招聘学历及专业结构，重点补充一线紧缺专业人才；优化社会化用工机制，以省公司为单位加强用工总量管控，省公司指导施工监理企业根据实际业务需要，在总量控制范围内动态调整社会化用工规模，并报上级单位备案；加强劳动合同管理和用工机制建设，通过考核评价，及时淘汰不符合业务发展需要人员，实现管理人员能上能下、员工能进能出，满足施工监理业务发展需求。 健全完善施工监理企业考核分配机制：指导各省公司优化施工监理企业工资总额管理机制，工资总额核定与企业利润、营业收入、产值等指标紧密挂钩，实现工资总额与企业效益和产值同向升降，并在省公司工资总额计划内单独申报；指导施工监理企业深化岗位绩效工资制度改革，加大一线岗位薪酬激励力度，与项目安全、质量等目标量化考核相挂钩，调动一线员工积极性，有效落实安全质量责任	人资部	由人资部发文，需各省公司编制省公司层面施工监理企业劳动用工和薪酬激励实施细则，并具体填报人员补充相关需求
9	基建相关机构及职责调整完善方案	解决职能管理与项目管理界面不够清晰、项目管理力量不足、施工单位安全管理能力不足等问题	省公司建设部不再直接参与工程项目业务操作层面工作，调整项目管理处职责，撤销特高压处；剥离省经研院项目管理中心除工程前期以外的其他职责和人员，监理公司成建制划转，调整省经研院部分职能部门人员，组建省建设分公司（省监理公司）；地市公司建设部（项目管理中心）拆分为建设部和项目管理中心。省公司所属施工企业独立设置安全监察部，原质量管理职责调整到其他部门	人资部	由人资部发文。各省公司要组织及时调整到位
10	施工集体企业瘦身健体优化整合指导意见	施工集体企业施工水平参差不齐、实际作业能力不足	加强作业层能力建设，通过技能人才补充优化，组建成建制作业班组，自行承担变电安装、调试和线路组塔、架线等核心业务，劳务分包作业必须在施工集体企业作业班组骨干的组织、管控、指挥下作业，坚决杜绝违规分包、违法转包；加强施工管理能力建设，施工项目部能够实现对自行作业班组和分包作业队施工安全、质量、技术、进度等进行有效管控；加强技术装备补充和管理，严禁劳务分包队伍自带技术装备及施工工器具进行作业；严格依据实际承载力承接施工任务，施工集体企业根据自身实际能力，参与施工市场竞争，量力而行承接施工作业任务，确保施工作业安全	产业部	已于2017年8月16日以国家电网办〔2017〕656号文下发
11	开展全过程工程咨询试点的实施方案	落实国家相关改革要求，解决业主项目部、监理项目部两层都薄弱、两层都不到位问题	是明确开展全过程工程咨询试点的总体思路、原则要求，按照依法依规、注重实效、有序推进的原则开展改革试点工作；确定试点单位及试点范围，按照国家推进全过程工程咨询试点的地域范围，选择北京、上海、江苏、浙江、福建、湖南、四川等7个省（直辖市）公司开展省公司层面的输变电工程全过程工程咨询改革试点；改革试点主要内容包括调整组织机构、优化管理界面及流程、强化人才补充和激励、创造良好改革条件4个方面，7家试点单位按照公司明确的统一要求适时开展试点，积极向属地住建厅汇报实施方案，积极争取采取直接委托方式开展全过程咨询的有关政策	体改办	由体改办发文，试点单位要认真落实国家有关文件精神和公司确定的基本框架、具体要求，研究制定具体操作方案，细化明确机构设置、人员配置、主要职责、管理界面、管理流程、管控要求、业务委托、业务运作、费用支付等内容。操作方案经省公司党委会研究审定后，报总部审批

续表

序号	政策名称	拟解决的问题	核心内容	主管部门	备注
12	推进质量监督体制改革的实施方案	省电力工程质量监督中心站承担非电网工程质量监督职能的能力不足	剥离挂靠公司系统的省电力工程质量监督中心站非电网工程质量监督职能；在公司层面设立质量监督分站，挂靠基建部管理，办事机构设在中国电科院质监中心，协助基建部对27个省电力工程质量监督中心站进行业务指导，并具体负责组织开展特高压等跨区重点工程质量监督	体改办	待能源局下发质监体系改革方案后统一明确和实施

二、基建改革12项配套措施验收标准

基建改革12项配套措施验收标准见表1-1-8-2。

表1-1-8-2　　　　　　　　　　　基建改革12项配套措施验收标准

序号	重点要求或标准（条文）	分值	检查地点	验收方法	验收评价标准	备注
1	输变电工程施工现场关键点作业安全管控措施（100分）					
1.1	各省公司要组织做好口袋书征订工作，确保全面发放至一线	5	作业现场	□抽查现场人员5人	□现场人员没有配置口袋书或者App学习无记录，一人不满足要求扣1分	
1.2	组织专门的师资力量，深入各项目一线进行专题培训	5	项目部	□检查培训记录	□未见培训记录，扣5分	
1.3	确保每一位作业人员都熟悉所从事施工作业的关键点、作业必备条件、作业过程安全控制措施，不达必备条件不施工、措施不到位不施工，在施工现场营造"我要安全、我会安全、拒绝无知、相互监督"的安全文化	60	作业现场	□对正在作业的现场作业关键点管控措施进行检查	□施工作业的关键点、作业必备条件、作业过程安全控制措施不落实，每一处扣5分。 □施工作业现场存在Ⅰ类隐患或触碰停工红线，扣完60分	扣完60分，直接导致本项措施未通过验收
1.4	各单位要建立健全各级现场安全督查机制，严格督查关键点作业安全措施落实情况	30	项目部/作业现场	□检查上级督查记录。 □对正在作业的现场作业关键点管控措施进行检查	□处于施工高峰期的项目，省公司进行过督查，得10分。地市级公司进行过督查，得5分。 □上级单位督查发现的问题未在现场重复发生，得30分，存在重复发生的，每发现一项扣10分	
2	输变电工程安全质量责任量化考核办法（100分）					
2.1	省公司每季度根据每个考核周期内的累计检查结果发布一次量化考核结果，并按单位和人员类别分别进行排名	10	省公司/项目部	□检查省公司考核结果通报。 □抽查现场三个项目部管理人员	□省公司未发布通报，每缺一个季度扣5分。 □现场管理人员不知晓本人考核结果，每缺一人扣2分	
2.2	各单位应针对发现的问题认真组织整改闭环。对整改及时并能举一反三推动安全管控能力提升的单位，进行适当加分	10	项目部	□检查整改通知单	□施工单位每季度对每个在建项目检查少于一次，施工单位分管领导每半年应对每个在建项目检查少于一次；监理单位每季度应对每个在建项目检查少于一次，监理单位分管领导每半年应对每个在建项目检查少于一次；建设管理单位分管领导每季度对每个在建项目（标段）检查少于一次，每缺一次扣2分	

序号	重点要求或标准（条文）	分值	检查地点	验收方法	验收评价标准	备　注
2.3	省公司建立督查专家库，规范专家管理，加强对作业现场的督查，每季度覆盖所有参建单位	10	省公司	□检查成立专家库文件	□未成立专家库，扣10分	
2.4	将施工、监理单位的量化考核结果作为公司输变电工程招标投标评标考核业绩之一	10	省公司	□检查抽查项目的评标文件	□检查抽查项目的评标文件未考虑量化考核结果，扣10分	
2.5	建设管理、监理、施工单位在每次考核中排名在后3名、或不合格的，由其上级主管单位主要负责人对被考核单位主要负责人进行约谈	10	省公司	□检查相关文件	□约谈每缺一人，扣2分	
2.6	将建设管理单位量化考核的结果作为该单位基建安全同业对标和负责人业绩考核的计分依据	10	省公司	□检查相关文件	□未纳入考核，扣10分	
2.7	将施工、监理、业主项目部管理人员量化考核的结果纳入有关人员上岗、薪酬或有关奖励范畴	20	项目部	□抽查现场人员5人，查相关记录	□未纳入考核，每人扣2分	
2.8	省公司应根据自身实际情况明确基建安全量化考核实施细则。各参建单位应针对参建人员制定安全奖惩实施细则，并在本单位工资总额中安排安全奖惩项目，促进量化考核工作深入开展	20	省公司	□查相关文件	□省公司未明确基建安全量化考核实施细则，扣10分。□参建单位应针对参建人员制定安全奖惩实施细则，扣10分。□参建单位工资总额中未安排安全奖惩项目，扣20分	
3	关于加强线路工程作业层班组建设的指导意见（100分）					
3.1	作业层班组作为最基层执行单元，要将作业票、交底、站班会、质量验收等基础管理要求落实到位，开展标准化作业	10	作业现场	□查作业现场资料	□作业现场无工作票或交底、站班会，扣10分。□施工单位对作业层班组无标准化管理标准，扣5分	
3.2	施工单位认真开展本单位人力资源分析，根据线路工程作业层班组建设需要，具体研究存量人员培训转岗安排、长期职工及社会聘用人员补充需求，依据公司施工单位用工指导意见明确的补充渠道及要求，把该补充的人员补充到位	10	省公司	□查相关文件	□施工单位缺员未得到补充，每缺一人扣2分。□施工单位未开展本单位人力资源分析，实际缺员未提出要求，扣10分	
3.3	作业层班组骨干人员上岗前，应经施工单位或上级单位组织的岗位技能培训、考试考核合格持证（班长兼指挥、安全员还应同时取得省公司颁发的安全培训合格证）	20	作业现场	□抽查作业层班组骨干，查相关记录	□每缺一证，扣10分	
3.4	班长兼指挥需具备担任作业负责人、填写作业票、全面组织指挥现场作业的能力	否决项	作业现场	□对班长兼指挥询问作业情况。□要求班长兼指挥实际开票	□班长兼指挥不具备相应能力，本项改革措施未通过	
3.5	安全员要具备担任现场作业安全监护人、识别现场安全作业条件、抓实现场安全风险管控的能力	否决项	作业现场	□对安全员询问现场安全管理要求。□对安全员进行抽考	□不具备相应能力，本项改革措施未通过	

序号	重点要求或标准（条文）	分值	检查地点	验收方法	验收评价标准	备 注
3.6	技术兼质检员具备现场施工技术管理、开展施工质量自检的能力	否决项	作业现场	□对质检员询问现场质量管理要求。 □对质检员进行抽考	□不具备相应能力，本项改革措施未通过	
3.7	施工单位结合量化考核要求，建立向一线倾斜的薪酬分配体系和个人量化考核激励实施细则，对作业层班组骨干人员任务完成、安全质量责任落实等方面进行量化考核，将绩效与收入挂钩，坚持权、责、利对等原则，体现有奖有罚、重奖重罚	20	作业现场/项目部	□查相关记录	□未落实要求，每缺一人扣10分	
3.8	在施工招标时，应依据最低标准要求提出作业班组骨干人员配置要求	20	省公司	□查招标记录	□未落实要求，扣20分	
3.9	施工单位进场施工时，应由业主项目部和监理项目部核实实际进场的作业层班组骨干人员是否与投标承诺一致，不一致的不允许进场作业	20	作业现场/项目部	□查招标记录并与现场核对	□与投标承诺不一致，每偏差20%扣10分	
3.10	对于作业班组形同虚设、名义为班组实际仍为分包独立作业的情况，除对相关人员通报处理外，纳入施工单位的资信评价在后续施工招标时进行扣分	否决项	省公司	□查作业层班组骨干人员来源、了解实际情况	□分包独立作业，本项不通过	
4	关于加强线路工程核心劳务分包队培育及管控的指导意见（100分）					
4.1	组塔、架线施工作业班组采取"施工单位作业层班组骨干＋核心分包队伍劳务作业人员"组建方式	否决项	作业现场/项目部	□了解现场实际情况	□分包人员未编入作业层班组，本项不通过	
4.2	核心劳务分包队伍为施工单位相应作业层班组提供合格的劳务作业人员，在施工单位作业层班组骨干的组织、指挥、监护下开展工作，不得自行作业，不得自带材料、机具	否决项	作业现场/项目部	□了解现场实际情况。 □查分包合同	□分包合同仍为老合同，本项不通过	
4.3	核心劳务分包人员是适应线路工程劳务分包需要，具有相关技能水平、经施工单位培训合格上岗、从事组塔和架线具体作业、资信良好的劳务作业人员	否决项	作业现场/项目部	□了解现场实际情况。 □抽查核心分包人员5人	□核心分包人员不合格，本项不通过	
4.4	省公司在线路工程施工招标时，应提出必须使用核心分包劳务队伍的要求	否决项	省公司	□查招标记录	□未落实要求，本项不通过	
4.5	施工单位结合实际情况，在法规、制度允许的范围内，规范核心劳务分包队伍选择或合作方式，实现核心劳务分包人员在施工项目的高效配置和有效掌控	否决项	省公司	□查相关文件	□分包队伍选择方式与核心分包队伍管控要求存在冲突，本项不通过	
4.6	将核心劳务分包人员纳入施工单位"四统一"管理	否决项	作业现场/项目部	□全面了解现场实际情况	□施工单位未实现对核心分包人员直接掌控，或核心分包人员仍受控于分包单位，本项不通过	

续表

序号	重点要求或标准（条文）	分值	检查地点	验收方法	验收评价标准	备 注
5	关于加强项目管理关键人员全过程管控的指导意见（100分）					
5.1	各单位要严格按照项目管理关键人员任职资格要求，加强上岗前的培训持证工作	20	作业现场/项目部	□抽查项目管理关键人员，查相关记录	□项目经理、专职安全员、总监不具备任职资格，扣20分。 □其他人员未完成上岗前培训持证，每缺一证，扣5分	
5.2	各单位要确保项目管理关键人员能力能够满足岗位工作的能力需要，在岗、履职情况记录准确、全面、及时	20	作业现场/项目部	□对项目关键人员询问现场项目管理要求。 □检查项目关键人员现场履职记录	□不具备相应能力，扣10分。 □未认真进行履职，扣10分	
5.3	省公司将项目总监理工程师、施工项目经理、施工项目部安全员、施工作业层班组骨干等关键人员的配置要求作为准入项，纳入施工监理招标专用资格条件，并写入合同进行管理	20	省公司	□查招标记录。 □查施工监理合同	□招标文件中未落实要求，扣10分。 □合同中未落实要求，扣10分	
5.4	建管、施工、监理单位关键人员统一建库	20	作业现场/项目部	□查相关记录	□现场项目部关键人员未在库中，每发现一人，扣5分	目前正在调试，预计最早年底具备条件
5.5	对已在基建管理系统中录入的总监理工程师、施工项目经理、施工安全员等项目管理关键人员，不得随意调换。确需调整时应经建设管理单位同意批准，方可实施信息变更	10	作业现场/项目部	□检查项目部关键人员与管控系统中录入的人员是否一致	□未经建设管理单位同意，随意变更项目关键人员，每发现一人，扣5分	
5.6	省公司对关键人员进行严格监督及量化考核	10	省公司	□检查省公司考核结果通报	□省公司未对关键人员进行量化考核，扣10分	
6	关于基建日常管控体系简化优化的实施方案（100分）					
6.1	建设管理纲要与监理实施细则项目特点明确、针对性措施要求具体，执行责任人、监督责任人、落实节点时间、落实情况跟踪等关键信息准确，施工、监理、业主审批签字程序及过程监督落实记录准确	20	作业现场/项目部	□建设管理纲要与监理实施细则	□执行责任人、监督责任人、落实节点时间、落实情况跟踪等关键信息不够准确，每发现一项，扣15分。 □施工、监理、业主审批签字程序及过程监督落实记录不准确，不完整，每发现一项，扣5分	
6.2	省公司层面对三级及以上风险管理责任落实到位	20	省公司	□检查省公司对三级及以上风险的许可备案管理记录	□省公司未全面掌握三级及以上风险管理，每遗漏一项，扣5分	
6.3	作业票填写、签发管理规范	20	作业现场/项目部	□检查现场作业票、工作票或相关工作记录	□作业票填写不规范，每发现一张扣5分。 □作业票内容与现场实际作业不一致，每发现一张扣5分	
6.4	在现场作业班组填写施工作业票前，对作业环境按照风险管控关键因素进行评估核实，与"施工安全风险识别、评估及预控措施清册"进行对比分析，评估是否需要提高风险等级，并在施工作业票中反映复测评估结果	20	作业现场/项目部	□查作业票及风险清册	□填写作业票时未按要求开展风险复测，每发现一张扣5分	

序号	重点要求或标准（条文）	分值	检查地点	验收方法	验收评价标准	备注
6.5	作业票与班组级交底相结合、与作业层管理相结合，实现现场作业"一张票"管理	20	作业现场/项目部	□查相关记录	□施工作业票未进行每日交底，每发现一次，扣10分。 □作业票交底存在代签名，每发现一人扣5分	
7	基建施工企业装备配置管理办法（100分）					
7.1	现场装备、工器具、安全文明设施、劳保用品等配置到位。施工企业建立技术装备定期补充机制，技术装备配置应满足施工装备配置基本要求	100	施工企业本部/作业现场/项目部	□施工企业技术装备补充计划、年度综合计划，技术装备报审情况及现场实际配置情况	□无施工企业技术装备补充计划、年度综合计划每项扣10分，技术装备未及时报审扣10分、现场实际配置不齐全每项扣5分	
8	关于加强施工监理企业劳动用工与薪酬激励的指导意见（100分）					
8.1	各种用工补充计划结合企业实际情况申报，并得到落实。施工监理企业通过内部培训转岗下一线、内部市场招聘、毕业生招聘、劳务派遣等措施深化完善施工监理企业用工机制，重点补充一线技术技能人才	50	施工监理企业本部/项目部	□查相关上报记录	□无用工补充计划扣10分。 □未采取有效措施补充劳动用工每少一项措施扣10分	
8.2	建立与施工监理企业营业收入、利润等要素挂钩的工资总额核定机制，实现工资与企业业绩同向升降，并得到认真执行，效果良好。施工监理企业深化岗位绩效工资制度改革，加大一线岗位薪酬激励力度，与项目安全、质量等目标量化考核相挂钩，调动一线员工积极性，有效落实安全质量责任	50	施工监理企业本部/项目部	□查措施文件及执行记录	□未建立工资总额核定机制扣10分。 □未采取有效措施深化岗位绩效工资制度改革扣10分。 □监理施工项目部配置不齐全每个项目部扣10分	
9	基建相关机构及职责调整完善方案（100分）					
9.1	相关机构调整到位情况。各省级公司成立省建设分公司（省监理公司），地市公司成立项目管理中心	40	省建设分公司（省监理公司）/地市公司项目管理中心	□查相关文件及实际到位情况	□机构未建立或不齐全全扣	
9.2	人员补充到位情况。业主项目经理、业主项目部安全专责、质量专责关键人员配置齐全，能满足甲方现场管控要求	30	省建设分公司（省监理公司）/地市公司项目管理中心	□查相关文件及实际到位情况	□业主项目部关键人员配置不齐全，每少一人扣10分	
9.3	改革过渡阶段安全保障措施及实际执行情况	30	省建设分公司（省监理公司）/地市公司项目管理中心	□查相关文件资料及实际执行记录	□未建立业主项目部管理措施扣10分。 □未执行甲方现场安全管控每个项目部扣10分	

序号	重点要求或标准（条文）	分值	检查地点	验收方法	验收评价标准	备 注
10	关于突出核心业务实施瘦身健体推动集体企业改革发展的工作方案（100分）					
10.1	集体企业认真开展本单位人力资源分析，开展关键人员和承揽项目摸底校核，数据可靠	10	省公司/集体企业	□查相关文件。 □座谈交流	□集体企业未开展人力资源分析，扣5分；未开展承揽项目摸底校核，扣5分。 □人力资源分析和承揽项目摸底数据不可靠，扣2分	
10.2	根据线路工程作业层班组建设需要，具体研究存量人员培训转岗安排、长期职工及社会聘用人员补充需求，依据公司施工单位用工指导意见明确的补充渠道及要求，把该补充的人员补充到位	30	省公司/集体企业	□查相关文件。 □座谈交流	□集体企业作业层班组未按承揽工程数量组建，扣10分。 □集体企业人员缺额未提出人员增补方案，扣10分。 □集体企业人员缺额增补措施执行不到位，每缺一人扣2分	
10.3	施工集体企业承建项目的项目部管理人员及作业层班组人员配置符合要求，满足有效管控需要	20	省公司/集体企业	□查招标记录。 □查施工合同	□作业层班组未纳入招标要求，扣10分。 □施工合同未明确作业层班组配置要求，扣5分，未明确作业层班组骨干人员，扣5分	
10.4	施工集体企业承建项目的施工机械配备、安全文明施工标准化、分包人员管理等符合要求	20	施工现场	□查施工机械台账。 □查分包人员台账。 □查安全文明施工	□施工机械台账与实际不符，每台扣2分。 □分包人员台账与实际不符，每人扣2分。 □施工现场存在较大安全隐患，每处扣5分	
10.5	施工集体企业承建项目的作业层班组骨干人员应熟悉安全管理关键环节、安全管控重点措施	20	施工现场	□人员问询。 □查施工作业票	□作业层班组骨干人员与施工合同不符，每人扣2分。 □作业层班组骨干人员不熟悉安全管控措施，每人扣5分。 □作业票安全管控措施与现场实际不符，每处扣2分	
11	开展全过程工程咨询试点的实施方案（100分）					
11.1	整合省经研院建设管理中心、省监理公司力量，成立工程建设咨询公司	10	省公司/咨询公司	□查企业执照	□未成立工程建设全过程咨询公司，扣10分	
11.2	工程建设咨询公司各部门、各项目管理部设置合理，人员配置到位	20	省公司/咨询公司	□查岗位清单	□相关机构设置未按国网人资方案执行，扣10分。 □相关人员未配置到位，每人扣2分	
11.3	工程建设咨询公司应及时开展内部培训，各项目管理部人员应满足业务需求	20	省公司/咨询公司	□查培训记录	□未开展业务培训，扣10分。 □项目管理部人员未参加培训，每人扣2分	

续表

序号	重点要求或标准（条文）	分值	检查地点	验收方法	验收评价标准	备　注
11.4	工程建设咨询公司已成立安全监察部，相关人员已配置到位；组建安全检查组定期开展安全检查	30	省公司/咨询公司	□查岗位清单。 □查检查记录。 □人员问询	□相关人员未配置到位，每人扣5分。 □基建安全管理不熟悉，每人扣5分。 □未组建安全检查组或定期开展安全检查活动，扣10分	
11.5	业主项目部与监理项目部合署办公，专业合理、责权统一、管理有效	20	施工现场	□查项目部人员配置。 □查三级风险备案	□项目部管理人员专业配置不合理，每人扣2分。 □三级风险备案不规范，每次扣5分	

注　第12项推进质量监督体制改革的实施方案，待国家能源局下发质量体系改革方案后统一明确实施。

第二章

变电站换流站基础施工新技术

第一节 长螺旋钻孔钢筋混凝土灌注桩
典型施工方法

一、概述

长螺旋钻孔钢筋混凝土灌注桩成桩工艺是国内近几年开发且使用较广的一种新工艺，因其适应性强，在全国各地被广泛采用。

目前，本典型施工方法已经在全国建筑行业广泛应用，效果良好。在国家电网系统已经逐渐开始采用。

（一）本典型施工方法特点

（1）长螺旋钻孔钢筋混凝土灌注桩具有穿透力强、低噪声、无振动、无泥浆污染、施工效率高、速度快、成桩质量好、能适应多种地质情况等特点。

（2）成孔不用泥浆或套管护壁，钻孔后不需清理孔底虚土，施工无噪声、无振动，对环境无泥浆污染。

（3）机具设备简单，装卸移动快速，施工准备工作少，工效高、施工速度快，降低施工成本等。

（4）采用不用泥浆的干钻法，避免了泥浆降低土的摩阻力。

（二）适用范围

本典型施工方法适用于建（构）筑物基础桩和基坑、深井支护的支护桩，适用于填土层、粉细砂层及粉质黏土层等，也适用于有地下水的各类土层情况，可在软土层、流沙层等不良地质条件下成桩。根据桩基工程经验，长螺旋钻孔钢筋混凝土灌注桩工艺最适宜的桩长为20m以内。桩径一般采用500～800mm。

（三）工艺原理

利用长螺旋钻机直接在桩位上钻孔至设计深度，在提钻的同时利用混凝土泵通过钻杆中心通道，以一定压力将混凝土压至桩孔中，混凝土灌注到设计标高后，再借助钢筋笼自重或专用振动设备将钢筋笼插入混凝土中至设计标高，形成的钢筋混凝土灌注桩，如图1-2-1-1所示。

图1-2-1-1 施工现场

二、施工工艺流程及操作要点

（一）施工工艺流程

本典型施工方法施工工艺流程如图1-2-1-2所示。

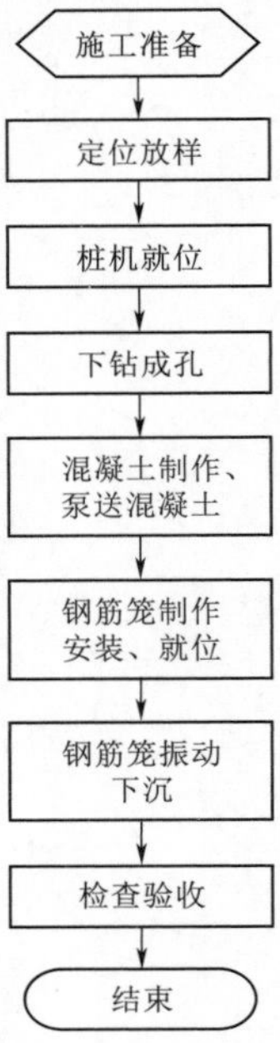

（二）操作要点

1. 施工准备

（1）组织技术人员熟悉图纸及有关资料，通过图纸会审掌握设计人员的设计要求及施工要求，并做好会审纪要。

（2）认真研究施工图中各轴线与桩位的相对位置关系，收集基准点的资料，制订放线方案，做好测量定位工作，建立现场平面方格网，并做好记录。

（3）熟悉并掌握施工场地的工程地质及水文地质资料。根据现场情况灵活调整桩基施工作业流水方向，安排施工。

（4）平整场地：施工队伍进场前应先进行施工现场的细部场地平整，保证机械设备安全进场，合理布置施工用水、用电、钢筋笼加工场地等。组织人员对设备进行检修、维护和调试。

（5）做好三级技术交底，尤其对工程的设计重点、主要变更及施工中应注意的特殊工序及质量要求要详细文字交底，做到人人心中有数，严格按设计和规范要求施工。做好各工种岗前培训上岗工作，主要工种要求持证上岗。

（6）考查商品混凝土市场，收集商品混凝土信息资料以取得业主的认可，根据项目施工进度组织好商品混凝土分批进场计划。

（7）由专人负责材料采购，钢筋材料分批进场、报验，提前做好材料复验及施工配合比的试配工作。

（8）施工顺序要考虑到施工场地条件和桩间距大小等因素采取顺序施工或跳打施工。

2. 定位放样

根据施工图纸及给定的坐标控制点，对轴线控制点进行放样，并埋设标志，经监理人员复查无误后方可进行桩位放样。

3. 桩机就位

移动桩机进行就位。桩机就位后必须平整稳固，确保在施工过程中不发生倾斜、移动，同时调整桩机的垂直度，使垂直度偏差小于1%；然后，钻头严格对准桩位，其水平位置偏差小于20mm。如图1-2-1-3所示。

4. 下钻成孔

调整桩机底盘平整度，确定桩位无误后，使钻杆轴

施工准备 → 定位放样 → 桩机就位 → 下钻成孔 → 混凝土制作、泵送混凝土 → 钢筋笼制作安装、就位 → 钢筋笼振动下沉 → 检查验收 → 结束

图1-2-1-2 长螺旋钻孔钢筋混凝土灌注桩施工工艺流程图

图 1-2-1-3 桩机钻头对准桩位和钻孔

线垂直对准孔位中心位置,利用双线锤对钻杆垂直度和钻机底盘水平作校正,钻杆垂直度满足不大于 1.0% 要求。并用水准仪测出地面标高,确定该承台的成孔钻杆入土深度,并在主立杆上标记准确位置。

钻孔过程中钻进速度应先慢后快,具体钻进速度应根据施工过程中电流值的大小随时调整,确保施工过程中电流值不大于 120A,防止因钻杆晃动幅度过大或挠度过大而导致桩径偏差过大。

如发现钻杆剧烈跳动、摇晃或进尺较慢、电流偏大而难以钻进时,可能是遇到硬土、石块或其他硬物等,这时应立即停钻检查,待查明原因并取得处理意见后方可继续施工,避免桩孔偏斜、桩机位移、钻具损坏、钻杆扭断等事故发生。

钻孔过程中应及时清理桩孔周边的泥土,如发现钻杆偏斜、桩位不准等情况应立即停钻上提,重新定位、调直后再钻,直至设计桩底标高。

钻到预定深度后,应该进行空转清土,然后停止转动提钻。注意在空转清土时不得加深钻进;提钻时不得回转钻杆,以保证孔底虚土厚度不超过 100mm。

5. 混凝土制作

混凝土采用设计要求强度等级的预拌混凝土,按试验合格的配合比制作。根据规范要求留取混凝土试块和检查混凝土坍落度,使混凝土具有良好的和易性。后插钢筋笼的混凝土灌注桩控制坍落度一般为 180~220mm,混凝土试块每台班不少于一组。

6. 泵送混凝土

通过混凝土输送泵将混凝土压至桩底,随着钻杆提

升,泵送混凝土至设计标高,整个灌注过程要连续不得中断,提钻速度一般控制在 1.5~2.5m/min,并保证钻头始终埋在混凝土面以下不得小于 1000mm,成桩后立即把钻杆带出的泥土清理到操作面以外指定地点,找出桩位并开始安装钢筋笼。

7. 钢筋笼制作安装、就位及钢筋笼振动下沉

钢筋笼按照设计施工图及施工验收规范要求进行制作,如图 1-2-1-4 所示。

图 1-2-1-4 钢筋笼制作实物

具体施工步骤如下:①将振动用钢管在地面水平穿入钢筋笼内,并将钢筋笼顶部与振动装置牢固连接;②清除桩孔口泥土,然后对正桩孔居中,安放略大于施工桩径 100mm 左右、高度约 1000mm 的钢护筒(防止振动器及钢筋笼下插时桩孔内混凝土外溢);③用吊车将振动器、振动管及钢筋笼整体吊起,对正桩孔,垂直居中下插,振动锤导杆的刚度可防止钢筋笼吊起过程中弯曲;④在插入钢筋笼时,先依靠振动器、振动管及钢筋笼的自重缓慢插入,当依靠自重不能顺利插入时开启振动装置,使钢筋笼下沉到设计深度;⑤断开振动器与钢筋笼的连接,缓慢连续振动拔出振动管。钢筋笼下沉速度宜控制在 1.2~1.5m/min,如图 1-2-1-5 和图 1-2-1-6 所示。

图 1-2-1-5 吊车吊起钢筋笼

图 1-2-1-6 钢筋笼在振动锤的作用
下插入桩身混凝土中

8. 检查验收

施工每根桩时都应及时做好施工记录，检查无误后，方可移动桩机进行下根桩施工。

三、人员组织

长螺旋钻孔灌注桩施工班组的人员应根据地质条件、钢筋笼长度、施工图工程量及工期要求等情况配置，通常情况下人员配备见表 1-2-1-1。

表 1-2-1-1 长螺旋钻孔灌注桩施工人员配置

序号	岗位	人数	工 作 职 责
1	工作负责人	1	负责施工生产全面工作，包括现场组织、工器具调配、材料进场及地方关系协调等工作
2	现场指挥	1~2	负责现场具体施工、劳动力协调、现场指挥等
3	技术员	1~2	负责现场施工全过程技术数据的控制、检查，桩位测放，协助现场指挥指导施工中的具体工作
4	质检员	1~2	负责施工全过程的质量检查和标准的控制
5	安全员	1~2	负责施工现场的安全
6	钻机操作手	2	负责机械的日常维护及操作钻机施工
7	材料员	1	负责施工材料的供应、保管、检验、使用和回收
8	前台把头	4	找桩位、调整钻机水平和钻杆垂直控制孔深和桩长
9	泵送手	4	负责混凝土输送泵的操作、日常维护
10	电工	1	负责施工电源设备的安装、检查、维护
11	起重机司机	2	吊装钢筋笼、振动器及吊车的日常维护
12	钢筋加工	10	钢筋笼制作
13	生活后勤	2	后勤保障

四、材料与设备

(一) 材料要求

(1) 混凝土宜采用和易性、泌水性较好的预拌混凝土，强度等级符合设计及相关验收规范要求，初凝时间不少于 6h。灌注前坍落度宜为 180~220mm。

(2) 水泥强度等级、质量应符合设计的规定，并具有出厂合格证明文件和检测报告。

(3) 应选用洁净中砂，含泥量不大于 3%，质量符合《普通混凝土用砂、石质量及检验方法标准（附条文说明）》（JGJ 52—2006）的规定。

(4) 石子宜优先选用质地坚硬的粒径 5~16mm 的豆石或碎石，含泥量不大于 2%，质量符合 JGJ 52—2006 的规定。

(5) 粉煤灰宜选用 Ⅰ 级或 Ⅱ 级粉煤灰，细度分别不大于 12% 和 20%，质量检验合格，掺量通过配比试验确定。

(6) 外加剂宜选用缓凝剂，质量符合相关标准要求，掺量和种类根据施工季节通过配比试验确定。搅拌用水应符合《混凝土用水标准（附条文说明）》（JGJ 63）的规定。

(7) 钢筋品种、规格、性能符合设计和现行国家产品标准要求，并有出厂合格证明文件及检测报告。

(二) 施工机具

(1) 成孔设备：长螺旋钻机，动力性能满足工程地质水文地质情况、成孔直径、成孔深度要求，如图 1-2-1-7 所示。

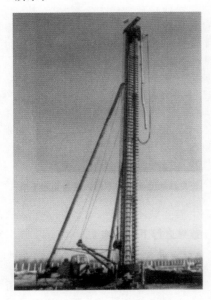

图 1-2-1-7 长螺旋钻机

(2) 灌注设备：混凝土输送泵，可选用规格为 45~60m³/h 的或根据工程需要选用；连接混凝土输送泵与钻机的钢管、高强柔性管，内径不宜小于 150mm。

(3) 钢筋笼加工设备：电焊机、钢筋切断机、直螺纹机、钢筋弯曲机等。

　　（4）钢筋笼置入设备：振动锤、导入管、吊车等。

　　（5）其他满足工程需要的辅助工具。

五、质量控制

（一）主要质量标准、技术规范

　　（1）《工程测量规范（附条文说明）》（GB 50026—2020）。

　　（2）《建筑地基基础工程施工质量验收规范》（GB 50202—2018）。

　　（3）《混凝土结构工程施工质量验收规范（2010 版）》（GB 50204—2015）。

　　（4）《建筑工程施工质量验收统一标准》（GB 50300—2013）。

　　（5）《钢筋焊接及验收规程》（JGJ 18—2012）。

　　（6）《建筑地基处理技术规范》（JGJ 79—2012）。

　　（7）《建筑桩基技术规范》（JGJ 94—2008）。

　　（8）《建筑桩基检测技术规范》（JGJ 106—2014）。

　　（9）《长螺旋钻孔压灌混凝土后插钢筋笼灌注桩施工技术规程》（DB11/T 582—2008）。

（二）现场施工常见问题及质量控制要点

　　（1）堵管：堵管是长螺旋后插筋灌注桩施工中常遇到的主要问题，直接影响施工效率，增加工人劳动强度，还会造成材料浪费。

　　混合料配合比、搅拌质量及泵送阻力是产生堵管的主要因素，为确保施工质量，提高施工效率，可采取以下方法避免堵管：

　　1）控制好混合料和易性，采用合理的配合比；

　　2）控制好混合料的搅拌质量，施工时其坍落度宜控制在 180～220mm；

　　3）施工时尽量减少 90°弯管接头数量，减少水平泵送距离，尽量使水平泵送平缓，不能出现中间垂直落差。

　　（2）窜孔：在施工过程中，会遇到钻进成孔时相邻桩混凝土发生下沉，该现象称为窜孔。

　　产生的原因是：桩距较小土体受剪切扰动发生液化，土体在混凝土压力作用下发生移动，致使混凝土液面下沉而影响施工质量，可采取隔桩跳打方案和增大相邻桩之间的时间差，使已施工完成的邻桩有一定强度来避免这一情况发生。

　　（3）钻头阀门打不开：施工过程中，会遇到钻孔到预定标高后泵送混合料时，钻头阀门打不开，无法灌注成桩。

　　主要原因是：钻头构造缺陷，被砂粒、小卵石等卡住无法开启；水侧压力作用下打不开（当桩端落在透水性好、水头高的砂土或卵石层中）。可采取修复钻头缺陷和改进阀门的结构型式来避免这一情况发生。

　　（4）钢筋笼下沉不到位：施工中常遇到钢筋笼下沉达不到设计要求深度的情况。

　　主要原因是：下沉钢筋笼时间与混凝土灌注完成时间间隔太长，或下沉过程中笼身出现倾斜等。可加快振动器振捣频率，拔出钢筋笼重新校正垂直度下插。如果

笼身出现破坏应调换新的完好的钢筋笼。若出现钢筋笼拔不出来，或仍然插不进去的情况，应上报设计单位出具加桩及补桩方案等。

（三）桩基施工质量通病控制措施

　　（1）桩位偏移：桩基在施工过程中产生的弃土容易覆盖桩位，造成桩位偏差，桩机移动的碾压也易造成桩位偏差。为保证桩位偏差满足规范及设计要求，桩机施工过程中对施工产生的弃土应及时清除，设备移动过程中应尽量减少对桩位点的碾压，避免对桩位偏差造成不良影响。桩基施工过程中用双控法对桩位进行控制，确保桩位偏差在设计图纸及规范允许范围之内。

　　（2）桩身桩头混凝土强度不足：长螺旋灌注桩作为一种地基处理方法，其工艺要求的泵送混凝土坍落度较大，尤其是在地下水位较浅的情况下，桩头浮浆较厚对桩头混凝土强度会造成一定的不良影响，致使桩头混凝土强度不足。为此，在桩基施工过程中，要根据空桩的长短留有足够的保护桩长，避免浮浆对桩头桩身质量的不良影响，确保桩头桩身质量满足设计要求。

　　（3）桩身夹泥：桩基施工过程中产生的弃土、泥块落入桩孔内会造成桩身夹泥，尤其在空桩较长的情况下弃土、泥块落入桩孔内尤易造成桩身夹泥，因此，桩基施工过程中应避免弃土、泥块落入桩孔内，并适当增加保护桩长，避免桩身夹泥质量通病的产生。

　　（4）桩身气泡：桩基在正常灌注施工过程中，如果排气阀堵塞，施工产生的空气不能从排气阀及时排出，施工产生的空气将会和混凝土一起进入桩孔内，致使桩孔内气泡的产生，从而产生桩身气泡造成桩身疏松多孔，混凝土强度不足，为此，在桩基施工过程中要定期、定时检查排气阀是否畅通。

　　（5）桩身断裂：桩基施工正常灌注过程中，如果设备故障、停水、停电、停工待料等现象发生，将造成桩基正常一次灌注过程的停顿，致使该桩两次灌注完成，会在两次灌注的交接部位造成断桩。为此，在桩基施工过程中应尽最大努力避免设备故障、停水、停电、停工待料等现象的发生，如果出现上述现象，该桩要进行重新施工一次灌注完毕。必要时可上报设计单位出具补桩方案。

　　（6）桩身外观形状不规则：桩基在施工过程中，在桩间距较近、场地地层软弱的情况下容易造成桩与桩之间的相互挤压干扰等不利影响，致使桩身形状不规则。为此，在桩基施工过程中，要根据不同的桩间距和施工现场的具体情况采取隔桩隔排的二次施工法或三次施工法进行施工，以减少桩与桩之间相互挤压的不良影响，以保证桩身质量。

六、安全措施

　　（1）设专职安全员负责安全，同时编制安全技术措施，对安全生产实行目标管理，责任到人。进入施工场地后对现场所有人员进行安全技术交底。

　　（2）进场前保证机械设备、车辆、起重等设备的检修和维护，确保施工中安全运行；配齐安全防护保险装

置，建立检查、维修保养制度。

（3）对新购进的各种机械设备，要检查其安全防护装置是否齐全有效，出厂合格证明及技术资料是否完整，使用前要制定安全操作规程。

（4）对机电、电焊工、起重设备的操作人员进行定期培训，持证上岗，禁止无证人员从事上述工作。认真贯彻执行机电、起重设备安全操作规程和安全运行制度，对违章人员严肃处理。

（5）采购的劳动保护用品、漏电保护开关等，必须符合安全标准。特别是漏电保护器、安全带、安全帽等，必须符合国家规定标准。对违反劳动纪律、影响安全生产者应加强教育，经说服无效屡教不改者，应做出处理。

（6）电缆电线应架空或埋入地下，配电箱符合统一的标准要求，箱内零件齐全，并符合规范。箱内漏电保护器灵敏、有效。无裸露电线，无杂物，箱门上锁，有良好的防雨措施。

（7）各种机械设备的操作人员应严格执行操作规程。钻孔、灌注过程中应时刻注意电缆有无碾压或破损情况，经常检查检修电路，及时消除安全隐患，严防事故发生。

（8）夜间施工场地四周配全照明灯。灯线应由专人安装、护理。施工中桩机移位时，套上护筒，防止钻杆摆幅过大伤人及扭断，并防止钻杆上的泥块坠落伤人。

（9）施工现场要悬挂醒目的安全标语，安全标志牌，危险部位要设警示标志，并有专人负责。

七、环保措施

（1）对于较大的桩基施工项目，建议建立"创建文明施工"领导小组，全面开展创建文明工地的活动，做到施工现场人行通道畅通；施工道路平整无坑塘；施工区域和非施工区域严格分隔，施工现场必须挂牌施工，管理人员必须佩戴胸卡，施工材料必须堆放整齐，生活设施必须符合安全文明施工要求。

（2）采取有效措施处理生产、生活废水，不得超标排放，并确保施工现场无积水现象。

（3）设专人对临近道路进行检查，负责清除污水、路障，确保场地平整、通畅、清洁。

（4）创建良好的居住环境，在工地现场和生活区设置足够的生活设施，每天清扫处理。

八、效益分析

（1）单桩承载力高：由于是连续压灌超流态混凝土成孔，对桩孔周围的土有渗透、挤密作用，提高了桩周土的侧摩阻力，使桩具有较强的承载力、抗拔力、抗水平力，变形小，稳定性好。

（2）与冲孔灌注桩相比，在同一地质条件下，每立方米混凝土承载力可提高0.5倍，施工工期可缩短20%以上。

（3）不受地下水位的限制，在地下水位以下施工时，可省去泥浆护壁，综合费用可节省15%～20%。

（4）本典型施工方法钻孔过程噪声低、振动小，特别适用于对振动有一定要求的施工环境条件；而且在成

孔过程采用中心泵压灌注，桩体材料一次完成的方法，排除了大量泥浆处理和运输的工作，从根本上避免了由此对施工现场和周边环境的污染，具有良好的生态效益，是一种环境保护型的绿色施工方法。

综上分析，在基础施工中采用新技术、新工艺，用较少的能源、材料消耗使基础获得较高的承载力和允许的沉降量，是降低成本、产生经济效益的有效途径。建筑工程的基础施工耗资占总结构工程费用的比例相当可观，一般为10%～20%，本典型施工方法施工综合技术与传统的成桩技术相比可明显提高单桩承载力、减少桩数桩径，既满足设计和使用要求，又达到增效的结果，具有良好的推广前景。

九、应用实例

（一）郑州±800kV换流站工程桩基工程

建设地点：本工程地处郑州市以东约30km，中牟县大孟乡境内，地表地貌为沙丘，地表水丰富。

建设时间：2012年10月至2013年1月。

建设规模：长螺旋钻孔压灌混凝土后插钢筋笼灌注桩基础，桩孔直径500mm，深度16～23m。

地质情况：以砂层为主，含液化层。

结构特点：搬运轨道及高端备用换流变基础桩，桩间距为2300～3500mm，桩头和上部基础一次性连续浇筑完成。

施工方法：长螺旋钻孔压灌混凝土后，插入钢筋笼。

应用效果：施工完成后，桩身质量检测一次性全部合格。

（二）中央电视台新台址建设工程A标段桩基工程

建设地点：本工程地处北京市朝阳区东三环中路32号，光华路与东三环路交界处的CBD中央商务区。

建设时间：2005年5月。

建设规模：长螺旋钻孔压灌混凝土后插钢筋笼灌注桩基础，桩孔直径600mm，深度13.5～17.5m。

地质情况：地层主要以填土、黏性土、粉土、细砂、圆砾、卵石层组成。

施工特点：600mm直径桩共计505根，桩长分13.5m和17.5m两种均为抗拔桩，桩身强度为C30。其中13.5m长桩473根，设计抗拔承载力特征值为850kN；17.5m长桩32根，设计抗拔承载力特征值为1100kN。

施工方法：长螺旋钻孔压灌混凝土后，插入钢筋笼。

应用效果：施工完成后，桩身质量静力检测一次性全部合格，上部建筑物沉降均匀，符合要求，体现了良好的桩身承载力状况。

第二节 预制混凝土方桩典型施工方法

一、预制混凝土方桩典型施工方法的特点

该施工方法具有施工简单、质量易控制、工期短、

在相同土层地质条件下单桩承载力最高、造价低等显著特点。但与静压法比较，有振动大、噪声高、在深度大于30m的砂层中沉桩困难等缺点。

二、施工工艺流程

（1）桩机就位调整，使桩架处于铅垂状态，并在拟打桩的侧面或桩架上设置标尺。

（2）根据桩长，采用合适的吊点将下节桩吊起，并令其垂直对准桩位中心，将桩锤下的桩帽（已加好缓冲垫材）徐徐松下套住桩顶，解除吊钩，检查并使桩锤、桩帽与桩三者处于同一轴线上，且垂直插入土中。

（3）起锤轻压或锤击，在两台经纬仪的校核下，使桩保持垂直，即可正式沉桩。

（4）当下节桩顶近地表50cm，即可停打，用同样方法吊起上节桩，与下节桩对正后，即可接桩。

（5）焊接接桩完毕后，方可继续沉上节桩。

（6）当上节桩桩顶距地表50cm，选用合适的送桩器送桩，并使送桩器中心线与桩身中心线吻合一致。送桩到设计标高后，再拔出送桩器。

（7）桩基移位，进入下一根桩位。

三、施工操作要点

1.试桩

按要求进行试桩施工，记录每米的锤击数以及总锤击数、桩顶标高、最后1m锤击数、最后三阵贯入度、桩身长度等技术参数，进行试桩检测、试验（小应变检测桩身的完整性、单桩竖向抗压静载试验、单桩竖向抗拔静载试验）等。通过试桩所得数据和检测、试验的结果给设计提供设计依据，优化桩型、桩数及承台构造，指导现场大面积施工。因此，桩基施工试验在施工过程中占重要地位，试桩工程现场如图1-2-2-1所示。

图1-2-2-1　试桩工程现场

2.定位放线

依据设计图纸及测绘文件计算各桩位与控制坐标点的相对尺寸，采用电子全站仪或经纬仪放出桩位。通过测量对桩位进行复核。

桩位放出后，在桩位中心用30cm长的φ8钢筋插入土中，钢筋两端做好标识，并制作与方桩等大的模具，在地面以桩位为中心沿模具用白灰撒放标记。

由于压桩机的行走会挤压作为桩位插入的钢筋，当桩机就位后还需重新测量桩位。

3.桩机就位

施工现场场地承载力必须满足压桩机械的施工及移动，不得出现因沉陷导致机械无法行走甚至倾斜的现象。

4.吊桩及插桩

方桩长度一般在12m以内，可直接用压桩机上的吊机自行起吊及插桩。采用双千斤（吊索）加小扁担（小横梁）的起吊法，可使桩身竖直进入夹桩的钳口中。

当桩被吊入钳口后，由前台指挥人员指挥压桩司机将桩缓慢降到桩头离地面10cm左右为止，然后夹紧桩身，微调压桩机使桩头对准桩位，将桩压入土中0.5～1.0m后暂停下压，用两台经纬仪从桩的两个正交侧面校正桩位垂直度。当桩身垂直度满足规范要求时才可正式入桩，如图1-2-2-2所示。

图1-2-2-2　吊桩及插桩

5.压桩

在每节单桩桩身划出以米为单位的长度标记，观察桩的入土深度。

桩垂直度偏差不得超过桩长的0.5%。在压桩过程中还要不断观测桩身垂直度，以防发生位移、偏移等情况并做好过程记录。

宜将每根桩一次性连续压到底，且最后一节有效桩长不宜小于5m。抱压力不应大于桩身允许侧向压力的1.1倍。

6.送桩

当桩顶设计标高较自然地面低时必须进行送桩。送桩时，送桩器的轴线与桩身轴线吻合。根据测定的局部地面标高，在送桩器上事先标出送桩深度。通过水准仪根据观测，准确地将桩送入设计标高。

送桩的最大压力值不宜超过桩身允许抱压力的1.1倍。

7. 沉桩

到达设计标高或终压值达到设计标准后终止沉桩，如图1-2-3-3所示。

图1-2-2-3 送桩及沉桩

四、质量控制

1. 预制钢筋混凝土方桩质量保证

（1）桩在现场预制时，应对原材料、钢筋骨架、混凝土强度进行检查。采用工厂生产的成品桩时，桩进场后应进行外观及尺寸检查。

（2）施工中应对桩体垂直度、沉桩情况、桩顶完整状况、接桩质量等进行检查，对电焊接桩，重要工程应

做10％的焊缝探伤检查。

（3）施工结束后，应对承载力及桩体质量做检验。

（4）对长桩或总锤击数超过500击的锤击桩，应符合桩体强度及28d龄期的两项条件才能锤击。

2. 计量器具质量保证

测量工具应在检定的有效期内。

3. 桩位控制

通过精确的测量保证桩位的精度，同时满足场地平整坚硬。

4. 垂直度控制

用两台经纬仪在十字交叉的方向进行观察，以便及时发现问题。当桩垂直偏差大于1‰时，应停止继续打桩，拔出桩并找出原因与设计沟通同意补桩。严禁移动打桩机进行强行纠偏。

5. 标高控制

每次施工前，复核控制点无误。将水准仪安放在桩机与控制点之间适当位置，测定此时水准仪下面的送桩长度，并记录在送桩器上，送桩时，设专人指挥。

五、经济效益分析

预制桩在基础工程中应用的经济效益很明显，以某工程为例，现根据地质报告就锤击预制桩和钻孔灌注桩两者的经济指标进行分析，详见表1-2-2-1。

表1-2-2-1　　　　　　　　　　　　　　两种桩型经济指标表

拟建物	桩型	桩径/mm	桩长/m	桩顶标高/m	桩尖入层深度/m	单桩垂直承载力/(kN/根)	桩数/根	市场单方造价/元	总造价/万元
桩型1号	预制桩	350×350	12.5	1091.9	2.7	350	587	1874.32	168.47
	灌注桩	φ600	12.5	1091.9	2.7	350	587	1484.05	307.72
桩型2号	预制桩	350×350	10.5	1092.1	1.0	350	138	1874.32	33.26
	灌注桩	φ600	10.5	1092.1	1.0	350	138	1484.05	60.76
桩型3号	预制桩	300×300	10.5	1093	1.0	350	669	1874.32	118.49
	灌注桩	φ600	10.5	1093	1.0	350	669	1484.05	294.6

从表1-2-2-1可以看出，预制桩明显比灌注桩具有经济优势，同时不包含灌注桩的充盈系数所带来的成本增加。一般来说，由于预制桩施工噪声大及挤土效应给周围环境带来的危害限制了它在市区的施工。但是由于其造价低、工期短，因而在郊区的工程建设中日益得到推广。

第三节　缩短深基坑降水时间技术措施

一、工程背景

深基坑是每个变电建设项目都会涉及的一项工作内容，部分项目地址的地下水位比较高，因此就涉及深基坑降水作业，由于每个的项目地质等条件不同，基坑降水的时间也不尽相同，所以如何缩短深基坑降水时间的同时节约成本、保证安全就成为一个重要课题。

（一）确定课题——缩短深基坑降水的时间。

为缩短深基坑降水的时间，新疆送变电有限公司QC小组对公司以往年度的变电站工程进行调查分析，发现公司大部分其他项目深基坑降水时间都比较长，经咨询项目人员，完成该项工作内容平均需要8d时间。某工程共计7个深基坑，如果按照调查项目深基坑降水平均时间8d计算的话，7×8＝56（d），基础浇筑根据以往工程经验至少需要90d时间，那就不能满足在130d内完成整

个土建工程的要求。

通过分析、统计，发现影响深基坑降水时间的主要因素为"降水方法错误"和"水泵功率不足"，影响降水时间70d，占所有影响因素的权重达87%。如果把这两个主要原因解决了，就能成功地缩短降水时间。

（二）确定目标值

根据调查的4个变电站深基坑平均降水时间为8d，小组将目标值设定为6d。

二、原因分析与对策

（一）分析原因

利用"头脑风暴法"对影响深基坑降水时间的主要因素"降水方法错误"和"水泵功率不足"进行了详细分析，并绘制了关联图，如图1-2-3-1所示。

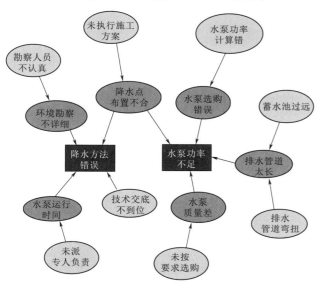

图1-2-3-1 影响深基坑降水时间原因分析关联图

（二）制订对策

针对各项原因，小组展开讨论，确认出要因，制订出对策，见表1-2-3-1。

表1-2-3-1 缩短深基坑降水时间对策表

序号	要因	对策	措施
1	未执行施工方案	（1）现场作业人员熟悉施工方案内容。（2）控制现场作业人员严格执行施工方案	（1）对具体作业该项工作内容的人员进行多次交底，并且对方案内容进行考试，未达到90分人员继续接受交底，直到现场提问方案内容，人人都能答对为止。（2）对于在现场未回答正确的，前三次继续接受交底，第四次除了继续接受交底外，还进行100元/问考核

续表

序号	要因	对策	措施
2	蓄水池过远	（1）缩短排水距离。（2）提高水泵功率	（1）重新购买满足现场180m的排水距离的水泵，然后降水。（2）与业主和监理协商，在离现场100m处修建一座蓄水池，通过缩短排水距离的方式解决蓄水池过远的问题

（三）对策实施

1. 实施对策1

（1）现场作业人员熟悉施工方案内容。对该项工作具体作业人员进行多次交底，并且对方案内容进行考试，未达到90分人员继续接受交底，直到现场提问方案内容，人人都能答对为止。通过抽查考试的方式检查接受交底人员的交底效果，结果应为良好。

（2）现场作业人员严格执行施工方案。首先应确保现场实施的降水方案必须是经过监理和业主单位审批过的施工方案；其次在现场提问作业人员交底内容，对超过3次未回答正确的进行100元/问的考核，引起作业人员的重视。

2. 实施对策2

（1）缩短排水距离。在离现场附近修建一座水坝，按6元/m³计算，修建10000m³的水坝，共需花费6万元，此项措施比较合理，直接采用。

（2）提高水泵功率。重新采购一批高功率水泵，不仅采供流程时间长，影响工期，造价还高。现场共7个基坑，如果现场10m²使用1台水泵，每个基坑面积100m²，共需要70台水泵，对于22kW水泵，4000元/台×70台=280000元，项目清单里这部分总费用才30多万元，地基处理的时候已经花完了。所以此项措施不现实，直接排除。

三、效果检查与巩固措施

（一）效果检查

通过严格的PDCA循环，对影响五家渠750kV变电站工程的主变、高抗事故油池以及雨水泵站、污水处理装置的深基坑降水时间进行了检查，检查共计4处，深基坑降水平均时间已降至5d。"降水方法错误"和"水泵功率不足"已不是影响深基坑降水时间的主要原因，小组目标实现了。

（二）经济效益

通过本次QC小组活动，有效地缩短了深基坑降水的时间，节省了降水工作返工的费用8.96万元，还有间接影响，无法预估，提高了经济效益。

（三）无形效果

通过开展本次QC活动，保证了深基坑的顺利开挖，减少了安全隐患。实现了工程阶段性的"零事故"建设，为工程安全顺利竣工打下了坚实基础。

（四）巩固措施

（1）认真贯彻落实通过审批的施工方案，熟悉施工方案内容。

（2）掌控现场动态，按照施工方案内容进行管控。

（3）项目管理团队要多沟通，要有责任心，不能马虎了事。

（4）要严格按照规章制度上岗执业。

（五）巩固期效果验证

在五家渠 750kV 变电站工程剩余的 750kV 构架基础、污水处理装置基础和高抗事故油池基础深基坑降水施工实践中都得到了验证。

第四节　降低变电站设备基础泛碱率技术措施

一、选题与目标确定

1. 选题

变电站电气设备的基础需要用混凝土进行浇筑，然而浇筑成型的设备基础在其外表面经常会产生一种白色松软如絮毛物质的不明物体，通常称之为泛碱。混凝土的外观质量是混凝土质量的直观体现，越来越受到施工承包商和业主等各个方面的重视。然而，据不完全统计，混凝土泛碱在混凝土工程施工中出现的比例高达三分之一以上，虽然泛碱一般不会对混凝土结构造成质量事故，但是它的存在对混凝土的外观质量影响较大，严重影响混凝土结构的美观和质量等级的评定和验收。

QC 小组对新疆地区近年新建的相近电压等级的几座变电站设备基础泛碱情况进行了调查，总共抽查基础数 260 基，泛碱基础数为 153 基，变电站平均设备基础泛碱率为 58.8%。因此 QC 小组将降低变电站设备基础泛碱率作为攻关课题。

2. 现状调查

调查发现，当气温高时设备基础泛碱率低，气温低时设备基础泛碱率高。这是因为在冬季水分的蒸发速度变慢，可以使混凝土中的盐分充分溶入孔隙水中，并迁移到砂浆的表面。因此，土壤中水分进入设备基础并从基础表面蒸发是影响基础泛碱率的主要原因。

调查还发现，设备基础泛碱与土壤 pH 值有直接关系，因此，土壤 pH 值是影响设备基础泛碱率的主要因素。水分是土壤中碱迁移的介质，如果没有水分作为迁移介质，土壤中的碱无法迁移到基础表面，因此水分进入设备基础是影响设备基础泛碱率的主要原因。

3. 调查结果

设备基础平均泛碱率达到 61.5%。三塘湖 750kV 变电站设备基础泛碱率最高为 76.9%，±800kV 天山换流变设备基础泛碱率仅为 19.2%。

4. 目标设定

±800kV 天山换流变设备基础泛碱率仅为 19.2%，

是各个调查变电站中的最优值，QC 小组认为只要加强技术及管理创新可以把变电站设备基础泛碱率降下来。小组设定自选活动目标为：变电站设备基础泛碱率从 61.5% 降低至 20%。

二、原因分析与对策

1. 原因分析

根据施工经验进行总结，经过对影响设备基础泛碱的因素进行分析及讨论，绘制了原因分析鱼骨图，如图 1-2-4-1 所示。

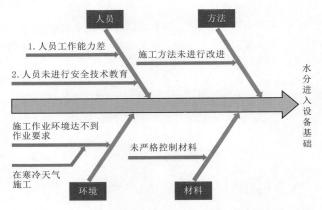

图 1-2-4-1　影响设备基础泛碱的因素原因分析鱼骨图

2. 制订对策

针对以上原因进行分析，对影响变电站设备基础泛碱率的因素制订了详细对策，并且在工程施工中进行落实，同时设有专人进行落实各项对策的执行情况，见表 1-2-4-1。

表 1-2-4-1　降低设备基础泛碱率对策表

序号	要因	对策	目标	措施
1	施工方法未进行改进	对传统施工方法进行改进，有效隔离土壤中强碱水分进入基础中	设备基础泛碱率降到 20%	（1）经过对设备基础泛碱情况的分析，找到了原因所在。（2）对施工方法进行了改进。（3）基础回填时在基础表面覆盖一层塑料布，有效阻止土壤中水分进入设备基础发生泛碱

3. 对策实施

（1）设备基础拆模后，先刷 500μm 厚的环氧煤防腐沥青涂料，为了彻底隔离土壤中水分进入设备基础，应采用基础表面覆盖塑料布的方式进行将水分和设备基础隔离，如图 1-2-4-2 所示。

（2）传统的施工方法是在设备基础表面刷环氧煤沥青涂料起阻水及防腐效果，经过小组讨论，在传统做法的基础上，在基础表面覆盖一层塑料布，进一步起到彻

图 1-2-4-2　现场实施对策照片

底隔离水分的作用。

（3）活动小组从设备基础大小、塑料布防水、不易降解及抗腐蚀等方面进行讨论，最终确定塑料布选用 0.12mm 厚的聚氯乙烯塑料布。

（4）最后活动小组制订了实施方案，将方案上报公司领导及业主单位，经审批通过后，严格按照公司材料采购流程进行材料的采购。

（5）施工前，小组成员首先对施工人员进行安全技术交底，然后才进行现场施工。

三、效果检查与巩固措施

1. 效果一：目标效果

（1）通过对变电站设备基础施工方法的改进，使五家渠 750kV 变电站工程的设备基础泛碱情况得到有效控制，提高了工程的整体外观质量，活动目标设定为 20%，通过 QC 小组活动后，现场试试效果达到了 3.2%。

（2）通过现场实施情况，小组将传统施工方法跟新型施工方法进行了对比，得到新型施工方法的诸多优点，见表 1-2-4-2。

表 1-2-4-2　传统施工方法与新型施工方法
的优缺点比较

序号	项　目	优　点	缺　点
1	传统施工方法	施工简便，施工工艺简单	不能有效的隔离土壤中碱水进入基础，形成泛碱现象
2	新型施工方法	能有效地隔离土壤中碱水进入基础，有效降低泛碱现象	施工程序烦琐

（3）经检查，发现影响变电站设备基础泛碱的是土壤中水分进入设备基础。将设备基础防水做法进行改进

后，问题消除，质量达到要求。

2. 效果二：经济效果

通过本次 QC 活动，提高了小组成员及项目管理人员的技术管理水平，为今后的施工积累了丰富的经验，提高了工程的质量，同时也取得了一定的经济效益和社会效益。单个工程平均设备基础泛碱处理费用为 27960 元，五家渠 750kV 变电站施工方法改进后，购买材料共花费 15000 元，公司每年在建工程平均 20 个左右，因此可以估算出每个工程用新的施工方法后是会给公司节约一些成本的。

3. 效果三：无形效果

通过本次活动，又总结出一条处理变电站设备基础泛碱的有效方法。在新疆变电行业迅猛发展的今天，在节约施工成本和提高工程质量方面具有重要意义。

4. 巩固措施

（1）变电站设备基础泛碱控制措施均为切实可行的有效方案，实践证明，可成功控制设备基础泛碱现象。本次 QC 活动的施工措施及资料已进行归档，将在其他工程中推广应用。

（2）本次 QC 活动圆满地解决了变电站设备基础泛碱严重的问题，QC 小组已经将此次活动的技术文件纳入公司的技术文件中，确保在以后的同类工程施工中严格按此方法施工。

第五节　碎石场地典型施工方法

一、概述

为了消除碎石场地施工质量通病，工程技术管理人员自主创新，攻克施工控制难点，提高了工程质量和工艺水平。本典型施工方法通过灰土找坡、灰土自动加湿拌和、木桩控制碎石铺设厚度等方法创新了施工工艺，不仅解决了该类型场地汛期排水不畅、容易积水的难题，而且提高了施工效率、加快了施工进度。

（一）本典型施工方法特点

（1）采用带有智能加湿装置的灰土自动拌和机进行灰土拌制，能够有效控制灰土的含水率，灰土拌制均匀，保证了灰土的施工质量，施工效率显著提高。

（2）灰土作为不透水层在精确找坡后铺设碎石可使场地排水通畅，避免场地积水，确保变电站运行安全。

（3）碎石场地实现变电站全过程、全寿命周期内"资源节约、环境友好"，降低变电站建设和运行成本。

（二）适用范围

本典型施工方法适用于变电站（换流站）站区大面积碎石场地灰土摊铺碾压及碎石的施工。

（三）工艺原理

（1）在灰土自动拌合机上嵌入了智能加湿装置，在电脑控制下及时调节灰土的加水量并连续生产出含水率符合设计要求的灰土，使灰土的拌制质量得到控制并显

著提高施工速度。

（2）通过对灰土层进行精确找坡形成具有隔水、排水功能的封闭层，使场地的雨水有组织地汇入场地雨水系统。

二、施工工艺流程及操作要点

（一）施工工艺流程

本典型施工方法施工工艺流程见图1-2-5-1。

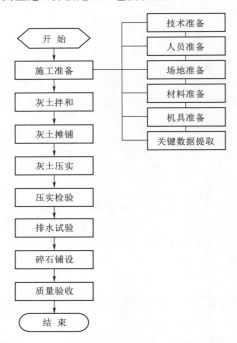

图1-2-5-1 碎石场地施工工艺流程图

（二）操作要点

1. 施工准备

（1）技术准备。图纸会检完成，施工技术资料准备完成，策划及方案措施按要求审批。

（2）人员准备。根据工程量和现场实际情况合理安排人员。按要求对施工作业人员进行培训交底，特殊工种人员持证上岗。

（3）场地准备。施工前对场地预埋管线、回填土等上道工序的隐蔽工程进行验收并合格。

（4）材料准备。用于拌制灰土的白灰、土等原材料均已按计划用量进场，并检验合格。

（5）机具准备。所用机械、工器具等应根据工程量大小、工程周期进行合理配备。施工机械进场就位，智能加湿系统校正完成，小型工器具配置齐全、使用良好。

（6）关键数据提取。通过击实试验得出灰土的最优含水率、最大干密度；压实系数、灰土比例符合设计要求。

2. 灰土拌和

由装料机分别向灰土拌和机的灰料仓和土料仓投料，同时开启智能加湿装置。该装置利用远红外水分仪在灰土拌和机的传送带上采用非接触方式快速、连续测量预拌后的灰土含水率，并即时传送给控制器，同时电子称重系统也将即时收集的重量信息一同传输给控制器。控制器将收集到的重量和含水率信息处理后即时传输给电子调节阀。电子调节阀根据模拟信号强弱调节喷淋系统喷水量大小，变频水泵可保持水压恒定，根据电子调节阀开启程度提供流量不同的水流。喷淋系统主要由管路与喷淋头组成，喷淋头可从不同方向向输送带出料口灰土中均匀喷水，灰土在自由下落过程中吸收水分，以达到最佳含水率从而保证灰土的拌制质量。灰土拌和示意见图1-2-5-2。

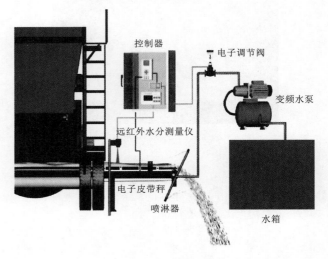

图1-2-5-2 灰土拌和示意图

3. 灰土摊铺（图1-2-5-3）

（1）找标高、弹线。根据竖向布置图的设计标高和坡度，打控制木桩；用水准仪抄平后，在设备基础、电缆沟外壁、构架柱等部位弹出灰土找坡的控制线。摊铺按照从边角到大面的顺序采用人工配合装载机作业。边角部位人工摊铺，大面则用装载机摊铺。按照虚铺厚度的标高线将灰土倒下并刮平，虚铺厚度高于设计厚度50mm。拉线检验虚铺厚度，局部不足或超高的部分由人工进行修补，由内向外依次摊铺。

（2）细部控制。与电缆沟及基础侧壁衔接处的灰土应略高于设计标高（50～80mm），避免雨水沉积经混凝土侧壁下渗导致基础不均匀下沉。灰土与电缆沟排水槽连接处应压实紧密，避免出现裂缝。

4. 灰土压实（图1-2-5-4）

根据现场的情况选择不同的夯实方式，对于边角部位或基础、沟道较多处采用立夯或人工夯实。对于空旷的场地可根据现场条件选用蛙式打夯机或压路机作业。碾压过程中要注意轮辙的衔接，一般重叠宽度为200～300mm。打夯机则按一夯压半夯的要求进行夯实。拉线检验灰土的设计坡度，对于突起处要用铁锹修平。

5. 压实检验

碾压后的灰土要在现场检验压实系数，如达不到设计要求，应继续进行碾压直至合格。

图 1-2-5-3 灰土摊铺

图 1-2-5-4 灰土压实

顶面标高及平整度按表 1-2-5-1 进行检验。

表 1-2-5-1 顶面标高及平整度检验

序号	项 目	允许偏差/mm	检 验 方 法
1	顶面标高	±15	用水平仪或拉线和尺量检查
2	表面平整度	15	用 2m 靠尺和楔形塞尺检查

6. 排水试验

经压实检验合格、灰土静置待表面硬化后，在坡度的高点和死角处做流水试验，检验是否有积水现象，在积水处补填灰土压实，使流水通畅。

7. 碎石铺设（图 1-2-5-5）

图 1-2-5-5 碎石铺设

根据碎石场地的设计标高和坡度，打控制木桩；用水准仪抄平后，在设备基础、电缆沟外壁、构架柱等部位弹出碎石厚度控制线。

按照图纸设计厚度（控制线）人工铺设碎石，分段

铺设，铺设厚度均匀、到位、平整。

8. 质量验收

碎石场地铺设完毕，经施工单位三级自检合格后申报监理验收。

三、人员组织

根据工程量和现场实际情况合理安排人员，开展施工作业。本典型施工方法人员组织见表 1-2-5-2。

表 1-2-5-2 碎石场地施工人员组织

序号	岗位	人数	职 责	备注
1	项目总工	1	负责施工的组织、协调、现场指挥等工作	
2	技术员	2	负责施工现场全过程的技术管理、测量定位，协助项目总工的工作	有测工证
3	安全员	1	负责施工现场的安全监护和检查指导工作	有安全员证
4	试验员	1	负责现场取样、检测工作	有检测员、取样员证
5	质检员	1	负责施工全过程的质量检查和标准的控制工作	有质检员证
6	机械操作工	3	负责施工机械的操作和维护工作	有机械操作证
7	电工	1	负责施工电源设备的安装、操作、检查和维护工作	有电工证
8	施工人员	30	灰土拌和、灰土及碎石摊铺、灰土压实等工作	

四、材料与设备

（一）施工主要机械设备情况

所用机械、工器具等应根据工程量大小、工程周期进行合理配备。施工主要机械设备配置见表 1-2-5-3。

表 1-2-5-3 施工主要机械设备配置

序号	名称	规格型号	单位	数量	备注
1	灰土搅拌机	XCYD-180A 型	台	1	
2	蛙式打夯机	H60	台	5	
3	装载机	50 型	台	2	
4	汽车		辆	4	
5	水准仪	DSZ2	台	2	
6	潜水泵		台	2	用于拌和灰土及排水
7	铁锹		个	30	
8	小推车		辆	5	
9	压路机	YZ18 振动	台	1	

（二）材料选用

（1）土料。可采用纯净黄土及塑性指数大于 4 的粉

土，不得含有杂物、冻土块，不得使用耕植土、有机土，土料应过筛，土块粒径不应大于 15mm。

（2）石灰。应选用新鲜块灰，经充分消解并过筛，颗粒直径不应大于 5mm，不得含有未熟化的生石灰块。

（3）水。灰土拌和、消解石灰及土壤增湿可采用经化验合格后的河溪水或地下水。

（4）碎石。选用色泽一致，表层坚硬无风化且破碎均匀的石灰石或花岗石，级配优良，粒径 10～20mm。

五、质量控制

（一）质量控制标准。

（1）《工程测量规范（附条文说明）》（GB 50026—2020）。

（2）《土工试验方法标准》（GB/T 50123—2019）。

（3）《混凝土用水标准（附条文说明）》（JGJ 63—2006）。

（4）《变电（换流）站土建工程施工质量验收规范》（Q/GDW 10183—2021）。

（5）《国家电网公司施工项目部标准化工作手册》等国家、行业及国家电网公司的规范、标准及规定。

（二）质量控制控制要点

（1）如遇下雨则禁止施工，并采取防雨措施，防止土料被雨水淋湿。

（2）如采用压路机碾压灰土时，对于压不到的边角部位必须用打夯机进行夯实。

（3）对灰土的标高进行控制。严格控制灰土及碎石的虚铺厚度，并铺设均匀。

（4）当天拌制的灰土必需当天用完，不得过夜使用。

（5）对压实灰土进行干密度检测，如不合格继续碾压至检测合格为止。

六、安全措施

（1）严格执行《国家电网公司电力建设安全工作规程（变电站部分）》（Q/GDW 665—2011）、《建筑机械使用安全技术规程》（JGJ 33—2012）中的有关规定，在施工中严格执行国家、行业及国家电网公司的相关规定。

（2）特种作业人员应持证上岗，进入施工区域的人员必须正确佩戴安全帽，现场施工人员必须正确使用个人劳动保护用品。

（3）施工前对全员进行安全技术交底，并签字确认。

（4）施工用电由专职电工负责，现场人员禁止随意乱接乱拉电源线。

（5）工器具专人管理，使用完后收入工具箱，不得乱丢乱放。加强成品保护意识。

七、环保措施

（1）严格执行《输变电工程安全文明施工标准》（Q/GDW 250—2009）中的有关规定。

（2）在施工区域的道路定时洒水，运输车辆限速行驶，防止尘土飞扬造成粉尘污染。

（3）所有机械设备及车辆确保具有完善的消音设备，将噪声控制在国家环境保护允许的范围内。

（4）施工机械施工过程中及时检修维修保养，应严格控制油污染，所产生的废油应用专用油罐保存，集中处理，严禁随地丢弃，污染周围环境。

（5）施工过程产生的固体废弃物分类存放。

八、效益分析

（1）社会效益。本典型施工方法采用智能加湿系统灰土拌和机与常规灰土拌和相比，施工占地面积小，节约土地资源；机械化施工效率较高，缩短工期，减少人力资源配置；减少扬尘，绿色环保效果明显；灰土拌和质量优良、稳定，社会效益。

（2）经济效益（图 1-2-5-6）。一座 500kV 新建变电站站区场地全部按照碎石场地施工，若采用带有智能加湿系统灰土自动拌和机施工，不仅使灰土含水率调整实现量化控制，达到最优标准，而且节省灰土拌制场地、缩短工期增加效能、减少人工费及后续清理等费用。通过统计分析，仅灰土拌和一项，可节省施工占地面积 70%，减少施工人员 70%，减少工耗 80%。

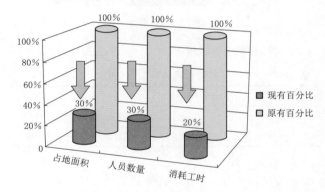

图 1-2-5-6　经济效益分析

九、应用实例

本典型施工方法先后在榆次天湖 220kV 变电站新建工程、介休东湖龙 220kV 变电站新建工程及 2013 年多项新建工程上进行了推广应用。本典型施工方法的智能加湿系统以其精准的计量性、良好的稳定性，有效控制了灰土含水率，提高了施工效率和施工质量，同时减轻了劳动强度，降低了施工成本，改善了施工环境，得到参建各方的一致好评，创造了良好的经济效益和社会效益。

第六节　生态护坡典型施工方法

一、概述

输变电工程边坡以往通常采用挂网喷浆、砌石、六方块等传统方法护坡，常因难以养护到位等引起表面裂缝，地表水通过裂缝长期冲刷和渗透基面而影响边坡稳定，后期整治费用相对较高。此外，传统护坡工艺与国家提倡建设绿色环保工程及国家电网公司"两型一化"理念不相适应，政府有关部门在环境保护、水土保持设施的工程竣工验收中也多次提出改进建议。而生态护坡是综合工程力学、土壤学、生态学和植物学等学科的基本知识对斜坡或边坡进行支护，形成由植物、工程和植物组成的综合护坡系统的新型护坡技术。为全面提升输变电护坡工程的工艺质量，建设绿色环保、环境友好型工程，特编制生态护坡典型施工方法。

目前，国内生态护坡主要有厚层基材喷射植被护坡、三维网植被护坡、混凝土骨架植草护坡、人工种草护坡、液压喷播植草护坡、铺草皮和生态袋护坡等类型。根据变电站所处地域的气候特点及地质等情况，并综合考虑经济及技术可行性，本典型施工方法选取厚层基材喷射植被护坡、三维网植被护坡、混凝土骨架植草护坡、铺草皮护坡作为研究对象。

（一）本典型施工方法特点

（1）绿色环保。生态护坡成型后，在坡面形成绿色植被，特别是能在岩石边坡上"长出"青草，保持了原生态环境，防止了水土流水现象，与周边自然环境融为一体。

（2）工程造价低。专业机械化施工，提高了劳动效率；工程取材便利，成本较低，比喷浆、砌石等传统护坡造价相对低廉。

（3）适用范围广。可适用于不同的土（石）质、坡比、坡级高等挖填方边坡。

（二）适用范围

适用于110kV及以上新建变电站的生态护坡工程，110kV以下变电站工程参照执行。在边坡稳定的情况下，可以根据不同的土（石）质、边坡类型、适用坡比、适用坡高、适应气候等选用相应的护坡形式，护坡形式适应范围见表1-2-6-1。

表 1-2-6-1　　　　　　　　　护 坡 形 式 适 用 范 围

序号	护坡形式	土（石）质	边坡类型	适用坡比	适用坡高	适应气候
1	厚层基材喷射植被	易风化但未风化或碎裂结构的硬质岩石	挖方	缓于1:0.5	≤16m	年降水量≥600mm
2	三维网植被	植被难于生长的土质和强风化软质岩石边坡	挖、填方	缓于1:1.0	≤8m	年降水量≥600mm
3	混凝土骨架植草	土质和全风化岩石边坡	挖、填方	缓于1:1.0	≤6m	年降水量≥400mm
4	铺草皮	土质和严重风化的软弱岩石边坡	挖、填方	缓于1:1.25	≤5m	年降水量≥400mm

（三）工艺原理

（1）厚层基材喷射植被护坡。厚层基材喷射植被护坡是在岩石边坡上喷射一定厚度的含种植土、有机质、肥料、保水剂、黏合剂和植物种子等混合材料，并结合网和锚钉等传统支护材料实现加固表层岩土的作用，形成植物生长层，达到了绿色环保和水土保持的生态防护效果。

（2）三维网植被护坡。三维网植被护坡是在边坡表面用U形钉挂一层三维植被网，然后填充土壤及肥料，用喷播机喷洒含植物种子的混合料，形成植物生长层，达到了绿色环保和水土保持的生态防护效果。

（3）混凝土骨架植草护坡。混凝土骨架护坡是在边坡上用现浇混凝土框架把表面土方分割成各个单元，达到固化表层土的效果，在框架内铺设草皮，达到了绿色环保和水土保持的生态防护效果。

（4）铺草皮护坡。铺草皮护坡是人工在边坡直接铺设天然草皮，达到了绿色环保和水土保持的生态防护效果。

二、施工工艺流程及操作要点

（一）厚层基材喷射植被护坡施工工艺流程及操作要点

1. 施工工艺流程

本典型施工方法施工工艺流程图见图1-2-6-1。

2. 操作要点

（1）施工准备。

1）施工用水、用电、施工机械等满足厚层基材喷射植被护坡施工方案要求。

2）边坡坡度满足设计要求，排水沟已按设计要求施工完毕。

3）组织全体施工人员交底，明确任务、安全、技术、环保和质量控制要点。

4）主要材料准备。

a. 土工网。土工网抗拉强度为10kN/m，网格孔径30mm×30mm。

b. 喷播材料。喷播混合物主要材料有草种、复合肥、种植土、有机质、保水剂和黏合剂等。草种应选用当地抗干旱、耐贫瘠的野生草籽。南方地区宜采用冷暖型混合草种，北方地区宜采用冷型草种。草种中还可加入适量的草花和灌木种子，或者人工培育后移栽。

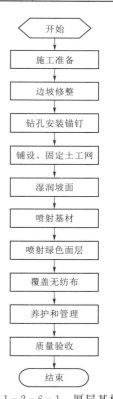

图 1-2-6-1 厚层基材喷射植被护坡施工工艺流程图

草种：冷季型选择高羊茅、多年生黑麦草；暖季型选择狗牙根、狼尾草、白三叶等。

草花种子：野菊、二月兰、虞美人、旱金莲、地被菊、常夏石竹、紫苜蓿等。

灌木种子：马桑、猪屎豆、多花木兰、银合欢、木豆、山毛豆、紫穗槐、紫苜蓿等。

（2）边坡修整。清除坡面淤积物、浮石，修整突出岩石，坡面宜平整、牢靠。厚层基材喷射植被护坡剖面见图1-2-6-2。

（3）钻孔安装锚钉。用冲击钻在边坡上按1000mm×1000mm间距交叉钻孔，孔向应与坡面垂直，钻孔内植入长600mm专用锚钉（图1-2-6-3），并注入1∶1水泥浆液固定。

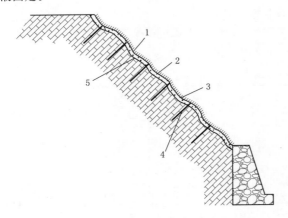

图1-2-6-2　厚层基材喷射植被护坡剖面图
1—植被；2—混合料；3—土工网；4—锚钉；5—坡面

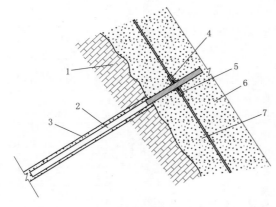

图1-2-6-3　专用锚钉固网示意图
1—坡面；2—$\phi16$锚钉；3—水泥浆液；4、5—螺帽、夹片；
6—混合料；7—土工网

（4）铺设、固定土工网。

1）将土工网自上而下铺设整个坡面，网面调平拉紧，不得紧贴坡面，采用专用锚钉使网面与边坡间距离控制在40~60mm。

2）边坡平台处应采用浆砌片石压边。

3）网间应重叠固定且不小于两个网孔，上网与下网应错位搭接。

（5）湿润坡面。用高压水泵将水均匀地喷湿坡面。

（6）喷射基材。

1）采用搅拌机将基材按施工配合比拌和均匀。基材主要成分有种植土、有机质、肥料、保水剂和黏合剂，其配料见表1-2-6-2。

表1-2-6-2　　基材材料配合比

序号	基材主要成分		每立方米基材的配料重量/kg
1	种植土		700~800
2	有机质	泥炭	400~550
		锯木屑	60
		糠壳	50
		稻草纤维	10
3	肥料	复合肥	2.0~3.0
		有机肥	10~15
4	保水剂		0.06
5	黏合剂		0.15

2）拌和时，如土壤较干，可加入适量的水，物料应随拌随喷。拌和混合料应以手握成团、松开掉地散开为标准。

3）喷射应采用液压泵送式干喷机，按照从上到下顺序将种植基材均匀喷射到坡面上，喷头应距离坡面1500mm左右垂直喷射，防止凸凹部及死角重点部位漏喷或空鼓。基材喷射厚度为100mm，喷射时应根据物料黏稠度调节出水量，以保证基材不流不散为标准。

4）喷完基材后，从上至下紧贴基层铺设一层椰纤维网，采用U形钉固定，间距500mm×500mm，不平整处应加密固定，网面连接部分用铁丝扎紧。椰纤维网主要作用是：前期稳定基材，后期可以分解成有机物，为植被提供充足养分。

（7）喷射绿色面层。将种植土、草籽、黏合剂、肥料、保水剂以及松软的适量有机物和水等配制而成的黏性浆体（表1-2-6-3），利用液压泵送式湿喷机按照从上到下顺序均匀喷射到基材上。坡顶处应适当增加种子用量，坡脚处加入灌木种子，以形成立体绿化护坡。

表1-2-6-3　　绿色面层材料配合比

序号	绿色面层主要成分		每平方米绿色面层的配料用量/kg
1	种植土		20
2	草籽		0.03
3	有机质	锯木屑	5
		糠壳	5
4	肥料	有机肥	10~15
5	保水剂		0.01
6	黏合剂		0.05

（8）覆盖无纺布。在绿色面层喷射完成后，覆盖好无纺布，以营造植物种子快速发芽的成长环境。

（9）养护和管理。

1）洒水。用高压喷雾器使养护水成雾状均匀湿润护坡，注意控制好喷头与坡面的距离和移动速度，保证无高压喷射水流冲击坡面形成径流。养护期一般不小于45d，应避免在强烈阳光下喷水灼伤幼苗。高温干旱天气应适当增加养护次数，强降雨或低温等恶劣天气应检查无纺布是否覆盖严密。

2）病虫害防治。应定期喷广谱发药剂，及时预防各种病虫害的发生。

3）及时补播。草籽发芽后，应及时对稀疏或无草区进行补播。

（10）质量验收。护坡施工完成后应组织质量验收，三级质量检验合格后填写检验记录并签字确认，待出苗成坪时，对草籽成活率进行确认。

（二）三维网植被护坡施工工艺流程及操作要点

1. 施工工艺流程

本典型施工方法施工工艺流程图见图1-2-6-4。

2. 操作要点

（1）施工准备。

1）施工用水、用电、施工机械等满足三维网植被护坡施工要求。

2）边坡坡度满足设计要求，排水沟已按设计要求施工完毕。

3）组织全体施工人员交底，明确任务、安全、技术、环保和质量控制要点。

4）主要材料准备。

a. 三维网。常用三维网为EM3型，材质为NSS塑料，共分三层：底部两层为双向拉伸网，上部一层为非拉伸挤出网。厚度不小于12mm，单位面积质量不小于260g/m²；纵、横向拉伸强度不小于1.4kN/m，幅宽应不窄于1m，要求焊点牢固，颜色为黑色或绿色。

b. 喷播材料。

（2）边坡修整。清除坡面杂物，对边坡进行人工修整。对于凹陷处，将长50～100mm稻草和种植土拌和后，用人工将坡面填补平顺，坡面平整度应小于30mm。

（3）覆土。在修整好的坡面上宜覆盖厚30～50mm种植土，其厚度根据土质或坡面平整度确定，用水将坡面浇湿均匀，应控制好浇水量、喷洒距离及角度，以土壤不出现浮土和粉尘土为宜。

（4）铺三维植被网。

施工准备 → 边坡修整 → 覆土 → 铺三维植被网 → 填充土壤和肥料 → 喷播绿色面层 → 覆盖无纺布 → 养护和管理 → 质量验收

图1-2-6-4　三维网植被护坡施工工艺流程图

1）三维网的剪裁长度比边坡长1300mm，应顺坡自上而下铺设平整，并与坡面紧密贴伏，防止悬空和褶皱现象。三维网搭接宽100～150mm，三维网铺完后，四周应有50～100mm的卷边，并用U形钉固定压边。三维网植被保护示意图见图1-2-6-5。

2）固网。采用U形钉或聚乙烯塑料钉对网面进行固定（包括搭接和四周压边处），钉长为200～450mm，间距900～1500mm；在坡顶沟槽内应按约750mm间距设钉，然后填土压实。坡顶沟槽及设钉见图1-2-6-6。

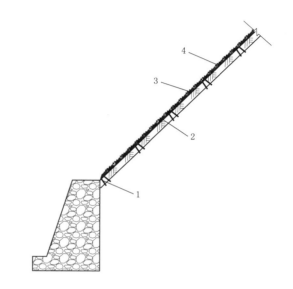

图1-2-6-5　三维网植被保护示意图
1—U形钉；2—坡面；3—三维网；4—面层

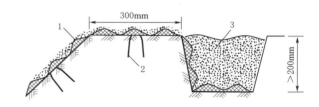

图1-2-6-6　坡顶勾槽及设钉
1—三维网；2—U形钉；3—回填土

（5）填充土壤和肥料。三维植被网铺设后，采用人工方式自上而下充填种植土，其颗粒小于三维网网孔。回填过程应分层多次填土并拍实，直至网包层不外露为止，并用水喷洒均匀浸润，应控制好浇水量、喷洒距离及和角度，防止种植土冲刷流失。瘠薄土质边坡上的回填土应掺入有机肥、泥炭、化肥等提高其肥力。

（6）喷播绿色面层。种植基质材料在施工前应按配合比要求拌合均匀，主要成分有种植土、草籽、有机质、复合肥、黏合剂和草木剂。喷射应采用液压泵送湿喷机，按照从上到下顺序将种植基质材料均匀喷射到坡面上，防止凹凸部及死角重点部位漏喷。种植基质主要材料配料见表1-2-6-4。

表 1-2-6-4　种植基质主要材料配料

序号	基质材料主要成分		每平方米基材的配料用量/kg
1	种植土		16
2	草籽		0.03
3	有机质	锯木屑	2
		糠壳	2
4	肥料	有机肥	2～3
5	保水剂		0.01
6	黏合剂		0.05

（7）覆盖无纺布。种植基质材料喷射完成后，应及时覆盖好无纺布，并用尖桩压边，营造种子快速发芽环境。

（8）养护和管理。

（9）质量验收。护坡全部工作完成后应进行质量验收，三级检验合格后填写检验记录并签字确认，待出苗成坪时再对草籽成活率进行检查。

（三）混凝土骨架植草护坡施工工艺流程及操作要点

1. 施工工艺流程

本典型施工方法施工工艺流程见图 1-2-6-7。

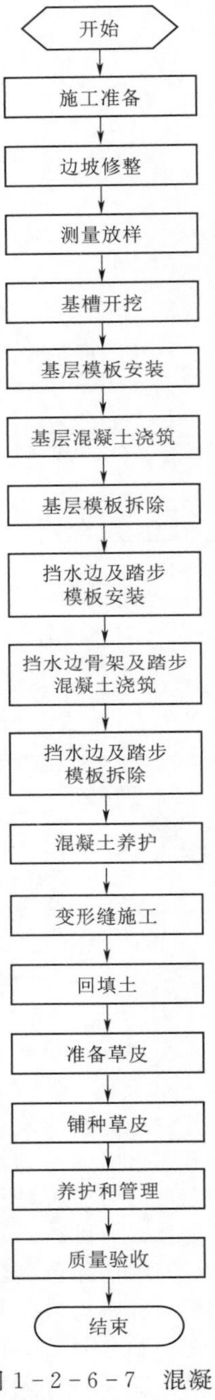

2. 操作要点

（1）施工准备。

1）施工用水、用电、材料、施工机械等满足混凝土骨架植草护坡施工方案要求。

2）边坡坡度满足设计要求，排水沟已按设计要求施工完毕。

3）组织全体施工人员交底，明确任务、安全、技术、环保和质量控制要点。

（2）边坡修整。清除坡面一切杂物，坡面平整度应小于 30mm。

（3）测量放样。根据现场边坡实际形状进行混凝土骨架电子排版（骨架分为拱形、方形、棱形三种类型，本典型施工方法以拱形骨架为示例），骨架网格应大小合理、均匀对称、布置美观。放线前先复核原地面高程和坡面尺寸是否与电子排版图一致，如不一致应重新调整。放线时，应从上至下进行，检查踏步与圆拱骨架衔接

```
开始
  ↓
施工准备
  ↓
边坡修整
  ↓
测量放样
  ↓
基槽开挖
  ↓
基层模板安装
  ↓
基层混凝土浇筑
  ↓
基层模板拆除
  ↓
挡水边及踏步模板安装
  ↓
挡水边骨架及踏步混凝土浇筑
  ↓
挡水边及踏步模板拆除
  ↓
混凝土养护
  ↓
变形缝施工
  ↓
回填土
  ↓
准备草皮
  ↓
铺种草皮
  ↓
养护和管理
  ↓
质量验收
  ↓
结束
```

图 1-2-6-7　混凝土骨架植草护坡施工工艺流程图

处，应自然美观，必须每隔 2 个拱（8～10m 或转角处）分段设置 20mm 宽变形缝。混凝土骨架植草护坡平面示意图见图 1-2-6-8。

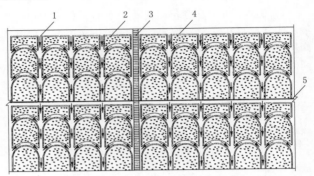

图 1-2-6-8　混凝土骨架植草护坡平面示意图
1—导水槽；2—草皮；3—踏步；4—骨架；5—马道

（4）基槽开挖。

1）根据测量放样确定位置，应采用人工方式从上往下开挖基槽，不宜采用机械作业。根据施工能力及天气情况确定开挖长度，严格控制开挖宽度和深度，不得超挖或欠挖，表面虚土应及时清除。

2）填方区基槽开挖后应进行人工夯实，压实系数应达到设计图纸或相关规范要求。

（5）基层模板安装。骨架基层模板可采用 12mm 厚竹胶板，立模前先检查模板平整度，合格后方可安装。模板接缝处应采用双面胶塞缝并用胶带捆绑固定。模板应挂线安装，内外侧宜采用长 300mm 的 φ16 圆钢固定牢靠，以防止混凝土浇筑时跑模变形。模板与坡面的间隙缝在浇筑前一天用 C20 细石混凝土封闭。

（6）基层混凝土浇筑。混凝土浇筑前应在模板上均匀涂刷好脱模剂。混凝土强度等级不小于 C20，坍落度应控制在 30～50mm，中间基层宽度为 500mm，最外侧为 600mm，变形缝处采用 20mm 厚聚乙烯塑料板隔离，浇筑时采用 30mm 振动棒振实，混凝土表面用木搓板原浆收平。

（7）基层模板拆除。混凝土强度达到 2.5MPa 时，方可拆除基层模板。拆模过程要力度适中，防止混凝土表面及棱角不受损。

（8）挡水边及踏步模板安装。模板材质及安装要求与（5）相同。

（9）挡水边骨架及踏步混凝土浇筑。操作要点同（6）。挡水边截面尺寸宜为宽 100mm，高 100mm，其混凝土强度等级不得小于 C20。

（10）挡水边及踏步模板拆除。操作要点同（7）。

（11）混凝土养护。混凝土养护期不得少于 7d，养护次数以保持其表面湿润为原则。养护期间应加强成品保护，防止外力破坏。

（12）变形缝施工。混凝土养护期后，应及时清除变形缝内聚乙烯塑料板。在变形缝两侧贴好 50mm 胶带纸后，缝内填塞低沥青麻丝，表面采用 5mm 厚中性硅酮耐

候胶封闭。

（13）回填土。骨架网格内应采用种植土回填并夯实，压实系数应达到设计图纸或相关规范要求。如遇土质不良，应增施基肥促进草皮生长，施肥后应进行一次深100mm翻耕，使肥与土充分混匀，做到肥土相融，起到既提高土壤养分，又使土壤疏松、通气良好的作用。土壤基肥用量一般为10kg/m²，主要材料选用3％的过磷酸钙加上4％的尿素堆沤且充分腐熟后的堆沤蘑菇肥或木屑。

（14）准备草皮。起草皮前一天应充分浇水，既有利于起卷作业，保证草皮卷中有足够的水分，不易破损，还可以防止运输过程中失水。草皮切成长宽300mm×300mm大小的方块，草皮块厚度为20～30mm。草皮运至现场后宜在棚区内存放并尽早铺设，存放时应设专人洒水养护，次数以保持草皮表面湿润为原则。

（15）铺种草皮。铺草皮时，草皮块与块之间应保留10mm的间隙，以防止草皮块在运输途中失水干缩，遇水浸泡后出现边缘膨胀。铺草皮应避免过分的伸展和撕裂，若随起随铺的草皮块，则可紧密相接。铺好的草皮在每块草皮四角采用木质或竹质尖桩固定，尖桩长100～200mm，粗10～20mm。钉尖桩时，应使尖桩与坡面垂直，尖桩露出草皮面20～30mm（图1-2-6-9）。铺完草皮后，应用木槌全面拍一遍，以使草皮与坡面结合紧密。草皮铺完后应在间隙处填入细土。

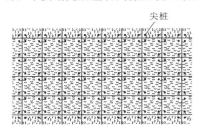

图1-2-6-9　尖桩固定草皮示意图

（16）养护和管理。

1）洒水。草皮从铺设到适应坡面环境生长期间都需及时进行洒水养护，每次洒水次数及洒水量以保持土壤湿润为原则，直至出苗成坪。

2）病虫害防治。草苗应及时使用杀菌剂防治病害，为了防止抗药菌丝的产生，可以使用几种效果相似的杀菌剂交替或复合使用。常用的药剂有代森锰锌、多菌灵、百菌清等。使用杀菌剂应掌握适当的喷洒浓度。草苗常见的虫害如地老虎、黏虫、草地冥虫等，常见的杀虫剂是有机磷化合物杀虫剂。

3）追肥及除草。为了保证草苗能苗壮成长，在有条件的情况下，根据草皮的生长情况及时追肥；坡面上出现杂草应及时清除，以免影响草皮生长。

（17）质量验收。混凝土骨架完成，应对其截面尺寸、强度进行验收，铺草皮完成后，进行质量验收，三级检验合格后填写检验记录并签字确认，待出苗成坪时，再对草皮成活率进行检查验收。

（四）铺草皮护坡施工工艺流程及操作要点

1. 施工工艺流程

本典型施工方法施工工艺流程见图1-2-6-10。

2. 操作要点

（1）施工准备。

1）施工用水、用电、材料等满足铺草皮护坡施工方案要求。

2）边坡坡度满足设计要求，排水沟已按设计要求施工完毕。

3）组织全体施工人员交底，明确任务、安全、技术、环保和质量控制要点。

（2）边坡修整。清除坡面一切杂物，坡面平整度应小于30mm，翻耕100～200mm。若土质不良，则需改良，增施有机肥，耙平坡面，形成草皮生长床，铺草皮前应轻振1～2次坡面，将松软土层压实，并洒水润湿坡面，铺草皮的土壤应湿润而不潮湿。

（3）准备草皮。

（4）铺种草皮。在边坡四周铺草皮时，草皮应嵌入坡面内，与坡缘衔接处应平顺、牢固，防止雨水沿草皮与坡面间隙渗入后草皮下滑。草皮应铺过坡顶肩部1000mm或铺至截水沟，坡脚应采用砂浆抹面等作处理。

（5）养护和管理。

（6）质量验收。护坡全部工作完成后应进行质量验收，三级检验合格后填写检验记录并签字确认，待出苗成坪时，再对草皮成活率进行检查。

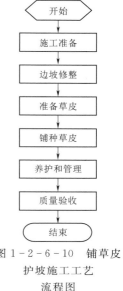

图1-2-6-10　铺草皮护坡施工工艺流程图

三、人员组织

本典型施工方法人员组织见表1-2-6-5。

四、材料与设备

护坡施工所需主要材料见表1-2-6-6。

表1-2-6-5　　　　人　员　组　织

序号	岗位	人数	职　责　划　分	备　注
1	现场负责人	1	护坡施工现场质量、环境、职业健康安全现场总负责人，负责全面协调和指挥护坡施工	Ⅰ、Ⅱ、Ⅲ、Ⅳ
2	技术员	1	护坡施工的技术负责人。负责施工方案的安全、质量和技术交底，对现场施工给予技术指导和监督	Ⅰ、Ⅱ、Ⅲ、Ⅳ

序号	岗位	人数	职 责 划 分	备 注
3	测量员	1	负责施工期间的测量放样	Ⅰ、Ⅱ、Ⅲ、Ⅳ
4	质检员	1	负责施工期间质量检查及验收、包括各种质量记录	Ⅰ、Ⅱ、Ⅲ、Ⅳ
5	安全员	1	负责施工期间的安全管理	Ⅰ、Ⅱ、Ⅲ、Ⅳ
6	施工员	1	负责施工期间的施工管理	Ⅰ、Ⅱ、Ⅲ、Ⅳ
7	材料员	1	负责各种物质、机械设备及工器具的准备	Ⅰ、Ⅱ、Ⅲ、Ⅳ
8	机械操作工	若干	负责施工期间施工机械的操作、维护、保养管理	Ⅰ、Ⅱ、Ⅲ
9	模板工	若干	负责模板工程的制作、拼装与安装工作	Ⅲ
10	混凝土工	若干	负责混凝土浇筑	Ⅲ
11	泥工	若干	负责混凝土骨架护坡修整、压光	Ⅲ
12	架子工	若干	负责脚手架搭设	Ⅲ
13	普通用工	若干	负责边坡其他工作	Ⅰ、Ⅱ、Ⅲ、Ⅳ

注　厚层基材喷射植被护坡需要标识为Ⅰ，三维网植被护坡需要标识为Ⅱ，混凝土骨架植草护坡需要标识为Ⅲ，铺草皮护坡需要标识为Ⅳ。

表 1－2－6－6　　　　　　　　护坡施工所需主要材料

序号	名称	规　格	单位	外观	要求	备注
1	砂子	中砂	t	粉状	级配均匀	Ⅲ
2	碎石	1～5cm	t	颗粒状	级配均匀	Ⅲ
3	水泥	42.5	t	粉状	无结块	Ⅰ、Ⅲ
4	草皮	根据当地气候、土质选型	m²	块状	厚度为20～30mm	Ⅲ、Ⅳ
5	草籽	根据当地气候、土质选用多种	kg	颗粒状	颗粒均匀，无杂物	Ⅰ、Ⅱ
6	三维网	EM3型	m²	网状	无毛刺	Ⅱ
7	土工网			网状	无毛刺	Ⅰ
8	种植土	细粒	kg	粉状	颗粒大小满足要求	Ⅰ
9	黏合剂		kg	粉状		Ⅰ
10	专用锚钉	HPB235	根	光圆	强度满足	Ⅰ
11	U形钉	HPB235	根	光圆	强度满足	Ⅱ
12	模板		套		圆弧光滑匀称	Ⅲ
13	复合肥		t	粉状	无结块	Ⅰ、Ⅱ

注　厚层基材喷射植被护坡需要标识为Ⅰ，三维网植被护坡需要标识为Ⅱ，混凝土骨架植草护坡需要标识为Ⅲ，铺草皮护坡需要标识为Ⅳ。

护坡施工主要施工机械及工器具配置见表1－2－6－7。

表 1－2－6－7　护坡施工主要施工机械及工器具配置

序号	机械或设备名称	型号规格	单位	数量	备注
1	混凝土搅拌机	JZC350	台	1	Ⅲ
2	潜水泵	QDX15	台	1	Ⅰ
3	空气压缩机	W－0.5/30	台	2	Ⅰ、Ⅱ
4	液压泵送式湿喷机	YSP－15SR	台	1	Ⅰ、Ⅱ
5	液压泵送式干喷机	PZ－5B	台	1	Ⅰ
6	高压水泵		台	1	Ⅰ、Ⅱ

序号	机械或设备名称	型号规格	单位	数量	备注
7	混凝土插入式振动器	ZPN30	台	2	Ⅲ
8	冲击钻	YT－28	台	3	Ⅰ

注　厚层基材喷射植被护坡需要标识为Ⅰ，三维网植被护坡需要标识为Ⅱ，混凝土骨架植草护坡需要标识为Ⅲ，铺草皮护坡需要标识为Ⅳ。

五、质量控制

(一) 主要引用文件

(1)《土工合成材料　塑料三维土工网垫》(GB/T

18744—2002)。

(2)《混凝土结构工程施工质量验收规范(2011年版)》(GB 50204—2015)。

(3)《土工合成材料应用技术规范》(GB 50290—98)。

(4)《建筑边坡工程技术规范》(GB 50330—2002)。

(5)《水利水电工程边坡设计规范(附条文说明)》(SL 386—2007)。

(6)《公路土工合成材料应用技术规范》(JTJ/TD 32—2012)。

(7)《公路土工合成材料试验规程》(JTGE 50—2006)。

(8)《城市道路—护坡》(GJBT-1014)。

(9)《变电(换流)站土建工程施工质量验收规范》(Q/GDW 10183—2021)。

(10)《输变电工程建设标准强制性条文实施管理规程》(Q/GDW 10248—2016)。

(二)质量标准要求

本典型施工方法质量标准要求见表1-2-6-8。

表1-2-6-8　　　　　　　　　　　　质　量　标　准　要　求

序号	检查项目		质量标准	检查方法和频率	备注
1	厚层基材基层喷射厚度		基层:100mm,±10mm	每1000m² 边坡随机取20个点测试,取平均值	Ⅰ
2	锚钉		ϕ16mm,HPB235,长度600mm	1次/批,检查试验报告	Ⅰ
3	土工网抗拉强度		≥10kN/m	1次/批,检查试验报告	Ⅰ
4	三维网抗拉强度		≥1.4kN/m	1次/批,检查试验报告	Ⅱ
5	坡面平整度		≤30mm	2m直尺:每20m检查5处	Ⅱ、Ⅲ、Ⅳ
6	混凝土强度		符合设计要求	按批次检查试验报告	Ⅰ
7	骨架断面尺寸偏差		+8~-5mm	尺量:每20m检查2处	Ⅲ
8	草皮成活率	平原	≥90%	观察,全检	Ⅲ、Ⅳ
		山区	≥85%	观察,全检	Ⅲ、Ⅳ
9	草籽成活率	平原	≥90%	观察,全检	Ⅰ、Ⅱ
		山区	≥85%	观察,全检	Ⅰ、Ⅱ

注　厚层基材喷射植被护坡需要标识为Ⅰ,三维网植被护坡需要标识为Ⅱ,混凝土骨架植草护坡需要标识为Ⅲ,铺草皮护坡需要标识为Ⅳ。

(三)主要质量控制要点

(1)厚层基材喷射植被护坡。

1)植被种子及混合物应按施工配合比要求拌合均匀,并随搅随喷。

2)土工网调平拉紧,采用专用锚钉使网面与边坡间距离控制在40~60mm。

3)基层和绿色面层应按照从上到下的顺序垂直喷射,重点防止凸凹部、死角部位漏喷和空鼓现象。基层喷射时应根据物料黏稠度调节出水量,以保证喷射基材不流不散为准。

(2)三维网植被护坡。

1)植被种子及混合物应按施工配合比要求拌合均匀,并随搅随喷。

2)三维网应顺坡从上至下铺设平整,与坡面应紧密贴伏,防止悬空和褶皱现象。三维网铺完后,四周应有50~100mm的卷边,并用U形钉固定压边。

3)三维网覆土应分层多次填土,并洒水浸润,直至网包层不外露为止。

4)绿色面层应按照从上到下的顺序垂直喷射,重点防止凸凹部、死角部位漏喷和空鼓现象。

(3)混凝土骨架植草护坡。

1)为防止骨架混凝土顺边坡下滑,应设置挡板分段浇筑。

2)护脚伸缩缝与其接触挡土墙留置位置应相同,防止温度应力或沉降原因引起开裂。

3)草皮装卸和运输时应采取合理保护根系和根泥的防护措施,当天未铺完的草皮应放棚区或阴凉潮湿处,并适时浇水保持湿润。

4)草皮铺设完成后,用木槌把草皮均匀拍实一遍,使草皮紧贴坡面,防止草皮"假种"影响成活率。

(4)铺草皮护坡。主要质量控制要点与(3)中3)、4)条相同。

六、安全措施

(一)主要引用文件

(1)《国家电网公司电力建设安全工作规程(变电站部分)》(国家电网科〔2011〕1738号)。

(2)《变电工程落地式钢管脚手架搭设安全技术规范》(国家电网科〔2009〕459号)。

(3)《输变电工程安全文明施工标准》(国家电网科〔2009〕211号)。

(4)《国家电网公司电网建设工程施工分包管理办

法》(国家电网基建〔2012〕1586号)。

（二）风险识别

针对边坡施工特点，主要风险识别为：无安全技术措施或未交底施工；物体打击；边坡作业高处坠落；脚手架倒塌；触电。

（三）风险控制

（1）施工前必须对所有施工人员进行安全技术措施交底和培训。

（2）三级及以上作业风险，应复测后填写"施工作业风险现场复测单"，作业前填写"电网工程安全施工作业票B"，四级及以上风险作业时，施工单位分管领导和相关管理人员必须到现场检查监督。

（3）脚手架搭设和拆除严格执行国家电网科〔2009〕459号要求，搭设验收合格并挂牌后才能投入使用，装拆脚手架现场必须设置安全监护人严格监护（边坡脚手架搭设示意图见图1-2-6-11和图1-2-6-12。

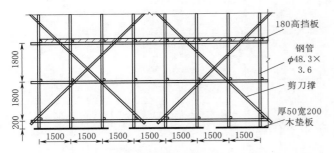

图1-2-6-11　脚手架搭设正面示意图（单位：mm）

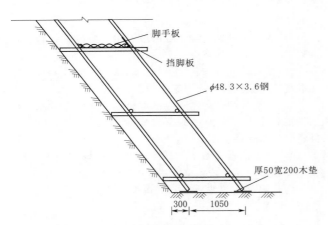

图1-2-6-12　脚手架搭设侧面示意图（单位：mm）

（4）在边坡上作业时，施工人员必须系好安全带，加长安全绳应固定牢靠。修整边坡时，不应安排交叉作业，防止落物伤人。

（5）施工临时用电应由专业电工维护，施工机械及电气设备外壳接地可靠，配电箱配备漏电保护设施，实行"一机、一闸、一保护"，电气设备应配备相应的消防器材。

（6）暴雨、雷雨、强降雨、大雾、大风、冰雪等恶劣天气时，应加强对边坡安全监测和管控工作；凡风险等

级二级及以下的作业，都应将风险等级按照三级及以上进行控制，极端情况下，应停止施工。

（7）现场模板、脚手架、物料等应分类整齐，每天作业做到"工完、料尽、场地清"。

七、环保措施

（一）主要引用文件

《绿色施工导则》(建质〔2007〕223号)。

（二）危害辨识

针对边坡施工特点，主要危害因素为扬尘，废弃物、液压油污染，能源消耗，材料资源浪费等。

（三）控制措施

（1）边坡开挖完成后应及时覆盖保护，干燥及刮风天气应洒水湿润坡面，有效防止扬尘。

（2）液压油、物料袋、水泥袋、包装袋、绑扎带、聚乙烯塑料板及养护完成后的无纺布等应及时分类回收处理，严禁随意倾倒或焚烧处理。

（3）沥青麻丝余料应及时回收保管，污染地面的喷射混合物应每天清扫干净。

（4）尽量节约施工用电，减少施工过程的能源消耗。如施工机械、电焊机等长时间间断不用时，应及时关掉电源开关等。

（5）严格控制材料需求计划，施工中节约用料，减少物资消耗。

八、效益分析

（1）经济效益分析。本典型施工方法与挂网喷浆、砌石等传统护坡施工相比，有效地防止或降低质量通病引起的损失，具有施工简单、工期短、造价低和劳动效率高等特点，平均节约成本约10%，取得了较好的经济效益，详见表1-2-6-9。

表1-2-6-9　生态护坡与传统护坡经济性比较

序号	项目名称		综合单价/(元/m²)	平均单价/(元/m²)
1	生态护坡	厚层基材喷射植被护坡	120	100
2		三维网植被护坡	80	
3		混凝土骨架植草护坡	100	
4	传统护坡	砌石护坡	130	125
5		挂网喷浆护坡	120	

注　表中综合单价根据以往已竣工项目进行综合评估，数据仅供参考。

（2）社会效益分析。挂网喷浆、砌石、六方块等传统方法护坡不利于环境保护，而生态护坡与国家倡导建设绿色环保工程和国家电网公司"两型一化"理念相适应，植被形成后与周边自然环境融为一体，既生态环保，又有效防止水土流失，具有良好的社会效益。

九、应用实例

（1）湖南永州南500kV变电站生态护坡工程于2009

年 10 月开工，2009 年 12 月底竣工。700m² 挖方边坡为黏性土，边坡最高为 4.3m，采用铺草皮护坡；9840m² 填方边坡为黏性土，填方边坡最高 13.2m，采用混凝土圆拱骨架植草护坡。该工程自竣工以来，边坡稳定，无沉降、塌方现象，植被生长良好，有效防止了水土流失。

（2）湖南永州北 500kV 变电站生态护坡工程。于 2007 年 9 月开工，2007 年 11 月竣工，6340m² 挖方边坡为强风化岩，边坡最高 14.2m，采用厚层基材喷射植被护坡；5430m² 填方边坡为砂砾坚土，边坡最高 11.2m，采用三维网植被护坡。该工程自竣工以来，边坡稳定，无沉降、塌方现象，植被生长良好，有效防止了水土流失。

（3）湖南北湖 220kV 变电站生态护坡工程于 2012 年 11 月开工，2012 年 12 月竣工。1500m² 挖方边坡为黏性土、砂砾坚土和强风化岩，边坡最高 22m，采用混凝土骨架植草、三维网植草、厚层基材喷射植被三种护坡；500m² 填方边坡为黏性土，边坡最高为 3m，采用铺草皮护坡。该工程自投运以来，边坡稳定，无沉降、塌方现象，植被生长良好，有效防止了水土流失。北湖 220kV 变电站位于郴州市长冲工业园内，生态护坡响应了当地政府"生态旅游城市""林中之城"的建设目标，取得了良好的社会效益。

第七节　1000kV 串联补偿台基础异形柱典型施工方法

一、概述

1000kV 变电站的串补设备基础的形式较为特殊，采用钢筋混凝土板式基础，基础上有 16 个 1.9m 高的钢筋混凝土异形短柱，柱的上段外侧表面为斜面，其中角柱有 2 个斜面，中间柱有 3 个斜面，顶面和斜面上均设 1 组（8 个）M20 的预埋螺栓，用于固定支柱绝缘子和斜拉绝缘子。安装在斜面上的螺栓不仅精度要求高且角度很难控制；异形柱模板配制、安装难度也较大。螺栓预埋和模板安装是本项目施工难点。

（一）本典型施工方法特点

目前常用的异形柱施工方法主要有四种：①定型钢模法；②分段支模分层浇筑法（斜面不支模）；③拼装式组合木模＋钢支架法；④钢模具＋组合模板法。

1. 定型钢模法

全部采用定制的定型钢模板及配件作为外模，螺栓安装在定型钢模上，整体浇筑。

该工艺投资大，用于一些涉及国计民生的政治意义突出的项目上。

2. 分段支模分层浇筑法

该工艺上柱、下柱支设模板，中间断开，斜面处不支模，浇筑时分三次浇到顶部。第一次浇筑到变截面处，初凝前继续浇筑，直至将斜面处浇筑完，第三次浇筑上柱（斜面处不支模，靠堆积成型，表面由人工压光）。

该工艺斜面处混凝土不密实，质量无保证，不适合用在重要结构中。

3. 拼装式木模＋钢支架法

采用高强度玻璃钢覆膜多层复合木胶板作为异形柱外模，按照 3DMAX 放样的尺寸进行切割、组合；螺栓采用钢支架和定位盘固定；分段支模，整体浇筑，一次成型。

该工艺施工简单，精度高，螺栓安装方便，构件拆模后观感好，质量、工期有保证。

4. 钢模具＋组合模板法

利用 3DMAX 软件放样制作钢模具，利用模具精确安装螺栓，之后拆除钢模具，在柱四周安装组合式木模板，整体浇筑混凝土，一次成型。

该工艺施工简单，螺栓安装精度高，构件拆模后观感好，质量有保证。

综上所述，定型钢模法经济不合理，分段支模分层浇筑法斜面混凝土质量无保证，"拼装式木模＋钢支架法"和"钢模具＋组合模板法"具有质量可靠经济合理的特点，故本工程选用这两种方法。

（二）适用范围

"拼装式木模＋钢支架法"和"钢模具＋组合模板法"均具有斜面预埋螺栓安装精度高、短柱混凝土表面观感质量好等特点，适用于各电压等级串补平台基础短柱和形体特别复杂的混凝土构件。

（三）工艺原理

1. "拼装式木模＋钢支架法"工艺原理

由于串补平台支柱的空间形式较为复杂，施工前使用 3DMAX 建模，确定每根钢筋、每根螺栓的位置关系以及每块模板的下料尺寸和边缘处的角度。

浇筑基础筏板时，在短柱内侧设四块—10mm × 100mm × 100mm 的钢板，柱子钢筋绑扎就位后在柱身内部设钢支架，用来固定预埋螺栓；钢支架上安装上下两层间距 100mm、—10mm × 100mm × 100mm 的钢制定位钢板用来控制预埋螺栓的定位尺寸和空间角度，下层定位钢板及螺母浇入混凝土内部，上层定位盘用来控制每组螺栓间的相对位置关系。螺栓全部就位后开始安装模板。每组模板必须先进行试拼装，拼装合格后方可运至工地进行安装作业。

因柱身内部钢筋和螺栓比较密集，模板封闭前，在柱身内预设两根 8 号铅丝当作导向线，振捣棒随导向线一起放入柱子内部，浇筑混凝土时，振捣棒沿导向线缓慢拔出（图 1—2—7—1）。

2. "钢模具＋组合模板法"工艺原理

利用 3DMAX 软件，根据结构图中异形短柱混凝土结构尺寸、地脚螺栓位置建立异形短柱的三维模型，构绘出模板图并标明预埋螺栓孔位置（图 1—2—7—2）。

在三维图中量取模板每一面的长度、宽度、倾斜的角度以及预埋螺栓留孔尺寸，制作钢模具加工图。根据模具加工图在基础每个方向制作一块模具，制作模具时需根据三维图中的尺寸对钢模具上预留螺栓孔进行精确

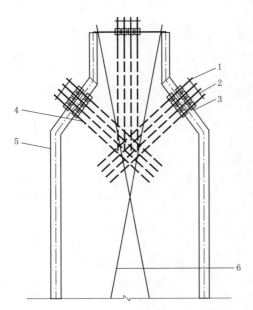

图 1-2-7-1　螺栓安装及预设导线示意图

1—预埋螺栓；2—上层定位钢板；3—下层定位钢板；

4—下层定位钢板；5—螺栓支架；6—预设导向线

图 1-2-7-2　异形短柱三维模型

定位，一个基础共需制作四块钢模具，制作完成后在现场进行拼装（图 1-2-7-3）。安装预埋螺栓时可直接利用模具上预留孔进行，不仅安装速度快，而且安装精度高。螺栓安装结束后，将钢模具拆除，在柱四周安装组合式木模板，浇筑混凝土，钢模具则继续用于下一基础的预埋螺栓安装。

二、施工工艺流程及操作要点

（一）施工工艺流程

（1）"拼装式木模＋钢支架"法异形柱施工工艺流程见图 1-2-7-4。

图 1-2-7-3　钢模具现场拼装图

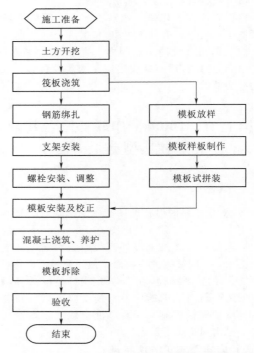

图 1-2-7-4　"拼装式木模＋钢支架"法异形柱
施工工艺流程图

（2）"钢模具＋组合模板"法异形柱施工工艺流程见图 1-2-7-5。

（二）操作要点

1. 施工准备

（1）组织工程技术人员根据图纸进行三维放样，建立空间模型并计算出相关参数。

（2）对施工所用的测量器具进行校验。

（3）组织相关作业人员强化学习，在全体作业人员了解本施工方法的技术要点和注意事项，熟悉质量控制关键点，掌握质量标准和检测方法，牢记危险点和危险源的条件下，方可开工。

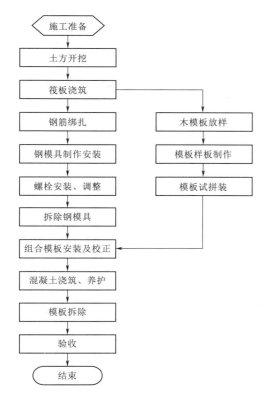

图 1-2-7-5　"钢模具＋组合模板"法异形柱
施工工艺流程图

（4）提前将工程所需的各种物资运到施工现场，并经进行检验。

（5）提前将工程所需的机械调试准备好。

2. 土方开挖

基坑开挖时，先查阅岩勘报告，根据土质情况确定放坡系数并选用相应的土方机械，防止产生滑坡、塌方事故。

大面积开挖时，测量人员跟班作业，及时检查坑底标高，距离基底 300mm 时停止机械作业，改用人工清槽，人工将清槽的土方抛至机械的作业范围，用机械清出基坑。开挖过程中，如有超挖，可不做处理，垫层施工时用混凝土补平。

3. 筏板浇筑

底板浇筑前在每个柱子内侧预埋四块—10mm×100mm×100mm 的钢板，用来固定螺栓支架。底板混凝土强度达到 70% 后开始基础短柱的施工，施工期间继续对底板进行洒水养护，直至达到设计强度。

4. 钢筋绑扎

（1）浇筑基础底板时需要通过三维放样来确定柱子钢筋和32根不同方位的预埋件螺栓的空间位置关系，正式施工前需要做一个试验柱用来模拟钢筋绑扎和螺栓安装。

（2）柱子钢筋绑扎过程中需穿插进行螺栓支架的安装，并将预埋螺栓预存在柱子内。

（3）支架须经现场放样，验收合格后方可进行实料拼装。放样时应注意预放焊接收缩余量，同时还要考虑柱子主筋钢筋与支架的位置关系。

（4）支架安装好后，根据预埋螺栓的尺寸在支架上划线安装定位钢板，防止焊接变形，定位钢板与支架的焊缝无须满焊，但必须能够承受调节螺栓及施工过程中产生的荷载。

（5）部分钢筋稠密、无法安装螺栓的部位，如有必要可会同设计单位调整箍筋形式，将矩形箍筋改为两个 U 形开口箍筋，待螺栓及支架安装完成后，从柱子两边插入柱子内部，采用焊接方式连接成一个完整的箍筋。

柱子斜面钢筋锚入上柱的部分按照《建筑物抗震构造详图》（11G329）中机械锚固的节点施工以避让螺栓。

（6）钢筋绑扎时，绑丝头向内，避免绑丝与模板接触产生锈蚀，影响混凝土观感。

5. 螺栓安装、调整

（1）"拼装式木模＋钢支架"法异形柱施工工艺预埋螺栓安装。由于基础形式较为特殊，测量检查工作也较为复杂，先检查螺栓所在平面（定位钢板）的空间位置，检查合格后，再逐个检查螺栓与平面的位置关系，调整无误后及时将固定螺母拧紧。

1）调整定位钢板的位置。

a. 定位钢板的平面位置用经纬仪控制，钢板上的中心线与轴线重合即可。

b. 定位钢板的倾角要用 40°楔形模具检测，结合水准仪和钢丝检测其标高，确保定位盘安装准确无误。

2）螺栓安装。

a. 安装前要复检支架和定位钢板的安装精度，偏差超标的部位及时调整。

b. 将螺栓分别穿入上下两层定位钢板，初步拧紧定位螺栓。

c. 调整螺栓的垂直度、位置，逐个检查验收。每个螺栓检验合格后及时拧紧固定螺母，每个柱子的三组螺栓全部拧紧后再检查一次相对位置关系。

d. 螺栓安装后检查其与斜面的角度关系及螺栓外露部分的长度。

（2）"钢模具＋组合模板"法异形柱施工工艺预埋螺栓安装。安装预埋螺栓时，将加工好的螺栓从模具的预留孔洞内中穿入，模具上表面的螺栓外露长度要符合设计要求，保持螺栓与模具表面呈垂直状态，将伸入柱内的螺栓与柱中钢筋焊牢，拆除模具，支设模板。

6. 组合模板安装及校正

柱模板按照短边压长边的方式支设，下料时短边模板需要考虑压住部分的预留量。模板切割制作前先用 AUTO 3DMAX 进行放样并做一个实体模型，实体模型拼装合格后才可进行批量生产。

所有螺栓验收合格后开始支模。鉴于柱身钢筋和螺栓密集，为避免振捣棒下不去、被钢筋卡住或者振捣棒碰到螺栓等问题的发生，支模前在柱身内部预设两根 8 号铅丝作为导向线，导线末端拴一个 M20 螺母，把螺母与振捣棒头焊牢，并将振捣棒一并留在柱身内，用来振捣柱子内部的混凝土。浇筑时逐渐提振振捣棒，虽然螺栓、钢筋密集，由于有导向线，振捣棒会沿导向线缓慢拔出，不会被钢筋卡住。在下柱外侧斜面上留置振捣孔，用来振捣外侧混凝土，振捣孔用曲线锯切割，待下柱浇筑完成，将锯下的模板安装在振捣孔处，继续浇筑。

为保证质量，斜面有螺栓部位的模板，全部采用摇臂钻床打孔，每次将 10 层模板用螺丝固定成一体，贴上放样纸，再用 $\phi 20.5$ 的钻头打孔。

为有效地保护柱子表面，防止在施工过程中损坏阳角，从而影响观感，所有柱子阳角部位均做 $r=25\text{mm}$ 的圆弧倒角，支模时先将塑料线条安装在短边模板上，用胶粘接牢固，并沿长度方向每 300mm 用气钉固定一次，另一侧用 0.5mm 厚双面胶与长边模板粘牢。

柱身模板用 50mm×100mm 方木和 [14@200mm 围檩固定，为防止浇筑过程中柱身发生位移，在基础底板上搭设满堂架将柱身支撑体系连成整体，四周设斜撑与边坡顶牢，提高整体刚度。

7. 混凝土浇筑、养护

（1）混凝土浇筑时，第一次浇筑到变截面处，然后充分振捣密实，一定要充分排除气泡；第二次浇筑斜面部位，直至到上柱根部；第三次浇筑上柱。每层浇筑后沿导线将振捣棒提起至已浇筑的混凝土表面下 50mm 处。浇筑上柱时需将振捣孔处的模板封闭严密，防止漏浆影响观感。

（2）根据外界温度及气候条件选择相宜的养护措施。

（3）由于串补平台基础柱外形复杂，拆模过早会损坏棱角及表面，当混凝土强度达到 C20 后开始拆除模板。

8. 模板拆除

（1）模板拆除过程中要遵循先支后拆、后支先拆、轻拿轻放的原则，不得用撬棍来剥离模板以免对混凝土表面造成损坏。

（2）拆模后及时将振捣孔处用角向磨光机打磨平整。

（3）拆模后柱身裹塑料布顶面用麻袋盖住，浇水养护直至达到 14d 龄期。如有条件可以在拆模后刷混凝土养护剂两道。

三、人员组织

1000kV 串补平台基础短柱施工班组人员配备应根据工作量来确定，一般情况下每组（三相）串补平台基础短柱的人员配备见表 1-2-7-1。

表 1-2-7-1　1000kV 串补平台基础短柱施工班组人员配备

序号	岗位	人数	职责
1	施工队长	1	全面负责现场施工工作，协调物资、工器具及人力的供应；控制现场安全、质量、进度，并负责对外协调工作
2	安全员	1	制止和纠正违章行为，对作业环境和工器具进行检查，负责安全文明施工

续表

序号	岗位	人数	职责
3	技术员	1	施工前进行详尽的策划工作，解决施工过程中的技术问题
4	质检员	2	过程质量管控，督促班组按照规程规范和施工方案进行施工
5	测量工	3	全过程监控螺栓安装的标高、轴线、倾角
6	材料员	1	负责本工程所需物资、工器具的供应工作
7	钢筋工	4	钢筋下料、绑扎
8	木工	12	模板配制、拼装、校核、加固
9	铆焊工	2	支架安装、螺栓定位盘、螺栓安装
10	混凝土工	4	混凝土浇筑及振捣
11	普工	10	材料水平运输、配合其他工种、混凝土养护

施工前对所有作业人员进行技术安全交底；特殊作业人员要经过培训、考试，考试合格方可上岗。

四、材料与设备

（一）材料要求

（1）模板采用高强度玻璃钢覆膜多层复合木胶板，必须具有足够的强度、刚度和硬度；使用的黏合剂必须无毒、耐水，模板沸水浸泡 24h 无明显开胶、膨胀、变形现象。

（2）塑料倒角线条要具备一定的强度和韧性，可加工性要好，因市场上没有 140°夹角，需要用 90°的改制成 140°。

（3）混凝土采用 P.O42.5 水泥；高效减水剂；水洗中砂；坍落度控制在（160±20）mm 范围内；选用 10～21.5mm 连续级配的碎石；砂石含泥量及针状片石含量严格控制在规范允许的范围内。

（4）保护层垫块选用灰色的塑料卡。

（二）工器具配备

主要工器具配备见表 1-2-7-2。

表 1-2-7-2　主要工器具配备

序号	设备名称	规格型号	单位	数量
1	激光水准仪	DS05	台	1
2	激光经纬仪	DJ2	台	4
3	钢尺	50m	把	1
4	曲线锯		台	1
5	高精度木工锯床		套	1
6	摇臂钻		台	1
7	铝材切割机		台	1
8	高频振捣器	30mm，1.5kW	套	4

五、质量控制

（一）执行标准

施工过程中除必须遵守国家和地方政府的法律法规外，还应严格执行以下文件（不限于）：

（1）《建筑地基基础工程施工质量验收规范》（GB 50202—2018）。

（2）《混凝土结构工程施工质量验收规范》（GB 50204—2015）。

（3）《建筑工程施工质量评价标准》（GB/T 50376—2006）。

（4）《清水混凝土应用技术规程》（JGJ 169—2009）。

（5）《变电（换流）站土建工程施工质量验收规范》（Q/GDW 10183—2021）。

（二）质量保证措施

（1）严格检验和验收进场材料，保证加工材料合格。

（2）每块模板裁切前先划线，经检验合格后再裁切。裁切好的模板再次检查其几何尺寸，严格控制其偏差在允许范围内。裁切时锯口的消耗量根据试验数据定。

（3）螺栓支架组装好后，及时检测各个方向的定位尺寸，检验合格方可安装定位钢板。

（4）测工需有丰富的测量经验，持证上岗；测量仪器必须检验合格在有效期内，每班作业前先检查仪器。制作、安装、检验所用的钢尺必须经计量检验合格并具有相近的精度。

（5）制作40°的楔形模具，将其放在140°斜面上，用水平尺检查其水平面，从而达到控制斜面倾角的目的（图1-2-7-6）。

（6）方木、模板及已经支好未浇筑的模板须有防雨措施，避免风吹日晒引起变形，影响质量。

（7）定位钢板必须经铣刨加工，确保平面的平整度，因为螺栓安装后检验螺栓位置需要以此平面为据。

（8）每次浇筑前检查砂石的含水率，调整施工配合比。

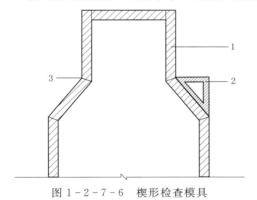

图1-2-7-6　楔形检查模具

1—楔形检查模具；2—模板；3—模板拼缝

六、安全措施

（一）执行标准

施工过程中除必须遵守国家和地方政府的法律法规外，还应严格执行以下文件（不限于）：

（1）《建设工程施工现场供用电安全规范》（GB 50194—1993）。

（2）《职业安全健康管理体系》（GB/T 28001—2011）。

（3）《施工现场临时用电安全技术规范》（JGJ 46—2005）。

（4）《输变电工程建设标准强制性条文实施管理规程》（Q/GDW 10248—2016）。

（5）《输变电工程安全文明施工标准》（Q/GDW 250—2009）。

（6）《国家电网公司基建安全管理规定》（国家电网基建〔2011〕1753号）。

（二）安全保证措施

（1）进场人员已进行安全教育及安全技术交底，已被告知危险源、危险点及预防措施，了解应急预案及应急处置措施。

（2）施工现场应合理布置，规范使用各种物品，做到标牌清楚、齐全、各种标志醒目，施工现场文明整齐。

（3）电锯、电刨使用前检查防护罩，操作时必须双人操作。

（4）施工用电采用三相五线制低压配电系统，采用"三级配电，两级保护"，同时开关箱必须装设漏电保护器，实行"一机、一闸、一漏电保护"，每台用电设备均可靠接地。

（5）木工车间要配备足量的消防器材。

（6）电焊工等特殊工种持证上岗，作业时必须有专人监护。

（7）操作工人正确使用劳动保护用品。

（8）夜间施工要有充足的照明。

七、环保措施

（一）执行标准

施工过程中除必须遵守国家和地方政府的法律法规外，还应严格执行以下文件（不限于）：

（1）《建筑工程绿色施工评价标准》（GB/T 50640—2010）。

（2）《国家电网公司电力建设安全健康与环境管理工作规定》。

（二）环境保护措施

（1）编制环境保护实施计划。

（2）对现场施工人员进行环境保护教育。

（3）正确处理垃圾。尽量减少施工垃圾的产生；产生的垃圾在施工区内集中存放，并及时运往指定垃圾场；设置废弃物、可回收废弃物箱，分类存放；集中回收处置办公活动废弃物；现场生活垃圾堆放在垃圾箱内，不得随意乱放。

（4）减少污水、污油排放。在生产、生活区域内设置排水沟，将生活污水、场地雨水排至指定排水沟，不随意排放；机械设备运行时应防止油污泄漏，污染环境；工地临时厕所指定专人清理，在夏季定期喷洒防蝇、灭蝇药，避免其污染环境，传播疾病。

（5）降低噪声。合理安排施工活动或采用降噪措施、新工艺、新方法等方式，减少噪声对环境的影响；施工机械操作人员负责按要求对机械进行维护和保养，确保其性能良好，严禁使用国家已明令禁止使用或已报废的施工机械。

（6）减少粉尘污染。土方挖填及运输过程中，采取遮盖措施，防止沿途遗洒、扬尘，必要时进行洒水湿润；

车辆不带泥沙出施工现场，以减少对周围环境污染。施工区域道路上定期洒水降尘。

（7）减少有害气体排放。禁止在施工现场焚烧垃圾，防止产生有害、有毒气体；施工机械尾气排放符合环保部门要求；加强现场脱模剂、黏结剂等化学物品采购、运输、贮存及使用各环节的管理，不得，随意丢弃、抛洒。

（8）节约用电、用水，杜绝"长明灯""长流水"现象。

八、效益分析

（一）社会效益

1000kV晋东南（长治）站采用"拼装式组合木模＋钢支架"法，1000kV南阳站采用"钢模具＋组合模板"法，不仅提高了混凝土的外观质量，而且保证了螺栓精度，为设备快速、精准的安装提供了良好的平台。

（二）经济效益

与类似施工方法相比，本典型施工方法在满足质量要求的同时实现了批量生产和精加工，加快了施工进度，减少了一次性投入，仅用木模代替定型钢模一项就节约成本近15万元，取得了较好的经济效益；以木代钢，符合国家节能减排的方针和政策，社会效益显著。

九、应用实例

（一）工程概况

（1）1000kV晋东南（长治）站扩建工程采用"拼装式组合木模＋钢支架"法。1000kV晋东南（长治）站扩建工程共有一组串补设备基础，分为三相，每相基础有16根基础柱，其中8根为异形柱，短柱每个顶面和斜面均安装8根M20螺栓，空间位置偏差小于±2mm。

（2）1000kV南阳站扩建工程（采用"钢模具＋组合模板"法）。1000kV南阳站扩建工程晋东南出线侧装设20％固定串补，荆门出线侧装设40％固定串补，共9个1000kV串补平台基础，每个基础上有14根短柱，短柱高1.9m，其中8根为异形柱，短柱的顶面和斜面各安装1组地脚螺栓，每组螺栓空间位置偏差小于±2mm。

（二）施工情况简介

（1）1000kV晋东南（长治）站扩建工程串联补偿平台基础2011年4月1日完成基础筏板混凝土浇筑，4月5日开始安装固定架，4月30日浇筑上层混凝土，5月15日交付安装。

（2）1000kV南阳站扩建工程3组串补平台基础于2011年3月1日开始施工，7月30日交付安装。

（三）应用效果

本典型施工方法效果明显好于以前常用的施工方法，施工过程安全、质量、进度及环保始终处于"可控、在控"状态，通过实践证明，采用本典型施工方法后，施工速度快，安全有保障，质量提高，混凝土表面光滑平整，达到清水混凝土的标准；预埋螺栓定位精准，平面和空间位置准确无误。

第三章

变电站换流站建构筑物施工新技术

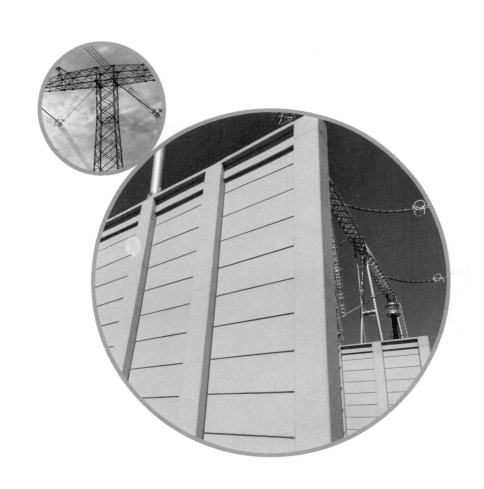

第一节 环形水泥杆钢质口对接焊成型托架的研制和应用

一、主要技术创新点

1. 要求

在新建变电站工程中，全站构架水泥杆体对焊是重要工序，如图1-3-1-1和图1-3-1-2所示。因此，环形水泥杆钢质口对接焊成型滚轮托架应满足以下要求：

（1）便于施工现场安装简便。

（2）降低制造成本，可以重复利用。

（3）方便操作，降低施工人员投入。

（4）占地面积小，焊接完成方便吊装。

图1-3-1-1 将水泥杆体找正对接

图1-3-1-2 检查焊缝打磨并刷漆

2. 加工难点

加工难点集中在滚轮装配体、托架、手动丝杆这几部分。

（1）滚轮装配体。滚轮的外壳是外圆，表面是直接与水泥杆体，重达500kg圆轴面接触，需要高硬度、高耐磨性，经过筛选选用符合尼龙材质的轴质材料。

（2）托架。托架选用毛坯铸铁件，在加工前看有无明显铸造缺陷，加工余量是否足够，要求满足位置和尺寸精度，用于与基础连接，如图1-3-1-3所示。

（3）手动丝杆。丝杆需要在车床加工，精度要求高。

图1-3-1-3 托架

3. 现场使用及吊装

焊缝的宽度及厚度达到设计要求，焊工在焊接时，可以随时转动，不需要挖坑躺在坑底焊接，如图1-3-1-4所示。以往水泥杆在焊接之前，要放置15d左右，原因是必须经过杆口对接、杆口焊接、爬梯及附件安装等工序，才能起吊，现在使用成品托架，就可以在托架上一次完成以上工序，防止污染杆体。

图1-3-1-4 作业现场

二、效益与应用

（1）变电站交叉施工，各个作业面都在开展施工，实际安装方面选用空地不占用资源，安装时间为2d，利用施工现场现有条件，快速便利。

（2）选用市场成熟材料加工制作，可使用成熟焊接托架，成本折旧率低。

（3）在某变电站工程中，与以前的变电站构架杆施工比较，要省人力12～15人，以往构架施工需要35～40名工人，施工周期为3个月。目前本站施工，人力成本节省450工时，工期缩短至2个月内，间接成本节省5万元左右，达到精细化施工要求。

第二节 提高严寒地区变电站建筑物外墙施工一次合格率技术措施

一、课题选定

（一）背景

建筑物外墙施工是建筑物外墙细部施工的重要组成

部分，是变电站建筑物外墙施工的重要分部工程，是建筑物外墙施工工艺评定的重要分支，在工程建筑物外墙施工过程中起着关键性的作用。

建筑物外墙施工一次合格率是衡量建筑物外墙合格率的重要指标，提高严寒地区变电站建筑物外墙施工一次合格率是建筑物外墙细部验收的基础。提高严寒地区变电站建筑物外墙施工一次合格率可以减少施工工程中外墙细部的验收合格率。

土建质量验收评定规范对严寒地区变电站建筑物外墙施工一次合格率提出了明确要求。严寒地区变电站建筑物外墙施工一次合格率基本指标要求不小于95%，但目前施工现场验收合格两年后经冻融循环后饰面砖脱落现象较为严重。

然而在严寒地区变电站建筑物外墙施工过程中，严寒地区变电站建筑物外墙施工指标由于容易受到多种因素影响，很容易造成外墙细部质量验收不过关，从而制约严寒地区变电站建筑物外墙施工一次合格率的提高。

新疆送变电有限公司QC小组根据现场实际情况，选定提高严寒地区变电站建筑物外墙施工一次合格率为课题，积极开展活动，采取实际调查，分析研究解决问题。

（二）目标

改进建筑物外墙做法，提高建筑物外墙观感质量及建筑物外墙施工一次合格率，确保工程达到质量验收标准。

以往变电站外墙施工一次合格率约为76.9%，通过

本工程的调整，确保建筑物外墙的施工一次合格率需不小于95%。

二、影响原因与对策

（一）影响因素和原因

通过对以往围墙工程的调研，可得出影响建筑物外墙一次施工合格率的主要因素的饼状图，如图1-3-2-1所示。

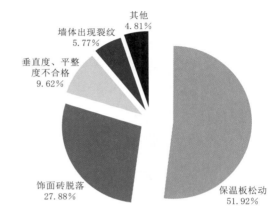

图1-3-2-1 影响建筑物外墙一次施工合格率的主要因素饼状图

影响建筑物外墙一次施工合格率的关联图如图1-3-2-2所示。

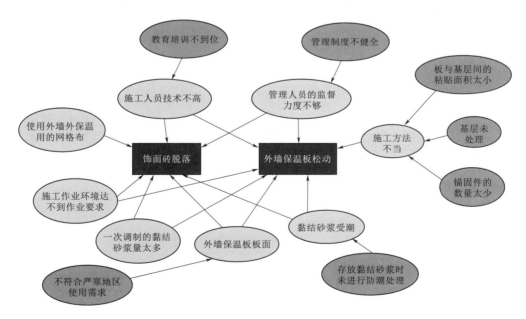

图1-3-2-2 影响建筑物外墙一次施工合格率的关联图

（二）对策

根据以上原因分析，针对影响建筑物外墙一次施工合格率质量的因素，制订了详细对策，并且在工程施工中进行落实，同时设有专人进行落实各项对策的执行情况，见表1-3-2-1。

（三）实施

1. 采用外墙一体化板

（1）由资深技术员现场监督指导，要求工人在相邻板侧面和上端满刮胶粘剂，并且在板中间用大于20%板面面积的胶粘剂作梅花状布点，且间距不大于300mm，

表 1 - 3 - 2 - 1　针对影响建筑物外墙一次施工
合格率质量的因素对策

序号	要因	对策	目标	措施
1	外墙保温板不符合严寒地区需求	采用新型保温材料	保证施工质量达到合格标准	(1) 采用新型外墙保温材料。(2) 一体化板替代传统饰面砖
2	锚固件数量太少	在规定时间内安装锚固件，并使锚固数量符合规范要求	(1) 保证在板粘贴牢固后 12h 内安装锚固件。(2) 锚固件数量不少于 4 个/m²，且每单块不少于 1 个	(1) 锚固件安装完成后未经管理人员验收，不能进行下道工序的施工。(2) 保证锚固深度为基层内 50mm，钻孔深度 60mm。(3) 自攻螺丝挤紧并将塑料膨胀钉的钉帽与板表面齐平或略拧入一些。使其与基层墙体充分锚固

直接与基层墙体粘牢。

（2）将保温板粘贴上墙，揉挤安装就位，并随时用 2m 托线板检查，用橡皮锤将其找正，板顶留 5mm 缝，用木楔子临时固定。粘贴后的保温板整体墙面必须垂直平整，板缝挤出的胶粘剂应随时刮平。

该措施实施一个月后，为检验实施后的效果如何，QC 小组对六处墙面进行了抽样检查，粘贴面积均不小于 40%，达到了预定的目标。

2. 安装锚固件

在规定时间内安装锚固件，并使锚固数量符合规范要求。

（1）由资深技术员控制时间，保证在板安装牢固后 12h 内安装锚固件。

（2）操作工人钻孔结束后，由技术员对孔深进行检查，钻孔深度满足 60mm，再进行锚固件安装。

（3）保证塑料膨胀钉的钉帽与板表面齐平或略拧入一些，使其与基层墙体充分锚固。

（4）坚持每天抽查当天施工的锚固件数量是否满足 4 个/m²，且每个单块上和板的中央不宜少于 1 个。

该措施实施一个月后，为检验实施后的效果如何，QC 小组对六处墙面进行了抽样检查，检查结果表明当天施工的锚固件数量都满足不小于 4 个/m² 得要求。

三、效果检查

通过项目部全体人员的共同努力，建筑物外墙一次施工的合格率明显得到改善。为检验 QC 小组几个月来的成果，QC 小组组织人员对出现的质量问题进行了统计，统计结果表明外墙内保温一次施工的合格率为 95.8%。

（一）技术效益

通过 QC 小组活动，探索出了外墙内保温一次施工合格率提高的措施，同时也提高了克难攻关的信心，建立起了一支思想好、技术精、作风硬、具有现代技术和管

理意识的施工管理和操作队伍。

（二）经济效益

通过本次 QC 活动，提高了小组成员及项目管理人员的技术管理水平，为今后的施工积累了丰富的经验，提高了工程的质量，同时也取得了一定的经济效益和社会效益。

第三节　提高严寒地区变电站屋面落水口施工一次合格率技术措施

一、概述

屋面落水口施工是建筑物屋面细部施工的重要组成部分，是变电站建筑物屋面施工的重要分部工程，是建筑屋面施工工艺评定的重要分支，在工程建筑物屋面施工过程中起着关键性的作用。

屋面落水口施工一次合格率是衡量建筑物屋面合格率的重要指标，提高严寒地区屋面落水口施工一次合格率是建筑物屋面细部验收的基础。提高严寒地区屋面落水口施工一次合格率，可以提高施工工程中屋面细部的验收合格率。

土建质量验收评定规范对严寒地区屋面落水口施工一次合格率提出了明确要求。严寒地区屋面落水口施工一次合格率基本指标要求为不小于 95%。然而在严寒地区屋面落水口施工过程中，严寒地区屋面落水口施工指标由于容易受到多种因素影响，很可能造成屋面细部质量验收不过关，从而制约严寒地区屋面落水口施工一次合格率的提高。

二、选题理由和目标设定

1. 目前现状和存在问题

（1）工程竣工验收中，屋面落水口一次施工合格率较低的现象较为普遍，落水口存在质量问题是主要因素。

（2）新疆送变电有限公司 QC 小组通过公司施工管理部提供的近几年 750kV 工程竣工验收检查评分汇总表，经分析发现严寒地区屋面落水口的一次施工合格率为 81%，低于 95%。

2. 选定课题

将"提高严寒地区变电站屋面落水口施工一次合格率"作为 QC 小组活动的课题，作为同业对比指标。

3. 目标设定

改进落水口做法，提高屋面落水口观感质量及落水口施工一次合格率，确保工程达到质量验收标准。

以往工程落水口施工一次合格率约为 81%，通过本工程的调整，落水口的施工一次合格率需达到不小于 95% 的目标。

三、影响屋面落水口一次施工合格率的主要因素和原因分析

1. 主要因素

QC 小组通过公司施工管理部提供的工程竣工验收检

查评分汇总表，发现影响工程竣工验收质量相对比率较大的是屋面的落水口质量，均有多次修补完善的痕迹。从汇总表看出，影响"屋面落水口一次施工合格率"合格率项目的落水口施工比例为83.3％，远高于其他部分所占百分比，是影响严寒地区屋面落水口施工一次合格率的主要症结所在。只要把这种因素消除，落水口合格率就会提高。影响屋面落水口一次施工合格率的主要因素饼状图如图1-3-3-1所示。

2. 要因分析

对影响屋面落水口质量的诸多原因分析如图1-3-3-2所示。

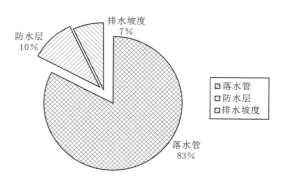

图1-3-3-1　影响屋面落水口一次施工合格率的主要因素饼状图

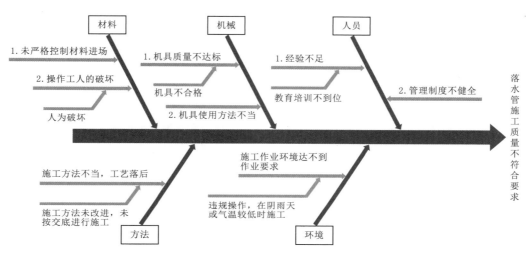

图1-3-3-2　对影响屋面落水口质量的诸多原因分析

四、制订对策和落实对策

1. 制订对策

经过对落水口操作工艺的分析，找到了原因的所在，从而对工艺进行改进，在落水管口处增加漏斗式落水管，如图1-3-3-3所示，并严格地按规范进施工，如图1-3-3-4所示。

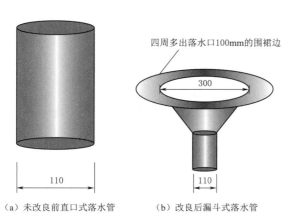

（a）未改良前直口式落水管　　（b）改良后漏斗式落水管

图1-3-3-3　屋面落水口（单位：mm）

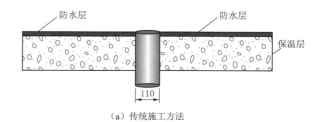

（a）传统施工方法

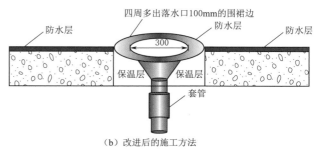

（b）改进后的施工方法

图1-3-3-4　屋面落水处的施工方法（单位：mm）

2. 对策实施

（1）立管安装前，应按图纸坐标，确定卡架位置，预装立管卡架。

（2）土建墙面粉刷后，按预留口位置核对图纸坐标，确定管道中心线后，依次安装管道、管件和伸缩节，并连接各管口。

（3）UPVC 管穿过楼顶板时，应预留防水刚性套管，并做好露台屋顶防水与套管间隙的防水密封，并在落水管口，安装事先制作好的漏斗式落水口，然后安装保温层。在漏斗式落水口端部与 UPVC 管用套管进行连接，漏斗式落水口周边还有围裙式檐口，方便与防水层黏结，有效地解决了落水口处渗水现象。

（4）卷材防水层的铺贴一般应由层面最低标高处向上平行屋脊施工，使卷材按水流方向搭接，当屋面坡度大于 10% 时，卷材应垂直于屋脊方向铺贴。

1）铺贴方法。剥开卷材脊面的隔离纸，将卷材粘贴于基层表面，卷材长边搭接保持 50mm，短边搭接保持 70mm，卷材要求保持自然松弛状态，不要拉得过紧，卷材铺妥后，应立即用平面振动器全面压实，垂直部位用橡胶榔头敲实。

2）卷材搭接黏结。卷材压实后，将搭接部位掀开，用油漆刷将搭接粘接剂均匀涂刷，在掀开卷材接头之两个粘接面，涂后干燥片刻手感不粘时，即可进行黏合，再用橡胶榔头敲压密实，以免开缝造成漏水。

（5）防水层施工温度选择 5℃ 以上为宜。

（6）防水层的施工。在基层与突出屋面的连接处以及基层的转角处、管道的根部、落水口的拼接处没有做成圆弧而形成了死角时，此处卷材易在负温时因冷缩拉裂产生渗漏或留下隐患。规范要求在屋面防水层施工时，应先做好上述部位与之连接的圆弧。还应做好细部节点、附加层和屋面排水比较集中部位的处理。另外在细部构造处理时就注意卷材收头、卷材接头的处理和粘贴。天沟、檐沟是雨水集中和受冲刷较多的部位，并易积水，排水方向多变，是需要特别注意的部位。坡度的设置、垂直出口、水平出口、水落口的细部处理，也是不可忽略的地方。

（7）在施工过程中，监督并指导操作人员必须依据技术交底严格执行，并根据现场执行情况在进行纠偏。

五、效益与应用

由于漏斗式落水口的落水口与防水层接触面大，无缝隙，能有效防治落水口处渗漏造成的质量问题，施工方便，施工时间短，施工效率高，落水处雨水与管口接触面较大，有利于屋面雨水的导流。

准北 750kV 变电站工程的屋面落水口使用漏斗式落水口后，全部一次性验收合格，并且提高了工程的整体质量。目标设定为 95%，通过 QC 小组的活动后，现场实施效果达到了 100%，均一次通过验收。

为巩固这一成果应坚持每周质量例会召开制度，对班组人员进行技术培训，提高职工的操作水平。修改"建筑屋面施工作业指导书"相应环节的内容，使之更符合现场实际情况。做好施工工作记录，并要求作业人员严格按照改进后方法进行施工。

第四节　提高现浇混凝土楼板施工一次成优率技术措施

一、现浇混凝土楼板施工存在质量缺陷

1. 工程背景

乌鲁木齐开发区 220kV 变电站工程可满足乌鲁木齐经济技术开发区内软件园、天山云产业基地等用电负荷增长要求，解决老满城变电站重载问题，形成合理的供电分区。本工程主要建筑物有主控通信楼建筑高度 4.9m，长度 26.9m，宽度 18.4m；水泵房高度 5.6m，长度 7.85m，宽度 5.1m；220kV 配电装置室高度 9.3m，长度 77m，宽度 12m；110kV 及 10kV 综合配电室高 12m，长 53.6m，宽 23.2m。该工程占地面积小，工期短，对混凝土外观质量要求很高，必须提高施工质量，一次完成现浇混凝土楼板结构。

2. 选题理由

（1）本工程 220kV 配电装置室，主梁最大跨度 12m 且存在结构找坡，屋面最低及最高点需进行准确控制，且总长度为 77m，需分 2 次浇筑。

（2）现场作业面积狭窄，模板支设要求高，混凝土浇筑必须一次成型。

（3）施工工期短，要求提高施工质量，避免返工造成不必要的工期延误。

综合以上理由，选定"提高现浇混凝土楼板施工一次成优率"作为新疆送变电有限公司 QC 小组的活动课题，进行攻关。

3. 现状调查

QC 小组对已施工完成的消防水泵房及主控通信楼进行检测，共检查平整度 400 点，其中不合格点 151 点，合格率 81.4%，如图 1-3-4-1 所示。从排列图中可以看出，平整度超差、模板偏移是主要施工质量缺陷因素，累计频率已达 81.4%，是需要重点解决的主要问题。

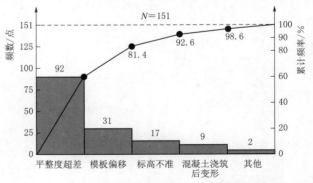

图 1-3-4-1　现浇楼板底面施工质量缺陷排列图

二、目标设定和对策制订

1. 目标设定

根据现状调查的结果，若能改进现存的主要质量问

题，则施工合格率有望达到94%，所以QC小组设定QC活动的目标为：将现浇混凝土楼板合格率提高到90%。

QC小组通过细致深入的调查研究，对造成主要质量问题的原因进行了分析，绘制出了关联图，如图1-3-4-2所示。通过对造成主要质量问题的原因进行逐层分析，QC小组找到了影响施工质量的9个末端因素。在全部9条末端因素中，经过分析论证，QC小组从中确认了以下5个主要因素：

（1）模板专项方案不详细、不具体。
（2）模板安装质量差。
（3）抄平不准确。
（4）满堂架搭设不规范。
（5）验收程序不规范。

2．对策制订

QC小组制订的对策见表1-3-4-1。

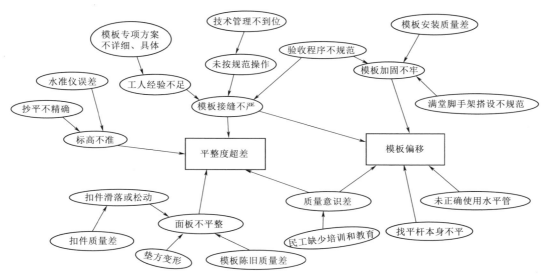

图1-3-4-2 现浇楼板平整度超差、模板偏移关联图

表1-3-4-1 提高现浇混凝土楼板质量对策

序号	要　因	对　策	目　标	措　施
1	模板专项方案不详细、不具体	编制详细技术方案，加强过程控制	混凝土浇筑后板底平整度偏差小于4mm	对工人进行技术交底。铺底模时派专人抄平，模板支设完毕派专人复查，严格按方案验收
2	抄平不精确	提高抄平精度	标高偏差不大于±1mm	每测一点，校准水准仪平整度，抄平一遍后进行闭合，委派专人复核
3	模板安装质量差	随随时更换变形、坏损的模板	保证板底模铺设完毕后平整度偏差不大于2mm	每拆除一次模板派专人检查模板的变形情况，有翘曲或坏损的立即换掉，现场应保证材料供应
4	满堂架搭设不规范	组织专项检查，严格控制搭设质量	防止混凝土浇灌后模板变形	满堂架搭设完毕，项目部组织相关人员对搭设质量进行检查，重点检查立杆、横杆间距，横杆连接及扫地杆是否按专项方案搭设
5	验收程序不规范	建立质量跟踪检查制度和奖惩制度	质量抽查合格率在95%以上	建立质量跟踪检查制度，认真落实"三检制"和奖惩制度，执行强制返工、整改和复查制度

三、对策实施

（1）编制详细技术方案，加强过程控制。

1）方案先导。编制模板专项方案，按程序报审批后实施，进行施工技术交底，加强过程控制。

2）标高控制。支底施工板模前，引测标高，用红油漆标记，将控制标高引测至支承立杆上，控制找平杆标高。施工过程中，派专职测量员复测标高。

3）自检复查。模板支设完毕，复测板面标高，将标高控制点引测到板面柱主筋上，检查板面标高（每块板面上测5个点），发现不合格立即返工，整改合格。填

写报验手续，验收后转序扎筋，如图1-3-4-3所示。

4）板底模板拆除后项目部质检员用水准仪检查天棚平整度。平整度偏差小于4mm的房间应在90%以上，如图1-3-4-4所示。

（2）提高抄平精度。为避免施工人员作业时对楼层的震动造成水准仪失准，现场用钢管制作了专用于抄平的三脚架，管内用混凝土填实，加强稳定性。抄测时，将三脚架架设在下一层混凝土楼面上，水准仪架在脚架上，不架在板底模上，避免震动对测量精度的影响。

实施效果：测量技术员每次抄平后，质检员复测标高，偏差不超过±2mm。

（a）承立杆

（b）底板模

图 1-3-4-3　支模

图 1-3-4-4　板底模板拆除后效果

（3）及时更换变形、坏损的模板，发现模板有翘曲、变形、坏损时，马上安排施工人员更换模板。所使用的木枋用刨床制做成统一规格后使用，木模板厚度误差控制在 1mm 内，超标的不允许使用。在检查中发现有少量 2m 长的木枋未制成标准规格就使用，立即拆除返工。

实施效果：底模铺设完毕后检查，平整度偏差均控制在 2mm 内。

（4）组织专项检查，严格控制搭设质量满堂架搭设完毕，由施工班组长和项目部技术负责人进行检查合格后报验监理。按照专项方案内容，重点检查扣件连接质量、立杆间距、横杆的连接情况等，要求各种杆件按方案及规范要求搭设，保证架体刚度，避免影响板的平整度。

实施效果：开展专项检查后，未发生承重架变形、模板偏移下沉、影响平整度的情况。

（5）建立质量跟踪检查制度和奖惩制度，落实质量检查验收程序，进行工序质量预控及全过程质量控制。

1）专职质检员对抽检面进行全数检查，发现问题及时返工、整改。

2）实行班组长负责制，质检员进行检查，自检不合格不得申请报验。检查合格后填写报验手续，报请监理验收，验收合格后方可进行下道工序施工。

3）实行奖惩考核制度，实行质量跟踪动态管理，杜绝在工程质量验收上流于形式，减少和避免工程质量通

病发生。

4）经检查，模板施工质量合格率达到 92％以上，达到了预期的目标。

四、效果检查和巩固措施

1. 效果检查

（1）对 220kV 配电装置室现浇楼板的质量进行抽查，共抽取 210 个点，合格 196 点、不合格 14 点；合格率 93.3％，不合格率 6.7％，合格率达到目标值。

（2）通过开展 QC 小组活动，工程质量有效提高，减少了返修工作，节约了费用。

（3）通过开展现浇混凝土楼板质量控制 QC 小组活动，工程主体结构进展顺利，对后期主体验收及后期施工过程的把控奠定了良好的基础。通过本次 QC 小组活动使得项目部成员对 QC 小组活动有了一个新的认识，在各自的实践中虽然有着不同的问题，但最后通过各种方式都能够顺利解决，这对于一个团队有着巨大的帮助，使 QC 小组的凝聚力有了巨大的提升。

2. 巩固措施

（1）对编制的"模板施工专项方案"进行了修改，通过施工中对比现有方案，模板加固、脚手架搭设等技术措施中有部分存在不符合实际情况现象，针对 110kV 及 10kV 综合配电室施工制订了更加完善的施工方案，确保比 220kV 配电装置室现浇楼板施工工艺更上一层楼。

（2）相关措施和装修工艺标准在后期建筑物中进行应用，并在自检实测中发现，现浇混凝土楼板施工合格率达到 91％。

第五节　减少变电站围墙砂浆抹面裂纹率技术措施

一、工程背景

变电站围墙基本上采用砖砌体围墙、通透式格栅围墙及装配式围墙三种形式，目前砖砌体砂浆装饰面抹灰围墙为新疆地区变电工程重点推广应用的方案之一。但是砖砌体砂浆装饰面抹灰围墙目前普遍存在质量缺陷，

砂浆装饰面围墙表面粗糙不平、开裂、色泽不均匀等缺陷，严重影响了工程创优目标的实现。

围墙虽然不是变电工程的核心建筑，但它是变电工程项目创优的第一道屏障，围墙观感质量与细部节点处理得好与差将直接影响工程创优的成败，在砂浆饰面抹灰围墙质量缺陷普遍存在的前提下，开展砂浆饰面抹工艺技术的改良有着非常重要的意义。

通过现状调查，现场实体检测，变电站围墙砂浆抹面产生裂纹的原因如下：

（1）墙体抹灰层过厚，未分层抹灰或分层抹灰时间间隔不足。

（2）抹灰用砂的质量不符合要求，抹灰砂浆施工配合比不满足要求。

（3）气温过高。

（4）砖墙抹灰前浇水湿润不足，墙面污垢未清理。

（5）墙体养护不到位。

二、目标设定及可行性分析

1. 课题目标

在现状调查的基础上，经新疆送变电有限公司QC小组成员讨论，决定本课题活动的目标为：由当前的合格率87%，提高到公司规定的90%，进而达到92%的合格率。

2. 可行性分析

（1）确保工程质量是创优的前提，公司、分公司、各部门都能密切配合。

（2）小组成员素质较高，具有一定的理论知识和攻关解难实践经验。

（3）此工程系新疆电力公司重点工程，公司领导非常重视及支持工作。

三、制订对策和实施对策

1. 制订对策

针对产生裂纹的原因，QC小组展开讨论，严格按5W1H要求制订出对策，见表1-3-5-1。

表1-3-5-1　减少变电站围墙砂浆抹面裂纹对策表

序号	要因	对策	目标	措施
1	技术培训少	现场举办培训班	提高技术业务水平和质量意识，熟悉掌握施工工艺	现场组织民工轮流进行业务技术培训
2	技术未创新	共同讨论及创新施工工艺	保证墙面不裂纹，严格按照新施工操作顺序进行施工，准确确定各抹灰层厚度	抹灰分层、抹灰层厚度控制、严格按施工操作顺序施工
3	材料不达标、砂浆配合比不准确	进场材料严格把控，重新配置计量器具（磅秤）	确保材料质量过关、砂浆配合比达到标准	掌握材料验收标准，熟悉抹灰砂浆配合比

2. 实施对策

（1）项目部定于每月5日、6日晚八点半在项目部会议室对施工人员集中进行施工工艺的培训，让施工人员完全掌握控制抹灰质量的要点，同时提高施工人员质量意识，对30%不熟悉业务的施工人员轮流进行业务技术培训。全体墙砖施工人员学习要点如下：

1）抹灰的基层要处理，方法要得当。墙体要提前1～2d用清水浇透，至表面出现水光，然后阴干。手摸时有潮湿感时再进行抹灰。

2）抹灰要分层，且各层间应待前一层凝结后，方可抹后一层，防止各层湿砂浆跟得紧、叠合快，造成收缩过大。

3）在前一层抹灰凝结后，再抹后一层，防止已抹的砂浆因抹后一层时产生扰动，发生内部松动。准确掌握面层压光时间，面层未收水前，不准用抹子搓压，砂浆已硬化后不允许再用抹子用力强行搓抹，以免损坏抹灰层。

（2）按照新工艺方法进行施工，如图1-3-5-1所示。

图1-3-5-1　墙体抹灰新工艺施工流程

1）基层处理。基层表面的灰土、污垢、油渍等应清除干净，如图1-3-5-2所示。

图1-3-5-2　墙面施工新工艺

2）墙体充分浇水湿润。墙体抹灰应提前一天充分预湿基层，抹灰前根据情况适当洒水。

3）贴灰饼。贴灰饼时，合理留设分隔缝，保证分缝均匀、美观，如图1-3-5-3所示。

4）抹底层砂浆。底层厚度为5～7mm，分层与灰饼抹平，并用大杠刮平、找直、木抹子搓毛。一次抹灰绝对不能过厚，多层抹灰间隔时间绝对不能过短，每层间隔时间不少于24h，这是防止砂浆收缩率大而开裂的有效措施。

5）抹中层砂浆。底层砂浆抹好后，第二天即可抹中层砂浆。先用水湿润墙面，抹时薄薄地刮一层素水泥浆，使其与底灰贴牢，并用杠横竖刮平，木抹子搓毛。合理留设分格缝，保证分缝均匀、美观。

6）抹面层砂浆。罩面灰应两遍成活，面层砂浆的配

图 1-3-5-3　合理留设分隔缝

合比严格遵照规范要求，不能用撒干水泥粉或用纯水泥浆压光，应用面层原浆收光，厚度以 2～5mm 为宜，罩面灰与分格条或灰饼抹平，用横杠竖刮平，木抹子搓毛，铁抹子溜光、压实。

7）拉毛。待其表面无明水时，用软毛刷或海绵蘸水垂直于地面的同一方向进行拉毛。拉毛时用力要均匀，速度要一致，使纹理大小均匀，保证面层砂浆的颜色一致，避免收缩裂缝。

8）养护。抹灰完后派专人负责喷水养护，在湿润条件下养护 7d。各种砂浆抹灰层，在凝结前，应防止快干、水冲、撞击和振动，凝结后，防止污染和损坏，要避免日光暴晒下抹灰，要有防晒、防雨水冲刷的措施。为防止风裂也可采用表面敷膜的措施。

以标准工艺策划为引领，深化"新标准工艺"应用，在开始大面积施工前先做样板进行观察，围墙样板如图 1-3-5-4 所示。

图 1-3-5-4　围墙样板

（3）保证施工用原材料的质量。材料员对进场的材料要严格验收，实验员要及时取样做复检报告，劣质材料坚决不允许进场。使用的水泥质量必须合格，砂采用中砂，不得含有杂物。保证砂浆的标号符合设计要求，并要有良好的和易性和保水性，并有一定黏结强度。砂浆配合比调控要点如下：

1）使用计量器具（磅秤）进行材料称重，拌制砂浆要严格计量，避免砂浆强度波动较大，其配合比、稠度、性能经检验合格后方可使用。其保水性即分层度为 1～2cm，过低、过高均不符合要求。

2）各层抹灰砂浆配合比不能相差太大，底层砂浆与中层砂浆配合比应基本相同，中层不能高于底层，底层不能高于基层，面层尽量不用 1∶1 或 1∶2 的水泥砂浆，以免在凝结过程中产生强度差的收缩应力造成开裂空鼓。

3）单方水泥用量过多，其砂浆的收缩加大，易产生空裂，为增加砂浆的可操作性，可掺加适量的粉煤灰，按要求三遍压光成活，不得以刮浆的方式处理面层。

四、效果检查和巩固措施

1. 检查效果

QC 小组对围墙表面共 30 点进行检查，其中 1 点出现大裂缝，合格率为 96%，3 点出现微裂，合格率为 92%，总体合格率为 94%，如图 1-3-5-5 所示。

图 1-3-5-5　变电站围墙实体图

2. 综合效果评价

（1）社会效益。通过 QC 小组活动，针对实际施工条件，采取了新的施工工艺和施工质量管理方法，从而减少了本站围墙砂浆抹面的裂纹，同时也提高了工程的整体质量，得到了业主、监理、施工、设计等单位的充分肯定和高度赞扬，为今后类似工程提供了较好的范例，为创"国家优质"工程奠定了良好的基础。

（2）经济效益。由于采用了新的施工工艺，减少了围墙表面的裂纹，保证了内墙抹灰的质量。减少了因墙体裂纹产生的抹灰返工，提高了施工效率（如返工率降低、工程进度加快）。同时有效控制抹灰层的厚度，从而减少造价，节约成本。

（3）企业效益。通过 QC 小组活动，对施工人员技术水平进行了一次全面培训，增强了他们的责任感和质量意识，提高了他们的技术水平。通过 QC 小组活动，解决了变电站围墙砂浆抹面裂纹多这一质量问题，全面提高了本站围墙的观感质量。

3. 巩固措施

综上所述，对水泥砂浆抹灰，若能掌握水泥砂浆干缩率大、刚性有余、韧性不足的特点，加强操作过程的控制，严格按规范和标准的要求操作，就能遏止住墙体抹灰开裂空鼓质量通病的发生。同时 QC 小组对一些行之有效的措施进行了全面概况，并制订了相应的措施：

（1）制订分项工程带动分部、单位工程的全工序技术培训方案。

（2）将墙体水泥砂浆抹灰纳入《淮北 750kV 变电站工程土建专业内容培训计划实施方案》。

（3）实施新施工工艺标准，项目部管理人员严格按照新施工工艺进行质量检查及现场指导，保证过程一次成优。

（4）进场材料符合要求相关负责人对材料进行审核。

第六节　750kV变电站主变、高抗装配式防火墙典型施工方法

一、主要技术创新点

本典型施工方法适用于750kV变电站超高防火墙的施工。

淮北750kV变电工程主变、高抗防火墙基础、抗风柱、压顶采用现场浇筑方式与工业预制墙板相结合的典型施工方法，此方法在新疆地区首次应用于变电站防火墙施工。防火墙实现了加工工业化和施工作业标准化，避免砖砌、抹灰、混凝土防火墙普遍存在的质量通病，外观与主建筑物风格协调一致，美观大方，如图1-3-6-1所示。此施工方法符合国家电网公司"两型一化"建设思路的要求，节约了资源，缩短了工期。

图1-3-6-1　淮北750kV变电工程
主变、高抗防火墙现场照片

防火墙基础、地梁、抗风柱浇筑属于一般施工方案。防火墙墙板预制加工由专业工业化厂家预制加工。

1.防火墙墙板安装工艺

（1）墙板采用吊车两点起吊吊装，然后将每档墙板由下至上逐块安装到防火墙抗风柱的卡槽内。

（2）防火墙墙板安装时，应保持墙板水平，轻挪轻放，防止凹槽边角在吊装过程中破损。墙板就位后，应调整校核其水平度、垂直度，然后用1∶3水泥砂浆将预留槽填缝密实。

2.防火墙压顶浇筑

（1）防火墙压顶顶部双向排水，坡度为8％，压顶底部设置15mm×10mm滴水槽，滴水槽距外边线的距离为20mm。滴水槽能有效预防墙面污染。

（2）防火墙压顶模板选用18mm的胶合板，采用对拉螺栓配合型钢围檩的加固方式。

（3）钢筋在绑扎过程中，所有扎丝头必须弯向压顶内，避免接触模板面。

（4）控制混凝土配比，调好水灰比。

（5）混凝土浇筑过程中，采用平板振动器进行按照浇筑先后顺序依次振捣。

（6）模板拆除时混凝土强度需达到设计强度的75％以上，混凝土强度通过试压同条件试块评定。

3.防火墙抗风柱、墙板、压顶混凝土保护液涂刷

所有构件安装完成后，在高程±0.00m以上整体防火墙（抗风柱、框架梁、墙板及压顶）表面涂刷混凝土保护液，以便提高混凝土耐久性，并保持表面色泽一致，涂刷前应对防火墙整体墙面进行打磨处理，保证墙面无气泡、蜂窝、麻面等质量缺陷。

4.防火墙墙体填缝勾缝处理

防火墙抗风柱凹槽侧面采用1∶3水泥砂浆填缝。墙板拼缝、墙板与柱接缝、压顶与墙板及柱的接缝使用黑色硅酮耐候密封胶勾缝。

5.质量执行标准

防火墙施工完成后，应根据《混凝土结构工程施工质量验收规范》（GB 50204—2015）、《变电（换流）站土建工程施工质量验收规范》（Q/GDW 10183—2021）进行质量验评和质量检查验收。

6.施工安全措施

（1）在施工过程中，应自觉遵守以下各项安全规定：《国家电网公司电力安全工作规程》（电网建设部分）（试行）（国家电网安质〔2016〕212号）、《国家电网公司基建安全管理规定》[国网（基建/2）173—2015]、《国家电网公司输变电工程施工安全风险识别、评估及预控措施管理办法》[国网（基建/3）176—2015]。

（2）施工前针对施工过程中的危险源和危险点进行辨识，并制订相应的预控措施。施工前应进行安全技术交底。

（3）焊工必须考试合格并取得合格证书后才能持证上岗。持证焊工必须在其考试合格项目及其认可范围内施焊。焊接材料与母材的匹配应符合设计要求及《建筑钢结构焊接技术规程》（JGJ 81）的规定。

（4）开工前编制专项施工用电方案，现场有专业电工负责用电管理。加强使用前及使用过程中的检查，保护零线与工作零线不得混接。配电箱、用电设备及施工机械的金属外壳必须可靠接地，并装设漏电开关或触电保安器。严格执行"一机、一闸、一保护"的要求。现场配电箱必须上锁。

二、效益分析

1.技术指标分析

（1）实体质量。混凝土强度达到C40标准，能满足设计图纸的要求。

（2）外观质量。达到清水混凝土质量标准。

（3）工期。比普通砖（混凝土）防火墙工期缩短。

2.经济性分析

（1）与清水墙相比，成本费用相对较高。

（2）避免了普通砖砌体防火墙存在的质量通病，节约了质量通病的处理费用。

（3）强度高，耐久性好，无须二次粉刷。

（4）一次成型，后期免维护。

3. 安全性分析

施工周期短，装配式防火墙能在很短的时间内安装完毕，有利于现场的安全管理。

4. 成本分析

(1) 普通防火墙。

综合施工单价＝(324663 元＋17137.37 元

　　　　　　　＋225389.9 元)/595.08m²

　　　　　　　＝953.13 元/m²

(2) 装配式防火墙。综合施工单价＝1305662.269 元/656.1m²＝1990.04 元/m²。综合上述两种方法，装配式防火墙要比普通防火墙价格高出：1990.04 － 953.13 ＝ 1036.91(元/m²)。

5. 社会效益

符合"两型一化"和"绿色施工"的要求，节能环保，对提高电网建设质量水平具有重要意义。

第七节　1000kV 变电站 A 形柱钢管构架安装方法

一、概述

结合 1000kV 变电站工程 A 形柱钢管构架的特点，尽快制订相应的施工方法，填补这一施工方法内容的空白，为同类工程施工提供安装施工方法，是当前特高压工程建设的重要任务之一。

（一）本典型施工方法特点

(1) 采用 A 形柱与上方避雷针（地线柱）分体吊装，占用场地较小，吊装时产生的挠度小，吊点便于选择。

(2) A 形柱采用主吊机四点吊装（单侧钢管两个吊点）和辅助吊机两点（单侧钢管一个吊点），主吊机吊装时，采用钢丝绳及滑车配套的方式使 A 形柱在起吊过程中的受力平衡，并使 A 形柱由水平状态平稳过渡至竖直状态。

(3) 为防止 1 台吊机进行起吊导致 A 形柱底部法兰与地面上产生拖移和摩擦，从而影响底部法兰变形及磨损，采用另一台汽车式起重机溜尾辅助作业。

（二）工艺原理

根据场地特点对构架柱及梁进行地面组装，并确保组装后的构架柱与梁不再进行二次搬运。

A 形构架柱与避雷针（地线柱）分体吊装，A 形构架柱地面组装完成后整体吊装。

A 形柱吊装工作采用主吊机"四点吊"与溜尾辅吊机"两点吊"相配合完成。

按照 A 形柱"门型"架的特点，先进行 A 形构架柱吊装，再进行横梁吊装，形成门架后陆续完成其他的构架安装，最后进行构架地线柱和构架避雷针的吊装。

构架吊装总体顺序：1000kV 出线构架吊装→主变压器进线构架吊装→地线柱和避雷针吊装。

二、施工工艺流程

本典型施工方法施工工艺流程如图 1－3－7－1 所示。

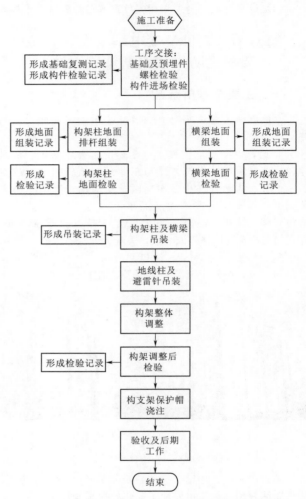

图 1－3－7－1　1000kV 变电站 A 形柱钢管构架安装施工工艺流程图

三、操作要点

（一）施工准备

1. 场地准备

(1) 根据现场实际情况，将施工区域划分为组装区、吊装区，对施工区域进行平整夯实，并以硬围栏隔离，在围栏上悬挂相应的警示牌，规避与其他作业面的交叉作业。

(2) 设置专门的交通通道。主要以站区内的主环道为主，修建的临时通道为辅。吊机行走处应平整坚实，道路以外处应铺垫钢板。

(3) 施工总平面布置应紧凑、安排合理及满足施工现场生产安全管理、文明施工要求。

(4) 构架组装过程中，所有小型部件或材料可分区域分类堆放，堆放的地面应满铺防水油布，防止构架材料污损。

（5）A 形构架柱采用地面组装后整体吊装，所有构件按安装顺序整齐地摆放到每组构架柱吊机的许可工作半径内，尽量避免二次搬运。

（6）钢横梁地面组装。以就近为原则，组装位置应在吊机载荷作业半径内，并根据吊装顺序和吊机行驶路线决定钢梁组装时的摆放方向，避免吊装过程中二次移动。

2. 技术准备

在工程开工前应进行设计交底和施工图会检。

施工单位编制并报批构架施工方案，对已批准的施工方案在构架安装前要对施工全体人员进行技术交底，交底主要包括以下内容。

（1）安装工作的范围和工作量，包括构架柱和构架梁的重量、尺寸大小等各项参数。

（2）构架安装的工期要求，包括具体的安装进度安排。

（3）构架安装人员组织，包括各个工作面、点的工作负责人。

（4）构架安装的具体方案，包括构架的地面组装要点，起重机吊装位置布置，构架梁和构架柱的吊装方法及安装顺序。对施工方法进行交底时宜配合有图片解释，以便施工人员理解和掌握。

（5）施工安全要点，危险点、危险源以及相应的控制措施。

（6）质量控制点，包括构架的垂直度、水平度、轴线偏差等各项控制指标。

（7）构架柱或构架梁吊装前，对组装后构件尺寸进行测量，如果偏差超标，在吊装前进行调整处理。

3. 人员准备

根据工程安装特点、安装工作量及施工工艺流程，合理安排各岗位工作人员，所有特种作业人员应持证上岗。

4. 机具准备

根据施工方案配备机械和工器具，所配的机械设备和工器具经检验合格后方可使用。

5. 消耗性材料准备

应在安装前准备充足，如白棕绳、垫片、木塞等。

（二）工序交接

1. 基础交接

构架施工前必须对构架基础的轴线与标高进行复测，由于构架组立对基础预埋件的精度要求较高，故应根据土建施工进度，实时对预埋件的标高及轴线进行复测，特别注意测量预埋钢管法兰孔错位及轴线偏差。对基础预埋件标高及轴线分别用水平仪和经纬仪进行复测，并做好记录。中心线对定位轴线位置的允许偏差，复测后进行划线标识。

2. 构件到场交接

（1）各种柱、梁构件及其组成杆件的型号、规格、数量、尺寸应符合设计要求。

（2）检查各种构件的出厂合格证及其原材料的材质

检验证明和复检报告。

（3）验收内容包括构件编号、构件的规格尺寸是否符合设计及规程规范的要求，细长构件及构件上的连接板有无变形；摩擦面有无受到油漆等污损；垫片的表面处理是否符合要求且与构件摩擦面处理是否一致，法兰的平整度是否符合要求；螺栓强度及规格是否符合设计要求，随机抽检构件生锈、污损等情况；螺母与螺栓的配合程度；焊缝均匀且高度一致，无气泡及夹渣，镀锌厚度一致、色泽均匀。

严格按照钢结构验收规范和技术协议要求对以上三方面内容进行验收，若达不到验收规范及标准，应要求厂家现场整改或者返厂处理。

3. 现场堆放

（1）现场应设置构件堆放场，场地应平整、坚实。

（2）装卸应采用起重机械，并采取相应保护措施，所用工器具不得对构件镀锌层造成碰伤和磨损。

（3）构件的堆放不得超过三层，根据构件刚度选择支点，支点处垫道木。

（4）构架所有小型部件或材料可分区域集中分类堆放，堆放的地面应满铺防水油布、枕木，防止构架安装材料污染。

（5）所有构件按安装顺序整齐地摆放到吊机的工作半径内，方便组装及吊装作业，避免二次搬运。

（三）地面组装

A 形构架柱、构架梁、构架避雷针、构架地线柱地面组装工作可分组同时进行，排杆、拼装、螺栓紧固可流水作业。

1. 现场组装原则

（1）严格按照构架安装图及施工方案的要求进行组装，组装前应仔细核对构件编号及基础编号。

（2）组装时地面应选择硬结土层，对于土质较松软的土地面，应采取不同支点的防沉降措施。每段杆应根据构件长度和重量设置支点，杆件的支垫处应平整坚实。

（3）按先主材后辅材顺序组装，连接螺栓的穿向应统一为自下而上、由内向外穿入。

（4）紧固法兰连接螺栓时，应对角均匀紧固，螺栓的扭紧力矩应符合设计要求，具体可参照《工程机械螺栓拧紧力矩的检验方法》（JBT 6040—2011）中的螺栓扭紧力矩要求，连接质量应符合《1000kV 配电装置构支架制作施工及验收规范》（Q/GDW 164—2007）。

（5）螺栓联结件之间原则上不得使用垫片，法兰连接面不得垫垫片，严禁以大螺帽代垫圈。

（6）螺杆与法兰面及构件面应垂直，螺栓平面与法兰及附件间不应有空隙。

（7）任何安装孔不得用气割扩孔。

（8）法兰盘对接后，空隙不得大于 0.5mm。

2. 构架柱组装

（1）应根据运输车辆行走路线和各构架柱与横梁组装平面绘制施工总平面布置图，按布置图进行组装，构架的排列位置应互不影响吊装。

（2）同组的构支架应考虑基础预埋件的误差选配管段，以减小高度误差。

（3）组装位置的选择应就近基础，既不影响吊机的进出行驶又要使吊机有最佳的回转半径，便于起吊和安装。

（4）应合理设置杆下支点。为防止钢杆产生弯曲，每个连接法兰前后 200～500mm 范围内应各设置一个支点，支点处垫道木铁道木，铁道木上应铺木板。杆件支垫高度应在 300mm 左右，以便于拼装操作。管段应垫衬坚实，防止滚动使锌层受损。

（5）杆件短驳和组装时，吊装部位采用保护垫对镀锌层进行保护。

（6）杆件的挠度采用拉线测量，已排直的杆若当天不能及时拼装，第二天拼装时需复测挠度。

（7）构架柱组装按从顶部到底部顺序依次组装，有横撑的位置应先安装横撑后再进行下部的杆件组装。为保证组装精度，组装后要进行测量，测量结果不符合设计要求时，应进行调整，调整后仍达不到设计要求的，应返厂处理。单个构架柱地面组装采用如图 1-3-7-2 所示拼装，构架柱及梁地面组装平面布置示意图见图 1-3-7-3。

（8）构架柱拼装完成后进行爬梯的安装，爬梯的方向和高度按照设计图纸要求进行安装。

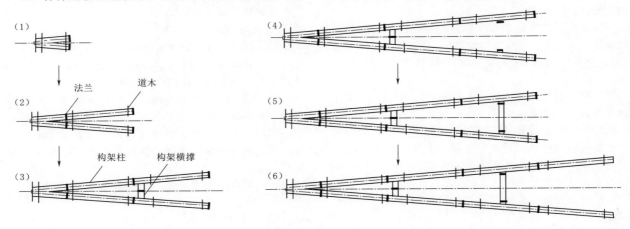

图 1-3-7-2　单个构架柱地面组装顺序示意图

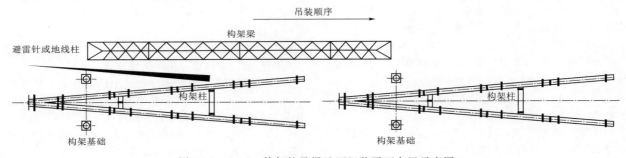

图 1-3-7-3　构架柱及梁地面组装平面布置示意图

3. 构架梁的组装

根据设计图纸要求和现场吊装情况，合理布置构架梁的拼装位置，宜将横梁组装位置安排在构架柱吊机停位的另一侧，梁两端与构架柱基础基本对齐。梁地面组装示意图见图 1-3-7-4。

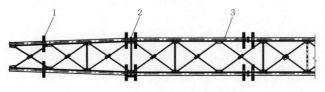

图 1-3-7-4　梁地面组示意图

1—道木；2—梁法兰；3—梁柱

（1）安装前应仔细检查钢梁与钢节点连接的螺孔尺寸，孔径、孔距偏差在允许范围内时，一般可用铰刀或锉刀扩孔，如偏差超过允许范围必须返厂处理。

（2）钢梁构件不得有扭转、弯曲等现象，否则应校准后再组装。拼装时按设计要求的预拱值起拱，当设计无要求时按 $L/500$（L 为梁跨）起拱，用水准仪测量梁各点道木的高差，确保满足设计精度要求。

（3）组装时，应确定好横梁挂线板方向，先主材后辅材，应将三角梁下水平面组装完毕后再进行三角梁上材组装，然后再安装相应的走道等附件。每榀梁组装完毕，均要检查梁的起拱值、梁长、与柱安装的螺孔距。

（4）组装后，应测量横梁两侧安装螺栓孔的间距，并计算测量间距值，确定是否满足与构架柱对接要求。

（四）构架柱及横梁吊装

构架吊装总体顺序：站内出线构架→主变压器进线

构架→地线柱和避雷针。

出线构架吊装顺序一般为：构架柱 1→构架柱 2→柱间连接件→构架柱 3→横梁 1→构架柱 4→横梁 2。

主变压器进线构架吊装顺序为：构架柱 1→斜撑→构架柱 2→横梁。

1. 构架柱吊装

（1）吊装方法。构架柱的吊装方法：采用一台主吊机及一台辅助吊机进行抬吊，辅助吊机配合主吊机在构架柱底部进行遛尾作业，当构架柱起吊至基本直立时，解除辅助吊机的吊具，由主吊机进行单独吊装构架柱就位。吊装工具连接方法为一根长钢丝绳的一端用卸扣绑扎在单侧钢管一个吊点上，另一端穿过一个开口滑车后用卸扣绑扎在钢管的另一个吊点上，短钢丝绳一端连接在开口滑车的吊环上，另一端挂在吊钩上。A 形柱吊装时离根部约 2.1m 处应有临时横撑。

为防止吊装过程中钢管受力变形，吊点应设在节点处，主吊机吊点一点选择在最上部第一个法兰下方，另一点选择在最上部第一根横撑下方，辅助吊机吊点选择在距柱底约 2m 处。

（2）吊装过程中受力分析及公式。考虑当构架处于垂直状态时滑车应在构架柱顶部上方，因此主吊机钢丝绳在柱顶高度位置形成的水平距离应大于柱帽宽度、构架连接长度、顶部开口滑轮半径的三者之和，并留出 1000mm 的裕度。

主吊起重机长钢丝绳长度为

$$L_1 = L_1 - L_2 + 2L_3 + 2\pi D + 1000$$

式中　L_1——主吊起重机最上面的吊点至辅助吊起重机吊点的距离，mm；

L_2——主吊起重机下方吊点至辅助吊起重机吊点的距离，mm；

L_3——主吊起重机最上方吊点与柱顶的距离，mm；

D——A 形柱钢管直径，mm。

主吊起重机短钢丝绳长度宜选择 2000mm 以上。

（3）吊装流程。

1）吊装场地附近不应有其他工作面，要吊装的钢结构的地面组装、清洁、补漆工作应全部结束，构架组装过程验收结束，符合吊装条件。

2）吊装前，先在构架柱距柱顶下方约 1m 处绑扎四根长约 1.6 倍构架柱高度的缆风绳，用于构架柱吊装完成后临时固定。构架尾部绑扎两根长 15m 的白棕绳，方向朝辅助吊机吊装受力侧，用于辅助吊机解除时控制 A 形柱。所用缆风绳、吊装钢丝绳在与钢构架接触处均应以保护垫保护，避免锌层受磨损及钢丝绳被割断。

3）吊装时，起升主吊机和溜尾辅助吊机使钢丝绳受力拉紧，然后两台吊机将构架柱缓缓吊起到离地面 100mm 时应停顿检查吊绳绑扎是否合理、牢固，主吊机再匀速缓上升大钩，辅助吊机通过回转及变幅将 A 形柱底部缓缓向主吊机方向移动，当 A 形柱底部到达主吊机能够承受整付构架柱重量工作半径之内时，溜尾辅助吊机停止回转，主吊机继续起钩，当 A 形柱到达基本垂

直位置后，主吊机停止动作，辅助吊机开始释放全部受力后解除吊具，主吊机独自承担所有的重量。最后主吊机缓缓回转吊臂，将构架柱移至基础正上方就位。

4）就位时，先将基础法兰及构架柱法兰的一个螺孔对齐后放入一个定位销，待对角两个法兰螺孔对齐后再放入另一个定位销，缓缓松主吊机大钩，当两个法兰面靠近时，将四根缆风绳拉紧，逐一将全部法兰螺栓穿入螺孔内，对角顺序拧紧螺栓。待螺栓全部拧紧，再将缆风绳全部收紧固定好后，才可落吊机大钩拆除吊具。

（4）构架柱临时固定措施。构架柱安装就位时，柱的定位轴线应从地面控制轴线直接引上。就位过程中，用经纬仪监测轴线位置和垂直度，待就位后，进行螺栓固定。将绑扎在两侧钢管上的四根缆风绳固定在预先设置的地锚上，缆风绳端部采用三个钢丝绳夹进行固定。缆风绳与地面的夹角不应大于 45°，预埋的地锚应满足构架柱临时固定受力要求。

2. 构架梁吊装

（1）吊装方法。由于构架梁自重大、跨度大，采用四点整体起吊，可降低腹杆应力，减少变形，根据梁的跨度一般确定吊点设置在梁跨度约 1/3 处。

（2）吊装流程。

1）吊装前，横梁两端分别设置两根控制方向绳，方向绳的长度约为构架柱高度的 1.5 倍。

2）起重绑扎点周围用保护垫保护构件，采用四根等长的吊装钢丝绳绕横梁钢管一周后用 10t 卸扣锁紧绑扎。

3）在起吊离地面 100mm 时停止起吊，仔细检查横梁平衡、吊索受力和构架梁变形情况，检查确认无问题后锁死各个绑扎点，防止因风力或其他外力摆动，影响起重平衡。

4）吊机匀速起钩，在提升的过程中，用双向四根方向绳控制梁的方向和稳定，防止梁旋转或与钢柱相碰，当构架梁起升至构架柱顶部上方 50mm 后主吊机通过回转、变幅、落钩动作及在地面方向绳的协助下让横梁落在构架柱顶部。高处人员应在吊装指挥员的指令下，先对一侧钢梁进行连接，再进行另一侧钢梁与柱连接，所有螺栓紧固后，吊机方可落钩拆除吊具。

3. 地线柱及避雷针吊装

（1）构架地线柱吊装。构架地线柱采用一点吊装：使用一根钢丝绳作为吊具进行吊装。地线柱吊点选择在离地线柱柱顶约 5m 附近的法兰下方，使用一根 8m 长 φ30mm 钢丝绳作为吊具进行单点绑扎，采用 100t 及以上汽车式起重机进行吊装。

吊装时，缓缓起升大钩，并通过回转、变幅操作，使吊点逐步向柱底靠拢，直至构架柱抬离地面。吊装过程中起升钢丝绳始终保持竖直，防止构架柱底部在地面滑移。

就位时，先将基础法兰与构架柱法兰一个螺孔对齐后放入一个定位销，待对角两个法兰螺孔对齐后放入另一个定位销，略松吊机大钩，使上下法兰面贴紧，再将

法兰螺栓穿入螺孔内，采用对角顺利拧紧螺栓，待螺栓全部拧紧后方可松吊机大钩拆除吊具。

（2）构架避雷针吊装

构架避雷针采用两点进行吊装：使用一根钢丝绳加一个开口滑车作为吊具进行吊装。就位方法与地线柱就位相同。

（五）构架整体调整

在吊装作业全部完成后，再次用经纬仪进行测量校正，用链条葫芦和缆风绳配合调整构架柱的垂直度，保证安装精度。校正完毕后紧固地脚螺栓至设计力矩，拆除所有的缆风绳和临时固定工具。

（六）构架调整后检验

检验的主要项目包括构架柱垂直度偏差、构架柱轴线偏移、构架柱横向扭转、柱顶标高偏差、防腐涂层完整性检查、构架柱爬梯整体安装质量检查、吊点变形情况检查、柱梁连接螺栓紧固力矩、露扣长度、穿孔方向一致性等。根据检查结果填写吊装检验批质量验收记录表，报监理项目部验收检查。

（七）构支架保护帽浇注

构支架柱脚按设计要求以 C30 混凝土制作混凝土保护帽。

（八）验收及后期工作

（1）设备安装完毕后进行安装结果检查。

（2）设备安装完成后检查全部螺栓紧固情况，无遗漏螺栓。

（3）做好构架临时接地。

（4）工器具及工作场地清理。

（5）认真做好过程控制和过程记录，安装记录数据真实有效。配合业主项目部完成单位工程验收工作。

（6）整理数码照片与影像记录。

四、人员组织

施工人员组织配置及岗位职责见表 1-3-7-1。

表 1-3-7-1　　施工人员组织配置及岗位职责

序号	工种	人数	职责
1	总指挥	1	现场第一安全负责人，负责项目全过程施工生产的组织者、协调工作
2	技术员	2	负责构架施工全过程的技术管理工作，落实技术方案的实施
3	现场指挥	1	负责现场施工力量的总调度
4	安全员	2	负责施工全过程安全监督和检查
5	质检员	2	负责施工全过程质量监督和检查
6	资料员	2	负责收集整理施工全过程的各类资料
7	仓库保管员	2	负责设备及材料的接收、装卸、运输、保管、发放管理工作
8	测量人员	4	负责基础交接、构件进场验收、构架安装、调整过程中的测量工作

续表

序号	工种	人数	职责
9	高空人员	2	负责构架安装过程中横梁高空就位及吊装钢丝绳拆除等高空工作
10	起重工	4	负责构架卸车、组装、吊装等过程中的吊装指挥
11	吊车司机	4	负责构架卸车、组装、吊装等过程中的吊装作业
12	叉车司机	1	负责构件等小型材料搬运工作
13	普工	16	负责构架卸车、组装、吊装等过程中安装作业
14	油漆工	4	负责构架喷漆及补漆作业

五、材料与设备

本典型施工方法无须特别说明的材料，采用的机械及测量器具以 1000kV 浙北变电站构架安装为例，对主要工器具归纳如表 1-3-7-2～表 1-3-7-5 所示。

表 1-3-7-2　　施工机械车辆

序号	名称	规格型号	单位	数量	备注
1	主吊机	300t 汽车吊及以上	台	1	
2	辅助吊机	100t 以上汽车吊	台	1	
3	吊机	50t 汽车吊	台	1	
4	吊机	25t 汽车吊	台	3	
5	叉车		台	1	
6	运输车		辆	2	
7	应急车辆		辆	1	

表 1-3-7-3　　测量仪器设备

序号	名称	规格型号	单位	数量	备注
1	全站仪	3305/美国天宝	台	1	
2	经纬仪	DL-101C	台	2	
3	水准仪	TDJ2E	套	1	
4	钢尺	100m	把	1	
5	钢尺	30m	把	1	
6	钢尺	15m	把	1	
7	钢尺	7.5m	把	2	
8	塔尺	5m	把	1	

表 1-3-7-4　　吊装工器具

序号	名称	规格型号	单位	数量	备注
1	钢丝绳	ϕ47.5mm，$L=3$m	根	2	
2	钢丝绳	ϕ36.5mm，$L=25$m，$L=8$m	根	各2	
3	钢丝绳	ϕ34.5mm，$L=14$m	根	4	

续表

序号	名称	规格型号	单位	数量	备注
4	钢丝绳	$\phi22mm$，$L=14m$	根	若干	
5	钢丝绳	$\phi18mm$，$L=8m$	根	若干	
6	钢丝绳	$\phi15mm$，$L=4m$	根	若干	
7	卸扣	16t	个	4	
8	卸扣	10t	个	4	
9	开口滑车	30t	个	2	
10	链条葫芦	2t、5t	个	各4	
11	链条葫芦	10t	个	10	
12	白棕绳	5mm	m	400	
13	定位销		个	2	就位时用

表 1-3-7-5　　其 他 类

序号	名称	规格型号	单位	数量	备注
1	梅花扳手	18-21	把	20	
2	梅花扳手	24-27	把	20	
3	梅花扳手	30-36	把	20	
4	梅花扳手	41-46	把	20	
5	梅花扳手	50-55	把	20	
6	尖子扳手	24	把	10	
7	尖子扳手	27	把	10	
8	尖子扳手	30	把	10	
9	开口扳手	65	把	6	
10	开口扳手	75	把	10	
11	电动扳手		套	16	
12	扭矩扳手	NB-200	套	3	
13	扭矩扳手	NB-760	套	3	
14	扭矩扳手	NB-1200A	套	1	
15	千斤顶	5t丝杠型	个	6	
16	千斤顶	10t丝杠型	个	4	
17	小撬杠	0.5m长，$\phi20mm$	根	24	
18	大撬杠	1m长，$\phi30mm$	根	12	
19	工具包		个	10	
20	溜绳	直径20mm	m	400	
21	传递绳	直径12mm	m	400	
22	滑轮	铝合金单门 开口吊钩型，0.3t以上	个	4	
23	钢板	8m×2m×15mm	块	12	
24	分电源箱		个	2	
25	电源线		m	400	
26	流动开关箱		个	3	
27	钢板地锚		套	4/柱	

六、质量控制

（一）本典型施工方法依据的主要规程、规范

（1）《工程测量规范》（GB 50026）。

（2）《钢结构工程施工质量验收规范》（GB 50205）。

（3）《钢结构工程质量检验评定标准》（GB 50221）。

（4）《钢结构工程施工规范》（GB 50755）。

（5）《钢结构高强度螺栓连接技术规程》（JGJ 82）。

（6）《1000kV 配电装置构支架制作施工及验收规范》（Q/GDW 164）。

（7）《1000kV 交流变电站构支架组立施工工艺导则》（Q/GDW 165）。

（8）《110kV～1000kV 变电（换流）站土建工程施工质量验收及评定规程》（Q/GDW 183）。

（9）《输变电工程质量通病防治工作要求及技术措施》（基建质量〔2010〕19 号）。

（二）质量保证措施

1. 到货检验

（1）各种构件进入现场后，应组织到场检验。检验内容包括杆件型号、规格、数量、尺寸应符合设计要求；各杆件外观检查包括无弯曲挠曲变形、焊缝、防腐涂层损伤或漏涂等质量缺陷。

（2）对于一般性的质量缺陷可在现场进行消缺处理；对于质量缺陷较为严重、或现场处理难度较大的构件，应予返厂处理或重新加工制作。

（3）质量标准：对单节钢管弯曲矢高偏差控制在 $L/1500$（L 为构件长度），且不大于 5mm；单个构件长度偏差不大于 ±3mm。

2. 到货检验组装前检查

根据组装安排，组织项目部技术负责人及施工班组长提前 3～5d 对即将用于组装的构件进行 100% 清点及检查。应根据预拼装记录进行组装，发现问题及时向项目部反映，对于重大的质量问题报监理项目部通过生产厂家解决。

3. 组装后检查

组装过程中应加强质量控制。组装完成后的构架应经班组质量自检、项目部检查合格，报监理项目部检查通过后才能进行吊装，并做好检查记录和整改记录。检查的主要项目包括：普通螺栓紧固力矩、出丝长度、穿孔方向一致性检查，防腐涂料喷涂质量检查，法兰面连接质量检查，构件钢印编号与图纸对应情况检查，组装长度尺寸偏差检查，A 形柱爬梯及休息平台安装质量检查，A 形柱构架梁预拱检查、构架梁挂线板安装质量检查等，对检查不合格项进行整改。螺栓紧固力矩采用力矩扳手进行检验。

4. 吊装后检查

构架安装完成后应进行安装质量检查。检查的主要项目包括：A 形柱垂直度偏差、A 形柱轴线偏移、A 形柱横向扭转、柱顶标高偏差、防腐涂层完整性检查，A 形柱爬梯整体安装质量检查，吊点变形情况检查，柱梁

连接螺栓紧固力矩、出丝长度、穿孔方向一致性检查等。根据检查结果填写检验批质量验收记录表，报监理项目部验收检查。

5．挂线后检查

变电站软母线及架空线、地线安装完成后对构架再进行整体复测。检查的主要项目包括：挂点位置构件变形情况、A形柱垂直度偏差变化情况等。

6．成品保护

在思想上要加以重视，不构成人为的污染破坏，加强对施工人员进行成品保护教育，加强成品保护意识。

构架拼装及吊装过程中做好土建基础的成品保护及构件本身成品保护。

（三）质量控制标准

构架安装质量标准见表1－3－7－6，构支架工序交接检验项目允许偏差见表1－3－7－7，构支架基础工序交接检验项目允许偏差见表1－3－7－8，螺栓紧固扭矩标准见表1－3－7－9。

表1－3－7－6　　　　　　　　　　　　构架安装质量标准

序号	检验项目		质量标准		检验方法和工器具
1	构支架质量		应符合设计要求和有关现行规范规定，无因存放和运输造成的变形		检查出厂证件和移交记录，观察和尺量检查
2	焊接质量		应符合设计要求和有关现行规范规定		检查出厂证件或试验报告
3	接地装置		应符合设计要求和有关现行规范规定		观察检查
4	螺栓连接		螺栓型号、规格、安装、紧固应符合设计要求和有关规范规定		观察检查、力矩扳手试拧检查
5	构支架外观		表面洁净，无油污、老锈、凹凸等，镀锌层色泽均匀		观察检查
6	钢梁安装		安装后平直略有上拱，无弯曲变形		观察检查
7	钢梁	断面尺寸偏差	≤10mm		钢尺测量检查
		安装螺栓孔中心距偏差	≤20mm		钢尺测量检查
		侧向弯曲矢高	$L/1000$，且不应大于30mm		钢尺测量检查
		预拱值	$\pm L/500$	设计未要求起拱	拉线或钢尺检查
				按设计要求起拱	
		结构变形（挠度）	$\leqslant 1/400L$		
		节点处杆件轴线错位	≤4mm		划线后用钢尺检查
8	构架柱	中心线对定位轴线偏移	±10mm		经纬仪和尺量检查
		根开偏差	≤5mm		钢尺检查

注　L—横梁长度。

表1－3－7－7　构支架工序交接检验项目允许偏差

检验项目		允许偏差/mm	检验方法和工器具
构架	A形柱垂直偏差	$\leqslant H/1500$ 且$\leqslant 0$	全站仪、经纬仪、尺量检查
	梁底标高与设计标高偏差	±20	水准仪和尺量检查
支架	支架垂直偏差	$\leqslant H/1000$ 且$\leqslant 10$	全站仪、经纬仪或吊线尺量检查
	支架顶标高偏差	±5	水准仪和尺量检查

注　H—构支架柱高。

表1－3－7－8　构支架基础工序交接检验项目允许偏差

检验项目		允许偏差/mm	检验方法和工器具
基础轴线位移		≤5	经纬仪、拉线、尺量检查
支承面的标高偏差		≤3	水准仪
地脚螺栓	同组柱脚中心线位移	≤5	拉线和尺量检查
	同一柱脚螺栓中心偏移	≤2	拉线和尺量检查
	地网螺栓露出长度偏差	0～+10	水准仪、尺量检查
	螺纹长度	0—+20	尺量检查

表 1 - 3 - 7 - 9 螺栓紧固扭矩标准

螺栓公称直径/mm	螺栓性能等级		
	4.8 级	6.8 级	8.8 级
	扭矩值/(N·m)		
M16	111～132	160～188	214～256
M20	216～258	312～366	417～500
M22	293～351	416～499	568～680
M24	373～446	529～634	722～864
M27	546～653	774～801	1056～1264
M30	741～887	1052～1259	1434～1717
M36	1295～1550	1838～2200	2506～3000

七、安全措施

（1）吊机在吊装作业时，其工作半径、起重量、起重高度应控制在安全范围以内，配重必须符合吊机起重量的要求。

（2）构件吊装前必须进行试吊。构架柱吊装时，柱顶需用保护垫进行保护，防止吊装钢丝绳被柱顶板割断。起吊时，在起吊离地面 100mm 时应停止起吊，进行平衡检查、绑扎绳索等情况，全面检查确认无问题后，方可继续吊装，起吊应平稳缓慢。

（3）两台吊机同时作业时，需指定人员进行起重指挥，起重指挥信号应协调统一，作业前应先试抬，使操作者之间相互配合，动作协调。

（4）在抬吊过程中，各台起重机的吊钩钢丝绳应保持垂直，升降行走应保持同步。各台起重机所承受的载荷，不得超过各自的允许起重量。

（5）对进行高处作业的构筑物，应事先设置避雷设施，风力达到六级及以上时、夜间、大雾、雷、雨及雪天，不得进行起吊作业。

八、环保措施

（1）在工程施工过程中严格遵守国家和地方政府下发的有关环境保护的法律、法规和规章，加强对施工中材料包装等废弃物的控制和治理，接受相关单位的监督检查。

（2）施工现场所有固体废弃物要及时清理，分类放置在工作区域内的分类垃圾筒内，便于集中回收处理。

（3）油漆余料，应集中回收交回收站，用完的油漆桶应设专人回收。

（4）将施工场地和作业限制在工程建设允许的范围内，合理布置、规范围挡，做到标牌齐全、统一，各种标识准确、清晰，施工场地整洁、文明。

（5）严格监控工程施工噪声，确保不影响变电站周围居民正常的生活工作秩序。

九、效益分析

本典型施工方法将地面组装工作与吊装作业分开，构架柱组装好后，进行整体吊装，可提高吊装主吊机的工作效率，节约施工成本。地面组装作业可分多组同时进行，排杆、拼装、螺栓紧固可进行流水作业，提高工效。

与格构式构架相比，A 形柱构架有构架柱起吊作业时间短、横梁重量较轻、起吊高度较低的特点，因此构架柱与横梁吊装均采用汽车吊进行，与履带吊相比较汽车吊转场快、效率高，因此机械台班成本大幅度降低。

第八节 现浇混凝土清水防火墙典型施工方法

一、概述

主变压器和换流变压器防火墙是变电站（换流站）的重要结构工程之一，以高墙的形式对变压器实施逐一分隔围护。

（一）本典型施工方法特点

（1）现浇混凝土清水防火墙采用了组装式模板配合工字钢围檩的支撑加固体系，通过对组装式模板的重复使用，提高了模板及其支撑的使用效率，节约了模板以及螺栓、螺杆等材料。

（2）模板的模块化安装，加快了施工进度，提高了混凝土成形表面平整度，并减少拼缝处混凝土泌水漏浆现象。

（3）混凝土墙体分段浇筑，接缝处采用水平工艺色带分割，墙体表面外观无接缝、无螺栓眼，提高了墙体观感质量。

（二）适用范围

本典型施工方法适用于不同电压等级变电站（换流站）现浇混凝土清水防火墙工程。

（三）工艺原理

（1）通过对模板的选型、设计，采用模块式组装模板，分段浇筑。

（2）模块式组合模板采用工字钢围檩并用对拉螺杆固定，增加了模板整体刚度，保证了防火墙整体表面平整度、垂直度，便于操作，适用性强。

（3）现浇混凝土清水防火墙接缝处采用工艺色带设置，消除防火墙表面的螺孔、施工缝。

（4）优化混凝土配合比设计，控制混凝土原材料一致性，采用合理的养护方式，实现混凝土清水效果。

换流站防火墙示意见图 1 - 3 - 8 - 1。

二、施工工艺流程

本典型施工方法施工工艺流程见图 1 - 3 - 8 - 2。

图 1-3-8-1 换流站防火墙示意图

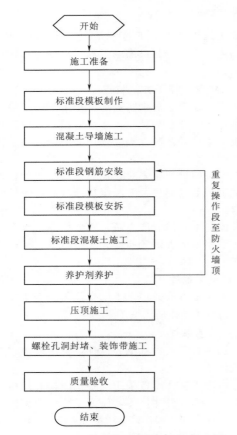

图 1-3-8-2 现浇混凝土清水防火
墙施工工艺流程图

三、操作要点

(一)施工准备

1.技术准备

(1)施工前,根据设计图纸及相关规程标准,对防

火墙的模板进行合理化设计、排版,保证同一标准段混凝土施工缝在同一水平线上,施工缝不应有错层等影响外观现象发生。

(2)对模板支撑体系进行计算,编制专项防火墙施工方案,并进行技术、安全交底;对于危险性较大的分部分项工程必须编制专项施工方案,并经专家评审后实施,例如,脚手架工程(高度超过24m)等。

(3)对施工人员移行安全质量技术培训,并持证上岗。

2.材料准备

周转性和辅助性施工材料配置齐全,用于工程实体的钢筋、混凝土等材料均已按计划进场,并复试合格。

3.机具准备

施工机械进场就位,小型工器具配备齐全,测量仪器校谉合格。防火墙的垂直运输工具可采用汽吊(25t),而对于换流站防火墙宜采用塔吊。

4.现场准备

防火墙及变压器基础已经完成并验收合格。

(二)标准段模板制作

(1)模板应根据防火墙几何尺寸分段设计,采用3块1220mm×2440mm×18mm模板(单块模板对角线允许偏差不大于2mm)组合成标准模块化模板(简称模块),模块背檩用50mm×100mm@305mm木方(横向)加16号@400mm工字钢(纵向)连接固定。工字钢背部采用三道横向双钢管($\phi48\times3.5$mm)对模块整体加固,模块拼缝处应衬双面胶条,模块数量根据防火墙实际尺寸确定。

(2)异型模板的制作。在防火墙边缘或者转角处、纵墙和隔墙交接处等,特别是换流站防火墙,应根据防火墙实际尺寸设置"非标模块"(图1-3-8-3)。

(3)按设计图纸进行模板配置加工制作,拼装好的模板,进行分类堆放。

(4)模块拼装完成后,检验模板间拼缝的高差(≤0.5mm),模块对角线偏差(≤3mm)。

(三)混凝土导墙施工

(1)测量定位。在基础混凝土导墙施工前,应对防火墙轴线位置进行测放,轴线用墨线形式设于基础平面。高程控制标记应标上相对标高读数,以供施工之需。

(2)导墙施工。在标准段防火墙施工前,应先在定位轴线上进行混凝土导墙施工(导墙高度根据整体防火墙高度调整),此施工段采用拼装模板普通施工工艺。

1)钢筋安装方案。钢筋必须严格按照施工图纸以及规范要求设置,如钢筋型号、规格、强度等级、间距、保护层厚度必须符合要求,伸出导墙部分钢筋接头必须错开等。

2)模板加固方案。模板采用18mm厚优质木模板,100mm×50mm@300mm方木做横向内楞,$\phi48\times3.5$mm双钢管@400mm作为竖向外楞。

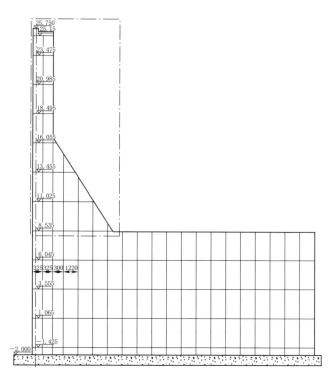

图 1 - 3 - 8 - 3　非标模块

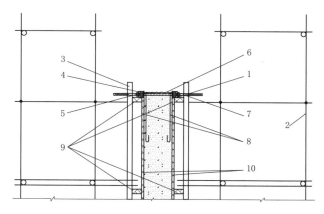

图 1 - 3 - 8 - 4　导墙模板安装图

1—双面胶条；2—脚手架；3—ϕ48×3.5mm 双钢管加固；
4—工艺槽钢；5—施工缝；6—硬质 PVC 套管；7—M20 双拉
螺栓；8—ϕ8 U 形开口箍；9—95mm×42mm 木方；
10—18mm 厚木模板

3）导墙上部施工接口。在模板最上部安装好 63mm 的接口槽钢（作为永久装饰色带），并设置一道 ϕ20@400mm 对拉螺杆（具体根据模块背檩槽钢间距来确定并对应）以固定结构槽钢；为上部标准段防火墙混凝土的浇筑施工做好准备。

4）拆模时，上部接口槽钢并不拆除（标准段施工时也不拆除）（图 1 - 3 - 8 - 4）。

（四）标准段钢筋安装

（1）因防火墙较高，施工时应先搭设脚手架，后安装钢筋、模板，脚手架搭设应注意以下要点。

1）为保证脚手架稳定，脚手架区域回填土层必须分层夯实，搭设处地坪必须混凝土硬化，脚手架立杆底部必须设置厚 50mm 的木垫块。

2）上下脚手架必须搭设"之"字形走道。

3）脚手架接头位置应互相错开，并符合规范要求。

4）脚手架纵横间距为 1.2m，步距为 1.5m，防火墙脚手架通过对拉螺杆孔进行连墙件安装，采用两步三跨方式布置连墙件，确保整体稳定。

5）脚手架距离防火墙外墙面必须保持一定距离（宜≥500mm），以方便拆模。

6）脚手架与防火情外侧面之间应采用隔离措施以及在内侧设置横向围护钢管。

7）当防火墙排架高度超过 24m 时，应单独编制专项施工方案，并经专家评审论证后实施。排架立面及实体效果见图 1 - 3 - 8 - 5。

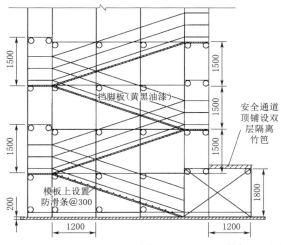

图 1 - 3 - 8 - 5　排架立面及实体效果图（单位：mm）

（2）钢筋绑扎必须严格按照《混凝土结构工程施工质量验收规范（2010版）》（GB 50204—2002）执行。注意要点如下。

1）钢筋在加工车间进行集中下料加工。钢筋加工前，专业翻样人员所作的翻样表经技术主管部门审核、批准后方可进行钢筋加工。

2）钢筋安装前，由技术人员对钢筋安装的先后顺序、绑扎技术要求等进行交底。钢筋绑扎时应弹线，确保钢筋顺直、间距均匀。采用梅花形布置，保证绑扣牢固，不得有缺口、松扣现象。钢筋安装见图1-3-8-6。

图1-3-8-6 钢筋安装照片

3）钢筋安装时须控制防火墙钢筋的保护层厚度＞35mm，钢筋保护层宜使用专用的塑料定位卡，保护层内设置抗裂钢筋网片。钢筋专用塑料定位卡见图1-3-8-7。

图1-3-8-7 钢筋专用塑料定位卡

4）用于钢筋绑扎的扎丝尾部应向内翻折，不得触碰外模板，钢筋绑扎材料宜选用20～22号无锈绑扎钢丝。

5）钢筋绑扎完后，必须三级验收，并做好钢筋隐蔽工程验收记录，验收合格后方可进行下一道工序。

6）墙柱钢筋接头均采用直螺纹机械连接，加工后采用塑料护套（图1-3-8-8）进行保护。

（五）标准段模板安拆

（1）模板安装。模板安装顺序：下部接口槽钢（安装）→模块吊装及拼接→端头板安装→上部接口槽钢安装→校正、固定。

1）下部接口槽钢（安装）。由于导墙接口槽钢并未拆

图1-3-8-8 钢筋直螺纹接头护套

除（导墙施工工艺中已提及），因此只需封模前做好相关准备工作（如槽钢表面浮浆清理、施工缝处理等）即可；另外在模块吊装完成后下部槽钢应与结构槽钢采用对拉螺杆一同固定。

2）模板吊装及拼接。

a. 吊装前，模板表面需先涂刷脱模剂，然后根据模板排版图，采用吊车结合牵引绳安装首副标准段模块，使其坐落于底部接口槽钢之上。标准段防火墙模板安装见图1-3-8-9。

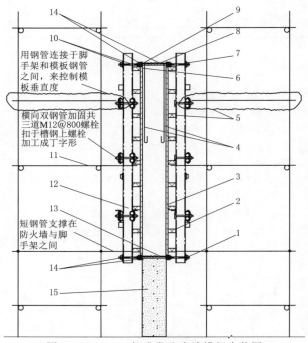

图1-3-8-9 标准段防火墙模板安装图
1—M20螺栓；2—95mm×42mm木方；3—18mm厚模板；
4—φ8mm U形开口箍；5—φ48mm×3.5mm钢管；6—厚6mm 宽93mm钢板；7—1000mm M20对拉螺栓；8—硬质PVC套管；9—6号槽钢；10—厚10mm钢板；11—脚手架；12—双拼12号槽钢；13—施工缝；14—双面胶条；15—导墙

b. 初调后进行临时性固定，首副模块吊装结束后，进行防火墙对侧同位置的模块安装（安装方法同首副），完成后在两副模块上口采用木条临时固定，随后进行第二幅，第三幅安装，以此类推。

c. 直至两侧模板均安装完毕后，在模块与模块拼缝

处的木方设上中下三道 $\phi12$ 对拉螺杆进行固定，同时模板间拼缝、模板与槽钢拼缝均加贴双面胶条防止漏浆。

3）端头板安装。在防火墙两侧标准段模块安装完成后，进行端头模板安装，用圆钉初步固定在侧模上，模板转角内侧设 $R=25mm$ 线条（图1-3-8-10）。

图1-3-8-10 防火墙端头板线条设置

4）上部接口槽钢安装。在模板最上部安装通长6号接口槽钢，并设置一道 $\phi20@1000mm$ 对拉螺杆（外套PVC管），该螺杆与槽钢在拆模时并不拆除。

5）模板校正、固定。

a. 模块安装就位好后，下口采用 $\phi20@400mm$ 的对拉螺杆（利用原导墙设置的接口槽钢的对拉螺杆）进行连接，上口在装饰色带槽钢内新设 $\phi20@400mm$ 的对拉螺杆（外套PVC管，设于两侧模板间）穿过双拼工字钢和接口槽钢，用双螺帽将两侧模板相互固定，防火墙接缝处（即色带部分）凹进防火墙表面6mm，采用6mm厚钢板上下口倒角设置。工艺槽钢与模板连接见图1-3-8-11，模板拼缝处对拉螺杆设置见图1-3-8-12。

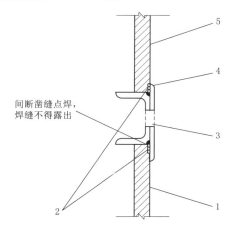

图1-3-8-11 工艺槽钢与模板连接详图
1—上标准段防火墙模板；2—双面胶条；3—$\phi24mm$ 孔；
4—6mm厚钢板，5—下标准段防火墙模板

b. 沿墙体拉一条直线，在模板背楞背面上下预留孔内分别穿通长钢管，利用短钢管接通长钢管和落地排架，通过调节短钢管的连接长度调节模板的垂直度，将模板校正对直。在立模时应使用水平仪和铅垂线，以保证立模时面板水平和垂直。模板加固见图1-3-8-13。

图1-3-8-12 模板拼缝处对拉螺杆设置

图1-3-8-13 模板加固

c. 模板安装完毕后，必须在混凝土浇灌前进行模板安装验收。垂直度偏差小于2mm，平整度偏差小于2mm，侧向弯曲偏差小于2mm，模块平面接缝高差不大于0.5mm。

（2）模板拆除。

1）常温下，混凝土强度达到1.2N/mm² 时，即一般2d后即可拆模，利用吊机配合人工进行拆除模板，拆除顺序与安装顺序相反，并严格按方案执行。

2）模板拆除时，拆卸工具不得直接接触在混凝土表面上。

3）拆下的模板放至指定的地面进行清理、整修及涂刷隔离剂，特别要注意垂直缝和水平缝处水泥浆的清洗，并检查模板的完整性，及时做好维护、保养工作。

（六）标准段混凝土施工

（1）混凝土浇筑宜采用泵送方式，进入施工现场的混凝土应逐车检查坍落度，不得有分层、离析现象，其坍落度应控制在170mm±20mm。

（2）混凝土在一个标准段内应分层（不大于500mm）连续浇筑。清水混凝土拌合物从搅拌结束到入模前不宜超过90min。

（3）混凝土浇筑过程中，振动棒插入时要快插慢拔，插入下层混凝土内的深度应大于50mm。振动棒不得与模板、钢筋直接接触。振动棒每点振捣时间一般为20~30s。

（4）混凝土浇筑过程中应安排专人对模板及其支架、钢筋进行观察和维护，随时检查模板、钢筋情况。

（5）施工缝处理。后续混凝土浇筑前，应先剔除施工缝处松动石子及表面浮浆层，剔除后应清理干净；在浇筑

混凝土时，先采用与混凝土成分相同的水泥砂浆进行接浆，接浆厚度为30～50mm。

（6）混凝土气泡控制：在混凝土振捣后、水泥初凝前结合挂附式平板振动器或小木槌等工具在模板外振动，把上层的气泡引出来。

（7）不得在有雨天进行混凝土的浇筑，防止混凝土出现泌水、水纹等影响感观的现象。

（8）混凝土施工必须严格按照GB 50204—2002以及《清水混凝土应用技术规程》（JGJ 169—2009）进行施工。

（七）养护剂养护

拆模后，应立即喷洒养护液进行混凝土养护。对于寒冷地区，混凝土养护应采用相应保温措施，如遮盖、防风、蓄热等各项措施。

（八）压顶施工

防火墙压顶采用18mm厚模板一次浇筑成型，施工时在外挑檐（100mm）的底面模板外侧20mm镶贴塑料滴水线条，滴水槽宽10mm，深10mm，同时在浇筑混凝土前，涂刷隔离剂，混凝土浇筑时应振捣均匀，压顶表面同时收光，拆模后进行养护。

（九）螺栓孔洞封堵、装饰带施工

防火墙混凝土结构全部成型后，对施工缝处的螺杆孔洞进行封堵，封堵采用水泥砂浆分两次填嵌密实。以对拉螺杆孔为直线，在墙面弹装饰色带边线。在色带内刮批外墙弹性腻子，宽100mm，表面刷涂料。

（十）质量验收

防火墙施工完成后，按照JGJ 169—2009以及《110kV～1000kV变电（换流）站土建工程施工质量验收及评定规程》（Q/GDW 183—2008）进行检查验收。

四、人员组织

防火墙施工过程中，人员组织配置见表1-3-8-1。

（1）作业人员身体健康，无妨碍进行本工种工作的疾病；相关人员通过职业技能鉴定，并取得相应资质证书。

表1-3-8-1　人员组织配置（按照标准段流水作业）

序号	岗位	人数	职责划分
1	项目经理	1	负责整个项目的实施
2	技术员	1	负责防火墙施工方案的策划，现场技术工作，技术交底，施工期间各种技术问题的处理
3	测量员	1	负责施工期间的测量与放样
4	质检员	1	负责施工期间质量检查及验收
5	安全员	1	负责施工期间安全管理工作
6	施工员	1	负责施工期间的施工管理与现场协调工作
7	材料员	1	负责各种物资、机械设备及工器具的准备
8	机械操作工	1	负责施工期间机械的操作、维护、保养管理
9	电工	1	负责施工期间的安全用电维修与管理
10	模板工	15	负责模板工程的制作、拼装与安装
11	钢筋工	10	负责钢筋的加工制作与安装
12	混凝土工	5	负责标准段混凝土浇筑
13	油漆工	3	负责装饰带腻子及涂料
14	焊工	2	负责金属件焊接
15	普工	5	负责其他工作

（2）作业人员应具备清水混凝土施工工艺的基本知识，了解施工流程以及原理。

（3）作业人员应熟悉有关规程及本典型施工方法要求。

五、材料与设备

（1）本典型施工方法主要材料配置见表1-3-8-2。

表1-3-8-2　　　　　　　　　主要材料配置（标准段用量）

序号	名称	规格	单位	数量	备注
1	模板（机制夹板）	18mm厚	m²	62.5	
2	海绵胶条		m	40	
3	接口槽钢	63mm	m	30	装饰色带
4	钢板	6mm	m	30	装饰色带
5	扣件	对接	个	18	模板加固
6	扣件	对接	个	200	排架体系
7	扣件	转角	个	300	排架体系
8	脱模剂		kg	5	
9	养护膜		m²	75	
10	方木	100mm×50mm	m³	1.5	

续表

序号	名　称	规　格	单位	数量	备　注
11	工字钢	16 号	t	0.44	根据具体情况定型加工
12	对拉螺杆	$\phi 20mm$	根	24	固定 16 号工字钢
13	钢管（$\phi 48mm \times 3.5mm$）	3.6m	根	24	模板加固支撑钢管
14	钢管（$\phi 48mm \times 3.5mm$）	2m	根	130	用于整幅防火墙排架
15	钢管（$\phi 48mm \times 3.5mm$）	4m	根	100	用于整幅防火墙排架
16	钢管（$\phi 48mm \times 3.5mm$）	6m	根	230	用于整幅防火墙排架
17	铅丝	12 号	kg	5	用于整幅防火墙排架
18	阻燃密目网	$1.8m \times 6m$	m^2	300	用于整幅防火墙排架
19	脚手板		m^2	50	用于整幅防火墙排架
20	涂料	外墙涂料	m^2	3.75	装饰带涂饰
21	塑料线条	$R=25$	m	9.76	阳角衬模
22	圆钉		kg	6	

（2）本典型施工方法主要施工机械设备配置见表 1－3－8－3。

表 1－3－8－3　主要施工机械设备配置

序号	机械设备	规格	单位	数量	备　注
1	水准仪	J2	台	1	用于标高控制
2	经纬仪	AT－G2	台	1	用于定位及垂直度控制、核查
3	振动棒	50mm	台	2	用于混凝土振捣
4	电焊机		台	1	金属构件焊接
5	起重机械	25t	台	1	根据工程规模配备
6	钢卷尺	50m	把	1	
7	钢卷尺	30m	把	1	
8	卷尺	5m	把	1	
9	线锤	0.25kg	个	2	
10	切断机	GQ40－1	台	1	
11	弯曲机	GW40－1	台	1	
12	调直机		台	1	
13	砂轮机		台	1	
14	切断机		台	1	
15	电焊机		台	1	
16	电动刨		台	1	
17	电动圆锯		台	1	
18	手提电动锯		台	1	
19	手提电动刨		台	1	
20	手电钻		台	1	
21	汽车吊	ZLJ5419THB	台	1	或采用塔吊

六、质量控制

（一）质量执行标准

（1）《钢筋混凝土用钢　第 1 部分：热轧光圆钢筋》（GB 1499.1—2008）。

（2）《钢筋混凝土用钢　第 2 部分：热轧带肋钢筋》（GB 1499.2—2007）。

（3）《混凝土外加剂应用技术规范》（GB 50119—2003）。

（4）《混凝土质量控制标准》（GB 50164—2011）。

（5）《混凝土结构工程施工质量验收规范》（GB 50204—2015）。

（6）《混凝土泵送施工技术规程》（JGJ/T 10—2011）。

（7）《钢筋焊接及验收规范》（JGJ 18—2012）。

（8）《钢筋机械连接技术规程（附条文说明）》（JGJ 107—2010）。

（9）《清水混凝土应用技术规程》（JGJ 169—2009）。

（10）《变电（换流）站土建工程施工质量验收规范》（Q/GDW 10183—2021）。

（11）《输变电工程建设标准强制性条文管理规程》（Q/GDW 10248—2016）。

（二）质量控制措施

（1）质量标准要求（普通清水混凝土要求）。

1）模板质量标准要求。清水混凝土模板制作、安装尺寸允许偏差与检验方法见表 1－3－8－4 和表 1－3－8－5。

表 1－3－8－4　清水混凝土模板制作尺寸允许偏差与检验方法

项次	项　目	允许偏差/mm 清水混凝土防火墙	检验方法
1	模板高度	±2	尺量
2	模板宽度	±1	尺量
3	整块模板对角线	≤3	塞尺、尺量

项次	项目	允许偏差/mm 清水混凝土防火墙	检验方法
4	单块模板对角线	≤2	塞尺、尺量
5	板面平整度	2	2m靠尺、塞尺
6	边肋平直度	2	2m靠尺、塞尺
7	相邻面板拼缝高低差	≤0.5	平尺、塞尺
8	相邻面板拼缝间隙	≤0.8	塞尺、尺量

表1-3-8-5　清水混凝土模板安装尺寸允许偏差与检验方法

项次	项目		允许偏差/mm 清水混凝土防火墙	检验方法
1	轴线位移		3	尺量
2	截面尺寸		±3	尺量
3	标高		±3	水准仪、尺量
4	相邻板面高低差		2	尺量
5	模板垂直度		3	经纬仪、线坠、尺量
6	表面平整度		2	塞尺、尺量
7	阴阳角	方正	2	方尺、塞尺
		顺直	2	线尺

2）清水混凝土外观野标准要求。清水混凝土外观质量与检验方法见表1-3-8-7，结构允许偏差与检验方法见表1-3-8-6。

表1-3-8-6　清水混凝土外观质量与检验方法

项次	项目	清水混凝土防火墙	检验方法
1	颜色	颜色基本一致，无明显色差	距离墙面5m观察
2	修补	基本无修补痕迹	距离墙面5m观察
3	气泡	最大直径不大于8mm，深度不大于2mm，每平方米气泡面积不大于20cm²	尺量
4	裂缝	宽度小于0.2mm，且长度不大于1000mm	尺量，刻度放大镜
5	光洁度	无漏浆、流淌及冲刷痕迹，无油迹、墨迹及锈斑，无粉化物	观察

表1-3-8-7　清水混凝土结构允许偏差与检验方法

项次	项目	允许偏差/mm 饰面清水混凝土	检验方法
1	轴线位移	5	尺量
2	截面尺寸	±3	尺量
3	垂直度	$H/1000$，且≤30	
4	表面平整度	3	2m靠尺、塞尺

项次	项目		允许偏差/mm 饰面清水混凝土	检验方法
5	角线顺直		3	拉线、尺量
6	预留洞口中心线位移		8	尺量
7	标高		±5	水准仪、尺量
8	阴阳角	方正	3	阴阳角尺
		顺直	3	拉线
9	装饰带		3	拉5m线，不足5m拉通线，钢尺检查

（2）质量保证措施。

1）钢筋质量保证措施。

a．所用钢筋应具有出厂质量证明，经复试合格后方可使用。

b．钢筋接头应满足设计对接头形式及错开要求。搭接长度、弯钩等符合设计及施工规范的规定。

c．钢筋绑扎扎丝尾部应扣向内侧，以免扎丝头外露。

d．钢筋绑扎应将多根钢筋端部对齐，防止绑扎偏斜或扭曲。

e．注意满足混凝土浇捣时的保护层要求。钢筋保护层塑料控制卡采用梅花形布置，每平方米布置一块，以保证保护层能满足设计要求。

f．加强施工工序质量管理，做好项目部三级验收工作。

2）模板质量保证措施。

a．模板面板采用18mm厚胶合板，应满足强度、刚度和周转使用要求（一般根据现场条件周转2～3次），且加工性能好。

b．模板骨架材料应顺直、规格一致，应有足够的强度、刚度，且满足受力要求。

c．对拉螺杆的规格、品种应根据防火墙混凝土侧压力和模板面板等情况选用，选用的对拉螺杆应有足够的强度。

d．竖向工字钢背檩间距必须布置准确，木方与工字钢连接时，要保证木方紧靠工字钢背面，然后再开孔连接，其缝隙允许偏差为1mm。木方安装后用2m靠尺检查，平整度不大于2mm。

e．模板加工好后堆放必须平整，且有保护措施，防止日晒雨淋和模板表面破坏。

f．吊装过程，防止钢筋、支撑钢管等破坏模板表面。

3）混凝土质量保证措施。

a．原材料的颜色和技术参数宜一致，应有足够的存储量。

b．宜选用强度等级不低于42.5级的硅酸盐水泥、普通硅酸盐水泥。同一工程的水泥宜为同一厂家、同一品种、同一强度等级。

c．粗骨料应采用连续料级，颜色应均匀，表面应洁净，并应符合表1-3-8-8的规定。

表 1-3-8-8　粗骨料质量要求

项　　目	要　　求
含泥量（按质量计，%）	≤1.0
泥块含量（按质量计，%）	≤0.5
针、片状颗粒含量（按质量计，%）	≤15

d. 细骨料宜采用中砂，并应符合表 1-3-8-9 的规定。

表 1-3-8-9　细骨料质量要求

项　　目	要　　求
含泥量（按质量计，%）	≤3.0
泥块含量（按质量计，%）	≤1.0

e. 混凝土浇筑过程中应安排专人对模板及其支架、钢筋进行观察和维护，随时检查模板、钢筋情况。

f. 浇水养护应在混凝土浇筑完毕后 12h 内进行，养护时间不小于 7d。混凝土终凝后应及时采取表面喷涂养护剂，遮盖等养护措施。

4）防火墙压顶质量保证措施。

a. 防火墙墙板竖筋应预留至压顶，确保压顶与防火墙的整体性。

b. 压顶两侧滴水线的平直度不大于 2mm。

七、安全措施

（1）施工中应遵守国家电网公司以下相关规定：

1）《变电工程落地式钢管脚手架搭设安全技术规范》（Q/GDW 274—2009）。

2）《输变电工程安全文明施工标准》（Q/GDW 250—2009）。

3）《国家电网公司电力建设安全工作规程（变电站部分）》（Q/GDW 665—2011）。

4）《国家电网公司基建安全管理规定》（国家电网基建〔2011〕1753 号）。

5）《国家电网公司电网工程施工安全风险识别、评估及控制办法（试行）》（国家电网基建〔2011〕1758 号）。

（2）所有施工人员必须经过三级安全培训并考试合格后方可上岗；特殊工种必须持特殊作业操作证；施工人员必须配备必要劳动保护用品，对特殊工种要配备专用防护用具。

（3）分项工程作业前必须进行安全技术交底。

（4）施工电源箱应采用三级配电两级保护，并做到一机一闸一保护；手动电动器具使用前应进行外壳绝缘检测，非电气专业人员不得从事电气作业。

（5）排架搭设应严格按照 Q/GDW 274—2009。

（6）拆除模板作业的范围设安全警戒线并悬挂警示牌，拆除时派专人（监护人）看守。

（7）施工现场作业人员必须遵守现场安全文明施工标准化的规定。

（8）距地 2m 以上施工或可能造成坠落的区域内施工的人员必须正确佩戴安全带，施工时安全带必须挂钩在可靠处。登高作业时，连接件（包括钉子）等材料必须放在箱盒内或工具袋里，施工工具必须装在工具袋中，严禁散放在脚手笆上。

（9）模板系统的吊装应严格遵守吊装操作规程作业，有专职的指挥信号员。在吊物下严禁站人，吊装过程中应指定专人监护。

（10）施工时同时跟上安全设施，操作平台必须有 1.2m 高的安全护栏，搭设的跑道及临时设施必须符合使用要求，并牢固完整，派专人定时检查维修。

（11）遇 6 级以上大风，雨雪等恶劣天气，应停止作业。做好排架加固措施，保证平台稳固。

（12）操作平台上不得超荷载堆放，必须每天对操作平台进行清理。

（13）防火墙的垂直运输工具可采用汽吊（25t），而对于换流站防火墙宜采用塔吊。汽车吊或者塔吊布置位置应合理策划，其吊装范围应覆盖整幅防火墙，吊臂高度应比防火墙高度高出 5m 以上，确保吊装的安全性。

（14）施工电源、起重机具、起吊索具、吊钩、构件支架、模板夹具等重要设备及关键器件，每班作业前均应逐一认真检查。

八、环保措施

（1）严格执行《绿色施工导则》（建质〔2007〕223 号）。

（2）遵守国家电网公司输变电工程安全文明施工标准规定，加强现场环境管理，实行环保目标责任制。对施工现场的环境进行综合治理，对施工现场的重要环境因素进行重点监控落实措施。

（3）防止噪声污染，减轻噪声扰民。做到施工噪声白天不超过 70dB，晚上不超过 55dB。

（4）采取有效措施控制施工过程中的扬尘。施工道路硬化并经常洒水，大门口设置车辆冲洗装置，进出车辆及时冲洗，每日及时清理垃圾等。

九、效益分析

（1）本典型施工方法不在模板上设对拉螺杆孔，防火墙使用后的模板能够用于其他建筑物，可重复使用，节约成本。

（2）模板拼装后不用拆除，使用汽吊或塔吊进行周转施工，加快了施工进度，减少施工工序，节省人工费用，经济效益明显。

（3）奉贤换流站、郑州换流站、500kV 新余变电站等多次获得国家及行业的质量奖励，取得了很好的社会效益。

第九节　泡沫混凝土屋面保温层典型施工方法

一、概述

近年来，各类节能环保材料正逐步进入建材市场。

泡沫混凝土作为一种节能环保型的建筑隔热保温材料，因其性能优越，施工简捷且造价低廉，逐渐成为建筑屋面隔热找坡层的首选材料之一。

传统的建筑屋面保温层采用的材料一般为珍珠岩和聚苯板，经过实验证明，泡沫混凝土比珍珠岩的隔热性和隔音性强，比聚苯板的耐久性和抗压强度高。泡沫混凝土制备和施工方法简单，极大节约了人、材、机的施工成本。泡沫混凝土原材料不含有毒物质，其简洁的施工流程可有效控制施工过程中对环境的污染，相比传统工艺更环保、更绿色，更加符合"四节一环保"的要求。

本典型施工方法利用泡沫混凝土优异特性开展屋面保温层施工，在综合对比屋面保温各种施工方法的基础上，研究形成了从泡沫混凝土制备、输送到浇筑一体化作业的施工方法。

（一）本典型施工方法特点

相比传统工艺所用材料，泡沫混凝土在保温性、耐热度、稳定性、耐久性、抗渗性、环保性等方面具有较大优势。详细对比见表1-3-9-1。

表1-3-9-1　　泡沫混凝土与传统工艺所用
材料对比表

性能	泡沫混凝土	传统工艺 所用材料（聚苯类）
保温性	层面一次次性整体浇注，不存在热损失	按块拼接，聚苯板之间的结合缝处存在热损失
可燃性	不燃烧，不变形	容易燃烧，遇火灾时熔化，且燃烧时释放有毒气体
抗渗性	泡沫混凝土隔热层采用现场浇筑，整体性好，且泡沫混凝土内是相互封闭的气泡结构体，不会串水，抗水性好	由于聚苯类保温层由多张聚苯板拼合而成，一旦有渗漏，水会顺着聚苯板之间的结合缝蔓延，不易找到漏点，从而不易维修
耐久性	泡沫混凝土保温层与建筑物属同质材料，寿命明显大于聚苯类保温层	由于聚苯类保温层与结构层材质不同，随着时间温度的变化，聚苯类保温层易老化
环保性	发泡剂采用微生物蛋白，不含任何挥发性有机物，绿色环保	聚苯类属石化产品，含有多种对人体有害的物质，高温下有害物质易于挥发

（1）提升施工效率。泡沫混凝土典型施工方法兼顾了找坡层与保温层的施工，现场浇注使用搅拌机和输送泵，机械化程度高，实现了泡沫混凝土制备、输送和浇筑一体化作业，工序简便，缩短了屋面保温层施工的工期。

（2）降低安全风险，减少环境污染。输送泵的泵送水平距离可达500m，垂直距离120m，在变电站建筑楼

施工过程中，完全能够实现地面搅拌后再传输到房屋顶面施工，规避了人工高空运输的安全风险。施工中对混凝土搅拌、传输过程采取全封闭措施，有效减少了环境污染。

（3）提高工艺质量。泡沫混凝土浇筑后，表面只需简单进行找平处理即可光洁平整，不仅避免了聚苯板拼接可能出现的对缝不整齐、板面不平整等问题，还减少了成品保护的措施，工艺质量明显提升。

（4）经济效益显著。在变电站建筑屋顶使用本典型工法，极大地节约了工程投资，经过综合整体测算，泡沫混凝土综合单价由传统工艺的每平方米150元下降到70元，工程效益显著。

（二）适用范围

本典型施工方法适用于坡度在不超过15%的建筑屋面保温层和找坡层施工。

（三）工艺原理

本典型施工方法充分利用泡沫混凝土特点，其所需的发泡剂含有植物蛋白纤维和动物性蛋白质。这类蛋白型发泡剂在机械作用力引入空气的情况下，能产生大量的独立泡沫，具有稳定性强、发泡倍数大、细腻性良好和胶凝作用强等特点。通过将这些泡沫与水泥浆料搅拌混合，制备出保温效果良好的泡沫混凝土，再通过输送泵、输送管送到屋面作业区，从而完成屋面保温层和找坡层一体化浇注。

二、施工工艺流程

本典型施工方法施工工艺流程见图1-3-9-1。

三、操作要点

（一）施工准备

1. 技术资料准备

（1）收集前期资料。施工开始前，组织审核相关建筑和工艺施工图纸，收集气象等作业环境资料，熟悉本工程施工工艺流程和工艺标准。

（2）编写施工方案。根据所收集的资料，结合现场实际情况编制《泡沫混凝土屋面保温层施工方案》，对所需人员、机具、材料进行整体策划，明确安全、质量、环境、工期控制措施。

2. 工、机具准备

施工单位将施工过程中所需的相工、机具产品合格证书、安全性能证明等相关文件报审，由监理审核合格后方可使用。

3. 人员准备

（1）所有施工人员上岗前做好三级培训，将审批后的《泡沫混凝土屋面保温层施工方案》对全体施工人员进行交底，交底应包括施工中的安全、质量控制措施重点、要点，明确施工人员的环境保护、混凝土养护措施，确保每一位施工人员了解施工作业过程中的安全、环境、技术、质量控制要点。

（2）安全人员、质检人员应持证上岗。

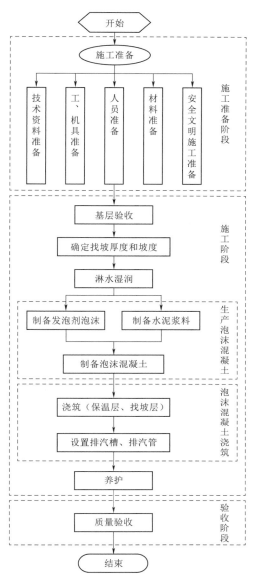

图 1-3-9-1　泡沫混凝土屋面保温层施工工艺流程图

（3）施工过程中施工人员应加强自身保护意识，进场施工前必须穿戴好防护用品。

4. 材料准备

（1）施工原材料要符合施工标准相关规定，水要使用饮用水，发泡剂要满足罗斯法检测要求。

（2）检查发泡剂出厂资料是否齐全合格，水泥需送检取得检验报告并确认合格后方可使用。

（3）现浇泡沫混凝土所使用的主要原材料应保持干燥，施工时要做好避雨、防潮措施。

5. 安全文明施工准备

（1）明确泡沫混凝土施工的各区域划分，包括屋面浇注区、输送管路径区和地面搅拌区（材料堆放区、泡沫混凝土搅拌机和输送机摆放区、人工作业区、降尘处理区等），设置必要的安全围栏，挂设安全警示标识，材料堆放区内原材料应堆放整齐。

（2）在地面搅拌区设置防尘罩，加强降尘效果，最大程度降低对周围环境的影响。

（3）泡沫混凝土搅拌机和输送机需悬挂使用说明牌，明示操作流程。

（二）施工阶段

本施工方法主要包括基层验收、确定找坡厚度和坡度、淋水湿润、生产泡沫混凝土、泡沫混凝土浇筑、养护和质量验收 7 个部分。其中泡沫混凝土浇筑的施工方法采用了将屋面保温层、找坡层一体浇筑的方式。

1. 基层验收

施工前，施工人员按照规范要求对作业面进行清理，将屋面基层上的垃圾、杂物等清除干净，确保作业面平整、坚实、无杂物，屋面基层无松动、空鼓、起砂掉灰等现象。

基层清理完成后，将已预留好的落水口孔洞进行保护处理，落水口保护措施采用胶合木模板定型模具支护，固定在落水口上。浇筑泡沫混凝土时，应设专人监护，防止模具松动或移位，定型模具应待浇筑养护完成后方可拆除。

2. 确定找坡厚度和坡度

按设计图纸及施工方案进行现场弹线，确定浇筑厚度和高低点。监理复测后，需对参照点进行拍摄，并按数码照片要求整理存档。需设定找坡线时，应根据坡度要求在坡顶泡沫混凝土块设置控制点。

根据《泡沫混凝土》（JG/T 266—2011）泡沫混凝土干密度等级所对应的导热系数（表 1-3-9-2）在环境等因素不变的情况下，确保屋面保温层热阻值能够满足导热系数为 0.03W/(m·K)、厚度为 50mm 的聚苯板的效果，且屋面结构层荷载不大于 2kN/m²，可以得出泡沫混凝土厚度的相关参数对应表（表 1-3-9-3）。

表 1-3-9-2　泡沫混凝土干密度和导热系数表
[《泡沫混凝土》（JG/T 266—2011）]

泡沫混凝土干密度等级	A03	A04	A05	A06
泡沫混凝土干密度/(kg/m³)	300	400	500	600
泡沫混凝土导热系数/[W/(m·K)]	0.08	0.10	0.12	0.14

表 1-3-9-3　泡沫混凝土厚度的相关参数对应表

泡沫混凝土干密度等级	A03	A04	A05	A06
浇注泡沫混凝土厚度/mm	130～660	170～500	200～400	240～330
屋面结构层荷载/(kN/m²)	0.39～1.98	0.68～2	1～2	1.44～2
相当于聚苯板导热系数为 0.03W/(m·K) 的厚度/mm	49～248	51～150	50～100	51～71

3. 淋水湿润

为保证泡沫混凝土与基层有效黏结，对已完成清平、确定参照点的作业面进行淋水湿润，确保湿润均衡，以基层不积水，达到湿润效果为宜。

4. 生产泡沫混凝土

（1）制备发泡剂泡沫。将发泡剂加入适量的饮用水进行稀释，将稀释好的液体倒入发泡机中，严格按照发泡剂说明书所列比例将计量好的稳泡剂加入发泡机中制成泡沫。合格的泡沫通常表现为液膜在浆体内不易破裂、不易形成连通孔。

在泡沫制备过程中，禁止将其他材料当作填充料，发泡剂须有出厂质量证明书、厂家检验报告和使用说明书等相关资料。施工用水必须采用饮用水，确保发泡剂的发泡效果。

加发泡剂时，操作工人应戴好橡胶手套，不与皮肤接触。

（2）制备水泥浆料。在制备发泡剂泡沫的同时制备水泥浆料。水泥浆料的制备应注重材料配比，所有水泥填充料需按照施工配合比进行准确计量。将物料送入到搅拌机，加水混合搅拌，制出类似于膏状的浆体，为加入泡沫做好准备。

投放水泥时，应由两名操作工人协助上料，并戴好防尘口罩，口罩需经常更换。禁止将有结块的水泥放入搅拌箱中，避免因搅拌机叶片卡住使电动机负荷过大而烧坏电动机。

如条件允许，可以向水泥供应商采购预拌砂浆。将预拌砂浆进行罐装处理，通过与发泡剂泡沫搅拌机中混合制成泡沫混凝土，这样不仅节约制料区面积，减少施工机械、工序和作业人员，还能杜绝运、拆袋装水泥所产生的环境污染。

（3）制备泡沫混凝土。将制备完成的发泡剂泡沫加入搅拌机中，与制备完成的水泥砂浆充分搅拌、混合，制成泡沫混凝土。施工过程中需根据工程需要选用合适的泡沫混凝土混合料制备机械，注意物料输送距离、机器生产功率等因素，适当调整泡沫与水泥浆料的搅拌时间。

在泡沫混凝土正式施工浇筑前，应按发泡剂供应商提供的使用说明书进行试打检测。重点检验泡沫浆料的浆体是否均匀，是否满足上部无泡沫漂浮积聚、下部无沉淀物堆积，无塌陷，浇筑完成后无大量泌水现象。试打检测合格后即可开始大面积施工浇筑。现浇泡沫混凝土应随制随用，留置时间不宜大于30min。

5. 泡沫混凝土浇筑

（1）浇筑。

1）泡沫混凝土浇筑时，应按一定顺序操作。出料口离基层不易太高，防止破泡，一般不得超过1m。一次浇筑高度，不宜超过20cm。当浇筑高度大于20cm时，应分层浇筑，以免下部现浇泡沫混凝土浆承压过大而破泡。首次浇筑的泡沫混凝土初凝后，方可进行二次浇筑。

2）对浇筑完的区域，在泡沫混凝土初凝前应采用专用刮板刮平，刮平后应及时保湿养护。此时应必查混凝土表面平整，如有偏差，需及时修正。

3）在泡沫混凝土保温层施工完成时，应根据施工设计图保证屋面特殊部位泡沫混凝土的厚度。

4）施工时要做好避雨、防潮措施，严禁在雪天和5级以上大风下进行施工。当室外日平均气温连续5d低于5℃时，不得进行现浇泡沫混凝土施工。环境温度达到35℃以上时，不宜施工。

（2）设置排汽槽、排汽管。根据施工现场实际情况，设置排汽槽和排汽管。在泡沫混凝土终凝后，采用切割机进行分格缝的切割。分格缝的间隔不宜大于6m，宽度宜为2～3cm，深度宜为浇筑厚度的1/3～2/3。在切割前，应弹好墨线，切割完毕后的分格缝可做排汽槽，将槽内及时清理干净，并填充粒状物，确保排汽畅通。在纵横连接的排汽槽处设置排汽管，并对排汽管周围浇筑泡沫混凝土进行固定，同时对排汽管口进行保护处理，以免找平层施工过程时堵排汽管口。

6. 养护

泡沫混凝土一般在浇筑24h后开始自然养护，养护时间为3～7d。养护期间需派专人负责监管，48h内不允许堆放材料及上人施工。在层面入口处应悬挂警示牌，做好成品保护措施。

制作150mm×150mm×150mm的标准试件，送往第三方有检测资质的检测单位进行检测，取得检测合格报告后方可进行质量验收。

（三）质量验收

在取得合格的试件检验报告后，施工单位整理施工过程中有关文件和记录，进行自检，确认合格后报监理单位进行验收。质量验收应满足如下标准：

（1）资料真实、准确、不得有涂改和伪造，签章齐全。

（2）屋面无渗漏、积水现象，排水系统畅通，细部做法规范。

（3）不得有宽度大于1mm且长度大于500mm的裂缝和宽度在0.5～1mm、长度不大于800mm的裂纹，且每平方米不得多于4处。

（4）每分格块内混凝土表面出现的蜂窝麻面缺陷不得大于0.2m²，且该缺陷不能超过总平面的1/10。

（5）混凝土表面不得有明显凹坑和凸起，平整度不超过±8mm。

四、人员组织

所用施工人员应进行作业前培训和交底。安全员、质检员等应持证上岗。

安装人员配置见表1-3-9-4。

表1-3-9-4　安装人员配置

序号	岗位	数量	职责划分
1	施工负责人	1	全面负责泡沫混凝土施工，现场组织协调人员、机械、材料、物资供应等，针对安全、质量、进度进行控制

续表

序号	岗位	数量	职　责　划　分
2	技术负责人	1	全面负责施工现场的技术指导工作，编制施工方案并进行技术交底，协助施工班组长进行工作
3	安全员	1	负责作业面的安全管理和控制
4	质检员	1	负责作业面的质量管理和控制
5	运输工	1	负责水泥、发泡剂等材料运输
6	搅拌工	1	负责控制机械对水泥搅拌工作
7	加料工	1	负责搅拌材料的配比
8	发泡工	1～2	负责将发泡剂制作成发泡
9	施工人员	2～3	负责将制成的泡沫混凝土进行现场浇筑、刮平
	合　计	10～12	

五、材料与设备

施工材料全部到达施工现场，并经验收合格。

施工主要工机具与材料配置见表1-3-9-5。

表1-3-9-5　施工主要工机具与材料配置

序号	名　称	单位	数量	用　途	所用阶段
1	泡沫混凝土搅拌机械	台	1	搅拌泡沫混凝土	
2	泡沫剂料桶	个	5	发泡剂发泡	
3	手推车	辆	2	运料	
4	铁锹	把	8	上料	
5	磅秤	个	1	称重	泡沫混凝土制备阶段
6	水管	套	1	搅拌用水	
7	集料箱	个	1	收集材料	
8	上料管	m	70	上料	
9	扫帚	把	6	清扫场地、清理基层	
10	泡沫混凝土输送泵	台	1	输送混凝土	
11	泡沫混凝土输送管	台	1	输送混凝土	
12	电缆电线工具配件	套	1	施工用	泡沫混凝土浇筑阶段
13	切缝机	台	1	切割分格缝	
14	专用刮板	个	1	找坡	
15	卷尺	把	1	检测	泡沫混凝土验收阶段

六、质量控制

（一）工程质量控制标准

（1）《屋面工程质量验收规范》（GB 50207—2012）。

（2）《建筑工程施工质量验收统一标准》（GB 50300—2013）。

（3）《屋面工程技术规范》（GB 50345—2012）。

（4）《泡沫混凝土》（JC/T 266—2011）。

（5）《混凝土拌合用水标准》（JGJ 63—2006）。

（6）《工程建设标准强制性条文（房屋建筑部分）》（建标〔2013〕32号）。

（7）《国家电网公司基建质量管理规定》（国网（基建/2）112—2014）。

（8）《国家电网公司输变电工程质量通病防治工作要求及技术措施》（基建质量〔2010〕19号）。

（二）质量保证措施

（1）施工队伍必须具备相应的资质，施工前编制切实可行的施工方案，并报监理审查确认；明确相关人员职责，责任到人、监督到位，注重多方把关。

（2）各种预留孔，在保温层施工前，对其采取防护措施，确保施工过程不封堵、损坏预留孔。

（3）屋面排气系统的排汽道应纵横贯穿并保持通畅，不得堵塞。排汽管应安装牢靠，位置准确，排汽端口应防水。

（4）做好详细过程记录，出现问题时便于查找分析原因。

（5）严禁在雪天和5级以上大风下进行施工，当室外日平均气温连续5d低于5℃时，不得进行现浇泡沫混凝土施工。环境温度达到35℃以上时，不宜施工。

七、安全措施

（一）主要执行制度

（1）《国家电网公司电力安全工作规程（变电部分）》（国家电网企管〔2013〕1650号）。

（2）《国家电网公司电力安全工作规程（变电部分）修订补充规定》（国家电网安质〔2013〕945号）。

（3）《国家电网公司基建安全管理规定》〔国网（基建/2）173—2014〕。

（4）《国家电网公司输变电工程安全文明施工标准化管理办法》〔国网（基建/3）187—2014〕。

（5）《国家电网公司输变电工程施工安全风险识别评估及预控措施管理办法》〔国网（基建/3）176—2014〕。

（二）安全文明施工措施

（1）施工前应对全体施工人员进行安全技术交底和培训。

（2）工作时设监护人在现场进行安全监督，以免对施工人员造成误伤；制定特殊情况下的应急预案，包括高空坠落、天气突变、火灾等，并根据应急预案的要求，做好对应的物资、医疗准备。

（3）施工作业区应明确区域划分，使用的原材料应堆码整齐，不得随意摆放，影响施工。

（4）施工作业人员应穿戴好防护用品，操作人员不得赤脚或穿短袖衣服进行作业，应佩戴防尘口罩和橡胶手套，穿橡胶雨鞋。

（5）定期关注施工现场专用机具、专用配电箱的用电状况。临电使用应符合施工用电规范要求，配备漏电保护措施。

八、环保措施

（一）主要执行制度

《建筑工程绿色施工规范》（GB/T 50905—2014）。

（二）环保控制措施

（1）进场前对作业人员进行专项教育，保证工人施工期间按照环保措施施工。

（2）采取降尘措施，降低环境污染程度。

（3）施工现场应设置垃圾集中堆放点，并采取可靠的措施，严禁临空抛洒，禁止在现场进行焚烧，防止垃圾污染周围的环境；施工完成后，注意场地及时清理，确保工完、料尽、场地清。

（4）节约施工材料，减少物资浪费。

九、效益分析

（1）该施工方法机械化程度高，施工人员少，有效降低施工风险和人员成本。

（2）该施工方法实现了建筑屋面隔热层、找坡层一体化施工，施工流程少、工艺简便，与传统施工方法比可节省约50%的施工工期。

（3）泡沫混凝土提取过程环保，符合国家电网公司建设"资源节约型"变电站的要求。

600m² 的屋面保温层新旧施工方法效益对照表见表1-3-9-6。

表 1-3-9-6　　　　　600m² 的屋面保温层新旧施工方法效益对照表

施工方法	人数/人	环保	施工期/d	工程质量	工艺流程	经济效益/(元/m²)
传统工法	20	珍珠岩/聚苯板，含有苯等多种有害物质	5	易出现空鼓现象，耐久性差，抗压强度低	工序繁杂	150
本施工方法	6~8	不含有害气体	3	稳固、防火性强、抗渗性强	工序少，集约化程度高	70

第十节　换流站剪力防火墙（钢模板技术）典型施工方法

一、概述

（一）典型施工方法特点

（1）本典型施工方法选用定制钢模板，现场加工制作，模板周转次数多，不易变形，符合国家电网公司"绿色环保"的要求。

（2）防火墙采用定制大面钢模板，接缝少，拼缝严密，表面平整，提高混凝土成型质量，使混凝土表面平整光滑，转角处采用倒角技术，工艺良好。

（3）钢模板采用机械安装，模板安装操作简单、功效快，施工周期短。

（二）适用范围

本典型施工方法适用于各电压等级换流站剪力防火墙的施工。

（三）工艺原理

（1）钢模板依据防火墙结构图纸进行分段、分块设计，每施工段钢模板由数块标准及非标准模板块拼装成为整体大模板，作为支设现浇混凝土墙体的模板。

（2）钢模板采用定型化设计及现场加工制作而成，施工时配以起重机械吊装安装就位，然后利用钢模板上下穿墙螺杆保证其刚度及稳定性。

二、施工工艺流程

本典型施工方法施工工艺流程见图1-3-10-1。

三、操作要点

（一）施工准备

1. 技术准备

（1）施工图审查。开工前，必须进行设计交底及施工图纸会检，并应有书面的施工图纸会检纪要。

（2）编制施工方案。开工前组织编制施工方案，并按规定程序进行审批。方案中，应根据防火墙主体结构划分施工段，便于钢模板配置和流水施工作业的安排。

（3）施工技术交底。开工前必须进行施工技术交底。技术交底内容充实，具有针对性和指导性。全体施工人员应参加交底会，掌握交底内容，签字后形成书面交底记录。交底内容包括工程概况与特点、作业程序、操作要领、注意事项、质量控制、应急预案、安全作业等。

2. 材料准备

（1）钢筋应抽取试件做力学性能检验，其质量必须符合有关标准的规定，钢筋焊接以及钢筋机械连接应满足现行规范规定。

（2）施工前应对砂石水泥等原材料按规定进行复检，

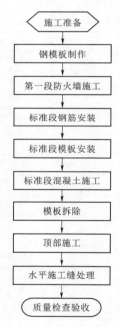

图1-3-10-1　换流站剪力防火墙（钢模板技术）施工工艺流程图

并进行混凝土配合比试配和坍落度试验，其混凝土配合比应满足规范要求。

3. 工器具及机械设备准备

（1）施工前应根据施工组织部署编制工器具及机械设备使用计划，并提前7d进场。使用前应检查各项性能指标是否在标准范围内，确保其运行正常。

（2）机械使用前应进行性能检查，确保其性能满足安全和使用功能的要求，验收合格后方可投入使用。

（二）钢模板制作

以双龙±800kV换流站为例，高低端防火墙结构形式均为剪力结构。

1. 钢模板设计

（1）根据防火墙设计图纸，划分7个施工段，其中有2个非标准段、5个标准段，如图1-3-10-2所示。第一施工段及顶部施工段属于非标准段，采用木模板施工，标准段采用钢模板施工。

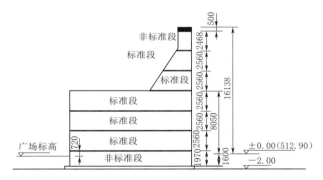

图1-3-10-2 防火墙施工段划分（单位：mm）

（2）根据防火墙结构尺寸，钢模板单片尺寸设计有五种规格，见表1-3-10-1。其中主要尺寸是2500mm×5000mm；次龙骨间距250mm；主龙骨方管长边方向间距1250mm，短边方向间距480mm。钢模板示意图见图1-3-10-3。

表1-1-10-1 钢模板尺寸一览表

序号	模板名称	模板样式	尺寸（高×宽）/mm	使用部位
1	大面模板	长边形	2500×5000	纵墙及翼墙
2	配套模板	长边形	2500×4900	纵墙
3	转角外模	L形	2500×150（1550）	转角处
4	转角内模	L形	2500×150（1250）	转角处
5	端头模板	L形	2500×150（4850）	翼墙端头

2. 钢模板加工

（1）钢模板主要材料的选用：面板采用3.2mm厚冷轧钢板，次龙骨选用L63mm×40mm×5mm角钢，主骨架选用□100mm×50mm×3mm方钢管，安装用外龙骨选用[16槽钢。

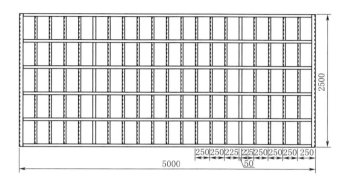

图1-3-10-3 钢模板示意图（单位：mm）

（2）大面钢模板加工：为使钢模板平整，应确保次龙骨与主龙骨的一侧保持在一个平面上，次龙骨与主龙骨的交接处高差不得大于0.5mm。

（3）转角钢模板加工：转角钢模有三种，即转角内模、转角外模、端头模板。防火墙转角处采用倒25°圆角。模板制作时面板转角采用机械卷边。

（4）竖钢模板拼接采用企口式搭接，有利于防止混凝土漏浆。

（5）水平施工缝模板加工：每施工段间水平施工缝处设置100mm×100mm通长扁铁，作为接头处处理，通长扁铁外侧点焊[5槽钢，并间距500mm设置φ21的孔。

（6）外龙骨加工：采用两条[16槽钢背靠背设置，并留置21mm宽的缝隙，以备穿对拉螺杆，采用铁块焊接成为加固钢模板的外龙骨。

（7）钢模板加工其他要求：

1）钢模板加工场地应硬化，搭设操作平台以供钢模板加工。

2）钢模板的切割采用等离子切割，进料时匀速，以提高切割精度。切割后的面板表面洁净、边缘顺直、面层平整。

3）角钢、方钢、槽钢必须顺直、无变形，主要受力处的筋肋必须选用整料，对于异形折角圆弧等无法使用整料的部位应进行实物放样。

4）钢模板焊接采用电弧焊，先进行骨架焊接，严格按照模板加工设计图进行操作，确保模板面板平整、无变形。

3. 模板试组装

（1）钢模板加工完后，需进行检查校正，严禁用大锤直接锤击矫正，矫正时应加垫钢板，矫正后严禁有凹凸坑和矫正痕迹。

（2）模板制作加工完毕，按使用部位进行编号以及试组装。合格后，外侧喷涂防腐漆，内侧涂刷脱模剂，并做好成品模板的遮盖措施，防止其因日晒雨淋而变质或变形。

（三）第一段防火墙施工

（1）根据施工段的划分，第一段防火墙属于非标准段。第一段防火墙模板采用18mm厚双面膜模板，模板间拼缝采用双面胶密封，防止漏浆。端头部位采用倒圆角钢模。

（2）第一段防火墙施工工序为：钢筋安装→模板安装→混凝土施工。

1）钢筋安装：钢筋安装必须按照设计图纸、规范要求进行施工。钢筋规格、间距必须符合设计要求，钢筋接头、连接方式满足规范要求。

2）模板安装：在模板上下两端设置 $\phi20$ 对拉螺杆，间距 500mm，设置 [16 槽钢作为外龙骨。

上部水平缝接口处设置 $100mm \times 10mm$ 水平施工缝模板，按间距 500mm 的距离钻 $\phi21$ 的孔，并设置 $\phi20$ 的对拉螺杆，为上部标准段防火墙的施工做好准备。

3）混凝土施工：模板安装完成后，经检查验收符合要求，即进行混凝土浇筑，待混凝土强度达到不损坏混凝土边角时，模板方可拆除。模板拆除过程中，上部接口部位通长扁铁暂不拆除，待下一段防火墙施工完成后，方可拆除。

（四）标准段钢筋安装

（1）钢筋安装前，清理水平施工缝表面，以及钢筋表面的附着残浆。松动混凝土及浮浆等必须清理干净。

（2）防火墙的钢筋绑扎顺序为先竖向筋，后横向筋。采用绑扎接头的钢筋，于搭接区段的两端和中间分三点用铁丝扎牢。钢筋扎丝朝向应统一朝内，防止扎丝外露锈蚀。

（3）按设置的水平施工段划分，在一节竖向钢筋机械连接或绑扎后，利用防火墙脚手架上设置一钢管作钢筋临时固定。水平筋及箍筋的绑扎宜高出划分的施工段交界处 300mm，以方便施工操作，同时确保竖向筋在混凝土浇捣过程中不位移。

（4）设置于两层钢筋网之间的拉结筋应牢固、可靠，确保墙体钢筋网片在浇筑过程中不往外位移，并采用钢筋加固措施，确保 50mm 钢筋保护层厚度。

（5）钢筋安装完成后，进行自检，就钢筋品种、规格、数量、间距等进行复核，发现问题及时消缺。验收合格后，及时填报"隐蔽工程验收单"报监理单位验收，验收通过后才能进入下道工序施工。

（五）标准段模板安装

（1）钢模板安装时，应由一端至另一端的顺序依次进行安装，不得从防火墙中间向两端顺序进行安装。

（2）钢模板安装就位采用两种方式进行：一种是由三块模板地面组拼为一整体起吊；另一种是转角模板、配套模板采用单块起吊。

1）钢模板采用三块模板整体起吊，每三块模板总重 2.1t，采用 40t 吊车吊装。

2）钢模板三块整体起吊，各模板间采用螺栓连接牢固形成整体，采用四个吊点起吊，利用 $\phi219$ 钢管作为横杆，减小模板上四点的单点拉力，防止模板变形。

（3）钢模板吊装直接就位在通长扁铁上的 [5 槽钢上，利用脚手架做临时固定，随后安装另一边钢模板，采用对拉螺杆及脚手架进行临时性固定。

（4）按上述方法进行后面的模板安装，每安装完成对称两面模板后，钢模板之间的交接处采用螺栓连接固定，使之形成一整体。

（5）在进行端头钢模板安装时，应校核防火墙轴线尺寸。端头钢模板采用 $R = 25mm$ 倒圆角技术。

（6）所有钢模板就位后，再进行钢模板上部通长扁铁的安装。方法同第一段防火墙上部通长扁铁的安装。

（7）钢模板校正、加固。

1）钢模板初步校正：水平方向采用上口挂线调直，钢模板垂直度采用红外线垂直度测量仪控制。

2）钢模板加固：钢模板初步校正后，在钢模板上设置外龙骨 [16 槽钢，并通过对拉螺杆紧固。

3）为防止钢模板水平位移，在加固的钢模板与脚手架之间采用短钢管连接成一整体。

4）模板边加固，边精确校正，确保水平直线度不大于 2mm，垂直度不大于 3mm。

（六）标准段混凝土施工

（1）防火墙混凝土浇筑采用泵送混凝土，坍落度宜为 $160mm \pm 20mm$。

（2）浇筑前，模板内应进行清洗，但底层表面不得有积水。

（3）在浇筑前，先灌入 50mm 厚与混凝土同品种、同强度等级的水泥砂浆作"接浆"。根据防火墙墙体特点，混凝土浇筑方法采用分层浇筑逐步推进的方式进行，分层厚度为 300～500mm。

（4）混凝土振捣时，振捣棒应快插慢拔，振捣棒应深入到下层混凝土中不小于 50mm。振捣要细致、全覆盖，不得漏振、过振，且不得强行振捣钢筋。每次振捣时间一般为 20～30s。

（5）混凝土浇筑过程中，应派专人负责看守模板、钢筋、脚手架，并进行维护。

（6）混凝土浇筑高度以覆盖对拉螺杆套管为宜，即混凝土面离扁铁上口 25～30mm。

（7）为避免防火墙清水混凝土结构收缩裂缝的产生，应做到以下几点：

1）少扰动、晚拆模。少扰动，就是在每个施工段混凝土浇筑完毕的初期 24h 内，不得在其邻近做振动性作业。特别是模板支架、邻近地面等，不得进行敲打、挖掘、打夯、在模板架件上堆放器材等。晚拆模，最早拆模时间不得小于自混凝土浇筑完毕起的 48h。

2）勤浇水、遮盖严。勤浇水，委派专人负责浇水养护，确保混凝土时刻处于湿润状态。遮盖严，就是对所有敞露部位初凝结束的混凝土进行遮盖。

3）加强对成品混凝土的产品保护。在拆模过程中不得野蛮施工伤及混凝土表面及棱角；模板拆除后的成品混凝土应及时采用薄膜包裹，避免墙面污染；施工过程中，应避免物体碰触、撞击墙体而伤害混凝土表面。

（七）模板拆除

（1）防火墙模板是侧模，模板的拆除以混凝土不掉边角为原则，一般在 20℃ 左右及连续 3d 的保养下，即可拆模。

（2）拆模顺序应按照模板支设时的相反顺序进行，即先支后拆，后支先拆，并严格按照方案执行。

（3）模板拆除时，必须保留上部水平施工缝模板，下部水平施工缝模板可在大面模板拆除后进行。

（4）拆模时，撬棍、锥子等直接与成品混凝土接触的工具操作一定要谨慎，必须在找准部位和切入点的情况下缓缓楔入，用力或锤击不能过猛。不得出现豁边、缺棱、掉角、划伤、坑洼等缺陷。

（5）模板拆除后，防止混凝土表面被污染，应及时覆盖薄膜。

（6）拆下的钢模板及时清理干净、修整，并摆放整体。

（八）顶部施工

（1）施工方法同第一段防火墙。顶部防火墙施工采用 18mm 厚双面胶木模板。模板安装时拼缝之间粘贴双面胶，防治混凝土漏浆。

（2）混凝土浇筑时，振捣要密实，上表面采用收光处理，并应有向阀厅侧的排水坡度。

（3）模板拆除后，防止混凝土表面被污染，应及时覆盖薄膜。

（九）水平施工缝处理

（1）螺栓孔洞的封堵。

1）防火墙上模板支设留置的对拉螺栓孔的填塞修补在整体结构完成后进行。

2）填塞前进行清孔，主要清除孔内残浆、浮灰等。

3）孔的填塞采用发泡剂材料，首先采用发泡剂填满螺栓孔洞，待发泡剂快成型时用 $\phi18$ 左右的圆木棍将外露部分发泡剂塞进孔洞 30mm，最后孔洞两端采用砂浆分遍填实、分遍抹压，在砂浆收水凝结过程中分遍压实和紧面压光。填塞修补砂浆凝结后对其进行保湿养护，养护时间不得少于 7d。

（2）水平施工缝的处理。

待螺栓孔封堵后，即可进行水平施工缝的处理。

1）采用角磨机对水平施工缝上下口倒 45°角，可剔除毛糙的边角问题，同时也使得边角美观。

2）采用钢丝刷清除水平施工缝表面浮渣。

3）采用角磨机修整分隔带，然后涂饰涂料或直接喷涂混凝土保护液。

4）水平施工缝处理完成后，防火墙从顶到下喷涂混凝土保护液。

（十）质量检查验收

防火墙施工完后，根据《变电（换流）站土建工程施工质量验收规范》（Q/GDW 1183—2012）的要求，进行质量评评和质量检查验收。

四、人员组织

（一）防火墙施工人员组织

防火墙施工过程中，人员配置见表 1-3-10-2。

表 1-3-10-2　防火墙施工人员配置

序号	岗位	人数	职 责 划 分
1	现场负责人	1	全面负责整个项目的实施
2	技术负责人	1	负责施工方案的策划、技术交底、施工期间各种技术问题的处理
3	质检员	2	负责施工期间的质量检查及验收，包括各种质量记录
4	安全员	2	负责施工期间的安全管理
5	测量员	2	负责施工期间的测量与放样
6	资料员	1	负责施工期间的资料整理
7	施工员	3	负责施工期间的施工管理
8	材料人员	1	负责各种材料、机械设备及工器具的准备
9	机械操作工	8	负责施工期间机械设备的操作、维护、保养管理
10	混凝土工	8	负责混凝土浇筑
11	电焊工	2	负责防火墙预埋件加工
12	起重工	2	负责模板安装起吊
13	架子工	20	负责模板支撑系统搭设及安装
14	模板工	50	负责模板安装及拆除
15	钢筋工	30	负责钢筋加工及安装
16	电工	2	负责施工期间的电源管理
17	普通用工	50	负责其他工作

在以上人员中，测量员、质检员、安全员、机械操作工、电焊工、电工、架子工等须持证上岗。

（二）防火墙钢模板加工人员组织

防火墙钢模板加工过程中，人员配置见表 1-3-10-3。

表 1-3-10-3　防火墙钢模板加工人员配置

序号	岗位	人数	职 责 划 分
1	现场负责人	1	全面负责钢模板的加工
2	技术负责人	1	负责技术交底和各种技术问题的处理
3	质检员	1	负责钢模板加工期间的质量检查及验收，包括各种质量记录
4	安全员	1	负责钢模板加工期间的安全管理
5	施工员	1	负责钢模板加工期间的施工管理
6	材料人员	1	负责各种物资、机械设备及工器具的准备
7	焊工	6	负责钢模板加工及修整
8	普通用工	10	负责其他辅助和零星工作

五、材料与设备

（一）防火墙施工所需的主要材料

防火墙施工所需的主要材料见表 1-3-10-4。

表 1-3-10-4 防火墙施工所需的主要材料

序号	名称	规格	单位	数量	备　注
1	砂	中粗	m³	—	
2	石	5～20mm	m³	—	碎石、卵石
3	水泥	42.5级	t	—	普通硅酸盐水泥
4	钢筋		t	—	包括元钢及螺纹钢
5	预埋铁		块	—	
6	钢管		t	—	脚手架
7	混凝土保护液			—	防火墙墙面

（二）钢模板加工所需的主要材料

钢模板加工所需的主要材料见表 1-3-10-5。

表 1-3-10-5 钢模板加工所需的主要材料

序号	名称	规　格	单位	数量	备注
1	钢板	3.2mm 厚	m²	—	
2	角钢	∠63mm×40mm×5mm	m	—	
3	方钢	□100mm×50mm×3mm	m	—	
4	槽钢	[16	m	—	
5	槽钢	[5	m	—	
6	扁铁	10mm×100mm	m	—	
7	对拉螺杆	ϕ20	套	—	

（三）防火墙施工所需的主要设备

防火墙施工所需的主要设备见表 1-3-10-6。

表 1-3-10-6 防火墙施工所需的主要设备

序号	机械设备	单位	数量	备注
1	汽车吊	辆	2	40t
2	塔吊	辆	1	
3	混凝土泵车	辆	1	
4	混凝土运输罐车	辆	3	
5	直螺纹套丝机	台	2	
6	搅拌站	套	1	
7	振捣棒	套	4	
8	电弧焊机	台	2	
9	钢筋弯曲机	台	1	
10	钢筋切断机	台	1	
11	木工机床	台	1	
12	手提切割机	台	2	
13	全站仪	台	1	
14	经纬仪	台	2	
15	水准仪	台	2	
16	红外线垂直测量仪	台	1	
17	50m 钢卷尺	把	2	
18	5m 钢卷尺	把	6	
19	混凝土试块模具	套	6	

（四）钢模板加工所需的主要设备

钢模板加工所需的主要设备见表 1-3-10-7。

表 1-3-10-7 钢模板加工所需的主要设备

序号	所需机械设备	单位	数量	备　注
1	等离子切割机	台	1	
2	钢板转弯机	台	1	用于钢板倒圆角
3	电焊机	台	6	用于钢模板制作
4	切割机	台	4	用于角钢、方钢切割
5	氧气乙焕	套	4	用于工字钢切割

六、质量控制

（一）主要依据

本典型施工方法依据国家和国家电网公司颁发的技术规程、规范、质量评定标准要求，按正常的施工条件和合理的施工组织进行编制。其依据的规程规范具体如下：

（1）《建筑工程施工质量验收统一标准》（GB 50300—2013）。

（2）《混凝土结构工程施工质量验收规范（2010版）》（GB 50204—2002）。

（3）《工程测量规范》（GB 50026—2007）。

（4）《混凝土外加剂用技术规范》（GB 50119—2013）。

（5）《普通混凝土配合比设计规程》（JGJ 55—2011）。

（6）《混凝土用水标准》（JGJ 63—2006）。

（7）《钢筋焊接及验收规程》（JGJ 18—2012）。

（8）《施工现场临时用电安全技术规范》（JGJ 46—2005）。

（9）《建筑施工高处作业安全技术规范》（JGJ 80—2011）。

（10）《建筑机械使用安全技术规程》（JGJ 33—2012）。

（11）《建筑施工扣件式钢管脚手架安全技术规范》（JGJ 130—2011）。

（12）《变电工程落地式钢管脚手架搭设安全技术规范》（Q/GDW 274—2009）。

（13）《输变电工程建设标准强制性条文实施管理规程》（国家电网科〔2009〕642 号）。

（14）《关于利用数码照片资料加强输变电工程安全质量过程控制的通知》（基建安全〔2009〕25 号）。

（15）《关于强化输变电工程施工过程质量控制数码采集与管理的工作要求》（基建质量〔2010〕322 号）。

（16）《国家电网公司输变电工程质量通病防治工作要求及技术措施》（基建质量〔2010〕19 号）。

（17）《变电（换流）站土建工程施工质量验收规范》（Q/GDW 1183—2012）。

（二）质量控制标准

（1）模板安装工程质量控制标准，见表 1-3-10-8。

（2）模板拆除工程质量控制标准，见表 1-3-10-9。

（3）钢筋加工工程质量控制标准，见表 1-3-10-10。

（4）钢筋安装工程质量控制标准，见表 1-3-10-11。

（5）混凝土施工质量控制标准，见表 1-3-10-12。

（6）现浇混凝土结构外观及尺寸偏差质量控制标准，见表 1-3-10-13。

表 1-3-10-8　　　　　　　　　　　模板安装工程质量控制标准

类别	序号	检查项目	质量标准 Q/GDW 1183—2012
主控项目	1	模板及其支架☆	应根据工程结构形式、荷载大小、地基土类别、施工设备和材料供应等条件进行设计。模板及其支架应具有足够的承载能力、刚度和稳定性，能可靠地承受浇筑混凝土的重量、侧压力以及施工荷载
	2	上、下层支架的立柱	对准，并铺设垫板
	3	模板板面质量、隔离剂及支撑	模板板面应干净，隔离剂应涂刷均匀。模板间的拼缝应平整、严密，模板支撑应设置正确
一般项目	1	模板安装要求	（1）模板的拼接缝处应有防漏浆措施，木模板应浇水湿润，但模板内不应有积水。 （2）模板与混凝土的接触面应清理干净，并涂刷隔离剂。 （3）模板内的杂物应清理干净。 （4）使用能达到设计效果的模板
	2	预埋件、预留孔（洞）	齐全、正确、牢固
	3	预埋件制作、安装	符合 Q/GDW 1183—2012 附录 B 的要求
	4	柱、墙、梁轴线位移	≤3mm
	5	柱、墙、梁截面尺寸偏差	±3mm
	6	标高偏差	±3mm
	7	相邻板面高低差	≤2mm

表 1-3-10-9　　　　　　　　　　　模板拆除工程质量控制标准

类别	序号	检查项目	质量标准
主控项目	1	模板及其支架拆除的顺序及安全措施☆	按施工技术方案执行
一般项目	1	侧模拆除	混凝土强度能保证其表面及棱角不受损伤
	2	模板拆除	模板拆除时，不对墙体形成冲击荷载。拆除的模板和支架宜分散堆放并及时清运

表 1-3-10-10　　　　　　　　　　　钢筋加工工程质量控制标准

类别	序号	检查项目	质量标准 Q/GDW 1183—2012
主控项目	1	原材料抽检☆	钢筋进场时，应按国家现行相关标准的规定抽取试件做力学性能和重量偏差检验，检验结果必须符合有关标准的规定
	2	有抗震要求的框架结构☆	对有抗震设防要求的框架结构，其纵向受力钢筋的性能应满足设计要求；当设计无具体要求时，对一、二、三级抗震等级设计的框架和斜构件（含梯段）中的纵向受力钢筋应采用 HRB335E、HRB400E、HRB500E、HRBF335E、HRBF400E 级或 HRBF500E 级钢筋，其强度和最大力下总伸长率的实测值应符合下列规定： （1）钢筋的抗拉强度实测值与屈服强度实测值的比值不应小于 1.25。 （2）钢筋的屈服强度实测值与屈服强度标准值的比值不应大于 1.30。 （3）钢筋的最大力下总伸长率不应小于 9%
	3	化学成分专项检验	当发现钢筋脆断、焊接性能不良或力学性能显著不正常等现象时，应对该批钢筋进行化学成分检验或其他专项检验
	4	受力钢筋弯钩和弯折	（1）HPB235 级钢筋末端应作 180°弯钩，其弯弧内直径不应小于钢筋直径的 2.5 倍，弯钩的弯后平直部分长度不应小于钢筋直径的 3 倍。 （2）当设计要求钢筋末端需作 135°弯钩时，HRB335，HRB400 级钢筋的弯弧内直径不应小于钢筋直径的 4 倍，弯钩的弯后平直部分长度应符合设计要求。 （3）钢筋作不大于 90°的弯折时，弯折处的弯弧内直径不应小于钢筋直径的 5 倍

续表

类别	序号	检查项目		质 量 标 准
				Q/GDW 1183—2012
主控项目	5	箍筋末端弯钩		除焊接封闭环式箍筋外，箍筋的末端应做弯钩，弯钩形式应符合设计要求；当设计无具体要求时，应符合下列规定： （1）箍筋弯钩的弯弧内直径除应满足本表主控项目第4项的规定外，尚不应小于受力钢筋直径。 （2）箍筋弯钩的弯折角度：对一般结构，不应小于90°；对有抗震等要求的结构，应为135°。 （3）箍筋弯后平直部分长度：对一般结构，不宜小于箍筋直径的5倍；对有抗震等要求的结构，不应小于箍筋直径的10倍
	6	钢筋调直后力学性能检验		钢筋调直后应进行力学性能和重量偏差的检验，其强度应符合有关标准的规定，盘卷钢筋和直条钢筋调直后的断后伸长率、重量偏差应符合 GB 50204—2002 的规定
一般项目	1	钢筋加工偏差	受力钢筋顺长度方向全长的净尺寸	±10mm
	2		弯起钢筋的弯折位置	±20mm
	3		箍筋内净尺寸	±5mm

表 1－3－10－11　　　　　　　**钢筋安装工程质量控制标准**

类别	序号	检查项目		质 量 标 准
				Q/GDW 1183—2012
主控项目	1	受力钢筋的品种、级别、规格和数量☆		必须符合设计要求
	2	纵向受力钢筋的连接方式		符合设计要求和现行有关标准的规定
	3	焊接接头的质量		应符合 Q/GDW 1183—2012 附录 C 的规定
一般项目	1	清水混凝土的特殊要求	钢筋表面质量	钢筋表面应清洁、无浮锈
			钢筋绑扎	每个钢筋交叉点均应绑扎，绑扎钢丝不得少于两圈，钢筋绑扎钢丝扣和尾端应弯向构件截面内侧
			钢筋保护层垫块	钢筋保护层垫块颜色应与混凝土表面颜色接近，位置、间距应准确，垫块宜呈梅花形布置
			饰面清水混凝土定位钢筋的端头处理	应涂刷防锈漆，并宜套上与混凝土接近的塑料套
			钢筋保护	钢筋绑扎后应有防雨水冲淋等措施
	2	接头位置		宜设在受力较小处。同一纵向受力钢筋不宜设置两个或两个以上接头；接头末端至钢筋弯起点距离不小于钢筋直径的10倍
	3	受力钢筋焊接接头设置		宜相互错开。在连接区段长度为 35 倍钢筋直径且不小于500mm 范围内，接头面积百分率应符合 GB 50204—2002 的规定
	4	绑扎搭接接头		同一构件中相邻纵向受力钢筋的绑扎搭接接头宜相互错开。接头中钢筋的横向净距不小于钢筋直径，且不小于25mm。搭接长度符合标准的规定，连接区段 1.3L 长度内，接头面积百分率： （1）对梁类、板类及墙类构件，不宜大于 25%。 （2）对柱类构件，不宜大于 50%。 （3）当工程中确有必要增大接头面积百分率时，对梁内构件不宜大于50%；对其他构件，可根据实际情况放宽
	5	箍筋配置		在梁、柱类构件的纵向受力钢筋搭接长度范围内，按设计要求配置箍筋。当设计无具体要求时符合 GB 50204—2002 的规定

类别	序号	检查项目		质量标准 Q/GDW 1183—2012
一般项目	6	钢筋网	网片长、宽偏差	±10mm
	7		网眼尺寸偏差	±20mm
	8		网片对角线差	≤10mm
	9	钢筋骨架	长度偏差	±10mm
	10		宽、高度偏差	±5mm
	11	受力钢筋	间距偏差	±10mm
	12		排距偏差	±5mm
	13		保护层厚度偏差　基础	±10mm
			柱、梁	±5mm
			板、墙、壳	±3mm
	14	清水混凝土受力钢筋保护层厚度偏差		≤3mm
	15	箍筋、横向钢筋间距偏差		±20mm
	16	钢筋弯起点位移		≤20mm
	17	预埋件	中心位移	≤5mm
	18		水平高差	0～3mm

表 1－3－10－12　　　　　　　　　混凝土施工质量控制标准

类别	序号	检查项目		质量标准 Q/GDW 1183—2012
主控项目	1	混凝土强度及试件取样留置☆		必须符合设计要求和现行有关标准的规定
	2	混凝土原材料每盘称量偏差	水泥、掺合料	±2%
			粗、细骨料	±3%
			水、外加剂	±2%
	3	混凝土制备		搅拌清水混凝土时应采用强制式搅拌设备，每次搅拌时间宜比普通混凝土延长20～30s；制备成的清水混凝土拌和物工作性能应稳定，且无泌水离析现象，90min的坍落度经时损失值宜小于30mm
	4	混凝土运输、浇筑及间歇		混凝土运输、浇筑及间歇的全部时间不超过混凝土的初凝时间，同一施工段的混凝土连续浇筑，并在底层混凝土初凝之前将上一层混凝土浇筑完毕。当底层混凝土初凝后浇筑上一层混凝土时，按施工技术方案中对施工缝的要求进行处理
	5	成品保护		浇筑清水混凝土时不应污染、损伤成品清水混凝土；拆模后应对易磕碰的阳角部位采用多层板、塑料等硬质材料进行保护；当挂架、脚手架、吊篮等与成品清水混凝土表面接触时，应使用垫衬保护；严禁随意剔凿成品清水混凝土表面
一般项目	1	施工缝留置及处理		按设计要求和施工技术方案确定、执行
	2	混凝土养护		应按照施工技术方案及时采取有效措施，并应符合下列规定： （1）混凝土终凝后应立即养护，并在浇筑完毕后的12h以内对混凝土加以覆盖并保湿养护；对同一视觉范围内的清水混凝土应采用相同的养护措施。 （2）混凝土浇水养护的时间：养护必须超过14d，混凝土表面温度和与其接触介质的温度差必须小于15℃。 （3）浇水次数应能保持混凝土处于湿润状态；混凝土养护用水符合JGJ 63—2006的要求。 （4）采用塑料布覆盖养护的混凝土，其敞露的全部表面应覆盖严密，并应保持塑料布内有凝结水。 （5）混凝土强度达到1.2N/mm² 前，不得在其上踩踏或安装模板及支架。 （6）清水混凝土养护时，不得采用对混凝土表面有污染的养护材料和养护剂

注　☆为关键检查项目。

表 1-3-10-13　　　　　　　　　　　　现浇混凝土结构外观及尺寸偏差质量控制标准

类别	序号	检查项目		质量标准 Q/GDW 1183—2012
主控项目	1	外观质量☆		不应有严重缺陷。对已经出现的严重缺陷，由施工单位提出技术处理方案，并经监理（建设）、设计单位认可后进行处理，对经处理的部位重新检查验收
	2	尺寸偏差☆		没有影响结构性能和使用功能的尺寸偏差。对超过尺寸允许偏差且影响结构性能和安装、使用功能的部位，由施工单位提出技术处理方案，并经监理（建设）、设计单位认可后进行处理。对经处理的部位，重新检查验收
一般项目	1	外观质量	颜色	无明显色差
			修补	少量修补痕迹
			气泡	气泡分散
			裂缝	宽度小于 0.2mm
			光洁度	无明显漏浆、流淌及冲刷痕迹
			对拉螺栓孔眼	排列整齐，孔洞封堵密实，凹孔棱角清晰、圆滑
			明缝	位置规律、整齐，深度一致，水平交圈
			蝉缝	横平竖直，水平交圈，竖向成线
	2	墙、柱、梁轴线位移		≤5mm
	3	墙、柱、梁截面尺寸偏差		±5mm
	4	垂直度	层高	8mm
	5		全高 H	不大于 H/1000，且不大于 30mm
	6	表面平整度		3mm
	7	角线顺直		4mm
	8	预留洞口中心线位移		10mm
	9	标高偏差	层高	±8mm
			全高	±15mm
	10	阴阳角	方正	4mm
			顺直	4mm
	11	混凝土预埋件、预埋螺栓、预埋管拆模后质量		应符合 Q/GDW 1183—2012 附录 B 的规定

注　☆为关键检查项目。

（三）质量控制要点

1. 保证工程质量的技术措施

（1）各道工序施工必须严格执行国家和行业颁布的现行施工验收规范和质量标准。每道工序经检查验收合格后方可进入下道工序施工。

（2）认真做好原材料、制品的检验及复试工作。工程所用的原材料、制品必须具有产品质量证明文件，文件具备可追溯性。材料、制品的复试报告须正确、齐全、有效。未经复试或复试结论出来之前不得使用该批材料，不合格的材料、制品严禁使用于工程中。

（3）混凝土作好混凝土坍落度检测，其各项指标必须符合规范中的相关标准指标。

（4）严格按设计施工图施工，根据设计施工图有关基准，用经过检测合格的测量器具准确控制所有轴线、标高、几何尺寸，以确保满足设计要求。

（5）认真做好工程施工、技术、管理资料的收集归档和保管工作，资料具备工程施工全过程的全面性、真实性、可靠性，并做好装订成册和交验工作。

2. 成品保护措施

（1）上层混凝土浇筑时，下层设专人看护，有水泥浆或混凝土流到下层墙面上，立即使用水管和毛巾浇水冲（擦）洗，确保擦洗干净，不留痕迹。

（2）泵车司机按现场施工管理人员与技术人员要求控制浇筑速度与泵管下料位置，泵管移动时，管内余浆尽量排净，防止余料甩在成型墙面上造成污染。

（3）拆模时严禁使用撬棍直接在混凝土墙面上撬动模板，使用小锤轻击模板背楞，模板与混凝土脱离后，直接用吊车整片将模板吊离。

（4）模板拆除、提升与安装过程中，严禁吊钩、钢管、模板、槽钢划擦或撞击成型混凝土墙面。

（5）脚手架板要满铺，使用工具袋，工器具使用小绳绑在手腕上，防止掉落。

（6）预埋铁件及时涂刷防锈漆，防止锈水污染墙面；刷漆时埋件周边贴纸胶带，防止油漆污染墙面；漆桶放置稳当可靠，防止倾覆洒出油漆污染墙面。

（7）洞口及棱角处及时采用木板护角。

七、安全及文明施工措施

（一）安全措施

施工过程中，应遵守国家电网公司相关规定，符合《国家电网公司基建安全管理规定》[国网（基建/2）173—2014]、《国家电网公司电力建设安全工作规程（变电站部分）》（Q/GDW 665—2011）、《国家电网公司电网工程施工安全风险识别评估及预控措施管理办法》[国网（基建/3）176—2014]等要求。

1．脚手架安全措施

（1）钢管脚手架安装与拆除人员应是经考核合格的专业架子工。

（2）脚手架的搭设应符合《变电工程落地式钢管脚手架搭设安全技术规范》（Q/GDW 274—2009）及《建筑施工扣件式钢管脚手架安全技术规范》（JGJ 130—2011）要求。

（3）脚手架搭设后应经施工和使用部门验收合格后方可交付使用，并应定期进行检查和维护。

2．塔吊安全措施

（1）操作人员应经培训考试合格并取得"特种作业人员操作证"后，凭操作证操作，严禁无证开机，严禁非驾驶人员进入驾驶室内。

（2）开机前应认真检查钢丝绳、吊钩、吊具有无磨损裂纹和损坏现象，传动连接部位螺钉是否松动，各部电器元件是否良好，线路连接是否安全可靠，传动部分、润滑部分是否正常，并进行空运转，待一切正常后方可使用。行走式塔吊作业前，检查轨道应平直、无沉陷，轨道螺栓无松动，排除轨道上的障碍物。

（3）工作时应服从指挥，坚守岗位，集中精力，精心操作，严禁吊钩有重物时离开驾驶室，操作中做到二慢一快，即起吊、下落慢，中间快。

（4）下降吊钩或吊物件时，如遇信号不明，发现下面有人或吊钩前面有障碍物时应立即发出信号，服从指挥人员信号指挥。

（5）操纵控制器时，应从停止点转到第一档，然后依次按级增加速度，严禁越档操作，提倡文明开机，开机时由慢到快，停机时由快到慢，机未停妥严禁变换行驶方向。

（6）遇有下列情况时严禁起吊：①起重指挥信号不明或乱指挥；②超负荷；③工作紧固不牢；④吊物上有人；⑤安装装置不灵；⑥工件埋在地下；⑦斜拉工件；⑧光线阴暗看不清；⑨小配件或短料盛过满；⑩棱角物件没有采取包垫等护角措施。

3．施工用电安全措施

（1）现场施工用电应符合《施工现场临时用电安全技术规范》（JGJ 46—2005）要求，编制临时用电施工方案，并报审。

（2）现场临时用电设施安装、运行、维护应由专业电工负责。

（3）现场采用三相五线制，实行三级配电，并应根据用电负荷设设剩余电流动作保护器，并定期检查和试验。

（4）配电箱设置地点应平整，不得被水淹或土埋，并应防止碰撞和被物理打击。

（5）配电箱应坚固，金属外盒接地或接零良好，其结构应具备防火、防雨的功能。

（6）电动机械应做到"一机一闸一保护"。

4．高处作业安全措施

（1）应符合《建筑施工高处作业安全技术规范》（JGJ 80—2011）要求。

（2）遇有六级及以上风或暴雨、雷电、冰雹、大雪、大雾等恶劣气候时，应停止露天高处作业。

（3）高处作业人员应使用工具袋，较大工具应系保险绳。传递物品应用传递绳，不得抛掷。

（4）高处作业时，各种材料应放置在牢靠的地方，并采取防止坠落措施。

5．询施工作业人员基本要求

（1）施工作业人员应身体健康，无妨碍工作的生理和心理障碍，应定期进行体检，合格者方可上岗。

（2）从事特种作业的人员应经专门的安全技术培训并考核合格，取得相应作业操作资格证书后，方可上岗作业。

（3）施工作业人员及管理人员应具备从事作业的基本知识和技能，熟悉国家电网公司安全相关规定。

（二）文明施工措施

施工过程中，应遵守国家电网公司相关规定，符合《国家电网公司基建安全管理规定》《国家电网公司输变电工程安全文明施工标准化管理办法》等要求，努力实行"六化"要求。

（1）现场施工总平面应按实际功能划分为办公区、生活区、施工区。办公区、人员住所和材料站应远离河道、易滑坡、易塌方等存在灾害影响的不安全区域。施工区应进行围护、隔离、封闭，实行区域化管理。

（2）作业人员进入施工现场应正确佩戴安全帽，穿工作鞋和工作服。

（3）从事焊接、气割作业的施工人员应配备阻燃防护服、绝缘鞋、绝缘手套、防护面罩、防护眼镜。

（4）施工现场应配备急救箱（包）及消防器材，在适宜区域设置饮水点、吸烟室，不得流动吸烟。

（5）每天施工完后，做到工完、料尽、场地清。废料、建筑垃圾做到集中堆放、集中清运。

八、环保措施

依据《绿色施工导则》（建质〔2007〕223号）和《建

筑工程绿色施工评价标准》(GB/T 50640—2010)、《建筑工程绿色施工规范》(GB/T 50905—2014) 的要求组织施工。

(1) 选用耐用、维护与拆卸方便的周转材料和机具。每次工作结束时，及时清理现场，做到工完、料尽、场地清。

(2) 混凝土采用封闭式搅拌，防止粉尘污染大气。

(3) 施工机械维修产生的含油废水、施工营地住宿产生的生活污水经生化处理达到排放标准后排入不外流的地表水体，不得在附近形成新的积水洼地，严禁将生活污水排入河流和渠道。施工废水按有关要求处理达标后排放，不污染周围水环境。

(4) 拌和站砂石料存放场设沉淀池，处理清洗骨料和冲洗机械车辆产生的废水，达标后排放。

九、效益分析

采用本施工方法施工，具有良好的经济效益和社会效益，具体如下。

(一) 经济效益

经比较，防火墙采用钢模板施工技术，与木模板施工技术相比，可以节约人力费，但相应增加了钢模板一次投入费用和施工机械费，每平方米防火墙钢模板施工技术的施工费用大约是常规木模板施工技术施工费用的 1.2~1.3 倍。但考虑到钢模板周转次数以及废旧钢模板回收的价值，总体来说，使用钢模板野费用要比木模板节约 1%。

(二) 社会效益

(1) 防火墙采用大面钢模板和清水混凝土技术，一次成型，投运后，后期免维护。

(2) 为工程创国优、网优等创造良好条件，提高了电网建设质量水平。

(3) 防火墙钢模板接缝线条顺直，工艺美观。

(4) 防火墙大面钢模板安装易操作、功效快，施工周期短。

(5) 混凝土实体质量好，外观好，无龟纹、裂纹等质量通病现象，其外观质量达到清水混凝土标准。

(6) 钢模板施工符合"两型一化"和"绿色施工"的要求。

(三) 推广价值

目前，防火墙大面钢模板施工技术效果非常好，施工技术基本成熟，值得其他换流站借鉴。

第十一节　1000kV 格构式构架安装典型施工方法

一、概述

(一) 本典型施工方法特点

(1) 本施工方法所采用的工艺标准、技术成熟；安全可靠、通用性强。

(2) 1000kV 构架柱采用"单件组装、组笼整体吊装"相结合的施工方法，第 1 节构架在基础上直接安装，上部各节采用组笼后整体吊装；构架横梁采用"地面组笼、整体吊装"的总体方案。

(3) 合理规划施工场地；根据构架特点，科学利用计算机模拟各构件摆放、组装位置，合理选择构架安装起重机具、选择确定吊车作业位置及构架吊装吊点。

(4) 研制通用型根开控制装置，确保安装精度，使得构架柱、横梁高空对接顺利进行；使用数控式电动力矩扳手，对安装质量进行过程控制。

(5) 应用无线视频监控技术，对施工全过程控制，规范施工作业，降低安全风险。

(二) 适用范围

本典型施工方法适用于特高压变电站工程 1000kV 格构式构架安装。其他类似工程的大型构架也可参考此方法。

(三) 工艺原理

(1) 构架柱组立采用"单根杆件安装、组片安装、单节或多节组装成笼后整体吊装"等多种方式相结合的方案；构架梁采用"地面组装成整体、整体吊装"的方案。

(2) 安装前进行相关理论计算，主要包括不同吊件的起吊高度、起重量、吊点等计算，根据计算结果进行不同吊件的吊车选型、吊带、U 形环等选择，然后确定吊车回转半径及吊车的座位。

(3) 1000kV 格构式构架构件数量较多、场地有限，用计算机模拟各构件摆放、组装位置，合理协调构件进场顺序，保证构架施工有序进行，待构架柱安装结束后，再进场横梁构件。

(4) 以"钢梁吊装过程中所承受的最大正弯矩和最大负弯矩差值最小"为原则，科学选择构架横梁吊点。

(5) 通过通用型根开控制装置控制对接面尺寸，使得构架柱各节之间以及柱、梁之间顺利完成高空对接。

(6) 应用无线视频监控技术，使起重机司机、吊装指挥人员动态了解高空接时的情况，保持了高空与地面的信息畅通，把握高空对接的精度，减少高空作业时间，降低高空作业风险。

二、施工工艺流程

本典型施工方法施工工艺流程见图 1-3-11-1。

三、操作要点

(一) 施工准备

1. 技术准备

(1) 构支架安装在工程开工前应进行设计交底和施工图会审。

(2) 安装单位编制并报批构支架施工方案或作业指导书，对批准的施工方案进行技术交底。

2. 机具准备

(1) 应根据起吊物的尺寸、最大起重量、最大起重高度、地形条件等选择合适的流动式起重机械。

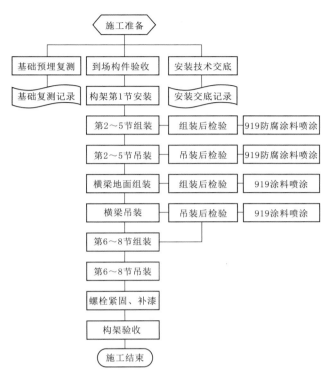

图 1-3-11-1 1000kV 构架安装、检验
标准化施工工艺流程图

（2）吊带选择时应根据起吊物重量、吊点设置，铅垂线夹角应小于 60°，且被吊物边缘不应出现抗杆。

3. 场地处理

施工区场场地应平整、满足组装要求，进入施工区域的道路路基应施工完毕，路面应平整，且转弯半径符合汽车式起重机行驶要求；构架柱、梁组装区域地面应分层夯实处理。

4. 构件到货验收

构件到货进场检查：对每批到货构件组织质量检查，检查的主要项目包括装车方式是否合理、构件编号及数量、构件表面质量、是否有因运输造成的构件破损、小件清点。

（1）构件进入现场后，检验内容包括杆件型号、规格、数量、尺寸应符合设计要求；构件外观质量检查：有无弯曲变形、焊缝、防腐涂层伤损或漏涂等质量缺陷。

（2）对于一般性的质量缺陷可在现场进行消缺处理；对于质量缺陷较为严重或现场处理难度较大的构件，应予返厂处理或重新加工制作。

（二）第 1～5 节构架柱组立

组立构架柱方案采用组片安装、单根杆件安装、单节或多节组装成笼后整体吊装等多种方式相结合的施工方法，具体见表 1-3-11-1。

（三）钢横梁安装方法

1. 钢横梁安装方法

钢横梁采用地面组装后整体吊装方式，组装场地要求坚实、平整。钢横梁组装：宜先组装好底面并起拱至设

计值，再从中间段分别往两侧端部进行组装，吊装前应将组装后的横梁实际长度与安装位置实际跨度复测后进行对比。常见 1000kV 格构式构架出线横梁安装方法见表 1-3-11-2。

表 1-3-11-1　第 1～5 节构架柱组立方法

组立顺序	构架柱组立方法	汽车式起重机
第 1 节	使用汽车式起重机将主筋、斜杆和水平拉杆采用单件安装的方式完成第 1 节组装	25t
第 2～5 节地面组装	地面组装笼的方法：先组装较宽的平面，再用汽车式起重机将斜杆和水平拉杆采用单件安装的方式，完成每节的地面组装。组装时，连同底部根开控制装置一并安装，组装结束将底部根开尺寸调至安装要求后紧固所有连接螺栓	25t
第 2～5 节吊装	第 2 节使用 70t 汽车式起重机吊装，第 3、4、5 节使用 200t 汽车式起重机吊装。吊装前各节柱在地面竖起过程分别由主、辅起重机配合进行，各节柱竖后辅助吊车退出，拆除根开控制装置，由主起重机完成各节柱吊装	70t、200t

表 1-3-11-2　钢横梁安装方法

安装顺序	安装方法	起重机选择
横梁的地面安装	横梁安装使用 25t 汽车式起重机，场地应平整、结实，根据吊装时起重机实际座位来布置横梁组装位置。地基应坚实平整，在地面上垫好枕木并抄平。梁按照设计要求分为 5 段，先将横梁底架全部安装完成后，检测横梁底架整体预拱值符合要求。先组装中间段，再组装两边两段。组装过程连同两端根开控制装置一并组装，组装结束后将两端根开尺寸调至安装要求后，紧固所有连接螺栓，最后安装相应的走道等附件并紧固	25t
横梁的吊装	横梁吊装使用 350t 汽车式起重机，吊装前应复测相邻构架柱跨度及横梁长度，将数值对比后决定是否需要调整，确保柱、梁高空顺利对接，横梁整体吊起后拆除两端根开控制装置，继续将横梁提至 3m 高度，安装横梁底部、柱连接件，结束后继续起升至安装高度进行对接、安装	350t

2. 钢横梁吊点的选择

吊点选择理论计算方法：采用等弯矩法进行计算，以确定最佳吊点（理论计算过程中横梁按线性均匀分布考虑）。等弯矩法是通过合理地选择横梁的吊点位置，横梁在起吊过程中其最大负弯矩和最大正弯矩相减值最小，以使结构受力最为合理。

（四）第 6～8 节吊装方法

构架柱第 6～8 节为地线柱及构架避雷针，安装方法

采用第 6～8 节 3 节地面整体组装，组装后使用 200t 汽车式起重机整体吊装。

四、特点介绍

（一）通用性根开装置

1000kV 构架及横梁为矩形结构，其安装质量精度要求高，根据规程规范，构架安装螺孔中心距偏差控制在 3mm 以内，因此在构架柱各节及横梁的组装过程中，根开尺寸非常重要，否则将无法完成各节柱的高空对接，继而也加大了高空作业的风险。

根据构架结构特点研制发明通用型根开控制装置，用于各节构架柱、横梁在地面组笼时控制其根开精度，通用型根开控制装置适用于各种尺寸的构架及横梁安装。

根开控制装置的研制成功，一方面，极大地方便了现场构架安装，使得各个对接面高空顺利对接，有效地控制了构架柱及横梁的安装精度，将安装误差控制在最小范围；另一方面，根开控制装置的应用也缩短了安装过程中配合吊车的使用时间，加快对接速度，增加了经济效益。

（二）保护绳

构架柱安装时，各节法兰对接工作量大且高度高，登高作业人员需要在每节构架柱顶部进行来回移动的高空作业，安全隐患较大。因此，采用在每节构架住顶部安装水平保护绳，为登高作业人员高空作业提供了可靠的安全保障。

（三）施工全过程视频监控

构架柱各节及横梁高空对接安装高度高，安装难度大、安装风险大，横梁、各节柱吊装过程运用无线视频监控技术，对现场进行监控，在吊装的构架节上安装无线监控摄像头，在高空对接时，使用笔记本电脑实时接收视频无线信号，使吊装负责人实时了解高空对接情况，保持高空与地面信息传递准确，把握高空对接精度，降低安全风险。

五、人员组织

构架施工应根据现场作业条件、工程量大小、施工进度要求合理组织施工，施工基本人员配置见表 1-3-11-3。

表 1-3-11-3　　　　　　　　　施工基本人员配置

序号	岗位	人数	职责
1	工程负责人	1	全面负责本项施工的组织和协调工作，并对整个施工过程中的安全、质量、进度、物资和文明施工负责
2	技术负责人	1～2	负责现场技术交底，深入现场指导施工，及时发现和解决施工中技术问题
3	现场负责人	1	负责组织实施本作业组内的各项工作，并负责对本作业组成员的安全监护。配合质检，负责施工记录的填写
4	安全员	1	负责对整个施工过程中现场安全监督、检查，参与施工前的安全会议和安全措施交底
5	质检员	1	负责检查、监督施工中工艺质量和质量检验评定工作及数码照片采集工作
6	测量员	3	安装前负责构支架基础的水平和轴线的复测，并对复测的结果负责，安装过程中负责对构架柱垂、直度及横梁水平度测量
7	物资负责人	1	负责施工所需工器具材料的供应。负责安装过程中的工具材料的保管、登记和清点工作，并做好记录
8	后勤保障负责	1	吊装期间负责后勤工作
9	缆风绳安装人员	4～10	构架安装过程负责缆风绳拴设和看管
10	吊装指挥	3～5	负责整个构架安装中的起重机械机况及起重机具座位的检查、并对整个构架施工过程中的起重安全负责
11	吊车司机	6～9	负责驾驶吊车并确保安全作业
12	司索工	2～4	负责整个构架吊装过程中起吊物的绑扎及吊物重心、吊点的选择工作并对绑扎的结果负责
13	高空人员	6～10	持证上岗，登高前正确佩戴好登高防护用品，高空作业时听从负责人安排
14	安装工	60人	负责参与构架安装过程各作业组地面工作，并对施工过程中的安全负责

六、材料与机具

主要机具及材料投入使用前必须做好性能测试，确保使用安全。主要工器具配置见表 1-3-11-4（以皖南变电站 1000kV 格构式构架安装为例）。

七、质量控制

（一）质量标准

（1）《钢结构工程施工质量验收规范》（GB 50205—2001）。

（2）《1000kV 配电装置构支架制作施工及验收规范》（Q/GDW 164—2007）。

（3）《1000kV 交流变电站构支架组立施工工艺导则》（Q/GDW 165—2007）。

（4）《110kV～1000kV 变电（换流）站土建工程施工质量验收及评定规程》（Q/GDW 183—2008）。

（5）《输变电工程建设标准强制性条文实施管理规程》（Q/GDW 248—2008）。

（6）《国家电网公司输变电工程质量通病防治工作要求及技术措施》（基建质量〔2010〕19 号文）。

表 1-3-11-4　　　　　　　　　　　　　主要工器具配置

序号	工具器名称	型 号	单位	数量	备 注
1	汽车式起重机	QAY350V	台	1	用于钢横梁吊装
2	汽车式起重机	QAY200	台	1	用于构架柱第 3、4、5 节及地线柱吊装
3	汽车式起重机	QY70T	台	1	用于构架柱第 2 节吊装
4	汽车式起重机	QY25K-1	台	6	用于构架柱第 1 节安装及其他各节和横梁的地面组装，以及材料及构件转运
5	平板汽车	12m 长	台	2	主要用于材料及构件转运
6	经纬仪	J2	台	4	有检定合格证
7	水准仪	DS3	台	2	有检定合格证
8	钢丝绳	ϕ16mm，$L=$100m/60m	根	4/4	有检验合格证，用于缆风绳
9	元宝卡	ϕ16mm	只	30	用于缆风绳卡设
10	卸扣	20t/10t/5t/3t	只	4/8/10/8	用于钢构件、各节柱及钢横梁吊装
11	可调节双钩	5t	个	10	缆风绳调节
12	吊带	15t/10t/5t/3t	根	4/4/8/8	钢构件、各节柱及钢横梁吊装
13	尼龙锦绳	ϕ16mm	m	250	抗拉强度不小于 16kN，有检验合格证，用于方向控制
14	白棕绳	ϕ12mm	m	200	传递小型工器具等物件
15	链条葫芦	3t	个	2	有检验合格证
16	滑轮	1.5t	个	4	有检验合格证
17	手板葫芦	1.5t	个	4	有检验合格证
18	枕木	2000mm×250mm×200mm	根	600	
19	安全带		把	50	有检验合格证
20	铁锤	18lb	把	8	
21	手锤	4lb	把	20	
22	活动扳手	最大开口 30/46mm	把	20/20	
23	梅花扳手	36～41mm、30～34mm	把	60	各 30
24	开口扳手	36～41mm、30～34mm	把	60	各 30
25	力矩扳手	60～420N·m	把	3	配 M20 套筒
26	力矩扳手	60～750N·m	把	3	配 M24 套筒
27	力矩扳手	200N·m	把	8	配 MM16 套筒
28	速差器		个	3	有合格证
29	钢丝钳		把	20	
30	插钎		把	30	
31	橇杠	ϕ30×1500，$\alpha=$45°	把	6	

续表

序号	工具器名称	型号	单位	数量	备注
32	橇杠	$\phi 25\times 1200$，$\alpha=45°$	把	6	
33	橇杠	$\phi 16\times 600$，$\alpha=45°$	把	6	
34	旋桩	3t，$L=1.5$m	根	50	
35	垫铁	6～20mm	t	0.6	
36	铁丝	8号/12号	卷	2/2	
37	对讲机		对	5	
38	望远镜		副	4	
39	卷尺	50m，5m	把	10	50m长，3把
40	口哨		只	20	
41	指挥旗		个	10	
42	帆布手套		双	400	
43	线手套		双	100	

（二）质量要求

（1）构架柱安装的整体垂直度、根开的允许偏差应符合以下要求：整体垂直度不大于 $H/1500$，且不大于 30mm。

（2）构架梁安装的允许偏差应符合以下要求：

1）断面尺寸偏差不大于 10mm。

2）安装螺孔中心距偏差不大于 20mm。

3）侧向弯曲矢高：$L/1000$，且不应大于 30mm。

4）预拱值偏差：设计要求起拱时，$\pm L/5000$。

5）设计未要求起拱时，$0\sim L/2000$。

（3）质量检查。

1）组装后检查：按照《110kV～1000kV 变电（换流）站土建工程施工质量验收及评定规程》（Q/GDW 183—2008）表 6.2.8 进行验收检查。

2）吊装后检查。检查的主要项目包括构柱垂直度偏差、构柱轴线偏移、构柱横向扭转、柱顶标高偏差、防腐涂层完整性检查、构柱爬梯整体安装质量检查、柱梁连接螺栓紧固力矩、出丝长度、穿孔方向一致性检查等。根据检查结果填写检验批质量验收记录表，报监理验收检查。

（4）质量保证措施。

1）加强现场成品保护。全部构件堆放时下部采用枕木垫高 500mm，上部采用彩条布覆盖，严禁将构件附筋板等承力较弱部位作为支撑点，严禁在组装前拆除包扎保护设施；二次转运过程中采取有效的成品保护措施；组装过程中严禁使用工具破坏构件表面锌层，需校正的部位必须采取保护措施，严禁使用蛮力；吊装过程中吊点位置需包裹牢固，柱脚底板与基础一次浇注面间采取封堵措施。

2）加强施工工机具配备。根据螺栓型号，配置对应的力矩扳手及套筒；防腐涂料喷涂采用空气压缩机配喷枪；对所有测量工具应经检验合格，确保测量数据的准确性。

（5）加强过程控制。

1）螺栓紧固分初拧和终拧两次紧固到位，初拧力矩取终拧力矩值的 60％。由于螺栓紧固量大，为防止漏紧，完成终拧的螺栓尾部用其他颜色标记，最后进行复查、喷漆。

2）采用数控式电动力矩扳手，在构架柱、横梁完成地面组装、根开精度达到要求后，紧固螺栓，提前设定力矩值，保证各种规格螺栓力矩值满足设计要求，在组装过程中对构架安装质量进行控制，并且构架螺栓在地面组装过程中，完成紧固，避免了对接后在高空进行螺栓紧固作业，极大地降低安装风险。

3）吊装过程中采用经纬仪全程控制安装数据。在构柱的正面和侧面各布置一台经纬仪控制构柱轴线偏移与垂直度偏差。只有在各项测量数据符合质量要求后方可完成螺栓的紧固。

4）组装所用的螺栓、垫片等小件由项目部技术人编制安装部位明细清单，根据清单从材料库领取，严禁混用。

5）做好构架复测和验收。

a. 构架复测分为两个阶段：第一阶段，在构柱吊装过程中复测，每节吊装后都要进行复测，复测每节构架柱顶部尺寸以及平整度，保证下节的顺利吊装，上、下节法兰接触面缝隙要进行复测。构柱吊装完成后复测相邻两柱开档距离及梁、柱搭接部位高差，保证横梁的顺利吊装，横梁整体组装完成后进行预拱值测量和调整，第二阶段，构柱和横梁全部吊装完成并调整固定后，对构柱的垂直度和横梁水平度进行测量。

b. 构架验收分为两个阶段：第一阶段，在构柱吊装时，地面分片组装的构件和构柱分节吊装后、横梁组装完成后都要进行阶段性验收，保证下步安装的质量；第二阶段，构架整体吊装完成后进行质量验收，做好质量的验收记录，为最终的竣工验收做准备。

八、安全措施

（一）安全标准

（1）《电力建设安全工作规程 第3部分 变电站》（DL 5009.3—2013）。

（2）《国家电网公司电力建设安全工作规程（变电站部分）》（Q/GDW 665—2011）。

（二）安全要求

（1）构架组立前应由项目部技术人员和项目部安全员对作业人员进行安全交底，施工中必须执行施工作业票制度和安全监护制度，作业班组人员分工应明确，起吊时应设专人指挥，指挥信号应明确和保持畅通，指挥和操作人员不得擅自离开工作岗位。

（2）施工用电应严格遵守安规，实现三级配电、两级保护、一机一闸一保护。在施工中所用的电动机具外壳必须可靠接地。

（3）钢构件堆放时，堆放的地面应平整坚硬，下面应支垫。

（4）吊装作业安全要求。

1）吊装前应对场地进行规划。

2）吊车手续齐全，并在检验有效期内；吊车操作人员应持证上岗；吊装前应对吊车操作人员进行现场安全技术交底。

3）吊装区域设安全警示围栏。

4）吊装前应对地锚桩设置、吊点绑扎、缆风绳设置、吊具等进行检查，确认满足吊装要求后方可开始吊装。

5）吊车支腿应平稳可靠，吊车的位置应符合措施要求，吊臂和起吊的构件下严禁站人。

6）吊物离地面10cm左右应进行全面的安全检查，检查无误后方可继续吊装。

7）吊车起吊的速度应严格控制在起重规程要求的范围，严禁快速起钩。

8）吊钩应与吊物的重心在同一铅垂线上，构架及横梁未固定时严禁松钩。

9）起重机在吊装时如因发生故障无法放下重物时，应立即封锁吊装区域，严禁任何人进入，由专业维修人员处理存在的故障。

10）雷雨、大雾、六级及以上大风等恶劣气候，或夜间、指挥人员看不清工作地点、操作人员看不清指挥信号时，不得进行起重作业。

（5）在构架柱及横梁起吊时应在构架柱和横梁上安装水平和垂直保护绳，人员攀登构架柱爬梯时应正确使用攀登自锁器，在梁上工作时必须将安全带打在水平保护绳上。

（6）吊装横梁时，严禁人员随横梁一起升降，横梁就位时，构架上的施工人员严禁站在接点上。

（7）安装过程如需调节地脚螺栓应设置缆风绳，缆风绳规格应计算选取。

（8）起重机安全要求。

1）横梁安装前对所选流动式起重机、吊装工器具进行校核计算。

2）起重机工作时，无关人员不得进入操作室，操作人员必须集中精力。未经指挥人员许可，操作人员不得擅自离开操作岗位。

3）操作人员应按指挥人员的指挥信号进行操作。对违章指挥、指挥信号不清或有危险时，操作人员应拒绝执行并立即通知指挥人员。操作人员对任何人发出的危险信号，均必须听从。

4）操作人员在起重机开动及起吊过程中的每个动作前，均应发出戒备信号。起吊重物时，吊臂及被吊物上严禁站人或有浮置物。

5）起重机工作中速度应均匀平稳，不得突然制动或在没有停稳时作反方向行走或回转。落下时应低速轻放。严禁在斜坡上吊着重物回转。

6）起重机严禁同时操作三个动作，在接近满负荷的情况下不得同时操作两个动作。

7）起重机应在各限位器限制的范围内工作，不得利用限位器的动作来代替正规操作。

8）起重机在工作中遇到突然停电时，应先将所有控制器恢复到零位，然后切断电源。

9）起重机工作完毕后，应摘除挂在吊钩上的千斤绳，并将吊钩升起。

（9）高空作业安全要求。

1）高空作业人员必须持证上岗。

2）高空作业人员应加强配合工作，并服从指挥员的指挥。

3）高空作业必须系好安全带，且应挂在上方的牢固可靠处。

4）高空作业人员应衣着灵便，衣袖、裤脚应扎紧，穿软底鞋。

5）高空作业人员应配带工具袋，上下传递物品应用传递绳，严禁抛掷。

6）构柱与基础固定的地脚螺栓拧紧前，严禁登高作业。

7）构架柱各节对接、横梁安装时应确定高空作业负责人。

（10）构架柱安装后四条腿均需接地。

九、环保措施

（一）油污染防治

（1）对有可能出现油污染的场地，应预先铺设塑料布，上面撒砂覆盖；对施工区域内的基础，应预先铺设塑料布。

（2）运输车辆、吊装车辆等机械，应防止机油、润滑油污染路面等情况发生。

（二）固体废弃物控制

（1）施工现场应遵循"随做随清、谁做谁清、工完料尽场地清"的原则，达到固体废弃物最长4h内离开工作区域的要求。

（2）固体废弃物应在施工区域以外定点分类存放和标识。

（3）严禁焚烧塑料、橡胶、含油棉纱等固体废弃物，以免产生有毒气体，污染大气。

十、效益分析

（1）1000kV 构架是特高压变电站的重要组成部分，其安装质量的好坏将直接影响到变电站的正常运行，它直接关系到一个输变电工程的经济效益，也直接关系到整个电网的运行效益。

（2）本典型施工方法在严格遵守国家规程规范标准的前提下，结合特高压交流试验荆门站和淮上线皖南站的施工经验，总结出一套科学先进的施工方案，并使安装过程程序化、标准化、规范化，同时采用绿色施工的理念，使现场施工更加节约、环保、经济。

（3）本典型施工方法以"尽量减少高空作业"的原则组织施工，减少危险源，降低安全风险，消除安全隐患，杜绝违规操作，确保了整个安装过程的顺利，同时也提高了安装工效，缩短了工期。

（4）本典型施工方法采取很多技术、质量、安全控制措施，避免了 1000kV 构架安装过程中的可能出现的质量和安全问题，确保了变电站的正常投运和运行。

第四章

电气一次系统施工新技术

第一节　高效大跨度管母液压数控
预拱仪的研制

一、研制背景

随着我国经济的高速发展，整个社会对电力的需求日益增大，目前750kV变电站随着主变容量的增大，变压器中压、低压侧进线侧的额定电流也在不断加大，常规钢芯铝绞线及矩形母线在技术上和结构上越来越难满足母线发热和短路电动力的要求，管型母线在变电站的应用越来越多，采用传统的人工预拱方式很难满足工艺标准要求。

管母在电网工程常规变电所中广泛使用，且多数跨度较大（约22m，单根对焊，带衬管补强）。大跨度管母安装使用时，如果未经预拱处理，由于本身自重和跨度较大、设备下引线重量、地基沉降、风力和温差等因素的影响，管母在运行过程中在重心向下的方向会产生一定程度的沉降出现下坠现象，挠度逐渐增大，导致结构呈现向下弧状变形，影响安装质量、美观性及运行维护工作，降低导电性能，破坏输电线路的安全，给电力工程留下严重安全隐患。国家电网公司工艺图册明确要求在管母使用前应对其进行预拱处理。图1-4-1-1所示为大跨度管母在变电站的应用。

图1-4-1-1　大跨度管母在变电站的应用

针对单根对焊（带衬管补强）大跨度管母的预拱，管母在施工前目前通常采用预拱的方式，一般采用自然下拱和人工拉倒链预拱。但管形母线在预拱过程中受施工设备精度、施工环境及技能水平等因素限制，预拱点矢高和起拱作用点均凭经验进行，数据处于不可控状态，预拱点矢高控制精度不准确，往往粗略估算，科学性、准确性较差，且需要多人同时配合操作，工作效率低，劳动强度大，影响施工质量和施工进度。加之大跨度管母安装使用时，如预拱处理不到位，由于本身自重和跨距较大，地基沉降、风力和温差等因素的影响，管母在运行过程中会出现下坠现象。随着管母挠度逐渐增大，会导致整体结构呈现向下弧状变形，影响安装质量、美观性及运行维护工作，降低导电性能，破坏输电线路的安全，给电力工程留下严重安全隐患。

二、主要技术创新点

通过新研制的高效大跨度管母液压数控预拱仪可以实现精准确定矢高值和作用点，并满足可操作准确的测量要求，以实现预拱各段弧度平顺相接一致，各液压预拱点定位精确，预拱准确，实现达标的目的，如图1-4-1-2所示。

1. 解决预拱仪的矢高测量问题

通过位移传感器实时测量每根液压缸的伸出量，进而确定管母的形变量，位移传感器测量的数据实时传输至程控器，测量的数据与控制软件中设定的参数一致时，液压缸的输入泵停止工作，进入保压阶段。

图1-4-1-2　高效大跨度管母液压数控预拱仪
控制箱和预拱现场

2. 解决A、B、C、D、E五根液压缸偏角动作的动力及角度控制问题

使用转角电机，带动液压缸围绕铰链中心转动，同时采用角度传感器测量转动的角度，并将实时采集到的数据传输给程控器，显示在控制界面上。

3. 形成双重保护

避免发生由于位移传感器失效液压缸伸出量过大，导致管母由于变形严重而损坏，在合适的位置安装限位器，与位移传感器形成双重保护。

4. 解决液压控制阀的控制问题

采用电磁换向阀，通过改变阀的工作位确定液压缸的运动方向，同时利用溢流阀控制整个系统的最高压力，利用液控单向阀完成保压工序。

5. 节约人力资源

利用PLC与组态王软件配合完成整个系统的有效

控制，同时在控制界面实时精准显示各液压缸的位移量和偏转角度，而且整个预拱过程仅需1～2人就可完成。

6. 解决可靠性问题

每台泵站都有自动控制与手动控制模式，在自动控制出现问题的时候，可以转换为手动控制，同时每台泵站的控制器及中控柜各有一个急停按钮，在出现紧急情况的时候，按下任何一个急停按钮，整个预拱仪系统全部停车。

三、效益与应用

在某750kV变电站使用本设备，使用工时仅为传统方式的十四分之一，费用也比传统方式预拱节省了125367.2元。本设备还具有一次性投入长期收益的效果。图1-4-1-3所示为变电站管母加工现场。

图1-4-1-3 变电站管母加工现场

第二节 全绝缘管型母线安装典型施工方法

一、概述

全绝缘管型母线的全称为全屏蔽复合绝缘管型母线，是一种可用来取代电缆或封闭母线桥的新型导电产品，其实质就是采用铜、铝管或其他复合金属管作为导体、外表敷设类似于电缆绝缘结构的一种母线。它既具有原封闭母线桥的大载流能力，同时也具有电缆一样的绝缘保护功能，是两者的优势综合体，在国外被称之为"管型电缆"。绝缘管型母线具有载流能力大，机械强度高、绝缘性能好、可靠性高等优点，且母线架构简洁、布置清晰、安装方便、维护工作量少，所以被更广泛的推广应用。

根据多年与此产品的安装实践，新疆维吾尔自治区送变电有限公司通过多个变电站中采用全绝缘管型母线产品的实用案例，依照相关规范要求，结合产品现场安装、安全防护、交接验收等相关环节作一些说明，得出了一套安全高效的典型施工方法。

1. 本典型施工方法特点

（1）本典型施工方法详细阐述了全绝缘管型母线从支、吊架的焊接到母线的安装连接，从接头检查到最后资料收集的全过程，适用于指导现场施工，安全可靠。

（2）有科学高效的施工流程，做到全面预控，细致到位，避免现场返工。

（3）管型母线安装到位精准，避免材料浪费。

（4）管型母线接头部位绝缘处理可靠，安全系数高。

2. 使用范围

本典型方法适用于全绝缘管型母线的安装。

二、工艺原理

（1）管型母线托架安装。依照管型母线安装图及结合现场实际情况，将托架吊装于立柱顶部，对托架先点焊固定。

（2）管型母线金具安装。将固定金具卡座置于托架卡槽内，用钢销拴住，固定金具和滑动金具按照中间固定两侧滑动的原则依次布置好金具基座。

（3）绝缘铜管型母线安装。按照母线的走向图纸，依次吊装管母线置于金具基座上。

（4）管型母线中间连接头的安装。先于待接主母线的端部涂抹上导电复合脂，再把主母线的端部从两端塞

入预制好的铜套接头内,利用特制夹具收紧铜套接头至合适位置,达到主母线外围与铜套接头内壁完整接触为最佳状态,采用与导体材质相同的铜销子把主母线、铜套接头铆接成一体,这样中间导体连接算大功告成。

(5)中间连接部位的绝缘处理。先对接头外表加以抛光处理,再用无水乙醇清洗干净,采用 R - 30 绝缘胶带缠绕接头部位至纺锤状,再采用硅胶绝缘管绝缘密封,硅胶管密封前其两端内壁均需先涂抹防水硅脂,以防潮汽的渗入,在绝缘管外围采用硅胶套再一次密封,硅胶套与硅胶管的搭接头应错开 100mm 的位置,以加强防水或防潮。

(6)调整管型母线固定金具,消除绝缘铜管型母线水平应力,盖上金具压盖,紧固螺栓。

(7)管型母线与设备的连接。清洗母线终端头及设备接线头,涂抹上电力复合脂,将软连接过渡连接于母线与设备间,用力矩扳手紧固螺栓于合适位置。

(8)对支、托架补焊牢固,对焊接部位进行防锈防腐处理。

(9)对管型母线端部及避雷器分支口的两侧加装爬距增长器,以加强端部爬电距离。

三、施工工艺流程

本典型施工方法施工工艺流程见图 1 - 4 - 2 - 1。

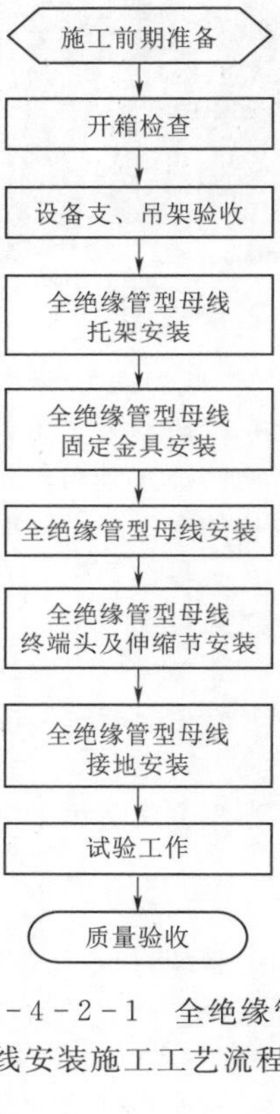

四、操作要点

1.施工前期准备

(1)施工作业指导书向监理单位报审并通过。

(2)对施工人员进行技术交底,并组织学习相关规程、规范。

(3)熟悉设计图纸及厂家设备使用说明书。

(4)开器具、材料、设备运至现场。

(5)开工前确定现场工器具摆放位置。

2.开箱检查

(1)设备到达现场,应按装箱单查实际装箱数量,以及装箱是否完好,做好设备记验收记录,如发现包装箱损坏,应与运输单位、制造厂方联系,并与监理单位取得工作联系。

(2)进行设备开箱时,应由施工单位、监理单位、建设单位、厂方单位、运行单位共同开箱。

(3)设备开箱后,应按装箱单清点附件数量,并做好原始记录。

(4)设备开箱后检查包装箱内零部件是否完好,如

```
施工前期准备
    ↓
 开箱检查
    ↓
设备支、吊架验收
    ↓
全绝缘管型母线
  托架安装
    ↓
全绝缘管型母线
  固定金具安装
    ↓
全绝缘管型母线安装
    ↓
全绝缘管型母线
终端头及伸缩节安装
    ↓
全绝缘管型母线
  接地安装
    ↓
 试验工作
    ↓
 质量验收
```

图 1 - 4 - 2 - 1 全绝缘管型母线安装施工工艺流程图

有缺件,及时与厂方及临理联系。

3.设备支、吊架验收

(1)支架标高偏差不大于 5mm。

(2)垂直度偏差不大于 5mm。

(3)相间轴线偏差不大于 10mm。

(4)顶面水平度偏差不大于 2mm/m。

4.全绝缘管型母线托架安装

根据施工图纸将管母线托架吊放在要安装的部位,按施工图纸要求检测并调整各部位管型母线托架安装的水平度,确认后点焊固定。将托架加强斜支撑按要求焊牢后再将托架补焊牢固,清渣检查合格后对焊接部位进行防腐防锈处理(图 1 - 4 - 2 - 2)。

图 1 - 4 - 2 - 2 全绝缘型母线托架安装

5.全绝缘管型母线固定金具安装

按施工图纸要求将固定金具和滑动固定金具安装在托架法兰部位,并用螺丝固定牢,拆下上压盖(图 1 - 4 - 2 - 3)。

图 1 - 4 - 2 - 3 全绝缘型母线固定金具安装

6.全绝缘管型母线安装

认真检查管型母线外表绝缘是否完好无损,根据图纸要求逐一吊装放在管型母线的固定金具上,架平,并在母线与金具接触部位垫上胶垫,防止母线外表受到刮伤。严格按照生产工艺要求做好中间接头处的绝缘,调整好绝缘管型母线水平,卡好固定金具压盖,调整管型母线固定金具,消除绝缘管型母线安装应力。

7.全绝缘管型母线终端头及伸缩节安装

检查管型母线终端头是否完好,用无水乙醇将管型母线终端头安装。接触面清理干净,均匀涂上电力复合脂,用热镀锌螺栓将伸缩节固定在管型母线两端。

导体外表要求：铜管端部需作倒圆角处理，铜管端部连接面应镀银或搪锡，确保具有较低的接触电阻及防腐蚀功能。

中间接头要求：接头应满足通流和温升要求，接头处的绝缘结构形式和管型母线相同，并确保接头处的绝缘外表电位为零，以保证运行维护的安全。

终端接头要求：绝缘铜管型母线终端头与设备之间采用铜质软连接方式（图1-4-2-4）。

图1-4-2-4　全绝缘管型母线终端头及伸缩节安装

8. 全绝缘管型母线接地安装

接地要求：整相绝缘管型母线接地电容屏必须全部可靠接地，包括中间接头处的屏蔽绝缘套管，接地方式为一点接地（可分段各自独立接地），避免绝缘管型母线的接地线因多点接地而产生环流，保证外层接地屏满足人体能安全触摸的要求；金属外护层（如果有）也必须可靠接地。

接地屏的绝缘外护层应能可靠防止水分和潮气的侵入。可采用热缩绝缘套管，其颜色和相色（黄、绿、红）应一致。热缩绝缘套管采用两层，总厚度（缩后）不小于3mm，接口（如果有）必须错开位置，接口处搭接长度不小于100mm。

9. 试验工作

（1）绝缘电阻测试。

（2）耐压试验。

10. 质量验收

（1）由专人用力矩扳手对管型母线托架、固定金具、终端头及伸缩节的紧固螺丝进行认真逐个检查，确认一切符合电气安装要求，填好施工记录。

（2）由试验部门对绝缘管型母线进行对地绝缘工频耐压试验，合格后按要求接好管型母线两端与设备连接的伸缩节。

五、人员组织

安全员：1人；现场负责人：1人；电工：1人；焊工：1人；安装人员：2人。

六、材料与设备

全绝缘管型母线安装主要机械、材料配置见表1-4-2-1。

表1-4-2-1　**全绝缘管型母线安装主要机械、材料配置**

序号	名　称	型　号	单位	数量
1	运输汽车	1.5t轻型货车	辆	1
2	电焊机		台	1
3	切割机		台	1
4	尼龙绳	ϕ16mm	根	2
5	扳手		把	一批
6	胶钳		把	1
7	梅花扳手		把	一批
8	力矩扳手		把	1
9	工业酒精		瓶	1

七、质量控制

1. 工程质量执行标准

（1）《电气装置安装工程　接地装置施工及验收规范》（GB 50169—2006）。

（2）《电气装置安装工程　电气设备交接试验标准》（GB 50150—2016）。

（3）《电气装置安装工程　母线装置施工及验收规范》（GB 50149—2010）。

2. 安装质量控制

（1）严格执行设计、规程、规范、制造厂要求。

（2）认真审核施工图，并将审核记录及时反馈给设计部门。

（3）开工前必须进行技术交底，未经技术交底不得进行施工，技术交底后办理交底记录。

（4）做好设备到货前的开箱验收工作。

（5）管型母线安装前，校核母线的尺寸及变形度，是否满足设计要求。

（6）施工中使用的计量器具必须在合格检验周期内。

（7）所有螺栓连接应用力矩扳手紧固，紧固力矩应符合规范要求，并严格执行复检程序。

（8）管型母线吊装过程中，每吊一部分，应对水平度和垂直度进行校正，避免误差累计。

八、安全措施

1. 现场安全管理措施

（1）参加作业人员应保持良好的精神状态。

（2）作业人员应熟悉换型流程，具备一定的安装专业知识，掌握相关业务技能。

（3）电焊等特种作业人员应持有专业上岗证。

（4）工作班成员进入现场应戴安全帽、登高应系安全带。

（5）现场施工所使用的电气设备，都必须良好接地，所使用的电源线必须完好无损，以防漏电。

（6）工作负责人应组织全班人员学习施工措施，检查接地线、标示牌是否设置正确、清楚，并向工作班成员指明工作范围及周围带电设备。

（7）车辆进出现场应专人指挥，防止轧坏站内窨井盖和损坏站内设施。

2. 危险点预控措施

（1）许可工作，准备工器具，接临时电源，检查开关机构能量是否释放。

危险点：防止低压触电，交流短路，机构能量释放伤人。

防范措施：接低压电源应有两人以上，必须有专人监护；机构释能量时不能将头、手伸入机构内。

（2）管型母线本体各个附件安装。

防范措施：底下严禁站人，应有专人指挥。

（3）管型母线本体及支架安装。

危险点：防止高空坠落及坠物伤人。

防范措施：登高应系好安全带，吊物下面严禁站人，戴好安全帽，有专人指挥，躲开物体的运动方向，做好防火措施。

（4）管型母线绝缘层及热缩。

危险点：防止刀片伤人，注意火源。

防范措施：戴劳保用品，烘枪口不要对人，液化气罐放置在2m外，气管和液化气罐、烘枪接口牢固。

（5）管型母线支架安装、管型母线安装。

危险点：防止轧伤手指，防止高空坠落，防止火灾。

防范措施：办理动火工作票，专人监护，做好防火措施。

（6）管型母线电气特性试验。

危险点：触电，弧光伤人。

防范措施：试验时人员在安全区域内。

九、环保措施

（1）施工开始前必须准备好工器具。施工班组内部要按照每天的作业计划把设备和材料妥善放置到工作现场，合理确定设备材料在现场的存放时间，做到当天用当天清，保持现场清洁。

（2）工具摆放要求定位管理。设备、材料在现场一定要摆放整齐成形，严禁乱摊乱放；机械、工具要求擦拭干净，停放安全位置。现场工具、材料应有专人保管，并做到每天记录检查，严禁随手丢弃。

（3）设备、工具、材料、废料合理放置，保证不会给他人带来危险，不会堵塞通道。废料要及时清理走。

（4）现场要始终保持清洁、卫生、整齐。整个现场要做到一日一清、一日一净。

（5）扫放的垃圾要倒在指定的地点或垃圾箱内，所有的脏抹布、棉纱头用完后要放进指定的金属容器内，不再重复使用的要放进指定的垃圾桶内。

（6）废品、废料（如电焊头、木板纸箱、废钢材等）要及时清理，送到指定的回收点。

（7）自觉保护设备、构件、地面、墙面的清洁卫生和表面完好，防止二次污染和设备损坏。

（8）溢出或渗漏的液体，要及时清理干净。现场严

禁工作时吸烟，注意保持地面清洁。

（9）现场卫生设施、保健设施、饮水设施要自觉保持清洁和卫生。

十、效益分析

（1）全绝缘管型母线通过标准化施工，全过程质量控制，提高了全绝缘管型母线的安装质量，增强了设备运行的可靠性。

（2）全绝缘管型母线全过程安全控制，切实采取措施降低安全风险，确保人员、设备的安全，提升了安全效益。

（3）施工时注重现场环境保护，注重细节控制，提升了环保效益。

（4）安装过程前做好准备，安装中采取流程化不间断作业，提高工作效率，提升了经济效益。

十一、应用实例

1. 伊犁巴彦岱220kV变电站工程

2012年10月，利用本典型施工方法完成了伊犁巴彦岱220kV变电站工程2台主变压器配套的35kV侧全绝缘管型母线的安装工作，安全、质量、进度情况良好，并顺利投运。

2. 阜东220kV变电站工程

2013年8—10月，利用本典型施工方法完成了阜东220kV变电站工程2台主变压器配套的35kV侧全绝缘管型母线的安装工作，安全、质量、进度情况良好。

3. 二道湖220kV变电站工程

将该典型工法在本公司范围内推广并进行相关培训，2013年9—11月，利用本典型施工方法同时安排两组人员分别完成二道湖220kV变电站工程2台主变压器配套的35kV侧全绝缘管型母线的安装工作，安装工艺统一，同时为后续工作有效开展节约了大量时间，施工全过程安全、质量、进度情况良好。

第三节　750kV罐式断路器安装典型施工方法

一、概述

罐式断路器拥有瓷柱式断路器的全部优点，并且内附电流互感器，产品整体高度低，抗震性能好，所以目前在我国多地750kV变电站中采用罐式断路器。

新疆维吾尔自治区送变电有限公司先后完成了乌北750kV变电站、吐鲁番750kV变电站、巴州750kV变电站等工程，总结了较好的经验，通过五彩湾750kV变电站进一步完善总结形成典型施工方法，并取得了良好效果。

1. 本典型施工方法特点

（1）施工方法成熟、应用范围广。在目前750kV变电站中均采用750kV罐式断路器，数量较多，施工方法

较为成熟。

（2）可操作性强。本典型方法符合标准化作业要求，工序程序完整、工艺标准统一，可操作性强。

（3）安全环保、质量可控。各部件起吊位置受力位置可靠、安全，SF_6气体回收到位，利于保护环境。

（4）工作效率高。现场定置化作业，工序程序紧凑，提高工作效率。

2. 适用范围

本典型施工方法适用于750kV罐式断路器的安装。

3. 外形及尺寸

罐式断路器外形尺寸见图1-4-3-1。

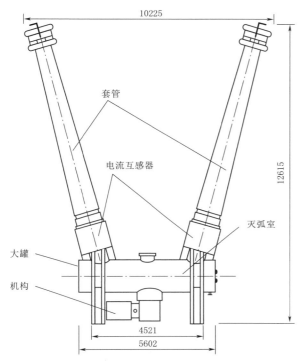

图1-4-3-1 罐式断路器外形及尺寸（单位：mm）

二、施工工艺流程

本典型施工方法施工工艺流程见图1-4-3-2。

三、操作要点

（一）施工准备

1. 技术准备

（1）收集前期资料。主要收集断路器施工图纸，技术协议、设备外形尺寸图纸和安装使用说明书等。

（2）核对参数和尺寸。

1）设备出厂技术参数是否满足设备图纸要求。

2）基础预埋螺栓尺寸，是否与电气、土建图纸一致。

3）到场设备是否与合同相符，附件如基础螺栓、厂供电缆、安装试验专用工具、备品备伸等供货是否明确。

（3）编写安装技术方案。根据所收集的资料，结合现场实际情况制订《750kV罐式断路器安装技术措施》，

对750kV罐式断路器的安装方法，所需人员、机具、材料进行整体策划，并明确安全、质量、环境、工期相关控制措施。

（4）交底。根据审批后的安装方案对全体施工人员进行交底，确保每一位施工人员均了解750kV罐式断路器的安装工作的安全、环境、技术、质量控制要点。

2. 场地准备

检查作业范围内的场地应平整、夯实，施工道路用畅通。设备的摆放位置、地面组装作业区域设置合理，吊车、高空作业车应有足够的作业空间。安装作业前，应装设安全围栏将作业区进行围护，并悬挂警示标牌。

（1）设备摆放区应考虑设备运输单元外形尺寸和重量，设备到达施工现场后，在摆放位置垫放枕木，将小型附件按相序摆放在基础附近，本体等大型设备摆放于靠近吊车停放位置附近的空地上。三相设备应摆放整齐，设置防潮和防碰撞标识，宜采取围护措施。

（2）地面组装作业区应按最大组装单元的外形尺寸和重量设置，一般选择道路进行地面组装作业，作业区域铺设彩条布进行衬垫，在设备下部垫设枕木进行保护。

（3）吊车、高空作业车摆放，应保证其作业半径可满足断路器安装的需要。

3. 人员准备

（1）所有施工人员应进行作业前培训和交底。起重指挥、吊车操作员、高空作业车操作员、安全员、质检员等应持证上岗。

（2）人员数量配置。

施工负责人：1人；

技术负责人：1人；

安全员：1人；

质检员：1人；

起重指挥：1人；

车辆操作：2人；

材料、机具：1人；

试验人员：2人；

施工人员：8人。

（3）安装工作宜在厂家服务人员指导下进行。

4. 工机具准备

（1）工机具应按要求到达施工现场，并经验收合格，

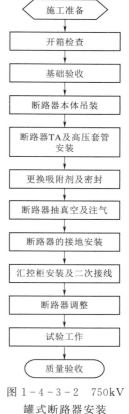

图1-4-3-2 750kV罐式断路器安装施工工艺流程图

能够满足施工现场需要。

（2）通过受力分析计算选择吊车和吊具，以满足安全吊装断路器的要求。

（3）其他安装施工机具配置见表1-4-3-1。

5．材料准备

（1）安装材料全部到达施工现场，并经验收合格。

（2）断路器安装用材料配置见表1-4-3-1。

（二）开箱检查

1．开箱检查程序

（1）根据设备到货情况及后续工作安排，提前向监理提交设备开箱申请表。

（2）开箱由监理组织，物资管理单位代表，厂家服务人员、施工人员参加。

（3）开箱时确认设备装箱清单所在位置，进行针对性开箱，获取设备装箱清单、出厂合格证、试验报告、安装使用说明书等。

（4）核对确认断路器型号、参数正确、备品备件、专用工具等利技术协议要求，并对设备外观进行检查，如发现问题及时对问题部位拍照，在开箱记录表上登记，有厂家、物资、监理和施工单位代表会签后，填写设备缺陷通知单上报。

2．开箱检查检查及要求

（1）开箱前检查包装应无残损。

（2）设备的零件、备件及专用工器具应齐全、无锈蚀和损坏变形。

（3）绝缘件应无变形、受潮、裂纹和剥落；瓷件表面应光滑、无裂纹和缺损，铸件应无砂眼。

（4）检查灭弧室瓷套或罐体和绝缘支柱内预充的SF_6气体，在存放和运输中是否有泄漏，检查方法是取下充气阀门封盖，用工具向内按逆止阀的阀碟，应能听到清晰的出气声。

（5）出厂证件及技术资料应齐全。

（6）开箱检查结束后，应将密度继电器送试验单位进行检验。

（三）基础验收

（1）检查断路器基础朝向正确，基础长、宽、露出地面高度及间距位置符合图纸要求，若有汇控柜须对其基础及电缆沟进行验收。

（2）测量基础螺栓露出基础长度符合设备安装要求。

（3）对基础尺寸误差的要求。

1）基础中心距离误差不大于10mm。

2）基础高度误差不大于10mm。

3）预留孔中心误差不大于10mm。

4）预留螺栓中心距离误差小于2mm。

5）基础平面不平度小于5mm/1000mm。

6）预留螺栓高度误差小于2mm。

（四）断路器本体吊装

（1）断路器罐体外形见图1-4-3-3，本体吊装立体示意图见图1-4-3-4，采用钢丝绳四点吊法。根据图1-4-3-4、图1-4-3-5进行钢丝绳的受力分析计算，

从而确定钢丝绳长度及截面尺寸。

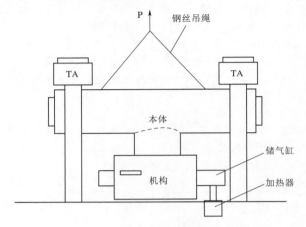

图1-4-3-3 断路器本体外形图

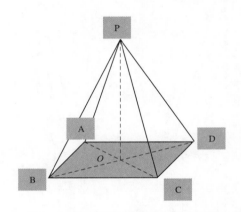

图1-4-3-4 本体吊装立体示意图

图1-4-3-5 本体吊装立体实际图

（2）本体吊装就位及预埋地脚螺丝：就位时，应注意断路器罐体、机构A、B、C三相编号，方向及位置。进行断路器罐体相间距离，中轴线，水平度调整。用厂方提供的垫片进行断路器罐体水平度的细调整，用水平仪在罐体的上平面操平找正，且平面度不大于0.4mm，罐体固定后，断路器罐体基座与基础间的垫片不宜超过三片，总厚度应不超过10mm，片间应焊接牢固。

（五）断路器TA及高压套管安装

1．断路器TA安装

（1）拆去大罐支筒上部运输盖板，清理支筒法兰的

密封面，厂方负责盖板的清理，清理后进行拍照，然后打O形垫圈。

（2）在断路器TA起吊安装时，用塑料罩嵌入端盖面的内侧，最大限度地防止尘埃及潮气浸入罐体（图1-4-3-6）。

图1-4-3-6 塑料罩

（3）整个对接法兰面的水平度用塞尺进行测量，确保塞尺不能塞入，保证法兰面水平对接。

（4）起吊电流互感器支筒，利用吊车起吊，将尼龙吊套1长1短，拴挂在电流互感器保护罩上（用角度观测尺确保倾斜角度为12°），用厂方自带螺栓固定到大罐支筒上，固定电流互感器支筒上电流互感器支架，并在电流互感器支架上放置防滑垫，防滑垫上放置绝缘垫板，在绝缘垫板上按设计放置线圈。

两个电流互感器之间放置绝缘垫板（注：电流互感器线圈的接线端子靠近出线孔），固定电流互感器线圈，用导线连接电流互感器线圈出线端子，导线经金属软管连接到端子箱。

（5）电流互感器支持边缘涂胶粘剂，其上环线电流互感器密封垫固定电流互感器罩（注意手孔的位置靠近电流互感器的接线端子）。

（6）电流互感器罩与支筒接触面及螺栓处涂防水胶。

（7）安装时注意TA的摆放顺序、参数及极性，不能放错位置。

（8）安装TA时所有的试验项目应进行完毕（包括变比、极性、伏安特性、直阻、绝缘）（图1-4-3-7）。

图1-4-3-7 所有试验项目进行完毕

2. 断路器高压套管安装

（1）拆除罐体检修孔盖，拆除套管下法兰的运输盖，及电流互感器支筒上部运输盖板。

（2）利用乙醇及四氯化碳清洗法兰面。

（3）在法兰面上涂密封胶，密封槽面应清洁、无划伤痕迹；已用过的密封垫不得再用；对新密封垫应检查无损伤；涂密封脂时，不得使其流入密封垫内侧与SF_6气体接触。

（4）瓷套管吊起时，取下运输保护罩，彻底清理瓷套内部和与主体的连接面，特别小心不得划伤导杆表面的绝缘漆，把导向杆装在主体的触头上，把内屏蔽罩装到主体与瓷套管连接的过渡法兰上。用大功率的吸尘器、白布进行断路器本体内的洁净处理，并同时进行屏蔽罩的洁净处理，内屏蔽罩的安装应在防尘棚中进行。

（5）利用2台吊车，将套管缓缓吊起，将套管倾斜12°（图1-4-3-8），缓缓将套管中心导体对准导向棒，在确信吊起的瓷套管的中心导体准确地对着触头和主体上的导向杆时，导电杆缓慢下降，罐体内应有人监视导电杆与梅花触头的接触情况，不应有卡阻现象。并同时注意接线端子的板面应与罐体长度方向轴线垂直，且光面向内侧（图1-4-3-9）。

图1-4-3-8 套管倾斜12°

图1-4-3-9 套管吊装图

（6）在放下套管时，不得把灰尘带入壳体中。

（7）拧紧瓷套与 TA 支筒法兰的连接螺栓到规定力矩值，并在螺栓上涂防水胶。

（六）更换吸附剂及密封

1. 更换吸附剂

（1）打开壳体端部的检修孔盖。

（2）从孔盖上取下吸附剂罩（图 1-4-3-10）。

（3）将旧吸附剂更换为新吸附剂。

（4）0.5h 之内快速盖好壳体的盖板，开始抽真空。

（5）更换吸附剂后，螺栓要涂防松胶，将夹板的端部拧紧，以防螺栓松动。

图 1-4-3-10 取下吸附剂罩

2. 更换密封

（1）检查 O 形密封圈应完好，尺寸与密封槽匹配。O 形密封圈应用酒精擦拭，不得用其他溶剂，擦拭不得用力过大，以防变形。

（2）用干净的破布蘸上汽油擦拭密封面及密封槽内的黏结物，再用干净的白布蘸上酒精擦拭密封面及密封槽。

（3）在密封面及密封槽涂密封脂密封胶不允许涂在槽的 SF_6 气体侧，因为 SF_6 气体和分解物氢氟酸 HF 对含硅的密封胶有腐蚀作用，不仅影响气密性，而且影响 SF_6 气体的稳定性。

（4）待检漏完毕，给每个密封面外圈涂抹一层防水密封胶。

（5）注意不要将密封脂、防水密封胶、润滑脂混用，装配工作必须在密封脂固化前完成（对 1mm 厚的密封脂最短固化时间为 1h）。

（6）封盖前应由技术负责人、质安员进行检查，确认设备内部无杂物，才能封盖，封盖后立即抽真空。

（七）断路器抽真空及注气

（1）抽真空应由经培训专人负责操作，真空泵应完好，所有管道及连接部件应干净、无油迹。检查真空泵的转向，正常后起动真空泵，先打开真空泵侧阀门，待管道抽到 133Pa 后，再打开充气侧阀门，真空度达到 133Pa 后，再继续抽 8h。抽真空过程设备遇有故障或突然停电，均要先关掉断路器充气侧阀门，再关掉真空泵侧阀门，最后拉开电源。抽真空 8h 后，应保持 4h 以上，观看真空度，如真空度不变，则认为合格，如真空度下降，应检查各密封部位并消除之，继续抽真空至合格为止。

（2）SF_6 气体的标准应符合有关规定，充气前应对每瓶的 SF_6 气体复测含水量，要求小于 $60\mu L/L$。将充气管道和减压阀与 SF_6 气瓶连接好，用气瓶里的 SF_6 气体把管道内的空气排掉，再将充气管道连接到断路器充气口的阀门上。在充气时，应打开断路器充气口的阀门，打开 SF_6 气瓶的阀门和减压阀，充气速度应缓慢，在冬季施工，宜用加热带加热，当充到 0.25MPa 时，应检查所有密封面，确认无渗漏，再充至高于额定工作压力 0.03Pa 左右，以便抽气样试验，三相气压应尽保持一致，20℃额定工作压力为 0.6MPa（图 1-4-3-11）。当气瓶压力降至 $9.8 \times 10^4 Pa$ 时，即停止充气，因剩气中含水分、杂质较多。充气 12h 后，从断路器罐内取 SF_6 气样，测定其含水量，不应超过 $150\mu L/L$。

（3）对一天一相断路器不能完成的工作（如套管、电流互感器，过渡罐的安装），晚上必须抽真空为负压 0.06MPa，然后充微正压的氮气至 0.03MPa 进行保持，第二天真空破氮充干燥空气继续有关附件的安装，直至所有工作完成。

图 1-4-3-11 20℃额定工作压力

（八）断路器的接地安装

（1）断路器本体的基座上应有两个表面镀锡的接地处，并有接地标示，接地螺栓的直径大于 12mm，接地桩头的尺寸与接地引线规格相匹配（图 1-4-3-12）。

图 1-4-3-12 接地

（2）每相断路器均需进行两点接地，且两接地点应分别接至主接地网的不同干线上。

（3）接地引线与主地网进行连接时应采用焊接，搭接长度必须符合《电气装置安装工程　接地装置施工及验收规范》（GB 50169—2006）的要求。

（4）与断路器接地端子相连的热镀锌螺栓应有防松动垫片，接触面无漆皮、光滑无毛刺，涂抹电力复合脂，螺栓紧固符合标准力矩要求。

（5）接地扁铁的弯制应采用机械冷弯工艺。接地扁铁从接触面下端至入地处刷间距100mm黄绿相间油漆。

（九）汇控柜安装及二次接线

二次接线及进行断路器分合闸试验，应符合厂家技术要求。

（十）断路器调整

断路器调整的目的是调整其各项动作参数以符合产品的技术规定，以相对复杂的液压弹簧机构为例，调整方法如下：

（1）调整前，检查管道回路安装牢固，SF_6气体压力正常，断路器的位置指示和动作计数器正确、各转动部分正常且涂抹润滑脂。

（2）按厂家说明书将机构的电机电源接入，并检查相序正确，电机运转正常。

（3）慢分、慢合操作时，打压和储能过程声音正常，操作应灵活无卡阻现场，打压时间符合要求。

（4）对液压回路排气。将排气嘴按厂家要求连接至相应位置对液压油回路进行排气，直至排气嘴排出液压油且无气泡。

（5）对机构进行防慢分检查，在合闸状态将油压泄至零压，在启动打压至额定值开关应不动作。

（6）将油压泄至零压，排尽油箱内的液压油，重新注入洁净的液压油至额定油位。

（7）检查机构内的元器件、各辅助开关安装牢固，动作可靠，照明和加热元件启动正常。

（十一）试验工作

断路器本体及SF_6气体的试验按照《750kV电气设备交接试验标准》（Q/GDW 1157—2013）进行。

（十二）质量验收

断路器安装完毕后，应对断路器进行质量验收：

（1）实物检查：断路器及机构的联动正常，无卡阻，分合闸指示正确，辅助开关动作正确可靠，电机响声正常，微动开关动作可靠，电气连接接触良好，固定牢靠，外观清洁，油漆完好，相色标志正确，接地可靠，备品备件及专用工具齐全。

（2）资料检查，按照《750kV变电所电气设备施工质量检验及评定规程》（Q/GDW 120—2005）罐式断路器检验要求填写真实、准确、完整数据，施工措施、交底记录，开箱记录、试验报告数据填写真实、准确、完整，设备厂家资料齐全。数码照片符合要求。

四、人员组织

750kV SF_6断路器安装岗位分工及职责：

（1）750kV SF_6断路器安装负责人：1人。全面负责750kV SF_6断路器安装的组织分工工作，协调现场的人员、机具、物资材料到位情况，对安装过程进行安全、质量、进度控制管理。

（2）750kV SF_6断路器安装技术负责人：1人。负责750kV SF_6断路器安装技术指导工作，配合厂方技术指导人员解决750kV SF_6断路器在安装、调试中出现的技术问题，认真做好技术交底工作。

（3）750kV SF_6断路器安装安全负责人：1人。负责750kV SF_6断路器安装工作的安全措施落实工作，认真做好SF_6断路器安装工作的安全监督、安全监护工作。

（4）SF_6断路器安装信号指挥负责：1人。负责SF_6断路器安装指挥工作，指挥信号要与起吊司机沟通，保证起吊物件顺利安装。

（5）车辆操作人员：2人。负责所属车辆的安全操作，确保人员、设备的安全。

（6）SF_6断路器安装工作成员：8人。负责SF_6断路器安装工作，服从工作负责人统一安排、统一指挥，履行各自的工作任务，做好各自的安全工作及设备保护工作。

（7）试验人员：2～3人。负责断路器的试验工作，并做好相关试验记录，及时出具试验报告。

（8）罐式断路器的内检由厂方完成。

五、材料与设备

750kV罐式断路器主要机械、材料配置见表1-4-3-1。

表1-4-3-1　750kV罐式断路器主要机械、材料配置

序号	名称	规格及型号	数量	单位	备注
1	吊车	50t	1	辆	
2	吊车	25t	1	辆	
3	升降车	QY-20	1	辆	
4	真空泵	排气速度2000m³/h 真空度≤13.3Pa	1	台	
5	尼龙吊套	8m	2	副	由厂方配制
6	尼龙吊套	12m	2	副	由厂方配制
7	尼龙绳	8m	2	根	
8	吸尘器		1	台	
9	SF_6气体测试仪		1	台	
10	微水测试仪		1	台	
11	水平尺		1	把	
12	撬棍		2	把	
13	一字螺丝刀		2	把	
14	力矩扳手		1	把	
15	充气装置		1	套	由厂方配制
16	餐巾纸		50	包	
17	乙醇		50	瓶	

续表

序号	名　称	规格及型号	数量	单位	备注
18	四氯化碳		30	瓶	
19	白布		10	m	
20	塑料布		1	卷	
21	梯子		2	把	
22	棉纱		5	kg	
23	U形环	4t	2	副	
24	内六角扳手		1	套	
25	电热吹		1	个	
26	照明灯		2	个	

六、质量控制

（一）主要应用文件

（1）《电气装置安装工程　高压电器施工及验收规范》（GB 50147—2010）。

（2）《电气设备交接试验标准》（GB 50150—2006）。

（3）《电气装置安装工程　接地装置施工及验收规范》（GB 50169—2006）。

（4）《750kV变电所设备施工质量验收及评定规程》（Q/GDW 120—2005）。

（5）《输变电工程建设标准强制性条文实施管理规程》（Q/GDW 248—2008）。

（6）《750kV电气设备交接试验标准》（Q/GDW 1157—2013）。

（7）《国家电网公司输变电工程质量通病防治工作要求及技术措施》（基建质量〔2010〕19号）。

（二）质量控制要点

（1）开箱检查应清点清楚、记录正确，不符合项目应有四方确认签字，并约定处置办法。

（2）预埋后的螺栓应垂直，高度一致，预埋尺寸与实物相符。

（3）就位位置应整齐、一致，同组编号正确，与基础间的垫片不宜超过三片，其总厚度不应大于10mm；各片间应焊接牢固；支架及操作箱水平应符合要求，与基础连接牢靠。

（4）按说明书规定，正确连接各安装部位；仔细清洗、处理各密封面，按规定压力均匀紧固各密封面及管接头。

（5）注意抽真空全程要有人员负责，要防止误操作引起真空泵油倒灌入气室事故。

（6）应从压力表观察，通过SF_6气体检漏仪可测出是否漏气。

（7）联动检查各项指标应与说明书规定相符；动作时无卡阻现象，分、合闸指示正确；辅助开关动作正确可靠；电气回路正确，各报警、闭锁符合规定。

（8）交接前应检查断路器固定牢靠，清洁完整，油漆完整，相色标志正确，接地良好。

七、安全措施

（1）凡参加SF_6断路器安装的施工人员必须服从工作负责人的统一指挥，统一安排。

（2）SF_6断路器套管在开箱时应防止伤及套管，利用撬棍及一字型螺丝刀缓慢撬，严禁使用手锤进行敲打。

（3）进行断路器套管清洗及电流互感器清洗处理，应在搭设的临时防尘屋内进行，严禁露天清洗。

（4）SF_6断路器安装不得在阴雨、风沙天气进行安装。

（5）SF_6断路器安装必须仔细阅读安装使用说明书，制订《SF_6断路器安装安全技术方案》或经厂方技术指导人员详细讲解培训安装要领、安装程序。由变电工程技术负责对施工人员进行技术交底工作。

（6）进行SF_6套管吊装时，应用厂方规定的吊点进行起吊，起吊套管尽量使用两台吊车起吊，严禁利用倒链作为起吊点，利用两台吊车起吊套管倾斜12°后，最后用50t主吊车将套管吊住，退出25t吊车，利用倒链进行角度调整进行安装。

（7）对SF_6断路器安装应对起吊工器具进行严格检查，对于检查出现不合格的起吊器具、工器具立即报废、严禁使用，应更换合格起吊器具。

（8）进行首期SF_6断路器安装，厂方技术指导人员必须在场进行每道工序工作，必须经厂方技术指导同意后进行安装，或在厂方技术指导人员指导下进行安装。

（9）SF_6断路器安装场所，必须进行硬化处理，施工现场应符合断路器安装条件。

（10）进行罐体清洗、套管中心导体对梅花触头接触的工作人员必须穿配备的衣物鞋帽，在上述工作完后，内检人员退出罐体时，应检查罐内确无遗留物品，方可退出。现场对进入罐体的人员进行工器具登记，出罐后检查工器具是否齐全。

（11）利用高空作业车进行起吊器具接触，高空作业车操作人员要注意升降旋转臂力，严防触及已安装好的电器设备。

（12）更换吸附剂必须在半小时之内更换完毕，封盖。

（13）SF_6断路器进行抽真空时，应安装止回阀，以防止临时停电时真空泵油进入罐体，必须派守值班人员，值班人员不得远离现场，以防意外发生。

（14）真空泵达到40Pa以下后继续抽30min。

（15）抽真空观察密封是否良好，抽真空至40Pa以下，真空保持6h。

（16）进行断路器本体充气，应先排除管中的空气然后充气，充气气压为额定气压与最高充气压力之间。

（17）充气时，要缓慢打开SF_6气瓶阀门，以便SF_6气体低速流入，初期流速太快，可能产生阀口冻结堵死。

（18）凡进行SF_6断路器安装的施工人员，严禁在施工地点吸烟。

750kV罐式断路器施工危险点辨识及预控措施见表1-4-3-2。

表1-4-3-2　　　　　　　750kV 罐式断路器施工危险点辨识及预控措施

作业项目	危险点	防范措施	预控措施
破氮，解体与安装	氮气浓度高	化学伤害	（1）对气室进行放气然后再与大气连通，方可打开封板； （2）使通管、腔体处于通风排气状态，30min 后工作人员方可接近设备； （3）通风良好的情况下工作人员方可进入腔体、通管，同时指派专人监护
充、放 SF$_6$ 气体	SF$_6$ 气体压力过高	化学伤害	（1）对密度继电器、压力表先进行校验合格后，方可使用； （2）按生产厂技术说明书，作业指导书及施工方案要求内容进行抽真空； （3）将合格的 SF$_6$ 气体通过减压阀缓慢充至额定压力
附件设备及套管安装	安装时配合不协调伤及作业人员手、脚	机械伤害	（1）安装人员和工作负责人、吊车操作人配合好，作业人员必须听从工作负责人指挥； （2）严禁将手、脚放置在被吊设备下方； （3）设备对接时，作业人员的头、手、脚不得在未经停稳的设备端作业，必须经工作负责人发令后，方可进行作业
	使用真空设备时发生人身伤害		（1）设备外壳必须接地，定期检测绝缘，接线正确； （2）由经培训合格的人员进行操作； （3）电动机皮带的防护罩必须完好、固定
	调试中对人体伤害		（1）切断交、直流电源； （2）在调试前通知相关人员离开断路器，并派专人监护

八、环保措施

（1）凡参加 SF$_6$ 断路器安装的人员，必须正确佩戴安全帽，正确使用安全用品用具。

（2）SF$_6$ 断路器安装的工序要安排合理，均衡施工。

（3）当日施工完毕，清理施工现场做到工完、料尽、场地清。

（4）设备开箱板应及时运至码放地点，码放整齐或及时处理，不得焚烧，避免造成空气污染。

（5）对 SF$_6$ 断路器安装使用白布、棉纱，废弃物应及时放入垃圾桶内，不应丢弃焚烧，以免造成环境污染。

（6）采取防护措施，避免液压机机构内的液压油污染周围土壤。

（7）节约施工材料，减少物资消耗。

九、效益分析

（1）750kV 罐式断路器安装通过标准化施工，全过程质量控制，提高了断路器的安装质量，延长了断路器的使用寿命，提升了质量效益。

（2）断路器安装通过全过程安全控制，切实采取措施降低安全风险，如使用高空作业车降低高处坠落的风险，确保人员、设备的安全，提升了安全效益。

（3）采取回收装置回收 SF$_6$ 气体，工业垃圾分类回收处理，较少材料消耗等措施将施工过程对环境的影响减到最小，提升了环保效益。

（4）使用专用工具实现断路器三相同时抽真空注气，缩短了施工时间，提高工作效率，提升了经济效益。

十、应用实例

利用本典型施工方法完成乌北 750kV 变电站、吐鲁番 750kV 变电站、巴州 750kV 变电站等工程多台 750kV 罐式断路器安装工作，安全、质量、进度情况良好。

第四节　变电站主变局放交流耐压参数软件开发

一、主要技术创新点

主变压器的交流耐压、局部放电试验结果是判断主变压器在运输、安装后的绝缘性能的重要依据，以便确认其绝缘状态是否良好，是否可以投运。

变电站主变局放交流耐压参数`软件，可以根据 750kV、220kV、110kV 等不同电压等级计算出 $1.1U_m/\sqrt{3}$、$1.44U_m/\sqrt{3}$、$1.5U_m/\sqrt{3}$、$1.66U_m/\sqrt{3}$、$1.7U_m/\sqrt{3}$ 下主变压器局放试验的试验电压值，并可根据已有参数铭牌电容值和电感值计算出在不同电压等级下的试验频率 f。

由于计算数据很多，以往的计算方法和计算步骤比较费时，也容易造成误差，而应用变电站主变局放交流耐压参数软件计算出来的结果既快又准确。下面以乌苏 750kV 变电站 750kV 主变压器为例扼要介绍 750kV 主变压器绕组连同套管的长时感应电压带局部放电试验各参数的计算。

1. 试验电压计算

主变压器进行局部放电试验时，有载分接开关置于 1 分接位置，中性点接地，被试变压器的各绕组电压计算见表1-4-4-1。

（1）高-低压电压比：$K_1=765/\sqrt{3}/63=7.0$。

（2）高-中压电压比：$K_2=765/\sqrt{3}/230/\sqrt{3}=3.3$。

2. 容性电流补偿

为补偿被试变压器的容性电流，采用 1 台补偿电抗器（总电感量为 4H）串联后平衡接入试验回路。

表 1-4-4-1　　被试变压器的各绕组电压计算

序号	施加电压	高压侧电压值/kV	中压侧电压值/kV	低压侧电压值/kV
1	$1.66U_\mathrm{m}/\sqrt{3}$	766.7	232	109.5
2	$1.44U_\mathrm{m}/\sqrt{3}$	665.1	202	95
3	$1.1U_\mathrm{m}/\sqrt{3}$	508	154	72.5

3. 试验频率计算

根据 1 号主变压器已测得的数据得知：主变压器 H、M—L 及地电容量 $C_{H+M}=17.88\mathrm{nF}$；主变压器 L—H、M 及地电容量 $C_L=33.69\mathrm{nF}$；主变压器 H、M、L—地电容量 $C_{H+M+L}=31.86\mathrm{nF}$。估算该变压器高压侧入口电容集中参数值 $C_1=17.88/3=5.96\mathrm{nF}$；高压侧电容量换算到低压侧电容量 $C_2=C_1k_{12}=5.96\times7.02=292.04$（nF）；低压侧对地电容量 $C_3=(C_L-C_{H+M}+C_{H+M+L})/2=(33.69-17.88+31.86)/2=23.835(\mathrm{nF})$。

这样低压侧对地总电容为 $23.835+292.04=315.875$（nF），因此试验谐振频率为

$$f=1/(2\pi\sqrt{LC})=1/(2\pi\times\sqrt{4\times315.875\times10^{-9}})\approx141.5(\mathrm{Hz})$$

4. 励磁变压器及其变比选择

被试变压器低压侧在 U_2 下的电压为 95.0kV，在 U_1 下的电压为 109.5kV，因此需使用 1 台功率较大的励磁变压器加压。励磁变压器高压侧电压为 120kV，低压绕组选择 400V。此时，励磁变压器变比为 120kV/400V=300。

试验电压为 U_2 时，励磁变压器低压侧电压为 $U_{L2}=95\mathrm{kV}/300=316\mathrm{V}$；试验电压为 U_1 时，励磁变压器低压侧电压为 $U_{L1}=109.5\mathrm{kV}/300=365\mathrm{V}$。使用变电站主变局放交流耐压参数软件，只需要 1min 即可算出试验电压、试验频率等相关参数。电压计算操作界面和频率计算操作界面如图 1-4-4-1 和图 1-4-4-2 所示。

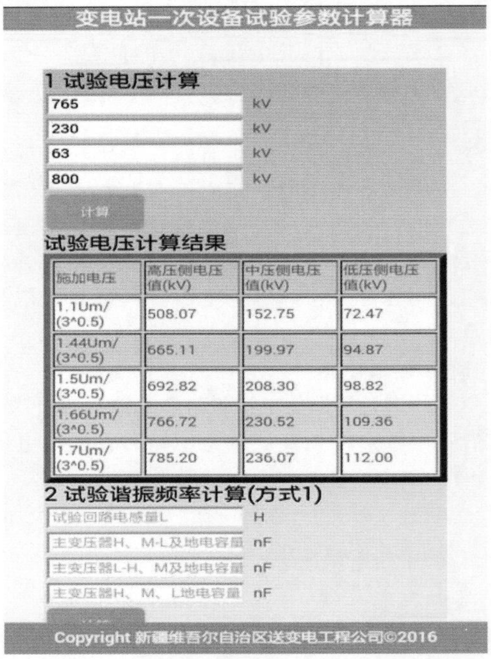

图 1-4-4-1　操作界面一：电压计算

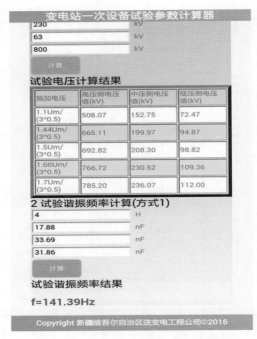

图 1-4-4-2　操作界面二：频率计算

二、效益与应用

以往的现场试验都是根据工作经验去进行试验设备的配置，而现场可能没有办法提供大电流电源，或者是所配备的设备不能够完成试验，这样就导致了试验时间和成本的增加，人力和物力资源的极大浪费。使用变电站主变局放交流耐压参数软件在计算的时间、准确性、安全性上能有显著的提高，更能在试验设备的选择上做到准确无误，见表 1-4-4-2。

表 1-4-4-2　常规计算与使用 App 软件效果比较

序号	项　目	常规计算	使用软件
1	计算时间/min	45	1
2	准确性	存在误差	准确
3	安全性	存在安全隐患	安全

第五节　缩短变电站扩建 220kV 区停电接火时间技术措施

一、课题选定

当变电站设备安装完成后，即进行设备的投产使用。在投产使用之前还有一项必须进行的工作，就是设备的接火。对新建变电站而言，接火工作不一定需要停电进行，但对于扩建变电站来讲，相应的区域接火工作，需要对应的部分设备及间隔在停电后，才能进行。根据《国家电网公司电力安全工作规程（电网建设部分）》要求，扩建变电站在邻近带电设备周围进行安装作业时，

220kV 的安全距离为 3.0m，即设备、引线一旦带电，在 3.0m 周围空间范围内，不能有机械、人员，否则将直接影响供电系统和人员、机械的安全。图 1-4-5-1 所示为某变电站 220kV 区设备安装截面图。

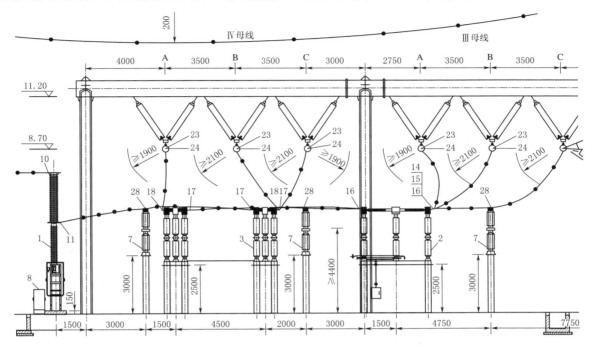

图 1-4-5-1 某变电站 220kV 区设备安装截面图（单位：mm）

国网公司要求停电接火不得超过 2d。因此新疆送电有限公司 QC 小组将课题确定为：缩短间隔停电时的安装时间，达到缩短变电站扩建 220kV 区停电接火时间的目标。

调查发现新疆地区的变电站扩建工程中，普遍停电时间平均为 3.2d，达不到不满足国家电网公司不超过 2d 的时间要求。只有进一步改进施工方式方法、提高施工工艺技术水平才可能缩短停电时间，达到 2d 的时间要求。

二、超时停电原因分析和对策

（一）原因分析

QC 小组成员运用"头脑风暴法"，从人、机、法、环四个方面进行分析，如图 1-4-5-2 所示。

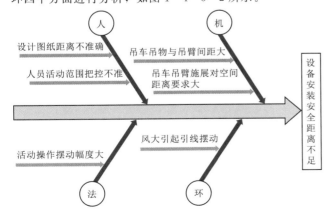

图 1-4-5-2 超时停电原因分析图

（二）对策

根据吊车活动操作幅度大和吊车吊钩与吊臂间距大要因分析和对策选优，小组按"5W1H"的原则制订了相应对策，见表 1-4-5-1。

表 1-4-5-1 缩短变电站扩建 220kV 区停电接火时间对策实施表

序号	要因	对策	目标	措施
1	活动操作摆动幅度大	控制水平摆动幅度	因摆动引起的安全距离不足控制在 20cm 以下	（1）采用起吊物拴系控制绳的方式。（2）采用缓慢推进吊臂进行吊装
2	吊车吊物与吊臂间距大	控制起吊系统的垂直间距	设备安装时起吊物与吊点的高度控制在 30cm 以下	（1）申请吊车大臂固定吊物吊装的方案。（2）采用绝缘抱杆进行吊装

1. 控制水平摆动幅度

（1）采用起吊物拴系控制绳的方式，对其空间的活动范围及摆动幅度进行严格的把控，使起吊物摆动幅度小于 15cm，满足了设备安装的水平距离需要，如图 1-4-5-3 所示。

（2）采用缓慢推进吊臂进行吊装，申请缓慢推进吊

图1-4-5-3 变电站220kV区吊车安装图

臂进行吊装的作业方式时,物件吊装水平安全距离因小于3.25m受到限制,相关负责人从安全性角度考虑,该方案未能通过审批,导致与带电体安全距离不足3.25m时,设备安装无法满足要求。

2.控制起吊系统的垂直间距

(1)申请吊车大臂固定吊物吊装的方案。申请变电站220kV区吊装方案时,因变电站运维负责人员在查阅相关资料后,没有找到吊车大臂固定吊物吊装的有关规定,故方案未能得到实施。

(2)采用绝缘抱杆进行吊装。采用绝缘材料制成绝缘抱杆,绝缘抱杆采用4.8~5.5m长的干燥杉木杆为主要支撑部件,杆头端部固定滑轮,并用RTV涂料喷涂在杆头上部外露金属部件的位置处。杆底端垫有数量可控、高度可调的多段枕木,整段杆体根据所安装设备支架杆受力情况,在杆身处多段与支架杆绑牢固定,吊装重量普遍可达0.3t左右,将设备安装时起吊物与吊钩的高度控制5cm以下,并将此方案报送施工及管理单位审核批准,如图1-4-5-4所示,采用绝缘抱杆安装能力见表1-4-5-2。

三、效果检查与效益

(一)效果检查

在所有减少起吊系统的间距措施中,采用绝缘抱杆进行吊装实施效果显著,见表1-4-5-3。

图1-4-5-4 绝缘抱杆使用安装图

表1-4-5-2 220kV区设备高度及采用绝缘抱杆安装能力一览表

序号	设备名称	就位高度/mm	采用绝缘抱杆可分节安装高度/mm
1	双接地隔离开关	5586	完整安装
2	单接地隔离开关	5586	完整安装
3	不接地隔离开关	5586	完整安装
4	电容式电压互感器	7628	5523
5	避雷器	7575 4810	7575 4810
6	支柱绝缘子	5403	

表1-4-5-3 采用绝缘抱杆吊装情况杆统计表

单位:d

序号	位置及次数(取平均)	安装接火时间	是否满足要求	安全距离不足解决程度
1	红二厂1间隔	1.9	满足	满足管母下方设备可安装80%
2	红二厂2间隔	1.9	满足	满足管母下方设备可安装80%
3	3号主变间隔	1.8	满足	管母下方设备可完整安装
4	西沟汇集站间隔	1.9	满足	管母下方设备可完整安装
5	大连湖东间隔	1.8	满足	管母下方设备可完整安装
6	鲤鱼山1间隔	1.9	满足	满足管母下方设备可安装80%
7	鲤鱼山2间隔	1.9	满足	满足管母下方设备可安装80%
8	Ⅰ母Ⅱ母母线设备间隔	2	满足	只能安装下半段,设备可安装70%
9	电压互感器、避雷器	1.8	满足	管母下方设备可完整安装

(二)效益

(1)直接效益。变电站220kV区设备安装及接火工作可以在不停电前完成大量设备的安装就位工作,缩短停电接火时间,严格地控制在2d内。

(2)经济效益。绝缘抱杆的整体制作成本1000元,2d总成本3600元,吊车每天成本3000元,每天总成本4200。因抱杆工作效率为吊车效率的一半,故以2d计算,2d节省成本600元。

(3)社会效益。本次QC活动缩短停电安装工作量和停电的持续时间,从而大大增加了电网稳定运行的安全,无形的经济效益极高。

(4)管理效益。编制了"停电接火四措一案",对后续220kV停电接火的设备安装工作进行精细化管理,并进行全过程闭环管控,提高了接火的可靠性和安全性。

(三)巩固措施

采用绝缘抱杆进行吊装的专项停电接火四措一案经

新疆送变电有限公司、新疆电力公司检修公司、新疆电力公司建设部批准，在后续该工程双母双分段改造停电接火中得到实施，依然满足时间要求，将接火时间控制在2d以内。

第六节　缩短750kV并联电抗器交流耐压试验时间技术措施

一、选题理由

电力设备在现场安装完成后，进行交流耐压试验是考核其绝缘强度，从而检验设备运输、安装等环节质量最有效和最直接的方法。一般情况下，交流耐压试验时施加于设备的试验电压要高于运行电压，从而保证通过试验的设备有较大的安全裕度。

对750kV并联电抗器现场进行交流耐压试验时，只能按照电抗器绕组中性点端的绝缘水平进行外施交流耐压，属于绝缘检查性试验，而不是对绝缘的考核性试验。

对施工项目部来说，工期已确定，耐压试验结束越早，对于发现问题、解决问题及后续全面协调土建、一次设备安装、设备调试的工作预留的时间就越充足。

对调试班组来说，耐压试验越快做完，问题发现和解决的就越及时，后期全站设备联试联调的时间就越充足。

对试验班来说，时间紧，任务重。其他设备试验时间比较固定，但是并联电抗器的试验时间还可以压缩的。

通过对历年来750kV变电站并联电抗器交流耐压用时统计，发现有过1h就完成试验的案例，新疆送变电有限公司QC小组认为缩短750kV并联电抗器交流耐压的时间是可行的，所以设定此次活动目标为：750kV并联电抗器交流耐压试验时间缩短为1h。

二、分析原因和确定对策

1. 分析原因

课题目标确定后，QC小组针对以上所调查的结果，针对并联电抗器交流耐压时间过长的原因，开展了热烈的讨论，小组采用"头脑风暴法"进行了细致分析，集思广益，找到原因，得到如图1-4-6-1所示的因果图。

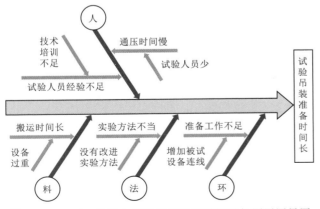

图1-4-6-1　并联电抗器交流耐压时间过长原因因果图

2. 制订对策

通过改进交流耐压的试验方法，从一定程度上可以节省试验时间，尽可能地减少设备搬运次数，此方法是可以实现的，并制订出对策，见表1-4-6-1。

表1-4-6-1　改进交流耐压试验方法的对策和目标

序号	要　因	对　策	目　标
1	增加试品连接引线	提前与安装单位沟通好	使3台并联电抗器连接完好
2	试验方法不当	同时完成3台并联电抗器试验	缩短并联电抗器交流耐压时间

3. 实施对策

（1）使用升降设备用一根测试线将线路高抗的高压套管连接至中性点套管，如图1-4-6-2所示的黄、绿、红三根导线。

图1-4-6-2　用一根测试线将线路高抗的高压套管连接至中性点

（2）用一根测试线一端接中性点套管另一端接公共管母（图1-4-6-2中的黄、绿、红线）。

（3）线路小抗用一根测试线一端接中性点套管另一端接公共管母（图1-4-6-2中的蓝线）。

（4）使用大型吊车将交流耐压设备一次性放置组装好。

（5）从离交流耐压设备最近的一个高抗处引一根加压线连接至交流耐压设备上。

（6）接通电源并根据相应的操作规程操作，由于线路小抗和线路高抗所受耐压等级不同（线路小抗为68kV，线路高抗为160kV），所以试验分两次完成。第一次先将小抗和高抗同时带上，完成线路小抗的交流耐压；第二次时将线路小抗上连接管母的引线拆除，其余引线不动，再进行线路高抗的交流耐压试验，一次性完成线路高抗试验。

三、实现效果检和巩固措施

1. 实现效果

（1）并联电抗器的交流耐压试验时间已缩短至平均最多1h，实现了既定目标。

（2）新试验方法运用之后，在经济效益方面也有很大的节约效果。

（3）避免了由于重复的登高挂线带来的登高作业的安全隐患，试验人员的劳动强度也大大降低了。

（4）提高了小组成员运用 QC 工具的能力和水平，增强了团队凝聚力。为小组后期开展各项工作积累了经验，树立了信心。

2. 巩固措施

（1）编制 750kV 变电站并联电抗器交流耐压试验作业指导书。

（2）对试验人员进行理论知识和实际操作的技术培训，保证试验数据的可靠性。

（3）在实际工作中，不断发现新的课题、新的成果，不断提高班组整体实力，攻克工作中出现的各类难题。

第七节 降低变电站电抗器、电容器接地扁铁发热率技术措施

一、课题选择

电抗器是电力系统中用于限制短路电流的高压电器，电容器因其对运行电压的稳定和电网无功功率的补偿等优点，在变电站中广泛应用。由于电抗器、电容器特殊的结构形式，决定了电抗器、电容器运行时将在周围产生比较强烈的磁场。另一方面，接地网是变电站的重要组成部分，其可靠性对电力系统的安全稳定运行和电气设备安全具有重大意义。其设计施工和运行维护历来受到许多学者的密切关注与电力生产部门的高度重视，随着电压等级的不断提高，经接地网入地的故障电流随之增大，对接地网安全性要求也日益提高。为保证电抗、电容器可靠运行，如何准确有效发现接地网的潜在故障进而有针对性地采取防护措施已成为电力行业运行维护工作中最为突出的问题。

自 2010 年以来，新疆巴楚、阿克苏、准北等 750kV 变电站电抗器、电容器接地扁铁发热现象较为严重。图 1-4-7-1 中红外图谱显示，确实存在着不容忽视的发热现象。这些变电站干式电抗器区接地扁铁存在发热的

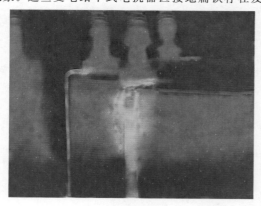

图 1-4-7-1 电抗器接地极红外成像图

问题，平均温度达到 76℃，这些发热问题对系统的安全稳定运行埋下了隐患。

新疆送变电有限公司 QC 小组根据目标值分析情况，确定的目标为降低变电站电抗器、电容器接地扁铁温度降到 40℃，发热率降低 47.36%。

二、影响因素与对策

（一）影响因素

影响变电站电抗器、电容器接地扁铁发热的主要因素占比如图 1-4-7-2 所示。

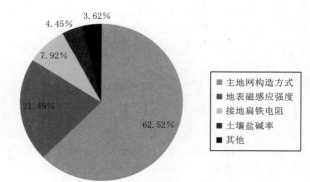

图 1-4-7-2 影响变电站电抗器、电容器接地扁铁
发热的主要因素占比饼状图

变电站主接地网是将多个金属导体用接地干线连接成的接地网络，从图 1-4-7-2 中可以看出，变电站主接地网构造方式对电抗器电容器接地扁铁发热的影响最大，占比 62.52%，地表磁感应强度占比 21.49%，接地扁铁电阻占比 7.92%，远高于其他部分所占百分比，是影响变电站电抗器、电容器区域发热的主要症结所在。

QC 小组根据实地试验、科学论证，施工总结，对影响变电站电抗器、电容器区域接地扁铁发热的因素进行分析，如图 1-4-7-3 所示。

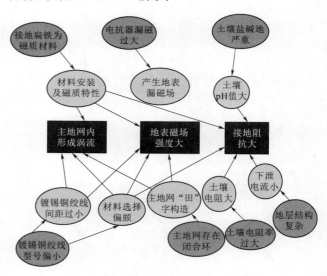

图 1-4-7-3 影响变电站电抗器、
电容器区域发热的关联图

（二）提出对策方案

QC 小组对找到的三个要因，分别提出了对策，见表 1-4-7-1。

表 1-4-7-1　针对影响变电站电抗器、电容器区域发热的要因提出对策汇总表

序号	实施事物	实施内容	实施方法
1	降低电抗器、电容器区接地阻抗	接地扁铁周围使用降阻剂，接地扁铁采用铜排材料	现场实验，理论分析
2	双层地网构造方式	基于双环网及柔性石墨复合接地材料技术下的主地网构造	现场模型，实验
3	抑制地表磁感应强度	根据涡流消除原理，在电抗器、电容器底部加钢板、侧围加铝板屏蔽工频磁场，围栏开口，基础柱内使用非磁质材料	现场数据采集，软件仿真

（三）对策实施

1. 接地扁铁周围使用降阻剂

土地电阻测量及阻剂使用现场如图 1-4-7-4 所示。

图 1-4-7-4　土壤电阻测量及降阻剂现场使用

针对电抗器、电容器区接地阻抗过大要因，QC 小组应用控制变量法，在莎车 750kV 变电站针对接地扁铁使用降阻剂和原发热区接地扁铁进行测温试验，所测温度见表 1-4-7-2。

表 1-4-7-2　使用降阻剂后和原接地扁铁温度测量表（环温 18℃、湿度 20%）

测量组数	使用降阻剂后的接地扁铁温度/℃	原发热区电抗器接地扁铁温度/℃
1	64	68
2	62	70
3	54	65
平均值	60	67.7

根据表 1-4-7-2 数据可绘制使用降阻剂前后的温度对比曲线，如图 1-4-7-5 所示。由图可以明显看出，使用降阻剂后接地的温度明显比未使用时低。

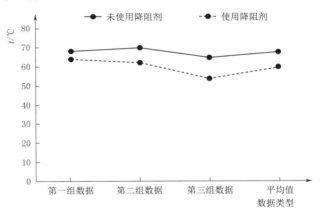

图 1-4-7-5　使用降阻剂前后的温度对比曲线

2. 采用铜排代替扁铁作为接地材料

QC 小组采用铜排代替扁铁作为接地材料，如图 1-4-7-6 所示。

图 1-4-7-6　采用铜排代替扁铁作为接地材料现场

针对电抗器、电容器区接地阻抗过大要因，QC 小组应用控制变量法，针对接地采用铜排材料和镀锌扁铁材料进行了红外成像测温试验，红外成像的对比如图1-4-7-7所示。

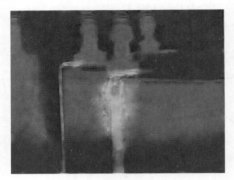

（a）镀锌扁铁红外成像图

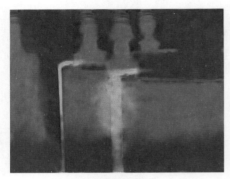

（b）铜排红外成像图

图1-4-7-7　不同材质作为接地材料红外成像图

由图1-4-7-7可以明显看出，镀锌扁铁接地材料红外成像图热度特征明显高于铜排红外成像图热度特征。

3. 采用基于双环网及柔性石墨复合接地材料技术下的主地网构造方式

经过西安电气研究所、山西电力设计院论证、研究，给出了基于双环网及柔性石墨复合接地材料技术下的主地网构造三维立体概念图，如图1-4-7-8所示。

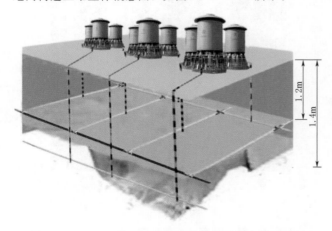

图1-4-7-8　基于双环网及柔性石墨复合接地材料技术下的主地网构造三维立体概念图

进行主地网设计时，设计人员对整体地网进行电阻计算时往往对解网后第二层地网忽略不计。考虑在最严重情况下，一台干式电抗器三根接地线断开两根，而连接第二层地网的接地线又忽略不计，此时电抗器俨然已成为"未接地"的"孤岛"。为避免由于盐碱地腐蚀或电抗器"孤岛"的出现，通过和西安电气研究院、山西电力设计院专家深入讨论和论证，使用柔性石墨复合接地材料对第一层由于解网而形成的主地网缺口进行修补。图1-4-7-9所示为给出基于双环网及石墨复合接地材料技术下的主地网构造现场图。

图1-4-7-9　基于双环网及石墨复合接地材料技术下的主地网构造现场图

以电抗器为例，用Smart-Sensor（-50～750℃）型红外测温仪对电抗器接地扁铁温度进行了测量，测量数据见表1-4-7-3。

表1-4-7-3　电抗器接地扁铁温度测量数据表

（环温18℃、湿度20%）　单位：℃

测试次数	1	2	3	4	5	6	7	8	9	10	11	12	平均温度
A相温度	31	33	36	32	36	33	30	36	32	35	33	34	33
B相温度	22	23	20	29	23	21	26	21	22	23	22	27	23
C相温度	20	31	24	23	24	29	31	28	23	24	24	28	26

由表1-4-7-3可以看出，经过基于双环网及石墨复合接地材料技术下的主地网构造后，该发热区电抗器接地扁铁温度明显降低。

4. 底部加装钢板、侧围加装铝板

基于涡流消除原理，在电抗器、电容器底部加钢板、侧围加铝板，屏蔽工频磁场。以电抗器为例，电抗器区磁场强度屏蔽效果如图1-4-7-10所示。

从图1-4-7-10中可以看出，6种对策方案中，底部加钢板侧围加铝板的屏蔽效果最好。选取典型的未屏蔽、底部和侧围均加铝板以及底部加钢板、侧围加铝板，进行Matlab仿真比较，如图1-4-7-11所示。

基于涡流消除原理的电抗器、电容器底部加钢板、侧围加铝板屏蔽工频磁场三维立体概念图如图1-4-7-12所示。

5. 围栏开口、基础柱内使用非磁质材料

围栏开口内使用非磁质材料现场如图4-7-13所示。

用Smart-Sensor（-50～750℃）型红外测温仪对接地扁铁改进前后温度进行了测量，测量数据见表1-4-7-4。

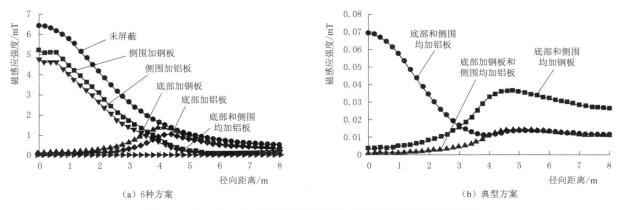

（a）6种方案　　　　　　　　　　　　　（b）典型方案

图 1-4-7-10　电抗器区多种屏蔽方式的磁场强度屏蔽效果图

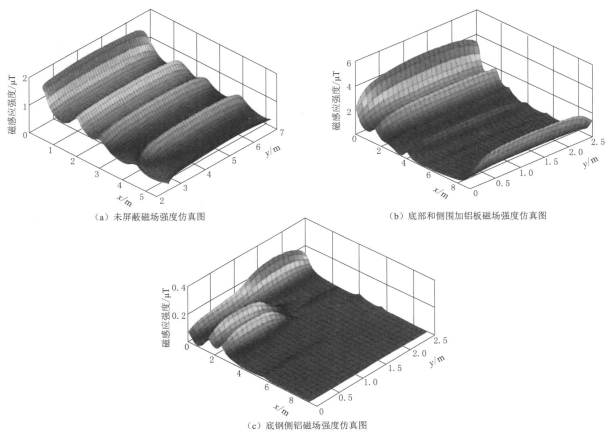

（a）未屏蔽磁强度仿真图　　　　　　　　（b）底部和侧围加铝板磁场强度仿真图

（c）底钢侧铝磁场强度仿真图

图 1-4-7-11　基于 Matlab 仿真的典型三种屏蔽方式效果图

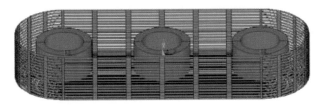

图 1-4-7-12　基于涡流消除原理的电抗器
电容器底部加钢板和侧围加铝板屏蔽工频磁场
三维立体概念图

图 1-4-7-13　围栏开口内使用非磁质材料现场

表 1-4-7-4　红外测温仪对接地扁铁改进前后温度进行测量结果　　　单位：℃

测试次数	1	2	3	4	5	6	平均温度
改进前	24	23	22	21	24	19	22.17
改进后	19	18	17	20	19	18	18.5

从表 1-4-7-4 可以看出，经过基于涡流消除原理的围栏开口、基础柱内使用非磁质材料，该发热区的接

地扁铁温度明显降低。

6. 综合对策实施

为了综合治理变电站双环网技术下电抗器、电容器区域发热现象，QC 小组采取了综合治理措施，给出了接地扁铁周围使用降阻剂、接地扁铁采用铜排材料、采用柔性石墨复合接地材料、围栏开口、基础柱内使用非磁质材料、电抗器、电容器底部加钢板和侧围加铝板屏蔽工频磁场等方案，如图 1-4-7-14 所示。

（a）围栏开口

（b）基础柱内使用非磁质材料

（c）底部加钢板和侧围加铝板屏蔽工频磁场

（d）采用柔性石墨复合接地材料技术

（e）接地扁铁周围使用降阻剂

（f）用铜排代替扁铁

图 1-4-7-14　降低电抗器电容器区接地体发热综合方案实施现场图

三、实施成效及巩固措施

（一）目标达到

QC 小组经过是非要因分析、要因逐步细化、给出具

体措施、措施论证分析、实验分析总结等相关方式方法，提出了减少变电站双环网技术下电抗器电容器区域接地扁铁发热的综合治理措施。达到了接地体发热温度低于 40℃ 的目标，超过了当前国内学术界试验结果的 45℃ 的

温度范围，同时又为电抗器、电容器综合降温措施特别是从地网结构改进上进行了首次探索。变电站电抗、电容器区域接地扁铁发热率降低了 56.5%，综合的降温措施优于学术界单一的降温措施。

（二）经济效益

维护保养成本＝（改善前维护保养费－改善后维护保养费）×12＝（266－20）×12＝2952（元/年）。

活动收益＝（年质量成本低减＋年节约人工成本）－改善成本＝（1565＋1380）－1260＝1685（元/年）。

合计 4637 元/年，如果因接地扁铁温度过高烧毁设备，以干式电抗器 35 万/台计，可以避免损失将会达到几十万元。

（三）社会效益

（1）针对新疆地区几个 750kV 变电站出现的电抗器电容器区发热问题提出了综合治理措施，并撰写专业论文一篇，在西安电气研究所主办的省部级杂志《电力电容器与无功补偿》刊发。

（2）编制了"750kV 变电站电抗器区双层接地网工法"。

（3）降低了设备老化程度和电力资源的损耗，增大了变电站对电力系统的电压稳定、无功补偿的调节能力，提高了全网潮流及稳定控制能力。

（4）创新性地提出、验验证了基于双环网及石墨复合接地材料技术下的主地网构造方式。

该方法简单方便、成本低，在新疆地区各变电站系统行业值得推广应用。该方法可降低电抗器、电容器区发热，保障电力系统安全、稳定、可靠、经济运行。

（四）巩固措施

（1）编制"电抗器区双层接地网工法"，并在实际工程中运用实践。

（2）申请"基于双环网及石墨复合接地材料技术下的主地网构造"的实用专利。

（3）荣获新疆送变电有限公司 2017 年 QC 成果二等奖，并将该方案技术收录在《2017 年优秀 QC 及成果汇编》中。

（4）利用 Matlab7.0 的 cftool 工具箱生成区域改进前后温度曲线可以明显看出，温度曲线更为平滑，综合措施对整个干式电抗器、电容器区温度抑制达到了良好的抑制效果，巩固期电抗器电容器区温度都在目标值以下，巩固期效果达到预期。

第八节　高寒地区 750kV 主变压器安装典型施工方法

一、概述

随着国内电网建设规模的不断扩展，西北地区已进入 750kV 高电压等级的大规模建设，因面临西北地区冬季平均温度较低等客观因素，增加了主变压器的安装难度。

新疆维吾尔自治区送变电工程公司自 2009 年起开始对 750kV 主变压器的安装进行研究，并经过多年的施工与总结，形成了比较成熟的施工方法。

（一）本典型施工方法特点

（1）主变压器安装时配有各项保温措施，减少散热，提高保温效率。

（2）使用短路加热法提高加热效率，大大缩短加热时间。

（3）改进管路，采取较先进的绝缘油全密封系统。

（4）固化安装质量措施及短路加热器使用方法，提高一次成优率。

（5）主变压器安装区域，设置统一接地及临时电源敷设架，提高空间利用率。

（6）750kV 主变压器在安装过程中如遇突发雨雪情况，具有防雨雪方法。

（二）适用范围

在 750kV 变电站施工过程中，本典型施工方法适用于高寒地区（温度低于 5℃）主变压器的冬季安装。

（三）工艺原理

本典型施工方法工艺原理：通过对到场设备的检查归类、提前确认设备的质量状态；合理布置吊车位置及各项工序，按照厂家要求进行安装工作，采用绝缘油全密封处理系统、冬季油保温系统及短路加热法应用、过程中的合理排气措施、编制螺栓及密封胶垫签证控制安装紧固等措施，从而顺利完成 750kV 主变压器的冬季安装。

二、施工工艺流程

本典型施工方法施工工艺流程见图 1-4-8-1。

三、操作要点

（一）施工准备

（1）编制完善的 750kV 变压器冬季安装方案，并对所有安装人员进行集中培训，增强技术员、安装工的技术水平。

（2）将主变压器区域所有无关设备、机具均运出场地，附件按就近摆放原则码齐，预留出吊车安装位置，冬季油路保温措施到位。

（3）施工电源就近设置，使用临时固定桥架摆放电缆，避免因电缆凌乱，影响安装环境。

（4）短路加热装置布置于主变进线架空线正下方构

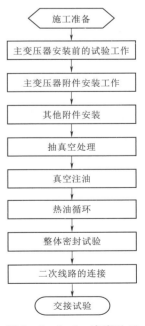

图 1-4-8-1　高寒地区
750kV 主变压器安装
工艺流程图

架处，四周设置防护围栏，采用电源（经电缆）-加热器（经电缆）-主变压器进线架空线（经导线）-中压侧、低压侧套管的方式进行加热处理，节约空间。

（5）配备足够油罐（油罐装油容量应不小于30t/罐），采用单管分阀控制的油处理系统方式布置所有油罐及相应连接，油管统一摆放，规划整齐，油罐外部设置保温棚。所有保温用的耐寒PVC管、棉被、帆布等准备到位（图1-4-8-2）。

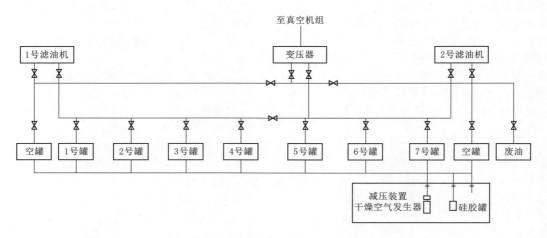

图1-4-8-2　单管分阀控制的油处理系统

（6）提前准备好滤油机保温棚，使用滤油机时，在其外部设置单独保温棚。

（7）在油罐区、主变压器安装区域用扁钢或扁钢铜设置两道统一接地，用以满足所有油罐、用电设备的接地工作，减少现场占用面积（图1-4-8-3）。

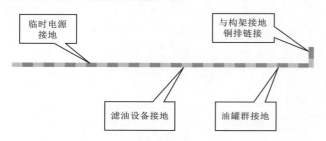

图1-4-8-3　750kV主变压器安装区域统一接地

（8）所有机具检测合格、所有试验设备检查合格、所有附件检查无缺失、坏损。

（9）根据工程量组织施工材料，例如，导线、铜排等的加工，严格检查所需施工材料的出厂合格证、检验报告等，如与实际情况不符，应立即复查，严禁使用不合格材料。

对到场的附件进行检查，严格按照设备开箱报审制度进行开箱审查，所有设备应完好无损，所有试验证明、合格证、冲击记录等应齐全合规，对温度计、部分继电器需增加防雨帽等特殊项应单独检查。

（11）主变压器所有仪器、仪表，例如，气体继电器、温度计、油位计、压力释放阀均已经过校验，所有节点性能、数量满足实际需求及反措要求，温度计等指示正确，温度偏差及电阻值满足实际使用要求，需特别注意审查图纸现场是否对分接开关设置过流闭锁等功能，如有，需对相关继电器或接触器定值调整范围进行

核实。

（12）每日对充气运输至现场的主变压器内部压力进行检查，保持确认器身内部为微正压（0.01～0.03MPa）。

（13）将自制的防雨、防雪帽准备到位，避免因雨、雪、风沙天气影响安装，污染器身内部。

（二）主变压器安装前的试验工作

（1）并对主变压器内部残油品质进行检验，以判断器身是否受潮，残油品质是否符合要求。

（2）主变压器安装前1～2d对套管、分接开关进行相关试验，并与厂家出厂报告进行核对，确认无误。

（3）对主变压器储油柜的油囊进行检漏，确认其完好。

（三）主变压器附件安装工作

1.芯部检查

（1）对变压器进行抽真空排氮，并充干燥空气破真空，充入露点在-40℃以下的干燥空气，流量不小于3m³/min，注入干燥空气后对器身进行检漏，确认其无漏点。

（2）氧气浓度大于18%时，进入器身内部进行内检，内检人员应穿戴连体工作服，耐油胶鞋；施工单位需提前准备好内检签证，内容涵盖一般内容与技术内容，例如，应注明进入器身检查的人员、携带的物品；器身各部位有无移动、螺栓是否紧固、铁芯有无变形、铁轭与夹件间的绝缘垫是否良好，铁芯有无多点接地现象、压钉、定位钉和固定件是否松动、绕组绝缘层是否完成、排列是否整齐、油路有无阻塞、引出线绝缘包扎是否牢固、绝缘距离是否合格、焊接是否良好、检查油箱顶盖上的器身定位件是否有损坏、变形及松动现象等。

2.储油柜安装

（1）对油囊进行检查，确认其完好无损。

（2）将储油柜的支架组立完成后，用储油柜上的专用吊点对储油柜进行吊装。

3. 变压器冷却器安装

（1）将冷却器联管上的盖板拆下，按照厂家规定的编号顺序起吊，吊装时，应保持平稳、水平。

（2）安装完成后打开冷却器下部放油塞，放掉内部残油后再拧紧。

4. 升高座安装

（1）升高座安装需对号入座，气孔位置在最高处；电流互感器中心线与升高座中心线位置一致，所有密封垫应更换为最新密封垫。

5. 套管安装

（1）套管的吊装应使用厂家专用吊具，吊装时，在套管两端可靠拴两根绳索作为缆风绳，用于控制套管移动过程中的方向。

（2）对于穿缆式套管，从升高座侧面的人孔处将引线与套管底部的铜棒或铜杆用螺栓紧固；对于穿杆式套管，待套管进入升高座内适当的位置时，由厂家人员完成内引线的连接，再落位和穿杆的紧固。

（3）将引线内的均压球拧紧在套管底部。

（四）其他附件安装

1. 油管路安装

抽真空管道应先用绝缘油冲洗连管后再按照装配图安装。

2. 瓦斯继电器安装

气体继电器安装在储油柜与油箱的水平连接管路上，箭头应指向储油柜，并连通管的连接应密封良好，注意连通管道应有 2%～4% 的坡度。

3. 压力释放阀安装

安装时注意喷油方向是否相符厂家图纸的要求，动作压力值是否与厂家说明一致。

4. 吸湿器安装

吸湿器内硅胶应干燥，运输密封垫应拆除，底部罩内应注入清洁的变压器油至规定的油面线，以阻止空气直接进入吸湿器，同时除去空气中的机械杂质。

5. 温控器的安装

温包要垂直安装在注有变压器油的箱盖温度计座内，密封应良好。闲置的温度计座也应密封，不得进水，毛细管其弯曲半径不得小于 50mm。

6. 本体端子箱及调压箱的安装

（1）安装时注意对端子箱表面漆层的保护，吊装时必须采取防倾倒措施，移动过程中要有人扶持防止碰撞。

（2）调压开关安装前必须根据厂家说明书对内部进行检查、调整，安装完成后对各挡位进行检查，确认其无开路现象。

（五）抽真空处理

（1）根据厂家说明书或图纸资料连接真空注油系统。使用自制多通，提高抽真空效率。直到真空度满足厂家说明书的要求。

（2）抽真空时，监视并记录油箱的变形，每 10min 记录一次，真空度稳定后，每 30min 记录一次。真空泵应装电磁止回阀或真空回路上加装油隔离罐，防止突然停电将真空泵油倒吸入本体。

（3）抽真空至 133Pa，进行变压器泄漏测试。关闭抽真空阀门，并停止真空泵，1h 后记录真空表读数 1；再过 30min，读取真空表读数 2，2－1 的差即为泄漏率。要求泄漏率不大于 30Pa/30min，确认变压器密封良好，如果不满足，检查所有接头之处并拧紧，再做泄漏率，直到合格为止。

（4）泄漏试验完成后，继续抽真空度其真空度至 13Pa，并维持 48h。

（六）真空注油

（1）冬季变压器注油全过程应保持真空，注入油的温度宜高于器身温度。注油速度控制在 6000L/h。

（2）使用单管分阀控制的油处理系统将提前到场的绝缘油加热至 30℃ 后注入变压器本体内，全过程仍将保持抽真空状态。

（3）注油到油位线的注油距箱体顶部 200mm 时停止注油，关闭真空泵。

（4）进行补充注油，补油至储油柜顶部溢出。最后油面调整根据厂家温度所对应的液面线进行。

（七）热油循环

（1）冬季变压器热油循环管路连接采取上进下出的方式，最大限度地滤除水分。

（2）在已完成附件安装的变压器外搭设保温棚，内布置热风机、油汀、电暖气等，保证独立密封的密闭环境气温与变压器内部油温相差小于 40℃。

（3）对其他需保温部件，例如，真空滤油机、油罐群等均设置外部保温棚，对油管道使用耐寒 PVC 管穿套后再用棉被进行包裹的方式减小管路散热。

（4）针对散热较大的升高座，储油柜等部位采取单独包裹措施，即，先使用帆布对升高座管壁进行缠绕，再使用棉被包裹的形式，应对重点部位散热过快。

（5）接通热油循环系统的管路，分别依序打开冷却装置与变压器本体之间的阀门，然后使热油由油箱顶盖上的蝶阀进入油箱，从下节油箱的滤油阀门流回处理装置。

（6）冬季使用短路加热器加热 750kV 主变压器油温可以将加热时间由 60h 缩短至 12h 左右。按顺序连接好短路加热器，短路加热器连接原理图及现场布置图（图 1－4－8－4）及现场布置图（图 1－4－8－5）（导线、电缆大小视变压器实际容量所定）。

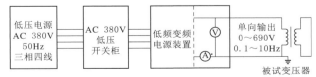

图 1－4－8－4 短路加热器原理图

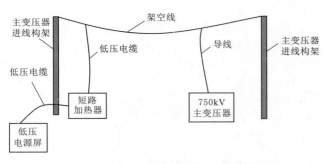

图 1-4-8-5 短路加热器现场布置示意图

（7）短路加热设备操作前应严格确认履行确认手续，所有步骤严格见表 1-4-8-1。

（8）密切观察主变压器上下层油温差，若上下层油温差达到 35℃时，适时打开潜油泵搅动，平衡上下层油温，以防油老化及对铁芯绝缘层产生不良影响，短路加热电流的大小可根据现场实际油温进行调整，但不得大于 $0.8I_N$。

（9）循环的总油量不小于 3 倍变压器油总量，循环时间依照厂家规定，不小于 72h。

（10）经过热油循环后取油样做整体检查试验，应达到规定。

表 1-4-8-1 短路加热设备操作前需确认内容

序号	内　　容
短路加热设备具备条件	
1	加热设备厂家已到场，对施工操作人员已进行培训，操作人员不少于 2 人
2	施工单位对短路加热设备场地布置完成，短路加热器控制箱控制电缆接线完成，周围装设防护围栏，并悬挂"有电危险"标志牌，操作设备上张贴操作规程完成
3	短路加热设备场地制作统一临时接地，所有设备外壳保护接地制作完成，并对电阻值进行实测，确保 $R \leqslant 4\Omega$
4	施工单位对电源进线 380V 低压电缆两端核相、绝缘试验、接线完成，所选负荷开关满足实际需求
5	施工单位低压开关柜至低频变频电源装置电缆应采取直线布置，减小涡流，两端接线完成
6	施工方、监理、业主、主变压器厂等几方对以上条件进行确认会签
750kV 主变压器本体及引连线应具备条件	
7	施工单位对单相输出电源导线制作完成，至 750kV 主变压器上架空线连线完成且牢固，所选导线满足 $80\%I_N$ 电流的载流量
8	施工单位确认三侧套管 TA 端子短接完成，统一接地制作完成
9	750kV 主变压器本体（含铁芯、夹件）接地制作完成并确认其连接牢固
10	短接侧套管短接载流量同样需满足 $80\%I_N$=1850A 的载流需求
11	主变压器上下层油温表计接线及铁芯温度表计接线完成或人工测温温度计布置完成
12	将配线的温度测量传感器放置待测点，确保其固定牢固无移动，测量线另一端接至远程控制箱配套插座
13	主变压器绝缘油注入完成，潜油泵电源线接线完成，具备开动条件
14	短路加热器过流保护 0.95 倍的低频电流值整定完成
15	主变压器区域及低压加热设备区域灭火器布置完成，其中每侧灭火器布置不小于 4 瓶
16	检查确认主变压器分接开关置于额定档
17	套管及绕组直阻、绝缘电阻试验完成，所有档位变比测试完成且符合厂家技术规范
18	施工方、厂家、监理、业主等几方对以上条件进行确认会签
送电及现场安全管理措施	
19	现场专职安全管理人员就位，安全登记表准备完成、过程油温检测登记表准备完成
20	人员距离带电加热区域安全距离不小于 1.6m，车辆安全距离不小于 5m 检查完成、主变压器区域及短路加热器区域无关人员撤离完成，吊车等无关车辆设备在安全距离之外
21	升流过程应不小于 5min 完成，操作过程要缓慢均匀，防止产生大电流冲击
22	现场保温措施及棉被等布置到位，临时用电安全可靠
23	现场"短路加热设备正在使用，有电危险"标识在投运前布置完成
24	施工方（电气 A、B 或 C）、厂家、监理、业主等几方对以上条件进行确认会签后即可加热升温
加热装置停运条件及后续措施	
25	主变压器本体下层油温达到 55~60℃
26	降流至 0A 时，核对调压器和分压器的电压同比例降低
27	电源切断应按照下级至上级原则逐一断开开关并予以确认
28	拆除一次短路引线及各侧一次引线、短路加热电源输出引线
29	滤油机控制出口油温维持在 65℃
30	冬季保温棚内电暖气全开
31	滤油管路耐寒 PVC 管包裹完成

（八）整体密封试验

（1）变压器安装完毕后，应承受 0.03MPa 压力，静放 24h 应无渗漏。

（2）密封试验结束后必须静放 72h 以上，方可安排进行常规试验及特殊试验项目（厂家另有规定的除外）。静放期间应多次打开放气塞进行放气。在静放完成后局放试验前，不能启动潜油泵进行油循环，以免造成局放数据不准，原因不好分析。

（九）二次线路的连接

（1）电缆线接入前应用规程规定的绝缘电阻表检查各线芯间和芯对地的绝缘电阻良好。

（2）接线中要防止交直流共缆现象。

（3）采用成束配线法，所有电缆应固定美观，热塑管长度应一致，位置应统一。

（4）电气回路接触良好，螺丝紧固可靠，配线横平竖直。

（5）电缆挂牌采用机打的白色 PVC 板，大小统一，电力电缆为红字，控制电缆为黑字，光缆为蓝字。

（十）交接试验

按照国家电网公司相关规范完成。

四、人员组织

人员组织见表 1-4-8-2。

表 1-4-8-2　　人　员　组　织

序号	分　工	人　数
1	起重司机	2
2	一次安装工	10
3	短路加热设备操作人员	2
4	二次接线人员	2
5	吊车指挥	2
6	滤油人员	3

五、材料与设备

材料与设备见表 1-4-8-3。

表 1-4-8-3　　材　料　与　设　备

序号	名　称	规格	单位	数量	备注
1	吊车	16t/25t	辆	2/1	
2	真空滤油机	12000L/h	台	2	
3	干燥空气发生器	AD-200	台	1	漏点：-55℃以下
4	移动脚手架		套	2	
5	油罐	30t	只	5	带干燥呼吸器
6	精滤机		台	1	
7	干湿温度计		只	2	
8	温湿度计	TES-1360A	个	1	温度、湿度及露点测量

续表

序号	名　称	规格	单位	数量	备注
9	测氧仪	CY-12C	套	1	
10	真空表		个	1	
11	塑料布		m²	50	
12	内检工作服	棉布	套	3	
13	高纯氮气	纯度>99.99%	瓶	10	
14	硅胶	蓝色	kg	30	
15	油中颗粒含量分析仪	PZG10089	台	1	
16	微水含量分析仪	JF-3	台	1	
17	油介损电强度测试仪	GJZ-80	台	1	
18	溶解气体色谱分析仪	2000A	台	1	
19	闪口闪点全自动测定仪	ZHB202	台	1	
20	油介损电阻率测试仪	A1-6000	台	1	
21	绝缘油酸值测试仪	ZHSZ601	台	1	
22	界面张力测定仪	ZHZ501	台	1	
23	绝缘油含气量测试仪	ZHYQ3500	台	1	
24	低频短路加热器		套	1	
25	耐寒 PVC 管		m	300	
26	帆布		m²	500	
27	棉被		条	300	
28	临时电源桥架		套	40	
29	防雨帽		套	5	
30	油管接头		个	20	

六、质量控制

（一）工程质量控制执行标准

（1）《电气装置安装工程　接地装置施工及验收规范》（GBJ 50169—2006）。

（2）《电气装置安装工程　盘、柜及二次回路结线施工及验收规范》（GB 50171—2010）。

（3）《750kV 变电所电气设备施工质量检验及评定规程》（Q/GDW 120—2005）。

（4）《1000kV 电力变压器、油浸电抗器、互感器施工及验收规范》（Q/GDW 192—2008）。

（二）安装质量控制

（1）必须确保经过试验合格的变压器油注入变压器本体。确保油管路清洁，真空注油及热油循环过程中过程中必须严格控制滤油机出口油的温度值符合厂规。

（2）破氮安装施工环节应尽量减少芯部暴露时间，确保变压器内不得留有遗留杂物，安装完毕后在盖板封闭前底部残油及杂物应冲洗干净。

（3）抽真空及真空注油环节必须确保真空度及真空时间满足厂家要求。

（4）所有试验项目数值严格对照厂家标准和规范值进行校验。

（5）变压器运行位置轴线必须进行核对。

（6）抽真空时必须对变压器外壳变形情况进行检测，抽至极限真空值时需通知监理会同厂家签字确认，真空保持过程应密切注意真空值变化。

（7）注油时及时知会监理，并对油温进行记录，油温上升温度应尽快到达厂家技术文件要求的温度，到场绝缘油技术指标满足厂家技术要求。

（8）热油循环过程应每隔 4h 记录一次油温。

（9）热油循环完成后，在静置过程中每天不少于两次排气工作，防止气体聚集无法排出。

（10）TA 接线盒内的接线应严格按照工艺要求，杜绝接线未压紧、线芯裸露过长、二次侧开路、方头未套、备用芯绝缘护套未套等工艺缺陷。

七、安全措施

（1）所有施工人员必须经过安全教育并测试合格后方可上岗，特殊工种人员必须持证上岗。

（2）施工人员进入施工现场必须正确佩戴和使用安全防护用品。

（3）严格执行施工作业票制度，工作班成员要认真听清并了解工作内容及安全措施，并签名确认，变压器顶部设置防坠落围栏。

（4）安装及油处理现场必须配备足够的消防器材，必须制定明确的消防责任制责任到人，场地应平整、清洁，10m 范围内不得有火种及易燃易爆物品。

（5）真空净油设备的使用必须按操作规程进行，滤油管道使用前要全面清洗，并保持清洁。尤其后置过滤器、注油管道应仔细检查、妥善维护，防止异物和潮气进入器身内。

（6）变压器器身内部氧气含量达到 18％时，安装人员方可进入。

（7）短路加热器四周使用硬质围栏维护，并在内部设置操作规程，设置单独人员进行值守操作。

（8）对利用主变压器进线作为加热线时，应在加短路电流前分别在短路加热器处，变压器处，母线构架处设置"已带电，禁止攀爬"示意牌，并注明预计工作时间。

（9）短路加热器加热电流应根据变压器高、中、低压三侧绕组的额定电流来计算，原则上短路加热电流不得大于 $0.8I_N$，使用前所有变压器本体、铁芯、夹件接地必须完成，所有测 TA 接线端子必须短接，高压侧套管必须短路。

（10）在变压器真空状态下严禁用绝缘电阻表测量铁芯、夹件的绝缘电阻。

（11）起重机操作人员应持证上岗，严格按照规定支腿后方可操作，加强对操作人员的技能培训。设立专人指挥，严禁指挥人擅自离开现场。

八、环保措施

（1）加强对吊车维护、保养、维修工作，加强对操作人员的技能培训，作业时尽量减小噪声和对空气的污染。

（2）对施工过程中可能造成油污的地方如带油密封的附件在安装时拆除密封板时的位置、滤油机接头、油罐接头、管道接头等，采取铺塑料布等方式避免对基础的油污。变压器安装前土建安装的事故油池必须已具备使用条件，在施工过程中如发生漏油现象排入事故油池，废旧变压器油用集油桶集中回收。

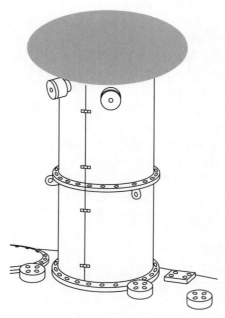

图 1-4-8-6 临时防雨布及大型浴帽

（3）为防止安装过程中施工材料工器具对地面产生磕碰，使土建基础破损，在安装前对安装区域部分地面铺设地板革，严禁使用撬杠硬憋。

（4）固体废弃物分类设垃圾桶，集中回收，定点处理。

（5）严格执行每日工作，"工完、料尽、场地清"。

（6）变压器安装区域使用防尘布围挡，围挡高度需超过套管升高座。

（7）变压器套管、升高座安装过程中准备临时防雨布及大型浴帽（图 1-4-8-6）。

九、效益分析

（1）根据 750kV 主变压器的特点，施工流程细致，冬季保温方法科学有效，将原有油加热时间由 60h 缩短至约 12h，效益明显，且投资并未增加，做到了整个安装环节的流畅性。

（2）安装过程中通过对各个环节的分析、控制，有效地确保了变压器的安装质量。

（3）使用先进保温系统及加热方法，提高了设备的安装施工效率，适合于多台主变压器流程化施工，对总体工程进度产生了非常有利的影响。

十、应用实例

目前，该方法已在乌北 750kV 变电站、巴音郭楞 750kV 变电站、伊犁 750kV 变电站、乌鲁木齐东郊 750kV 变电站多地使用，收到良好效果。

第九节　1000kV 电压互感器安装典型施工方法

一、概述

（一）本典型施工方法特点

1000kV 电压互感器体积大、安装单元重，工艺质量要求高、安装风险大，本典型施工方法特点主要体现在以下几个方面：

（1）本典型施工方法详细阐述了设备安装及试验的全过程，工艺标准，安全可靠。

（2）加强了均压环安装的质量控制，以降低运行时噪声。

（3）各施工环节针对性强、安全可靠、节约环保，能够保证设备的安全投运和电网的稳定运行，具有较高的经济效益和社会效益。

（二）适用范围

本典型工法适用于 1000kV 电压互感器安装的施工。

（三）工艺原理

本典型施工方法较传统施工方法在工艺方面的改进主要体现在如下两个方面：

（1）在电压互感器支架组立、分节吊装过程中，多次测量、控制电压互感器的垂直度。

（2）电压互感器均压环采用现场打磨、抛光工艺，以保证安装质量，降低运行电晕噪声。

二、施工工艺流程及操作要点

（一）施工工艺流程

1000kV 电压互感器安装要严格做好每道工序的安全、质量控制，本典型施工方法施工工艺流程见图 1-4-9-1。

（二）操作要点

1. 施工准备

（1）基础及设备支架复测。

1）设备基础强度符合安装要求，基础表面清洁干净。

2）基础误差、预埋件、预留孔、接地线位置应满足设计图纸及产品技术文件的要求。

3）设备支架应稳固，顶部水平，垂直度满足规范要求。顶部安装孔距与设备相符。

（2）技术准备。

1）根据设计图纸及制造厂装配图、安装使用说明书，结合工程具体情况，对质量薄弱环节、危险源及影响环境保护的因素进行分析并编写施工方案，并报监理审查。

2）技术资料齐全，数量满足现场施工要求。

3）由安装单位技术人员对施工人员进行技术交底，视情况可邀请设备厂家技术人员参与。

（3）场地准备。

1）场地平整、清洁，满足施工要求。

2）施工场地应满足起重机械的作业要求。

（4）人员准备。组织管理人员、技术人员、施工人员及厂家服务人员到位并熟悉现场及设备情况。特殊工种持证上岗，全部报审监理。

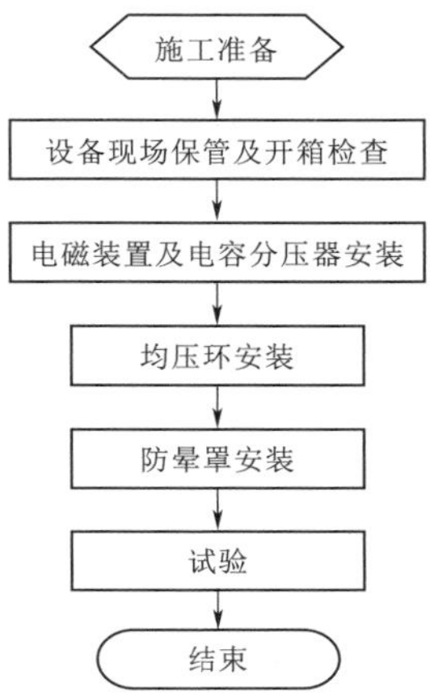

（5）机具准备。所有工机具、仪器仪表投入施工前应进行全面检验，并在开工前运至现场。相关资质报审监理，施工过程中应做好保养工作。

2. 设备现场保管及开箱检查

（1）设备现场保管。

1）设备运至现场后，应核对运输清单，检查设备包装完好无损，并做好交接记录。

2）根据施工现场布置图及安装位置进行临时放置，设备及瓷件应安放稳妥。

3）互感器应直立固定在专用包装箱内，包装好后方可运输，运输和储藏过程中应保持直立，并应防止碰撞和机械损伤。

4）设备存放场地应平整坚实，以防雨水侵蚀后塌陷，导致设备倾倒受损。

（2）设备开箱检查。

1）最少提前 3 天向监理提交开箱申请，开箱时工程建设、物资供应、监理、施工、制造单位人员必须到场。开箱应选择晴好天气进行。

2）设备型号、数量符合设计要求，附件、专用工器具、资料齐全。

3）设备外观应完好，电磁单元密封严密无渗漏油，瓷件无破损，均压环表面无毛刺、无划痕；设备提供的专用吊点牢靠无变形。

（3）安装前的试验。设备安装前，宜进行部分交接试验项目，检查设备是否合格，如分节电容装置的电容量等，具体试验项目及标准请参考本典型施工方法。

3. 电磁装置及电容分压器安装

（1）设备吊装应使用尼龙吊带。

（2）应首先安装电磁装置，再安装电容分压器，以避免吊绳碰损电容分压器瓷裙。

（3）每节电容式电压互感器元件吊装时必须利用厂家规定的吊点自下而上的顺序逐节吊装，每节上法兰面

施工准备 → 设备现场保管及开箱检查 → 电磁装置及电容分压器安装 → 均压环安装 → 防晕罩安装 → 试验 → 结束

图 1-4-9-1　1000kV 电压互感器安装施工工艺流程图

必须进行水平校正。

（4）由于1000kV电压互感器高度达到10m，每完成一节吊装，使用水平尺测量其上表面水平，确保水平误差不大于2mm。在互感器横纵两轴线上设置经纬仪，观测其垂直度，适当调整，确保其垂直度。

（5）必须根据产品成套供应的组件编号进行安装，不得互换。铭牌应置于易于观察的同一侧。

（6）电容分压器相邻节连接法兰处按照产品技术文件规定连接，连接螺栓应对称紧固。

（7）将分压器末端、N端、电磁装置末端、设备外壳均按产品技术文件要求可靠接地；将分压器与电磁装置按照产品技术文件要求连接，接线套管顶部应当安装防鸟罩。

4. 均压环安装

（1）均压环在安装前应当使用砂纸进行整体打磨、抛光，确保其表面无毛刺、划痕。打磨完毕后，采用目测及手触摸的方法，检查其表面平滑度。在安装过程中应当采取包裹保护措施，避免吊装过程中划伤均压环。

（2）将均压环安装于互感器最上节电容单元，随最上节电容单元整体吊装。

（3）均压环易积水部位最低点宜钻排水孔。

5. 防晕罩安装

防晕罩与电容器单元之间的装配是一一对应的，不能混装，具体装配时可按照防晕罩内表面的电容器单元的编号，把防晕罩装在相应的电容器法兰上。

6. 试验

（1）设备安装完成后应进行以下主要试验项目。

1）耦合电容器低压端对地的绝缘电阻测量。

2）耦合电容器的介质损耗角正切值和电容量测量。

3）耦合电容器的交流耐压试验。

4）电磁单元线圈部件绕组直流电阻测量。

5）电磁单元部件连接检查及绝缘电阻测量。

6）电磁单元密封性检查。

7）准确度（误差）测量。

8）阻尼器检查。

试验项目检验标准参照《1000kV电气安装工程电气设备交接试验规程》（Q/GDW 310—2009）相关要求进行。

（2）试验仪器设备投入使用前必须做好性能测试及保养，确保安全，且各仪器设备均在检验合格有效期内。

（3）试验仪器、设备的现场布置应当合理，安全距离符合要求。

（4）试验所用的线缆布置应提前规划，避免在设备上拖拽。

（5）试验完成后，试验用线缆应全部拆除，不应遗留在设备上。

三、人员组织

设备安装过程中，人员组织分工应当明确，配合紧密，详见表1-4-9-1。

表1-4-9-1　1000kV电压互感器安装人员组织分工

负责项目		人员安排/人	工作范围说明
施工负责人		1	整体协调
技术负责人		1	负责组织技术方案编制、施工方案讨论、技术交底、现场技术指导等工作
安全	安全专责	1	负责现场安全，对危险性作业加强监督
	安全监护	1	负责现场安全监护
质量	质量专责	1	负责现场质量检查
起重	起重指挥人员	1～2	负责司索、起重指挥
施工	辅助工	5～8	负责现场各项施工任务具体实施
设备调试	高压试验人员	2	负责相关试验项目
资料	资料员	1	负责设备技术资料搜集、数码照片采集等工作

四、材料与设备

1000kV电压互感器安装主要工器具见表1-4-9-2。

表1-4-9-2　1000kV电压互感器安装主要工器具

序号	名称	规格	数量	单位	用途
1	汽车起重机	25t	1	台	当需要时，可更换为更大吨位吊车
2	运输卡车	7t以上	1	台	用于设备小运
3	高空作业车	18m以上	1	台	配合高处作业
4	力矩扳手	30～100N·m	1	把	螺栓紧固力矩检查
5	力矩扳手	100～200N·m	1	把	螺栓紧固力矩检查
6	尼龙吊带	3t，长度3m	4	根	设备吊装
7	手枪钻	4mm	1	台	均压环排水孔钻孔
8	枕木	150mm	20	根	设备存放
9	砂纸	0号	20	张	均压环打磨
10	绝缘电阻表	2500MΩ以上	1	台	绝缘试验
11	介损仪		1	台	介损试验
12	耐压器		1	台	耐压试验
13	回路电阻仪		1	台	回路电阻试验
14	万用表		1	块	试验

五、质量控制

（一）执行的相关标准

（1）《1000kV变电站电气设备施工质量检验及评定规程》（Q/GDW 189—2008）。

（2）《1000kV电力变压器、油浸电抗器、互感器施工及验收规范》（Q/GDW 192—2008）。

（3）《1000kV电容式电压互感器、避雷器、支柱绝缘子施工工艺导则》（Q/GDW 194—2008）。

（4）《1000kV电气装置安装工程电气设备交接试验规程》（Q/GDW 310—2008）。

（二）其他质量要求

（1）设备外观应完整无缺损。

（2）互感器应无渗漏油，油位指示应正常。

（3）保护间隙的距离应符合产品技术文件要求。

（4）油漆应完整，相色应正确。

（5）设备接地应可靠良好。

（6）交接试验项目齐全、合格。

六、安全措施

（1）安装过程中，应严格执行《电力建设安全工作规程（变电所部分）》（DL 5009.3—1997）相关规定。

（2）按工作内容制订施工方案，明确安装过程中的重大危险源，制订有效的安全技术措施，并对施工人员进行交底。

（3）设备开箱时，应严防工器具损坏设备。

（4）吊装时应专人负责、专人指挥，工作人员应分工明确，责任到人；吊装作业过程必须有专职安监人员现场监护。

（5）吊装前对起重工器具进行认真检查确认，合格后方可使用；吊件离地面 100～200mm 时做停吊检查，经起重负责人确认无误后，方可继续起吊；起吊过程要平稳、缓慢，并应设置缆风绳。

七、环保措施

（1）保持施工场地的清洁，做到"工完、料尽、场地清"。

（2）做好吊车等机械的检查维护工作，避免燃油、润滑油污染地面。

八、效益分析

（1）根据1000kV电压互感器安装的特点，采取多次测量降低垂直误差，确保了施工高标准、高质量完成，并为后续母线安装工作创造了良好的基础。

（2）明确工艺流程后，通过平行作业和流水作业相结合的施工方式，充分地利用了施工资源，大大地缩短了施工周期。

第十节 1000kV四分裂软母线安装典型施工方法

一、概述

（一）本典型施工方法特点

（1）挡距测量采用全站仪，保证测量结果精准。

（2）导线展放保护措施科学，液压压接、金具组装层层把关，导线升空时拆除保护外层，检查表面，最大程度降低电晕的强度。

（3）下料计算采用计算机软件，保证计算数据的准确无误。

（4）地面视频监视高空作业，保证指挥准确、及时。

（5）导线升空过程中使用仪器全程监控测量，弧垂、高度即时显示。

（二）适用范围

（1）本典型施工方法适用 1000kV 变电站 4×JLHN58K-1600 软母线的安装。

（2）本典型施工方法中机械设备、机具的选择，可以根据实际软母线跨线的设计要求、安全规定进行选择。

（三）工艺原理

（1）计算软母线长度时，采用计算机程序，所需各种数据采集准确、规范，保证下料长度精确。

（2）软母线组装时，连接金具正确选择、安装；软母线搬运移动时采用母线移动车防止导线磨损。

（3）利用牵引机实现软母线两端同时起吊升空的方式进行安装。

二、施工工艺流程

本典型施工方法施工工艺流程见图1-14-10-1。

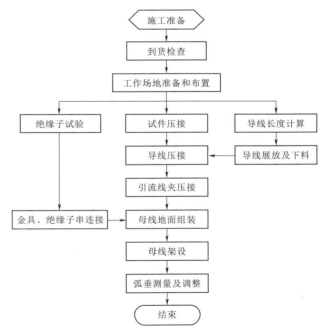

图1-14-10-1 1000kV四分裂软母线安装施工工艺流程图

三、操作要点

（一）施工准备

（1）施工方案向监理报审并通过审核。

（2）根据施工方案内容已进行技术交底。

（3）构架梁经验收合格。

（二）到货检查

（1）确认导线、金具、绝缘子应符合现行规程及产品技术文件要求。技术资料齐全。

（2）检查导线外观应完好，不得有扭结，松、断股，损伤及严重腐蚀等缺陷；空芯导线不得有明显的凹陷和变形。

（3）检查绝缘子瓷釉表面应光滑、无破碎、无掉瓷和裂纹，钢帽、铁脚无损伤、胶合处填料完整，结合牢固，并经耐压试验合格。

（4）检查金具表面应光滑，镀锌层完好，无变形、无裂纹、无伤痕、无砂眼、无锈蚀、无滑扣。

（5）检查耐张线夹，用游标卡尺测量连接管的内外径，用钢板尺或深度尺测量各部分的尺寸，误差应符合有关规范规定。

（6）软母线与金具的规格和间隙必须匹配，符合国家标准。

（三）工作场地准备和布置

（1）展放导线场地的布置。利用站内的道路或在架构区选择满足大于挡距的场地。工作场地应平整、利于车辆进出及压接设备摆放，摆设母线的场地敷设地毯以防导线在施工过程中受损伤。严禁踩踏导线。

（2）牵引机（绞磨）场地布置。牵引机应布置在构架梁外侧，牵引钢丝绳对地面的夹角要小于45°。尽量少用导向滑车，避免和其他工作的交叉作业。

（四）绝缘子试验

（1）绝缘电阻测量。采用2500V绝缘电阻表测量绝缘子的绝缘电阻，不应低于500MΩ。

（2）交流耐压试验。绝缘子的交流耐压试验电压值为60kV。

（五）试件压接

应先进行试件压接，试件压接完成后送试验部门检验、试验，合格后上报监理单位，方可进行正式施工压接。试件应符合下列规定：

（1）每种规格的耐张线夹取两件。

（2）耐张线夹对扩径导线的握力不小于导线计算拉断力的65%。

（六）导线长度计算

准确、规范采集以下参数：

（1）母线档距测量。使用全测量仪对档距进行测量。

（2）绝缘子串、金具串总长度测量。将绝缘子、金具串组装好并垂直挂起，测量从U形环内侧到耐张线夹钢锚内孔处之间的距离，上下距离分别记为L_1、L_2。

（3）对绝缘子串内各金具逐个称重并计算出总重。

（4）对绝缘子单片称重并根据图纸片数要求计算出总重。

（5）截取1m导线称取其质量。

（6）称取间隔棒单个质量。

（7）将上述数据、设计弧垂输入1000kV变电站大截面软母线下料长度计算软件公式计算。

（七）导线展放及下料

（1）导线展放场地应铺上防护地毯，严禁着地展放，以避免擦伤导线。

（2）导线盘摆放平整、牢固。导线盘的摆放方向，应使导线自盘的下部抽出。

（3）按1000kV变电站大截面软母线下料长度计算软件的计算结果，确定导线下料长度，导线测量准确后，做好标记，在断口两侧各20mm处用细铁丝扎牢，绑扎应不少于三圈，防止松股乱头。采用低速的导线切割器进行切断。切割断面应整齐、无毛刺，并与线股轴线垂直。

（八）导线压接

（1）液压施工是母线施工中的一项重要隐蔽工序，操作人员必须经过培训，考试合格，持有操作许可证方能进行操作。操作时应有指定的质量检查人员在场进行监督。应有监理单位人员在压接现场旁站监理。

（2）核对线夹规格、尺寸，与导线规格、型号相符，与图纸相符。

（3）压接用的钢模必须与压接管配套，液压钳应与钢模匹配。

（4）将扩径导线穿过耐张线夹主体铝管，在耐张铝管另一端露出导线的端头，并在扩径导线端部扎紧，将钢锚的螺纹旋入导线的螺旋管内。钢锚与导线之间应保留10mm左右的间隙。

（5）扩径导线与耐张线夹连接时，应用配套的芯棒将扩径导线中心所压接部分空隙填满，芯棒长度必须与铝管压接后的长度应。

（6）压接前将铝管口前导线用铝丝扎紧，防止导线压接过程中出现散股等现象。压接时从压接标记开始，相邻两模间重叠长度应符合产品技术文件要求，当无产品技术文件要求时，应不小于钢模长度的1/3。压接长度应符合产品技术文件要求。在压接钢锚与导线连接处的上方时应注意，压模中心应位于接缝正上方。

（7）压接时线夹位置正确，不得歪斜，相邻两模间重叠长度应不小于钢模长度的1/3。压接后六角形对边尺寸为0.866D，最大对边尺寸超过0.866D＋0.2mm时应更换钢模，压接后耐张线夹外观光滑、无裂纹、无扭曲变形。

（8）导线与耐张线夹液压后出现的飞边、毛刺全部锉掉后，再进行打磨，使新导线、线夹、金具表面光滑，压好后的导线和线夹不应有松股、隆起现象，检查并校正引流板的方向。

（9）液压后管子不允许有扭曲、弯曲现象，当弯曲度超过规定值时，应对铝管进行校直，校直后不应出现裂缝。

（九）引流线夹压接

（1）压接前将导线压接部分的表面，引流线夹铝管及穿管时可能接触到的导线的表面用清洗剂清洗干净，导线及导线铝管内壁涂导电脂，导电脂的熔点（或滴点）不应低于200℃。

（2）芯棒旋入导线的螺旋管内，旋入的芯棒端头应与导线截面在同一平面内。将导线插入引流线夹铝管，插入位置应超过压接标记10mm以上。

（3）选择相应的压模进行压接。自管口依次向管底端连续施工，相邻两模间重叠长度应符合产品技术文件要求，当无产品技术文件要求时，应不小于钢模长度的1/3。压接长度应符合产品技术文件要求。所有尾管朝上安装且易积水的设备线夹，线夹应钻 ϕ6mm 的排水孔。

（十）金具、绝缘子串连接

（1）绝缘子串组合时连接金具的螺栓、销钉及锁紧销等，必须符合现行国家标准，且应完整，其穿向应一致，耐张绝缘子串的碗口为"W"销时应向上，"R"销时应向下，螺栓的穿向：垂直的由下向上、水平的由外向内。绝缘子串的碗头挂环、碗头挂板及锁紧销等应互相配套，弹簧卡、销应齐全，无损坏，不得有折断或裂纹，严禁用其他材料代替。

（2）绝缘子串、金具的连接组装应放在绝缘子串移动车上进行。

（3）均压环等附件安装牢固、位置正确、无变形。绝缘子串吊装前应擦洗干净。

（十一）母线地面组装

（1）利用站区道路或母线下方平整场地，在路面敷设防护地毯，防止导线搬运时造成局部变形，严禁踩踏导线。

（2）导线表面必须光洁，根据设计要求在导线上标记间隔棒位置。

（3）连接组装完成后，由专人检查各种金具应齐全，金具连接螺栓、防松帽、开口销使用应正确，无损坏。

（4）组装好后用化纤地毯全部包裹起来，防止在搬运和架线时受损。

（十二）母线架设

1. Ⅱ型绝缘子串母线吊装

（1）进行构架梁上的挂线点布置，在一端的构架梁内、外挂线点上方或斜上方离挂线点 300～500mm 位置分别固定安装一个滑轮，将牵引机（或绞磨）的钢丝绳从滑轮穿过。母线另一侧构架梁的滑轮、钢丝绳也同样布置。

（2）牵引机布置在母线构架梁外侧，钢丝绳对地的夹角小于45°。

（3）组装完成的母线、两端的绝缘子串移动车放置在母线下方构架梁内侧。

（4）同时启动两台牵引机，母线提离地面后，先挂线的一侧的牵引机先一步提升，随房对端牵引机提升，始终保持母线悬空，并缓慢地牵引至挂线点。后挂线点牵引机在至挂线点3m时停止提升，先挂线侧牵引机继续提升导线并挂好一端，后挂点的牵引机继续提升，至挂线点连接。

（5）后挂点牵引机提升母线全过程应由专人监视牵引机张力表，严防牵引时出现过牵引。

2. V形绝缘子串母线吊装

母线架设采用先挂好一侧再挂另一侧的同时升空法，采用四台绞磨牵引，防止过牵引。同时在构架梁V形绝缘子串的两个挂线点上方或斜上方离挂线点 300～500mm 位置分别固定安装一个滑轮，将绞磨的钢丝绳从滑轮穿过。

3. 跳线、引下线安装

（1）导线下料。导线长度按计算值适当增加。截取导线完成后压好导线一端线夹。

（2）实际模拟。在跨线两侧连线处及悬垂串下方各安排人员1名，导线升空，将已压接线夹的一端与母线线夹连接，进行空中模拟，用导线实际测量连线尺寸，导线不得有扭结、散股、变形；相同布置的分支，弧度应一致，弛度和安全净距符合要求后，作好割线划印位置及线夹的压接方向标记。

（3）割线。将导线移至地面，按照画印进行切割并压接好另一端线夹。

（4）跳线及引下线按设计要求安装间隔棒，安装时应避免导线变形。导线与设备接线端子连接时，不应使设备接线端子受到超过允许的外加应力。螺栓应用力矩扳手紧固，力矩值应符合产品技术文件要求。

（十三）弧垂测量及调整

（1）弧垂测量方法采用全站仪进行测量。

（2）母线弧度应符合设计要求，允许误差值为 -2.5%～5%，同挡距内三相母线的弧度应一致，相同布置的分支线宜有相同弯度和弧度。

（3）需要对弧垂进行微调时，通过调整板或花篮螺栓调节，调整后必须将止定螺母重新拧紧。

四、人员组织

本典型施工方法的人员组织见表1－4－10－1。

表1－4－10－1　　人员组织

序号	人员名称	工作内容	人数
1	总指挥	全部工作总负责	1
2	技术负责人	技术监督	1
3	安全负责人	安全监督	1
4	质量专责	质量监督	1
5	安装专责	安装指挥	1
6	吊装负责人	吊装指挥	1
7	牵引机（绞磨）	操作手	4
8	压接负责人	操作手	2
9	登高负责	高空负责	2
10	施工人员		35
11	测量工		1
12	电工		1

五、材料与设备

本典型施工方法材料与设备配置见表1－4－10－2。

表 1-4-10-2　　材料与设备配置

序号	名　称	规格/主要性能	单位	数量
1	起重机	50t	台	2
2	牵引机	18t	台	2
3	牵引机	8t	台	4
4	高压油泵压接钳	250t	套	2
5	起重滑车	10t、5t	只	共20
6	切割机（或割线钳）		台	2
7	钢丝绳（磨绳）	φ26	根	2
8	钢丝绳套	φ26	根	6
9	吊带	8t	根	12
10	吊带	5t、3t	根	各8
11	全站仪		台	2
12	卡尺		把	1
13	U形环	16t	只	30
14	U形环	10t	只	20
15	个人工具	5件套	套	2
16	钢卷尺	100m	把	1
17	放线架		套	2
18	地毯		m	足量
19	乙醇		瓶	足量
20	擦拭布			足量

六、质量控制

（一）工程质量执行标准

（1）《1000kV变电站电气设备施工质量检验及评定规程》（Q/GDW 189—2008）。

（2）《1000kV母线装置施工工艺导则》（Q/GDW 197—2008）。

（3）《1000kV母线装置施工及验收规范》（Q/GDW 198—2008）。

（4）《输变电工程建设标准强制性条文实施管理规程》（Q/GDW 248—2008）。

（5）《1000kV电气装置安装工程电气设备交接试验规程》（Q/GDW 310—2009）。

（6）《国家电网公司　输变电工程标准工艺（一）》（施工工艺示范手册）。

（7）设计图纸及厂家安装使用说明书。

（二）安装质量控制

（1）施工中使用的计量器具必须在周检期内。

（2）加强各环节质量责任制度，责任到人、监督到位。

（3）加强导线、金具等材料到货检验，从源头控制质量。

（4）压接用的钢模必须与被压管配套，液压钳与钢模之间必须匹配。

（5）扩径导线与耐张线夹压接时，用相应的衬料将扩径导线中心的空隙填满。

（6）螺栓连接线夹应用力矩扳手紧固，并符合验收规范要求。

（7）螺栓的穿向：垂直的由下向上、水平的由里向外。绝缘子串的碗头挂环、碗头挂板及锁紧销等应互相配套，弹簧卡、销应齐全，无损坏，不得有折断或裂纹。

（8）母线弧度应符合设计要求，允许误差值为-2.5%~5%，同档距内三相母线的弧度应一致。相同布置的分支，宜有相同弯度和弧度。

（9）施工现场可以采用高空视频监控，规范高空作业操作，提高现场指挥的准确性。

七、安全措施

（一）安全执行标准

（1）《电力建设安全工作规程（变电所部分）》（DL 5009.3—1997）

（2）《国家电网公司电力建设安全工作规程（变电站部分）》（Q/GDW 665—2011）

（3）《国家电网公司电力安全工作规程（变电部分）》（国家电网安监〔2009〕664号）

（4）《国家电网公司基建安全管理规定》（国家电网基建〔2011〕1753号）

（二）人员技术控制

（1）所有施工人员应经相关安全知识培训，考试通过持证上岗；所有施工人员必须已经过安全技术交底，办理安全工作票。

（2）制定特殊情况下的应急预案，包括高空坠落、极端天气变化等，并根据应急预案的要求，做好对应的技术交底和物质准备。

（三）施工区域安全控制

（1）施工作业区设隔离围栏，设专人安全监护，进入现场作业区的人员必须正确佩戴安全帽，正确使用个人劳动防护用。

（2）在挂线时导线下方不得有人站立和行走，严禁跨越正在收紧的导线。

（四）主要机具、工器具安全措施

（1）根据施工方案选取机械设备和工器具，所采用的机械设备和工器具必须经检验合格后方可使用。高处作业手持工器具必须绑扎防脱手腕绳套。

（2）导线压接机、牵引机、绞磨的外壳必须可靠接地和接零，接地时其接地电阻不得大于4Ω。

（五）高空作业安全措施

（1）高空作业的人员，必须经过培训考核和体检，合格后方可进行高空作业，高空作业必须设监护人。

（2）高空作业必须系好安全带（绳），安全带（绳）应挂在上方牢固可靠处，施工过程中，应随时检查安全带（绳）是否拴牢。

（3）高空作业人员在转移作业位置时不得失去安全保护，手扶的构件必须牢固，作业人员上下构架应使用垂直攀登保护装置沿爬梯攀登。

（六）吊装过程安全措施

（1）母线吊装所使用的牵引机（绞磨）、起重机、钢丝绳、滑轮、卸扣、吊带必须是经过受力计算，在施工方案中选定。

（2）牵引机（绞磨）的操作人员与起吊指挥人要统一指挥信号。

（3）母线离开地面 500mm 后，停止起吊，检查绝缘子串、连接金具、导线、螺栓的安装、连接方式，用力矩扳手调整。同时检查起吊设备，应无异常情况。

八、环保措施

（一）油污染防治

（1）运输车辆、吊装车辆、导线液压机等机械应防止机油、润滑油污染路面等情况发生。

（2）对有可能出现油污染的场地，应预先铺设塑料布，上面撒砂覆盖，对施工区域内的基础，应预先铺设塑料布。

（二）固体废弃物控制

（1）施工现场应遵循"随做随清，谁做谁清，工完、料尽、场地清"的原则。

（2）固体废弃物应在施工区域以外定点分类存放和标识。

（3）严禁焚烧塑料、橡胶、含油棉纱等固体废弃物，以免产生有毒气体，污染大气。

九、效益分析

1000kV 四分裂软母线安装施工在全国属首例，根据导线的特点，结合绝缘子串的结构，采用牵引机两端联合起吊，张力表全程监控、高空地面视频监控、全站仪精确测量弧垂的新工艺、新方法。保证四分裂软母线一次挂线成功。该工法体现了四分裂软母线施工的标准化、规范化，有效地缩短施工准备时间和安装周期，使现场施工更加节约、环保、经济。

第十一节　1000kV 避雷器安装典型施工方法

一、概述

1. 本典型施工方法特点

1000kV 避雷器体积庞大、安装单元重，工艺质量要求高、安装风险大，本典型施工方法特点主要体现在以下几个方面：

（1）本典型施工方法详细阐述了设备安装及试验的全过程，工艺标准，安全可靠。

（2）加强了均压环安装的质量控制，以降低运行时噪声。

（3）各施工环节针对性强、安全可靠、节约环保。

能够保证设备的安全投运和电网的稳定运行，具有较高的经济效益和社会效益。

2. 适用范围

本典型施工方法适用于 1000kV 避雷器安装的施工。

3. 工艺原理

本典型施工方法较传统施工方法在工艺方面的改进主要体现在如下两个方面：

（1）在避雷器支架组立、分节安装过程中，多次测量控制避雷器的垂直度。

（2）避雷器均压环采用现场打磨、抛光工艺，以保证安装质量，降低运行电晕噪声。

二、施工工艺流程

1000kV 避雷器安装要严格做好每道工序的安全、质量控制，本典型施工方法施工工艺流程见图 1-4-11-1。

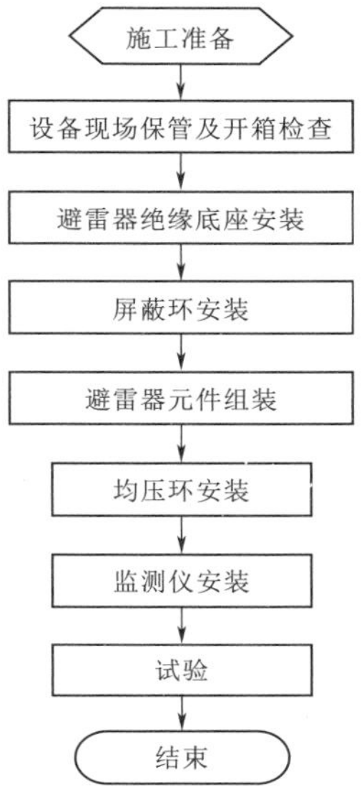

三、操作要点

（一）施工准备

1. 基础及设备支架复测

（1）设备基础强度符合安装要求，基础表面清洁干净。

（2）基础误差、预埋件、预留孔、接地线位置应满足设计图纸及产品技术文件的要求。

（3）设备支架应稳固，顶部水平，垂直度满足规范要求。顶部安装孔距与设备相符。

2. 技术准备

（1）根据设计图纸及制造厂装配图、安装使用说明书，结合工程具体情况，对质量薄弱环节、危险源及影响环境保护的因素进行分析并编写施工方案，并报监理审查。

（2）技术资料齐全，数量满足现场施工要求。

（3）由安装单位技术人员对施工人员进行技术交底，视情况可邀请设备厂家技术人员参与。

3. 场地准备

（1）场地平整、清洁，满足施工要求。

（2）施工场地满足起重机械的作业要求。

4. 人员准备

组织管理人员、技术人员、施工人员及厂家服务人员到位并熟悉现场及设备情况。特殊工种持证上岗，全部报审监理。

5. 机具准备

所有工机具、仪器仪表投入施工前应进行全面检验，并在开工前运至现场。相关资质报审监理，施工过程中应做好保养工作。

图 1-4-11-1　1000kV 避雷器安装施工工艺流程图

流程图内容：施工准备 → 设备现场保管及开箱检查 → 避雷器绝缘底座安装 → 屏蔽环安装 → 避雷器元件组装 → 均压环安装 → 监测仪安装 → 试验 → 结束

（二）设备现场保管及开箱检查

1. 设备现场保管

（1）设备运至现场后，应核对运输清单，检查设备包装完好无损，并做好交接记录。

（2）根据施工现场布置图及安装位置进行临时放置，设备及瓷件应安放稳妥。

（3）避雷器应直立固定在专用包装箱内，包装好后方可运输，运输和储藏过程中应保持直立，并应防止碰撞和机械损伤。

（4）1000kV避雷器均压环直径较大（达到4m），现场应当设置专用的存放地，使用道木铺垫。

（5）设备存放场地应平整坚实，以防雨水侵蚀后塌陷，导致设备倾倒受损。

2. 设备开箱检查

（1）最少提前3天向监理提交开箱申请，开箱时工程建设、物资供应、监理、施工、制造单位要人员必须到场。开箱应选择晴好天气进行。

（2）设备型号、数量符合设计要求，附件、专用工器具、资料齐全。

（3）设备外观应完好，瓷件无破损，均压环表面无毛刺、无划痕；设备提供的专用吊点牢靠无变形。

3. 安装前的试验

设备安装前，宜进行部分交接试验项目，检查设备是否合格，如绝缘底座测量等，具体试验项目及标准请参考本典型施工方法。

（三）避雷器绝缘底座及屏蔽环安装

（1）检查设备安装钢支架顶部钢板平面纵横轴向呈水平，水平误差应控制在±1mm范围内。

（2）将绝缘底座用热镀锌螺栓固定于钢支架上。

（3）在绝缘底座上安装屏蔽环。

（4）检查绝缘底座的水平度，水平误差应控制在±1mm范围内；检查屏蔽环外观，应无划痕、无毛刺。

（四）避雷器元件组装

（1）必须根据产品成套供应的组件编号进行安装，不得互换。

（2）吊装时应利用厂家规定的吊点自下而上逐节吊装；若无吊点时，应加工专用吊具进行吊装，严禁利用伞裙作为吊点进行吊装。

（3）由于1000kV避雷器高度达到10m，每完成一节吊装，使用水平尺测量其上表面水平，确保水平误差不大于2mm。在避雷器横纵两轴线上设置经纬仪，观测其垂直度，适当调整，确保其垂直度。

（4）并列安装的避雷器三相中心应在同一直线上，铭牌位于易于观察的同一侧。避雷器垂直度应符合规范及产品技术文件规定。

（五）均压环安装

（1）均压环在安装前应当使用砂纸进行整体打磨、抛光，确保其表面无毛刺、划痕。打磨完毕后，采用目测及手触摸的方法，检查其表面平滑度。在安装过程中应当采取包裹保护措施，避免吊装过程中划伤均压环。

（2）将均压环安装于避雷器最上节单元，随最上节单元整体吊装。

（3）均压环易积水部位最低点宜钻2~3mm直径的漏水孔。

（4）将均压环与避雷器顶端元件相连，均压环吊装时应使用尼龙吊带。

（六）监测仪安装

（1）在钢支架上安装避雷器监测仪，其高压端连接于避雷器底部接线板上，接地端与接地主网相连接，连接应当牢固、可靠。

（2）检查监测仪动作次数，为便于运行单位记录，应统一置数或归零。

（七）试验

（1）设备安装完成后应进行以下主要试验项目：

1）绝缘电阻测量。

2）底座绝缘电阻测量。

3）直流参考电压及0.75倍直流参考电压下的泄漏电流试验。

4）运行电压下的全电流和阻性电流测量。

5）避雷器监测仪绝缘电阻测量。

6）避雷器内部氮气压力检查测试（如厂家要求）。

（2）试验仪器设备投入使用前必须做好性能测试及保养，确保安全，且各仪器设备均在检验合格有效期内。

（3）试验仪器、设备的现场布置应当合理，安全距离符合要求。

（4）试验所用的线缆布置应提前规划，避免在设备上拖拽。

（5）试验完成后，设备引连线恢复应当满足要求。试验用线缆应全部拆除，不应遗留在设备上。

四、人员组织

设备安装过程中，人员组织分工应当明确，配合紧密，详见表1-4-11-1。

表1-4-11-1　1000kV避雷器安装人员组织分工

负责项目		人员安排/人	工作范围说明
施工负责人		1	整体协调
技术负责人		1	负责组织技术方案编制、施工方案讨论、技术交底、现场技术指导等工作
安全	安全专责	1	负责现场安全，对危险性作业加强监督
	安全监护	1	负责现场安全监护
质量	质量专责	1	负责现场质量检查
起重	起重指挥人员	1~2	负责司索、起重指挥
施工	辅助工	5~8	负责现场各项施工任务具体实施
设备调试	高压试验人员	2	负责避雷器相关试验项目
资料	资料员	1	负责设备技术资料搜集、数码照片采集等工作

五、材料与设备

1000kV避雷器安装主要机具见表1-4-11-2。

表1-4-11-2　1000kV避雷器安装主要机具

序号	名称	规格	数量	单位	用途
1	汽车起重机	25t	台	1	设备吊装，当需要时，可更换为更大吨位吊车
2	运输卡车	7t以上	台	1	用于设备小运
3	高空作业车	18m以上	台	1	配合高处作业
4	力矩扳手	30～100N·m	把	1	螺栓紧固检查
5	力矩扳手	100～200N·m	把	1	螺栓紧固检查
6	尼龙吊带	3t，长度3m	根	2	设备吊装
7	手枪钻	4mm	台	1	均压环排水孔钻孔
8	枕木	150mm	根	20	设备存放
9	砂纸	0号	张	20	屏蔽环、均压环打磨
10	回路电阻仪		台	1	电阻试验
11	万用表		块	1	试验
12	绝缘电阻表	2500MΩ以上	块	1	绝缘试验
13	泄漏电流检测仪		台	1	泄漏电流检测

六、质量控制

（一）执行的相关标准

（1）《1000kV变电站电气设备施工质量检验及评定规程》（Q/GDW 189—2008）。

（2）《1000kV电容式电压互感器、避雷器、支柱绝缘子施工工艺导则》（Q/GDW 194—2008）。

（3）《1000kV电气装置安装工程电气设备交接试验规程》（Q/GDW 310—2009）。

（二）其他质量要求

（1）现场制作件应符合设计要求。

（2）避雷器密封应良好，外部应完整无缺损，排气通道通畅。

（3）避雷器应安装牢固，其垂直度应符合产品技术文件要求。

（4）螺栓紧固力矩达到产品技术文件和相关标准要求。

（5）监测仪密封应良好，绝缘垫及接地应良好、牢靠。

（6）产品有压力检测要求时，压力检测应合格。

（7）相色标识正确。

（8）交接试验项目齐全、合格。

七、安全措施

（1）安装过程中，应严格执行《电力建设安全工作规程（变电所部分）》（DL 5009.3—1997）相关规定。

（2）按工作内容制定施工方案，明确安装过程中的重大危险源，制订有效的安全技术措施，并对施工人员进行交底。

（3）设备开箱时，应严防工器具损坏设备。

（4）吊装时应专人负责，专人指挥，工作人员应分工明确，责任到人；吊装作业过程必须有专职安监人员现场监护。

（5）吊装前对起重工器具进行认真检查确认，合格后方可使用；吊件离地面100～200mm时做停吊检查，经起重负责人确认无误后，方可继续起吊，起吊过程要平稳、缓慢，并应有控制吊件方向的有效措施。

八、环保措施

（1）保持施工场地的清洁，做到"工完、料尽、场地清"。

（2）做好吊车等机械的检查维护工作，避免燃油、润滑油污染地面。

九、效益分析

（1）根据1000kV避雷器安装的特点，采取多次测量降低垂直误差，确保了施工高标准、高质量完成并为后续母线安装工作创造了良好的基础。

（2）明确工艺流程后，通过平行作业和流水作业相结合的施工方式，充分地利用了施工资源，大大地缩短了施工周期。

第十二节　可控高抗典型施工方法

一、概述

为稳定电网系统安全运行，目前在建设的新疆电网与西北联网750kV工程中，新疆电网向外输送功率大，输电距离长，酒泉风电基地的潮流频繁波动，造成电网通道上电压难以控制，因此在750kV电网通道上装设分级式可控高压电抗器装置，它的安装质量直接影响到电网系统的稳定性及提高电网的输送能力。越来越多的高电压、大容量电抗器在西北各个750kV变电站电网中得到的应用。为适应电网发展形势，保证可控电抗器的安装质量，确保可控电抗器的安全投运和稳定运行，特编制本典型施工方法。

（一）本典型施工方法特点

（1）详细阐述了设备运输、到货检查及安装方法，从资料收集到设备外观、内部检查及试验，全面预控，细致到位，能有效避免返工现象，保证工作有效性。

（2）通过对环境控制、绝缘油的全过程管理、抽真空指标控制、器身暴露时间控制、油箱内部异物控制、防尘控制等，保证电抗器绝缘良好。

（3）从设备到达现场开始，设专人对设备密封进行检查并进行防设备渗油的预控。安装过程中，注重对密封垫、密封面的检查和安装控制，注重对设备部件和整体的密封检查试验，杜绝设备安装后渗油情况的出现。

（4）可控高抗控制部分涉及 GIS 设备、管型母线等施工方法。

（5）本典型施工方法工艺标准、技术成熟、通用性强、流程紧凑、工期合理、安全可靠、节约环保。能够保证设备的安全投运和稳定运行，创造较好的经济效益和社会效益。

（二）适用范围

（1）本典型施工方法以"不吊罩进行器身检查的 750kV 可控高抗安装"为例进行编制。其他电压等级或安装方式的可控高抗安装可参照使用本典型施工方法。

（2）本典型施工方法中，机械设备选择和安装数据不具备绝对的通用性。使用时，应在符合国家标准和行业、企业规程规范的前提下，结合制造厂技术文件规定和现场实际情况参照使用。

（三）工艺原理

分级式可控高抗装置主要由两个部分组成，一部分为可控高抗本体；另一部分为控制部分，由辅助电抗器、取能电抗器、GIS、管型母线、阀控等部分组成。

1. 可控高抗本体安装的工艺原理

（1）绝缘油处理工艺。750kV 超高压建设过程中，厂方提供的绝缘油为合格油，采用专用油罐车运至现场。

（2）防绝缘受潮控制工艺。为保证电抗器在安装过程中绝缘性能不出现降低，本典型工法从如下工艺进行严格控制。

1）器身检查前的工艺控制。

a. 对带油运输电抗器：当器身温度高于环境温度 10℃及以上时，可边注入干燥空气边放油，然后进行器身检查。当器身温度未高于环境温度 10℃时，应在热油循环后进行放油和器身检查。

b. 对充干燥空气运输电抗器：当器身温度未高于环境温度 10℃时，宜增加真空注油排气工作后再进行热油循环、放油和器身检查。

c. 对充氮气运输电抗器：当器身温度高于环境温度 10℃及以上时，可抽真空排氮，经内部含氧量检查合格后，方可进行器身检查。

2）器身检查时的工艺控制。

a. 控制器身暴露时间。在环境温度不低于 0℃，相对湿度小于 75%，风力 4 级以下的前提下，器身暴露时间不能超过 16h。

b. 内部检查时，应保持露点不小于 −40℃的干燥空气持续注入，防止潮气和粉尘进入器身内部。上述工艺可有效避免外部潮气或粉尘造成的绝缘破坏和降低。

2. 可控高抗控制部分安装的工艺原理

控制部分主要由 GIS 设备、辅助电抗器、取能电抗器、管型母线，阀组等设备组成。

（1）GIS 工艺原理参照封闭式组合电器（GIS）安装典型施工方法 GWGF008-2011-BD-DQ。

（2）辅助电抗器及取能电抗器安装工艺。

1）辅助电抗器及取能电抗器支撑部分由 8 柱支柱绝缘子组成，每个支柱绝缘子由 4 个螺栓与底板固定，对

每个支柱绝缘子安装的精度要求较高，水平或垂直方向误差总和均不能超过 5mm，否则，将造成顶部电抗器本体线圈无法安装。

2）附件尽量在地面上组装，然后整体起吊，尽量减少高空作业。

3）电抗器安装完毕后，各项性能指标均需满足厂家及规范要求。

4）两相叠装时不得随意变更叠装相序。吊装时自基础向上逐相起吊安装，严禁两相同时起吊安装。

（3）管型母线安装工艺。由于可控高抗控制部分区域支架立柱比较密集，管母焊接后长度不是很长，采用汽车吊进行管型母线的安装。

（4）阀组安装工艺。室内阀组安装搭设专用脚手架，在脚手架上安装导链葫芦起吊及就位阀组。

二、施工工艺流程

本典型施工方法施工工艺流程见图 1-4-12-1。

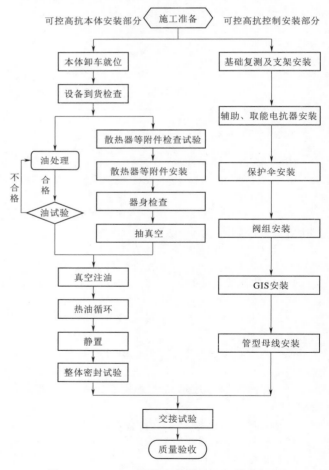

图 1-4-12-1　可控电抗器施工工艺流程图

三、可控高抗本体部分操作要点

（一）施工准备

（1）相关建筑物、构筑物已通过中间验收，符合国

家标准和行业、企业规程规范的要求及设计图纸的要求；可控电抗器基础及相关构筑物达到安装强度要求。

（2）场地准备。道路畅通，场地平整密实，场地面积满足油罐、真空滤油机等设备的摆放要求。

（3）油务系统准备。油管、真空滤油机等油务设备及连接管道落实到位，现场布局合理，方便过程连接使用，方便值班人员操作和监控。

（4）电源系统准备。布置合理，使用安全方便，满足负荷要求。

（5）施工作业指导书向监理单位报审并已审核通过，主要内容和要求已向全体施工人员进行了技术交底。

（6）人员、设备、材料等已落实到位。

（二）本体卸车就位

（1）由电抗器运输承担方提前勘查现场作业条件，施工方密切配合，保证道路通畅、相关地面平整密实，达到设备进站、卸车及就位条件。确认电抗器安装方向正确，选择方便卸车就位地点停靠。停车后检查车况，防止车辆漏油污染情况发生。

（2）施工单位负责画好本体中心线的位置，大件运输公司本体就位后，通知监理及施工单位，监理组织到货检查验收是否按中心线位置就位，气压是否正常。

（三）设备到货检查

可控电抗器本体及附件到达现场后，建设单位、监理单位、施工单位、供货商进行验货交接。

（1）按照技术协议书、装箱清单目录核查各类出厂技术文件、各类附件、备品备件、专用工具是否齐全（电抗器本体基本型号、尺寸、外观检查应在卸车前进行）。

（2）油箱、附件外观良好（包装无破损），无锈蚀及机械损伤，密封良好，无渗漏；各部位连接螺栓齐全，紧固良好，充油套管油位正常，无渗漏，瓷套无损伤。

（3）对充气运输的电抗器，应检查气体压力监视和补充装置是否工作正常，气体压力应在 0.01～0.03MPa 范围内。

（4）电抗器就位后，检查冲击记录仪，记录值应符合制造厂技术文件规定，记录纸应妥善保管，便于工程资料移交。

（5）气体继电器、温度计等外观良好并应及时进行校验。

（6）检查过程中发现的问题应及时记录、拍照，并尽快反馈给相关方。

（7）绝缘油检查：

1）进行目测、气味检查。

2）核对到货数量符合要求。

3）检查绝缘油试验报告符合要求。

4）现场需取样进行简化分析试验。取样试验应按照《电力用油（变压器油、汽轮机油）取样方法》（GB/T 7597—2007）的规定进行。试验标准应符合《750kV 电气设备交接试验标准》（Q/GDW 157—2007）的规定。

（8）绝缘油处理。

1）对达不到《750kV 电气设备交接试验标准》（Q/GDW 157—2007）的绝缘油，使用真空滤油机将油处理合格。

2）绝缘油的脱气、转罐及本体注入、放出等均应使用真空滤油机进行。压力式滤油机仅限于油罐、管道清洗及变压器残油收集等作业。

3）滤油管路宜采用热镀锌钢管连接，法兰对接方式，在法兰对接面加密封胶垫。

4）滤油前，采用合格变压器油冲洗滤油机内部、滤油管道、油罐等，保持滤油回路内部洁净。

5）应设置专用残油油罐。

6）在注油之前，必须提交合格绝缘油试验报告，经技术、质检人员认可后，方可将油注入油箱。

（四）散热器等附件检查试验

1. 散热器装置的检查

（1）外观检查应完好，无锈蚀、无碰撞变形。

（2）应使用合格的变压器油通过真空滤油机进行循环冲洗，并将残油排尽，接头处应密封，防止潮气进入。

（3）管路中阀门开闭位置正确，操作灵活，阀门及法兰连接处密封良好。

（4）外接油管、阀门等在安装前，应使用合格变压器油冲洗干净。

（5）散热器应按照制造厂技术文件规定的压力值和时间，用气压或油压进行密封试验。如制造厂无明确规定，则用 0.25MPa 气压或油压持续进行 30min 的压力试验，应无渗漏。

2. 储油柜检查

（1）外观检查应完好，无锈蚀、无碰撞变形。

（2）打开储油柜，检查内部应清洁，如有锈蚀、焊渣、毛刺及其他杂质应彻底清理干净。

（3）储油柜中的油囊或隔膜应完整无破损，油囊或隔膜应进行充气检漏，充气压力和时间按照制造厂技术文件规定执行。

油位表动作灵活，油位表的信号接点位置正确，绝缘良好，浮球外观检查应无裂纹。

3. 升高座检查

（1）外观检查应完好，无锈蚀、无碰撞变形。

（2）对充气运输的升高座，应先将其内部的气体放出后，方可将其封盖打开；对充油运输的升高座，应注意将油排出到残油罐内集中存放。

（3）电流互感器试验应按照《电气装置安装工程电气设备交接试验标准》（GB 50150—2006）进行绝缘、极性、分接头变比、伏安特性等试验。

（4）电流互感器出线端子板应绝缘良好，其接线螺栓和固定件的垫块应紧固，端子板应密封良好，无渗油现象。

（5）试验完成后如不能立即安装，应重新充油或干燥气体。

4. 套管的检查

（1）出厂试验报告和合格证应齐全。

（2）表面应无裂纹、伤痕、法兰连接处无渗油现象。

（3）套管安装法兰浇注密实，套管、法兰颈部、均压球内壁应清擦干净。

（4）无渗油现象、油位指示正常。

（5）按照 Q/GDW 157—2007 进行绝缘、介损、电容量、绝缘油等试验。

（五）散热器等附件安装

1. 散热器装置安装

（1）安装前已按照本典型施工方法的要求检查完毕，并完全符合要求。

（2）严格按照制造厂装配图进行安装。

（3）散热器装置在安装时，应把单组散热器用螺杆先固定上而不拧紧螺母，调整好散热器之间的距离，用扁钢把相邻散热器连接好，再拧紧固定螺母。

（4）注意对密封胶垫的安装控制。

2. 油枕安装

（1）安装前已按照本典型施工方法的要求检查完毕并完全符合要求。

（2）安装油枕支架。

（3）安装油枕。

（4）安装呼吸器连管及呼吸器。

（5）安装气体继电器连管及气体继电器。

（6）具体安装过程应符合制造厂要求。

以上安装工序应在电抗器器身检查前完成。

（六）器身检查

在器身检查的同时进行升高座及套管安装，器身检查前先进行放气，放气处盖板螺栓在放气时至少有一根螺栓需与本体连接，以防盖板飞溅。

（1）人员要求。器身检查人员必须为厂方专业技术人员，应穿专用工作服、防滑绝缘鞋，不得随身携带无关用品及容易掉落的物品。

（2）工具要求。器身检查人员携带的工具等应专人管理，在进入电抗器前逐一登记。带入箱内的工具应做仔细检查，不得存在易脱落部件，而且要用白布带或带扣系牢在操作人员的手腕上。工作结束后，由专人清点全部工具，防止遗漏在箱体内。

（3）环境要求。在环境温度不低于 0℃，相对湿度小于 75%，风力 4 级以下的前提下，器身暴露时间不能超过 16h。进入电抗器前，应首先确认电抗器内的含氧量不小于 18%，以防窒息事故的发生。

（4）内部检查时，应保持露点不小于 −40℃ 的干燥空气持续注入，检查内容应符合《750kV 电力变压器、油浸电抗器、互感器施工及验收规范》（Q/GDW 122—2005）第 3.4.2 及第 3.4.5 条的要求和制造厂技术文件规定。

1. 升高座安装

（1）对气体运输的升高座，应将其内部的气体放出后，方可将其封盖打开；对充油运输升高座，应注意将油排出到残油罐内。

（2）按照制造厂编号安装。

（3）电流互感器铭牌面向油箱外侧，放气塞位置应在最高处。

（4）电流互感器和升高座的中心应一致。

（5）绝缘筒安装牢固，其安装位置不应使电抗器引出线与之相碰。

2. 套管安装

（1）套管吊装应由专人统一指挥，专业操作人员进行操作。

（2）再次进行套管外观检查，表面应无裂纹、伤痕、法兰连接处无渗油现象；使用纯棉白布擦拭套管表面及连接部位。

（3）套管的安装顺序宜按照二次低压、零序、高压、套管进行（安装顺序可根据现场吊车位置进行调整）。

（4）高压套管起吊、安装，按照套管安装使用说明书有关规定进行，其引出端头与套管接线柱根部连接处应擦拭干净，接触紧密。

（5）高压套管起吊时，为防止损伤套管下部应力锥的绝缘，采用双吊车起吊，应缓慢进行，应力锥进入均压罩内的角度和深度符合制造厂要求，其引出端头与套管顶部接线柱处应擦拭干净，接触紧密（不同结构设备，应按照制造厂技术文件规定进行）。

（6）对穿缆式套管，将一端带有螺栓环的穿芯绳从套管顶部穿入后，用螺栓拧入引线头部螺孔中，一边把套管落入升高座，一边将引线从套管中拉出，最后将套管固定好后将引线头用穿芯轴销固定住，拧下螺栓环、取下穿芯绳。

（7）套管顶部结构的密封垫应安装正确，密封良好，引线连接可靠、松紧适当。

（8）充油套管的油标应面向外侧，以便观察套管油位，套管末屏罩应旋紧且接地良好。

3. 气体继电器安装

安装顺序按照设备性能确定，可放在首次真空注油后进行。

（1）气体继电器在安装前应校验合格。

（2）气体继电器应水平安装，其顶盖上标志的箭头应指向储油柜，与连通管的连接应密封良好。

（3）气体继电器加装防雨罩。

4. 压力释放阀安装

安装顺序按照设备性能确定，可放在首次真空注油后进行。

（1）出厂试验报告齐全，且校验合格。

（2）接点应动作正确，绝缘良好，检查记录应保存。

（3）安装方向应正确。

5. 其他附件安装

（1）测温装置在安装前应进行校验，信号接点应动作正确，导通良好，顶盖上的温度计座内应注变压器油，密封应良好，无渗漏现象，膨胀式信号温度计的细金属软管不得有压扁和急剧扭曲，其弯曲半径不得小于 50mm。

（2）呼吸器与储油柜间的连接管应密封良好，管道应畅通,呼吸器内装吸湿剂应干燥,油面油位应满足制造厂要求。

(3) 所有导气管必须清洗干净,其连接处应密封良好。

(4) 将爬梯、铭牌等其他附件安装到本体上。

(七) 抽真空

(1) 在油箱上部的注油阀处抽真空(应按照制造厂技术文件规定,对不能承受同样真空度的部件,如储油柜、散热器、气体继电器、压力释放阀等,必须先与油箱进行隔离)。

(2) 抽真空过程中的密封检查:在真空抽起后,应短时关闭抽真空阀门和真空泵,对电抗器抽真空系统进行密封检查(器身及抽真空管路无泄漏声响)。在抽真空过程中,要进行泄漏率的测量,先将电抗器抽真空至 100Pa 左右,停止抽真空,1h 后读取真空计值 P_1,再 30min 后读取真空计值 P_2,当残压增量 $P_2 - P_1 \leqslant$ 规定值,即认为泄漏率合格,否则应仔细检查和处理电抗器的密封面(真空度具体数据应按照制造厂技术文件进行)。

(3) 确认无泄漏后,重新启动真空设备,抽真空至小于 13.3Pa(或满足制造厂技术文件的更高规定),且保持真空度不少于 48h 后,具备真空注油条件。此过程中,每小时检查一次真空度,并做好记录。

(八) 真空注油

(1) 宜选择在无雨雪、无雾天气进行。

(2) 连接好真空滤油机至电抗器油箱的管路,打开所有部件与电抗器油箱的连接阀门。

(3) 用油箱下部的油阀注油,注油速度不超过 6000L/h,注入器身的油温为 60~70℃。注油时,连接在油箱上部油阀处的抽真空设备保持在打开状态。

(4) 注油至油箱顶部 200mm 处,关闭真空滤油机停止注油,与箱盖连接的真空系统停止抽真空。进行气体继电器和压力释放阀的安装,安装完成后与储油柜连接的真空系统接着工作,开启真空滤油机继续注油,直至一次连续注油至储油柜正常油面。

(5) 打开套管、升高座、冷却装置等部位放气塞,多次放气完毕后,调整储油柜内的油位,使油位符合制造厂技术文件规定。

(九) 热油循环

(1) 散热器内的油应与油箱内的油同时进行热油循环(在环境温度较低时,为了保证油箱温度,可按散热器顺序间隔,开关通往散热器的阀门)。

(2) 热油循环应上进下出,进出油阀门不能在电抗器同一侧。

(3) 滤油机出口油温维持在 60℃ 及以上,电抗器器身油温维持在 50℃ 及以上。

(4) 循环时间不得少于 48h(或按照制造厂技术文件更高规定)。

(十) 静置

(1) 热油循环后,静置时间应不小于 168h(或按照制造厂技术文件规定),168h 之后可进行加压试验。

(2) 静放期间应多次打开升高座、片式散热器连管等处的放气塞进行放气。

(3) 静放完后取本体油样送检,进行一次全油试验。绝缘油应达到《750kV 电气设备交接试验标准》(Q/GDW 157—2007)中第 15 条表 7 的要求。

(十一) 整体密封试验

应在储油柜上用气压或油压进行,一般采用加气压(干燥空气或氮气)方法进行。

(1) 加压前应将电抗器油箱及附件表面擦拭干净,便于渗漏检查。

(2) 加压前采取防压力释放阀误动措施。

(3) 从储油柜上加压 0.03MPa,保持 24h,应无渗漏。在加压过程中,应该密切关注电抗器油箱及可附件表面变形情况,如有异常,应立即停止加压,处理后继续试验。

四、可控高抗控制部分操作要点

(一) 施工准备

施工准备同三。

(二) 基础复测及支架安装

(1) 钢管支架应先进行基础轴线复测和基础杯底标高找平。基础杯底标高允许偏差:0~ -10mm;柱轴线对行、列的定位轴线的偏移量不大于 5mm。

(2) 混凝土支架施工时要做好混凝土钢筋的隔磁措施,防止电抗器漏磁在混凝土支架中形成环流,引起支架发热和损耗,具体隔磁措施按设计的要求进行。

(3) 设备支架安装后的质量要求:标高偏差不大于 5mm,垂直度不大于 5mm,轴线偏差不大于 10mm,顶面水平度不大于 2mm,间距偏差不大于 5mm。

(三) 辅助电抗器的安装

(1) 分级安装,各级先安装 A 相辅助电抗器,将支撑电抗器的绝缘子、升高支座和地脚法兰组装好,依次摆放在基础预埋垫铁上,将电抗器起吊放在支撑绝缘子上,其间加橡胶减震垫,然后将绝缘子与电抗器本体用螺栓连接,地脚法兰与基础垫铁焊接,地脚法兰若与基础垫铁有间隙,可用垫铁塞紧,并逐一焊。组装的绝缘子组件与电抗器连接。组装时注意以下几点:

1)保护好绝缘子,避免碰撞损坏。

2)绝缘子法兰帽分别与电抗器、铝升高座连接时,中间放置专用减震垫进行电抗器水平调整,避免各支点受力不均。

3)电抗器的接地导体一点与主接地网可靠连接。

4)在电抗器吊装就位后,将支柱绝缘子下端的地脚法兰(铁升高座)与预埋的地脚平铁焊牢即可。

(2) 其次安装 B 相辅助电抗器,B 相辅助电抗器的安装方法与 A 相辅助电抗器的安装方法相同。

(3) C 相电抗器的安装。在 B 相辅助电抗器上端法兰上依次放好减震垫、绝缘子,按组装序号将 C 相电抗器吊装在绝缘子上,垫入减震垫,用螺栓将 C 相电抗器与绝缘子进行连接。

（4）安装注意事项。

1）在电抗器安装前，确认其完好无异常后，方可开始安装。

2）电抗器本体重量低于 1.5t 时，吊运时采用电抗器顶端的吊环垂直起吊。当电抗器本体重量大于 1.5t 时，产品采用星架辐射臂上的专用吊孔起吊。起吊时所有的起吊孔同时受力，钢丝绳与吊钩垂线的角度不得大于 30°。产品随箱备有专用的起吊工具，禁止从星架辐射臂之间的玻璃钢绑扎带或加匝环起吊。

3）安装时先将电抗器吊起，再将已提前组装好的绝缘子组件与电抗器连接。安装时注意以下几点：

a. 在电抗器水泥基础内预埋地脚平铁、保护接地线（体）等金属构件时，不能形成闭环，以免产生环流损耗。

b. 电抗器接线端子与外部母线的连接避免完全刚性连接，有一段过渡软连接头，以免在承受短路电流时所产生的电动力拉坏接线端子或其他电器。

c. 连接铝排用接线端子应平整光滑，用螺栓可靠紧固。在接触部分涂导电膏，另外，在使用铜质母线或接线端子时，注意连接头铜铝过渡问题。

d. 按标识组装保护伞及通风筒，用吊具起吊伞体于电抗器上星臂上，调节伞边与电抗器中心对称，按伞支架排配钻伞边安装孔，用螺栓将伞边与伞支架排连接紧固。

e. 电抗器安装完毕后，再次仔细检查有无金属异物（如螺栓、螺母等）掉入电抗器垂直风道内，如有发现必须及时清除。起吊用的吊具等一切不属于电抗器本体的金属构件和工具等也必须一并拆除。

（四）取能电抗器的安装

（1）分级安装，各级先安装 A 相取能电抗器，其绝缘子组装及电抗器连接方法与辅助电抗器连接方法相同。

（2）其次安装 B 相取能电抗器，B 相取能电抗器的安装方法与 A 相取能电抗器的安装方法相同。

（3）C 相取能电抗器的安装：在 B 相电抗器上端法兰上依次放好减震垫、绝缘子，按组装序号将 C 相电抗器吊装在绝缘子上，垫入减震垫，用螺栓将 C 相电抗器与绝缘子进行连接。

（4）安装注意事项。安装注意事项同辅助电抗器。

（五）保护伞的安装

安装保护伞前，将保护伞支撑排组件连接在电抗器上星架各臂上。对于由两瓣组成的保护伞，预先地面上组成整体伞。用吊具起吊于电抗器上，调节伞边与电抗器中心对称，然后将伞与支撑排组件用螺栓连接紧固。

（1）用螺栓紧固伞边接缝，组装成的伞边各接缝精密，均匀。

（2）在电抗器上星架的各臂上安装支撑排组件。

（3）用起吊装置将伞体吊于电抗器的星架上部，调节伞边与电抗器中心对称，然后用紧固件将伞与支撑排组件上的法兰孔进行安装。为保护伞体表面不应紧固而

撕裂，伞表面配备垫片。

（4）在电抗器上操作时防止碰伤引线及调匝环，严禁异物掉到包封内。

（六）阀组的安装

先从阀组中拆下阀组的安装底座，把安装底座用地脚螺栓固定在预留基础上，装上准备好的支柱绝缘子，然后拆掉阀组上的固定用的尼龙螺柱将阀组在已固定好的支柱绝缘子之上紧固，固定螺钉并固定好光纤槽。

（七）GIS 的安装

参照《封闭式组合电器（GIS）安装典型施工方法》（GWGF008 - 2011 - BD - DQ）。

（八）管型母线的安装

参照《管型母线制作安装典型施工方法》（GWGF006 - 2011 - BD - DQ）。

五、交接试验

其交接试验，按照《电气装置安装工程　电气设备交接试验标准》（GB 50150—2016）及《750kV 电气设备交接试验标准》（Q/GDW 157— 2007）的规定进行。

六、人员组织

主要人员组织及岗位职责见表 1 - 4 - 12 - 1。

表 1 - 4 - 12 - 1　　主要人员组织及岗位职责

序号	人员名称	岗位职责	人数	备注
1	总指挥/现场总负责人	全部工作的总负责人	1	
2	技术负责人	技术监督	1	
3	安全负责人	安全监督	1	
4	质量负责人	质量监督	1	
5	安装负责人	安装指挥	1	
6	吊装负责人	吊装指挥	2	
7	油务负责人	油务指挥	1	
8	保管负责人	机械、器具、材料管理记录	1	
9	一般安装人员	安装操作	10	
10	一般油务人员	油务操作	4	
11	试验负责人	试验操作	2	
12	安装指导	GIS 安装技术指导	1	制造厂人员
13	安装指导	辅助及取能电抗器安装技术指导	1	制造厂人员
14	安装指导	可控高抗本体安装技术指导	1	制造厂人员
15	安装指导	阀组安装技术指导	1	制造厂人员
		总计：29 人		

七、材料与设备

可控高抗安装主要机械、材料配置见表 1 - 4 - 12 - 2。

表 1－4－12－2　　　　　　　　　　　　　主要机械、材料配置

序号	名　称	规格/主要性能	单位	数量	用　途
1	汽车吊	25～50t	台	2	装配起吊
2	吊索、U形环		套	3	装配起吊
3	手动起重葫芦	5t/3t	只	1/2	装配
4	储油罐	10～30t	套	1	储油
5	真空滤油机	滤油能力：6000H/h	台	1	油处理抽真空
6	真空泵	抽真空能力＞2300m³/h 真空度≤1.3Pa	台	1	抽真空
7	抽真空、注油管及阀门	φ50mm	套	1	抽真空、注油
8	真空表	真空计	只	1	测真空
9	湿度温度仪	YHC－46HT－002	只	1	测量湿度温度
10	露点测试仪	－40～＋20℃	只	1	
11	干燥空气发生器	干燥空气流量 3m³/min 露点－40℃	套	1	内检和内部接线送风
12	便携式氧气检测报警仪	0～25％体积	只	1	检测箱体内部氧气含量
13	绝缘电阻表	2～5000V；5Ω、10Ω、20Ω、500Ω、1000Ω	只	1	测绝缘电阻
14	介质损耗测量仪	3～60000pF/10kV	台	1	试验用
15	绝缘油介电强度测试仪	AC：0～80kV，2kV/s±10％，间隙2.5mm	台	1	试验用
16	绝缘油微量水分测试仪	方法：库伦法，范围3～200mg水，库伦滴定 2.4mgH₂O/min（最大）	台	1	试验用
17	绝缘油含气量测试仪	0.1％～10％	台	1	试验用
18	绝缘油气相色谱分析仪	HRSP－9	台	1	试验用
19	直流高压发生器	输出电压：300kV	台	1	试验用
20	直流电阻测试仪	1mΩ～4Ω。	台	1	试验用
21	互感器综合特性测试仪	0～950V	台	1	试验用
22	绕组变形测试仪	扫描检测范围：1～1000kHz，频率间隔： ＜1.7kHz，采样速率：20MHz	台	1	试验用
23	力矩扳手		套	1	紧固螺栓
24	梅花扳手		套	2	紧固螺栓
25	叉口扳手		套	2	紧固螺栓
26	活扳手		套	2	紧固螺栓
27	尼龙绳、棕绳		宗	1	吊装、传递
28	起钉器		把	2	开箱
29	手锤		把	2	开箱
30	手钳		把	3	
31	剪刀		把	2	
32	消防器材		套	1	防火灾
33	安全带		条	10	高空作业
34	电源箱、线		套	1	提供电源

续表

序号	名　称	规格/主要性能	单位	数量	用　途
35	梯子	3m/5m	架	2/2	
36	专用工作服		套	3	器身检查
37	专用耐油防滑鞋		套	3	器身检查
38	照明灯具、线		套	1	外部备用
39	安全行灯及变压器	12V	只	2	内部检查用
40	残油罐		个	1	储存废油
41	原白布	纯棉	捆	2	油务用
42	清洁纸		卷	4	油务用
43	乙醇		瓶	足量	擦拭
44	铁丝	8号/12号	捆	1/1	
45	塑料袋、粘胶带		卷	4	
46	电焊机		台	1	辅助及取能电抗器底座焊接
47	塑料布		卷	1	GIS包覆检漏

八、质量控制

（1）严格执行下列设计、规程、规范、制造厂要求。

1）《750kV电力变压器、油浸电抗器、互感器施工及验收规范》（Q/GDW 122—2005）。

2）《电气装置安装工程　高压电器施工及验收规范》（GB 50147—2010）。

3）《电气装置安装工程　母线装置施工及验收规范》（GB 50149—2010）。

4）《电气装置安装工程　电气设备交接试验标准》（GB 50150—2006）。

5）《电气装置安装工程　接地装置施工及验收规范》（GB 50169—2006）。

6）《电气装置安装工程质量检验及评定规程》（DL/T 5161.1～17—2002）。

7）《750kV电气设备交接试验标准》（Q/GDW 157—2007）。

8）《国家电网公司输变电工程建设标准强制性条文实施管理规程》（Q/GDW 248—2008）。

（2）明确相关人员职责，责任到人、监督到位，注重多方把关。

（3）做好设备到货检查及相关试验，把好质量第一关。

（4）加强对绝缘的检查和控制。

1）对充气运输的电抗器，应检查气体压力监视和补充装置是否工作正常，气体压力应在0.01～0.03MPa范围内。

2）尽量选择晴好天气进行内部检查工作。环境条件控制在温度不宜低于0℃，空气相对湿度小于75%，风力4级以下。

3）对充气运输的电抗器，在注油前应将残油放干净。

4）对绝缘油应从到货检查、过滤、真空注油、热油循环等所有环节进行全过程控制，避免油质不好造成对油箱内部的污染。

5）参加内部检查及引线安装的人员应提前熟悉电抗器内部结构、熟练掌握内部工作内容、合理安排工作流程，尽量减少器身暴露时间。当空气相对湿度小于75%时，器身暴露时间不得超过16h。

6）抽真空指标符合制造厂技术文件规定。

7）采用合格变压器油冲洗等措施确保散热器装置、管道、油阀、滤油机内部、滤油管道、油罐内部洁净，并注意将残油排尽，接头处应密封，防止潮气进入。

8）防止异物残留在器身内部。对器身内部需要拆除的临时支撑等应边拆除、边递出，不得多处拆除完后同时递出；拆除时应专人监督；在进行内部连接线安装时，注意对螺栓、弹平垫的控制，避免遗漏在器身内部。

9）防尘措施。在器身检查时，周围场地应平整洁净，并应提前洒水降尘。

10）油罐必须安装防潮呼吸器。

（5）重点加强对渗油点的检查和控制。

1）把好设备到货检查关，对可疑油迹处都要认真检查，如有必要，在安装过程中要及时跟踪检查。

2）用过的密封胶垫严禁再用，使用的密封胶垫材质必须满足标准要求，尺寸必须与密封槽匹配。

3）法兰面（密封槽）平整度符合标准要求；密封槽在放置密封胶垫之前，必须使用纯棉白布擦拭干净，确保槽内接触面平整洁净；密封胶垫擦拭和安装时不能受外力拉伸变形。

4）对有密封槽的法兰，其螺栓紧固力矩应符合制造厂技术文件规定，对无密封槽的法兰，其橡胶密封垫的压缩量不宜超过其厚度的1/3。

5）在抽真空过程中，注意对异常声音的监听。

6）真空度达到0.02MPa时，关闭真空设备，检查油箱密封情况。30min 后，需进行密封性检查试验（真空度具体数据应按照制造厂技术文件规定进行）。

7）严格进行散热器装置密封试验和整体密封试验。

8）电抗器安装完成后到移交前，应设专人定期对电抗器油箱、附件的外部进行检查。

（6）滤油管路宜采用热镀锌钢管连接，法兰对接方式，在法兰对接面加密封胶垫。此方式密封效果良好，可有效避免管路渗漏，大大提高真空滤油效果。

（7）做好详细过程记录，出现问题，便于查找分析原因。

（8）电抗器上、下重叠安装时，底层的所有支持绝缘子必须接地，其余的支持绝缘子不接地。单独安装时，每根支柱绝缘子必须接地。支柱绝缘子的接地线不应形成闭合磁路。

九、安全措施

（一）人员控制技术

（1）所有施工人员应经相关安全知识培训，考试合格持证上岗；所有施工人员必须已经过安全技术交底和安全工作票"唱票"。

（2）制定特殊情况下的应急预案，包括高空坠落、电击伤害、天气突变、火灾、窒息等，并根据应急预案的要求，做好对应的技术交底和物质准备。

（二）施工区域安全控制

（1）设置安全围栏，无关人员严禁入内，悬挂安全警示牌。

（2）区域内配置灭火器、铁锹、灭火沙，挂设"禁止烟火"警示牌。

（3）区域内不宜使用电、气焊作业。必须动火时，严格按照动火工作票要求进行。

（4）设备拆箱后应立即将包装箱板清运出作业区域，集中堆放在安全的预留空地处。

（三）主要机械、安全防护用品的控制

（1）起重设备（吊车、吊具）、安全用品（安全带、绝缘手套、安全帽）等，均有合格有效的检定证书；各种设备、工器具、安全用品等在使用前，必须经专人检查，符合安全要求后才能使用。

（2）设专人加强对施工用主要机械（滤油机、真空泵等）运转状态的监控，设备不得在无人监守的状态下运行。

（3）真空泵应装有止回阀门，防止停电时真空泵内的油进入电抗器内部。

（四）吊装过程安全控制

（1）吊车手续齐全，并在检验有效期内；吊车操作人员应持证上岗；吊装前应对吊车操作人员进行现场安全技术交底。

（2）吊车吨位必须符合吊重的要求，位置置放合适，支撑腿支撑在坚实的地面上。

（3）设备吊装时由专人指挥，吊臂下严禁站人。吊车司机应与指挥人员统一指挥方式（旗语、手势）。

（4）吊件绑扎后应由工作负责人检查确认牢固后方可起吊，吊件离开地面100mm时停止起吊，经检查确认无误后方可继续起吊。

（5）落钩时，应在指挥人员的指挥下缓慢进行。

（五）安全接地

（1）电抗器就位后及时进行可靠接地。

（2）滤油机、真空泵、油罐、金属滤油管路等必须有可靠的接地。

（3）真空注油、热油循环期间，必须将电抗器所有出线套管短接后可靠接地。

十、环保措施

（一）油污染防治

（1）滤油管路采用热镀锌钢管法兰对接方式，在法兰对接面加密封胶垫，杜绝渗漏，避免油污染。

（2）对有可能出现油污染的场地，应预先铺设塑料布，上面撒沙覆盖；对施工区域内的基础，应预先铺设塑料布。

（3）运输车辆、吊装车辆等机械，应防止机油、润滑油污染路面等情况发生。

（4）对不用的残油、废油不能就地排掉，应集中在废油篷中，统一处理。

（5）取油样时阀门下部放置油盆，取完油样要擦净放油阀，试验完毕后的油样应倒入废油罐内。

（二）固体废弃物控制

（1）施工现场应遵循"随做随清、谁做谁清、工完、料尽、场地清"的原则，达到固体废弃物最长 4h 内离开工作区域的要求。

（2）固体废弃物应在施工区域以外定点分类存放和标识。

（3）严禁焚烧塑料、橡胶、含油棉纱等固体废弃物，以免产生有毒气体，污染大气。

十一、效益分析

（1）经济效益。利用传统的施工方法，在安全风险方面投入的人力物力资源较多，而且难度大，采用此工法施工，安全可靠性增强，相应资源的投入减少，也能有效地节约成本。

（2）社会效益。正确的施工方法、合理的施工工序、关键部位的有效控制是保证安装质量的基础，合格的安装质量保证了设备的正常、安全运行，为生产、生活提供可靠的电力能源。

第十三节　换流变压器一次注流试验典型施工方法

一、概述

（一）本典型施工方法特点

本典型施工方法通过连接两组换流变压器网侧，短接三角形变压器阀侧，从星形变压器阀侧施加电压，测量二次回路电流，在保证试验质量的前提下，大大节约了试验时间，具有以下特点：

（1）提高系统整体试验可靠性。采用本工法可以对换流变压器区域一个阀组的 6 台换流变压器同时一次注流，实现从全局验证 TA 极性和二次回路接线正确性。

（2）降低试验对设备安装影响。优化试验接线方式，充分利用设备的已有接线，尽量减少拆线、隔离、复位等操作，对换流设备已安装完毕的部分影响降至最低。

（3）经济效益显著。采用本工法可以避免 500kV 交流母线上的挂线工作，不需要使用升降车，节约台班；换流变压器区域一个阀组只需要一次接线、一次试验，大大减少了工作量，节约了工期和人工成本。

（二）适用范围

本工法适用于 ±800kV 及以下的换流站工程中换流变压器的一次注流试验，其他类似工程可参考执行。

（三）工艺原理

1. 换流站换流变压器区域简介

换流站一般有 4 组换流变压器区域，对应 4 座阀组：极 1 高端、极 1 低端、极 2 高端和极 2 低端。每个阀组安装 6 台换流变压器，换流变压器与 500kV 交流母线连接的一侧称为网侧，与换流阀连接的一侧称为阀侧。这 6 台换流变压器 3 台为一组，分为 2 组，其中一组网侧、阀侧均以星形方式连接（以下称 Y–Y 型换流变压器），另一组网侧以星形方式连接，阀侧以角形方式连接，（以下称 Y–D 型换流变压器）。换流变压器区域现场单极一次接线图见图 1–4–13–1。

2. 传统换流变压器一次注流试验方法

对一组换流变压器进行通流试验。短接一组换流变压器的阀侧套管，在换流变压器网侧三相加上 400V 试验电压。

传统换流变压器一次注流试验方法原理图见图 1–4–13–2（以 Y–Y 型换流变压器为例）。

传统换流变压器一次注流试验方法以一组星形换流变压器或角形换流变压器为试验范围，短接阀侧套管，从

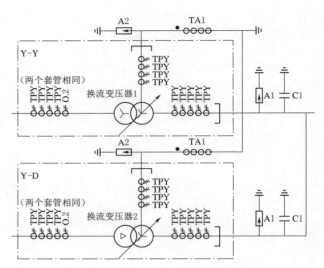

图 1–4–13–1　一个阀组对应的 6 台换流
变压器一次接线图

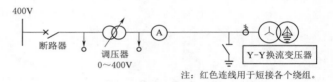

图 1–4–13–2　传统换流变压器一次性注流
实验方法原理图

网侧套管上加压，从而在二次回路上产生电流。网侧套管加压需要很长的试验线，并使用升降车挂线。

3. 换流变压器一次注流试验典型施工方法

Y–D 型换流变压器阀侧提前短接接地，对 Y–Y 型换流变压器阀侧加 400V 试验电压，通过换流变压器绕组本身在其网侧产生感应电压，经 500kV 交流母线，施加到 Y–D 型换流变压器的网侧，于是整个极 6 台换流变压器的套管 TA 上都有一次电流流过。网侧连接可利用已安装的一次设备线和交流母线，无须另外加线。试验原理见图 1–4–13–3。

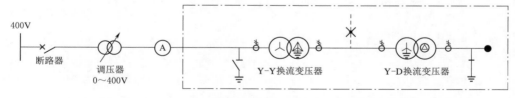

图 1–4–13–3　换流变压器一次注流试验典型施工方法原理图

二、施工工艺流程图

本典型施工方法施工工艺流程图见图 1–4–13–4。

三、操作要点

（一）试验方案策划

（1）搜集现场资料。包括勘查现场场地情况，掌握现场换流变压器的主接线方式，收集现场各 TA 电流变比极性，现场临时电源箱、空气断路器、电缆的负载能力等信息。

（2）确定试验步骤。依据现场情况确定设备布置和试验步骤，包括确定电源接取位置，拟定试验顺序。

（3）理论计算。依据现场各 TA 电流变比、换流变压器参数、主接线方式等结合试验设备参数进行理论计算，

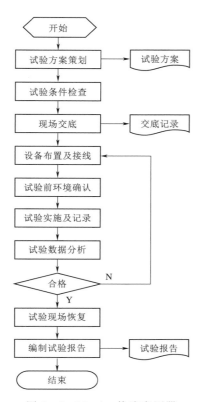

图1-4-13-4　换流变压器
一次注流试验施工工艺流程图

选择合适的一次电流大小，并计算出二次电流理论值。

（4）人员组织。依据试验步骤确定所需的试验人员数量，并进行组织分工。

（5）质安环控制。分析可能影响试验结果的质量因素，制定质量控制措施；对试验过程中可能产生的各种风险进行预测，分析危险点并制定防范措施；对试验过程中的环境影响因素进行识别分析，制定控制措施。

（6）编制试验方案。综合上述步骤，编制完整的试验方案并进行审批。

（7）设备、材料准备。依据试验方案准备试验所需

的各项设备及材料、工器具等。

（8）编制试验报告。根据试验方案编制空白试验记录表格。

（二）试验条件检查

本试验一般在投运前进行，应检查现场具备如下条件：

1. 完成与试验有关的换流变压器、电流互感器安装调试工作。二次系统接线正确、连接可靠；重点检查 TA 二次回路不开路，TV 二次回路不短路，二次回路接地符合要求。

2. 完成与试验相关极控和保护设备单体试验，试验项目齐全，功能正确。控制保护系统、监控系统连接正确，设备间通信正常、交换信息正确，极控系统功能正确；

3. 换流变压器已调整到额定电压挡位。

4. 各步骤试验设备摆放场地为硬化路面且均无影响试验进行的障碍物。

5. 确认换流变压器网侧500kV交流母线与500kV交流场区域、PLC滤波器等设备的引线断开，并做好防搭接的措施。

（三）现场交底

试验开始前，工作负责人对工作班成员施工图纸、试验方案等进行交底。介绍试验流程及注意事项；交代现场危险点和防范措施；明确试验设备操作人、站内设备操作人、监护人、二次电流检查人员分工及职责。

（四）设备布置及接线

（1）试验设备就位。按照试验方案将试验设备布置到位。

（2）清场并布置围栏。由于本试验属高压试验，根据《国家电网公司电力建设安全工作规程》（Q/GDW 665—2011）规定，试验开始前必须对试验区进行清场并设置安全围栏，试验过程中设置专人进行监护。

（3）试验接线。

按接线图进行接线。一次注流试验典型施工方法接线见图1-4-13-5。

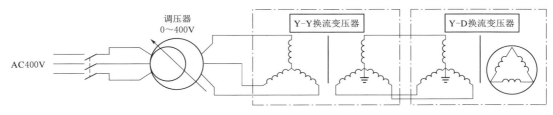

图1-4-13-5　一次注流试验典型施工方法接线图

接线时有以下注意事项：

1）电源电缆要满足试验电流的需求并留有裕度，该电流值由现场实际参数经理论计算得出，如果不满足试验要求，可能会造成电缆严重发热，甚至烧断的不良后果。试验电源和调压器功率要满足试验负荷的要求，加压线，阀侧短接线等试验接线也要选取合适的电线。

2）换流变压器区域500kV交流母线上接有的其他设

备引线需要拆除，例如，PLC电容器等设备，这些设备引线如果不拆除，会干扰试验结果，增加电源负荷。

3）换流变压器区域500kV交流母线与500kV交流场母线的连接线需要拆除，起到与交流场隔离蜂的目的。

4）接线包括试验电源接线、试验设备间连接线、试验设备与被试一次系统间连接线以及各设备的接地线。其中，接电源线时先接负荷侧，后接带电侧，接试验设

备与被试一次系统连接线时，一次设备端裸露部分应使用专用线夹和拉杆，确保连接牢固可靠，拉杆底端用绝缘绳与支柱绑扎，以防止风偏。设备接地线应先接站内地网侧，后接设备接地端钮。接线完毕，还应检查电源为正弦交流电，电压范围合格，用相序表在调压器输入接线柱处测试电源为正相序。

（五）试验前环境确认

工作负责人亲自检查被试品及试验设备的状态与接线情况，确认试验区域已清场，周边围挡有效，监护人员到位，确保现场满足试验实施环境的各项要求。

（六）试验实施及记录

（1）人员就位。各相关人员按照各自的分工就位，检查通信畅通。

（2）试验操作步骤。

1）试验设备操作人合上调压器侧面电源开关，监护人观察调压器输出三相电流升至计算一次电流，同时电压达到400V。如有异常应立即停止试验并分析问题。

2）保持在计算一次电流和400V状态下，电流向量检查人员逐个检查各处电流向量是否正确，并做好记录，完毕后汇报工作负责人。

3）二次电流检测人员检查保护装置等二次设备采样值，并做好记录，完毕后汇报工作负责人。

4）接到工作负责人通知后，试验操作人按"降压"按钮，直到调压器"零位指示"灯点亮，断开，调压器

电源开关，完毕后汇报工作负责人。

（七）试验数据分析

工作负责人组织对试验数据进行分析，将记录值与理论计算结果相比对，如有差异或不合格则应检查分析原因，并重新试验。

（八）试验现场恢复

（1）拆除接线。用绝缘拉杆将高压部分进行放电，然后拆除试验连接线，最后拆试验系统接地线。

（2）清理恢复现场。将现场设备恢复到试验前状态，回收并清点试验设备及工器具。

（九）编制试验报告

将试验数据填入试验报告中，并履行签批手续。

四、人员组织

（1）组织管理人员、技术人员、试验人员及厂家服务人员到位并熟悉现场及设备情况。

（2）作业人员应配备齐全，包括工作负责人、安全监护人、试验设备操作人员、一次设备检查人员、电流检查人员，参加安全技术培训并通过考试，合格后方可参加工作。试验人员组织表见表1-4-13-1。

五、材料与设备

试验设备、工器具应符合试验要求；材料的数量、性能应满足试验需要。主要设备表见表1-4-13-2。

表1-4-13-1　　　　　　　　　　　　　　试验人员组织

序号	人员	人数	岗位职责
1	工作负责人	1	负责试验全面管理
2	安全监护人	4	一人监护试验设备有无异常及操作人行为是否安全正确；分别监护不同区域被试设备有无异常并阻止无关人员进入试验区域，并监护相应范围内的一次设备操作
3	试验设备操作人	2	一人听从工作负责人安排依据施工方案操作试验设备，另一人监护试验设备有无异常及操作人行为是否安全正确
4	向量检查人	6	两人一组，分别在保护及测控装置，屏柜TA二次回路，后台监控三个区域检查向量，一人负责检查，另一人负责记录
5	试验接线工	4	负责试验接线和拆除试验线

表1-4-13-2　　　　　　　　　　　　　　试验所需设备及材料

序号	名称	规格	单位	数量	备注
1	调压器	50kVA，0~420V	台	1	三相
2	万用表	FLUKE，0~500V，0.5级	只	1	一次回路用，可测量交直流电压
3	大电流钳形表	0~200A	只	1	一次回路用，可测量交流电流
4	相序表	380V	只	1	测量电源正相序
5	高灵敏相量表	1.5~100mA	只	1	二次回路用，可测量毫安级交流电流
6	绝缘拉杆	10kV，5m，共四节	套	1	含电源线、设备间连线、与被试设备连线（带配套拉杆）
7	电缆	1×95mm²，0.6kV/1kV，100m	根	3	接取电源（三相）
8	电缆	1×25mm²，0.6kV/1kV，100m	根	1	接取电源（零线）
9	电缆	1×35mm²，10kV，30m	根	6	试验系统到被试设备连线

序号	名　称	规　格	单位	数量	备　　注
10	地线	$6mm^2$	套	1	试验设备接地
11	对讲机	同型号	对	3	可调至同频道使用
12	工具	Sata	套	1	扳手、钳子、螺丝刀等（套装）
13	手电	LED 强光	只	2	夜晚或开关柜照明用
14	绝缘绳	—	m	若干	按试验需要准备
15	安全围栏	—	m	若干	按试验需要准备
16	叉车	—	辆	1	搬运试验仪器
17	升降车	—	辆	1	试验一次接线
18	安全带	—	套	4	—

六、质量控制

（1）本典型施工方法编制依据。

1）《继电保护和安全自动装置技术规程》（GB/T 14285—2006）。

2）《继电保护和电网安全自动装置检验规程》（DL/T 995—2006）。

3）《±800kV 直流输电工程换流站电气二次设备交接验收试验规程》（Q/GDW 264—2009）。

4）《国家电网公司电力建设安全工作规程（变电站部分）》（Q/GDW 665—2011）。

5）《国家电网公司十八项电网重大反事故措施》（国家电网生〔2012〕352 号）。

（2）施工之前应组织技术交底，使每个工作成员熟悉工作流程。

（3）试验过程中，统一信号，统一指挥，由工作负责人控制整体试验流程。

（4）试验结果所反映的互感器变比、极性与定值通知单必须保持一致。

（5）试验升压后检查换流变压器保护向量时，应同时检查差流为零。

七、安全措施

（1）严格执行国家电网公司电力建设安全工作规程等有关规章制度。

（2）设备摆放应合理，满足安全距离要求并便于接线和观察表计。

（3）试验中应设专职监护人进行监护；开始工作前试验区域进行清场，在试验设备及被试设备四周设置封闭式安全围栏，保证所有人员与试验设备带电部分要保持 1m 以上距离，防止误碰造成人身触电。

（4）为防止试验过程中人为误操作隔离开关、断路器，提前将试验所涉及的所有隔离开关、断路器切换至就地操作位置并加锁，试验过程全部在就地进行操作并检查实际位置。

（5）试验前用接地线将试验设备接地端钮与站内地网可靠连接。

（6）试验前确认 TA 二次回路不开路，TV 二次回路不短路。

（7）接线前检查电源电缆、试验连接线外护套无破损。

（8）接电源线时先接负荷侧，再接电源侧。

（9）试验时应按"点动升压"缓慢升流升压，整个试验过程严格控制试验系统的输出电流和输出电压，不得超过电流、电压输出上限，防止试验设备损坏。

（10）严格控制试验时间单次不超过 30min，防止因加入时间过长损坏试验设备。

（11）试验时，随时观察控制台的报警信号，如果发现报警信号，立刻关掉试验系统的输出，确保试验设备的安全。

（12）试验过程中，工作负责人与各工作人员保持联系。

（13）试验结束，先断开电源，然后用绝缘拉杆将高压部分进行放电，再拆除试验连接线，最后拆试验系统接地线。

（14）试验完毕后及时恢复现场设备原状态，回收并清点试验设备及工器具。

八、环保措施

在一次注流试验过程中，全体试验人员必须树立牢固的环境保护和文明施工意识，试验过程中必须采取以下措施：

（1）试验场地设备、试验线、工器具等合理布置、规范围挡，围栏整齐，标识醒目，施工场地整洁文明。

（2）废弃物应及时清理，严禁乱丢乱放，试验场地做到"工完、料尽、场地清"。

（3）设备使用前后检查外观、接口、阀门等，防止设备漏油污染环境。

九、效益分析

（一）经济效益

本工法在金华换流站新安装的换流变压器一次注流试验中取得了可观的经济效益。

对于一个阀组区域，至少可节约 2 个工作日，节省人工费用：7×180×2＝6120（元）（以 7 个试验工，每工日 180 元计算）；节约升降车台班费用：2500×2＝5000（元）（以每个台班 2500 元计算）；节约试验仪器仪表使用费用：10000×2＝20000（元）。

最完成全部 4 个阀组的试验，共可节约费用：（6120＋5000＋20000）×4＝124480（元）。

（二）社会效益

本工法在换流站设备正式投运前实施，模拟运行电流提前进行继电保护向量检查，可有效发现一次和二次设备故障、互感器变比和极性错误、二次回路虚接、错接等问题，同时极大缩短了试验周期，提高了调试效率，对特高压直流输电工程及跨区电网工程的高效顺利投运具有重要意义。

第十四节 1000kV GIS 安装典型施工方法

一、概述

（一）本典型施工方法特点

由于 1000kV GIS 母线长、断路器重、安装重心高、吊装作业半径大、避雷器体积庞大、装配难度高，高压套管长、吊装方式复杂、现场对接面多、作业环境要求高，设备昂贵、安装风险大等原因，其施工方法主要体现吊装使用的起重机吨位高、起重指挥难度大、现场防尘措施复杂、成品保护措施要求高等特点。

（二）适用范围

本典型施工方法适用于指导 1000kV GIS 的安装。

（三）工艺原理

1000kV GIS 安装一般采取分节运输、现场组装的安装方法。为提高施工质量、提升工艺水平，施工过程中采取较常规设备更加可靠的防尘措施，推行四无管理（无异物产生、无异物混入、无异物残留、无螺栓松动）、5S 管理（整理、整顿、清扫、清洁、修养）等先进的管理理念。

二、施工工艺流程

本典型施工方法施工工艺流程如图 1-4-14-1。

三、操作要点

1000kV GIS 的安装单元主要包括断路器、隔离开关、快速接地开关、避雷器、主母线、分支母线、套管支撑筒、高压套管、

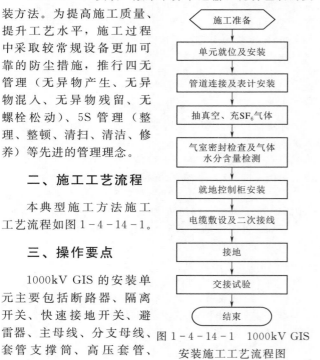

图 1-4-14-1 1000kV GIS 安装施工工艺流程图

（流程图文字）
施工准备 → 单元就位及安装 → 管道连接及表计安装 → 抽真空、充SF₆气体 → 气室密封检查及气体水分含量检测 → 就地控制柜安装 → 电缆敷设及二次接线 → 接地 → 交接试验 → 结束

波纹管和汇控柜等基本单元，其现场安装应在厂方人员指导下进行。

（一）施工准备

施工准备主要由技术准备、场地准备、设备现场保管及开箱检查等几部分组成。

1. 技术准备

（1）施工依据齐全。

（2）按规定进行设计交底和图纸会检。

（3）技术资料齐全，数量满足现场施工及归档要求。

（4）根据设计图纸、厂家资料，结合现场情况，编写施工方案，并报监理审查。

（5）由安装单位技术人员对施工人员进行安全技术交底，视情况可邀请设备厂家技术人员参与。

2. 场地准备

（1）基础验收。设备安装前，应由监理单位组织有关单位按照国家现行标准及施工图进行基础验收场地应平整、无坑洼积水，混凝土基础强度符合安装要求，基础表面清洁干净，施工场地应满足起重机械的作业要求，基础误差、预埋件、预留孔、接地线位置应满足设计图纸、产品技术文件及表 1-4-14-1 的要求。

表 1-4-14-1 1000kV GIS 安装轴线及预埋件标高允许偏差

序号	项　目		质量标准
1	X、Y 轴误差		＜5mm
2	预埋件标高误差	相邻	＜2mm
3		最大	＜5mm

（2）基础划线。划线前将基础表面清理干净。确定 1000kV GIS 就位安装中心基准线（一般以轴向中心线和纵向中心线为基准线），然后按设计图纸依次确定各安装单元的中心线。根据产品技术文件划出各安装单元的 X、Y 轴线，测量并记录各安装点的标高。各安装单元之间误差及本组各相的 X、Y 轴线误差应满足设计图纸、产品技术文件及表 1-4-14-1 的要求。每个单元划线完成后，复核各安装单元位置的正确性。

（3）防尘措施的实施。硬化 1000kV GIS 基础周围的地面，并铺设碎石，同时用洒水车在施工区域周围定时洒水，防止飞土扬尘。在基础四周搭设全封闭围栏，围栏高度视现场实际情况而定。现场对接时要求无尘对接，因此施工前需配备好防尘室，一般采用组装式，并在室内设置空调，保持干燥、恒温效果，并持续向防尘室内注入干燥空气（露点低于－40℃），使防尘室内成微正压，防止灰尘进入。

3. 项设备现场保管及开箱检查

（1）设备运至现场后，应按原包装置于平整、无积水、无腐蚀性气体的场地并垫上枕木，有防雨要求的设备在室外加篷布遮盖。

（2）充有气体的运输单元，应按产品技术规定定期检查压力值，并做好记录，有异常情况时应及时采取

措施。

（3）厂家应提供每瓶 SF_6 气体的测试报告。SF_6 新气充入设备前应按相关标准抽检、验收。进口新气验收按照产品技术文件要求执行。

（4）设备开箱检查，应由建设、物资、监理、施工、厂家五方人员在现场共同见证。

（5）设备开箱检查，应选择天气晴朗时进行。

（6）开箱检查应以装箱清单、技术协议为依据，并进行下列检查：

1）冲击记录仪动作情况，并做好五方签证记录。

2）设备整体外观良好，油漆应完好无锈蚀、无损伤，套管应无损伤。

3）设备型号、数量及各项参数符合设计要求。

4）所有元件、附件、备件及专用工器具齐全。

5）设备总装图、间隔总装图、导体装配图、控制柜接线图、设备安装使用说明书、辅助设备说明书、出厂试验报告等出厂证件及技术资料齐全。

6）充有气体的运输单元或部件，其压力值应符合产品的技术要求。

7）其他各种表计外观完好。

8）各类箱、柜无变形，箱、柜门的开合应灵活。

9）控制柜内部各元件应无损坏，二次接线应完好。

10）隔离开关、接地开关连杆的螺栓应紧固，波纹管螺栓位置应符合制造厂的技术文件要求。

11）详细填写开箱记录，设备缺陷、缺件记录在案，五方代表共同签字确认。

（二）单元就位及安装

1. 通用工艺介绍

（1）GIS 筒体内表面的处理。

1）用吸尘器将筒体内表面的灰尘、漆皮、金属粉末等杂物清除干净。

2）用拧干的无水酒精布擦拭筒体内表面。

3）若发现筒体内表面有明显的凸起可用砂纸打磨平，并将金属粉末等杂物清除干净。

（2）GIS 法兰面对接前的处理。

1）用吸尘器从上至下将法兰外圆表面、密封面上及其所有光孔所附着的灰尘、漆皮、金属粉末等杂物清除干净。

2）用蘸有清洗液的白绸布从上至下将法兰外圆表面、密封面及其所有光孔的油污擦拭干净。

3）用百洁布在法兰密封面上沿圆周方向顺时针擦拭两遍，边擦边用吸尘器吸走粉尘或异物。

4）用蘸上无水酒精的白绸布在法兰密封面上沿圆周方向顺时针擦拭两遍。

5）用眼看和手摸检查法兰密封面应光滑、无划痕、无异常的凸出。

（3）环氧树脂绝缘件表面的处理。

1）对即将对接的绝缘件表面，用蘸有无水酒精的无毛纸从中心导体沿绝缘件表面向外旋转擦拭进行清理，最后用干净的白绸布采用同样的方法擦一遍。绝缘件表面擦拭时应注意：

a. 不能在绝缘件的表面来回擦拭，以免脏的无毛纸污染已擦净的表面。

b. 经过清洁处理的绝缘件应立即用干净的塑料薄膜包好。

c. 接触 GIS 内部绝缘件时应戴干净的白手套。

2）在筒体法兰面、螺栓孔及装配好的绝缘子法兰面涂上润滑脂，最后在绝缘子的垂直错位部位涂上硅脂；在确认润滑脂或硅脂表面没有附着灰尘等杂质之后再进行装配。

3）与 SF_6 气体有接触的绝缘件部位上不能有润滑脂。如果不慎沾上，应用无水酒精清除干净。

4）处理干净了的绝缘件用塑料薄膜包裹，避免受到污染或吊车落下的污物影响其绝缘性能。

（4）在法兰端头悬挂导电杆。

1）用专用的导电定位工具，使导电杆固定位置。

2）对接 GIS 时，用眼睛观察，通过挂绳可适当调整导电杆的位置。

3）端面横放一根直规，测端面到导电杆端头距离，得到杆伸出长度，使其符合规定值。

（5）导电杆镀银表面的处理。

1）仔细检查导电杆或电连接触指内圆形镀银面，不应有凸出的金属部分、漆层和其他异物以及镀银层剥落、起泡等现象。

2）用蘸有无水酒精的白绸布将镀银层表面擦拭干净。

3）在镀银面上均匀地涂抹薄层的润滑脂

4）迅速装上对应关联元件，用螺栓压紧电接触面采用力矩扳手将螺栓拧紧。

（6）导体非镀银表面的处理。

1）仔细检查导体的非镀银表面圆滑、无尖角。如有凸出部分，用砂纸轻轻打磨至平滑。

2）导体为铜表面时，用蘸有无水酒精并拧干的白绸布擦拭干净。

3）导体为铝合金表面时，先用蘸有清洁剂的白绸布清除异物后再用干燥的白绸布擦拭干净。

（7）法兰对接处涂润滑脂或硅胶的方法。

1）为使法兰或绝缘子连接处防水、防腐蚀，应在接缝处涂抹润滑脂或硅胶。

2）润滑脂的使用方法：

a. 涂润滑脂前应对法兰周边和密封面用无水酒精布进行擦拭、清洁。

b. 无 O 形密封圈的密封面，用布薄薄地涂敷一层润滑脂；无 O 形密封圈的密封面，只涂密封圈以外。

c. 涂抹润滑脂后，应确认润滑脂表面无尘埃或线头黏附。

d. 装配螺栓紧固后，密封面上溢到外面的润滑脂必须用布轻轻地擦拭，不得使润滑脂落入与 SF_6 气体有接触的部位。

（8）密封圈的处理及使用。

1）安装现场使用的密封圈应为全新的密封圈，并应随检、随用、随处理。

2）核对密封圈的型号、规格是否符合当前装配的要求。

3）检查密封圈外观质量应完好，无划伤、凸起、起泡等质量缺陷。

4）使用蘸有无水酒精的白绸布将密封圈擦拭干净。

5）立即将密封圈装入经过清洁处理的密封槽内。

（9）波纹管装配与调整。

1）波纹管安装前应根据不同作用的波纹管的调节范围，将其两端法兰距离调整至厂家规定长度。

2）单元安装过程中，如有以下情况才能调整波纹管：

a. 装配到某个位置，需要找正筒体法兰垂直于地面，或筒体中心线对准基础中心线时。

b. 波纹管在对接位置，调节波纹管需对接的两个单元。

c. 在安装过程中，两个筒体之间或母线筒的法兰之间，存在上下、左右的高度差别。

d. 在波纹管调整的过程中，应注意不同作用的波纹管的调节范围不得超过厂家规定的允许值。

e. 在GIST频耐压试验合格后，按照图纸要求将波纹管一端的拉紧螺杆螺母松开一段距离，另一端螺母不动。

（10）吸附剂的安装。

1）排出气室内的高纯氮气或回收SF₆气体至零压力，打开单元上装吸附剂的盖板。

2）检查法兰部位、密封槽、盖板密封面等应清洁无损伤；检查筒体内电连接、屏蔽罩和内部导体，必要时利用吸尘器进行内部清洁并用无水酒精擦拭干净。

3）把盖板上装吸附剂的盒子打开，倒入经干燥处理的吸附剂。

4）更换新密封圈，应完好无破损，用白绸布擦拭干净后立即放入绝缘子密封槽内。

5）装上附有吸附剂盒子的盖板。

6）整个吸附剂的安装持续时间不应超过30min。

（11）螺栓紧固。

1）认真检查外观质量，看螺纹、镀层，若有螺纹碰瘪、缺陷、锈斑等异常则不能用。

2）螺栓若有污垢，必须清除干净。

3）装螺栓前，可在螺纹前端涂少许润滑脂，防腐防蚀。

4）法兰上螺栓对角应来回均匀紧固，紧固完后，在螺栓头及法兰之间用记号笔画一条细线（线宽约1mm），各跨越约10mm。

5）各种法兰连接螺栓的紧固力矩应符合出厂文件，如无出厂规定参考表1-4-14-2。

2. 单元的就位

单元就位、对接安装前应先选择基准单元，一般以断路器单元为基准单元。单元就位的操作要点如下：

表1-4-14-2 各种法兰连接螺栓（4.8级）的紧固力矩 单位：N·m

螺栓公称直径	紧固力矩	螺栓公称直径	紧固力矩
M5	3	M20	220
M6	5	M24	310
M8	12	M30	755
M10	25	M36	980
M12	45	M42	1770
M16	110	M48	2550

（1）测量安装单元基础预埋铁板的水平高度差及平整度，通过在四块预埋铁板上放置调节垫片或调节单元支撑的方法使预埋铁板水平高度差为零。对于隔离开关单元应保证其低位绝缘子中心离地面高度符合厂家规定值，且应在隔离开关低位连接位置套上防尘罩。

（2）对于充气运输的单元，应检查单元气室内气体压力，压力值应在0.02～0.05MPa范围内，否则应对气室进行检漏及水分测量，如不合格则宜要求厂家将设备返厂进行处理。

（3）分别在单元本体横向、纵向中心线位置悬挂铅垂，通过调节单元的位置使铅垂尖对准基础上已划好的横向、纵向中心线。

（4）临时固定单元。将单元支架底部与基础预埋件点焊住，待耐压试验合格后再进行整体满焊。

（5）按照产品技术文件的相关要求对单元进行整体检查。如断路器单元宜先安装防尘室，罩住断路器的液压机构和人孔。然后打开断路器单元机构门进行清扫，检查螺栓标记是否位移，如螺栓松动则紧固。如有灰尘污垢，须用无水酒精布擦拭干净。

3. 单元的对接

（1）检查将要对接的包装单元，其气室压力值应在0.02～0.05MPa范围内，否则应对气室进行检漏及水分测量，如不合格则宜要求厂家将设备返厂进行处理。清扫单元外表面。对于波纹管应检查其长度是否在标称值范围内。

（2）在已经固定单元的对接法兰面侧安装防尘室，然后打开运输盖板，按照产品技术文件的要求检查单元内部是否干净、元件是否正常。对于断路器单元应检查固定电连接螺栓上的标识是否位移，以便判断螺栓是否松动。按照通用工艺的要求处理单元内部及对接面，并及时在连接部位套上防尘罩，防止灰尘等杂物进入。

（3）将未固定的对接单元吊入防尘室，按照通用工艺的要求检查、清理内部及连接部位，并更换新的密封圈，密封圈应完好无破损，清洁干净后立即放入绝缘子密封槽内，并及时在连接部位套上防尘罩。如果是多节母线，还应检查单元内部的导体是否在一条直线上。

（4）检查单元的导电杆是否有磕碰、起皮现象，否则应进行圆滑过渡处理，并用白绸布擦拭干净。然后将导电杆分别插入两个对接单元内，用绳子挂在筒内中央，插上临时触头，分别测量其主回路电阻，不应超过厂家规定值。

（5）吊起未固定的对接单元，使之与已固定的对接单元在同一水平面上（如带有波纹管的应先调整波纹管上下左右四处的长度达到产品技术文件规定值）；在其对接法兰面两个对角线孔内插上导向棒；按照通用工艺装好导电杆，利用起重机和链条葫芦缓慢地将两个对接单元拉近，当两个对接法兰面间隙约为 100mm 时，将挂在导电杆上的绳子抽出，借助人力将两法兰面对接；装入固定法兰的螺栓，抽出并按照通用工艺的要求紧固所有的法兰连接螺栓。

（6）安装单元支撑架或临时支撑。调整支撑架高度，应符合厂家规定；若单元一头呈悬空状，则应用临时支架固定牢靠。

（7）对于不能进行单独隔离的避雷器、电压互感器单元的对接安装工作应在 GIS 安装完毕并通过耐压试验后再进行对接安装，安装前应按照规范要求进行相关试验。

（8）所有单元对接完成后进行临时点焊，待耐压试验合格后再进行整体满焊。

4. 高压套管安装

根据高压套管的重量、吊装高度、作业半径选择合适的起重机进行作业，套管的吊装方法分为以下几个步骤：

（1）高压套管水平起吊过程。

1）将两根尼龙吊绳一端利用工装固定在套管法兰位置，另一端穿过套管顶部工装，用起重机吊钩钩住。

2）将一根尼龙吊绳一端固定在套管的法兰位置，另一端用起重机吊钩钩住。

3）两台起重机缓慢从套管包装箱内吊起高压套管并距离地面 3m；分别调整钓钩位置以确保套管吊起后呈水平位置。

（2）高压套管从水平变换至垂直状态的过程。

1）利用吊住套管顶部的起重机，缓慢抬高套管部。

2）吊住套管法兰位置的起重机始终保持 3m 以上的距离吊高，避免损坏套管底部端头。

3）吊住套管顶部的起重机吊钩缓慢抬升，直至高压套管轴线与地面呈垂直状态，并承受整个高压套管的重量。

4）在吊至套管轴线与地面垂直后，吊住套管法兰位置的起重机吊钩缓慢松钩。

（3）高压套管与套管支撑筒的对接过程。

1）取下固定在套管法兰位置上的尼龙吊绳，并移开吊住套管法兰位置的起重机。

2）利用吊住套管顶部的起重机将高压套管竖直吊起至套管支撑筒上部，将高压套管下部导电杆与套管支撑筒中电连接对接。

3）缓慢放下高压套管，将套管法兰面与套管箱连面对接，按法兰面对接工艺对接，并使用力矩扳手按规

定力矩值拧紧所有法兰螺栓。

（三）管道连接及表计安装

（1）气体配管安装前内部应清洁。

（2）气体管道现场连接时，应先清理密封接头及设备上的连接面，放好密封圈涂好密封胶并紧固。

（3）气体管道的现场加工工艺、弯曲半径及支架布置符合产品技术文件要求。

（4）表计由调试部门在现场完成校验，合格后按照产品技术文件的要求进行安装。

（四）抽真空、充 SF₆ 气体

1. 抽真空

（1）抽真空应由经培训合格的专职人员负责操作，真空机组应完好，所有管道及连接部件应干净、无油迹。

（2）为防止抽真空过程中，真空机组遇有故障或突然停电造成真空泵油被吸入设备，真空机组必须装设电磁逆止阀。

（3）接好电源，检查真空泵的转向，正常后启动真空泵，待真空度达到制造厂产品技术文件规定的真空度后（若制造厂产品技术文件未规定时，应达到 133Pa 以下），再继续抽真空 30min，然后停泵 30min，记录真空度 A，再隔 5h，读取真空度 B，若 $B-A<133Pa$，则可认为合格，否则应进行处理并重新抽真空至合格为止。

2. 充 SF₆ 气体

（1）将充气管道和减压阀与 SF₆ 气瓶连接好，用气瓶里的 SF₆ 气体把管道内的空气排掉，再将充气管道连接到设备充气口的阀门上。

（2）在充气时，应先打开设备充气口的阀门，再打开 SF₆ 气瓶的阀门和减压阀，充气速度应缓慢。冬季施工时宜用气瓶电加热器加热，当充到 0.25MPa 时，应检查所有密封面，确认无渗漏，再充至略高于额定工作压力，以便抽气样试验。

（3）充气过程中应核对密度继电器的辅助触点是否能准确可靠动作。

（4）当气瓶压力降至 $9.8×10^4$Pa（环境温度 20℃）时，即停止使用。

（5）不同温度下的额定充气压力应符合压力—温度特性曲线。

（6）充气结束后将充气口密封。

（五）气室密封检查及气体水分含量检测

1. 气室密封检查

密封检查应在充气 24h 后进行，并按 1000kV 电气设备相关交接试验标准规定执行，每个气室的年漏气率不应大于 0.5%。

密封检漏分为定性检漏和定量检漏，定性检漏有检漏仪检测法和肥皂泡沫检漏法两种方法。一般情况下，对经过定性检漏，发现漏气率超标的部位或者怀疑漏气严重的气室可做定量检漏，定量检漏采用包扎法。

2. 气室气体水分含量检测

（1）气体含水量测量必须在充气至额定气体压力下不小于 48h 后进行，且空气相对湿度不大于 85%。

（2）根据表1-4-14-3所示要求，对不同的单元气室进行 SF_6 气体水分含量检测，应合格。

（3）当检测到气室中的 SF_6 气体水分含量超过规定值时，应及时使用 SF_6 回收装置将气体回收，并充入99.999％的氮气对气室进行干燥、过滤处理。

表1-4-14-3　隔室六氟化硫气体含水量标准

隔室类型	交接验收值
有电弧分解物的气室	$\leqslant 150\mu L/L$
其他气室	$\leqslant 250\mu L/L$

（六）就地控制柜安装

就地控制柜安装应符合《电气装置安装工程盘、柜及二次回路结线施工及验收规范》（GB 50171—2012）的规定。特别要注意就地控制柜封闭应良好，箱门要有密封圈，底部要封堵，以达到防水、防潮、防尘的功能。

（七）电缆敷设及二次接线

（1）设备上的电缆应通过电缆槽盒及金属软管敷设。

（2）电缆应排列整齐、美观。

（3）端子排里外芯线弧度对称一致。

（4）电缆热缩头长短一致，并且固定高度一致。

（八）接地

（1）1000kV GIS采用多点接地方式，并且各法兰连接处制造厂均用等电位铜连接板连接起来。因接地电流较大，现场已敷设辅助接地铜网，并引至基础上部设备单元的各指定位置，相关要求如下：

1）用热镀锌螺栓将接地铜带与设备单元的接地板连接，并用力矩扳手按照规定的力矩值紧固。

2）螺栓连接必须牢固可靠，接触良好。

3）在接地铜带与设备单元接地板连接缝处涂胶（一般由制造厂提供），并进行防水处理。

4）接地铜带刷黄绿相间的相色漆进行标识。

（2）接地线安装应工艺美观，标识规范明显。

（九）交接试验

交接试验包括以下内容：

（1）控制及辅助回路绝缘试验。

（2）SF_6 气体验收试验。

（3）SF_6 气体密封性试验。

（4）主回路电阻测量。

（5）SF_6 气体含水量测量。

（6）SF_6 气体密度继电器及压力表校验。

（7）断路器试验。

（8）隔离开关、接地开关试验。

（9）设备内部各配套设备的试验。

（10）主回路绝缘试验。

四、人员组织

（1）组织管理人员、技术人员、施工人员及厂家服务人员到位并熟悉现场及设备情况。

（2）所有施工人员上岗前，应根据1000kV GIS的安装特点进行专业培训及安全技术交底。

（3）特殊工种作业人员需持有特殊作业证，并应报监理审批，审批符合要求方可上岗，1000kV GIS安装施工人员配置如表1-4-14-4所示。

表1-4-14-4　1000kV GIS安装施工人员配置

序号	岗位	人数	岗位职责
1	施工负责	1	全面组织断路器的安装工作，现场组织协调人员、机械、材料、物资供应等，针对安全、质量、进度进行控制，并负责对外协调
2	技术专责	2	全面负责施工现场的技术指导工作，负责编制施工方案并进行技术交底
3	安全专责	1	全面负责施工现场的安全工作，在施工前完成施工现场的安全设施布置工作，并及时纠正施工现场的不安全行为
4	质量专责	1	全面负责施工现场的质量工作，参与现场技术交底，并针对可能出现的质量通病及质量事故提出防止措施，并及时纠正现场出现的影响施工质量的作业行为
5	施工班长	4	全面负责现场施工，认真协调人员、机械、材料等，并控制施工现场的安全、质量、进度
6	起重指挥	1	负责施工过程中设备吊装指挥
7	普工	60	了解施工现场安全、质量控制要点，了解作业流程，做好自己的本职工作
8	机械操作员	10	负责施工现场各种机械的操作工作，并应保证各施工机械的安全稳定运行。发现故障及时排除
9	机具保管员	1	做好机具及材料的保管工作，及时对机具及材料进行维护及保养
10	后勤人员	2	负责施工工程中的影像记录、天气查询、新闻报道等

五、材料与设备

（1）安装前需要准备好施工材料，以保证1000kV GIS安装顺利进行，主要施工材料见表1-4-14-5。

表1-4-14-5　1000kV GIS安装主要施工材料

序号	名称	规格	单位	数量	备注
1	无水酒精		箱	根据工程规模大小配备	
2	白绸布		卷	根据工程规模大小配备	
3	砂纸	200号	张	根据工程规模大小配备	
4	砂纸	400号	张	根据工程规模大小配备	

续表

序号	名称	规格	单位	数　量	备注
5	砂纸	600 号	张	根据工程规模大小配备	
6	焊条	$\phi32$	kg	根据工程规模大小配备	
7	焊条	$\phi40$	kg	根据工程规模大小配备	
8	铁丝	$\phi12$ 号	kg	根据工程规模大小配备	
9	高纯氮气	99.999%	瓶	根据工程规模大小配备	
10	氧气和乙炔		瓶	根据工程规模大小配备	
11	SF_6 瓶装气体		瓶	根据工程规模大小配备	厂家提供
12	无毛纸		盒	根据工程规模大小配备	厂家提供
13	百洁布		块	根据工程规模大小配备	厂家提供
14	各种润滑脂		kg	根据工程规模大小配备	厂家提供

（2）安装前需要准备好各种施工机具，以保证1000kV GIS安装顺利进行，主要施工机具见表1-4-14-6。

表1-4-14-6　1000kV GIS安装主要施工机具

序号	名称	型号	数量	备　注
1	汽车式起重机	160t、50t、25t	各1台	
2	高空作业车	45m	1台	
3	手动叉车	5t	2台	
4	真空泵		2台	满足产品技术文件要求
5	SF_6回收装置		2台	满足产品技术文件要求
6	干燥空气发生器		3台	满足产品技术文件要求
7	烘箱	0～500℃	1台	
8	吸尘器	GS80	2台	
9	吸湿器		3台	
10	空调		3台	
11	电焊机	500A	2台	
12	砂轮切割机		1台	
13	手提砂轮机		3台	
14	冲击电锤		2套	
15	电动扳手		2把	
16	手电钻		2把	
17	强光手电筒		8个	

续表

序号	名称	型号	数量	备　注
18	磨光机		2套	
19	氧割工具		1套	
20	工作台		2张	
21	力矩扳手	230～3000N·m	2把	
22	开口扳手	24mm	16把	
23	棘轮扳手		10把	
24	管子钳	10～32mm	4把	
25	带起钉口撬棍		8根	
26	链条葫芦	5t	4副	
27	油压千斤顶	5t、10t	各2只	
28	钢丝绳	5～20m	4副	
29	尼龙吊带	2t、5t、10t、20t	各2副	
30	卸扣	2t、5t、10t、20t	4套	
31	铅锤		4只	
32	手锯		2把	
33	游标卡尺		4把	
34	钢卷尺	10m	5把	
35	水准仪		1台	
36	干湿温度计		2只	
37	手推车		2台	
38	脚手架	$\phi50$	15t	
39	木楼梯	长、短	6副	
40	安全带		10副	
41	电缆敷设工具		2套	
42	电工工具		2套	
43	钳工工具		2套	

所有工机具、仪器仪表投入施工前应进行全面检验，并在开工前运至现场。施工过程中应做好保养工作并进行定置化管理。

六、质量控制

（一）工程质量执行标准

施工依据（不仅限于）如下：

（1）《工业六氟化硫》（GB 12022—2006）。

（2）《电力建设安全工作规程（变电所部分）》（DL 5009.3—1997）。

（3）《1000kV变电站电气设备施工质量检验及评定规程》（Q/GDW189—2008）。

（4）《1000kV高压电器（GIS、HGIS、隔离开关、避雷器）施工及验收规范》（Q/GDW 195—2008）。

（5）《100kV气体绝缘金属封闭开关设备施工工艺导

则》（Q/GDW 199—2008）。

（6）《输变电工程建设标准强制性条文实施管理规程》（Q/GDW 248—2008）。

（7）《输变电工程安全文明施工标准》（Q/GDW 250—2009）。

（8）《1000kV 电气装置安装工程电气设备交接试验规程》（Q/GDW 310—2009）。

（9）《国家电网公司电力建设安全工作规程（变电站部分）》（Q/GDW 665—2011）。

（10）《关于印发国家电网公司电力建设起重机械安全管理重点措施（试行）》的通知》（国家电网基建〔2008〕696 号）。

（11）《关于印发国家电网公司输变电工程质量通病防治工作要求及技术措施的通知》（基建质量〔2010〕19 号）。

（12）《关于印发《协调统一基建类和生产类标准差异条款》的通知》（国家电网科〔2011〕12 号）。

（13）《国家电网基建安全管理规定》（国家电网基建〔2011〕1759 号）。

（14）1000kV GIS 出厂技术文件及设计图纸。

（二）安装质量控制

（1）严格按批准的施工方案进行施工。

（2）按照施工作业的具体要求，逐项进行质量控制。

（3）每项工序完成后，要认真、如实地填写施工记录。

（4）项目部质检员、班组兼职质检员应进行过程控制，对关键工序实行把关。

（5）1000kV GIS 的对接必须使用专用防尘室。

（6）进入防尘室必须更换专用连体工作服，并事先经干燥空气清洁处理。

（7）防尘室内保证环境干燥、无尘。

（8）吊装作业时，应有专人指挥，指挥联系渠道畅通。

（9）单元筒体内部检查所使用的工器具应严格执行登记制度。

（10）所有螺栓，尤其是对接面法兰的连接螺栓必须使用力矩扳手紧固。

（10）装配工作应在无风沙、无灰尘、空气相对湿度小于 80%（在防尘室内安装干湿温度计）的条件下进行。

（12）装配工作开工前应使用粉尘仪、干湿温度计测量安装环境的洁净度和湿度，当测量结果符合产品技术文件要求后方可进行施工。

（13）对所有螺栓连接部位、接地铜排搭接部位及所有法兰面对接部位涂以密封脂进行密封处理。

（14）严格管理人员的进出场。减少外来尘埃、杂物等被带入施工场地。

七、安全措施

（1）安装过程中，应执行《国家电网公司电力建设安全工作规程（变电站部分）》（Q/GDW 665—2011）及

《输变电工程建设标准强制性条文实施管理规程》（Q/GDW 248—2008）的有关规定。

（2）明确安装过程中的重大危险源，制订有效的安全技术措施。

（3）设备开箱时，应严防工器具损坏设备。

（4）参与吊装作业的人员应经过专门的技术培训，特殊工种作业人员应持有效证件上岗。

（5）吊装前应仔细检查所使用机具，合格后方可投入使用。

（6）吊装时应有专人负责，专人指挥，吊装作业过程必须有专职安监人员监护操作，参加工作人员应分工明确，责任到人。

（7）SF$_6$ 气瓶的搬运和保管应符合有关规范的要求。

八、环保措施

（1）保持施工场地的清洁，做到"工完、料尽、场地清"。

（2）SF$_6$ 气体应及时回收，不得直接排放，避免污染环境。

（3）施工噪声应控制在国家规定的范围之内。

九、效益分析

（1）根据 1000kV GIS 的特点，采取无尘施工管理和四无管理，通过现场的多种防尘措施，确保了施工高标准、高质量完成。

（2）所有螺栓连接部位、接地铜排搭接部位及所有法兰面对接部位进行密封处理，有效地防止了连接间隙积水造成腐蚀的问题。

（3）SF$_6$ 气体的科学管理杜绝了 SF$_6$ 气体泄漏的可能，基本不会产生环境污染，符合"两型一化"要求。

（4）工具的定置化管理，简化了 GIS 单元内部清洁检查时工具管理难的问题。

第十五节　换流阀安装典型施工方法

一、概述

高压直流输电在远距离、大容量输电和电力系统联网方面具有明显的优点，我国能源与负荷分布不均，水力资源和煤炭资源主要集中在西南、中南、西北及华北地区，而负荷则主要集中在京津地区、东北及华东、华南地区，为了适应我国电能分布不均衡状态，所以不可避免需要进行大容量远距离输电。换流阀是直流输电系统中实现整流、逆变功能的核心部件，它是直流输电系统的关键设备，其运行状况与整个直流系统各方面的技术密切相关。

（一）本典型施工方法特点

目前直流输电工程中的换流阀均采用悬吊式结构，均采用升降平台车、电动葫芦等机器具进行安装作业，并在高空进行，安全风险较高、施工难度较大。

作为换流站的核心设备，换流阀大部分组件为精密元器件，对环境温度、湿度和空气洁净度等要求较高，施工过程中应加强施工管理，做好质量管控，采取防潮、防尘措施，实现无尘化施工，防止出现碰撞、坠落、损坏和遗漏等现象，做好成品保护。

本典型施工方法详细介绍了安装过程中各组件的安装方法、安全和质量控制措施，能够有效保障施工质量，降低施工难度，提高施工效率。

（二）适用范围

本典型施工方法适用于各电压等级新建直流换流站工程换流阀设备安装，改、扩建工程可参照执行。

（三）工艺原理

（1）直流输电工程的阀塔均采用悬吊式设计，即换流阀通过绝缘子悬吊在阀厅顶部的钢梁上，按照每个阀塔包含单阀数量的不同，可划分为双重阀或四重阀。双重阀即每个阀塔内含两个单阀，四重阀塔即每个阀塔内含四个单阀，连接方式如图 1-4-15-1 所示。

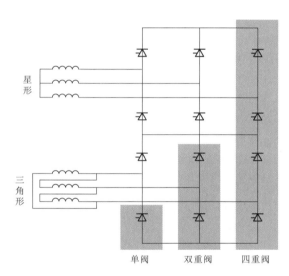

图 1-4-15-1　单重阀和多重阀构成示意图

（2）目前换流阀主要采用西门子、ABB、阿海珑和国内自主化技术，其中西门子和阿海珑技术的换流阀均为大组件安装方式，ABB 技术换流阀为小组件安装方式，国内自主化技术既有大组件安装方式又有小组件安装方式。本典型施工方法主要介绍典型的西门子和 ABB 技术换流阀安装方式。

（3）换流阀主要包括晶闸管组件、电抗器组件、屏蔽罩、悬吊支撑结构等部件，通过冷却水管、连接母线、光缆等实现与冷却系统、直流输电系统其他一次设备以及二次控制系统的连接。

（4）换流阀安装属于高空作业，应尽量在地面上组装完成，然后进行整体起吊，减少高空作业。

二、西门子技术换流阀典型施工工艺流程

西门子技术换流阀典型施工工艺流程见图 1-4-15-2。

三、西门子技术换流阀施工操作要点

（一）施工准备

1. 技术准备

（1）安装前应结合厂家换流阀安装说明书编制换流阀安装施工方案，经审批后，方可实施，并对所有施工人员进行技术和安全交底。

（2）做好升降平台车、链条葫芦等机器具的检验工作，对升降平台车操作人员进行提前培训。

2. 阀厅环境准备

换流阀安装时阀厅环境应满足以下要求：

（1）检测阀吊梁的水平度、阀塔悬挂点的标高和悬吊孔的孔距，主水管安装完毕，土建交安完成。

（2）施工及照明电源稳定并配置应急照明。

（3）阀厅通风和空调系统投入使用，温度为 10～25℃，相对湿度不大于 60%。

（4）换流变压器阀侧套管、直流穿墙套管预留孔临时封堵严密，厅内保持微正压，阀厅清洁度达到厂家要求。

（二）设备到货检验

1. 设备开箱检查

（1）安装前应在监理单位组织下对设备进行开箱验收、检查。

（2）检查设备包装箱应无破损，根据出厂文件一览表核对所提供的出厂资料及附件，应完整、齐全。

（3）阀组件的紧固螺栓应齐全、无松动，有力矩紧固标识。

（4）所有组件及零部件应无变形、机械损伤、裂纹和油漆脱落等现象。

（5）开箱检查后做好开箱检查记录并签证。

2. 材料保管

（1）换流阀所用材料必须存放在阀厅或专门的材料仓库内。

（2）户内存放的附件开箱检查后按规格、型号存放，摆放整齐。

（3）安排专人进行定期物资设备储存状况检查，做好防潮、防盗、防损伤措施。

（三）阀塔悬挂件安装

1. 顶部悬吊绝缘子安装

每组阀塔用 6 个连接件将硅橡胶绝缘子悬挂在阀厅

流程图（右侧）：
施工准备 → 设备到货检验 → 阀塔悬挂件安装 → 组件附件地面组装 → 阀组件吊装 → 阀塔层间距离及水平度检验 → 阀屏蔽罩安装 → 层间附件连接 → 阀避雷器安装 → 光缆敷设 → 检查验收 → 结束

图 1-4-15-2　西门子技术换流阀典型施工工艺流程图

顶部钢梁上,通过调整顶部 U 形钩,使水平误差控制在±1mm。

2. 悬挂附件安装

在阀厅顶部钢梁上安装 U 形槽,使 U 形槽位于阀塔的中间位置。在安好的 U 形槽上按图纸安装绝缘梁、绝缘杆,并保证安装尺寸。

3. 顶部架吊装

(1) 在地面将光纤管夹和母排组装到顶部架上。

(2) 将顶部架置于运输小车上,用电葫芦将运输小车连同顶部架一起吊起进行安装。首先将顶部架与上方 6 个悬挂绝缘子连接,然后安装下方首层组件绝缘子。通过调节支撑结构顶部 U 形钩调节顶部架,并用水平仪检查水平度。

4. 顶部水管安装

需要一个人站在顶部架上配合安装,避免水管晃动或坠落。将顶部水管按照图纸旋转角度安放在顶部支架上,用扎带穿过支架孔洞固定好水管。

(四) 组件附件地面组装

(1) 地面组装施工安排。西门子技术的晶闸管组件在出厂时整体已经组装完毕,在吊装前需在地面完成均压电容校正、光纤接入、层间绝缘子安装、水管安装、母排安装等工作,减少高空作业,降低施工难度与风险。

每个阀组件基本施工步骤可分为:阀组件开箱检查→安装光缆管夹、屏蔽环→用电动葫芦将阀组件吊至运输小车上→校正均压电容→安装母排、绝缘子和水管→布置光缆束→阀组件起吊安装。

(2) 注意检查晶闸管组件中的硅堆,压紧销的槽中必须能插入专用扳手。如果不能,用套筒扳手拧紧硅堆的球头螺栓。阀组件检查无误可在开箱地点直接装配屏蔽环、光缆管夹等附件。

(3) 阀组件移动。装配完成后将阀组件起吊至小车上,起吊时注意调节吊具绳索平衡,防止落在小车上,产生剧烈振动和剐蹭碰撞,损坏组件。将小车推动到阀塔吊装处。

(4) 其他附件在小车上进行,装配均压电容、绝缘子、水管等附件时,注意不要擦碰地面损坏设备。下方作业人员不能戴安全帽,防止碰伤细水管。

(五) 阀组件光缆束接入

(1) 在安装前打开材料包装。每一个光缆束为塑料膜密封包裹保护,避免损坏和污染。光缆由玻璃纤维材料制成,比较脆弱,易折断、损坏,对压力、拉力很敏感,所以安装过程中应防止拉伸和踩踏等受力现象而产生的变形。

(2) 根据厂家图纸选择对应的晶闸管组件光缆,在组件屏蔽框上放一张纸板,再把光缆束盘好放在纸板上,为后期光缆敷设做准备。

(3) 将回报光缆穿入晶闸管触发监测板和中梁侧面间的光缆槽中。光缆号和晶闸管触发监测板上的标签要一致,光缆次序不可调换。注意:晶闸管组件中的光缆槽喷有半导体清漆,安装过程中防止半导体清漆被刮伤。

(4) 将光缆穿过光缆槽的孔,留好一定长度,并在光缆槽的孔处安装橡胶套。将光缆放到组件中梁下的光缆槽和软管中,用压缩空气清洁光分配器和光缆的端头:将压缩空气喷进端头,不要摇动瓶子以免液体喷出。用胶带清理光缆端头,然后把光缆端头插进光分配器的对应位置上。每个光缆端头的安装遵循此过程。

(5) 裁下规定长度的阻燃材料,将它堵到每个晶闸管触发监测板光缆槽两端,光缆束穿过光缆槽中部的两层阻燃材料即可完成防火装配,检查后盖好槽盒盖板。

(六) 阀组件吊装

西门子技术双重阀中的晶闸管元件、电抗器、均压电容等原件全部集成在单层阀上,只需依据从上到下的原则进行每层阀组件的吊装,即可完成阀的安装工作。

(1) 安装前利用升降平台,在阀塔两侧的顶部钢梁悬挂好一对双速同步电动葫芦用于吊装。使用前须通过试运行,谨防安装过程中起重设备故障影响安装工作。

(2) 阀组件吊装。将运输小车推至吊装位置,利用同步电动葫芦将阀组件缓慢起吊至合理高度安装,安装顺序为由上至下。

(3) 提升阀组件直到绝缘子底部的插口与阀模块上四个拐角中心处的金具孔眼对准,用铆钉穿上。用长销子固定四角绝缘子,短销子固定中部的两个绝缘子。注意:安装组件间的绝缘子时,校正前不拧紧 U 形钩螺栓。

(4) 安装时需注意:

1) 换流阀组件 Y 侧与△侧晶闸管方向不同,提前通过安装图纸确定方向。

2) 为便于运输均压电容,应将其水平放置并校正,位置为一上一下。

3) 组件内光缆装配完成后,将其留出的光缆盘好,放置于对应组件上,便于后期的光缆敷设工作。光缆安装时不能随意扭曲,禁止踩踏。

(七) 阀塔层间距离及水平度检验

(1) 阀组件安装完毕后,从顶层向下,用厂家提供的激光测距仪测量阀组件间距离,通过调节上层 U 形钩,调节本层阀塔距离,由专人记录,严格进行质量控制。

(2) 每一层组件距离调节到规定值以后,用水平尺校正,通过调节四个角的 U 形钩来调节水平度,至水平为止。

(八) 阀屏蔽罩安装

1. 阀顶屏蔽罩吊装

将顶屏蔽罩吊装到升降平台上,利用升降上台将顶屏蔽罩送至顶部支架处,安装完成后打好力矩做好标记,必须做好高空安全防护措施。

2. 阀底屏蔽罩吊装

(1) 用升降平台车将底屏蔽罩送至绝缘子下方,插好销子,完成安装。

(2) 按图纸完成底层阀组件水管的电极、阀门和短接水管的连接。

(3) 检查晶闸管组件和底屏蔽的间距,应符合厂家要求。

（九）层间附件连接

1. 层间冷却水管连接

（1）拔出水管端头的保护塞，安装水管到组件的水管支撑上，安装前用纯水浸泡与管子配套的O形密封圈，连接好两个管路端头后去掉扎带，将电极电缆裁下合适长度，夹上线鼻子，用螺钉将它连接到组件中梁上。安装均压电极时，浸湿O形密封圈，将电极套好密封圈推入水管上的孔中，再将电极极线连接在母线上。

（2）水管放置在每个组件中梁的水管支撑上，压好O形密封圈后与下层水管对接，两水管对接时须增加经纯水浸泡的密封圈，保证两水管端头紧密接合，并按厂家力矩要求拧紧连接法兰处的螺栓。

（3）安装换流阀底部排水阀门、水管及相应的均压电极。

2. 层间母排连接

（1）每个阀塔层间母排是铝排和铜箔软铜排组合结构，安装顺序从顶层依次到底层。

（2）为保证铝排和铜排间的良好连接，接触表面必须进行如下处理：

1）用砂纸或其他适当工具在接触表面上交叉打磨，清除母排接触表面氧化物。铝排和铜排表面打磨工作应避免在阀塔内进行。

2）用干净的布在无水乙醇中浸泡后擦拭表面，然后立即在接触面上涂上一薄层厂家提供的导电硅脂，在1h内将母线压在一起，避免导电硅脂涂在绝缘件、光缆或浸漆表面上。

（十）阀避雷器安装

1. 阀避雷器顶部件安装

阀避雷器顶部绝缘子吊装与阀塔顶部悬挂绝缘子方式一致，并同期进行。通过顶部支撑和长U形钩将绝缘子固定到避雷器连接件上，在底端安装一个接头，将避雷器支撑板、顶部管母和其他连接件安装到绝缘子下端。

2. 阀避雷器主题安装

（1）吊起避雷器，按照安装图纸将其固定在绝缘子下端。安装两个避雷器之间的连接件，把它安在顶部避雷器下面。

（2）吊起第二个避雷器，把它安装在两个避雷器之间的连接件上，安装底部避雷器下面的连接件，注意在第一节避雷器底部和第二节避雷器顶部的螺栓和挂板之间安装绝缘套。

3. 阀避雷器与组件框架连接

（1）安装组件框架和避雷器之间绝缘子的支撑件，把绝缘子安装在避雷器板上并沿组件框架滑动支撑直到两孔对上，在每个组件上固定这个位置，但不要拧紧。

（2）检查避雷器串中心到框架的距离，若不符合，则通过在组件框架上滑动绝缘子支撑件来调整它到合适的距离，并保证避雷器板与组件框架平行。

4. 避雷器串安装后的工作

（1）连接避雷器及其避雷器监测器之间的导线。

（2）安装组件和避雷器之间柔性母线连接。

（3）测量后调整避雷器串的水平和垂直度。

（十一）光缆敷设

换流阀及避雷器等辅助设备安装工作完成后，即可进行光缆敷设工作。敷设顺序从最底层依次向上。

1. 保护套中光缆和光缆束的布置

（1）先剪裁光缆保护管，将泡沫塑料等分成厂家规定尺寸的小块。将泡沫块和切好的阻燃材料推入光缆罩的对应位置。

（2）从最底层（即第四层）组件开始，将组件纸板上的光缆束放到升降平台上，散开约5m长一段，用一节保护套管，分开内外两部分。弯曲内部打开，将光缆束推到保护套管中，用扎带将光缆束固定到光缆支架上。注意光缆束放在套管中，保证套管尖锐端不会损坏光缆束。

2. 阀塔光缆束的布置

（1）光缆从阀塔底层逐层向上敷设。采取通过保护套的方式敷设光缆束，穿入顶层光缆槽盒，把保护套安在之前固定于弯板的管夹上。套管的一个凹槽露出管夹，将套管固定在管夹中。布置保护套管时，避免交叉，用扎带它们固定到光缆支架上。

（2）安装时必须考虑：塑料芯单根光缆的最小弯曲半径为30mm，塑料芯光缆束的最小弯曲半径为100mm；玻璃芯的光缆束的最小弯曲半径为100mm；玻璃芯单根光缆最小弯曲半径为30mm。弯曲半径越小的光缆越易损坏，因此连续运行时，塑料芯光缆束最小弯曲半径应为130mm，玻璃芯光缆束最小弯曲半径为150mm，单根塑料芯光缆最小弯曲半径为30mm，单根玻璃芯光缆最小弯曲半径为75mm。

（3）插入各层晶闸管触发监测，光纤组件处端头按序号与全部晶闸管触发监测连接。光缆端套的接触面必须干净且无油脂，并且只有在安装前才允许取掉端套，连接前要清洁光缆头与晶闸管触发监测板的光缆孔，连接晶闸管触发监测光缆时，将光缆头仔细插入连接处直到听到"咔哒"声，非常小心地拉光缆头，检查光缆是否连接可靠。顶部架此之前预备放置两块长木板，把盘好的光缆放在阀塔的顶部架上，并用扎带轻轻固定。

（4）敷设顶部架部分光缆需注意保护管按图纸方向旋转，然后用顶部支架上管夹固定。

（5）在敷设接入阀基控制设备（VBE）屏柜的光缆前，需检查从VBE控制室到阀塔光缆槽通道，要求光缆槽内没有灰尘及杂物，最后进行VBE控制室端光纤敷设。

（十二）检查验收

（1）螺栓力矩检查。按厂家规定力矩值检查阀塔所有安装螺栓，并做好螺栓紧固标示。

（2）冷却水管水压试验。按阀冷厂家实验说明书进行水管压力实验，保证所有水管连接处紧合无渗漏。

（3）阀塔整体检查。检查各层阀塔外观无擦碰损坏，附件安装整齐有致，清洁度符合厂家要求。

四、ABB 技术换流阀典型施工工艺流程

ABB 技术换流阀典型施工工艺流程见图 1-4-15-3。

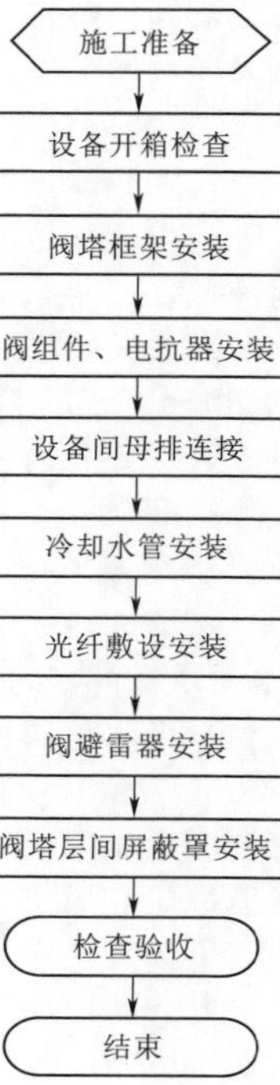

五、ABB 技术换流阀施工操作要点

（一）施工准备

1. 技术准备

（1）安装前应结合厂家换流阀安装说明书编制换流阀安装施工方案，经审批后，方可实施，并对所有施工人员进行技术和安全交底。

（2）做好升降平台车、链条葫芦等机器具的检验工作，对升降平台车操作人员进行提前培训。

2. 阀厅场地准备

在换流阀安装前需满足以下条件：

（1）检测阀吊梁的水平度、阀塔悬挂点的标高和悬吊孔的孔距，照明系统安装完成并投入使用，阀厅内清洁度满足厂家施工要求，土建交付安装完成。

（2）换流变压器阀侧套管、直流穿墙套管预留孔临时封堵严密，满足阀厅微正压要求。

（3）阀厅内阀冷主管道安装完成。

（4）阀厅内空调投入使用，保证阀厅温度为 15～20℃，相对湿度为 50%～70%。

3. 阀厅内部布置

（1）阀厅内布置材料架，用于堆放材料及工器具，材料及工器具的堆放应满足国家电网公司标准化施工要求并做好标记。

（2）做好阀厅内安全文明施工布置，明确安全、质量和技术负责人。

（二）设备开箱检查

（1）安装前应在监理单位组织下对设备进行开箱验收、检查。

（2）设备包装箱应无破损，根据出厂文件一览表核对所提供的出厂资料及附件，应完整、齐全，并按照安装顺序进行分类摆放。

（3）所有组件及零部件应无变形、机械损伤、裂纹和油漆脱落等现象。

（4）开箱检查后做好开箱检查记录并签证。

（三）阀塔框架安装

1. 顶部 PVDF 水管组件及绝缘子安装

（1）顶部 PVDF 水管组件安装：使用电动葫芦吊装阀塔顶部 PVDF 主水管组件，在吊装过程中注意控制吊装速度，将其固定于阀厅钢梁上。

```
施工准备
↓
设备开箱检查
↓
阀塔框架安装
↓
阀组件、电抗器安装
↓
设备间母排连接
↓
冷却水管安装
↓
光纤敷设安装
↓
阀避雷器安装
↓
阀塔层间屏蔽罩安装
↓
检查验收
↓
结束
```

图 1-4-15-3 ABB 技术换流阀典型施工工艺流程图

（2）绝缘子安装及调整：将花篮螺栓、悬式绝缘子按图纸和力矩要求固定于阀厅钢梁上，调整花篮螺栓长更，使绝缘子距钢梁距离满足图纸尺寸。

2. 阀塔顶部框架及屏蔽罩吊装

（1）顶部框架应按图纸要求在地面先组装完好，并测量框架对角距离满足尺寸要求。

（2）按图纸要求将顶部屏蔽罩固定于顶部框架上，按力矩要求紧固牢靠。

（3）采用 2 台电动葫芦整体平衡起吊顶部框架，并将其固定于悬吊绝缘子上。通过调节花篮螺栓使顶部框架满足水平度及尺寸要求。

注意：吊装前框架内部采用方木将其顶紧，防止吊装过程中框架变形。

3. 绝缘螺杆、铝支架及检修平台安装

（1）按图纸将顶层柱头螺杆固定于顶部框架上，随后将层间柱头螺杆与其连接。

（2）阀组件铝支架与层间螺杆连接固定，注意带倒角的铝支架一侧安装在阀塔的内侧。

（3）检修平台安装固定于层间螺杆上。按图纸尺寸调整检修平台距顶部框架之间的距离，并用水平尺校对检修平台水平度。

（4）按照（1）、（2）、（3）安装方法安装阀塔剩余螺杆、检修平台。

4. 阀塔底层框架及屏蔽罩吊装

（1）按图纸将底层框架和屏蔽罩在地面组装完毕。

（2）将合适长度的方木置于底屏蔽罩下部，通过吊带固定方木的方式将屏蔽罩起吊至阀塔底部，通过底层螺柱将其固定。

注意：在吊装时速度应缓慢，在屏蔽罩与层压螺柱连接牢固后方可移去方木。

（四）阀组件、电抗器安装

（1）采用电抗器吊装工具将电抗器组件起吊至与对应阀层铝支架同等高度，随后将电抗器组件推入阀塔内，并按力矩要求将其固定于铝支架上，注意电抗器水管接口方向须朝向阀塔外侧。

（2）采用阀组件吊装工具将阀组件起吊至与对应阀层铝支架同等高度，随后将组件推入阀塔内，并按力矩要求将其固定于铝支架上，注意阀组件水管接口方向须朝向阀塔外侧。

（3）按照（1）、（2）安装方法将整个阀塔吊装完毕。

注意事项如下：

1）阀组件、电抗器组件吊装前需对其进行检查、清洁。

2）在进行阀组件、电抗器组件吊装时，为保证阀塔整体平衡，应采用对称交替方式在阀塔两侧进行吊装。

3）在进行阀组件、电抗器组件吊装时，至少需要五人同时配合操作，其中两人位于阀塔检修平台，三人位于升降平台车，其中一人操作升降平台车及电动葫芦。

（五）设备间母排连接

1. 阀组件与电抗器连接母排安装

（1）按以下步骤对连接母排接触面进行处理：

1）用蘸了酒精的无毛纸将母排的接触表面擦拭干净。

2）用百洁布将接触表面均匀打磨一遍，然后再次用蘸了酒精的无毛纸将表面擦拭干净。

3）用毛刷将导热膏均匀地涂抹在接触表面。

（2）按图纸将连接母排固定于阀组件与电抗器之间，并按厂家力矩要求紧固螺栓。

2. 阀塔层间母排安装

（1）阀塔层间母排组装应在地面完成，并按以下步骤对母排接触面进行处理：

1）用蘸了酒精的无毛纸将母排的接触表面擦拭干净。

2）用百洁布将接触表面均匀打磨一遍，然后再次用蘸了酒精的无毛纸将表面擦拭干净。

3）用毛刷将导热膏均匀地涂抹在接触表面。

（2）按图纸将连接母排固定于阀塔层间，并按厂家力矩要求紧固螺栓。

（六）冷却水管安装

1. 阀塔金属主水管安装

（1）将金属主水管表面、管口和内部清洁干净，避免水管四部有杂质、碎屑。

（2）将金属主水管固定于阀塔层间母排外侧。

注意：在安装时金属主水管不安全紧固，待 PVDF 主水管安装后再调整紧固。

2. 阀层间 PVDF 水管安装

（1）在 PVDF 主水管上安装均压电极。

（2）按图纸连接 PVDF 主水管与阀组件、电抗器组件之间的小水管，并按厂家力矩要求拧紧小水管接头。

（3）将 PVDF 主水管与金属主水管进行连接，用带钳拧紧，调整水管的位置，并按厂家力矩要求紧固水管固定螺栓。

注意事项如下：

1）水管及均压电极安装时须安装 O 形密封。

2）均压电极需连接等电位线，并固定于阀塔相应位置。

（七）光纤敷设安装

1. 光纤槽安装

（1）阀塔内部光纤槽安装：按图纸要求将光纤槽固定于阀塔内，注意安装方向要求。

（2）阀塔顶部通往换流阀控制单元室铝光纤槽安装：按图纸要求安装顶部光纤槽，本项工作应在阀塔安装前完成。

（3）在光纤敷设前，需对阀塔顶部光纤槽进行检查。要求光纤槽内没有灰尘及杂物，所有铝光纤槽与光纤接触的部分如有棱角需用胶带粘贴保护，防止光纤敷设过程中划伤光纤。

2. 光纤安装

（1）光纤分四路从底层阀组件到顶层阀组件依次安装。

（2）将对应编号的光纤束通过扎带绑扎在阀组件电容支架上。

（3）光纤装入光缆槽之前，把橡胶套管套在光纤上，并固定在光缆槽里，确保最小弯曲半径。

（4）将光纤束从下到上用扎带依次固定在光纤固定夹上。

（5）光纤束沿着光纤槽一直到控制室上方的光缆槽。

（6）将光纤的另一头从光纤槽落入阀控单元控制柜中。

（7）按光纤上的编号插接阀组件晶闸管控制单元上的光纤。

（8）按图纸插接控制柜内的光纤，控制柜内的光纤如有差错现象，需要专用工具才能将光纤头拔出。

（9）一般情况下安装光纤要弯成舒缓的弯度，安装有光纤固定支架的地方，要用电缆扎带固定电缆。不要把扎带扎得太紧，否则会在单根光纤上产生应力。

注意：光纤最小弯曲半径为 50mm，光纤较脆弱，敷设和插接过程要小心。

3. 备用光纤

（1）每个阀塔有 2 根备用光纤。为了容易辨认每根光纤，光纤标有光纤编号和序列号。

（2）备用光纤应能够到达阀塔最底层的阀组件上。然后把备用光纤盘放在阀塔顶部框架的水平光缆槽里。备用光纤的另一端，应能够连接到对应控制柜的所有光纤接口上。

4. 最终安装

光纤安装结束后，在阀塔内部的每一个光纤槽内安装防火袋，防火袋需环绕光纤束。在把光缆槽盖盖上前检查密封袋的电阻。最后将阀塔内部和顶部所有光纤槽的槽盖盖好。

（八）阀避雷器安装

每个双重阀有 2 个阀避雷器，一个避雷器对应一个单阀。通过 3 个 U 形管母与阀塔层间母排连接，避雷器顶部、中间和底部均有屏蔽罩。从上至下进行阀避雷器的吊装，注意各节间连接拉杆和方式的不同之处。

（1）首先按图纸将避雷器、顶部屏蔽罩、十字悬吊在阀厅地面组装完毕。

（2）随后将避雷器固定于悬吊装置上，在吊装时注意避免屏蔽罩磕碰。

（3）最后将 U 形管母固定于十字悬吊与阀塔层间母排之间。

（4）按照（1）、（2）、（3）步骤依次安装其余避雷器、屏蔽罩和 U 形管母。

（5）安装阀避雷器计数器并连接计数器光纤。

（九）阀塔层间屏蔽罩安装

将阀塔层间屏蔽罩安装固定于阀塔两侧，短屏蔽罩固定于阀塔外侧，长屏蔽罩固定于阀塔中间。

（十）验收检查

1．螺栓力矩检查

（1）按厂家规定力矩值检查阀塔所有安装螺栓，并做好螺栓紧固标示。

（2）检查 PVDF 水管接头力矩值须满足厂家要求。

2．光纤检查

检查晶闸管控制单元光纤端头可靠连接，光纤弯曲半径在规定范围内。

3．阀塔整体水压试验：与阀冷系统配合对换流阀整体进行水压试验，满足水压试验值要求，确保阀塔无漏水现象。

六、人员组织

（1）应根据换流阀安装进度等情况配置换流阀安装班组人员。一般情况下，换流阀安装人员组织见表 1 - 4 - 15 - 1。

表 1 - 4 - 15 - 1　换流阀安装人员组织

负责项目		人员安排	职　责
现场施工管理		项目经理	整体协调
技术	技术总负责	项目总工	组织技术方案编制、施工方案讨论、技术交底
	技术专责	技术负责人	现场技术指导
安全/质量	安全专职	专职安全员	现场安全负责
	现场安监员	1 名	现场安全监护
	质量专责	专职质检员	现场质量检查
换流阀安装	负责人	技师	安装总负责人
	技术工人	8 人	机械操作
	厂家人员	4 人	现场安装指导
	起重指挥	起重专职	指挥起重作业及配合人员
	高空作业平台司机	2 名	负责作业平台操作
	高空作业	4 人	高空作业
	普通工人	10 人	配合辅助工作
试验组		6 人	负责换流阀的各项常规试验
机具材料组		1 人	机具、材料保管
声像组		1 人	负责全过程数码照片、视频采集

注　此人员数量为典型配置，具体施工时可根据实际情况调整。

（2）施工前，应按照要求对全体施工人员进行安全技术交底，交底要有记录，签字齐全。特殊作业人员必须经过安全技术培训、考试，合格后方可上岗。

七、材料与设备

（一）设备配置

本典型施工方法主要机具设备配置见表 1 - 4 - 15 - 2。

表 1 - 4 - 15 - 2　主要机具设备配置

序号	机具、材料名称	单位	数量	备　注
1	升降平台	台	2	
2	机动叉车	台	2	
3	电动葫芦	台	2	
4	运输小车	套	2	西门子技术换流阀专用

（二）工器具与材料配置

本典型施工方法主要工器具与材料配置见表 1 - 4 - 15 - 3。

表 1 - 4 - 15 - 3　主要工器具与材料配置

序号	名称	详细规格	单位	数量	备　注
1	力矩扳手	2～25N·m	把	1	螺栓紧固
2	力矩扳手	20～100N·m	把	2	螺栓紧固
3	力矩扳手	80～400N·m	把	1	螺栓紧固
4	套筒	10～30mm	套	2	螺栓紧固
5	9 件套内六角扳手		套	2	螺栓紧固
6	9 件套花型扳手		套	2	螺栓紧固
7	棘轮扳手	7～30mm	套	2	螺栓紧固
8	14 件套公制两用扳手		套	2	螺栓紧固
9	活动扳手		把	4	螺栓紧固
10	十字螺丝刀	大、小各一把	把	4	
11	一字螺丝刀	大、小各一把	把	4	
12	剪刀		把	2	
13	卷尺	5m 量程	个	6	长度测量
14	卷尺	25m 量程	个	2	长度测量
15	水平尺	2m	件	4	水平测量
16	直角尺		把	4	校正
17	斜口钳		把	4	
18	橡胶锤		把	2	校正
19	吊带	3m，2t	根	4	吊装（厂家提供）
20	恒流源含鳄鱼夹		台	1	接触电阻测量（西门子厂家提供）
21	D=90 主水管接头紧固工具	31870	件	2	D=90 主水管接头紧固（ABB 厂家提供）
22	阀组件吊装带		件	2	阀组件吊装（ABB 厂家提供）
23	电抗器吊装工具		件	2	电抗器吊装（ABB 厂家提供）
24	花形旋具套筒头	M6、M8 花形螺丝	个	各 2	螺栓紧固

续表

序号	名称	详细规格	单位	数量	备　注
25	花形螺丝刀	M4、M6、M8花形螺丝用	把	各4	螺栓紧固
26	力矩扳手附带46mm开口扳手接头	75N·m	把	2	M30铝螺母紧固（ABB技术换流阀专用）
27	力矩扳手附带30mm开口扳手接头	10N·m	把	2	冷却水管接头紧固（ABB技术换流阀专用）

八、质量控制

（一）工程质量执行标准

本典型施工方法按照交接试验项目、要求及验收标准等国家或国家有关部门颁布的设计标准、技术规程、规范、质量评定标准和安全技术操作规程，按正常的施工条件和合理的施工组织设计编制。

（1）《电气装置安装工程　高压电器施工及验收规范》（GB 50147—2010）。

（2）《±800kV及以下直流换流站电气装置安装工程施工及验收规程》（DL/T 5232—2010）。

（3）《±800kV及以下直流换流站电气装置施工质量检验及评定规程》（DL/T 5233—2010）。

（4）《±800kV换流站阀厅施工及验收规范》（Q/GDW 218—2008）。

（5）《±800kV换流站换流阀施工及验收规范》（Q/GDW 221—2008）。

（6）《±800kV直流系统电气设备交接验收规范》（Q/GDW 275—2009）。

（二）质量保证措施

（1）按照相应验收规范及产品技术文件要求对换流阀整体安装情况进行实体及资料验收，应做到资料齐全规范、工艺美观、外观清洁，换流阀整体无损坏、设备安装牢固可靠并满足厂家力矩值要求，光纤插接可靠无错漏等，实体质量满足相应规范要求。

（2）为防止工具等异物遗忘在阀塔内，对换流阀安全运行形成隐患，换流阀安装作业人员要注意清点工具数量，进行必要的登记，离开时认真清点核查，换流阀内应无遗留杂物。

九、安全措施

（1）换流阀安装须严格执行现行《电力建设安全工作规程（变电所部分）》（DL 5009.3）规定。

（2）贯彻执行"安全第一、预防为主、综合治理"的安全生产方针，确保施工人员在换流阀安装施工中的安全与健康，保证电网和设备安全。

（3）严格执行环境保护标准，进行环境因素识别，制订环境管理目标、指标和管理方案，施工前必须编制安全措施并进行审批，对换流阀安装人员进行安全技术交底和培训。

（4）建立健全岗位责任制和安全规章制度，施工现场应设防护设施及警告标志，非工作人员严禁随意进入阀厅内。

（5）在阀组装和光缆连接时不能戴安全帽，进入施工现场人员应穿好工作服，不能穿拖鞋、凉鞋、高跟鞋，不能酒后进入施工现场。

（6）特殊工种作业人员应持证上岗。

（7）换流阀安装前应办理安全施工作业票，有厂家专业人员和施工单位的施工技术负责人在现场指导，由经验丰富的施工人员施工。

（8）高空传递工具必须使用绳索传递，严禁直接抛接，防止工具坠落。

（9）登高人员应穿防滑软底鞋，正确使用防坠落安全用具，安全带禁止挂在绝缘子上。

（10）在作业过程中，高处作业人员应随时检查安全带（绳）是否挂牢，在转移作业位置时不得失去保护。高处作业应设安全监护人。

（11）禁止在现场指定区外的地方吸烟，严禁酒后进入施工现场。

十、环保措施

（1）严格遵守国家和地方政府下发的有关环境保护的法律、法规，加强对施工现场的控制和治理，遵守防火及废弃物处理的有关规定。

（2）合理布置施工现场，做到标牌清楚、齐全，各种标识醒目，施工场地整洁。

（3）施工现场宜设置临时休息室和垃圾桶。

（4）施工场地须做到工完料尽场地清，所有施工垃圾必须统一回收处理。

（5）定期检查升降平台车，防止升降平台车液压油泄漏污染地面或道路。

十一、效益分析

（一）社会效益

本典型施工方法能够为不熟悉换流阀安装的施工单位提供指导和培训，能够作为施工单位编制换流阀施工方案的参考。

（二）经济效益

本典型施工方法可以为施工单位做好换流阀施工准备，熟悉安装流程，保障施工质量，保证施工安全，节约施工时间，提高工作效率，降低施工成本，提高经济效益。

第十六节　换流站接地极典型施工方法

一、概述

（一）典型施工方法特点

（1）石油焦炭采用专用碳粉车运输，铺设采用碳粉专用输送管道。可节约材料、提高铺设速度，减少环境污染、不危害施工人员健康。传统施工方法采用人工敷设，污染大，施工速度慢，成本大且不易保证质量。

（2）（引）导流电缆采用热熔放热焊接工艺不增加接（头）触电阻。可保证接触可靠，减少腐蚀，不增加接地极接地电阻。

（3）接地极施工过程中各工序的施工方法和安全措施能够有效保障施工质量，提高施工效率，降低人工成本，有效降低环境污染。

（二）适用范围

适用于换流站接地极[石油焦炭、馈电棒及（引）导流电缆敷设及热熔焊接]工程。

（三）工艺原理

（1）石油焦炭铺设为机械输送管道设备铺设方法，采用专用运输车辆，车辆上安装密闭容器的碳粉箱，碳粉箱上部设置入料口，下部设置出料口，铺设时利用传动装置的涡轮产生的动力推动碳粉沿传送管道流至炭床底部。

（2）馈电棒铺设为人工敷设方法，采用简易防震板式运输车，车板面先铺设挤塑板（防振作用），再采用高度为馈电棒直径横线式木板竖条相隔离，保证馈电棒运输不受损伤或折断，敷设时两人抬放于炭床中心，使用板式卡槽模具安装，敷设高度在炭床厚度中心，馈电棒与电缆热熔焊点的朝向角度一致。

（3）导流电缆敷设采用机械输送与人工组合的敷设方法，敷设时电缆盘放置在滑车上，在电缆牵引头和牵引绳之间安装防捻器，机械牵引时防止电缆着地损伤，展放完成后，人工校正电缆位置，调整蛇形波幅。

（4）电缆热熔焊接，调整固定焊接处电缆，安放热熔焊接平台及已烘干的耐高温石墨模具，剥去电缆皮将电缆放入模具内，合上模具加入适量焊剂及焊药，点燃焊药通过化学反应产生高温进行放热焊接。

二、施工工艺流程

本典型施工方法施工工艺流程如图 1 - 4 - 16 - 1 所示。

三、操作要点

（一）施工准备

1. 技术准备

（1）进行图纸审核，核对极环位置、电缆走向、接头布置。

（2）熟悉施工图纸，对极环划分施工段及热熔焊接点进行编号，不允许重号及跳号。

（3）收集现场水文地质资料，选择降水方法，编制施工降水及土方开挖施工方案。

（4）施工前根据设计图纸和相关规范规程标准，编制接地极施工方案。

（5）对施工人员进行技术交底和技术培训。

（6）安全文明施工措施交底。

2. 现场准备

（1）现场测量，工器具、机械设备具备开工条件。

（2）现场临时施工电源或发电设备就位（降水电源）。

（3）材料进场验收合格。

（二）电极路径测试

（1）测量前复核设计提供的控制桩作为测量的基准桩，进行硬并采用围栏围护，以便于施工复测。

（2）测量定位使用 GPS，直埋沟道测量使用全站仪，全站仪满足最小角度读数不应大于 1′，钢尺最小读数不应大于 1mm 的要求。

（3）对施工区极环断面高程进行复测，与设计不符时，及时与设计联系，确定处理方案。

（4）测量定位应根据设计控制桩进行，控制桩数量及精度满足规范要求并绘制复测定位图。

（5）定位的电极形状符合设计图纸要求，复测总长与设计总长的偏差不应大于 0.3%。

（6）当电极位于沟、渠、塘等低洼地带附近，且埋设深度小于沟、渠、塘的深度，保证电极与沟、渠、塘等的边缘距离不小于 10m。电极正上方 20m 内不得有建筑物。

（7）标识划线。根据设计要求结合地质情况确定放坡系数，使用白色粉线或打标志桩标出机械开挖范围。

（8）测量完成后报监理单位审核、验收，验收合格后进行下一步工序。

（三）基（炭）槽土方开挖

（1）施工降水，保证水位降至炭床底标高以下，达到炭床槽槽内无积水。

（2）土方开挖应按照划分施工段分段施工，流水作业。施工顺序为：降排水→基槽开挖→土方支护→炭床基础人工修整。

（3）开挖严格按照设计施工，减少对需开挖以外地面的破坏，以保护自然生态环境，防止水土流失。基槽土方（除耕植土外）应堆放在基槽外 1.5～2.0m（租地区域内）。

（4）开挖时如发现土质与设计不符或发现天然孔洞、文物等，应通知有关单位研究处理。

（5）开挖土方边坡按不同地质条件规定进行放坡，

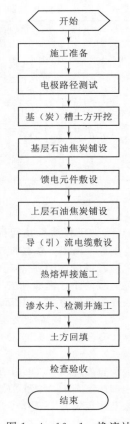

图 1 - 4 - 16 - 1 换流站
接地极施工
工艺流程图

对基槽及时进行支护，确保边坡稳定、不坍塌并设置馈电元件及活性填充材料施工的平台每边宽 500～600mm，以免塌方和为工作人员施工操作提供方便。

（6）当炭床槽位于砂石层时，必须将炭床周围500mm 内用黏土置换。

（7）炭床槽的断面尺寸和槽底深度符合设计要求；铺设焦炭的基面应平坦，成形良好，清除炭床槽中影响炭床与土壤接触的杂质，且炭床槽底面沿电极方向应平滑，无突变及急弯，在难以成形的炭床槽施工段，可采用薄壁钢板加工的模板支护以保证炭床槽成形（炭槽两侧采用薄壁钢板加工的模板以保证炭床槽的断面尺寸满足设计要求）。

（8）开挖后的焦炭沟道形状应符合设计要求，经监理、设计验收合格后方可进行基层焦炭铺设。

（四）基层石油焦炭铺设

（1）铺设焦炭前应将沟道两侧的泥土采用塑料薄膜覆盖遮挡，防止泥土落入炭床，搭设施工人员出入基槽通道，以保持焦炭干净且不能有杂物混入（否则将会导致加快馈电棒的电腐蚀速度，缩短电极运行寿命），严禁包装袋等异物残留在炭床中。

（2）石油焦炭采用专用容器将焦炭运至现场，仓库出库门口采用专用坡道，车辆沿坡道进入仓库，专用容器上口高度与仓库地面高差适宜，便于袋装的石油焦炭倒入专用容器中，既减少粉尘污染，又有效控制了石油焦炭的抛洒浪费。

（3）石油焦炭铺设利用传动装置的涡轮产生的动力推动碳粉沿传送管道流至炭床（适当洒水降尘，减少了粉尘飞扬污染）。

（4）石油焦炭铺设中应使用干燥、洁净的施工工具（铁锹、运输车等）。

（5）铺设的同时应夯实，不得有空隙和水泡，干焦炭夯实程度大于 $1100 kg/m^3$。（现场需要做夯实密度检测）。

（6）基层石油焦炭铺设高度为设计厚度一半，夯实、密度检测合格后向监理单位报验，验收合格后方可进行馈电棒敷设。

（五）馈电元件敷设

（1）馈电棒的检验验收。

1）馈电棒表面有锈蚀、麻点或划痕等缺陷时，其深度不得大于该材料厚度、直径负允许偏差值的1/2。小于1/2 时进行打磨处理，特别是与铜电缆焊接口处要处理完善。

2）钢材表面的锈蚀等级应符合《涂装前钢材表面锈蚀等级及除锈等级》（GB 8923）规定的 C 级及以上要求。

3）端边或端口处不应有分层、夹渣等现象。

（2）馈电元件（馈电棒）采用专用运输车运输，馈电棒放置在柔性板面上采用横线式木板竖条隔断，以保证馈电棒运输不受损伤或断裂，运至现场后及时敷设，不得长期堆放基槽边以防止锈蚀。

（3）馈电元件（馈电棒）敷设路径应圆滑，圆弧段敷设的馈电元件（馈电棒）不得出现突变及急弯。

（4）在电流入地点、电缆焊接处，炭床尺寸应适当加大，以保证馈电元件与炭床边缘的距离不小于设计要求。

（5）馈电元件（馈电棒）敷设必须放置在焦炭厚度中央，最大允许偏差不超过±10mm，保持馈电环的曲率与焦炭曲率相一致。中心偏差不宜大于炭床的 5%。

（6）馈电元件安装时防止损坏护壁塑料薄膜，将泥土带进炭床污染焦炭。

（7）电极的焊接与安装分段进行，流水作业。每一施工段敷设完成后对馈电环的曲率进行复测，报验检查，合格后方可进入下道工序工作。

（六）上层石油焦炭的铺设

（1）上层石油焦炭的铺设工艺与基层石油焦炭铺设相同。

（2）在电极截面两边使用薄型钢制模板的，待焦炭铺设完毕后，拨出模板。然后在电极（焦炭）周围用细土（将表层土壤碾碎）回填，并夯实至紧贴电极（焦炭）表面。注意：打夯时要小心，不能破坏电极的形状。

（3）铺设完的石油焦炭应及时进行土方覆盖，或采用保护措施防止损坏，严禁在沟道内长时间裸露。

（4）回填土壤是铺设焦炭的最后一道工序，靠近电极（0.5m）的回填土不能有卵石。尤其是紧靠电极（0.2m）的回填土不但不能有卵石，而且要求土质细，人工回填厚度为 600mm，回填土中不能有明显的空隙，并适度夯实。

（七）导（引）流电缆敷设

接地极线路接至中心构架，经导线连接至线路故障监测设备，然后接至管型母线，通过管型母线采用直埋电缆引流至极环。直埋电缆分多个支路，每支路埋地电缆采用双（单）根并联的单芯铜电缆。

1．电缆敷设

（1）电缆盘运至现场后检查电缆型号、外观并检测电缆外护套绝缘电阻，检查盘长以确定电缆敷设接头位置。

（2）电缆敷设采用机械输送与人工组合的敷设方法，敷设时电缆放置在滑车上，电缆牵引头和牵引绳之间安装防捻器。

（3）敷设过程中设专职人员检查电缆护套完好情况，发现情况及时处理。

（4）机械牵引时防止电缆着地损伤，转弯处增设滑车或转向滑轮，电缆展放完成后，人工校正电缆位置，调整蛇形波幅。

（5）敷设好的电缆及时安装电缆保护管。

2．直埋电缆敷设要求

（1）电缆直埋深度不应小于 1.2m，穿越沟渠埋深低于沟渠底部不得小于 1.5m。

（2）直埋电缆埋设在不小于 0.3m×0.3m 的细砂中央。

（3）直埋电缆在直线段每隔 50～100m 处、转弯处、穿越沟渠的两岸等处，必须设置明显的方位标志或标桩。

3. 施工注意事项

（1）导流电缆敷设路径应尽量选在地势较平坦，路径应尽量短，避开大的沟渠，池塘。

（2）电缆安装不能损伤绝缘护套，不得有接头，否则会引起很大的泄漏电流，从而导致电缆很快地被腐蚀断电缆。

（3）电缆敷设的弯曲半径应符合规定，沿线在电缆上方以混凝土盖板遮盖，两侧加砌砖墙保护，使电缆免受农田种植或机械施工损伤。沟中填充沙子或细土，有腐蚀性的土壤未经处理不得直埋电缆。

（八）热熔焊接施工

热熔焊接施工步骤为：准备热熔焊接模具及导体→清洁热熔焊接模具及焊接口→导体、焊剂入模→热熔焊接→绝缘密封处理→检验验收。

1. 热熔焊接施工工艺要点

（1）准备热熔焊接模具及待焊接的导体，模具包括模腔、导流洞、模盖，模具沿轴向直径变化依次形成一个模腔、一个导流洞，模腔直径大于导流洞直径，模盖上开设有一个注入孔，模具沿径向开设有两个通向导流洞的贯穿孔，供导体插入模具，将导流棒装到模具上堵住导流洞。

（2）清洁模具及焊接口。采用钢丝刷清除焊接口铜材的氧化物后，再用 400 号细砂纸打磨，最后用白布擦拭，确保焊接口干净。注意：石墨模具材料是非常脆弱的，不能承受敲击或跌落；不能用坚硬的工具清理模具。烘烤模具及导体的待焊接处，确保其干燥。

（3）将托片放入模腔与导流洞连通处，将焊粉倒入模腔内，托片托住焊粉使其不落入导流洞内，在焊粉上铺设一层引火粉。

（4）确认导体及模具均无其他杂质后，将两导体的一端分别通过模具的贯穿孔置入模具的导流洞内，合模销紧，导体不焊接的一端预先套入热缩绝缘护套。

（5）关上模盖，点燃引火粉，使焊粉焰化后通过托片中心开设的小孔流入导流洞内，将导体焊接在一起；由于热熔时温度高达 2000℃ 以上，会对导体两端产生一定的损坏，必须做好导体热熔端处防腐处理工作。

（6）待焊点凝固后，开模并清除模腔及导流洞内的焊渣；打开模具顶盖并清洁模具。模具在每次使用后趁热时，用刷子或干布将焊渣及时清理干净。一旦模具冷却，焊渣较难清除。在清理模具时，应避免用坚硬的物体（如铁器等）损伤模具。

（7）将焊点进行打磨处理。

（8）将电缆导体外露部分做防腐处理后用环氧树脂密封；电缆剥除绝缘层段应密封在环氧树脂封头内，密封长度满足设计要求。

2. 配电电缆与馈电棒连接

配电电缆与馈电棒采用热熔放热焊接（馈电棒自带配电电缆时，由厂家焊好送至现场，现场施工时做好接头的检查及检测）。焊接要求如下：

（1）为保证施工工艺，定制成品模具，做好馈电棒接口的打磨处理工作。

（2）馈电棒与配电电缆的焊接前应进行焊接试验，每名焊工应焊接不少于 3 个试件。焊接完成后，应将焊渣清除干净，送样检测，以保证焊接质量。

（3）焊接接头的外观检测应符合下列规定：

1）外观检查：接头表面应平整光滑，不得有裂缝和明显的焊瘤、焊坑、咬边、未焊满等缺陷。

2）尺寸检查：测量焊接点直径和搭边长度，焊接点直径应大于母材直径，堆积高度不小于 3mm；单侧搭边长度不小于 10mm。

3）电气检查：全数检查 200mm 焊接段电阻值，且电阻值不应大于同长度母材电阻值。

4）探伤检查：全数进行探伤检查，其结果符合设计要求。

3. 电极接续及配电电缆与导流电缆连接

接地元件附带的电缆拧成一股与导流电缆采用放热焊接的方式进行焊接，焊接处须用环氧树脂可靠密封。

导流电缆之间的焊接也采用放热焊，电缆焊接端须用环氧树脂密封长度符合设计要求。

接地极（电缆）放热焊接技术要求及验收方法，参照执行《高压直流输电大地返回运行系统设计技术规定》（DL/T 5224—2005）、《建筑钢结构焊接规程》（JGJ 81—2002）和《钢结构工程质量检验评定标准》（GB 50221—95）执行。具体要求如下：

（1）焊接质量控制。

1）焊接采用放热焊接，应由富有焊接经验的工人操作。

2）为了确保焊接质量，在正式焊接前，必须进行焊接工艺试验及电气试验，积累焊接经验。通过焊接工艺试验后，制订焊接工艺流程、检验程序和接触电阻验收标准，确保达到设计规定的焊接技术要求。

3）焊接必须透实，不得有空隙、假焊，焊接必须密实，不得有气泡和夹渣。

4）焊接点直径应大于原材料直径，堆积高度控制在约 3mm，单侧搭边长度不小于 10mm。

5）对所有的接点，特别是电流人地焊接和电缆跳线接点，应进行外观检查、尺寸检查和探伤检查，确保焊接质量万无一失，检查结果必须有记录。

6）发现检查不合格的焊接头，必须重新焊接。

（2）检验方法。

1）外观检查：焊缝表面应平整光滑，不得有裂纹和明显的焊瘤、焊坑、咬边。未焊满等缺陷。

2）尺寸检查：测量焊接点直径和搭边长度，应符合上述焊接质量控制 4）的要求。

3）电气检查：接头段的接触电阻不大于原材料同等长度（150mm）的电阻。

4）探伤检查：所有的接头都应进行探伤检查。检查焊道、焊道金属本体间是否存在缝隙或夹渣。

5）对所有的接点，特别是电流人焊接点和电缆跳线接点，应进行外观检查、尺寸检查和探伤检查，确保焊接质量，检查结果必须有记录。

6）发现不合格的焊接头，必须切除后重新焊接。

（3）引流棒应用绝缘热缩塑料封两层，然后再套上。ϕ100 PVC 管，两端各 30mm 处浇注环氧树脂可靠密封。

（4）电极的焊接与安装可分段进行，分段检测验收。

（九）渗水井、检测井施工

渗水井、检查井施工与电极回填土施工同步进行。

（1）渗水井内各层填料总厚度是按不小于电极埋深考虑，其填料厚度按比例增加。

（2）渗水井底部（靠近电极）的面积应为 1.4～1.8m^2，地面施工按图中尺寸施工。

（3）渗水井均匀布置在电极的正上方且低洼有水的地方，井间距离满足设计要求。

（4）检查井内的三根 ϕ100 塑料管（PVC 管）放在垂直于电极（该处切线）的直线上，第一根管子放在电极（焦炭）上面的中央位置；第二根和第三根管子的底部与电极底面（焦炭基面）平齐，管子必须垂直于地平面。管子的长度视电极埋深确定。

（5）检查井检测管不能有淤泥或其他杂物堵塞管子，否则影响检测结果；测（温）湿度管子的底部应填入适量（厚 200mm、宽 200mm）的砂子。

（6）夯实检查井（渗水井）周围回填土，防止引起防护罩（防淤池）沉陷。

（7）检查井检测管安装完毕后，将管子的功能和长度用油漆清楚地标识在管盖内，以便运行检测。

（十）土方回填

（1）炭床回填土在炭床上部 600mm，炭床两侧 300～500mm 处应采用细土壤，不得掺杂砂、石等杂物，以防破坏炭床形状。

（2）炭床回填土上部 600mm 部分必须采用人工回填，严禁机械回填。

（3）土方回填应分层夯实，人工回填每 300mm 厚度夯实一次。机械回填时，每回填 600～1000mm 夯实一次。

（4）开挖时分开堆放的表层耕植土应铺设在回填土的最上层。

（5）电极穿越沟、渠、塘等低洼地带回填必须符合设计边坡坡度、基底处理、基槽标高偏差等要求，以使跨步电压满足安全运行要求。

（6）回填施工后按设计图纸要求设置标志桩。

（十一）检查验收

（1）严格按照《±800kV 及以下直流输电接地极施工及验收规程》（DL/T 5231—2010）要求进行检查验收。

（2）针对基槽土方、炭床碳粉铺设、馈电元件铺设、电缆铺设、热熔焊接等隐蔽工程，三级自检后及时报验，经监理检查合格方可进行下一道工序施工。

四、人员组织

根据工程量、工期要求、施工环境和作业条件合理安排施工人员，见表 1-4-16-1。

表 1-4-16-1　　　人员组织情况

编号	岗位	人数	职责
1	项目负责人	1	负责现场组织、工器具调配、关系协调等工作
2	技术负责人	1	负责现场的技术指导把关工作
3	质量负责人	2	负责现场的质量监督和检查工作
4	安全负责人	2	负责现场的安全监护和检查工作
5	测量负责人	1	负责现场的测量与路径复测工作
6	资料信息负责人	2	负责现场的资料收集及数码拍照留档工作
7	机械工	3	负责现场的机械操作工作
8	起重工	1	负责现场的吊装机械操作工作
9	焊工	3	负责现场的焊接工作
10	施工人员	50	负责现场的各工序施工及运输工作

五、材料与设备

典型施工方法采用的主要材料、机具设备见表 1-4-16-2 和表 1-4-16-3。

表 1-4-16-2　　　　　　　　主　要　材　料

序号	材料名称	规格型号	单位	数量	用　途	备注
1	电缆	YJV-6KV-1×300	m	15000	用于导流系统	甲供
2	石油焦炭	粉状	t	3000	铺设极环炭床	甲供
3	馈电棒	ϕ50 高硅铬铁	根	2000	用于极环	甲供
4	PVC 管	ϕ75	m	15000	电缆保护管	乙供
5	中砂		m^3	2150	直埋沟道、渗水井、沟盖板、检测井	乙供
6	石子	5～40mm	m^3	960	渗水井、沟盖板、检测井	乙供
7	水泥	P.O32.5	t	248	渗水井、沟盖板、检测井	乙供

表 1-4-16-3　机　具　设　备

序号	机械设备名称	规格型号	单位	数量	机械状况	备注
1	挖掘机		台	3	良好	
2	压路机	8t	台	2	良好	
3	潜水泵	扬程30m	台	20	良好	基坑开挖
4	电焊机（热熔焊模具）		台	2/20	良好	
5	滑车		台	2	良好	
6	搅拌机	350L	台	2	良好	
7	插入式振动器		台	8	良好	
8	机动翻斗车		台	4	良好	
9	碳粉车		台	2	良好	
10	手推车		台	20	良好	
11	运输车		台	2	良好	
12	平板振动器		台	2	良好	
13	全站仪		台	2	良好	
14	GPS		台	1	良好	

六、质量控制

（一）依据的主要规程规范

（1）《工程测量规范》（GB 50026—2007）。

（2）《电气装置安装工程　电气设备交接试验标准》（GB 50150—2016）。

（3）《电气装置安装工程　接地装置施工及验收规范》（GB 50169—2006）。

（4）《建筑地基基础工程施工质量验收规范》（GB 50202—2002）。

（5）《建筑工程施工质量验收统一标准》（GB 50300—2001）。

（6）《电气装置安装工程质量检验及评定规程》（DL/T 5161—2002）。

（7）《±800kV 及以下直流输电接地极施工及验收规程》（DL/T 5231—2010）。

（8）《±800kV 直流输电系统接地极施工及验收规范》（DL/T 227—2008）。

（9）《±800kV 直流输电系统接地极施工质量检验及评定规程》（DL/T 228—2008）。

（10）《输变电工程建设标准强制性条文实施管理规程》（Q/GDW 248—2008）。

（11）《接地装置放热焊接技术导则》（Q/GDW 467—2009）。

（12）《建筑工程资料管理规程》（DB11/T 695—2009）。

（13）《建筑基坑支护技术规程》（JGJ 120—2012）。

（14）《国家电网公司输变电工程质量通病防治工作要求及技术措施》（国家电网基建〔2010〕19 号）。

（15）《国家电网公司输变电工程施工工艺示范手册》。

（16）《直流换流站施工现场资料整理手册（试行）》。

（二）主要质量要求和质量控制措施

1. 主要质量要求

（1）炭床截面尺寸（高度及宽度）偏差控制在 0～20mm，石油焦炭夯实密度不小于 1100kg/m³，极环总长度偏差控制在 0.3％内。

（2）馈电元件（棒）敷设中心位移偏差在±10mm 内。

（3）电缆热熔焊接接头段的接触电阻不大于原材料同等长度（150mm）的电阻，接头光滑无夹渣，熔接头内无大于直径 3mm 气孔及大于线径一半的贯穿气孔。

2. 质量控制措施

（1）施工质量实行三级检验制度。

1）严格执行操作规程，遵照作业指导书（施工措施）施工。

2）设置质量控制点。项目部将根据工程的特点、施工难度、技术工艺的要求、结构的复杂程度和对后续施工的影响程度等为原则设置质量控制点。

3）及时检验施工结果的质量，用动态控制的原理，将相关信息及时反馈到施工投入的环节，提高施工投入的质量。

4）每一工序完成要及时拍照留档，照片要做好标识，要做到标识位置与编号与实际划分一致。

（2）做好每个焊接点的施工记录。

（3）编制直流接地装置安装质量控制的施工措施。

（4）严格按照图纸施工，并做好施工记录。

七、安全措施

（一）安全注意事项

（1）挖土方机械伤人。

（2）基槽土方塌方。

（3）热熔焊接伤人。

（4）铺设碳粉粉尘伤人。

（5）临时施工电源漏电伤人。

（6）恶劣天气造成人员伤害。

（二）安全措施

坚持"安全第一，预防为主，综合治理"方针的安全工作指导思想，严格遵守国家电网公司电力建设安全工作规程的规定，落实各项安全责任制，确保工程安全。

（1）严格执行《关于印发〈国家电网公司基建管理规定〉的通知》（国家电网基建〔2011〕1753 号）要求和《输变电工程安全文明施工标准》（Q/GDW 250—2009）的相关规定要求。

（2）特种工必须持证上岗，所有施工人员都必须经过安全培训教育并考核合格。

（3）施工现场要安排专职安全监督人员做好安全措施，开工、收工时都要认真检查。

（4）现场安全标示到位，施工人员已进行安全培训教育，安全施工作业指导书已编制，班前进行安全交底，危险点分析，班后进行安全总结。

（5）施工所用电源不能任意拉接，要接在专用的配电柜上，所用电源应设漏电保护器，接地可靠，接拆电源时监护人一定在场，认真监护。

（6）挖掘机施工时要保证安全距离，回转半径内严禁站人。

（7）土方施工做好基槽支护、基槽防护及施工降水工作，以防止土方坍塌伤人。

（8）石油焦炭装卸、转运及铺设过程中，施工人员必须穿戴防尘防护用品。

（9）热熔焊接严格按照规程施工，防止模具爆炸伤人及灼伤。

（10）雷雨天、雾天、5级以上大风天应停止施工。

（三）文明施工

文明施工目标为：设施标准、行为规范、施工有序、环境整洁、创建全国电网工程建设安全文明施工一流水平。

（1）严格按照施工组织设计的平面布置图进行搭设临建，堆放材料和安放工器具设备，并做出相应的产品标识和状态标识。

（2）施工现场地临时施工道路应平整，排水畅通。

（3）施工现场张贴标识及设置标牌，营造文明施工环境和氛围。

（4）施工现场的材料库内物品应堆放整齐，标识清楚，各项制度和人员职责应张贴在办公室的墙上。

（5）石油焦炭仓库地面必须进行硬化处理并铺设塑料布，以便于收集散落的炭粉。

（6）施工现场材料堆放整齐，布置合理有序。施工现场保持清洁，做到"工完、料尽、场地清"。

八、环保措施

（一）环保指标

（1）废弃物处理符合规定，尽量减少施工场地和周边环境植被的破坏和水土流失。

（2）确保车辆尾气排放和作业环境噪声符合国家标准（不大于55dB）。

（3）保护生态环境，落实环保制度，不发生环境污染事故。

（二）环保措施

（1）全面落实环境保护和水土保持要求，建设资源节约型、环境友好型的绿色和谐工程，尽量减少临时占地，减少植被破坏。

（2）严格执行《绿色施工导则》（建质〔2007〕223号），落实"同时设计、同时施工、同时投产"的"三同时"制度。

（3）石油焦炭采用专用运输车辆运输及输送管道敷设的措施，以减少碳粉飞扬，杜绝环境污染。

（4）炭床槽开挖，生熟土分开堆放，回填时分类回填。

（5）制订环保施工方案，确保顺利通过国家环保、水保验收。

九、效益分析

采用环保运输车运输石油焦炭，利用管道传送装置敷设石油焦炭，石油焦炭从仓库下方地沟运达施工场地，通过传送装置均匀按标准铺设到炭床槽，几乎无碳粉扬尘产生，减少了在铺设过程中对人员和附近农作物、水源的污染，由人工笨重的施工方法变成了机械敷设，实现了环保化、清洁化，零污染。

（1）使用环保运输车节约碳粉约160t，节约率达6%，碳粉使用基本达到零损耗。

（2）采用传统敷设施工方法铺设100m的碳粉，需要30人左右；使用环保运输车以后，只需10人每天即可完成120m，提高效率140%，节约人工70%。

（3）本典型施工方法从根本上解决了传统施工方法人工铺设石油焦炭损耗大、浪费严重、劳动强度大、速度慢、污染大的问题。提高了工作效率，降低劳动强度，节约了人工，缩短了施工工期又节约了成本，经济效益显著，同时又保护了生态环境取得了良好的社会效益。

第五章

变电站换流站工程施工现场
关键点作业安全管控措施

第一节　概　述

为吸取事故教训，针对输变电工程可能发生人身事故的施工现场关键点作业，制定切实可行的安全管控措施，强力遏制人身事故多发势头，重建基建安全稳固局面，国家电网公司组织行业专家集中编制，并经广泛征求各方面意见后，最终形成了变电站换流站工程施工现场关键点作业安全管控措施（以下简称"本措施"）。

本措施编制是在分析输变电工程施工现场各作业环节中可能导致人身事故的关键点，重点针对责任不落实、制度不落实、方案不落实、措施不落实问题，总结提炼出能够有效防止人身事故的关键措施。

本措施是参考《国家电网公司电力安全工作规程（电网建设部分）》《国家电网公司输变电工程施工安全风险识别、评估及预控措施治理办法》、施工方案、作业指导书，结合事故教训提炼出的施工重点控制措施，作为强制性措施，划出关键作业施工安全治理的底线、红线，施工过程中必须严格执行，违反本措施由监理下发停工令，并告知业主。

本措施针对变电站工程换流站，由施工用电、深基坑开挖及人工挖孔桩施工、落地式钢管脚手架搭设与拆除、高支模模板安装与拆除、高支模混凝土浇筑、起重作业、母线安装、电气试验调试、改扩建施工、地下变电站施工等部分组成。

本措施作为国家电网公司省公司、地市公司、监理公司、施工企业、三个项目部等各级检查必查内容。

第二节　变电站换流站工程施工现场关键点作业各级安全管控通用要求

一、施工项目部现场关键点作业安全管控措施

（1）组织项目治理人员及专业分包治理人员参加业主项目部组织的风险初勘、交底及会签。

（2）梳理、把握本工程可能涉及的人身伤亡事故的风险，将其纳入项目治理实施规划、安全风险治理及控制方案等策划文件。

（3）施工项目部根据工程情况编制分部工程安全文明施工设施标准化配置计划。并报审监理项目部进行进场验收把关，对现场检查出安全文明施工设施使用不规范情况给予责任单位及人员相应考核。

（4）施工项目部将分包计划报审监理项目部审查，批准后上报拟分包合同及安全协议，确保分包商的施工能力满足工程需要。分包人员进场前，施工项目部为全体分包人员建立二维码登记档案，同时跟踪、考核分包人员动态治理的情形。

（5）在分包工程开工前，施工项目部向监理项目部、业主项目部报批"同进同出"人员名单以及"同进同出"作业范畴。负责收集并检查"同进同出"人员的履职记录及留存的数码照片。

（6）在关键点作业过程中，施工项目部应严格落实"施工现场关键点作业安全管控措施"的相关要求，履行签字手续。三级及以上施工风险作业时，施工作业负责人、施工项目部安全员现场监护、现场跟踪、逐项检查三级及以上施工风险作业情形，符合要求的由施工作业负责人在"每日执行情形检查记录表"中签字。三级及以上施工风险作业时，执行"输变电工程三级及以上施工安全风险治理人员到岗到位要求"。施工项目部建立配套施工作业票台账，结合工作票检查，同步检查关键点作业的每日检查记录台账。

（7）对现场施工违反规定与要求的分包商，责令其改进或停工整顿，并报本单位治理部门，依据分包施工合同进行考核。对"施工现场关键点作业安全管控措施"落实不到位、存在问题拒不整改的分包商、分包商项目经理及主要治理人员，报本单位治理部门，建议清除出场。对不执行"施工现场关键点作业安全管控措施"、拒不听从指挥的分包作业人员，书面通知分包商项目经理，责令其将该类人员清除出工程现场，并通过基建治理系统记录其劣迹，避免混入其他工程建设中。

（8）落实施工项目部验收职责，认真开展施工队自检、项目部复检工作，并报审公司专检、监理初检验收，完成各级验收消缺整改工作。未体会收通过，不得开展后续作业。

二、施工单位现场关键点作业安全管控措施

（1）按要求配备施工项目经理、项目总工、技术员、安全员、质检员、造价员、资料信息员、材料员、综合治理员等项目治理人员。安全员、质检员必须为专职，不可兼任项目其他岗位。

（2）全面把握公司所属在建工程三级及以上施工安全作业风险，执行"输变电工程三级及以上施工安全风险治理人员到岗到位要求"，适时开展"施工现场关键点作业安全管控措施"的监督检查。施工企业副总工程师以上的治理人员到现场检查四级风险作业情形，符合要求的在"每日执行情形检查记录表"中签字。

（3）在变电站设备安装前的关键环节，组织开展公司级专检验收工作，对施工项目部一、二级自检进行把关检查，督促整改。

（4）组织开展工程关键点作业日常安全监督检查，对检查中发觉的问题及时予以现场整改、通报批评，并对相关责任单位及责任人进行考核。

（5）严格审查专项施工方案是否根据现场实际编制，对经过审批的施工方案现场执行不严格的，追究现场治理人员、施工负责人的责任。

（6）对现场施工违反规定与要求的分包商，责令其改进或停工整顿，依据分包施工合同进行考核。对"施工现场关键点作业安全管控措施"落实不到位、存在问题拒不整改的分包商、分包商项目经理及主要治理人员

清除出场，并报告建设治理单位，提出永久禁入建议。

三、监理项目部现场关键点作业安全管控措施

（1）工程开工前，参与业主项目部组织的安全风险交底及风险的初勘，针对本工程可能涉及的人身伤亡事故的风险作业，提出监理意见。

（2）审查施工单位上报的关键点安全管控措施，制订针对性的监理控制措施，并对监理项目部人员进行全员交底。

（3）风险作业开始前，监理员检查风险作业必备条件，不满足要求不答应作业。对现场检查出的不符合项出具监理整改通知单，并督促施工单位整改闭环。三级及以上施工风险作业前，监理人员现场检查作业必备条件和班前会工作是否符合要求，符合要求的在安全施工作业票中签字。

（4）严格审查拟进场分包商施工资质、人员配备、施工机具和队伍治理能力，提出监理审查意见，不符合要求的严禁进场；检查施工项目部分包人员二维码的建档情形和"同进同出"人员配置情形；施工过程中，检查分包人员动态治理情形。

（5）在关键点作业过程中，对"施工现场关键点作业安全管控措施"的落实情况进行严格把关。按照制订的监理安全旁站计划，开展安全监理旁站工作。三级及以上施工风险作业时，监理人员现场检查施工作业风险控制专项措施的落实情形，并在每日执行记录表中签字。监理人员检查检查施工项目部建立配套施工作业票台账，同步检查关键点作业的每日检查记录台账，将检查情形记录到监理日志中。

（6）对关键点作业实施监理过程中发觉的安全隐患，要求施工项目部整改，必要时要求施工项目部立刻停止施工，下达"停工令"，并及时报告业主项目部或书面汇报本单位治理部门。监理单位应立刻开展调查，情形属实且监理项目部仍无法推动的，监理单位要书面告知建设治理单位、施工单位，形成记录，直至符合管控措施要求。监理项目部跟踪整改结果。

（7）加强工程转序治理，落实监理初检职责，对施工三级自检严格审核，对不满足条件的严禁转序。

四、监理单位现场关键点作业安全管控措施

（1）为工程项目配备认真履责、合格的总监理工程师和安全监理工程师，按要求开展关键点作业安全管控工作。

（2）审批监理项目部编制的监理规划、安全监理工作方案，对其中关键点作业安全管控措施重点把关。

（3）梳理公司所承揽工程存在的关键点作业，制定抽查计划，确定检查重点，现场抽查"施工现场关键点作业安全管控措施"的落实情形及记录卡的执行情形，同时对留存记录卡进行核查，对存在的问题出具整改通知单并跟踪整改。

（4）履行输变电工程三级及以上施工安全风险监理单位到岗到位要求，监理公司相关治理人员对高支模、土石方爆破、深基坑开挖及地下变电站等四级风险作业进行现场检查，并在每日执行记录表中签字。

（5）在变电站设备安装前的关键环节，对转序验收工作进行同步检查，对检查发觉的问题下发监理整改通知单，并跟踪整改闭环情形。

（6）对"现场施工治理纷乱，拒不整改或多次整改仍达不到要求"和"施工现场关键点作业安全管控措施"落实不到位的施工单位，下达书面整改通知，并报告建设治理单位或省公司，提出处理建议。

（7）检查、评判、考核监理项目部关键点作业安全管控工作情形，对发觉的问题提出整改要求，监督整改闭环。

五、业主项目部现场关键点作业安全管控措施

（1）对两个及以上施工企业在同一作业区域内进行施工、可能危及对方生产安全的作业活动，组织签订安全协议，并指定专职安全生产治理人员进行安全检查与工作协调。

（2）针对人身伤害的关键环节，组织设计单位对施工、监理项目部进行风险初勘、交底，在设计交底过程中，重点对可能造成人身伤害的风险进行专项交底，由相关方会签后，经业主项目经理签发后执行。

（3）组织施工、监理项目部梳理、把握本工程可能造成人身伤亡事故的风险，将其纳入项目总体策划、应急处置方案等策划文件，制订管控计划，履行审批手续。

（4）风险作业的分部工程开始前，将防护人身伤害的安全设施配置情形纳入开工、转序的必备条件，对其中可能造成人身伤害的"关键项"不符合要求的，不批准开工。对现场检查出安全文明施工设施标准化配置不符合项出具处罚意见，在结算时扣罚相应考核金，同时，通报相应责任单位。

（5）分包单位进场前，严格履行分包商进场验证检查手续，核查分包商施工资质、人员配备、施工机具和队伍治理能力，确保分包商的施工能力满足工程需要。检查施工项目部分包人员二维码的建档情形，同时跟踪、考核分包人员动态治理的情形。

（6）通过规范分包治理工作流程，强化分包作业现场人身事故的防控。在分包工程开工前，审批施工项目部报送的"同进同出"人员名单，以及"同进同出"作业范畴。监督施工项目部严格执行同进同出作业现场的刚性要求，检查"同进同出"人员的履职记录及留存的数码照片。

（7）在关键点作业过程中，应重点检查施工、监理项目部"施工现场关键点作业安全管控措施"的落实情形，履行签字手续。考核执行"施工现场关键点作业安全管控措施"不到位的监理项目部总监及监理人员、施工项目部经理及其他人员，必要的报建设治理单位，书面通知相关单位提出撤换要求。

（8）四级风险作业前，业主项目经理或安全治理人员现场检查施工作业必备条件，符合要求在安全工作票中签字答应作业。四级风险作业时业主项目经理或安全治理人员现场检查施工作业风险控制专项措施的执行情形，并在每日执行记录表中签字。施工项目部建立配套施工作业票台账，结合工作票检查，同步检查关键点作业的每日检查记录台账。

（9）加强转序治理，按"谁检查谁签字、谁签字谁负责"的原则，强化工程验收"痕迹"治理，落实中间验收职责，对施工三级自检、监理初检报告严格审核，对不满足转序条件严禁转序。

六、建设管理单位现场关键点作业安全管控措施

（1）根据下周关键点作业安排，制订现场抽查计划，确定检查重点以及检查责任人，深入作业现场抽查"施工现场关键点作业安全管控措施"的落实情形及记录卡的执行情形，同时对留存记录卡进行核查。出具检查报告，根据检查情形，对存在的问题出具整改通知单并跟踪整改。

（2）全面把握变电站改扩建邻近带电作业、地下变电站、深基坑开挖等作业进展情况，执行"输变电工程三级及以上施工安全风险治理人员到岗到位要求"，适时开展"施工现场关键点作业安全管控措施"的监督检查。四级风险作业时建管单位有关人员现场检查施工作业风险控制专项措施的执行情形，并在每日执行记录表中签字。

（3）结合工程质量监督检查工作，在变电站设备安装前的关键环节，对各参建单位转序验收工作进行同步监督检查，对验收把关不到位的单位进行点评通报、跟踪整改。

（4）对"现场施工治理纷乱，拒不整改或多次整改仍达不到要求""安全文明施工费挪作他用"的施工单位，或履责不到位的监理单位予以停工整顿、通报批评，对有关人员提出撤换、清除现场的建议。当符合违约解除合同条款时，发出解除合同通知，启动索赔程序。

（5）对施工方案编制与现场实际不符的，追究编制人员及审核、审批人员的责任；对施工方案执行不严格的，追究施工负责人、监督治理人员及监理人员的责任。

（6）对违反规定与要求的施工承包商，责令其改进或停工整顿，依据施工合同进行考核。对"施工现场关键点作业安全管控措施"落实不到位、存在问题拒不整改的分包商、分包商项目经理及主要治理人员、分包人员清除出场，并报告省公司，提出永久禁入建议。

七、省公司级单位基建管理部门现场关键点作业安全管控措施

（1）加强"四不两直"安全巡查工作力度，每月制订安全巡查计划，围绕"施工现场关键点作业安全管控措施"，明确巡查的建设管理单位和项目范畴、数量和巡

查责任人，及时通报存在问题的责任单位和项目，对落实不到位的责任单位，采取通报批评、约谈、同业对标考核、限制投标等责任追究。

（2）全面把握变电站改扩建邻近带电作业、地下变电站、深基坑开挖等关键环节进展情况，执行"输变电工程三级及以上施工安全风险治理人员到岗到位要求"，适时开展"施工现场关键点作业安全管控措施"的抽查。省公司建设部安全管理人员适时对四级风险施工作业开展情况进行监督检查。检查施工安全工作票和施工风险管控措施的执行情况。检查发觉的问题以电网建设整改通知单指令整改，及时跟踪检查问题整改闭环落实情况。

第三节　变电站换流站工程施工现场关键点作业安全管控具体措施

一、施工用电

（一）供用电系统接火

风险提示：该类作业安全控制核心是配电元器件和用电系统接火人员的操作。不执行以下安全管控措施，将导致触电，造成人身伤害事故。

固有风险等级属三级。

1. 作业必备条件

（1）施工方案已批准，并完成项目部和班组级交底。

（2）各类人员、安全工器具、施工机械设备、材料等已经报审并批准，满足现场安全技术要求。施工作业前仔细检查现场安全工器具、施工机械设备合格后方可使用。

（3）接火前，专业电工必须把握安全用电基本知识和所用设备的性能，必须按规定配备和穿戴相应的劳动防护用品，并应检查电气装置和保护设施，确保设备完好。

（4）上述措施完成后，由作业负责人办理"安全施工作业票B"，施工项目部审核签发。监理人员现场检查确认后，在作业票中签字，同意开始作业。

2. 作业过程安全管控措施

（1）作业负责人站班会上通过读票方式进行安全交底，并随机抽取3～5名施工人员提问，被提问人员清楚且回答正确后开始作业。

（2）作业过程中，作业负责人、监理人员按照作业流程，逐项确认风险控制专项措施落实，同时在"每日执行情形检查记录表"中签字确认。

（3）专业电工发觉问题及时报告，解决后方可进行接火作业。

（4）接入、移动或检修电气设备时，必须切断电源并做好安全措施后进行。

（5）施工用电设施在台风、暴雨、冰雹等恶劣天气后，应进行专项安全检查和技术保护，合格后方可使用。

（二）配电箱配置

风险提示：该类作业安全控制核心是配电元器件与

用电系统接火人员的操作。不执行以下安全管控措施，将导致触电，造成人身伤害事故。

固有风险等级属二级，提升到三级风险管控。

1. 作业必备条件

（1）施工方案已批准，并完成项目部和班组级交底。

（2）各类人员、安全工器具、施工机械设备、材料等已经报审并批准，满足现场安全技术要求。施工作业前仔细检查现场安全工器具、施工机械设备合格后方可使用。

（3）配电系统必须按照总平面布置图规划，设置配电柜或总配电箱、分配电箱、开关箱，实行三级配电\两级保护（首级、末级）。

（4）开关箱中漏电保护器的额定漏电动作电流和额定漏电动作时间，应符合 JGJ 46—2005 的要求。

（4）上述措施完成后，由作业负责人办理"安全施工作业票B"，施工项目部审核签发。监理人员现场检查确认后，在作业票中签字，同意开始作业。

2. 作业过程安全管控措施

（1）作业负责人站班会上通过读票方式进行安全交底，并随机抽取3～5名施工人员提问，被提问人员清楚且回答正确后开始作业。

（2）作业过程中，作业负责人、监理人员按照作业流程，逐项确认风险控制专项措施落实，同时在"每日执行情形检查记录表"中签字确认。

（3）现场布置配电箱必须由专业电工组织进行。

（4）各级配电箱必须加锁，配电箱邻近应配备消防器材。

（5）配电箱、开关箱的电源进线端，严禁采用插头和插座进行活动连接。移动式配电箱、开关箱进、出线的绝缘不得破旧。

（三）电缆线路配置

风险提示：该类作业安全控制核心是配电线路架设与人员操作。不执行以下安全管控措施，将导致触电，造成人身伤害事故。

固有风险等级属二级，提升到三级风险管控。

1. 作业必备条件

（1）施工方案已批准，并完成项目部和班组级交底。

（2）各类人员、安全工器具、施工机械设备、材料等已经报审并批准，满足现场安全技术要求。施工作业前仔细检查现场安全工器具、施工机械设备合格后方可使用。

（3）电缆中必须包含全部工作芯线和用作保护零线或保护线的芯线，并与现场使用负荷匹配。

（4）上述措施完成后，由作业负责人办理"安全施工作业票B"，施工项目部审核签发。监理人员现场检查确认后，在作业票中签字，同意开始作业。

2. 作业过程安全管控措施

（1）作业负责人站班会上通过读票方式进行安全交底，并随机抽取3～5名施工人员提问，被提问人员清楚且回答正确后开始作业。

（2）作业过程中，作业负责人、监理人员按照作业流程，逐项确认风险控制专项措施落实，同时在"每日执行情形检查记录表"中签字确认。

（3）低压架空线必须使用绝缘线，架设在专用电杆上，严禁架设在树木、脚手架及其他设施上。

（4）低压架空线路（电缆）架设高度不得低于2.5m；交通要道及车辆通行处，架设高度不得低于5m。

（5）直埋电缆敷设深度不应小于 0.7m，严禁沿地面明设，应设置通道走向标志，避免机械伤害或介质腐蚀，通过道路时应采取保护措施。

（6）埋地电缆的接头应设在防水接线盒内。

（四）电动工机具用电

风险提示：该类作业安全控制核心是电动工机具安全装置与使用人员的操作。不执行以下安全管控措施，将导致触电和机械伤害，造成人身伤害事故。

固有风险等级属二级。

1. 作业必备条件

（1）施工方案已批准，并完成项目部和班组级交底。

（2）各类人员、安全工器具、施工机械设备、材料等已经报审并批准，满足现场安全技术要求。施工作业前仔细检查现场安全工器具、施工机械设备合格后方可使用。

（3）上述措施完成后，由作业负责人办理"安全施工作业票A"，施工项目部审核签发后实施。

2. 作业过程安全管控措施

（1）作业负责人站班会上通过读票方式进行安全交底，并随机抽取3～5名施工人员提问，被提问人员清楚且回答正确后开始作业。

（2）电动机械或电动工具必须做到"一机一闸一保护"。移动式电动机械必须使用绝缘护套软电缆。

（3）所有电动工机具的转动部分必须装设保护罩。

（4）使用电动工机具时，严禁接触运行中机具的转动部分。

（5）使用手持式电动工具时，必须按规定使用绝缘防护用品。

（6）所有电动工机具必须做好外壳保护接地。暂停工作时，应切断电源。

（7）所有带振动功能的电动工机具的电源线插头应插在装设有防溅式漏电保安器电源箱内的插座上。其操作人员应戴绝缘手套和穿绝缘靴，并有人监护。

（8）所有带切割功能的电动工机具的锯片选用应符合要求，安装正确。启动后，应空载试运转，检查并确认锯片运转方向正确，升降机构灵活，运转中无非常和异响，一切正常后，方可作业。

（9）更换新的砂轮片时，应切断电源，同时，安装前应检查砂轮片是否有裂纹。

（五）办公、生活区域用电

风险提示：该类作业安全控制核心是用电设备的安全装置和用电人员的操作。不执行以下安全管控措施，将导致触电和火灾，造成人身伤害事故。

固有风险等级属二级。

1. 作业必备条件

（1）施工方案已批准，并完成项目部和班组级交底。

（2）各类人员、安全工器具、施工机械设备、材料等已经报审并批准，满足现场安全技术要求。施工作业前仔细检查现场安全工器具、施工机械设备合格后方可使用。

（3）上述措施完成后，由作业负责人办理"安全施工作业票A"，施工项目部审核签发后实施。

2. 作业过程安全管控措施

（1）作业负责人站班会上通过读票方式进行安全交底，并随机抽取3～5名施工人员提问，被提问人员清楚且回答正确后开始作业。

（2）现场办公和生活区用电布置必须由专业电工进行，严禁私拉乱接。

（3）集中使用的空调、取暖、蒸饭车等大功率电器应与办公和生活区用电分置，并设置专用开关和线路。

（4）开关和熔断器的容量应满足用电设备的要求，闸刀开关应有保护罩。禁止用其他金属丝代替熔丝。

（5）熔丝熔断后，专业电工必须查明原因，排除故障后方可更换。更换熔丝后必须装好保护罩方可送电。

（六）发电机的使用和治理

风险提示：该类作业安全控制核心是发电机的安全装置和发、用电人员的操作。不执行以下安全管控措施，将导致触电和火灾，造成人身伤害事故。

固有风险等级属二级。

1. 作业必备条件

（1）施工方案已批准，并完成项目部和班组级交底。

（2）各类人员、安全工器具、施工机械设备、材料等已经报审并批准，满足现场安全技术要求。施工作业前仔细检查现场安全工器具、施工机械设备合格后方可使用。

（3）上述措施完成后，由作业负责人办理"安全施工作业票A"，施工项目部审核签发后实施。

2. 作业过程安全管控措施

（1）作业负责人站班会上通过读票方式进行安全交底，并随机抽取3～5名施工人员提问，被提问人员清楚且回答正确后开始作业。

（2）发电机禁止设置在基坑里。

（3）发电机必须配置可用于扑灭电气火灾的灭火器，禁止存放易燃易爆物品。

（4）发电机供电系统应设置可视断路器或电源隔离开关及短路、过载保护。

（5）发电机在使用前必须确认用电设备与系统电源已断开，并有明显可见的断开点。

二、深基坑开挖及人工挖孔基础施工

（一）深基坑开挖

风险提示：该类作业安全控制核心是挖掘机操作与检查、基坑边坡稳固。不执行以下安全管控措施，将导

致机械伤害、坍塌，造成人身伤害事故。

固有风险等级属三级。

1. 作业必备条件

（1）施工方案已批准，并完成项目部和班组级交底。

（2）各类人员、安全工器具、施工机械设备、材料等已经报审并批准，满足现场安全技术要求。施工作业前仔细检查现场安全工器具、施工机械设备合格后方可使用。

（3）开挖作业前，必须规范设置戒备区域，悬挂警告牌，设专人监护，禁止非作业人员进入。

（4）对挖掘机的制动器和液压系统进行安全检查，并空载试运转。

（5）上述措施完成后，由作业负责人办理"安全施工作业票B"，施工项目部审核签发。监理人员现场检查确认后，在作业票中签字，同意开始作业。

2. 作业过程安全管控措施

（1）作业负责人站班会上通过读票方式进行安全交底，并随机抽取3～5名施工人员提问，被提问人员清楚且回答正确后开始作业。

（2）作业过程中，作业负责人、监理人员按照作业流程，逐项确认风险控制专项措施落实，同时在"每日执行情形检查记录表"中签字确认。

（3）人机配合开挖和清理基坑底余土时，设专人指挥和监护。

规范设置供作业人员上下基坑的安全通道（梯子）。

（4）一样土质条件下弃土堆底至基坑顶边距离不小于1m。弃土堆高不大于1.5m，垂直坑壁边坡条件下弃土堆底至基坑顶边距离不小于3m。在粉砂、污泥和软土场地的基坑边上，禁止堆土。

（5）基坑顶部按规范要求设置截水沟，基坑底部应做好井点降水或集中排水措施。

（6）土方开挖中，观测到基坑边缘有裂缝和渗水等非常时，立刻停止作业并报告施工负责人，待处置完成合格后，再开始作业。

（7）各种机械、车辆严禁在开挖的基础边缘2m内行驶、停放。

（8）开挖过程中，如遇有大雨及以上雨情时，做好防止深坑坠落和塌方措施后，迅速撤离作业现场。

（9）开挖施工区域夜间应挂警示灯。

（二）人工挖孔基础开挖

风险提示：该类作业安全控制核心是人员上下桩孔方式、提土设备使用、孔内空气检测及送风、桩孔壁稳固及孔洞防护。不执行以下安全管控措施，将导致坍塌、深坑坠落，造成人身伤害事故。

固有风险等级属三级。

1. 作业必备条件

（1）施工方案已批准，并完成项目部和班组级交底。

（2）各类人员、安全工器具、施工机械设备、材料等已经报审并批准，满足现场安全技术要求。施工作业前仔细检查现场安全

工器具、施工机械设备合格后方可使用。

（3）开挖作业前，必须规范设置戒备区域，悬挂警告牌，设专人监护，禁止非作业人员进入。

（4）必须按照规定正确佩戴个人安全防护用品。

（5）上述措施完成后，由作业负责人办理"安全施工作业票B"，施工项目部审核签发。监理人员现场检查确认后，在作业票中签字，同意开始作业。

2. 作业过程安全管控措施

（1）作业负责人站班会上通过读票方式进行安全交底，并随机抽取3～5名施工人员提问，被提问人员清楚且回答正确后开始作业。

（2）作业过程中，作业负责人、监理人员按照作业流程，逐项确认风险控制专项措施落实，同时在"每日执行情形检查记录表"中签字确认。

（3）每日作业前，检测桩孔内有无有毒、有害气体，禁止在桩孔内使用燃油动力机械设备。

（4）规范设置软爬梯供作业人员上下。在桩孔内上下递送工具物品时，严禁抛掷，严防其他物件落入桩孔内。

（5）吊运弃土所使用的电动葫芦、吊笼等应安全可靠并配有自动卡紧保险装置，距离桩孔口3m内不得有机动车辆行驶或停放。

（6）桩孔深度大于5m时，使用风机或风扇向孔内送风。桩孔深度超过10m时，设专门向桩孔内送风的设备，风量不得小于25L/s，且桩孔内设置12V以下带罩防水功能的安全灯具。

（7）开挖过程中如显现地下水非常（水量大、水压高）时，立刻停止作业并报告施工负责人，待处置完成合格后，再开始作业。

（8）开挖过程中，如遇有大雨及以上雨情时，做好防止深坑坠落和塌方措施后，迅速撤离作业现场。

（三）土石方爆破作业

风险提示：该类作业安全控制核心是人员上下基坑方式、民爆公司能力。不执行以下安全管控措施，将导致高处坠落、物体打击、坍塌、爆炸，造成人身伤害事故。

固有风险等级属四级。

1. 作业必备条件

（1）施工方案已批准，并完成项目部和班组级交底。

（2）各类人员、安全工器具、施工机械设备、材料等已经报审并批准，满足现场安全技术要求。施工作业前仔细检查现场安全工器具、施工机械设备合格后方可使用。

（3）爆破作业前，必须规范设置戒备区域，悬挂警告牌，设专人监护，禁止非作业人员进入。

（4）上述措施完成后，由作业负责人办理"安全施工作业票B"，施工项目部审核签发。总监理工程师现场检查签字，业主项目经理确认签字，同意开始作业。

2. 作业过程安全管控措施

（1）作业负责人站班会上通过读票方式进行安全交底，并随机抽取3～5名施工人员提问，被提问人员清楚且回答正确后开始作业。

（2）作业过程中，施工项目部、监理项目部、业主项目部、施工企业、监理企业、建设治理单位相关治理人员按照作业流程，逐项确认风险控制专项措施落实，同时在"每日执行情形检查记录表"中签字确认。

（3）规范设置供作业人员上下基坑的安全通道（梯子）。

（4）挑选具有相关资质的民爆公司实施，签订专业分包合同和安全协议，并报监理、业主审批，公安部门备案。

（5）专项施工方案由民爆公司编制，施工项目部审核，并报监理、业主审批。

（6）民爆公司作业人员必须持证上岗，爆破器材符合国家标准，满足现场安全技术要求。

（四）地基强夯施工作业

风险提示：该类作业安全控制核心是强夯设备使用与检查、起重受力工器具与人员站位，用电人员的操作。不执行以下安全管控措施，将导致机械伤害、起重伤害和触电，造成人身伤害事故。

固有风险等级属三级。

1. 作业必备条件

（1）施工方案已批准，并完成项目部和班组级交底。

（2）各类人员、安全工器具、施工机械设备、材料等已经报审并批准，满足现场安全技术要求。施工作业前仔细检查现场安全工器具、施工机械设备合格后方可使用。

（3）地基强夯作业前，必须规范设置戒备区域，悬挂警告牌，设专人监护，禁止非作业人员进入。

（4）应清除场地上空和地下障碍物，严禁在高压输电线路下作业。

（5）严格检查设备的安全技术性能和运转情形，严禁设备"带病"作业。

（6）上述措施完成后，由作业负责人办理"安全施工作业票B"，施工项目部审核签发。监理人员现场检查确认后，在作业票中签字，同意开始作业。

2. 作业过程安全管控措施

（1）作业负责人站班会上通过读票方式进行安全交底，并随机抽取3～5名施工人员提问，被提问人员清楚且回答正确后开始作业。

（2）作业过程中，作业负责人、监理人员按照作业流程，逐项确认风险控制专项措施落实，同时在"每日执行情形检查记录表"中签字确认。

（3）作业中必须设专人指挥，信号准确，吊车司机按信号操作。

（4）夜间或照明不足禁止施工，雨季施工有防雷措施。

三、落地式钢管脚手架搭设与拆除作业

（一）满堂扣件式钢管支撑架搭设与拆除作业

风险提示：该类作业安全控制核心是人员高处作业

和架体结构稳固。不执行以下安全管控措施，将导致物体打击、高处坠落、坍塌，造成人身伤害事故。

固有风险等级属三级。

1. 作业必备条件

（1）施工方案已批准，并完成项目部和班组级交底。

（2）各类人员、安全工器具、施工机械设备、材料等已经报审并批准，满足现场安全技术要求。施工作业前仔细检查现场安全工器具、施工机械设备，合格后方可使用。

（3）支撑架搭设与拆除作业前，必须规范设置戒备区域，悬挂警告牌，设专人监护，严禁非作业人员进入。

（4）恶劣天气时禁止支撑架搭设、拆除作业。

（5）因设备就位需拆除部分支撑架体时，必须先对支撑架进行加固补强措施。

（6）混凝土强度未达到设计和规范要求时，严禁拆除模板支撑架。

（7）上述措施完成后，由作业负责人办理"安全施工作业票B"，施工项目部审核签发。监理人员现场检查确认后，在作业票中签字，同意开始作业。

2. 作业过程安全管控措施

（1）作业负责人站班会上通过读票方式进行安全交底，并随机抽取3～5名施工人员提问，被提问人员清楚且回答正确后开始作业。

（2）作业过程中，作业负责人、监理人员按照作业流程，逐项确认风险控制专项措施落实，同时在"每日执行情形检查记录表"中检查记录表中签字确认。

（3）满堂支撑架搭设区域地基回填土必须分层回填夯实，地面采用10cm厚C15混凝土硬化。

（4）支撑架搭设的间距、步距、扫地杆设置必须执行施工方案。

（5）高处作业脚穿防滑鞋、佩戴安全带并保持高挂低用。

（6）每个支撑架架体，必须按规定设置两点防雷接地设施。

（7）专人监测满堂支撑架搭设过程中，架体位移和变形情形。

（8）使用力矩扳手检查扣件螺栓拧紧力矩值，扣件螺栓拧紧力矩值严格控制在40～65N·m之间。

（9）恶劣天气后，必须对支撑架全面检查保护后方可复原使用。

（10）支撑架拆除顺序必须按照"后支先拆，先支后拆"进行。

（二）建（构）筑物落地双排扣件式钢管脚手架搭设与拆除作业

风险提示：该类作业安全控制核心是人员高处作业和架体结构稳固。不执行以下安全管控措施，将导致物体打击、高处坠落、坍塌，造成人身伤害事故。

固有风险等级属三级。

1. 作业必备条件

（1）施工方案已批准，并完成项目部和班组级交底。

（2）各类人员、安全工器具、施工机械设备、材料等已经报审并批准，满足现场安全技术要求。施工作业前仔细检查现场安全工器具、施工机械设备，合格后方可使用。

（3）脚手架搭设与拆除作业前，必须规范设置戒备区域，悬挂警告牌，设专人监护，严禁非作业人员进入。

（4）恶劣天气时禁止脚手架搭设、拆除作业。

（5）因设备就位需拆除部分脚手架体时，必须先对脚手架进行加固补强措施。

（6）上述措施完成后，由作业负责人办理"安全施工作业票B"，施工项目部审核签发。监理人员现场检查确认后，在作业票中签字，同意开始作业。

2. 作业过程安全管控措施

（1）作业负责人站班会上通过读票方式进行安全交底，并随机抽取3～5名施工人员提问，被提问人员清楚且回答正确后开始作业。

（2）作业过程中，作业负责人、监理人员按照作业流程，逐项确认风险控制专项措施落实，同时在"每日执行情形检查记录表"中检查记录表中签字确认。

（3）建（构）筑物落地式双排脚手架搭设区域地基回填土必须分层回填夯实并采用混凝土硬化，钢管立杆应设置金属底座或木质垫板。

（4）脚手架搭设的间距、步距、扫地杆设置必须执行施工方案。

（5）高处作业脚穿防滑鞋、佩戴安全带并保持高挂低用。

（6）每个脚手架架体，必须按规定设置两点防雷接地设施。

（7）连墙件偏离主节点的距离不应大于300mm。必须采用刚性连墙件。三步三跨或40m² 范畴内必须设置一个连墙件。

（8）高度在24m及以上的双排脚手架应在外侧全立面连续设置竖向剪刀撑。

（9）使用力矩扳手检查扣件螺栓拧紧力矩值，扣件螺栓拧紧力矩值严格控制在40～65N·m之间。

（10）脚手架拆除的顺序必须由上而下逐层进行，严禁上下同时进行，连墙件必须逐层拆除。

（11）恶劣天气以后，应对脚手架全面检查保护后方可复原使用。

四、变电站建筑工程模板安装、混凝土浇筑、模板拆除

风险提示：该类作业安全控制核心是人员高处作业和架体结构稳固。不执行以下安全管控措施，将导致物体打击、高处坠落、坍塌，造成人身伤害事故。

固有风险等级属四级。

1. 作业必备条件

（1）施工方案已批准，并完成项目部和班组级交底。

（2）各类人员、安全工器具、施工机械设备、材料等已经报审并批准，满足现场安全技术要求。施工作业

前仔细检查现场安全工器具、施工机械设备合格后方可使用。

（3）模板安装和拆除作业前，必须规范设置戒备区域，悬挂警告牌，设专人监护，严禁非作业人员进入。

（4）安装完成的模板体会收合格，具备混凝土浇筑条件。

（5）上述措施完成后，由作业负责人办理"安全施工作业票B"，施工项目部审核签发。总监理工程师和安全监理工程师现场检查确认，业主项目部项目经理和相关治理人员检查确认后，在作业票中签字，方可开始作业。

2. 作业过程安全管控措施

（1）作业负责人站班会上通过读票方式进行安全交底，并随机抽取3～5名施工人员提问，被提问人员清楚且回答正确后开始作业。

（2）作业过程中，施工项目部、监理项目部、业主项目部、施工企业、监理企业、建设治理单位等单位的相关人员按照施工风险作业控制治理办法要求，逐项确认风险控制专项措施落实，同时在"每日执行情形检查记录表"中检查记录表中签字确认。

（3）模板支撑脚手架搭设体会收合格，各类安全警告、提示标牌齐全。

（4）模板安装时，禁止作业人员在高处独木或悬吊式模板上行走。支设梁模板时，不得站在柱模板上操作，并严禁在梁的底模板上行走。

（5）模板安装验收合格。在混凝土浇筑时，禁止集中布料，导致局部荷载过大，造成支撑结构变形垮塌。

（6）拆除模板时，严格执行施工方案规定的顺序。高处作业人员脚穿防滑鞋，并挑选稳固的立足点，必须系牢安全带。

（7）拆除的模板和支撑杆件，不得集中堆放在脚手架或暂时工作台上，随时落地清运。

（8）作业期间，如遇有六级及以上大风或雷暴、冰雹、大雪等恶劣天气时，停止露天高处作业。

五、起重作业

（一）塔式起重机安装、使用、拆除作业

风险提示：该类作业安全控制核心是起重受力工器具和人员站位、人员高处作业和结构稳固。不执行以下安全管控措施，将导致起重伤害、高处坠落，造成人身伤害事故。

固有风险等级属二级，提升到三级风险管控。

1. 作业必备条件

（1）施工方案已批准，并完成项目部和班组级交底。

（2）各类人员、安全工器具、施工机械设备、材料等已经报审并批准，满足现场安全技术要求。施工作业前仔细检查现场安全工器具、施工机械设备，合格后方可使用。

（3）地基基础承载力、地脚螺栓应符合塔式起重机使用说明书的要求。

（4）安装与拆除作业前，必须规范设置戒备区域，悬挂警告牌，设专人监护，严禁非作业人员进入。

（5）安装与拆除作业时，施工项目负责人、安全员和机械治理员、安全监理必须在现场监督。

（6）风速大于12m/s和大雨、大雪、浓雾等恶劣天气时，禁止进行塔吊安装、拆除和使用作业。

（7）使用专用力矩扳手检查塔吊地脚螺栓和标准节连接螺栓的拧紧力矩值，必须达到塔吊使用说明书的要求。

（8）塔吊起吊作业必须配备起重司机、起重信号工、司索工等特种作业人员。

（9）钢丝绳、卡环、吊钩等均应符合《起重机械吊具与索具安全规程》（LD 48）的要求。

（10）塔吊使用前必须对安全装置进行检查。安全装置失灵时不得起吊。

（11）上述措施完成后，由作业负责人办理"安全施工作业票B"，施工项目部审核签发。监理人员现场检查确认后，在作业票中签字，同意开始作业。

2. 作业过程安全管控措施

（1）作业负责人站班会上通过读票方式进行安全交底，并随机抽取3～5名施工人员提问，被提问人员清楚且回答正确后开始作业。

（2）作业过程中，作业负责人、监理人员按照作业流程，逐项确认风险控制专项措施落实，同时在"每日执行情形检查记录表"中检查记录表中签字确认。

（3）塔吊金属结构、电气设备的外壳等均应明显可靠接地。

（4）塔吊安装高度超过最大独立高度时，应按照使用说明书要求安装附着装置。

（5）塔吊起重量定额必须大于所起吊的物件荷载的1.25倍。

（6）恶劣天气发生后，必须对塔吊全面安全技术检查保护一次。

（7）塔吊每班作业必须做好保养，并应做好保养记录。

（8）主要部件和安全装置等应进行经常性检查，每15d不得少于一次。

（9）拆卸时应连续进行，必须保证塔式起重机处于安全状态。

（10）拆卸时应先降节、后拆除附着装置。

（二）A形架构及横梁吊装

风险提示：该类作业安全控制核心是起重受力工器具和人员站位、人员高处作业和结构稳固。不执行以下安全管控措施，将导致起重伤害、高处坠落，造成人身伤害事故。

固有风险等级属三级。

1. 作业必备条件

（1）施工方案已批准，并完成项目部和班组级交底。

（2）各类人员、安全工器具、施工机械设备、材料等已经报审并批准，满足现场安全技术要求。施工作业

前仔细检查现场安全工器具、施工机械设备合格后方可使用。

（3）吊装作业前，对起重机限位器、限速器、制动器、支脚与吊臂液压系统进行安全检查，并空载试运转。

（4）必须规范设置戒备区域，悬挂警告牌，设专人监护，严禁非作业人员进入。

（5）上述措施完成后，由作业负责人办理"安全施工作业票B"，施工项目部审核签发。监理人员现场检查确认后，在作业票中签字，同意开始作业。

2. 作业过程安全管控措施

（1）作业负责人站班会上通过读票方式进行安全交底，并随机抽取3～5名施工人员提问，被提问人员清楚且回答正确后开始作业。

（2）作业过程中，作业负责人、监理人员按照作业流程，逐项确认风险控制专项措施落实，同时在"每日执行情形检查记录表"中签字确认。

吊装过程中设专人指挥，吊臂及吊物下严禁站人或有人经过。

（4）架构吊点位置必须经过运算现场指定。暂时拉线绑扎应靠近A型杆头，吊点绳和暂时拉线必须由专业起重工绑扎并用卡扣紧固。

（5）构架标高、轴线调整完成，杆根部及暂时拉线固定之后，再开始登杆作业，摘除吊钩。

（6）横梁吊点处要有对吊绳的防护措施，防止吊绳卡断。待横梁距就位点上方200～300mm稳固后，作业人员方可进入作业点。

（7）高处作业人员攀爬A形杆时，必须使用提前设置的垂直攀登自锁器；在横梁上行走时，必须使用提前设置的水平安全绳。在转移作业位置时不得失去保护。

（8）高处作业所用的工具和材料放在工具袋内或用绳索拴在坚固的构件上，较大的工具系有保险绳。上下传递物件使用绳索，不得抛掷。

（9）当天吊装完成的构架必须完成混凝土二次浇筑，禁止延迟过夜浇注，二次灌浆混凝土未达到规定的强度时，不得拆除暂时拉线。

（10）起重作业中，如遇有六级及以上大风或雷暴、冰雹、大雪等恶劣天气时，停止起重和露天高处作业。

（三）两台及以上起重机抬吊

风险提示：该类作业安全控制核心是起吊重量分配、起重受力工器具和人员站位、人员高处作业和结构稳固。不执行以下安全管控措施，将导致起重伤害、高处坠落，造成人身伤害事故。

固有风险等级属三级。

1. 作业必备条件

（1）施工方案已批准，并完成项目部和班组级交底。

（2）各类人员、安全工器具、施工机械设备、材料等已经报审并批准，满足现场安全技术要求。施工作业前仔细检查现场安全工器具、施工机械设备合格后方可使用。

（3）吊装作业前，对起重机限位器、限速器、制动器、支脚与吊臂液压系统进行安全检查，并空载试运转。

（4）必须规范设置戒备区域，悬挂警告牌，设专人监护，严禁非作业人员进入。

（5）上述措施完成后，由作业负责人办理"安全施工作业票B"，施工项目部审核签发。监理人员现场检查确认后，在作业票中签字，同意开始作业。

2. 作业过程安全管控措施

（1）作业负责人站班会上通过读票方式进行安全交底，并随机抽取3～5名施工人员提问，被提问人员清楚且回答正确后开始作业。

（2）作业过程中，作业负责人、监理人员按照作业流程，逐项确认风险控制专项措施落实，同时在"每日执行情形检查记录表"中签字确认。

（3）吊点位置的确定，必须按各台起重机答应起重量，经运算后按比例分配负荷。

（4）吊装作业设专人指挥，吊臂及吊物下严禁站人或有人经过。

（5）吊物离地面100mm左右，停机检查起吊受力情形，确认无误后，再连续匀速起吊。

（6）抬吊中，各台起重机吊钩与吊绳保持垂直，升降或行走必须同步。各台起重机承担的载荷不得超过各自答应额定起重量的80%。

（7）吊物在空中短时间停留时，操作和指挥人员禁止离开岗位。禁止起吊的重物在空中长时间停留。

（8）高处作业所用的工具和材料放在工具袋内或用绳索拴在坚固的构件上，较大的工具系有保险绳。上下传递物件使用绳索，不得抛掷。

（9）如起重机发生故障无法放下重物时，必须采取适当的保险措施，除专业排险人员外，严禁任何人进入危险区。

（10）起重作业中，如遇有六级及以上大风或雷暴、冰雹、大雪等恶劣天气时，停止起重和露天高处作业。

（四）起重机械临近带电体作业

风险提示：该类作业安全控制核心是起重受力工器具和人员站位、近电吊装作业和人员高处作业。不执行以下安全管控措施，将导致触电、起重伤害，高处坠落，造成人身伤害事故。

固有风险等级属三级。

1. 作业必备条件

（1）施工方案已批准，并完成项目部和班组级交底。

（2）各类人员、安全工器具、施工机械设备、材料等已经报审并批准，满足现场安全技术要求。施工作业前仔细检查现场安全工器具、施工机械设备合格后方可使用。

（3）吊装作业前，对起重机限位器、限速器、制动器、支脚与吊臂液压系统进行安全检查，并空载试运转。

（4）起重机臂架、吊具、辅具、钢丝绳及吊物等带电体的最小安全距离要满足变电安全规程的规定。

（5）必须规范设置戒备区域，悬挂警告牌，设专人监护，严禁非作业人员进入。

（6）上述措施完成后，由作业负责人办理"安全施工作业票B"，施工项目部审核签发。监理人员现场检查确认后，在作业票中签字，同意开始作业。

2. 作业过程安全管控措施

（1）作业负责人站班会上通过读票方式进行安全交底，并随机抽取3～5名施工人员提问，被提问人员清楚且回答正确后开始作业。

（2）作业过程中，作业负责人、监理人员按照作业流程，逐项确认风险控制专项措施落实，同时在"每日执行情形检查记录表"中签字确认。

（3）临近带电体作业，如不满足变电安全规程表规定的安全距离时，申请停电作业。

（4）长期或频繁地临近带电体作业时，应采取隔离防护措施。

（五）变压器、电抗器吊芯或吊罩作业

风险提示：该类作业安全控制核心是起重机本体的安全和人机配合吊装作业与高处作业。不执行以下安全管控措施，将导致起重伤害、高处坠落，造成人身伤害事故。

固有风险等级属三级。

1. 作业必备条件

（1）施工方案已批准，并完成项目部和班组级交底。

（2）各类人员、安全工器具、施工机械设备、材料等已经报审并批准，满足现场安全技术要求。施工作业前仔细检查现场安全工器具、施工机械设备合格后方可使用。

（3）吊装作业前，必须规范设置戒备区域，悬挂警告牌，设专人监护，严禁非作业人员进入。

（4）上述措施完成后，由作业负责人办理"安全施工作业票B"，施工项目部审核签发。监理人员现场检查确认后，在作业票中签字，同意开始作业。

2. 作业过程安全管控措施

（1）作业负责人站班会上通过读票方式进行安全交底，并随机抽取3～5名施工人员提问，被提问人员清楚且回答正确后开始作业。

（2）吊罩时，应将外罩放置在变压器（电抗器）外围干净支垫上，避免外罩直接落在铁芯上。必要时采取支撑固定等安全措施。

（3）吊芯时，应将吊点设置在设备指定的位置，并校核吊点强度。铁芯及吊臂活动范畴下方严禁站人。

（4）解体运输式变压器的部件吊装，必须使用厂家确认的吊具、在部件指定的吊点上进行吊装。吊绳与铅垂线间的夹角不大于$30°$，否则应使用平稳梁起吊。吊绳长度应匹配，受力应均等，防止起吊件翻倒。起吊前必须将所有的箱沿螺栓拧紧。铁芯翻转必须使用专用工作、按操作流程进行。

（六）套管吊装作业

风险提示：该类作业安全控制核心是起重受力工器具和人员站位、人员高处作业。不执行以下安全管控措施，将导致起重伤害、高处坠落，造成人身伤害事故。

固有风险等级属三级。

1. 作业前必备条件

（1）施工方案已批准，并完成项目部和班组级交底。

（2）各类人员、安全工器具、施工机械设备、材料等已经报审并批准，满足现场安全技术要求。施工作业前仔细检查现场安全工器具、施工机械设备合格后方可使用。

（3）吊装作业前，必须规范设置戒备区域，悬挂警告牌，设专人监护，严禁非作业人员进入。

（4）上述措施完成后，由作业负责人办理"安全施工作业票B"，施工项目部审核签发。监理人员现场检查确认后，在作业票中签字，同意开始作业。

2. 作业过程安全管控措施

（1）作业负责人站班会上通过读票方式进行安全交底，并随机抽取3～5名施工人员提问，被提问人员清楚且回答正确后开始作业。

（2）在油箱顶部作业时，四周临边处应设置水平安全绳或固定式安全围栏（油箱顶部有固定接口时）。

（3）高处作业人员应穿防滑鞋，必须通过自带爬梯上下变压器。应避免残油滴落到油箱顶部。

（4）吊装必须设专人指挥，应能全面观察到整个作业范畴，包括套管起落点及吊装路径、吊车司机和司索人员的位置。

（5）吊具应使用厂家提供的套管专用吊具或使用合格的尼龙吊带，绑扎位置及绑扎方法应经厂家人员确认。

（6）套管及吊臂活动范畴下方严禁站人。在套管到达就位点且稳固后，作业人员方可进入作业区域。

（7）大型套管采用两台起重机械抬吊时，应分别校核主吊和辅吊的吊装参数，特别防止辅吊在套管竖立过程中超幅度或超载荷。

（8）在套管法兰螺栓未完全紧固前，起重机械必须保持受力状态。

（9）高处摘除套管吊具或吊绳时，必须使用高空作业车。严禁攀爬套管或使用起重机械吊钩吊人。

（10）换流站穿墙套管吊装时，必须保证阀厅内外联系通畅。

（11）当套管试验采用专用支架竖立时，必须确保专用支架的结构强度，并与地面可靠固定。

（七）串联补偿装置绝缘平台吊装作业

风险提示：该类作业安全控制核心是起吊重量分配、起重受力工器具和人员站位、人员高处作业和结构稳固。不执行以下安全管控措施，将导致起重伤害、高处坠落。造成人身伤害事故。

固有风险等级属二级，提升到三级风险管控。

1. 作业前必备条件

（1）施工方案已批准，并完成项目部和班组级交底。

（2）各类人员、安全工器具、施工机械设备、材料等已经报审并批准，满足现场安全技术要求。施工作业前仔细检查现场安全工器具、施工机械设备合格后方可使用。

（3）吊装前，必须复测支撑绝缘子的轴线和顶面标高，确保各支撑绝缘子能够平均受力，防止单个绝缘子超载而导致绝缘平台坍塌。

（4）吊装作业前，必须规范设置戒备区域，悬挂警告牌，设专人监护，严禁非作业人员进入。

（5）上述措施完成后，由作业负责人办理"安全施工作业票B"，施工项目部审核签发。监理人员现场检查确认后，在作业票中签字，同意开始作业。

2. 作业过程安全管控措施

（1）作业负责人站班会上通过读票方式进行安全交底，并随机抽取3～5名施工人员提问，被提问人员清楚且回答正确后开始作业。

（2）抬吊应使用相同性能参数的起重机。单台起重机械的最大受力不得超过其额定的80％。

（3）吊装必须保持平稳、平稳、按指令缓慢下落，防止起重机械受冲击而倾覆。

（4）平台调整固定前，必须采取暂时拉线固定。所有支撑绝缘子和斜拉绝缘子调整紧固完成后，方可解除暂时拉线。

（5）斜拉绝缘子调整固定过程中，必须保持起重机械在受力状态。人员应避免在平台正下方作业。

（八）其他电气设备吊装

风险提示：该类作业安全控制核心是起重受力工器具和人员站位、人员高处作业。不执行以下安全管控措施，将导致起重伤害、高处坠落，造成人身伤害事故。

固有风险等级属三级。

1. 作业必备条件

（1）施工方案已批准，并完成项目部和班组级交底。

（2）各类人员、安全工器具、施工机械设备、材料等已经报审并批准，满足现场安全技术要求。施工作业前仔细检查现场安全工器具、施工机械设备合格后方可使用。

（3）吊装作业前，规范设置戒备区域，悬挂警告牌，设专人监护，严禁非作业人员进入。

（4）上述措施完成后，由作业负责人办理"安全施工作业票B"，施工项目部审核签发。监理人员现场检查确认后，在作业票中签字，同意开始作业。

2. 作业过程安全管控措施

（1）作业负责人站班会上通过读票方式进行安全交底，并随机抽取3～5名施工人员提问，被提问人员清楚且回答正确后开始作业。

（2）户内式GIS吊装时，作业人员在接应GIS时应注意周围环境，防止临边高处坠落或挤压

（3）使用桁车吊装GIS时，桁车必须经质监检验合格并进行试吊。操作人员应在所吊GIS的后方或侧面操作。

（4）隔离开关刀头吊装时，严禁解除捆绑物，并保持平稳。

（5）电压互感器、耦合电容器、避雷器、开关柜、L形高压出线装置、升高座等竖直状且重心较高的设备

（部件），在装卸、搬运的吊装过程中，必须确保包装箱完好且坚固、必须在起重机械受力后方可拆除运输安全措施、必须采取防倾覆的措施（如设置拦腰绳）。

（6）干式电抗器、平波电抗器吊装时，必须使用设备专用吊点。各个支撑绝缘子应平均受力，防止单个绝缘子超过其答应受力。调整紧固并采取必要的安全保护措施后，作业人员方可进入电抗器下方作业。

（7）悬吊式阀塔设备吊装必须从上而下进行。

（8）交流（直流）滤波器吊装前，对支撑式电容器组必须确保支撑绝缘子完成调剂并锁定，对悬挂式电容器组必须复查结构紧固螺栓。起吊过程中必须保持滤波器层架平稳，防止失稳。

（9）电缆盘卸车时，必须在挂钩前将运输车上其他电缆盘垫设木楔。在电缆盘吊移的过程中，严禁在电缆盘和吊车臂下方站人。

六、母线安装

（一）管母线安装作业

风险提示：该类作业安全控制核心是起重受力工器具和人员站位、人员高处作业。不执行以下安全管控措施，将导致起重伤害、高处坠落，造成人身伤害事故。

固有风险等级属三级。

1. 作业必备条件

（1）施工方案已批准，并完成项目部和班组级交底。

（2）各类人员、安全工器具、施工机械设备、材料等已经报审并批准，满足现场安全技术要求。施工作业前仔细检查现场安全工器具、施工机械设备合格后方可使用。

（3）安装作业前，规范设置戒备区域，悬挂警告牌，设专人监护，严禁非作业人员进入。

（4）构支架必须经转序验收合格。场地平整、坚实，起重机械行走路线及停车位已压实并经过检查满足使用。

（5）上述措施完成后，由作业负责人办理"安全施工作业票B"，施工项目部审核签发。监理人员现场检查确认后，在作业票中签字，同意开始作业。

2. 作业过程安全管控措施

（1）作业负责人站班会上通过读票方式进行安全交底，并随机抽取3～5名施工人员提问，被提问人员清楚且回答正确后开始作业。

（2）管母线应采用固定框架包装运输，框架强度应满足吊装要求，防止卸车过程中管母线滚落而伤及人身。

（3）管母线现场保管应保证包装完好，堆放层数不应超过三层，层间应设枕木隔离，保管区域应设隔离围挡，严禁人员踩踏管母线。

（4）应采取措施防止吊点绑扎滑动，避免吊装时管母线倾覆伤人。

（5）当采用绞磨或卷扬机时，必须设专人指挥，两端同时起吊、同时就位悬挂。无刹车装置的绞磨或卷扬机的升降必须使用离合器控制，禁止使用电源开关控制。各转向滑轮须设专人监护，严禁任何人在钢丝绳内侧停

留或通过。

（6）管母线上安装隔离开关静触头或调整管母线，必须使用高空作业车。

（7）对支持式管母线，严禁高处作业人员攀爬支柱绝缘子，应使用专用爬梯。

（8）严禁将绝缘子及管母线作为后续施工的吊装承重受力点。

（二）架空软母线安装

风险提示：该类作业安全控制核心是起重受力工器具和人员站位、人员高处作业。不执行以下安全管控措施，将导致起重伤害、高处坠落，造成人身伤害事故。

固有风险等级属二级，提升到三级风险管控。

1. 作业必备条件

（1）施工方案已批准，并完成项目部和班组级交底。

（2）各类人员、安全工器具、施工机械设备、材料等已经报审并批准，满足现场安全技术要求。施工作业前仔细检查现场安全工器具、施工机械设备合格后方可使用。

（3）安装作业前，规范设置戒备区域，悬挂警告牌，设专人监护，严禁非作业人员进入。

（4）液压泵站、卷扬机、绞磨、起重机械、钢丝绳、转向滑车等机具经报审检验合格。卷扬机必须状态完好、检验合格、固定坚固，并进行试车。卷扬机防护设施、电气绝缘、离合器、制动装置、保险棘轮、导向滑轮、索具等必须完整、有效。

（5）构支架必须经转序验收合格。场地平整、坚实、起重机械行走路线及停车位已压实并经过检查满足使用。

（6）上述措施完成后，由作业负责人办理"安全施工作业票B"，施工项目部审核签发。监理人员现场检查确认后，在作业票中签字，同意开始作业。

2. 作业过程安全管控措施

（1）作业负责人站班会上通过读票方式进行安全交底，并随机抽取3~5名施工人员提问，被提问人员清楚且回答正确后开始作业。

（2）导线盘卸车必须使用满足起重要求的起重机，起吊点应正确，严禁斜吊和多盘同时起吊，应采取防止线盘滚动的措施。

（3）导线盘应放置平稳。导线应由线盘的下方引出。人员严禁站在线盘的前面。当放到线盘的最后几圈时，应采取措施防止导线突然蹦出而伤人。

（4）导线下料采用型材切割机时，应确保操作手柄绝缘良好，严禁戴手套操作，应与切割断口保持安全距离。

（5）正式架线前，必须检查确认金具及绝缘子组串正确，金具连接螺栓、防松帽、开口销使用正确，弹簧卡齐全，无损坏。

（6）正式架线前，必须检查确认滑轮悬挂在横梁主材及固定在构架根部的可靠性。滑轮的直径不应小于钢丝绳直径的16倍，应无裂纹、破旧等情形。

（7）单侧挂线时，应紧密关注构架柱脚及横梁的变

形情形。必要情形下应加反向拉线、安装拉力计进行监测。

（8）使用电动卷扬机牵引时，必须控制好速度和张力，严禁过牵引。严禁使用卷扬机直接挂线连接。

（9）钢丝绳应从卷筒下方卷入；卷筒上的钢丝绳应排列整齐，工作时最少应保留5圈；最外层的钢丝绳应低于卷筒突缘，其距离不得小于一根钢丝绳的直径；钢丝绳与构架接触部分应有防护措施。

（10）使用绞磨时，磨绳在磨芯上缠绕圈数不得少于5圈，拉磨尾绳人员不得少于2人，并且距绞磨距离不小于2.5m。两台绞磨同时作业时应统一指挥，绞磨操作人员应精神集中。

（11）使用吊车挂线时，应严格执行《起重机安全规程》（GB 6067），严禁作业人员与架空软母线混装，严禁斜拉吊车臂，严禁超幅度吊装。

（12）使用人工挂线时，应统一指挥、相互配合，应有防止脱落的措施。

（13）紧线应缓慢，严禁显现挂阻情形。

（14）整个安装过程中，导线下方及钢丝绳内侧严禁站人或通过。人员禁止跨过正在收紧的导线。

七、电气试验调试

（一）局放及耐压试验

风险提示：该类作业安全控制核心是试验设备检查和安全隔离、用电人员的操作与高处作业。不执行以下安全管控措施，将导致触电和高处坠落，造成人身伤害事故。

固有风险等级属三级。

1. 作业必备条件

（1）施工方案已批准，并完成项目部和班组级交底。

（2）各类人员、安全工器具、施工机械设备、材料等已经报审并批准，满足现场安全技术要求。施工作业前仔细检查现场安全工器具、施工机械设备合格后方可使用。

（3）试验作业前，必须规范设置硬质安全隔离区域，向外悬挂"止步，高压危险！"的警示牌。设专人监护，严禁非作业人员进入。

（4）上述措施完成后，由作业负责人办理"安全施工作业票B"，施工项目部审核签发。监理人员现场检查确认后，在作业票中签字，同意开始作业。

2. 作业过程安全管控措施

（1）作业负责人站班会上通过读票方式进行安全交底，并随机抽取3~5名施工人员提问，被提问人员清楚且回答正确后开始作业。

（2）作业过程中，作业负责人、监理人员按照作业流程，逐项确认风险控制专项措施落实，同时在"每日执行情形检查记录表"中签字确认。

（3）试验中，坚固挂设接地线，操作人员应保持安全距离。

（4）试验终止后，将残留电荷放净，接地装置拆除。

（二）交流或直流加压试验

风险提示：该类作业安全控制核心是试验设备检查和安全隔离、用电人员的操作与高处作业。不执行以下安全管控措施，将导致触电和高处坠落，造成人身伤害事故。

固有风险等级属二级，提升到三级风险管控。

1. 作业必备条件

（1）施工方案已批准，并完成项目部和班组级交底。

（2）各类人员、安全工器具、施工机械设备、材料等已经报审并批准，满足现场安全技术要求。施工作业前仔细检查现场安全工器具、施工机械设备合格后方可使用。

（3）试验作业前，必须规范设置戒备区域，悬挂警告牌，设专人监护，严禁非作业人员进入。

（4）试验工作不得少于2人，试验人员脚穿绝缘防滑鞋，上下使用绝缘攀爬设施。

（5）上述措施完成后，由作业负责人办理"安全施工作业票B"，施工项目部审核签发。监理人员现场检查确认后，在作业票中签字，同意开始作业。

2. 作业过程安全管控措施

（1）作业负责人站班会上通过读票方式进行安全交底，并随机抽取3～5施工人员提问，被提问人员清楚且回答正确后开始作业。

（2）作业过程中，作业负责人、监理人员按照作业流程，逐项确认风险控制专项措施落实，同时在"每日执行情形检查记录表"中签字确认。

（3）试验设备和被试设备必须可靠接地，设备通电过程中，试验人员不得中途离开。

（4）试验终止后及时将试验电源断开，并对容性被试设备进行充分的放电后，方可拆除试验接线。

（三）阀厅内试验

风险提示：该类作业安全控制核心是试验设备检查和安全隔离、用电人员的操作与高处作业。不执行以下安全管控措施，将导致触电和高处坠落，造成人身伤害事故。

固有风险等级属三级。

1. 作业必备条件

（1）施工方案已批准，并完成项目部和班组级交底。

（2）各类人员、安全工器具、施工机械设备、材料等已经报审并批准，满足现场安全技术要求。施工作业前仔细检查现场安全工器具、施工机械设备合格后方可使用。

（3）试验作业前，必须规范设置戒备区域，悬挂警告牌，设专人监护，严禁非作业人员进入。

（4）上述措施完成后，由作业负责人办理"安全施工作业票B"，施工项目部审核签发。监理人员现场检查确认后，在作业票中签字，同意开始作业。

2. 作业过程安全管控措施

（1）作业负责人站班会上通过读票方式进行安全交底，并随机抽取3～5名施工人员提问，被提问人员清楚

且回答正确后开始作业。

（2）作业过程中，作业负责人、监理人员按照作业流程，逐项确认风险控制专项措施落实，同时在"每日执行情形检查记录表"中签字确认。

（3）严格遵守"电力生产安全工作规程"，保持与带电高压设备足够的安全距离。

（4）在进行阀厅相关的套管加压试验前，应通知隔墙对侧无关人员撤离，并由专人监护。

（5）进行晶闸管（可控硅）高压试验前，应停止该阀塔内其他工作，撤离无关人员。

（6）晶闸管高压试验试验时，试验人员必须与试验带电体保持足够的安全距离，不应接触阀塔屏蔽罩。

（7）地面加压人员与阀体层作业人员应保持联系，防止误加压。阀体工作层应设专责监护人（在与阀体工作层平行的升降车上监护、指挥），加压过程中应有人监护并呼唱。

（四）系统调试

风险提示：该类作业安全控制核心是试验设备检查和安全隔离、用电人员的操作。不执行以下安全管控措施，将导致触电和爆炸，造成人身伤害事故、设备和电网事故。

固有风险等级属三级。

1. 作业必备条件

（1）施工方案已批准，并完成项目部和班组级交底。

（2）各类人员、安全工器具、施工机械设备、材料等已经报审并批准，满足现场安全技术要求。施工作业前仔细检查现场安全工器具、施工机械设备合格后方可使用。

（3）试验作业前，必须规范设置戒备区域，悬挂警告牌，设专人监护，严禁非作业人员进入。

（4）上述措施完成后，由作业负责人办理"安全施工作业票B"，施工项目部审核签发。监理人员现场检查确认后，在作业票中签字，同意开始作业。

2. 作业过程安全管控措施

（1）作业负责人站班会上通过读票方式进行安全交底，并随机抽取3～5名施工人员提问，被提问人员清楚且回答正确后开始作业。

（2）作业过程中，作业负责人、监理人员按照作业流程，逐项确认风险控制专项措施落实，同时在"每日执行情形检查记录表"中签字确认。

（3）由一次设备处引入的测试回路注意采取防止高电压引入的危险，注意检查一次设备接地点和试验设备安全接地，高压试验设备必须铺设绝缘垫。

（4）在CT、PT、交流电源、直流电源等带电回路进行测试或接线时必须使用合格工具，落实好严防CT二次开路的措施。

（5）一次设备第一次冲击送电时，注意安全距离，二次人员待运行稳固后，方可到现场进行相量测试和检查工作。

（6）必须确认待试验的稳固控制系统（试验系统）

与运行系统已完全隔离后方可按开始工作，严防走错间隔及误碰无关带电端子。

八、改扩建施工

（一）户外临近带电作业

风险提示：该类作业安全控制核心是施工机械设备检查和安全隔离、人员近电作业，不执行以下安全管控措施，将导致触电，造成人身伤害事故。

固有风险等级属三级。

1. 作业必备条件

（1）施工方案已批准，并完成项目部和班组级交底。

（2）各类人员、安全工器具、施工机械设备、材料等已经报审并批准，满足现场安全技术要求。施工作业前仔细检查现场安全工器具、施工机械设备合格后方可使用。

（3）完成施工区域与运行部分的物理和电气安全隔离。

（4）不得在雨、雪、大风等天气进行作业。

（5）对停电的设备验明确无电压，将设备接地并三相短路。

（6）上述措施完成后，由作业负责人办理"安全施工作业票B"，施工项目部审核签发。监理人员现场检查确认后，在作业票中签字，同意开始作业。

2. 作业过程安全管控措施

（1）作业负责人站班会上通过读票方式进行安全交底，并随机抽取3～5名施工人员提问，被提问人员清楚且回答正确后开始作业。

（2）作业过程中，作业负责人、监理人员按照作业流程，逐项确认风险控制专项措施落实，同时在"每日执行情形检查记录表"中签字确认。

（3）作业人员、机械、设备、工器具要与带电物体保持足够的安全距离，严禁触碰带电设备。

（4）作业人员、施工机械禁止越过安全隔离护栏进行作业。

（5）变电站及高压配电室的梯子、线材等长物，放倒后搬运。

（6）在运行变电站手持的非绝缘物件不超过本人的头顶。

（7）作业区域内的机械、设备外壳可靠接地。

（8）接地线挂设使用专用的线夹，禁止用缠绕的方法进行接地或短路，不得擅自移动或拆除接地线。

（9）人体不得碰触接地线或未接地的导线；带接地线拆设备接头时，采取防止接地线脱落的措施。

（10）接地线一经拆除，设备即应视为有电，禁止再去接触或进行作业。

（11）在母线和横梁上作业或新增设母线与带电母线靠近、平行时，母线应接地。

（12）拆挂母线时，有防止钢丝绳和母线弹到邻近带电设备或母线上的措施。

（二）户内设备安装作业

风险提示：该类作业安全控制核心是施工机械设备检查和安全隔离、人员近电作业，不执行以下安全管控措施，将导致触电，造成人身伤害事故。

固有风险等级属三级。

1. 作业必备条件

（1）施工方案已批准，并完成项目部和班组级交底。

（2）各类人员、安全工器具、施工机械设备、材料等已经报审并批准，满足现场安全技术要求。施工作业前仔细检查现场安全工器具、施工机械设备合格后方可使用。

（3）完成施工区域与运行部分的物理和电气安全隔离。

（4）对停电的设备验明确无电压，将设备接地并三相短路。

（5）上述措施完成后，由作业负责人办理"安全施工作业票B"，施工项目部审核签发。监理人员现场检查确认后，在作业票中签字，同意开始作业。

2. 作业过程安全管控措施

（1）作业负责人站班会上通过读票方式进行安全交底，并随机抽取3～5名施工人员提问，被提问人员清楚且回答正确后开始作业。

（2）作业过程中，作业负责人、监理人员按照作业流程，逐项确认风险控制专项措施落实，同时在"每日执行情形检查记录表"中签字确认。

（3）安装时，作业人员、设备、工器具要与带电物体保持规定的安全距离，严禁触碰带电设备。

（4）作业人员禁止越过安全隔离进行作业。

（5）接地线挂设使用专用的线夹，禁止用缠绕的方法进行接地或短路，不得擅自移动或拆除接地线。

（6）接地线一经拆除，设备即应视为有电，禁止再去接触或进行作业。

（7）拆解盘、柜内二次电缆时，必须确定所拆电缆确实已退出运行。

九、地下变电站工程施工

（一）地下围护桩结构施工

风险提示：该类作业安全控制核心是起重受力工器具和人员站位、人员高处作业和坑孔墙壁稳固。不执行以下安全管控措施，将导致中毒、窒息、坍塌、起重伤害、高处坠落，造成人身伤害事故。

固有风险等级属三级。

1. 作业必备条件

（1）施工方案已批准，并完成项目部和班组级交底。

（2）各类人员、安全工器具、施工机械设备、材料等已经报审并批准，满足现场安全技术要求。施工作业前仔细检查现场安全工器具、施工机械设备合格后方可使用。

（3）每日作业前检测桩孔内有无有毒、有害气体，禁止在孔内使用燃油动力机械设备。

（4）作业前，必须规范设置戒备区域，悬挂警告牌，设专人监护，严禁非作业人员进入。

（5）规范设置软爬梯，供作业人员上下使用。

（6）上述措施完成后，由作业负责人办理"安全施工作业票B"，施工项目部审核签发。监理人员现场检查确认后，在作业票中签字，同意开始作业。

2. 作业过程安全管控措施

（1）作业负责人站班会上通过读票方式进行安全交底，并随机抽取3～5施工人员提问，被提问人员清楚且回答正确后开始作业。

（2）作业过程中，作业负责人、监理人员按照作业流程，逐项确认风险控制专项措施落实，同时在"每日执行情形检查记录表"中签字确认。

（3）人工成孔孔内照明必须采用安全电压，并配备抽、送风设备。

（4）人工成孔孔口设挡水台，上下递送工具物品时，严禁抛掷。

（5）挖出的土方不得堆放在孔口四周1m范畴内。

（6）机械成孔前应进行地下管线、构筑物勘测。

（7）施工现场作业区域及泥浆池、污水池等应设置施工围栏和安全标志，夜间施工必须配置充足照明。

（8）起吊安放钢筋笼时，由专人指挥，平稳起吊，设人拉好方向控制绳，严禁斜吊。

（9）基坑土方开挖应分层进行，开挖完成后应及时进行桩间墙封闭。

（二）逆作法施工

风险提示：该类作业安全控制核心是起重受力工器具和人员站位、人员高处作业和坑孔墙壁稳固。不执行以下安全管控措施，将导致中毒、窒息、坍塌、起重伤害、高处坠落，造成人身伤害事故。

固有风险等级属三级。

1. 作业必备条件

（1）施工方案已批准，并完成项目部和班组级交底。

（2）各类人员、安全工器具、施工机械设备、材料等已经报审并批准，满足现场安全技术要求。施工作业前仔细检查现场安全工器具、施工机械设备合格后方可使用。

（3）地下作业应有良好通风与照明。

（4）吊装作业前，必须规范设置戒备区域，悬挂警告牌，设专人监护，严禁非作业人员进入。

（5）上述措施完成后，由作业负责人办理"安全施工作业票B"，施工项目部审核签发。监理人员现场检查确认后，在作业票中签字，同意开始作业。

2. 作业过程安全管控措施

（1）作业负责人站班会上通过读票方式进行安全交底，并随机抽取3～5名施工人员提问，被提问人员清楚且回答正确后开始作业。

（2）作业过程中，作业负责人、监理人员按照作业流程，逐项确认风险控制专项措施落实，同时在"每日执行情形检查记录表"中签字确认。

（3）在地下挖土时，应按规定路线挖掘，按照由高至低、由外至里，放坡挖掘，避免塌方。

（4）挖土至模板松动时，应先拆除模板和其他坠落物，避免模板等物体掉落伤人，拆除的材料应随时外运。

（5）"四口""五临边"应及时封闭，平面预留洞口四周应设置硬质围栏，下方设安全网。

（6）合理设置人员安全通道和物料提升井。

（三）钢支撑安装与拆除

风险提示：该类作业安全控制核心是起重受力工器具和人员站位、人员高处作业和坑孔墙壁稳固。不执行以下安全管控措施，将导致中毒、窒息、坍塌、起重伤害、高处坠落，造成人身伤害事故。

固有风险等级属三级。

1. 作业必备条件

（1）施工方案已批准，并完成项目部和班组级交底。

（2）各类人员、安全工器具、施工机械设备、材料等已经报审并批准，满足现场安全技术要求。施工作业前仔细检查现场安全工器具、施工机械设备合格后方可使用。

（3）地下作业应有良好通风与照明。

（4）吊装作业前，必须规范设置戒备区域，悬挂警告牌，设专人监护，严禁非作业人员进入。

（5）上述措施完成后，由作业负责人办理"安全施工作业票B"，施工项目部审核签发。监理人员现场检查确认后，在作业票中签字，同意开始作业。

2. 作业过程安全管控措施

（1）作业负责人站班会上通过读票方式进行安全交底，并随机抽取3～5名施工人员提问，被提问人员清楚且回答正确后开始作业。

（2）作业过程中，作业负责人、监理人员按照作业流程，逐项确认风险控制专项措施落实，同时在"每日执行情形检查记录表"中签字确认。

（3）吊装过程应有专人指挥，起吊或移动必须缓慢进行。

（4）钢支撑提升离开基座10cm时应停下检查。

（5）配合人员应听从指挥，高处作业应有安全保护措施。

（6）拆除的钢支撑应集中存放，并有防倾倒、倾覆措施。

（四）设备吊装和就位

风险提示：该类作业安全控制核心是起重工器具和人员站位、人员高处作业。不执行以下安全管控措施，将导致起重伤害、高处坠落，造成人身伤害事故。

固有风险等级属四级。

1. 作业必备条件

（1）施工方案已批准，并完成项目部和班组级交底。

（2）各类人员、安全工器具、施工机械设备、材料等已经报审并批准，满足现场安全技术要求。施工作业前仔细检查现场安全工器具、施工机械设备合格后方可使用。

（3）地下作业应有良好通风与照明。

（4）吊装作业前，必须规范设置戒备区域，悬挂警告牌，设专人监护，严禁非作业人员进入。

（5）作业过程中地面、设备层均应有专人指挥。

（6）上述措施完成后，由作业负责人办理"安全施工作业票B"，施工项目部审核签发。总监理工程师现场检查确认，业主项目经理确认后，在作业票中签字，方可开始作业。

2. 作业过程安全管控措施

（1）作业负责人站班会上通过读票方式进行安全交底，并随机抽取3~5名施工人员提问，被提问人员清楚且回答正确后开始作业。

（2）作业过程中，作业负责人、监理人员按照作业流程，逐项确认风险控制专项措施落实，同时在"每日执行情形检查记录表"中签字确认。

（3）起重臂和吊装物下严禁有人停留或通过。

（4）设备层接收平台应搭设应通过运算，平台临边应设置防护栏杆。

（5）设备就位过程中应选用专用运输设备，并有防倾倒措施，大型设备就位应有专人指挥和监护。

（6）作业过程中应保持良好照明和通风。

（7）楼层平面孔洞应及时覆盖，并设警示标志。

（五）SF₆气体充装作业

风险提示：该类作业安全控制核心是SF₆气瓶本体检查和人员充装操作中漏气。不执行以下安全管控措施，将导致中毒，造成人身伤害事故。

属固有风险二级，提升到三级风险管控。

1. 作业必备条件

（1）施工方案已批准，并完成项目部和班组级交底。

（2）各类人员、安全工器具、施工机械设备、材料等已经报审并批准，满足现场安全技术要求。施工作业前仔细检查现场安全工器具、施工机械设备合格后可使用。

（3）上述措施完成后，由作业负责人办理"安全施工作业票A"，施工项目部审核签发。开始作业。

2. 作业过程安全管控措施

（1）作业负责人站班会上通过读票方式进行安全交底，并随机抽取3~5名施工人员提问，被提问人员清楚且回答正确后开始作业。

（2）作业过程中，作业负责人、监理人员按照作业流程，逐项确认风险控制专项措施落实，同时在"每日执行情形检查记录表"中签字确认。

（3）使用托架车搬运气瓶时，SF₆气瓶的安全帽、防振圈应齐全，安全帽应拧紧，应轻装轻卸。

（4）施工现场气瓶应直立放置，并有防倒和防暴晒措施，气瓶应远离热源和油污的地方，不得与其他气瓶混放。冬季施工时，气瓶严禁火烤。

（5）断路器进行充气时，必须使用减压阀。

（6）开启和关闭瓶阀时必须使用专用工具，应速度缓慢，打开控制阀门时作业人员应站在充气口的侧面或上风口，应佩戴好劳动保护用品。

（7）在充SF₆气体过程中，作业人员应进行不间断

巡视，随时查看气体检测仪是否正常，并检查通风装置运转是否良好、空气是否流通。如有非常，立刻停止作业，组织施工人员撤离现场。

（8）施工现场应准备气体回收装置，发觉有漏气或气体检验不合格时，应立刻进行回收，防止SF₆气体污染环境。

十、竣工投运前的验收（含阶段竣工分期投运前的验收）

风险提示：该类作业安全控制核心是物理隔离、安全距离与高处作业。不执行以下安全管控措施，将导致触电和高处坠落，造成人身伤害事故。

固有风险属三级。

（一）作业必备条件

（1）验收方案已批准，并完成项目部和班组级交底。

（2）各类人员、安全工器具、施工机械设备、材料等已经报审并批准，满足现场安全技术要求。施工作业前仔细检查现场安全工器具、施工机械设备合格后方可使用。

（3）上述措施完成后，由作业负责人办理"安全施工作业票B"，施工项目部审核签发。监理人员现场检查确认后，在作业票中签字，同意开始作业。

（二）作业过程安全管控措施

（1）作业负责人站班会上通过读票方式进行安全交底，并随机抽取3~5名施工人员提问，被提问人员清楚且回答正确后开始作业。

（2）作业过程中，作业负责人、监理人员按照作业流程，逐项确认风险控制专项措施落实，同时在"每日执行情形检查记录表"中签字确认。

（3）在进行一次设备试验验收前，必须规范设置硬质安全隔离区域，向外悬挂"止步，高压危险！"的警示牌。设专人监护，严禁非作业人员进入。

（4）试验设备和被试设备必须可靠接地，设备通电过程中，试验人员不得中途离开。

（5）试验终止后及时将试验电源断开，并对容性被试设备进行充分的放电后，方可拆除试验接线。

（6）在验收过程中需要触碰一次设备连线等部位时，必须确认被验设备与高压出线有明显的断开点，或已可靠接地。

（7）在高压出线处验收时，要严格落实防静电措施，作业人员穿屏蔽服作业。

（8）作业负责人和安全监护人检查作业人员正确使用安全工器具和个人安全防护用品，检查高处作业人员全方位防冲击安全带规范穿戴及使用情形，高处作业使用垂直攀登自锁器，水平移动使用速差保护器。

（9）在验收过程中需要进行高处作业时，应使用竹梯、升降车等符合安全规定的作业设备，作业人员必须用绳索上、下传递工器具。

（10）地面配合人员和验收人员，应站在可能坠物的坠落半径以外。

第六章

电缆工程施工现场关键点作业安全管控措施

第一节　电缆隧道工程关键点作业施工各类现场管控具体措施

一、电缆明开隧道工程施工

（一）深度超过 5m（含）深基槽（坑）开挖

风险提示：该类作业安全控制核心是人员上下基坑方式、边坡稳定。不执行以下安全管控措施，将导致塌方、高处坠落和机械伤害，造成人身伤害事故。

固有风险等级属三级。

1. 作业必备条件

（1）基槽（坑）的边坡支护设计应由具有相应资质的专业设计单位设计。

（2）施工方案已批准，并完成项目部和班组级交底。

（3）各类人员、安全工器具、施工机械设备、材料等已经报审并批准，满足现场安全技术要求。施工作业前仔细检查现场安全工器具、施工机械设备合格后方可使用。

（4）根据设计图纸做好现场调查，对可能影响的管线和地上、地下建（构）筑物制订有效的保护方案或迁改。

（5）上述措施完成后，由作业负责人办理"安全施工作业票 B"，施工项目部审核签发。总监理工程师现场检查签字，业主项目经理确认签字，同意开始作业。

2. 作业过程安全管控措施

（1）作业负责人站班会上通过读票方式进行安全交底，并随机抽取 3~5 名施工人员提问，被提问人员清楚且回答正确后开始作业。

（2）作业过程中，施工项目部、监理项目部、业主项目部、施工企业、监理企业、建设管理单位相关管理人员按照作业流程，逐项确认风险控制专项措施落实，同时在"每日执行情况检查记录表"中签字确认。

（3）严格按照批准且经专家论证通过后的施工方案实施。应分层开挖，边开挖、边支护，严禁超挖。

（4）制订详细的监测方案和边坡变形抢险预案，发现异常立即停止槽（坑）内作业。

（5）规范设置供作业人员上下基坑的安全通道（梯子），基槽（坑）边缘按规范要求设置安全护栏。

（6）制订雨天、防洪应急预案，认真做好地面排水、边坡渗导水以及槽（坑）底排水措施。

（二）人工挖孔浇筑施工

风险提示：该类作业安全控制核心是上下基坑方式、提土设备使用、孔内空气检测及送风。不执行以下安全管控措施，将导致高处坠落、物体打击、触电、中毒、窒息、坍塌，造成人身伤害事故。

作业孔深小于 15m，固有风险等级属三级。作业孔深大于等于 15m，固有风险等级属二级。

1. 作业必备条件

（1）施工方案已批准，并完成项目部和班组级交底。

（2）各类人员、安全工器具、施工机械设备、材料等已经报审并批准，满足现场安全技术要求。施工作业前仔细检查现场安全工器具、施工机械设备合格后方可使用。

（3）必须设置孔洞盖板、安全围栏、安全标志牌，并设专人监护。

（4）上述措施完成后，由作业负责人办理"安全施工作业票 B"，施工项目部审核签发。作业孔深小于 15m，监理人员现场检查确认后，在作业票中签字，同意开始作业。作业孔深大于等于 15m，总监理工程师现场检查签字，业主项目经理确认签字，同意开始作业。

2. 作业过程安全管控措施

（1）作业负责人站班会上通过读票方式进行安全交底，并随机抽取 3~5 名施工人员提问，被提问人员清楚且回答正确后开始作业。

（2）作业过程中，作业负责人、监理人员（四级还需要施工项目部、监理项目部、业主项目部、施工企业、监理企业、建设管理单位相关管理人员）按照作业流程，逐项确认风险控制专项措施落实，同时在"每日执行情况检查记录表"中签字确认。

（3）吊运土不要满装，使用的电动葫芦、吊笼等应安全可靠并配有自动卡紧保险装置。电动葫芦用按钮式开关，使用前必须检验其安全起吊能力。

（4）孔深超过 5m 时，用风机或风扇向孔内送风不少于 5min。坑深超过 10m 时，用专用风机向孔下送风，风量不得少于 25L/s。

（5）每日开工下孔前应检测孔内空气。当存在有毒、有害气体时应先排除，禁止在孔内使用燃油动力机械设备。

（6）孔下作业不得超过两人，每次不得超过 2h。

（7）根据土质情况采取相应护壁措施防止塌方。

（8）在孔内上下递送工具物品时，不得抛掷，应采取措施防止物件落入孔内，人员上下必须使用软梯。

（9）在扩孔范围内的地面上不得堆积土方。

二、电缆浅埋暗挖隧道工程施工

（一）龙门架安装和拆除

风险提示：该类作业安全控制核心是高压线下吊装安全距离。不执行以下安全管控措施，将导致机械伤害、高处坠落、物体打击和触电，造成人身伤害事故。

固有风险等级属三级。

1. 作业必备条件

（1）施工方案已批准，并完成项目部和班组级交底。

（2）各类人员、安全工器具、施工机械设备、材料等已经报审并批准，满足现场安全技术要求。施工作业前仔细检查现场安全工器具施工机械设备合格后方可使用。

（3）上述措施完成后，由作业负责人办理"安全施工作业票 B"，施工项目部审核签发。监理人员现场检查确认后，在作业票中签字，同意开始作业。

2. 作业过程安全管控措施

（1）作业负责人站班会上通过读票方式进行安全交底，并随机抽取3～5名施工人员提问，被提问人员清楚且回答正确后开始作业。

（2）作业过程中，作业负责人、监理人员按照作业流程，逐项确认风险控制专项措施落实，同时在每日执行情况签字确认。

（3）在高压线下吊装作业要保证安全距离，吊装施工范围进行警戒。

（4）龙门架安装完毕后经技术监督部门检验检测合格。

（二）马头门开挖及支护

风险提示：该类作业安全控制核心是拱顶下沉竖测、马头门开启序。不执行以下安全管控措施，将导致塌方和机械伤害，造成人身伤害事故。

固有风险等级属三级。

1. 作业必备条件

（1）施工方案已批准，并完成项目部和班组级交底。

（2）各类人员、安全工器具、施工机械设备、材料等已经报审并批准，满足现场安全技术要求。施工作业前仔细检查现场安全工器具、施工机械设备合格后方可使用。

（3）上述措施完成后，由作业负责人办理"安全施工作业票B"施工项目部审核签发。监理人员现场检查确认后，在作业票中签字，同意开始作业。

2. 作业过程安全管控措施

（1）作业负责人站班会上通过读票方式进行安全交底，并随机抽取3～5名施工人员提问，被提问人员清楚且回答正确后开始作业。

（2）作业过程中，作业负责人、监理人员按照作业流程，逐项确认风险控制专项措施落实，同时在每日执行情况签字确认。

（3）马头门开挖后应及时封闭成环。

（4）施工过程中应加强对地表下沉、马头门结构拱顶下沉的监控量测，发现异常时应及时采取措施。

（5）马头门开启应按顺序进行，同一竖井、联络通道内的马头门不得同时施工。一侧隧道掘进15m后，方可开启另侧马头门。

（三）隧道开挖及支护

风险提示：该类作业安全控制核心是掌子面开挖及支护。不执行以下安全管控措施，将导致塌方、中毒或窒息和机械伤害，造成人身伤害事故。

固有风险等级属三级。

1. 作业必备条件

（1）施工方案已批准，并完成项目部和班组级交底。

（2）各类人员、安全工器具、施工机械设备、材料等已经报审并批准，满足现场安全技术要求。施工作业前仔细检查现场安全工器具、施工机械设备合格后方可使用。

（3）根据设计图纸做好现场调查，对可能影响的管线和地上、地下建（构）筑物制定有效的保护方案或迁改。

（4）上述措施完成后，由作业负责人办理"安全施工作业票B"，施工项目部审核签发。监理人员现场检查确认后，在作业票中签字，同意开始作业。

2. 作业过程安全管控措施

（1）作业负责人站班会上通过读票方式进行安全交底，并随机抽取3～5名施工人员提问，被提问人员清楚且回答正确后开始作业。

（2）作业过程中，作业负责人、监理人员按照作业流程，逐项确认风险控制专项措施落实，同时在每日执行情况签字确认。

（3）上台阶长度控制在1～1.5倍隧道开挖跨度，中间核心土维系开挖面的稳定。上台阶的底部位置应根据地质和隧道开挖高度（设计图纸要求）确定。

（4）严禁超挖、欠挖，严格控制开挖步距，每循环开挖长度应按设计图纸要求进行。

（5）根据每个施工竖井的工作面数量，设置相应数量的通风机经风管送至工作面。

（6）隧道内严禁使用燃油、燃气机械设备，按规定检测隧道内有毒、有害、可燃气体及氧气含量。

（7）电葫芦操作人员配备通信设备与井下人员通信，吊斗希置防脱钩装置。

三、电缆盾构隧道工程施工

（一）始发井、接收井开挖及支护

风险提示：该类作业安全控制核心是竖井开挖及支护。不执行以下安全管控措施，将导致坍塌、高处坠落和物体打击，造成人身伤害事故。

固有风险等级属三级。

1. 作业必备条件

（1）施工方案已批准，并完成项目部和班组级交底。

（2）各类人员、安全工器具、施工机械设备、材料等已经报审并批准，满足现场安全技术要求。施工作业前仔细检查现场安全工器具、施工机械设备合格后方可使用。

（3）根据设计图纸做好现场调查，对可能影响的管线和地上、地下建（构）筑物制定有效的保护方案或迁改。

（4）上述措施完成后，由作业负责人办理"安全施工作业票B"，施工项目部审核签发。监理人员现场检查确认后，在作业票中签字，同意开始作业。

2. 作业过程安全管控措施

（1）作业负责人站班会上通过读票方式进行安全交底，并随机抽取3～5名施工人员提问，被提问人员清楚且回答正确后开始作业。

（2）作业过程中，作业负责人、监理人员按照作业流程，逐项确认风险控制专项措施落实，同时在每日执行情况签字确认。

（3）电葫芦操作人员配备通信设备与井下人员通信，

吊斗设置防脱钩装置。

（4）土方开挖过程中必须观测基坑周边土质是否存在裂缝及渗水等异常情况，适时进行监测。

（5）规范设置供作业人员上下基坑的安全通道（梯子），基坑边缘按规范要求设置安全护栏。

（6）制订雨天、防洪应急预案，认真做好地面排水以及竖井底部排水措施。

（二）盾构机安装和拆除

风险提示：该类作业安全控制核心是起重机受力工器具。不执行以下安全管控措施，将导致高处坠落、物体打击和坍塌，造成人身伤害事故。

固有风险等级属三级。

1. 作业必备条件

（1）起吊前计算地基承载力、吊车最大起重荷载等重要参数，根据计算结果编制专项施工方案，并经专家论证通过。

（2）施工方案已批准，并完成项目部和班组级交底。

（3）各类人员、安全工器具、施工机械设备、材料等已经报审并批准，满足现场安全技术要求。施工作业前仔细检查现场安全工器具、施工机械设备合格后方可使用。

（4）上述措施完成后，由作业负责人办理"安全施工作业票B"，施工项目部审核签发。监理人员现场检查确认后，在作业票中签字，同意开始作业。

2. 作业过程安全管控措施

（1）作业负责人站班会上通过读票方式进行安全交底，并随机抽取3～5名施工人员提问，被提问人员清楚且回答正确后开始作业。

（2）作业过程中，作业负责人、监理人员按照作业流程，逐项确认风险控制专项措施落实，同时在每日执行情况签字确认。

（3）吊装时设专人指挥、信号统一。

（三）盾构机区间掘进施工

风险提示：该类作业安全控制核心是隧道内气体监测及送风、通讯畅通保证。不执行以下安全管控措施，将导致坍塌、中毒或窒息、机械伤害，造成人身伤害事故。

固有风险等级属三级。

1. 作业必备条件

（1）施工方案已批准，并完成项目部和班组级交底。

（2）各类人员、安全工器具、施工机械设备、材料等已经报审并批准，满足现场安全技术要求。施工作业前仔细检查现场安全工器具、施工机械设备合格后方可使用。

（3）根据设计图纸做好现场调查，对可能影响的管线和地上、地下建（构）筑物制定有效的保护方案或迁改。

（4）上述措施完成后，由作业负责人办理"安全施工作业票B"，施工项目部审核签发。监理人员现场检查确认后，在作业票中签字，同意开始作业。

2. 作业过程安全管控措施

（1）作业负责人站班会上通过读票方式进行安全交底，并随机抽取3～5名施工人员提问，被提问人员清楚且回答正确后开始作业。

（2）作业过程中，作业负责人、监理人员按照作业流程，逐项确认风险控制专项措施落实，同时在每日执行情况签字确认。

（3）隧道内通风采用大功率、高性能风机，用风管送风至开挖面，按规定检测隧道内气有毒、有害、可燃及氧气含量。

（4）电葫芦操作人员配备通信设备与井下人员通信，吊斗配置防脱钩装置。

第二节　电缆敷设及接头工程施工

一、有限空间作业

风险提示：该类作业安全控制核心是气体检测及通风。不执行以下安全管控措施，在作业环境较差的有限空间作业场所，将导致中毒和窒息，造成人身伤害事故。

固有风险等级为四级。

1. 作业必备条件

（1）施工方案已批准，并完成项目部和班组级交底。

（2）各类人员、安全工器具、施工机械设备、材料等已经报审并批准，满足现场安全技术要求。施工作业前仔细检查现场安全工器具、施工机械设备合格后方可使用。

（3）有限空间设专人监护，监护人在有限空间外持续监护，有限空间内外保持联络畅通。

（4）有限空间施工应打开两处井口。

（5）严禁在井内、隧道内使用燃油燃气发电机等设备。在井口附近使用燃油发电机时，将发电机放置在下风口。

（6）上述措施完成后，由作业负责人办理"安全施工作业票A"，施工项目部审核签发。

2. 作业过程安全管控措施

（1）作业负责人站班会上通过读票方式进行安全交底，并随机抽取3～5名施工人员提问，被提问人员清楚且回答正确后开始作业。

（2）作业过程中，作业负责人按照作业流程，逐项确认风险控制专项措施落实，同时在每日执行情况签字确认。

（3）进入有限空间前先检测后作业。

（4）工作过程中气体检测实时进行。

（5）作业过程中气体检测仪报警，作业人员必须马上撤出。

（6）有限空间工作完毕撤出时，按照作业票清点工作人员。

二、临近带电作业

风险提示：该类作业安全控制核心是保持与带电体的安全距离及在指定区域工作。不执行以下安全管控措施，将导致触电，造成人身伤害事故。

固有风险等级为三级。

1. 作业必备条件

（1）施工方案已批准，并完成项目部和班组级交底。

（2）各类人员、安全工器具、施工机械设备、材料等已经报审并批准，满足现场安全技术要求。施工作业前仔细检查现场安全工器具、施工机械设备合格后方可使用。

（3）进入运行变电站工作办理工作票。

（4）工作前认真核对路名开关号。

（5）在运行设备区域内工作设专人监护。

（6）上述措施完成后，由作业负责人办理"安全施工作业票A"，施工项目部审核签发。

2. 作业过程重点管控措施

（1）作业负责人站班会上通过读票方式进行安全交底，并随机抽取3～5名施工人员提问，被提问人员清楚且回答正确后开始作业。

（2）作业过程中，作业负责人按照作业流程，逐项确认风险控制专项措施落实，同时在每日执行情况签字确认。

（3）严禁超范围工作及走动，严禁乱动无关设备及安全用具。

（4）变电站内移运铁管时严禁高举，严格保持与带电部位的安全距离。

（5）在运行设备区域内工作的易飘扬、飘洒物品，必须严格回收或固定，防止半导电漂浮物接触高压带电体，产生感应电伤人事故。

（6）在运行设备区域内，监护人严禁离开监护岗位。

第三节　电缆绝缘耐压试验

风险提示：该类作业安全控制核心是试验过程看护及保持与带电体的安全距离。不执行以下安全管控措施，将导致触电，造成人身伤害事故。

固有风险等级属三级。

一、作业必备条件

（1）施工方案已批准，并完成项目部和班组级交底。

（2）各类人员、安全工器具、施工机械设备、材料等已经报审并批准，满足现场安全技术要求。施工作业前仔细检查现场安全工器具、施工机械设备合格后方可使用。

（3）电缆绝缘耐压试验前先对电缆充分放电。

（4）电缆绝缘耐压试验前，线路两端做好安全措施，并派专人看护。

（5）加压前确认无关人员退出试验现场。

（6）电缆绝缘耐压试验操作保持通信畅通，口令传达正确。

（7）上述措施完成后，由作业负责人办理"安全施工作业票B"，施工项目部审核签发。监理人员现场检查确认后，在作业票中签字，同意开始作业。

二、作业过程安全管控措施

（1）作业负责人站班会上通过读票方式进行安全交底，并随机抽取3～5名施工人员提问，被提问人员清楚且回答正确后开始作业。

（2）作业过程中，作业负责人、监理人员按照作业流程，逐项确认风险控制专项措施落实，同时在每日执行情况签字确认。

（3）电缆绝缘耐压试验过程中发生异常情况时，立即断开电源。经放电、接地后方可检查。

（4）电缆绝缘耐压试验过程中更换试验引线时，先对设备充分放电，作业人员戴好绝缘手套。

（5）在试验电缆时，施工人员严禁在电缆线路上做任何工作，防止感应电伤人。

第四节　电缆停电切改工程施工

风险提示：该类作业安全控制核心是停电电缆判定及使用安全刺锥或切刀刺穿电缆。不执行以下安全管控措施，将导致触电，造成人身伤害事故。

固有风险等级属三级。

一、作业必备条件

（1）施工方案已批准，并完成项目部和班组级交底。

（2）各类人员、安全工器具、施工机械设备、材料等已经报审并批准，满足现场安全技术要求。施工作业前仔细检查现场安全工器具、施工机械设备合格后方可使用。

（3）工作前核对路名开关号。

（4）判定停电电缆指定2人及以上。

（5）配备专用仪器对停电电缆线路进行判定，切断电缆前必须使用安全刺锥或切刀刺穿电缆。

（6）上述措施完成后，由作业负责弯办理"安全施工作业票8"，施工项目部审核签发。监理人员现场检查确认后，在作业票中签字，同意开始作业。

二、作业过程安全管控措施

（1）作业负责人站班会上通过读票方式进行安全交底，并随机抽取3～5名施工人员提问，被提问人员清楚且回答正确后开始作业。

（2）作业过程中，作业负责人、监理人员按照作业流程，逐项确认风险控制专项措施落实，同时在每日执行情况签字确认。

（3）接到工作许可后，按规定停电、验电、挂接地线。高压验电戴绝缘手套、穿绝缘鞋，正确使用验电器。挂接地线时先接接地端，再接设备端，拆接地线时顺序相反，不得擅自移动或拆除接地线。

（4）使用专用仪器在停电电缆上放信号进行核实，确认后方可进行下一步操作。

（5）使用安全刺锥或切刀刺穿电缆时，周边其他作业人员应临时撤离，操作人员与刀头保持足够的安全距离。

变电站换流站工程质量通病防治技术措施

第一节　变电站换流站工程质量通病防治基本要求

一、概述

（1）为规范开展质量通病防治工作，落实质量通病防治技术措施，提高质量通病防治工作效果，进一步提高国家电网公司（以下简称公司）系统输变电工程质量，制定《国家电网公司输变电工程质量通病防治工作要求及技术措施》（以下简称"本措施"）。

（2）本措施适用于公司系统 35kV 及以上电压等级输变电工程项目。

（3）本措施是结合公司系统大部分地区输变电工程质量状况，参照现行《110kV～1000kV 变电（换流站）土建工程施工质量验收与评定规程》（Q/GDW 183—2008）、《电力建设房屋工程质量通病防治工作规定》（电建质监〔2004〕号文）、《电气装置安装工程施工及验收规范》、《110kV～500kV 架空送电线路施工及验收规范》、《输变电工程建设标准强制性条文实施管理规定》（Q/GDW 248—2008）、《国家电网公司输变电工程施工工艺示范手册》基础上，针对变电站换流站土建工程在混凝土楼板、墙体和粉刷层，以及楼地面、门窗、屋面防水制作，架构组立、设备基础、防火墙、电缆沟及盖板、站区道路、围墙等方面的质量通病，以及变电站电气安装调试工程的一次设备安装调整、母线施工、屏柜安装、电缆敷设、接线与防火封堵、接地装置安装等方面的质量通病及输电线路工程设计定位、路径复测、基础工程、杆塔工程、架线工程、接地工程及线路防护等项目中存在的质量通病，提出了针对性的防治措施。

（4）工程建设、设计、施工、监理、监造单位在工程建设过程中，除执行本措施外，还应执行国家、行业有关法规和工程技术标准。

二、质量通病防治的基本措施

1. 基本要求

（1）质量通病防治由建设管理单位负责组织实施，参建各方质量责任主体应按各自职责履行本措施。

（2）设计单位应在施工图编制前制定质量通病防治设计措施；施工图审查机构或设计监理单位应将质量通病防治的设计措施列入审查内容。

（3）各参建单位应依法接受电力建设工程质量监督机构对质量通病防治工作的监督检查。

（4）输变电工程竣工验收应执行现行法规、国家及行业标准、公司规定。

2. 工程竣工验收应提供的相关资料

（1）参建各方会签的《×××工程质量通病防治任务书》。

（2）施工单位提交的《×××工程质量通病防治工作总结》。

（3）监理单位编写的《×××工程质量通病防治工作评估报告》。

三、参建各方责任主体的管理责任

1. 建设管理单位工程质量通病防治工作责任

（1）在施工图编制前下达《×××工程质量通病防治任务书》，并将其作为《工程建设管理纲要》的附件。

（2）批准施工单位提交的《×××工程质量通病防治措施》。

（3）协调和解决质量通病防治过程中出现的问题。

（4）不得随意压缩工程建设的合理工期。

（5）应将质量通病防治列入工程检查验收内容。

（6）应明确质量通病防治的奖罚措施。

2. 设计单位工程质量通病防治工作责任

（1）在变电站工程设计中应落实相应的通病防治设计措施。

（2）将通病防治的设计措施和技术要求向相关单位进行设计交底，积极配合质量通病防治工作。

3. 施工单位工程质量通病防治工作责任

（1）认真编写《×××工程质量通病防治措施》，经监理单位审查、建设单位批准后实施。

（2）必须做好原材料、半成品的第三方试验检测工作，未经复试或复试不合格的原材料、半成品等不得用于工程施工。试验检测应执行见证取样制度，必须送达经电力建设工程质量监督机构认证的第三方试验室进行检测或经监理单位审核认可并报质监机构备案的第三方试验室进行检测。采用新材料时，除应有产品合格证、有效的新材料鉴定证书外，还应进行必要检测。

（3）记录、收集和整理质量通病防治的施工措施、技术交底和隐蔽验收等相关资料。

（4）根据经批准的《×××工程质量通病防治措施》，对施工人员进行技术交底，并确保措施落实到位。

（5）专业分包工程的质量通病防治措施由分包单位编制，施工总承包单位审核，报监理单位审查、建设单位批准后实施。

（6）工程完工后，施工总承包单位应认真填写《×××工程质量通病防治工作总结》。

4. 监理单位工程质量通病防治工作责任：

（1）审查施工单位提交的《×××工程质量通病防治措施》，提出具体要求并编写《×××工程质量通病防治控制措施》。

（2）认真做好隐蔽工程和工序质量的验收签证，上道工序不合格时，不允许进入下一道工序施工。

（3）对输变电工程土建施工、设备安装、调整试验的重要工序和关键部位旁站监理，加强工程质量的平行检验，发现问题及时处理。

（4）工程完工后，认真填写《×××工程质量通病防治工作评估报告》。

5. 设备监造单位工程质量通病防治工作责任

（1）设备监造单位应根据建设管理单位下发的《×

××工程质量通病防治任务书》，编制《×××工程设备（材料）制造质量通病防治监控措施》，并将其作为《监造大纲》的附件。

（2）严格控制所监造设备的原材料和半成品检验、过程检验和工艺流程控制、出厂试验。充油、充气设备的渗漏控制应作为监造重点。

第二节　变电站换流站土建工程质量通病防治技术措施

一、钢筋混凝土现浇楼板质量通病防治的技术措施

1. 钢筋混凝土现浇楼板质量通病防治的设计措施

（1）变电（换流）站土建工程的建筑平面宜规则，避免平面形状突变。当平面有凹口时，凹口周边楼板的配筋应适当加强。

（2）屋面及建筑物两端单元的现浇板应设置双层双向钢筋，钢筋间距不应大于 100mm，直径不宜小于8mm。外墙阳角处应设置放射形钢筋，钢筋的数量不应少于 $7\phi10$，长度应大于板跨的 1/3，且不得小于 2m。

（3）钢筋混凝土现浇楼板的设计厚度一般不应小于120mm（浴、厕、阳台板不得小于 90mm）。

（4）室外悬臂板挑出长度 $L \geqslant 400mm$，宽度 $B \geqslant 3m$ 时，应配抗裂分布钢筋，直径不应小于 6mm，间距不应大于 200mm。

（5）当阳台挑出长度 $L \geqslant 1.5m$ 时，应采用梁式结构；当阳台挑出长度 $L < 1.5m$、且需采用悬挑板时，其根部板厚不小于 $L/10$，且不小于 120mm，受力钢筋直径不应小于 10mm。

（6）在现浇板角急剧变化处、开洞削弱处等易引起收缩应力集中处，钢筋间距不应大于 100mm，直径不应小于8mm，并应在板的上部纵横两个方向布置温度钢筋。

（7）外墙转角处构造柱的截面尺寸不宜小于 200mm×200mm。与楼板同时浇筑的外墙圈梁，其截面高度应不大于 300mm。

（8）现浇板强度等级不宜小于 C20，也不宜大于 C30。

（9）建筑物长度大于 40m 时，宜在楼板中部设置后浇带。后浇带两边应设置加强钢筋。

2. 钢筋混凝土现浇楼板质量通病防治的施工措施

（1）现浇板混凝土应采用中粗砂。严把原材料质量关，优化配合比设计，适当减小水灰比。

（2）当需要采用减水剂来提高混凝土性能时，应采用减水率高、分散性能好、对混凝土收缩影响较小的外加剂，其减水率不应低于 8%。

（3）预拌混凝土的含砂率应控制在 40% 以内，每立方米混凝土粗骨料的用量不少于 1000kg，粉煤灰的掺量不宜大于水泥用量的 15%。

（4）预拌混凝土进场时应检查入模塌落度，塌落度值按施工规范采用。

（5）严格控制现浇板的厚度和现浇板中钢筋保护层的厚度，特别是板面负筋保护层厚度，不使负筋保护层过厚而产生裂缝。

（6）阳台、雨篷等悬挑现浇板的负弯矩钢筋下面，应设置间距不大于 500mm 的钢筋保护层垫块，在浇筑混凝土时保证钢筋不移位。双层双向钢筋，应设置钢筋撑脚，钢筋撑脚纵横间距不大于 500mm，应交叉分布，并对上下层钢筋作有效固定。

（7）现浇板中的线管必须布置在钢筋网片之上（双层双向配筋时，布置在下层钢筋之上），交叉布线处应采用线盒，线管的直径应小于 1/3 楼板厚度，沿预埋管线方向应增设 $\phi6@150$、宽度不小于 450mm 的钢筋网带。严禁水管水平埋设在现浇板中。

（8）现浇板浇筑宜采用平板振动器振捣，在混凝土终凝前进行二次压抹。

（9）现浇板浇筑后，应在终凝后进行覆盖和浇水养护，养护时间不得少于 7d；对掺用缓凝型外加剂或有抗渗性能要求的混凝土，不得少于 14d。夏季应适当延长养护时间，以提高抗裂性能。冬季应适当延长保温和脱模时间，使其缓慢降温，以防温度骤变、温差过大引起裂缝。

（10）现浇板养护期间，当混凝土强度小于 1.2MPa 时，不得进行后续施工。当混凝土强度小于 10MPa 时，不得在现浇板上吊运、堆放重物。吊运、堆放重物时应减轻对现浇板的冲击影响。

（11）现浇板的板底宜采用免粉刷措施。

（12）模板支撑的选用必须经过计算，除满足强度要求外，还必须有足够的刚度、稳定性，平整度及光洁度。根据工期要求，配备足够数量的模板，保证按规范要求拆模。已拆除模板及其支架的结构，在混凝土强度达到设计要求的强度后方可承受全部使用荷载。

（13）施工缝的位置和处理应严格执行规范要求和施工技术方案。后浇带的位置和混凝土浇筑应严格按设计要求和施工技术方案执行。后浇带应在其两侧混凝土龄期大于 60d 后再施工，浇筑时应采用补偿收缩混凝土，其混凝土强度应提高一个强度等级。

（14）混凝土浇筑时，对裂缝易发生部位和负弯矩筋受力最大区域，应铺设临时活动跳板，扩大接触面，分散应力，避免上层钢筋受到踩踏而变形，并配备专人及时检查调整。

（15）工程实体钢筋保护层检测时，应对悬臂构件的上部钢筋保护层厚度进行检测。

二、墙体质量通病防治的技术措施

1. 墙体质量通病防治的设计措施

（1）变电（换流）站土建工程地基应按变形控制设计，并按国家现行规范的有关规定进行地基变形计算。

（2）房屋工程建筑物长度大于 40m 时，应设置变形缝，当有其他可靠措施时，可在规定范围内适当放宽。

（3）建筑物层高超过 4m 时，砌体工程中部增设厚度为 120mm 与墙体同宽的混凝土腰梁，腰梁间距不应大于 4m。砌体无约束的端部必须增设构造柱。

（4）建筑物顶层和底层应设置通长现浇钢筋混凝土窗台梁，高度不宜小于 120mm，纵筋不少于 4φ10，箍筋 φ6@200；其他层在窗台标高处应设置通长现浇钢筋混凝土板带。窗口底部混凝土板带应做成里高外低；房屋两端顶层砌体沿高度方向应设置间隔不大于 1.3m 的现浇钢筋混凝土板带。板带的纵向配筋不宜少于 3φ8，混凝土强度等级不应小于 C20。

（5）当洞宽大于 2m 时，洞口两侧设置混凝土构造柱（并与雨篷梁或框架梁同时浇筑），纵筋不少于 4φ10，箍筋 φ6@200；当洞宽小于 2m 时，在洞口两侧的下部混凝土板带上，设置止水坎，其高度为 1~2 皮砖的厚度，宽度不小于 120mm。构造柱的混凝土强度等级不应小于 C20。

（6）对门框与柱距离小于 300mm 的门垛及小于 360mm 窗间墙，宜采用钢筋混凝土浇筑。

（7）宽度大于 300mm 的预留洞口，应设钢筋混凝土过梁，并伸入墙体不小于 300mm。

（8）墙体内的埋管密集区域，宜采用混凝土浇筑。

（9）顶层圈梁高度不宜超过 240mm。顶层砌筑砂浆的强度等级不应小于 M7.5，底层砌筑砂浆的强度等级不应小于 M10。

（10）混凝土小型空心砌块、蒸压加气混凝土砌块等轻质隔墙，应增设间距不大于 3m 的构造柱，每层墙高的中部应增设高度为 120mm 与墙体同宽的混凝土腰梁。

（11）主体与阳台栏板之间的拉结筋必须预埋。

（12）在两种不同基体交接处，应采用钢丝网抹灰或耐碱玻纤网布聚合物砂浆加强带进行处理，加强带与各基体的搭接宽度不应小于 150mm。顶层粉刷砂浆中宜掺入抗裂纤维。

（13）灰砂砖、粉煤灰砖、蒸压加气混凝土块宜采用保水性强的砂浆砌筑。

（14）顶层框架填充墙当采用灰砂砖、粉煤灰砖、混凝土空心砌块、蒸压加气混凝土砌块等材料时，墙面应采取满铺镀锌钢丝网粉刷等必要的措施。

（15）寒冷、严寒地区建筑物外墙宜采用保温砂浆、复合保温材料等外墙外保温措施。

（16）女儿墙不应采用轻质墙体材料砌筑。当采用砌体结构时，应设置间距不大于 3m 的构造柱和厚度不小于 120mm 的混凝土压顶。

2. 墙体质量通病防治的施工措施

（1）砌筑砂浆应采用中砂，严禁使用山砂、石粉和混合粉。砌体工程所用的材料应有产品的合格证书、产品性能检测报告。不得使用国家明令淘汰的材料。

（2）蒸压灰砂砖、粉煤灰砖、加气混凝土砌块的出釜停放期不宜小于 45d，至少不应小于 28d。混凝土及轻骨料混凝土小型空心砌块的龄期不应小于 28d。

（3）应严格控制砌筑时块体材料的含水率。砌筑时块体材料表面不应有浮水，不得在饱和水状态下施工。

（4）蒸压加气混凝土砌块和轻骨料混凝土小型空心砌块不应与其他块材混砌。砌筑砂浆的拌制、使用及强度应符合相关规范及设计的要求。

（5）填充墙砌至接近梁底、板底时，应留有一定的空隙，填充墙砌筑完并间隔 15d 以后，方可补砌挤紧，或采用微膨胀混凝土嵌填密实；补砌时，双侧竖缝用高强度水泥砂浆嵌填密实。

（6）砌体结构坡屋顶卧梁下口的砌体应砌成踏步形。

（7）砌体结构宜在砌筑完成后 60d 后再抹灰，并不应少于 30d。

（8）通长现浇钢筋混凝土板带应一次浇筑完成。

（9）框架柱间填充墙拉结筋宜采用预埋法留置，应满足砖模数要求，不应折弯压入砖缝；梁底插筋应采用预埋留置。

（10）采用粉煤灰砖、轻骨料混凝土小型空心砌块的填充墙与框架柱交接处，应用 15mm×15mm 木条预先留缝，粉刷前用 1：3 水泥砂浆嵌实。

（11）严禁在墙体上埋设交叉管道和开凿水平槽。竖向槽须在砂浆强度达到设计要求后，用机械开凿，且在粉刷前加贴满足抗震要求的镀锌钢丝网片等材料。

三、楼地面质量通病防治的技术措施

1. 楼地面质量通病防治的设计措施

（1）除有特殊使用要求外，楼地面应满足平整、耐磨、不起尘、防滑、防污染、隔声、易于清洁等要求。

（2）处于地基土上的地面，应根据需要采取防潮、防基土冻胀、湿陷，防不均匀沉陷等措施。

（3）浴、厕和其他有防水要求的建筑地面必须设置防水隔离层。

（5）浴、厕、室外楼梯和其他有防水要求的楼板周边除门洞外，向上做一道高度不小于 200mm 的混凝土翻边，与楼板一同浇筑，地面标高应比室内其他房间地面低 20~30mm。

2. 楼地面质量通病防治的施工措施

（1）采用的材料应按设计要求和规范规定选用，并应符合国家标准的规定，进场材料应有质量合格证明文件及性能检测报告，重要材料应有复验报告。

（2）上下水管道套管及预留洞口坐标位置应正确，严禁任意凿洞。套管应采用钢管并设置止水环，应高出结构层面 80mm。预留洞口的形状为上大下小。

（3）管道安装前，楼板板厚范围内上下水管的光滑外壁应先做毛化处理，再均匀涂一层 401 塑料胶，然后用经筛洗的中粗砂喷洒均匀。

（4）现浇板预留洞口填塞前，应将洞口清洗干净、毛化处理、涂刷掺胶水泥浆作黏结层。洞口填塞分二次进行，先用掺入抗裂防渗剂的微膨胀细石混凝土浇筑至楼板厚度的 2/3 处，待混凝土凝固后进行 4h 蓄水试验，无渗漏后，用掺入抗裂防渗剂的水泥砂浆填塞。管道安装后，应在洞口处进行 24h 蓄水试验，不渗、不漏后再做防水层。

（5）防水层施工前应先将楼板四周清理干净，阴角处粉成小圆弧。防水层的泛水高度不得小于 300mm。

（6）地面找平层向地漏放坡 1‰～1.5‰，地漏口应比相邻地面低 5mm。

（7）找平层、隔离层、面层施工前，基层应清扫、冲洗干净，并与下一层结合牢固，无空鼓、裂纹；面层表面不应有裂纹、脱皮、麻面、起砂等缺陷。

（8）有防水要求的地面施工完毕后，应进行 24h 蓄水试验，蓄水高度为 20～30mm，不渗、不漏为合格。

（9）卫生间墙面防水砂浆应进行不少于 2 次的刮糙。

（10）室内外回填土必须按设计要求分层夯实，分层见证取样试验，试验合格后方可进行下一道工序施工。

（11）楼面混凝土后浇面层及混凝土地面必须设置分格缝，并在混凝土终凝前原浆收光，严禁撒干水泥或刮水泥浆收光。

（12）整体面层的抹平工作应在混凝土初凝前完成，压光工作应在混凝土终凝前完成。并应根据不同的气候条件，及时养护，养护时间不应少于 7d。

四、外墙质量通病防治的技术措施

1. 外墙质量通病防治的设计措施

（1）外墙立面应简洁，减少凹凸形状。

（2）外墙饰面宜采用面砖，采用涂料时粉刷层宜掺入抗裂纤维。

（3）外墙涂料层宜选用吸附力强、耐候性好、耐洗刷的弹性涂料。

（4）外粉刷必须设置分格缝。

2. 外墙质量通病防治的施工措施

（1）外墙抹灰应使用含泥量低于 2%、细度模量不小于 2.5 的中粗砂。严禁使用石粉、混合粉。水泥使用前应做凝结时间和安定性检验。

（2）抹灰粉刷前应将基层表面的尘土、污垢、油渍等清除干净，并提前 1d 洒水湿润。抹灰层与基层以及各抹灰层之间必须黏结牢固，无空鼓、裂纹。

（3）墙面抹灰砂浆要抹平、压实，砂浆中宜掺加适量的聚合物来提高砂浆的拒水、防渗、防漏性能。

（4）外墙粉刷各层接缝位置应错开，接缝应留置在楼层混凝土梁或圈梁的中部。

（5）外墙涂料在使用前，应进行抽样检测。

（6）外墙施工应采用双排脚手架，不得留置多余洞眼。外墙脚手孔应使用微膨胀碎石混凝土分次塞实成活，并在洞口外侧先加刷一道防水增强层。

（7）混凝土基层应采用人工凿毛；轻质砌块基层应采用满铺镀锌钢丝网等措施来增强基层黏结力。抹灰基层经检验合格后，方可进行下一道工序施工。

（8）当抹灰层总厚度不小于 35mm 时，必须采用挂大孔镀锌钢丝网片的措施，且固定网片的固定件锚入混凝土基体的深度不应小于 25mm，其他基层的深度不应小于 50mm。抹灰层总厚度超过 50mm 时，加强措施应由设

计单位确认。

（9）两种不同基体交接处的处理应符合墙体防裂措施的要求，并做好隐蔽工程验收记录。

（10）外墙抹灰必须分层进行，刮糙不少于两遍，每遍厚度宜控制在 6～8mm；面层宜为 7～10mm，但不应超过 10mm。两层间的间隔时间不应小于 2～7d。室外气温低于 5℃时，不宜进行外墙粉刷。

（11）外墙涂料找平腻子的厚度不应大于 1mm。

（12）腰线、雨篷、阳台等部位必须粉出不小于 2% 的排水坡度，且靠墙体根部处应粉成圆角；滴水线宽度应为 10～20mm，厚度不小于 12mm，且应粉成鹰嘴式。

（13）外墙面层涂料或饰面砖铺贴前应对墙面抹灰基层进行淋水试验，试验合格后，方可进行面层涂料或饰面砖铺贴。

（14）外墙面砖铺贴黏前应进行排版，避免采用小于 1/2 边长的块料。面砖应黏结牢固，无空鼓、勾缝密实。应将勾缝处理作为重点；宜采用聚合物水泥砂浆或专用勾缝剂勾缝，勾缝应密实。二次勾缝采用 5mm 直径圆形抹缝工具来回拉至缝面光滑，表面擦抹整洁，并及时洒水养护。

五、门窗质量通病防治的技术措施

1. 门窗质量通病防治的设计措施

（1）应明确门窗抗风压、气密性和水密性三项性能指标。其性能等级划分应符合国家现行规范的规定。

（2）组合门窗拼樘料必须进行抗风压变形验算，拼樘料应左右或上下贯通并直接锚入洞口墙体上，拼樘料与门窗框之间的拼接应为插接，插接深度不小于 10mm。

（3）塑钢门窗型材必须使用与其相匹配的衬钢，衬钢厚度应满足规范要求，并作防腐处理。

（4）铝合金窗型材壁厚必须不小于 1.4mm，门的型材壁厚必须不小于 2mm。

（5）窗台低于 0.8m 时，应采取防护措施。

（6）外门构造应开启方便，坚固耐用；手动开启的大门扇应有制动装置，推拉门应有防脱轨的措施；双面弹簧门应在可视高度部分装透明的安全玻璃；旋转门、电动门、卷帘门的邻近应另设平开疏散门，或在门上设疏散门。

（7）门窗应设计成以 3M 为基本模数的标准洞口，尽量减少门窗尺寸，一般房间外窗宽度不宜超过 1.50m，高度不宜超过 1.50m。当单块玻璃面积大于 1.5m 时，应采用不小于 5mm 厚度的安全玻璃。

2. 门窗质量通病防治的施工措施

（1）门窗安装前应进行三项性能的见证取样检测，安装完毕后应委托有资质的第三方检测机构进行现场检验。

（2）门窗框安装固定前应对预留墙洞尺寸进行复核，用防水砂浆刮糙处理，然后实施外框固定。固定后的外框与墙体应根据饰面材料预留 5～8mm 间隙。

（3）门窗安装应采用镀锌铁片连接固定，镀锌铁片

厚度不小于 1.5mm，固定点间距：门窗拼接转角处 180mm，框边处不大于 500mm。严禁用长脚膨胀螺栓穿透型材固定门窗框。

（4）门窗洞口应干净、干燥后施打发泡剂，发泡剂应连续施打、一次成型、充填饱满，溢出门窗框外的发泡剂应在结膜前塞入缝隙内，防止发泡剂外膜破损。

（5）门窗框外侧应留 5mm 宽、6mm 深的打胶槽口；外墙面层为粉刷层时，宜贴"⊥"型塑料条做槽口。内窗台应较外窗台高 10mm，外窗底框下沿与窗台间应留有 10mm 的槽口。

（6）打胶面应干净，干燥后施打密封胶，且应采用中性硅酮密封胶。严禁在涂料面层上打密封胶。

（7）窗扇的开启形式应方便使用，安全可靠，易于维修、清洗；当采用外开窗时，窗扇固定的措施应可靠。组合窗中拼缝应采用专用密封材料进行防水处理。

（8）全玻璃门应选用安全玻璃，并应设防撞提示标识。

（8）卫生间应有通风装置（进、出风口），门框与墙地面连接处应打防水封闭胶，窗户采用磨砂玻璃。

六、屋面质量通病防治的技术措施

1. 屋面质量通病防治设计措施

（1）屋面宜设计为结构找坡。屋面坡度应符合设计规范要求，平屋面采用结构找坡不得小于 5%，材料找坡不得小于 3%；天沟、沿沟纵向找坡不得小于 1%。

（2）柔性与刚性防水层复合使用时，应将柔性防水层放在刚性防水层下部，并应在两防水层间设置隔离层。

（3）铺设屋面防水卷材的找平层应设分格缝，分格缝纵横间距不大于 3m，缝宽为 20mm，并嵌填密封材料。找平层当采用水泥砂浆时，其强度不得小于 M10，当采用细石混凝土时，其强度不得小于 C20。

（4）对于体积吸水率大于 2% 的保温材料，不得设计为倒置式屋面。

（5）刚性防水层应采用细石防水混凝土，其强度等级不小于 C30，厚度不应小于 50mm，并设置分格缝，其间距不宜大于 3m，缝宽不应大于 30mm，且不小于 12mm。刚性防水层与山墙、女儿墙及突出屋面结构的交接处，应留置伸缩缝，伸缩缝用柔性防水材料填充，并铺设高度、宽度均不小于 250mm 卷材附加层。刚性防水层的坡度宜为 2%～3%；混凝土内配间距为 100～200mm 钢筋网片，钢筋网片应位于刚性防水层的中上部，且在分隔缝处断开。

（6）柔性材料防水层的保护层宜采用撒布材料或浅色涂料。当采用刚性保护层时，必须符合细石混凝土防水层的要求。

（7）对女儿墙、高低跨、上人孔、变形缝和出屋面管道、井（烟）道等节点应设计防渗构造详图；变形缝宜优先采用现浇钢筋混凝土盖板的做法，其强度等级不得低于 C30；伸出屋面管道、人孔等周边应同屋面结构一起整浇一道钢筋混凝土防水圈，高度不小于 300mm。

（8）膨胀珍珠岩类及其他块状、散状屋面保温层必须设置隔气层和排气系统。排气道应纵横交错、畅通，其间距应根据保温层厚度确定，最大不宜超过 3m；排气口应设置在不易被损坏和不易进水的位置。

（9）有反梁的屋面结构，穿过梁的预留管，管径不得大于 75mm，并应在设计图上注明反梁过水孔孔底标高，不允许在梁内形成积水槽。

（10）屋面女儿墙、压顶等过长的纵向构件，应沿纵向不大于 3m 设置钢筋混凝土构造柱，女儿墙、压顶粉刷层每隔 3m 及易产生变形开裂部位设分格缝，分格缝宽为 10mm。

（11）屋面应进行保温或隔热设计，其传热阻（R_0）不得小于 $1.26m^2 \cdot K/W$。传热阻 R_0 是传热系数 K 的倒数，即 $R_0 = 1/K$。围护结构的传热系数 K 值愈小，或传热阻 R_0 值愈大，保温性能愈好。

2. 屋面质量通病防治的施工措施

（1）屋面防水工程施工队伍应具有相应资质。施工前必须编制详细的施工方案，经监理审查确认后方可组织施工。

（2）出屋面管道、空调室外机底座、屋顶风机口等在防水层施工前必须按设计要求预留、预埋准确，不得在防水层上打孔、开洞。

（3）埋入屋面现浇板的穿线管及接线盒等物件应固定在模板上，以保证现浇板内预埋物保持在现浇板的下部，使板内线盒、线管上有足够高度的混凝土层，并在接线盒上面配置钢筋网片，确保盒、管上面的混凝土不开裂。

（4）穿透屋面现浇板的预埋管必须设有止水环。屋面现浇板下吊灯、吊顶等器具的安装固定应采取预埋，不得事后剔凿或采用膨胀螺栓。

（5）屋面隔气层、防水层施工前，基层必须干净、干燥，并做好隐蔽验收记录。保温层、防水层不得在雨、雪天及（五级及以上）大风天气施工。

（6）在屋面各道防水层或隔气层施工时应严格控制基层的含水率。

（7）屋面防水层施工与伸出屋面结构的处理应满足下列要求：

1）屋面水落口、空调室外机底座、出屋面管道、屋顶风机口等，在与刚性防水层交接处留 20mm×20mm 凹槽，嵌填密封材料，并做附加防水卷材增强层处理。

2）出屋面管道、空调室外机底座、屋顶风机口应用柔性防水卷材做泛水，其高度不小于 250mm（管道泛水不小于 300mm），上口用管箍或压条，将卷材上口压紧，并用密封材料封严。

3）出屋面管道根部直径 500mm 范围内，找平层应抹成高度不小于 30mm 的圆锥台。伸出屋面井（烟）道及上屋面楼梯间周边应该同屋面结构一起整浇一道钢筋砼防渗圈，高度不小于 200mm。

（8）卷材防水层泛水收头施工：当女儿墙为砖墙时，泛水高度不小于 250mm，防水层收头应在砖墙凹槽内用防腐木条加盖金属固定，钉距不得大于450mm，并用密封材料封严。当女儿墙为钢筋混凝土时，泛水高度不小于250mm，防水层收头用金属压条钉压固定，钉距不得大于450mm，密封材料封边，并在上部用镀锌铁皮等金属材料覆盖保护。

（9）刚性细石混凝土防水屋面施工除应符合相关规范要求外，还应满足以下要求：

1）钢筋网片应采用焊接型网片。

2）混凝土浇捣时，宜先铺三分之二厚度混凝土并摊平，再放置钢筋网片，后铺三分之一的混凝土，振捣并碾压密实，收水后分二次压光。抹压时不应在表面加浆或撒干水泥。

3）分格缝应上下贯通，缝内不得有水泥砂浆黏结。在分格缝和周边缝隙干燥后清理干净，用与密封材料相匹配的基层处理剂涂刷，待其表面干燥后立即嵌填防水油膏，密封材料底层应填背衬泡沫棒，分格缝上口粘贴不小于200mm宽的卷材保护层。

4）混凝土养护时间不应少于14d。

（10）屋面防水层施工完毕后，应进行蓄水试验或淋水试验。

（11）屋面防水层施工完毕后加装空调室外机、屋顶风机、太阳能等设备时，支架不能直接放置在屋面上，必须安装垫片，防止其破坏屋面防水层。

七、楼梯、栏杆、台阶质量通病防治的技术措施

1. 楼梯、栏杆、台阶质量通病防治的设计措施

（1）楼梯梯段改变方向时，扶手转向端处的平台最小宽度不应小于梯段宽度，并不得小于1.20m。

（2）每个梯段的踏步不应超过18级，亦不应小于3级。

（3）楼梯、平台栏杆应留设预埋铁件。

（4）室内楼梯扶手高度不宜小于900mm。靠楼体井一侧水平扶手长度超过500mm时，其高度不应小于1.05m。

（5）建筑物室外台阶踏步宽度不宜小于300mm，踏步高度不宜大于150mm，并不宜小于100mm。踏步应防滑。室内台阶踏步数不应小于2级。当高差不足2级时，应按坡道要求设置。

（6）建筑物室外台阶高度超过700mm、且侧面临空时，应有防护措施。

（7）阳台、外廊、室内回廊、内天井、上人屋面及室外楼梯等临空处设置防护栏杆，并应符合下列规定：

1）栏杆应以坚固、耐久的材料制作，并能承受荷载规范规定的水平荷载。临空高度在24m以下时，栏杆高度不应低于1.05m，临空高度在24m以上时，栏杆高度不应低于1.10m。

2）栏杆距楼面或屋面100mm高度内不应留空，应设置挡板，挡板与主体结构整体施工。

3）玻璃栏板的厚度应采用不小于12mm安全玻璃。

4）室外金属栏杆应设置可靠接地。

2. 楼梯、栏杆、台阶质量通病防治的施工措施：

（1）以钢管为立杆时壁厚不小于2mm；木制扶手一般用硬杂木加工，含水率不得大于12%。弯头材料同扶手料。

（2）进场的钢管材、木制扶手堆放时应有垫木，防止表面损坏或变形。

（3）玻璃栏板应采用安全玻璃，厚度应符合设计要求，安全玻璃厂家应提供产品合格证、出厂试验报告以及强制性产品认证证书复印件等资料。

（4）采用聚醋酸乙烯（乳胶）等化学粘接剂时，其中有害物质含量应符合规范规定。

（5）玻璃栏板应根据设计要求及现场的实际尺寸加工。玻璃各边及阳角应抛成斜边或圆角，以防伤手。

（6）栏杆加工、规格、尺寸、造型应符合设计要求，根据实际尺寸编号。安装焊接必须牢固。栏杆的竖杆应与预埋件可靠焊接。

（7）栏杆扶手安装时，若地面石材已安装完毕，扶手施工时应做好成品保护，防止焊接火花烧坏地面石材。

（8）木扶手安装完毕后，宜刷一道底漆，且应加包裹，以免撞击损坏和受潮变色。玻璃栏板及钢扶手应加以保护，防止损坏。室内楼梯木扶手栏杆与地面接触应做好防水处理。

（9）室外台阶与建筑物墙面结合处应设变形缝。

（10）室外金属栏杆接地应简洁美观。

（11）不锈钢栏杆构件之间的连接应满焊，焊缝应进行抛光处理。

八、构支架质量通病防治的技术措施

1. 构支架质量通病防治的设计措施

（1）钢构架需采用热浸镀锌，镀锌后的高强螺栓力学性能不低于设计要求，设计应提供螺栓的紧固力矩。

（2）构支架和设备支架杆头板的尺寸、高度、方向、螺栓孔距应能满足设备安装和二次引下管要求，避免现场二次开孔和焊接；接地端子的位置、数量、朝向、螺栓孔距应满足相关规定要求，接地端子底部与保护帽顶部距离以不小于200mm为宜。

（3）钢构支架底部垂直接地扁铁与钢柱之间宜留间隙或加设绝缘材料，以方便接地电阻试验。

（4）离心混凝土杆应在上部钢圈处设置接地端子。

2. 构支架质量通病防治的施工措施

（1）严格按照规范和设计要求进行构支架加工，未经同意不得随意代用钢结构材料，防止因材料的机械性能、化学成分不符合要求，导致焊接裂纹甚至发生断裂等事故。

（2）应对钢构支架加工过程进行监造。钢结构焊接注意控制焊接变形，焊接完成后及时清除焊渣及飞溅物，组装构件必须在试组装完成后进行热镀锌，构件镀锌后在厂内将变形等缺陷消除完毕，并对排锌孔进行封堵后方可出厂。

（3）钢构支架镀锌不得有锈斑、锌瘤、毛刺及漏锌。钢构支架出厂装车前应对运输过程中宜磨损部位进行成品保护，并采用专用吊带进行装卸，严禁碰撞损伤。

（4）对进场构件进行严格检查，按照规范及供货技术合同要求检查构件出厂保证资料是否完善、齐全、规范。构件表面观感、外径、长度、弯曲度不满足要求的拒绝接收。

（5）运输过程中发生杆头板等个别变形，在现场宜采用机械方式进行调校。

（6）钢梁组装时按照钢梁设计预拱值进行地面组装。

（7）离心混凝土杆对口处焊接后，应对金属部分（包括非焊接处）彻底打磨除锈，然后进行防腐处理。防锈漆涂刷前在两端钢圈挡浆筋以外部分粘贴胶带纸，防止污染混凝土杆段。焊口冷却前严禁进行油漆涂刷。离心混凝土杆排焊时，杆段支垫要稳固、可靠，保证支垫水平，拉线校验整体弯曲度不超过有关规范要求。

（9）离心混凝土杆杆头板施工焊接时宜采用（跳焊、降温等）合理的焊接工艺，抑制变形。如个别杆头板出现变形，需进行机械校正。

（10）安装螺栓孔不得采用气割加工。

（11）离心混凝土杆接地扁钢安装前应校正平直，弯制应采用冷弯工艺，扁钢应紧贴设备支柱或加装不锈钢紧固带，不锈钢紧固带装设高度及接头位置应一致；在周围回填土时严禁扰动扁钢底部，避免造成上部变形弯曲。

九、主变、高抗、电容器、断路器等主设备基础、保护帽质量通病防治的技术措施

1. 主变、高抗、电容器、断路器等主设备基础、保护帽质量通病防治的设计措施

（1）主变、电容（抗）器基础应进行沉降验算。

（2）主变、电容（抗）器油池壁应设置沉降缝，设备基础与油池壁、电缆沟间应柔性连接。

（3）GIS基础大于40m时应设置后浇带。

（4）外露基础阳角宜倒圆，倒角半径20～30mm。

（5）基础埋件应采用热浸镀锌处理，不得采用普通铁件。

2. 主变、高抗、电容器、断路器等主设备基础、保护帽质量通病防治的施工措施

（1）当需要采用减水剂来提高混凝土性时，应采用减水率高、分散性能好、对混凝土收缩影响较小的外加剂，其减水率不应低于8%。

（2）预拌混凝土进场时按规范检查入模塌落度，塌落度值按施工规范采用。

（3）外露部分应采用清水混凝土工艺，表面不得进行二次粉刷或贴面砖。

（4）基础施工应一次连续浇筑完成，禁止留设垂直施工缝，未经设计认可，不得留设水平施工缝。

（5）运输过程中，应控制混凝土不离析、不分层、组成成分不发生变化，并能保证施工所必需的稠度。

（6）设备预埋螺栓宜与基础整体浇筑，如采取二次浇筑应采用高强度等级微膨胀混凝土振捣密实。

（7）基础混凝土浇筑时，应派专人进行跟踪测量，保证预埋铁件与混凝土面平整，埋件中间应开孔并二次振捣，防止空鼓。埋件应采用热浸镀锌处理，不得采用普通铁件。

（8）大体积混凝土的养护，应进行温控计算确定其保温、保湿或降温措施，并应设置测温孔测定混凝土内部和表面的温度，使温度控制在设计要求的范围以内，当无设计要求时，温差不超过25℃。

（9）构支架吊装完毕后，杯口及管内二次灌浆应浇筑密实并保证管内混凝土浇筑高度。

（10）保护帽混凝土浇筑前，应对保护帽顶面以上钢构支架500mm范围内进行保护。

十、主变、高抗防火墙质量通病防治的技术措施

1. 主变、高抗、电容器、断路器等主设备基础、保护帽质量通病防治的设计措施

（1）防火墙应采用现浇混凝土框架、双面清水墙，或采用普通砖砌筑、水泥砂浆抹面，并应进行沉降验算。

（2）防火墙顶部应留横坡，梁底下沿两侧做滴水槽（线）。

（3）砌筑砂浆采用混合砂浆，强度等级不低于M7.5。

（4）防火墙与建筑物相连时，宜采用柔性连接。

（5）清水墙根部3皮砖范围及外露基础部分应采用1∶2防水砂浆粉刷。

2. 主变、高抗、电容器、断路器等主设备基础、保护帽质量通病防治的施工措施

（1）清水墙砖块应选择棱角整齐，无弯曲、裂纹，颜色均匀，规格尺寸误差不大于2mm。

（2）防火墙用水泥、石子、砂应在施工前做好工程材料计划，同一批进场，集中堆放，以保持防火墙色泽一致。

（3）防火墙拉结筋宜采用预埋方式，留置位置应与砌体灰缝相符合，不得弯折使用，拉结筋末端应有90°弯钩。

（4）优化防火墙框架梁、柱间距，严格控制施工误差，确保填充墙体组砌正确，缝宽一致，棱角整齐，避免非整砖出现，墙面清洁美观。

（5）墙体砌筑后应及时勾缝，勾成凹圆弧形，凹缝深度宜为4～5mm，并防止墙面污染。

（6）框架梁底两侧应留置滴水槽（线）。

（7）填充墙砌至接近梁底时，应留有一定的空隙，填充墙砌筑完并间隔15d以后，方可用微膨胀水泥砂浆将其补砌挤紧。

（8）清水墙根部3皮砖范围及外露基础部分应采用1∶2防水砂浆粉刷。

十一、电缆沟及盖板质量通病防治的技术措施

1. 电缆沟及盖板质量通病防治的设计措施

(1) 电缆沟可选用混凝土现浇电缆沟或砖砌电缆沟。

(2) 电缆沟混凝土强度不小于C25，伸缩缝间距9～15m，缝宽15～25mm，内填沥青麻丝和柏油刨花板或其他柔性填充材料，表面宜采用中性硅酮耐候密封胶。

(3) 电缆沟内应设排水槽，排水槽截面直径或宽度（深度）80～100mm，并与站区排水主网连接管道。

(4) 电缆沟压顶混凝土外侧宜倒角，倒角半径20～30mm。

(5) 电缆支架宜采用不锈钢内膨胀螺栓固定（按要求进行拉拔试验）。

(6) 沟壁在电缆沟转角处、交叉处应设置钢筋混凝土过梁。

(7) 混凝土盖板应设置镀锌角钢边框。

(8) 砖砌电缆沟沟壁应设计有固定支架的混凝土腰梁或预制混凝土块。

(9) 电缆沟过路段宜采用埋管或暗沟。

2. 电缆沟及盖板质量通病防治的施工措施

(1) 混凝土电缆沟宜采用清水混凝土工艺，砖砌电缆沟应采用清水混凝土压顶。

(2) 电缆沟施工前应精确计算电缆沟长度与盖板合模，并保证过水槽位置上为整块盖板。

(3) 沟壁两侧应同时浇筑，防止沟壁模板发生偏移。对沟壁倒角处混凝土应二次振捣，防止倒角处出现气泡。

(4) 伸缩缝与电缆沟垂直，应全断开、缝宽一致、上下贯通、缝中不得连浆、填缝要求饱满，填缝材料应符合设计要求，表面密封处理应美观。

(5) 电缆沟回填土前，应进行伸缩缝嵌缝处理，并经检验合格。砖砌电缆沟回填土时，应采取防治沟壁变形的措施。

(6) 与电缆沟过路段、建筑物连接处应设变形缝。

(7) 盖板不得有裂缝及变形现象，与电缆沟采用柔性连接（固定橡胶条或预埋橡胶钉），保证盖板平整、稳定。电缆沟端头处不得有探头（局部悬空）盖板。

(8) 镀锌扁铁焊接应保证不变形，扁铁搭接长度不应小于2倍扁铁宽度，三面围焊，焊接质量应符合施工规范要求。

十二、道路及散水质量通病防治的技术措施

1. 道路及散水质量通病防治的设计措施

(1) 道路可根据变电站所在地区设计为城市型和郊区型两种形式。

(2) 站内道路根据使用功能可分为主变运输道路、站内检修运行道路和消防道路。应考虑施工时路面硬化的需要，尽量与永久性道路相结合，原则上以不提高标准来做到永临结合。

(3) 对用作路基的土，应加强土质的鉴别和性能测试，尽量不采用高液限黏土及含有机质细粒土作为道路

的路床填料，因条件限制而必须采用上述土做填料时，应掺加石灰或水泥等结合料改善。

(4) 在季节性冰冻地区、水文地质条件不良的土质路堑和路床土湿度较大时，路基可能产生不均匀沉降或不均匀变形时，应在层基下分别设置防冻垫层、排水垫层和半刚性垫层。

(5) 基层的宽度应比混凝土面层每侧至少宽出300mm。

(6) 道路混凝土强度等级不应低于C25，不宜大于C35，内掺抗裂纤维，厚度不小于180mm。散水强度等级不应低于C20，内掺抗裂纤维，厚度不小于150mm。

(7) 道路应设双向横坡，坡度1%～2%。

(8) 缩缝间距不大于4m，宽度5～6mm，锯切槽口深度应为混凝土面层厚度的1/3；胀缝留设间距以30～50m为宜。在道路与建构筑物衔接处，道路交叉处、路面厚度变化处、幅宽及坡度变化处，必须做胀缝，缝宽20mm，道路混凝土应全断开。

(9) 混凝土面层下有箱形构造物或圆形管状构造物横向穿越时，在构造物顶宽两侧各加1～4m的混凝土面层内布设双层钢筋网（建议：网片应点焊，钢筋直径为12mm，纵向钢筋间距100mm，横向钢筋间距200mm，上下层钢筋网各距面层顶面和底面1/4～1/3厚度处）。如作为构造物顶板则应经计算确定板厚及配筋。配筋混凝土与其他混凝土之间应设置胀缝。

(10) 道路混凝土一次铺筑宽度大于4.5m时，应设置纵向缩缝。纵向缩缝采用假缝形式，锯切的槽口深度应为路面或散水厚度的1/3。

(11) 散水与建筑物、电缆沟之间必须设置沉降缝，阴阳角处、长度方向间隔3～4m处应设置沉降缝。

(12) 缩缝宜采用中性硅酮耐候密封胶灌缝。胀缝下部用胀缝板填充，上部40mm高密封宜为中性硅酮耐候密封胶。

2. 道路及散水质量通病防治的施工措施

(1) 土料须采用就地挖出的含有机质小于5%的黏性土或塑性指数大于4的粉土，不得使用表面耕植土、淤泥、冻土或夹有冻块的土；土料应过筛，粒径不得大于15mm。

(2) 对基槽（坑）应先验槽，清除松土，不得有表层耕植土，并打两遍底夯，要求平整干净。

(3) 路基回填应分段分层进行夯实，每层回填厚度由夯实或碾压机具种类决定并按照规范要求进行。根据设计要求的压实系数由试验确定夯打或碾压遍数，每层施工结束后检查地基的压实系数，经见证取样试验合格后方可进行下一道工序施工。

(4) 基层施工时，应将基层材料集中搅拌，并采用摊铺机进行摊铺，待基层整平压实后，严格进行养生，防止基层出现干缩或温缩裂缝；为减少路基土的压实变形，增加路基强度和稳定性，必须认真进行压实，特别要加强路堤边部碾压，使路堤横向的密度尽可能均匀。

(5) 混凝土道路路面采用专用机械一次浇筑完成。

(6) 根据施工现场的实际，认真编制混凝土浇筑方案，尽量避开当日高温时段施工。科学合理地确定浇筑

顺序和施工缝的留置。

（7）道路遇过路电缆沟处，电缆沟两侧应设变形缝。

（8）道路面层宜采用抗滑、耐磨措施。

（9）郊区型道路、散水棱角宜作倒圆角处理。

（10）收面时不得任意在路面上走动，面层应一次成活，采用原浆收面，禁止加浆或撒干水泥收面。

（11）与电气安装紧密结合，合理安排道路浇筑时间，路面混凝土养护要派专人负责，并在终凝后及时开始养护，养护期为14d，路面养护期间严禁行人、车辆在上面走动，直至混凝土强度达到要求后方可通行，通行速度不得大于5km/h，防止车辆刹车破坏或污染道路面层。

（12）胀缝应与路面中心线垂直，缝壁上下垂直，缝宽一致，上下贯通，缝中不得连浆。当混凝土达到设计强度25%～30%时可进行缩缝切割，填缝前，采用压力水或压缩空气彻底清除接缝中砂石及其他污染物，确保缝壁及内部清洁、干燥。两侧粘贴美纹纸，防止污染面层。灌注高度，夏天宜与板面齐平，冬天宜低于板面1～2mm；填缝要求饱满、均匀、连续贯通。

（13）道路坡度正确，防止积水。

十三、站区围墙质量通病防治的技术措施

1. 站区围墙质量通病防治的设计措施

（1）围墙采用双面清水墙砌筑，预制清水混凝土压顶，或采用普通砖墙，水泥砂浆抹面。

（2）围墙应根据当地地质条件设置变形缝，间距10～20m，当采取其他可靠措施时，可在规定范围内适当放宽。变形缝宽度宜为20～30mm。

（3）砌筑砂浆采用混合砂浆，强度等级不小于M7.5。

（4）清水墙根部3皮砖范围及外露基础部分应采用1∶2防水砂浆粉刷。

2. 站区围墙质量通病防治的施工措施

（1）清水墙砖块应棱角整齐，无变形、裂纹，颜色均匀，规格尺寸误差不大于2mm。

（2）砌筑砂浆的拌制、使用及强度应符合相关规范及设计的要求。

（3）围墙基础、挡土墙采用毛石砌筑时，外露部分应进行工艺化处理，并防止污染面层。

（4）砖块上下皮应错缝搭砌，搭接长度一般为砌块长度的1/2，不得小于砌块长度的1/3。不得留直槎，斜槎水平投影长度不应小于墙体高度2/3。砌体灰缝应厚度一致，砂浆饱满。

（5）墙体不得有三分砖，七分砖要用锯切割。

（6）清水墙勾缝前一天应将墙面浇水洇透，宜勾成凹圆弧形，凹缝深度为4～5mm，保证勾缝横平竖直、深浅一致、搭接平整并压实抹光，不得有丢缝、开裂和黏结不牢等现象。清水墙根部3皮砖范围及外露基础部分应采用1∶2防水砂浆粉刷。

（7）围墙变形缝宜留在墙垛处，毛石基础与墙体变形缝宽窄一致，上下贯通，不得出现错位现象。

（8）毛石基础与墙体变形缝处理应到位，整体美观。

（9）墙体抹灰砂浆用砂含泥量应低于3%。

（10）墙面抹灰前基层表面的尘土、污垢、油渍等应清除干净，洒水湿润。

（11）墙面抹灰砂浆抹平、压实，砂浆中宜掺加适量的聚合物来提高砂浆的拒水、防渗、防漏性能。

（12）抹灰基层不应少于两遍，每遍厚度宜为6～8mm，面层宜为7～10mm，但不超过10mm。

（13）各抹灰层接缝应错开，避免位于不同基体交接处，抹灰层与基层以及各抹灰层之间必须黏结牢固。

（14）砂浆抹灰层在凝结前应防止快干、水冲、撞击、振动和受冻，在凝结后应采取措施防止玷污和损坏。水泥砂浆抹灰层应在湿润条件下养护。

第三节　变电站换流站电气安装调试工程质量通病防治技术措施

一、电气一次设备安装质量通病防治的技术措施

1. 电气一次设备安装质量通病防治的设计措施

（1）对于主变压器、高压电抗器中性点接地部位应按绝缘等级增加防护措施。

（2）设备预埋件及构支架预留螺栓孔应与设备固定螺栓规格相匹配。

（3）对随设备支柱一体加工的隔离开关机构箱固定基座误差提出要求，以保证隔离开关垂直拉杆的垂直度。

（4）电抗器室10kV母线支柱瓷瓶爬电比距应满足该地区污秽等级的爬距要求。

（5）设备支架柱（杆）头板的几何形状与尺寸，不得影响电缆穿管与设备接线盒的连接；混凝土环形杆杆头板加筋肋的位置不得影响接地扁铁的焊接。

（6）设备支架柱（杆）的基础应不影响操作机构箱电缆穿管的顺畅穿入。

（7）在技术协议中，应明确随设备成套供货的支架加工误差标准，防止现场安装增加垫片。

（8）在技术协议中，明确设备本体、机构箱门把手、螺栓等附件的防锈蚀（如烤漆、热镀锌、镀铬等）工艺。

（9）对设备厂家设计的本体接地端子，设计应提出满足变电站设备接地引线搭接面积的要求。

（10）主变、高抗等大型设备至少应有两个固定接地点。

（11）对设备厂家现场配置的主变压器排油充氮灭火装置连接管道应提出防渗漏措施。

2. 电气一次设备安装质量通病防治的施工措施

（1）充油（气）设备渗漏主要发生在法兰连接处。安装前应详细检查密封圈材质及法兰面平整度是否满足标准要求；螺栓紧固力矩应满足厂家说明书要求。主变压器充氮灭火装置连接管道安装完毕，必须进行压力试

验（可以单独对该部分管路在连接部位密封后进行试验；也可以与主变压器同时进行试验。参考试验方法：主变压器注油后打开连接充氮灭火装置管道阀门，从储油柜内施加 0.03～0.05MPa 压力，24h 不应渗漏）。

（2）在设备支柱上配置隔离开关机构箱支架时，电（气）焊不得造成设备支柱及机构箱污染。为防止垂直拉杆脱扣，隔离开关垂直及水平拉杆连接处夹紧部位应可靠紧固。

（3）在槽钢或角钢上采用螺栓固定设备时，槽钢及角钢内侧应穿入与螺栓规格相同的楔形方平垫，不得使用圆平垫。

（4）结合滤波器到电容型电压互感器（CVT）的连线应采用绝缘导线连接。

（5）充油设备套管使用硬导线连接时，套管端子不得受力。

（6）加强母线桥支架、槽钢、角钢、钢管等焊接项目验收，以保证几何尺寸的正确、焊缝工艺美观。

（7）对设备安装中的穿芯螺栓（如避雷器、主变散热器等），要保证两侧螺栓露出长度一致。

（8）电气设备连接部件间销针的开口角度不得小于 60°。

二、母线施工质量通病防治的技术措施

1. 母线施工质量通病防治的设计措施

35kV 及以下硬母线需要加装绝缘套时，设计单位应按加装绝缘套设计，避免安装时金具不配套影响安装工艺。

2. 母线施工质量通病防治的施工措施

（1）硬母线制作要求横平竖直，母线接头弯曲应满足规范要求，并尽量减少接头。

（2）支持瓷瓶不得固定在弯曲处，固定点应在弯曲处两侧直线段 250mm 处。

（3）相邻母线接头不应固定在同一瓷瓶间隔内，应错开间隔安装。

（4）母线平置安装时，贯穿螺栓应由下往上穿；母线立置安装时，贯穿螺栓应由左向右、由里向外穿，连接螺栓长度宜露出螺母 2～3 扣。

（5）直流均衡汇流母线及交流中性汇流母线刷漆应规范，规定相色为"不接地者用紫色，接地者为紫色带黑色条纹"。

（6）硬母线接头加装绝缘套后，应在绝缘套下凹处打排水孔，防止绝缘套下凹处积水、冬季结冰冻裂。

（7）户外软导线压接线夹口向上安装时，应在线夹底部打直径不超过 φ8mm 的泄水孔，以防冬季寒冷地区积水结冰冻裂线夹。

（8）母线和导线安装时，应精确测量挡距，并考虑挂线金具的长度和允许偏差，以确保其各相导线的弧度一致。

（9）短导线压接时，将导线插入线夹内距底部 10mm，用夹具在线夹入口处将导线夹紧，从管口处向线夹底部顺序压接，以避免出现导线隆起现象。

（10）软母线线夹压接后，应检查线夹的弯曲程度，有明显弯曲时应校直，校直后不得有裂纹。

三、屏、柜安装质量通病防治的技术措施

1. 屏、柜安装质量通病防治的设计措施

（1）设计应在设备招标文件中明确所有屏柜的色标号以及外形尺寸，明确厂家屏内接线工艺标准。

（2）设计单位应规范端子箱、动力箱、机构箱及汇控柜等箱体底座框架与其基础及预埋件的尺寸配合。

（3）端子箱箱体应有升高座，满足下有通风孔、上有排气孔的要求；动力电缆与控制电缆之间应有防护隔板。内部加热器的位置应与电缆保持一定距离，且加热器的接线端子应在加热器下方，避免运行时灼伤加热器电缆。端子箱内应采用不锈钢或热镀锌螺栓。

（4）断路器机构箱、汇控柜下部基础预留孔大小和位置应合理，以满足电缆布排的工艺要求。

（5）屏顶小母线应设置防护措施。

（6）屏、柜内应分别设置接地母线和等电位屏蔽母线，并由厂家制作接地标识。

2. 屏、柜安装质量通病防治的施工措施

（1）屏、柜安装要牢固可靠，主控制屏、继电保护屏和自动装置屏等应采用螺栓固定，不得与基础型钢焊死。安装后端子箱立面应保持在一条直线上。

（2）电缆较多的屏柜接地母线的长度及其接地螺孔宜适当增加，以保证一个接地螺栓上安装不超过 2 个接地线鼻的要求。

（3）配电、控制、保护用的屏（柜、箱）及操作台等的金属框架和底座应接地或接零。

四、电缆敷设、接线与防火封堵质量通病防治的技术措施

1. 电缆敷设、接线与防火封堵质量通病防治的设计措施

（1）交流动力电缆在普通支架上敷设不宜超过 1 层且应布置在上层。单芯电力电缆应"品"字形敷设。

（2）控制室、继电室内电缆较多，为便于施工、运行、维护，防静电地板支架与电缆支架设计要相互配合，宜直接采用带电缆托架的屏柜支架。

（3）设在一层的控制室或继电保护小室宜取消防静电地板，采用电缆沟进线。

（4）在电缆沟十字交叉口、丁字口处增加电缆托架，以防止电缆落地或过度下坠。

（5）监控系统、远动装置、电度表计费屏、故障信息管理子站等装置的工作电源不应接至屏顶交流小母线，应接至 UPS 交流电源。双路电源时，要对每路电源是否独立供电进行核对。

（6）双通道保护复用接口柜的两路直流电源应分别取自不同段直流电源。

（7）在设备招标文件和工艺设计中，应明确主变压

器、油浸电抗器、GIS 和罐式断路器等设备电缆不外露。变压器、油浸电抗器器身敷设的本体电缆、集气管、波纹管、油位计电缆、温度表软管应保证工艺美观。

（8）电缆敷设应绘制电缆走向图和转角断面图。所有屏柜门体接地跨线应统一工艺要求。

（9）在电缆竖井中及防静电地板下应设计电缆槽盒，专门布置电源线、网络连线、视频线、电话线、数据线等不易敷设整齐的缆线。

2. 电缆敷设、接线与防火封堵质量通病防治施工措施

（1）电缆管切割后，管口必须进行钝化处理，以防损伤电缆，也可在管口上加装软塑料套。电缆管的焊接要保证焊缝观感工艺。二次电缆穿管敷设时电缆不应外露。

（2）敷设进入端子箱、汇控柜及机构箱电缆管时，应根据保护管实际尺寸进行开孔，不应开孔过大或拆除箱底板。

（3）进入机构箱的电缆管，其埋入地下水平段下方的回填土必须夯实，避免因地面下沉造成电缆管受力，带动机构箱下沉。

（4）固定电缆桥架连接板的螺栓应由里向外穿，以免划伤电缆。

（5）电缆沟十交叉字口及拐弯处电缆支架间距大于800mm 时应增加电缆支架，防止电缆下坠。转角处应增加绑扎点，确保电缆平顺一致、美观、无交叉。电缆下部距离地面高度应在 100mm 以上。电缆绑扎带间距和带头长度要规范、统一。

（6）不同截面线芯不得插接在同一端子内，相同截面线芯压接在同一端子内的数量不应超过两芯。插入式接线线芯割剥不应过长或过短，防止紧固后铜导线外裸或紧固在绝缘层上造成接触不良。线芯握圈连接时，线圈内径应与固定螺栓外径匹配，握圈方向与螺栓拧紧方向一致；两芯接在同一端子上时，两芯中间必须加装平垫片。

（7）端子箱内二次接线电缆头应高出屏（箱）底部100～150mm。

（8）电缆割剥时不得损伤电缆线芯绝缘层；屏蔽层与 4mm 多股软铜线连接引出接地要牢固可靠，采用焊接时不得烫伤电缆线芯绝缘层。

（9）电流互感器的 N 接地点应单独、直接接地，防止不接地或在端子箱和保护屏处两点接地；防止差动保护多组 CT 的 N 串接后于一点接地。电流互感器二次绕组接地线应套端子头，标明绕组名称，不同绕组的接地线不得接在同一接地点。

（10）监控、通信自动化及计量屏柜内的电缆、光缆安装，应与保护控制屏柜接线工艺一致，排列整齐有序，电缆编号挂牌整齐美观。

（11）控制台内部的电源线、网络连线、视频线、数据线等应使用电缆槽盒统一布放并规范整理，以保证工艺美观。

五、接地装置安装质量通病防治的技术措施

1. 接地装置安装质量通病防治的设计措施

（1）变电站构架及设备支柱接地端子底部与设备基础保护帽顶面的距离以不小于 200mm 为宜，便于涂刷接地标识漆（螺栓紧固部位不得涂刷）。

（2）设备支柱上部接地端子的位置应便于接地体的安装，接地端子的数量应与设备双接地或单接地的要求一致。

（3）设计单位应分别校核并确定各类设备接地引下线的截面尺寸，重要程度不同的接地要求，应采用截面尺寸不同的接地引下线。

（4）混凝土电杆杆头板应设置供设备二次接地用的螺栓孔，或在钢箍上设置接地端子。

（5）架构及设备支架下部接地端子螺栓孔的直径应不小于 15mm，接地端子不少于两孔。

（6）架空避雷线应与变电站接地装置相连，并设置便于地网电阻测试的断开点。

（7）主要电气设备（主变、高压电抗器、避雷器、断路器、电压互感器、电流互感器等）需采用双接地，应用两根与主接地网不同干线连接的接地引下线，每根均应符合热稳定校核要求。

（8）补偿电抗器的接地、网门和围栏不应形成电磁环路，防止产生涡流。

（9）设备接地应有便于测量的断开点，接地黄绿标识应规范，黄绿色标间距宜为接地体宽度的 1.5 倍。

（10）施工图中应明确屏柜、屏柜门、低压配电柜及站区照明设备接地或接零的要求。

2. 接地装置安装质量通病防治的施工措施

（1）不得用金属体直接敲打扁钢进行调直，以免造成扁钢表面损伤、锈蚀。

（2）敷设在设备支柱上的扁钢应紧贴设备支柱，否则应采取加装不锈钢紧固带等措施使其贴合紧密。

（3）户外接地线采用多股软铜线连接时应压专用线鼻子，并加装热缩套，铜与其他材质导体连接时接触面应搪锡，防止氧化腐蚀。

（4）镀锌扁钢弯曲时宜采用冷弯工艺。

（5）站内所有爬梯应与主接地网可靠连接。安装在钢构架上的爬梯应采用专用的接地线与主网可靠连接，混凝土环形杆架构可将爬梯底端抱箍与架构接地引下线焊接。

（6）混凝土环形杆架构上的地线支架、避雷针应采用栓接或法兰方式与杆头板连接，并满足电气通流要求，尽量避免采用焊接方式连接。

（7）构支架接地引下线应设置便于测量的断开点。

第八章

变电站换流站工程工艺标准库

第一节　变电工程工艺标准库
编制原则和主要内容

为深入推进标准工艺的应用，国家电网公司组织编制了《国家电网公司输变电工程工艺标准库》，以指导工程项目开展工艺策划工作。

一、工艺标准库的编制原则

工艺标准库按"事先规划、过程控制、持续改进"的编制原则，对输变电工程基本工艺单元的工艺标准进行规范。工艺标准库开发管理系统可实现内容的动态更新、完善及优化，以满足管理和技术进步的要求，保证工艺标准库的先进性和指导性。

二、工艺标准库的主要内容

1. 输变电工程

工艺标准库由变电土建工程子库、变电电气工程子库、架空线路结构工程子库、架空线路电气工程子库、电缆线路工程子库五部分组成，对输变电工程基本工艺单元提出工艺标准，明确施工要点，并配备过程控制及工艺成果图片。

2. 换流站工程

《国家电网公司换流站工程施工示范手册》根据特高压和常规换流站工程的实践，立足于创新和创优，对其施工工艺进行了总结和提升，指出了工艺重点，形成了具有指导意义的工艺示范标准，是《国家电网公司输变电工程施工示范手册》的延伸，作为国网直流工程建设有限公司的企业标准进行发布实施。该手册分为适用范围、典型工艺主要流程、工艺流程说明及控制要点三大部分，控制要点前加"☆"，强调的内容以黑字体标注。该手册注重统一换流站工程施工的工艺特点，对换流站工程施工工艺具有规范和指导作用。换流站土建、安装工程的施工方案或作业指导书应结合本工艺手册编写。

国网直流工程建设有限公司在国家电网公司的坚强领导下，落实科学发展观，致力于建设资源节约型、环境友好型社会。并以特高压建设为着力点，大力推行精益化管理、标准化建设，依托工程建设，组织施工单位开展标准化工艺研究，着力提高施工工艺水平，规范换流站施工工艺，提升工程质量。该手册由国网直流建设公司组织有关换流站参建单位专业技术人员，在借鉴了2009年之前特高压和常规换流站土建和电气施工的经验的基础上，结合换流站工程特点研究编写，形成了本手册的电气分册和土建分册。其中许多工艺方法和流程经过了实践的检验，凝聚了工程建设人员的辛勤劳动和智慧，是后续换流站建设施工工艺的蓝本。该手册规定了土建和电气施工的适用范围、典型工艺主要流程、工艺流程说明及控制要点。土建手册中规范了阀厅建筑工程施工、换流变及平波电抗器区域建筑工程施工、道路与围

墙工程施工、挡土墙与护坡工程施工、消防工程安装、电缆沟施工、构支架基础及保护帽施工和装修工程八个部分的施工工艺。电气手册中规范了换流变压器和油浸式平波电抗器安装、阀厅设备安装、母线安装、滤波设备安装、二次系统安装、降噪设施施工、接地极安装和接地安装八个部分的安装工艺。该手册作为标准化管理体系的分支——技术标准之一，同时是《国家电网公司输变电工程施工示范手册》的延伸，在所管辖的直流工程上实施。科技是生产力，施工科技范畴的工艺提升，体现了工程施工技术的进步。

第二节　工艺标准库的成果发布
和应用要求

一、工艺标准库成果发布

（1）通过公司门户网站或SG186"基建管控模块"发布客户端文件包。有关单位可按《国家电网公司工艺标准库用户操作手册客户端分册》（可从公司门户下载）的说明，将文件包下载后解压到电脑根目录（C盘或D盘）下，即可正常使用。

（2）为做到统一标准且鼓励创新，发布的工艺标准库中的文字内容不可直接复制，应结合工程实际进行优化，图片可下载并直接引用。

（3）为方便推广使用，工艺标准库平面出版物（附管理系统光盘）委托中国电力出版社出版，在公司系统内部发行。

二、工艺标准库具体应用

工艺标准库是"标准工艺"的有机组成部分，具体应用要求如下：

（1）工艺标准库是编制《变电站工程创优施工实施细则》《输电线路工程创优施工实施细则》等创优指导文件的主要依据。施工单位应根据《国家电网公司输变电工程建设创优规划编制纲要》等7个指导文件总体要求，参照工艺标准库的相关内容，结合项目工程实际，编制针对性的项目"创优施工实施细则"。

（2）监理单位应将工艺标准库作为编制《变电站工程创优监理实施细则》《输电线路工程创优监理实施细则》的依据之一，制订有针对性的工艺质量控制措施。

（3）业主项目部应将工艺标准库的应用要求编入"工程建设创优规划"，并监督、指导工艺标准库在本项目的有效应用。

（4）由于掌握素材不全等原因，目前完成的工艺标准库内容还不完善，通用性和指导性有待进一步提高，各单位在具体应用中，应借鉴吸收，并注重总结提炼。

（5）应用过程中遇到的问题及建议，要及时向国家电网公司总部基建部安全质量处反馈。为便于工艺标准库的更新、完善，请按现行工艺标准库的格式，对"工艺标准""施工要点""图片示例"等内容进行补充完善，

在反馈意见时一并提供。

第三节　国家电网公司输变电工程工艺标准库

一、2016 年版《工艺标准库》的特点

《国家电网公司输变电工程标准工艺（三）工艺标准库（2016 年版）》（以下简称"2016 年版《工艺标准库》"）是在《国家电网公司输变电工程标准工艺（三）工艺标准库（2012 年版）》基础上修订而成的。与 2012 年版相比，2016 年版更注重与工程建设实际和既有工艺的现场应用效果相结合，累计增加了新工艺 21 项、淘汰落后工艺 4 项、整合了 10 项工艺，共纳入 332 项工艺单元。同时，2016 年版也大幅修订了文字及图片内容，内容与时俱进，既贴合实际又保持对电网建设质量发展趋势的前瞻把握，对工程建设实践具有很强的指导性。为编制输变电工程设计、监理、施工创优实施细则等质量管理文件提供指导，同时也可供从事工程建设质量管理的相关专业人员学习和应用"标准工艺"时参考。

二、2016 年版《工艺标准库》的主要内容

2016 年版《工艺标准库》分为六篇：第一篇变电土建工程子库，第二篇变电电气工程子库；第三篇架空线路结构工程子库；第四篇架空线路电气工程子库；第五篇电缆线路土建工程子库；第六篇电缆线路电气工程子库。

为了规范换流站施工工艺行为，提高换流站施工工艺水平，国家电网公司直流工程建设有限分公司组织编写了《换流站典型施工工艺标准化手册》，分为《土建篇》和《电气篇》。对每一项施工工艺，均从适用范围、典型工艺主要流程、工艺流程说明及主要质量控制要点三个方面予以讲解，并配有大量现场图片，图文并茂，内容实用。

《换流站典型施工工艺标准化手册：土建篇》为《换流站典型施工工艺标准化手册》的土建篇，主要包括阀厅建筑工程、换流变压器及平波电抗器区域建筑工程、道路与围墙工程、挡土墙与护坡工程、消防工程、电缆沟、构支架基础及保护帽和装修工程 8 个施工工艺，涵盖面广，指导性强。《换流站典型施工工艺标准化手册：土建篇》适用于从事换流站土建工程建设、施工、安装、验收、监理等的工人、技术人员和管理人员使用，亦可供相关人员参考。

《换流站典型施工工艺标准化手册：电气篇》为《换流站典型施工工艺标准化手册》的电气篇，主要规范了换流变压器安装、油浸式平波电抗器安装、阀厅设备安装、母线安装、滤波设备安装、二次系统安装、降噪设施施工、接地极安装和接地安装 8 个部分的安装工艺。

第四节　深化标准工艺应用与研究的重点措施

一、标准工艺应用要求与管理责任

1. 标准工艺应用要求

国网公司投资建设的电网工程符合标准工艺应用条件的各项施工作业，均需严格执行公司统一发布的标准工艺。除公司统一组织开展的工艺创新工作外，各单位不再另行制定施工工艺标准。

2. 落实标准工艺管理责任

（1）加强各分部对标准工艺应用工作的管理。国网公司分部要将标准工艺应用及施工工艺创新作为日常质量管理的重要内容，认真编制具体的检查工作计划，加强日常监督、指导，推动本区域标准工艺应用水平的提升。

（2）强化省公司对标准工艺应用工作的组织与实施。省公司要加大标准工艺应用策划，将标准工艺宣贯培训、推广应用、检查指导、考核评价等工作作为基建质量管理策划的重要内容；明确工作计划、落实具体措施；加强对工程建设管理单位和工程项目的日常监督、指导，严格考核评价，确保标准工艺应用要求在项目策划、工程设计、施工实施、工程验收各阶段的有效落实。

（3）落实建设管理单位的责任。建设管理单位工程要加强项目标准工艺应用与施工工艺创新管理，制订工程项目全面应用标准工艺和开展工艺创新的具体措施和方案，并对实施全过程进行监督、指导。

二、做好标准工艺应用宣贯和实际应用

1. 做好标准工艺应用的宣贯

（1）加强《国家电网公司输变电工程施工工艺管理办法》的宣贯。针对公司首次发布专门针对施工工艺管理的具体办法的情况，各单位要对该办法的具体内容进行全面宣贯，明确公司施工工艺管理工作的总体要求、工作目标、责任分工、具体措施、考核办法，提高对加强施工工艺管理工作重要性的认识。

（2）教育培训工作务求实效。各单位要组织相关人员按要求做好标准工艺的培训工作，省公司要将标准工艺纳入年度质量培训内容，对地市公司基建管理人员、主要设计、监理、施工单位质量管理人员进行系统培训；业主项目部要做好本项目标准工艺培训管理，结合项目特点组织对工程参建单位技术和管理人员进行相关培训；监理、施工项目部根据工程进展，结合技术交底等工作，对全体人员进行本岗位相关标准工艺知识培训。相关培训及考核要留有记录。

2. 强化标准工艺应用的全过程管理

（1）加强标准工艺应用策划。工程项目参建单位创优策划文件要编制"标准工艺应用及施工工艺创新策划"

专篇，落实过程实施与控制计划和措施，细化设计、施工、监理工作中全面落实标准工艺应用要求的工作内容、工作流程，通过认真细致的策划保证工作要求的全面落实。

（2）在施工文件中明确标准工艺要求。各参建单位要将标准工艺有关施工要点、工艺标准、观感质量等要求，全面落实到施工图纸、施工方案、监理规划、作业指导书等各类文件中，充分利用"工艺示范光盘"、全面应用"工艺标准库"、积极引用"典型施工方法库"。开展工艺设计试点工作，将标准工艺主要技术要求融入施工图。

（3）加强施工作业过程中的标准工艺应用。在施工作业过程中，加强施工单位对作业人员的培训指导和施工作业的组织管理，加强监理单位文件审查、监理旁站等环节对标准工艺应用工作的管理，全面强化对标准工艺应用的过程控制，在工程检查、验收等环节，加强对标准工艺应用措施的落实情况的检查、评价。

3. 加强标准工艺应用效果的考核

（1）对标准工艺应用率和应用效果实施目标管理。220kV及以上工程项目标准工艺应用与施工工艺创新评价等级为A类单位（标杆单位）的省级公司要达到60%，110（66）kV工程项目标准工艺应用与施工工艺创新评价等级为A类和B类的省级公司要达到60%，对C类单位则采取通报批评、强化考核、重点指导等手段促进其改善"标准工艺"应用管理工作。

（2）加大标准工艺应用考核力度。将标准工艺应用及施工工艺创新纳入省级公司的基建综合评价和同业对标指标、项目管理流动红旗竞赛评比内容、优质工程评选标准；将工程项目标准工艺应用评价结果纳入对工程参建单位履约评价内容，并与工程招标与合同管理挂钩，

推动标准工艺的深化应用。

（3）加强标准工艺应用经验的示范交流。结合标准工艺样板工程评选、项目管理流动红旗竞赛、质量监督检查、优质工程评选等质量管理工作，对标准工艺应用情况进行检查、指导；通过组织观摩、召开现场会等形式，总结交流工作经验，发挥先进项目的示范引领作用，推动施工技术水平和创新能力的持续提高。

三、深化标准工艺研究

1. 开展施工工艺回访与分析

组织对部分已投运的典型工程进行回访，专题分析存在的质量缺陷和工艺问题，在工艺方面研究提出针对性的措施，汇总整理后列入标准工艺。

2. 开展对现有标准工艺的优化与完善

统一组织对现有标准工艺成果进行优化完善。依托在建工程项目，公司基建统一组织，按专业（变电土建、变电电气、送电线路、高压电缆、换流站土建、换流站电气）组成6个课题小组，对工艺标准库进行补充、优化、完善，在此基础上积极采纳各省级公司具有地域特点的成熟工艺；继续开展典型施工方法研究，原则上每年每个省级公司负责牵头编写、审核并提交不少于一项成果，经公司审定后统一发布。

3. 开展工艺设计试点

公司基建部统一组织，依托工程项目开展工艺设计试点工作，从变电土建工程（房屋建筑工程、附属建设工程）入手，将标准工艺、强制性条文、质量通病防治等技术和工艺要求纳入施工图纸，对主要工艺单元通过设计图进行规范和固化，最终形成《输变电工程工艺设计图集》，为标准工艺在不同电压等级工程的全面应用，以及推动工厂化加工等相关工作打好基础。

第九章

变电站换流站施工先进标准工艺

第一节 标准工艺管理办法

自2005年以来，国网公司组织对输变电工程施工工艺进行了深入研究和推广应用，逐步形成了较完善的标准工艺管理和成果体系。

按照"大建设"体系建设以及国网公司进一步提高工程建设安全质量和工艺水平的要求，不断深化施工工艺的标准化研究与应用，通过"标准工艺"的研究制定、推广实施、持续完善，加大成熟施工技术的应用与交流，推动输变电工程施工技术进步，促进工程质量和工艺水平的持续提升。

一、标准工艺的含义和构成

1. 标准工艺的含义

标准工艺是对输变电工程质量管理、工艺设计、施工工艺和施工技术等方面成熟经验、有效措施的总结与提炼而形成的系列成果，由输变电工程"工艺标准库""典型施工方法""工艺设计标准图集"等组成，经国网公司统一发布、推广应用。

2. 标准工艺的特点

标准工艺具有技术先进、安全可靠、经济适用、便于推广等特点。

3. 标准工艺的作用

标准工艺是工程项目开展施工图工艺设计、施工方案制定、施工工艺选择等相关工作的重要依据。

4. 标准工艺的主要构成

标准工艺的主要构成如图1-9-1-1所示。

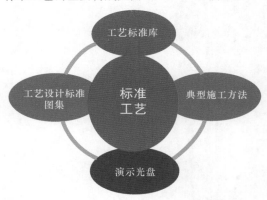

图1-9-1-1 标准工艺的主要构成

5. 标准工艺研究的方向

标准工艺研究的方向主要如下：

（1）结合"五新"应用及解决工程建设中的技术难题，开展技术创新，形成新的施工工艺。

（2）总结工程实践经验，形成实用性强、广泛适用的先进施工工艺。

（3）为消除工程质量通病，通过技术攻关，形成有效的施工工艺。

（4）分析产生质量问题的原因，在工艺方面研究提出改进措施，形成新的施工工艺。

二、职责分工

涉及工程标准工艺的单位有公司基建部、省公司级单位和建设管理单位，以及业主项目部、设计单位（设计项目部）、施工单位（施工项目部）及监理单位（监理项目部）等。它们之间的关系如图1-9-1-2所示。

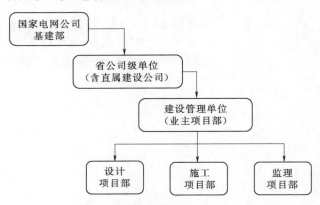

图1-9-1-2 标准工艺有关单位的层级关系

施工单位（施工项目部）的职责主要如下：

（1）开展标准工艺施工策划，负责工程项目标准工艺的具体实施，并对实施效果负责。

（2）负责标准工艺的培训、技术交底、实施检查和影像资料采集。

（3）在分包合同中明确标准工艺的实施要求。严控分包工程标准工艺应用质量。

（4）参与标准工艺的研究或补充完善工作。

三、标准工艺的应用与实施

标准工艺实施应贯穿于工程项目建设的全过程（施工准备、施工、竣工验收三个阶段），工程参建各方应明确标准工艺实施工作内容，执行工程项目标准工艺应用的评价要求。

1. 施工准备阶段各项目部工作内容

施工准备阶段各项目部工作内容见表1-9-1-1。

2. 施工阶段各项目部工作内容

施工阶段各项目部工作内容见表1-9-1-3。

3. 竣工验收阶段各参建单位工作内容

竣工验收阶段各参建单位工作内容如下：

（1）建设管理单位（部门）结合工程竣工预验收对标准工艺应用工作进行评价。

（2）参建单位在工程总结中对标准工艺实施工作进行总结。

4. 标准工艺的评价与考核

要做好标准工艺应用实施的评价与考核工作，应明确标准工艺应用率、研究得分率和应用得分率计算方式，执行评价与考核的有关规定，明确考核标准和流程，如图1-9-1-3所示。

表 1-9-1-1　　　　　　　　　　　　施工准备阶段各项目部工作内容

项目部名称	工 作 内 容
业主项目部	在工程建设管理纲要中明确标准工艺实施的目标和要求，负责组织参建各方开展标准工艺实施策划
设计单位	根据初步设计审查意见、业主项目部相关要求，全面开展标准工艺设计，确定工程采用的标准工艺项目，填写标准工艺应用统计表，见表 1-9-1-2。 在工程初步设计文件中明确标准工艺应用的要求；在施工图设计中应用标准工艺，明确主要技术要求。在施工图总说明中明确标准工艺应用清单；开展施工图标准工艺应用内部审查，审查各专业接口间的工艺配合；设计交底应涵盖标准工艺应用的相关内容
施工项目部	在工程施工组织设计中编制标准工艺施工策划章节，落实业主项目部提出的标准工艺实施目标及要求，执行施工图工艺设计相关内容。按专业明确实施标准工艺的名称、数量、工程部位等内容；制定标准工艺实施的技术措施、控制要点；策划标准工艺的实施效果和成品保护措施
监理项目部	在工程监理规划中编制标准工艺监理策划章节，按照业主项目部提出的实施目标和要求，明确标准工艺实施的范围、关键环节，制定有针对性的控制措施

表 1-9-1-2　　　　　　　　　　　　输变电工程标准工艺应用统计表
（输变电工程标准工艺应用率及应用效果评分表）

工程名称：库车 750kV 变电站工程　　　　　　　　　　　　　　　时间：2014 年 8 月 31 日

建设单位	国网新疆电力公司		设计单位	中南电力设计院	
监理单位	新疆电力工程监理有限责任公司		施工单位	国网山西送变电工程公司	
标准工艺应用数量	110 项		标准工艺实施数量	110 项	
序号	工艺编号	工艺名称	是否应用	应用效果应得分	应用效果实得分
1	0101010101	墙面抹灰			
2	0101010102	内墙涂料墙面			
3	0101010103	内墙贴瓷砖墙面			
4	0101010201	人造石材			
5	0101010303	防静电			
6	0101010304	自流平地面			
7	0101010307	水泥砂浆			
8	0101010401	涂料顶棚			

表 1-9-1-3　　　　　　　　　　　　施工阶段各项目部工作内容

项目部名称	工 作 内 容
业主项目部	业主项目部负责标准工艺应用管理工作： （1）组织参建单位开展标准工艺宣贯和培训。 （2）施工图会检时，组织审查标准工艺设计。 （3）组织对标准工艺实体样板进行检查、验收。 （4）在工程检查、中间验收等环节，检查标准工艺实施情况。 （5）组织召开标准工艺实施分析会，完善措施、交流工作经验
设计单位	设计单位参加标准工艺实施分析会，对标准工艺设计进行交底，及时解决标准工艺实施过程中相关问题
施工项目部	施工项目部负责标准工艺实施工作： （1）将标准工艺作为施工图内部会检内容进行审查，提出书面意见。 （2）在施工方案等施工文件中，明确标准工艺实施流程和操作要点。 （3）根据施工作业内容开展标准工艺培训和交底。 （4）制作标准工艺样板，经业主和监理项目部验收确认后组织实施。 （5）标准工艺实施完成并自检合格后，报监理项目部验收，并留存数码照片。 （6）参加标准工艺实施分析会，制定并落实改进工作的措施
监理项目部	监理项目部负责标准工艺实施过程管理工作： （1）对施工图中采用的标准工艺组织内部会检，提出书面意见。 （2）参加标准工艺样板验收并形成记录。 （3）对标准工艺的实施效果进行控制和验收。 （4）主持标准工艺实施分析会，及时纠偏，跟踪整改。 （5）对输变电工程标准工艺应用率及应用效果评分表进行审核

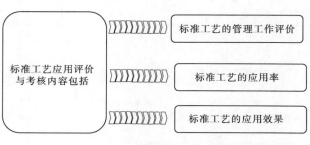

图 1-9-1-3　标准工艺的评价与考核内容

标准工艺应用得分率＝管理工作评价得分率×k_1
　　　　　　　　　　＋标准工艺应用率×k_2
　　　　　　　　　　＋标准工艺应用效果得分率×k_3

其中的 k_1、k_2、k_3 为各类评价权重系数，分别按 0.15、0.25、0.6 取值，公司进行动态调整。

（1）标准工艺应用率是指该工程已实施的标准工艺数量占应该采用标准工艺数量的百分比。

（2）管理工作评价得分率用于考核工程标准工艺管理工作。按表 1-9-1-4 的要求对业主项目部、设计、单

表 1-9-1-4　　　　　　　　　　　输变电工程"标准工艺"管理工作评价表

工程名称：

考核项目	评 分 标 准	扣分及原因
业主项目部 （20分）	在设计、监理和施工合同文件中，未明确"标准工艺"应用及奖惩要求，每份扣1分（最多扣2分）	
	未在工程建设策划文件中编制"标准工艺"策划章节、明确"标准工艺"实施的目标和要求，扣2分，针对性差扣1分	
	在工程开工前未审批参建单位标准工艺实施策划文件，每份扣1分（最多扣2分）	
	未组织参建项目部开展"标准工艺"的培训和交流，扣2分	
	施工图会检未检查"标准工艺"设计，施工图纸会检纪要无相关内容扣2分，针对性差扣1分	
	未组织对"标准工艺"实体样板进行检查、验收，扣4分，每缺一次扣1分（最多扣2分）	
	工程检查、中间验收等环节，无"标准工艺"实施情况检查内容，扣2分，针对性差、流于形式扣1分	
	是否组织召开实施分析会，交流经验，未召开扣2分	
	未在工作总结中对"标准工艺"的实施效果进行总结，扣2分，针对性差，扣1分	

位、施工项目部、监理项目部标准工艺管理工作进行评分，业主项目部、设计单位、施工项目部、监理项目部的合计得分与总分的比值为该工程的管理工作评价得分率。

其中，业主9项20分、设计9项25分、监理8项25分、施工11项30分，合计标准工艺管理工作评价总分100分。

（3）标准工艺应用效果得分率是指工程的实体工艺与"工艺标准库"要求的符合程度。评价时对工程考核范围内的标准工艺按照评分标准进行评分，所有评分项目的实际得分率的算术平均值为该工程的标准工艺应用效果得分率。

（4）输变电工程标准工艺管理工作评价表、标准工艺应用效果考核评分表实行动态管理，国网公司根据实际情况动态调整。

5. 建设管理单位标准工艺实施管理评价

工程竣工预验收时，建设管理单位（部门）组织业主、施工、监理项目部，以及设计单位对标准工艺应用情况进行评价。

（1）按表 1-9-1-4 所列全部项目对标准工艺应用管理工作进行评价，按表 1-9-2-1 中的对工程所有应采用的标准工艺进行考核。

（2）填写输变电工程标准工艺管理及实施效果评价表（表 1-9-1-5），完成依托本工程开展的标准工艺研究项目，加 2%。

表 1-9-1-5　　输变电工程标准工艺管理
及实施效果评价表

工程名称：库车 750kV 变电站工程

评价时间：　　年　月　日

监理单位	新疆电力工程监理有限责任公司	
设计单位	中南电力设计院	
施工单位	国网山西送变电工程公司	
标准工艺 应用数量	110 项	

序号	评价项目	得分率
A	管理工作得分率	96%
B	标准工艺应用率	100%
C	标准工艺实施效果得分率	99%
评价得分率 $A×0.15＋B×0.25＋C×0.6$		98.8
加分项目		实际加分
已完成依托本工程开展的标准工艺研究项目，加2%		

总体评价：

本工程标准工艺实施及效果优良，标准工艺管理工作得分率、应用率及实施效果得分率均达到目标，三个项目部及设计单位在工程建设全过程注重策划，样板引领

第二节 变 电 工 程 标 准 工 艺

一、变电土建工程

变电土建工程标准工艺见表1-9-2-1。

表1-9-2-1　　　　　　　　　　　　变电土建工程标准工艺（节选示例）

项目编号及名称	工 艺 标 准	施 工 要 点
0101010101 建筑内墙面墙面抹灰	（1）抹灰墙面光洁、色泽均匀、无抹纹、无脱层、空鼓，面层应无爆灰和裂缝、接搓平整、分格缝及灰线清晰美观。 （2）护角、孔洞、槽、盒周围的抹灰表面应整齐、光滑，管道后面的抹灰表面应平整；抹灰厚度应符合设计要求，水泥砂浆不得抹在石灰砂浆层上，罩面石灰膏不得抹在水泥砂浆层上；抹灰分格缝设置应满足设计要求，宽度和深度应均匀、表面光滑、棱角整齐；有排水要求的部位应设置滴水线（槽）应整齐顺直，滴水线应内高外低，宽度和深度应大于等于10mm。 （3）垂直度偏差≤3mm。平整度偏差≤2mm。阴阳角方正偏差≤2mm。分格条直线度偏差≤3mm。墙裙、勒角上口直线度偏差≤3mm。 （4）满足《室内装饰装修材料内墙涂料有害物质限量》（GB/T 18582—2008）和《110kV～1000kV变电（换流）站土建工程施工质量验收及评定规程》（Q/GDW 183—2008）的要求	（1）水泥宜采用32.5普通硅酸盐水泥，水泥的凝结时间和安定性复检要合格，砂采用细砂，含泥量≤1%，砂浆的配合比应符合设计要求。 （2）抹灰前应检查门窗框位置是否正确，与墙体连接处的缝隙采用1：3水泥砂浆分层嵌塞密实；将过梁、梁垫、圈梁及组合柱表面凸出部分混凝土剔平；脚手架眼应封堵严实；砖墙、混凝土墙、加气混凝土墙表面的灰尘、污垢和油渍等应清理干净，并洒水湿润。 （3）找规矩：分别在门窗口角、垛、墙面等处吊垂直、套方抹灰饼，并按灰饼充筋，以灰饼和充筋确定灰层厚度。 （4）基层处理： 1）混凝土表面应进行凿毛处理，采用机械喷涂1：1水泥砂浆（内掺适量胶粘剂）使其凝固在光滑的基层表面。 2）不同材料基体交接处表面的抹灰应采取防止开裂的加强措施；墙体与框架柱、梁的交接处采取钉钢丝网加强、钢丝网与基体的搭接宽度每边＞100mm；墙体表面应采用尼龙网格布挂网满布，由上至下，搭接宽度每边＞100mm；并采用机械喷涂1：1水泥砂浆（内掺适量胶粘剂）进行粘贴，要求牢固、紧贴墙面平整、无空鼓。 3）再次将墙面洒水湿润。 （5）抹灰： 1）先抹底灰，抹底灰应先薄薄地刮一层，接着装档、找平，再用大杠垂直、水平刮一遍，用木抹子搓毛，然后全面检查底子灰是否平整、阴阳角是否方正、管道处灰是否抹齐、墙与顶棚交接处是否光滑平整，并用托线板检查墙面的垂直与平整情况，抹灰接搓应平顺，抹灰后应及时清理散落的砂浆。 2）有分格要求的墙面应按设计要求弹线分格，粘分格条，有排水要求的部位应做滴水线（槽）。 3）当底子灰六七成干时，即可开始抹罩面灰（如底灰过干应浇水湿润）。罩面灰应两遍成活，面层砂浆的配合比严格遵照设计图纸，厚度为5～8mm为宜，抹灰时先薄薄地刮一层素水泥膏，使其与底灰粘牢，罩面灰与分格条或灰饼抹平，用杠横竖刮平，木抹子搓毛，铁抹子溜光，压实。待其表面无明水时用软毛刷蘸水垂直方向轻刷一遍，以保证面层灰的颜色一致，避免和减少收缩裂缝。 （6）养护：在抹灰24h以后喷水养护、防止空鼓开裂，养护时间不得少于7d，冬季施工要有保温措施。 （7）要保护好墙上的预埋件，电线槽盒、水暖设备和预留孔洞等，均事先粘贴好防护膜，不得随意抹死预留洞口。要保护好地面、地漏等设施，禁止直接在地面上拌灰和随意堆放砂浆

续表

项目编号及名称	工 艺 标 准	施 工 要 点
0101010102 建筑内墙面内 墙涂料墙面	（1）墙面应平整光滑、棱角顺直。颜色均匀一致，无返碱、咬色，无流坠、疙瘩，无砂眼、刷纹。 （2）涂料耐洗刷性≥1000（次）。 （3）垂直度偏差≤3mm。平整度偏差≤2mm。阴阳角方正偏差≤2mm。分格条直线度偏差≤3mm。 （4）满足《室内装饰装修材料内墙涂料有害物质限量》（GB/T 18582—2008）和《110kV～1000kV变电（换流）站土建工程施工质量验收及评定规程》（Q/GDW 183—2008）的要求	（1）涂料采用环保乳胶漆，乳胶漆性能要求：VOC含量≤100g/L。 （2）基层处理：将墙面基层上起皮、松动及空鼓等清除凿平；基层的缺棱掉角处用1∶3水泥砂浆或聚合物砂浆修补；表面的麻面和缝隙应用腻子找平，干燥后用1号砂纸打磨平整，并将残留在基层表面上的灰尘、污垢、溅沫和砂浆流痕等杂物清扫干净。基层为混凝土、加气混凝土、粉煤灰砌块时，应用1∶1水泥、细砂掺108胶水拌合后，采用机械喷涂或扫帚甩浆等方法进行墙面毛化处理，并进行洒水养护。对于砖墙，应在抹灰前一天浇水湿润；加气混凝土砌块墙面，应提前两天浇水，每天两遍以上，基层的含水率应控制在10%～15%。 （3）刮腻子的遍数应根据基层表面的平整度确定，第一遍腻子应横向满刮，一刮板接着一刮板，接头处不留槎，每一刮板收头都要干净利索。刮第二遍腻子前必须将第一遍腻子磨平、磨光，将墙面清扫干净，没有浮腻子及斑迹污染。第二遍腻子应竖向满刮，待腻子干燥后打磨平整，清扫干净。第三遍腻子用胶皮刮板找补腻子，用钢片刮板满刮腻子。墙面应平整光滑、棱角顺直。尤其要注意梁板柱接头部位及墙顶面、门窗口等阴角部位的施工质量。 （4）涂料施工前，应在门窗边框、踢脚线、开关、插座等周边粘贴保护膜或美纹胶纸，防止涂料二次污染。 （5）涂料施工时涂刷或滚涂一般三遍成活，喷涂不限遍数。涂料使用前要充分搅拌，涂涂料时，必须清理干净墙面。调整涂料的黏稠度，确保涂层厚薄均匀。 （6）面层涂料待主层涂料完成并干燥后进行，从上往下、分层分段进行涂刷。涂料涂刷后颜色均匀、分色整齐、不漏刷、不透底，每个分格应一次性完成。 （7）施工前要注意对金属埋件的防腐处理，防止金属锈蚀污染墙面。涂料与埋件应边缘清晰、整齐、不咬色
0101010401 涂料顶棚	（1）顶棚应平整光滑、棱角顺直。涂料涂饰均匀、粘结牢固，不得漏涂、透底、起皮和掉粉。颜色均匀一致，无返碱、咬色，无流坠、疙瘩，无砂眼、刷纹。 （2）涂料耐洗刷性≥1000（次）。 （3）平整度偏差≤2mm。 （4）满足《室内装饰装修材料内墙涂料有害物质限量》（GB/T 18582—2008）、《110kV～1000kV变电（换流）站土建工程施工质量验收及评定规程》（Q/GDW 183—2008）的要求	（1）涂料采用环保乳胶漆，乳胶漆性能要求：VOC含量≤100g/L。 （2）刮腻子前将顶棚清理干净，尤其是支设模、固定预埋线盒、固定预留孔洞模板的钉子，必要时要先对其进行防腐处理。 （3）梁柱边角需用石膏腻子修整找直，破损严重的要用高标号聚合物水泥砂浆修补
010101201 卷材防水	（1）屋面泛水高度：≥250mm，泛水、雨水口、透气管、出屋顶埋管等细部泛水封闭严密。 （2）平屋顶屋面排水找坡2%，天沟、檐沟纵向找坡1%。找坡应准确，排水应通畅。 （3）水落口周围500mm范围内，天沟、檐沟的拐弯处，泛水与屋面连接的阴角处均应设附加卷材。 （4）卷材防水屋面基层与突出屋面结构（女儿墙、立墙、屋顶设备基础、风道等），均做成圆弧，圆弧半径≥100mm。内部排水的水落口周围应做成略低的凹坑。 （5）铺贴搭接宽度≥100mm。平行于屋脊的搭接缝，应顺流水方向搭接；垂直于屋脊的搭接缝，应顺年最大频率风向搭接。搭接缝应错开，不得留在天沟或檐沟底部	（1）防水材料宜采用合成高分子防水卷材，厂家配套环保型粘接材料。 （2）基层处理：施工前应检查设计排水坡度、方向；所有管道、避雷设施全部安装完毕，并通过验收；所有阴阳角、管根做成圆角；做好女儿墙及压顶、人孔、设备基础、泛水收口、挑檐或留槽，同时将验收合格的基层表面尘土、杂物清理干净，基层表面应坚实，无起砂、开裂、空鼓等现象，表面干燥、含水率不大于8%。 （3）涂刷基层处理剂：按产品说明书配套使用基层处理剂，搅拌均匀，用长把滚刷均匀涂刷于基层表面上，常温经过4h后，开始铺贴卷材。 （4）铺贴附加层：在女儿墙、水落口、管根、檐口、阴阳角等细部先做附加层，附加的范围应符合设计和屋面工程技术规范的规定。 （5）铺贴卷材：卷材的材质、厚度和层数应符合设计要求。泛水高度必须≥250mm。铺贴卷材应采用与卷材配套的粘接剂。多层铺设时接缝应错开。搭接部位应满粘牢固，搭接宽度为100mm。末端收头用密封膏嵌填严密。 （6）蓄水试验：卷材铺设完毕后将屋面上灌水，蓄水深度应高出屋面最高点20mm，最少24h观察是否出现渗漏，如有渗漏及时处理。 （7）屋面保温层干燥有困难时，应采用排气措施

续表

项目编号及名称	工 艺 标 准	施 工 要 点
010101202 刚性防水	（1）细石混凝土防水层不得有渗漏或积水现象。细石混凝土防水层表面平整度偏差≤5mm。 （2）嵌填密封材料的基层应牢固、干净、干燥，表面应平整、密实。 （3）密封材料嵌填必须密实、连续、饱满，黏结牢固，无气泡、开裂、脱落等缺陷。 （4）密封防水接缝宽度的允许偏差为±10%，接缝深度为宽度的0.5～0.7倍。 （5）嵌填密封材料表面应平滑，缝边应顺直，无凸凹不平现象	（1）防水材料可采用SF聚合物水泥防水砂浆，厚20mm＋30mm。注意：技术要求和材质要求可以根据地区特点，按国家标准调整。 （2）防水层不得有渗漏或积水现象。 （3）原材料及配合比必须符合设计要求和现行有关标准的规定。 （4）混凝土强度及试件置置必须符合设计要求和现行有关标准的规定。 （5）防水层在天沟、檐口、水落口、泛水、变形缝和伸出屋面管道的防水构造，必须符合设计要求和现行有关标准的规定。 （6）防水层表面应平整、压实抹光，不得有裂缝、起壳、起砂等缺陷。 （7）防水层的厚度和钢筋位置应符合设计要求。分格缝位置和间距应符合设计要求。 （8）刚性防水砂浆应洒水养护，不少于7d。 （9）刚性层与女儿墙之间应设置缩缝，有效断开
0101020101 户外配电装置土建工程构架及基础构架梁	（1）钢构件无因运输、堆放和吊装等造成变形及涂层脱落。 （2）构架镀锌层不得有黄锈、锌瘤、毛刺及漏锌现象。 （3）钢梁排锌孔应在出厂前封闭。 （4）钢梁应按起拱值进行地面组装。 （5）钢梁加工厂家应确保镀锌后的高强螺栓力学性能不低于设计要求，同时提供镀锌后螺栓的施工紧固力矩值。 （6）质量标准应符合《110kV～1000kV变电（换流）站土建工程施工质量验收及评定规程》（Q/GDW 183—2008）中相关要求	（1）钢梁进场时，应检查出厂合格证、安装说明书、螺栓清单等资料是否齐全。 （2）主材钢管应对接环形焊缝安排练工人认真施焊，并抽样做射线探伤检查，以确保焊接质量。钢梁支座制作时应保证端部加劲肋与钢管环行焊缝的密闭性，主材钢管的所有环型焊接应保证密闭。 （3）复验支座及支撑系统的轴线、标高、水平度等，超出允许偏差时，做好技术处理。 （4）钢梁及构件在搬运和卸车时，严禁碰撞和急剧坠落，并且在钢梁与运送车体之间加衬垫，以防构件变形及镀锌脱落。 （5）选择好吊点位置防止构件变形、失稳，必要时应采取加固措施。 （6）组装时要严格按照施工图纸要求，对号入座，并严格控制预起拱高度。重点检查组装工艺，螺栓紧固情况，螺纹严禁进入剪切面。 （7）钢管构架梁组装时连接牢固，无松动现象，应使用高强螺栓，并使用力矩扳手对称均匀紧固。螺栓紧固力矩应符合设计要求，力矩扳手使用前应进行校验螺栓紧固分两次进行，第一次进行初紧（紧固力矩为额定紧固力矩的一半），最后进行终紧（额定紧固力矩）。 （8）起吊时要缓缓起钩，构架梁两侧挂牵引绳牵引构件空中摆动及就位动作。 （9）构架吊装及找正严格控制误差，柱与梁组装经检验合格后再正式紧固。 （10）安装螺栓孔不允许用气割扩孔，永久性螺栓不得垫两个以上垫圈，螺栓外露丝扣长度不少于2～3扣
0101020102 构架柱（钢管结构）	（1）钢构件无因运输、堆放和吊装等造成变形及涂层脱落。 （2）构架镀锌层不得有黄锈锌瘤、毛刺及漏锌现象。 （3）单节构件弯曲矢高偏差控制在$L/1500$（L为构件的长度）以内，且≤5mm，单个构件长度偏差≤3mm。 （4）柱脚底板螺栓孔径偏差控制在±0.5mm以内，螺栓孔位置偏差≤1mm。 （5）构架接地端子高度及方向应统一。 （6）构架排锌孔应在出厂前封闭。 （7）构架柱应按设计要求设置排水孔和灌浆孔。 （8）构架加工厂家应确保镀锌后的高强螺栓力学性能不低于设计要求，同时提供镀锌后螺栓的施工紧固力矩值。 （9）构架柱法兰顶紧接触面≥75%紧贴，且边缘最大间隙≤0.8mm。 （10）质量标准应符合《110kV～1000kV变电（换流）站土建工程施工质量验收及评定规程》（Q/GDW 183—2008）中相关要求	（1）构架进场时，应检查出厂合格证、安装说明书、螺栓清单等资料是否齐全。 （2）复测基础标高、轴线，检查预埋螺栓位置及露出长度等，超出允许偏差时，应做好技术处理。 （3）进场时检查钢柱镀锌质量、弯曲矢高等符合要求钢柱在搬运和卸车时，严禁碰撞和急剧坠落 （4）钢管构架柱组装时连接牢固，无松动现象，应使用高强螺栓，并使用力矩扳手对称均匀紧固螺栓紧固力矩应符合设计要求，力矩扳手使用前应进行校验。螺栓紧固分两次进行，第一次进行初紧（紧固力矩为额定紧固力矩的一半），最后进行终紧（额定紧固力矩）。 （5）钢管构架柱吊装前根据高度、杆型、重量及场地条件等选择起重机械，并计算合理吊点位置、吊车停车位置、钢丝绳及拉绳规格型号等。在钢管构架的吊点处宜采用合成纤维吊装带绕带两圈，再通过吊装U形环与吊装钢丝绳相连，以确保对钢柱镀锌层的保护。 （6）当A形杆立起后必须设置拉线，拉线紧固前应将A形架构基本找正，拉线与地面的夹角小于45°。 （7）构架柱的校正采用两台经纬仪同时在相互垂直的两个面上检测。校正时从中间轴线向两边校正，每次经纬仪的放置位置应做好记号，避免造成误差。校正时应避开阳光强烈的时间进行。 （8）构架柱校正合格后： 1）采用地脚螺栓连接方式时，进行地脚螺栓的紧固，螺栓的穿向垂直由下向上，横向同类构件一致。紧固螺栓后，应将外露丝扣冲毛或涂油漆，以防螺栓松脱和锈蚀。 2）采用插入式连接方式时，应清除杯口内的泥土或积水后进行二次灌浆，灌浆时用振动棒振实，不得碰击木楔，并及时留置试块

续表

项目编号及名称	工 艺 标 准	施 工 要 点
0101020104 变电构架基础	（1）基础混凝土强度等级符合设计要求。 （2）基础表面光滑、平整、清洁，颜色一致。无明显气泡、无蜂窝、无麻面、无裂纹和露筋现象。 （3）模板接缝与施工缝处无挂浆、漏浆现象。 （4）地脚螺栓轴线偏差 0～2mm，垂直度偏差 0～1mm，标高偏差 0～1mm。 （5）质量标准应符合《110kV～1000kV 变电（换流）站土建工程施工质量验收及评定规程》(Q/GDW 183—2008)中相关要求。如施工图纸中对偏差有具体要求，应满足较高标准	（1）材料：宜采用普通硅酸盐水泥，强度等级不小于 40.5。粗骨料采用碎石或卵石，当混凝土强度不小于 C30 时，含泥量≤1%；当混凝土强度不于于 C30 时，含泥量≤2%。细骨料应采用中砂，当混凝土强度不小于 C30 时，含泥量≤3%；当混凝土强度不大于 C30 时，含泥量≤5%。宜采用饮用水拌合，当采用其他水源时水质应达到现行《混凝土用水标准》(JGJ 63) 的规定。 （2）模板采用 15mm 厚度以上胶合板或工具式钢模板，表面平整、清洁、光滑。钢模板使用前表面须刷隔离剂。 （3）混凝土分层浇筑，分层厚度为 300～500mm，并保证下层混凝土初凝前浇筑上层混凝土，以避免出现冷缝。振捣时尽量避免与钢筋及螺栓接触。 （4）混凝土顶标高用水准仪控制，表面用铁抹原浆压光，至少赶压三遍成活。 （5）混凝土表面采取二次振捣法。 （6）基础混凝土应根据季节和气候采用相应的养护措施，冬期施工应采取防冻措施。 （7）若采用地脚螺栓连接： 1）螺栓定位采用独立支撑架，定型机加工孔洞套板，定位系统须有偏差微调措施。 2）螺栓定位用全站仪检查或用经纬仪从两个方向检查。混凝土浇筑完后用相同方法复查。 3）混凝土浇筑前螺栓丝扣须包裹塑料布，基础施工完后丝扣须做防锈处理，并用柔性材料包裹后安套管保护。 （8）若采用杯口基础： 1）预留杯口模板宜用胶合板或木板制作，外侧包裹塑料布或涂以油脂，以利脱模，杯底必须封严，防止混凝土渗入。 2）预留杯口模板上部固定，下部悬空，浇筑时应从杯口四周均匀下料，保证其位置、垂直度正确。 3）宜在混凝土初凝时将杯口模板松动，混凝土终凝后及时将杯口模板拔出。 4）未及安装和二次浇灌的杯口基础，过冬前应将杯口内积水清理干净，防止冻胀破坏
0101020105 保护帽（地面以上部分）	（1）采用清水混凝土施工工艺，混凝土表面光滑、平整、颜色一致，无蜂窝麻面、气泡等缺陷。 （2）外部环境对混凝土影响严重时，可外刷透明混凝土保护涂料，用于封闭孔隙、延长耐久年限。 （3）外观棱角分明，线条流畅，外形美观，使用的倒角线应坚硬、内侧光滑。 （4）全站保护帽的型式统一、高度一致	（1）材料：宜采用普通硅酸盐水泥，强度等级不小于 40.5。粗骨料采用碎石或卵石，当混凝土强度不小于 C30 时，含泥量≤1%；当混凝土强度不大于 C30 时，含泥量≤2%。细骨料应采用中砂，当混凝土强度不小于 C30 时，含泥量≤3%；当混凝土强度不大于 C30 时，含泥量≤5%。宜采用饮用水拌合，当采用其他水源时水质应达到现行《混凝土用水标准》(JGJ 63) 的规定。 （2）浇筑前检查构支架接地或电缆保护管是否做好。 （3）基础混凝土顶与保护帽下部交接处须凿毛。 （4）采用定型钢模或胶合板，胶合板模板在下料过程中必须打坡角，接缝处粘贴海绵条。模板必须固定牢固，防止浇筑时发生位移。 （5）用 $\phi30mm$ 振捣棒插入振捣，或用振捣棒从模板外侧振捣，确保浇筑质量。 （6）保护帽顶部向外找坡 5mm，以便排水。 （7）顶部做倒角时宜使用塑料角线

项目编号及名称	工 艺 标 准	施 工 要 点
0101020202 现浇清水混凝土设备基础（电抗器、GIS等大体积混凝土）	（1）长度超过 30m 的 GIS 基础应设置后浇带。 （2）基础露出地面部分采用清水混凝土施工工艺。 （3）电抗器基础预埋铁件及固定件不能形成闭合磁回路。 （4）外露基础阳角宜设置圆弧倒角，半径 20～30mm。 （5）允许偏差 1）GIS 基础水平偏差±1mm/m，总偏差在±5mm 范围内。GIS 基础预埋件中心偏差≤5mm，水平偏差 ±1mm/m，相邻基础预埋件水平偏差≤2mm，整体水平偏差≤5mm。 2）电抗器基础相间中心距离偏差≤10mm，预埋件水平偏差≤3mm，标高偏差 0～－5mm。 3）装配式电容器基础预埋件水平偏差≤2mm，中心偏差≤5mm。 4）如施工图纸和产品说明书有更高要求，应予满足	（1）材料：宜采用普通硅酸盐水泥，强度等级≥40.5。粗骨料采用碎石或卵石，当混凝土强度≥C30 时，含泥量≤1%；当混凝土强度时，含泥量≤2%。细骨料应采用中砂，当混凝土强度≥C30 时，含泥量≤3%；当混凝土强度时，含泥量≤5%。宜采用饮用水拌合，当采用其他水源时水质应达到现行混凝土用水标准的规定。掺合料宜采用细度在 20 以下的Ⅱ级粉煤灰。 （2）模板采用 15mm 厚度以上胶合板或其他大模板，表面平整、清洁、光滑。若模板表面光洁度无法达到要求时也可贴 1mm 厚 PVC 板。 （3）模板拼缝处加海绵条，板缝间要用腻子补齐后粘贴 20～50mm 宽透明胶带防止漏浆。 （4）混凝土控制配合比，调好水灰比。 （5）混凝土采用斜面分层或全面分层法浇筑。分层厚度为 300～500mm，并保证下层混凝土初凝前浇筑上层混凝土，以避免出现冷缝。振捣时尽量避免与埋件接触，严禁与模板接触。 （6）混凝土顶标高用水准仪控制，表面用铁抹原浆压光，至少赶压三遍成活。 （7）基础阳角做圆弧倒角时宜使用塑料角线。 （8）混凝土表面采取二次振捣法。 （9）大型埋件制作安装要点： 1）钢板宜用等离子切割机下料，以控制变形，下料完毕用角向磨光机将钢板四周打磨光滑平整。 2）焊接锚筋采用中间向四侧扩散的顺序，并分次跳焊，以控制焊接变形。 3）埋件安装用专用安装支架，安装支架要牢固可靠，有埋件微调措施。 4）为防止埋件下空鼓，埋件钢板必须按要求设置排气孔（小边≥300mm 的埋件均应设置，排气孔中心距埋件边缘距离≤200mm，排气孔纵、横间距≤200mm，排气孔须设于相邻锚筋中间部位，排气孔需用电钻打眼，直径≥0mm）。 5）混凝土浇筑时从埋件四周振捣，直至埋件下气体及泌水排除干净。 （10）混凝土应进行热工计算，并根据季节和气候采取相应的养护及降温措施，冬期施工应采取防冻措施。 （11）做好测温工作，以便及时改进养护措施（内外温差不超过 25℃，内底温差不超过 0℃）。 （12）冬期施工采取长时间的养护，根据测温记录，当内外温度接近时，逐步减少保温层厚，尽量延缓降温时间和速度，充分发挥混凝土的应力松弛效应
0101020501 混凝土框架清水墙砌体防火墙	（1）基础上部钢筋混凝土梁、柱次施工，表面密实光洁，棱角分明颜色一致，不得抹灰修饰。 （2）填充墙砌筑灰缝横平竖直，密实饱满，组砌正确，不应出现通缝，接槎密实，平直水平灰缝厚度和竖缝宽度宜为 10mm，且不小于 8mm、不大于 12mm。 （3）外部环境对混凝土影响严重时，可外刷透明混凝土保护涂料，用于封闭孔隙、防止大气的腐蚀、防裂缝，延长耐久年限。 （4）框架梁突出墙面时应在梁底置滴水线	（1）材料：宜采用普通硅酸盐水泥，强度等级不应低于 42.5。粗骨料采用碎石或卵石。当混凝土强度不小于 C30 时，含泥量不超过 1%；当混凝土强度小于 C30 时，含泥量不超过≤2%。细骨料应采用中砂，当混凝土强度不小于 C30 时，含泥量不超过 3%；当混凝土强度小于 C30 时，含泥量不超过 5%。宜采用饮用水拌和。当采用其他水源时水质应达到现行《混凝土用水标准》（JGJ 63）的规定。掺合料宜采用细度在 20 以下的Ⅱ级粉煤灰。填充墙应采用节能环保砖。砖块采用优等品，砖块颜色均匀，规格尺寸偏差≤2mm。砂浆配制宜采用中砂。砂的含泥量不超过 5%，使用前过筛。 （2）采用清水混凝土施工工艺。 （3）框架柱模板宜选用 15mm 以上胶板或定型模板，采用对拉螺栓配合型钢围檩的加固方式。 （4）若柱边需倒角，宜使用塑料角线，角线与模板用胶粘贴紧密，无法粘贴的接触面处夹设双道海绵密封条，与模板挤紧，防止漏浆。 （5）钢筋在绑扎过程中，所有铅丝头必须弯向柱内，避免接触模板面。 （6）混凝土控制配比，调好水灰比。 （7）柱子浇筑分层连续浇筑，每层以 500～700mm 为宜，不宜超过 1m，每小时混凝土浇筑高度不得超过 2m

续表

项目编号及名称	工 艺 标 准	施 工 要 点
0101030701 砖砌体沟壁 （电缆沟）	（1）电缆沟顺直，无明显进水；沟底排水畅通，无积水。 （2）沟道中心线位移偏差≤10mm，沟道顶面标高偏差－3～0mm。沟道截面尺寸偏差≤3mm。沟侧平整度偏差≤3mm	（1）材料：宜采用普通硅酸盐水泥，强度等级不小于42.5。采用中砂，含泥量≤5％，使用前过筛。粉刷应使用含泥量≤2％、细度模数≥2.5mm的中粗砂。采用MU15蒸压灰砂砖、混凝土砖、页岩砖。宜采用饮用水拌和，当采用其他水源时，水质应达到现行《混凝土用水标准》（JGJ 63）的规定。 （2）伸缩缝间距在无设计要求时，采用9～12m沥青麻丝嵌缝、硅酮耐候密封胶做表面填充。 （3）砌筑砂浆采用水泥砂浆，灰缝宽度为8～12mm。砌体水平灰缝的砂浆饱满度不得小于80％。 （4）沟壁砌筑临时间断处应砌成斜槎，斜槎水平投影长度不小于高度的2/3。 （5）砌体砌筑时需按照电缆支架固定螺栓位置，沿电缆沟壁浇筑两道C15细石混凝土带（宽同沟壁，高100mm）或安装预制混凝土块（带埋件），便于电缆支架固定。 （6）粉刷必须分层进行，严禁一遍成活。每层厚度宜控制在6～8mm，层间间隔时间≥24h。 （7）沟壁顶面粉刷砂浆中宜掺入抗裂纤维。内侧及沟壁顶面抹灰层应竖向留置温度伸缩缝，间距为3m，采用镶贴分格条。 （8）室外温度低于＋5℃时，不宜进行室外粉刷。 （9）压顶坐浆10～20mm，拉线找平安装。缝宽15mm，1：1防水砂浆嵌缝。 （10）变形缝按要求完成嵌缝施工后，进行土方回填
0101010103 内墙贴瓷砖 墙面	（1）瓷砖套割吻合，边缘整齐。粘贴牢固，无空鼓，表面平整、洁净、色泽一致，无裂痕和缺损。接缝应平直、光滑，填嵌应连续、密实。 （2）瓷砖吸水率≤6％。 （3）瓷砖破坏强度≥600N。 （4）垂直度偏差≤2mm。平整度偏差≤1.5mm。阴阳角方正偏差≤2mm。接缝直线度偏差≤2mm。接缝高低差≤0.5mm。 （5）满足《110kV～1000kV变电（换流）站土建工程施工质量验收及评定规程》（Q/GDW 183—2008）的要求	（1）墙砖地砖排布基本要求：宜事先预排，尽量不出现或少出现大半砖，不出现小半砖。在门旁位置应保持整砖。面砖不得吃门窗框；墙面砖压地面砖；非整砖宽度不小于整砖的1/2。 （2）墙面砖与地面砖的排砖关系：墙面砖与地面砖缝应对缝，内墙砖与地砖优先选用在一个方向上尺寸相同，地砖一般采用正方形规格。 （3）墙砖与吊顶关系：吊顶边条宜正好压墙砖平缝，显示墙面整砖为好。 （4）基层处理：检查墙面基层，凸出墙面的砂浆、砖、混凝土等应清除干净，孔洞封堵密实。光滑的混凝土表面要凿毛，再用钢丝刷清理干净，施涂界面处理剂，采用1：1水泥、细砂掺胶水拌合后，用机械喷浆，喷、涂均匀，并进行洒水养护。 （5）水平及垂直控制线、标志块：根据设计大样画出皮数杆，对窗心墙、墙垛处事先测好中心线、水平分格线、阴阳角垂直线，然后镶贴标志点。标志点间距为1.5m×1.5m或2m×3m为宜，面砖铺贴到此处时再敲掉。 （6）面砖镶贴：砖墙面要提前一天湿润好，混凝土可以提前3～4h湿润，瓷砖要在施工前浸水，浸水时间不小于2h，然后取出晾至手按砖背无水渍方可贴砖。阳角拼缝可将面砖边沿磨成45°斜角，保证接缝平直、密实。阴角应大面砖压小面砖，并注意考虑主视线方向，确保阴阳角处格缝通顺。厕所、洗浴间缝隙宜采用塑料十字卡控制。 （7）瓷砖粘贴时注意调和好黏结层的黏稠度

续表

项目编号及名称	工 艺 标 准	施 工 要 点
0101010303 贴通体砖地面	（1）地砖尺寸偏差≤1mm。 （2）地砖吸水率≤3％。 （3）地砖耐磨性≥12000转。 （4）地砖光泽度≥55。 （5）地砖破坏强度≥1300。 （6）地砖摩擦系数≥0.5。 （7）踢脚线缝与地砖缝对齐。 （8）地砖与下卧层结合牢固，不得有空鼓。地砖面层表面洁净，色泽一致，接缝平整，地砖留缝的宽度和深度一致，周边顺直。地面砖无裂缝、无缺棱掉角等缺陷，套割粘贴严密、美观。 （9）平整度偏差≤2mm。缝格平直偏差≤3mm。接缝高低差≤0.5mm。 （10）满足《110kV～1000kV 变电（换流）站土建工程施工质量验收及评定规程》（Q/GDW 183—2008）的要求	（1）将砖用干净水浸泡约 15min，捞起待表面无水再进行施工。 （2）基层表面的浮土和砂浆应清理干净，有油污时，应用 10％火碱水刷净，并用压力水冲洗干净。 （3）地面防水层完成，蓄水试验无渗漏，隐蔽验收合格；穿楼地面的管洞封堵密实。 （4）相连通的房间规格相同的砖应对缝，确实不能对缝的要用过门石隔开。 （5）地砖面层铺贴前要按照实际房间的长宽和地面预留洞口、埋件的情况进行试排试铺。有防水要求的地面，应确认找平层已排水放坡、不积水，给排水管道预埋处已做好防水处理。 （6）板材铺贴前，应对地面基层进行湿润，刷水灰比为 0.5 的水泥素浆，随刷随铺干硬性砂浆结合层，从里往外、从大面往小面摊铺，铺好后用大杠尺刮平，再用抹子拍实找平。结合层砂浆干硬程度以手捏成团，落地即散为宜。 （7）一个区段施工铺完后应挂准线调整砖缝，使缝口平直贯通。地砖铺完后 24h 要洒水 1～2 次，地砖铺完 2d 后将缝口和地面清理干净，用水泥浆嵌缝，然后用棉纱将地面擦干净。嵌缝砂浆终凝后，覆盖浇水养护至少 7d。 （8）待结合层的水泥砂浆强度达到设计要求后，经清洗、晾干后，方可打蜡擦亮。 （9）成品保护： 1）切割地砖时，不得在刚铺贴好的砖面层上操作。面砖铺贴完成后应撒锯末或其他材料覆盖保护。 2）铺贴砂浆抗压强度达到 1.2MPa 时，方可上人进行操作，但必须注意油漆、砂浆不得放在板块上，铁管等硬器不得碰坏砖面层。喷浆时要对面层进行覆盖保护
0101011307 室内接地	（1）接地干线沿墙面敷设，与墙上的预埋件焊接固定，接地体与墙面平行，缝隙均匀。接地体的转角转弯处要提前采用机械冷弯成型，接地干线连接时采用焊接，扁钢与扁钢连接时，搭接长度应不小于其宽度的 2 倍，且至少有三个棱边焊接，安装可靠牢固。 （2）室内接地带布置高度，有活动地板的房间布置在活动地板下，无活动地板的房间布置在地面上 200mm 处（插座下方），外露接地线表面涂刷黄绿相间条纹作为接地标志，条纹宽度为 50mm。安装螺栓均匀牢固，接地材料横平竖直，接地标识清楚，接地端子应引入地面，便于使用。 （3）室内接地网需与站内主接地网有效接地，并埋设接地标志。接地干线应在不同的两点及以上与接地网相连接。 （4）便于检查，敷设位置不妨碍设备的拆卸与检修。 （5）变压器室、高压配电室的接地干线上应设置不少于 2 个供临时接地用的接线柱或接地螺栓。 （6）施工质量应满足《电气装置安装工程　接地装置施工及验收规范》（GB 50169—2006）等相关规程、规定要求	（1）接地扁钢采用热浸镀锌。现场材料应有出厂合格资料，材料的规格、质量应符合要求。 （2）室内接地施工流程主要有：接地装置安装、接地网安装、接地电阻测试等。 （3）建筑物接地应和主接地网进行有效连接。暗敷在建筑物抹灰层内的引下线应有卡钉分段固定，主控室、高压室应设与主网相连的检修接地端子。 （4）明敷接地引下线及室内接地干线的支持件间距应均匀，水平直线部分 0.5～1.5m，垂直直线部分 1.5～3m；弯曲部分 300～500mm。 （5）接地网遇门处拐角埋入地下敷设，埋深 250～300mm，接地线与建筑物墙壁间的间隙宜为 10～15mm，接地干线敷设时，注意土建结构及装饰面。当接地线跨越建筑物变形缝时，应设补偿装置

项目编号及名称	工 艺 标 准	施 工 要 点
0101030201 标志墙	(1) 金属骨架连接牢固，安全可靠，横平竖直，没有弯曲和扭曲变形，焊缝质量合格。 (2) 图标、字体粘贴紧密，与复合铝塑板间无缝隙；图标、字体粘贴方正，位置正确，无偏差；图标、字体周边清洁。 (3) 轴线位移≤5mm，标高偏差－10～0mm，立面垂直度偏差≤1.5mm，表面平整度偏差≤1mm，阳角方正偏差≤2mm，接缝直线度偏差≤1mm，水平面平直度偏差≤2mm，接缝高低差≤1mm，接缝宽度偏差≤1mm	(1) 标志墙弹线施工： 1) 首先按照国家电网公司典型设计方案（简称典设方案）计算出标志牌的结构尺寸，依据当地实际情况对标识牌轴线进行复测，即从原始的坐标轴线或主控制线开始，采用经纬仪对大门及标识牌进行复测。 2) 根据施工图先放水平线，水平高度每500mm分一段，共分六段；然后再放竖线分间距，临门位置为灰色铝塑板770mm分三段，绿色铝塑板738mm分五段，再用经纬仪垂直引上，弹出墨线。 (2) 标志墙龙骨安装： 1) 按照典设方案的分块进行复合铝塑板的分块，依据分块尺寸进行轻钢龙骨安装。 2) 沿弹好的墨线，固定角码。采用化学螺栓进行固定角码。 3) 焊接龙骨：先水平后竖向。主龙骨与埋件焊接应牢固；次龙骨焊于主龙骨上形成井字格。预埋件、焊口涂刷防腐剂不少于两遍。金属骨架通过工程监理隐蔽检查合格后，方可进行下道工序。 (3) 标志牌底板安装：龙骨全部安装合格后，用电钻在龙骨上按设计的位置打眼；经检测无误后进行标识牌底板安装，并进行位置的调整；位置准确后，将底板用螺栓固定在龙骨上。 (4) 标志牌面层安装：依据典设方案在底板上安装铝塑板，安装时注意控制工艺质量。安装完毕后，在易受污染部位用胶纸贴盖或用塑料薄膜覆盖保护，易被划碰的部位设安装护栏保护。 (5) 标识及文字安装： 1) 依据典设方案进行国网标志牌及字体的安装：量取尺寸，将网标（字体）底图粘贴在标志墙上；用电钻打孔预固定标志牌和字体，局部调整，使其标志牌和字体端正。铝塑板粘贴牢固后撕去保护膜，开始安装标识及文字。 2) 根据国家电网公司典设方案将图标和字的位置找出，四周用白线弹出边线做出标记。 3) 将图标（字）背面均匀涂胶后，与铝塑板紧密粘贴，用美纹纸在图标（字）面上进行压贴，待图标（字）粘贴牢固后清除美纹纸及多余胶液
0101030802 端子箱清水混凝土基础	(1) 端子箱基础采用清水混凝土倒圆角工艺。外露阳角倒圆角，半径20～30mm。 (2) 混凝土应振捣密实，不得有蜂窝、孔洞、露筋、缝隙、夹渣等缺陷。 (3) 中心线位移≤10mm，顶面标高偏差－3～0mm，截面尺寸偏差≤5mm，平整度偏差≤3mm。预留孔洞及预埋件中心位移≤5mm	(1) 材料：宜采用普通硅酸盐水泥，强度等级不小于40.5。采用中、粗砂，含泥量≤5％。水宜采用饮用水拌和，当采用其他水源时水质应达到现行《混凝土用水标准》（JGJ 63）的规定。 (2) 定位放线：根据测量定位方格网基准点，采用经纬仪定出端子箱位置。 (3) 基槽开挖：在开挖电缆沟的同时开挖端子箱基础。 (4) 模板安装：模板支设前，在混凝土垫层上弹出基础边线及控制线，模板采用18mm木胶合板，方木背楞，φ50mm钢管加固，钢管竖、横杆间距不大于600mm，模板接缝用双面胶带挤压严密。模板安装完毕后，将端子箱基础预理铁固定在设计位置，经检查准确无误后，按照设计标高，在外壁模板上安装塑料装饰条进行倒角工艺化处理。 (5) PVC板粘贴工艺：模板组合好后内侧粘贴PVC板，粘贴前表面清理干净，满涂稀释后的树脂胶，过10～16min待涂胶呈干膜状态时，将PVC板由一边向另一边赶贴，并用橡皮锤敲击，以便粘贴牢固，不留气体。粘贴后用手推刨沿模板四周将板边刨齐、倒口，以免支模时PVC板因挤压而碎裂，支模前将PVC外层保护模揭掉。阳角采用定制PVC阴角线固定于模板内侧。 (6) 混凝土浇筑：严格控制原材料质量及搅拌质量，混凝土振捣密实、振点均匀，不漏振或过振。待混凝土初凝后收面时，对压顶倒角处进行人工二次振捣，防止倒角处气泡的产生。 (7) 养护：混凝土拆模后，覆盖塑料薄膜或加草袋进行专人养护，养护时间不少于7d。 (8) 端子箱与电缆沟连接处宜设置变形缝，采用硅酮耐候胶嵌缝

二、变电电气工程

变电电气工程标准工艺见表1-9-2-2。

表1-9-2-2　　　　　　　　　　变电电气工程标准工艺（节选示例）

项目编号及名称	工 艺 标 准	施 工 要 点
0102010101 主变压器安装	（1）防松件齐全完好，引线支架固定牢固、无损伤；本体牢固稳定地与基础配合。 （2）附件齐全，安装正确，功能正常，无渗漏油。 （3）引出线绝缘层无损伤、裂纹，裸导体外观无毛刺尖角，相间及对地距离符合GBJ 149—1990规定。 （4）外壳及本体的接地牢固，且导通良好。 （5）电缆排列整齐、美观，固定与防护措施可靠，有条件时采用封闭桥架，本体上消防感应线排列美观	（1）变压器运输无异常，冲击记录仪数值符合要求。 （2）基础（预埋件）水平误差不大于5mm。 （3）本体就位、附件吊装应满足产品说明书的要求，接口阀门密封、开启位置应预先检查。 （4）附件安装前应经过检查或试验合格。新到绝缘油应按规范抽检，并符合相关标准。 （5）现场安装涉及的密封面应清洁，密封圈处理、螺栓紧力矩应符合产品说明书和相关规范的要求，安装涉及的密封面应检查复紧螺栓，确保密封性。 （6）抽真空处理和真空注油。 1）真空残压要求：220～330kV时不大于133Pa，500kV时不大于133Pa（目标值133Pa），750kV时不大于133Pa。 2）维持真空残压的抽真空时间：220～330kV不得少于8h，500kV不得少于24h，750kV不得少于48h。 3）真空注油速率控制在6000L/h以下，一般为3000～5000L/h，真空注油过程维持规定残压。 4）500kV及以上变压器应按产品技术文件要求进行热油循环。 5）密封试验：密封试验施加压力为油箱上能承受0.03MPa，24h无渗漏。 （7）变压器注油前后绝缘油应取样进行检验，并符合国家相关标准。 （8）应按规范严格控制露空时间。内部检查应全程注入干燥空气，保持内部微正压，避免潮气侵入，且确保含氧量不小于18%。 （9）按照设计图纸和产品图纸进行二次接线，必须核对设计图纸、产品图纸与实际装置的符合性
0102010102 主变压器接地引线安装	（1）接地引线采用扁钢时，应经热镀锌防腐。 （2）接地引线与设备本体采用螺栓搭接，搭接面紧密。 （3）接地体横平竖直，简捷美观。 （4）本体及中性点需两点接地，分别与主接地网的不同网格相连。 （5）接地引线地面以上部分应用黄绿接地漆标识，接地漆的间隔宽度、顺序一致。 （6）110kV及以上变压器的中性点、夹件接地引下线与本体可靠绝缘。 （7）钟罩式本体外壳在下法兰螺栓处做可靠接地跨接。 （8）按运行要求设置试验接地端子	（1）用于地面以上的镀锌扁钢应进行必要的校直。 （2）扁钢弯曲时，应采用机械冷弯，避免热弯损坏镀锌层。 （3）焊接位置及镀锌层破损处应防腐。 （4）接地引线颜色标识应符合规范
0102010201 主变压器中性点隔离开关安装	（1）支柱绝缘子垂直于底座平面（误差不大于1.5mm/m）且连接牢固，瓷柱弯曲度控制在规定的范围内。 （2）瓷柱与底座平面操作轴中连接螺栓应紧固。 （3）导电部分的软连接可靠，无折损。 （4）接线端子清洁、平整，并涂有电力复合脂。 （5）操动机构安装牢固，固定支架工艺美观，机构轴线与底座轴线重合，偏差不大于1mm。 （6）电缆排列整齐、美观，固定与防护措施可靠。 （7）设备底座及机构箱接地牢固，导通良好。 （8）操作灵活，触头接触可靠。 （9）需要设置放电间隙的，放电间隙横平竖直，固定牢固，间隙距离符合《交流电气装置的过电压保护和绝缘配合》（DL/T 620—2016）的要求	（1）支架标高偏差不大于5mm，垂直度偏差不大于5mm。顶面水平度不大于2mm/m。 （2）所有安装螺栓力矩值符合产品技术要求。 （3）检查处理导电部分连接部件的接触面，用细砂纸清除氧化物，清洁后涂以复合电力复合脂连接，动静触头接触面氧化物清洁光滑后涂上薄层中性凡士林油。 （4）隔离开关调整： 1）接地开关转轴上的扭力弹簧或其他拉伸式弹簧应调整到操作力矩最小，并加以固定。 2）接地开关垂直连杆与机构间连接部分应紧固、垂直，焊接部位应牢固、平整。 3）轴承、连杆及拐臂等传动部件机械运动应顺滑，转动齿轮应咬合准确，操作轻便灵活。 4）定位螺钉应按产品的技术要求进行调整，并固定。 5）所有传动部分应涂以适合当地气候条件的润滑脂。 6）电动操作前，应先进行多次手动分、合闸，机构应轻便、灵活、无卡涩，动作正常。 7）电动机的转向应正确，机构的分、合闸应与设备的实际分、合闸位置相符。 8）电动操作时，机构动作应平稳，无卡阻、冲击异常声响等情况

续表

项目编号及名称	工　艺　标　准	施　工　要　点
0102020201 配电柜安装、配电盘安装	（1）盘、柜体底座与基础连接牢固，导通良好，可开启屏门用软铜导线可靠接地。 （2）盘、柜面平整，附件齐全，门锁开闭灵活，照明装置完好，柜前后标识齐全、清晰。 （3）盘、柜体垂直度误差小于1.5mm/m，相邻两柜顶部水平误差小于2mm，成列柜顶部水平误差之5mm；相邻两柜盘面误差小于1mm，成列柜面盘面误差小于5mm，相间接缝误差小于2mm	（1）基础槽钢与主接地网连接可靠。 （2）户内屏柜固定宜采用螺栓，不宜点焊。 （3）紧固件应经热镀锌防腐处理。 （4）所有安装螺栓紧固可靠
0102020202 二次回路接线	（1）电流回路应采用电压不低于500V的铜芯绝缘导线，其截面不应小于2.5mm^2；其他回路截面不应小于1.5mm^2。 （2）连接门上的电器等可动部位的导线应采用多股软导线，敷设长度应有适当裕度；线束应有外套塑料管等加强绝缘层；与电器连接时，端部应绞紧，并应加终端附件或搪锡，不得松散、断股；在可动部位两端应用卡子固定。 （3）电缆排列整齐，编号清晰，无交叉，固定牢固，不得使所接的端子排受到机械应力。 （4）芯线按垂直或水平有规律地配置，排列整齐、清晰、美观，回路编号正确，绝缘良好，无损伤。 （5）强、弱电回路，双重化回路，交直流回路不应使用同根电缆，并应分别成束分开排列。 （6）每个接线端子的每侧接线宜为1根，不得超过2根。 （7）二次回路接地应设专用螺栓，接至专用接地铜排	（1）电缆号牌、芯线和所配导线的端部的回路编号应正确，字迹清晰且不易脱色。 （2）芯线接线应准确、连接可靠，绝缘符合要求，盘柜内导线不应有接头，导线与电气元件间连接牢固可靠。 （3）对于插接式端子，不同截面的两根导线不得接在同一端子上；对于螺栓连接端子，需将剥除护套的芯线弯圈，弯圈的方向为顺时针，弯圈的大小与螺栓的大小相符，不宜过大，当接两根导线时，中间应加平垫片。 （4）引入屏柜、箱内的铠装电缆应将钢带切断，切断处的端部应扎紧，并应将钢带端接地。 （5）备用芯长度应留有适当余量（宜与最长芯长度一致或留至柜顶）。 （6）带有屏蔽的控制电缆，其屏蔽层、屏蔽芯应采用接地螺栓接至专用接地铜排
0102010203 箱柜安装及接线	（1）箱柜安装应垂直（误差不大于1.5mm/m）、牢固、完好，无损伤。 （2）宜采用螺栓固定，不宜采用点焊。 （3）箱柜底座与主接地网连接牢靠，可开启门应用软钢导线可靠接地。 （4）成列箱柜应在同一轴线上。 （5）电缆排列整齐、美观，固定与防护措施可靠	（1）型钢基础水平误差不大于1mm/m，全长误差不大于2mm，型钢基础不直度误差不大于1mm/m，全长不直度误差不大于5mm。 （2）基础上如无预埋型钢可采用膨胀螺栓固定
0102030204 软母线安装	（1）导线无断股、松散及损伤，扩径导线无凹陷、变形。 （2）绝缘子外观、瓷质完好无损，铸钢件完好，无锈蚀。 （3）连接金具与导线匹配，金具及紧固件光洁，无裂纹、毛刺及凸凹不平。 （4）引下端子应正对下方（设计有其他要求时按设计），无变形、损坏。 （5）绝缘子串可调金具的调节螺母紧锁。 （6）母线三相弛度一致，符合设计要求，允许误差+5%～-2.5%	（1）挡距测量数据必须准确。 （2）绝缘子串组装用的连接金具、螺栓、销钉等必须符合国家标准，球头挂板等应匹配，碗头开口方向一致，弹簧销应有足够的弹性，闭口销必须分开，并不得有折断或裂纹，严禁用线材代替。 （3）导线外观应完好，展放时应采取防止磨损的措施。 （4）线夹规格、尺寸应与导线规格、型号相符。 （5）压接模具应与被压接管配套
0102030205 悬吊式管型母线安装	（1）母线观感平直，端部整齐，挠度小于D/2。 （2）三相平行，相距一致。 （3）跳线走向自然，三相一致	（1）为满足挠度要求，必要时进行预拱。 （2）在地面上安装好金具、封端球，注意封端球的滴水孔应向下。 （3）管母应采用多点吊装，使其受力均匀，避免变形。 （4）按照设计图纸安装跳线，并对母线进行轴线和标高的调整

续表

项目编号及名称	工 艺 标 准	施 工 要 点
0102030206 支撑式管型母线安装	(1) 母线观感平直，端部整齐，挠度小于 D/2。 (2) 三相平行，相距一致。 (3) 一段母线中，除中间位置采用紧固定外，其余均采用松固定，以使母线滑动自如。 (4) 伸缩节设置正确	(1) 首先对安装好的支柱绝缘子、接地开关等母线支撑体找平，并将轴线调整至直线。 (2) 为满足挠度要求，必要时进行预拱。 (3) 在地面上安装好金具、封端球，注意封端球的滴水孔应向下。 (4) 管母应采用多点吊装，使其受力均匀，避免变形
0102030207 接地引线安装	(1) 接地引线应采用热镀锌扁钢。 (2) 接地引线与设备本体采用螺栓搭接，搭接面紧密。 (3) 接地体横平竖直、工艺美观。 (4) 接地引线地面以上部分应采用黄绿接地漆标识，接地漆的间隔宽度、顺序一致	(1) 用于地面以上的镀锌扁钢应进行必要的校直。 (2) 扁钢弯曲时，应采用机械冷弯，避免热弯损坏锌层。 (3) 焊接位置及锌层破损处应可靠防腐
0102100102 悬吊式阻波器安装	(1) 阻波器悬吊垂直。 (2) 阻波器、悬垂绝缘子串完好，无裂纹；线圈无变形，绝缘漆完好	(1) 绝缘子必须通过耐压试验，瓷件、法兰应完整无裂纹，胶合处填料完整，结合牢固。 (2) 组装绝缘子串用的螺栓、销钉及锁紧销等必须符合现行国家标准，球头挂环、碗头挂板及锁紧销等应互相匹配，弹簧销应有足够弹性，闭口销必须分开，并不得有折断及裂纹。 (3) 均压环、屏蔽环等保护金具应安装牢固，位置应正确，寒冷地区均压环应有滴水孔。绝缘子串吊装前应清擦干净。 (4) 悬式阻波器主线圈吊装时，其轴线宜与地面垂直
0102100103 电压互感器	(1) 设备外观清洁，铭牌标志完整、清晰，底座固定牢靠，受力均匀。 (2) 并列安装的应排列整齐，同一组互感器的极性方向一致。 (3) 二次接线盒、铭牌等的朝向一致，并符合设计要求。 (4) 本体与接地网两处可靠接地，电容式套管末屏、电压互感器的N端、二次备用线圈一端可靠接地。 (5) 相色标志正确	(1) 支架标高偏差不大于5mm，垂直度偏差不大于5mm，相间轴线偏差不大于10mm，顶面水平度偏差不大于2mm/m。 (2) 所有安装螺栓力矩值符合产品技术要求

三、换流站电气工程

换流站电气工程标准安装工艺见表1-9-2-3。

表1-9-2-3　　　　　　　换流站电气工程标准安装工艺（节选示例）

序号	工艺名称	标 准 安 装 工 艺
		换流变压器、油浸式平波电抗器
1	升高座、套管等附件试验及安装：密封处理	(1) 所有法兰连接处必须用耐油密封垫（圈）密封，密封垫（圈）必须无扭曲、变形、裂纹和毛刺，密封垫（圈）必须与法兰面的尺寸相配合。 (2) 现场安装必须使用全新的密封垫（圈）。 (3) 法兰连接面必须平整、清洁，密封垫（圈）必须擦拭干净，安装位置必须正确
	升高座、套管等附件试验及安装：冷却器安装	(1) 外观检查无变形，法兰端面平整。 (2) 油泵转向必须正确，转动时必须无异常噪声、振动或过热现象，其密封必须良好，无渗油或进气现象。 (3) 风扇电动机及叶片必须安装牢固，并必须转动灵活、无卡阻，转向必须正确。 (4) 油流继电器密封良好，动作可靠。 (5) 管路中的阀门必须操作灵活，开闭位置正确，阀门及法兰连接处必须密封良好。 (6) 外接管路内壁清洁，流向标志正确
	升高座、套管等附件试验及安装：储油柜安装	(1) 检查内部清洁，应无杂物。 (2) 胶囊或隔膜清洁、无变形或损伤。 (3) 胶囊口密封后无泄漏，呼吸畅通。 (4) 油位计反映真实油位，不得出现假油位

序号	工艺名称	标 准 安 装 工 艺
1	升高座、套管等附件试验及安装：升高座安装	（1）接线端子外观检查牢固无渗漏油现象。 （2）绝缘筒装配正确、不影响套管穿入。 （3）法兰连接密封良好，连接螺栓齐全、紧固
	升高座、套管等附件试验及安装：套管安装	（1）套管必须清洁、无损伤，油位或气压正常。 （2）套管内穿线顺直、不扭曲。 （3）引线与套管连接处螺栓紧固，密封良好
	升高座、套管等附件试验及安装：呼吸器安装	（1）连通管必须清洁、无堵塞，密封良好。 （2）油封油位满足产品技术要求。 （3）变色硅胶必须干燥，颜色正常
	升高座、套管等附件试验及安装：有载调压开关检查	（1）操作机构固定牢固，连接位置正确，操作灵活，无卡阻现象，传动部分涂以适合当地气候条件的润滑脂。 （2）切换开关接触良好，位置指示器指示正确
	升高座、套管等附件试验及安装：压力释放阀安装	（1）压力释放装置的安装方向正确，阀盖和升高座内部清洁，密封良好。 （2）电接点动作准确，绝缘良好
	升高座、套管等附件试验及安装：气体继电器安装	继电器安装位置正确，连接面紧固、受力均匀，无渗漏
	升高座、套管等附件试验及安装：温度计安装	顶盖上的温度计插座内介质与箱内油一致，密封良好，无渗油现象；闲置的温度计座密封良好，不得进水
	升高座、套管等附件试验及安装：在线滤油机安装	滤网、机械部件检查完好
2	抽真空	（1）注油前换流变压器、油浸式平波电抗器必须进行真空干燥处理。 （2）真空残压符合产品说明书的要求，产品无规定时不大于 133Pa，持续抽真空时间符合厂家要求。抽真空时，监视并记录油箱变形，其最大值不得超过壁厚的两倍
3	真空注油	（1）在真空注油前，绝缘油必须经试验合格后方可注入换流变压器、油浸式平波电抗器中。不同牌号的绝缘油或同牌号的新油与运行过的油混合使用前，必须做混油试验。 （2）注入油的油温宜高于器身温度，注油速度必须满足厂家规定，如厂家没有规定，则不宜大于 100L/min。 （3）真空注油时根据厂家资料的规定，打开或关闭相应的阀门。 （4）油面距油箱顶的距离约为 200mm 时，停止注油或按制造厂规定执行，真空注油量和破真空方法应符合产品说明书要求，阀侧套管升高座和调压开关油箱注油按产品技术条件进行。 （5）补充油至合格位置
4	热油循环	（1）换流变压器、油浸式平波电抗器按照厂家要求进行热油循环，热油循环时，油温、油速以及热油循环的时间应符合产品技术规定。 （2）热油循环过程中，滤油机的出口温度应符合产品技术规定。 （3）热油循环时间符合产品技术规定。 （4）热油循环结束后，关闭注油阀门，开启所有组件、附件及管路的放气阀排气，当有油溢出时，立即关闭放气阀。静置 48h 后，再次排气
5	静置	静置时间应符合产品技术规定
6	整体密封试验	（1）试验压力和时间符合制造厂的规定。 （2）所有焊缝及结合面密封无渗漏
7	油试验	（1）换流变压器安装完成并静置后，须取油样进行试验，合格后方可进行特殊试验。 （2）换流变压器进行特殊试验后，须取油样进行试验，合格后方可进行牵引就位

序号	工艺名称	标　准　安　装　工　艺
8	常规试验、特殊试验	常规试验和特殊试验合格
9	牵引就位	(1) 换流变压器、油浸式平波电抗器通过对称的千斤顶顶升来安装或解除运输小车，千斤顶均匀升降，确保本体支撑板受力均匀，千斤顶顶升位置必须符合产品说明。 (2) 通过牵引设备和滑车组牵引平移换流变压器、油浸式平波电抗器，牵引位置必须符合厂家要求，地面牵引固定点和牵引设备布置合理，牵引过程平稳，牵引速度不超过 2m/min，运输轨道接缝处要采取有效措施，防止产生震动、卡阻。 (3) 如通过液压顶推装置平移换流变压器、油浸式平波电抗器，运输小车或本体推进受力点必须符合厂家要求。 (4) 严格控制换流变压器、油浸式平波电抗器就位尺寸误差，位置及轴线偏差必须符合产品技术规定，并满足阀厅设备安装对换流变套管位置的要求
10	本体固定、接地	(1) 本体及基础牢固。 (2) 设备接地引线与主接地网连接牢固、可靠，导通良好。 (3) 铁芯和夹件的接地引出套管及电压抽取装置不用时其抽出端子均应接地。 (4) 套管末屏接地牢固，导通良好
11	验收	按照相应验收规范对换流变压器整体安装情况进行实体及资料验收，应做到资料齐全规范，工艺美观，外观清洁，实体质量满足相应规范要求
换流阀安装		
1	半层阀式换流阀安装：长拉杆绝缘子安装	(1) 安装长拉杆绝缘子及金具。 (2) 通过调整套筒螺栓的旋扣并随时测量，使4个悬吊阀组的绝缘子下部螺孔处于同一水平高度
2	半层阀式换流阀安装：半层阀安装	(1) 将半层阀吊在运输车上。 (2) 起吊运输车，将半层阀与运输车吊装就位，将半层阀与上侧已经安装完成的拉杆绝缘子连接，并调节水平。在提升和组装时用塑料布将可控硅模块盖上。 (3) 再在其底部安装下一半层阀所用的长拉杆绝缘子和固定金具，调整绝缘子的位置，使各部分尺寸符合规定。 (4) 安装完成一侧半层阀后，再安装另一侧半层阀，两侧半层阀应调节水平，各部分尺寸符合规定。从上向下依次安装好各个半层阀，并调节完成
3	组件安装换流阀安装：阀架安装	(1) 按核实过的安装孔，进行棒式绝缘子的安装和调整，绝缘子长度、位置符合规定。通过调整套筒螺栓的旋扣，使4个悬吊阀组的绝缘子下部螺孔处于同一水平高度，棒式绝缘子的安装、调整完成。 (2) 用电动葫芦吊装阀塔顶部屏蔽罩至绝缘子下部，将棒式绝缘子与屏蔽罩连接，并调节水平。 (3) 在地面组装各排阀架，各部位尺寸及螺栓力矩符合规定，冷却支管与阀架连接位置正确，然后吊于顶部屏蔽罩架。 (4) 将安装维护平台装于相应的阀层内，并连接水平。 (5) 最后进行阀塔底部屏蔽罩的吊装。 (6) 安装完成后，进行阀架各部分进行调节和紧固，测量各部位尺寸，应符合规定
4	组件安装换流阀安装：阀层组件的安装	(1) 在阀厅环境达到规定要求，且阀架调整紧固完毕，可以进行阀组件的安装。 (2) 首先进行阀组件的绝缘屏蔽板的安装，绝缘屏蔽板安装应水平、牢固。 (3) 用专用吊具吊装可控硅组件和电抗器组件，装好一层两个半层阀并调整找平后，再装下一层。一个二重阀两侧左右逐层轮换吊装
5	阀间冷却水管安装	冷却水管之间连接时按规定进行，连接紧固、均匀，不得人为施加内应力。在阀塔及半层阀内多处设置有等电位电极，必须严格按图施工
6	光纤敷设安装	(1) 按照顺序把光纤放入光缆槽盒，光纤弯曲半径必须大于50mm，调节光纤的排列，光纤排列顺直、美观。 (2) 槽盒转弯处应将光纤用海绵或厂家专用的橡皮粒进行固定。 (3) 光纤完成后，在光缆槽内安装防火密封包，安装前必须对密封包进行绝缘电阻测量，绝缘电阻值应满足产品技术要求，否则应根据产品要求进行干燥处理。 (4) 在光缆、防火密封包安装完成后盖上光缆槽盖，并在光缆槽盒上安装密封条，槽盖安装应紧密，密封条位置均匀，固定牢固

续表

序号	工艺名称	标 准 安 装 工 艺
7	安装各层阀之间的引流部分	引流应安装平顺，无扭曲变形，接触面无缝隙，导电脂满涂均匀
8	安装避雷器	（1）从上至下进行阀避雷器的吊装，注意各节间连接拉杆和方式的不同之处。 （2）避雷器两端电气连接良好，定位螺栓应紧固，方向正确。 （3）安装阀避雷器计数器，注意计数器的接入位置
9	屏蔽罩安装	阀组件安装完成后，进行阀层外围屏蔽罩的安装和紧固。屏蔽罩安装应平整，螺栓力矩符合规定
10	悬力校验	阀塔安装完成后，可用专用工具在棒式绝缘子处，进行悬力校验，测量值符合规定
11	检查及清理	（1）按产品技术要求和施工验收规范进行检查及清理工作。 （2）在检查完毕后，最后再对阀厅、阀元件和避雷器进行清洁
12	干燥	阀安置完成后，在投运前应进行干燥，干燥时的相对湿度及干燥时间应满足要求
13	验收	按照相应验收规范对换流阀整体安装情况进行实体及资料验收，应做到资料齐全规范，工艺美观，外观清洁，实体质量满足相应规范要求
阀冷却系统安装		
1	主冷却水管安装	（1）首先进行阀塔顶部冷却水管的安装工作。第一根冷却水管定位时应按照厂家提供的安装尺寸进行。 （2）进行主冷却水管对接时，一定要仔细检查里面的垫圈是否垫正，所有螺栓紧固力矩按设计要求进行
2	设备就位	（1）当阀厅内主冷却水管与阀本体的冷却水管连接完毕，且主冷却水管已安装至阀冷却室内主泵单元设计就位位置时，方可进行主泵单元的就位工作。 （2）设备安装前应进行尺寸复核。复核无误后，进行水处理单元、离子交换单元、反渗透单元、冷却塔等设备的就位。 （3）对于水冷系统冷却塔的安装，在安装前应核实设计图纸与厂家资料是否一致，再按照设计图纸提供的安装尺寸进行，主要是确保支架安装的准确性，以保证管路连接的准确对接，冷却塔的安装的重点是防止底部渗水。 （4）对于风冷系统支架安装，应严格按照设计图纸提供的安装尺寸进行，并与厂家在支架上的标记一致，以保证风冷设备的准确就位和管路的准确对接。支架平台组装后，依次吊装散热器，要求其水平度不大于1/1000，最后安装电机。要求所有螺栓力矩值按照厂家要求进行
3	管道连接	（1）管端盖在管道系统安装时方可取下，严禁用手直接伸到管道内。 （2）管道必须彻底清洗，并用脱离子水或用干净抹布清洁，保证管路内部清洁。 （3）进行管道对接时，一定要仔细检查里面的垫圈是否垫正，所有螺栓紧固力矩按设计要求进行。 （4）所有管道连接完毕，经检查确认无误后，将主泵单元、离子交换单元、反渗透单元、水处理单元固定
4	阀冷却系统注水	（1）对阀厅外的外、内水冷系统进行注水，水质应符合要求。 （2）阀厅外的内水冷系统注水完成后，再打开主冷却水管在阀厅外的阀门，向阀厅内的管道注水，内冷水注水过程，每个阀塔上应安排人员监视有无漏水现象。应有漏水应急措施，防止水渗到可控硅本体、电抗器本体或其他设备上。 （3）系统检漏。进水完毕，向系统加以规定的水压，维持时间符合规定。如果没有渗漏，证明系统密封完好。试验、检漏完毕，向系统补水至正常水位
5	外风冷系统平台安装	对照组装图进行支架平台的组装。组装时应严格按照设计提供的安装尺寸进行，支架垂直度满足$1.5\text{‰}H$（H为支架高度），支架平台组装后，所有螺栓紧固力矩按设计要求进行
6	风冷设备安装	（1）当设备支架平台安装完毕后，开始吊装散热器。安装时应注意冷却器的安装方向和与连接管路之间的尺寸配合。吊带应挂在散热器组件专用吊点上。 （2）安装过程中应防止刮碰散热片。调整散热器与支架平台并用螺栓紧固，散热器安装的水平度偏差不应大于1/1000。风冷电机使用两台链条葫芦进行吊装、固定

序号	工艺名称	标　准　安　装　工　艺
7	冷却水管安装	（1）管路采用地面支架、墙面支架和棚顶吊架进行固定。支架应牢固，工艺美观。 （2）管路连接时要在无风无尘的环境下进行，同时保证管路连接后内部清洁，如有污染，应用纯水进行清洗合格。 （3）进行管道对接时，一定要仔细检查里面的垫圈是否垫正，所有螺栓紧固力矩按设计要求进行。 （4）管路安装应从换流阀侧开始，向循环水泵、空气冷却器方向顺序连接，安装时应按图纸要求保证管道的坡度
8	阀冷却设备安装	（1）阀冷却水循环泵组开箱后采用滚杠将其运到指定位置，根据阀厅内冷却水管位置确定其最终安装位置，位置确定后按设计要求将其固定。 （2）阀冷却系统去离子装置、过滤器、除气罐、补充水泵及补水箱和控制柜采用液压插车移运，按照图纸要求进行安装
9	试压	用带压力表的水泵在管道内建立水压至厂家或设计的规定值，进行管道渗漏检验
10	设备固定和接地	所有管路连接完毕，经检查确认无误后，按设计要求做好主要设备及冷却水管金属部分接地
11	风冷控制系统安装	进行盘柜安装、电缆敷设、回路接线检查。确认无误后，做好盘柜的接地，进行调试
12	验收	按照相应验收规范对水冷系统整体安装情况进行实体及资料验收，应做到资料齐全规范，工艺美观，外观清洁，实体质量满足相应规范要求

阀厅内管母和设备引连线安装

序号	工艺名称	标　准　安　装　工　艺
1	管母线测量、下料、安装	（1）根据设计图纸安装悬吊或支持绝缘子。悬吊式支持绝缘子底部在同一水平面上。同排悬吊或支持绝缘子必须保证在同一水平线。 （2）测量管母线的长度： 1）水平式管母线的测量，在保证工艺美观的前提下直接测量。 2）倾斜式管母线的测量。一端固定，一端自由，设 A 为固定端，B 为自由端，由于管母线不是柔性材料，所以直接测量倾斜长度为 AB，测量时必须保证自由端设备处于自然垂直状态。扣除两端金具长度 AE＋BF，再加上管母线两端露出金具的长度 DE＋FC 即可，则实际的管母线长度为 AB－（AE＋BF）＋DE＋FC＝DC。 （3）管母线下料。 1）管母线较短，则直接切割，切割后用砂布打磨干净，保证无毛刺和飞边。 2）管母线较长，则采用金具连接或氩氟焊连接。 （4）管母线安装。 1）检查管母线无氧化膜，无毛刺和飞边。 2）管形母线与金具的导电接触面应除去氧化层，均匀涂上电力复合脂。 3）保证管母线与所有悬吊管母线的悬式支持绝缘子在同一水平面上，悬式支持绝缘子受力均匀。 4）所有螺栓、垫圈、销子、锁紧螺母等应齐全、可靠，按照规定的力矩值紧固
2	引连线粗略测量	（1）首先考虑弧垂，用软皮尺等工具进行引连线的粗略测量，并适当放点余量后下料。 （2）下料即切断后需要对一个端头进行处理，达到无毛刺、无松股、无变形的要求，为引连线精确测量时先固定一端作好准备
3	根据受力情况精确测量	首先根据受力分析，人站在升降平台车上将引连线受力较大的一端按照图纸规定，插入金具内的引连线部分涂上电力脂后先固定，移动升降平台车至引连线另一端的位置处，调整好引连线的弧垂，再模拟实际受力情况，人为使另一端固定，并实际受力，不断调整，当受力较小的一端（一般都选择管母线）达到固定引连线前的水平轴线或垂直面时，则表示精确测量完成，在管母线的切面上对引连线做好标记
4	引连线精确下料	（1）引连线精确长度的计算：从引连线侧的管母线边沿处起点（以 A 点表示），测量金具从 A 点至金具的外边沿（C 点）长度为 AC，再测量引连线插入金具内的长度为 DC，另外还有一部分弧垂长度为 ED（根据弧垂的大小，引连线的长度确定，一般为固定一个经验值）。则引连线的精确长度 L＝AB－AD＋ED＝EB。 （2）下料即切断后需要对端头进行处理，达到无毛刺、无松股、无变形的效果
5	引连线安装、调整	（1）引连线在插入金具内的部分需要涂上电力脂后再紧固，此过程中保证引连线根据弯曲方向自然弯曲。 （2）安装引连线两端的金具，按照规定的力矩值对称紧固螺栓。 （3）调整分离导线的弧垂，使其保持一致性，达到受力均匀、工艺美观的效果

续表

序号	工艺名称	标 准 安 装 工 艺
6	验收	按照相应验收规范对管型母线和引接线整体安装情况进行实体及资料验收，应做到资料齐全规范，工艺美观，外观清洁，实体质量满足相应规范要求

阀厅接地施工工艺

序号	工艺名称	标 准 安 装 工 艺
1	垂直接地体处理	(1) 根据设计图纸核实垂直接地体的位置，如不适合即处理，包括弯折或重新安装。 (2) 清洁垂直接地体，并进行表面处理。 (3) 切除高于水平接地体顶面的水平接地体。 (4) 清除表面和切割面的毛刺
2	水平接地测量裁切制作	(1) 测量水平接地体（铜排）的需要尺寸。 (2) 裁切铜排。 (3) 按照走向将铜排弯折，注意弯折半径，不能出现结构破坏
3	水平接地安装	(1) 将铜排试安装至位置，标记所有螺栓孔洞。 (2) 钻孔并进行打磨。 (3) 清洁所有接触面。 (4) 安装水平接地铜排
4	接地引线测量裁切制作	(1) 按照路径测量接地引线的长度。 (2) 按照需要尺寸裁切铜线。 (3) 安装并压接铜接线端子
5	接地引线安装	(1) 安装接地引线。 (2) 墙面接地引线应用打孔金属预制件固定。 (3) 紧固所有螺栓，力矩应符合规范要求。 (4) 阀厅内下述物体均应接地： 1) 开关设备的端子箱、机构箱、动触头均压罩、万向节及开关本体。 2) 端子箱外壳所有设备的安装底板（金属件）。 3) 门、窗（包括排烟窗、卷帘门、密封门、观察窗）的金属部件
6	验收	(1) 施工图纸和设计变更、安装记录、隐蔽工程签证、材料质保资料等需整理归档。 (2) 验收时，接地方式符合设计要求，接地连接可靠，材料规格符合设计要求，防腐措施完好，标识齐全明显，焊接试品试验合格

直流工程 GIS 室内接地施工典型工艺

序号	工艺名称	标 准 安 装 工 艺
1	施工准备	(1) 技术准备：按要求编写作业指导书，并进行施工前交底。 (2) 机具准备：铜排立弯机、铜排折弯机、切割机、焊接设备。 (3) 材料准备：铜排、接线螺栓、接地铜线、铜接线端子
2	接地引上线（垂直接地体）处理	(1) 根据设计图纸核实垂直接地体的位置，如不适合即处理，包括弯折或重新安装。 (2) 清洁垂直接地体，并进行表面处理。 (3) 切除超出水平接地体外边缘的部分。 (4) 清除表面和切割面的毛刺
3	水平接地测量裁切制作	(1) 测量水平接地体（铜排）的需要尺寸。 (2) 裁切铜排。 (3) 按照走向将铜排弯折，注意弯折半径，不能出现结构破坏。 (4) GIS 室内地面应采取立弯方式
4	水平接地安装（控制要点）	(1) 将铜排试安装至位置。 (2) 清洁所有接触面。 (3) 焊接铜排。铜排焊接前应先制作成"Z"形前口，弯折厚度应等于铜排厚度，保证铜排焊接安装后紧贴地面。铜排焊接应使用四边焊接，或使用接触面直接焊接的方式。 (4) 铜排固定。焊接完成后，应用带绝缘材料护圈的平头螺钉将其固定到地面，螺钉顶面不应高出铜排。 (5) 铜排不应从外部直接穿越 GIS 室内的主电缆沟。穿越支沟时，应紧贴电缆沟盖板表面。 (6) 不同间隔间的铜排连接应从电缆沟连接，避免出现长距离横跨通道的情况

序号	工艺名称	标 准 安 装 工 艺
5	接地引线裁切制作	(1) 按照路径测量接地引线的长度。 (2) 按照需要尺寸裁切铜线。 (3) 安装并压接铜接线端子
6	接地引线安装	(1) 安装接地引线。 (2) 紧固所有螺栓，力矩应符合规范要求。 (3) GIS 室内下述物体均应接地： 1) 开关设备的端子箱、机构箱、设备本体。 2) 金属电缆槽合。 3) 金属立柱、设备本体上的走道和楼梯踏步
7	验收	(1) 施工图纸和设计变更、安装记录、隐蔽工程签证、材料质保资料等需整理归档。 (2) 验收时，接地方式符合设计要求，接地连接可靠，材料规格符合设计要求，防腐措施完好，标识齐全明显，焊接试品试验合格
室外设备、二次设备接地施工工艺		
1	施工准备	(1) 技术准备：按要求编写作业指导书，并进行施工前交底。 (2) 机具准备：立弯机、折弯机、切割机、焊接设备。 (3) 材料准备：铜排、接线螺栓、接地铜线、铜接线端子
2	接地引上线处理	(1) 根据设计图纸核实垂直接地体的位置，如不适合即处理，包括弯折或重新安装。 (2) 清洁垂直接地体，并进行表面处理。 (3) 切除多余部分。 (4) 清除表面和切割面的毛刺
3	接地线测量裁切制作	(1) 测量接地体（铜排）的需要尺寸。 (2) 裁切铜排。 (3) 按照走向将铜排弯折，注意弯折半径，不能出现结构破坏。接地线与沿各支架及底座间距应均匀，根据实际情况选择立弯和平弯
4	接地线安装（控制要点）	(1) 将铜排试安装至位置。 (2) 清洁所有接触面。 (3) 铜排安装。 (4) 按照路径测量接地引线的长度。 (5) 按照需要尺寸裁切铜线。 (6) 安装并压接铜接线端子。 (7) 安装接地引线。 (8) 紧固所有螺栓，力矩应符合规范要求
5	验收	(1) 施工图纸和设计变更、安装记录、隐蔽工程签证、材料质保资料等需整理归档。 (2) 验收时，接地方式符合设计要求，设备外亮的金属部分接地连接可靠，材料规格符合设计要求，防腐措施完好，标识齐全明显，焊接试品试验合格

第三节　创优示范工程

一、创优示范工程应具备的条件

国家电网公司输变电工程优质工程，也称"创优示范工程"，代表着当前国网公司输变电工程质量管理的先进水平。

国网创优示范工程项目应具备如下条件：

（1）满足《国家电网公司输变电工程优质工程评定管理办法》确定的输变电优质工程命名条件。

（2）工程过程管理严格、规范，优质工程得分率排名在同批项目前列。

（3）100％应用标准工艺并取得预期成果，建筑和安装做到一次成优。

（4）国网公司当期的创新质量管理措施、重点工作要求在项目中得到有效实施。

（5）参建单位质量管理体系和职业健康安全管理体系覆盖项目安全质量管理关键要素并有效运行。

（6）设备交接试验和试运行一次通过，实现"零缺陷"移交；运行考核期各项指标优良。

二、国网创优示范工程申报和过程管理

1. 国网创优示范工程申报项目和名额

（1）满足上报范围、且属于公司优质工程评定范围

内的输变电工程新建项目均可申报。项目包划分按照评优办法确定。

（2）省公司级单位应在每年 12 月 20 日、6 月 20 日前，报送下一半年度开工的"创优示范工程"申报意向项目。每个单位每年两次申报总计不超过 4 个项目。

（3）国网公司对各单位申报的项目汇总、审核后，发布"创优示范工程"建设项目名单。特殊情况需要调整的，应在调入项目开工前提出。

（4）省公司级单位统计汇总年度优质工程评定项目和上报当期优质工程评定范围项目时，应包括满足优质工程评定要求的"创优示范工程"申报意向项目。

2. 国网创优示范工程过程管理

（1）应按照国网公司优质工程评定标准的要求，严格落实各项管理制度和阶段性要求，加强建设现场管控。

（2）国网公司结合流动红旗检查、飞行检查、各项督查等工作对"创优示范工程"参评项目至少组织一次过程检查，检查结果按优质工程评定标准打分、排序。

（3）利用月度分析点评会等平台，有关单位对"创优示范工程"创建情况进行展示、汇报。

（4）申报"创优示范工程"的项目在工程建设和运

行考核期发生不满足获奖条件的情况时，该单位当期不得调整项目。

3. 创优示范工程管理要点

为了确保质量目标的顺利实现，在工程质量各项保证措施的基础上制定工程创优措施。其主要内容如图 1-9-3-1 所示。

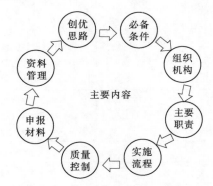

图 1-9-3-1 创优示范工程管理要点

4. 做好创优示范工程管理工作

做好创优示范工程管理工作的程序和要求如图 1-9-3-2 所示。

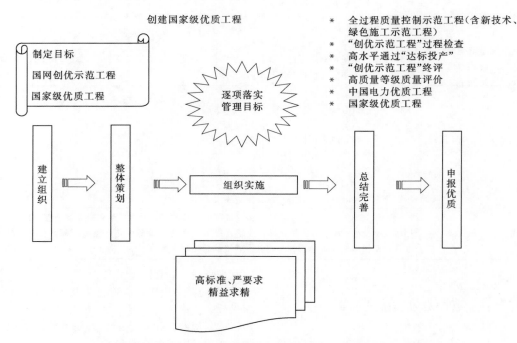

图 1-9-3-2 创优示范工程管理工作程序和要求

三、国网创优示范工程核检和命名

（1）"创优示范工程"项目评选与公司优质工程最终核检同步进行，但不作为优质工程评定抽取样本项目（即"创优示范工程"项目为必检项目）。

（2）"创优示范工程"与同批优质工程一并评分、排名。满足下列条件的项目为进入评定命名环节的必要条件：项目排名名次 N_1（比如第 27 名）≤当期纳入"创优示范工程"核检范围项目总数 N（比如 38 项）。

（3）每年年底，对进入评定命名环节的"创优示范工程"申报项目进行最终评分、排序。最终评分按下式确定：

$$最终评分＝k_1×核检评分＋k_2×过程评分$$

其中：k_1、k_2 暂按 $k_1＝0.6$，$k_2＝0.4$ 取值，并根据实际

情况进行调整（对于 2015 年 1—6 月投运且建设过程未安排检查的项目，$k_1=1$，$k_2=0$）。

排序在国网公司年度"创优示范工程"控制名额范围内的项目具备命名条件。

（4）符合命名条件的项目通过公示、征求总部有关部门意见等批准程序后，发文授予"国家电网公司输变电创优示范工程"称号。

四、国网创优示范工程其他规定

（1）"创优示范工程"评定结果纳入省公司同业对标考核指标。

（2）获得"创优示范工程"称号的工程项目，如在运行期间发生由于工程建设原因导致设备或电网事故，取消其"创优示范工程"称号，并纳入当年相关考核。

（3）未获得"创优示范工程"的输变电工程项目原则上不参与申报国家级奖项。

第四节　优质工程评定否决项清单

国家电网公司基建部于 2015 年印发《国家电网公司优质工程评定"否决项"清单》的通知，要求全面落实"过程创优、一次成优"的管理要求，持续提升公司优质工程创建水平。

优质工程评定"否决项"清单分为综合管理、施工过程质量控制与检测资料、现场实物质量三大项共 20 条。每条分为检查和判定要求。每一条都具有否决优质工程命名的否决权。

一、综合管理

（一）工程合法性文件

（1）检查。检查时调阅工程项目可行性研究批复、核准文件。

（2）判定。不能提供原件或复印件的，不予以优质工程命名。

（二）数码照片管理

（1）检查。检查业主、施工、监理项目部采集的数码照片。通过对照片 EXIF 属性的检查，判定是否存在替代、补拍、合成等情况。

（2）判定。替代、补拍、合成等数码照片多于 10 张，或照片数量总体不足应有照片总数 50% 的，不予以优质工程命名。

二、施工过程质量控制与检测资料

（一）主要材料设备试验报告

1. 与结构强度有关的试验报告缺失或报告结论"不合格"

（1）检查。抽查混凝土强度、钢筋连接、螺栓机械强度试验报告等。

（2）判定。报告数量不全、不能提供原件，或报告

结论"不合格"仍用于工程的，不予以优质工程命名。

2. 重要设备出厂试验报告、施工试验报告或检测报告缺失或报告结论"不合格"

（1）检查。全数检查变压器的出厂试验报告、运输冲撞记录；检查 GIS 的出厂试验报告、SF_6 出厂合格证、运输冲撞记录；检查 PT、CT 的出厂试验报告；检查耐张线夹液压试验报告、变压器油样试验报告、变压器局放及绕组变形试验报告、电气一次设备交接试验报告、保护调试报告等施工过程试验检测报告。

（2）判定。报告数量不全、未提供报告原件或报告结论"不合格"仍然安装使用的，不予以优质工程命名。

3. 主要材料进场记录和检验报告缺失或报告结论"不合格"

（1）检查。抽查水泥、钢材等主要材料跟踪台账、材料出厂证明、复试报告等。

（2）判定。无质量证明文件、未按规定进行复试或报告结论"不合格"仍用于工程的，不予以优质工程命名。

（二）隐蔽工程记录

隐蔽工程验收记录与工程实际严重不符。

（1）检查。检查地基验槽、钢筋工程、地下混凝土工程、防水、防腐、主接地网、直埋电缆、封闭母线等隐蔽工程记录。

（2）判定。隐蔽记录数量不全、记录内容缺失累计达 10% 以上，或检查记录与相关数码照片、图纸不吻合的，不予以优质工程命名。

三、现场实物质量

（一）变电站工程

1. 现浇混凝土构件表面二次抹面修饰

（1）检查。检查建（构）筑物基础等混凝土构件。

（2）判定。基础混凝土表面有除设计文件明确用于防腐等涂层外的二次抹面、喷涂等修饰情况且达三处以上，或修补面积超过该基础面积 5% 的，不予以优质工程命名。

2. 建（构）筑物渗漏水

（1）检查。检查所有建筑物屋面、楼面、墙面。

（2）判定。渗漏水的，不予以优质工程命名。

3. 建（构）筑物墙体结构裂缝

（1）×××。

（2）×××。

4. 充油（气）设备渗漏油（气）

（1）×××。

（2）×××。

5. 接地连接不符合工程建设标准强制性条文

（1）检查。全数检查变压器、油浸电抗器等设备本体、中性点系统接地；抽查 GIS 组合电器等设备接地跨接，其他设备的接地连接质量。

（2）判定。不符合工程建设标准强制性条文要求的，不予以优质工程命名。

6.软母线、引下线及跳线安装质量不符合规范要求

（1）检查。检查软母线、引下线及跳线安装质量。

（2）判定。导线断股及损伤，导线压接管飞边、毛刺以及压接管弯曲度超标的，不予以优质工程命名。

7.防火封堵不符合封堵规范要求

（1）检查：抽查电缆沟、屏柜、端子箱及就地控制柜等封堵部位。

（2）判定：未进行防火封堵，或封堵材料不符合防火要求的工程项目，不予以优质工程命名。

8.GIS伸缩节安装质量不满足规范要求

（1）检查：全数检查GIS伸缩节螺栓连接和相邻筒体高差。

（2）判定：存在筒体高低差超标、伸缩节螺栓未按要求松扣的，不予以优质工程命名。

（二）线路工程

1.基础表面二次抹面修饰

（1）检查。抽查铁塔基础。

（2）判定。基础表面二次抹面、喷涂等修饰情况且检查发现三处及以上，或基础严重破损进行修补的，不予以优质工程命名。

2.接地质量不符合工程建设标准强制性条文

（1）检查。抽查接地引下线埋深、接地电阻值、接

地连接焊接质量等。

（2）判定。搭接不符合建设工程标准强制性条文要求，接地埋设深度、接地电阻实测值不符合设计要求的，不予以优质工程命名。

3.杆塔结构倾斜超标

（1）检查。抽查铁塔结构倾斜。

（2）判定。耐张塔（转角塔、终端塔）向受力侧倾斜，或直线塔结构倾斜大于2.4‰（高塔1.2‰）的，不予以优质工程命名。

4.导线压接管质量不符合验收规范要求

（1）检查。抽查线路导线压接管工艺质量。

（2）判定。压接管弯曲度超标，或压接管毛刺、飞边未处理的，不予以优质工程命名。

5.螺栓安装质量不符合规范

（1）检查。抽查铁塔螺栓安装情况。

（2）判定。存在以小代大、螺栓紧固力矩小于规定值、螺栓不露扣的，不予以优质工程命名。

6.野蛮施工

（1）检查。检查铁塔安装工艺质量。

（2）判定。安装缺件、气割或扩孔、烧孔等，以及部件强行安装等野蛮施工情况的，不予以优质工程命名。

第十章

变电站换流站施工新技术应用案例精选

第一节 ±1100kV 昌吉换流站工程施工

一、工程概况

(一) 基本情况

±1100kV 昌吉换流站工程是目前我国在建的最高电压等级输变电工程，是新疆地区实施"疆电外送"的第二条特高压输变电工程。工程建成以来极大地推动了新疆能源基地的火电、风电、太阳能发电"打捆"外送，解决了华东地区经济高速增长和一次能源后续开发能力不足的矛盾，并对大气污染防治、拉动新疆经济增长等具有十分重要的作用，经济效益和社会效益尤其显著。

±1100kV 昌吉换流站站址位于新疆昌吉回族自治州吉木萨尔县三台乡，与五彩湾 750kV 变电站合建。新疆送变电工程公司为 ±1100kV 昌吉换流站电气安装工程 C 包施工单位，工期要求计划开工日期为 2017 年 4 月 25 日，交流投运日期为 2018 年 3 月，计划竣工日期为 2018 年 12 月 28 日。

主要工作内容如下：

(1) 极 2 换流变压器区域设备安装、试验和本体调试，构支架安装。

(2) 3 号、4 号 750kV 滤波器大组区域设备安装、试验和本体调试，构支架安装 (含 35kV 变压器系统等)。

(3) 五彩湾 750kV 变电站扩建部分全部设备安装调试工作 (含二次、保护等)。

(4) 相关区域设备接地、电缆沟内辅助设备安装。

(5) 负责乙供绝缘子串 RTV-II 涂料喷涂。

(6) 极 2 换流变降噪设备安装。

(7) 承包范围内备品备件的试验和移交。

(8) 承包区域内先期投运设备的临时隔离及恢复。

(二) 施工条件

1. 地质地貌

站址地貌单元属于冲洪积扇前缘的细土平原，表层土质松散，属于沙漠地貌，植被较好。地形平坦，地势开阔，大体由东南向西北倾斜，自然标高在 510.61～516.87m 之间，站址范围及四周均为沙生灌丛。

2. 气象条件

站址区地形地貌均为起伏的沙丘林地，最大高差 3m 以上，沙丘上生长着低矮沙柳等杂树，其间有小凹地上生长着芦苇，站址区域局部地势低洼处，积水痕迹清晰可见，站址需要考虑东南坡面洪水影响，经分析计算站址其东南面百年一遇洪峰流量为 $3m^3/s$，相应的洪水总量为 $1.9 \times 10^4 m^3$。

(1) 气象要素。吉木萨尔县属于北半球中纬度地区，气候受温带天气系统和北冰洋冷空气的影响。由于地处大陆腹地，远离海洋，故气候属中温带大陆干旱气候，其特征是冬季寒冷，夏季炎热，降水量少，日照充足，空气干燥，昼夜温差大，春夏季多风。由于地势的不同，境内的博格达高山带、中山带、山间盆地、山前平原、北部沙漠在气候上存在一定的差异，海拔 1700m 以上的山区为寒温带，海拔 1700m 以下的山间盆地、平原、沙漠为中温带。

(2) 最大风速和风压。根据吉木萨尔气象站历年平均最大风速观测资料，可求得 50 年一遇 10m 高 10min 平均最大风速为 28.8m/s，相应风压为 $0.52kN/m^2$；根据收集的五彩湾地区的测风资料，五彩湾平均风速大于吉木萨尔气象站约 2m/s，另结合附近奇台气象站及《建筑结构荷载规范》(GB 50009) 中的全国基本风压等值线图分析后认为，换流站五十年一遇 10m 高 10min 平均最大风速为 31.7m/s，相应风压为 $0.63kN/m^2$，对应气温为 -18.3℃，百年一遇 10m 高 10min 平均最大风速应为 34.1m/s，相应风压为 $0.73kN/m^2$。

3. 交通情况

站址位于三台乡五彩湾工业园区最南侧，在东方希望项目东侧，吉彩路东侧，现有 220kV 五彩湾至瑶池线路东侧 250m (最近距离)，站址距乌鲁木齐东北约 155km。进站道路拟由站区东侧吉彩路引接，该道路可满足进站道路及大件设备运输要求。

换流站新建进站道路规划引接至站区西侧的吉彩公路，新建的进站道路主要考虑施工、运行、消防、检修和大件设备运输的要求。进站道路建设标准为厂矿道路四级，即路面宽 6m，路基宽 7m，道路为郊区型沥青混凝土路面，道路两侧各设置 0.5m 宽的混凝土硬路肩。道路总长度约 355m。

进站道路起点为吉彩公路，路面标高 514.10m，终点为换流站大门，路面标高 512.65m，大件运输引接转弯半径 R=30m，道路长度约 355m，道路纵坡 1.7%；道路最大填方边坡高度 0.4m 左右，坡率 1:2，坡面做浆砌石护坡；道路最大挖方 0.7m 左右，因进站道路受坡面洪水影响，考虑到百年一遇洪水位，在挖方区设置挡墙，并在挡墙外对原自然地形进行竖向改造，避免雨水在挡墙下堆积。进站道路填方区不设排水沟，路面水向两侧散排；挖方区设置 0.5m 宽混凝土排水沟，路面水、挡墙墙面水进入排水沟收集后在大门处埋管接入站内雨水井。

4. 施工条件分析

(1) 工程技术复杂。昌吉-古泉 ±1100kV 特高压直流输电工程容量 12000MW、额定电流 5455A，承担着高压直流输电电压等级提升、容量提升技术突破的重要任务。

(2) 施工组织协调要求高。施工区工程规模宏大，施工任务艰巨，参与工程建设的、设计、监理、施工、材料设备供应单位众多，工程组织和协调面临挑战。

(3) 本工程定位是国优精品典范工程，目标高，质量工艺要求高，管理难度较大。

(4) 工期紧，施工单位多，交叉施工频繁，成品保护困难，协调难度大，要求各参建单位要密切合作，各参建单位的综合能力有了更高的要求，必须具有过硬的专业能力、高素质的协调能力和高素质的检查、监控和督促能力。

（5）在质量管理方面取得新突破，争创国家优质工程金奖，要求加强施工质量与工艺的管理，创新施工技术，强化标准工艺的应用，切实做好成品保护，现场管理难度较大。

（三）工程设计特点

换流站由北向南分别为极2高阀厅、控制楼区、极2低阀厅、控制楼区、极1低阀厅、控制楼区、极1高阀厅、控制楼区。站用电及配电装置区位于全站东侧，向东出线，直流场区位于全站西侧。站区主入口位于全站西南侧，进站道路向西直接吉彩公路。各分区以对应的站内道路为分界，并通过站内道路相互连接，使全站形成有机的整体。

本工程按照分部投运步骤，首先进行构支架的组立，然后进行3号、4号交流滤波器场设备安装，750kV部分扩建，全力配合B包进行站用电部分施工，保障交流部分按期带电。最后进行极2低端换流变施工，稳步推进双极低端带电，进行极2高端换流变施工，完成双极高端带电。

二、施工管理

（一）项目管理组织机构及职责

（1）项目管理组织机构如图1-10-1-1所示。

（2）项目管理机构部门或岗位及其职责见表1-10-1-1。

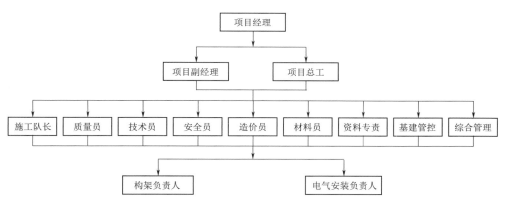

图1-10-1-1　项目管理组织机构示意图

表1-10-1-1　　　　　　　　　　　　　　项目管理机构部门或岗位及其职责

部门或岗位	职　责　和　权　限
项目部	施工项目部负责组织实施工程项目承包范围内的具体工作，履行施工合同规定的职责、权利和义务，执行施工单位规章制度，对项目施工安全、质量、进度、造价、技术等实施现场管理，对工程施工进行有效管控，确保施工各项目标的实现。 （1）贯彻执行国家、行业、地方相关建设标准、规程和规范，落实国家电网公司各项基建管理制度，严格执行施工项目标准化建设各项要求。 （2）建立健全安全、质量、环境等管理网络，落实管理责任。 （3）编制项目管理策划文件，报监理项目部、业主项目部审批并实施。 （4）负责施工项目部人员及施工人员的安全、质量培训和教育，提供必要的安全防护用品和检测、计量设备，负责工程施工安全风险识别、评估与预控，并根据动态风险等级采取相应措施，落实相应的资源保障。 （5）参加项目安委会活动；开展和参加各类安全、质量检查工作，落实标准工艺应用；推行安全文明施工标准化建设；提报安全文明施工费使用计划；按规定程序上报质量事件、安全事故（事件）；参加质量事件、安全事故（事件）调查。 （6）配合协调项目建设外部环境，重大问题报至监理、业主项目部。 （7）组织或参加各级管理部门的工程例会或专题协调会，协调解决工程中出现的问题。 （8）组织施工图预检，参加设计交底和施工图会检，严格执行施工图纸和变更。 （9）报审工程资金使用计划，提交进度款申请，配合工程结算、审计以及财务稽核工作。 （10）组织内部检查和质量评定工作，组织工程内部验收。配合各级管理部门的检查和工程验收工作，完善消缺整改闭环工作，配合工程移交。 （11）负责报送物资需求计划并根据施工进度动态调整并反馈物资供应情况。 （12）配合质量监督机构组织的质量监督活动，完善消缺整改闭环工作。 （13）负责项目投运后质保期内维修工作；参与项目投产达标和创优工作。 （14）应用基建管理信息系统，及时完成项目相关数据录入和维护。 （15）负责工程信息与档案资料的收集、整理、上报、移交工作。 （16）项目投运后，及时对项目管理工作进行工程总结。 （17）完成各级管理部门布置的其他管理工作

部门或岗位	职 责 和 权 限
项目经理	（1）施工项目经理是施工现场管理的第一责任人，全面负责施工项目部各项管理工作。 （2）主持施工项目部工作，在授权范围内代表施工单位全面履行施工承包合同；对施工生产和组织调度实施全过程管理，确保工程施工顺利进行。 （3）组织建立相关施工责任制和各专业管理体系，组织落实各项管理组织和资源配备，并监督有效运行；负责项目部员工管理绩效的考核及奖惩。 （4）组织编制项目管理实施规划（施工组织设计），并负责监督和落实。 （5）组织制订施工进度、安全、质量及造价管理实施计划，实时掌握施工过程中安全、质量、进度、技术、造价、组织协调等总体情况。组织召开项目部工作例会，安排部署施工工作。 （6）对施工过程中的安全、质量、进度、技术、造价等管理要求执行情况进行检查、分析及组织纠偏。 （7）负责组织处理工程实施和检查中出现的重大问题，制订预防措施。特殊困难及时提请有关方协调解决。 （8）合理安排项目资金的使用；落实安全文明施工费申请、使用。 （9）负责组织落实安全文明施工、职业健康和环境保护有关要求；负责组织对重要工序、危险作业和特殊作业项目开工前的安全文明施工条件进行检查并签证确认；负责组织对分包商进场条件进行检查，对分包队伍实行全过程安全管理。 （10）负责组织工程班级自检、项目级复检和质量评定工作，配合公司级专检、监理初检、中间验收、竣工预验收、启动验收和启动试运行工作，并及时组织对相关问题进行闭环整改。 （11）参与或配合工程安全事件和质量事件的调查处理工作。 （12）项目投产后，组织对项目管理工作进行总结；配合审计工作，安排项目部解散后的收尾工作
项目副经理	（1）按照项目经理的要求，对职责范围内的管理体系正确有效运行负责，保障体系正常运行。 （2）按照项目经理的要求，负责组织各项管理工作，对施工班组进行业务指导。 （3）全面掌握分管范围内的施工过程中安全、质量、进度、技术、造价、组织协调等的总体情况，对安全、质量、进度、技术、造价有关要求执行情况进行检查、分析及纠偏；组织召开相关工作会议，安排部署相应工作。 （4）针对工程实施和检查中出现的问题，负责妥善处理，重大问题提请项目经理协调解决。 （5）组织落实分管范围内的安全文明施工、职业健康和环境保护有关要求，促进相关工作有效开展。 （6）积极完成项目经理委派的其他各项管理工作，对这些管理工作负全面责任
项目总工	在项目经理的领导下，负责项目施工技术管理工作，负责落实业主、监理项目部对工程技术方面的有关要求。 （1）贯彻执行国家法律、法规、规程、规范和国家电网公司通用制度，组织编制施工安全管理及风险控制方案、施工强制性条文执行计划等管理策划文件，并负责监督落实。 （2）组织编制施工进度计划、技术培训计划并督促实施。 （3）组织对项目全员进行安全、质量、技术及环境等相关法律、法规及其他要求培训工作。 （4）组织施工图预检，参加业主项目部组织的设计交底及施工图会检。对施工图纸和设计变更的执行有效性负责，对施工图中存在的问题，及时编制设计变更联系单并报设计单位。 （5）组织编写专项施工方案、专项安全技术措施，组织安全技术交底。负责对承担的施工方案进行技术经济分析与评价。 （6）定期组织检查或抽查工程安全、质量情况，组织解决工程施工安全、质量有关问题。 （7）负责施工新工艺、新技术的研究、试验、应用及总结。 （8）负责组织收集、整理施工过程资料，在工程投产后组织移交竣工资料。 （9）协助项目经理做好其他施工管理工作
安全员	协助项目经理负责施工过程中的安全文明施工和管理工作。 （1）贯彻执行工程安全管理有关法律、法规、规程、规范和国家电网公司通用制度，参与策划文件安全部分的编制并指导实施。 （2）负责施工人员的安全教育和上岗培训；汇总特种作业人员资质信息，报监理项目部审查。 （3）参与施工作业票审查，协助项目总工审核一般方案的安全技术措施，参加安全交底，检查施工过程中安全技术措施落实情况。 （4）负责编制安全防护用品和安全工器具的需求计划，建立项目部安全管理台账。 （5）审查施工分包队伍及人员进场工作，检查分包作业现场安全措施落实情况，制止不安全行为。 （6）检查作业场所的安全文明施工状况，督促问题整改；制止和处罚违章作业和违章指挥行为；做好安全工作总结。 （7）配合安全事件的调查处理。 （8）负责项目建设安全信息收集、整理与上报，每月按时上报安全信息月报

续表

部门或岗位	职 责 和 权 限
技术员	（1）贯彻执行有关技术管理规定，协助项目经理或项目总工施工技术管理工作。 （2）熟悉有关设计文件，及时提出设计文件存在的问题。协助项目总工做好设计变更的现场执行及闭环工作。 （3）编制作业指导书等技术文件并组织进行交底，在施工过程中监督落实。 （4）在施工过程中随时对施工现场进行检查和提供技术指导，存在问题或隐患时，及时提出技术解决和防范措施。 （5）负责组织施工班组和分包队伍做好项目施工过程中的施工记录和签证。 （6）参与审查施工作业票
质检员	（1）贯彻落实施工质量管理有关法律、法规、规程、规范和国家电网公司通用制度，参与策划文件质量部分的编制并指导实施。 （2）对分包工程质量实施有效管控，监督检查分包工程的施工质量。 （3）定期检查工程施工质量情况，监督质量检查问题闭环整改情况，配合各级质量检查、质量监督、质量竞赛、质量验收等工作。 （4）组织进行隐蔽工程和关键工序检查，对不合格的项目责成返工，督促施工班组做好质量自检和施工记录的填写工作。 （5）按照工程质量管理及资料档案有关要求，收集、审查、整理施工记录表格、试验报告等资料。 （6）配合工程质量事件调查
造价员	（1）严格执行国家、行业标准和企业标准，贯彻落实建设管理单位有关造价管理和控制的要求，负责项目施工过程中的造价管理与控制工作。 （2）负责工程设计变更费用核实，负责工程现场签证费用的计算，并按规定向业主和监理项目部报审。 （3）配合业主项目部工程量管理文件的编审。 （4）编制工程进度款支付申请和月度用款计划，按规定向业主和监理项目部报审。 （5）依据工程建设合同及竣工工程量文件编制工程施工结算文件，上报至本施工单位对口管理部门。配合建设管理单位、本施工单位等有关单位的财务、审计部门完成工程财务决算、审计以及财务稽核工作。 （6）负责收集、整理工程实施中造价管理工作有关基础资料
基建信息 及资料员	（1）负责对工程设计文件、施工信息及有关行政文件（资料）接收、传递和保管；保证其安全性和有效性。 （2）负责有关会议纪要整理工作，负责有关工程资料的收集和整理工作；负责基建信息系统数据录入工作。 （3）监理文件资料管理台账，按时完成档案移交工作
综合管理员	（1）负责项目管理人员的生活、后勤、安全保卫工作。 （2）负责现场的各种会议会务管理及筹备工作
材料员	（1）严格遵守物资管理及验收制度，加强对设备、材料和危险品的保管，建立各种物资供应台账，做到账、卡、物相符。 （2）以审定后的设备、材料供应计划为依据，负责办理甲供设备材料的催运、装卸、保管、发放，自购材料的供应、运输、发放、补料等工作。 （3）负责对到达现场（仓库）的设备、材料进行型号、数量、质量的核对与检查。收集项目设备、材料及机具的质保等文件。 （4）负责工程项目完工后多余材料的冲减退料工作。 （5）做好到场物资的跟踪管理，以实现质量可追溯性
施工队长	（1）是本施工队的各项管理工作第一责任人，负责各岗位人员按《施工组织设计》和各项施工作业指导书要求组织施工，负责组织并做好自检工作，确保施工处于受控状态，对本队的施工质量、安全、进度、成本及文明施工等全面负责。 （2）根据项目部的施工安排，组织完成指定施工段段内的施工任务。 （3）施工中执行项目部下发和转发的各种作业指导书、安全、质量和文明施工的规定。 （4）负责在施工过程中组织实施质量、安全活动，对施工中出现的问题及时进行纠正，并根据需要实施预防措施。 （5）负责施工段内各项目达到工程管理目标
施工人员	（1）在施工队长的领导下认真按作业指导书的要求进行操作，遵守施工现场组织纪律和技术规定，确保各项作业符合项目施工要求。 （2）明确操作工序的工艺标准，做到不懂就问，清楚掌握后才能操作施工。 （3）做到不一次成优的工序不下传，未经验收许可的工序不施工操作。 （4）对自身所在施工现场安全文明环境负有直接责任，做到有序施工，严禁乱扔乱放，垃圾成片。 （5）参加质量、安全活动，参与班组民主管理，积极提出合理化建议

（二）工期目标及分解

1．工期目标

坚持以"工程进度服从质量"为原则，严格按照工期计划实施。施工过程中保证根据需要适时调整施工进度，积极采取相应措施，按时完成工程阶段性里程碑进度计划和验收工作。

计划开工时间为 2017 年 4 月 25 日，交流投运日期为 2018 年 3 月，竣工时间为 2018 年 12 月 28 日。

2．工期分解

（1）临时驻地的修建、办公区建设计划于 2017 年 4 月 10 日完成。

（2）全站构架组立计划于 2017 年 6 月 20 日完成。

（3）全站支架组立计划于 2017 年 7 月 20 日完成。

（4）站用电设备安装计划 2017 年 9 月 30 日完成。

（5）750kV 设备安装计划于 2017 年 11 月 30 日完成。

（6）交流滤波器场设备计划于 2017 年 11 月 30 日完成。

（7）2018 年 3 月交流投运。

（8）换流变安装计划于 2018 年 9 月 30 日完成。

（三）施工进度计划

1．施工进度计划横道图

详见附件《±1100kV 昌吉换流站工程（电气 C 包）施工进度计划横道图》（略）。

2．施工进度计划编制说明

本工程施工进度计划根据业主里程碑计划为主要编制依据，同时结合图纸及设备到场情况进行编制。

3．进度计划图表

详见附件《±1100kV 昌吉换流站工程（电气 C 包）施工进度计划横道图》（略）。

4．施工进度计划中潜在问题风险分析

经过认真分析，结合现场调查情况，本工程影响工期的主要因素如下：

（1）土建各区域交安的时间节点影响施工进度计划。

（2）施工图的交付时间影响施工进度计划。

（3）甲供设备及材料交付时间影响施工进度计划。

（4）乙供材料及机械设备到场时间影响施工进度计划。

（5）资金是否按计划时间到位影响施工进度计划。

（6）施工用水、用电是否满足施工要求影响施工进度计划。

（7）施工管理人员及施工人员素质影响施工进度计划。

5．施工进度计划控制措施

为保证在规定的工期内完成承包工作量，按施工进度计划组织施工，克服影响工期问题，项目部将加强施工计划管理，合理组织施工生产，强化施工力量，充分发挥主观能动性。

（1）积极做好与业主、设计、监理的协调工作，确保设计图纸、资金、材料及时到位，保证工程顺利进行和尽量缩短工程停滞时间。

（2）若施工图或设备因不可避免的客观原因不能按期提供，将合理调整施工工序，优先进行可开展的工作，避免后期工作堆积。同时，在收到滞后的施工图纸或设备后，组织优势力量，集中进行攻坚，在确保施工安全与质量的前提下力保工程工期。

（3）优化组织管理。按岗位分工明确，责任到人，统一协调，加强监督检查，明确各层次的进度控制人员、具体任务和工作职责，加强阶段性施工进度计划执行情况的分析及纠偏，确保进度计划得到有效实施。

（4）调遣优秀的施工力量进行施工，工种合理搭配，确保施工进度得到有效保障。

（5）提前策划施工准备工作，落实材料供应及质量，确保现场施工连续性。

（6）优化施工方案，积极采用新技术、新工艺、新材料，充分发挥机械设备的使用效率，大力提高劳动生产效率。

（7）项目部将加大对此工程建设意义的宣传，加大协调公共关系力度，认真执行国家有关法律政策，处理好地方关系，确保顺利进行，使工期不受影响。

三、质量管理体系

（一）质量目标及分解

1．质量目标

（1）质量总体要求。输变电工程"标准工艺"应用率 100％；工程"零缺陷"投运；实现工程达标投产、国家电网公司优质工程、国家电网公司创优示范工程、绿色施工示范工程、新技术应用示范工程、地区或行业结构质量最高奖、中国电力优质工程目标，创建中施企协设计一等奖，创建国家科技进步特等奖，创建国家优质工程金奖或鲁班奖，创建全国质量奖卓越项目奖，建设"精品中的精品"工程；工程使用寿命满足国家电网公司质量要求；不发生因工程建设原因造成的六级及以上工程质量事件。

（2）专项目标。创国家电网公司创优示范工程。

（3）创优目标。确保国家电网公司优质工程奖，创中国电力优质工程。工程质量达到鲁班奖和国家优质工程金奖质量标准，争创国家级工程奖项。

（4）创新目标。工程创新管理需紧密围绕工程特点，主动作为、超前谋划、积极准备、强化执行。按照"以管理创新为基础，以科技创新为主导，以工艺水平提升、新材料、新技术运用为支撑"的工程建设创新的整体工作原则，积极开展设计创新、施工创新、组织管理创新、现场信息管理创新、现场文明施工创新。

2．质量目标分解

输变电工程"标准工艺"应用率 100％。工程"零缺陷"投运。按照国家优质工程奖及鲁班奖的质量标准建设，创中国电力优质工程，争创国家优质工程金奖或鲁班奖。不发生因工程建设原因造成的七级及以上工程质量事件。

（二）质量管理岗位及职责

质量管理岗位及主要职责见表 1－10－1－2。

表 1 - 10 - 1 - 2 　　　　　　　　　　　　　　　质量管理岗位及主要职责

岗位	质 量 管 理 职 责
施工项目部	（1）负责项目实施过程中的质量控制和管理工作。 （2）认真贯彻执行公司颁发的规章制度、技术规范、质量标准。 （3）组织内部施工图预检，参与施工图设计交底；按照工程设计图纸和施工技术标准、规程规范施工，不得擅自修改工程设计，不得偷工减料；发现施工图设计或设备材料有差错时，应及时向监理项目部反映。 （4）定期向监理项目部报告质量管理情况和工程质量状况。 （5）做好施工质量档案管理并及时移交，施工档案随工程进度同步形成，并保证资料的真实性、完整性。 （6）按规定参加工程质量检查、工程质量事故（事件）调查和处理、工程验收工作
项目经理	（1）对本工程施工生产中的质量体系的实施和运行负直接领导责任。 （2）组织本工程定期和不定期的质量检查工作，带领职工开展全过程质量控制工作。 （3）对施工质量、质量管理及质量体系在本工程的有效运行全面负责。并明确其职责和权限，确保施工质量符合国家标准和设计文件的要求。 （4）主持工程验收移交工作
项目总工程师	（1）对工程项目的质量工作全面负责。 （2）是本工程质量管理的执行人，主持质量策划、其他质量文件和施工作业指导书等文件的编制和审批，组织参加施工图会审。 （3）在分担工程项目中根据公司施工技术管理制度的职责权限，履行总工程师的职责，在技术上对质量负责。 （4）督促施工人员认真执行质量方针、目标、质量手册、程序文件和作业指导书，确保工程质量。 （5）组织和指导本工程的中间检验、最终检验和交付。 （6）掌握信息反馈，参加和主持重大质量分析会。 （7）在技术和质量方面，接受项目法人、监理工程师的指令并贯彻执行。 （8）在技术和质量方面遇到重大问题时，及时向项目经理及公司主管领导和有关部室汇报
质检员	（1）贯彻执行公司质量方针、目标；负责本工程质量体系运行监控，参加内部质量审核；贯彻执行质量体系标准，确保质量体系的有效运行。 （2）负责编制本工程质量保证措施，并检查、督促施工队实施。 （3）对工程质量过程控制实施监督检查，督促指导施工队的自检工作，组织项目部级质量复检，协助公司工程技术管理部对工程质量进行专检。 （4）协助业主及现场监理工程师对工程质量进行日常监督；预测影响质量的薄弱环节，并制定纠正和预防措施，实施质量改进。 （5）熟练掌握检验标准和检验方法，严格按公司的管理程序、项目法人和监理工程师的检验要求、以及项目工程的检验和试验计划组织开展检查和复检，对检验记录的正确性负责，并做好过程及竣工资料的收集、归类、整理工作。 （6）负责组织开展质量检验、质量分析、质量统计工作。 （7）负责工程质量报表的编制，并向上级主管部门报送
技术员	（1）针对有关设计文件，及时提出设计文件存在的问题。协助项目总工做好设计变更的现场执行及闭环管理。 （2）作业指导书等技术文件并组织进行交底，在施工过程中监督落实。 （3）工过程中随时对施工现场进行检查和提供技术指导，存在问题或隐患时，及时提出技术解决和防范措施。 （4）组织施工班组和分包队伍做好项目施工过程中的施工记录和签证。 （5）审查施工作业票
材料员	（1）负责本工程自购材料的分供方评定、采购、供应流程的质量控制。 （2）负责甲方所提供材料的检验、接收、贮存、分发管理的质量控制
班组质检员	（1）对承担施工的分部、分项工程质量负直接责任。 （2）负责在施工过程中实施质量计划和质量保证措施。 （3）对已完成的分部、分项工程进行质量自检；填写质量记录。 （4）负责实施纠正和预防措施，进行质量改进工作

（三）质量控制措施

1. 质量管理组织措施

由工程项目部组建的本工程质量管理组织机构，根据公司的质量管理制度及质量体系的要求，通过在施工中落实相应的质量职责，将有力保证本工程的施工质量，实现本工程的质量目标。同时自觉接受并积极配合监理工程师对工程的质量检查，认真听取意见并及时改进质量管理工作，积极配合业主组织的工程中间检查验收和竣工检查验收工作。隐避工程及重要工序必须有监理人员及现场质检代表在场检查，并办理签证。

（1）质量管理组织机构职责。

1）负责项目实施过程中的质量控制和管理工作。

2）认真贯彻执行公司颁发的规章制度、技术规范、质量标准。

3）组织内部施工图预检，参与施工图设计交底；按照工程设计图纸和施工技术标准、规程规范施工，不得擅自修改工程设计，不得偷工减料；发现施工图设计或设备材料有差错时，应及时向监理项目部反映。

4）定期向监理项目部报告质量管理情况和工程质量状况。

5）做好施工质量档案管理并及时移交，施工档案随工程进度同步形成并保证资料的真实性、完整性。

6）按规定参加工程质量检查、工程质量事故（事件）调查和处理、工程验收工作。

（2）质量奖惩措施。

1）质量奖惩制度的实施，提高了全体施工人员的责任心，同时调动了各级人员的工作积极性，使质量管理部门监督检查时有章可循，从上到下起到了约束的作用。

2）公司对工程建设质量工作进行管理和考核，实行质量责任追究。对工程质量工作做出突出贡献的集体和个人，应予以奖励；对工程质量工作严重失职、违章施工、违章指挥的单位和个人，应予以处罚。对造成严重后果的单位和个人，应从严处罚。

（3）三级检验制度。

1）每个工序施工过程中，各分管工种负责人必须督促班组做好自检工作，确保当天问题当天整改完毕，保证每次检验批的施工质量。

2）分项工程（检验批）施工完毕后，各分管工种负责人必须及时组织班组进行分项（检验批）工程质量验收工作，并填写分项工程质量验收记录。

3）项目经理每月组织一次施工班组之间的质量互检，并进行质量讲评。

4）公司对项目进行不定期抽样检查，发现问题以书面形式发出限期整改指令单，项目经理负责在指定期限内将整改情况以书面形式反馈到公司工程技术部。

5）严格执行质量三级管理的规定，分列质量保证金专款，实行质量予留金制，依据责权利相结合的原则，把个人经济利益与工程质量联系起来，对施工质量奖罚分明，同时强化工序控制，加强质量保证的现场监督和管理，落实三级检查验收制度，确保质量目标的实现。

（4）技术交底制度。

1）技术交底工作是施工过程基础管理中一项不可缺少的重要工作内容，交底必须采用书面签字确认形式。

2）当项目部接到设计图纸后项目经理必须组织项目部工程技术人员对图纸认真学习，并将图纸的交底和会审纪要内容及时向班组进行书面交底。

3）本着谁负责施工谁负责质量、安全工作的原则，各分管工种负责人（项目经理、施工员、质量安全员）在安排施工任务的同时，必须对施工班组进行书面技术质量安全交底，必须做到交底不明确不上岗，签字不齐全不作业。

（5）技术复核、隐蔽工程验收。

1）技术复核明确复核内容、部位、复核人员及复核方法，严把质量关，发现问题及时处理，认真作好复核记录。

2）隐蔽工程在隐蔽前须经施工技术负责人、质量员、建设单位代表、监理代表一起检查验收，确认符合设计及规范要求，并在隐蔽验收报告签字后，方可进行下道工序，如在隐蔽工程验收中发现质量问题必须进行返工处理，然后进行二次隐蔽，直到符合设计及规范要求，方可进行下道工序。

（6）见证取样制度。

材料在使用前必须进行复试，取样时必须通知监理、甲方代表进行现场见证取样，以保证试样的真实性。施工项目部对自行采购物资的质量负责，使用前必须经监理检查并签认，监理项目部做好见证取样工作，严格执行检验比例、试验标准等要求。

（7）材料的进货检验。

1）进场材料必须有出厂合格证或试验复试报告。

2）对进场材料作业前应按规范、规程规定的批次进行取样复试，复试合格方准进行施工。对进场材料或半成品坚持验品种、验规格、验质量、验数量的"四验"制度。

3）对于推广应用的新材料，必须进行相关的各项物理力学性能和化学试验和技术鉴定，并按照相关质量标准要求和操作工艺规程制定相应的作业指导书后，才能在工程上使用。严格计量管理工作，定期检查鉴定计量器具的准确性，保证混凝土、砂浆材料配合比计量准确。

（8）其他质量管理措施。

1）特殊工序作业人员需经专业培训，考核合格，持有效证件上岗，以确保特殊工序的施工质量。

2）实行定人定岗，质量挂牌管理制度，质量责任落实到人，挂牌上岗，严格执行奖优罚劣。

3）对于施工中遇到的质量疑难问题，设定专题，成立有技术人员参加的生产工人班组QC小组，用人、机、料、法、环对其进行攻关研究，使质量难题消除在施工过程中。

4）结合本工程情况制订质量管理实施细则，进一步明确各人员质量职责。

5）加强对施工人员的质量意识教育，认真组织学习有关国家颁布的规范、标准、设计文件及质量体系文件。

6）制定施工方案时从技术方案上保证质量满足设计及规范要求。要求作业人员必须严格按照已审定的施工图进行施工，如有问题确需修改原设计的应事先征得设计同意，并按设计变更管理制度办理申请与签证手续，由设计院出具设计变通知，或由监理工程师和甲方签署意见后方能正式实施。

7）及时填写施工质量记录，坚持谁施工谁填写，填写人和审核人对施工记录的及时性、真实性、准确性负责。

8）自觉接受并积极配合监理工程师对工程的质量检查，认真听取意见并及时改进质量管理工作。积极配合甲方组织的工程阶段性检查验收和竣工检查验收工作。

9）前后衔接的分项（分部）工程，前项工程结束后需经现场质检代表检查签字，未经签字不得进行下一工序的施工。

10）向甲方、监理单位提交质量保证措施，以便监理单位在工程中监督检查落实情况。充分尊重甲方现场质检代表对质量情况的意见。隐蔽工程及中间验收应提前通知监理工程师，验收合格，监理工程师在验收记录上签字后，方可继续施工

11）隐蔽工程必须有监理人员及现场质检代表在场检查，并办理签证。

12）参加设备开箱检查并认真填写检查记录，并由三方人员共同签名认可。

13）如发生重大质量事故，应及时向甲方监理工程师报送事故报告、事故分析及处理方案，处理方案经监理、甲方书面确认后实施，涉及设计的还应经设计确认。

14）在竣工验收后至带电进行系统调试期间特别要加强对设备的维护和保管，以确保系统调度的顺利进行。

2．质量管理技术措施

（1）认真贯彻岗位责任制，认真细心审阅图纸，说明和有关施工的规程、规范和工艺标准，正确完整领会设计意图，加强中间检查力度，对贯标程序的执行情况定期检查。

（2）严格执行本公司的技术交底制度，所有单项工程开工前必须进行技术交底工作，使每个施工人员对所担负的施工任务心中有数，认真填写技术交底记录。

（3）工程量实行目标管理，采取挂牌制，责任制和样板制。

（4）坚持凡事有人负责，及时发现和正确解决施工中出现的各种问题，收集、掌握并保管好工程中的第一手安装和调试记录，做到有章可循，有案可查。

（5）做好设计变更的签证工作，在工作中发现问题时，变更需经施工单位、监理工程师、设计、甲方几方签证后方有效。

（6）组建技术攻关小组，积累经验。

3．质量薄弱环节预控措施

（1）制定策划文件。针对本工程特点，公司专业技术人员、管理人员将根据施工合同和设计施工图，及标

准规范的要求，充分考虑所需资源，仔细、周密分析及研究工程实际问题，制订《±1100kV 昌吉换流站工程（电气 C 包）项目管理实施规划》《±1100kV 昌吉换流站工程（电气 C 包）施工安全管理及风险控制方案》《±1100kV 昌吉换流站工程（电气 C 包）质量通病防治措施》《±1100kV 昌吉换流站工程（电气 C 包）强制性条文实施计划》《±1100kV 昌吉换流站工程（电气 C 包）标准工艺策划》和施工方案等策划文件，拟将制订构架吊装、断路器安装、换流变安装、交流滤波器安装作业指导书等。

（2）严格执行技术管理制度。严格执行国网公司颁布的《电力建设工程施工技术管理导则》和《施工技术管理制度》。

（3）质量薄弱环节分析及拟采取的技术措施。针对本工程特点，分析和预测在如下方面存在有影响工程质量的薄弱环节，以预防为主，拟采取的预防措施见表 1-10-1-3。

表 1-10-1-3　工程质量薄弱环节预控措施一览表

序号	薄弱环节	预 防 控 制 措 施
1	构支架安装偏差	（1）构支架吊装前要在构架上标出轴线，便于吊装时测控。 （2）构支架吊装时要采用经纬仪测控垂直度，且要从垂直的两个方向进行测控。 （3）构支架就位后要及时拉设临时拉线进行可靠固定，并及时进行二次混凝土灌浆。 （4）避免在吊装过程中碰撞已吊装完毕的构支架
2	换流变漏油、渗油	（1）安装前所有法兰面需清洁，并更换新的密封圈。 （2）所有螺栓应紧固到位，力矩符合规范要求。 （3）安装完毕后应进行气密性实验并合格
3	断路器漏气	（1）安装前要清洁所有气管，并检查是否有沙眼。 （2）密封带要缠绕紧固、密实。 （3）预弯气管时要适度用力，防止气管损坏
4	二次接线不牢固	（1）安装人员接线完工后进行自检。 （2）试验人员查线时进行复查。 （3）竣工送电前组织专门人员对全站所有二次接线（包括厂家接线）紧固一次
5	电压回路短路	（1）加压前要检查电压回路每相对地及相相之间绝缘电阻是否合格。 （2）理解吃透全站电压回路设计思路，理清电缆走向。 （3）拉开电压互感器侧一次隔离刀闸和二次保险。 （4）加压时要实际模拟电压回路送电过程，逐一进行测量

四、安全管理体系

(一) 安全目标及分解

1. 安全目标

为贯彻执行"安全第一、预防为主、综合治理"的安全生产方针，进一步提高工程建设安全文明施工标准化水平，规范现场文明施工管理，保障从业人员安全与健康，倡导绿色施工。依据《国家电网公司电力建设安全工作规程》及《电力建设安全健康与环境管理工作规定》等相关规定，强化"以人为本，安全发展，保护环境"的管理理念，规范和合理指导该工程建设现场安全文明施工与环境保护管理和实施，确保实现安全文明施工、环境保护管理目标，塑造公司工程建设管理的安全文明施工与环境保护品牌形象。

公司将严格执行国家、行业、国家电网公司有关工程建设安全管理的法律、法规和规章制度，确保工程建设安全文明施工，采取积极的安全措施，确保实现以下安全目标：

(1) 不发生六级及以上人身事件。

(2) 不发生因工程建设引起的六级及以上电网及设备事件。

(3) 不发生六级及以上施工机械设备事件。

(4) 不发生火灾事故。

(5) 不发生环境污染事件。

(6) 不发生负主要责任的一般交通事故。

(7) 不发生基建信息安全事件。

(8) 不发生对国家电网公司系统单位造成影响的安全稳定事件。

2. 安全目标分解

(1) 不发生六级及以上人身事件。

(2) 不发生因工程建设引起的七级及以上电网及设备事件。

(3) 不发生七级及以上施工机械设备事件。

(4) 不发生火灾事故。

(5) 不发生环境污染事件。

(6) 不发生一般交通事故。

(7) 不发生基建信息安全事件。

(8) 不发生对公司造成影响的安全稳定事件。

3. 安全管理组织机构及其职责

(1) 施工项目部安全职责。

1) 负责工程项目的施工安全管理工作，履行施工合同及安全协议中承诺的安全职责，是项目施工安全的责任主体。

2) 依据公司有关规定和业主项目部的安全管理目标，制订施工项目部安全目标。

3) 建立施工安全管理机构，按规定配备专职安全管理人员。

4) 按规定健全安全管理制度，建立安全管理台账。

5) 编制安全文明施工实施细则、工程施工强制性条文执行计划、安全文明施工措施补助费使用计划等文件，

并报监理项目部审查，经业主项目部批准后，在施工过程中贯彻落实。

6) 进行岗前安全教育培训，并向作业人员如实告知作业场所和工作岗位可能存在的风险因素、防范措施以及事故现场应急处置措施。

7) 负责组织安全文明施工，制定避免水土流失措施、施工垃圾堆放与处理措施、"三废"（废弃物、废水、废气）处理措施、降噪措施等，使之符合国家、地方政府有关职业卫生和环境保护的规定。

8) 开展风险识别、评价工作，制订预控措施，并在施工中落实。

9) 组建现场应急救援队伍，参与编制各类现场应急处置方案，参加应急演练。

10) 建立现场施工机械安全管理机构，配备施工机械管理人员，落实施工机械安全管理责任，对进入现场的施工机械和工器具的安全状况进行准入检查，并对施工过程中起重机械的安装、拆卸、重要吊装、关键工序进行旁站监督；负责施工队（班组）安全工器具的定期试验、送检工作。

11) 监督检查施工队（班组）开展班前站班会工作。

12) 定期召开或参加安全工作会议，落实上级和项目安委会、业主、监理项目部的安全管理工作要求。

13) 开展并参加各类安全检查，对存在的问题闭环整改；对重复发生的问题，深入分析并制订防范措施，避免再次发生。

14) 组织参加安全管理流动红旗竞赛活动。

15) 按照公司规定，加强对分包队伍的安全管理，监督分包队伍完善安全管理机构、按规定配备安全管理人员。

16) 及时准确上报基建安全信息。

17) 参与并配合项目安全事故调查和处理工作。

(2) 施工项目部经理的安全职责。

1) 负责施工项目部各项管理工作，是本项目部安全第一责任人。

2) 组织建立本项目部安全管理体系，保证其正常运行，并主持项目部安全会议。

3) 组织确定本项目部的安全目标，制定保证目标实现的具体措施。

4) 组织编制符合工程项目实际的项目管理实施规划（施工组织设计）、安全文明施工实施细则、工程施工强制性条文执行计划、现场应急处置方案等项目管控文件，报监理项目部审查，业主项目部审批后，负责组织实施。

5) 负责组织对分包商进场条件进行检查，对分包队伍实行全过程的安全管理。

6) 保证安全技术措施经费的提取和使用，确保现场具备完善的安全文明施工条件。

7) 定期组织开展安全检查、日常巡视检查，并对发现的问题组织整改落实，实现闭环管理。

8) 负责组织对重要工序、危险作业和特殊作业项目

开工前的安全文明施工条件进行检查，落实并签证确认。

9）组织落实安全文明施工标准化有关要求，促进相关工作的有效开展。

10）参与或配合工程项目安全事故的调查处理工作。

（3）施工项目部副经理的安全职责。

1）按照项目经理的要求，对职责范围内的安全管理体系正常有效运行负责。

2）按照项目经理的要求，负责组织安全管理工作，对施工班组进行业务指导。

3）掌握分管范围内的施工过程中安全管理的总体情况，对安全管理的有关要求执行情况进行检查、分析及纠偏；组织召开相关安全工作会议，安排部署相应工作。

4）针对工程实施和安全检查中出现的问题，及时安排处理；重大问题提请项目经理协调解决。

5）组织落实分管范围内的安全文明施工标准化有关规定，促进安全管理工作有效开展。

6）完成项目经理委派的安全专项管理工作，并对工作负全面责任。

7）参与或配合项目安全事故的调查处理工作。

（4）施工项目部总工程师的安全职责。

1）贯彻执行公司、省级公司和施工企业颁发的安全规章制度、技术规范、标准。组织编制符合工程实际的实施性文件和重大施工安全技术方案，并在施工过程中负责技术指导。

2）组织相关施工作业指导书、安全技术措施的编审工作；组织项目部安全、技术等专业交底工作。

3）组织项目部安全教育培训工作。

4）定期组织项目专业管理人员检查或抽查工程安全管理情况，对存在的安全问题或隐患，落实防范措施。

5）参与或配合项目安全事故的调查处理工作。

6）协助项目经理做好其他与安全相关的工作。

（5）施工项目部专（兼）职安全员的安全职责。

1）协助项目经理全面负责施工过程中的安全文明施工和管理工作，确保施工过程中的安全。

2）贯彻执行公司、省级公司和施工企业颁发的规章制度、安全文明施工规程规范，结合项目特点制定安全文明施工管理制度，并监督指导施工现场落实。

3）负责施工人员的安全教育和上岗培训，参加项目总工组织的安全交底。参与有关安全技术措施等实施文件的编制，审查安全技术措施落实情况。

4）负责制定工程项目基建安全工作目标计划。负责编制安全防护用品和安全工器具的使用计划。负责建立项目安全管理台账。

5）负责检查指导施工队、分包队伍安全施工措施的落实工作，并督促施工队、分包队伍提高专业工作水平。

6）监督、检查施工场所的安全文明施工情况，组织召开安全专业工作例会，总结安全工作。

7）参与或配合安全事故的调查处理工作，负责落实

整改意见和防范措施。有权制止和处罚施工现场违章作业和违章指挥行为。

8）督促并协助施工班组做好劳动防护用品、用具和重要工器具的定期试验、鉴定工作。

9）开展安全文明施工的宣传和推广安全施工经验。

（6）施工队（班组）长的安全职责。

1）负责施工队（班组）日常安全管理工作，对施工队（班组）人员在施工过程中的安全与健康负直接管理责任。

2）组织施工队（班组）人员进行安全学习，执行上级有关基建安全的规程、规定、制度及措施，纠正并查处违章违纪行为。

3）负责新进人员和变换工种人员上岗前的安全教育培训。

4）组织安全日活动，总结与布置施工队（班组）安全工作，并做好安全活动记录。

5）组织施工队（班组）人员开展风险识别、评价活动，制定并落实风险预控措施。

6）组织每天的"站班会"，班后进行安全小结。

7）每天检查施工场所的安全文明施工状况，督促施工队（班组）人员正确使用安全防护用品和用具。

8）组织工程项目开工前的安全技术交底工作，对未参加交底或未在交底书上签字的人员，不得安排参加该项目的施工。

9）负责施工项目开工前的安全文明施工条件的检查、落实并签证确认。

10）实施安全工作与经济挂钩的管理办法，做到奖罚严明。

11）配合施工队（班组）安全事故的调查，组织施工队（班组）人员分析事故原因，落实处理意见，吸取教训，及时改进安全工作。

（7）质检员、技术员安全职责。

1）负责本班组的安全技术和环境保护技术工作。

2）协助班组长组织本班组人员学习与执行上级有关安全健康与环境保护的规程、规定，制度及措施。

3）负责一般施工项目安全施工措施的编制和安全施工作业票的审查以及交底工作，并监督检查措施的执行情况。

4）协助班组长进行安全文明施工检查和施工项目开工前安全文明施工条件的检查。

5）参加本班组事故调查分析，协助班组长填报事故登记表

（8）施工队（班组）专（兼）职安全员的安全职责。

1）协助施工队（班组）长组织学习、贯彻基建安全工作规程、规定和上级有关安全工作的指示与要求。

2）协助施工队（班组）长进行施工队（班组）安全建设，开展安全活动。

3）协助施工队（班组）长组织安全文明施工。有权制止和纠正违章作业行为。

4）协助施工队（班组）长进行安全文明施工的宣传

教育。

5）检查作业场所的安全文明施工状况，督促施工队（班组）人员执行安全施工措施及正确使用安全防护用品、工器具。

6）协助施工队（班组）长做好安全活动记录；保管有关安全资料。

（9）施工人员的安全职责。

1）学习基建安全工作的有关规程、规定、制度和措施，自觉遵章守纪，不违章作业。

2）正确使用安全防护用品、工器具，并在使用前进行可靠性检查。

3）参加施工项目开工前的安全技术交底，并在交底书上签字。

4）作业前检查工作场所，落实安全防护措施，确保不伤害自己，不伤害他人，不被他人伤害，下班前及时清扫整理作业场所。

5）严禁操作自己不熟悉的或非本专业使用的机械设备及工器具。

6）爱护安全设施，未经项目部专职安全员批准，不得拆除或挪用安全设施。

7）施工中发现安全隐患应妥善处理或向上级报告。对无安全施工措施和未经安全交底的施工项目，有权拒绝施工并可越级报告；有权对施工现场的作业条件、作业程序和作业方式中存在的安全问题提出批评、检举和控告；有权拒绝违章指挥和强令冒险作业；有权制止他人违章；在施工中发生危及人身安全的紧急情况时，有权立即停止作业或者在采取必要的应急措施后撤离危险区域。

8）参加安全活动，积极提出改进安全工作的建议。

9）发生人身事故时应立即抢救伤者，保护事故现场并及时报告；接受事故调查时必须如实反映情况；分析事故时积极提出改进意见和防范措施。

（二）安全控制措施

1. 安全控制管理措施

（1）落实安全责任制度，加大安全管理和监察力度。实行各级人员安全责任制，就是把安全责任分解到每个人的头上，做到"安全工作人人有责"，通过落实安全责任制，减少和杜绝事故。

（2）层层签订"安全责任书"。项目经理与总公司第一安全责任人签订"安全责任书"，明确项目部的安全目标和奖罚规定。施工队队长和项目部第一安全责任人签订"安全责任书"，明确施工队的安全目标、奖罚规定及标准。施工队与本队成员签订"安全责任书"，明确班组成员的安全职责，以及奖罚标准和考核标准。

（3）坚持安全例会制度。项目部每周召开一次由专职安全员、技术员、施工队长和各施工队分包人员负责人参加的安全工作例会。总结本周安全施工情况，找出存在的不足以及了解各施工队、各部门落实责任制的情况。布置下周安全工作的重点，由技术人员和

安监人员对下周工作中的危险点提出控制方案和具体措施。

（4）强化安全检查制度。本工程实行经常性安全检查和定期性安全检查两种方法。定期性安全检查由项目经理、安全、技术、材料、工器具管理、后勤部门有关人员组成检查组，每周进行一次。经常性安全检查，由项目经理带队，安全和技术部门参加，针对施工现场的危险点随时检查，以监控、蹲点、跟踪等办法，狠抓违章，规范施工，把事故控制在萌芽状态。

（5）落实安全教育培训制度。加强对职工的安全教育，重点学习好本岗位有关的安全生产规程、规定，熟悉了解施工措施中的各项要求及要注意的安全事项。对参加工程的干部、职工、分包人员必须进行上岗前的安全考试，不参加考试或考试不合格的不准上岗。本工程对各工种分别举办一期学习班，提高施工人员的操作技能和整体素质，熟悉了解新工艺、新设备的操作方法和安全注意事项。分析和研究施工中可能出现的新情况、新问题，及早制定完善的措施，确保本工程的安全施工，不断提高施工队伍的技术素质。

（6）分包人员管理制度。严格执行分包队伍"公司施工许可证"制度，分包队伍必须具备相应的安全施工资质，对无证、缺证的分包队伍，本工程严禁录用，同时要加强分包队伍的安全教育、管理和监督。

（7）安全日活动制度。每周抽取一天，可以占用生产时间，进行两小时安全学习。学习上级安全文件、安规相关内容、通报、简报、事故案例。分析和总结一周安全情况及存在的问题，提出防范措施。安全日活动，要做好记录，并备案。

（8）安全工作票制度。每项工作必须填写安全工作票，禁止无票施工。除安全工作票各项安全要求外，工作负责人、安全负责人，应根据现场实际情况，增加其他安全要求。

（9）安全技术交底制度。班组每天实行班前会，由班长主持，班组全体人员参加。上班前对全体施分包人员进行安全技术交底，确保员工劳保用品配备齐全，精神状态良好，衣着整齐，施工任务交底清楚，安全措施落实，施工技术要求清晰。

（10）严格执行事故报告制度。发生事故后应以最快的方式报告总公司、项目法人、监理。事故单位要做到抢救伤员，保护现场，接受事故调查、处理。在施工过程中，接受项目法人、监理工程师对安全施工和文明施工情况的监督检查。

（11）施工队安全制度。施工队是最基层的施工单位，是各项措施的落脚点，搞好施工队建设是实现安全施工生产的关键一环。施工队应具备各项安全管理制度，做到安全责任上墙，安全管理网络上墙。

（12）交通安全管理。本工程交通道路复杂，车辆多，因此要保证交通安全，必须加强交通安全管理工作，严肃规章制度，教育驾驶员遵章守纪，安全行车，并制定相应的措施。

（13）安全奖惩制度。奖与罚作为安全管理的一种手段，是非常必要的，本工程将制定安全奖罚实施细则。将生产奖的百分之三十作为安全奖，对安全施工生产好的重奖，对不重视安全、违反规章制度，违章作业人员，除扣除基本奖外，还要根据奖惩条款予以重罚，充分利用好奖励机制，调动广大职工搞好安全工作的自觉性。

（14）安全管理办法。建立以项目经理为第一安全责任人，项目总工程师为安全技术负责人，由各部门负责人和安全员组成的安全保证体系，实施对工程的安全管理、检查和监督。制订本工程安全管理办法，建立健全各级安全责任制，做到层层抓安全，人人管安全，事事讲安全。正确处理进度、质量与安全的矛盾，在任何时候任何情况下都必须坚持安全第一，以质量为根本，以安全为保证，在保证安全和质量的前提下求进度。认真开展安全三项活动，各级领导和安全员要经常进行检查、督促、落实。严格执行各分项工程安全施工技术措施，危险及重大作业必须有专职安监人员在场监护。定期和不定期开展全工地的安全检查活动，查找并清除事故隐患。在本工程建立安全风险机制，实行"安全风险抵押金制度"，对安全工作搞得好，无事故者，加倍奖励，对搞得差的没收抵押金，并加倍处罚。加强安全教育，强化安全意识，提高安全自我保护和相互保护能力，做到"三不伤害"。加强对合同工、分包人员的安全教育和管理。分包人员必须参加安规学习和考试，考试合格后方可工作。分包人员必须参加技术交底、班前安全讲话和每周安全活动。加强行车安全管理工作，加强对车辆的维护保养工作。加强现场保卫工作，特别是在夜间更要加派人员在现场巡逻，防止设备材料被盗和损坏。

2. 安全控制技术措施

（1）执行国家及部颁相关法律法规。认真贯彻执行国家及国家电网公司下发的有关安全生产的方针、政策、法律、法规、指令。

（2）安全事故应急准备与响应措施。项目部按照公司建立的职业健康安全管理体系的要求，针对本工程具体情况编制应急预案，满足安全施工管理的要求。

（3）建立本工程安全保证体系。贯彻"遵纪守法、安全环保、优质诚信、追求卓越"的安全生产方针，落实各级安全责任制，建立健全安全风险机制，实行安全文明施工，保障职工在施工过程中的安全和健康。本项目部将按照公司职业健康安全管理体系的要求建立职业健康安全管理体系，执行公司质量、环境、职业健康安全管理体系文件的要求。

（4）安全文明施工与环保二次策划。为适应市场经济的需要，不断提高工程施工管理水平，提高文明施工标准，改善施工环境，使电力建设与施工管理逐步走向科学化、规范化，推动企业管理向深层发展，提高经济效益，本工程将成立以项目经理为组长的环境保护、文明施工及达标投产领导小组，领导和组织现场环境保护、文明施工以及工程达标投产工作，并满足业主及监理的相关要求，服从监理的管理。

（三）危险点、薄弱环节分析预测及预防措施

1. 工程危险因素分析方法原则

（1）制订每项工作的作业指导书时，同时对该项工作的危险进行分析。

（2）每项工作首件试点后，再次对该项工作进行危险分析。

（3）当工作的作业时间超过一个月时，每隔一个月对该项工作进行一次危险分析。

（4）工作危险分析工作由各级技术负责人组织，各级安全员和有经验的若干人员参加，必要时可聘请有关人士（不限于本单位）参加。

（5）工作危险分析应形成记录。

（6）本工程风险名称及风险等级见表1-10-1-4。

表1-10-1-4 危险事件名称及风险等级

序号	风险名称	风险等级
1	软母线安装	2
2	断路器安装	2
3	隔离开关安装与调整	2
4	其他户外设备安装	2
5	变压器安装	3
6	管母线安装	3
7	构支架组立	3

2. 本工程危险点、薄弱环节分析

（1）钢构架吊装。

（2）换流变压器、交流滤波器、750kV断路器等重大设备的安装。

（3）架空线安装。架空线的主要施工风险卷扬过牵引过程操作不当造成人员误伤，过耐张绝缘子串及骑线作业失控造成高处坠落等。

（4）管母线安装。管母线的主要施工风险是运输、安装过程中造成的机械伤害、高处坠落。

（5）材料运输包括公路运输安全和材料保护。安全主要问题是高处人员坠落、起重伤害、物体打击、触电伤害、火灾、交通事故、职业危害、设备损坏。

（6）扩建站户外一次设备高压试验。在扩建站进行高压试验主要的风险是感应电伤人、触电伤害。

（7）扩建站新增二次设备接入运行系统及调试。二次设备调试期间的主要风险是误遥控、误接线、误碰、误整定、直流接地。

3. 本工程安全薄弱环节预控措施

工程作业项目的安全薄弱环节及预控措施见表1-10-1-5。

表 1－10－1－5　　　　　　　　　工程作业项目的安全薄弱环节及预控措施

作业项目	安全薄弱环节	预防控制措施	制定依据
构支架组立	杆体滚动挤手压脚	作业人员要站在杆转动相反方向，定位后用专用木楔垫块垫牢，设备杆堆放处要用角铁、圆钢、前后四点定位	《国家电网公司电力安全工作规程（电网建设部分）》
	焊杆平台不稳固、接地不良、未测绝缘电阻	焊钢管构架宜集中排杆、组焊、场地应平整、坚实，用道木和槽钢搭设简易平台，平台应设多点接地，接地电阻不大于4Ω，平台道木不能有悬空点，焊杆所用的电气设备应采用接零保护和作重复接地，手动工具应装漏电保护器	《国家电网公司电力安全工作规程（电网建设部分）》
	高处坠落，高处落物	高处作业人员在杆根部及临时拉线未固定好之前，严禁登杆作业必须先系好安全带，然后作业，横梁就位时，构架上的施工人员严禁站在节点顶上，横梁就位后应及时固定。合理施工，尽可能减少和缩短人在高处失控状态的时间和距离。高处作业人员必须携带工具袋、传递物品用传递绳，横梁两端不许放置悬浮物品	《国家电网公司电力安全工作规程（电网建设部分）》
换流变压器安装	机械伤害、物体打击	（1）变压器、电抗器安装依据安装使用说明书编写安全施工措施。严格按变压器安装方案施工，不得随意变更起重方案。充氮变压器、电抗器未经充分排氮，严禁工作人员入内。充氮变压器注油时，任何人不得在排气口处停留。 （2）变压器、电抗器吊芯检查前对起重机械设备、设施进行全面的技术检查，确保制动、限位、连锁及保护装置齐全并灵敏有效。起重机械设备不得超负荷起吊，吊臂的最大仰角不得超过制造厂规定。严禁使用不合格机械及工器具。 （3）操作人员持证上岗。 （4）起吊物要有防止倾倒措施。在伸臂及吊物下方禁止人员通过或逗留。 （5）起重指挥和吊车司机统一信号，密切配合，吊车司机确保吊车运行安全可靠，服从指挥，不违章操作。对起吊方式、起重工器具有权进行安全监督，对违章指挥有权拒绝执行	《国家电网公司输变电工程施工安全风险识别、评估及预控措施管理办法》
管母线安装	机械伤害、高处坠落	（1）严格按程序控制和作业指导书或施工方案施工。严格按照操作程序进行操作。 （2）施工前对施工机械、工器具进行检查、维修、保养，以保证吊装安全。 （3）高空作业人员必须持证上岗。开工前进行安全教育及身体检查。 （4）冬季施工必须有防滑措施。 （5）所使用的高空作业防护设施，都应符合技术标准，并应在使用前进行外观检查，不合格者严禁使用。霜冻、大风、雨雪天气不宜高空作业，必要时要采取防滑措施，正确使用安全带	《国家电网公司输变电工程施工安全风险识别、评估及预控措施管理办法》
母线安装	卷扬过牵引	卷扬机设双重保险开关，（转换开关、按钮开关、刀闸开关。刀闸开关在作业人员手能及时拉断距离内）卷扬制动良好，开卷扬机由专人负责，听从地面指挥人员指挥	《国家电网公司电力安全工作规程（电网建设部分）》
	过耐张绝缘子串及骑线作业失控	安装引流线及设备连线在软母线上作业前检查金具连接是否良好，横梁是否牢固。只能在导线截面积不小于120mm²的母线上使用竹竿横放在导线上骑行作业，过耐张绝缘子串时要先系好安全带，防止瓷瓶旋转坠落	《国家电网公司电力安全工作规程（电网建设部分）》

续表

作业项目	安全薄弱环节	预 防 控 制 措 施	制定依据
设备安装调整	起重伤害，设备损坏	安装前明确作业指导书及厂家安装要求，参加人员执行交底签字程序，起重工具经检查完好，方可使用，吊装时信号明确就位平稳，安装完清理好现场。对液压、气动、弹簧操作机构，必须释放压力后，方可拆装，调整开关传动装置人员要留有可移动的作业空间，750kV隔离开关使用倒装法，旋转瓷瓶必须固定好后，方可起吊就位，开关初次动作，必须慢分慢合，先手动、后电动、电动前将开关，置于半分、半合位置，以确定电机反正转，开关上有人作业严禁电动分合开关，传动试验前，检查开关闭锁状况，系统远动前，认真检查二次回路，确认无误，方可传动	《国家电网公司电力安全工作规程（电网建设部分）》
二次设备安装	人员伤害事故	稳盘必须配备足够施工人员，以防倾倒伤人，电钻、电源线绝缘良好，开关灵活，配置漏电保护插台，安装后及时清理杂物，关闭电源开关	《国家电网公司电力安全工作规程（电网建设部分）》
电缆敷设	作业人员伤害、触电、障碍事故	电缆敷设前检查电缆沟道是否畅通，电缆支架是否牢固，放电缆时沟道内应无杂物、积水，并有足够的照明。放电缆时由专人指挥，统一行动，用对讲机联系，传达到位，信号明确，电缆通过孔洞、过道管的交通通道时，两侧设置监护人，入口处保持畅通，出口处工作人员面部不可正对孔洞、通道。放电缆时，临时打开的沟盖，孔洞设警示标志或围栏，完工后，立即封闭，施工人员进入隧道、夹层及电缆沟必须戴好安全帽，拐弯处人员必须站在电缆外侧	《国家电网公司电力安全工作规程（电网建设部分）》
二次接入带电系统	触电、电网事故	编写专项安全技术措施。填写"安全施工作业票B"，作业前通知监理旁站。工作负责人根据设计图纸认真交代分配工作地点和工作内容，工作范围严禁私自更换工作地点和私自调换工作内容。开始施工前，由运行人员在施工的相邻保护屏上悬挂"运行设备"醒目标识，施工过程中要积极配合运行人员的工作，确定工作范围及工作位置。施工人员严禁碰撞或误动其他运行设备。严格按设计图纸施工，如有问题应及时与有关技术人员联系，不可随意处置。监护人认真负责，坚守岗位，不得擅离职守	《国家电网公司输变电工程施工安全风险识别、评估及预控措施管理办法》
运行盘柜上二次接线	触电、电网事故	编写专项安全技术措施。填写"安全施工作业票B"，作业前通知监理旁站。进行二次接线时，应进行安全技术交底。作业人员在二次接线过程中应熟悉图纸和回路，遇有疑问应立即向设计人员或技术人员提出，不得擅自更改图纸。二次接线时，应先接新安装盘、柜侧的电缆，后接运行盘、柜的电缆。接线人员在盘、柜内的动作幅度要尽可能的小，避免碰撞正在运行的电气元件，同时将运行的端子排用绝缘胶带粘住，经用万用表校验所接端子无电后，在值班人员和技术人员的监护下进行接线。二次接线接入带电屏柜时，必须在监护人监护下进行。电缆头地线焊接时，电烙铁使用完毕后不要随意乱放，以免烫伤正在运行的电缆，造成运行事	《国家电网公司输变电工程施工安全风险识别、评估及预控措施管理办法》

续表

作业项目	安全薄弱环节	预 防 控 制 措 施	制定依据
邻近带电作业	触电、电网事故	编写专项安全技术措施。填写"安全施工作业票B"，作业前通知监理旁站。在带电区域作业时，应避开阴雨及大风天气。作业人员严禁进入正在运行的间隔，应在规定的范围内作业，严禁穿越安全围栏。严禁作业人员不执行作业票制度，擅自扩大工作范围。 安装断路器、隔离开关、电流互感器、电压互感器等较大设备时，作业人员应在设备底部捆绑控制绳，防止设备摇摆。拆装端子上两端设备连接线时，宜用升降车或梯子进行，拆掉后的设备连接线用尼龙绳固定，防止设备连接线摆动造成导线损坏。在母线和横梁上作业或新增设备母线与带电母线靠近、平行时，母线应接地，还应制定严格的防静电措施，作业人员应穿屏蔽服作业。采用升降车作业时，应两人进行，一人作业，一人监护，升降车应可靠接地。拆挂母线时，应有防止钢丝绳和母线弹到邻近带电设备或母线上的措施	《国家电网公司输变电工程施工安全风险识别、评估及预控措施管理办法》
改扩建工程户外一次设备调试试验	触电、人员伤害事故	（1）施工调试过程严格执行"两票"制度，办理"作业票"手续，严禁擅自扩大工作范围，注意保持与运行设备带电体的足够的安全距离。 （2）被试一次设备现场应装设安全围栏、围网，在工作地点设备上悬挂"在此工作"的标识牌，在相邻一次设备上悬挂"运行中"的标示牌。 （3）改扩建站工程施工应使用带防滑的绝缘梯，严禁使用金属梯。 （4）现场施工调试工作人员不得少于2人，试验过程严禁使用站内运行设备的交、直流电源，试验电源应从试验电源屏或检修电源箱内引接，加强现场监护	《国家电网公司输变电工程施工安全风险识别、评估及预控措施管理办法》
改扩建工程二次设备调试试验	电网事故	（1）编制《工程施工调试方案》和"二次工作安全措施票"（或"二次接火票"）。 （2）填写"输变电工程安全施工作业票"，作业前通知监理。施工调试过程严格执行"两票"制度，办理"作业票"手续，严禁擅自扩大工作范围。 （3）主控室或继保室内运行设备应用警戒带或红布幔围住，在工作地点保护屏柜上悬挂"在此工作"的标识牌，在相邻二次设备屏柜上悬挂"运行中"的标识牌。 （4）全程监督厂家人员工作，严格按照施工图纸增加信号点及扩建一次设备保护控制逻辑功能，不得擅自更改原运行涉笔的信号量和监控功能。 （5）新增设备遥控过程中应提前申请退出全站运行间隔的遥控压板，防止在后台误操作运行间隔设备。 （6）现场施工调试工作人员不得少于2人，试验过程严禁使用站内运行设备的交、直流电源，试验电源应从试验电源屏或检修电源箱内引接，加强现场监护。严禁造成站内运行设备CT开路、PT短路或直流接地	《国家电网公司输变电工程施工安全风险识别、评估及预控措施管理办法》

五、环境保护与文明施工体系

（一）施工引起的环保问题和环境保护管理措施

1. 施工引起的主要环保问题

（1）开挖土方、占用土地等可能造成水土流失对周围环境的影响。

（2）设备、材料包装的废弃物。

（3）施工及生活垃圾。

（4）施工机械噪声。

（5）废水、废气的排放。

2. 环境保护管理方案

环境因素、目标指标及管理方案见表1-10-1-6。

表 1-10-1-6　　　　　　　　　　　　　　　　环境因素、目标指标及管理方案

序号	环境因素	目标指标	管理方案
1	粉尘的排放	严格控制粉尘排放，减少粉尘对大气的污染	(1) 施工现场经常洒水，保持施工现场无扬尘产生。 (2) 对于扬尘较大的加工作业采取保护措施减少扬尘
2	施工噪声	减少施工噪声	(1) 使用噪声低的施工机械，对施工车辆定期保养，处于完好状态，减少施工机械噪声。 (2) 合理安排施工时间，尽量在白天进行施工。 (3) 对室内操作的机械采用封闭结构，操作人员采取适当措施
3	运输过程的遗洒及扬尘	运输无遗洒及扬尘现象	粉状材料或块状材料运输期间，要采取覆盖措施，以防止产生扬尘和材料遗洒
4	有毒有害废弃物的泄漏和排放	避免和减少油品、化学品和含有化学成分的特殊材料的泄漏和遗洒	(1) 对废弃物做到分类收集，区别处置办法。 (2) 配备专用器具对污油进行集中收集
5	施工垃圾的排放	分类集中收集	(1) 现场分类设置垃圾堆放处。 (2) 与当地环保部门联系，运至指定部门
6	施工、生活污水的排放	修筑渗水井	(1) 现场设置渗水井。 (2) 生活区设置渗水井
7	火灾、爆炸事故发生的可能	杜绝施工现场火灾、爆炸事故的发生	按规定对储存和使用易燃、易爆物品的场所配备消防器材

3. 环境保护措施

(1) 开工前组织全体施工人员认真学习《中华人民共和国环境保护法》《中华人民共和国土地法》以及地方政府有关环境保护的各项法律、法规，加强施工人员环保教育和培训，增强环保观念，提高文明施工意识。

(2) 粉尘控制。对易产生粉尘的材料物品，尽量在室内堆放保管。散装物品装车后应覆盖，装卸过程应控制减少粉尘污染。一般采用目测方法进行测定，达到肉眼不可见的标准。

(3) 汽车尾气控制。公司的车辆及施工现场运输机械，当尾气超标时加装尾气净化器，按规定进行尾气排放年检，对外部车辆提出尾气达标排放的要求。

(4) 噪声防治。对施工机械、车辆（起重机械、滤油机、进出场车辆等）的工作噪声观测，确定噪声测量点，采用环境噪声自动监测仪进行测量。

(5) 污水控制。一般性污水通过目测观察，特殊情况可由当地污水处理部门检测。经目测合格的生活用水可直接排入自建污水渗井，不得直接排入当地江、河、湖泊、水库等；目测不合格的污水应进行处理，达到目测要求后方可进行排放。

(6) 固体废弃物控制。固体废弃物应按要求分类存放和标识，不可将废弃物随意乱扔、堆放、混放；施工现场应"随做随清、谁做谁清、工完料净场地清"；施工现场应指定区域存放，建立相应的垃圾存放地点，并加以封闭，由指定人员负责将废弃物运输、回收、处理。

(7) 施工现场环境管理。严格执行国家有关环境保护的法律、法规，针对现场情况制订环境保护管理办法。不得在施工现场熔化、焚烧有毒、有害、有恶臭气味的废弃物。建筑垃圾、渣土应指定地点堆放，每日清理。

(8) 施工现场不焚烧有毒、有害的施工废弃物，能回收利用的则回收利用，不能回收利用的按国家有关规定及时处理。

(9) 施工过程中不把有毒的气体排向大气。SF_6 气体必须回收处置，不得排向大气。土石方运输车辆要加盖篷布，路面及时洒水。

(10) 施工及生活污水、施工及生活废弃物做到合理排放，不得污染农田。

(二) 文明施工的目标和实施方案

1. 文明施工总要求

依据《国家电网公司输变电工程安全文明施工标准化工作规定》的要求，突出"以人为本"，达到"设施标准、行为规范、施工有序、环境整洁"的安全文明施工效果；严格遵循安全文明施工"六化"要求；创建国家电网公司安全文明施工示范工程。

2. 文明施工目标要求

文明施工项目及文明施工目标要求见表1-10-1-7。

表 1－10－1－7　文明施工项目及文明施工目标要求

文明施工项目	文明施工目标要求
文明施工管理	机构健全，责任落实
员工思想教育	常抓不懈，解决问题；有的放矢，答疑解惑
员工精神面貌	衣着整洁，举止文明；安全用具，正确佩戴
施工人员违纪、违法事件	无赌博酗酒，无打架斗殴，无吸食倒卖毒品，无其他违法犯罪事件发生
文明管理措施落实	制度措施齐全，有活动执行记录
施工场地	安排有序，有条不紊；设置围栏，警示醒目；材料堆放，标志齐全；工完料尽，保护环境
施工驻地	布局合理，整洁卫生；办公住宿，分区布置；各类图表，上墙齐全；微机应用，科学管理
员工生活后勤保障、业余生活	设施齐全，员工满意；丰富多彩，健康有益
与地方政府及住地居民关系	理顺关系，相互协商，处理得当，工程顺畅；尊重习惯，遵守民约，互帮互助，关系融洽

3．文明施工实施方案

（1）管理规章制度。

1）严格执行国家、地方的有关土地管理法规和项目法人对本工程的工地使用管理规定，通道清理必须满足相关规范、规程的要求。

2）执行公司"四标一体"管理体系相关程序文件和国家、行业标准。

3）严格执行地方安全、治安、消防及交通管理法规和要求，办理人员的暂住手续，制订现场防火、防盗等管理制度，并严格执行。

4）将文明施工和环境保护管理与班组建设管理结合在一起，统一进行，由现场指挥机构的党组织负责人领导，办公室主任负责日常工作，核心是通过定期的检查评比，促进文明施工水平不断提高。

5）教育制度。每道工序开工前应进行一次文明施工培训及技术交底（包括环境保护部分），培训后应进行考试，考试不合格者不能上岗作业。

6）检查制度。施工队每半个月进行一次自检，施工队之间每一个月进行一次互检，项目部每分部工程检查两次，每次检查应有记录，检查后应进行总结，每次检查都要有书面总结备案。

（2）消防、交通、保卫、防污染等措施。

1）从消防安全角度出发，材料站、项目部、生活区等配置统一的消防设备和使用操作方法牌，重要防火区域设置消防沙池和消防通道，现场施工动火有审批手续和监护措施，保障人身和财产的安全。各消防设施设置责任人。

2）交通方面，运输过程中，坚持不跑夜车，特殊情况用车需要工程负责人批准并设行车监护人。

3）保卫方面，现场实行封闭施工，在工地入口设置门禁及保安人员的值守，参加施工的全体施工人员必须遵守工地安全保卫及出入管理制度；在施工现场、住地配备监控、铁丝网等维稳设施并安排保安队巡逻。

4）烟尘方面，严禁排放有毒有害烟尘和气体，不得焚烧施工、生活垃圾。

5）噪声方面，按照建筑施工噪声管理的有关规定，积极采取措施，控制施工噪声，做到施工不扰民。

（3）施工现场总平面布置要求。

施工现场总平面布置包括临时建筑、设施、道路、作业区、办公区、生活区、大型施工机械等。

1）办公区设置。施工作业区与办公区域分隔设置。按职责和职能划分设置办公室，主要有项目经理室、项目总工室、综合办公室、会客室、安技办公室、计财办公室、会议室和资料室等，办公室、寝室整洁卫生，各种图牌、办公设施、台账齐全、规范、醒目。生产、办公、生活区域室内净空高度不小于 2.5m，符合安全、卫生、通风、采光、防火等要求。

2）生活区设置。生活区与办公区（隔）分离。生活区主要包括居室、餐厅、洗手间（淋浴室）、娱乐室和医务室等。

3）材料站布局。工地建筑材料、构件、机具、废料及建筑垃圾等按照平面位置定点堆放，标示牌标语醒目、规范、完整，分类堆放整齐。易燃易爆物品应分类妥善存放。

（4）文明施工工作的检查。

1）项目部在进行施工协调工作时，必须同时负责落实。检查各部门、各施工队的文明施工工作，并及时落实文明施工的各项措施。

2）每月应组织有关人员对各文明施工责任区域进行一次大检查。

3）项目部在日常的业务工作中对施工区域实施监督检查，检查发现的问题应及时下发整改通知，施工队负责落实整改，工程部实施监督。

（5）文明施工考核评比。

1）成立文明施工考核评比领导小组，负责对文明施工工作进行考核。

2）项目部定期对施工队的文明施工工作进行考核评比。

3）文明施工经考核不合格的，除不能参与文明施工奖励评比外，还要给予一定的经济处罚。

（三）应急防暴演练

1．配备防暴器材

公司专门为现场配备以下防暴器材：

（1）防暴头盔。能有效保护头部能免受攻击，并提供视野。

（2）防刺服。在面临歹徒的刀具时，防刺服可以极大地增加生存能力，保护人身安全的同时制造更多的对抗可能。

（3）防暴盾牌。学习盾牌的使用，使人员具备了攻防两用性，纵使握住盾牌进行回击，也能对暴徒产生一定的威胁，观察孔既能观察敌情，又能使自己做出更多有利的判断，进而争取击退暴徒，保卫现场安全。

2. 维稳安保计划

为了防止意外发生，保证工程顺利进行，保障工程参建人员的人身安全，项目部将严格执行落实公司维稳安保建设标准化，将在项目部采用如下措施：

（1）项目部以保人身为第一前提，在醒目位置张贴报警电话，负责安保工作人员名单和辖区派出所联系人及报警电话。要向属地电业局公安保卫部联系备案，建立联动机制。

（2）配备安保人员，配置防护器具，具备技防、防范能力，熟悉报警方式，具备逃生技能。

（3）配备固定安保巡视人员2人，开展24小时值班巡逻。并配备夜间照明设施、报警器、铁棍、头盔（安全帽）、盾牌、防刺背心、手套。

（4）项目部积极组织反恐应急演练，应积极与当地公安机关联系，建立联动机制，并开展与公安机关联合巡查工作。

（5）项目部驻地强化人员宿营地、供电、供水、食品安全、车辆停放、材料堆放等方面的防范意识，形成准军事化性质的队伍管理模式，人员集中住宿，严守外出纪律。执行每晚点名、离开驻地请销假等工作制度。

（6）因生活或工作需要外出采购，应配车并三人以上随车，随车携带灭火器及能够作为自卫武器的施工、生产工具。

（7）项目部建设时，对房屋及院落的进行安全护卫措施，并采取加固大门、安装防盗门防盗窗等措施。

（四）绿色施工方案

（1）环境保护措施。制订环境管理计划及应急救援预案，采取有效措施，降低环境负荷，保护地下设施和文物等资源。

（2）节材措施。在保证工程安全与质量的前提下，制订节材措施，如进行施工方案的节材优化，建筑垃圾减量化，尽量利用可循环材料等。

（3）节水措施。根据工程所在地的水源状况，制订节水措施。

（4）节能措施，进行施工节能策划，确定目标，制订节能措施。

（5）节地与施工用地保护措施。制订临时用地指标、施工总平面布置规划及临时用地节地措施等。

六、施工平面布置和工地管理

（一）施工现场总体平面布置原则

根据该站总体规划和要求，本工程施工单位的办公区、管理人员住宿、临建设施统一布置，并能满足办公及生活设施面积的要求。临建设施的设置需要考虑设备临时存放场地、材料库、加工区、现场休息室、吸烟室、施工电源二次布置、施工现场布置宣传栏、现场文明施工标示牌等，根据业主的整体安排，并遵守承包商制定

的门卫管理制度等。

根据本工程设招标文件和施工流程的实际需要，按布局合理、方便施工，并满足现场安全文明施工、日常管理的原则，合理利用已有站外的生产生活临建设施等资源；将所有设备存放在站内，保证存放的条件和安全管理的需要。仓库用地、设备堆放用地、吸烟室等位置应得到监理工程师的批准。施工现场平面布置应做到施工运输便利，满足安全、防火和文明施工的要求。通过建设"智慧工地"，确保落实国网公司建设"精品中的精品"工程的要求。

（二）总平面管理

考虑到今后不影响站内施工生产，现场的安全文明施工，原则上不在站内搭设临建，进行站外搭设临建；并保证在工程移交的同时不遗留问题，不留临建痕迹，尽量恢复原貌。各职能部室和职工宿舍等生活区布置在站外，配电室、易燃易爆危险品库房、成品半成品库房等也布置在站外。设备仓储库房布置在站外。

（1）施工平面管理由项目经理负责，按划分片区由各施工班组包干管理。

（2）现场进出施工道路需压实平整，以便运输。

（3）现场主要入口实行门禁制度，配置门禁卡，并布置工程项目概况牌、工程项目管理目标牌、工程项目建设管理责任牌、安全文明施工纪律牌、组织机构网络牌、施工总平面布置图、应急救援线路图等标识牌。

（4）凡到场的设备、材料必须按平面布置图指定的位置堆放整齐，不得任意堆放。

（5）现场切实执行现场文明施工管理实施细则，由项目经理牵头，定期检查评比。

（6）施工现场的水准点、坐标点、埋地电缆、架空电线应有醒目的标志，并加以保护，任何人不得损坏、移动。

（7）各班组应在划定的平面范围内使用场地，如需增加临时用地，需上报业主单位及有关单位，并遵守施工现场管理条例。

（8）现场安保人员有维护施工现场材、物和治安保卫的责任。

（三）施工区布置

施工区分为材料保管、加工区及施工作业区，材料保管区包含库房、部分周转材料堆置区、配电室、易燃易爆危险品库房、预制厂、机械设备停置区、成品半成品堆置区、垃圾站。所用设施应按国网公司标准化的要求来搭设。

1. 生活区布置

生活区与办公区分开，生活区包含员工宿舍、卫生间（含洗漱间）、厨房（含大、小餐厅）、活动室等。管理人员按照2人一间布置，配1匹冷暖壁挂式空调、衣柜等生活物品，统一布置；会议室配3匹冷暖柜式空调、LED显示屏、投影仪、100in液晶电视、音响设备等；休息室配1匹冷暖壁挂式空调、茶水柜及娱乐设施；施工人员宿舍按8人一间考虑，卫生间为蹲式水冲卫生间及

感应系统小便池。

2. 场区保卫制度建立

在监理工程师指导下，共同制订以下工地制度：

（1）安全防卫管理制度。

（2）工程安全管理制度。

（3）工地出入管理制度。

（4）环境卫生管理制度。

（5）防火措施。

（6）周围及近邻环境保护的附加规则。

3. 卫生防疫及其他事项

（1）施工区域、办公区域、生活区域应符合卫生要求，做好灭鼠灭蟑防蚊蝇措施，在夏季蚊蝇滋生期间，不间断的在各个区域周围喷洒灭蝇药水，保证食物卫生。

（2）办公区域外醒目位置应设置应急联络牌，并标注当地派出所、医院、应急路线等重要信息。

（3）项目部应定期对现场管理进行考核，重点加强对生活区域的管理。

4. 施工垃圾处理

项目部对生活垃圾和施工废品进行分类回收。规划分类存放的场所和统一存放设施样式。办公区域、生活区域制作统一样式的垃圾箱、垃圾筒。施工现场配备垃圾袋，及时进行清运和处理，做到工完料尽场地清。

生活及施工垃圾均清运至指定地点。

（四）施工电源

1. 要求

本工程施工用电按国家标准采用三相五线制（TN-S系统），全部采用铠装电缆直埋敷设。配电室到一、二级电源柜之间采用电缆连接；其余采用直埋式敷设电缆；一、二级电源盘柜内部配置、电源盘柜外形样式、颜色和标识等统一设计规划。沿途分设电源箱，箱内设漏电保护型空气开关及插座等。施工用电的380V低压配电由项目部负责按布置图分别送至各施工点；按电管部门正规要求配置计量。本工程施工区域禁止架设架空输电线；施工电源禁用硬质塑套线。施工、生活电源线布线必须整齐、安全、规范，三级盘与便携式电源盘（四级盘）：三级盘为插座盘及单个开关盘，其壳体统一定做；移动电源盘采用便携式卷线盘。

2. 施工照明

施工现场照明配置以安装施工阶段需求为主，采用集中广式照明和可移动式照明相结合的形式。在材料加工场、材料堆场、设备仓储区及其他施工区域，分别设置带架投光灯塔，户内施工照明采用可移动式灯架的泛光灯，杜绝使用碘钨灯。

3. 施工电源

本站为新建换流站工程，前期四通一平工程已经完成，施工及生活用电从前期四通一平工程预留配电箱接口接入。直埋电缆的敷设应满足相关规程规范，埋深不低于0.7m。电缆的敷设路线应尽量选择避开道路、施工点密集区域，敷设路线应选择最短路线，路线上应有明显标识，写有此处地下有电缆。

（五）施工水源

本站为新建换流站工程，前期四通一平工程已经完成，施工及生活用水从前期四通一平工程预留接口接入。

（六）施工交通

本站为新建换流站工程，前期四通一平工程已经将道路贯通，本站已有运输大件设备的经历，完全能够满足本期设备运输。

（七）施工现场消防管理

本工程系立体交叉施工，多专业协同作业，消防安全问题十分突出，不可有丝毫大意疏忽。为此，必须从以下各个方面采取有效措施，以达到消防安全的目的。

（1）建立严密的消防安全组织管理体系，形成网络，由专职消防安全员监督、执法。

（2）各专业根据安装时作业的特点，随时书面提出消防安全的措施与要求。

（3）现场消防设备应该配备齐全，并保证有效、可靠，任何人在任何时候不得以任何理由擅自将消防器材移作他用。

（4）成立义务消防队、群防群治，常备不懈，应急出动，减少损失。

（5）施工现场严禁吸烟，严禁擅自点火取暖。

（6）电气设备到场后，要放在干燥通风的室内，由专人保管，门窗严密，并加锁。

（7）现场换流变区域为重点防火区域，换流变油到达现场后，应采取独立的隔离措施，搭设临时彩钢板房。搭设材料应满足防火等级要求，应为A级防火材料。门口应配备足够的消防沙箱、灭火器。

（8）现场产生明火施工应配备足够的灭火器，例如氧焊、切割等容易造成火灾安全隐患的工作。

（八）工地管理方案与制度

1. 宣传告示类

项目部在办公区、生活区及施工现场利用宣传栏，开展形式多样的，以安全、质量、标准工艺、文明施工为主要内容的宣传教育活动，重点对现场做得好的方面进行展示奖励，对做的差的方面进行曝光和惩处；根据现场不同区域特点，针对性布置安全、质量标语，起到警示施工人员严格遵守安全操作规程和质量规范。适当悬挂彩旗、横幅增强文明施工氛围。

2. 道路交通类

项目部在通往站址的路口用指示标牌明确进入项目部和施工现场的方向，便于相关人员识别站址位置；施工人员从站区大门主通道进入施工现场，运输及其他车辆从站区后侧门进入施工现场；站区大门主通道设打卡设施和门禁，后侧门设门禁，严格进站制度；在站址内道路设置各施工区域指示标志及说明牌；在站内巡视道路两侧设置国家标准式样的路标、交通标志、限速标志和区域警戒标识；按标准化配置设站内安全通道和全封闭硬质围栏。

3. 作业区分区隔离围栏

施工作业区应在施工前采取围栏隔离，围栏材料选取应与土建项目部保持一致，未经监理、业主同意不得采用其他材质围栏。五彩湾750kV变电站扩建工程施工区域隔离，应经运行单位同意后方可进行。施工区域应在施工前做好隔离措施，隔离范围应满足施工范围要求。

4. 废料垃圾回收类

项目部将对生活垃圾和施工废品设置分类回收设施，分类回收，规划分类存放的场所和统一存放设施样式。办公区域、生活区域制作统一样式的垃圾箱、垃圾筒。废料的回收设施采用市场购置的垃圾桶，施工现场配备垃圾袋，定期进行清运和处理，对剩余材料经盘点核对后，及时上报物质回收归库。

5. 标识类

施工现场的各种标识均应清楚、准确、规范。各种材料应标明名称、产地、数量、规格、是否检验、验收、合格或不合格和使用位置及验收人等。机具设备应标明设备名称、设备完好及试运情况及责任人等。各种标志牌、标识牌以及上墙图表一律采用简明、清晰、规范的标志牌或喷绘、打印图文。项目部会议室及办公室、施工队办公室喷绘施工形象进度图、岗位职责等图表，大小应按国网项目标准化要求与房屋大小匹配适中。施工现场应设置悬挂机械设备操作规程、工艺质量标准牌、配合比牌、脚手架搭设验收牌等标志牌。施工现场严禁一切不规范的手写文字和不规范的悬挂、摆设、埋设和制作。

6. 机具、材料、工具房

（1）进入现场的机械设备、工器具、脚手管等必须经过项目部机具材料专责检查验收合格后，才可进入施工现场；需修理机具，应经材料专责同意后，安装标准化要求修整、油漆，统一色标标识，确保完好、规范，小型工器具和金具材料必须入库按标准化、定置化要求标识清晰，摆放有序整齐；钢材、模板、脚手架等设立规范露天场地，按照标准化要求挂牌标识摆放整齐。

（2）械设备安全操作规程牌悬挂应简明易懂、准确、规范。

（3）中小型机具应保持清洁、润滑和表面油漆完好，标识统一，并悬挂规范的操作规程标牌。

（4）中小型机具在现场露天使用，应有牢固适用的防雨设施和良好的接地措施。

（5）现场机具摆放整齐规范，长期固定式机具设备应放置在平整硬化的场地上，固定牢固，接地良好，有防雨、防风沙、防火等措施。

七、资源需求计划

略。

八、工程施工

（一）开工准备

（1）开工前做好各项准备工作，包括编制技术资料、建造临建设施，组织人员和机具进场、材料采购进场等，争取早日开工。

（2）编制项目管理实施规划/施工组织设计、一般和特殊施工方案，并进行详细的技术交底，确保工程施工质量和施工安全。

（3）合理安排各分项工程、分部工程、单位工程的施工顺序，划分施工层、施工段，配置劳动力，组织有节奏、均衡、连续、有序的流水施工。

（4）开工前进行施工图纸会审，施工中积极与设计工代联系，及时向设计工代反映出现问题，尽早解决设计变更问题。

（5）根据各工序施工进度目标，编制详细的材料、设备、机具进场计划，指导采购、加工、运输等各项工作，确保及时到位。

（6）施工中要根据工程实际进度情况，围绕关键线路，及时调整施工进度计划，必要时考虑部分工序交叉施工。

（7）土建施工要充分利用站内工作面较多，采取积极措施，多采用机械施工。

（8）做好雨季施工防护措施，减少天气对施工进度的影响。

（9）开展QC小组活动，集思广益，采取新工艺、新技术、新措施来缩短工期。

（10）加强工程施工质量和安全管理，确保施工质量和安全，避免出现质量和安全事故，造成工程返工，延误工期。

（二）钢管构支架安装施工

1. 基础复测

（1）基础杯底标高复测。基础复测时基础杯底标高用水平仪进行复测，基础杯底标高取最高点数据，并做好记录。杯底标高找平时在杯口四周做好基准点标识，然后依据支架埋深尺寸进行量测找平，找平采用水泥砂浆抹平。

（2）基础轴线的复测。复测时将每个基础的中心线标出后，根据支柱直径进行安装限位线的标注，划线在基础表面用红漆标注。

2. 排杆、组装

（1）根据图纸轴线和厂家安装说明，制作平面排杆图。

（2）运输、卸车排放时组装场地应平整、坚实，按照构件平面排杆图一次就近堆放，尽量减少场内二次倒运。

（3）排杆时应垫平、排直，每段钢柱应保证不少于两个支点垫实。

（4）钢管柱组装。组装时每段钢柱两端保证两根道木垫实，且每基钢柱组装的道木应保证在一平面上，同时应检查和处理法兰接触面上的锌瘤或其他影响法兰面接触的附着物。组装后，对其根开、柱垂直度、柱长、柱的弯曲矢高进行测量并记录。

3. 钢梁组装

（1）钢结构的拼装按设计图纸和有关的验收规范要求进行。螺栓穿入方向遵守由内向外，由下向上的原则。镀锌钢梁焊接后要进行校正，并补刷防腐油漆。钢结构拼装后，就位地点应尽量减小与吊车停放的距离以减小吊车和起吊物的挪动次数。构件相连部位应划线找正。焊接镀锌钢梁应校正变形，就位后补刷防腐油漆。

（2）每个螺栓按规定力矩紧固，外露螺纹不应小于两个螺距。

（3）拼装钢管柱时，支垫处应夯实，每段钢管应垫两个支点，具体位置如图 1-10-1-2 所示。

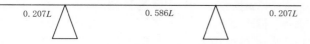

图 1-10-1-2 拼装钢管柱支垫处两个支点位置示意图
L—钢管长度

（4）调直找正钢管柱时，操作人员应站在钢管轴线方向一端，在两端间拉线找正，使钢管柱侧面平直。

4. 吊装

（1）构支架安装工艺流程图如图 1-10-1-3 所示。

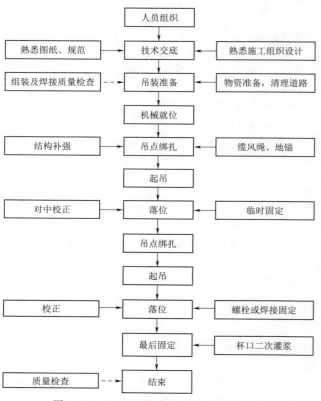

图 1-10-1-3 构支架安装工艺流程图

（2）对钢结构桁架和钢管柱进行吊装稳定性和强度的验算，计算起重量和起重高度，选定合适的起重工器具和吊点，若稳定性不满足要求应有补强措施。

（3）根据公司长期的施工经验，拟选定最大起重量为 250t 的吊车，待到施工阶段，我们将根据详细的计算数据选定起重机。

（4）钢梁两端应绑扎小棕绳，以便于钢梁的就位。

（5）本工程缆风绳采用 ϕ14 钢丝绳。

（6）地锚桩采用已加工好的 $L=2500$mm、$\phi=250$ 钢制地锚桩。地锚的位置应合理布置，以满足施工要求。

（7）有特殊要求或土质较疏松时，必须埋设水平地锚桩，或增加垂直锚桩个数。

（8）吊车停放位置必须平整，吊距、角度正确，严禁超载吊装。

（9）构件起吊前指挥人员应详细检查绑扎点、U 形环、钢丝绳。检查地锚、缆风绳、补强措施及连接件与作业方法，是否正确无误。

（10）吊件离开地面 100mm 左右时，必须停止起吊，做一次全面检查和冲摆试验，发现不正常现象，应立即放下进行检查、调整、处理待排除隐患才可进行吊装。

（11）构架起吊过程中和钢梁没有准确就位前，不准登高作业。

（12）构架、钢梁就位后没有固定牢靠不得摘钩，未紧固牢靠前不得松缆风绳。

（13）起吊构件要慢、稳、徐徐上升、缓缓转动，确保构件在空中平稳起落。

（14）由于本工程梁柱接头采用刚性法兰连接，因此必须精确控制构架支柱的定位轴线和中心位置及垂直度，才能保证钢梁的准确就位。我们对每根构架支柱采用两台 J2 经纬仪控制垂直度。

（15）当吊物落位后，应进行对中校正，对于支柱采用螺旋千斤顶和链条控制支柱的位置，采用螺旋千斤顶调整支柱的垂直度。对于钢梁采用小棕绳配合，人工精确就位。

（16）构件对中校正后应临时固定，经检查构支架安装符合设计及规范要求后及时二次灌浆。在杯口混凝土强度达到设计要求以前，不得拆除临时固定设施。

（17）构支架安装后的质量应满足相关标准的要求。

（18）钢梁吊装时，在横梁两端绑扎控制绳，以防止发生摇摆晃动；钢梁就位的同时，应通过缆风绳调整架构垂直度，当加工垂直度及钢梁位置均符合要求时，再进行螺栓紧固。

（19）构支架采用先灌混凝土后吊装的原则，在现场完成钢管支架底端至排水孔底长度范围内或部分支架柱内全高灌细石混凝土的工作后，待混凝土同养温度逐日累计达到 600℃方可吊装。构支架吊装完毕后，杯口二次灌浆应浇筑密实，待钢梁及节点上所有紧固件都复紧后方可拆除缆风绳。

（20）保护帽混凝土浇筑前，应对保护帽顶面以上钢构支架 500mm 范围内进行保护。

（21）站内所有爬梯应与主接地网可靠连接。安装在钢构架上的爬梯应采用专用的接地铜排与主网可靠连接。

5. 支架的调整、校正

平面校正应根据基础杯口安装限位线进行根部的校正，立体校正用两台经纬仪同时在相互垂直的两个面上检测，单杆进行双向校正，人字柱以平面内和平面外进行。校正时从中间轴线向两边校正，每次经纬仪的放置位置应做好记号，否则在测 A 字柱时会造成误差，校正最好在早晚进行，避免日照影响；柱脚用千斤顶或起道机进行调整，上部用缆风绳纠偏。

（三）换流变压器安装

1. 换流压器站安装特点

换流变压器（以下简称"换流变"）（图 1-10-1-4）是换流站中重要设备之一，它与换流阀一起，在交流电网和直流输电线路之间起连接和转换作用。由于运行工况特殊，相对于相同容量的普通变压器，换流变有其特殊的性能，在运行中它需要有效降低谐波损耗，承受比同容量普通变压器要高的电、热、机械的应力。同时为了防止绝缘老化，换流变绝缘水平也比普通变压器要高。另外，换流变在制作工艺上要比普通的交流变压器要高。因此，换流变具有体积大、重量大、安装工作量大、工艺复杂、标准要求高的特点。

图 1-10-1-4 换流变现场实物

2. 工艺流程

主要工艺流程如图 1-10-1-5 所示。

3. 施工准备

（1）技术准备。施工前，根据工程设计资料、换流变出厂技术文件、公司发布的施工作业指导书中的标准，编制施工技术措施。安装前要认真熟悉施工图、制造厂安装使用说明书，并进行技术交底。换流变就位前，对土建基础检查验收，其尺寸及强度满足设计及规程要求。

（2）人员准备。换流变压器到货前，所有施工人员应全部到位，针对施工特点、现场布置、工期计划、质量安全等进行安全、技术交底及培训。起重指挥、焊接、施工临时电源使用及其他机械使用等人员需经项目部专门的交底及培训，考核合格后证上岗。项目部组织各作业面施工负责人进行详细的现场策划，使各施工负责人责任明确、目标明确。

（3）工机具准备。安装机具主要包括 25t 吊车、75t 吊车、真空滤油机、电动液压千斤顶、油罐以及其他小型机具等。工机具使用前必须做好性能测试及保养，确

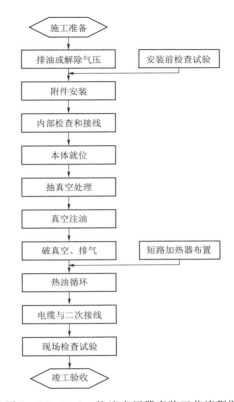

图 1-10-1-5 换流变压器安装工艺流程图

保使用安全。

4. 换流变安装要点

（1）换流变压器到达现场后，进行外观检查看外壳是否有严重的变形，若有冲击记录仪，应及时检查冲击记录仪，我国规程规定运输方向、垂直方向和横向三个方向的冲击受力不超过 3g，运输过程中氮气压力应保持正压 0.01～0.03MPa，并做好记录。

（2）换流站电气安装工程共安装 12 台单相双绕组换流变压器，由于油务处理工作量较大，为确保绝缘油现场过滤处理的进度及质量，公司采取用双极高真空滤油机通过复合软管串联过滤器和油罐的"全封闭绝缘油过滤"的方法进行绝缘油处理。该机具有效果好、速度快、处理量大的优点。根据以往变压器油处理的施工经验，在变压器油务处理中，将设置专门滤油棚，以便防止恶劣天气的影响（低温、大风、悬浮物多）；同时，将油库设置在距离换流变较近的空地内，合理规划及布置，合理配管。

（3）对每批到达现场的油取样进行分析，其油样应符合《绝缘油中溶解气体组分含量的气相色谱测定法》（GB/T 17623—1998）及《变压器油中溶解气体分析和判断导则》（DL/T 722—2014）的要求。存放期间，设专人监视本体压力（0.01～0.03MPa）并作好记录。

（4）换流变到达换流变广场，从运输车辆卸至运输小车时，吊车应由专人指挥，做好安全防护措施，搭设围栏。换流变移位至安装位置前，应充分熟悉掌握移位小车性能，检查换流变移位轨道的完整性，移位小车的

可靠性，换流变在运输小车受力点应符合厂家要求。如有损坏地方或者有障碍物的地方，及时处理好后才能移位。移位过程中设有丰富起重经验的专人指挥，遇意外情况及时处理。移动就位时应缓慢均匀，运输速度不应超 2m/min，运输轨道接缝处应实施有效的衬垫保护，防止产生冲撞和振动。到达运行位置后，各点受力均匀，及时垫好垫块，防止产生振动。

（5）连通干燥空气发生器输出管与主变本体下部排油阀门管道，在露点满足要求后启动干燥空气发生器，打开本体顶部排气阀和下部连接阀，通入干燥空气到本体内。

（6）器身检查应在晴好天气，温度大于 0℃ 的条件下，器身温度不应低于周围空气温度；若器身温度低于周围空气温度时，应将器身加热，使其温度高于周围空气温度 10℃。

（7）进罩前必须充分排气，测定含氧密度应达 18% 以上，当环境相对湿度小于 80% 且大于 65% 时，器身暴露在空气中的时间不得超过 8h，当环境相对湿度小于 65% 时，器身暴露在空气中的时间不得超过 10h，当换流变压器内部湿度小于 20% 时，器身暴露在空气中的时间不得超过 16h，芯检过程应做好详细记录。

（8）根据运输情况确定是否需要器身检查，项目主要有：器身各部有否位移；紧固件、夹件是否松动；防松绑扎是否完好；高低压引线绝缘包带有否破损；铁芯与夹件间绝缘是否良好；铁芯是否一点接地；分接开关是否动作正常，接触紧密。器身检查完毕后应用合格的变压器油进行冲洗，并清洗油箱底部，不得遗留杂物。

（9）风冷却器安装前应进行密封性试验，规定 0.25MPa 压力持续 30min，无渗漏，否则进行处理才能安装。密封性试验应做好详细记录。

（10）安装前气体继电器应送检鉴定，套管、升高座进行电气试验；附件组装前用合格变压器油清洗，并按出厂序号组装。

（11）阀侧套管吊装应注意吊装顺序，先将套管的升高座等附件按低到高的顺序完成吊装，再按低到高的顺序完成套管的吊装。

（12）抽真空。注油前换流变压器必须进行真空处理。真空残压不应大于 133Pa 或达到产品技术文件规定值，真空保持时间应满足厂家技术资料要求。抽真空时，应监视并记录油箱的变形，其最大值不得超过壁厚的两倍。在抽真空时，必须将在真空下不能承受机械强度的附件，如产品技术文件规定不能抽真空的储油柜、气体继电器等与油箱隔离。对允许抽同样真空的部件，应同时抽真空。

（13）真空注油。换流变压器必须采用真空注油。当真空残值和真空度保持时间达到要求后，开始注油。注油全过程应保持真空。注入油的油温宜高于器身温度，注油时宜从下部油阀以 4～6t/h 的注油速度进油。油面距油箱顶的空隙不得小于 200mm 或按制造厂规定执行。注油后，应继续保持真空，保持时间应符合产品的技术规定。

（14）热油循环。一次注油到油枕额定油位完成后，进行热油循环。热油循环时，进入变压器的油温应满足厂家技术文件要求。热油循环管道连接方式应按照产品技术文件要求进行（一般是上进下出）。通常使全油量循环 3～4 次，时间不少于 48h。热油循环结束后，应开启换流变压器所有组件、附件及管路的放气阀排气。

（15）补充注油。加注补充油时，应通过储油柜上专用的添油阀，并经净油机注入，注油时应排放本体及附件内的空气，少量空气可自储油柜排尽。注油完毕后，应及时进行整体密封试验。

（16）整体密封试验及静置。注油完毕后，可利用瓶装氮气或干燥空气对油枕内胶囊充注 0.03MPa 的气体，保持 24h，并观察变压器本体各法兰面有无渗漏现象。如无渗漏，则整体密封试验合格，可进入静置程序。静置时间应满足规范及厂家要求。

（17）牵引就位。移动就位时应缓慢均匀，着力点应为制造厂规定位置，运输速度不应超 2m/min，运输轨道接缝处应实施有效的衬垫保护，防止产生冲撞和振动。到达运行位置后，下降操作过程应缓慢，各点受力均匀，及时垫好垫块，防止产生振动。换流变压器就位尺寸误差应严格控制，套管插入阀厅相对中心线位置垂直和水平误差应小于 20mm。

（18）换流变就位后，应及时地封堵套管入口，保证阀厅的相对湿度和温度满足安装设备的要求，特别是防止灰尘进入阀厅。封堵时，所有的封堵材料应清洁后转运入阀厅封堵，并且封堵人员要和阀厅安装人员配合。

（19）通过常规电气试验检验设备质量和安装质量。

（20）科学组织、严格施工确保每道施工工序质量，防止变压器在安装过程中受潮。换流变安装就位如图 1-10-1-6 所示。

图 1-10-1-6　换流变安装就位

5. 变压器 box-in 降噪设施安装

换流站中由于交流滤波器、换流变压器等设备在运行过程中会产生很大的噪声，产生的噪声污染对周围的环境和居民生活造成极大的影响。为了消除噪声的影响，需要对交流滤波器场、变压器安装隔声屏障及半封闭型降噪设施，如图1-10-1-7所示。把产生噪声的机器设备封闭在一个小的空间，使它与周围环境隔开，以减少噪声对环境的影响，这种做法叫作隔声。隔声屏障和隔声罩是主要的两种设计，是国家电网公司建设"环境友好型"企业的体现。目前公司降噪设施安装工艺比较成熟，已顺利完成天山换流站换流变box-in降噪设施安装，在本站中将严格执行技术规范书的要求执行。

图1-10-1-7 隔声屏障及半封闭型降噪设施

（1）安装前制订专项降噪设施技术方案，对参与施工的全体施工人员进行技术交底，明确施工技术质量要求和安全注意事项。

（2）降噪设施材料进场应严格检查验收，型号规格应符合设计要求，外观良好。

（3）按照图纸要求在换流变基础上钻孔埋植化学螺栓，用来固定隔声板框架。将顶部工字钢托架焊接在土建预埋的铁板上，隔声板托架按图纸要求用膨胀螺栓固定在两侧防火墙上。要求隔声板托架和工字钢托架的倾斜角度与图纸要求一致，保证满足顶部横梁的安装尺寸。在安装换流变降噪系统前，为防止运行中换流变的振动引起box-in组件的共振，公司将提醒设计单位对相关参数进行校核，如存在共振可能，公司将配合设计采取预防共振的措施，确保换流变稳定运行，减少二次噪声的产生。

（4）按设计图纸要求采用升降作业车和吊车配合进行顶部H形钢安装，按厂家图纸标号先组立固定支撑立柱，再进行横梁的连接，形成一个空间钢结构框架，为今后更换换流变拆卸方便。连接均采用螺栓连接方式，螺栓必须能自由穿入，不得敲打，不得气割扩孔，且螺栓穿入方向要一致。每个框架组装完成后再进行下一个框架的组装，H形钢安装完毕后进行构件安装验收和尺寸核对，一切无误后采用力矩扳手紧固。

（5）将顶部的隔声板吊到换流变顶部，按图纸编号固定在横梁上，安装时注意隔声板保持横平竖直，螺栓

要固定牢靠，防止脱落。垂直方向的隔声板用不锈钢螺栓自上而下固定在钢结构上，安装时应注意隔声板纵向应垂直于地面且各板在同一直线，应保证水平方向各板应在同一直线。

（四）交流滤波电容器塔安装

交流滤波电容器塔是换流站交流场特有的设备，如图1-10-1-8所示。其基本功能是对换流站产生的交流系统高次谐波进行滤波，并可提供换流器工作中所需的无功补偿功能。对整个交流场来说，滤波器是所有电气设备中元件、瓷件最多、最高大的设备，所以施工时一定要注意设备瓷件的安全，根据设计图纸和厂家提供的技术资料，编制作业指导书，掌握施工要点及施工方法，配置好施工机械，由于设备高大应由两台高空作业车配合安装。

图1-10-1-8 交流滤波电容器塔

1. 基础检查

按设计图纸，检查各种技术参数看是否符合设计要求。

2. 开箱检查

按装箱单核对厂家提供的技术资料是否齐全完整，附件、备品备件应齐全完好。检查滤波器、并联电容器、支柱绝缘子等设备外观应完好无损。

3. 底座安装找正

安装时根据设备底座编号对号入座，用水准仪、经纬仪复测轴线、标高符合要求，水平可通过底座螺母调整。

4. 设备吊装

（1）滤波器主体设备是电容器组，其他还有电感、电阻、避雷器、电流互感器等。每一箱电容器是一个层架，经开箱检查无渗油，方可吊装，先吊首层绝缘子再安装电容器组，每一层架的总电容量和分组电容量都已经在工厂配置好（尽管厂家已配置好，但施工前必须进行复试，如有不符合标准，必须用符合标准的电容器进行调换，应重新编号，此编号要与原来不符的编号相同，把原来不符合标准的电容器的编号取消，按着重新配置

的再次标号），所以应按照电容器层架编号查找厂家规定的编号，依次进行组装，以免造成电容量不平衡。如发现层架某个电容器损坏，应用相同容量的电容器调换。安装好底层电容器组后，依次安装各层电容器组，并用水平尺检查电容器组的水平度，若绝缘子不在一个平面上，可通过支柱绝缘子加垫片调平。

（2）吊装电流互感器。吊装时要特别注意电流互感器极性，避免装反。

（3）安装滤波器的电阻。安装时要注意编号，自下而上依次安装，并根据图纸来确定安装方向。

（4）并联电容器的安装。按滤波器的吊装方法进行并联电容器的吊装。

（5）其他设备安装。按一般设备施工方法进行安装并做好设备之间的连接线。

5. 调整

安装结束前，要用经纬仪、水准仪调整设备的垂直度及水平度，使之符合规程规范及厂家的产品的技术规定。

6. 要求

（1）支架必须找正找平符合图纸要求。

（2）对于电容器，必须注意标在每层框架上的数字编号按顺序吊装。

（3）吊绳必须用软绳，起吊电容器组时吊点只能在框架上，不能将支持绝缘子作为吊点。

（4）所有螺栓必须用力矩扳手按规定力矩紧固。

（5）各套管间连线不可太紧，以免运行中损坏套管。

（6）电阻必须按序号连接，测量各电阻值与铭牌比较，误差不得超出规程规定。

（五）罐式断路器的施工方案

1. 罐式断路器安装流程

罐式断路器安装流程如图 1-10-1-9 所示。罐式断路器本体实物如图 1-10-1-10 所示。

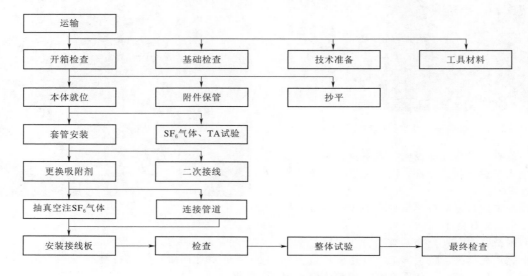

图 1-10-1-9　罐式断路器安装流程图

图 1-10-1-10　罐式断路器本体实物现场照片

2. 罐式断路器本体安装方法

（1）本体吊装采用钢丝绳四点吊法，如图 1-10-1-11 所示。将断路器罐体缓慢吊装到混凝土基础上，不得碰撞断路器，端部设缆绳保护措施。

（2）就位时，应注意断路器罐体、机构 A、B、C 三相编号，方向及位置。

（3）吊装完成后进行断路器罐体间相距离，中轴线，水平度调整。用厂方提供的垫片进行断路器罐体水平度的细调整，用水平仪在罐体的上平面操平找正。

3. 罐式断路器套管安装方法

（1）组装按厂商编号顺序，根据断路器箱体重量及安装位置，采用 25t 吊车进行。

（2）固定机构和支柱、框架就位安装。

（3）连接灭弧室与支柱瓷套。

在圆柱销表面及销孔内涂上硅脂，插入圆柱销，卡入轴用挡圈（利用挡圈钳卡入）。连接上法兰紧固螺栓，对称紧固后，在螺纹处涂上紧固胶，在螺栓接触处及密封缝涂上防水胶。紧固力矩达到规范要求，取下连接管

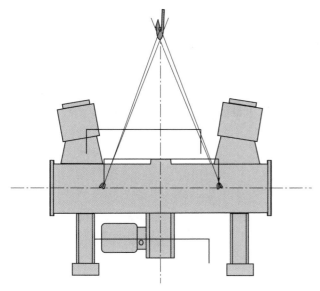

图1-10-1-11 罐式断路器本体四点起吊方法

道阀门处的螺母及封盖，用酒精清洗干净，密封圈及密封槽处将斯里本顿涂在密封面上，然后连接经高压干净空气冲过的管道。

4. 抽真空

抽真空应由经培训合格的专人负责操作，真空泵应完好，所有管道及连接部件应干净、无油迹。接好电源，电源应可靠，不能随意拉开，检查真空泵的转向，正常后启动真空泵，先打开真空泵侧阀门，待管道抽到133Pa后，再打开充气侧阀门，真空度达到133Pa后，再继续抽8h。

抽真空过程设备遇有故障或突然停电，均要先关掉断路器充气侧阀门，再关掉真空泵侧阀门，最后拉开电源。抽真空8h后，应保持4h以上，观看真空度，如真空度不变，则认为合格；如真空度下降，应检查各密封部位并消除，继续抽真空至合格为止。

5. SF₆气体管理

（1）对SF₆气体逐瓶进行微水测试，并按规定取样全分析，合格后方可充入设备，充入后再逐个气室进行含水量测试。

（2）密封检漏用灵敏度不低于$1×10^{-6}$（V）的检漏仪测量，用采集法进行气体泄漏测量。

（六）互感器、支柱绝缘子安装

1. 作业工序流程图

作业工序流程如图1-10-1-12所示。

2. 基础安装前检查

（1）根据设备到货的实际尺寸，核对土建基础是否符合要求，包括位置、尺寸等，底架横向中心线误差不大于10mm，纵向中心线偏差相间中心偏差不大于5mm。

（2）设备底座安装时，要对基础进行水平调整及对中，可用水平尺调整，用粉线和卷尺测量误差，以确保安装位置符合要求，要求水平误差不大于2mm，中心误

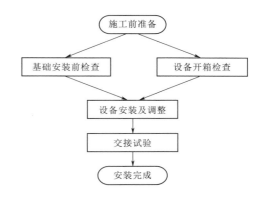

图1-10-1-12 互感器、支柱绝缘子
安装作业工序流程图

差不大于5mm。

3. 设备开箱检查

（1）与厂家、物资、监理及业主代表一起进行设备开箱，并记录检查情况；开箱时小心谨慎，避免损坏设备。

（2）开箱后检查瓷件外观应光洁无裂纹、密封应完好，附件应齐全，无锈蚀或机械损伤现象。

（3）互感器的变比分接头的位置和极性应符合规定；二次接线板应完整，引线端子应连接牢固，绝缘良好，标志清晰；油浸式互感器需检查油位指示器、瓷套法兰连接处、放油阀均无渗油现象。

4. 互感器的安装

（1）认真参考厂家说明书，采用合适的起吊方法，施工中注意避免碰撞，严禁设备倾斜起吊。

（2）三相中心应在同一直线上，铭牌应位于易观察的同一侧。

（3）安装时应严格按照图纸施工，特别注意互感器的变比和准确度，同一互感器的极性方向应一致。

（4）SF₆式互感器完成吊装后由厂家进行充气，充气完成后需检查气体压力是否符合要求，气体继电器动作正确。

（5）互感器接线板与母线、导线金具的连接，搭接面不得小于规定值，并要求连接牢固。

（6）安装后保证垂直度符合要求，同排设备保证在同一轴线，整齐美观，螺栓紧固达到力矩要求，按设计要求进行接地连接，相色标志应正确。备用的电流互感器二次端子应短接并接地。

5. 支柱绝缘子安装

（1）绝缘子底座水平误差不大于3mm，各支柱绝缘子中心线误差、叠装支柱绝缘子垂直误差不大于2mm。

（2）固定支柱绝缘子的螺栓齐全，紧固，并达到力矩要求值。

（3）接地线排列方向一致，与地网连接牢固，导通

良好。

6. 注意事项

（1）设备在运输、保管期间应防止倾倒或遭受机械损伤；运输和放置应按产品技术要求执行。

（2）设备整体起吊时，吊索应固定在规定的吊环上。

（3）设备到达现场后，应作外观检查。

（4）互感器的变比分接头的位置和极性应符合规定。

（5）二次接线板应完整，引线端子应连接牢固，绝缘良好，标志清晰。

（6）均压环应安装牢固、水平，不得出现歪斜，且方向正确。具有保护间隙的，应按制造厂规定调好距离。

（7）引线端子、接地端子以及密封结构金属件上不应出现不正常变色和熔孔。

（七）隔离开关安装

1. 施工前准备

（1）安装前认真学习厂家安装说明书和规程、规范及设计图纸，明确施工要点，掌握施工要求。吊装设备及机具的荷载应满足吊装要求，如吊车、吊绳、吊环等。

（2）加工件尺寸按设备实际尺寸进行加工制作，且镀锌良好。垂直拉杆和水平拉杆所用的钢管必须镀锌良好，规格符合设计要求，强度满足产品的技术规定。

（3）设备支架的高差、水平偏差应满足规程标准，设备支架钢板帽上的孔径、孔距以及相间距离误差满足规程要求。

2. 安装

（1）安装前应对本体及附件进行开箱检查，其接线端子及载流部分应清洁，接触良好，触头镀银层无脱落；绝缘子表面应清洁，无裂纹、破损等缺陷；转动部分应灵活。

（2）配好瓷瓶后，在地面将触头、均压环、屏蔽环、支柱绝缘子、底座、接地刀组装好后，按设计要求逐相吊装就位，并用螺栓临时固定，注意接地刀方向应符合设计要求。

（3）按设计和制造厂要求将操动机构（手动或电动机构）与加工件连接固定。配置水平或垂直传动拉杆及相应的连接件。

3. 调整

（1）按产品说明书介绍的方法调整隔离开关的分合闸位置、开距、同期、动静触头的相对位置。调整接地刀开距、触头插入深度及与主刀间的机械闭锁。调整时主刀与地刀应综合考虑以满足机械闭锁要求。

（2）安装结束后隔离开关应达到如下标准：操动机构、传动装置、辅助开关及闭锁装置安装牢固，动作灵活可靠，位置指示正确；合闸时三相不同期应符合产品的技术规定；相间距离及分闸时，触头打开角度和距离应符合产品的技术规定；触头应接触紧密、良好，接触电阻满足试验规程要求。油漆完整，相色标志正确，

接地良好。隔离开关安装就位的照片如图 1-10-1-13 所示。

图 1-10-1-13　隔离开关安装就位的照片

（八）软母线安装工艺

1. 软母线压接及安装

（1）施工准备。包括现场布置及技术准备。

（2）挡距测量。挡距测量数据必须准确；一般采用标准钢卷尺进行实际测量、计算或采用全站仪（双经纬仪）等仪器进行测量、计算。

（3）悬式绝缘子串。绝缘子外观、瓷质完好无损，耐压试验合格；绝缘子串连接金具的螺栓、销钉等必须符合现行国家标准。

（4）导线下料计算。采用的抛物线近似计算法是将导线和绝缘子的悬挂状态近似视作一条抛物线，不考虑其弹性变形及构架变形因素，计算公式如下：

$$L_0 = L + 8f^2/3L - \lambda_1 - \lambda_2$$

式中　L_0——导线下料长度，m；

　　　　L——导线跨距，m；

　　　　f——设计弧垂，m；

λ_1、λ_2——两侧绝缘子、金具串长度，m。

（5）导线下料方法及要求。将完好无损的导线展放在地面工作场及升空场的地面上，地面应铺设柔性材料铺垫（如地毯、橡胶垫、特殊防护垫等）；导线开断时在待切割处的两侧用细铁丝扎紧后方可切断，导线断面应与轴线垂直。导线切割方法如图 1-10-1-14 所示。

（6）导线压接。根据招标文件要求，安装承包人需提供质量可靠、性能优越的设备连接金具及导线，并采取优良的连接工艺，以满足电晕要求，减小噪声，保证连接的视觉效果。导线正式压接前需做试品试件，试品试件压接尺寸、强度等符合规程规范相关要求后方能正式压接。经公司多年施工经验及分析，认为本工程施工方对于噪声的控制在于导线的压接与金具组装，故公司将减小噪声施工贯穿于导线压接、金具组装的全过程，如图 1-10-1-15 所示。

（7）扩径导线压接高压架空导线产生的电晕现象与

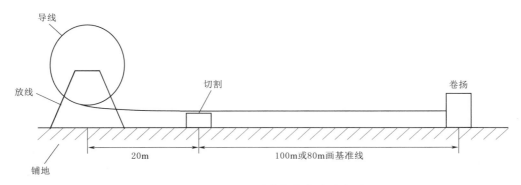

图1-10-1-14 导线切割方法示意图

图1-10-1-15 导线压接与金具组装

其外径的大小有关。导线外径越大，电线表面的圆弧也越大，电晕现象就越小。输电线路如果产生电晕现象，在电晕处导线温度就会升高，将损失大量的电能，使经济效益下降。在高压输电线路中，需要把导线外径加大，导线经过扩径，可以减小导线表面的电场强度，从而减少电晕的产生和对无线电的干扰。因此，采用扩径导线比其他普通导线有许多优越性。导线经过扩径解决了高电压条件下的电晕问题。本工程拟采用的多种扩径型铝合金导线在750kV工程中已成功使用，公司在五彩湾750kV变电站、三塘湖750kV变电站、茇茇湖750kV变电站等工程施工过程中，熟练掌握四分裂扩径导线的安装工艺，对于该站出现的导线压接及安装，不存在技术困难。

2. 金具选择

选择设备线夹端部有倒角的产品，减少棱角。设备线夹端子板上加装防晕板，使接线板上螺栓头不露出防晕板，避免尖端放电。针对大直径扩径导线，金具安装后应采取防进水措施并对有毛刺的金具外表面抛光；除接线板上有油脂外，金具外表面均不得有油脂，必要时用酒精擦净。一次设备使用双层均压环。引线端子加装屏蔽环，金具接线板加防晕装置，端子板加装防晕装置。

3. 金具组装

(1) 核对线夹、导线规格、型号，应与设计相符；

压接工艺按照《输变电工程架空导线及地线液压压接工艺规程》（DL 5285—2013）操作；导线压接前应检查液压设备工作正常，压力范围与钢模和线夹的要求相匹配，钢模的内六角应为正六边形，六边形的对角尺寸与受力件外径相符，对边尺寸和对角尺寸比值为0.866。

(2) 用有机溶剂清洗线夹和导线。导线的清洗长度应大于线夹长度的两倍。

(3) 耐张线夹应先穿入铝管再穿钢锚。穿入时应顺着绞线的交织方向旋转推进，由于切割过程中在导线和支撑铝管断口处会产生飞边等缺陷，因此在旋入前应仔细检查并用圆锉小心锉平，严禁用力推进。

(4) 将铝管向内移出压接部位，用不锈钢或钢丝刷仔细刷去该部分的氧化膜，然后均匀涂上一层电力复合脂。将钢锚旋入导线套上铝管转动线夹，使线夹两侧引流板朝向导线凸起方向，扳正压钳的角度使轴线一致。

(5) 铝管的压接应采用顺压法时，容易在管口处出现松股或起灯笼现象。在实际工作中往往采用逆压法，即从管口向引流板方向压接，但应注意引流板与钢锚挂线孔内侧需预留一定的间隙，以保证铝管压接的伸长量。

(6) 压接前再次检查压接工具，应放置平稳，调整压接工具的角度使导线与压钳的钢模轴线一致，如有高度偏差和倾斜均会造成压件弯曲。钢模有上下之分的要注意不要放错。检查选择的钢模、调整压力与线夹匹配，即可压接。

(7) 导线压接好后，用0.02mm精度的游标卡尺测量压接出的六角形的对边尺寸，其最大允许误差为$0.866D+0.2$mm（D为压接管外径）。

4. 母线架设

(1) 母线架设的原则：先高层后低层。

(2) 母线敷设应采用张力方式以防导线摩擦地面。导线在架设时，地面铺设地毯，避免与地面摩擦，产生毛刺。在起线过程中，确保导线完好，降低导线通电后产生电晕现象，降低噪声。

(3) 一次引线连接接触面，隔离开关、断路器接线端子应光滑，无毛刺，接线板涂有油脂。

(4) 螺丝紧固，螺栓外露长度一致，达到力矩要求。

(5) 牵引力不超过导线最大张力，间隔棒连接螺栓长度不宜高出间隔棒平面，牵引方向满足施工说明要求。

（6）宜采用平衡挂线方式，对最边缘轴线的梁柱外侧应打揽风绳，以防止母线安装时的牵引力影响构架；牵引挂点位置选择适当以便于悬挂连接，牵引点应采取对绝缘子的保护措施；紧线前清洁导线和绝缘子，绝缘子碗口应朝上，整个紧线过程导线不得与地面摩擦，均压屏蔽环不得与地面摩擦。

5. 特殊措施

（1）安装工器具配备：扩径导线压接采用 200kN 液压机压接；导线架设采用 20t 卷扬机、75t 吊车配合提线、高空作业车辅助作业。

（2）严格控制表面光洁度减少电晕，导线下线、压接、展放等工作采取防护措施，设置封闭专用导线压接场。导线压接前后对耐张线夹、金具、导线表面进行精心清洁打磨处理。

（3）由于瓷瓶串重量大，导线相对较轻，施工中采用弛度经验公式与试挂相结合的方法。

（4）开口朝上的金具线夹下部必须做滴水孔防冰涨。

（5）在导线制作时，制作加工场应进行隔离和防护，导线采用放线架进行展放，以保证导线挺直和测量的精确度；铺设地毯，避免导线在展放时与地面摩擦，产生毛刺。软母线金具表面应无凹凸不平，焊接处应光滑，无毛刺，严禁用不合格产品。

（九）管母线安装工艺

1. 开箱检查

管形母线和衬管表面平直光洁，不得有裂纹和损伤；焊丝选择必须与管母的材质匹配；绝缘子应完整无裂纹胶合处填料应完整，结合牢固；金具表面应光洁，无毛刺。型号和材质必须符合设计要求，并有产品合格证。

2. 管母加工

管母接头必须避开管母固定金具和隔离开关静触头相固定，并按照要求加装衬管及加工补强孔。

3. 管母焊接

可在现场选择一个平坦合适的场地搭设管母焊接棚，如图 1-10-1-16 所示。焊接棚内置焊接工作台，管母支撑上平面用水平仪找平，误差控制在 3mm 之内。焊接前，管母用校正平台逐根校直，对管母及焊丝进行清洗，清洗后应及时焊接，以免重新氧化；焊接前对口应平直，管母对接间隙必须符合规范要求。

管母的焊接时应采取防风措施，焊接过程符合规范要求；对焊接端进行坡口处理，坡口角度应根据管形母线壁厚来确定。同时打加强孔，数量满足设计图纸要求。焊接所使用焊丝和衬管与管形母线材质相同，衬管长度满足设计要求并与管形母线匹配；管形母线对接部位两侧、衬管焊接部位、焊丝应除去氧化层。焊缝上应有 2~4mm 的加强高度；管母焊完未冷却前，不得移动受力；管母内阻尼线安装应符合要求。

4. 管母预拱

计算管母预拱值，如果计算值小于标准规定值，现

图 1-10-1-16　管母焊接棚

场可不进行预拱。

5. 支柱绝缘子安装

支柱绝缘子安装根据支架标高和支柱绝缘子长度综合考虑，保证支柱绝缘子的轴线、垂直度和标高满足管母安装要求；支撑管母的固定金具，滑动金具和伸缩金具位置符合要求。

6. 管母吊装

支撑管母吊装前先将安装好的支柱绝缘子找平，吊装时应采用多点吊装，在地面安装好金具，封端球，封端球应带有泄水孔，且朝下。当管母吊离地面时，再次清洗管母，起吊时必须时刻注意管母水平，管母起吊时上下高差不宜大于 500mm。平稳吊到安装位置。

7. 管母调整

支撑管母定位满足设计图纸的伸缩要求，并进行轴线和标高的调整，如图 1-10-1-17 所示。

图 1-10-1-17　管母伸缩部位的支撑工艺

（十）屏、柜、端子箱安装

1. 施工准备

（1）设备开箱。一般室内屏柜应运入室内开箱，开

箱时应采取保护措施，防止损伤和污染室内地面和墙壁，及时收集箱内技术文件和设备备品备件，做好开箱检查记录。

（2）技术交底。根据设计图和施工作业指导书进行技术交底。

（3）人员和机具准备。包括运输工具、安装工具及人员准备。

2. 基础检查和找平

（1）基础水平误差小于1mm/m，全长水平误差小于2mm。

（2）基础不直度误差小于1mm/m，全长不直度误差小于2mm。

（3）基础不平行度误差（全长）小于2mm。

（4）端子箱基础按施工图要求，每列端子箱应在同一轴线上。

（5）基础型钢应接地良好。

3. 就位

（1）就位前应对室内地面门窗采取保护措施。

（2）室内屏柜的固定采用在基础型钢上钻孔固定，不得采用电焊固定，户外端子箱基础如无型钢，可采用膨胀螺栓固定。紧固件应为热镀锌件。

（3）相邻屏柜间的连接螺栓和地脚螺栓的紧固力矩应符合规范要求。

（4）成列屏柜安装误差：顶部误差小于3mm，屏柜面误差应满足相邻两盘边小于1mm，成列盘面误差小于2mm，屏（柜）间接缝小于2mm，屏柜垂直度符合规范要求。

（5）所有屏柜（端子箱）安装牢固外观完好无损伤，内部电气元件固定牢固。

4. 屏柜（检修箱）接地

（1）屏柜、端子箱和底座接地良好，有防震垫的屏柜，每列盘有两点以上的明显接地。

（2）屏柜内二次接地铜排应以专用接地铜排可靠连接。

（3）屏柜（端子箱）可开启的门应用软铜线可靠连接接地。

（4）室内试验接地端子标识清晰。

（十一）电缆敷设工艺

1. 电缆敷设施工工艺流程

电缆敷设施工工艺流程如图1-10-1-18所示。

1. 施工准备

（1）技术准备。包括施工图纸、电缆清册、电缆合格证件、现场检验记录。

（2）人员组织。包括技术负责人、安装负责人、安全负责人、质量负责人、安装人员。

（3）机具准备。包括电焊机、切割机、吊车、汽车、放线架等。

2. 电缆保护管制做

（1）电缆保护管采用镀锌钢管或屏蔽槽盒。

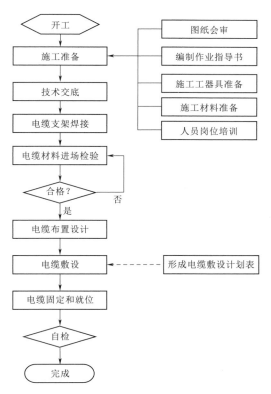

图1-10-1-18　电缆敷设施工工艺流程图

（2）热镀锌钢管外观镀锌层完好，无穿孔、裂纹和显著的凹凸不平，内壁光滑。

（3）根据各设备所需的保护管长度，对各设备所安装的保护管进行实测，根据实测结果及所用保护管的规格、型号，对保护管进行冷弯制。

（4）电缆保护管在进行弯制时应遵循的原则。电缆管在弯制后，不应有裂缝和显著的凹瘪现象，电缆管的弯曲半径不应小于所穿入电缆的最小允许弯曲半径；所弯制的保护管的角度大于90°。

3. 电缆保护管的安装

（1）电缆保护管管口应无毛刺和尖锐棱角。

（2）镀锌管锌层剥落处应涂以防腐漆。

（3）保护管外露部分应横平竖直，并列敷设的电缆管管口应排列整齐。

（4）保护管埋设深度、接头等满足施工图及规范要求。

（5）金属电缆保护管应接地。

（6）保护管与操作机构箱交接处应有相对活动裕度。

4. 电缆支架安装

（1）电缆沟、电缆层的实测。

（2）电缆支架规格、尺寸及各层间距离应符合施工图及规范要求。

（3）应进行电缆沟实际测量以核对电缆沟支架加工图。

（4）电缆支架的加工。电缆支架应采用工厂式加工，各种支架在加工前应制作不同的模具，同一规格的电缆支架所有尺寸应一致；加工电缆支架用的所有钢材应检验合格，并有制造厂提供的材质检验报告及合格证等；支架应焊接牢固，无显著变形，各层间距离应严格按设计要求加工；对所有加工完成的电缆支架验收合格后，进行防腐镀锌处理，并提供镀锌的有关检验资料及合格证。

（5）电缆支架的安装。所安装电缆支架沟土建项目验收合格（电缆沟垂直度、预埋件）；对加工到场的电缆支架检查符合设计及规范要求；电缆支架安装前应进行放样定位；各电缆支架水平距离应一致、同层横撑应在同一水平面上；所有支架按图纸要求进行焊接，焊接牢靠，焊接处防腐符合规范要求；为保护电缆、保证电缆敷设人员及运行检修人员的安全，在全站电缆支架端头加装复合材料保护套；

控制好电缆敷设工艺的关键点是控制好电缆转弯处、"T"形交汇处、"＋"形交叉处的电缆排列工艺，这些关键部位在电缆较多时容易出现电缆排列交叉混乱问题，特别是"T"形交汇处和"＋"形交叉处，电缆支架跨距比通常跨距要大，电缆容易出现下垂，直接影响到电缆的排列工艺，本站将在这些关键部位采取增加"过渡桥架"做到立体交叉，达到"高速公路立交桥"的效果，以及防止电缆下垂，以及按分层、分走向进行电缆排列，使电缆不出现交叉打搅现象，确保电缆排列工艺整齐美观，如图1-10-1-19所示。

图1-10-1-19　安装好支架的电缆沟

5. 电缆布置设计

（1）优化电缆敷设施工工艺，将该站的实际情况导入电缆敷设软件，算出一条最优的电缆敷设路径，生成新电缆敷设清册及三维敷设图。使得电缆敷设走向更加顺畅、层次分明、排列有序，电缆弯曲弧度一致、横平竖直无交叉。

（2）在电缆竖井中及防静电地板下应设计电缆槽盒，专门布置电源线、网络连线、视频线、电话线、数据线等不易敷设整齐的缆线。

（3）监控、通信自动化及计量屏柜内的电缆、光缆安装，应与控制保护屏接线工艺一致，排列整齐有序，电缆编号挂牌整齐美观；控制台内部的电源线、网络连线、视频线、数据线等应使用电缆槽盒统一布放并规范整理，以保证工艺美观。

（4）全部主电源回路的电缆不应在同一条通道（电缆沟、竖井等）内明敷；同一回路的工作电源与备用电源电缆，应布置在不同的支架上。同一电缆沟内的高压动力电缆和控制电缆之间、双重化控制回路的电缆之间均采用防火隔板作隔离。

6. 电缆敷设

（1）按设计和实际路径计算每根电缆长度，合理安排每盘电缆，减少换盘次数。

（2）在确保走向合理的前提下，同一层面应尽可能考虑连续施放同一型号、规格或外径接近的电缆。

（3）按照实际电缆敷设清册逐根施放电缆。电缆敷设时，不应使电缆在支架上及地面摩擦拖拉。电缆上不得有压扁、绞扭、护层折裂等机械损伤。

（4）电缆敷设时应排列整齐，及时加以固定，并按规范要求加设标志牌，标志牌上应注明电缆编号、型号、规格及起止地点。标志牌的字迹应清晰不易脱落，挂装牢固，并与电缆一一对应。

（5）电缆路径上有可能使电缆受到机械性损伤、化学作用、地下流动、振动、热影响、腐蚀、虫鼠等危害的地段，应采取保护措施。

（6）直埋电缆的埋深、敷设方法等应符合规范及设计要求。

（7）电缆的最小弯曲半径应符合规范要求；所有电缆敷设时，电缆沟的转弯，电缆层井口处的电缆弯曲弧度一致，过渡自然。

（8）转角处增加绑扎点，电缆绑扎带间距和带头长度要规范、统一，确保电缆平顺一致、美观、无交叉。

（9）电缆下部距离地面高度应在100mm以上。所有直线电缆沟的电缆必须拉直，不允许直线沟内支架上有电缆弯曲下垂现象。

（10）电缆敷设完毕后，应及时清理沟内杂物，盖好盖板。

（11）光缆敷设应在电力电缆、控制电缆敷设结束后进行，光缆敷设应按设计要求穿保护管或敷设在槽盒内。

7. 电缆固定和就位

（1）电缆在支架上的固定应符合规范要求。

（2）端子箱内电缆的就位顺序应按该电缆在端子箱内端子接线序号进行排列，穿入的电缆在端子箱底部留有适当的弧度。电缆从支架穿入端子箱时，在穿入口处应整齐一致。

（3）屏柜电缆就位前应先将电缆层的电缆整理好，并用扎带或铁芯扎线将整理好的电缆扎牢。根据电缆在层架上敷设顺序分层将电缆穿入屏柜内，确保电缆就位弧度一致，层次分明。

（4）户外短电缆就位：电缆排管在敷设电缆前，应进行疏通，清除杂物。管道内应无积水，且无杂物堵塞。穿入管中电缆的数量应符合设计要求。穿电缆时，不得损伤电缆防护层。

（5）户外引入设备接线箱的电缆应有电缆槽盒或电缆保护管固定。

（6）室内长电缆排列：离电缆沟入口最远的屏柜的电缆应敷设在电缆支架的最上层，并把最上层排满后逐级向下层排列；最上层电缆的排列工艺应作为重点控制。

（7）室内短电缆排列：主要指室内屏柜间的联络电缆排列，原则上短电缆排列在长电缆的下一层；进入屏柜的电缆应尽量避免从上层电缆的上部翻过进入屏柜而影响整体电缆的美观。

（8）通信及弱电电缆排列在电缆支架的最下层。

（9）高压电缆敷设应满足设计要求，并尽量分层单独排列。（施工规范：动力电缆在最上层）。

（10）室外设备间的联络短电缆应排列在长电缆的下一层；进入设备的电缆应尽量避免从上层横跨与上层电缆交叉而影响整体电缆的美观。

（11）跨沟进设备的电缆要有防止电缆下垂的措施，例如，在电缆跨沟进设备的部位增加电缆"担架式"托架。并在进设备的入口或转弯处适当增加扎丝的绑扎密度，防止电缆受力时出现电缆错位。

（12）当电缆支沟或沟的尾端电缆较少时，应通过电缆"变层"或"变线"的形式及时补缺，尽量使控制电缆在上层支架上整齐排列。

8. 电缆防火

（1）在重要建筑物的入口处及控制楼内重要房间采用带屏蔽封堵模块化封堵组件封堵，封堵组件采用 roxtec、喜利得或同等技术要求的优良封堵产品，如图 1-10-1-20 所示。

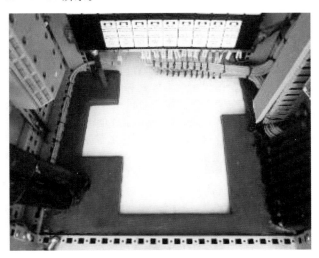

图 1-10-1-20 防火封堵组件

（2）户外端子箱、控制箱等底部采用 CF32 或 CF8 封堵模块封堵。

（3）电缆沟的防火墙采用防火隔板、阻火包、防火灰泥、有机堵料、无机堵料等封堵。防火墙两侧两米长的电缆刷防火涂料；盘（柜）内的防火封堵根据穿缆情况做成整块方形，表面平整，四面切边，保证美观。

9. 质量验收

电缆出厂合格证件、试验报告、现场检验报告、电缆支架检验报告、合格证等齐全，电缆安装记录及质量评定记录、设计变更或变更设计的技术文件等齐全、规范。

外观检查、绑扎固定、电缆标牌挂设等。

（十二）二次接线安装工艺

1. 二次接线安装工艺流程

二次接线安装工艺流程如图 1-10-1-21 所示。

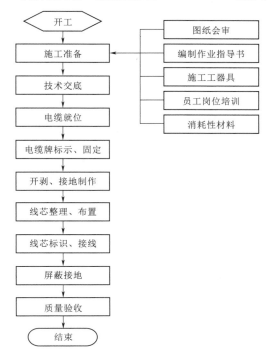

图 1-10-1-21 二次接线安装工艺流程图

1. 施工准备

（1）技术准备。熟悉二次接线有关规范；熟悉二次接线图，核对接线图的正确性；根据电缆清册统计各类二次设备的电缆根数，根据电缆的根数、电缆型号、设备接线空间的大小等因素进行二次接线工艺的策划。

（2）人员准备。包括技术人员、安全负责人、质量负责人、二次接线人员。

（3）材料准备。包括屏蔽线、扎带、线帽管、热缩管、电缆牌及消耗性材料等。

（4）机具准备。包括打号机、电缆牌打印机、计算机及二次接线工具。

2. 电缆就位

（1）根据二次工艺策划的要求将电缆分层，逐根穿入二次设备。

（2）在考虑电缆的穿入顺序、位置的时候，要尽可能使电缆在支架（层架）的引入部位、设备的引入口避免交叉和麻花状现象的发生，同时应避免电缆芯线左右交叉的现象发生（对于多列端子的设备）。

（3）直径相近的电缆应尽可能布置在同一层。

（4）为了便于二次接线，端子箱等二次设备在厂方的布局设计和组装过程中，应尽可能留出足够大的电缆布置空间。电缆布置的宽度适合芯线固定及与端子排的连接，如图 1-10-1-22 所示。

图 1-10-1-22 二次接线安装工艺

（5）核对电缆。根据端子排图纸检查电缆是否齐全、核对有否电缆漏放或多余现象；采用二极管校线，确定电缆敷设位置正确并安装电缆号牌。

（6）电缆绑扎应牢固，接线后不应使端子排受机械应力。在引入二次设备的过程中应进行相应的绑扎，在进入二次设备时应在最底部的支架上进行绑扎，然后根据电缆头的制作高度决定是否进行再次绑扎。

3．电缆编排及绑扎

根据端子排图确定电缆的排列顺序（尽量按电缆沟或电缆夹层内电缆排放顺序及走向，从外向内、从上至下或按照电缆外径大小进行排列，将外径尺寸一样的电缆排列在同一层），防止电缆交叉；将电缆用扎带绑扎固定在盘、柜或端子箱底部，盘、柜内使电缆头离盘、柜底面 300mm 为宜，端子箱内使电缆头离底面 100mm 为宜。具体尺寸可以根据现场情况确定，但必须保证同一盘、柜、端子箱、机构箱内所有电缆头与底面距离一致。绑扎过程中必须保证电缆弧度一致、扎带间距一致、高度一致、扎带颜色一致、扎带绑扎接头方向一致（统一在背面）；电缆排列完毕后应将电缆单根绑扎后挂起，防止电缆因外部原因导致芯线扭曲或扎带脱落。

4．电缆头制作

（1）根据二次工艺策划的要求进行电缆头制作。

（2）单层布置的电缆头的制作高度要求一致；多层布置的电缆头高度可以一致，或者从里往外逐层降低，降低的高度要求统一。同时，尽可能使某一区域或每类设备的电缆头的制作高度统一、制作样式统一。

（3）电缆头制作时缠绕的聚氯乙烯带要求颜色统一、缠绕密实、牢固；热缩电缆管电缆头应采用统一长度热缩管加热收缩而成，电缆的直径应在所用热缩管的热缩范围之内；电缆头制作结束后要求顶部平整、密实。

（4）电缆的屏蔽层接地方式应满足设计和规范要求（包括现行的反措），在剥除电缆外层护套时，屏蔽层应留有一定的长度（或屏蔽线），以便与屏蔽接地线进行连接；屏蔽接地线与屏蔽层的连接采用焊接或绞接的方式，焊接时注意控制温度，防止损伤内部芯线绝缘。

（5）电缆铠装层的接地方式应满足设计和规范要求，接地方式与屏蔽层相同．

（6）电缆头屏蔽层、铠装层的接地线应在电缆统一的方向引出。

（7）电缆头制作：将黄、绿相间的接地线（截面不小于 4mm^2）焊接在离剥切位置相距 1cm 的金属护层或屏蔽层上，接地线焊接的方向应由下至上，保证焊接质量牢固、可靠；焊接完成后应用自粘带（J20）包扎（包扎应均匀饱满，防止焊接毛刺将 J20 包扎层刺破，影响工艺质量）；最后采用电缆热缩管套在已包扎好的电缆头上，进行热缩工艺制作。在热缩管选择时，应选用与电缆直径相匹配的热缩管，不宜过大，以免在热缩过程中不能将包扎带紧密的密封住，影响工艺质量；电缆热缩管的长度应保证一致，以 60mm 为宜。电缆热缩管顶部应与电缆包扎面齐平。

5．电缆牌标识固定

（1）在电缆头制作和芯线整理过程中可能会破坏电缆就位时的原有固定，在电缆接线时应按电缆的接线顺序再次进行固定，然后挂设电缆牌。

（2）电缆牌应标识齐全，打印清晰。

（3）电缆牌的固定应高低一致、间距一致，挂设整齐、牢固。

6．芯线整理、布置

（1）电缆头制作结束后，接线前必须进行芯线的整理工作。

（2）将每根电缆的芯线单独分开，将每根芯线拉直。

（3）由于换流站的电缆一般为多芯硬线，每根电缆的芯线宜单独成束绑扎，以便于查找。电缆的芯线可以与电缆保持上下垂直固定，也可以以某根电缆为基准，其余电缆在电缆芯线根部进行折弯后靠近前一根电缆。

（4）线束的绑扎间距一致，统一。

（5）绑扎后的线束及分线束应做到横平竖直，走向合理，整齐美观。

7. 根据端子排图纸在屏柜内接线

（1）屏柜端子排检查。端子排应完整无缺损，固定牢固；根据端子排图纸核对端子排型号、布置、数量是否符合设计要求；接线端子应与导线截面相匹配。

（2）芯线两端标识必须核对正确。

（3）对线。找出根据图纸打出的该电缆芯线编号，剥掉该电缆芯线少许，用自制的对线灯与他人配合对线，然后套上对应的芯线编号（电缆号头在裁剪过程中必须保证长度一致）；并将核对正确的电缆排列绑扎至接线区域。

（4）盘、柜内的电缆芯线，应垂直或水平有规律地布置，不得任意歪斜，交叉。

（5）用剥线钳剥除芯线护套，长度略大于接入端子排需要的长度，且所有线芯长度一致，剥线钳的规格应与线芯界面一致，不得损伤芯线。

（6）对于螺栓式端子，需将剥除护套的芯线弯曲，弯曲的方向为顺时针，弯曲的大小和螺栓的大小相符，不宜过大，否则会导致螺栓的平垫不能压住弯曲的芯线。

（7）对于插入式接线端子，直接将剥除护套的芯线插入端子，紧固螺栓。

（8）每个接线端子不得超过两根接线，不同截面芯线不允许接在同一个端子上。

（9）接线前应套上相应的线帽管，线帽管的规格应和芯线的规格一致，线帽管长度一致，字体大小一致，字迹清晰不易脱落，线帽的内容包括回路编号、端子号和电缆编号。

（10）整理接线。整理电缆接线及盘、柜内配线，紧固端子排螺丝。电缆线芯弧度一致无扭曲、高度一致；电缆号头字迹清晰、方向一致、长度一致；备用芯高度一致；并将电缆号牌整齐统一悬挂于各电缆上，高度宜为电缆头上2cm处，可根据实际情况分层布置或单排布置，但必须保证电缆号牌左右对称、高度一致、无重叠现象；号牌上字迹清晰。

8. 备用芯处理

电缆的备用芯应满足最高处端子的接线需要并留有适当的余量，可以剪成同一长度，每根电缆单独垂直布置。备用芯端部应统一热缩处理，并采用电缆号头进行标识区分。

9. 接地

（1）电缆接地一般采用黄、绿相间截面不小于4mm²的多股铜芯线，将接地线由电缆背面编排绑扎至屏内接地铜排背面，采用接地线鼻子（与屏柜内接地铜排上螺栓相匹配）进行压接（每个线鼻子内压接的接地线必须少于3根，防止压接不紧密，导致接地线松动），并使用接地螺栓固定至铜排上，每个螺栓上固定的线鼻子不能大于两个。必须保证接地点明显、可靠；整体工艺美观。

（2）屏内接地铜排与电缆沟（电缆夹层）内等电位铜排连接（保护接地）。按设计要求的接地线（通常为：

屏柜内采用黄、绿相间截面为100mm²、接地端子箱采用黄、绿相间截面120mm²的铜绞线），采用热熔焊接或配套铜鼻子（与接地线及铜排螺栓相匹配）进行压接。

10. 质量验收

（1）施工图纸，设计变更或变更设计的技术文件齐全规范，设备接线图。

（2）接线符合施工图纸、设计和规范要求，接线正确，螺栓紧固。

（3）整体接线工艺美观。

（十三）光缆接续施工

1. 光缆接续工艺流程

光缆接续工艺流程如图1-10-1-23所示。

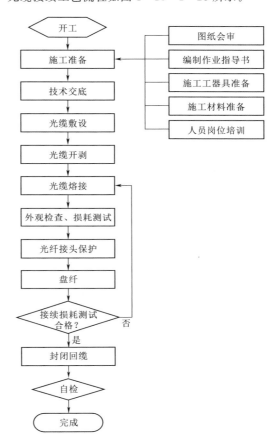

图1-10-1-23 光缆接续工艺流程图

光纤接续一般按以下的程序进行：

（1）除去套层，包括外护套和光纤束管，具体剥除长度根据接头盒的要求而定。

（2）裁剪和清洁光纤。将多余光纤剪掉，使用纸巾沾上无水乙醇清洗纤芯。

（3）在光纤中预先套上对光纤接续部位进行补强的热缩套管。

（4）切割光纤、制备端面，包括剥涂覆层、清洁光纤和切割，其中，切割是最关键的环节，切刀的摆放要平稳，切割时，动作要自然平稳、不急不缓，避免断纤、斜角毛刺及裂痕等不良端面的产生，同时要谨防端面污染。严禁在端面制备后穿入热缩套管，否则应重新制备端面。

（5）将制备好端面的光纤放入熔接机的 V 形槽中，盖上 V 形槽压板和防风罩。

（6）熔接光纤。

（7）热缩管加热，对被接续部位加以补强保护。

（8）盘纤整理。

（9）对接头性能进行测试及评定，方法有：功率计测试法，光时域反射仪（OTDR）测试法（后向反射法）等。

2. 光缆接续基本要求

光缆接续就是熔接光缆。由于光信号传输的特殊性，在进行接续施工时，要求由接续所引起的附加损耗要小，接续时间要短，接头的可靠性要高，且具有良好的机械性能，在接续过程中对接头以外的光纤无损伤，以保证光通信长期运行的稳定性能。另外，施工时要注意敷设光纤留有一定的裕度，以保证其具有一定的重复操作条件。每根光缆需预留 20％以上备用芯。

3. 影响光缆接续损耗的因素

由于光纤接续所引起的附加损耗称为接续损耗。另外，接续人员操作水平、操作步骤、盘纤工艺水平、熔接机中电极清洁程度、熔接参数设置、工作环境清洁度等均会影响熔接损耗值。影响光纤接续损耗的因素见表 1-10-1-8。

表 1-10-1-8　　影响光纤接续损耗的因素

影响接续损耗的非固有因素	影响接续损耗的固有因素
轴心错位	光纤直径变化（纤芯和包层）
端面分离	折射率分布参数失配
轴心倾斜	相对折射率差失配
光纤端面质量	光纤芯径的椭圆度和同心度
接续点附近物理变形	

4. 降低光纤熔接损耗值的措施

（1）一条线路上尽量采用同一批次的产品。

（2）光缆敷设安要求进行，严禁打小圈、扭曲、牵引力不大于光纤允许值的 80％。

（3）选用经验丰富训练有素的光纤熔接人员进行操作。

（4）保证光纤熔接环境整洁，严禁在多尘及潮湿的环境中露天操作，接续部位及工具、材料应保持清洁。

（5）选用精度高的光纤端面切割器来制备光纤端面。切割的光纤应为平整的镜面，无毛刺，无缺损。

（6）熔接机的正确使用。根据光纤类型合理的设置熔接参数、预防的电流、时间及主放电电流、主放电时间等，并在使用中和使用后及时去除熔接机中的灰尘和光纤碎末。

5. 施工质量要求

主要包括接头损耗的稳定性，接头机械特性的稳定性及环境变化时接头的稳定性等。

九、电气试验

（一）对电气试验单位和人员的要求

新疆输变电公司具有电网工程类特级调试资质，可承担各种规模的电网工程的调试业务。已负责了国内外多个 110kV、220kV、750kV 变电站及 ±800kV 换流站的调试工作，积累了丰富的实践经验。为了本换流站调试工作顺利进行，公司派遣多名具有丰富调试经验和较高理论水平的专业调试人员负责本工程调试任务。

新疆输变电公司调试队伍拥有全国一流的保护、通信、远动系统调试装备和高压试验设备。在一次设备试验方面，能够独立开展各种电压等级设备的全部常规试验以及 750kV 变压器、750kV GIS 组合电器耐压和局放等大型特殊试验；在二次系统方面，能够独立进行 750kV 变电站的所有二次系统调试，已具备换流站的二次系统调试能力；在通信方面，拥有光纤熔接及测试设备，能够进行高压线路 OPGW 光缆的接续和测试工作；在实验室方面，拥有高压电气试验大厅、安全工器具试验站、导线静拉力试验室、电测仪表检验室、互感器检验室、瓦斯及压力释放阀校验室、油化实验室等，并且均已通过 CNAS 认证。

（二）试验项目

在本换流站，调试工作将严格执行公司调试方案，并根据该换流站工程要求、特点编写《调试作业指导书》，对调试工作的内容、范围、项目、调试步骤、操作方法、技术规定与要求等作出具体规定、说明，经公司审批，报监理工程师审批合格后执行。

该换流站调试工作主要分两个大项，包括电气设备交接试验和保护装置调试及系统传动。调试过程中，结合安装施工进度合理开展工作。调试工作初期，对换流站所有一次电气设备进行交接试验，同时开展已具备试验条件的保护及其他二次设备的调试工作，如保护装置单体调试。二次接线开始后，及时做好已完工二次回路部分的检查，如二次控制回路、电压回路、电流回路等。

交接试验是对一次设备电气性能的检验，是直接保证一次设备安全可靠运行性能的重要工序。在做高压试验过程中要严格按照国家标准要求进行检验，对发现的问题要认真分析解决。所有高压电气设备，要严格按照《电气装置安装工程　电气设备交接试验标准》（GB 50150—2016）有关要求进行试验，试验人员必须两人以上，试验项目应齐全，并做好原始记录。

电气设备在进行与温度及湿度有关的各种试验时，应同时测量被试物温度和周围的温度及湿度。绝缘试验应在良好天气且被试物温度及仪器周围温度不宜低于 5℃，空气相对湿度不宜高于 80％的条件下进行。当超过规定时，必须采取相应的可靠措施进行，测得的试验数据应进行综合分析，以判断电气设备是否可以投入运行。

（三）主要一次电气设备交接试验项目

1. 换流变压器交接试验项目

（1）绕组连同套管的直流电阻测量。

（2）电压比试验。

（3）引出线的极性检查。

（4）绕组连同套管的绝缘电阻、吸收比或极化指数测量。

（5）铁芯及夹件的绝缘电阻测量。

（6）绕组连同套管的介质损耗因数测量。

（7）绕组连同套管的直流泄漏电流测量。

（8）绝缘油试验。

（9）套管试验。

（10）套管式电流互感器试验。

（11）有载调压切换装置的检查和试验。

（12）噪声测量。

（13）温升测量。

（14）阻抗测量。

2．交流滤波器交接试验项目

（1）电容器试验。

（2）电抗器试验。

（3）电阻器试验。

（4）有源回路试验。

（5）电流互感器试验。

（6）滤波器通电试验。

3．SF_6断路器的交接试验项目

（1）主回路绝缘试验。

（2）辅助回路绝缘试验。

（3）主回路电阻测量。

（4）气体密封性试验。

（5）SF_6气体中水分含量测量。

（6）SF_6气体密度继电器及压力表校验。

（7）并联电容器的绝缘电阻、电容量和$tan\delta$测量。

（8）套管式电流互感器试验。

（9）合闸电阻的投入时间及电阻值测量。

（10）分合闸时间及不同期测量。

（11）断路器速度特性的测量。

（12）断路器分、合闸线圈绝缘电阻及直流电阻测量。

（13）断路器操动机构试验。

4．电容式电压互感器的交接试验项目

（1）测量分压电容器的极间绝缘电阻。

（2）测量电容分压器低压端对地的绝缘电阻。

（3）测量分压电容器的$tan\delta$和电容量。

（4）分压电容器渗漏油检查。

（5）检查电磁单元的绕组接线和变比。

（6）测量电磁单元的绝缘电阻。

（7）测量电磁单元的$tan\delta$。

（8）电磁单元的密封性检查。

（9）阻尼器检查。

5．电流互感器的交接试验项目

（1）线圈绝缘电阻测试。

（2）线圈直流电阻测试。

（3）极性检查。

（4）绝缘介质性能试验。

（5）励磁特性校验。

6．隔离开关的交接试验项目

（1）绝缘电阻测量。

（2）控制及辅助回路绝缘试验。

（3）主回路及接地刀闸的回路电阻测量。

（4）检查操作机构线圈的最低动作电压。

（5）操动机构试验。

7．氧化锌避雷器的常规交接试验项目

（1）外观检查。

（2）工频或直流参考电压的测量。

（3）检查放电计数器动作情况和避雷器绝缘测试。

（四）保护装置监控系统等调试项目

1．保护传动试验

（1）保护传动所需要的试验仪器必须经过定期校验，检定合格后才允许出库在试验中使用。

（2）传动前直流电源应完好，小母线接线完善并通电正常。

（3）各套保护在直流电源正常及异常状态下，是否存在寄生回路。

（4）现场工作应按图纸进行，严禁凭记忆作为工作的依据。保护装置二次线变动或改进时，严防寄生回路存在，没用的线应拆除。

（5）每一套保护应严格按照规程和厂家说明书进行检验。按照保护定值模拟各种故障，保护装置各跳闸出口回路、各信号指示正确，保护信息子站报文正确。

（6）试验接线回路中的交流、直流电源及时间测量连线均应直接接到被试保护屏的端子排上。交流电压、电流试验接线的相对极性关系应与实际运行接线中电压、电流互感器接到屏上的相对相位关系（折算到一次侧的相位关系）完全一致。

（7）对综合重合闸装置，其相互动作检验应接到模拟断路器的跳合闸回路中进行。对该项检验特别需要注意试验项目完整正确并安排好检验顺序，应事先按回路接线拟定在每一项试验哪些继电器应该动作，哪些不应该动作，哪些信号应有表示等，在试验过程中逐项核对。

（8）所有在运行中需要由值班员操作的把手及连片的连线、名称、位置标号是否正确，在运行过程中与这些设备有关的名称，使用条例是否一致。

2．监控系统调试

（1）监控系统的调试工作分为工厂调试和现场调试两个阶段。现场阶段的调试工作包括监控系统的现场安装组建、通信软件调试、数据库及监控界面的修正与完善、系统传动和远动信息上送等几个方面。监控系统调试流程如图1－10－1－24所示。

（2）监控系统现场安装组建要从设备开箱开始就严格把关，仔细检查设备有无损坏，严禁未进行硬件检查，而将设备上电。监控系统组网过程中，要注意网卡及连接插头的可靠性，对采用不同种类的通讯电缆的通讯网要考虑相应的保护措施。

（3）通信软件调试在现场调试困难，在已投运的变电所的调试过程中已屡见不鲜，要解决好这一问题，必须在规约问题上提前引起重视，及早组织协调会将本站所用设备的厂家、调度远动部门与监控厂家聚在一起相互通气，做到问题早发现早处理、避免相互扯皮。

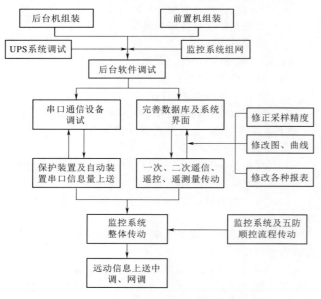

图 1-10-1-24　监控系统调试流程图

（4）数据库及监控界面的修正与完善，这部分的工作量一般来说在现场是很大的。任何监控系统尽管在工厂阶段解决了软件平台的搭建和数据库的建库工作，但不可能把所有的现场问题都解决，在现场难免会有诸多结合现场实际情况和业主或生产部门的要求而进行的修正。这部分工作可分为以下几项：数据库中测点定义的复核、模拟量采样精度的修正、各种画面和曲线的修正及补充、各种可生成报表的编制及定义。

（5）系统传动和远动信息上送要和具体设备结合起来工作，要求监控调试人员和其他各专业人员协调密切配合。

3. 远动、通信系统调试

站内通信系统设备的调试工作比较独立，可以与其他工作并行进行。通信系统担负着如下功能：调度通信、远动数据传送、提供保护复用通道。其中调度通信的调试要提前进行，保证在站内一次、二次设备安装调试完毕时，具备远动数据传送和提供保护复用通道的能力，并在监控系统调试过程中，配合完成同各级调度部门、运行部门的远动数据传送工作和保护装置的系统对调工作。

4. 整组传动试验

（1）断开断路器的跳、合闸回路，接入断路器模拟装置，每一套保护单独进行整定试验。按保护的动作原理通入相应的模拟故障电压、电流值，检查保护各组件的相互动作情况是否与设计原理相吻合，当出现动作情况与原设计不相符合时，应查出原因加以改正。如原设计有问题及时向技术部门反映，待有关部门研究出合理的解决措施后，应重复检查相应回路。

（2）检测保护的动作时间，即自向保护屏通入模拟

故障分量至保护动作向断路器发生跳闸脉冲的全部时间。

（3）各保护的整定试验正确无误后，将同一被保护设备的所有保护装置连在一起进行整组的检查试验，以校验保护回路设计正确性。

（4）检查有关跳合闸回路、防跳回路、重合闸回路及压力闭锁回路动作正确性。

（5）检验各套保护间的电压、电流回路的相别及极性（包括零相）与断路器回路相别的一致性以及各套保护间有相互连接的每一直流回路，在整组试验中都应能检验到。

（6）检查有关信号指示是否正确，做各种瞬时和永久故障，整个控制室及监控设备的各个动作信号应完全正确。

（7）检查各套保护在直流电源正常及异常状态下是否存在寄生回路。

（8）检验有配合要求的各保护组件是否满足配合要求。

（9）接入断路器跳合闸回路，模拟各类故障状态进行传动试验，检查断路器跳合闸回路应正常。

（10）整组试验结束后，需要复试每一元件在整定点动作值。其值应与原定值相同。

（11）调试结果要符合国家规程要求及厂家技术说明书数据要求。

5. 光纤信道联调

光纤信道联调应在调度部门的统一领导下与线路对侧的光纤保护配合一起进行。

（1）测试信道的传输衰耗和接收电平。

（2）测定传送电流的幅值和相位。

（3）检验时间同步性和误码校验的精度。

（4）测试光纤闭锁保护区内、外故障时的动作情况。

（五）带负荷试验

（1）利用一次负荷电流和工作电压，测量二次电压、电流的相位关系。

（2）核对系统相位关系。

（3）检查 $3U_0$、$3I_0$ 回路接线应满足保护装置要求。

（4）测量交流电压、电流的数值，以实际负荷为基准，检验电压、电流互感器变比是否正确。

（5）核查保护定值与开关量状态处于正常。

（6）带负荷检验正确后，恢复保护投入压板，保护恢复正常，申请投入方向性组件，保护进入正常运行状态。

十、冬期施工措施

（一）冬期施工安全措施

1. 冬期施工

根据《建筑工程冬期施工规程》（JGJ 104—2011）的规定，室外日平均气温连续 5d 稳定低于 5℃ 即进入冬期施工；当室外日平均气温连续 5d 稳定高于 5℃ 时解除冬期施工。

冬期施工必须克服寒冷天气对工程质量和安全生产的影响，关键要做好施工前的准备工作和施工中的检查工作，每项工程施工前，技术人员要结合具体气象条件及工程任务特点，详细地做好对施工人员的技术交底，保证每个施工人员了解每一步施工要求，并监督施工人员按施工方案的要求执行。

整个施工周期作业范围内采用衔接合理、紧张有序的工序，非特殊需要和赶工原因外，在不影响工程质量和合理的前提下，可以根据实际情况调整施工工序。

2. 冬期施工一般要求

（1）施工前首先编制冬期施工措施，并经监理及项目法人批准后方可实施。

（2）施工前组织相关作业人员进行安全技术交底，做到作业前不交底不施工，作业人员对冬期施工安全措施不清楚不施工，交底人及被交底人未在双方签字书上签字不施工，并保留签字记录。

（3）备好保证低温施工的防寒、保温材料。

（4）备好适用低温施工的机具。

（5）做施工机具的保温、防寒、防火、保安设施。

（6）调整工地运输条件，保证运输效率与安全。

（7）加强与气象预测单位联系，预防寒流侵袭。

（8）对职工进行冬期施工的教育。

3. 冬期施工主要设备管理措施

（1）下雪天气不得运输重要电气设备。

（2）设备到货开箱后要集中放置设备库房或存放场，并做好防冻、防潮工作。

（3）露天放置的设备、仪表开箱验收后，先用塑料布防护，再恢复原包装要用帆布进行全面封盖。

4. 冬期施工换流变安装措施

（1）换流变安装施工由于在户外，冬期施工难度较大，也容易发生人员滑落危险，所以施工过程中应格外注意防滑。

（2）施工前检查脚手架是否牢固，清除脚手架上的杂物及积雪，配备好安全防护用品。附件安装前需进行清理，需预热部件必须采取相应的预热措施，重点部位

要采取相应的保暖措施。

（3）器身检查时，应搭设保温棚，以使周围空气温度不宜低于0℃，器身温度不应低于周围空气温度，当器身温度低于周围空气温度时，应将器身加热，使器身温度高于周围空气温度10℃。

（4）吊装主、辅设备时一定要注意防滑，及时清理吊勾、物件上的积雪、杂物，严防伤人。

（5）电缆敷设冬期施工措施。

1）电缆敷设前应清除走道上及电缆沟里的冰雪及杂物，并采取防滑措施。

2）电缆轴放在较温暖的地方，防止电缆冻裂，电缆敷设时环境温度不得低于电缆的使用条件。

3）电缆存放地点环境温度低于电缆的使用条件时，不要放电缆，等电缆在温暖地方存放24h再敷设。长时间电缆敷设人员要注意保暖，以防冻伤。

4）室外敷设电缆时不得用力摔打电缆以免将电缆皮摔裂损坏绝缘。

（6）高压电气设备电气试验冬期施工措施。冬期施工对有些电气设备的高压电气试验受温度影响较大，如高压套管试验，换流变压器试验等等。所以对有些电气设备试验应采取保温措施，通过搭设工棚并放置电暖气进行升温（应采取相应的防火措施）。

（7）滤油过程中采取短路加热法和保温棚，应24h派人监护，可用电热器取暖严禁炉火。其他电气设备安装及调整应考虑气温对设备和测量器具所造成的影响，并采取相应的保温措施。

5. 短路加热器

（1）短路加热器连接原理及现场布置（导线、电缆大小视变压器实际容量所定）如图1-10-1-25所示。

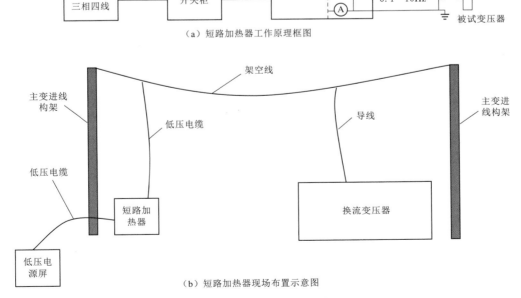

（a）短路加热器工作原理框图

（b）短路加热器现场布置示意图

图 1-10-1-25　短路加热器

（2）短路加热器操作前应严格确认履行确认手续，所有步骤见表1-10-1-9。

表1-10-1-9　短路加热器操作步骤

序号	短路加热器操作步骤
	（一）短路加热设备具备条件
1	加热设备厂家已到场，对施工操作人员已进行培训，操作人员不少于2人
2	施工单位对短路加热设备场地布置完成，短路加热器控制箱控制电缆接线完成，周围装设防护围栏，并悬挂"有电危险"标志牌，操作设备上张贴操作规程完成
3	短路加热设备场地制作统一临时接地，所有设备外壳保护接地制作完成，并对电阻值进行实测，确保$R \leqslant 4\Omega$
4	施工单位对电源进线380V低压电缆两端核相、绝缘试验、接线完成，所选负荷开关满足实际需求
5	施工单位低压开关柜至低频变频电源装置电缆应采取直线布置，减小涡流，两端接线完成
6	施工方、监理、业主、主变厂家等几方对以上条件进行确认会签
	（二）换流变本体及引线应具备条件
7	施工单位对单相输出电源导线制作完成，至换流变压器上架空线连线完成且牢固，所选导线满足80%I_N电流的载流量
8	施工单位确认三侧套管CT端子短接完成，统一接地制作完成
9	换流变压器本体（含铁芯、夹件）接地制作完成并确认其连接牢固
10	短接侧套管短接线载流量同样需满足80%$I_N = 1850A$的载流需求
11	换流变上下层油温表计接线及铁芯温度表计接线或人工测温温度计布置完成
12	将配线的温度测量传感器放置待测点，确保其固定牢固无移动，测量线另一端接至远程控制箱配套插座
13	换流变绝缘油注入完成，潜油泵电源线接线完成，具备开动条件
14	短路加热器过流保护0.95倍的低频电流值整定完成
15	换流变区域及低频加热设备区域灭火器布置完成，每侧灭火器布置不小于4瓶
16	套管及绕组直阻、绝缘电阻、档位变比测试完成且符合厂家技术规范
17	施工方、厂家、监理、业主等几方对以上条件进行确认会签

续表

序号	短路加热器操作步骤
	（三）送电及现场安全管理措施
18	现场专职安全管理人员就位，安全登记表准备完成、过程油温检测登记表准备完成
19	人员距离带电加热区域安全距离不小于1.6m，车辆安全距离不小于5m检查完成、换流变区域及短路加热器区域无关人员撤离完成，吊车等无关车辆设备在安全距离之外
20	升流过程应不小于5min完成，操作过程要缓慢均匀，防止产生大电流冲击
21	现场保温措施及棉被等布置到位，临时用电安全可靠
22	现场"短路加热设备正在使用，有电危险"标识在投运前布置完成
23	施工方、厂家、监理、业主等几方对以上条件进行确认会签后即可加热升温
	（四）加热装置停运条件及后续措施
24	换流变本体下层油温达到55～60℃
25	降流至0A时，核对调压器和分压器的电压同比例降低
26	电源切断应按照下级至上级原则逐一断开关并予以确认
27	拆除一次短路引线及各侧一次引线、短路加热电源输出引线
28	滤油机控制出口油温维持在65℃
29	冬季保温棚内电暖气全开
30	滤油管路耐寒PVC管包裹完成

（二）冬期施工六防措施

1. 冬期施工防冻措施

（1）冬期施工前，施工人员应在项目部安全员的组织下，准备充足的防寒服、棉安全帽等御寒用品，项目部采取集中供暖或电采暖的方式，以防冬期施工时发生人员冻伤事故。

（2）对消防器具应进行全面检查，对消防设施应做好保温防冻措施。

（3）真空泵、滤油机等机械设备夜间不用时必须将油、水放净，防止泵体和管路冻裂。机动车辆晚间停用后，水箱必须放水。循环水打压用的塑料管必须将水放尽，以防水箱及管子冻裂，油箱及容器内的油料冻结时，应采用热水或蒸汽化冻，严禁用火烤化。

（4）在低温下高空作业及使用手锤及大锤时，需佩带防寒用品，以防手脚冻僵发生危险。

（5）各种设备、仪器应有防冻、恒温设施，确保其精确度。对重要设备和精密仪器应采取特殊保护措施，防冻、防潮，防止设备和仪器的损坏。

（6）气温低于－5℃进行露天作业时，施工现场附近应设取暖休息室，取暖设施应符合防火规定，施工采暖供热设施必须悬挂明显标志，防止人员烫伤。

2. 冬期施工防滑措施

（1）施工区域的冰雪应及时清除，尤其是道路、脚手架、跳板和走道上的冰雪应及时清除，并采取相应的防滑措施。

（2）起重作业时，应注意物体与地面，物体与物体之间的冻结，起重作业时，应检查起重物件是否捆绑牢固，是否防滑，如遇大风、大雪、大雾等恶劣气候条件时禁止吊装作业。

（3）高空作业配备好相应的安全防护设施，并在施工前检查施工现场，清理杂物和积雪，由于天气寒冷，肌肉容易发僵，因此登高前有必要进行一些热身运动，高处作业或吊装过程中应精力集中。

3. 冬期施工防火措施

（1）进入冬期施工前，应对消防器具进行全面检查，对消防设施做好保温防冻措施。

（2）对取暖设施应进行全面检查，并加强用火管理，施工现场严禁明火取暖。

（3）由于冬季用电负荷增大，电工应对有关线路进行全面检查，并清除周围的易燃物，以防发生电起火现象。

（4）在易燃、易爆、配电设施区域应挂标志牌和警示牌。

（5）由于冬期施工比较干燥，电火焊作业应检查周围及下方有无易燃物，并采取可靠的措施，下班前必须检查火种是否全部熄灭，电源可靠断开，确认无误后可离开。

（6）氧气瓶、乙炔瓶要保持至少10m的距离，气瓶和明火的距离不得小于10m，以防发生爆炸事故。

4. 冬期施工防风措施

不宜在大风天气进行露天焊接，如确实需要时，应采取遮蔽防止静电及火花飞溅措施。

5. 冬期施工防煤气中毒措施

（1）为防止因生火、取暖或食堂等场所发生煤气中毒事故，应安装一氧化碳报警器，指定专人负责巡视检查。检查火炉使用情况，是否有发生火灾、煤气中毒的危险。

（2）封闭的场所必须有通风换气措施，燃气热水器必须安装在通风良好的地方，使用时必须保持通风。

6. 冬期施工防交通事故措施

（1）广泛开展冬季行车安全教育，落实防冻、防滑、防雾和防火等具体措施，进一步提高驾驶员的冬季行车安全意识。

（2）冬季要特别加强车辆的维护、保养，杜绝由于车辆故障而引发事故。按照规定及时安排对车辆进行维修和保养，做到定期检查、计划维修、合理使用，使车辆始终保持良好的状况。

（3）认真贯彻落实车辆的各项管理制度，做好车辆的换季保养工作，要采用符合冬季使用的防冻液、润滑油和制动液、发动机和散热器外壳要安装防寒保温罩，尤其是刹车系统、转向系统、灯光系统必须完好可靠，确保车辆处于良好的技术状况。

（4）运输设备及材料的汽车、拖拉机等轮胎式机械在冰雪路面上行驶时，应装防滑链，车辆行进中应保持行车距离，并适当拉长车距降低车速，防止尾追事故的发生。

（三）事故应急预案管理

要完善现场事故应急预案制度，建立冬季安全生产值班制度，落实抢险救灾人员、设备和物资，一旦发生重大安全事故时，确保能够高效、有序地做好紧急抢险救灾工作，最大限度地减轻灾害造成的人员伤亡和经济损失。

十一、施工管理与协调

略。

十二、标准工艺施工

（一）标准工艺实施目标及要求

（1）质量总体要求。输变电工程"标准工艺"应用率100％，工程"零缺陷"投运。确保达标投产，确保国家电网公司优质工程奖，创中国电力优质工程。按照国家优质工程奖及鲁班奖的质量标准建设，争创国家优质工程奖或鲁班奖。工程使用寿命满足公司质量要求。不发生因工程建设原因造成的六级及以上工程质量事件。

（2）专项目标。争夺国家电网公司流动红旗，创国家电网公司创优示范工程。

（3）创优目标。确保国家电网公司优质工程奖，创中国电力优质工程。工程质量达到鲁班奖和国家优质工程金奖质量标准，争创国家级工程奖项。

（4）创新目标。工程创新管理需紧密围绕工程特点，主动作为、超前谋划、积极准备、强化执行。按照"以管理创新为基础，以科技创新为主导，以工艺水平提升、新材料、新技术运用为支撑"的工程建设创新的整体工作原则，积极开展设计创新、施工创新、组织管理创新、现场信息管理创新、现场文明施工创新。

（二）标准工艺及技术控制措施

明确标准工艺项目，在本工程施工过程中，项目部将严格按照《国家电网公司输变电工程工艺标准库》《新疆电力公司输变电工程标准施工工艺》的要求，推广应用标准工艺，逐项贯彻执行每一项施工工艺，提高整体施工工艺水平。项目部加大对标准工艺应用的投入，加强施工及管理人员对标准工艺的学习，提高全体人员对标准工艺的认识。

（三）工艺标准施工清单和标准工艺

（1）工艺标准施工清单见表1-10-1-10。

（2）主要工艺标准及实施效果见表1-10-1-11。

表 1-10-1-10　　工艺标准施工清单 续表

序号	工艺编号	工 艺 名 称	序号	工艺编号	工 艺 名 称
		土建工程（7 项）	15	0102040101	屏、柜安装
1	0101020101	构架梁	16	0102040102	端子箱安装
2	0101020102	构架柱	17	0102040103	就地控制柜安装
3	0101020104	接地连接点	18	0102040104	二次回路接线
4	0101020106	混凝土保护帽（地面以上部分）	19	0102050101	电缆保护管配置及敷设工程
5	0101020107	独立避雷针	20	0102050201	电缆沟内支架制作及安装
6	0101020201	设备支架（钢管结构）	21	0102050302	穿管电缆敷设
7	0101020302	设备支架接地连接点	22	0102050303	支、吊架上电缆敷设
		变电工程（36 项）	23	0102050401	电缆终端制作及安装
1	0102020101	油浸式站用变压器安装	24	0102050501	电缆沟内阻火墙
2	0102020201	配电盘（开关柜）安装	25	0102050502	孔洞管口封堵
3	0102030101	绝缘子串组装	26	0102050503	盘、柜底部封堵
4	0102030102	支柱绝缘子安装	27	0102060101	独立避雷针引下线安装
5	0102030103	母线接地开关安装	28	0102060102	构架避雷针的引下线安装
6	0102030104	软母线安装	29	0102060201	主接地网安装
7	0102030105	引下线及跳线安装	30	0102060202	构支架接地安装
8	0102030107	支撑式管形母线安装	31	0102060203	爬梯接地安装
9	0102030201	断路器安装	32	0102060204	设备接地安装
10	0102030202	隔离开关安装	33	0102060205	屏柜内接地安装
11	0102030203	电流电压互感器安装	34	0102070103	光缆敷设及接线
12	0102030204	避雷器安装	35	0102090100	换流变压器安装
13	0102030207	干式电抗器安装	36	0102090300	电容器塔安装
14	0102030208	装配式电容器安装			

表 1-10-1-11　　　　　　　　换流站变电区域标准工艺及实施效果

工艺编号和名称	0101020101 构架梁	0101020102 构架柱	0101020104 接地连接点
实施效果			

工艺编号和名称	0101020106 混凝土保护帽	0101020201 设备支架（钢管结构）	0102090100 换流变压器安装
实施效果			
工艺编号和名称	0102090300 电容器塔安装	0102020101 油浸式站用变压器安装	0102020102 干式站用变压器安装
实施效果			
工艺编号和名称	0102020201 配电盘（开关柜）安装	0102030101 绝缘子串组装	0102030102 支柱绝缘子安装
实施效果			
工艺编号和名称	0102030103 母线接地开关安装	0102030104 软母线安装	0102030105 引下线及跳线安装
实施效果			

续表

工艺编号 和名称	0102030206 组合电器（GIS）安装	0102030107 支撑式管形母线安装	0102030108 矩形母线
实施效果			
工艺编号 和名称	0102030201 断路器安装	0102030202 隔离开关安装	0102030203 电流电压互感器安装
实施效果			
工艺编号 和名称	0102030204 避雷器安装	0102030207 干式电抗器安装	0102030208 装配式电容器安装
实施效果			
工艺编号 和名称	0102040101 屏、柜安装	0102040102 端子箱安装	0102040103 就地控制柜安装
实施效果			

工艺编号和名称	0102040104 二次回路接线	0102050101 电缆保护管配置及敷设工程	0102050200 电缆架制作及安装
实施效果			

工艺编号和名称	0102050302 穿管电缆敷设	0102050303 支、吊架上电缆敷设	0102050401 电缆终端制作及安装
实施效果			

工艺编号和名称	0102050501 电缆沟内阻火墙	0102050502 孔洞管口封堵	0102050503 盘、柜底部封堵
实施效果			

工艺编号和名称	0102060202 构支架接地安装	0102060204 设备接地安装	0102060205 屏柜内接地安装
实施效果			

（四）标准工艺成品保护基本原则

（1）谁施工，谁保护的原则。

（2）谁使用，谁爱护的原则。

（3）谁损坏，谁赔偿的原则。

（4）建筑、变电等施工队相互协调的原则。

（五）成品保护管理要求

（1）编制成品保护专项措施，对所有施工人员进行交底，提高全体人员成品保护意识。

（2）教育所有施工人员（含电气、土建、分包人员）施工时应注意土建基础及其构筑物的成品保护，不得损坏成品，严禁在其上面乱涂、乱画以及沾染油污或秽。对造成成品损坏或污染的单位或个人，项目部将视情况轻重给予经济处罚。

（3）技术负责人在编制施工技术措施时（或施工策划中），必须从技术上提出成品保护的措施或方案，当部分措施在执行中需要投入时，项目经理部必须增加必要的投入。

（4）在施工转序或土建与电气交安中，施工技术负责人有责任对下道工序的电气人员（或下道工序土建作业人员）进行成品保护交底，并明确责任。

（5）项目经理部各级人员应对施工现场加强管理和督促，对一些不可预见的情况及时补充措施，进行成品保护。

（6）项目经理部对外来车辆进行管理，指定停车地点和摆放方向，避免无序停放，影响文明施工，并损坏操作道或将泥土带入路面。

（7）所有露出地面的基础用专用保护角线进行棱边保护，在吊装及安装设备时应注意不可损坏基础棱角及表面。除设备安装外，不得将基础作为施工操作平台。

（8）土建、电气交叉作业时，土建施工人员应对在施工场所附近的设备特别注意，防止飞溅的石块、铁件损坏瓷瓶等设备。

（9）已完工的建筑物在竣工移交前不得用作施工人员或其他人员的住宿、娱乐场所。

十三、创优策划

（一）施工创优目标

施工创优目标是创国家电网公司创优示范工程。确保国家电网公司优质工程奖，创中国电力优质工程。工程质量达到鲁班奖和国家优质工程金奖质量标准，争创国家级工程奖项。

（二）施工创优管理措施

1. 制度保证措施

为实现本工程创优目标，针对工程特点及管理要求，编制以下质量保证制度并在工程施工全过程认真落实，以保证各种质量控制措施的有效执行并取得预期效果：

（1）质量奖惩制度。

（2）施工质量检查验收制度。

（3）技术责任制度。

（4）技术检验制度。

（5）见证取样和送检制度。

（6）设备开箱检验制度。

（7）常用材料、成品、半成品质量证明和试验管理办法。

（8）隐蔽工程验收签证制度。

（9）施工图纸交底及会签制度。

（10）施工技术措施编制制度。

（11）技术培训及考核制度。

（12）设计变更及材料代用记录。

（13）技术档案管理制度。

（14）工程验收管理制度。

（15）技术总结管理制度。

（16）质量事故报告及处理制度。

2. 组织保证措施

（1）创优领导小组在工程开工前召开创优专题会议，明确各部门及岗位人员创优工作职责，布置施工创优相关工作计划；在施工过程中的基础、主体、设备安装、二次接线阶段分别进行创优专题检查，及时纠正工作偏差，不断完善创优。

（2）优化项目部人员配置，确保知识结构、工作经验、相关资格等满足工程创优要求。特种作业人员、质量检查控制人员必须经过相关培训，并经考核合格，持证上岗，确保其技能满足工程过程质量控制的要求。

3. 技术保证措施

（1）施工技术人员到现场进行实地勘察，掌握现场地理环境，编制针对性的施工技术措施、安全环境保证措施、质量保证措施等施工作业指导文件。重要施工技术方案应经施工技术人员论证，内部履行审批手续后，报本工程监理部审核批准后实施。

（2）分部工程开工前，项目部须组织技术、质量、安全等部门，针对本工程特点，就相关作业文件和工作要求对施工人员进行详细交底。

（3）工程开工前，由项目总工组织本工程技术、质量、安全、设备等管理部门，对施工图进行认真审查，并提出修改意见，审查时应特别注意工序接口、及与现场实际情况的核对。施工中发现地质条件等与设计不符的情况，及时以书面形式上报监理及业主。

（4）注意收集新技术、新工艺、新材料、新设备的信息，结合本工程特点，经严密的技术经济分析和必要的试验、试点，积极在本工程应用成熟的"四新技术"，以优化施工工艺，提高工效，在技术方面为工程创优提供保证。

4. 机具设备的管理

（1）所有施工检测工具在进入本工地前，均应经法定检测单位鉴定合格并在有效期范围内使用，其精度必须符合相关规定要求。并建立台账，实施动态管理。

（2）主要机具设备进入工地前，项目总工应组织技术、设备、安全部对其进行检查验收，进行必要的检验和试验，确保性能良好，标识清晰，完好率100%。

（3）特种设备必须经过检验鉴定，并附相关证明文件，以保证施工安全。

（4）按照程序文件的有关要求，对材料进行验货和标识，并做好记录。

（5）对半成品、构配件等依据工程使用时间和型号，列出清单，分批次进行加工、运输和安装，确保各型号数量准确，到场时间满足工程进度要求。

（6）对不合格及时进行处理，并将处理意见计入材料供应商档案。

（7）管理和保养机械设备，并将机械设备处于最佳状态。

5. 材料管理

（1）原材料在开工前，由项目部质量管理部门采样（采样时通知监理到场见证）并且送到相应资质的试验单位进行检验，合格后方可使用。

（2）施工过程中，根据原材料用量，严格按照规定做相应批次的试验。

（3）甲方供料的质量把关：

1）按合同规定进行到货检验；依据合同进行妥善保管。

2）在使用前对原材料进行外观检查，发现问题时立即停止使用，并及时向业主及监理反映。

（4）所有材料必须做好使用跟踪记录，确保可追溯性。

6. 过程控制措施

（1）开工前对施工人员进行质量培训，以提高其创优意识，了解工程创优目标，掌握工作要点，做到熟知本岗位的质量工作要求。

（2）开工前，由项目总工组织对施工图进行审查，并现场实际进行核对。

（3）认真推行统一施工工艺标准和技术要求，推行标准化作业。

（4）开工前，及时向监理部报验评项目划分表，批准后实施。

（5）推行样板引路制度，推行标准化作业。

（6）完善并严格执行施工质量三级控制制度，加强过程控制，注重隐蔽工程监控、签证。加强施工过程的全过程监控，上道工序检验合格后方可进入下道工序。

（7）分部工程开工前，项目部对施工人员进行详细交底。

（8）定期对照工程创优要求对施工管理及实物质量进行检查、分析，发现不足及时采取必要的措施进行纠正，做到施工质量的持续改进。

（9）项目部质量管理部门负责施工记录等资料归口管理，设专人负责，其他部门配合并对本部门形成的相关资料负责，确保施工记录等资料与施工进度同步形成、真实可信，及时整理工程档案，保证档案符合要求。

7. 工程进度管理

根据工程工期计划、工程量以及工序流程编制本工程施工进度计划和施工进度网络图，依据进度计划合理

投入和配置施工技术力量、设备物资等资源，以及现场协调等工作；项目部每周召开一次工程协调会（必要时，可由项目经理决定临时召开），对照计划进度进行检查，对影响工程总体进度的施工项目或工序要认真分析，找出原因并加以解决。对土建与电气交叉以及受天气影响等的施工项目应合理安排作业进度。必要时，应采取措施在确保工程质量的前提下，采取以下措施抓工程进度：

（1）认真策划，及时安排工序转序。

（2）适当加大施工力量和施工机具等施工资源的投入。

（3）采取适宜的技术措施提高工效。

（4）加强施工组织管理，如及时进行质量验收等工作，保证工序的衔接等。

8. 开展质量攻关活动

为推动质量管理水平的不断提高，充分发挥职工智慧，围绕工程创优目标，针对工程施工中的难点，召开质量分析会，组织质量技术攻关，采用 PDCA 循环的方法，对工程难点公关，改进施工工艺，提高施工质量，选择课题组织 QC 小组攻关，以解决技术难题，努力提高施工质量水平。

9. 强制性标准的贯彻实施

组织进行工程建设标准强制性条文专题培训，增进对条文内容的理解，提高员工执行工程建设强制性标准的自觉性；工程开工前，针对工程的特点，编制本工程的强制性条文实施计划，并对施工过程中的实施情况进行检查，确保不发生违反强制性条文规定的现象。

项目工程师对施工管理人员及操作工人进行培训，组织全体参战人员开展"强制性条文应用"大讨论和教育，使得强制性条文的贯彻、执行具有良好的基础。

在施工过程中对强制性标准实施做好记录工作，每完成一个分部分项、单位工程的强制性标准要技术、监理等相关人员签字后方可进行下一步工序。

10. 档案资料管理

（1）工程竣工资料应进行完整、系统的整理后按要求归档。

（2）所有施工记录、质保资料等工程资料按照档案管理要求进行组卷。资料要及时准确、真实可靠、完整齐全，并符合合同及国家电网公司档案管理要求。

（3）加强技术文档资料管理，建立原始记录收集制度，保证原始记录的置信度。随时掌握施工过程中的质量动态，交流经验。

11. 影像资料管理

依据国家电网公司《国网基建部关于印发〈输变电工程安全质量过程控制数码照片管理工作要求〉的通知》（基建安质〔2016〕56 号）的要求，按照单位工程，对各类试件保留数码照片；进行对各类隐蔽工程进行下道工序前保留数码照片；制定工程建设过程数码照片采集管理细则，明确责任，切实加强安全质量过程控制。

12. 创优自查及整改

工程创优领导小组应依据国家电网公司优质工程评审办法的有关要求，组织有关人员对工程进行创优自查，创优自查分实物质量和资料管理两部分，检查发现的问题要及时组织整改并做到闭环管理。自查主要内容：

（1）对照《国家电网公司输变电优质工程评选办法》考核评定标准，进行自查。发现不足，及时安排完善，并完成创优自查报告。

（2）质量监督报告中提出的质量问题，整改及闭环情况。

（3）达标验收中提出的质量问题，整改及闭环情况。

（4）工程资料移交，竣工验收签证。

（5）编写工程创优总结。工程创优总结编写内容包括：工程简要概况、创优目标、质量控制、工程亮点、技术创新、质量评定、创优自查、存在的不足及整改、今后工程完善措施等。

十四、施工新技术应用

在施工中积极响应建设部号召，推广应用"四新"技术，提高生产经营中的科技含量，增强企业的竞争力和发展潜力，通过先进的技术设备，高科技手段来实现质量、工期、效益的目标，提高企业经济效益和社会效益，根据本工程的实际情况，项目部在组织工程施工过程中，要积极推广应用"四新"技术，拟主要采用的"四新"技术计划如下，并将作为项目部综合考评的一项重要标准：

（一）采用新设备

（1）施工现场利用计算机、互联网网络及视频设备，实现远距离对施工作业面的展现和控制。在项目部设置视频监控主机，场地内作业面和设备材料堆放区设置360°高速球机监控器对其进行24h监控，能够有效防止设备材料的损坏和丢失。利用互联网设备将施工现场的影视资料随时传送至网络上，可以实现远程利用网络查看现场的实际情况。

（2）项目部办公采用计算机实现高效率的办公。管理人员每人配备一台计算机，并相应配备打印机、复印机、传真机、投影仪等先进的电子化设备，大大提高员工的工作效率及积极性。配置数码相机、数码摄像机来记录施工中重要工序及节点的影像资料，并对安全文明施工起到很好的促进作用。

（二）采用新工艺

（1）出地面部分用不锈钢槽盒代替镀锌钢管，将不锈钢槽盒直接通至机构箱底部，优点在于不锈钢槽盒相较于镀锌钢管经济、美观、便于检查。

（2）连接金具与导线匹配，导线压接时在金具压接部分上缠绕若干层塑料薄膜，从而保证导线压接完毕后金具表面光洁，无毛刺及凹凸不平。

十五、主要经济技术指标

略。

第二节　乌昌750kV变电站工程施工

一、工程概况

（一）工程简介

1. 项目的必要性

"十三五"期间，新疆维吾尔自治区大力推进"电化新疆"，在乌鲁木齐高铁新区规划新增电采暖面积1500万m²，新增负荷约1500MW。随着，红二电等四大公用电厂和工业企业自备电厂的关停，根据电力平衡计算结果，2020年乌鲁木齐电网在不考虑电厂减出力和关停的情况下存在约5300MW的电力缺额，在四大电厂按计划全部关停的情况下存在约7750MW的电力缺额。

为满足乌昌核心区电力负荷用电需求，适应乌鲁木齐主力火电机组关停的政策，优化昌吉中西部及乌鲁木齐西北部主网架结构，解决受线路廊道资源限制无法补强的线路瓶颈，提高分区供电运行方式的合理性，缓解乌昌核心区局部区域短路电流超标问题，提高调度运行灵活性，有利于新能源电力消纳，建设新疆乌昌750kV输变电工程是必要的。

2. 站址

乌昌750kV变电站站址在新疆生产建设兵团农十二师五一农场西北5.5km处，距离乌鲁木齐市西北约28km，在建三坪新区污水厂以北。站址所处地类为一般农田，场地总体地势南高北低，地形较为平坦，坡度不大，地面高程在530.50～532.60m之间。

本工程按最终规模一次征地，全站总用地面积7.066hm²，其中围墙内占地面积6.264hm²。进站道路从站区东侧知青路引接，新建90m。

750kV配电装置布置在站区南侧，向南架空出线；220kV配电装置布置在站区北侧，向北架空出线；主变及66kV配电装置布置在站区中部，主控通信楼布置在站区东侧，从东侧进站。

3. 站址地质地貌

拟建站址位于天山山脉北麓、准噶尔盆地南缘，区域地貌单元单一，属于头屯河冲洪积平原的中下部，总体地势南高北低。现状地貌为农田，地形较为平坦，坡度不大，地面高程在530.50～532.60m之间，地面自然坡度约为9‰。无重要矿产资源，且不在国家重点文物保护范围内，也未发现地面有文化遗存现象。站址区场地土类型为中软场地土，场地类别为Ⅲ类。拟建站址场地属于可进行建设的一般地段。拟建站址的基本地震动峰值加速度值为0.20g，对应的地震基本烈度为Ⅷ度，基本地震动加速度反应谱特征周期为0.65s，设计地震分组为第三组。站址区未发现岩溶、崩塌、泥石流、采空区、地面沉降、饱和粉土的液化等不良地质作用。本次勘测站址区0.00～5.00m深度范围内，地基土对混凝土结构具中等腐蚀性；对钢筋混凝土中的钢筋具弱腐蚀性；对钢结构具有强腐蚀性。地内①粉土层的总湿陷量为

36.0～109.7mm，场地为非自重湿陷性场地，湿陷等级为Ⅰ级（轻微），场地土的湿陷下限深度为勘测现状地表以下 2.00m。

4. 水文气象条件

拟建站址位于冲洪积平原，现状为农田，整体地势南高北低，站址西侧约 1.5km 处为头屯河，河道呈南北走向，站址与河道距离相对较远，根据断面计算，头屯河相对位置河道的百年一遇洪水位为 520.00m，临近站址侧河岸高程为 529.00m，洪水未溢出河道，因此可不考虑河道对站址的影响。站址所在区域地势平坦开阔，站址区域内未见冲沟及水流冲刷痕迹，因此可不考虑冲沟对站址的影响。

本工程所处区域地处欧亚大陆深处，天山南麓中段，塔里木盆地北缘，远离海洋，属于暖温带干旱气候，具有大陆性气候特点：四季分明、冬季寒冷、夏季炎热、降水稀少且年、季变化大、蒸发量大、日照长、热量资源丰富、气候变化剧烈、昼热夜冷、全年平均风速小。

由于站址为空旷平坦地形，周围无建筑物或树木等阻挡物，而气象站位于县城边缘，周围有树木等阻挡物，根据昌吉市气象站的风速计算结果、基本风压和附近已建线路设计参数及运行情况，同时考虑到本工程地形地貌特点，本工程设计风速为 50 年一遇 10m 高 10min 平均最大风速为 31m/s。

5. 交通情况

本工程进站道路从站址东侧知青路引接，引接长度约 90m，知青路为柏油路面，路宽约 6m，双车道，向南直通至乌昌快速路，交通条件良好。

铁路方面，距离站址最近的已建铁路为兰新铁路。站址附近交通条件较好，公路网较密集，主要为城市道路，与本工程有关的主要公路有 S115 省道（乌昌快速）、S112 省道、城市道路。站址附近无水运的条件。

经过实地考察，站址附近满足铁路运输到货条件的火车站有三座，分别是乌鲁木齐西火车站、乌鲁木齐北火车站和昌吉火车站，在满足技术要求的前提下，分别对三个设备中转站进行经济比较，比较结果为乌鲁木齐西火车站最经济，本工程选用乌鲁木齐西火车站作为设备中转站。

乌鲁木齐火车西站至站址公路运输线路全程约 23km，途径 3 座限高杆，红绿灯 6 座，广告牌 1 座，火车涵洞 1 座，1 座公路涵洞（乌昌快速双向二车道），设计荷载均可满足本工程大件设备运输要求，仅需简单加固即可通过。

乌鲁木齐火车西站至站址公路大件运输线路为：乌鲁木齐火车西站货运场—中枢南路（6.5km）—S115 省道（乌昌快速）（4.95km）—S112 省道（0.35km）—五一农场崇五路（3.3km）—安屯西街（2.65km）—知青路（5.25km）—进站道路—站址，线路全程约 23km，途径 3 座限高杆，红绿灯 6 座，广告牌 1 座，火车涵洞 1 座，1 座公路涵洞（乌昌快速双向二车道），设计荷载均可满足本工程大件设备运输要求，仅需简单加固即可通过。

根据现场勘查情况，公路运输沿途的涵洞净空高度仅为 4.5m，涵洞高度均不满足主变压器运输的高度要求，变压器运输时需要采取下挖，降低道路路面，以满足主变压器运输时 5.5m 的净空高度。

6. 工程量

乌昌 750kV 变电站工程为新建工程，主要工程量如下：

（1）远期 3×1500MVA 主变压器，本期 2×1500MVA 主变压器。单相自耦风冷无励磁调压变压器，各级电压 750kV/220kV/66kV。

（2）750kV 出线规模 7 回，本期建设 4 回（凤凰 2 回、乌北 2 回）

（3）220kV 出线规模 16 回，本期 13 回，分别至长宁 3 回、创新变 2 回、开发区北 3 回、昌吉 2 回、猛进 2 回、五一农场 1 回。

（4）低压无功补偿。远景每台主变压器安装 4 组 60Mvar 并联电抗器和 4 组 60Mvar 并联电容器。本期每组主变压器 66kV 侧安装 2 组并联电抗器和 1 组并联电容器，容量均为 60Mvar。

（5）凤凰 750kV 变电站高抗改造工程。本期需将 750kV 凤凰-乌北Ⅰ线凤凰侧线路 300Mvar 高抗（3 台）及备用相（1 台）搬迁至五家渠 750kV 变电站。本期凤凰侧新增的 210Mvar 线路高抗利用一期基础，搬迁至五家渠 750kV 变电站的 4 台线路高抗需新建基础及防火墙等内容。

（6）系统通信工程-光通信设备工程。建设凤凰变-乌昌变-乌北变双 SDH2.5Gbit/s，光纤通信电路，1＋0 传输配置，接入西北调控分中心光纤通信网。建设凤凰变-乌昌变-乌北变 SDH10Gbit/s、SDH2.5Gbit/s，光纤通信电路，1＋0 传输配置，分别接入新疆电网干线Ⅰ、Ⅱ光纤通信网。乌昌变配置 2 套 SDH10Gbit/s 平台西北网光传输设备，2 套 SDH10Gbit/s 平台新疆区网光传输设备。

（7）安全稳定控制系统工程。乌昌变接入系统后，以 2021 年为设计水平年进行安稳计算，在夏季大方式下，凤凰-乌昌双回 750kV 线路发生 N-2 故障时存在功角稳定问题，需切除伊犁地区发电机出力；乌昌一昌吉双回 220kV 线路、昌吉一宁州户双回 220kV 线路发生 N-2 故障时存在过载问题，需切除昌吉中西部地区相关站点负荷。本期在乌昌变配置 2 套 750kV 安全稳定控制装置、2 套 220kV 安全稳定控制装置。完善乌北、凤凰、乌苏、博州、伊犁 750kV 变电站及昌吉、宁州户、锦华、长宁 220kV 变电站的安全稳定控制策略。

（8）站外电源工程。乌昌 750kV 变电站站外电源工程，起点为绿洲 110kV 变电站，终点为乌昌 750kV 变电站 0 号备用变压器。站外电源线路为 10kV 线路，线路全长 8km，采用单回路，架空加电缆的连接方式。其中电缆长度为 7.6km，架空线长度 0.4km。

（9）施工电源工程。乌昌 750kV 变电站施工电源工程，起点为乌昌 750kV 变电站东侧 10kV 郊-屯支线，终点为乌昌 750kV 变电站临建区。站外电源线路为 10kV 线路，线路全长约 0.3km，采用架空绝缘导线，采用杆长 12m 的水泥杆，本期共 5 基水泥杆。

7. 主要参建单位

（1）项目法人：国网新疆电力有限公司。

（2）建设管理单位：国网新疆电力有限公司建设分公司。

（3）监理单位：新疆电力工程监理有限责任公司。

（4）设计单位：中国能源建设集团新疆电力勘查设计院有限公司。

（5）施工单位：新疆送变电有限公司。

（6）运行单位：国网新疆电力有限公司检修公司。

（7）质监单位：新疆电力建设工程质量监督中心站。

8. 工期要求

工期要求计划开工日期为 2019 年 10 月 20 日，计划竣工日期为 2021 年 4 月 20 日。

（二）工程设计特点

1. 建筑物结构

站址区域抗震设防烈度为 8 度，地震动峰值加速度为 0.20g。主控通信楼、继电器小室、站用电室等主要生产建筑按提高一度采取抗震措施，相关结构设计参数见表 1-10-2-1。站内生产建筑物有安保器材室、警卫室、消防泵房及雨淋阀室，相关结构设计参数见表 1-10-2-2。

表 1-10-2-1　　　　乌昌 750kV 变电站生产建筑物结构设计参数表

序号	建筑（构）物名称	结构安全等级	设计使用年限	抗震设防类别	抗震设防烈度	确定建（构）筑物抗震措施抗震等级的烈度
1	主控通信楼	一级	50	乙类	8	9
2	750kV 继电器室	二级	50	乙类	8	9
3	220kV 主变及 66kV 继电器室	二级	50	乙类	8	9
4	站用电室	二级	50	乙类	8	9

表 1-10-2-2　　　　　　　辅助及附属建筑物结构设计参数表

序号	建筑（构）物名称	结构安全等级	设计使用年限	抗震设防类别	抗震设防烈度	确定建（构）筑物抗震措施抗震等级的烈度
1	安保器材室	二级	50	丙类	8	8
2	警卫室	二级	50	丙类	8	8
3	消防泵房	二级	50	丙类	8	8
4	雨淋阀室	二级	50	丙类	8	8

辅助用房均采用单层钢筋混凝土框架填充墙结构，现浇屋面板。外墙厚度 250mm、内墙厚度 200mm，均采用蒸压加气混凝土砌块。基础采用柱下钢筋混凝土独立基础。

2. 构架结构及基础

（1）750kV 户外配电装置采用户外 GIS 布置方式。750kV 出线构架及主变引线间隔宽度 40m，出线构架挂线点高度 34m，引线构架挂线点高度 27m。构架柱采用钢管格构柱，柱主材采用法兰连接；构架梁采用矩形断面格构式钢梁；梁、柱采用螺栓连接。基础为钢筋混凝土独立基础。

（2）220kV 屋外配电装置采用户外 GIS 布置方式。220kV 出线构架跨度 24m，构架挂线点高度 14m。构架柱采用 A 形直缝焊接圆钢管结构，柱主材采用法兰连接；构架梁采用三角形断面格构式钢梁；梁、柱采用螺栓连接。构架基础为钢筋混凝土独立基础。

（3）主变区构架采用 A 形钢管人字柱加三角格构梁的结构形式。构架柱采用直缝焊接圆形钢管柱，构架横梁采用三角钢管格构式梁，梁与柱连接采用螺栓连接。柱脚连接方式有两种：当为独立人字柱时，为便于现场施工安装，柱脚采用杯口插入式连接；当人字柱立于防火墙顶面时，为安装方便采用柱脚法兰连接方式。

（4）750kV 设备支架采用矩形钢格构柱，其余电压等级设备支架均采用直缝焊接圆钢管支柱，支架与设备采用螺栓连接。

（5）主变及设备基础。主变基础型式为钢筋混凝土整体筏板基础，顶部设通用埋件。电容器设备基础型式为钢筋混凝土块式基础。主变油池为钢筋混凝土池底及池壁，油坑底部设钢格栅架空层，钢格栅上铺设卵石，顶部设防风沙盖板（格栅）。

3. 地基处理

本工程主要建构筑物基础持力层为①层粉土层，场地内①层粉土层的总湿陷量为 36～109.7mm，场地为非自重湿陷性场地，湿陷等级为Ⅰ级（轻微），地基土的湿陷下限深度为地表下 2.0m。

根据本站竖向布置，场地最大填方为 1.29m，考虑地基土的湿陷下限深度为地表下 2.0m。对于基础埋深较大的 750kV 构架基础、主变区构架基础均不受影响，对于基础埋深在 2.0～2.5m 的建构物，如 GIS 筏板、主变基础及主控通信楼均考虑采用级配砾石将基础下湿陷性土全部换填的方式进行处理。对于基础埋深在 2.0m 的构筑物，处在场地填方厚度较小区域，采用基础垫层加深处理。

4. 给排水及消防

（1）给排水系统。自来水通过一根 DN100（给水用钢骨架塑料复合管）的给水管输送入站区内，供给站内生活用水。变电站的用水主要包括生活、生产用水，日常生产生活最大用水量为 5.6m³/d，最大小时用水量 3.7m³/h。站内排水系统包括生活排水系统、事故排油系统和雨水排水系统。站内排水采用雨污水分流制，站内道路采用公路型道路，雨水口布置在道路两侧场地上，雨水经雨水口收集后排入站外蒸发池进行蒸发。电缆沟内积水由沟底集水坑收集后就近排入站内雨水检查井。变电站排水系统采用雨污分流制，即采用雨水与生活污水两套相对独立的排水系统。

站区雨水采用有组织集中排水方式。站区内雨水根据场地竖向布置分区汇集，经雨水口、雨水检查井汇流，并充分利用站址地势，合理布置雨水管道，雨水通过汇流至总排水口，最终排至站外北面的蒸发池。本站生活污水主要来自主控通信楼和警卫室值班运行人员的生活卫生用水，采用埋地式一体化污水处理装置处理达到排放标准后，排入站外污水蒸发池。站区事故排油主要为主变和站用变的事故排油，在各区域设置事故油池。事故排油经事故排油管收集后，排入事故油池，经事故集油池进行油水分离后回收处理。事故集油池有效容积按单台主变总油量的 100% 计算，参照通常 750kV 变电站事故集油池容积，按 120m³ 计。

（2）消防部分。本工程设有 1 套水喷雾消防系统，用于保护 3 组 1500MVA 主变压器，本期 2 组。

5. 电气设计特点

（1）750kV 通用设计方案 A1－1、A3－1，中压侧电压均为 330kV，而本工程中侧电压为 220kV。

（2）750kV 通用设计方案 A1－2，中压侧电压为 220kV，但为瓷柱式断路器，而本工程 220kV 侧为气体绝缘全封闭组合电器。

（3）通用设计方案地震设防烈度为Ⅶ度，而本工程地震设防烈度为Ⅷ度。

综上所述，本工程选用 750－A1－2 通用设计模块为蓝本，进行模块拼接和调整，同时根据地震设防烈度进行平面调整。

6. 通用设计模版拼接方案

（1）750kV 配电装置采用 750－A1－2－750 模块。本工程海拔 1000m 以下，间隔宽度为 40m，与通用设计保持一致。结合本工程规模，750kV 配电装置区纵向尺寸（道路中心距）为 78m，横向尺寸（道路中心距）为 328.5m。

（2）主变压器、66kV 无功配电装置模块采用 750－A1－2－66 模块。通用设计方案地震设防烈度为Ⅶ度，而

本工程地震设防烈度为Ⅷ度。因此，本工程需将通用设计方案中的 66kV 电抗器调整为低位布置，并设置围栏，从而横向尺寸较通用设计方案有所增加，同时，为配合 220kV 模块，本期将 220kV 主变进线避雷器放置于主变出口处。主变压器、66kV 配电装置纵向尺寸由通用设计的 74.5m 增加至 78.5m，横向尺寸（道路中心距）由通用设计的 341.7m 减少至 326m。

（3）主控楼采用 750－A1－1－ZKL 模块。为适应新疆地区生活习惯，本工程将通用设计模块中建筑的摆放方向进行了调整，将主控楼由垂直于进站道路调整为平行于进站道路，结合本工程建设规模，主控楼区域纵向尺寸（道路中心至围墙中心）与通用设计一致，为 78.5m，横向尺寸（道路中心至围墙中心）由通用设计的 40m 增加至 43.5m。

（4）220kV 配电装置采用 500－A1－2－220 模块。由于 750－A1－3－220 模块为瓷柱式断路器，而本工程为气体绝缘全封闭组合电器，因此本工程选取 500－A1－2－220 模块，结合本工程建设规模，220kV 配电装置纵向尺寸（道路中心至围墙中心）为 26m，横向尺寸（道路中心距）为 212m。

（三）主要工程量

略。

（四）施工条件分析

1. 相对工期紧张

乌昌 750kV 变电站工程工期为 2019 年 10 月 20 日至 2021 年 4 月 20 日，总工期 18 个月，考虑到站址每年 11 月初至次年 3 月底日平均气温均在 5 度以下，均属于冬施气候，因此实际工期仅 10 个月左右，工期非常紧张。

2. 施工组织协调要求高

考虑到工程工期紧张，施工任务艰巨，临时用地、临电手续办理时间紧凑，参与工程建设的、设计、监理、施工、材料设备供应单位众多，对工程组织和协调的效率要求高，必须具有过硬的专业能力、高素质的协调能力和高素质的检查、监控和督促能力。

3. 工程目标高

本工程要求创国家电网公司优质工程，创建国家电网公司创优示范工程、国家电网公司优质工程金质奖和国家级优质工程。对工程质量工艺及工程管理要求较高，工程必须策划全面、细致，过程管控有力，一次成优。

4. 工程施工环境恶劣

本工程所处区地处欧亚大陆深处，天山南麓中段，塔里木盆地北缘，远离海洋，属于暖温带干旱气候，具有典型大陆性气候特点：冬季寒冷、夏季炎热、降水稀少且年季变化大、蒸发量大、日照长、气候变化剧烈、昼热夜冷。

二、项目施工管理

（一）项目管理组织结构及职责

略。

（二）工期目标及施工进度计划

1. 工期目标

坚持以"工程进度服从质量"为原则，严格按照工期计划实施。施工过程中保证根据需要适时调整施工进度，积极采取相应措施，按时完成工程阶段性里程碑进度计划和验收工作。

计划开工时间 2019 年 10 月 20 日；竣工时间 2021 年 4 月 20 日。

2. 工期分解

（1）750kV 构支架基础计划 2020 年 5 月 10 日交安。

（2）750kV GIS 基础计划 2020 年 6 月 20 日交安。

（3）220kV 区构架基础计划 2020 年 5 月 20 日交安。

（4）220kV GIS 基础计划于 2020 年 6 月 1 日交安。

（5）构架安装计划 2020 年 7 月 10 日完成。

（6）设备基础计划 2020 年 7 月 20 日交安。

（7）电缆沟计划 2020 年 7 月 19 日交安。

（8）建筑物计划 2020 年 9 月 10 日交安。

（9）全站架空线计划 2020 年 11 月 1 日完成。

（10）电气一次设备安装计划 2020 年 10 月 10 日完成。

（11）电气二次设备安装计划 2020 年 11 月 10 日完成。

（12）分系统调试计划 2021 年 1 月 20 日完成。

（13）工程竣工 2021 年 4 月 20 日完成。

3. 进度计划风险分析及控制措施

施工计划中潜在风险分析。经过认真分析，结合现场调查情况，本工程影响工期的主要因素有：

（1）施工用水、用电、临时用地等是否满足施工要求影响施工进度计划。

（2）土建各区域交安的时间节点影响施工进度计划。

（3）施工图的交付时间影响施工进度计划。

（4）甲供设备及材料交付时间影响施工进度计划。

（5）乙供材料及机械设备到场时间影响施工进度计划。

（6）资金是否按计划时间到位影响施工进度计划。

（7）施工管理人员及施工人员专业技术能力及管理能力影响施工进度计划。

（8）恶劣天气、自然灾害等不可抗力影响施工进度计划。

4. 施工进度计划控制措施

为保证在规定的工期内完成承包工作量，按施工进度计划组织施工，克服影响工期问题，项目部将加强施工计划管理，合理组织施工生产，强化施工力量，充分发挥主观能动性。

（1）积极做好与业主、设计、监理的协调工作，确保设计图纸、资金、材料及时到位，保证工程顺利进行和尽量缩短工程停滞时间。

（2）若施工图或设备因不可避免的客观原因不能按期提供，我们将合理调整施工工序，优先进行可开展的工作，避免后期工作堆积。同时在收到滞后的施工图纸或设备后，组织优势力量，集中进行攻坚，在确保施工安全与质量的前提下力保工程工期。

（3）优化组织管理。按岗位分工明确，责任到人，统一协调，加强监督检查，明确各层次的进度控制人员、具体任务和工作职责，加强阶段性施工进度计划执行情况的分析及纠偏，确保进度计划得到有效实施。

（4）调遣优秀的施工力量进行施工，工种合理搭配，确保施工进度得到有效保障。

（5）提前策划施工准备工作，落实材料供应及质量，确保现场施工连续性。

（6）优化施工方案，积极采用新技术、新工艺、新材料，充分发挥机械设备的使用效率，大力提高劳动生产效率。

（7）项目部将加大对此工程建设意义的宣传，加大协调公共关系力度，认真执行国家有关法律政策，处理好地方关系，确保顺利进行，使工期不受影响。

（8）积极与属地政府部门、供电公司等单位进行沟通，保障工程施工外部环境良好，避免因外部环境问题影响工程施工进度。

三、质量管理体系

（一）质量目标及分解

略。

（二）质量管理组织机构及职责

略。

（三）质量控制措施

1. 质量管理措施

略。

2. 质量技术措施

略。

3. 落实"八个抓实"

略。

4. 质量薄弱环节及预控措施

影响工程质量的薄弱环节及预防措施见表 1-10-2-3。

表 1-10-2-3　　　　　影响工程质量的薄弱环节及预防技术措施

序号	工程质量薄弱环节预测分析	预防技术措施
1	主体混凝土结构有蜂窝、孔洞、夹渣等缺陷	（1）模板支撑体系应稳定，不变形；模板表面平整光滑，清理干净；模板接缝密实，不漏浆。 （2）各种原材料计量准确，砂石级配良好，严格控制混凝土坍落度。 （3）按顺序浇筑混凝土，采用合适的机械分层振捣密实，不漏振，不少振，不过振。 （4）混凝土覆盖淋水养护及时，且养护时间足够

续表

序号	工程质量薄弱环节预测分析	预防技术措施
2	装饰工程效果欠佳	（1）装饰工程应由有经验、技术熟练的工人进行施工。 （2）加强装饰材料的现场验收，包括颜色、平整度、光洁度、棱角、外形尺寸等。 （3）装饰工程施工时应先做好统一规划。 （4）大面积施工前，先小范围做样板，统一工艺标准。 （5）注意成品保护
3	屋面渗漏	（1）防水卷材应严格按设计要求及出厂使用说明施工，防水卷材与黏结剂配套使用，并在使用前的运输和保管按规定办理。 （2）细部构造如檐口、屋脊、伸缩缝、天沟、落水口、阴阳角、转角、伸出屋面的管道等部位要认真处理，粘贴牢固。 （3）屋面基层必须平整并清理干净，按设计坡度施工，避免积水。 （4）要确保卷材之间的搭接宽度和粘贴质量。 （5）注意天气变化，突遇下雨必须立即采取保护成品措施
4	外墙面及窗渗水	（1）砌筑外墙时砖缝应砂浆饱满，墙面孔洞应用水泥砂浆进行修补，且砂浆饱满。 （2）墙面抹灰前基层要清理干净，并淋水湿润，防止出现空鼓，涂刷涂料前应按设计要求刷聚合物防水涂膜。 （3）窗台抹灰应作向外侧排水坡度，窗檐应有滴水线，防止雨水向室内流。 （4）窗框与洞口间隙应用水泥砂浆填塞，缝隙表面留 5mm 深槽口，填嵌密封材料
5	道路积水	（1）施工前复核水准点，严格控制标高测量精度。 （2）按设计确定的道路纵向坡度，计算并标示出每隔 5m 道路中轴线的路面标高。 （3）根据设计确定横向坡度，在侧模上标出道路边的路面标高。 （4）道路浇筑完混凝土后进行路面标高初次复核。 （5）在道路光面时再次复核路面标高
6	预埋地脚螺栓精度较差	（1）地脚螺栓安装前对施工人员进行质量教育、技术培训。 （2）使用公司设计的专用支架（槽钢与预埋螺栓平垫加工制作），提前画好并审定螺栓固定模板平面图。 （3）振捣要快插慢拔，混凝土浇筑应分店进行，不在同一处长时间浇筑。 （4）观察振捣情况，混凝土不再下沉与出气泡时，混凝土表面出浆呈水平状态时为止
7	模板施工加固不到位	（1）模板制作时精确计算，保证模板有足够的刚度，防火墙大模板要预留好贯通螺栓的孔洞。 （2）采用机械支拆，做好支撑和固定，木工和测工相互复核轴线和标高。 （3）浇筑时随时观察大模板的变形情况，不断调整支撑，保证其板面的平整性、轴线的准确性和整个模板的稳定性。 （4）控制好混凝土的坍落度，注意振捣器插落的位置，避免漏振，切忌把振捣器插到大模板的板面上。 （5）根据现场天气情况，确定拆模时间，拆模时先用钢丝绳套好模板，挂在吊车或挖掘机上，然后拆去支撑，轻敲模板边缘使其脱离，切忌重敲猛打，损坏模板和混凝土。拆下后的大模板要清洗干净，进行调整和修补以备二次使用
8	大体积混凝土表面裂纹	（1）按结构尺寸合理分仓、分层浇筑。 （2）铺设循环冷却水管，降低混凝土内部温度。 （3）掺入缓凝剂，延长混凝土终凝时间。 （4）减少每立方混凝土用水量。 （5）加强混凝土养护工作，按规定进行测温，作好记录，控制混凝土内、外温差
9	构支架安装偏差	（1）构支架吊装前要在构架上标出轴线，便于吊装时测控。 （2）构支架吊装时要采用经纬仪测控垂直度，且要从垂直的两个方向进行测控。 （3）构支架就位后要及时拉设临时拉线进行可靠固定，并及时进行二次混凝土灌浆。 （4）避免在吊装过程中碰撞已吊装完毕的构支架

续表

序号	工程质量薄弱环节预测分析	预防技术措施
10	变压器漏油、渗油	(1) 安装前所有法兰面需清洁，并更换新的密封圈。 (2) 所有螺栓应紧固到位，力矩符合规范要求。 (3) 安装完毕后应进行气密性实验并合格
11	GIS设备漏气	(1) 密封垫完整无损、密封面平整光滑。 (2) 螺丝紧固均匀、抽真空检查渗漏点。 (3) 密封带要缠绕紧固、密实。 (4) 预弯气管时要适度用力，防止气管损坏
12	二次接线不牢固	(1) 安装人员接线完工后进行自检。 (2) 试验人员查线时进行复查。 (3) 竣工送电前组织专门人员对全站所有二次接线（包括厂家接线）紧固一次
13	回路短路	(1) 检查回路每相对地及相相之间绝缘电阻是否合格。 (2) 理解吃透全站回路设计思路，理清电缆走向。 (3) 严格确定每根电缆的标识牌，确保回路正确

5. 质量通病预防措施

本工程质量通病防治重点为墙体质量通病；楼地面质量通病；外墙质量通病；屋面质量通病；楼梯、栏杆、台阶质量通病；构支架质量通病；设备基础、保护帽质量通病；主变防火墙质量通病；电缆沟及盖板质量通病、道路及散水质量通病；电缆敷设、接线与防火封堵质量通病；站区围墙质量通病；电气设备安装质量通病；接地安装质量通病；母线施工质量通病；屏、柜安装质量通病。防治的最终目标是保证变电站零缺陷投运，为设备安全运行提供牢固基础，为变电运行提供良好的运行环境。施工过程具体质量通病防治规划如下：

（1）将各工序质量通病防治技术措施纳入施工方案编制，经监理单位审批后严格实施。

（2）必须做好原材料、半成品的第三方试验检测工作，未经复试或复试不合格的原材料、半成品等不得用于工程施工。试验检测应执行见证取样制度，必须送达经电力建设工程质量监督机构认证的第三方试验室进行检测或经监理单位审核认可并报质监机构备案的第三方试验室进行检测。采用新材料时，除应有产品合格证、有效的新材料鉴定证书外，还应进行必要检测。

（3）记录、收集和整理质量通病防治的施工措施、技术交底和隐蔽验收等相关资料。

（4）根据经批准的各项施工方案，在各工序开始前对施工人员进行技术交底，并确保质量通病防治措施落实到位。

（5）按照公司质量管理制度、施工合同开展施工质量通病防治工作，确保质量通病防治符合规程要求。

（6）加强施工过程管理，确保施工项目质量通病防治体系有效运转。

（7）组织施工图预检，参加设计交底及施工图会检，严格按图施工。

（8）严格执行工程建设标准强制性条文，质量通病防治手册，全面实施"标准工艺"，通过数码照片等管理手段严格控制施工全过程的质量和工艺。

（9）规范开展质量通病的班组自检和项目部复检工作。

6. 施工强制性条文执行措施

（1）强条的执行。

1）强制性条文与强制性标准的其他条款都应认真执行

2）对违反强制性条文规定者，无论其行为是否一定导致事故的发生，都将依据相关的规定进行处罚，即平常所说的"事前查处"。

3）在无充分理由且未经规定程序评定时，强制性标准中的非强制性条文内容也应认真执行，不得突破。当发生质量安全问题后，强制性标准中的非强制性条文也将作为判定责任的依据，即所谓的"事后处理"。

4）执行中要高度重视强制性条文和强制性标准的时效性。无论强制性条文还是强制性标准均有一定的时效性。有新标准批准发布，这些新标准中的强制性条文将补充或替代原强制性条文，原强制性条文中的相应条文将同时废止。

5）现行强制性条文并不能覆盖工程建设领域的各个环节，一些推荐性标准所覆盖的领域、环节中可能也有直接涉及人民生命财产安全、人身健康、环境保护、能源资源节约和其他公共利益的技术要求。所以，作为工程技术人员，要确保工程质量安全，除必须严格执行强制性条文和强制性标准外，还应积极采用国家推荐性标准。推荐性标准一旦写进合同，就成为合同要求，就必须严格遵守。

6）应抵制与反对不执行《强制性条文》的行为。执行《强制性条文》的规定，是参与建设活动各方的法定义务，遇到不按照《强制性条文》规定执行的情况时，一定要坚持原则，不可听之任之。既可以坚决拒绝，也可以向有关主管部门反映。

（2）执行情况的考核。为强化电力建设贯彻执行国家质量安全法律法规和强制性技术标准力度，确保电力建设工程施工质量安全，对于强制性条文执行情况主要考核以下几个方面：

1）应建立本工程执行强制性条文的实施计划，根据本工程的实际情况制订出相应工作要求并对相关内容进行宣传贯彻和培训。

2）对贯彻强制性条文有相应经费支撑。

3）建立对标准执行情况进行监督检查的制度，并有负责机构和人员。

4）能及时采用现行标准，建立有效的技术标准清单。

5）工程采用材料、设备符合强制性条文的规定。

6）工程项目建筑、安装的质量符合强制性条文的规定。

7）工程中采用导则、指南、手册、计算机软件的内容符合强制性条文的规定。

（3）执行情况的记录。

1）培训学习记录。

2）施工组织设计、方案、措施（应反映强条内容）。

3）施工技术交底记录（有强条内容的，应进行明确而具体的交底）。

4）施工质量检验项目划分表中宜增设一栏：所执行强制性条文标准名称及条款号。

5）检验批验评记录（有强制性条文内容的应详细填写）。

6）分部工程竣工验收时提供强条检验项目检查记录（智能建筑与钢结构验收规范等已有要求）。

7）单位工程验收时在质量控制资料核查记录的"主要技术资料及施工记录"项目中宜增加强条执行情况记录。

（4）整改闭环管理。凡是在各种监督检查中确定为不符合强制性条文规定的问题，都属于必须整改的问题；检查单位出具强制性条文不符合整改通知单。由责任单位或部门负责整改落实，由检查单位（现场为强制性条文执行领导小组或监理单位）负责整改验收与评定，实现闭环管理。

四、安全管理体系

（一）安全目标及分解
略。

（二）安全管理组织机构及职责
略。

（三）安全控制措施
1. 管理措施

（1）落实安全责任制度，加大安全管理和监察力度。实行各级人员安全责任制，就是把安全责任分解到每个人的头上，做到"安全工作人人有责"，通过落实安全责任制，减少和杜绝事故。

（2）层层签订"安全责任书"。项目经理与总公司第一安全责任人签订"安全责任书"，明确项目部的安全目标和奖罚规定。施工队队长和项目部第一安全责任人签订"安全责任书"，明确施工队的安全目标、奖罚规定及标准。施工队与本队成员签订"安全责任书"，明确班组成员的安全职责，以及奖罚标准和考核标准。

（3）坚持安全例会制度。项目部每周召开一次由专职安全员、技术员、施工队长和各施工队分包人员负责人参加的安全工作例会。总结本周安全施工情况，找出存在的不足以及了解各施工队、各部门落实责任制的情况。布置下周安全工作的重点，由技术人员和安监人员对下周工作中的危险点提出控制方案和具体措施。

（4）强化安全检查制度。本工程实行经常性安全检查和定期性安全检查两种方法。定期性安全检查由项目经理、安全、技术、材料、工器具管理、后勤部门有关人员组成检查组，每周进行一次。经常性安全检查，由项目经理带队，安全和技术部门参加，针对施工现场的危险点随时检查，以监控、蹲点、跟踪等办法，狠抓违章，规范施工，把事故控制在萌芽状态。

（5）落实安全教育培训制度。加强对职工的安全教育，重点学习好本岗位有关的安全生产规程、规定，熟悉了解施工措施中的各项要求及要注意的安全事项。对参加工程的干部、职工、分包人员必须进行上岗前的安全考试，不参加考试或考试不合格的不准上岗。本工程对各工种分别举办一期学习班，提高施工人员的操作技能和整体素质，熟悉了解新工艺、新设备的操作方法和安全注意事项。分析和研究施工中可能出现的新情况、新问题，及早制定完善的措施，确保本工程的安全施工，不断提高施工队伍的技术素质。

（6）分包人员管理制度。严格执行分包队伍"公司施工许可证"制度，分包队伍必须具备相应的安全施工资质，对无证、缺证的分包队伍，本工程严禁录用，同时要加强分包队伍的安全教育、管理和监督。

（7）安全日活动制度。每周抽取一天，可以占用生产时间，进行两小时安全学习。学习上级安全文件、安规相关内容、通报、简报、事故案例等。分析和总结一周安全情况及存在的问题，提出防范措施。安全日活动，要做好记录，并备案。

（8）安全工作票制度。每项工作必须填写安全工作票，禁止无票施工。除安全工作票各项安全要求外，工作负责人、安全负责人，应根据现场实际情况，增加其他安全要求。

（9）安全技术交底制度。班组每天实行班前会，由班长主持，班组全体人员参加。上班前对全体施分包人员进行安全技术交底，确保员工劳保用品配备齐全，精神状态良好，衣着整齐，施工任务交底清楚，安全措施落实，施工技术要求清晰。

（10）严格执行事故报告制度。发生事故后应以最快的方式报告总公司、项目法人、监理。事故单位要做到抢救伤员，保护现场，接受事故调查、处理。在施工过程中，接受项目法人、监理工程师对安全施工和文明施工情况的监督检查。

（11）施工队安全制度。施工队是最基层的施工单位，是各项措施的落脚点，搞好施工队建设是实现安全施工生产的关键一环。施工队应具备各项安全管理制度，做到安全责任上墙，安全管理网络上墙。

（12）交通安全管理。本工程交通道路复杂，车辆多，因此要保证交通安全，必须加强交通安全管理工作，严肃规章制度，教育驾驶员遵章守纪，安全行车，并制定相应的措施。

（13）安全奖惩制度。奖与罚作为安全管理的一种手段，是非常必要的，本工程将制定安全奖罚实施细则。将生产奖的百分之三十作为安全奖，对安全施工生产好的重奖，对不重视安全、违反规章制度，违章作业人员，除扣除基本奖外，还要根据奖惩条款予以重罚，充分利用好奖励机制，调动广大职工搞好安全工作的自觉性。

（14）安全管理办法。建立以项目经理为第一安全责任人，项目总工程师为安全技术负责人，由各部门负责人和安全员组成的安全保证体系，实施对工程的安全管理、检查和监督。制定本工程安全管理办法，建立健全各级安全责任制，做到层层抓安全，人人管安全，事事讲安全。正确处理进度、质量与安全的矛盾，在任何时候任何情况下都必须坚持安全第一，以质量为根本，以安全为保证，在保证安全和质量的前提下求进度。认真开展安全三项活动，各级领导和安全员要经常进行检查、督促、落实。严格执行各分项工程安全施工技术措施，危险及重大作业必须有专职安监人员在场监护。定期和不定期开展全工地的安全检查活动，查找并清除事故隐患。在本工程建立安全风险机制，实行"安全风险抵押金制度"，对安全工作搞得好，无事故者，加倍奖励，对搞得差的没收抵押金，并加倍处罚。加强安全教育，强化安全意识，提高安全自我保护和相互保护能力，做到"三不伤害"。加强对合同工、分包人员的安全教育和管理。分包人员必须参加安规学习和考试，考试合格后方可工作。分包人员必须参加技术交底、班前安全讲话和每周安全活动。加强行车安全管理工作，加强对车辆的维护保养工作。加强现场保卫工作，特别是在夜间更要加派人员在现场巡逻，防止设备材料被盗和损坏。

2. 技术措施

（1）执行国家及部颁相关法律法规。认真贯彻执行国家及国家电网公司下发的有关安全生产的方针、政策、法律、法规、指令。

（2）安全事故应急准备与响应措施。项目部按照公司建立的职业健康安全管理体系的要求，针对本工程具体情况编制应急预案，满足安全施工管理的要求。

（3）建立本工程安全保证体系。贯彻"遵纪守法、安全环保、优质诚信、追求卓越"的安全生产方针，落实各级安全责任制，建立健全安全风险机制，实行安全文明施工，保障职工在施工过程中的安全和健康。本项目部将按照公司职业健康安全管理体系的要求建立职业健康安全管理体系，执行公司质量、环境、职业健康安全管理体系文件的要求。

（4）安全文明施工与环保二次策划。为适应市场经济的需要，不断提高工程施工管理水平，提高文明施工标准，改善施工环境，使电力建设与施工管理逐步走向科学化、规范化，推动企业管理向深层发展，提高经济效益，本工程将成立以项目经理为组长的环境保护、文明施工及达标投产领导小组，领导和组织现场环境保护、文明施工以及工程达标投产工作，并满足业主及监理的相关要求，服从监理的管理。

（四）危险点、薄弱环节分析预测及预防措施

1. 本工程危险点、薄弱环节分析

（1）本工程的危险点及薄弱环节如下：

1）建筑物脚手架搭设。脚手架搭设不规范易造成脚手架坍塌、物体打击、人员高处坠落等事故。

2）建筑物框架模板搭设。建筑物框架模板较高，模板固定不牢固，易发生爆模事故，造成人员坠落、物体打击等事故。

3）临边施工。临边施工易造成人员坠落等事故。

4）钢构架吊装。钢构架属于高、重设备，吊装过程易造成物体打击、高处坠落事故。

5）主变压器、GIS管母等重大设备的安装。重大设备安装易造成物体打击、设备损坏等事故。

6）架空线安装。架空线的主要施工风险卷扬过牵引过程操作不当造成人员误伤，过耐张绝缘子串及骑线作业失控造成高处坠落等。

7）管母线安装。管母线的主要施工风险是运输、安装过程中造成的机械伤害、高处坠落。

8）材料运输。包括公路运输安全和材料保护，安全主要问题是高处人员坠落、起重伤害、物体打击、触电伤害、火灾、交通事故、职业危害、设备损坏。

9）5m以上基坑开挖。基坑开挖主要风险为坍塌。

10）施工用电布设。总配电箱接火，主要风险是触电、火灾。

11）GIS套管安装。GIS套管安装主要风险是机械伤害高处坠落。

2. 工程危险因素分析方法

（1）制订每项工作的作业指导书时，同时对该项工作的危险进行分析。

（2）每项工作首件试点后，再次对该项工作进行危险分析。

（3）当工作的作业时间超过一个月时，每隔一个月对该项工作进行一次危险分析。

（4）工作危险分析工作由各级技术负责人组织，各级安全员和有经验的若干人员参加，必要时可聘请有关人士（不限于本单位）参加。

（5）工作危险分析应形成记录。

3. 风险等级

风险名称及等级见表1-10-2-4。

表 1 - 10 - 2 - 4　风险名称及其等级

序号	风　险　名　称	风险等级
1	5m 以上基础开挖	3
2	模板安装及拆除	3
3	总配电箱接火	3
4	双机抬吊	3
5	构架及横梁吊装	3
6	脚手架搭设及拆除	3
7	油浸式变压器进场及套管吊装	3
8	管母线安装	3
9	改扩建二次接入	3
10	设备吊装	3
11	一次设备耐压	3
12	油浸式变压器局放及耐压	3
13	高压电缆耐压	3
14	GIS 套管安装	3
15	系统调试	3

4．本工程安全薄弱环节预控措施

略。

五、环境保护与文明施工体系

略。

六、施工平面布置和工地管理

略。

七、工程施工

（一）承台基础施工

750kV/220kV 设备构支架、GIS 基础、主控通信楼、主变及站用变基础等结构荷重较大，对地基土的强度和变形控制较高，须采用承台基进行地基施工。承台基础成品效果如图 1 - 10 - 2 - 1 所示。

1．承台基础工艺质量要求

（1）混凝土表面无蜂窝麻面、夹渣、露筋现象。

（2）浇筑好的混凝土截面尺寸应准确，无气孔、胀模现象。

2．主要技术管理措施

（1）混凝土施工前应按措施认真交底。

（2）施工前应加强模板强度、刚度及稳定性验收。

（二）大体积混凝土施工

1．工程概况

本工程 750kV、220kV GIS 基础为大体积混凝土结构形式，如图 1 - 10 - 2 - 2 所示。

图 1 - 10 - 2 - 1　承台基础成品效果

图 1 - 10 - 2 - 2　750kV、220kV 配电装置区 GIS 设备基础

本变电站 750kV、220kV 配电装置区 GIS 设备基础呈"一"字形东西向布置在变电站的北侧，进出线构架位于 GIS 的南侧，也呈"一"字形布置。750kV、220kV GIS 设备基础约计混凝土工程量 30000m³，混凝土浇筑量大、工艺要求高。

2. 工艺流程

定位放线→土方开挖→地基处理→基础垫层支模、混凝土浇筑→基础钢筋绑扎→基础支模→预埋螺栓安装→钢筋网、预埋件（轴线、标高）复核→第一层混凝土浇筑→后浇带浇筑→预埋件 H 型钢安装→高强灌浆料施工→面层混凝土浇筑→混凝土养护（温度检测）→模板拆除→回填→场地平整

3. 钢筋工程主要施工方法

（1）钢筋工程施工流程：进货检验→钢筋放样→下料→加工→安装。

（2）进货及加工要求：钢筋进场首先应检查钢材合格证、质保书，核对钢筋的规格型号，然后按规定进行取样作力学性能试验，确认产品合格后才能使用。

（3）进场钢筋应分规格、分批堆码整齐，并挂好产品状态标识牌。

（4）认真熟悉施工图，根据施工图明确的各种钢筋的相互关系认真放样。

（5）编制钢筋加工下料单，制作时对照钢筋下料单进行，并根据进场钢筋长度和下料单明确的钢筋接头形式进行认真配料，杜绝钢筋浪费。

（6）钢筋搭接采用焊接，钢筋焊接（对焊、搭接焊）需现场进行见证取样，并试验必须合格。

（7）钢筋弯曲时先进行试弯，待核对尺寸准确无误后再进行成批加工。

（8）加工好的钢筋应分类分别堆码整齐，挂上标识牌，以便安装时不至于用错。

（9）钢筋安装的质量要求：钢筋的绑扎严格按照施工图纸进行，不得出现少筋、漏筋、改变间距、以小代大的情况；钢筋表面应平直、洁净，不得有损伤、油渍、漆污、片状老锈和麻点等缺陷；钢筋的接头应符合设计及规范要求，并相互错开；钢筋的间距偏差应不大于 20mm；主筋保护层偏差应控制在 ±10mm 之间；植筋时，植筋偏差应不大于 20mm。如图 1-10-2-3 所示。

图 1-10-2-3　钢筋工程施工方法及质量检验

4. 模板工程

基础施工严格按设计要求进行施工，以设置后浇带为界，一次施工完毕。

（1）基础模板采用 15mm 厚复合木模板；模板拼缝处加 3mm 海绵胶带，以防止漏浆。

（2）模板安装前必须加脱模剂，以保证模板拆除后基础外观平整、光洁、美观。

（3）基础模板安装：在混凝土垫层上二次放线定位后，将垫层上杂物清理干净即可进行模板施工。

（4）将制作好的基础模板拼装完成后借助脚手架管进行加固和校正。

（5）基础上电缆沟模板安装：根据电缆沟宽度、深度的几何尺寸，用模板进行拼装。

（6）模板安装注意事项：模板安装前，必须将模板清理干净，并打光涂刷脱模剂；模板安装完后应用支撑将模板与脚手架连成整体，防止轴线位移。

（7）拆模时，混凝土应达到一定强度方可进行，并做到用力适中严格禁止将成型基础面用作撬杠支撑，以避免混凝土表面及棱角受损。

（8）模板拆完后应将所有材料及模板运到指定地点清理干净、堆码整齐，然后拆除脚手架，并将基坑内所有材料清理干净、回填。

（9）质量要求。模板安装严格按施工规范及火电施工质量检验及评定标准进行施工和检查验收，应达到以下质量要求：模板的拼缝宽度不大于 2mm；模板表面应平整光滑无变形，不得有粘浆，不得漏涂隔离剂；标高偏差控制在 ±5mm 以内；模板加固必须牢固，不允许产生松动及变形；不符合要求的模板在工程中严禁使用。

5. 混凝土工程

（1）混凝土的配置。本工程混凝土均采用现场搅拌泵站拌制，如图 1-10-2-4 所示。配制工作由施工队技术人员负责，工程受委托试验单位、材料人员、施工技术负责人对配合比及选用的水泥、粗、细骨料、外加剂等进行审查，作为确定配合比和选择材料供应商的依据。

图 1-10-2-4 现场搅拌泵站

（2）原材料要求。水泥选用水化热较低的 32.5 级普通硅酸盐水泥，进场后同样要求进行检验，合格后方可使用，砂的含泥量要求不大于 2%，碎石的含泥量要求不大于 1%。

（3）混凝土的搅拌。混凝土配制严格按试验室确定的配合比拌制，并严格计量；搅拌时严格控制搅拌时间和混凝土坍落度，搅拌时间不少于 90s，保证混凝土质量的合格。

（4）计量。采用搅拌站上料装置微电脑称量控制，要求计量准确，计量允许偏差满足以下要求：水泥、掺合料为 ±2%，粗细骨料为 ±3%，水、外加剂为 ±2%。

（5）混凝土的运输。混凝土输送采用混凝土泵管输送至浇筑现场。

（6）混凝土浇筑。混凝土振捣采用插入式振动器进行，振捣点采用行列式排列，每次移动位置的距离应不大于振动器作用半径的 1.5 倍，振动器离模板的距离不大于振动器作用半径的 0.5 倍，并不得靠近模板；振捣时从下往上逐点进行，防止漏振。注意在振捣上层混凝土时插入下层混凝土 50mm 左右，同时注意控制混凝土振捣时间，保证混凝土振捣密实。

（7）混凝土浇筑后应按照标高反复压平抹光，不得出现翻砂和表面干缩裂纹，以保证混凝土表面的施工质量。

（8）因 GIS 设备基础混凝土方量较大，在浇筑时先浇筑下部，待下部混凝土沉实后初凝前再继续浇筑上部，但不能形成施工缝。

（9）混凝土养护。混凝土养护采用所内施工用水进行浇水养护，养护时间不得少于 14d。每天以 3 次为宜，并依据测温记录作相应调整。

（10）混凝土测温及温控。混凝土浇筑时要加强测温，测温点设在基础的近底部、中部和近上部，测温点的布置应避开电缆沟；测温采用测温仪，温感探头在混凝土浇筑时埋入；每测点 3 根深入混凝土的底部、中部及表层。测温的重点放在两个方面：混凝土的中心内外温差控制在 25℃ 以内，基面温度和基底面温度控制在

20℃ 以内。在混凝土浇筑过程中技术人员每 1h 测定温度一次。混凝土浇筑完成后，前四天每 2h 测温一次，5～7d 每 4h 测温一次，8～15d 每 6h 测温一次，并做好记录。混凝土表面温度用水银温度计进行测温，其测点除与温感探头测点相对应外，在平面合适位置还应加密，侧面要每 5m 设一测温点。当温度超过控制温度时，可及时调整保温层厚度或养护用水量进行控制。

（三）构架基础施工

1. 工程概况

本工程构架基础为桩承台板独立基础，混凝土外观工艺要求高，如图 1-10-2-5 所示。

图 1-10-2-5 桩承台板独立构架混凝土基础

2. 工艺流程

定位放线→土方开挖→垫层模板安装→垫层混凝土浇筑→钢筋制安→基础放大脚支模→支杯心模板→混凝土浇筑→基础拆模→终凝前杯口凿毛→混凝土基础养护→回填平场。

3. 钢筋工程主要施工方法

（1）钢筋工程施工顺序：钢筋进场力学试验→钢筋放样→钢筋制作→焊接接头力学试验→钢筋运输→钢筋绑扎→验收。

（2）进货及加工要求。钢筋进场首先应检查钢材合格证、质保书，核对钢筋的规格型号，然后按规定进行取样作力学性能试验，确认产品合格后才能使用；进场钢筋应分规格、分批堆码整齐，并挂好产品状态标识牌；认真熟悉施工图，根据施工图明确的各种钢筋的相互关系认真放样；编制钢筋加工下料单，制作时对照钢筋下料单进行，并根据进场钢筋长度和下料单明确的钢筋接头形式进行认真配料，杜绝钢筋浪费；钢筋搭接采用焊接，钢筋焊接（对焊、搭接焊）需现场进行见证取样，并试验必须合格；钢筋弯曲时先进行试弯，待核对尺寸准确无误后再进行成批加工；加工好的钢筋应分类分别堆码整齐，挂上标识牌，以便安装时不至于用错。

（3）钢筋安装的质量要求。钢筋的绑扎严格按照施

工图纸进行，不得出现少筋、漏筋、改变间距、以小代大的情况；钢筋表面应平直、洁净，不得有损伤、油渍、漆污、片状老锈和麻点等缺陷；钢筋的接头应符合设计及规范要求；板、梁墙中通长钢筋搭接接头应相互错开，在任意搭接长度内有接头的受力钢筋面积不得超过总面积的25％；柱中钢筋的搭接接头应相互错开，在任意搭接接长度范围内有接头的受力钢筋面积不得超过钢筋总面积的50％；钢筋的间距偏差应不大于20mm。

4. 模板工程

基础模板采用定型组合大钢模板与角钢背框镜面板。基础施工不留施工缝，一次施工完毕，如图1-10-2-6所示。

图1-10-2-6　桩模板工程

（1）基础模板安装。在基坑二次放线定位后，将垫层上杂物清理干净和校正。

（2）杯口模板安装。根据杯口的大小和深度，用定制钢杯口模拼装杯芯模；拼装时要注意几何尺寸；杯口加固钢管与基础模板加固钢管连接在一起，形成整体。并采用5t倒链一次提拉杯口脱模，以保证杯口边角顺直平整。

5. 混凝土工程

混凝土振捣采用插入式振动器进行，每次移动位置的距离应不大于振动器作用半径的1.5倍，振动器离模板的距离不大于振动器作用半径的0.5倍，并不得靠近模板；振捣时从下往上逐点进行，防止漏振。混凝土养护采用所内施工用水进行浇水养护，养护时间不得少于14d。

6. 基坑回填

回填分两次进行，基础施工完成，经检查验收后，先回填至基础顶面以上200mm位置；待结构支柱吊装完成后，再回填剩余部分；基础回填时，按照规范要求，300mm一层，分层夯实；为了保证回填质量，必须层层取样，合格后方可进入下一道施工工序；平整时，用废钢筋打点作控制桩，控制桩每平方米不得少于1个，然后统一抄出标高，按照标高平场夯实。

（四）主变、电抗器基础等清水混凝土施工

1. 清水混凝土质量标准

主变基础、断路器基础等露出地面的混凝土结构质量标准如下：几何尺寸准确；表面平整光滑、颜色一致；无接槎痕迹、无蜂窝麻面、无气泡；模板拼缝严密，排板有规律。

2. 清水混凝土模板质量保证措施

（1）清水混凝土模板的选用、制作、安装。模板使用的材料应符合质量要求，所用材料无影响受力的结构缺陷。混凝土基础模板采用15mm厚木胶合板辅以角钢背框镜面板，按照基础尺寸制作成大模板。模板接头侧面采用单面胶条密缝，以防止漏浆。模板组合时，必须严格控制接缝的宽度及相邻板的平整度，板缝夹贴单面胶条，缝隙宽度小于1mm，相邻板平整度小于0.2mm（手摸无不平感），如模板薄厚不同可在背面垫木片找平。为保证混凝土外表美观，钉子帽必须与模板表面齐平。模板的支撑及加固必须能够确保几何尺寸的准确，针对不同结构的特点编写针对性的作业指导书，并严格按照审批后的作业指导书实施。由于模板内衬板表面光洁度很好，不刷模板脱模剂，混凝土浇灌前，用饮用水冲洗润湿。

（2）模板的拆除与周转。混凝土强度能保证其表面及棱角不因拆除模板面损坏时方可拆除，拆除模板时，应轻拆轻放，杜绝抛扔，对继续周转的模板，应妥善保管、维修。

3. 清水混凝土中预埋铁件安装质量保证措施

（1）加工时要保证埋件的规格尺寸，焊缝要合格，埋件表面要平滑，四边顺直，钢板的焊接变形要调平，并经技术员检验合格并抽样试验合格后，方可运到现场安装。

（2）光面混凝土中预埋铁件位置必须正确，表面与混凝土在一个平面。为此先在配好的模板上标出铁件位置，再在铁件和模板的相同位置钻4个$\phi8$的螺栓孔，预埋件与模板间加垫3mm厚粘胶带，防止二者之间夹浆，用直径M6的4只螺栓将铁件紧固于模板表面，预埋件与模板间连接如下图所示。拆模时先卸掉模板外螺帽，模板拆除后，将螺栓切除，用手持砂轮磨平即可。

4. 清水混凝土中钢筋绑扎质量保证措施

为了确保模板安装几何尺寸的准确，要求箍筋制作尺寸准确，先做样品箍，然后批量制作。钢筋骨架绑扎前必须放好轴线和边框控制线，这样一方面可确保钢筋骨架绑扎的位置准确；另一方面也可保证钢筋自身骨架尺寸的准确。只有确保钢筋绑扎的准确无误，才可使下道工序的模板安装顺利进行。

5. 清水混凝土施工质量保证措施

（1）为了保证混凝土表面色泽的一致性，施工中使用同一品牌的水泥和添加剂，同一光面混凝土构件用同一批水泥，砂石骨料统一货源，混凝土配置计量准确。

（2）工程开工前，选用不同的原材料，进行混凝土试配的对比试验，选用最佳配合比作为本工程的参考配合比。

（3）混凝土中掺入外加剂以提高混凝土的和易性、消除气泡，混凝土振捣时，插点合理，时间适当，振捣密实。

（4）普通混凝土湿润养护不少于 7d，缓凝混凝土及抗渗混凝土的养护时间不能少于 14d。

6. 清水混凝土的成品保护质量保证措施

（1）接缝严密，防止给已施工部分造成污染。

（2）已浇筑完的部分，用薄膜进行覆盖缠绕，并用胶带纸将接缝及口子封好。

（3）在确保不损坏棱角的情况下才能进行模板的拆除。

（4）安装和土建施工时应做好混凝土的成品保护，不能将钢丝绳直接套在混凝土构件上，应做好防护措施：如在角边加角钢保护。

（5）制订成品保护奖惩制度并严格实施。

（五）主体框架工程

建筑物主体框架结构施工方法见表 1－10－2－5。

（六）主体砌筑工程

建筑物主体砌筑施工方法见表 1－10－2－6。

（七）屋面工程

屋面工程施工方法见表 1－10－2－7。

表 1－10－2－5　　　　　　　　　　建筑物框架结构施工方法

序号	工程名称	施 工 方 法	备 注
1. 模板工程			
1.1	模板设计方案	本工程框架结构，设计采用高强覆塑竹胶合板清水模板，方木配套龙骨。梁板平台模板用竹胶合板基本规格为 2440mm×1220mm×12mm。框架柱模板采用通用定型钢模板。现浇板平台模板下龙骨方木基本规格为 100mm×100mm，铺设间距≤450mm。梁模板龙骨基本规格为 100mm×50mm，双面刨平、龙骨间距≤300mm	框架柱头节点和现浇梁、模板，根据结构设计的构件几何尺寸关系，统一按分区流水段布置设计，现场木工棚统一加工制作，并按分区流水段统一编号，作业面统一对号就位安装
1.2	模板加固及支撑	梁板平台模板统一采用新型碗扣式可调早拆钢管脚手架支撑体系。支撑体系采用 ϕ48×3.5 碗扣立杆的基本规格为：LG－1200、LG－1800、LG－2400、LG－3000 四种，配套可调托撑规格为 KTC－45、KTC－60、KTC－75 三种。支撑系统 ϕ48×3.5 碗扣水平横杆的基本规格为：HG－95、HG－125、HG－155 三种规格，即水平横杆的基本规格控制，碗扣架立杆纵横向间距 950mm、1250mm、1550mm	碗扣架立杆的设计允许荷载如下： （1）当横杆步距为 0.6m 时，设计允许荷载为 40kN。 （2）当横杆步距为 1.2m 时，设计允许荷载为 30kN。 （3）当横杆步距为 1.8m 时，设计荷载为 25kN
2. 钢筋工程			
2.1	钢筋加工	Ⅰ级钢筋末端需要做 180°弯钩，其圆弧弯曲直径 D 不应小于钢筋直径 d 的 2.5 倍，平直部分长度不宜小于钢筋直径 d 的 3 倍。Ⅱ级钢筋末端需作 90°或 135°弯折时，钢筋的弯曲直径 D 不宜小于钢筋直径 d 的 4 倍。箍筋的末端应作弯钩，弯钩形式应符合设计要求。当设计无具体要求时，用Ⅰ级钢筋或冷拔低碳钢丝制作的箍筋，其弯钩的弯曲半径应大于受力钢筋直径，且不小于箍筋直径的 2.5 倍，弯钩平直部分的长度，不应小于箍筋直径的 10 倍	钢筋加工的形状、尺寸必须符合设计要求。钢筋的表面应洁净、无损伤，油渍、漆污和铁锈等应在使用前清除干净。带有颗粒状或片状老锈的不得使用。钢筋应平直，无局部曲折。用冷拉方法调直钢筋时，Ⅰ级钢筋的冷拉率不宜大于 4%
3. 混凝土工程			
3.1	混凝土浇筑	框架柱采用整层连续浇筑方法施工，分层振捣厚度，每层厚度不大于 50cm，振捣棒不得触动钢筋和预埋件。浇筑梁、柱及主次梁交接处混凝土，由于钢筋较密集，要注意仔细加强振捣以保证密实，必要时处采用部分同强度等级细石砼浇筑。浇筑现浇板混凝土前，在梁边焊接比板标高高出 1cm 的短钢筋头，用来控制现浇板的标高及混凝土表面平整度。在混凝土浇筑过程中认真检查派粉刷工专门找平混凝土表面。混凝土浇筑入模成型后，应严格压实，赶出混凝土中的气泡、降低空隙率、提高容重、强度、耐久性、抗渗性等，在施振时要合理掌握振动时间，选择具有良好性能的振捣器，使其施振后的混凝土达到稳定平衡的状态，给强度和密实性带来良好的影响	混凝土浇筑前，应对模板及其支撑、钢筋、预埋件和预留孔等进行细致的检查，并做好自检和交接检记录。进行二次振捣，二次振捣将增加混凝土的强度 10%～20%。特别是对提高混凝土与钢筋的黏结力，确保二者共同工作有利，还可使新旧混凝土密切结合，防止出现裂缝，保证混凝土的连续性、整体性和密实性，并能减少混凝土硬化收缩和干燥收缩。混凝土同条件养护的试块留置
3.2	混凝土养护	混凝土浇筑后 8～12h 即可进行养护工作。养护时间一般为 7～14d。浇水次数应保持混凝土处于湿润状态。混凝土的养护用水应与拌制用水相同。做好混凝土养护记录	

续表

序号	工程名称	施 工 方 法	备 注
3.3	施工缝留置	在浇筑过程中，必须按要求留置施工缝，施工缝位置宜设在次梁（板）跨中 1/3 范围内，墙施工缝留置在门洞过梁跨中 1/3 范围内，也可留在纵横墙交接处，楼梯施工缝留设在楼梯板跨中 1/3 范围内无负弯矩的部位。施工缝必须垂直设置，严禁留斜缝，现浇板施工缝专门加工梳子模留置，现浇梁施工缝采用铁纱钢板网隔离固定的方法留置。砼浇筑前施工缝应按要求认真处理，施工缝表面进行充分凿毛剔除松动混凝土和石子，并清理干净，洒水湿润后用与结构相同级配的水泥砂浆进行接浆处理，施工缝处混凝土应充分振捣密实	浇筑前应对混凝土的浇筑顺序进行合理的安排，尽量减少施工缝的留置，设计要求不允许留置施工缝的，不允许留置施工缝

表 1-10-2-6　　　　　　　　　　建筑物主体砌筑施工方法

序号	工程名称	施 工 方 法	备 注
1	砌筑准备	找出楼、地面上原始线位并弹出墙体边线，注意门窗洞口尺寸。做好皮数杆待用，搭设砌筑用活动架子，焊好墙体拉接筋等	砌筑前应进行技术交底
2	砌体砌筑	砌块砌筑前，楼面或地面上必须砌三皮普通黏土砖，砌块排列时，必须根据设计图纸和砌块尺寸、垂直灰缝的宽度、水平灰缝的厚度等计算砌块的皮数和排数，以保证砌体的准确尺寸。砌体的上下皮砌块应错缝搭砌，搭接长度不宜小于砌块长度的 1/3，当搭接长度小于砌块长度的 1/3 时，水平灰缝中应设置钢筋或网片加强。砌筑后墙体，灰缝应横平竖直，墙面平整，留洞位置准确，墙体垂直。砌筑外墙时，砌体上不得留脚手眼（洞），可采用脚手架或双排立柱外脚手架。与框架柱交接处，应沿墙高每隔 600mm 左右用 2φ6 钢筋与柱拉结，每边伸入墙内长度不少于 1000mm。为防止加气径砌块砌体开裂，在墙内洞口的下面应放置 2φ6 钢筋，伸过洞口两侧边的长度，每边不得少于规定要求长度	加气混凝土砌块应采用一等品，有合格证和复试报告，且保证放置一个月以上。砌块运到现场后，应不同规格和等级分别整齐堆放。堆垛上应设标志。堆放场地必须平整、夯实，做好排水，并应采取有效措施以防浸水。砌块的堆置高度不宜超过 1.5m
3	砌块砌筑	当框架的填充墙砌至最后一皮（即梁底）时，可用实心砌块和黏土砖楔紧。对设计规定的洞口、管道、沟槽和预埋件等，应在砌筑时预留或预埋，不得在砌好的砖体上用斧、凿随意打凿。加气混凝土砌块的切锯、钻孔打眼等应采用专用设备、工具进行加工。凡穿过加气混凝土砌块墙体的管道，应采取可靠措施，保证施工质量，严格防止管道渗水、漏水和结露，以免造成加气混凝土的盐析、冻融破坏和墙体渗漏，影响使用。在砌筑过程中对稳定性较差的窗间墙、独立柱和挑出墙面较大的部位，应加临时支撑，以保证其稳定性	一般不超过 15%，对墙体表面的平整度和垂直度，灰缝的均匀程度以及砂浆饱满程度等，应随时检查并校正所发现的偏差

表 1-10-2-7　　　　　　　　　　屋 面 工 程 施 工 方 法

序号	工程名称	施 工 方 法	备 注
1	屋面找平层	防水找平层应为平整、压光的基层。对于最薄 30mm LC5.0 轻集料混凝土，12h 后用草袋覆盖，浇水养护，避免找平层出现水泥砂浆收缩开裂，起砂起皮现象。对于墙根部及转角处，用细石做成圆弧形，以避免节点部位卷材铺贴折裂，利于粘实粘牢	平整度误差用靠尺检测不大于 5mm
2	屋面保温层	对于钢筋混凝土结构屋面采用保温材料隔热处理，屋面保温材料采用 100mm 厚挤塑聚苯乙烯保温隔热板（阻燃等级为 B1 级），外墙采用 100mm 厚仿面砖保温一体板（岩棉燃烧性能等级为 A 级）	材料应有合格证和试验报告

续表

序号	工程名称	施 工 方 法	备 注
3	屋面防水层	铺贴卷材前，在找平层上弹控制线，刷上基层处理剂和基层胶粘剂，每贴一幅均先将卷材打开，按线试铺，摆正顺直，定好所需长度和搭接位置，然后回卷。并滚动卷材，用胶粘剂将卷材粘贴在找平层上，并确保卷材和找平层之间满粘，卷材粘贴后应大面平整，接缝顺直，搭接缝必须用氯丁胶黏结牢固，封闭严密。屋面坡度在 3%～15% 之间时，卷材可平行或垂直屋脊铺贴。铺贴卷材应采用搭接法，上下层及相邻另幅卷材的搭接缝应错开。与屋脊平行的搭接缝应顺流水方向搭接。与屋脊垂直的搭接缝应顺年最大频率风向搭接。铺至混凝土檐口的卷材端头应截齐后压入凹槽。当采用压条或带垫片钉子固定时，最大钉距不应大于 900mm。凹槽内用密封材料嵌填封严。天沟、檐沟铺贴卷材应从沟底开始。当沟底过宽，卷材需纵向搭接时，搭接缝应用密封材料封口	水卷材进场后，要做抽样试验，试验结果必须符合国家规范 GB 50207—2002 有关规定后方可使用。防水卷材严禁在雨天、雪天施工。五级风及其以上时不得施工。气温低于 0℃ 时不宜施工。施工中遇下雨、下雪，应做好已铺卷材周边的防护工作。屋面施工所用材料均为易燃物质，施工现场必须做好防火措施

（八）电缆沟施工方案

1. 定位放线

按施工总平面布置图及电缆沟详图为准，定位放线结束后，由项目部专职质检员进行复核，并报监理部核实，填写复核记录。复测应由测工负责，并做到专人操作、专用仪器测量、专人保管；做好主控轴线标桩及标高控制线的设置和标示。

2. 土方工程

开挖沟槽时，深度满足设计要求，采用分层、分段的方法开挖。开挖宽度每边比电缆沟宽 300mm。现场采用反铲挖掘机进行沟槽开挖，沟槽自 1.2m 深放坡，放坡系数为 1:0.75，开挖的土方采用翻斗自卸车运至距现场 1.5km 指定位置。在开挖过程中，测量人员随时进行高程中心线测设，防止超挖或欠挖，预留 100mm 土层人工清理，人工清理人员根据测设高程底高程控制桩及时清槽，保证开挖一段形成一段，不得在开挖过程中破坏槽底原状土。在开挖过程中，应随时检查槽壁和边坡的状态。根据土质变化情况，应做好基坑支撑准备，以防坍陷。槽底修理铲平后，进行质量检查验收。

3. 土方回填

回填厚度、回填宽度按照设计要求施工，回填土（石）级配比例、土质要求满足规范、图纸要求，回填压实系数满足设计要求。振压时要做到交叉重叠，夯夯相连，防止漏振、漏压。回填土施工完毕后，检查标高和平整度，满足要求后应立即进行下道工序，以防止暴晒和雨水浸泡。

4. 钢筋工程

进场钢筋应有产品合格证和出厂检验报告，钢筋应平直、无损伤，表面不得有裂纹、油污、颗粒状或片状老锈。墙体钢筋绑扎严格按照设计要求进行，保证墙体钢筋垂直，不位移。钢筋切断应根据钢筋号、直径、长度和数量，长短搭配，先断长料后断短料，尽量减少和缩短钢筋短头，以节约钢材。钢筋调直，可用机械或人工调直。经调直后的钢筋不得有局部弯曲、死弯、小波浪形，其表面伤痕不应使钢筋截面减小 5% 弯起钢筋。中间部位弯折处的弯曲直径不小于钢筋直径的 5 倍。箍筋

的末端应做弯钩，弯钩形式应符合设计要求。箍筋调整，即为弯钩增加长度和弯曲调整值两项之差或和，根据箍筋量外包尺寸或内包尺寸而定。钢筋下料长度应根据构件尺寸、混凝土保护层厚度、钢筋弯曲调整值和弯钩增加长度等规定综合考虑。

5. 模板工程

（1）模板安装。安装前必须对模板进行检查，变形严重的模板禁止使用，模板表面要清理干净，在涂刷模板隔离剂时，不得沾污钢筋和混凝土接槎处，本工程隔离剂采用水性隔离剂。模板安装的接缝不应漏浆，在混凝土浇筑前、木模板要浇水湿润，但模板内不应有积水。固定在模板上的预埋件、预留孔洞均不得遗漏，且应安装牢固。模板安装完毕后，用通常钢管连成一体，后背用 50mm×50mm 小方木做支撑，内外模之间采用对拉螺栓控制壁厚，安装完毕后，拉通线进行沿口找平，并检查模板的垂直度。内模拉线调直，找正，保证内模立面垂直，模板错台不大于 2mm，内模不能出现弯折现象。模板接缝处适当加密支撑。斜撑不能直接支在槽壁上，应通过大板或木方将测压力均匀的传到土体上，钢管斜撑不能过长。模板里的垃圾和尘土采用风机或水进行清理。

（2）模板拆除。先支后拆，后支先拆；先拆不承重的模板，后拆承重部分的模板；自上而下，支架先拆侧向支撑，后拆竖向支撑等原则。模板工程作业组织，应遵循支模与拆模统一由一个作业班组执行作业。其好处是支模就考虑拆模的方便与安全，拆模时，人员熟知情况，易找拆模关键点位，对拆模进度、安全、模板及配件的保护都有利。侧模拆除时的混凝土强度应能保证其表面及棱角不受到损伤，且在拆模时，要做好对混凝土成品的保护。模板拆除应逐块拆除。先拆除斜拉杆或斜撑，在拆除对拉螺栓，然后用手锤向外侧轻击模板上口，用撬棍轻轻撬动模板，使模板脱离墙体，将模板逐块拆下码放。模板拆除时，不应将模板随意堆放，应分散分类堆放，并及时清运至指定的堆放地点。在拆模过程中，不应对楼层形成冲击荷载。

6. 混凝土工程

（1）混凝土浇筑。混凝土应分层浇筑振捣，每层浇

筑厚度控制在 600～800mm 左右，但不应超过 1m。振捣时，振捣棒应距模板 30～50mm 以上，最好从一侧开始振捣。要振捣密实，振动棒应快插慢拔，以混凝土不冒气泡不下陷，表面泛浆为度，保证振捣的均匀性。墙体浇筑混凝土时，应先在底部均匀浇筑约 50mm 厚与墙体成分相同的水泥砂浆或同配比细石混凝土，保证混凝土浇筑时不漏浆跑浆，浇筑墙体混凝土采取分层浇筑，两侧必须均匀下灰，高差不大于 300mm，防止支撑变形，失稳。每层浇筑厚度不大于 300～500mm。

（2）混凝土浇筑与振捣的一般要求。混凝土自吊斗口下落的自由倾落高度不得超过 2m，浇筑高度如超过 3m 时必须采取措施，用串桶或溜管等。使用插入式振捣器应快插慢拔，插点要均匀排列，逐点移动，顺序进行，不得遗漏，做到均匀振实。移动间距不大于振捣作用半径的 1.5 倍（一般为 30～40cm）。振捣上一层时应插入下层 5cm，以消除两层间的接缝。浇筑混凝土时应经常观察模板、钢筋、预留孔洞、预埋件和插筋等有无移动、变形或堵塞情况，发现问题应立即处理，并应在已浇筑的混凝土凝结前修正完好。浇筑混凝土应连续进行。如必须间歇，其间歇时间应尽量缩短，并应在前层混凝土凝结之前，将次层混凝土浇筑完毕。间歇的最长时间应按所用水泥品种、气温及混凝土凝结条件确定，一般超过 2h 应按施工缝处理。浇筑混凝土时应分段分层连续进行，浇筑层高度应根据结构特点、钢筋疏密决定，一般为振捣器作用部分长度的 1.25 倍，最大不超过 50cm。

（九）防雷接地施工方法

1. 接地沟开挖

（1）本次工程为新建工程，接地网采用以水平接地体为主，垂直接地体为辅的人工接地装置。根据主接地网的设计图纸对主接地网敷设位置、网格大小进行放线。

（2）按照设计要求或规范要求的接地深度进行接地沟开挖，深度按照设计或规范要求的最高标准为准，且留有一定的裕度。

（3）接地沟宜按场地或分区域进行开挖，以便于记录完成情况，同时确保现场的文明施工。

2. 接地网敷设、焊接

（1）本次工程为新建工程，根据主接地网的设计图纸对主接地网敷设位置、网格大小进行放线。

（2）主接地网的连接方式应符合设计要求，一般采用焊接（钢材采用电焊，铜排采用热熔焊），焊接必须牢固、无虚焊。

（3）钢接地体的搭接应使用搭接焊，搭接长度和焊接方式应该符合以下规定：

1）扁钢-扁钢：搭接长度扁钢为其宽度的 2 倍（且至少 3 个棱边焊接）。

2）圆钢-圆钢：搭接长度圆钢为其直径的 6 倍（接触部位两边焊接）。

3）扁钢-圆钢：搭接长度为圆钢直径的 6 倍（接触部位两边焊接）。

在"十"字搭接处，应采取弥补搭接面不足的措施以满足上述要求。

（4）铜排与铜排及扁钢的焊接采用热熔焊方法，热熔焊具体要求如下：

1）对应焊接点的模具规格必须正确并完好，焊接点导体和焊接模具必须清洁，尤其是重复使用的模具，其焊渣必须清理干净并保证模具完好。

2）搭接头焊接应预热模具，模具内热熔剂填充密实，点火过程安全防护可靠。

3）接头内导体应熔透，保证有足够的导电截面。

4）铜焊接头表面光滑、无气泡，应用钢丝刷清除焊渣并涂刷防腐清漆。

3. 主接地网防腐

（1）焊接结束后，首先应去除焊接部位残留的焊药、表面除锈后作防腐处理。

（2）镀锌钢材在锌层破坏处也应进行防腐处理。

（3）钢材的切断面必须进行防腐处理。

4. 隐蔽工程验收及接地沟土回填

（1）接地网的某一区域施工结束后，应及时进行回填土工作。在接地沟回填土前必须经过监理人员的验收签证，合格后方可进行回填工作，同时做好隐蔽工程的记录。

（2）回填土内不得夹有石块和建筑垃圾，外取的土壤不得有较强的腐蚀性，回填土应分层夯实。

5. 设备接地安装

（1）与设备连接的接地体应采用螺栓搭接，搭接面要求紧密，不得留有缝隙。

（2）设备接地体应能使引上接地体横平竖直、制弧度弯曲自然、工艺美观。

（3）要求两点接地的设备，两根引上接地体应与不同网格的接地网或接地干线相连。

（4）电气设备的接地应以单独的接地体与接地网相连，不得在一个接地引线上串接几个电气设备。

（5）设备接地的高度、朝向应尽可能一致。

（6）集中接地的引上线应做一定的标识，区别于主接地引上线。

（7）高压配电间高、低压配电屏柜，静止补偿装置，设备和围栏等门的铰链处应采用软铜线连接，保证接地的良好。

（8）户外接地线采用多股软铜线连接时应压专用线鼻子，并加装热缩套，铜与其他材质导体连接时接触面应搪锡，防止腐蚀。

6. 接地标识

（1）接地线地面以上部分采用黄绿接地标识，间隔宽度、顺序一致，最上面一道为黄色。

（2）接地标识宽度为 15～100mm，其宽度根据接地体的宽度相应调整，宜为接地体宽度的 1.5 倍。

（3）明敷的接地在长度很长时不宜全部进行接地标识。

（十）钢管构支架安装施工

1. 基础复测

（1）基础杯底标高复测。基础复测时基础杯底标高用水平仪进行复测，基础杯底标高取最高点数据，并做好记录。杯底标高找平时在杯口四周做好基准点标识，然后依据支架埋深尺寸进行量测找平，找平采用水泥砂浆抹平。

（2）基础轴线的复测。复测时将每个基础的中心线标出后，根据支柱直径进行安装限位线的标注，划线在基础表面用红漆标注。

2. 排杆、组装

（1）根据图纸轴线和厂家安装说明，制作平面排杆图。

（2）运输、卸车排放时组装场地应平整、坚实，按照构件平面排杆图一次就近堆放，尽量减少场内二次倒运。

（3）排杆时应垫平、排直，每段钢柱应保证不少于两个支点垫实。

（4）钢管柱组装。组装时每段钢柱两端保证两根道木垫实，且每基钢柱组装的道木应保证在一平面上，同时应检查和处理法兰接触面上的锌瘤或其他影响法兰面接触的附着物。组装后，对其根开、柱垂直度、柱长、柱的弯曲矢高进行测量并记录。

3. 钢梁组装

（1）钢结构的拼装按设计图纸和有关的验收规范要求进行。螺栓穿入方向遵守由内向外，由下向上的原则。镀锌钢梁焊接后要进行校正，并补刷防腐油漆。钢结构拼装后，就位地点应尽量减小与吊车停放的距离以减小吊车和起吊物的挪动次数。构件相连部位应划线找正。焊接镀锌钢梁应校正变形，就位后补刷防腐油漆。

（2）每个螺栓按规定力矩紧固，外露螺纹不应小于两个螺距。

（3）拼装钢管柱时，支垫处应夯实，每段钢管应垫两个支点。

（4）调直找正钢管柱时，操作人员应站在钢管轴线方向一端，在两端间拉线找正，使钢管柱侧面平直。

4. 吊装

（1）对钢结构桁架和钢管柱进行吊装稳定性和强度的验算，计算起重量和起重高度，选定合适的起重工器具和吊点，若稳定性不满足要求应有补强措施。

（2）根据公司长期的施工经验，拟选定最大起重量为250t的吊车，待到施工阶段，我们将根据详细的计算数据选定起重机。

（3）钢梁两端应绑扎小棕绳，以便于钢梁的就位。

（4）本工程缆风绳采用φ14钢丝绳

（5）地锚桩采用已加工好的 $L=2500mm$、$\phi=250$ 钢制地锚桩。地锚的位置应合理布置，以满足施工要求。

（6）有特殊要求或土质较疏松时，必须埋设水平地锚桩，或增加垂直锚桩个数。

（7）吊车停放位置必须平整，吊距、角度正确，严禁超载吊装。

（8）构件起吊前指挥人员应详细检查绑扎点、U形环、钢丝绳。检查地锚、缆风绳、补强措施及连接件与作业方法，是否正确无误。

（9）吊件离开地面100mm左右时，必须停止起吊，做一次全面检查和冲摆试验，发现不正常现象，应立即放下进行检查、调整、处理待排除隐患才可进行吊装。

（10）构架起吊过程中和钢梁没有准确就位前，不准登高作业。

（11）构架、钢梁就位后没有固定牢靠不得摘钩，未紧固牢靠前不得松缆风绳。

（12）起吊构件要慢、稳、徐徐上升、缓缓转动，确保构件在空中平稳起落。

（13）由于本工程梁柱接头采用刚性法兰连接，因此必须精确控制构架支柱的定位轴线和中心位置及垂直度，才能保证钢梁的准确就位。我们对每根构架支柱采用两台经纬仪控制垂直度。

（14）当吊物落位后，应进行对中校正，对于支柱采用螺旋千斤顶和链条控制支柱的位置，采用螺旋千斤顶调整支柱的垂直度。对于钢梁采用小棕绳配合，人工精确就位。

（15）构件对中校正后应临时固定，经检查构支架安装符合设计及规范要求后及时二次灌浆。在杯口混凝土强度达到设计要求以前，不得拆除临时固定设施。

（16）构支架安装后的质量应满足相关标准的要求。

（17）钢梁吊装时，在横梁两端绑扎控制绳，以防止发生摇摆晃动；钢梁就位的同时，应通过缆风绳调整架构垂直度，当加工垂直度及钢梁位置均符合要求时，再进行螺栓紧固。

（18）构支架采用先灌混凝土后吊装的原则，在现场完成钢管支架底端至排水孔底长度范围内或部分支架柱内全高灌细石混凝土的工作后，待混凝土同养温度逐日累计达到600℃方可吊装。构支架吊装完毕后，杯口二次灌浆应浇筑密实，待钢梁及节点上所有紧固件都复紧后方可拆除缆风绳。

（19）保护帽混凝土浇筑前，应对保护帽顶面以上钢构支架500mm范围内进行保护。

（20）站内所有爬梯应与主接地网可靠连接。安装在钢构架上的爬梯应采用专用的接地铜排与主网可靠连接。

5. 支架的调整、校正

平面校正应根据基础杯口安装限位线进行根部的校正，立体校正用两台经纬仪同时在相互垂直的两个面上检测，单杆进行双向校正，人字柱以平面内和平面外进行。校正时从中间轴线向两边校正，每次经纬仪的放置位置应做好记号，否则在测A字柱时会造成误差，校正最好在早晚进行，避免日照影响；柱脚用千斤顶或起道机进行调整，上部用缆风绳纠偏。

（十一）防火墙施工方案

总的施工顺序如下：基础上部放线及验收→零米以下板墙钢筋绑扎→零米以下板墙钢筋验收→零米以下模板安

装→零米以下模板验收→零米以下浇筑混凝土→混凝土养护→零米以上主体钢筋绑扎→零米以上钢筋验收→零米以上模板安装（埋件安装）→零米以上主体模板验收→浇筑混凝土→混凝土养护→拆模→混凝土工程验收。

1. 定位放线

根据业主提供的测量控制网，采用全站仪进行本工程的测量放线工作，放线完成后必须安排专人复测，采用有效的测量控制网。要求测量人员放出 2 个防火墙的中心点，并符合二级导线的精度要求。在基础施工完成后，放墙的定位线。

2. 钢筋工程

施工前应先按照图纸进行钢筋翻样，经主管技术员审核、主管领导批准后交给钢筋加工厂进行钢筋制作。钢筋下料时一般应同规格原料根据不同长度长短搭配，统筹排料，一般应先断长料，后断短料，减少短头，减少损耗。钢筋制作完运到施工现场后应该用 100mm×100mm 木方垫起来，防治污染及生锈，以及弯曲变形，并进行标识。绑扎前应仔细核对钢筋的钢号、直径、形状、尺寸和数量等是否与料单料牌相符；钢筋绑扎时，须将全部钢筋相交点绑扎牢，绑扎时应注意相邻绑扎点的铁丝扣要成八字形避免因碰撞、振动、或绑扣松散、钢筋移位造成漏筋。绑扎钢筋时，要注意脚下鞋底要干净，不要将泥土带入钢筋，将钢筋弄脏，给清理工作带来不便。钢筋的搭接长度及锚固长度以及接头位置均应符合规范中的要求。用相同配合比的细石混凝土制作成垫块或成品塑料垫块，将钢筋垫起来以保证保护层厚度，严禁以钢筋头垫钢筋将钢筋用铁钉及钢丝直接固定在模板上，钢筋及绑丝均不得接触模板。

3. 模板工程

（1）模板拼装。采用自支撑组合大钢模板。

（2）模板安装保证措施。为保证模板上口平，模板底口利用砂浆找平，然后再进行第一板模板的安装。在浇筑基础时就埋设防火墙定位用钢筋头，以保证墙体的外形尺寸。

（3）模板加固。采用模板系统自支撑构件加固，如图 1-10-2-7 所示。

图 1-10-2-7　防火墙模板工程

4. 预埋件安装

预埋件进场要进行验收，对规格尺寸、焊缝、埋件表面平整度、四边顺直度、钢板的焊接变形等进行检查，并经技术员检验合格后，方可到现场安装。埋件的安装要根据施工图的位置，在钢板上画出中心线。墙侧的埋件按照施工图要求的方位、标高、方向安装，并在埋件上打 4 个 $\phi10$ 的孔，间距根据图纸确定，与埋件孔相对应的在模板上打四个相同的孔（打孔位置一定要对应好，避免不方正），用 M8 的螺栓将埋件与大模板固定牢固，并且在预埋件四周用海绵条粘贴紧密。墙顶得埋件用加钢筋支架的方法固定。

5. 混凝土浇筑施工

防火墙混凝土配制时，需加入一定量Ⅱ级或Ⅱ级以上的粉煤灰，粉煤灰掺量控制在 10% 以下，坍落度控制在 14cm 以下，并与外加剂结合使用，以提高混凝土的和易性、泵送性，减少混凝土表面出现麻面的可能性，改善光洁度和色泽。设计混凝土配合比采用"正交试验设计"方法。针对当地水泥、砂石等原材料影响混凝土的多种因素进行分析，确定主要控制因素，选出符合生产条件的最优方案组合。为保证浇筑防火墙的混凝土的一致性，根据防火墙的混凝土的总方量及其配合比，计算出防火墙所需的水泥、砂石粉煤灰、外加剂等原材，一次备足，保证浇筑防火墙的混凝土所需的原材均为同一批次，同一厂家，确保混凝土的一致性，根据防火墙施工选择 C30、C40 两种强度等级的混凝土进行试验。按 JGJ 55—2011 计算不同强度等级混凝土的水灰比，在基准水灰比的基础上增加 0.05，以此作为另外一种强度等级混凝土的水灰比，以影响混凝土强度、和易性、泵送性等重要指标。确定影响混凝土强度、和易性、泵送性等重要指标的 7 个相关因素为：水灰比、砂率、用水量、水泥品种、粉煤灰掺量、外加剂品种、外加剂掺量。选择最佳配合比，砂子选择中粗砂。

在浇筑混凝土之前，必须经四级验收合格后方可浇筑混凝土，混凝土浇筑前应清除模板内的积水、木屑、钢丝、铁钉等杂物。搅拌站必须原材料准备充足，水源、电源做好备用，确保混凝土浇筑的连续性。

防火墙施工采用泵送，坍落度控制在 16cm，每立方米混凝土中最大水灰比为 0.4。本工程防火墙较高，必须使用窜筒降低混凝土的下落高度，用手电筒或手把灯观察下料厚度及振捣情况。7m 窜筒在钢筋绑扎过程中在板墙中进行预埋，每道板墙预埋四根，间距为 3m。5m 及 3m 窜筒可在浇筑过程中随浇筑随进行使用，防火墙混凝土浇筑窜筒分布如图 1-10-2-8 所示。浇筑时先浇筑 5～10cm 厚的与接茬同标号的水泥砂浆，第一层混凝土浇筑 300mm 左右，以后每层厚度控制在 500mm 之内，每道防火墙安排 3～5 人进行振捣，使用 50mm（9m 长）插入式振捣棒，插入点间距 40cm 均匀分布。集中、逐一对称、连续地浇筑。混凝土振捣时，使用 3～4 台振动棒，对称或梅花状布置，使混凝土中的气泡，特别是吸附在模板上的小气泡充分排尽，使混凝土振捣密实。振捣棒要快插慢拔,逐点移动,不得遗漏,做到均匀振实,以表面不在翻浆为准,振捣上一层时要插入下层5cm,以消除两层间的接缝。混凝土浇灌过程中,不可随意挪动钢筋,要加强检查钢筋保护层厚度及所有预埋件的牢固程度和位置的准确性。在充分振捣的同时,要注意避免过振,浇筑中如出现顶部砂浆过厚,可采取在其中加入一定量粗骨料,人工振拍密实或加入数根短钢筋的方法,来确保防火墙上部断面的强度。防止出现"蜂窝、麻面"等质量通病,保证混凝土内实外光。浇筑混凝土的自落高度不得超过2m,以防石子堆积,影响质量。混凝土浇筑要一次浇筑到顶。浇筑是用分层浇筑方案,每层不超过50cm,相邻两层浇筑时间间隔不得超过2h。混凝土浇筑完12h内应及时进行浇水养护,且不少于14d。

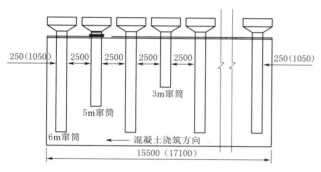

图 1-10-2-8 防火墙混凝土浇筑窜筒布置图(单位:mm)

混凝土强度达到70%设计强度后可拆除模板,拆除后将对拉螺栓抽出,然后用颜色相近水泥砂浆抹平。模板拆除时严禁用撬棒等器具撬模板,尽量避免撞击模板,保证模板使用率。施工前需备好足够的备用模板,以防止拆除模板时有模板损坏影响下一道防火墙上网施工。混凝土缺陷修补使用与混凝土同标号的水泥、粉煤灰进行试配,经试验后确定修补配合比。用适当的材料对混凝土表面加以覆盖并浇水,使混凝土在一定的时间内保持水泥水化作用所需要的适当温度和适度条件。养护时间15d。可采用不透水、气的薄膜布(如塑料薄膜布)养护。用薄膜布混凝土表面敞露的部分全部严密地覆盖起来,并用胶带缠裹,保证混凝土在不失水的情况下得到充足的养护。这种养护方法的优点是不必浇水,操作方便,能重复使用,能提高混凝土的早期强度,加速模具的周转。但应该保持薄膜布内有凝结水。养护时间15d。

每搅制100盘且不超过100m³的同配合比的混凝土,其取样不少于一次;同一单位工程每一验收项目中同配合比的混凝土,其取样不得少于一次。每次取样至少留置一组标养试块。对设计混凝土结构安全的重要部分,应与监理(建设)、施工等方共同确定留置结构实体检验用同条件养护试件,一般每一个工程同一强度等级的混凝土,在留置结构实体检验用同条件养护试件时,应根据混凝土量和结构重要性确定留置数量,一般不宜少于10组,且不应少于3组。

(十二)变压器安装

1. 开箱检查

变压器就位后应及时进行开箱检查,核对附件及参数,要三对(对铭牌、对图纸、对技术协议)。进行外观检查,观察本体氮气压力值及充油附件密封情况,检查冲撞记录仪运行是否正常。

2. 施工准备

(1)技术准备。参与施工的人员(包括辅工)必须先熟悉变压器安装有关图纸资料,由技术人员对其进行技术培训,质检员组织考试,成绩合格后方可上岗。

(2)人员准备。成立变压器安装小组,选定工程总负责人、总技术负责人以及起重运输、安装、试验各单项工作负责人,指挥人员和技术负责人、安负责人。

(3)工器具准备:

1)吊芯用吊车机械、吊索吊具及其他辅助工具,所用器具准备。

2)按变压器油量及补充损耗油量准备油罐,真空滤油机。

3)套管支架及其他零部件支架,检查凭架梯、油桶、油盒、各类扳手、用工具等拆检工具。

4)方木、棍杠、千斤顶、绞磨等起重就位用工器具。

5)钢尺、水平尺、切割机、电焊机、电钻、钳工工具等安装工具。

6)补充用油、绝缘漆,防护油漆、白布、棉布、望料薄膜、草席、破布等材料。

7)安全设施及其他临时设施用材料。

(4)施工现场清理。清理施工现场建筑杂物,平整好施工机械布置场地。

(5)用J2经纬仪配合到量工具校核主变基础。

(6)用合格的绝缘油清洗附件,并将清洗过的附件密封。

3. 绝缘油处理

(1)到达现场的绝缘油应贮存在密封清洁的专用油罐内。

(2)每次到达现场的绝缘油均应有记录,并应取样进行简化分析,必要时要进行全分析,试验结果应符合产品的技术要求,绝缘油采用真空滤油机进行过滤。

4. 附件安装

(1)附件安装采用一台25t吊车进行,所有附件吊装应使用专用吊点,套管起吊可用双钩法或一钩一手动葫芦法,如图1-10-2-9所示。

(2)所有法兰连接处必须更换全新的耐油密封垫(圈)密封,密封垫(圈)必须无扭曲、变形、裂纹和毛刺,密封垫(圈)必须与法兰面的尺寸相配合。拆卸下来的旧密封垫应集中放置,并剪断或标示以区分。法兰连连面必须平整、清洁,密封垫(圈)必须擦拭干净,安装位置必须正确,橡胶密封垫的压缩量不宜超过其厚度的1/3。法兰螺栓应按对角线位置依次均匀紧固,紧固后的法兰间隙应均匀,紧固力矩值应符合产品技术文件的规定。

图 1-10-2-9　25t 吊车进行所有附件吊装

（3）全部附件安装完毕后，打开各附件，组件通本体的所有阀门，进行抽真空时，必须将真空不能承受机械强度的附件如储油柜气体继电器等与油箱隔离，对允许抽同样真空度的附件应同时抽真空，真空度不应大于 13Pa，继续保持真空不小于 48h。

（4）用真空滤油机打油，油宜从油箱下部的注油阀注入，注油全过程应保持真空，油温应高于器身温度，注油速度不应大于 100L/min，油面距油箱顶的空隙不得少于 200mm 或按制造厂规定。

（5）总体安装完毕，即可进行补充注油，油应从储油柜的专用注油口注入，先将储油柜注满，然后再向各部充油。热油循环可在真空注油到储油柜的额定油位状态下进行，冷却器内的油应与油箱主体的油同时进行热油循环，热油循环时间不少于 48h 且热油循环通过滤油机的总油量不应少于换流变压器总油量的 3 倍，且符合厂家说明书的规定；经过热油循环的油应达到《变压器油中溶解气体分析和判断导则》（DL/T 722—2014）的规定，热油循环结束后，变压器即处于静放阶段，静置时间不得少于 72h。

5. 密封试验

变压器全面注油结束后，从最高油位进行整体密封试验，从胶囊中加氮气至 0.03MPa，维持 24h 以上，应无渗漏。

（十三）GIS 安装

1. 安装流程

安装流程图如图 1-10-2-10 所示。

2. GIS 本体安装方法

（1）本体吊装采用钢丝绳四点吊法，将断路器罐体

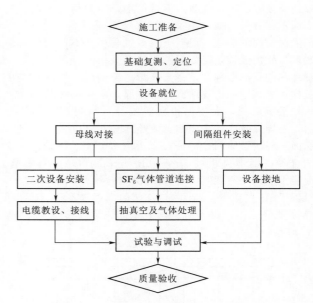

图 1-10-2-10　GIS 安装工序流程图

缓慢吊装到混凝土基础上，不得碰撞断路器，端部设缆绳保护措施。

（2）就位时，应注意断路器罐体、机构 A、B、C 三相编号，方向及位置。

（3）吊装完成后进行断路器罐体相间距离，中轴线，水平度调整。用厂方提供的垫片进行断路器罐体水平度的细调整，用水平仪在罐体的上平面操平找正。

3. GIS 套管安装方法

（1）组装按厂商编号顺序，根据断路器箱体重量及安装位置，采用 25t 吊车进行。

（2）固定机构和支柱、框架就位安装。

（3）连接灭弧室与支柱瓷套。

在圆柱销表面及销孔内涂上硅脂，插入圆柱销，卡入轴用挡圈（利用挡圈钳卡入）。连接上法兰紧固螺栓，对称紧固后，在螺纹处涂上紧固胶，在螺栓接触处及密封缝涂上防水胶。紧固力矩达到规范要求，取下连接管道阀门处的螺母及封盖，用酒精清洗干净，密封圈及密封槽处将斯里本顿涂在密封面上，然后连接经高压干净空气冲过的管道。

4. 抽真空

抽真空应由经培训合格的专人负责操作，真空泵应完好，所有管道及连接部件应干净、无油迹。接好电源，电源应可靠，不能随意拉开，检查真空泵的转向，正常后起动真空泵，先打开真空泵侧阀门，待管道抽到 133Pa 后，再打开充气侧阀门，真空度达到 133Pa 后，再继续抽 8h。

抽真空过程设备遇有故障或突然停电，均要先关掉断路器充气侧阀门，再关掉真空泵侧阀门，最后拉开电源。抽真空 8h 后，应保持 4h 以上，观看真空度，如真空度不变，则认为合格，如真空度下降，应检查各密封部位并消除，继续抽真空至合格为止，如图 1-10-2-11

所示。

图 1-10-2-11　抽真空

5.SF$_6$气体管理

（1）对SF$_6$气体逐瓶进行微水测试，并按规定取样全分析，合格后方可充入设备，充入后再逐个气室进行含水量测试。

（2）密封检漏用灵敏度不低于 1×10^{-6}（V）的检漏仪测量，用采集法进行气体泄漏测量。

（十四）互感器、支柱绝缘子安装

1.设备基础检查

（1）根据设备到货的实际尺寸，核对土建基础是否符合要求，包括位置、尺寸等，底架横向中心线误差不大于10mm，纵向中心线偏差相间中心偏差不大于5mm。

（2）设备底座安装时，要对基础进行水平调整及对中，可用水平尺调整，用粉线和卷尺测量误差，以确保安装位置符合要求，要求水平误差不大于2mm，中心误差不大于5mm。

2.设备开箱检查

（1）与厂家、物资、监理及业主代表一起进行设备开箱，并记录检查情况；开箱时小心谨慎，避免损坏设备。

（2）开箱后检查瓷件外观应光洁无裂纹、密封应完好，附件应齐全，无锈蚀或机械损伤现象。

（3）互感器的变比分接头的位置和极性应符合规定；二次接线板应完整，引线端子应连接牢固，绝缘良好，标志清晰；油浸式互感器需检查油位指示器、瓷套法兰连接处、放油阀均无渗油现象。

3.互感器的安装

（1）参考厂家说明书，采用合适的起吊方法，施工中注意避免碰撞，严禁设备倾斜起吊。

（2）三相中心应在同一直线上，铭牌应位于易观察的同一侧。

（3）安装时应严格按照图纸施工，特别注意互感器的变比和准确度，同一互感器的极性方向应一致。

（4）SF$_6$式互感器完成吊装后由厂家进行充气，充气完成后需检查气体压力是否符合要求，气体继电器动作正确。

（5）互感器接线板与母线、导线金具的连接，搭接面不得小于规定值，并要求连接牢固。

（6）安装后保证垂直度符合要求，同排设备保证在同一轴线，整齐美观，螺栓紧固达到力矩要求，按设计要求进行接地连接，相色标志应正确。备用的电流互感器二次端子应短接并接地。

4.支柱绝缘子安装

（1）绝缘子底座水平误差不大于3mm，各支柱绝缘子中心线误差、叠装支柱绝缘子垂直误差不大于2mm。

（2）固定支柱绝缘子的螺栓齐全，紧固，并达到力矩要求值，如图 1-10-2-12 所示。

图 1-10-2-12　固定支柱绝缘子

（3）接地线排列方向一致，与地网连接牢固，导通良好。

5.注意事项

（1）设备在运输、保管期间应防止倾倒或遭受机械损伤；运输和放置应按产品技术要求执行。

（2）设备整体起吊时，吊索应固定在规定的吊环上。

（3）设备到达现场后，应作外观检查。

（4）互感器的变比分接头的位置和极性应符合规定。

（5）二次接线板应完整，引线端子应连接牢固，绝缘良好，标志清晰。

（6）均压环应安装牢固、水平，不得出现歪斜，且方向正确。具有保护间隙的，应按制造厂规定调好距离。

（7）引线端子、接地端子以及密封结构金属件上不应出现不正常变色和熔孔。

（十五）隔离开关的安装

1.施工前准备

（1）安装前认真学习厂家安装说明书和规程、规范及设计图纸，明确施工要点，掌握施工要求。吊装设备及机具的荷载应满足吊装要求，如吊车、吊绳、吊环等。

（2）加工件尺寸按设备实际尺寸进行加工制作，且镀锌良好。垂直拉杆和水平拉杆所用的钢管必须镀锌良好，规格符合设计要求，强度满足产品的技术规定。

（3）设备支架的高差、水平偏差应满足规程标准，设备支架钢板帽上的孔径、孔距以及相间距离误差满足规程要求。

2. 安装

（1）安装前应对本体及附件进行开箱检查，其接线端子及载流部分应清洁，接触良好；触头镀银层无脱落；绝缘子表面应清洁，无裂纹、破损等缺陷；转动部分应灵活。

（2）配好瓷瓶后，在地面将触头、均压环、屏蔽环、支柱绝缘子、底座、接地刀组装好后，按设计要求逐相吊装就位，并用螺栓临时固定，注意接地刀方向应符合设计要求。

（3）按设计和制造厂要求将操动机构（手动或电动机构）与加工件连接固定。配置水平或垂直传动拉杆及相应的连接件。

3. 调整

（1）按产品说明书介绍的方法调整隔离开关的分合闸位置、开距、同期、动静触头的相对位置。调整接地刀开距、触头插入深度及与主刀间的机械闭锁。调整时主刀与地刀应综合考虑以满足机械闭锁要求。

（2）安装结束后隔离开关应达到如下标准：操动机构、传动装置、辅助开关及闭锁装置安装牢固，动作灵活可靠，位置指示正确；合闸时三相不同期值应符合产品的技术规定；相间距离及分闸时，触头打开角度和距离应符合产品的技术规定；触头应接触紧密、良好，接触电阻满足试验规程要求。油漆完整，相色标志正确，接地良好。图 1－10－2－13 所示为安装好的隔离开关。

图 1－10－2－13　安装好的隔离开关

（十六）管母线安装工艺

1. 开箱检查

管形母线和衬管表面平直光洁，不得有裂纹和损伤；焊丝选择必须与管母的材质匹配；绝缘子应完整无裂纹胶合处填料应完整，结合牢固；金具表面应光洁，无毛刺。型号和材质必须符合设计要求，并有产品合格证。

2. 管母加工

管母接头必须避开管母固定金具和隔离开关静触头相固定，并按照要求加装衬管及加工补强孔。

3. 管母焊接

可在现场选择一个平坦合适的场地搭设管母焊接棚，如图 1－10－2－14 所示。

图 1－10－2－14　管母线焊接棚

焊接棚内置焊接工作台，管母支撑上平面用水平仪找平，误差控制在 3mm 之内；焊接前，管母用校正平台逐根校直，对管母及焊丝进行清洗，清洗后应及时焊接，以免重新氧化；焊接前对口应平直，管母对接间隙必须符合规范要求。

管母的焊接时应采取防风措施，焊接过程符合规范要求；对焊接端进行坡口处理，坡口角度应根据管形母线壁厚来确定。同时打加强孔，数量满足设计图纸要求。焊接所使用焊丝和衬管与管形母线材质相同，衬管长度满足设计要求并与管形母线匹配；管形母线对接部位两侧、衬管焊接部位、焊丝应除去氧化层。焊缝上应有 2～4mm 的加强高度；管母焊完未冷却前，不得移动受力；管母内阻尼线安装应符合要求。

4. 管母预拱

计算管母预拱值，如果计算值小于标准规定值时，现场可不进行预拱。

5. 支柱绝缘子安装

支柱绝缘子安装根据支架标高和支柱绝缘子长度综合考虑，保证支柱绝缘子的轴线、垂直度和标高满足管母安装要求；支撑管母的固定金具，滑动金具和伸缩金具位置符合要求。

6. 管母吊装

支撑管母吊装前先将安装好的支柱绝缘子找平，吊装时应采用多点吊装，在地面安装好金具，封端球；当管母吊离地面时，再次清洗管母，并在各间隔管母的最低点附近钻 6mm 的滴水孔；起吊时必须时刻注意管母水平，管母起吊时上下高差不宜大于 500mm。平稳吊到安装位置。

7. 管母调整

支撑管母定位满足设计图纸的伸缩要求，并进行轴线和标高的调整，如图 1－10－2－15 所示。

（十七）屏、柜、端子箱安装

1. 施工准备

（1）设备开箱。一般室内屏柜应运入室内开箱，开

图1-10-2-15　管母线伸缩部位安装

图1-10-2-16　屏柜（端子箱）安装牢固
外观完好无损伤

箱时应采取保护措施，防止损伤和污染室内地面和墙壁，及时收集箱内技术文件和设备备品备件，做好开箱检查记录。

（2）技术交底。根据设计图和施工作业指导书进行技术交底。

（3）人员和机具准备。运输工具、安装工具及人员准备。

2. 基础检查和找平

（1）基础水平误差小于1mm/m，全长水平误差小于2mm。

（2）基础不直度误差小于1mm/m，全长不直度误差小于2mm。

（3）基础不平行度误差（全长）小于2mm。

（4）端子箱基础按施工图要求，每列端子箱应在同一轴线上。

（5）基础型钢应接地良好。

3. 就位

（1）就位前应对室内地面门窗采取保护措施。

（2）室内屏柜的固定采用在基础型钢上钻孔固定，不得采用电焊固定，户外端子箱基础如无型钢，可采用膨胀螺栓固定。紧固件应为热镀锌件。

（3）相邻屏柜间的连接螺栓和地脚螺栓的紧固力矩应符合规范要求。

（4）成列屏柜安装误差：顶部误差小于3mm，屏柜面误差应满足相邻两盘边小于1mm，成列盘面误差小于2mm，屏（柜）间接缝小于2mm，屏柜垂直度符合规范要求。

（5）所有屏柜（端子箱）安装牢固外观完好无损伤，内部电气元件固定牢固，如图1-10-2-16所示。

4. 屏柜（检修箱）接地

（1）屏柜、端子箱和底座接地良好，有防震垫的屏柜，每列盘有两点以上的明显接地。

（2）屏柜内二次接地铜排应以专用接地铜排可靠连接。

（3）屏柜（端子箱）可开启的门应用软铜线可靠连

接接地。

（4）室内试验接地端子标识清晰。

（十八）电缆敷设

电缆敷设施工流程如图1-10-2-17所示。

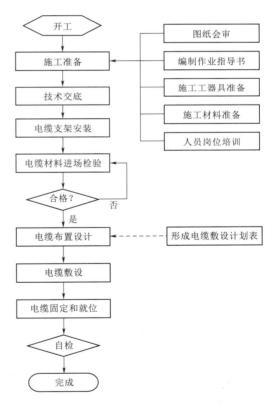

图1-10-2-17　电缆敷设施工流程图

1. 施工准备

（1）技术准备。施工图纸、电缆清册、电缆合格证件、现场检验记录。

（2）人员组织。技术负责人，安装负责人，安全、质量负责人、安装人员。

（3）机具准备。电焊机、切割机、吊车、汽车、放线架等。

2．电缆保护管制作

（1）电缆保护管采用镀锌钢管或屏蔽槽盒。

（2）热镀锌钢管外观镀锌层完好，无穿孔、裂纹和显著的凹凸不平，内壁光滑。

（3）根据各设备所需的保护管长度，对各设备所安装的保护管进行实测，根据实测结果及所用保护管的规格、型号，对保护管进行冷弯制。

（4）电缆保护管在进行弯制时应遵循的原则：电缆管在弯制后，不应有裂缝和显著的凹瘪现象，电缆管的弯曲半径不应小于所穿入电缆的最小允许弯曲半径；所弯制的保护管的角度大于90°。

3．电缆保护管的安装

（1）电缆保护管管口应无毛刺和尖锐棱角。

（2）镀锌管锌层剥落处应涂以防腐漆。

（3）保护管外露部分应横平竖直，并列敷设的电缆管管口应排列整齐。

（4）保护管埋设深度、接头等满足施工图及规范要求。

（5）金属电缆保护管应接地。

（6）保护管与操作机构箱交接处应有相对活动裕度。

4．电缆支架安装

（1）电缆沟、电缆层的实测。电缆支架规格、尺寸及各层间距离应符合施工图及规范要求；应进行电缆沟实际测量以核对电缆沟支架加工图。

（2）电缆支架。电缆支架应采用一体式成品支架，进场前对所有电缆支架验收合格后，检查有关检验资料及合格证。

（3）电缆支架的安装。所安装电缆支架沟土建项目验收合格（电缆沟垂直度、预埋件）；对加工到场的电缆支架检查符合设计及规范要求；电缆支架安装前应进行

放样定位；各电缆支架水平距离应一致、同层横撑应在同一水平面上；所有支架按图纸要求进行焊接，焊接牢靠，焊接处防腐符合规范要求；为保护电缆、保证电缆敷设人员及运行检修人员的安全，在全站电缆支架端头加装复合材料保护套。

控制好电缆敷设工艺的关键点是控制好电缆转弯处、"T"形交汇处、"＋"形交叉处的电缆排列工艺，这些关键部位在电缆较多时容易出现电缆排列交叉混乱问题，特别是"T"形交汇处和"＋"形交叉处，电缆支架跨距比通常跨距要大，电缆容易出现下垂，直接影响到电缆的排列工艺，本站将在这些关键部位采取增加"过渡桥架"做到立体交叉，达到"高速公路立交桥"的效果，以及防止电缆下垂，以及按分层、分走向进行电缆排列，使电缆不出现交叉打搅现象，确保电缆排列工艺整齐美观，如图1-10-2-18和图1-10-2-19所示。

图1-10-2-18　电缆沟电缆支架

图1-10-2-19　电缆隧道内电缆支架

5．电缆敷设

（1）电缆布置设计。将该站的实际情况导入电缆敷设软件，算出一条最优的电缆敷设路径，生成新电缆敷

设清册及三维敷设图。使得电缆敷设走向更加顺畅，层次分明、排列有序，电缆弯曲弧度一致、横平竖直无交叉。在电缆竖井中及防静电地板下应设计电缆槽盒，专

门布置电源线、网络连线、视频线、电话线、数据线等不易敷设整齐的缆线。监控、通信自动化及计量屏柜内的电缆、光缆安装，应与控制保护屏接线工艺一致，排列整齐有序，电缆编号挂牌整齐美观；控制台内部的电源线、网络连线、视频线、数据线等应使用电缆槽盒统一布放并规范整理，以保证工艺美观，如图 1-10-2-20 所示。

图 1-10-2-20　电缆在电缆沟内敷设

全部主电源回路的电缆不应在同一条通道（电缆沟、竖井等）内明敷；同一回路的工作电源与备用电源电缆，应布置在不同的支架上。同一电缆沟内的高压动力电缆和控制电缆之间、双重化控制回路的电缆之间均采用防火隔板作隔离。

（2）电缆敷设。

1）按设计和实际路径计算每根电缆长度，合理安排每盘电缆，减少换盘次数。

2）在确保走向合理的前提下，同一层面应尽可能考虑连续施放同一型号、规格或外径接近的电缆。

3）按照实际电缆敷设清册逐根施放电缆。电缆敷设时，不应使电缆在支架上及地面摩擦拖拉。电缆上不得有压扁、绞拧、护层折裂等机械损伤。

4）电缆敷设时应排列整齐，及时加以固定，并按规范要求加设标志牌，标志牌上应注明电缆编号、型号、规格及起止地点。标志牌的字迹应清晰不易脱落，挂装牢固，并与电缆一一对应。

5）电缆路径上有可能使电缆受到机械性损伤、化学作用、地下流动、振动、热影响、腐蚀、虫鼠等危害的地段，应采取保护措施。

6）直埋电缆的埋深、敷设方法等应符合规范及设计要求。

7）电缆的最小弯曲半径应符合规范要求。

8）所有电缆敷设时，电缆沟的转弯，电缆层井口处的电缆弯曲弧度一致，过渡自然。转角处增加绑扎点，电缆绑扎带间距和带头长度要规范、统一，确保电缆平顺一致、美观、无交叉。电缆下部距离地面高度应在 100mm 以上。所有直线电缆沟的电缆必须拉直，不允许直线沟内支架上有电缆弯曲下垂现象。

9）电缆敷设完毕后，应及时清理沟内杂物，盖好盖板。

10）光缆敷设应在电力电缆、控制电缆敷设结束后进行，光缆敷设应按设计要求穿保护管或敷设在槽盒内。

（3）电缆固定和就位。

1）电缆在支架上的固定应符合规范要求。

2）端子箱内电缆的就位顺序应按该电缆在端子箱内端子接线序号进行排列，穿入的电缆在端子箱底部留有适当的弧度。电缆从支架穿入端子箱时，在穿入口处应整齐一致。

3）屏柜电缆就位前应先将电缆层的电缆整理好，并用扎带或铁芯扎线将整理好的电缆扎牢。根据电缆在层架上敷设顺序分层将电缆穿入屏柜内，确保电缆就位弧度一致，层次分明。

4）户外短电缆就位。电缆排管在敷设电缆前，应进行疏通，清除杂物。管道内应无积水，且无杂物堵塞。穿入管中电缆的数量应符合设计要求。穿电缆时，不得损伤电缆防护层。

5）户外引入设备接线箱的电缆应有电缆槽盒或电缆保护管固定。

6）室内长电缆排列：离电缆沟入口最远的屏柜的电缆应敷设在电缆支架的最上层，并把最上层排满后逐级向下层排列；最上层电缆的排列工艺应作为重点控制。

7）室内短电缆排列：主要指室内屏柜间的联络电缆排列，原则上短电缆排列在长电缆的下一层；进入屏柜的电缆应尽量避免从上层电缆的上部翻过进入屏柜而影响整体电缆的美观。

8）通信及弱电电缆排列在电缆支架的最下层。

9）高压电缆敷设应满足设计要求，并尽量分层单独排列。（施工规范：动力电缆在最上层）。

10）室外设备间的联络短电缆应排列在长电缆的下一层；进入设备的电缆应尽量避免从上层横跨与上层电缆交叉而影响整体电缆的美观。

11）跨沟进设备的电缆要有防止电缆下垂的措施，例如，在电缆跨沟进设备的部位增加电缆"担架式"托架。并在进设备的入口或转弯处适当增加扎丝的绑扎密度，防止电缆受力时出现电缆错位。

12）当电缆支沟或沟的尾端电缆较少时，应通过电缆"变层"或"变线"的形式及时补缺，尽量使控制电缆在上层支架上整齐排列。

6. 电缆防火

在重要建筑物的入口处及控制楼内重要房间采用带屏蔽封堵模块化封堵组件封堵，封堵组件采用 roxtec、喜利得或同等技术要求的优良封堵产品。户外端子箱、控制箱等底部采用 CF32 或 CF8 封堵模块封堵。电缆沟的防火墙采用防火隔板、阻火包、防火灰泥、有机堵料、无机堵料等封堵。防火墙两侧两米长的电缆刷防火涂料；盘（柜）内的防火封堵根据穿缆情况做成整块方形，表面平整，四面切边，保证美观，如图 1-10-2-21 所示。

7. 质量验收

要求电缆出厂合格证件、试验报告，现场检验报告，

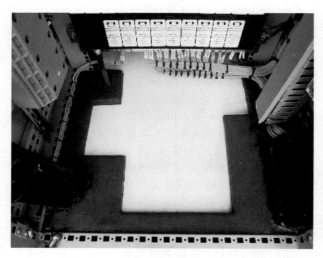

图 1-10-2-21 电缆防火封堵

电缆支架检验报告、合格证等齐全，电缆安装记录及质量评定记录、设计变更或变更设计的技术文件等齐全、规范。

外观检查、绑扎固定、电缆标牌挂设等。

（十九）二次接线

二次接线施工流程图如图 1-10-2-22 所示。

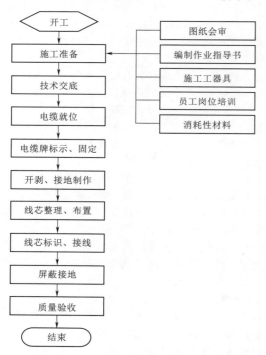

图 1-10-2-22 二次接线施工流程图

1. 施工准备

（1）技术准备。熟悉二次接线有关规范；熟悉二次接线图，核对接线图的正确性；根据电缆清册统计各类二次设备的电缆根数，根据电缆的根数、电缆型号、设备接线空间的大小等因素进行二次接线工艺的策划。

（2）人员准备。技术人员、安全负责人、质量负责人、二次接线人员。

（3）材料准备。屏蔽线、扎带、线帽管、热缩管、电缆牌及消耗性材料等。

（4）机具准备。打号机、电缆牌打印机、计算机及二次接线工具。

2. 电缆就位

（1）根据二次工艺策划的要求将电缆分层，逐根穿入二次设备。

（2）在考虑电缆的穿入顺序、位置的时候，要尽可能使电缆在支架（层架）的引入部位、设备的引入口避免交叉和麻花状现象的发生，同时应避免电缆芯线左右交叉的现象发生（对于多列端子的设备），如图 1-10-2-23 所示。

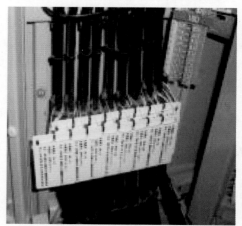

图 1-10-2-23 缆线在箱柜内的排列及与端子排的连接

（3）直径相近的电缆应尽可能布置在同一层。

（4）为了便于二次接线，端子箱等二次设备在厂方的布局设计和组装过程中，应尽可能留出足够大的电缆布置空间。电缆布置的宽度适合芯线固定及与端子排的连接。

（5）核对电缆。根据端子排图纸检查电缆是否齐全，核对有否电缆漏放或多余现象；采用二极管校线，确定电缆敷设位置正确并安装电缆号牌。

（6）电缆绑扎应牢固，接线后不应使端子排受机械应力。在引入二次设备的过程中应进行相应的绑扎，在进入二次设备时应在最底部的支架上进行绑扎，然后根据电缆头的制作高度决定是否进行再次绑扎。

（7）电缆编排及绑扎。根据端子排图确定电缆的排列循序（尽量按电缆沟或电缆夹层内电缆排放顺序及走向，从外向内、从上至下或按照电缆外径大小进行排列，将外径尺寸一样的电缆排列在同一层），防止电缆交叉；将电缆用扎带绑扎固定在盘、柜或端子箱底部，盘、柜内使电缆头离盘、柜底面 300mm 为宜，端子箱内使电缆头离底面 100mm 为宜。具体尺寸可以根据现场情况确定，但必须保证同一盘、柜、端子箱、机构箱内所有电缆头与底面距离一致。绑扎过程中必须保证电缆弧度一致、扎带间距一致、高度一致、扎带颜色一致、扎带绑扎接头方向一致（统一在背面）；电缆排列完毕后应将电缆单根绑扎后挂起，防止电缆因外部原因导致芯线扭曲或扎带脱落。

3．电缆头制作

（1）根据二次工艺策划的要求进行电缆头制作。

（2）单层布置的电缆头的制作高度要求一致；多层布置的电缆头高度可以一致，或者从里往外逐层降低，降低的高度要求统一。同时，尽可能使某一区域或每类设备的电缆头的制作高度统一、制作样式统一。

（3）电缆头制作时缠绕的聚氯乙烯带要求颜色统一、缠绕密实、牢固；热缩电缆管电缆头应采用统一长度热缩管加热收缩而成，电缆的直径应在所用热缩管的热缩范围之内；电缆头制作结束后要求顶部平整、密实。

（4）电缆的屏蔽层接地方式应满足设计和规范要求（包括现行的反措），在剥除电缆外层护套时，屏蔽层应留有一定的长度（或屏蔽线），以便与屏蔽接地线进行连接；屏蔽接地线与屏蔽层的连接采用焊接或绞接的方式，焊接时注意控制温度，防止损伤内部芯线绝缘。

（5）电缆铠装层的接地方式应满足设计和规范要求，接地方式与屏蔽层相同。

（6）电缆头屏蔽层、铠装层的接地线应在电缆统一的方向引出。

（7）电缆头制作。将黄、绿相间的接地线（截面不小于 4mm² ）焊接在离剥切位置相距 1cm 的金属护层或屏蔽层上，接地线焊接的方向应由下至上，保证焊接质量牢固、可靠；焊接完成后应用自粘带包扎（包扎应均匀饱满，防止焊接毛刺将包扎层刺破，影响工艺质量）；最后采用电缆热缩管套在已包扎好的电缆头上，进行热缩工艺制作。在热缩管选择时，应选用与电缆直径相匹配的热缩管，不宜过大，以免在热缩过程中不能将包扎带紧密的密封住，影响工艺质量；电缆热缩管的长度应保证一致，以 60mm 为宜。电缆热缩管顶部应与电缆包扎面齐平。

4．电缆牌标识、固定

（1）在电缆头制作和芯线整理过程中可能会破坏电缆就位时的原有固定，在电缆接线时应按照电缆的接线顺序再次进行固定，然后挂设电缆牌。

（2）电缆牌应标识齐全，打印清晰。

（3）电缆牌的固定应高低一致、间距一致，挂设整齐、牢固。

5．芯线整理、布置

（1）电缆头制作结束后，接线前必须进行芯线的整理工作。

（2）将每根电缆的芯线单独分开，将每根芯线拉直。

（3）由于换流站的电缆一般为多芯硬线，每根电缆的芯线宜单独成束绑扎，以便于查找。电缆的芯线可以与电缆保持上下垂直固定，也可以以某根电缆为基准，其余电缆在电缆芯线根部进行折弯后靠近前一根电缆。

（4）线束的绑扎间距一致，统一。

（5）绑扎后的线束及分线束应做到横平竖直，走向合理，整齐美观。

6．线芯标识、接线

（1）屏柜端子排检查。端子排完整无缺损，固定牢固；根据端子排图纸核对端子排型号、布置、数量是否符合设计要求；接线端子应与导线截面相匹配。

（2）芯线两端标识必须核对正确。

（3）对线。找出根据图纸打出的该电缆芯线编号，剥掉该电缆芯线少许，用自制的对线灯与他人配合对线，然后套上对应的芯线编号（电缆号头在裁剪过程中必须保证长度一致）；并将核对正确的电缆排列绑扎至接线区域。

（4）盘、柜内的电缆芯线，应垂直或水平有规律地布置，不得任意歪斜，交叉，如图 1-10-2-24 所示。

图 1-10-2-24　盘、柜内的电缆芯线垂直
或水平有规律布置

（5）用剥线钳剥除芯线护套，长度略大于接入端子排需要的长度，且所有线芯长度一致，剥线钳的规格应与线芯界面一致，不得损伤芯线。

（6）对于螺栓式端子，需将剥除护套的芯线弯曲，弯曲的方向为顺时针，弯曲的大小和螺栓的大小相符，不宜过大，否则会导致螺栓的平垫不能压住弯曲的芯线。

（7）对于插入式接线端子，直接将剥除护套的芯线插入端子，紧固螺栓。

（8）每个接线端子不得超过两根接线，不同截面芯线不允许接在同一个端子上。

（9）接线前应套上相应的线帽管，线帽管的规格和芯线的规格一致，线帽管长度一致，字体大小一致，字迹清晰不易脱落，线帽的内容包括回路编号、端子号和电缆编号，如图1-10-2-25所示。

图1-10-2-25 电缆芯线线帽管

（10）整理接线。整理电缆接线及盘、柜内配线，紧固端子排螺丝。电缆线芯弧度一致无扭曲、高度一致；电缆号头字迹清晰、方向一致、长度一致；备用芯高度一致；并将电缆号牌整齐统一悬挂于各电缆上，高度宜为电缆头上2cm处，可根据实际情况分层布置或单排布置，但必须保证电缆号牌左右对称、高度一致、无重叠现象；号牌上字迹清晰。

7. 备用芯处理

电缆的备用芯应满足最高处端子的接线需要并留有适当的余量，可以剪成同一长度，每根电缆单独垂直布置。备用芯端部应统一热缩处理，并采用电缆号头进行标识区分。

8. 接地

（1）电缆接地一般采用黄、绿相间截面不小于4mm²的多股铜芯线，将接地线由电缆背面编排绑扎至屏内接地铜排背面，采用接地线鼻子（与屏柜内接地铜排上螺栓相匹配）进行压接（每个线鼻子内压接的接地线必须少于3根，防止压接不紧密，导致接地线松动），并使用接地螺栓固定至铜排上，每个螺栓上固定的线鼻子不能大于两个。必须保证接地点明显、可靠；整体工艺美观。

（2）屏内接地铜排与电缆沟（电缆夹层）内等电位铜排连接（保护接地）。按设计要求的接地线（通常为：

屏柜内采用黄、绿相间截面为100mm²、接地端子箱采用黄、绿相间截面120mm²的铜绞线），采用热熔焊接或配套铜鼻子（与接地线及铜排螺栓相匹配）进行压接。

9. 质量验收

（1）施工图纸，设计变更或变更设计的技术文件齐全规范，设备接线图。

（2）接线符合施工图纸、设计和规范要求，接线正确，螺栓紧固。

（3）整体接线工艺美观。

（二十）光缆接续施工

光缆接续工艺流程图如图1-10-2-26所示。

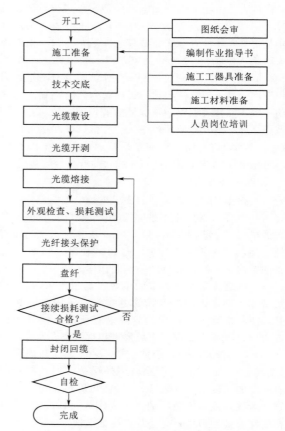

图1-10-2-26 光缆接续工艺流程图

由于光信号传输的特殊性，在进行接续施工时，要求由接续所引起的附加损耗要小，接续时间要短，接头的可靠性要高，且具有良好的机械性能，在接续过程中对接头以外的光纤无损伤，以保证光通信长期运行的稳定性能。另外，施工时要注意敷设光纤留有一定的裕度，以保证其具有一定的重复操作条件。每根光缆需预留20%以上备用芯。

1. 影响接续损耗的因素

由于光纤接续所引起的附加损耗称为接续损耗。另外，接续人员操作水平、操作步骤、盘纤工艺水平、熔接机中电极清洁程度、熔接参数设置、工作环境清洁度等均会影响熔接损耗值。影响光纤接续损耗的因素见表1-10-2-8。

表1-10-2-8　影响光纤接续损耗的因素

影响接续损耗的非固有因素	影响接续损耗的固有因素
轴心错位	光纤直径变化（纤芯和包层）
端面分离	折射率分布参数失配
轴心倾斜	相对折射率差失配
光纤端面质量	光纤芯径的椭圆度和同心度
接续点附近物理变形	

2. 降低光纤熔接损耗值的措施

（1）一条线路上尽量采用同一批次的产品。

（2）光缆敷设安要求进行，严禁打小圈、扭曲、牵引力不大于光纤允许值的80%。

（3）选用经验丰富训练有素的光纤熔接人员进行操作。

（4）保证光纤熔接环境整洁，严禁在多尘及潮湿的环境中露天操作，接续部位及工具、材料应保持清洁。

（5）选用精度高的光纤端面切割器来制备光纤端面。切割的光纤应为平整的镜面，无毛刺，无缺损。

（6）熔接机的正确使用。根据光纤类型合理的设置熔接参数、预防的电流、时间及主放电电流、主放电时间等，并在使用中和使用后及时去除熔接机中的灰尘和光纤碎末。

3. 光纤接续的程序

光纤接续一般按以下的程序进行：

（1）除去套层，包括外护套和光纤束管，具体剥除长度根据接头盒的要求而定。

（2）裁剪和清洁光纤。将多余光纤剪掉，使用纸巾沾上无水乙醇清洗纤芯。

（3）在光纤中预先套上对光纤接续部位进行补强的热缩套管。

（4）切割光纤、制备端面，包括剥涂覆层、清洁光纤和切割，其中，切割是最关键的环节，切刀的摆放要平稳，切割时，动作要自然平稳、不急不缓，避免断纤、斜角毛刺及裂痕等不良端面的产生，同时要谨防端面污染。严禁在端面制备后穿入热缩套管，否则应重新制备端面。

（5）将制备好端面的光纤放入熔接机的V形槽中，盖上V形槽压板和防风罩。

（6）熔接光纤，如图1-10-2-27所示。

（7）热缩管加热，对被接续部位加以补强保护。

（8）盘纤整理。

（9）对接头性能进行测试及评定，方法有功率计测试法，光时域反射仪测试法（后向反射法）等。

八、电气试验

略。

图1-10-2-27　熔接光纤

九、特殊工序的施工方法

（一）基本要求

本工程电气安装的特殊工序有管型母线焊和接地铜排/缆放热焊接等，对特殊工序的施工做要求如下：

（1）特殊作业人员必须是经过专业培训，取得有效上岗资格证书的人员。

（2）特殊过程施工中使用的设备，由分公司供应，项目部鉴定完好，在使用中保持良好运转状态。

（3）特殊过程使用的材料必须有合格证。

（4）特殊过程应在适宜的环境条件下进行操作。

（5）特殊过程必须严格执行电力建设安全工作规程和相关作业指导书。

（6）特殊过程操作完成后由特殊作业人员按相关规程和作业指导书进行检验。

（7）经检验合格后，操作人员在施工部件打上操作者钢印代号，及时填写施工记录。

（二）管母线焊接施工

（1）管母焊接可在现场选择一个平坦合适的场地搭设一个焊接工棚，内设焊接平台，管母支撑面用水平仪找平，误差控制在3mm以内，所有支撑滑轮的中心线偏差小于0.5mm。

（2）焊接前，管母用校正平台逐根校直，挠度控制在$D/4$之内（规范要求$D/2$之内）。

（3）对管母及焊丝进行清洗。先用棉纱头蘸丙酮将衬管、管母坡口和坡口两侧各50mm内的油污清洗干净（清洗后不要用手摸），晾干后除去氧化膜，直到露出金属光泽。

（4）焊丝要求去除氧化层。清洗后及时焊接，以免重新氧化。

（5）焊接前对口应平直，其弯折偏移不应大于2%，中心线偏移不应大于0.5mm，管母对接间隙必须符合规范要求。

（6）管母的焊接点应采取防风措施，衬管位于焊口中央，在补强孔定位焊接后，再于坡口处将管母及衬管焊接固定，焊接过程必须符合规程及试焊时确定的工艺参数要求。

（7）每道焊口分三次施焊。前两次焊接每次的焊缝高度不超过 6mm，第三次是补强焊接，加强高度应为 2～4mm；每条焊缝应一次焊完，除瞬间断弧外不得停焊。母线焊完未冷却前，不得移动或受力，若要翻动管母，必须对其两端和中间同时加力推动，避免焊缝受力过度。

（8）焊缝外观应呈圆弧形，所有焊缝、焊点应平整、光滑，不应有毛刺、凹凸不平、裂纹、未熔合、未焊透等缺陷，无损探伤检查和直流电阻测试合格，否则应锯开重焊。

（三）放热焊接

1. 焊接技术参数和性能要求

（1）本放热焊接器具应当包括焊药、模具、点火枪、工具以及所需附件。

（2）放热焊接应适用于铜-铜、铜-钢、铜-铸铁或铜-青铜等不同金属之间的连接，其接头的寿命应当超过整个接地系统的寿命。

（3）放热焊接焊粉需采用一次性密封包装，防雨防潮，要求引燃安全，采用电子式引燃方式。

（4）放热焊接系统满足 IEEE Std.80 以及 IEEE Std.837 标准的要求，并能提供根据 IEEE Std 837 标准所作的第三方测试报告。

（5）模具由人造石墨材料做成，能承受高温且使用寿命不低于 50 次（非连续使用）。

2. 放热焊接施工操作步骤

（1）清理模具（首次使用须烘干）。

（2）将模夹与模具正确夹好。

（3）使用喷灯对模具进行预热（初次使用的模具一般预热 5～10min 左右）。

（4）对待熔接的导体进行预热，并使用铜刷（或钢刷）清理表面。

（5）将铜排、绞线夹合进模具，对接中心点与注入孔对齐，夹合模夹固定模具，使模具没有缝隙。

（6）将金属隔离片置于模具底部。

（7）倒入熔粉，将起火粉均匀散布到熔粉表层，倒入引火剂，留一点于模唇，便于点火。

（8）用专用点火枪，在模具侧后方向喷火口点火（注意：喷火口方向切勿站人和放置易燃物品）。

（9）待熔粉反应完（10s 左右）开模，取出接头并清理，用专用毛刷清理模具待下次焊接作业。

（四）防静电地板施工

1. 材料要求

（1）活动地板的品种和规格符合设计要求。

（2）活动地板面层承载力不应小于 7.5MPa，系统电阻应为 105～1010Ω。板块面应平整、坚实，并具有耐磨、防潮阻燃、耐污染、耐老化和导静电等特点，技术性能应符合现行国家标准。

（3）环氧树脂胶、滑石粉、泡沫塑料条、木条、橡胶条、铝型材和角铁、铝型角铁等材质符合要求。

（4）清理检查支架绗条的数量和质量。

（5）按要求码放于指定材料堆放场地，并立醒目标志以示他人："架空地板堆放场""禁止非作业人员动用"。

2. 主要机具

包括吸盘、切割锯、手刨、螺机、水平仪、水平尺、方尺、钢尺、小线、錾子、刷子、钢丝刷等。

3. 作业条件

（1）材料检验已经完毕并符合要求。

（2）应已对所覆盖的隐蔽工程进行验收且合格，并进行隐蔽会签。

（3）施工前，应做好水平标志，以控制铺设的高度和厚度，可采用竖尺、拉线、弹线等方法。

（4）对所有作业人员已进行了技术交底，特殊工种必须持证上岗。

（5）作业时的施工条件应满足施工质量可达到标准的要求。

（6）基层地面或楼面平整、无明显凹凸不平。如平整度误差太大，就需要用水泥砂浆找平。

4. 施工工艺流程

（1）方线。在需铺设地板的区域，按地板的排列图和轴线放出地面的分格线，如图 1-10-2-28 所示。

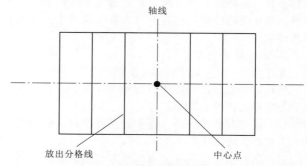

图 1-10-2-28 按地板的排列图和轴线放出地面的分格线

（2）基层修补。将分格线支叉位置即底脚安装处的缺陷修补完好，再用吸尘器将表面浮物清吸干净。

（3）安装支承脚。在十字线交叉处将膨胀螺栓埋入，如图 1-10-2-29 所示。

（4）调平。按室内的水平高度调整地板标高，用水平仪再整体超平一次。支座与基层之间的空隙应灌注环氧树脂，应连接牢固。亦可按设计要求的方法固定。

（5）安装面板。根据房间的具体情况选择铺设方向。当无设备或流洞但模数不相符时，宜由外向里铺。当有设备或留洞时，应综合考虑选定铺设方向和顺序。先在横梁上铺设缓冲胶条，并用乳胶液与横梁黏合。保证四周接触平整、严密、不得采用加垫的方法。

（6）清理保护。铺设完成后，用吸尘器全面清理，对污染部位用稀料，酒精清洗干净，并涂擦地面蜡，完成后表面覆盖塑料布防护。立醒目标示"架空地板施工完毕注意保护"。

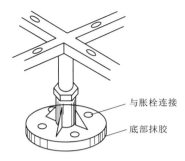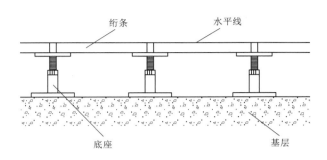

与胀栓连接

底部抹胶

绗条　　　水平线

底座　　　基层

图1-10-2-29　安装支承脚和绗条

（五）冬季施工措施

根据《建筑工程冬期施工规程》（JGJ/T 104—2011）的规定，室外日平均气温连续5天稳定低于5℃即进入冬期施工；当室外日平均气温连续5天稳定高于5℃时解除冬期施工。根据本工程的工程特点和进度计划，在工程施工季间将遇到冬季，这就给安装施工带来一系列的季节性困难，对工程进度、工程质量、施工安全、工作效率以至经济效益有着十分密切的关系，为此公司将根据本工程的施工特点和施工进度安排，认真组织有关人员分析当地气候特点，制订科学合理的冬季施工措施，对冬季施工项目进行统筹安排，本着先重点后一般的原则，采取合理的交叉作业施工，确保工程工期不受天气影响。

冬季施工，必须克服寒冷天气对工程质量和安全生产的影响，关键要做好施工前的准备工作和施工中的检查工作，每项工程施工前，技术人员要结合具体气象条件及工程任务特点，详细地做好对施工人员的技术交底，保证每个施工人员了解每一步施工要求，并监督施工人员按施工方案的要求执行。

整个施工周期作业范围内采用搭接合理、有序的工序，非特殊需要和赶工原因外，在不影响工程质量和合理的前提下，可以根据实际情况调整施工工序。

1. 冬季施工一般要求

（1）施工前首先编制冬季施工措施，并经监理及项目法人批准后方可实施。

（2）施工前组织相关作业人员进行安全技术交底，做到作业前不交底不施工，作业人员对冬季施工安全措施不清楚不施工，交底人及被交底人未在双方签字书上签字不施工，并保留签字记录。

（3）备好保证低温施工的防寒、保温材料。

（4）备好适用低温施工的机具。

（5）做施工机具的保温、防寒、防火、保安设施。

（6）调整工地运输条件，保证运输效率与安全。

（7）加强与气象预测单位联系，预防寒流侵袭。

（8）对职工进行冬季施工的教育。

2. 冬季主要设备管理措施

（1）下雪天气不得运输重要电气设备。

（2）设备到货开箱后要集中放置设备库房或存放场，并做好防冻、防潮工作。

（3）露天放置的设备、仪表开箱验收后，先用塑料布防护，再恢复原包装要用帆布进行全面封盖。

（4）电气设备安装及调整应考虑气温对设备和测量器具所造成的影响，并采取相应的保温措施。

3. 电缆敷设冬季施工措施

电缆敷设前应清除走道上及电缆沟里的冰雪及杂物，并采取防滑措施。电缆展放时搭设保温棚，电缆轴放在保温棚内，防止电缆冻裂，电缆敷设时环境温度不得低于电缆的使用条件。电缆存放地点环境温度低于电缆的使用条件时，不要放电缆，等电缆在温暖地方存放24h后再敷设。长时间电缆敷设人员要注意保暖，以防冻伤。室外敷设电缆时不得用力摔打电缆以免将电缆皮摔裂损坏绝缘。

4. 高压电气设备电气试验冬季施工措施

冬季施工，对有些电气设备的高压电气试验受温度影响较大，如高压套管试验、变压器试验等等。所以对有些电气设备试验应采取保温措施，通过搭设工棚并放置电暖气进行升温（应采取相应的防火措施）。

5. 防冻措施

（1）冬季施工前，施工人员应在项目部安全员的组织下，准备充足的防寒服、棉安全帽等御寒用品，项目部采取集中供暖或电采暖的方式，以防冬季施工时发生人员冻伤事故。

（2）对消防器具应进行全面检查，对消防设施应做好保温防冻措施。

（3）真空泵、滤油机等机械设备夜间不用时必须将油、水放净，防止泵体和管路冻裂。机动车辆晚间停用后，水箱必须放水。循环水打压用的塑料管必须将水放尽，以防水箱及管子冻裂，油箱及容器内的油料冻结时，应采用热水或蒸汽化冻，严禁用火烤化。

（4）在低温下高空作业及使用手锤及大锤时，需佩带防寒用品，以防手脚冻僵发生危险。

（5）各种设备、仪器应有防冻、恒温设施，确保其精确度。对重要设备和精密仪器应采取特殊保护措施，防冻、防潮，防止设备和仪器的损坏。

（6）气温低于-5℃进行露天作业时，施工现场附近应设取暖休息室，取暖设施应符合防火规定，施工采暖供热设施必须悬挂明显标志，防止人员烫伤。

6. 防滑措施

（1）施工区域的冰雪应及时清除，尤其是道路、脚手架、跳板和走道上的冰雪应及时清除，并采取相应的防滑措施。

（2）起重作业时，应注意物体与地面，物体与物体之间的冻结，起重作业时，应检查起重物件是否捆绑牢固，是否防滑，如遇大风、大雪、大雾等恶劣气候条件时禁止吊装作业。

（3）高空作业配备好相应的安全防护设施，并在施工前检查施工现场，清理杂物和积雪，由于天气寒冷，肌肉容易发僵，因此登高前有必要进行一些热身运动，高处作业或吊装过程中应精力集中。

7. 防火措施

（1）进入冬季施工前，应对消防器具进行全面检查，对消防设施做好保温防冻措施。

（2）对取暖设施应进行全面检查，并加强用火管理，施工现场严禁明火取暖。

（3）由于冬季用电负荷增大，电工应对有关线路进行全面检查，并清除周围的易燃物，以防发生电起火现象。

（4）在易燃、易爆、配电设施区域应挂标志牌和警示牌。

（5）由于冬季施工比较干燥，电火焊作业应检查周围及下方有无易燃物，并采取可靠的措施，下班前必须检查火种是否全部熄灭，电源可靠断开，确认无误后可离开。

（6）氧气瓶、乙炔瓶要保持至少 5m 的距离，气瓶和明火的距离不得小于 10m，以防发生爆炸事故。

8. 防风措施

不宜在大风天气进行露天焊接，如确实需要时，应采取遮蔽防止静电及火花飞溅措施。

9. 防中毒措施

（1）为防止因生火、取暖或食堂等场所发生煤气中毒事故，应安装一氧化碳报警器，指定专人负责巡视检查。检查火炉使用情况，是否有发生火灾、煤气中毒的危险。

（2）封闭的场所必须有通风换气措施，燃气热水器必须安装在通风良好的地方，使用时必须保持通风。

10. 防交通事故措施

（1）广泛开展冬季行车安全教育，落实防冻、防滑、防雾和防火等具体措施，进一步提高驾驶员的冬季行车安全意识。

（2）冬季要特别加强车辆的维护、保养，杜绝由于车辆故障而引发事故。按照规定及时安排对车辆进行维修和保养，做到定期检查、计划维修、合理使用，使车辆始终保持良好的状况。

（3）认真贯彻落实车辆的各项管理制度，做好车辆的换季保养工作，要采用符合冬季使用的防冻液、润滑油和制动液、发动机和散热器外壳要安装防寒保温罩，尤其是刹车系统、转向系统、灯光系统必须完好可靠，确保车辆处于良好的技术状况。

（4）运输设备及材料的汽车、拖拉机等轮胎式机械

在冰雪路面上行驶时，应装防滑链，车辆行进中应保持行车距离，并适当拉长车距降低车速，防止尾追事故的发生。

11. 做好事故应急预案管理

要完善现场事故应急预案制度，建立冬季安全生产值班制度，落实抢险救灾人员、设备和物资，一旦发生重大安全事故时，确保能够高效、有序地做好紧急抢险救灾工作，最大限度地减轻灾害造成的人员伤亡和经济损失。

十、标准工艺施工

（一）标准工艺清单

标准工艺清单见表 1-10-2-9。

表 1-10-2-9　　**标准工艺清单**

序号	工艺编号	工 艺 名 称
土建工程（84 项）		
1	0101010101	墙面抹灰
2	0101010102	内墙涂料墙面
3	0101010103	内墙贴瓷砖墙面
4	0101010201	人造石或天然石材窗台
5	0101010202	外窗台
6	0101010301	细石混凝土地面
7	0101010302	贴通体砖地面
8	0101010303	防静电活动地板
9	0101010304	自流平地面
10	0101010306	耐磨地面
11	0101010401	涂料顶棚
12	0101010403	吊顶顶棚（铝扣板）
13	0101010501	木门
14	0101010502	钢板门、防火门
15	0101010505	塑钢、铝合金窗
16	0101010601	楼梯栏杆
17	0101010701	外墙贴砖墙面
18	0101010704	建筑外墙外保温
19	0101010705	外墙保温装饰一体板
20	0101010801	板材踏步
21	0101010802	细石混凝土踏步
22	0101010901	细石混凝坡道
23	0101010902	混凝土礓磋坡道
24	0101011001	预制混凝土散水
25	0101011002	细石混凝土散水
26	0101011001	平台护栏

续表

序号	工艺编号	工　艺　名　称
27	0101011201	卷材防水
28	0101011202	屋面块材保护层
29	0101011203	建筑物雨篷（有组织排水）
30	0101011204	装配式建筑物屋面檐口
31	0101011301	吊杆式灯具
32	0101011302	吸顶式灯具
33	0101011303	壁灯
34	0101011304	专用灯具
35	0101011305	建筑室内配电箱、开关及插座
36	0101011306	室内接地
37	0101011307	建筑物屋面避雷带
38	0101011401	屋顶风机
39	0101011402	墙体轴流风机
40	0101011403	通风百叶窗
41	0101011501	空调室内机布置
42	0101011502	空调室外机布置
43	0101011503	空调冷凝水
44	0101011504	空调室内、外机连接及电气部分
45	0101011601	预留套管
46	0101011602	室内给水管道
47	0101011603	给水设备
48	0101011701	室内排水管道布置
49	0101011702	雨水管道敷设
50	0101011703	地漏
51	0101011704	卫生器具（含大便器、小便器、洗手池和拖布池）
52	0101011801	建筑物沉降观测点
53	0101020101	构架梁
54	0101020102	构架柱（钢管结构）
55	0101020104	接地连接点
56	0101020105	变电构架基础
57	0101020106	混凝土保护帽（地面以上部分）
58	0101020107	独立避雷针
59	0101020201	设备支架（钢管结构）
60	0101020203	现浇混凝土设备基础（电坑池、GIS等大体积混凝土）
61	0101020204	现浇混凝土设备基础（其他设备）
62	0101020301	普通预埋件
63	0101020401	现浇混凝土主变压器基础

续表

序号	工艺编号	工　艺　名　称
64	0101020402	主变压器混凝土油池
65	0101020403	主变压器油池壁预制压顶
66	0101020504	混凝土装配式防火墙
67	0101030101	清水砌筑围墙
68	0101030107	围墙预制压顶
69	0101030109	围墙变形缝
70	0101030203	重力式块石挡土墙
71	0101030401	自动金属大门
72	0101030501	郊区型道路
73	0101030504	广场地砖（含细石混凝土、透水砖）
74	0101030601	碎石场地
75	0101030701	雨水井
76	0101030702	检查井
77	0101030802	现浇混凝土沟壁
78	0101030804	预制电缆沟盖板
79	0101030902	端子箱现浇清水混凝土基础
80	0101031001	场区普通灯具
81	0101031101	照明软线或扁铁接地
82	0101031202	灯具现浇混凝土基础
83	0101040101	消防给水
84	0101040102	SP 泡沫灭火消防系统

变电工程（53 项）

序号	工艺编号	工　艺　名　称
1	0102010101	主变压器、油浸式电抗器安装
2	0102010102	主变压器接地引线安装
3	0102010201	中性点系统设备安装
4	0102020101	油浸式站用变压器安装
5	0102020201	配电盘（开关柜）安装
6	0102030101	绝缘子串组装
7	0102030102	支柱绝缘子安装
8	0102030104	软母线安装
9	0102030105	引下线及跳线安装
10	0102030106	悬吊式管形母线安装
11	0102030107	支撑式管形母线安装
12	0102030108	矩形母线
13	0102030201	断路器安装
14	0102030202	隔离开关安装
15	0102030203	电流电压互感器安装
16	0102030204	避雷器安装
17	0102030206	组合电器（GIS）安装

续表

序号	工艺编号	工艺名称
18	0102030205	穿墙套管安装
19	0102030207	干式电抗器安装
20	0102030208	装配式电容器安装
21	0102030210	放电线圈安装
22	0102040101	屏、柜安装
23	0102040102	端子箱安装
24	0102040103	就地控制柜安装
25	0102040104	二次回路接线
26	0102040201	蓄电池安装
27	0102050101	电缆保护管配置及敷设工程
28	0102050201	电缆沟内支架制作及安装
29	0102050202	电缆桥架制作及安装
30	0102050301	直埋电缆敷设
31	0102050302	穿管电缆敷设
32	0102050303	支、吊架上电缆敷设
33	0102050401	电力电缆终端制作及安装
34	0102050402	控制电缆终端制作及安装
35	0102050501	电缆沟内阻火墙
36	0102050502	孔洞管口封堵

续表

序号	工艺编号	工艺名称
37	0102050503	盘、柜底部封堵
38	0102060101	独立避雷针引下线安装
39	0102060102	构架避雷针的引下线安装
40	0102060201	主接地网安装
41	0102060202	构支架接地安装
42	0102060203	爬梯接地安装
43	0102060204	设备接地安装
44	0102060205	屏柜内接地安装
45	0102060206	户内接地装置安装
46	0102070101	光端机安装
47	0102070102	程控交换机安装
48	0102070103	光缆敷设及接线
49	0102070201	通信系统防雷、接地
50	0102080001	视频监控系统探头安装
51	0102080002	视频监控系统主机安装
52	0102080003	火灾报警安装
53	0102080004	温度感应线安装

（二）部分工艺标准、施工要点及实施效果

部分见表 1-10-2-10。

表 1-10-2-10　　部分工艺标准、施工要点及实施效果

序号	工艺名称	效果图片	施工方法	工艺标准及主要控制指标
1	涂料顶棚（亮点：涂料涂饰均匀，黏结牢固，颜色均匀一致）		（1）基层处理平整、纹理质感一致，基层表面不宜太光滑，以免影响涂料与基层的黏结力。 （2）在刮腻子前，先刷一遍与涂料体系相同或相应的稀乳液，增强与腻子或涂料的黏结力。 （3）满刮腻子2遍，待干燥后再用砂纸打磨。 （4）涂刷涂料不宜过薄，涂刷两遍，在正常气温下，每遍的涂刷时间间隔约1h	（1）涂料耐洗刷性≥500次。 （2）平整度偏差≤2mm。 （3）乳胶漆性能要求：VOC含量≤100g/L
2	细石混凝土坡道		（1）清水混凝土工艺，一次浇筑，不得二次抹面。 （2）坡道边角应顺直，面层表面洁净，无裂纹、脱皮、麻面和起砂现象。 （3）坡道的齿角应整齐，防滑条应顺直。 （4）踏步与建构筑物间应留置20～25mm宽变形缝，采用硅酮耐候胶封闭	（1）长宽尺寸度偏差≤10mm。 （2）表面平整度偏差≤2mm。 （3）坡道边角偏差≤3mm

序号	工艺名称	效 果 图 片	施 工 方 法	工艺标准及主要控制指标
3	建筑物雨篷		（1）建筑物雨篷宜采取有组织排水方式，外观应平整方正，棱角平直。 （2）雨篷梁应设为反梁。宽度同墙体，高度≥雨篷翻边 50mm，框架结构雨篷梁长度至两侧框架柱为止，砖混结构雨篷梁长度至两侧结构构造柱为止或雨篷外边缘各 500mm。 （3）雨篷下口应设滴水线条和滴水线槽。滴水线条宽度为 50mm，厚度为 10～15mm；线槽居于滴水线条正中，深度为 10mm，宽度为 10～12mm，离墙面 30mm 处设置断水口。 （4）滴水线条、滴水线槽应顺直美观，无变形。 （5）雨篷上雨水采取有组织排水，就近接入主落水管或单独设置落水管并距离地面 900mm 处设置检修口），且排水通畅。外观工艺应美观，固定牢固。具体做法依照图纸施工	（1）垂直度偏差≤3mm。 （2）平整度偏差≤3mm。 （3）阴阳角方正偏差≤3mm。 （4）预留洞口中心线≤3mm，尺寸偏差≤3mm
4	建筑物沉降观测点		（1）按照设计要求设置沉降点，保护完好，标识清晰、规范。 （2）安装高度统一离室外地坪 0.5m。 （3）沉降观测点位置与落水管错开，与落水管间距≥100mm。 （4）铭牌四周统一采用耐候胶进行打胶处理，宽度为 5mm。 （5）可采用有保护盒的方式，保护盒采用不锈钢材质，底部钻孔，防止积水	（1）安装高度统一离室外地坪 0.5m。 （2）与落水管间距≥100mm
5	混凝土保护帽（亮点：①混凝土表面光滑、平整、颜色一致，无蜂窝麻面、气泡。②外观棱角分明，线条流畅，外形美观，倒角角线坚硬、内侧光滑）		（1）采用普通硅酸盐水泥，强度等级 42.5。 （2）采用定型钢模，接缝处粘贴海绵条。模板必须固定牢固，防止浇筑时发生位移。 （3）用 φ30mm 振捣棒插入振捣，或用振捣棒从模板外侧振捣，确保浇筑质量。 （4）使用塑料角线倒圆角。 （5）保护帽顶部向外找坡 5mm，以便排水	（1）采用清水混凝土施工工艺，混凝土表面光滑、平整、颜色一致，无蜂窝麻面、气泡等缺陷。 （2）外部环境对混凝土影响严重时，可刷透明混凝土保护涂料，用于封闭孔隙、延长耐久年限。 （3）外观棱角分明，线条流畅，外形美观，使用的倒角角线应坚硬、内侧光滑。 （4）全站保护帽的型式统一、高度一致

续表

序号	工艺名称	效 果 图 片	施 工 方 法	工艺标准及主要控制指标
6	细石混凝土散水（亮点：面层表面洁净，无裂纹、脱皮、麻面和起砂现象）		（1）根据散水的外形尺寸支好侧模，放好分隔缝模板，支设时要拉通线、抄平，做到通顺、平直、坡向正确。 （2）混凝土浇筑前，清除模板内的杂物，湿润模板及灰土垫层，但水不可过多。 （3）采用平板式振捣器，振实压光，应随打随抹，一次完成，用原浆压光。 （4）待混凝土初凝时，用专业工具将散水外边沿溜圆、压光，用抹子压光混凝土面层，待混凝土终凝后有一点强度时，拆除侧模，起出分隔条。 （5）散水 3m 设置一道分隔缝，转角处倒圆角，避免掉角，变形缝设置在两侧，中间向两边坡水	（1）面层表面洁净，无裂纹、脱皮、麻面和起砂现象。 （2）宜采用清水混凝土施工工艺，一次浇制成型。 （3）踏步与建（构）筑物间应留置 20～25mm 宽变形缝，采用 1∶1 沥青砂填充，硅酮耐候胶封闭
7	主变防火墙构架接地安装（亮点：主变防火墙构架接地引线采用专用线夹固定，在引线下部设置断开点，便于进行导通试验，并能消除因温差产生的接地线缩胀）		（1）接地体（扁钢或铜排）采用硬母线固定金具安装。 （2）为了热胀冷缩的效果更好，伸缩节用 2 根铜排制作。 （3）上下接地体间的伸缩缝为 100～150mm。 （4）固定金具用内膨胀螺栓固定。 （5）接触面做溻锡处理	（1）消除因温差产生的接地线缩胀。 （2）黄绿色标采用防水荧光纸
8	管母线安装（亮点：母线平直，三相平行）		（1）焊接采用全自动氩弧焊机施焊，管材顺时针转动以保证焊接位置。 （2）焊后，必须待焊口温度降到 200℃以下时方可移动管子。 （3）焊缝采用 2 层焊接，不应采用多道焊接，每焊一层一次焊完，减少焊接接头。 （4）吊装前，管母线的绝缘子串、均压环、屏蔽环、封端环均已上好；在地面上安装好金具、封端球，注意封端球的滴水孔应向下。 （5）管母线吊装采用吊车串吊装方法。吊装时四点同时起吊，使管母线水平上升、缓慢就位	（1）母线平直，端部整齐，挠度一致。 （2）三相平行，相距一致。 （3）跳线走向自然，三相一致。 （4）均压环安装应无划痕、毛刺，安装牢固、平整、无变形；均压环宜在最低处打排水孔
9	防火封堵安装（亮点：防火堵料的上平面呈规整几何形并加金属条保护，保证防火封堵美观，不易损坏）		（1）按照盘、柜底部尺寸切割防火板。 （2）在封堵盘、柜底部时，封堵应严实可靠，不应有明显的裂缝和可见的孔隙，孔洞较大者应加防火板后再进行封堵	防火堵料的上平面呈规整几何形并加金属条保护；保证防火封堵美观，不易损坏

续表

序号	工艺名称	效 果 图 片	施 工 方 法	工艺标准及主要控制指标
10	电缆保护管配置及敷设工程工艺（亮点：敷设美观，长度合适，无毛刺和尖锐棱角）		（1）根据敷设路径精确测量各设备所需保护管长度。 （2）根据各设备敷设的电缆型号，选择合适的保护管。 （3）保护管的管口应进行钝化处理，无毛刺和尖锐棱角，弯曲时宜采用机械冷弯。 （4）镀锌保护管管口、锌层剥落处也应涂以防腐漆	（1）保护管的内径与电缆外径之比不得小于 1.5。 （2）每根电缆管的弯头不应超过 3 个，直角弯不应超过 2 个。保护管的弯制角度应大于 90°。 （3）明敷电缆管应安装牢固，横平竖直，管口高度、弯曲弧度一致。支点间距离不宜超过 3m。 （4）电缆管应有不小于 0.1% 的排水坡度
11	爬梯接地安装工艺（亮点：工艺美观，连接点牢固，标识鲜明、涂刷一致且）		（1）爬梯接地线材料采用镀锌扁钢，表面锌层完好，无损伤。 （2）爬梯接地线采用螺栓连接方式。 （3）焊接时扁钢宽度的 2 倍，3 面焊接。 （4）接地线弯制应采用冷弯制作。 （5）接地标识漆涂刷一致	（1）接地螺栓规格：接地排宽度 25～40mm，≥M12 或 2×M10；接地排宽度 50～60mm，≥2×M12；接地排宽度 60mm 以上，≥2×M16 或 4×M10。 （2）接至电气设备上的接地线应采用镀锌螺栓连接。并应设置防松螺母或防松垫片，确保紧密牢固。 （3）接地网连接焊接处涂防腐漆，接地标示油漆色带为黄绿相间，接地标识颜色分割清晰，宽窄一致，美观统一
12	二次接线（亮点：采用大 S 弯的二次接线工艺，接线横平竖直、弯度一致）		（1）每个接线端子每侧接线宜为 1 根。对于插接式端子，不同截面的两根导线不得接在同一端子上；插入的电缆芯剥线长度适中，铜芯不外露。对于螺栓连接端子，需将剥除护套的芯线弯圈，弯圈的方向为顺时针，弯圈的大小与螺栓的大小相符，不宜过大，当接两根导线时，中间应加平垫片。 （2）引入屏柜、箱内的铠装电缆应将钢带切断，切断处的端部应扎紧，钢带应在端子箱一点接地，至保护室的控制电缆屏蔽层在始末两端分别接地，其余短电缆屏蔽层一端接地。 （3）备用芯应满足端子排最远端子接线要求，应加套标有电缆编号的号码管，且线芯不得裸露。 （4）间隔 10 个及以上端子排的二次配线应加号码管。 （5）每个接地螺栓上所引接的屏蔽接地线鼻不得超过两根	（1）电缆排列整齐，编号清晰，无交叉，固定牢固，不得使所接的端子排受到机械应力。 （2）芯线按垂直或水平有规律地配置，排列整齐、清晰、美观，回路编号正确，绝缘良好，无损伤。芯线绑扎扎头带头间距统一、美观。 （3）直线型接线方式应保证直线段水平，间距一致；S 形接线方式应保证 S 弯弧度一致。 （4）芯线号码管长度一致，字体向外。 （5）电缆挂牌固定牢固，悬挂整齐

续表

序号	工艺名称	效　果　图　片	施　工　方　法	工艺标准及主要控制指标
13	电缆沟防火墙安装（亮点：封堵密实、排水通畅）	 	（1）防火涂料应按一定浓度稀释，搅拌均匀，并应顺电缆长度方向进行涂刷，涂刷厚度或次数、间隔时间应符合材料使用要求。 （2）封堵应严实可靠，不应有明显的裂缝和可见的孔隙。 （3）阻火墙两侧的电缆周围利用有机堵料进行密实的分隔包裹，其两侧厚度大于阻火墙表层的20mm，电缆周围的有机堵料宽度不得小于30mm，呈几何图形，面层平整。 （4）电缆沟阻火墙宜预先布置PVC管，以便日后扩建	（1）阻火墙中间采用无机堵料堆砌，其厚度一般不小于150mm，两侧采用10mm以上厚度的防火板封隔。 （2）阻火墙顶部用有机堵料填平整，并加盖防火板；底部必须留有排水孔洞。 （3）阻火墙两侧不小于1m范围内电缆应涂刷防火涂料，厚度为（1±0.1）mm。 （4）沟底、防火板的中间缝隙应采用有机堵料做线脚封堵，厚度大于阻火墙表层的10mm，宽度不得小于20mm，呈几何图形，面层平整。 （5）阻火墙上部的电缆盖上应涂刷红色的明显标记
14	组合电器（GIS）安装	 	（1）部件装配应在环境温度−10～40℃之间，无风沙、无雨雪的条件下进行，并根据《输变电工程设备安装质量管理重点措施（试行）》（基建安质〔2014〕38号）文要求严格采取防尘、防潮措施。 （2）应按制造厂的编号和规定的程序进行装配，不得混装。 （3）各个气室预充压力检查必须符合产品技术要求。 （4）应对可见的触头连接、支撑绝缘件和盘式绝缘子进行检查，应清洁无损伤。 （5）法兰对接前应先对法兰面、密封槽及密封圈进行检查，法兰面及密封槽应光洁、无损伤，对轻微伤痕可平整。密封面、密封圈用清洁无纤维裸露白布或不起毛的擦拭纸蘸无水酒精擦拭干净。密封圈应确认规格正确，然后在空气一侧均匀地涂密封剂，涂完密封剂应立即接口或盖封板，并注意不得使密封剂流入密封圈内侧。 （6）对接过程测量法兰间隙距离均匀。连接完毕相间对称地拧紧螺栓，所有螺栓的紧固均应使用力矩扳手，其力矩值应符合产品的技术规定。 （7）GIS元件拼装前，应用清洁无纤维白布或不起毛的擦拭纸、吸尘器（尤其是内壁、对接面）清理干净；盆式绝缘子应清洁、完好。 （8）母线安装时，应先检查表面及触指有无生锈、氧化物、划痕及凹凸不平处。如有，则采用砂纸将其处理干净平整，并用清洁无纤维裸露白布或不起毛的擦拭纸沾无水酒精洗净触指内部，在触指上涂上薄薄的一层电力复合脂，如不立即安装，应先用塑料纸将其包好。安装时将母线放在专用小车上，推进母线筒到刚好与触头座接触上，然后用母线插入工具，将母线完全推进触头座内；垂直母线采用专用工具进行安装。母线对接应通过观察孔或其他方式进行检查和确认。 （9）伸缩节安装长度符合产品技术文件要求	（1）组合电器应可靠固定。调整垫片或调整螺栓应用符合产品和规范要求。 （2）电气连接可靠，且接触良好。 （3）组合电器及其传动机构的联动正常，无卡阻现象，分、合闸指示正确，辅助开关及电气闭锁动作正确可靠。 （4）支架及接地线应无锈蚀和损伤，接地应良好。 （5）气室隔断标识完整、清晰。 （6）电缆及二次接线排列整齐、美观，固定与防护措施可靠，有条件时采用封闭桥架形式。 （7）油漆应完整，相色标识正确 （8）组合电器的外套筒法兰连接处应作可靠跨接或确保法兰间的良好接触。 （9）GIS分支母线三相汇流母线连接符合产品及设计要求，并就近接入主接地网

十一、绿色施工

略。

十二、创优策划

略。

十三、主要经济技术指标

略。

第二篇

智能变电站换流站巡检新技术

第一章

变电站换流站巡检管理创新

第一节　变电运维管理

一、概述

（一）变电运维管理规定产生背景

为规范国家电网公司（以下简称"公司"）变电运维管理，提高运维水平保证运维质量，依据国家法律法规及公司有关规定，国家电网公司以规章制度编号国网（运检/3）828—2017制定了《国家电网公司变电运维管理规定（试行）》（以下简称"规定"）。该规定对变电运维工作的运维班管理、生产准备、运行规程管理、设备巡视倒闸操作、故障及异常处理、工作票管理、缺陷管理、设备维护专项工作、辅助设施管理、运维分析、运维记录及台账、档案资料、仪器仪表及工器具、人员培训、检查与考核等方面做出了规定。

（二）变电运维管理原则

变电运维管理坚持"安全第一，分级负责，精益管理，标准作业，运维到位"的原则。

（1）安全第一。指变电运维工作应始终把安全放在首位，严格遵守国家及公司各项安全法律和规定，严格执行《国家电网公司电力安全工作规程》，认真开展危险点分析和预控，严防人身、电网和设备事故。

（2）分级负责。指变电运维工作按照分级负责的原则管理，严格落实各级人员责任制，突出重点，抓住关键，严密把控，保证各项工作落实到位。

（3）精益管理。指变电运维工作坚持精益求精的态度，以精益化评价为抓手深入工作现场、深入设备内部、深入管理细节，不断发现问题，不断改进，不断提升，争创世界一流管理水平。

（4）标准作业。指变电运维工作应严格执行现场运维标准化作业，细化工作步骤，量化关键工艺，工作前严格审核，工作中逐项执行，工作后责任追溯，确保作业质量。

（5）运维到位。指各级变电运维人员应把运维到位作为运维阶段工作目标，严格执行各项运维细则，按规定开展巡视、操作、维护、检测、消缺工作，当好设备主人，把设备运维到最佳状态。

（三）规定适用范围

规定适用于公司系统35kV及以上变压器（电抗器）、断路器、组合电器、隔离开关、开关柜、电流互感器、电压互感器、避雷器、并联电容器、干式电抗器、串联补偿装置、母线及绝缘子、穿墙套管、电力电缆、消弧线圈、高频阻波器、耦合电容器、高压熔断器、中性点隔直装置、接地装置、端子箱及检修电源、站用变、站用交流电源、站用直流电源、构支架、辅助设施、土建设施、避雷针等28类设备和设施的运维工作。继电保护、自动化等二次设备另行规定。

（四）对运维人员的一般规定

运维人员在现场工作中应高度重视人身安全，针对带电设备、启停操作中的设备、瓷质设备、充油设备、含有毒气体设备、运行异常设备及其他高风险设备或环境等应开展安全风险分析，确认无风险或采取可靠的安全防护措施后方可开展工作，严防工作中发生人身伤害。

（1）运维人员应接受相应的安全生产教育和岗位技能（设备巡视、设备维护、倒闸操作、带电检测等）培训，经考试合格上岗。

（2）运维人员因故离岗连续三个月以上者，应经过培训并履行电力安全规程考试和审批手续，方可上岗正式承担运维工作。

（3）运维人员应掌握所管辖变电站电气设备的各级调度管辖范围，倒闸操作应按值班调控人员或运维负责人的指令执行。

（4）运维人员应严格执行相关规程规定和制度，完成所辖变电站的现场倒闸操作、设备巡视、定期轮换试验、消缺维护及事故处理等工作。

（5）运维人员应统一着装，遵守劳动纪律，在值班负责人的统一指挥下开展工作，且不得从事与工作无关的其他活动。

（五）变电站分类

目前我国通常按照电压等级以及该变电站在电网中的重要性将其分为一类、二类、三类、四类变电站，分类的目的是对各类变电站实施分级管理，实施差异化运检。国网公司负责组织并提出一类变电站工作要求，省公司运检部及各级运维单位负责编制二类、三类、四类变电站工作方案并具体实施。各单位要按照公司变电站分类要求，每年及时调整本单位负责运维的各类变电站目录（"单位"栏中填写省检修公司和地市供电公司；"分类原因"按照公司变电站分类标准对应类别填写；按照一类、二类、三类、四类变电站顺序填写），于每年1月31日前报国网运检部备案。

（1）一类变电站是指交流特高压站，直流换流站，核电、大型能源基地（300万kW及以上）外送及跨大区（华北、华中、华东、东北、西北）联络750kV/500kV/330kV变电站。

（2）二类变电站是指除一类变电站以外的其他750kV/500kV/330kV变电站、电厂外送变电站（100万kW及以上、300万kW以下）及跨省联络220kV变电站，主变或母线停运、开关断动造成四级及以上电网事件的变电站。

（3）三类变电站是指除二类以外的220kV变电站、电厂外送变电站（30万kW及以上、100万kW以下），主变或母线停运、开关拒动造成五级电网事件的变电站，为一级及以上重要用户直接供电的变电站。

（4）四类变电站是指除一类、二类、三类以外的35kV及以上交电站。

二、职责分工

（一）总部职责

1. 国家电网公司运维检修部（以下简称"国网运检部"）职责

（1）贯彻落实国家相关法律法规、行业标准及公司有关标准、规程、制度、规定。

（2）组织制定公司变电站运维管理制度。

（3）指导、监督、检查、考核省公司变电运维工作，协调解决相关问题。

（4）制订特高压变电站生产准备工作方案并督促落实。

（5）组织变电站重大设备故障、异常及隐患技术分析。

（6）组织公司系统变电运维技术培训和专业交流。

2．国家电网公司安全监察质量部（以下简称"国网安质部"）职责

（1）负责变电站运维安全监督。

（2）负责电力设施保护、消防、防汛、防灾减灾、交通安全的监督检查。

（3）负责变电站防误闭锁专业管理。

（4）负责变电站应急管理以及变电安全事件的调查分析及考核。

3．国家电网公司国家电力调度中心［含电力调控分中心，以下简称"国（分）调中心"］职责

（1）负责国家电网调度运行、设备监控、系统运行、调度计划、继电保护、自动化等专业管理。

（2）负责直调设备的调度组织、运行方式安排及调整。

4．国网设备状态评价中心（以下简称"国网评价中心"）职责

（1）协助国网运检部开展变电专业技术管理，参与制定并落实公司运维相关制度、标准，对运维中出现的问题提供技术支持。

（2）协助开展变电站重大设备故障、异常及隐患技术分析。

（3）协助国网运检部开展变电运维技术培训工作。

（二）省公司职责

1．省（自治区、直辖市）电力公司（以下简称省公司）运维检修部（以下简称"省公司运检部"）职责

（1）贯彻落实国家相关法律法规、行业标准及公司有关标准、规程、制度、规定。

（2）指导、监督、检查、考核地市公司、省检修公司变电运维工作，协调解决相关问题。

（3）组织本单位变电站现场运行通用规程的编制修订。

（4）组织一类变电站生产准备工作。

（5）组织本单位变电站设备故障、异常及隐患技术分析。

（6）组织本单位变电运维技术培训和专业交流。

2．省公司安全监察质量部（以下简称"省公司安质部"）职责

（1）负责本单位变电站运维安全监督。

（2）负责本单位电力设施保护、消防、防汛、防灾减灾、交通安全的监督检查。

（3）负责本单位变电站防误闭锁专业管理。

（4）负责本单位变电站应急管理以及变电安全事件的调查分析及考核。

3．省电力调度控制中心（以下简称"省调控中心"）职责

（1）负责所辖电网调度运行、设备监控、系统运行、调度计划、继电保护、自动化等专业管理。

（2）负责所辖电网设备的调度组织、运行方式安排及调整。

（3）负责监控职责范围内设备运行信息监控，及时向运维单位或部门发送设备异常信息。

4．省设备状态评价中心（以下简称"省评价中心"）职责

（1）协助省公司运检部开展变电专业技术管理，参与制定并落实公司运维相关制度、标准，对运维中出现的问题提供技术支持。

（2）协助省公司运检部开展变电站设备故障、异常及隐患技术分析。

（3）协助省公司运检部开展变电运维技术培训工作。

（三）省检修公司职责

1．省检修公司运维检修部（以下简称"省检运检部"）职责

（1）贯彻落实国家相关法律法规、行业标准、公司及省公司有关标准、规程、制度、规定。

（2）指导、监督、检查、考核变电检修中心、运维分部（变电运维中心）、特高压交直流运检中心变电运维工作，协调解决相关问题。

（3）组织本单位所辖变电站现场运行专用规程的编制修订。

（4）组织开展所辖变电站生产准备。

（5）组织本单位变电站设备故障、异常及隐患技术分析。

（6）组织本单位变电运维技术培训和专业交流。

2．省检修公司安全监察质量部（以下简称"省检安质部"）职责

（1）负责本单位变电站运维安全监督。

（2）负责本单位电力设施保护、消防、防汛、防灾减灾、交通安全的监督检查。

（3）负责本单位变电站防误闭锁专业管理。

（4）负责本单位变电站应急管理以及变电安全事件的调查分析及考核。

3．省检修公司变电检修中心职责

（1）贯彻执行国家相关法律法规、行业标准、公司及省公司有关标准、规程、制度、规定。

（2）指导、监督、检查、考核检修班组变电运维相关工作，协调解决相关问题。

（3）开展变电站专业巡视。

（4）制订相关消缺方案并实施。

（5）开展变电站生产准备相关工作。

4. 省检修公司运维分部（变电运维中心）职责

（1）贯彻执行国家相关法律法规、行业标准、公司及省公司有关标准、规程、制度、规定。

（2）指导、监督、检查、考核运维班变电运维工作，办调解决相关问题。

（3）组织开展变电站例行、全面、熄灯、特殊、专业巡视。

（4）制订相关维护、消缺方案并实施。

（5）开展变电站生产准备相关工作。

（6）开展所辖变电站现场运行专用规程的编制修订。

5. 省检修公司特高压交直流运检中心职责

（1）贯彻执行国家相关法律法规、行业标准、公司及省公司有关标准、规程、制度、规定。

（2）指导、监督、检查、考核运维班变电运维工作，协调解决相关问题。

（3）组织开展特高压变电站例行、全面、熄灯、特殊、专业巡视。

（4）制订维护、消缺方案并实施。

（5）开展特高压变电站生产准备相关工作。

（6）开展特高压变电站现场运行专用规程的编制修订。

6. 省检修公司变电运维班职责

（1）执行上级各项规章制度、技术标准和工作要求。

（2）开展变电站运行维护、日常管理及运维分析工作。

（3）负责所辖变电站现场运行专用规程的编制修订。

（4）完成变电站生产准备相关工作。

（5）负责所辖变电站的倒闸操作。

（6）负责变电站故障及异常处理，参加故障分析工作。

（7）负责将设备运维信息录入PMS系统。

7. 省检修公司变电检修班职责

（1）执行上级各项规章制度、技术标准和工作要求。

（2）开展变电站专业巡视。

（3）按照缺陷管理要求及时消除相关缺陷。

（4）负责将设备消缺信息录入PMS系统。

（四）地市公司职责

1. 地市公司运维检修部（以下简称"地市公司运检部"）职责

（1）贯彻落实国家相关法律法规、行业标准、公司及省公司有关标准、规程、制度、规定。

（2）指导、监督、检查、考核变电检修室、变电运维室、县公司变电运维工作，协调解决相关问题。

（3）组织本单位所辖变电站现场运行专用规程的编制修订。

（4）组织开展所辖变电站生产准备。

（5）组织本单位变电站设备故障、异常及隐患技术分析。

（6）组织本单位变电运维技术培训和专业交流。

2. 地市公司安全监察质量部（以下简称"地市安质部"）职责

（1）负责本单位变电站运维安全监督。

（2）负责本单位电力设施保护、消防、防汛、防灾减灾、交通安全的监督检查。

（3）负责本单位变电站防误闭锁专业管理。

（4）负责本单位变电站应急管理以及变电安全事件的调查分析及考核。

3. 地市公司电力调度控制中心（以下简称"地市调控中心"）职责

（1）负责所辖电网调度运行、设备监控、系统运行、调度计划、继电保护、自动化等专业管理。

（2）负责所辖电网设备的调度组织、运行方式安排及调整。

（3）负责监控职责范围内设备运行信息监控，及时向运维单位或部门发送设备异常信息。

4. 地市公司变电运维室职责

（1）贯彻执行国家相关法律法规、行业标准、公司及省公司有关标准、规程、制度、规定。

（2）指导、监督、检查、考核运维班变电运维工作，协调解决相关问题。

（3）组织开展变电站例行、全面、熄灯、特殊巡视。

（4）制订相关维护、消缺方案并实施。

（5）开展变电站生产准备相关工作。

（6）开展所辖变电站现场运行专用规程的编制修订。

5. 地市公司变电检修室职责

（1）贯彻执行国家相关法律法规、行业标准、公司及省公司有关标准、规程、制度、规定。

（2）指导、监督、检查、考核检修班组变电运维相关工作，协调解决相关问题。

（3）开展变电站专业巡视。

（4）制订相关消缺方案并实施。

（5）开展变电站生产准备相关工作。

（6）参与所辖变电站现场运行专用规程的编制修订

6. 地市公司变电运维班职责

（1）执行上级各项规章制度、技术标准和工作要求。

（2）开展变电站运行维护、日常管理及运维分析工作。

（3）负责所辖变电站现场运行专用规程的编制修订。

（4）完成变电站生产准备相关工作。

（5）负责所辖变电站的倒闸操作。

（6）负责变电站故障及异常处理，参加故障分析工作。

（7）负责将设备运维信息录入PMS系统。

7. 地市公司变电检修班职责

（1）执行上级各项规章制度、技术标准和工作要求。

（2）开展变电站专业巡视。

（3）按照缺陷管理要求及时消除相关缺陷。

（4）负责将设备消缺信息录入PMS系统。

（五）县公司职责

1. 县公司运维检修部（以下简称"县运检部"）职责

（1）贯彻落实国家相关法律法规、行业标准、公司及省公司有关标准、规程、制度、规定。

（2）组织本单位所辖变电站现场运行专用规程的编制修订。

（3）指导、监督、检查、考核变电运维工作，协调解决相关问题。

（4）组织开展变电站例行、全面、熄灯、特殊、专业巡视。

（5）组织开展所辖变电站生产准备。

（6）组织本单位变电站设备故障、异常及隐患技术分析。

（7）制订维护、消缺方案并实施。

（8）组织本单位变电运维技术培训和专业交流。

2. 县公司安全监察质量部（以下简称"县安质部"）职责

（1）负责本单位变电站运维安全监督。

（2）负责本单位电力设施保护、消防、防汛、防灾减灾、交通安全的监督检查。

（3）负责本单位变电站防误闭锁专业管理。

（4）负责本单位变电站应急管理以及变电安全事件的调查分析及考核。

3. 县公司电力调度控制中心（以下简称"县调控中心"）职责

（1）负责所辖电网调度运行、设备监控、系统运行调度计划、继电保护、自动化等专业管理。

（2）负责所辖电网设备的调度组织、运行方式安排及调整。

（3）负责监控职责范围内设备运行信息监控，及时向运维单位或部门发送设备异常信息。

4. 县公司变电运维班职责

（1）执行上级各项规章制度、技术标准和工作要求。

（2）开展变电站运行维护、日常管理及运维分析工作。

（3）负责所辖变电站现场运行专用规程的编制修订。

（4）完成变电站生产准备相关工作。

（5）负责所辖变电站的倒闸操作。

（6）负责变电站故障及异常处理，参加故障分析工作。

（7）负责将设备运维信息录入 PMS 系统。

5. 县公司变电检修班职责

（1）执行上级各项规章制度、技术标准和工作要求。

（2）开展变电站专业巡视。

（3）按照缺陷管理要求及时消除相关缺陷。

（4）负责将设备消缺信息录入 PMS 系统。

三、运维班管理

（一）变电运维班设置原则和岗位职责

1. 变电运维班设置原则

（1）运维班设置应综合考虑管辖变电站的数量、分布情况、工作半径、应急处置、基础设施和电网发展等因素。

（2）驻地宜设在重要枢纽变电站，原则上省检修公司运维班工作半径不宜大于 90km 或超过 90min 车程，地市公司运维班工作半径不宜大于 60km 或超过 60min 车程。

2. 运维班岗位职责

（1）班长岗位责任。

1）班长是本班安全第一责任人，全面负责本班工作。

2）组织本班的业务学习，落实全班人员的岗位责任制。

3）组织本班安全活动，开展危险点分析和预控等工作。

4）主持本班异常、故障和运行分析会。

5）定期巡视所辖变电站的设备，掌握生产运行状况，核实设备缺陷，督促消缺。

6）负责编制本班运维计划，检查、督促两票执行、设备维护、设备巡视和文明生产等工作。

7）负责大型停、送电工作和复杂操作的准备和执行工作。

8）做好新、改、扩建工程的生产准备，组织或参与设备验收。

（2）副班长（安全员）岗位责任。

1）协助班长开展班组管理工作。

2）负责安全管理，制定安全活动计划和组织实施。

3）负责安全工器具、备品备件、安全设施及安防、消防、防汛、辅助设施管理。

（3）副班长（专业工程师）岗位责任。

1）协助班长开展班组管理工作。

2）专业工程师是全班的技术负责人。

3）组织编写、修订现场运行专用规程、典型操作票、故障处理应急预案等技术资料。

4）编制本班培训计划，完成本班人员的技术培训工作。

5）负责技术资料管理。

（4）运维工岗位责任。

1）按照班长（副班长）安排开展工作。

2）接受调控命令，填写或审核操作票，正确执行倒闸操作。

3）做好设备巡视维护工作，及时发现、核实、跟踪、处理设备缺陷，同时做好记录。

4）遇有设备的事故及异常运行，及时向调控及相关部门汇报，接受、执行调控命令，对设备的异常及事故进行处理，同时做好记录。

5）审查和受理工作票，办理工作许可、终结等手续，并参加验收工作。

6）负责填写各类运维记录。

（二）运维班值班方式和交接班规定

1. 值班方式

（1）运维班值班方式应满足日常运维和应急工作的

需要，运维班驻地应 24h 有人值班，并保持联系畅通，夜间值班不少于 2 人，可采用以下两种值班模式。有条件的地区应逐步过渡到第二种值班模式。

（2）值班模式一：采用 3 班轮换制模式。除班组管理人员上正常白班外，其他运维人员平均分 3 值轮转，负责值班、巡视、操作、维护和应急工作。

（3）值班模式二：采用"2＋N"模式。"2"为至少 2 名 24h 值班人员，主要负责值班期间的应急工作，采用轮换值班方式；"N"为正常白班人员，负责巡视、操作和维护工作，夜间不值班（必要时可留守备班）。应急工作保持 24h 通信畅通，随叫随到，计划工作提前安排相应人员。

（4）偏远、交通不便等特殊地区可根据实际情况采用其他值班模式

2. 交接班规定

（1）运维人员应按照下列规定进行交接班。未办完交接手续之前，不得擅离职守。

（2）交接班前、后 30min 内，一般不进行重大操作。在处理事故或倒闸操作时，不得进行工作交接；工作交接时发生事故，应停止交接，由交班人员处理，接班人员在交班负责人指挥下协助工作。

（3）交接班方式。

1）轮班制值班模式：交班负责人按交接班内容向接班人员交代情况，接班人员确认无误后，由交接班双方全体人员签名后，交接班工作方告结束。

2）"2＋N"值班模式：交接班由班长（副班长）组织，每日早上班时，夜间值班人员汇报夜间工作情况，班长（副班长）组织全班人员确认无误并签字后，交接班工作结束；每日晚下班时，班长（副班长）向夜间值班人员交代全天工作情况及夜间注意事项，夜间值班人员确认无误并签字后，交接班工作结束。节假日时可由班长指定负责人组织交接班工作。

（4）交接班主要内容。

1）所辖变电站运行方式。

2）缺陷、异常、故障处理情况。

3）两票的执行情况，现场保留安全措施及接地线情况。

4）所辖变电站维护、切换试验、带电检测、检修工作开展情况。

5）各种记录、资料、图纸的收存保管情况。

6）现场安全用具、工器具、仪器仪表、钥匙、生产用车及备品备件使用情况。

7）上级交办的任务及其他事项。

（5）接班后，接班负责人应及时组织召开本班班前会，根据天气、运行方式、工作情况、设备情况等，布置安排本班工作，交代注意事项，做好事故预想。

（三）运维计划和文明生产

1. 运维计划

（1）计划制订。

1）运维工作实行计划管理，应根据公司停电计划、设备巡视和维护要求以及班组承载力制订年度计划、月度计划及周计划。

2）班组运维计划应统筹巡视、操作、带电检测、设备消缺、维护等工作，提高运维质量和效率。

（2）计划内容。

1）变电运维室（分部）、县公司运检部运维计划应包括生产准备、设备验收、技术培训、规程修编、季节性预防措施、倒闸操作、设备带电检测、设备消缺维护、精益化评价等工作内容。

2）变电运维班运维计划应包括倒闸操作、巡视、定期试验及轮换、设备带电检测及日常维护、设备消缺等工作内容。

（3）计划执行。

1）运维计划中的每项具体工作都应明确具体负责人员和完成时限。

2）计划中的工作负责人应按计划高质量完成工作。

3）相关管理人员应按照到岗到位要求监督检查计划的执行。

4）变电运维室（分部）和班组应每月对计划执行情况进行检查，提高运维工作质量。

2. 文明生产

（1）运维人员在岗期间应遵守劳动纪律，不做与运维工作无关的事。

（2）站内有卫生专责分工，做到分工明确，各负其责。

（3）站内环境整洁，场地平整，道路畅通，生活区保持整洁、有序。变电站照明、围墙、大门完好。

（4）站内工作场所，设备、材料放置整齐有序。工作完成之后，工作人员及时清理现场。

（5）站内有存放安全工具、工器具、仪表、备品备件、钥匙的专用器具，存放整齐。

（6）站内或运维班驻地有存放各类技术资料、图纸的专用柜，摆放整齐，标志醒目齐全。

（四）技术培训

1. 培训目标

（1）专业管理人员熟悉变电设备运维管理，掌握本规定各项管理要求。

（2）运维人员熟悉变电设备结构原理和技术特点，熟练掌握变电设备巡视、倒闸操作、缺陷管理、设备维护带电检测等相关技能。

2. 培训内容

（1）变电设备运维管理要求。

（2）变电设备巡视、倒闸操作、缺陷管理、设备维护、带电检测、故障及异常处理等内容。

（3）变电站现场运行规程和应急预案。

（4）变电设备巡视、维护作业卡及各项记录、报告的规范使用。

（5）两票使用及倒闸操作技能。

（6）变电设备结构原理和技术特点。

3．培训要求

（1）专业管理人员、运维人员每年至少参加1次变电设备运维细则培训。

（2）运维人员每月至少进行1次变电运维相关技术、技能培训。

（3）运维班应每月开展1次事故预想，每季度开展1次反事故演习。

四、生产准备和运行规程管理

（一）生产准备

1．生产准备内容

生产准备主要包括：明确运维单位、人员配置、人员培训、规程编制、工器具及仪器仪表、办公与生活设施购置、工程前期参与、验收及设备台账信息录入等。

2．生产准备工作方案

（1）一类变电站由省公司运检部组织编制变电站生产准备工作方案报国网运检部审核批准。二类变电站由运维单位组织编制变电站生产准备工作方案，报省公司运检部审核批准。三类、四类变电站由地市公司、省检修公司运检部组织编制变电站生产准备工作方案并实施。

（2）新建变电站核准后，主管部门应在1个月内明确变电站生产准备及运维单位。运维单位应落实生产准备人员，全程参与相关工作。

（3）运维单位应结合工程情况对生产准备人员开展有针对性的培训。

3．工程移交

运维单位应在建设过程中及时接收和妥善保管工程建设单位移交的专用工器具、备品备件及设备技术资料。应填写好移交清单，并签字备案。

4．其他工作

（1）工程投运前1个月，运维单位应配备足够数量的仪器仪表、工器具、安全工器具、备品备件等。运维班应做好检验、入库工作，建立实物资产台账。

（2）工程投运前1周，运维单位组织完成变电站现场运行专用规程的编写、审核与发布，相关生产管理制度、规范、规程、标准配备齐全。

（3）工程投运前1周，运维班应将设备台账、主接线图等信息按照要求录入PMS系统。

（4）在变电站投运前1周完成设备标志牌、相序牌、警示牌的制作和安装。

（5）运维单位应根据《国家电网公司变电验收管理规定》的要求开展验收工作。

（6）变电站启动投运后即实行无人值守（特高压站除外）。

（7）工程竣工资料应在工程竣工后3个月内完成移交。工程竣工资料移交后，根据竣工图纸对信息系统数据进行修订完善。

（二）运行规程管理

1．规程编制

（1）变电站现场运行规程是变电站运行的依据，每座变电站均应具备变电站现场运行规程。

（2）变电站现场运行规程分为"通用规程"与"专用规程"两部分。

1）"通用规程"主要对变电站运行提出通用和共性的管理和技术要求，适用于本单位管辖范围内各相应电压等级变电站。

2）"专用规程"主要结合变电站现场实际情况提出具体的、差异化的、针对性的管理和技术规定，仅适用于该变电站。

（3）变电站现场运行规程应涵盖变电站一次、二次设备及辅助设施的运行、操作注意事项、故障及异常处理等内容。

（4）变电站现场运行通用规程中的智能化设备部分可单独编制成册，但各智能变电站现场运行专用规程须包含站内所有设备内容。

（5）按照"运检部牵头、专业管理、分层负责"的原则，开展变电站现场运行规程编制、修订、审核与审批等工作，一类变电站现场运行专用规程报国网运检部备案，二类变电站现场运行专用规程报省公司运检部备案。

（6）新建（改、扩建）变电站投运前一周应具备经审批的变电站现场运行规程，之后每年应进行一次复审、修订，每五年进行一次全面的修订、审核并印发。

（7）变电站现场运行规程应依据国家、行业、公司颁发的规程、制度、反事故措施，运检、安质、调控等部门专业要求，图纸和说明书等，并结合变电站现场实际情况编制。

（8）变电站现场运行规程编制、修订与审批应严格执行管理流程，并填写"变电站现场运行规程编制（修订）审批表""变电站现场运行规程编制（修订）审批表"，应与现场运行规程一同存放。

（9）变电站现场运行规程审批表的编号原则为：单位名称＋运审审批＋年份＋编号。

（10）变电站现场运行通用规程由省公司组织编制，由各省公司分管领导组织运检、安质、调控等专业部门会审并签发执行。按照变电站电压等级分册，采用"省公司名称＋电压等级＋变电站现场运行通用规程"形式命名。

（11）变电站现场运行专用规程由省检修公司、地市公司组织编制，由分管领导组织运检、安质、调控等专业会审并签发执行。每座变电站应编制独立的专用规程，采用"单位名称＋电压等级＋名称＋变电站现场运行专用规程"的形式命名。

（12）变电站现场运行规程应在运维班、变电站及对应的调控中心同时存放。

（13）变电站现场运行规程格式按照《电力行业标准编写基本规定》（DL/T 600）、《国家电网公司技术标准管理办法》编排。

2．规程修订

（1）当发生下列情况时，应修订通用规程：

1）当国家、行业、公司发布最新技术政策，通用规程与此冲突时。

2）当上级专业部门提出新的管理或技术要求，通用规程与此冲突时。

3）当发生事故教训，提出新的反事故措施后。

4）当执行过程中发现问题后。

（2）当发生下列情况时，应修订专用规程：

1）通用规程发生改变，专用规程与此冲突时。

2）当各级专业部门提出新的管理或技术要求，专用规程与此冲突时。

3）当变电站设备、环境、系统运行条件等发生变化时。

4）当发生事故教训，提出新的反事故措施后。

5）当执行过程中发现问题后。

（3）变电站现场运行规程每年进行一次复审，由各级运检部组织，审查流程参照编制流程执行。不需修订的应在"变电站现场运行规程编制（修订）审批表"中出具"不需修订，可以继续执行"的意见，并经各级分管领导签发执行。

（4）变电站现场运行规程每5年进行一次全面修订，由各级运检部组织，修订流程参照编制流程执行，经全面修订后重新发布，原规程同时作废。

3. 主要内容

（1）通用规程主要内容。

1）规程的引用标准、适用范围、总的要求。

2）系统运行的一般规定。

3）一次设备倒闸操作、继电保护及安全自动装置投退操作等的一般原则与技术要求。

4）变电站事故处理原则。

5）一次、二次设备及辅助设施等巡视与检查、运行注意事项、检修后验收、故障及异常处理。

（2）专用规程主要内容。

1）变电站简介。

2）系统运行（含调度管辖范围、正常运行方式、特殊运行方式和事故处理等）。

3）一次、二次设备及辅助设施的型号与配置，主要运行参数，主要功能，可控元件（空开、压板、切换开关等）的作用与状态，运行与操作注意事项，检修后验收，故障及异常处理等。

4）典型操作票（一次设备停复役操作，运行方式变更操作，继电保护及安全自动装置投退操作等）。

5）图表（一次系统主接线图、交直流系统图，交直流系统空开保险级差配置表、保护配置表、主设备运行参数表等）。

五、设备巡视

（一）设备巡视基本要求、巡视分类及周期

1. 设备巡视基本要求

（1）运维班负责所辖变电站的现场设备巡视工作，

应结合每月停电检修计划、带电检测、设备消缺维护等工作统筹组织实施，提高运维质量和效率。

（2）巡视人员应注意人身安全，针对运行异常且可能造成人身伤害的设备应开展远方巡视，应尽量缩短在瓷质设备、充油设备附近的滞留时间。

（3）巡视应执行标准化作业，保证巡视质量。

（4）运维班班长、副班长和专业工程师应每月至少参加1次巡视，监督、考核巡视检查质量。

（5）对于不具备可靠的自动监视和告警系统的设备，应适当增加巡视次数。

（6）巡视设备时运维人员应着工作服，正确佩戴安全帽。雷雨天气必须巡视时应穿绝缘靴、着雨衣，不得靠近避雷器和避雷针，不得触碰设备、架构。

（7）为确保夜间巡视安全，变电站应具备完善的照明。

（8）现场巡视工器具应合格、齐备。

（9）备用设备应按照运行设备的要求进行巡视。

（10）各类巡视完成后应填写巡视记录，其中全面巡视应持标准作业卡巡视，并逐项填写巡视结果。

2. 巡视分类及周期

变电站的设备巡视检查一般分为例行巡视、全面巡视、熄灯巡视、专业巡视和特殊巡视。

（1）例行巡视。

1）例行巡视是指对站内设备及设施外观、异常声响、设备渗漏、监控系统、二次装置及辅助设施异常告警、消防安防系统完好性、变电站运行环境、缺陷和隐患跟踪检查等方面的常规性巡查，具体巡视项目按照现场运行通用规程和专用规程执行。

2）一类变电站每2天不少于1次；二类变电站每3天不少于1次；三类变电站每周不少于1次；四类变电站每2周不少于1次。

3）配置机器人巡检系统的变电站，机器人可巡视的设备可由机器人巡视代替人工例行巡视。

（2）全面巡视。

1）全面巡视是指在例行巡视项目基础上，对站内设备开启箱门检查，记录设备运行数据，检查设备污秽情况。检查防火、防小动物、防误闭锁等有无漏洞，检查接地引下线是否完好，检查变电站设备厂房等方面的详细巡查。全面巡视和例行巡视可一并进行。

2）一类变电站每周不少于1次；二类变电站每15天不少于1次；三类变电站每月不少于1次；四类变电站每2月不少于1次。

3）需要解除防误闭锁装置才能进行巡视的，巡视周期由各运维单位根据变电站运行环境及设备情况在现场运行专用规程中明确。

（3）熄灯巡视。

1）熄灯巡视指夜间熄灯开展的巡视，重点检查设备有无电晕、放电，接头有无过热现象。

2）熄灯巡视每月不少于1次。

（4）专业巡视。

1）专业巡视指为深入掌握设备状态，由运维、检修、设备状态评价人员联合开展对设备的集中巡查和检测。

2）一类变电站每月不少于1次；二类变电站每季不少于1次；三类变电站每半年不少于1次；四类变电站每年不少于1次。

（5）特殊巡视。

特殊巡视指因设备运行环境、方式变化而开展的巡视。遇有以下情况，应进行特殊巡视：

1）大风后。

2）雷雨后。

3）冰雪、冰雹后，雾霾过程中。

4）新设备投入运行后。

5）设备经过检修、改造或长期停运的重新报入系统运行后。

6）设备缺陷有发展时。

7）设备发生过负载或负载剧增、超温、发热、系统冲击、跳闸等异常情况。

8）法定节假日、上级通知有重要保供电任务时。

9）电网供电可靠性下降或存在发生较大电网事故（事件）风险时段。

（二）巡视主要危险点分析与预防控制措施

运维班设备巡视工作的主要危险点分析与预防控制措施参见表2-1-1-1。

表2-1-1-1　　　　运维班设备巡视工作的主要危险点分析与预防控制措施

序号	防范类型	危险点	预防控制措施
1	人身触电	误碰、误动、误登运行设备；误入带电间隔	（1）巡视检查时应与带电设备保持足够的安全距离。10kV——0.7m；35（20）kV——1.0m；110（66）kV——1.5m；220kV——3m；330kV——4m；500kV——5m；750kV——7.2m；1000kV——8.7m。（2）巡视中运维人员应按照巡视路线进行，在进入设备室，打开机构箱、屏柜门时不得进行其他工作（严禁进行电气工作）。不得移开或越过遮栏
		设备有接地故障时，巡视人员误入产生跨步电压	高压设备发生接地时，室内不得接近故障点4m以内，室外不得靠近故障点8m以内，进入上述范围人员应穿绝缘靴，接触设备的外壳和构架时，应戴绝缘手套
2	SF₆气体防护	进入户内SF₆设备室或SF₆设备发生故障气体外外逸，巡视人员窒息或中毒	（1）进入户内SF₆设备室巡视时，运维人员应检查氧量仪和SF₆气体泄漏报警仪显示是否正常；显示SF₆含量超标时，人员不得进入设备室。（2）进入户内SF₆设备室之前，应先通风15min以上。再用仪器检测含氧量（不低于18%）合格后，人员才准进入。（3）室内SF₆设备发生故障，人员应迅速撤出现场，开启所有排风机进行排风。未佩戴防毒面具或正压式空气呼吸器人员禁止入内。只有经过充分的自然通风或强制排风，并用检漏仪测量SF₆气体合格，用仪器检测含氧量（不低于18%）合格后，人员才准进入
3	高空坠落	登高检查设备，如登上开关机构平台检查设备时，感应电造成人员失去平衡，造成人员碰伤、摔伤	登高巡视时应注意力集中，登上开关机构平台检查设备、接触设备的外壳和构架时，应做好感应电防护
4	高空落物	高空落物伤人	进入设备区，应正确佩戴安全帽
5	设备故障	使用无线通信设备造成保护误动	在保护室、电缆层禁止使用移动通信工具，防止造成继电保护及自动装置误动
		小动物进入造成事故	进出高压室，打开端子箱、机构箱、汇控柜、智能柜保护屏等设备箱（柜、屏）门后应随手将门关闭锁好

（三）智能巡检机器人管理

1. 智能巡检机器人巡检要求

（1）应积极应用智能巡检机器人开展巡检工作，与运维人员巡视互相补充，建立协同巡检机制。

（2）在"变电站现场运行专用规程"中，应有关于智能巡检机器人运行管理、使用方面的相关内容，并建立台账和运行记录。

（3）运维人员应按照智能巡检机器人生产厂家提供的技术数据、规范、操作要求，熟练掌握智能巡检机器

人及其巡检系统的使用，及时处理巡检系统异常，保证机器入巡检系统安全、可靠运行。

（4）智能巡检机器人巡检系统告警值的设定由各级运检部门和使用单位根据技术标准或运行经验组织实施，告警值的设定和修改应记录在案。

（5）运维人员应确保智能巡检机器人巡视路线无障碍；若外界环境参数超出机器人的设计标准，不应启动巡视任务，并及时关闭定时巡检设置。

（6）运维班应根据变电站巡视检查项目和周期，制

订智能巡检机器人巡视任务和巡视周期。一类变电站每 2 天至少巡视 1 次，二类变电站每 3 天至少巡视 1 次，三类变电站每周不少于 1 次，四类变电站每两周不少于 1 次，特殊时段和特殊天气应增加特巡。

（7）智能巡检机器人新安装后 1 个月内应同步开展人工巡视，以验证其巡视效果。运行 1 个月后，可替代人工例行巡视。

（8）智能巡检机器人巡视结果异常时，应立即安排人员进行现场核实。

2．智能巡检机器人巡检注意事项

运维人员应按照机器人巡检操作规程，正确使用巡检系统后台，禁止如下操作：

（1）私自关闭、启动巡检系统后台。

（2）安装、运行各种无关软件。

（3）删除巡检系统后台程序、文件。

（4）私自修改巡检系统后台的设定参数，挪动巡检系统后台的安装位置。

（5）私自在巡检系统后台上连接其他外部设备。

（6）通过巡检系统后台接入互联网。

（7）在巡检系统后台上进行与工作无关的操作。

3．智能巡检机器人巡检数据管理

（1）每次机器人巡检后，运维人员应查看机器人巡检数据，发现问题及时复核。交接班时应将机器人运行情况、巡检数据等事项交接清楚。

（2）巡检数据维护工作应由专人负责，每季度备份一次巡检数据。

（3）机器人巡检系统视频、图片数据保存至少 3 个月，其他数据长期保存。

六、工作票和操作票

（一）工作票和操作票管理

1．工作票管理

（1）工作票应遵循安规中的有关规定，填写应符合规范。

（2）运维班每天应检查当日全部已执行的工作票，每月初汇总分析工作票的执行情况，做好统计分析记录，并报主管单位。

（3）工作票应按月装订并及时进行三级审核，保存期为 1 年。

（4）运维专职安全管理人员每月至少应对已执行工作票的不少于 30% 进行抽查。对不合格的工作票，提出改进意见，并签名。

（5）变电工作票、事故应急抢修单，一份由运维班保存，另一份由工作负责人交回签发单位保存。

（6）二次工作安全措施票由二次班组自行保存。

2．操作票印章使用规定

（1）操作票印章包括已执行、未执行、作废、合格、不合格。

（2）操作票作废应在操作任务栏内右下角加盖"作废"章，在作废操作票备注栏内注明作废原因；调控通知作废的任务票应在操作任务栏内右下角加盖"作废"章，并在备注栏内注明作废时间，通知作废物调控人员姓名和受令人姓名。

（3）若作废操作票含有多页，应在各页操作任务栏内右下角均加盖"作废"章，在作废操作票首页备注栏内注明作废原因，自第二张作废页开始可只在备注栏中注明"作废原因同上页"。

（4）操作任务完成后，在操作票最后一步下边一行顶格居左加盖"已执行"章；若最后一步正好位于操作票的最后一行，在该操作步骤右侧加盖"已执行"章。

（5）操作票执行过程中因故中断操作，应在已操作完的步骤下边一行顶格居左加盖"已执行"章，并在备注栏内注明中断原因，若此操作票还有几页未执行，应在未执行的各页操作任务栏右下角加盖"未执行"章。

（6）经检查票面正确，评议人在操作票备注栏内右下角加盖"合格"评议章并签名；检查为错票，在操作票备注栏内在下角加盖"不合格"评议章并签名，并在操作票备注栏说明原因。

（7）一份操作票超过一页时，评议章盖在最后一页。

（二）倒闸操作的基本原则和注意事项

1．基本原则

（1）电气设备的倒闸操作应严格遵守安规、调规、现场运行规程和本单位的补充规定等要求进行。

（2）倒闸操作应有值班调控人员或运维负责人正式发布的指令，并使用经事先审核合格的操作票，按操作票填写顺序逐项操作。

（3）操作票应根据调控指令和现场运行方式，参考典型操作票拟定。典型操作票应履行审批手续并及时修订。

（4）倒闸操作过程中严防发生下列误操作：

1）误分、误合断路器。

2）带负荷拉、合隔离开关或手车触头。

3）带电装设（合）接地线（接地刀闸）。

4）带接地线接地刀闸、合断路器（隔离开关）

5）误入带电间隔。

6）非同期并列。

7）误投退（插拔）压板（插把）、连接片、短路片，误切错定值区，误投退自动装置，误分合二次电源开关。

2．注意事项

（1）倒闸操作应尽量避免在交接班、高峰负荷、异常运行和恶劣天气等情况时进行。

（2）对大型重要和复杂的倒闸操作，应组织操作人员进行讨论，由熟练的运维人员操作，运维负责人监护。

（3）断路器停、送电严禁就地操作。

（4）雷电时，禁止进行就地倒闸操作。

（5）停、送电操作过程中，运维人员应远离瓷质、充油设备。

（6）倒闸操作过程若因故中断，在恢复操作时运维人员应重新进行核对（核对设备名称、编号、实际位置）

工作，确认操作设备、操作步骤正确无误。

（7）运维班操作票应按月装订并及时进行三级审核。保存期至少1年。

（8）倒闸操作应全过程录音，录音应归档管理。

（9）操作中发生疑问时，应立即停止操作并向发令人报告，并禁止单人滞留在操作现场。弄清问题后，待发令人再行许可后方可继续进行操作。不准擅自更改操作票，不准随意解除闭锁装置进行操作。

（三）倒闸操作程序

1．操作准备

（1）根据调控人员的预令或操作预告等明确操作任务和停电范围，并做好分工。

（2）拟定操作顺序、确定装设地线部位、组数、编号及应设的遮栏、标示牌。明确工作现场临近带电部位，并制定相应措施。

（3）考虑保护和自动装置相应变化及应断开的交、直流电源和防止电压互感器、站用变二次反送电的措施。

（4）分析操作过程中可能出现的危险点并采取相应的措施。

（5）检查操作所用安全工器具、操作工具正常。包括：防误装置电脑钥匙、录音设备、绝缘手套、绝缘靴、验电器、绝缘拉杆、接地线、对讲机、照明设备等。

（6）五防闭锁装置处于良好状态，当前运行方式与模拟图板对应

2．操作票填写

（1）倒闸操作由操作人员根据值班调控人员或运维负责人安排填写操作票。

（2）操作顺序应根据操作任务、现场运行方式、参照本站典型操作票内容进行填写。

（3）操作票填写后，由操作人和监护人共同审核，复杂的倒闸操作经班组专业工程师或班长审核执行。

3．接令

（1）应由上级批准的人员接受调控指令，接令时发令人和受令人应先互报单位和姓名。

（2）接令时应随听随记，并记录在"变电运维工作日志"中，接令完毕，应将记录的全部内容向发令人复诵一遍，并得到发令人认可。

（3）对调控指令有疑问时，应向发令人询问清楚无误后执行。

（4）运维人员接受调控指令应全程录音。

4．模拟预演

（1）模拟操作前应结合调控指令核对系统方式、设备名称、编号和位置。

（2）模拟操作由监护人在模拟图（或微机防误装置、微机监控装置），按操作顺序逐项下令，由操作人复令执行。

（3）模拟操作后应再次核对新运行方式与调控指令相符合。

（4）由操作人和监护人共同核对操作票后分别签名。

5．执行操作

（1）现场操作开始前，汇报调控中心监控人员，由监护人填写操作开始时间。

（2）操作地点转移前，监护人应提示，转移过程中操作人在前，监护人在后，到达操作位置，应认真核对。

（3）远方操作一次设备前，应对现场人员发出提示信号，提醒现场人员远离操作设备。

（4）监护人唱诵操作内容，操作人用手指向被操作设备并复诵。

（5）电脑钥匙开锁前，操作人应核对电脑钥匙上的操作内容与现场锁具名称编号一致，开锁后做好操作准备。

（6）监护人确认无误后发出"正确、执行"动令，操作人立即进行操作。操作人和监护人应注视相应设备的动作过程或表计、信号装置。

（7）监护人所站位置应能监视操作人的动作以及被操作设备的状态变化。

（8）操作人、监护人共同核对地线编号。

（9）操作人验电前，在临近相同电压等级带电设备测试验电器，确认验电器合格，验电器的伸缩式绝缘棒长度应拉足，手握在手柄处不得超过护环，人体与验电设备保持足够安全距离。

（10）为防止存在验电死区，有条件时应采取同相多点验电的方式进行验电，即每相验电至少3个点，间距在10cm以上。

（11）操作人逐相验明确无电压后唱诵"×相无电"监护人确认无误并唱诵"正确"后，操作人方可移开验电器。

（12）当验明设备已无电压后，应立即将检修设备接地并三相短路。

（13）每步操作完毕，监护人应核实操作结果无误后立即在对应的操作项目后打"√"。

（14）全部操作结束后，操作人、监护人对操作票按操作顺序复查，仔细检查所有项目全部执行并已打"√"（逐项令逐项复查）。

（15）检查监控后台与五防画面设备位置确实对应变位。

（16）在操作票上填入操作结束时间，加盖"已执行"章。

（17）向值班调控人员汇报操作情况。

（18）操作完毕后将安全工器具、操作工具等归位。

（19）将操作票、录音归档管理。

（四）防误闭锁装置管理

1．管理原则

（1）防误闭锁装置应简单完善、安全可靠，操作和维护方便，能够实现"五防"功能，即：

1）防止误分、误合断路器。

2）防止带负载拉、合隔离开关或手车触头。

3）防止带电挂（合）接地线（接地刀闸）。

4）防止带接热线(接地刀闸)合断路器(隔离开关)。

5）防止误入带电间隔。

（2）新、扩建变电工程或主设备经技术改造后，防误闭锁装置应与主设备同时投运。

（3）变电站现场运行专用规程应明确防误闭锁装置的日常运维方法和使用规定，建立台账并及时检查。

（4）高压电气设备都应安装完善的防误闭锁装置，装置应保持良好状态；发现装置存在缺陷应立即处理。

（5）高压电气设备的防误闭锁装置因为缺陷不能及时消除，防误功能暂时不能恢复时，可以通过加挂机械锁时消除，防误功能暂时不能恢复时，可以通过加挂机械锁作为临时措施；此时机械锁的钥匙也应纳入防误解锁管理，禁止随意取用。

（6）防误装置解锁工具应封存管理并固定存放，任何人不准随意解除闭锁装置。

（7）若遇危及人身、电网、设备安全等紧急情况需要解锁操作，可由变电运维班当值负责人下令紧急使用解锁工具，解锁工具使用后应及时填写解锁钥匙使用记录。

（8）防误装置及电气设备出现异常要求解锁操作，应由防误装置专业人员核实防误装置确已故障并出具解锁意见，经防误装置专责人到现场核实无误并签字后，由变电站运维人员报告当值调控人员，方可解锁操作。

（9）电气设备检修需要解锁操作时，应经防误装置专责人现场批准，并在值班负责人监护下由运维人员进行操作，不得使用万能钥匙解锁。

（10）停用防误闭锁装置应经地市公司（省检修公司）县公司分管生产的行政副职或总工程师批准。

（11）应设专人负责防误装置的运维检修管理，防误装置管理应纳入现场运行规程。

2．日常管理要求

（1）现场操作通过电脑钥匙实现，操作完毕后应将电脑钥匙中当前状态信息返回给防误装置主机进行状态更新，以确保防误装置主机与现场设备状态对应。

（2）防误装置日常运行时应保持良好的状态：

1）运行巡视及缺陷管理应等同主设备管理。

2）检修维护工作应有明确分工和专人负责，与主设备检修项目协调配合。

（3）防误闭锁装置应有符合现场实际并经运维单位审批的五防规则。

（4）每年应定期对变电运维人员进行培训工作，使其熟练掌握防误装置，做到"四懂三会"（懂防误装置的原理、性能、结构和操作工序，会熟练操作、会处缺和会维护）。

（5）每年春季、秋季检修预试前，对防误装置进行普查保证防误装置正常运行。

（五）接地线管理

（1）接地线的使用和管理严格按安规执行。

（2）接地线的装设点应事先明确设定，并实现强制性闭锁。

（3）在变电站内工作时，不得将外来接地线带入站内。

七、设备维护和设备缺陷管理

（一）设备维护

1．日常维护

（1）避雷器动作次数、泄漏电流抄录每月1次，雷雨后增加1次。

（2）管束结构变压器冷却器每年在大负荷来临前，应进行1～2次冲洗。

（3）高压带电显示装置每月检查维护1次。

（4）单个蓄电池电压测量每月1次，蓄电池内阻测试每年至少1次。

（5）在线监测装置每季度维护1次。

（6）全站各装置、系统时钟每月核对1次。

（7）防小动物设施每月维护1次。

（8）安全工器具每月检查1次。

（9）消防器材每月维护1次，消防设施每季度维护1次。

（10）微机防误装置及其附属设备（电脑钥匙、锁具、电源灯）维护、除尘、逻辑校验每半年1次。

（11）接地螺栓及接地标志维护每半年1次。

（12）排水、通风系统每月维护1次。

（13）漏电保安器每季试验1次。

（14）室内外照明系统每季度维护1次。

（15）机构箱、端子箱、汇控柜等的加热器及照明每季度维护1次。

（16）安防设施每季度维护1次。

（17）二次设备每半年清扫1次。

（18）电缆沟每年清扫1次。

（19）事故油池通畅检查每5年1次。

（20）配电箱、检修电源箱每半年检查、维护1次。

（21）室内SF_6氧量告警仪每季度检查维护1次。

（22）防汛物资、设施在每年汛前进行全面检查、试验。

2．设备定期轮换、试验

（1）在有专用收发讯设备运行的变电站，运维人员应按保护专业有关规定进行高频通道的对试工作。

（2）变电站事故照明系统每季度试验检查1次。

（3）主变冷却电源自投功能每季度试验1次。

（4）直流系统中的备用充电机应半年进行1次启动试验。

（5）变电站内的备用站用变（一次侧不带电）每半年应启动试验1次，每次带电运行不少于24h。

（6）站用交流电源系统的备自投装置应每季度切换检查1次。

（7）对强油（气）风冷、强油水冷的变压器冷却系统，各组冷却器的工作状态（即工作、辅助、备用状态）应每季进行轮换运行1次。

（8）对GIS设备操作机构集中供气的工作和备用气

泵，应每季轮换运行1次。

（9）对通风系统的备用风机与工作风机，应每季轮换运行1次。

（10）UPS系统每半年试验1次。

（二）设备缺陷管理

1. 缺陷管理要求

（1）缺陷管理包括缺陷的发现、建档、上报、处理、验收等全过程的闭环管理。

（2）缺陷管理的各个环节应分工明确、责任到人。

2. 缺陷分类

（1）危急缺陷。设备或建筑物发生了直接威胁安全运行并需立即处理的缺陷，否则，随时可能造成设备损坏、人身伤亡、大面积停电、火灾等事故。

（2）严重缺陷。对人身或设备有严重威胁，暂时尚能坚持运行但需尽快处理的缺陷。

（3）一般缺陷。上述危急、严重缺陷以外的设备缺陷，指性质一般、情况较轻、对安全运行影响不大的缺陷。

3. 缺陷发现

（1）各类人员应依据有关标准、规程等要求，认真开展设备巡视、操作、检修、试验等工作，及时发现设备缺陷。

（2）检修、试验人员发现的设备缺陷应及时告知运维人员。

4. 缺陷建档及上报

（1）发现缺陷后，运维班负责参照缺陷定性标准进行定性，及时启动缺陷管理流程。

（2）在PMS系统中登记设备缺陷时，应严格按照缺陷标准库和现场设备缺陷实际情况对缺陷主设备、设备部件、部件种类、缺陷部位、缺陷描述以及缺陷分类依据进行选择。

（3）对于缺陷标准库未包含的缺陷，应根据实际情况进行定性，并将缺陷内容记录清楚。

（4）对不能定性的缺陷应由上级单位组织讨论确定。

（5）对可能会改变一次、二次设备运行方式或影响集中监控的危急、严重缺陷情况应向相应调控人员汇报。缺陷未消除前，运维人员应加强设备巡视。

5. 缺陷处理

（1）设备缺陷的处理时限：

1）危急缺陷处理不超过24h。

2）严重缺陷处理不超过1个月。

3）需停电处理的一般缺陷不超过1个检修周期，可不停电处理的一般缺陷原则上不超过3个月。

（2）发现危急缺陷后，应立即通知调控人员采取应急处理措施。

（3）缺陷未消除前，根据缺陷情况，运维单位应组织制订预控措施和应急预案。

（4）对于影响遥控操作的缺陷，应尽快安排处理，处理前后均应及时告知调控中心，并做好记录。必要时配合调控中心进行遥控操作试验。

6. 消缺验收

（1）缺陷处理后，运维人员应进行现场验收，核对缺陷是否消除。

（2）验收合格后，待检修人员将处理情况录入PMS系统后，运维人员再将验收意见录入PMS系统，完成闭环管理。

八、带电检测和在线监测装置管理

（一）带电检测

1. 运维班负责的带电检测项目

运维班负责的带电检测项目包括二次设备红外热成像检测、开关柜地电波检测、变压器铁芯与夹件接地电流测试、接地引下线导通检测、蓄电池内阻测试和蓄电池核对性充放电。

2. 带电检测周期

（1）带电检测周期见各设备运维要求。

（2）运维人员开展的红外普测周期。特高压变电站红外测温每周不少于1次，500kV（330kV）及以上变电站每2周1次，220kV变电站每月1次，110kV（66kV）及以下变电站每季度1次，迎峰度夏（冬）、大负荷、新设备投运、检修结束送电期间要增加检测频次，配置机器人的变电站可由智能巡检机器人完成红外检测。普测应填写设备测温记录。

（3）红外精确测温周期见各设备运维要求。

3. 带电检测异常处理

（1）检测人员检测过程发现数据异常，应立即上报本单位运检部，对于220kV及以上设备，应在1个工作日内将异常情况以报告的形式报省公司运检部和省设备状态评价中心。

（2）省设备状态评价中心根据上报的异常数据在1个工作日内进行分析和诊断，必要时安排复测，并将明确的结论和建议反馈省公司运检部及运维单位，安排跟踪检测或停电检修试验。

（二）在线监测装置管理

1. 管理要求

（1）在线监测设备等同于对主设备进行定期巡视、检查。

（2）在线监测装置告警值的设定由各级运检部门和使用单位根据技术标准或设备说明书组织实施，告警值的设定和修改应记录在案。

（3）在线监测装置不得随意退出运行。

（4）在线监测装置不能正常工作，确需退出运行时，应经运维单位运检部审批并记录后方可退出运行。

2. 巡视

（1）检查检测单元的外观应无锈蚀、密封良好、连接紧固。

（2）检查电（光）缆的连接无松动和断裂。

（3）检查油气管路接口应无渗漏。

（4）检查就地显示面板应显示正常。

（5）检查数据通信情况应正常。

（6）检查主站计算机运行应正常。

（7）检查监测数据是否在正常范围内，如有异常应及时汇报。

3. 维护

（1）各类在线监测装置具体维护项目及要求按照厂家说明书执行。

（2）运维人员定期对在线监测装置主机和终端设备外观清扫后，检查电（光）缆连接正常，接地引线、屏蔽牢固。

（3）被监测设备检修时，应对在线监测装置进行必要的维护。

九、运维分析和运维记录及台账

（一）运维分析

1. 运维分析目的

运维分析主要是针对设备运行、操作和异常情况及运维人员规章制度执行情况进行分析，找出薄弱环节，制订防范措施，提高运维工作质量和运维管理水平。分析后要记录活动日期、分析的题目及内容、存在的问题和采取的措施，如有需上级解决的问题及改进意见应及时呈报。运维分析分为综合分析和专题分析。

2. 综合分析的主要内容

综合分析每月开展 1 次，由运维班班长组织全体运维人员参加。综合分析的主要内容包括：

（1）两票和规章制度执行情况分析。

（2）事故、异常的发生、发展及处理情况。

（3）发现的缺陷、隐患及处理情况。

（4）继电保护及自动装置动作情况。

（5）季节性预防措施和反事故措施落实情况。

（6）设备巡视检查监督评价及巡视存在问题。

（7）天气、负荷及运行方式发生变化，运维工作注意事项。

（8）本月运维工作完成情况以及下月运维工作安排。

3. 专题分析的主要内容

专题分析应根据需要有针对性开展。专题分析由班长组织有关人员进行，应根据运维中出现的特定问题，制定对策，及时落实，并向上级汇报。专题分析的主要内容包括：

（1）设备出现的故障及多次出现的同一类异常情况。

（2）设备存在的家族性缺陷、隐患，采取的运行监督控制措施。

（3）其他异常及存在安全隐患的情况及其监督防范措施。

（二）运维记录及台账

1. 基本要求

（1）运维班及变电站现场，应具备各类完整的运维记录、台账；纸质记录至少保存一年，重要记录应长期保存。

（2）运维记录、台账原则上应通过 PMS 系统进行记录，系统中无法记录的内容可通过纸质或其他记录形式予以补充。

（3）运维记录、台账的填写应及时、准确和真实，便于查询。

（4）专业工程师应对运维记录、台账每月进行审核，运维单位每季应至少组织 1 次记录、台账检查并做好记录。

（5）新建变电站设备台账应在投运前一周内录入 PMS 系统。

2. 记录、台账设置

（1）运维工作记录应包括以下内容：

1）变电运维工作日志。

2）设备巡视记录。

3）设备缺陷记录。

4）电气设备检修试验记录。

5）继电保护及安全自动装置工作记录。

6）断路器跳闸记录。

7）避雷器动作及泄漏电流记录。

8）设备测温记录。

9）运维分析记录。

10）反事故演习记录。

11）解锁钥匙使用记录。

12）蓄电池检测记录。

13）事故预想记录。

（2）设备台账应覆盖所有设备、设施，且准确、完整。

十、档案资料管理

（一）运维班应具备的法律法规

（1）中华人民共和国电力法。

（2）中华人民共和国消防法。

（3）道路交通安全法。

（4）电力安全事故应急处置和调查处理条例。

（5）国网公司电力安全工作规程变电部分。

（6）国家电网公司安全事故调查规程。

（7）国家电网公司安全工作规定。

（8）国家电网公司十八项电网重大反事故措施。

（9）电力系统用蓄电池直流电源装置运行与维护技术规程。

（10）微机继电保护装置运行管理规程。

（11）公司输变电设备状态检修、设备评价管理规定。

（12）输变电设备状态检修试验规程。

（13）国家电网公司防止电气误操作安全管理相关规定。

（14）带电设备红外诊断应用规范。

（15）国家电网公司供电电压、电网谐波及技术线损管理规定。

（16）国家电网公司输变电设备防雷工作管理规定。

（17）电力设备典型消防规程。

（18）各级调控规程（根据调控关系）。

（19）变电站现场运行通用规程、所辖变电站现场运行专用规程。

（二）运维班应具备的管理制度

（1）国家电网公司变电运维管理规定（试行）和细则。

（2）国家电网公司变电评价管理规定（试行）和细则。

（3）国家电网公司变电验收管理规定（试行）和细则。

（4）国家电网公司变电检修管理规定（试行）和细则。

（5）国家电网公司变电检测管理规定（试行）和细则。

（6）两票管理规定。

（7）设备缺陷管理规定（含变电设备标准缺陷库）。

（8）变电站安全保卫规定。

（9）现场应急处置方案。

（三）运维班应具备的图纸、图表

（1）所辖变电站一次主接线图。

（2）所辖变电站站用电系统图。

（3）所辖变电站直流系统图。

（4）所辖变电站设备最小载流元件表。

（5）保护配置一览表。

（6）地区污秽等级分布图。

（7）视频监控布置图。

（四）运维班应具备的技术资料类

（1）变电站设备说明书。

（2）变电站继电保护定值通知单。

（3）变电站工程竣工（交接）验收报告。

（4）变电站设备检修、调试报告。

（5）变电站设备评价报告。

（五）变电站应具备的规程

（1）国家电网公司电力安全工作规程变电部分。

（2）各级调控规程（根据调控关系）。

（3）变电站现场运行通用规程。

（4）变电站现场运行专用规程。

（六）变电站应具备的技术图纸、图表

（1）一次主接线图。

（2）站用电主接线图。

（3）直流系统图。

（4）正常和事故照明接线图。

（5）继电保护、远动及安全自动装置原理和展开图。

（6）巡视路线图。

（7）全站平、断面图。

（8）组合电器气分隔图。

（9）直埋电力电缆走向图。

（10）接地装置布置以及直击雷保护范围图。

（11）消防系统图（或布置图）。

（12）地下隐蔽工程竣工图。

（13）主设备保护配置图。

（14）断路器、隔离开关操作控制回路图。

（15）测量、信号、故障录波及监控系统回路、布置图。

（16）设备最小载流元件表。

（17）交直流熔断器及开关配置表。

（18）有关人员名单（各级调控人员、工作票签发人、工作负责人、工作许可人、有权单独巡视设备的人员等）。

十一、标准化作业和故障异常处理

（一）标准化作业

1. 标准作业卡的编制

（1）标准作业卡的编制原则为任务单一、步骤清晰、语句简练。可并行开展的任务或不是由同一小组人员完成的任务不宜编制为一张作业卡，避免标准作业卡繁杂冗长不易执行。

（2）标准作业卡由工作负责人按模板编制，班长、副班长（专业工程师）或工作票签发人负责审核。

（3）标准作业卡正文分为基本作业信息、工序要求（含风险辨识与预控措施）两部分。

（4）编制标准作业卡前，应根据作业内容开展现场勘察，确认工作任务是否全面，并根据现场环境开展安全风险辨识，制定预控措施。

（5）当作业工序存在不可逆性时，应在工序序号上标注"＊"，如"＊2"。

（6）工艺标准及要求应具体、详细，有数据控制要求的应标明。

（7）标准作业卡编号应在本运维单位内具有唯一性。按照"变电站名称＋工作类别＋年月＋序号"规则进行编号，其中工作类别包括维护、检修、带电检测、停电试验。例如，城南变维护201605001。

（8）标准作业卡的编审工作应在开工前完成。

（9）对整站开展的照明系统、排水、通风系统等维护项目，可编制一张标准卡。

2. 标准作业卡的执行

（1）变电站维护、带电检测、消缺等工作均应按照标准化作业的要求进行。

（2）现场工作开工前，工作负责人应组织全体工作人员对标准作业卡进行学习，重点交代人员分工、关键工序、安全风险辨识和预控措施等。

（3）工作过程中，工作负责人应对安全风险。关键工艺要求及时进行提醒。

（4）工作负责人应及时在标准作业卡上对已完成的工序打钩，并记录有关数据。

（5）全部工作完毕后，全体工作人员应在标准作业卡中签名确认。工作负责人应对现场标准化作业情况进行评价，针对问题提出改进措施。

（6）已执行的标准作业卡至少应保留1年。

（二）故障异常处理

1. 处理原则

（1）变电站异常及故障处理，应遵守《国网公司电力安全工作规程变电部分》以及各级《电网调度管理规程》《变电站现场运行通用规程》《变电站现场运行专用规程》及安全工作规定，在值班调控人员统一指挥下处理。

（2）故障处理过程中，运维人员应主动将故障处理情况及时汇报。故障处理完毕后，运维人员应将现场故障处理结果详细汇报当值调控人员。

2. 处理步骤

（1）将天气情况、监控信息及保护动作简要情况向调控人员做汇报。

（2）现场有工作时应通知现场人员停止工作、保护现场，了解现场工作与故障是否关联。

（3）涉及站用电源消失、系统失去中性点时，应根据调控人员指令倒换运行方式并投退相关继电保护。

（4）详细检查继电保护、安全自动装置动信号、故障相别、故障测距等故障信息，复归信号，综合判断故障性质、地点和停电范围，然后检查保护范围内的设备情况。将检查结果汇报调控人员和上级主管部门。

（5）检查发现故障设备后，应按照调控人员指令将故障点隔离，将无故障设备恢复送电。

十二、辅助设施管理和专项工作管理

（一）辅助设施管理

变电站的辅助设施主要指为保证变电站安全稳定运行而配备的消防、安防、工业视频、通风、制冷、采暖、除湿、给排水系统、氧量仪和 SF_6 气体泄漏报警仪、照明系统、道路、建筑物等。

（1）变电站消防设施的相关报警信息应传送至调控中心。

（2）变电站须具备完善的安防设施，应能实现安防系统运行情况监视、防盗报警等主要功能，相关报警信息应传送至调控中心。

（3）运维人员应根据运维计划要求，定期进行辅助设施维护、试验及轮换工作，发现问题及时处理。

（4）运维班应结合本地区气象、环境、设备情况增加辅助设施检查维护工作频次。

（二）消防管理

（1）运维单位应按照国家及地方有关消防法律法规制定变电站现场消防管理具体要求，落实专人负责管理，并严格执行。

（2）运维单位应结合变电站实际情况制定消防预案，消防预案中应包括应急疏散部分，并定期进行演练。消防预案内应有变压器类设备灭火装置、烟感报警装置和消防器材的使用说明。

（3）变电站现场运行专用规程中应有变压器类设备灭火装置的操作规定。

（4）变电运维人员应熟知消防设施的使用方法，熟知火警电话及报警方法，掌握自救逃生知识和消防技能。

（5）变电站消防管理应设专人负责，建立台账并及时检查。

（6）应制订变电站消防器材布置图，标明存放地点、数量和消防器材类型，消防器材按消防布置图布置。变电运维人员应会正确使用、维护和保管。

（7）变电站防火警示标志、疏散指示标志应齐全、明显。

（8）变电站设备区、生活区严禁存放易燃易爆及有毒物品。因施工需要放在设备区的易燃、易爆物品，应加强管理，并按规定要求使用，使用完毕后立即运走。

（9）在防火重点部位或场所以及禁止明火区动火作业，应填用动火工作票。

（10）火灾处理原则。

1）突发火灾事故时，应立即根据变电站现场运行专用规程和消防应急预案正确采取紧急隔、停措施，避免因着火而引发的连带事故，缩小事故影响范围。

2）参加灭火的人员在灭火时应防止压力气体、油类、化学物等燃烧物发生爆炸及防止被火烧伤或被燃烧物所产生的气体引起中毒、窒息。

3）电气设备未断电前，禁止人员灭火。

4）当火势可能蔓延到其他设备时，应果断采取适当的隔离措施，并防止油火流入电缆沟和设备区等其他部位。

5）灭火时应将无关人员紧急撤离现场，防止发生人员伤亡。

6）火灾后，必须保护好火灾现场，以便有关部门调查取证。

（三）防污闪管理

（1）在大雾（霾）、毛毛雨、覆冰（雪）等恶劣天气过程中，利用红外测温，紫外成像等技术手段，密切关注设备外绝缘状态，发现设备爬电严重时应停电处理。恶劣天气巡检时应做好防人身伤害措施。

（2）配备智能巡检机器人的变电站，应在大雾（霾）、毛毛雨、覆冰（雪）等恶劣天气过程中，充分利用智能巡检机器人开展设备巡视。

（3）对变电站周边新增污染源应及时汇报本单位运检部。

（4）变电站应存放最新修订的污区分布图。

（5）每年应根据专业班组校核结果，更新设备外绝缘台账，对外绝缘配置不满足污区等级要求的设备应重点巡视。

（四）防汛管理

（1）应根据本地区的气候特点、地理位置和现场实际，制定相关预案及措施，并定期进行演练。变电站内应配备充足的防汛设备和防汛物资，包括潜水泵、塑料布、塑料管、沙袋、铁锹等。

（2）在每年汛前应对防汛设备进行全面的检查、试验，确保处于完好状态，并做好记录。

（3）防汛物资应由专人保管、定点存放，并建立台账。

（4）雨季来临前对可能积水的地下室、电缆沟、电缆隧道及场区的排水设施进行全面检查和疏通，对房屋渗漏情况进行检查，做好防进水和排水及屋顶防渗漏措施。

（5）下雨时对房屋渗漏、排水情况进行检查；雨后检查地下室、电缆沟、电缆隧道等积水情况，并及时排水，做好设备室通风工作。

（五）防台风管理

（1）应根据本地区气候特点和现场实际，制订相应的变电站设备防（台）风预案和措施。

（2）大（台）风前后，应重点检查设备引流线、设备防雨罩、避雷针、绝缘子等是否存在异常；检查屋顶和墙壁彩钢瓦、建筑物门窗是否正常；检查户外堆放物品是否合适，箱体是否牢固，户外端子箱是否密封良好。

（3）每月检查和清理设备区、围墙及周围的覆盖物、漂浮物等，防止被大风刮到运行设备上造成故障。

（4）有土建、扩建、技改等工程作业的变电站，在大（台）风来临前运维人员应加强对正在施工场地的检查，重点检查材料堆放、脚手架稳固、护网加固、临时孔洞封堵、缝隙封堵、安全措施等情况，发现隐患要求施工单位立刻整改，防止设施机械倒塌或者坠落事故，防止雨布、绳索、安全围栏绳吹到带电设备上引发事故。

（六）防寒管理

（1）应根据本地区的气候特点和现场实际，制定相应的变电站设备防寒预案和措施。

（2）秋冬交季前，气温骤降时应检查充油设备的油位、充气设备的压力情况。

（3）对装有温控器的驱潮、加热装置应进行带电试验或用测量回路的方法进行验证有无断线，当气温低于5℃或湿度大于75%时应复查驱潮、加热装置是否正常。

（4）根据变电站环境温度及设备要求，检查温控器整定值，及时投、停加热装置。

（5）冬季气温较低时，应重点检查开关机构箱、变压器控制柜和户外控制保护接口柜内的加热器运行是否良好、空调系统运行是否正常，发现问题及时处理，做好防寒保温措施。

（6）变电站容易冻结和可能出沉降地区的消防水、绿化水系统等设施应采取防冻和防沉降措施。消防水压力应满足变电站消防要求并定期检查，最低不应小于0.1MPa；绿化水管路总阀门应关闭，下级管路中应无水，注水阀关闭。

（7）检查设备室内采暖设施运行正常，温度在要求范围。

（七）防高温管理

（1）应根据本地区气候特点和现场实际，制订相应的变电站设备防高温预案和措施。

（2）气温较高时，应对主变压器等重载设备进行特巡；应增加红外测温频次，及时掌握设备发热情况。

（3）运维人员应在巡视中重点检查设备的油温、油位、压力及软母线弛度的变化和管型母线的弯曲变化情况。

（4）高温天气来临前，运维人员应带电传动试验通风设施和空调、降温驱潮装置的自动控制系统等，发现问题及早消缺。

（5）加强高温天气下，设备冷却装置、通风散热设施的运维工作、应按照班组工作计划，按时开启设备室的通风设施和降温驱潮装置；并定期进行传动试验及变压器的冷却系统工作电源和备用电源定期轮换试验等工作。

（6）加强端子箱、机构箱、汇控柜等箱（柜）体内的温湿度控制器及其回路的运维工作，定期检查清理箱体通风换气孔。对没有透气孔的老式端子箱应加装透气孔。重点检查加热驱潮成套装置超越设定限值时，温湿度自动控制器能够自动启停。

（7）夏季高温潮湿天气下，应检查设备室温湿度测试仪表是否工作正常，指示的温度、湿度数据是否准确否则应予更换。

（8）高温天气期间，二次设备室、保护装置在就地安装的高压开关室应保证室温不超过30℃。

（9）智能控制柜应具备温度湿度调节功能，柜内最低温度应保持在5℃以上，柜内最高温度不超过柜外环境最高温度或40℃（当柜外环境最高温度超过50℃时）。

（八）防潮防凝露管理

（1）各设备室的相对湿度不得超过75%，巡视时应检查除湿设施功能是否有效。

（2）智能控制柜应具备温度湿度调节功能，柜内湿度应保持在90%以下。

（3）天气温差变化大，定期检查变电站端子箱、机构箱、汇控柜内封堵、潮湿凝露情况，必要时采取除湿措施。

（4）根据变电站环境温度及设备要求，重点检查防潮防凝露装置，及时投、停加热装置。

（九）防小动物管理

（1）高压配电室（35kV及以下电压等级高压配电室）、低压配电室、电缆层室、蓄电池室、通信机房、设备区保护小室等通风口处应有防鸟措施，出入门应有防鼠板，防鼠板高度不低于40cm。

（2）设备室、电缆夹层、电缆竖井、控制室、保护室等孔洞应严密封堵，各屏柜底部应用防火材料封严，电缆沟道盖板应完好严密。各开关柜、端子箱和机构箱应封堵严密。

（3）各设备室不得存放食品，应放有捕鼠（驱鼠）器械（含电子式），并做好统一标识。

（4）通风设施进出口、自然排水口应有金属网格等防止小动物进入措施。

（5）变电站围墙、大门、设备围栏应完好，大门应随时关闭。各设备室的门窗应完好严密。

（6）定期检查防小动物措施落实情况，发现问题及时处理并做好记录。

（7）巡视时应注意检查有无小动物活动迹象，如有异常，应查明原因，采取措施。

（8）因施工和工作需要将封堵的孔洞、入口、屏柜底打开时，应在工作结束时及时封堵。若施工工期较长，每日收工时施工人员应采取临时封堵措施。工作完成后应验收防小动物措施恢复情况。

（十）防鸟害管理

（1）变电站应根据鸟害实际情况安装防鸟害装置。

（2）运维人员在巡视设备时应检查鸟害及防鸟害装置情况，发现异常应及时按照缺陷流程安排处理。

（3）重点检查室外设备本体及构架上是否有鸟巢等，若发现有鸟巢位置较低或能够无风险清除应立即清除。位置较高无法清除或清除有危险者应上报本单位运检部，清理前加强跟踪巡视。

（十一）防沙尘灾害管理

（1）每年风沙季来临之前，应认真好设备室、机构箱、端子箱、汇控柜、智能柜的密封措施，必要时安装防尘罩。

（2）定期检查变电站箱（柜）体的密封情况，对损坏的应及时更换密封胶条。

（3）沙尘情况严重时应避免室外施工作业，及时清理、固定设备区漂浮物。

（4）风沙尘过后，应根据情况及时进行设备清扫维护工作。

（十二）防地震灾害管理

（1）在地震灾害多发期，运维班应密切注意上一级部门发布的地震灾害预报，做好必要的防范措施。

（2）如果运维班区域内发生具有破性的地震，运维人员应注意就近在屋角躲避，在室外注意远离高大建筑物和带电设备保持安全距离，以避免触电和机械伤害，并且迅速开展自救。

（3）地震预警解除后，在保证人员安全前提下，应组织运维人员尽快对变电站进行全面巡查，主要检查范围包括：

1）保护、自动化、附属设施、变压器消防等屏柜有无信号发出。

2）变电站建筑有无受损，墙体裂纹、基础塌陷、门窗变形损坏等。

3）设备架构有无倾斜，基础有无沉降。

4）充油设备本体连接部位有无震动造成渗漏，变压器与安装基础之间有无产生位移。

5）检查站用电源、直流系统是否完好，通风、照明及给排水系统运转正常。

6）避雷针、阻波器、母线支持绝缘子等高架安装的设备检查其连接、悬挂点有无变形受损。

（十三）防外力破坏管理

（1）加强变电站门禁及安全保卫管理，做好变电站防外力破坏、防恐事故预案和演练工作。

（2）定期检查变电站围墙、栅栏有无破损，装设的屏障、遮栏、围栏、防护网等警示牌齐全，检查安全监控系统、视频监控系统等告警、联动功能可靠。

（3）定期检查变电站内电缆及电力光缆的保护套管、

隧道、沟道井盖保护盖板完好。

（4）定期检查变电站围墙孔洞的金属网应完好，锈蚀损坏后应及时维修。

（5）应建立变电站周边树木、大棚、彩钢板房等隐患台账，并会同电力设施保护部门及时下达隐患整改通知书。

（6）熟知报警电话，遇有恐怖破坏人员袭击变电站等危急情况时，应及时报警。

（十四）危险品管理

（1）站内的危险品应有专人负责保管并建立相关台账。

（2）各类可燃气体、油类应产品存放规定的要求统一保管，不得散存。

（3）备用六氟化硫（SF$_6$）气体应妥善保管，对回收的六氟化硫（SF$_6$）气体应妥善收存并及时联系处理。

（4）六氟化硫（SF$_6$）配电装置室、蓄电池室的排风机电源开关应设置在门外。

（5）废弃有毒的电力电容器、蓄电池要按国家环保部门有关规定保管处理。

（6）设备室通风装置因故停止运行时，禁止进行电焊、气焊、刷漆等工作，禁止使用煤油、酒精等易燃易爆物品。

（7）蓄电池室应使用防爆型照明、排风机及空调，通风道应单独设置，开关、熔断器和插座等应装在蓄电池室的外面，蓄电池室的照明线应暗线铺设。

（十五）备品备件管理

（1）运维班应建立备品备件台账，备品备件合格证、说明书等原始资料应严格出入库管理并定期更新。

（2）运维班应设专人负责备品备件管理，严格按照相关规定和设备说明书进行存放，认真落实备品备件防火、防尘、防潮、防水、防腐、防晒等工作要求。

（3）应定期对备品备件进行检查、维护和试验，防止因保管、维护不当导致备品备件损坏，确保备品备件完好、可用，并做好记录。

（4）动态开展备品备件核查，不足时应及时补充，杜绝因补充不及时导致系统或设备长期停运。

（5）存放于变电站内的备品应视同运行设备进行管理。

十三、安全工器具和仪器仪表及工器具

（一）安全工器具

1. 配备要求

（1）变电运维班应配置充足、合格的安全工器具，建立安全工器具台账。

（2）安全工器具应统一分类编号，定置存放。

（3）每半年开展安全工器具清查盘点，确保账、卡、物一致。

2. 使用要求

（1）运维班每年应参加安全监察质量部门组织的安全工器具使用方法培训，新员工上岗前应进行安全工器具使用方法培训；新型安全工器具使用前应组织针对性

培训。

（2）运维班应定期检查安全工器具，做好检查记录，对发现不合格或超试验周期的应隔离存放，做出"禁用"标识，停止使用。

（3）应根据安全工器具试验周期规定建立试验计划表，试验到期前运维人员应及时送检，确认合格后方可使用。

（4）安全工器具使用前，应检查外观、试验时间有效性等。

（5）绝缘安全工器具使用前、使用后应擦拭干净，检查合格方可返库存放。

3．存放保管要求

（1）安全工器具宜根据产品要求存放于合适的温度、湿度及通风条件处，与其他物资材料、设备设施应分开存放。

（2）安全工器具的保管及存放应满足国家和行业标准及产品说明书要求。

（二）仪器仪表及工器具

1．配备管理要求

（1）变电运维班应配置充足、合格的仪器仪表及工器具。

（2）运维班应明确管理职责，规范仪器仪表及工器具定置管理；明确兼职管理人员，确保仪器仪表及工器具始终处于良好状态。

（3）变电运维班应建立仪器仪表及工器具台账记录。仪器仪表、工器具应存放在专用橱柜内；必要时，专用橱柜内部应设置用于定置固定运检装备的模具，实现仪器仪表、工器具可靠固定。

（4）运维工器具放置地点和仪器仪表、工器具，均应同时标明名称和编号。

（5）常用仪器仪表及工器具专用橱柜通常放置在控制室或附近，以便于随时取用；常用仪表应配备足够的备用电池及专用表线，常用工器具的金属部分应有绝缘套。

（6）各设备室的温湿度计应定置管理，安装地点应设置温湿度计标识，粘贴在温湿度计正上方。

2．使用要求

（1）仪器仪表及工器具借用应按照规定，履行必要的借用手续；明确借用时间、归还时间和交代使用安全责任等。

（2）借用的仪器仪表及工器具归还时，也应履行验收手续，确保仪器仪表及工器具完好、无缺陷重新入库。

（3）仪器仪表等应按照有关规定，由具备资质的检测机构定期检测、试验合格后方可使用，校验合格的装备上应有明显的检测试验合格证；否则，不得投入现场使用。

（4）仪器仪表、工器具如有损坏，不得放回原位，应及时上报本单位运检部进行补充、更换。

十四、生产用车管理和外来人员管理

（一）生产用车管理

（1）运维班应配置满足变电站运行维护工作需要的生产用车。

（2）生产用车严禁私用，使用前后应做好相关的登记工作。

（3）专（兼）职驾驶员定期做好生产用车的例行保养、检查工作，保证车况良好。

（4）专（兼）职驾驶员不得擅自将生产用车交给他人驾驶。

（5）变电站内生产用车行驶应严格遵守限速、限高规定，按照规定的路线行驶和停放。

（二）外来人员管理

（1）外来人员是指除负责变电站管理。运维、检修人员外的各类人员（如：外来参观人员、工程施工人员等）。

（2）无单独巡视设备资格的人员到变电站参观检查，应在运维人员的陪同下方可进入设备场区。

（3）外来参观人员必须得到相关部门的许可，到运维班办理相关手续、出示有关证件，得到允许后，在运维人员的陪同下方可进入设备场区。

（4）对于进入变电站工作的临时工、外来施工人员必须履行相应的手续、经安全监察部门进行安全培训和考试合格后，在工作负责人的带领下，方可进入变电站。如在施工过程中违反变电站安全管理规定，运维人员有权责令其离开变电站。

（5）外来施工队伍到变电站必须先由工作负责人办理工作票，其他人员应在非设备区等待，不得进入主控室及设备场区；工作许可后，外来施工队伍应在工作负责人带领和监护下到施工区域开展工作。

（6）严禁施工班组人员进入工作票所列范围以外的电气设备区域。发现上述情况时，应立即停止施工班组的作业，并报告当班负责人或相关领导。

十五、差异化规定

（一）特高压变电站

1．运维单位设立要求

（1）新建特高压交流变电站的生产准备和运行维护工作，原则上由国网公司确定的省公司负责。

（2）相应省公司应在明确运维单位1个月内，组织启动和开展各项生产准备工作，编制生产准备工作方案并报国网公司运检部审批。

2．组织机构及人员配置要求

（1）省检修公司应按照公司及省公司要求，在项目核准后3个月内确定新建特高压交流变电站运行维护组织机构，配备必需的生产及管理人员。

（2）特高压交流变电站运维人员配置，按照国网公司标准执行。

（3）筹备负责人及相关管理人员应在3个月内到位，在6个月内应确定所有运维人员并分批到位，在设备安装，调试前全部运维人员应进驻现场。

3．人员培训要求

（1）省检修公司应结合工程情况制订培训计划，并认真组织实施。

（2）工程建设期间要根据设备的安装进程，参加施工单位的安装调试，熟悉设备的构造及安装方法，掌握调试方法。

（3）要选择其他特高压交流变电站进行现场实习，无特高压交流变电站工作经验的要安排不少于1个月的现场学习。

（4）具备条件时在新设备投产前应安排在仿真模拟培训系统上进行实际运行操作训练。

（5）对采用新设备、新技术的特高压工程，运维单位应有重点地组织有关运维人员集中培训和学习。

（二）地下变电站

1. 方案制订和演练

（1）编写《变电站暖通系统故障现场处置方案》，确保地下变电站通风发生故障时运维班人员能够正确处置。

（2）地下变电站应在投运前根据地下设备区域的消防布置编写该站专用的《变电站火灾事故现场处置方案》，并组织运维班人员进行学习与演练，确保地下变电站失火时运维班人员能够正确引导消防人员实施有效的灭火措施。

（3）地下变电站运维班人员应根据变电站投运后现场建筑布置与出入通道情况编写该地下变电站专用的《变电站现场应急疏散预案》，并组织运维班人员学习。

2. 对地下变电站运维人员特殊要求

（1）地下变电站运维人员应在变电站投运前组织学习站内暖通设备（排风风机、管道排风机、边墙排风机、排烟风机、正压送风机、空调室内机和室内除湿机等）的配置情况与操作方法。

（2）地下变电站运维人员应掌握站内排水设施的配置情况与操作方法，并定期检查排水通畅情况，汛期前检查防汛措施完善。

（3）地下变电站运维人员应掌握氧量仪和 SF_6 气体泄漏报警仪、强力通风装置的配置情况及使用方法。氧量仪和 SF_6 气体泄漏报警仪告警装置及强力通风装置的电源开关应设置在门外。

（4）变电站投运前，运维班负责人应组织运维人员根据该预案进行紧急疏散演习。

（三）高海拔地区变电站

（1）运维人员应经过正规医院体检，无高血压、心脏病等疾病。

（2）高海拔地区变电站内应配备供氧设备、医药箱等医疗设备，必要时可设立高压氧舱。

（3）生产用车应根据工作需要保证供氧设备、医药箱内药品充足。

（4）驾驶人员应具备山路驾驶经验和技能，并定期检查车况良好。

（5）具备必要的防高原病和疫区防传染配套设施、措施。

（四）高寒地区变电站

（1）电力设备、建筑物、消防设施的应满足防寒、防冻要求。

（2）安全工器具、仪器仪表等适用范围应满足地区的低温要求。

（3）运维人员应掌握低温、大雪等寒冷天气的必要知识和应对技能。

（4）保证必要的防寒防护用品、急救药品和生活物资在有效期内。

（5）生产用车应有防寒、防滑措施。

（五）风沙地区变电站

（1）户外所有端子箱、机构箱、汇控柜、智能柜防尘罩密封应完好，在通风口处应设置严密的防尘措施，并应满足散热功能。根据现场需要，箱内的继电器应有防尘罩。

（2）风沙危害较大地区，应注重、加强近地表的防护措施，防止地表重复起沙；对于变电站外围的沙化地面应采取固沙措施。

（3）风沙危害严重地区，应关注变电站所处地区的天气情况，在风沙来临前及早准备防风沙措施。

（4）变电站保护室、蓄电池室、设备室通风窗口应具备防风、防沙功能。

（5）变电站电缆沟盖板、充氮灭火装置喷头应满足防沙要求。

（6）变电站外围设计应有防止漂浮物进站的设施。

（7）变电站室外设备区照明应有防护罩，视频探头具备防风、防沙、自清理功能。

（六）海岛变电站

（1）变电站应具备完善的防潮、防凝露设施及防锈蚀措施。

（2）应认真开展防台风工作，明确重点部位、薄弱环节，制订科学、具体、切合实际的防台风预案，并有针对性地开展防台风演练。

（3）应保证足够的防洪抢险器材、物资，并对其进行检查、检验和试验，确保物资的良好状态。

（4）应保证足量的救生衣。

十六、检查考核与奖惩

（一）检查和考核

1. 变电运维工作的检查考核部门

公司各单位应加强变电运维工作的检查与考核，各级运检部是运维工作检查与考核归口部门。

2. 检查与考核范围

（1）国网运检部负责对一类变电站进行检查与考核，对二类、三类、四类变电站进行抽查。

（2）省公司运检部对一类、二类变电站进行检查与考核，对三类、四类变电站进行抽查。

（3）省检运检部、地市公司运检部对所辖变电站进行检查与考核。

（4）县公司运检部对所辖变电站进行检查与考核。

3. 检查与考核周期

（1）国网运检部每年对省公司管辖一类变电站抽查考核的数量不少于一座，对二类、三类、四类变电站进行抽查。

（2）省公司运检部每年对管辖一类、二类变电站抽查考核的数量不少于一座，对二类、三类、四类变电站进行抽查。

（3）省检运检部每年对管辖一类、二类变电站全部进行检查考核，对管辖三类、四类变电站抽查考核的数量不少于三分之一。

（4）地市公司运检部每年对管辖二类变电站全部进行检查考核，对管辖三类、四类变电站抽查考核的数量不少于三分之一。

（5）县公司运检部每年对管辖三类变电站全部进行检查考核，对管辖四类变电站抽查考核的数量不少于三分之一。

4.检查与考核内容

（1）日常运维管理（设备巡视、设备定期轮换试验、设备缺陷管理）。

（2）专项管理（防汛、防潮、防寒、防风、防毒、防小动物、防污闪、带电检测、设备状态评价、反措落实）。

（3）安全管理（工作票管理、操作票及倒闸操作管理、防误闭锁装置管理、消防管理、安全工器具管理、安全保卫管理、防止变电站全停措施）。

（4）基础资料管理（运维制度、图纸资料、技术资料、规程规定、现场运规）。

（5）标准化作业执行情况。

（二）奖惩

（1）国网运检部对各省公司运维工作情况进行考核，并将结果纳入年度运检绩效和同业对标考核。

（2）各单位应建立对变电站运维工作的奖惩机制，对在运维工作中表现突出、发现严重及以上设备缺陷、避免设备损坏事故的，应给予表彰和物质奖励。对倒闸操作不规范、现场运行规程修订不及时，未按照周期及项目巡视，基础资料不齐全、PMS系统信息不准确等运维工作不到位的，或者因人员失误造成设备损坏的，应通报批评并追究相关责任。

（3）各省公司应将奖惩相关规定制度报国网运检部备案，各地市公司应将奖惩相关规定制度报省公司运检部备案。

第二节　基于地理信息系统技术的变电站智能运检管理系统

一、概述

随着国家电网公司泛在电力物联网的提出，变电站智能运检管理作为电力物联网中重要的一环是实现电力系统各环节万物互联与全面感知的重要组成部分。地理信息系统（GIS）凭借其强大的数据整合能力和空间地理信息分析能力，在构建电力物联网中有着重要的应用。为实现对变电站设备的智能化运检管理，提出了基于GIS技术的变电站智能运检管理系统。该系统在WebGIS构架的基础上，采用系统分层构建方式，利用Web服务器

及FlexRIA控件实现了智能运检管理系统GIS信息的全方位感知。系统物理服务器采用分布式部署的方式，有效整合了各种物理资源，提高了硬件利用效率。

针对变电站智能化运检管理的需求，开发了基于GIS技术的变电站智能运检管理系统。该系统采用WebGIS技术作用运检管理平台的基本架构，在此基础上完成了数据层、服务层和平台层三层系统平台的搭建。采用Web服务器和FlexRIA控件，实现了智能运检管理系统与GIS技术的全面整合以及变电站运检管理信息的全方位感知。在物理硬件上，采用分布式部署服务器的方式，利用DCN网络实现了Web服务器和Agent服务器的有效互联，融合了电力系统信息资源和GIS地图信息，通过全面协作的方式提高了硬件资源的利用效率及系统的响应速度。该研究对于实现变电站智能运检管理，完成泛在电力物联网的假设具有重要意义。

二、系统架构

基于GIS技术的变电站运检管理系统采用了WebGIS架构，除了具有常规的WebGIS平台功能之外，还满足了变电站运检的需求，整合了电力系统运维数据。基于WebGIS技术的变电站运检平台一共包含三层系统，即数据服务层、应用服务层和共享平台层。其中，数据服务层是该系统的基础数据系统，由内存数据库、关系数据库以及空间数据库构成。其包含了GIS系统所需要的地图背景图片，以及矢量缓存数据等内容。应用服务层是连接数据库系统和用户系统的桥梁，一般由Web服务器、Agent服务器以及SGA服务器构成。利用空间数据引擎和空间分析服务系统能够为用户提供基本的地图定位服务功能以及地图查询功能。此外，还具有数据管理和缓存的功能。共享平台层采用了Flex技术以及Agent技术，在满足用户基本功能的同时提高了用户体验。系统利用FlexRIA地图控件实现了用户界面地图展示、空间分析、资源管理以及对外接口的管理等功能。同时，利用数据缓存技术能够通过移动端完成用户地图查询的需求，方便了变电站系统的运检管理。

服务器系统利用DCN网络互连，将数据库服务器、地图图层服务器、Agent服务器以及SGA服务器广泛互连，构建了变电站智能运检管理系统的数据源。同时，系统利用Agent协作方式完成了运检管理系统的负载分配和任务协作功能，使得用户在使用系统的同时能够实现本地数据缓存功能，并完成用户使用习惯的匹配。分布式部署方式不仅实现了本地服务器资源的优化部署，节约了空间和大量物理资源。同时，采用统一的数据管理方式大幅提高了系统运行效率，对于完成变电站GIS数据的快速查询和使用具有重要意义。

三、系统功能结构

为实现对电力系统智能运检作业的支持，基于GIS的变电站智能运检管理系统除了具有传统的GIS功能之外，还增加了电力系统空间信息服务的支持以及对变电

站运检作业的功能支持。基于 GIS 技术的变电站智能运检管理系统平台结构由 3 部分内容构成，包含了 GIS 核心功能、运检管理系统接口以及移动 GIS 系统支持等内容。其中，GIS 核心功能为变电站智能运检管理提供了分布式数据服务和分布式共享服务，能够实现地理信息系统数据的接入与发布功能。此外，还能够实现业务系统的自动检索。同时为变电站智能设备的运检管理，提供数据的实时更新。运检管理系统接口包括了服务中心接口和控制中心接口。服务中心接口用于实现检修业务的注册以及服务订阅管理，控制中心接口用于实现对象访问的安全性控制以及变电站智能运检管理平台的稳定性控制。例如，检修日志管理、系统故障管理、变电站设备负荷均衡管理等内容。移动 GIS 支持是为了实现变电站检修的智能化，同时提高检修工作的自动化程度。本文在整合了北斗导航定位系统的基础上完成了变电站运检管理的智能调度，对提高管理效率和保障系统供电安全方面均有重要意义。

四、系统服务流程

基于 GIS 技术的变电站智能运检管理系统作为变电站智能化管理的基础服务平台，不仅实现了对变电站运检数据的融合，同时还包含了数据维护和变电站三维地图访问功能。变电站智能运检管理系统利用变电站地理信息系统空间数据引擎和电力系统数据中心建立数据通信。用户向运检管理系统发出地图使用请求时，运检管理系统根据用户请求内容生成唯一的标识码 Token 返回用户。然后根据返回地址信息调用系统资源，建立用户界面，完成检修人员和运检管理系统的链接。

系统服务关键代码如下：

```
<IDOCTYPEHTML>
<metacharset=" utf‐8" />//信息载入
<metaname=" description" content=" 变电站平面" />//地图信息描述
<metaname=" keywords" content=" 变电站设备分布图、变电站巡检路线图、变电站高压线路" >//关键词选择<meta property=" wb: webmaster" content=" 10fd28588b2f9686" />//信息内容标识码
< meta name =" site _ verification" content =" Mtd2WIt6Ne" />//用户信息表示码
<meta name=" msvalidate. 01
<meta name =" renderer" content =" webkit" />//用户信息校验
if ( http: — window. location. protocol && window. location. port——" ) //端口连接
var cur Location = window. location. href; window. location= curLocation. replace
<script type=" text/javascript>//信息发送
)
</script>
```

建立连接之后，系统创建检修人员需要的 XML 信息订单，具体内容包括变电站地图图层、功能名称、指令内容等参数。然后，由运检管理系统提交至 GIS 平台服务中心。GIS 平台服务中心完成对 XML 信息订单的识别和解析，同时根据订单内容判断业务类型。若该订单请求的内容在检修用户权限内，则返回服务地址；若订单内容超出管理权限，则不予处理。返回的服务地址利用 Web Service 方式进行访问，此时电力检修系统和业务管理系统建立了完整的访问链接。用户可以对此进行安全访问，并完成相应的检修任务。

第三节　变电站智能化巡检技术开发研究

一、智能化巡检技术开发研究的必要性

近年来，随着电网建设的发展，电力输送和供电规模快速扩张，集控站所辖子站迅速增加，管理幅度和难度加大。为能有效监视设备运行状况，及时发现设备隐患，运行人员除正常巡视外，还应依天气变化、设备异常信号、故障等信息进行不定期的巡视，并记录存档设备运行状况、运行参数，为设备检修提供可靠依据。目前变电站的巡视手段仍然依靠人工巡视及笔录，而许多子站距离集控主站比较远，当出现事故或遇到大风、大雪、雷雨等恶劣天气的情况下，巡视人员不能及时到位巡视，将会造成集控站的值班员不能准确了解现场设备状况，不能及时发现隐患，势必会危及电网的安全运行。通过智能巡检平台的开发应用，可转变运行管理模式，通过可视化技术展示变电设备运行状态和技术指标，可降低系统的控制难度，做到"信息融合、全景监视、智能互动、状态评估、风险预控"。同时采用智能巡检管理模式，使设备现场的巡视及管理工作与自动化办公成功接轨，对于管理部门而言，可以随时通过智能巡检系统了解各个变电站内的设备运行情况，对所有变电站实行统的、标准化的管理。

二、变电站运行智能巡检系统

变电站运行智能巡检系统以实现变电站巡视智能、集约、共享为核心，在符合现行安全标准条件下，以计算机网络技术、信息技术为支撑，整合现有监测资源，并进行技术创新，将变电站分散巡视改为智能集约巡视，以自动巡视代替人工巡视。该系统注重设备状态可视化、智能告警、分析决策等高级智能的应用，将无人值守受控站的现场设备的外观和内部运行状态通过视频图像及传感器监测的方式全景化监控和展示，在巡视过程中自动跟踪显示设备的运行参数、状态等信息，并自动生成各类报表，使信息实时、可靠、有效。可对变电站故障缺陷实现事前预警，通过对现场的信息进行自动采集、智能分析、信息共享，使各级生产运维人员能够直观及时地掌握变电站各类设备的运行工况，及时发现和处理设备运行中出现的异常、缺陷和其他安全隐患。

三、系统组成和工作流程

智能巡检系统主要包括前端采集装置和后台监控系统组成，在视频监控系统的基础上，将开关柜测温、变压器油色谱在线监测、SF₆密度及微水在线监测、红外成像测温在线监测、直流在线监测、保护信息管理系统、高压室环境在线监测，以及变电站辅助设备远程控制系统集成到视频监控系统。系统软件安装于系统服务器，采用 B/S 方式，主要功能模块包括图像监控功能、远程控制功能、数据自动跟踪功能、报警管理功能安全管理功能和异常记录功能。

1. 前端装置

(1) 视频监控模块：硬盘录像机采用海康卫视。

(2) 在线监测模块：综合在线监测子站。

(3) 保护信息管理模块：保护信息管理机和防火墙。

(4) 直流在线监测模块：协议转换器。

(5) 灯光控制模块。

(6) 通信模块：传输数据、接收指令。

2. 后台监控模块

包括远程通信模块、智能巡检软件。

3. 系统的工作流程

软件部分运行在变电站视频监视服务器上，按功能将系统划分为 4 个模块。

人机界面处于系统最顶层，是操作员工作时用户操作界面管理与处理的核心。操作员通过菜单和按钮对系统进行各项功能操作，人机界面相应地调用下层功能模块以实现操作员的操作指令。

系统互联模块是软件部分的核心模块，这个模块又包括 3 个子模块，分别完成在线监测和保护信息数据的接收、保护信息数据的解析和图像监控系统联动三项功能。为了保证系统运行的实时性，将这 3 个子模块分别运行在 3 个线程里。第一个线程接收数据；第二个线程对接收到的遥动数据进行分析，解析遥测越限和事故告警等信息，并将这些信息存入数据库；在第三个线程中有告警产生时向图像监控系统发出控制命令，图像监控系统完成联动，推出事故画面。系统运行时，这三项操作并行执行。在线监测和保护信息系统转发过来的数据中没有告警信息时，图像监控系统可以实现传统的监控功能。

四、功能实现

通过智能巡检系统，可对变电站的运行环境、变电站各种设备的运行状态及影响变电站安全的因素（如：环境温度、湿度、设备异常、火灾、水灾、过热、电缆温度、SF₆气体等）实现在线监测，将正常的 2 天一次的巡视变为 24h 显示的实时监控，将运行人员的现场目测巡视变为智能化监视，将分散的巡视检查变为集中监控。

1. 图像监控功能管理

值班员巡视时按轮巡策略进行智能巡视，监视各变电站的所有图像信息（含红外成像信息）的变化，完成远程变电站图像的实时显示、监控、存储等功能。出现异常时应切至手动巡视功能，对该设备进行左右、上下、远景/近景、近焦/远焦控制巡视，抓拍、存储、检索、回放各变电站的所选摄像机实时图像，并远程控制视频处理单元实现手动录像。

2. 数据自动跟踪功能管理

值班员进行智能巡视过程中，巡视到某一设备时，如巡视到某台开关时，该开关的运行状态、储能情况、机械位置、开关压力等信息，以及视频图像信息能够集中展现。值班员可根据运行实时数据、报警、缺陷记录等信息判断该设备的运行状况和健康情况。

3. 报警管理功能

系统报警时，自动控制主摄像头转到报警设备处，可进行自动录像。如果是巡视时可以暂停巡检，值班员应根据报警信息、图像资料、集控监控系统报文，分析、判断设备的状态，使用手工记录异常信息，并保存当时的视频，描述异常状况并保存，以便上报和处理。

4. 远程控制功能管理

在不同的天气和环境条件下，值班员根据巡视需要，根据天气状况，设备运行状况，远方启停照明装置。

5. 操作的智能监控

结合设备的遥控操作功能，值班员在集控主站对无人值班站的设备进行遥控操作、切换时，可以通过智能巡检系统确认设备的状态转换，无须派人到现场二次确认，并为设备程序化操作提供条件。

6. 异常、事故的判断、处理

利用智能巡检系统，实现异常、事故时图像的自动记忆，捕捉现场发生事故过程的相关记录，以获得分析事故的所需的宝贵资料。在设备发生故障时，通过对摄像头进行调距，近距离观察故障现象，准确判断故障现象，正确处理事故，不仅避免了事故扩大和缩短故障处理时间，而且保证了人身安全。另外，根据运行、调度、修试、计量，以及各级管理人员的权限、职责不同进行用户设置和授权，并根据不同条件设置优先级，按照运行优先、远程监督、信息共享的原则，为生产运行管理的各个单位和部门提供分析、决策、执行、监督检查提供信息支持。

五、变电站设备巡检管理系统

变电站设备巡查管理系统是借助近距离通信协议（NFC）、GPRS网络等技术，针对厂区设备开发的对变电站设备巡检的管理工具。该系统可以很好地解决现有巡查管理工作中的一些不便与不足，大大提高管理的质量和效率。可规范巡检行为，强化巡检质量，加快应急抢修处理速度，实现变电站巡检科学化、规范化、智慧化管理，保障正常发电供电。

1. 管理难点

对变电站换流站设备巡查工作的管理目标是巡检信息化、提高工作效率以及管理水平。在目前阶段，巡检工作的主要管理难点有三个：

（1）无法客观、方便地掌握巡查人员的到位情况，因而无法有效地保证巡查工作人员按计划、按时、按周期对所负责的区域开展巡查，巡查工作的质量得不到保证。

（2）变压器、继电器、油位计等各种设备的运行状况、运行参数无法及时上报处理，由小隐患积累成大事故。

（3）目前很多用户还在使用纸张记录的方式，保存不便，查询不便。对主变引线、冷却器等各种设备的运行状况、运行参数等历史数据无法有效地利用，对设备的缺陷分析、设备选型、辅助决策无从实施。

2. 搭建巡查信息管理平台的必要性

目前大部分变电站换流站设备巡查工作主要依靠员工的责任心和自觉性，并结合不定期的现场抽查等管理方法，对数据缺乏有效的处理手段，源头的巡查质量和数据真实性无法保障，同时采集回的数据也得不到很好的利用。因此，需要借助现代新的技术搭建巡查信息管理平台提高巡查工作的质量。

3. 变电站换流站设备巡查管理系统功能

变电站换流站设备巡查管理系统是借助近距离通信协议（NFC）、GPRS网络等技术，针对工业开发的对设备巡视的管理工具。该系统提供了一系列的解决方案，可提供所有人员的巡检轨迹和实时定位，对巡检质量实现由人工管理到电子化管理的转变，保证巡检工作的正常开展。可对巡检的具体工作内容即油位计数值、温度表计数值等数据，实现实时的上传、记录、保存，并自动对数据分析和挖掘，为设备的维护和更换做辅助决策。针对已出现的隐患问题制定维修计划，做到及时发现问题及时解决问题。

系统功能如下：

（1）集团化管理。

1）分级、分角色、分用户。

2）权限管理。

（2）设备管理。

1）添加设备基础信息。

2）设备类型分类。

3）电子标签绑定。

（3）集群视频对讲。

1）一对一、一对组。

2）语言、文字、图像。

3）现场实时视频指挥。

（4）巡检量化考核。

1）制订周期、临时巡检计划。

2）采集设备运行数据。

3）检测提醒。

（5）隐患上报处理。

1）设备隐患、异常、故障。

2）分类采集、上报、处理。

3）可视化资料回传。

（6）运维管理。

1）维修工单上报、派发。

2）接收工单、执行维修任务。

3）维修记录统计。

（7）报警应急响应。

1）紧急一键报警。

2）数据异常报警。

3）隐患故障报警。

（8）报表统计。自动分析、统计、生成考核报表、明细报表、汇总报表、图表。

4. 应用效果

（1）构建互联网云技术构建信息化管理平台，集团化管理模式，实现企业数据整合、资源共享的管理水平。

（2）融合NFC进场通信、二维码、条形码识别技术，实现精确考核。

（3）有效利用设备的运行状况、运行参数等历史数据，查询并对设备的缺陷分析、设备选型提供辅助决策，以便及时发现和消除设备及故障缺陷，预防事故的发生，确保设备安全平稳运行。

（4）实时调度、语音对讲，实现巡检员与维修工协同办公，快速处理问题。

（5）解决巡检不到位、隐患漏报瞒报、上报不及时等问题，避免小隐患发展成大事故。

（6）自动分析人员巡检信息、设备运转信息、工单处理流程等数据。

（7）提供多样化的明细与汇总报表，信息永久保存，为企业的内部管理更新与长期发展带来巨大参考价值。

第四节　变电设备巡视检查及异常和故障处理

一、变电站系统运行

（一）一般规定

（1）值班人员应经岗位培训且考试合格后方能上岗。应掌握变电站的一次设备、二次设备、直流设备、站用电系统、防误闭锁装置、消防等设备性能及相关线路、系统情况。掌握各级调度管辖范围、调度术语和调度指令。

（2）值班人员应严格执行调度指令，并根据《变电站现场运行规程》的规定进行相应的操作。

（3）新建、改（扩）建的变电站投入运行前应有设备试验报告、调试报告、交接验收报告及竣工图等，设备验收合格并经系统调试合格后方可投入运行。新建变电站投入运行三个月后、改（扩）建的变电站投入运行一个月后，应有经过审批的《变电站现场运行规程》。投运前，可用经过审批的临时《变电站现场运行规程》代替。

（4）新投入运行的主变压器、线路加压后应进行定相，无误后方可带负载或进行并（解）列操作。由于检修或更换设备引起接线变动时，应进行核相。

（5）值班人员在正常倒闸操作和事故处理中，应严格按照调度管辖范围执行指令。值班人员对调度指令产生疑问时，应及时向调度提出，确认无误后再进行操作。

（6）运行设备发生异常或故障时，值班人员应立即报告调度。若发生人身触电、设备爆炸起火时，值班人员可先切断电源进行抢救和处理，然后报告调度。

（7）10kV 小电阻接地系统的运行。

1）小电阻接地系统不允许退出接地电阻运行。

2）当 10kV 母线分段运行时，每条母线应有一组接地电阻投入运行。

3）当 10kV 母联断路器在合闸位置时，而其中一条母线的受总断路器（与变压器直接相连的断路器）在分闸位置时，应投入运行的受总断路器所对应的接地电阻，不允许两组接地电阻长时间并列运行。

4）接地电阻开关的过流、零序保护应投入运行，接地电阻零序保护联跳对应的变压器 10kV 侧的受总断路器保护亦应投入运行。

5）变压器 10kV 侧受总断路器联跳对应接地电阻的保护连接片应投入运行，10kV 母线上运行设备的零序保护均应投入运行。

（8）低频减载装置按调度指令投入运行。

（二）系统操作要求

1. 系统并（解）列操作

变电站并（解）列操作应按调度指令进行。在自动并列装置失灵时，经调度同意，可手动并列。

2. 有效接地系统变压器中性点接地的操作

（1）主变压器中性点接地方式应根据调度要求确定，主变压器中性点接地的操作必须按照调度指令进行。

（2）主变压器中性点保护的配置必须满足变压器中性点接地方式的要求，操作时应核对变压器零序保护投运情况。

（3）在有效接地系统中，对于中性点不接地运行方式的变压器，在投入或退出操作前，应将主变压器中性点接地并考虑中性点保护的投入、退出。

（4）有效接地系统中，装有自投装置的备用变压器，应将其隔离开关合上。

3. 无功补偿装置的操作

（1）并联补偿装置的操作应按照调度指令或无功电压调整原则进行操作。

（2）操作并联补偿装置时，不允许并联电抗器与并联电容器同时投入运行。

（3）电压和无功调整：

1）当母线电压超出允许范围或无功缺乏时，应进行电压和无功的调整。

2）当母线电压合格而容性无功缺乏时，应投入电容器组，感性无功缺乏时，应投入电抗器；当无功满足要求而电压未达到要求时，应调整变压器有载调压分接开关。

3）当变电站无功和母线电压都达不到要求时，应保证母线电压在合格范围。

（三）异常及故障处理

1. 基本要求

（1）值班人员发现系统异常，如系统振荡、较大的潮流变化或安全稳定自动装置动作时，应报告调度并加强监视。

（2）值班人员发现负载超出设备允许范围时，应报告调度并加强监视。

2. 非全相运行

（1）发生非全相运行时，应立即报告调度，经调度同意进行如下处理：

1）运行中断路器断开两相时应立即将断路器拉开。

2）运行中断路器断开一相时，可手动试合断路器一次，试合不成功，应将断路器拉开。

（2）非全相断路器不能拉开或合上时，可考虑采用旁路断路器与非全相断路器并联、母联断路器与非全相断路器串联及拉开对端断路器等方法，使非全相断路器退出运行。

（3）断路器非全相运行的处理方法及注意事项应列入《变电站现场运行规程》。

3. 非有效接地系统的谐振

（1）确认发生谐振后，应报告调度，以改变网络参数为原则，可选择下列方法处理：

1）变压器带空载母线时，可给配电线路送电。

2）拉、合电容器组断路器。

3）拉、合母联断路器。

4）停运充电线路。

（2）过电压未消除前禁止靠近避雷器、消弧线圈和电压互感器。

4. 非有效接地系统接地故障

（1）单相接地时，应穿绝缘靴检查站内设备，不得触及开关柜和金属架构。

（2）装有接地选线装置时，应先将自动查找接地结果报告调度，听候处理。

（3）未装接地选线装置时，经判定接地故障不在变电站内，应按调度指令用试停的方法查找接地线路。

（4）严禁用隔离开关拉、合系统有接地故障的消弧线圈。

5. 线路断路器跳闸

（1）下列情况不得试送：

1）全电缆线路。

2）调度通知线路有带电检修工作。

3）断路器切断故障次数达到规定时。

4）低频减载保护、系统稳定装置、联切装置及远动装置动作后跳闸的断路器。

（2）单电源的重要线路，重合闸未动作或无重合闸，应经调度同意，试送一次，并将试送结果报告调度。

（3）内桥接线的变电站，在一回进线运行而另一回进线备用的方式下，若运行线路跳闸，互投装置失灵或无互投装置，经调度同意，合上另一回线路的断路器；若两回进线运行而母联断路器在备用的方式下，发生一回进线跳闸。自投装置失灵或无自投装置，经调度同意，合上母联断路器。

（4）线路故障越级跳闸，应先隔离故障元件，再恢复供电。

6. 变电站全停故障

（1）变电站全停故障的处理：

1）全面检查继电保护动作信号、断路器位置、表计指示及直流系统情况，并报告调度。

2）恢复站用电，确保直流系统完好。

（2）变电站全停故障的注意事项：

1）利用备用电源恢复供电时，应考虑其负载能力和保护整定值，防止过负载和保护误动作。必要时，只恢复站用电和部分重要用户的供电。

2）防止非同期并列，防止向有故障的电源线路反送电。

（3）电网故障造成变电站全停时，检查确认站内设备正常，若电容器断路器已在拉开位置，则其他一次设备不作任何操作，报告调度，等候指令。

（4）站内故障造成变电站全停时，应尽快隔离故障点，恢复站用电，检查各线路有无电压，按调度指令处理事故。

二、变电站倒闸操作

（一）倒闸操作一般规定

1. 基本规定

（1）倒闸操作应根据调度指令和《变电站现场运行规程》的规定进行，无调度指令不得改变调度范围内运行设备的状态。

（2）变电站可自行操作的设备，由当值值班长下达操作指令。

（3）被批准有接令权的当值值班人员可以接受调度指令，发布、接受操作任务应复诵，互报单位、姓名，使用规范术语。

2. 倒闸操作票

（1）倒闸操作按规定填写操作票；操作前进行模拟预演。填票人员应明确操作任务和操作顺序，掌握运行方式及设备状态、操作票应由具有审核资格的人员审核合格后执行。

（2）倒闸操作由两人进行，一人操作，一人监护。单人值班变电站倒闸操作按《电业安全工作规程》（DL 408）的相关规定执行。

（3）每张操作票只能填写一个操作任务，严禁跳项操作。操作过程中，不得进行与操作无关的工作。

（4）操作过程中遇有事故时，应停止操作，报告调度；如有疑问时，应询问清楚无误后，再进行操作。

3. 倒闸操作注意事项

（1）在变压器的并（解）列操作中，应检查各侧断路器分、合位置及各侧负载的分配情况。

（2）继电保护及安全稳定自动装置连接片的操作应按《变电站现场运行规程》或调度指令执行。新设备首

次投入的保护连接片操作，值班人员应在继电保护专业人员的指导下进行。继电保护与一次设备联动试验时，值班人员应与专业人员共同进行，并采取防止误动、误碰的措施。

（3）拉、合电压互感器前，应考虑所带继电保护装置和安全稳定自动装置的相应操作。

（4）对于无人值班站的计划性操作，调度应将操作任务和操作顺序提前通知操作人员。

（5）新设备首次送电或设备检修后，值班人员在送电操作前应进行现场检查。

（二）倒闸操作技术原则

1. 基本技术原则

（1）拉、合隔离开关前，应检查断路器位置正确。

（2）操作中不得随意解除防误闭锁装置。

（3）隔离开关机构故障时，不得强行拉、合、误合或者误拉隔离开关后严禁将其再次拉开或合上。

（4）停电操作应按断路器、负荷侧隔离开关、电源侧隔离开关的顺序进行；送电时，顺序与此相反。

（5）倒母线时，母联断路器应在合闸位置，拉开母联断路器控制电源，然后按"先合上、后拉开"的原则进行操作。

（6）母线充电时，应先将电容器组退出运行，带负载后根据电压情况投入电容器组；对于没有串联电抗器的电容器组，当两段母线并列运行时，只投入一段母线的电容器组，若需投入另一段母线的电容器组时，应征得调度同意，将母联断路器拉开。

（7）旁路母线投入前，应在保护投入的情况下用旁路断路器对旁路母线试充电一次。

（8）装有自投装置的母联断路器在合闸前，应将该自投装置退出运行。

（9）倒闸操作中，严禁通过电压互感器、站用变压器的低压线圈向高压线圈送电。

（10）用断口带并联电容的断路器拉、合装有电磁型电压互感器的空载母线时，应先将该电压互感器停用。

（11）具备并列条件的站用变压器，并列前应先将其高压侧并列。不同电压等级的站用电系统，转移负载时，低压侧负载应先拉后合。

（12）用母联断路器给母线充电前，应将充电保护投入；充电后，退出充电保护。

2. 不得进行遥控操作的情况

（1）控制回路故障。

（2）操动机构压力异常。

（3）监控信息与实际不符。

3. 可不派人到现场核查的操作

无人值班变电站，以下操作在遥信正确无误时，可不派人到现场核查：

（1）拉、合断路器操作。

（2）组合电器设备的断路器及隔离开关操作。

（3）遥调操作。

4．注意事项

（1）雷雨天气，严禁在室外进行设备的倒闸操作，系统有接地时严禁进行消弧线圈倒分头的操作。

（2）远方操作的"远方—就地"选择开关应在"远方"位置。

三、高压电气设备的运行、异常及故障处理

（一）一般规定

（1）电气设备应满足装设地点运行工况。

（2）电气设备应按有关标准和规定装设保护、测量、控制和监视装置。

（3）电气设备外壳应有接地标志，连接良好，接地电阻合格。

（4）电气设备应有完整的铭牌、规范的运行编号和名称，相色标志明显，其金属支架、底座应可靠接地。

（5）在非正常运行方式，高峰负载和恶劣天气时应进行特巡，新装或检修后投入的设备及存在缺陷的设备应进行特巡。

（6）电气设备应定期带电测温。

（7）变压器并列的条件：

1）电压比相等。

2）连接组别相同。

3）阻抗电压值相等。

（二）油浸式变压器

1．一般规定

（1）用熔断器保护变压器时，熔断器性能应满足系统短路容量、灵敏度和选择性的要求。

（2）装有气体继电器的油浸式变压器，箱壳顶盖无升高坡度者（制造厂规定不需安装坡度者除外），安装时应使顶盖沿气体继电器方向有 1.00%～1.50% 的升高坡度。

（3）新安装、大修后的变压器投入运行前，应在额定电压下做空载全电压冲击合闸试验。加压前应将变压器全部保护投入，新变压器冲击五次，大修后的变压器冲击三次。第一次送电后运行时间 10min，停电 10min 后再继续第二次冲击合闸。

（4）三绕组变压器，高压或中压侧开路运行时，应将开路运行线圈的中性点接地，并投入中性点零序保护。任一侧开路运行时，应投入出口避雷器、中性点避雷器或中性点接地。

（5）备用变压器应按《电力设备预防性试验规程》（DL/T 596—2021）的规定进行预防性试验。

（6）运行中的变压器遇有下列工作或情况时，由值班人员向调度申请，将重气体保护由跳闸位置改投信号位置：

1）带电滤油或加油。

2）变压器油路处理缺陷及更换潜油泵。

3）为查找油面异常升高的原因须打开有关放油阀、放气塞。

4）气体继电器进行检查试验及在其继电保护回路上进行工作，或该回路有直流接地故障。

（7）变压器在受到近区短路冲击后，宜做低电压短路阻抗测试或用频响法测试绕组变形，并与原始记录比较，判断变压器无故障后，方可投运。

（8）变压器储油柜油位、套管油位低于下限位置或见不到油位时，应报告主管部门。

（9）无励磁调压变压器变换分接开关后，应检查锁紧装置并测量绕组的直流电阻和变比。

（10）如制造厂无特殊规定，变压器压力释放阀宜投信号位置。

（11）夏季前，对强油风冷变压器的冷却器进行清扫。

（12）绝缘油应满足本地区最低气温的要求，不同牌号的油及不同厂家相同牌号的油在混合使用前，应做混油试验。

（13）油浸式变压器顶层油温一般不超过表 2-1-4-1 的规定（制造厂有规定的按制造厂规定执行）。

表 2-1-4-1 油浸式变压器顶层油温
一般规定值　　　　　　　　　　单位：℃

冷却方式	冷却介质最高温度	最高顶层油温
油浸自冷、油浸风冷	40	90
强迫风冷	40	85
强迫油循环水冷	30	70

（14）有载调压装置：

1）负载时禁止调压，或按制造厂规定执行。

2）参照制造厂和设备状态确定检修周期。

3）新装或大修后的有载调压开关，应在变压器空载运行时，在电压允许的范围内用电动操动机构至少操作一个循环，各项指示应正确，电压变动正常，极限位置的电气闭锁可靠，方可调至调度指定的位置运行。

4）变压器并联运行时，分接头电压应尽量接近，其调压操作应逐级和同步进行。

（15）冷却系统：

1）油浸风冷变压器风扇的投、退应按制造厂的规定执行，若制造厂无明确规定，应按负载电流达到额定电流的 70% 以上或变压器顶层油温高于 65℃ 时应启动变压器风扇的原则掌握。

2）强油风冷系统必须有两个独立且能自动切换的工作电源并能手动或自动切换；强油风冷系统失电后，变压器温度不超过规定值的措施应写入《变电站现场运行规程》。

3）正常运行时，一般不允许同时投入全部冷却装置，应逐台依次投入，避免油流静电现象。冷却装置的投、退应按制造厂的规定，写入《变电站现场运行规程》。

2．巡视检查

（1）新投或大修后的变压器运行前检查：

1）气体继电器或集气盒及各排气孔内无气体。

2）附件完整安装正确，试验、检修、二次回路、维电保护验收合格、整定正确。

3）各侧引线安装合格，接头接触良好，各安全距离满足规定。

4）变压器外壳接地可靠，钟罩式变压器上下体连接良好。

5）强油风冷变压器的冷却装置油泵及油流指示、风扇电动机转动正确。

6）电容式套管的末屏端子、铁芯、变压器中性线报地点接地可靠。

7）变压器消防设施齐全可靠，室内安装的变压器通风设备完好。

8）有载调压装置升、降操作灵活可靠，远方操作和就地操作正确一致。

9）油箱及附件无涉漏油现象，储油柜、套管油位正常，变压器各阀门位置正确。

10）防爆管的呼吸孔畅通，防爆隔膜完好，压力释放阀的信号触点和动作指示杆应复位。

11）核对有载调压或无励磁调压分接开关位置；检查冷却及气体继电器的阀门应处于打开位置。气体继电器的防雨罩应严密。

（2）日常巡视检查：

1）变压器的油温和温度计应正常。储油柜的油位应与温度标界相对应，各部位无渗油、漏油，套管油位应正常，套管外部无破损裂纹，无严重油污、无放电痕迹及其他异常现象。

2）变压器的冷却装置运转正常，运行状态相同的冷却器手感温度应相近，风扇、油泵运转正常。油流继电器工作正常，指示正确。

3）变压器导线、接头、母线上无异物，引线接头、电缆、母线无过热。

4）压力释放阀、安全气道及其防爆隔膜应完好无损。

5）有载分接开关的分接位置及电源指示应正常。

6）变压器室的门、窗、照明完好，通风良好，房屋不漏雨。

7）变压器声响正常，气体继电器或集气盒内应无气体。

8）各控制箱和二次端子箱无受潮，驱潮装置正确投入；吸湿器完好，吸附剂干燥。

9）根据变压器的结构特点在《变电站现场运行规程》中补充检查的其他项目。

（3）定期巡视检查：

1）消防设应完好。

2）各冷却器、散热器阀门开闭位置应正确。

3）进行冷却装置电源自动切换试验。

4）各部位的接地完好，定期测量铁芯的接地电流。

5）利用红外测温仪检查高峰负载时的接头发热情况。

6）储油池和排油设施应保持良好状态，无堵塞、无

积水。

7）各种温度计在检定周期内，温度报警信号应正确可靠。

8）冷却装置电气回路各接头螺栓每年应进行检查。

（4）下列情况应进行特殊巡视检查：

1）有严重缺陷时。

2）变压器过负载运行时。

3）高温季节、高峰负载期间。

4）雷雨季节，特别是近区域有雷电活动时。

5）新投入或经过大修、改造的变压器在投运72h内。

6）气象突变（如大风、大雾、大雪、冰雹、寒潮等）时。

3．异常及故障处理

（1）下列异常应报告调度及主管部门并加强监视：

1）设备接头过热。

2）轻瓦斯保护动作。

3）变压器内部出现异常声响。

4）变压器漏油致使油位下降。

（2）油温异常：

1）检查校验温度测量装置。

2）检查变压器冷却装置和变压器室的通风情况及环境温度。

3）检查变压器的负载和绝缘油的温度，并与相同情况下的数据进行比较。

4）变压器在各种超额定电流方式下运行，若顶层油温超过105℃时，应立即降低负载。在正常负载和冷却条件下，变压器温度不正常并不断上升，则认为变压器已发生内部故障，应立即将变压器停运。

（3）过负载：

1）有严重缺陷的变压器和薄绝缘变压器不准超过额定电流运行。

2）超额定电流方式下运行时，若顶层油温超过105℃时，应立即降低负载，应将过负载的数值、持续时间、顶层油温和环境温度以及冷却装置运行情况报告调度并记入变压器技术档案。

3）各类负载状态下的电流和温度限值，应遵守制造厂有关规定，若无制造厂规定时，可按电力变压器运行规程相关规定执行。

（4）有载调压装置失灵：

1）调压装置在电动调压过程中发生"连动"时应立即拉开调压装置电源，如分接开关在过渡状态，可手动摇至就近的分接开关挡位。

2）在调压过程中发现分接指示器变化，而电压无变化时，禁止进行调压操作。

3）单相有载调压变压器其中一相分接开关不同步时，应立即在分相调压箱上将该相分接开关调至所需位置，若该相分接开关拒动，则应将其他相调回原位。

（5）油浸风冷装置故障。油浸风冷变压器失去全部风扇时，顶层油温不超过65℃，允许带负载运行。当顶

层油温超过 65℃而风扇不能恢复时，应立即报告调度。

（6）强油风冷装置故障：

1）工作电源故障时，应立即检查冷却系统的运行情况，找出故障原因并及时排除，恢复正常运行。

2）当工作、备用或辅助冷却器出现故障时，应及时处理。具体步骤应写入《变电站现场运行规程》。

3）当发出"辅助、备用冷却器控制电源失电"信号时，应检查辅助、备用冷却器控制回路的空气断路器或熔断器有无异常，如无明显故障点，可试送一次，若故障仍不能排除，应报告处理。

4）强油风冷变压器，当冷却系统故障切除全部冷却器时，允许带额定负载运行 20min。如 20min 后顶层油温尚未达到 75℃，允许上升到 75℃，但这种情况下的最长运行时间不得超过 1h。

（7）气体保护信号动作时，应立即对变压器进行检查，如气体继电器内有气体，则应记录气量，观察气体颜色，并将检查结果报告主管部门。

（8）气体保护动作跳闸后，立即报告调度和主管部门，原因不清，未排除故障不得试送。应重点考虑下列因素：

1）压力释放阀动作情况。

2）吸湿器是否阻塞。

3）必要的电气试验及油、气分析。

4）继电保护装置及二次回路有无故障。

5）是否发生穿越性故障，继电器触点误动。

6）变压器外观有无明显反映故障性质的异常现象。

（9）差动保护动作：

1）检查差动保护范围内的设备短路烧伤痕迹。

2）有无明显反映故障性质的异常现象。

3）气体及压力释放阀动作情况。

4）变压器其他继电保护装置的动作情况。

5）必要的电气试验及油、气分析。

（10）变压器有下列情况之一者应立即报告调度申请停运，若有运用中的备用变压器，应首先考虑将其投入运行：

1）套管有严重的破损和放电现象。

2）防爆管或压力释放阀启动喷油，变压器冒烟着火。

3）压器声响明显增大，且可听见内部有爆裂或放电声。

4）严重漏油或喷油使油面下降到低于油位计的指示限度。

5）在正常负载和冷却的条件下，因非油温计故障引起的变压器上层油温异常且不断升高。

（三）干式变压器

1．一般规定

干式变压器除遵守油浸式变压器的相关规定外，还应遵守以下规定。

（1）绕组温度达到温控器超温值时，应发出"超温"报警信号，绕组温度超过极限值时，应自动跳开电源断

路器。

（2）定期检查变压器冷却系统及风机的紧固情况，风道是否畅通。

（3）变压器室内通风良好，环境温度满足技术条件要求。

（4）绕组温度高于温控器启动值时，应自动启动风机。

（5）干式变压器投运前应投入保护和温度报警。

（6）巡视检查干式变压器不得越过遮栏。

（7）定期更换冷却装置的润滑脂。

（8）定期进行变压器单元的清扫。

（9）定期进行测温装置的校验。

2．巡视检查

（1）接地应可靠。

（2）风冷装置应正常。

（3）控器温度指示应正常。

（4）变压器外表应无裂痕、无异物。

（5）检查变压器室内通风装置应正常。

（6）接头无过热。

3．异常及故障处理

（1）差动保护动作。检查差动保护范围内的设备，在未查明原因消除故障前不得将变压器投入运行。

（2）超温跳闸处理：

1）检查各侧受总断路器在分闸位置。

2）检查变压器线圈有无异常和变形、过热现象。

3）检查温控柜风机运行情况、超温报警显示、超温跳闸指示灯是否正常。

4）若确认是由于热敏电阻及温控柜二次回路故障造成误动，应在消除故障后，恢复变压器的运行。

（3）干式变压器（气体绝缘变压器除外）在应急情况下允许的最大短时过载时间应遵守制造厂的规定，如干式变压器无厂家规定数据，可按表 2-1-4-2 规定的数值执行。

表 2-1-4-2 干式变压器过载能力表

过载/%	20	30	40	50	60
允许时间/min	60	45	32	18	5

（四）气体绝缘变压器

除遵守油浸式变压器的相关规定外，还应参照制造厂说明书将运行要求写入《变电站现场运行规程》。

（五）电抗器

1．一般规定

（1）电抗器应满足安装地点的最大负载、工作电压等条件的要求。正常运行中，串联电抗器的工作电流不大于其 1.3 倍额定电流。

（2）电抗器接地应良好，干式电抗器的上方架构和四周围栏应避免出现闭合环路。

（3）油浸式电抗器的防火要求参照油浸式变压器的要求执行，室内油浸式电抗器应有单独间隔，应安装防

火门并有良好通风设施。

2. 干式电抗器巡视检查

(1) 电抗器线圈绝缘层完好，相色正确清晰。

(2) 电抗器周围及风道整洁，无铁磁性杂物。

(3) 支架无裂纹，线圈无松散变形，垂直安装的电抗器无倾斜。

(4) 各连接部分接触良好，无过热。

(5) 引线线夹处连接良好。

(6) 外表无开裂，无放电痕迹。

(7) 使用红外热成像或红外测温仪监测异常温升及局部热点。

(8) 防雨措施良好。

3. 油浸式电抗器 (除按油浸式变压器的相关要求外) 巡视检查

(1) 线圈震动噪声无异音。

(2) 瓷质套管部分无裂纹破损现象。

(3) 局部温升、上层油温正常，无渗漏油。

4. 异常及故障处理

(1) 下列情况应报告调度和有关部门：

1) 电抗器保护动作跳闸。

2) 干式电抗器表面放电。

3) 电抗器倾斜严重，线圈膨胀变形或接地。

4) 电抗器内部有强烈的放电声，套管出现裂纹或电晕现象。

5) 油浸式电抗器轻瓦斯动作，油温超过最高允许温度，压力释放阀喷油冒烟。

6) 电抗器振动和噪声异常增大。

(2) 并联电抗器过负载时，应报告调度，并记录电抗器电流、系统电压和顶层油温。

(六) 断路器

1. 一般规定

(1) 分、合闸指示器应指示清晰、正确。

(2) 断路器应有动作次数计数器，计数器调零时应作累计统计。

(3) 端子箱、机构箱内整洁，箱门平整，开启灵活，关闭严密，有防雨、防尘、防潮、防小动物措施。电缆孔洞封堵严密，箱内电气元件标志清晰、正确，螺栓无锈蚀、松动。

(4) 应具备远方和就地操作方式。

(5) 每年对断路器安装地点的母线短路电流与断路器的额定短路开断电流进行一次校核。断路器允许开断故障次数写入《变电站现场运行规程》。

(6) 应按制造厂规定投、退驱潮装置和保温装置。

(7) 定期对断路器的端子箱、操作箱、机构箱清扫及通风。

(8) 油断路器应有便于观察的油位指示器和上、下限油位监视线，运行中油面位置符合制造厂规定；其绝缘油牌号应满足本地区最低气温要求。

(9) 新投入或更换灭弧室的真空断路器应检测真空压力，已运行的断路器应配合预防性试验检测真空压力，

不合格应及时更换；安装在电容器室内的真空断路器应采用远方操作；真空断路器允许开断次数按制造厂规定和设备实际情况确定，当触头磨损累计超过厂家规定，应安排更换。

(10) 定期检查断路器有无漏气点；按规程要求检测 SF_6 气体含水量；装于地下或要依靠通风装置保持空气流通的 SF_6 设备室内，必要时在入口处人身高度位置安装 SF_6 气体泄漏报警器和氧气含量报警器。

(11) 长期处于备用状态的断路器应定期进行分、合操作检查。在低温地区还应采取防寒措施和进行低温下的操作试验。

(12) 对操动机构的要求：

1) 气动操动机构在低温季节应采取保温措施，防止控制阀结冰。

2) 液压操动机构及采用差压原理的气动机构应具有防失压"慢分"装置并配有防"慢分"卡具。

3) 电磁操动机构严禁用手力杠杆或千斤顶的办法带电进行合闸操作。

4) 液压或气动机构，应有压力安全释放装置。

(13) 断路器的机械脱扣方法应写入《变电站现场运行规程》。

2. 巡视检查

(1) 各种类型断路器应检查的内容：

1) 均压电容器无渗漏。

2) 无异味、无异常响声。

3) 分、合闸位置与实际运行工况相符。

4) 引线应无松股、断股、过紧、过松等异常情况。

5) 操作箱、机构箱内部整洁，箱门关闭严密。

6) 引线、端子接头等导电部位接触良好，试温蜡片及红外测温无异常。

7) 套管、绝缘子无裂痕，无闪络痕迹。

8) 监视油断路器油位，油断路器开断故障后，应检查油位、油色变化。

9) 防雨罩和多油断路器套管根部的围屏牢固，无锈蚀和损坏。

10) 真空断路器的绝缘支持物清洁无损，表面无放电、电晕等异常现象。

11) SF_6 断路器气体压力应正常；管道无漏气声；安装于室内的 SF_6 断路器通风设施完好。

(2) 液压机构重点检查：

1) 机构箱内无异味、无积水、无凝露。

2) 液压机构的压力在合格范围之内。

3) 油箱油位正常，工作缸储压筒及各阀门管道无渗漏油。

4) 无打压频繁现象，油泵动作计数器指示无突增，驱潮装置正常。

(3) 弹簧机构的储能电动机电源或熔断器应在合上位置，"储能位置"信号显示正确；机械位置应正常；机构金属部分无锈蚀；储能电动机行程开关触点无卡涩和变形，分、合闸线圈无冒烟异味。

（4）气动机构的空压机润滑油油色、油位正常，安全阀良好；空压机启动后运转应正常，无异常声响和过热现象；压缩空气系统气压正常，气泵动作计数器指示无突增，驱潮装置正常。

3. 异常及故障处理

（1）有下列情况之一，应报告调度并采取措施退出运行：

1）引线接头过热。

2）多油断路器内部有爆裂声。

3）套管有严重破损和放电现象。

4）油断路器严重漏油，看不见油位。

5）少油断路器灭弧室冒烟或内部有异常声响。

6）空气、液压机构失压，弹簧机构储能弹簧损坏。

7）SF$_6$断路器本体严重漏气，发出操作闭锁信号。

8）油断路器的油箱内有异声或放电声，线卡、接头过热。

（2）SF$_6$气体压力突然降低，发出分、合闸闭锁信号时，严禁对该断路器进行操作；进入开关室内应提前开启排风设备，必要时应佩戴防毒面具。

（3）真空断路器合闸送电时，发生弹跳现象应停止操作，不得强行试送。

（4）当断路器所配液压机构打压频繁或突然失压时应申请停电处理，必须带电处理时，在未采取可靠防慢分措施前，严禁人为启动油泵。

（七）气体绝缘金属封闭电器

1. 一般规定

（1）严防外逸气体侵袭的意外事故：

1）当SF$_6$泄漏报警时，未采取安全措施前，不得在该场所停留。

2）对值班、检修人员出入的装有SF$_6$设备的场所，应定期通风，通风时间不少于15min。

3）进入电缆沟或低凹处工作时，应测含氧量及SF$_6$气体浓度，合格后方可进入。

（2）防止接触电势危害人身：

1）操作时，禁止人员在设备外壳上停留。

2）运行中气体绝缘金属封闭开关外壳及构架的感应电压不应超过36V，其温升不应超过30K。

（3）运行中应记录断路器切断故障电流的次数和电流数值；定期记录动作计数器的数值。

（4）设备气体管道有符合规定的颜色标示，在现场应配置与实际相符的SF$_6$系统模拟图和操作系统图，应标明气室分隔情况、气室编号，汇控柜上有本间隔的主接线示意图。设备各阀门上应有接通或截止的标示。

2. 巡视检查

（1）接地应完好。

（2）各类箱门关闭严密。加热器、驱潮器工作正常。

（3）无异常声响或异味。

（4）各种压力表、油位计的指示正确。

（5）断路器、避雷器的动作计数器指示正确。

（6）压力释放装置防护罩无异常，其释放出口无障碍物。

（7）无漏气、漏油。

（8）现场控制盘上各种信号指示、控制开关的位置正确。

（9）外壳、支架等无锈蚀、损伤。

（10）通风系统、断路器、隔离开关及接地开关的位置指示正确，并与实际运行工况相符。

（11）各类配管及阀门无损伤、锈蚀，开闭位置正确，管道的绝缘法兰与绝缘支架良好。

3. 定期检查

（1）检查接地装置。

（2）检查各种外露连杆的紧固情况。

（3）断路器的最低动作压力与动作电压试验。

（4）清扫气体绝缘金属封闭开关外壳，对压缩空气系统排污。

（5）检查或校验压力表、压力开关、密度继电器或密度压力表。

（6）检查传动部位及齿轮等的磨损情况，对传动部件添加润滑剂。

（7）对操动机构进行维修检查，处理漏油、漏气等缺陷。

4. 异常及故障处理

（1）有下列情况之一者应立即报告调度，申请停运：

1）设备外壳破裂或严重变形、过热、冒烟。

2）防爆隔膜或压力释放器动作。

（2）运行中发生SF$_6$气体泄漏时，应进行如下处理：

1）以发泡液法或气体检漏仪对管道接口、阀门、法兰罩、盆式绝缘子等进行漏气部位查找。

2）确认有泄漏，将情况报告调度并加强监视。

3）发出"压力异常""压力闭锁"信号时，应检查表计读数，判断继电器或二次回路有无误动。

4）如确认气体压力下降发出"压力异常"信号，应对漏气室及其相关连接的管道进行检查；在确认泄漏气室后，关闭与该气室相连接的所有气室管道阀门，并监视该气室的压力变化，尽快采取措施处理。如确认气体压力下降发出"压力闭锁"信号且已闭锁操作回路，应将操作电源拉开，并锁定操动机构，立即报告调度。

（3）SF$_6$气体大量外泄，进行紧急处理时的注意事项：

1）工作人员进入漏气设备室或户外设备10m内，必须穿防护服、戴防护手套及防毒面具。

2）室内开启排风装置15min后方可进入。

3）在室外应站在上风处进行工作。

（4）储能电动机有下列情况之一，应停用并检查处理：

1）打压超时。

2）压缩机超温。

3）机体内有撞击异声。

4）电动机过热、有异声、异味或转速不正常。

（八）高压开关柜

1. 一般规定

（1）具备五防功能，操作时按照连锁条件进行。

（2）柜体正面有主接线图，柜体前后标有设备名称和运行编号，柜内一次电气回路有相色标识，电缆孔洞封堵严密。

（3）小车开关推入"运行"位置前应释放断路器操动机构的能量，推入"运行"位置后应检查是否已到位并锁定；小车开关拉出在"试验"位置应完全锁定；任何时候均不准将小车开关置于"试验"与"运行"位置之间的自由位置上；小车开关拉出后，活门隔板应完全关闭；每次推入手推式开关柜之前，应检查相应断路器的位置，严禁在合闸位置推入手车。

（4）当环境湿度低于设备允许运行湿度时，应开启驱潮装置；当环境温度低于设备允许运行温度时，应开启保温装置。

（5）配合停电检查绝缘部件及灭弧室外壳、二次接线、机构箱辅助触点、活门隔板，二次插头应无氧化、变形现象。

2. 巡视检查

（1）开关柜屏上指示灯、带电显示器指示应正常，操作方式选择开关、机械操作把手投切位置应正确。驱潮加热器工作应正常。

（2）屏面表计、继电器工作正常，无异声、异味及过热现象。

（3）柜内设备正常；绝缘子完好，无破损。

（4）柜内应无放电声、异味和不均匀的机械噪声。

（5）柜体、母线槽应无过热、变形、下沉，各封闭板螺丝应齐全。无松动、锈蚀，接地应牢固。

（6）油断路器油位、油色应正常；真空断路器灭弧室应无漏气，灭弧室内屏蔽罩如为玻璃材料的表面应呈金黄色光泽，无氧化发黑迹象；SF_6断路器气体压力应正常；瓷质部分及绝缘隔板应完好，无闪络放电痕迹，接头及断路器无过热。

（7）断路器操动机构应完好，直流接触器无积尘，二次端子无锈蚀。

（8）接地牢固可靠，封闭性能及防小动物设施应完好。

（9）断路器事故跳闸后或过负载运行时，增加下列检查：

1）油断路器有无喷油、冒烟，油色、油位是否正常，接头及载流导体有无过热。

2）真空断路器有无异响、异常辉光，外壳有无裂纹或闪络现象。

3）各支持绝缘子有无破损，绝缘拉杆有无断裂、变形、移位。

4）SF_6断路器气体压力无异常。

5）操动机构分闸弹簧、缓冲器有否松脱、断裂、变位。

6）机构分、合闸指示应正确，分、合闸线圈有无冒烟、过热，跳闸铁芯应复原，一字联臂及合闸滚轮位置正常。

3. 异常及故障处理

（1）发生下列情况应立即报告调度，申请将断路器停运：

1）电流互感器故障。

2）电缆头故障。

3）支持绝缘子爆裂。

4）接头严重过热。

5）断路器缺相运行。

6）油断路器严重缺油、SF_6断路器严重漏气、真空断路器灭弧室故障。

（2）开关柜发生故障时，应及时对高压室进行事故排风。

（3）开关柜因负载增长引起内部温升过高时，应加强监视、做好开关柜的通风降温，必要时应减负载。

（九）隔离开关

1. 一般规定

（1）隔离开关导电回路长期工作温度不宜超过80℃。

（2）用隔离开关可以进行如下操作：

1）拉、合系统无接地故障的消弧线圈。

2）拉、合无故障的电压互感器、避雷器或空我母线。

3）拉、合系统无接地故障的变压器中性点的接地开关。

4）拉、合与运行断路器并联的旁路电流。

5）拉、合空载站用变压器。

6）拉、合110kV及以下且电流不超过2A的空载变压器和充电电流不超过5A的空载线路，但当电压在20kV以上时，应使用户外垂直分合式三联隔离开关。

7）拉、合电压在10kV及以下时，电流小于70A的环路均衡电流。

2. 巡视检查

（1）电气及机械连锁装置应完整可靠；隔离开关的辅助转换开关应完好。

（2）构架底座应无变形、倾斜、变位，接地良好。

（3）支持绝缘子应清洁、完整、无破损、无裂纹和放电痕迹。

（4）触头接触良好，各部分螺丝、边钉、销子齐全紧固。

（5）操动机构箱内无鸟巢、无锈蚀，扣锁应牢固，内部整洁，关闭严密，接地良好，机械传动部位润滑良好。

（6）接头无过热、无变色、无氧化、无断裂、无变形。

3. 异常及故障处理

（1）当隔离开关拉不开时，不得强行操作。

（2）运行中隔离开关支柱绝缘子断裂时，严禁操作此隔离开关，应立即报告调度停电处理。

（3）操作配置接地开关的隔离开关，当发现接地开关或断路器的机械联锁卡涩不能操作时，应立即停止操作并查明原因。

（4）发现隔离开关触头过热、变色，应报告调度。

（5）隔离开关合上后，触头接触不到位，应采取下列方法处理：属单相或差距不大时，可采用相应电压等级的绝缘棒调整处理；属三相或单相差距较大时，应停电处理。

（6）隔离开关拉、合闸时如发现卡涩，应检查传动机构，找出原因并消除后方可进行操作。

（7）隔离开关的电动机电源应在拉、合操作完毕后断开，当电动操作不能进行拉、合时应停止操作，查明原因后再操作。

（十）互感器

1. 一般规定

（1）电压互感器二次侧严禁短路，电流互感器二次侧严禁开路，备用的二次绕组应短路接地，电容型绝缘的电流互感器末屏、电容式电压互感器未接通信结合设备的端子均应可靠接地。

（2）中性点非有效接地系统，电压互感器一次中性点应接地，为防止谐振过电压，宜在一次中性点或二次回路装设消谐装置。

（3）35kV 及以下的电压互感器一次侧熔断器熔断时，应查明原因，不得擅自增大熔断器容量。

（4）停用电压互感器前应注意下列事项：

1）防止继电保护和安全稳定自动装置发生误动。

2）将二次回路主熔断器或自动开关断开，防止电压反送。

（5）新更换或检修后互感器投运前，应进行下列检查：

1）检查一、二次接线相序、极性是否正确。

2）测量二次线圈绝缘电阻。

3）测量保险器、消谐装置是否良好。

4）检查二次回路有无开路或短路。

5）零序电流互感器铁芯不应与架构或其他导磁体直接接触。

（6）若保护与测量共用一个电流互感器二次绕组，当在表计回路工作时，应先将表计回路端子短接，防止开路或误将保护装置退出。

（7）分别接在两段母线上的电压互感器，二次侧并列前应先将一次侧并列。

（8）停运一年及以上的互感器应按 DL/T 596 试验检查合格后，方可投运。

2. 巡视检查

（1）外绝缘表面应清洁、无裂纹及放电痕迹。

（2）油位、油色、SF$_6$ 气体压力应正常，呼吸器应畅通，吸潮剂无潮解变色。

（3）无异常震动、异常响声及异味，外壳、阀门和法兰无渗漏油、漏气。

（4）二次引线接触良好，接头无过热，温度正常，接地可靠。

（5）底座、支架牢固，无倾斜变形，金属部分无严重锈蚀。

（6）防爆阀、膨胀器应无渗漏油或异常变形。

（7）干式互感器表面应无裂纹和明显的老化、受潮现象。

3. 异常及故障处理

（1）互感器发生下列情况之一应立即报告调度，停电处理：

1）瓷套有裂纹及放电。

2）油浸式互感器严重漏油。

3）互感器有焦糊味并有烟冒出。

4）压力释放装置、膨胀器动作。

5）声音异常，内部有放电声响。

6）SF$_6$ 气体绝缘互感器严重漏气。

7）干式互感器出现严重裂纹、放电。

8）经红外测温检查发现内部有过热现象。

9）电压互感器一次侧熔断器连续熔断。

10）电容式电压互感器分压电容器出现渗油。

（2）当发现电流互感器二次侧开路时，应设法在该互感器附近的端子处将其短路，并进行分段检查，如开路点在电流互感器出口端，应停电处理。

（3）互感器内部发生异响，大量漏油，冒烟起火时，应迅速撤离现场，报告调度用断路器切除故障，严禁用拉开隔离开关或取下熔断器的办法将故障电压互感器停用。

（4）非有效接地系统发生单相接地时，电压互感器的运行时间一般不得超过 2h，且应监视电压互感器的发热程度。

（5）系统发生单相接地或产生谐振时，严禁就地用隔离开关或高压熔断器拉、合互感器。

（6）严禁就地用隔离开关或高压熔断器拉开有故障的电压互感器。

（十一）避雷器与接地装置

1. 一般规定

（1）应定期对设备接地装置进行检查测试，满足动、热稳定和接地电阻要求。

（2）雷雨季节到来前，应完成预防性试验。

（3）35kV 及以上氧化锌避雷器应定期测量并记录泄漏电流，检查放电动作情况。

（4）变压器中性点应装有两根与地网不同处相连的接地引下线，重要设备及设备架构等宜有两根与主接地网不同地点连接的接地引下线，每根接地引下线均应符合热稳定要求，连接引线应便于定期进行检查测试。

2. 巡视检查

（1）接地引下线无锈蚀、无脱焊。

（2）避雷器一次连线良好，接头牢固，接地可靠。

（3）内部无放电响声，放电计数器和泄漏电流监测仪指示无异常，并比较前后数据变化。

（4）避雷器外绝缘应清洁完整、无裂纹和放电、电晕及闪络痕迹，法兰无裂纹、锈蚀、进水。

（5）遇有雷雨、大风、冰雹等特殊天气，应及时进行下列检查：

1）引线摆动情况。

2）计数器动作情况。

3）计数器内部是否进水。

4）接地线有无烧断或开焊。

5）避雷器、放电间隙的覆冰情况。

3．异常及故障处理

避雷器有下列情况之一者应立即报告调度，申请退出运行：

（1）绝缘瓷套有裂纹。

（2）发生爆炸或接地时。

（3）内部声响异常或有放电声。

（4）运行电压下泄漏电流严重超标。

（十二）并联补偿装置

1．一般规定

（1）运行中的电容器组三相电流应基本平衡。电容器组应装设内部故障保护装置。对于装有单台熔断器的电容器，其熔断器安装角度应正确，熔丝额定电流应为电容器额定电流的 1.43～1.55 倍，每台电容器应有表示其安装位置的编号。

（2）单台容量大于 1600kvar 的集合式电容器应装有压力释放装置并能可靠动作；较大容量的集合式电容器组应装设气体继电器。

（3）新安装的电力电容器组应进行各种容量组合的谐波测试和投切试验。

（4）电容器的连续运行电压不得大于 $1.05U$，其允许最高工频电压和相应的持续时间，可按表 2-1-4-3 规定的数值执行。

表 2-1-4-3 电容器允许最高工频电压和相应的持续时间

工频过电压/V	最大持续时间	说　明
$1.10U_n$	长期	指长期过电压的最高值应不超过 $1.10U_n$
$1.15U_n$	每 24h 中 30min	系统电压的调整与波动
$1.20U_n$	5min	轻负载时电压升高
$1.30U_n$	1min	轻负载时电压升高

（5）户内安装的电容器应有良好的防尘和通风装置。

（6）电容器室应符合防火要求，室外电容器组应配有专用消防器材。

（7）在接触停运的电容器端子前，必须进行放电处理。

2．巡视检查

（1）电容器组在允许电压下运行。

（2）电容器内部无异音，电容器外壳和软连接端子无过热，无膨胀变形和渗漏油。

（3）集合式电容器油位、油温、压力指示正常，吸湿器无潮解。

（4）熔断器熔丝完好，安装角度正常、弹簧无锈蚀损坏、指示牌在规定位置。

（5）瓷质部分清洁、无裂纹、无放电。

（6）保护回路与监视回路完好并全部投入。

（7）电容器架构牢固，无锈蚀，接地良好。

（8）电容器无异味，串联电抗器和放电回路正常完好。

（9）电容器室通风良好，室温不超过设备允许工作温度。

3．异常及故障处理

（1）电容器组保护动作后，应对电容器进行检测，确认无故障后方可再投入运行。

（2）电容器爆炸、起火而未跳闸时，应立即将电容器组退出运行。

（3）自动投切的电容器组，发现自动装置失灵时，应将其停用，改为手动并报告有关部门。

（4）母线失压时，联切未动作或无联切装置时，应立即手动将电容器组退出运行。

（5）电容器本身温度超过制造厂规定时，应将其退出运行。

（6）电容器组发现如下异常时，应停运并报告调度和上级有关部门：

1）电容器声响异常。

2）瓷质部分破损、放电。

3）三相电流不平衡度在 10% 以上。

4）电容器外壳膨胀变形，严重漏油。

5）电容器引线接头过热。

6）集合式电容器已看不见油位，压力异常。

（十三）绝缘子、母线及引线

1．一般规定

（1）母线应有调度编号和相位标志。

（2）根据污秽等级的变化采取防污闪措施。

（3）支撑式硬母线瓷质部分应按周期进行耐压、探伤试验。

（4）支撑式硬母线瓷质部分应满足安装地点短路故障的最大动稳定要求。

（5）悬式瓷质绝缘子和多元件针式瓷质支持绝缘子应定期监测零值和探伤试验。

（6）设备接头在运行中最大允许发热温度和温升，可按表 2-1-4-4 规定的数值执行。

表 2-1-4-4 设备接头在运行中最大允许发热温度和温升

接头结构	最大允许发热温度/℃	环境温度为 40℃ 时的允许温升/K
铜、铝无镀层	80	40
铜、铝有镀层（搪锡）	90	50
铜镀银	105	65
铜编织线	75	35

2．巡视检查

（1）构架、绝缘子等设备接地应完好。

（2）硅橡胶复合绝缘子无鸟粪、无脱胶。

（3）设备接头无过热、无氧化、无异常。

（4）多股导线无松散、无伤痕和断股。

（5）三相导线弛度应适中，管型母线无异常。

（6）设备金具应牢固，伸缩接头应正常。

（7）雨雾天气观察设备放电情况和雪天设备融雪情况。

（8）硬母线应平直不弯曲，固定金具与母线之间应有间隙。

（9）发生短路故障后，检查硬母线有无变形和其他异常现象。

（10）绝缘子、套管无裂纹和破损。设备标志正确、相色正确清晰。

3．异常及故障处理

（1）硬母线有变形情况时，应找出变形的原因。

（2）接头温度明显升高，应视为异常，要重点监视，并采取转移负载或申请停电处理。

（3）绝缘子表面有裂纹，应报告调度，并加强监视。

（4）母线发生短路故障后，应检查母线上各绝缘子、穿墙套管、母线、引线等设备有无异常和放电痕迹，并报告调度。

（十四）耦合电容器及阻波器

1．一般规定

（1）耦合电容器的电容值应符合安装地点工况要求。

（2）耦合电容器本体渗油。应按危急缺陷上报处理。

（3）阻波器内部的电容器、避雷器应完整，连接良好，固定可靠。

（4）运行中的耦合电容器，接地隔离开关应在拉开位置，人员不得触及刀口和引线。

（5）阻波器的载流量应满足最大负载的要求，引下线不应过松或过紧，接头接触良好。

（6）检修耦合电容器之前，应合上短路接地隔离开关，该隔离开关的操作应在耦合电容器无故障时进行。

（7）继电保护装置与通信设备共用一台耦合电容器时，应分别安装短路接地隔离开关。

2．巡视检查

（1）耦合电容器本体和抽取装置无油、放电和异响。

（2）耦合电容器、短路接地隔离开关绝缘子部分无裂痕放电现象。

（3）耦合电容器二次电压抽取装置、放电间隙和避雷器工作正常。

（4）耦合电容器接线正确，引线接头牢固，接地线接地良好，短路接地隔离开关位置符合运行要求。

（5）阻波器内无鸟巢、引线无断股，吊挂或固定牢固。

（6）落地式阻波器防护遮栏安全可靠，接地良好。

3．异常及故障处理

（1）发现下列异常应及时报告调度，听候处理：

1）耦合电容器渗漏油。

2）耦合电容器瓷质部分破裂。

3）耦合电容器、阻波器内部有异响或放电声。

4）悬挂式阻波器导线严重断股。

（2）当耦合电容器内部有放电声或异常响声增大时，应远离设备，及时报告调度将其退出运行。

（3）发现阻波器导线接头过热时，应及时通知调度减负载，必要时停电处理。

（十五）消弧线圈

1．一般规定

（1）非自动调节的消弧线面倒分头后，应测量电阻。

（2）消弧线圈二次电压回路应安装熔断器。

（3）消弧线圈只有在系统无接地故障时方可进行拉、合操作，雷雨天气时禁止用隔离开关拉、合消弧线圈。

（4）自动补偿的消弧线圈，当自动失灵时，应改为手动调整。

（5）消弧线圈倒换分头或有检修工作时，一次侧应有明显断开点并验电、接地。

（6）当系统发生接地时，禁止使用消弧线圈小电流表。

（7）消弧线圈分头位置应在模拟图上予以标示，指示位置应与消弧线圈分头实际位置一致。

（8）当系统发生连续性接地时，消弧线圈允许运行2h或按设备铭牌规定的时间运行。

（9）带有消弧线圈运行的主变压器需要停电时，应先停消弧线圈，后停变压器；送电时先投入变压器再投入消弧线圈。

（10）为避免线路跳闸后发生串联谐振，宜采用过补偿方式运行。运行中，消弧线圈的端电压超过相电压15％时信号装置动作，应立即报告调度，查找接地点。

（11）过补偿运行方式下，增加线路长度应先调高消弧线圈的分头后再投入线路，减少线路时，应先将线路停运再调低消弧线圈的分头；欠补偿运行方式下，当增加线路长度时应先调低消弧线圈的分头再投入线路，当减少线路时，应先调高消弧线圈的分头。

（12）中性点位移电压超过50％额定相电压或不对称电流超过表2－1－4－5规定的数值时，禁止用隔离开关投、停消弧线圈。

表2－1－4－5 不对称电流数值表

系统额定电压/kV	3～6	10	35	66	110
接地电流值/A	30	20	10	5	3

2．巡视检查

（1）油温应正常。

（2）内部无异响。

（3）吸潮剂无潮解。

（4）设备标志正确、清晰。

（5）套管应清洁无破损和裂纹。

（6）引线接触牢固，接地线良好。

（7）油面正常，无渗油、漏油现象。

（8）消弧线圈固定遮栏安全可靠，接地良好。

3．异常及故障处理

（1）消弧线圈冒烟起火时，应将其退出运行并迅速进行灭火。

（2）发现消弧线圈有下列异常现象时，应报告调度，申请将消弧线圈退出运行：

1）上层油温超过 95℃。

2）套管严重破损和闪络。

3）内部有异响或放电声。

（3）消弧线圈发出动作信号或发生谐振时，应记录动作时间，中性点电压、电流，三相电压的变化。并及时报告调度。

（十六）小电阻接地装置

1．一般规定

（1）Z 形变压器及电阻柜：

1）对 Z 形变压器和电阻柜应定期进行清扫检查、测量接地是否良好。

2）Z 形变压器和中性点电阻柜都是高压电器设备，在巡视检查、运行维护、倒闸操作时应遵守电力安全工作规程的相关规定。

3）电阻柜室温度及湿度应满足设备的要求。

（2）变压器投入运行前，应先将 Z 形变压器投入。退出时，顺序相反。

（3）一套接地装置停运时，允许两段母线共用一套接地装置。

（4）中性点接地装置投入前，应先投入相应的零序保护。

（5）当用旁路断路器代替馈线断路器运行时，旁路断路器的零序保护应投入。

（6）配合停电，测量接地电阻的电阻值。

（7）中性点分别经 Z 形变压器接地的两段 10kV 母线，在倒闸操作或故障异常运行方式下，允许短时并列运行。

（8）10kV 中性点经 Z 形变压器接地装置投入运行后，若要改为中性点不接地方式运行，应经调度同意。

2．巡视检查

（1）Z 形变压器巡视检查可参照变压器巡视检查项目进行。

（2）电阻柜巡视检查：

1）支持绝缘子无闪络、无裂纹。

2）接地电阻连接良好，无异常。

3）电阻柜应无异产、异味及过热现象。

4）零序电流互感器一、二次接线正确，外观良好。

5）中性点及电阻柜外壳接地应良好，接地线无断开和锈蚀。

3．异常及故障处理

（1）电阻接地装置发生故障应立即将其退出运行。

（2）系统发生单相接地故障时，应检查 Z 形变压器的一次接线和接头过热情况，电阻柜接线是否烧断。

（3）运行中变压器受总断路器因零序保护动作跳闸，应记录各种信号、保护动作情况，并查明原因，进行处理。

（十七）电力电缆

1．一般规定

（1）电缆终端处应有明显的相位标志，并标明电缆线号、起止点。变电站内电缆夹层、竖井、电缆沟（电缆隧道）内的电缆应外包防火阻爆带或使用防火阻燃护套电缆。

（2）电力电缆不宜过负载运行，必要时可过负载 10％％但持续时间不应超过 1h。

（3）电缆沟道与站内电缆夹层间应设有防火、防水隔墙。

（4）电力电缆至开关柜和设备间，穿过楼层或隔墙时应有封堵措施。

（5）电缆隧道和电缆沟内应有排水设施，电缆隧道、电缆沟内无积水，无杂物。

（6）配合停电对电缆终端进行清扫。对于污秽严重，可能发生污闪的，应及时停电清扫。

（7）备用电缆应视停用时间按 DL/T 596 进行试验，合格后方可投入。

2．巡视检查

（1）电缆外护套应无破损。

（2）电缆金属护面接地良好，接头无过热，电缆外表无过热，电缆无泄漏油。

（3）电缆终端无异响、异味。

（4）电缆套管无裂纹、积污、闪闪。

（5）电缆运行时的电流不超过允许值。

（6）充油电缆的油压正常，油压表电接点完好，油压报警装置完好。

（7）电缆支架牢固，无松动现象，无严重锈蚀，接地良好。

（8）引入室内的电缆孔封堵严密，电缆支架应牢固，接地良好。

（9）电缆终端清洁，无绝缘剂（绝缘混合物）渗漏，无过热、放电现象，引出线紧固可靠、无松动、断股，引线无变形，带电距离符合规定。

3．异常及故障处理

（1）发现下列情况应报告调度：

1）电缆过负载。

2）电缆终端与母线连接点过热。

3）充油电缆终端压力异常发出报警信号。

4）电缆终端接地线、护套损坏或其他外观异常。

5）电缆终端外绝缘破损或充油电缆终端严重渗漏油。

（2）有下列情况之一，应报告调度，申请停运：

1）电缆出线与母线连接点严重过热。

2）电缆出线与母线连接点套管严重破裂。

3）电缆出线与母线连接点大量漏胶或冒烟。

4）电缆绝缘损坏造成单相接地。

5）电缆头内部有异响或严重放电。

6）电缆着火或水淹至电缆终端头绝缘部分危及安全时。

7）110kV、220kV 充油电缆油压下降低于规定值时。

（3）电缆着火或电缆终端爆炸的处理：

1）立即切断电源。

2）用干式灭火器进行灭火。

3）室内电缆故障，应立即起动事故排风扇。

4）进入发生事故的电缆层（室）应使用空气呼吸器。

四、二次设备的运行、异常及故障处理

（一）二次设备的运行一般规定

（1）高压设备投运时，必须投入相应的二次设备。

（2）二次设备的工作环境应满足设备运行要求。

（3）运行中的保护装置应按照调度指令投入和退出，并由值班人员进行操作。继电保护和安全稳定自动装置第一次投入及运行中改变定值，值班人员应与调度核对定值。

（4）设备带负载后，需做带负载试验的保护应分别进行试验。试验结果正确后，报告调度。

（5）继电保护和自动装置动作后，应检查装置动作情况，先记录，后复归保护信号，并应报告调度。

（6）在二次回路上的工作应有有效的防误动、防误碰保安措施。

（7）对站用电、直流系统操作前，应对受影响的继电保护、自动装置、监控系统等二次设备做好措施。

（8）避免在继电保护装置、监控工作站、工程师站、前置机、信号采集屏附近从事剧烈振动的工作，必要时申请停用有关保护。装有微机型的保护装置、安全稳定自动装置、监控装置的室内及邻近的电缆层内禁止使用无线通信设备。

（二）继电保护及安全稳定自动装置

1．一般规定

（1）二次回路各元件、电缆及其标志、连接走向应符合设计规范要求。

（2）值班人员每天应对中央信号进行试验，不能随意停用中央信号系统。

（3）继电保护及安全稳定自动装置回路的双向投入连接片应与继电保护及安全稳定自动装置的运行位置相对应。

（4）若二次回路中的电源熔断器熔断，经查找无明显故障，可试送一次，若再次熔断，未查明原因前不得再试送。

（5）发生断路器越级跳闸或二次回路引起的误动作跳闸，应考虑将无故障部分恢复供电；未跳闸断路器或误跳闸断路器及相应二次回路保持原状，待查明原因，再行处理。

（6）继电保护及安全稳定自动装置应有《变电站现场运行规程》。

（7）继电保护装置在运行中出现异常信号且不能复归，应报告调度申请将异常装置退出运行。

2．系统保护

（1）线路两侧的纵联保护必须同时投入跳闸或信号位置。任一侧纵联保护的收发信机及通道出现异常时，或任一侧断路器代路时纵联保护通道不能临时切换至代路断路器时，应将两侧该套纵联保护退出运行。

（2）线路停电时，纵联保护可以不停。线路送电后及纵联保护由信号位置改投跳闸位置前，值班人员应对专用保护通道进行对试。通道对试出现不正常情况时，必须立即报告调度，申请将该保护装置停用。

（3）恶劣天气下应加强纵联通道的对试，并做好记录。

（4）接于母线电压互感器的距离保护装置采集的电压，必须与一次设备在同一母线上；一次设备倒母线时，必须保证所采集的电压与被保护一次设备在同一母线上。

（5）振荡闭锁或负序增量元件动作不返回或反复动作时，可不将该距离保护改投信号位置，但应立即报告调度和相关部门。

（6）双回线停回时，双回线平衡保护一般可不退出运行，但断路器检修除外。

（7）双回线（包括带有双下接负载的双回线）当其中一回线的一侧断路器断开运行时，应将双回线平衡保护退出运行。

（8）双回线当一侧用母联断路器或旁路断路器代路时，应将代路侧的双回线平衡保护停用。

3．元件保护

（1）运行中变压器本体、有载调压的重气体保护应投入跳闸位置。

（2）运行中禁止两套差动保护装置同时退出运行，禁止重瓦斯保护和差动保护同时退出。

（3）母差保护停运校验，必须先退出各路跳闸连接片、失灵启动连接片和重合闸放电连接片。

（4）母差保护与失灵保护有共用回路时，在失灵保护回路上工作，应将失灵、母差保护退出。

（5）倒闸操作后或巡视检查时，应认真检查电压互感器电压切换继电器的指示与隔离开关所在母线相一致。

（6）母联电流相位比较的双母线差动保护投入"非选择"位置的规定，应纳入《变电站现场运行规程》。

（7）全电流比较原理的母线差动保护允许断开母联断路器运行。

（8）母联兼旁路断路器代线路时，应将母差保护倒单母线运行，并将代路断路器启动失灵保护连接片及跳闸连接片投入。专用旁路断路器代线路时应将该断路器的启动失灵保护连接片及跳闸连接片投入。

（9）失灵保护装置本身有工作时，必须将失灵保护本身的连接片全部退出。某断路器的保护装置回路有停电工作时，必须将本回路启动失灵保护的连接片退出，防止断路器失灵保护误动。

（10）当一条母线运行，另一条母线停运时，失灵保

护电压不能自动切换的应将停运母线对应的失灵保护电压闭锁连接片退出。

（11）失灵保护动作后应断开拒动断路器的直流电源，检查其连接母线；若无电压，拉开拒动断路器的母线侧隔离开关，退出失灵保护连接片，并报告调度。

（12）正常运行方式短引线保护不投入时，其跳闸连接片应打开。

4. 安全稳定自动装置

（1）重合闸装置。当线路的一端重合闸投检同期时，另一端重合闸应投检无压。当双电源线路改为单电源运行时，原为检同期方式运行的应改投检无压运行。重合闸投入方式为检同期时，当断路器跳闸后，发现重合闸装置未动，断路器也未重合时，应待30s后，再复归操作把手；停用重合闸的相关规定，应列入《变电站现场运行规程》。

（2）当装有自投装置的断路器需要停电时，应先退出自投装置。

（3）低频、低压减载装置的有关运行规定，应写入《变电站现场运行规程》。

（4）故障录波器应长期投入运行。故障录波器的有关运行规定，应写入《变电站现场运行规程》。

（三）微机监控系统

1. 监控系统正常巡视检查

（1）打印机工作情况。

（2）装置自检信息正常。

（3）不间断电源（UPS）工作正常。

（4）装置上的各种信号指示灯正常。

（5）运行设备的环境温度、湿度符合设备要求。

（6）显示屏、监控屏上的通信、遥测信号正常。

（7）对音响及与五防闭锁等装置通信功能进行必要的测试。

2. 异常或故障处理

（1）监控系统设备因故停运或出现严重缺陷时，应立即报告调度。

（2）发生监控系统拒绝执行操作命令时，应立即停止操作，检查自身操作步骤是否正确，如确认无误，方可进行手动操作。

（3）发生监控系统误动时，应立即停止一切与微机监控系统有关的操作，并立即报告调度。

（四）仪表及计量装置

（1）电测仪表、电能表的规格应与互感器相匹配。设备变更时应及时修正表计量程、倍率和极限值。电磁式电流表应以红线标明最小元件极限值。电能计量倍率应有标示。

（2）新建和改建变电站的仪表及计量装置在投运前应检查其型号、规格、计量单位标志、出厂编号应与计量检定证书和技术资料的内容相符。

（3）各种测量、计量仪表指示正常，且与一次设备的运行工况相符。

（4）计量设备变更时应及时修正表计量程、倍率和

极限值。

（五）远动装置

1. 一般规定

（1）远动装置的两条通道，应是独立通道。通道传输数据的质量应达到标准。

（2）远动装置投运后，应定期校核遥测的准确度及遥信的正确性，其遥控、遥调功能检测可与一次设备同步进行，并做记录。

（3）自动化系统的各类软件，应由专业人员负责进行维护，定期检查、测试、分析软件的运行稳定性和各功能的实际情况。

（4）远动装置检验周期和项目、轮换和维护，应根据各设备的具体要求和各地编制的维护管理规定进行。对运行不稳定的设备加强监视检查，不定期的进行检验，同时应做好远动装置日可用率、事故遥信年动作正确率、遥测月合格率、遥控月正确动作率的分析与统计。

（5）应将监控系统不间断电源、逆变装置电源系统、操作员机、远动终端装置、电能量采集装置、光端机的运行注意事项编入《变电站现场运行规程》。

（6）远动设备的各部分电源、熔断器、保安接地应符合安装技术标准，采用独立接地网，应测试接地电阻。接地装置每年雷雨季节前应检查一次。

2. 远动维护注意事项

（1）变电站高压设备、保护、直流、仪表等装置改造完毕，恢复远动二次接线后，应进行相关远动试验。并根据设备变更情况及时更改远动装置的显示图形和设备运行参数。

（2）遥控装置应设有防误动作的技术措施当此措施失去作用时，不得进行遥控操作。

（3）更换远动装置、综合自动化装置后，应进行遥控、遥测试验方可投入运行。远动装置改变参数后，应对有关设备进行远动试验。

（4）远动装置应采用双电源供电方式。失去主电源时，备用电源应能可靠投入。

3. 异常及故障处理

（1）远动装置故障影响监控功能时，按危急缺陷处理。

（2）双机监控系统单机运行时，不宜过长，应及时恢复双机运行。

（3）当通信通道中断时，如有备用通道应立即投入运行，若无备用通道或短时无法恢复时，无人值班站应增加巡视次数和巡视时间。必要时恢复有人值班。

（4）在远动装置上工作，若变电站发生异常情况，不论与本工作有无关系，均应停止工作，保持现状。查明与远动工作及远动设备无关时，经值班人员同意后，方可继续工作。

（六）防误闭锁装置

1. 一般规定

（1）凡有可能引起误操作、误入带电间隔的高压电气设备，均应装设防误闭锁装置。

（2）防误闭锁装置，应与主设备同时投入。一次设备变更时，应同时变更相应的防误闭锁装置。

（3）新安装的微机监控防误系统必须对其进行逐项的闭锁功能验收。

（4）对带电显示装置的运行要求应按电力安全工作规程相关规定执行。运行中应监视其完好。

（5）采用计算机监控系统时，远方、就地操作均应具备"五防"闭锁功能。若具有前置机操作功能的，亦应具备此功能。

（6）无人值班站采用在集控站配置中央监控防误闭锁时，应具有对受控站的远方防止误操作的功能。

（7）严禁在微机防误专用计算机上进行其他工作。

2．异常及故障处理

（1）防误闭锁装置的缺陷应按主设备缺陷对待。需长时间退出时，须经本单位主管部门领导批准。

（2）电气操作时防误装置发生异常，应立即停止操作，经当值值班长确认操作无误后，应履行"解锁"审批手续，专人监护，可"解锁"操作。因工作需要必须使用解锁工具时，也应履行审批手续，在专人监护下使用。

五、公用系统的运行、异常及故障处理

（一）直流系统

1．一般规定

（1）直流母线电压允许在额定电压±10％范围内变化，直流母线对地的电阻值和绝缘状态应保持良好。

（2）直流系统应避免仅有充电装置直接带直流负载运行的方式。

（3）直流回路不可环路运行，在环路中间应有断开点。

（4）两组蓄电池的直流系统可短时间并列运行，并列前两侧母线电压应调整一致；由一组蓄电池通过并、解列接代另一组蓄电池的负载时，禁止在有接地故障的情况下进行。

（5）蓄电池的选用应保证整组电池特性一致。

（6）不同类型的蓄电池不宜放在一个蓄电池室内。

（7）蓄电池的使用环境应保持干燥，宜有良好的通风采暖措施，室内温度宜经常保持在5～30℃。

（8）发生直流接地故障应尽快处理，需停用继电保护、自动装置时，应经调度同意。

（9）运行中的蓄电池组严禁退出，直流系统使用的直流断路器应有自动脱扣功能，总熔断器断开时，应能发出信号。

（10）改变直流系统运行方式的操作，应执行《变电站现场运行规程》规定。

（11）新安装的直流装置，运前应作交接试验，试运行72h后，方可正式投入运行。

（12）无人值班变电站直流母线电压值应能远传，直流系统接地、直流母线电压异常、充电装置故障及蓄电池出口熔断器断开等报警信号应能远传。

（13）充电装置的精度、纹波系数、效率、噪声和均流不平衡度应满足运行要求。

（14）充电装置应具有限流功能，限流值整定范围为直流输出额定值的50％～105％，当母线或出线支路发生短路时，应具有短路保护功能，其整定值为额定电流的115％。

（15）充电装置应具有过流、过压、欠压、绝缘监察、交流失压、交流缺相等保护措施，当发生上述现象时，应能及时发出声、光报警信号。

2．巡视检查

（1）交流输入电压，充电装置输出的电压、电流值，直流母线电压、蓄电池组的端电压值，浮充电流值应正常。小电流表测试有指示，无过充或欠充情况。

（2）直流装置上的各种信号灯，音响报警装置，自动调压装置及微机监控器工作状态正常。

（3）运行中的直流母线对地电阻值应不小于10MΩ，定期检查正、负母线对地绝缘值。用直流接地选检装置进行自检和绝缘监察。

（4）蓄电池室内室温正常，照明设备完好，排风系统运行正常，室内无强烈异味。

（5）蓄电池接头无腐蚀、过热，有防止接头氧化措施。系电池池清洁无漏液，电解液液面位置正常。蓄电池外壳无变形。蓄电池的消氢帽、防酸帽清洁。

（6）铅酸蓄电池极板无弯曲、变形、断裂，极板间隔离物无脱落，无爬碱现象。

（7）定期测试铅酸蓄电池的电压、电解液比重，并做记录。

3．运行维护

（1）蓄电池组正常运行应以浮充电方式运行。

（2）铅酸蓄电池组浮充电压值一般控制为（2.15～2.17）V×N，GFD系列防酸铅酸蓄电池组浮充电压值可控制在2.23V×N，N为蓄电池组中蓄电池的个数。

（3）阀控蓄电池组宜控制为（2.23～2.28）V×N，均衡充电电压值宜控制为（2.30～2.35）V×N，N为蓄电池组中蓄电池的个数。

（4）镉镍电池的浮充电压值，可参照电力系统用蓄电池直流电源装置运行与维护技术规程的相关要求执行。

（5）个别落后的铅酸蓄电池，应通过均衡充电的方法进行处理，不允许长时间保留在蓄电池组中运行，若处理无效应更换。

（6）定期对蓄电池组进行清洁，导线的连接应安全可靠，严禁将蓄电池短路。

（7）铅酸蓄电池在定期充、放电过程中不可加蒸馏水。

（8）蓄电池组均匀补充电时，室内的电热器应停用，充电后强制排风2h，方可投入电热器。

（9）新安装或大修后的阀控蓄电池组，应进行全核对性放电试验，以后每隔2～3年进行一次核对性试验，阀控蓄电池运行6年后，应每年进行一次核对性放电试验。

（10）当用大电流进行充、放电时，禁止使用浮充电流检测按钮。

（11）多台高频开关电源模块并机工作时，其均流不平衡度应不大于±5%。

（12）微机监控充电装置电源的电压、频率、波形应符合装置技术条件。设备场所环境满足设备工作要求。

（13）微机监控装置投入运行后，不能随意改动整定参数。若在运行中控制失灵，可重新修改程序和重新整定，若达不到需要的运行方式，可启动手动操作，将微机监控充电装置退出运行。

4. 直流接地故障处理

（1）直流接地时，应禁止在直流回路上工作，首先检查是否由于人员误碰造成接地。

（2）有直流接地选检装置的变电站，直流接地必须进行复验，确定接地回路，再进行重点查找。

（3）按下列原则查找接地点：

1）在直流回路上操作的同时发生直流系统接地，应首先在该回路查找接地点。

2）先查找事故照明、信号回路、充电机回路，后查找其他回路。

3）对于操作电源和保护电源不分开的站，应首先查保护回路，后查找操作回路，对于操作电源和保护电源分开的应先查找操作回路，后查找保护回路。

4）先查找室外回路，后查找室内回路。

5）按电压等级从低到高查找。

6）先查找一般回路，后查找重要回路。

7）寻找直流接地故障点应与专业人员协调进行。试停有关保护装置电源时，应征得调度同意，试停时间尽可能要短。

8）查找直流接地时，应断开直流熔断器或断开由专用端子到直流熔断器的联络点。在操作前，先停用由该直流熔断器或该专用端子所控制的所有保护装置。在直流回路恢复良好后，再恢复有关保护装置的运行。

5. 充电装置的故障处理

（1）交流电源中断，若无自动调压装置，应进行手动调压，确保直流母线电压的稳定。交流电源恢复，应立即手动启动或自动启动充电装置，对蓄电池进行恒流限压充电→恒压充电→浮充电。

（2）充电装置控制板工作不正常，应在停机更换备用板后，启动充电装置，调整运行参数，投入运行。

（3）自动调压装置失灵时，应启动手动调压装置，退出自动调压装置，通知专业人员处理。

（4）充电装置内部故障跳闸，应及时启动备用充电装置，并及时调整好运行参数。

（二）站用电系统

1. 一般规定

（1）站用变压器采用两台及以上，一次侧接于不同的电源上，两台站用变压器正常时应分段运行，其容量应能满足站用电负载要求。

（2）生产用电与生活用电应分别计量，检修工作应使用专用检修电源。

（3）站用变压器负载应均匀，其二次侧应装设电压表、电流表、电能表，并分级安装剩余电流动作保护器。

（4）站用变压器的继电保护装置应定期检验，备用电源应定期进行切换试验。

2. 巡视检查

参照主变压器的巡视检查要求执行。

3. 异常及故障处理

（1）站用变压器出现下列情况，应立即停电处理：

1）站用变压器冒烟、着火。

2）运行中出现严重漏油，油标无油或跑油。

3）内部有强烈的放电声或异常噪声。

（2）站用变压器高压侧断路器跳闸或高压熔断器熔断，应查明故障原因，再恢复送电。

（三）在线监测装置

各地区根据实际情况，编写相应的规定。

（四）变电站消防

（1）设备区内严禁存放可燃物和爆炸物品。

（2）站内防火警示牌齐备，值班人员能正确使用防火器具。

（3）主控室、配电室、变压器室、电缆夹层宜安装一定数量的烟感、温感报警装置。

（4）消防器材，应定期检查校验。放置地点应固定、整齐、有明显标志、禁止挪作他用。

（五）变电站场地设施

（1）变电站进站道路、围墙、设备区、电缆沟、水井、隐蔽建筑、庭院花园等均属生产场所。凡站所合一或变电站与其他生产经营部门、生活场所靠近设备区的，应有隔离设施。

（2）配电室、控制室、开关室应具备防火、抗震、防洪功能和措施，配电室、开关室应有防雨雪、防小动物的措施。配电装置室装有向外开的防火门。

（3）设备区内无杂物，进站道路和生产通道、消防通道应畅通。

（4）场地应平整，有防止电缆沟着火蔓延至控制室及电缆夹层的防火措施。电缆沟应有排水设施，无人值班站应有自动排水装置。

（5）围墙应符合治安防范规定。

（6）设备区内照明充足、完好，控制室要有自动切换的事故照明电源。

（7）设备标志规范、齐全，设备区绿化应满足安全距离。

（8）设备区内应有明显的巡视路线标志。

（六）变电站灾害事故的防范

（1）变电站应有防洪、防火、抗震预案，应有排涝设施。

（2）定期对各种防震措施进行检查，发现缺陷及时处理。

（3）恶劣天气时，值班人员应做好事故预想。

（4）汛期应加强巡视，无人值班站和有可能被洪水冲刷淹泡的站应配备防汛器材。

（5）应定期检查设备各部基础，如有异常，应及时上报；对于防洪能力较差的基础、墙壁应及时加固。

（七）防小动物短路事故

（1）配电室、电容器室出入口应有一定高度的防小动物挡板，临时撤掉时应有相应措施。

（2）设备室通往室外的电缆孔洞应封堵严密。检修或施工后应及时进行封堵。

（3）设备室不得存放谷物、食品。

（4）开关柜、电气设备间隔、端子箱和机构箱门应关闭严密。

（5）设备室的门窗应完好、严密，应随时将门关好，通风窗和排风孔洞应加装防护网。

第五节 换流站运行规程编制规定

一、换流站运行规程编制基本要求

（1）应符合国家标准、行业标准和相关的法律法规文件。

（2）应参考现场设备手册、产品说明书和图纸等技术资料。

（3）应参考设备安装及系统调试报告。

（4）术语应符合《电工术语 发电、输电及配电通用术语》（GB/T 2900.50）、《电工术语 发电、输电及配电 运行》（GB/T 2900.57）、《电工术语 发电、输电及配电 变电站》（GB/T 2900.59）、《高压直流输电术语》（GB/T 13498）、《远动设备及系统术语》（GB/T 14429）等标准要求。

（5）应符合《电力企业标准编制规则》（DL/T 600—2001）标准要求。

（6）换流站运行规程编写的格式、内容及要求应符合《换流站运行规程编制导则》（DL/T 350—2010）标准要求。

二、换流站运行规程主要内容

（一）换流站总体情况

换流站总体情况包括换流站的地理位置和性质、建站日期及历次改扩建日期、发展过程、主设备接线方式、换流容量、变电容量、无功补偿容量、各个电压等级进出线回路及在电网中的送受关系等。

（二）设备状况概述

1. 一次设备

（1）换流站一次设备主要有断路器、隔离开关和接地开关、电流互感器、电压互感器和直流分压器、换流变压器、平波电抗器、晶闸管换流阀、交直流滤波器、噪声滤波器装置、套管、避雷器、接地极及接地极线路、防雷接地系统等。

（2）分别描述上述一次设备的结构、型号、主要附件、安装位置、投产日期、设备厂家、主要技术参数及说明。

2. 二次设备

（1）换流站二次设备主要有极控制系统、极保护系统、交流站控系统、交流保护系统（换流变压器保护、交流母线保护、交流线路保护、短引线保护、交流断路器保护、交流滤波器保护等）、站用电系统保护、故障录波装置、故障测距装置、交流保护及故障录波信息管理子站，安全稳定控制装置、运行人员控制系统、远方调度通信系统、电能计费系统、同步相量测量装置、通信及自动化设备等。

（2）分别描述上述二次设备的配置、主要功能、装置说明及主要技术参数。保护结构、型号、主要附件、安装位置、投产日期、设备厂家及主要技术参数。

3. 辅助设备

（1）换流站辅助设备主要有站用电系统、低压直流系统、阀冷却系统、空调系统、消防系统、UPS 系统、图像监控及报警系统、照明系统、给排水系统、防止电气误操作装置等。

（2）分别描述上述辅助设备的配置、主要功能，装置说明，设备规范、技术规范及说明以及阀冷却系统保护配置及说明，防止电气误操作装置结构、型号、主要附件、安装位置、投产日期。

（三）运行方式和相关规定

1. 运行方式

（1）换流站的运行调度关系。

（2）各级调度管辖设备范围。

（3）常用调度操作术语。

（4）运行值班录音规定。

（5）设备运行方式。

1）500kV 交流母线运行方式、交流滤波器运行方式及特殊运行方式。

2）高压直流系统接线方式、高压直流系统运行方式、高压直流系统设备状态及顺控执行过程。

3）站用电系统的正常运行方式及其他运行方式。

4）站直流（蓄电池）系统正常运行方式及其他运行方式。

2. 一次设备运行规定

（1）通用运行规定。包括设备运行规定、倒闸操作规定、设备操作原则及设备巡视规定。

（2）操作条件及设备联锁。

（3）断路器运行规定、操作规定及其他注意事项。

（4）隔离开关和接地开关运行规定、操作规定及其他注意事项。

（5）避雷器运行规定、操作规定及其他注意事项。

（6）电压互感器和直流分压器运行规定、操作规定及其他注意事项。

（7）噪声滤波器运行规定、操作规定及其他注意事项。

（8）换流变压器运行规定、操作规定及其他注意事项。

（9）平波电抗器运行规定、操作规定及其他注意事项。

（10）晶闸管换流阀运行规定、操作规定及其他注意事项。

（11）交流滤波器运行规定、操作规定及其他注意事项。

（12）直流滤波器运行规定、操作规定及其他注意事项。

（13）接地系统运行规定、操作规定及其他注意事项。

（14）交直流线路运行规定、操作规定及其他注意事项。

（15）绝缘子运行规定、操作规定及其他注意事项。

（16）高压直流系统运行规定、操作规定及其他注意事项。

3. 二次设备运行规定

（1）通用运行规定。包括二次设备运行规定、倒闸操作规定、设备操作原则及设备巡视规定。

（2）直流控制保护系统运行规定、操作规定及其他注意事项。

（3）继电保护及自动化装置运行规定、操作规定及其他注意事项。

（4）工作站监视系统运行规定、操作规定及其他注意事项。

（5）交流故障录波装置运行规定、操作规定及其他注意事项。

（6）线路故障定位装置运行规定、操作规定及其他注意事项。

（7）安全稳定控制装置运行规定、操作规定及其他注意事项。

（8）同步相量测量装置运行规定、操作规定及其他注意事项。

（9）RTU系统运行规定、操作规定及其他注意事项。

（10）无功控制运行规定、操作规定及其他注意事项。

（11）防误闭锁装置运行规定、操作规定及其他注意事项。

4. 辅助设备运行规定

（1）站用电系统设备运行规定、倒闸操作规定、设备操作原则及设备巡视规定。

（2）低压直流系统设备运行规定、倒闸操作规定、设备操作原则及设备巡视规定。

（3）阀冷却系统设备运行规定、倒闸操作规定、设备操作原则及设备巡视规定。

（4）空调系统设备运行规定、倒闸操作规定、设备操作原则及设备巡视规定。

（5）消防系统设备运行规定、倒闸操作规定、设备操作原则及设备巡视规定。

（6）图像监控及报警系统设备运行规定、倒闸操作规定、设备操作原则及设备巡视规定。

5. 保护压板与运行方式对应表

保护压板与运行方式对应表包括交流线路保护、交流短引线保护、交流母线保护、交流开关保护、换流变压器保护压板与运行方式对应表。

（四）设备异常及事故处理

1. 事故处理的原则

事故处理的原则包括事故处理的一般原则、事故处理的有关规定，以及换流站典型设备的异常情况、故障处理。

2. 一次设备故障处理

（1）断路器紧急停运规定、故障现象，故障处理原则、处理方法及过程。

（2）隔离开关和接地开关紧急停运规定、故障现象，故障处理原则、处理方法及过程。

（3）电流互感器紧急停运规定、故障现象，故障处理原则、处理方法及过程。

（4）电压互感器及直流分压器紧急停运规定、故障现象，故障处理原则、处理方法及过程。

（5）换流变压器紧急停运规定、故障现象，故障处理原则、处理方法及过程。

（6）平波电抗器紧急停运规定、故障现象，故障处理原则、处理方法及过程。

（7）晶闸管换流阀故障紧急停运规定、故障现象，故障处理原则、处理方法及过程。

（8）交直流滤波器紧急停运规定、故障现象，故障处理原则、处理方法及过程。

（9）噪声滤波器（耦合电容器）紧急停运规定、故障现象，故障处理原则、处理方法及过程。

（10）母线紧急停运规定、故障现象，故障处理原则、处理方法及过程。

（11）交流线路紧急停运规定、故障现象，故障处理原则、处理方法及过程。

（12）避雷器紧急停运规定、故障现象，故障处理原则、处理方法及过程。

（13）绝缘子紧急停运规定、故障现象，故障处理原则、处理方法及过程。

3. 二次设备动作及故障处理

（1）直流控制保护系统故障现象，故障处理原则、处理方法及过程。

（2）站控系统故障现象，故障处理原则、处理方法及过程。

（3）交流保护系统故障现象，故障处理原则、处理方法及过程。

（4）安全稳定控制装置故障现象，故障处理原则、处理方法及过程。

（5）故障录波系统故障现象，故障处理原则、处理方法及过程。

（6）线路故障定位装置故障现象，故障处理原则、处理方法及过程。

（7）信息管理子站故障现象，故障处理原则、处理方法及过程。

（8）能量计费系统故障现象、故障处理原则、处理方法及过程。

（9）通信及自动化设备故障现象、故障处理原则、处理方法及过程。

4. 辅助设备故障处理

（1）站用电系统故障现象、故障处理原则、处理方法及过程。

（2）站用电开关、刀闸故障现象、故障处理原则、处理方法及过程。

（3）站用电线路故障现象、故障处理原则、处理方法及过程。

（4）低压直流系统故障现象、故障处理原则、处理方法及过程。

（5）阀冷却系统故障现象、故障处理原则、处理方法及过程。

（6）空调系统故障现象、故障处理原则、处理方法及过程。

（7）消防系统故障现象、故障处理原则、处理方法及过程。

（8）不间断电源 UPS 系统故障现象、故障处理原则、处理方法及过程。

（9）图像监控及报警系统故障现象、故障处理原则、处理方法及过程。

（10）照明系统故障现象、故障处理原则、处理方法及过程。

（11）给排水系统故障现象、故障处理原则、处理方法及过程。

5. 事故处理的其他有关规定

事故处理的其他有关规定包括电压异常处理、充油设备事故处理、SF₆设备泄漏的处理、系统振荡时的故障处理等。

（五）设备巡视

（1）巡检分类：

1）常规巡检设备分类、常规巡检周期分类。

2）特殊巡检设备分类及检查内容。

（2）巡视前准备。包括巡视人员要求、巡视危险点、巡视工器具。

（3）巡检及监盘规定。

（4）巡检类别。

（5）一次设备常规巡视内容、巡检周期及巡视注意事项。一次设备包括 GIS 设备、断路器、刀闸（隔离开关、接地开关）、交直流电流互感器、电压互感器、避雷器、交直流滤波器、换流变压器、平波电抗器、避雷线（针）、母线及其引线等。

（6）二次设备常规巡视内容、巡检周期及巡视注意事项。二次设备包括保护屏柜、控制屏柜、阀控单元、站控系统、安稳装置、直流故障定位装置、调度信息自动化（RTU）、故障录波 TFR、信息子站、交流线路行波测距装置电能计量系统、室外操作机构箱、端子箱、动

力箱、生产计算机（含打印机）等。

（7）站用电系统巡视内容、巡检周期及巡视注意事项。站用电系统包括高压站用变压器、高压站用电开关设备、400V 配电盘柜、低压直流系统、UPS 不间断电源系统、照明系统等。

（8）阀冷却水系统巡视内容、巡检周期及巡视注意事项。阀冷却水系统包括内冷水系统、外冷水系统。

（9）空调系统巡视内容、巡检周期及巡视注意事项。

（10）消防系统巡视内容、巡检周期及巡视注意事项。

（11）工业电视遥视内容、巡检周期及巡视注意事项。

（12）给排水系统巡视内容、巡检周期及巡视注意事项。

（13）通信设备巡视内容、巡检周期及巡视注意事项。

（14）年度单项检查巡视内容、巡检周期及巡视注意事项。

（15）特殊巡检项目：

1）大雾、雷雨、冰雪及冰雪等恶劣天气巡检项目及周期。冰雪及冰雹后巡检项目及周期；大雾天气巡检项目及周期；雷雨天气巡检项目及周期；暴风、大风天气巡检项目及周期。

2）新设备投运后的巡检项目及周期。

3）设备经过检修、改造或长期停运后重新投入运行后的巡检项目及周期。

4）异常情况下的巡检。

5）设备缺陷有发展、法定节假日、重要保电任务及迎峰度复期间应增加的巡检项目及周期。

6）交接班巡检项目及周期。

7）站长或其他生产人员每月一次的巡检项目及周期。

（16）巡检安排。包括日巡检安排、周巡检安排、月巡检安排、年巡检安排。

（17）巡检表格。包括日巡检项目及表格、周巡检项目及表格、月巡检项目及表格、年巡检项目及表格。

（18）巡检路线图（按周期）。

（六）典型操作票

（1）直流系统启停及功率升降、控制方式转换、直流接线方式转换、直流开路试验、直流降压运行和直流融冰方式等操作。

（2）换流阀、换流变压器、平波电抗器、交直流滤波器、配电装置、500kV 线路、500kV 交流开关和站用电系统等一次设备状态转换操作。

（3）控制保护及安全稳定自动装置的加用和停用等操作。

（4）低压直流系统、阀冷却系统等辅助设备的操作。

（七）运行图册

1. 一次设备运行图册

一次设备运行图册包括换流站交流主接线图、换流

站直流主接线图、换流站（变电站）平面布置图、交流滤波器接线图、换流阀电气原理图等。

2. 二次设备运行图册

二次设备运行图册包括控制系统网络图、交流保护配置图、直流保护配置图、换流变压器保护配置图、站用变压器保护配置图、交流滤波器大组保护配置图、交流滤波器保护配置图、安全稳定控制系统图、控制保护交直流电源回路图、能量计费系统回路图等。

3. 辅助设备运行图册

辅助设备运行图册包括站用电系统图（包括负荷图）、站低压直流系统图（包括负荷图）、UPS 电源系统图（包括负荷图）、阀水冷系统图、空调系统图、消防以及给排水系统图、事故照明图等。

4. 设备巡视路线图

（1）人工设备巡视路线图。

（2）智能机器人地面设备巡视路线图。

（3）无人机设备上空巡视路线图。

（八）各厂站其他特有设备

各厂站其他特有设备包括各厂站其他特有设备自行进行说明。

三、换流站运行规程编制的组织管理

1. 编制和修订

（1）新建换流站在设备带电前一个月必须完成运行规程（试行版）的编制，设备调试完毕后 6 个月内完成运行规程（正式版）的编制。

（2）改扩建工程在设备带电前一周完成运行规程的修订工作，有关内容独立成册或并入修编的运行规程中。

（3）运行规程同上级新颁发规程、制度、规定和反事故技术措施要求不一致时，应在其规定时间内完成补充或修订工作。

（4）运行规程的编写、补充和修订，应严格履行审批程序。

2. 审核和批准

（1）运行规程由所在运行管理单位生产技术部门组织编写和审核，并审查批准后实施，同时报有关调度备案。

（2）运行规程的修订工作由所在运行管理单位生产技术部门组织进行，分管生产领导或总工程师批准后实施。

（3）运行规程内容不需修改的，也应出具经复查人、批准人签名的"可以继续执行"的书面文件。

（4）运行规程应至少每三年进行一次复审。

（5）运行规程内容不适应现场需要时，应及时予以废止。

3. 使用和保存

（1）运行规程应制作成册，生产人员人手一份。

（2）发布后的运行规程必须存档保存。

第二章

变电设备在线监测技术

第一节　概　　述

一、在线监测概述

在线监测是在电力系统运行的情况下，利用在线监测装置对力设备状况所进行的连续的或周期性的自动监视检测。

在线监测装置通常安装在被监测设备上或附近，用以自动采集、处理和发送被监测设备状态信息的监测装置（含传感器）。监测装置能通过现场总线、以太网、无线等通信方式与综合监测单元通信或直接与站端监测单元通信。在线监测装置等同于智能变电站中监测 IED（智能电子设备）与传感器的组合。

综合监测单元以被监测设备为对象，汇聚各类与被监测设备相关的在线监测装置发送的数据，并替代各类在线监测装置与站端监测单元进行标准化数据通信的装置。综合监测单元可接入不同类型、不同厂家的一组在线监测装置，实现变电站内在线监测装置的标准化接入。综合监测单元等同于智能变电站中的监测主 IED 的监测功能模块。

站端监测单元以变电站为对象，承担站内全部监测数据的分析和对监测装置、综合监测单元的管理，实现对监测数据的综合分析、预警功能，以及对监测装置和综合监测单元设置参数、数据召唤、对时、强制重启等控制功能，并能与站控层其他系统和上层平台进行格式化通信的装置。站端监测单元等同于智能变电站中的监测信息子站。

二、在线监测系统组成及要求

（一）在线监测系统组成

在线监测系统是在运行情况下，实现变电站内一次设备在线监测数据连续或周期性地采集、处理、诊断分析及传输的设备状态监测系统。在常规变电站中，在线监测系统主要由在线监测装置、综合监测单元和站端监测单元组成。在智能变电站中，在线监测系统主要由传感器、监测智能电子设备、监测主智能电子设备和监测信息子站组成。

（1）传感器是变电设备的状态感知元件，用于将设备某一状态参量转变为可采集的信号。

（2）监测智能电子设备是智能组件的组成部分之一。通过采集高压设备状态信息，实现对其运行状态和/或控制状态和或负载能力状态的智能评估。

（3）监测主智能电子设备是智能组件的组成部分之一。用于集合智能组件内各 IED 信息，对高压设备的运行可靠性、控制可靠性及负载能力等做出评估，以支持电网运行控制和/或状态检修。

（4）监测信息子站是承担收集全站智能高压设备格式化信息，并向生产管理信息系统自动复制这些信息的计算机系统。

（二）在线监测系统技术要求

（1）在线监测系统的接入不应改变一次电气设备的完整性和正常运行，能准确可靠地连续或周期性监测、记录被监测设备的状态参数及特征信息，监测数据应能反映设备状态，并且系统具有自检、自诊断和数据上传功能。

（2）在线监测系统应具有以下"四化"（测量数字化、功能集成化、通信网络化、状态可视化）的主要技术特征，符合"四易"（易扩展、易升级、易改造、易维护）的工业化应用要求。

（3）在线监测系统的配置可根据被监测设备的重要性、监测装置的可靠性、维护及投入成本等来选择。

（4）在线监测系统应以变电站为对象，建立统一的状态监测、分析、预测和预警平台，建立统一的通信标准。

三、在线监测系统试验、调试和验收

（一）试验

1．型式试验

型式试验是在线监测装置、综合监测单元及站端监测单元在设计完成后，为验证产品能否满足技术规范的全部要求，对试制出来的新产品进行的定型试验。通过型式试验的产品方能正式投入生产。

2．出厂试验

出厂试验是在线监测装置、综合监测单元及站端监测单元出厂前在正常试验条件下逐个按规定进行的例行检验。检验合格后，附有合格证，方可允许出厂。

3．交接试验

交接试验是在线监测装置、综合监测单元及站端监测单元安装完毕后、正式投运前，由运行单位开展的试验，试验合格后，方可运行。

4．现场试验

现场试验是现场运行单位或具有资质的检测单位对现场待测装置性能进行的测试。现场试验一般分两种情况：

（1）定期例行校验，校验周期为 1～2 年。

（2）必要时。

（二）调试

调试主要针对监测装置、综合监测单元、站端监测单元及其功能实现。具体调试包括两个部分：一是各个装置或单元的功能调试，包括数据采集、存储、显示、分析、预警等；二是监测系统整体调试，主要检验在线监测系统各层之间的信息交互情况，检验结果应符合设计要求。

（三）验收

验收应包括完备的型式试验报告、出厂试验报告、现场调试报告和现场验收报告，且均符合系统的技术要求。

第二节　变电设备在线监测系统架构

一、系统框架

变电设备在线监测系统宜采用总线式的分层分布式结构，分为过程层和站控层，并应符合下列要求：

（1）在常规变电站中，对于处于过程层中的在线监测装置未采用 DL/T 860 通信标准的在线监测系统，应在过程层配置综合监测单元，实现一次设备状态监测数据

汇聚，并将所接入在线监测装置通信标准统一转换为 DL/T 860 与站端监测单元通信，其系统结构如图 2-2-2-1 所示。对于各层之间均采用 DL/T 860 通信标准的在线监测系统，其系统结构如图 2-2-2-2 所示。图中电容型设备是指采用电容屏绝缘结构的设备，包括电容型电流互感器、电容式电压互感器、耦合电容器、电容型套管等。

（2）在智能变电站中，在线监测装置被监测 IED 和传感器取代，综合监测单元被监测主 IED 取代，其系统结构如图 2-2-2-3 所示。

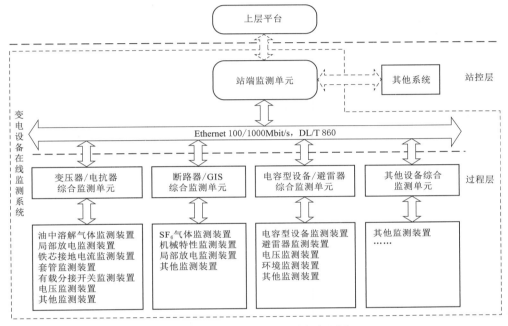

图 2-2-2-1　在线监测系统框架图之一

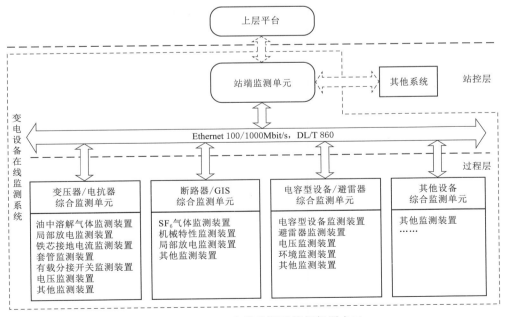

图 2-2-2-2　在线监测系统框架图之二

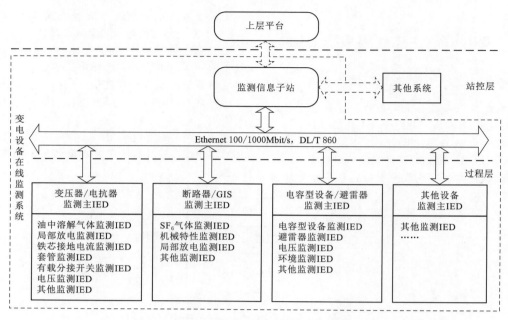

图 2-2-2-3　在线监测系统框架图之三

二、过程层设备

在线监测系统过程层设备主要包括：

（1）变压器、电抗器、断路器、GIS、电容型设备、金属氧化物避雷器等设备的在线监测装置及环境监测装置，能实现变电设备状态信息自动采集、测量、就地数字化等功能。

（2）变压器/电抗器、断路器/GIS、电容型设备/金属氧化物避雷器等综合监测单元，能实现被监测设备相关监测装置的监测数据汇集、标准化数据通信代理等功能。

三、站控层设备

在线监测系统站控层设备主要指站端监测单元，能实现整个在线监测系统的运行控制，以及站内所有变电设备在线监测数据的汇集、综合分析、监测预警、故障诊断、数据展示（设在集控站）、存储和格式化数据转发等功能。

四、系统接口

变电设备在线监测系统网络在逻辑上由过程层网络和站控层网络组成，各层之间存在 3 个接口级别，分别是第 1 级接口 I0、第 2 级接口 I1 和第 3 级接口 I2，系统接口分级如图 2-2-2-4 所示。各级接口要求如下：

（1）I0 接口是在未采用 DL/T 860 通信规约的在线监测装置与综合监测单元之间的数据接口，应采用统一的接口协议实现，应用层宜采用 MODBUS 协议，传输层宜采用现场总线或以太网协议。

（2）I1 接口是综合监测单元或符合 DL/T 860 通信规约的监测装置和站端监测单元之间的接口，以及站端监测单元与站内其他系统的接口，应采用 DL/T 860.81《变电站通信网络和系统　第 8-1 部分：特定通信服务映射（SCSM）对 MMS（ISO 9506-1 和 ISO 9506-2）及 ISO/IEC 8802》标准。

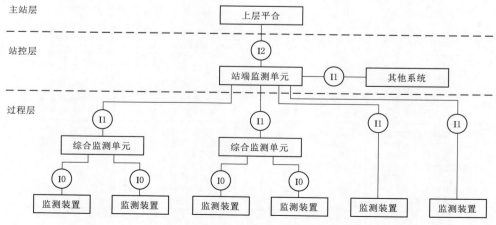

图 2-2-2-4　在线监测系统接口分级

（3）I2 接口是站端监测单元与远方主站系统之间的接口，应采用标准的通信协议通信。

第三节　变电设备在线监测系统配置原则

一、常规变电站配置原则

1. 变压器、电抗器配置原则

变压器、电抗器在线监测装置配置原则如下：

（1）750kV 及以上电压等级油浸式变压器、电抗器应配置油中溶解气体在线监测装置。

（2）±400kV 及以上电压等级换流变压器、500kV 油浸式变压器应配置油中溶解气体在线监测装置。

（3）500kV（330kV）电抗器、330kV、220kV 油浸式变压器宜配置油中溶解气体在线监测装置。

（4）对于 110kV（66kV）电压等级油浸式变压器（电抗器）存在以下情况之一的宜配置油中溶解气体在线监测装置：

1）存在潜伏性绝缘缺陷。

2）存在严重家族性绝缘缺陷。

3）运行时间超过 15 年。

4）运行位置特别重要。

（5）220kV 及以上电压等级变压器、换流变压器可根据需要配置铁芯、夹件接地电流在线监测装置。

（6）500kV（330kV）及以上电压等级油浸式变压器和电抗器可根据需要配置油中含水量在线监测装置。

（7）220kV 及以上电压等级变压器宜预留供日常检测使用的超高频传感器及测试接口，以满足运行中开展局部放电带电检测需要；对局部放电带电检测异常的，可根据需要配置局部放电在线监测装置进行连续或周期性跟踪监视。

（8）220kV 及以上电压等级变压器可预埋光纤测温传感器及测试接口。

2. 断路器/GIS 配置原则

断路器/GIS 在线监测装置配置原则如下：

（1）500kV 及以上电压等级 SF_6 断路器或 220kV 及以上电压等级 GIS 可根据需要配置 SF_6 气体压力和湿度在线监测装置。

（2）220kV 及以上电压等级 GIS 应预留供日常检测使用的超高频传感器及测试接口，以满足运行中开展局部放电带电检测需要；对局部放电带电检测异常的，可根据需要配置局部放电在线监测装置进行连续或周期性跟踪监视。

（3）220kV 及以上电压等级 SF_6 断路器及 GIS 可逐步配置断路器分合闸线圈电流在线监测装置。

3. 电容型设备

电容型设备在线监测装置配置原则如下：

（1）220kV 及以上电压等级变压器（电抗器）套管可配置在线监测装置，实现对全电流、$\tan\delta$、电容量、三相不平衡电流或不平衡电压等状态参量的在线监测。

（2）对于 110kV（66kV）电压等级电容型设备存在以下情况之一的宜配置在线监测装置：

1）存在潜伏性绝缘缺陷。

2）存在严重家族性绝缘缺陷。

3）运行位置特别重要。

（3）倒立式油浸电流互感器、SF_6 电流互感器因其结构原因不宜配置绝缘在线监测装置。

4. 金属氧化物避雷器

220kV 及以上电压等级金属氧化物避雷器宜配置阻性电流在线监测装置。

5. 其他在线监测装置

应在技术成熟完善后，经由具有资质的检测单位检测合格方可试点应用。

二、智能变电站配置原则

在智能变电站，监测 IED 的配置依据《智能高压设备技术导则》（DL/T 1411）的相关要求执行。

第四节　变电设备在线监测系统功能要求

一、总体功能要求

变电设备在线监测系统应能够实现对变电站内一次设备状态参量的测量、处理、存储、展示、分析和转发。应能为站内其他系统和远方主站系统提供标准的基础数据，可根据需求提供告警、分析诊断结果以及状态监测系统运行工况等信息。

二、在线监测装置功能

在线监测装置应具备以下功能：

（1）能够自动、连续或周期性采集设备状态信息，监测结果可根据需要定期发送至综合监测单元或直接发送至站端监测单元，也可本地提取。

（2）能够接受上层单元下传的参数配置、数据召唤、对时、强制重启等控制命令。

（3）应具备校验接口，便于运行中现场定期校验。

（4）具有自诊断和自恢复功能，能向上层单元发送自诊断结果、故障报警等信息。

（5）具有采集数据存储功能。

（6）具有运行指示功能。

三、综合监测单元功能

综合监测单元应具备以下功能：

（1）接入不同厂商、不同通信接口、不同通信协议的在线监测装置，能统一转换为 DL/T 860 通信协议与站端监测单元通信。

（2）具备读取、设置在线监测装置配置信息和与线监测装置对时等管理功能。

（3）具备与站端监测单元的对时功能。

（4）具备自检和远程维护功能。

四、站端监测单元功能

站端监测单元应具备的功能如下：

（1）对站内在线监测装置、综合监测单元以及所采集的状态监测数据进行全局监视管理。

（2）向上层传送格式化数据、分析诊断结果、预警信息以及根据上层需求定制的数据，并接受上层单元下传的下装分析模型、参数配置、数据召唤、对时、强制重启等控制命令。

（3）站端监测单无软件系统具有可扩展性和二次开发功能，可灵活定制接入的监测装置类型、监视画面、分析报表等功能；同时软件系统的功能亦可扩充，应用软件采用 SOA 架构，支持状态监测数据分析算法的添加、删除、修改操作，能适应在线监测与运行管理的不断发展。

（4）具有跨区安全防护措施，通过 Web 方式实现各类信息的展示、查询和统计分析等功能。

（5）具备与变电站接时系统的校时功能。

（6）具备自检和远程维护功能。

第五节　变电设备在线监测系统技术要求

一、总体技术要求

在线监测系统应满足下列技术要求：

（1）在线监测系统的接入与使用不应改变和影响设备本体的正常运行。

（2）具有较好的抗干扰能力和合理的监测灵敏度，监测结果应有较好的可靠性和重复性，以及合理的准确度。

（3）变电站在线监测装置、综合监测单元和站端监测单元之间，以及与其他系统的信息交换内容应满足"变电设备状态监测数据接入规范"要求。

（4）在线监测系统宜具备多种输出接口，具有与其他监控系统间按统一通信协议相连的接口；系统还宜具有多种报警输出接口，既可以通过其他监控系统报警，也可接常规报警装置。

（5）在线监测系统的软件具有良好的人机界面，操作简单，便于运用。

（6）在满足故障判断要求的前提下，装置和单元的结构应简单，使用维护应方便。

（7）应实现在线监测数据安全接入（如身份认证、数据加解密等），确保信息安全。

（8）在线监测系统设计寿命不应少于 8 年；对于预埋在设备内部的传感器，其设计寿命原则上不少于被监测设备的使用寿命。

二、监测装置技术要求

监测装置应满足下列技术要求：

（1）具备 I0 接口与综合监测单元通信或具备 I1 接口

直接与站端监测单元通信。

（2）监测装置的安装形式和外观应与一次设备本体相协调。

（3）应尽量缩短与一次设备本体连接的信号引线、气路或油路的长度。

（4）监测装置安装在被监测设备附近，需要对信号与电路实施有效的隔离和绝缘，其电源也应采用合适的隔离措施，自身的故障不应影响其他系统或设备的运行。

（5）具备与变电站授时系统的校时功能，可以支持 B 码或 SNTP 等对时方式，监测装置自身的时钟守时能力应不低于 1s/24h。

（6）应具有就地存储介质，能够在最小采样周期下存储至少最近 30 天的数据。

三、综合监测单元技术要求

综合监测单元应满足下列技术要求：

（1）具备 I0 接口与监测装置通信。

（2）具备 I1 接口与站端监测单元通信。

（3）具备与变电站授时系统的校时功能，可以支持 B 码或 SNTP 等对时方式，综合监测单元自身的时钟守时能力应不低于 1s/24h。

（4）宜就近安装于现场的控制柜内，不需单独配置屏柜。

（5）综合监测单元的配置应根据接入的监测装置类型、数量、位置分布等多方面因素，合理选择数量和位置。

（6）综合监测单元宜在通信距离和物理连接点数量可接受的情况下最大限度地接入多间隔、多种类的监测装置。

（7）能存储至少最近 30 天的数据。

四、站端监测单元技术要求

站端监测单元应满足下列技术要求：

（1）具备 I1 接口与现场的综合监测单元或监测装置进行通信。

（2）具备 I2 接口与远方主站系统通信。

（3）具备与变电站授时系统的校时功能，可以支持 B 码或 SNTP 等对时方式，站端监测单元自身的时钟守时能力应不低于 1s/24h。

（4）宜分别建立历史数据库和实时数据库，历史数据库应能存放 5 年以上的历史数据；数据库软件应选择通用、成熟的商业版本。

第六节　变电设备状态监测数据接入规范

一、变电设备状态监测数据接入规范的作用

变电设备状态监测数据接入规范用于规范变电站在线监测装置、综合监测单元和站端监测单元之间，以及与其他系统的信息交换内容，为信息共享和各类专业应用功能的设计和开发提供基本依据。

二、编码规范

编码分为监测类型代码、被检测设备代码、监测装置代码和监测数据参数代码。

1. 监测类型代码

监测类型代码表明了变电设备的监测内容，监测类型代码是指监测类型的唯一标识。标识编码由三段六位字符组成。

（1）第一段为监测专业（输电/变电），采用2位数字码：01表示输电，02表示变电。

（2）第二段为数据分类，为1～5，1表示变压器/电抗器设备、2表示电容型设备、3表示金属氧化物避雷器、4表示断路器/GIS监测类型设备、5表示环境。

（3）第三段采用3位流水号标识。

监测类型代码见表2-2-6-1。

2. 被监测设备代码

被监测设备代码是指监测装置所监测设备的唯一标识。

3. 监测装置代码

监测装置代码是指监测装置的唯一标识，该代码的使用范围为监测装置的整个生命周期。

表2-2-6-1　　变电设备监测类型代码

变电设备监测内容		类型代码	备注
变压器/电抗器	局部放电	021001	02表示变电专业
	油中溶解气体	021002	
	微水	021003	
	铁芯接地电流	021004	
	顶层油温	021005	
	绕组光纤测温	021006	
	变压器振动波谱	021007	
	有载分接开关	021008	
	变压器声学指纹	021009	
电容型设备	绝缘监测	022001	
金属氧化物避雷器	绝缘监测	023001	

续表

变电设备监测内容		类型代码	备注
断路器/GIS	局部放电	024001	
	分合闸线圈电流波形	024002	
	负荷电流波形	024003	
	SF$_6$气体压力	024004	
	SF$_6$气体水分	024005	
	储能电机工作状态	024006	
环境	变电站微气象	025001	

4. 监测数据参数代码

监测数据参数代码是各监测装置传输监测数据的参数标识，具体参数代码内容依据"接入数据规范"进行编制。

三、接入数据规范

1. 变压器/电抗器

（1）局部放电接入数据规范见表2-2-6-2。

（2）油中溶解气体接入数据规范见表2-2-6-3。

（3）微水接入数据规范见表2-2-6-4。

（4）铁芯接地电流接入数据规范见表2-2-6-5。

（5）顶层油温接入数据规范见表2-2-6-6。

2. 电容型设备

绝缘监测接入数据规范见表2-2-6-7。

3. 金属氧化物避雷器

绝缘监测接入数据规范见表2-2-6-8。

4. 断路器/GIS

（1）局部放电接入数据规范见表2-2-6-9。

（2）分合闸线圈电流波形接入数据规范见表2-2-6-10。

（3）负荷电流波形接入数据规范见表2-2-6-11。

（4）SF$_6$气体压力接入数据规范见表2-2-6-12。

（5）SF$_6$气体水分接入数据规范见表2-2-6-13。

（6）储能电机工作状态接入数据规范见表2-2-6-14。

5. 环境

变电站微气象接入数据规范见表2-2-6-15。

表2-2-6-2　　　　　　　　　　　　　局部放电接入数据规范

序号	参数名称	参数代码	字段类型	M/O	计量单位	备注
1	被监测设备标识	LinkedDevice	字符	M		
2	监测装置标识	DeviceCode	字符	M		
3	监测时间	AcquisitionTime	日期	M		yyyy-MM-dd HH:mm:ss
4	被监测设备相别	Phase	字符	M		
5	放电量	DischargeCapacity	数字	O	pC或mV或dB	
6	放电位置	DischargePosition	数字	O		
7	脉冲个数	PulseCount	数字	O		
8	放电波形	DischargeWaveform	二进制流	O		

序号	参数名称	参数代码	字段类型	M/O	计量单位	备 注
9	放电类型	PaDschType	字符	O		0表示正常、1表示尖端放电、2表示悬浮放电、3表示沿面放电、4表示气泡放电、5表示颗粒放电、6表示闪电干扰、7表示雷达干扰、8表示马达干扰、9表示手机干扰、10表示其他
10	局放告警	PaDschAlm	布尔型	O		
11	监测设备通信异常	MoDevComF	布尔型	M		
12	监测设备自检异常	MoDevFlt	布尔型	O		

注 本节表2-2-6-2～表2-2-6-15中标注M为必选,标注O为根据设备功能实现选择。

表2-2-6-3 油中溶解气体接入数据规范

序号	参数名称	参数代码	字段类型	M/O	计量单位	备 注
1	被监测设备标识	LinkedDevice	字符	M		
2	监测装置标识	DeviceCode	字符	M		
3	监测时间	AcquisitionTime	日期	M		yyyy-MM-dd HH:mm:ss
4	被监测设备相别	Phase	字符	M		
5	氢气	H_2	数字	O	$\mu L/L$	
6	甲烷	CH_4	数字	O	$\mu L/L$	
7	乙烷	C_2H_6	数字	O	$\mu L/L$	
8	乙烯	C_2H_4	数字	O	$\mu L/L$	
9	乙炔	C_2H_2	数字	O	$\mu L/L$	
10	一氧化碳	CO	数字	O	$\mu L/L$	
11	二氧化碳	CO_2	数字	O	$\mu L/L$	
12	氧气	O_2	数字	O	$\mu L/L$	
13	氮气	N_2	数字	O	$\mu L/L$	
14	总烃	TotalHydrocarbon	数字	O	$\mu L/L$	
15	氢气浓度告警	H_2Alm	布尔型	O		
16	甲烷浓度告警	CH_4Alm	布尔型	O		
17	乙烷浓度告警	C_2H_6Alm	布尔型	O		
18	乙烯浓度告警	C_2H_4Alm	布尔型	O		
19	乙炔浓度告警	C_2H_2Alm	布尔型	O		
20	一氧化碳浓度告警	CO_2Alm	布尔型	O		
21	二氧化碳浓度告警	CO_2Alm	布尔型	O		
22	总烃浓度告警	TotalHydrocarbonAlm	布尔型	O		
23	监测设备通信异常	MoDevComF	布尔型	M		
24	监测设备自检异常	MoDevFlt	布尔型	O		

表 2 - 2 - 6 - 4　　　　　　　　　　微 水 接 入 数 据 规 范

序号	参数名称	参数代码	字段类型	M/O	计量单位	备　注
1	被监测设备标识	LinkedDevice	字符	M		
2	监测装置标识	DeviceCode	字符	M		
3	监测时间	AcquisitionTime	日期	M		yyyy - MM - dd　HH:mm:ss
4	被监测设备相别	Phase	字符	M		
5	水分	Moisture	数字	O	μL/L	
6	水分浓度告警	MoistureAlm	布尔型	O		
7	监测设备通信异常	MoDevComF	布尔型	M		
8	监测设备自检异常	MoDevFlt	布尔型	O		

表 2 - 2 - 6 - 5　　　　　　　　　铁芯接地电流接入数据规范

序号	参数名称	参数代码	字段类型	M/O	计量单位	备　注
1	被监测设备标识	LinkedDevice	字符	M		
2	监测装置标识	DeviceCode	字符	M		
3	监测时间	AcquisitionTime	日期	M		yyyy - MM - dd　HH:mm:ss
4	被监测设备相别	Phase	字符	M		
5	铁芯全电流	TotalCoreCurrent	数字	O	mA	
6	铁芯全电流告警	TotalCoreCurAlm	布尔型	O		
7	监测设备通信异常	MoDevComF	布尔型	M		
8	监测设备自检异常	MoDevFlt	布尔型	O		

表 2 - 2 - 6 - 6　　　　　　　　　　顶层油温接入数据规范

序号	参数名称	参数代码	字段类型	M/O	计量单位	备　注
1	被监测设备标识	LinkedDevice	字符	M		
2	监测装置标识	DeviceCode	字符	M		
3	监测时间	AcquisitionTime	日期	M		yyyy - MM - dd　HH:mm:ss
4	被监测设备相别	Phase	字符	M		
5	顶层油温	OilTemperature	数字	O	℃	
6	顶层油温告警	OilTempAlm	布尔型	O		
7	监测设备通信异常	MoDevComF	布尔型	M		
8	监测设备自检异常	MoDevFlt	布尔型	O		

表 2 - 2 - 6 - 7　　　　　　　　　　绝缘监测接入数据规范

序号	参数名称	参数代码	字段类型	M/O	计量单位	备　注
1	被监测设备标识	LinkedDevice	字符	M		
2	监测装置标识	DeviceCode	字符	M		
3	监测时间	AcquisitionTime	日期	M		yyyy - MM - dd　HH:mm:ss
4	被监测设备相别	Phase	字符	M		
5	电容量	Capacitance	数字	O	pF	
6	介质损耗因数	LossFactor	数字	O	%	
7	三相不平衡电流	UnbalanceCurrent	数字	O	%	

续表

序号	参数名称	参数代码	字段类型	M/O	计量单位	备 注
8	三相不平衡电压	UnbalanceVoltage	数字	O	%	
9	全电流	TotalCurrent	数字	O	mA	
10	系统电压	SystemVoltage	数字	O	kV	
11	电容量告警	CapaAlm	布尔型	O		
12	介质损耗告警	LosFactAlm	布尔型	O		
13	全电流告警	TolCurAlm	布尔型	M		
14	监测设备通信异常	MoDevComF	布尔型	O		
15	监测设备自检异常	MoDevFlt	布尔型	O		

表 2 - 2 - 6 - 8　　　　　　　　　　　　　绝缘监测接入数据规范

序号	参数名称	参数代码	字段类型	M/O	计量单位	备 注
1	被监测设备标识	LinkedDevice	字符	M		
2	监测装置标识	DeviceCode	字符	M		
3	监测时间	AcquisitionTime	日期	M		yyyy - MM - dd HH:mm:ss
4	被监测设备相别	Phase	字符	M		
5	系统电压	SystemVoltage	数字	O	kV	
6	全电流	TotalCurrent	数字	O	mA	
7	阻性电流	ResistiveCurrent	数字	O	mA	
8	计数器动作次数	ActionCount	数字	O		
9	最后一次动作时间	LastActionTime	日期	O		yyyy - MM - dd HH:mm:ss
10	全电流告警	TolCurAlm	布尔型	O		
11	阻性电流告警	ResCurAlm	布尔型	O		
12	动作次数告警	ActCountAlm	布尔型	O		
13	监测设备通信异常	MoDevComF	布尔型	M		
14	监测设备自检异常	MoDevFlt	布尔型	O		

表 2 - 2 - 6 - 9　　　　　　　　　　　　　局部放电接入数据规范

序号	参数名称	参数代码	字段类型	M/O	计量单位	备 注
1	被监测设备标识	LinkedDevice	字符	M		
2	监测装置标识	DeviceCode	字符	M		
3	被监测设备相别	Phase	字符	M		
4	监测时间	AcquisitionTime	日期	M		yyyy - MM - dd HH:mm:ss
5	放电量	DischargeCapacity	数字	O	pC 或 mV 或 dB	
6	放电位置	DischargePosition	数字	O		
7	脉冲个数	PulseCount	数字	O		
8	放电波形	DischargeWaveform	二进制流	O		
9	局部放电告警	PaDschAlm	布尔型	O		
10	监测设备通信异常	MoDevComF	布尔型	M		
11	监测设备自检异常	MoDevFlt	布尔型	O		

表 2－2－6－10 分合闸线圈电流波形接入数据规范

序号	参数名称	参数代码	字段类型	M/O	计量单位	备　注
1	被监测设备标识	LinkedDevice	字符	M		
2	监测装置标识	DeviceCode	字符	M		
3	被监测设备相别	Phase	字符	M		
4	监测时间	AcquisitionTime	日期	M		yyyy－MM－dd　HH：mm：ss
5	动作	Action	整型	O		"0"表示分闸；"1"表示合闸
6	线圈电流波形	CoilWaveform	二进制流	O		
7	线圈电流告警	CoilWaveAlm	布尔型	O		
8	监测设备通信异常	MoDevComF	布尔型	M		
9	监测设备自检异常	MoDevFlt	布尔型	O		

表 2－2－6－11 负荷电流波形接入数据规范

序号	参数名称	参数代码	字段类型	M/O	计量单位	备　注
1	被监测设备标识	LinkedDevice	字符	M		17 位设备编码
2	监测装置标识	DeviceCode	字符	M		17 位设备编码
3	被监测设备相别	Phase	字符	M		
4	监测时间	AcquisitionTime	日期	M		yyyy－MM－dd　HH：mm：ss
5	动作	Action	整型	O		"0"表示分闸；"1"表示合闸
6	负荷电流波形	LoadWaveform	二进制流	O		
7	负荷电流告警	LoadWaveAlm	布尔型	O		
8	监测设备通信异常	MoDevComF	布尔型	M		
9	监测设备自检异常	MoDevFlt	布尔型	O		

表 2－2－6－12 SF$_6$ 气体压力接入数据规范

序号	参数名称	参数代码	字段类型	M/O	计量单位	备　注
1	被监测设备标识	LinkedDevice	字符	M		
2	监测装置标识	DeviceCode	字符	M		
3	被监测设备相别	Phase	字符	M		
4	监测时间	AcquisitionTime	日期	M		yyyy－MM－dd　HH：mm：ss
5	温度	Temperature	数字	O	℃	
6	绝对压力	AbsolutePressure	数字	O	MPa	
7	密度	Density	数字	O	kg/m^3	
8	压力（20℃）	Pressure20C	数字	O	MPa	
9	温度告警	TempAlm	布尔型	O		
10	绝对压力告警	AbsPresAlm	布尔型	O		
11	密度告警	DensAlm	布尔型	O		
12	压力（20℃）告警	Pres20Alm	布尔型	O		
13	监测设备通信异常	MoDevComF	布尔型	M		
14	监测设备自检异常	MoDevFlt	布尔型	O		

表 2 - 2 - 6 - 13　　　　　　　　　　　　SF₆ 气体水分接入数据规范

序号	参数名称	参数代码	字段类型	M/O	计量单位	备　注
1	被监测设备标识	LinkedDevice	字符	M		
2	监测装置标识	DeviceCode	字符	M		
3	被监测设备相别	Phase	字符	M		
4	监测时间	AcquisitionTime	日期	M		yyyy - MM - dd　HH：mm：ss
5	温度	Temperature	数字	O	℃	
6	水分	Moisture	数字	O	μL/L	
7	温度	TempAlm	布尔型	O		
8	水分告警	MoistureAlm	布尔型	O		
9	监测设备通信异常	MoDevComF	布尔型	M		
10	监测设备自检异常	MoDevFlt	布尔型	O		

表 2 - 2 - 6 - 14　　　　　　　　　　　　储能电机工作状态接入数据规范

序号	参数名称	参数代码	字段类型	M/O	计量单位	备　注
1	被监测设备标识	LinkedDevice	字符	M		
2	监测装置标识	DeviceCode	字符	M		
3	被监测设备相别	Phase	字符	M		
4	监测时间	AcquisitionTime	日期	M		yyyy - MM - dd　HH：mm：ss
5	储能时间	ChargeTime	数字	O	s	
6	监测设备通信异常	MoDevComF	布尔型	M		
7	监测设备自检异常	MoDevFlt	布尔型	O		

表 2 - 2 - 6 - 15　　　　　　　　　　　　变电站微气象接入数据规范

序号	参数名称	参数代码	字段类型	M/O	计量单位	备　注
1	变电站标识	LinkedSubstation	字符	M		
2	监测时间	AcquisitionTime	日期	M		yyyy - MM - dd　HH：mm：ss
3	气温	AirTemperature	数字	O	℃	
4	气压	AirPressure	数字	O	kPa	
5	湿度	Humidity	数字	O	%RH	
6	降雨量	Precipitation	数字	O	mm	
7	降水强度	PrecipitationIntensity	数字	O	mm/h	
8	光辐射强度	RadiotionIntensity	数字	O	W/m²	
9	监测设备通信异常	MoDevComF	布尔型	M		
10	监测设备自检异常	MoDevFlt	布尔型	O		

第三章

变电站换流站智能机器人巡检技术

第一节 概 述

一、变电巡检周期

变电站设备巡视分为正常巡视（含交接班巡视）、熄灯巡视、全面巡视和特殊巡视，各类巡视应做好记录。

（1）正常巡视（含交接班巡视）。除按照有关要求执行外，对有人值守变电站，应严格执行交接班设备巡视，必须在规定的周期和时间内完成。对无人值班变电站，集控站所辖每日1次，其他集控站所辖站每2日1次。

（2）熄灯巡视。应检查设备有无电晕、放电，接头有无过热发红现象。有人值班变电站、无人值班变电站每周均应进行1次。

（3）全面巡视（标准化作业巡视）。应对设备全面的外部检查，对缺陷有无发展作出鉴定，检查设备的薄弱环节，检查防误闭锁装置，检查接地网及引线是否好。无人值班变电站每月进行2次，上半月和下半月各进行1次。

（4）特殊巡视。应视具体情况而定。下列情况应进行特殊巡视：大风前、后；雷雨后；冰雪、冰雹、雾天；设备变动后；设备新投入运行后；设备经过检修、改造或长期停运，重新投入系统运行后；设备发生异常时；设备缺陷有发展时；法定节假日、重要保电任务时段等。在法定节假日、重要保电任务时段，各无人值班变电站每日至少巡视1次。

二、变电站巡检内容

1. 设备特巡和红外测温

迎峰度夏期间，除正常巡视外，增加设备特巡和红外测温。无人值班变电站每日巡视1次。红外测温分为正常红外测温、发热点跟踪测温、特殊保电时期红外测温三种。

（1）正常红外测温周期为各变电站每周不少于1次，晚高峰时段进行。主要针对以下情况：长期大负荷的设备；设备负荷有明显增大时；设备存在异常、发热情况，需要进一步分析鉴定；上级有明确要求时，如特殊时段保电等。

（2）发热点跟踪测温应根据检测温度、负荷电流、环境温度、气候变化等进行发热值的比对，分析设备发热点变化确定发热性质。其周期为有人值守变电站每日1次，晚高峰时段进行。无人值班变电站每个巡视日1次或值班长视发热情况每日1次。

（3）特殊保电时期、迎峰度夏期间应进行全面测温、重点测温及发热点跟踪测温。

2. 测温要求

测温记录应记录全面，主要应包含发热设备运行编号、发热部位具体描述、发热点温度、该台设备其他相相同部位温度（或同类型设备相同部位温度）、负荷电流大小、测温时间、天气状况、环境温度等信息。

三、人工巡检不足

（1）由于无人值班变电站增多，许多变电站的距离较远，在站内出现事故或大风、大雪及雷雨后，因集控站无法出车不能及时巡视时，会造成集控站值班员不能及时了解现场设备状态，及时发现隐患，危急电网的安全运行。特别是无法及时了解出现问题的变电站情况，失去优先安排处理的机会。

（2）巡视人员巡视设备时需要站在离设备较近的地方，对巡视人员的人身安全也有一定的威胁，特别是在异常现象查看、恶劣天气特巡，事故原因查找时危险性更大。

综上所述，无人值班变电站人工巡检的及时性、可靠性较差，花费人工较多，存在较大的交通风险和巡视过程风险，且巡视效率低下。

第二节 变电站巡检机器人系统设计

一、整体结构

变电站巡检机器人的整体结构主要包括移动体、基站、机器人控制系统以及变电站检测系统四个部分。

1. 移动体

移动体是整个机器人系统的移动载体和信息采集控制载体、主要包括移动车体、移动体运动控制系统和通信系统，如图2-3-2-1所示。其中机器人采用四轮轮式移动小车，前两轮为驱动轮，后两轮为方向轮。机器人外形流畅，直线运动性与转弯性能好。

图2-3-2-1 变电站智能机器人

2. 基站

对移动体要进行有效的监视、控制和管理，需建立了一个基站。基站与移动体之间通过无线网桥组成一个无线局域网。可见光图像、红外图像通过视频服务器的视频流数据和移动体控制系统信息等数据汇集到网络集线器后，经无线网桥、网络集线器一起通过电力系统内部网络传到运行监控终端，通过连接到电力系统局域网上的计算机可根据访问权限实时浏览变电站设备的可见光和红外视频图像，机器人本身运行情况等相关信息，并且可以控制机器人移动体的运动等。检测系统由红外测温仪和可见光摄像机等装置组成，均安装在移动体即智能巡检机器人上，该系统可以完成变电站设备外观图像和内部温度信息的采集和处理。

3. 机器人控制系统

机器人控制系统主要包括移动体运动控制子系统和工作子系统两大部分，移动体运动控制子系统硬件由 PC104 主板、PMAC－104 运动控制卡和电机驱动器组成，主要负责机器人在巡检过程中的运动行为的控制。

4. 变电站检测系统

本机器人系统为变电站设备非电气信号的采集提供了一个移动载体平台，在这个平台上可以搭建不同的检测系统或装置。目前在该平台上搭建了远程在线式红外热像仪系统、可见光图像采集处理系统、声音采集处理系统。在无人值班变电站，一些通过电气信号难以检测的运行状态，例如变压器漏油、绝缘气体压力变化、火灾和盗窃等，可借助机器人所携带的图像来检测；变压器开关及各种电气接头内部发热，可以利用机器人携带的红外热像仪来检测；变压器等设备的声音异常，可以利用声音采集处理系统进行识别。

二、远程红外监测与诊断系统

本系统设计的核心是采取在线式红外热成像装置。本系统包括红外图像采集模块、红外图像处理模块、图像显示模块、存储模块、查询模块和报表生成模块，如图 2－3－2－2 所示。

图 2－3－2－2 机器人远程红外监测与诊断系统

该诊断系统可根据预先设定的设备温度阈值，自动进行判断，对超出报警值的设备在基站主控计算机上给出声音和文本报警；借助可见光图像识别，能判断一些关键设备的内部温度梯度，不但可以形成某一时刻变电站的一些关键设备的设备温度曲线，也可以生成某一设备在一定历史时间内的时间-温度曲线。

三、远程图像监测与诊断系统

本系统在无人值守变电站先利用机器人基站系统对

移动体发送来的可见光图像进行分析，只传输分析结果或待进一步确定的图像。首先对采集的图像进行预处理，识别出被监测的电力设备，通过将该图像与上次采集的图像进行累积图像分析、相关分析、区域标识、纹理描述和评判等处理，结合对应设备的参数库确定其是何设备，如有畸变发生则将存储结果向上一级传输及发出告警信号。不再传输的正常图像可由调度员人工远程调用。这就使信道的传送效率大大提高，而且调度员也不必时刻注视监视屏幕。无人值守变电站中的电力设备种类繁多，针对关键设备进行远程图像监测和状态诊断，并与其他监测系统相结合，使变电站运行的可靠性大大提高。

四、远程声音监测与诊断系统

噪声检测子系统是变电站巡检机器人功能的一部分，主要是对变压器的噪声进行采集和分析。通过机器人携带的声音探测器进行噪声数据采集，并将噪声数据经过无线网传回基站。

本系统主要包括如下三个模块：

（1）噪声采集传输模块，其任务是在巡检机器人上实时采集噪声信号，经过适当的压缩，通过无线网桥传送回总控制端计算机。

（2）噪声信号检测模块，其任务是将移动巡检机器人传回的噪声与以往的数据进行比较，判断变压器工作是否正常，如果出现异常，判断是何种异常。

（3）用户交互模块，其任务是根据检测的最终结果给出提示信息或者交互方式，辅助工作人员完成仪表检测监控的任务，并可根据工作人员的需要检测通过其他途径录制的噪声数据。

第三节 智能机器人基本性能和巡检能力

一、外观质量

机器人的外观质量应满足如下要求：

（1）整机外观美观整洁，整机结构坚固，所有连接件、紧固件应有防松措施，电机、支架等可更换部件应有一一对应的明显标识。

（2）外壳表面应有保护涂层或防腐设计，不应有伤痕、毛刺等其他缺陷。

（3）外壳应采取必要的防静电及防电磁场干扰措施。

（4）外壳和电器部件的外壳均不应带电。

（5）机器人本体重量（包括电池）不超过 100kg。

二、可见光及红外成像质量

（1）可见光摄像机上传视频分辨率不小于高清 1080P。

（2）可见光最小光学变焦倍数为 30。

（3）红外摄像头具备自动对焦功能，热成像仪分辨率不低于 320×240。

（4）红外图像为伪彩显示，可显示影像中温度最高点位置及温度值，具有热图数据。

三、运动功能

（1）具备自主导航功能；前后方向和左右方向的重复导航定位误差不超过±10mm，在1m/s的运动速度下，最小制动距离不大于0.5m。

（2）具备防碰撞功能，应具有障碍物检测功能，在行走过程中如遇到障碍物应及时停止，障碍物移除后应能恢复行走。

（3）具备越障能力，最小越障高度为5cm。

（4）具备涉水功能，最小涉水深度为100mm。

（5）具备爬坡能力，爬坡能力应不小于15°。

（6）最小转弯直径应不大于其本身长度的2倍。

（7）电池供电一次充电续航能力不少于5h，续航时间内，机器人应稳定、可靠工作。

（8）应具备俯仰和水平两个旋转自由度，即垂直范围0°～+90°，水平范围+180°～−180°；机器人云台视场范围内始终不受本体任何部位遮挡影响。

四、自主充电功能

机器人应具备自主充电功能，电池电量不足时，能够自动返回充电室，能够与充电室内充电设备配合，完成自主充电。

五、对讲与喊话功能

应具备双向语音传输功能。

六、巡检方式设置和切换

巡检系统应包括全自主巡检及人工遥控巡检两种功能，全自主巡检又包括例行巡检和特殊（简称"特巡"）两种方式。全自主巡检与人工遥控巡检能可自由无缝切换，具体功能如下：

（1）例行巡检与人工遥控巡检切换。支持例行巡检与人工遥控巡检自由无缝切换，切换过程中，智能机器人巡检系统的巡检状态和巡检姿态不发生明显变化。

（2）特巡与人工遥控巡检切换。支持特巡与人工遥控巡检切换，切换过程中，智能机器人巡检系统的巡检状态和巡检姿态不发生明显变化。

机器人在接收到特巡任务命令时，应立即停止正在执行的巡检任务，自动寻找最短路径，以最短时间到达巡检点进行巡检。

巡检系统具备一键返航功能，不论智能机器人巡检系统处于何种工作状态，只要启动一键返航功能，智能机器人巡检系统应中止当前任务，按预先设定的策略安全返航。巡检系统具备链路中断返航功能，不论智能机器人巡检系统处于何种工作状态，只要遥测遥控信号出现中断，智能机器人巡检系统应按预先设定的策略返航。

七、自检功能

整机自检应至少包含以下项目：遥控遥测信号、电池模块、驱动模块、检测设备。以上任一部件（模块）故障，均能在本地监控后台（或）手柄上以明显的声（光）进行报警提示，并能上传故障信息；根据报警提示，能直接确定故障的部件（或模块）。

八、智能报警功能

巡检系统应具备以下智能报警功能：

（1）机器人本体故障报警，电池电源、驱动模块、检测设备、遥控遥测信号、导航或定位状态。

（2）热型缺陷或故障分析、三相设备温度温差分析、各类表计及油位计拍照读取识别，执行设备分合状态识别等各类状态自主分析判断，并报警。

九、巡检能力

1. 变电站区域表计和分合指示（执行机构）识别准确度

机器人能够对变电站区域表计和分合指示（执行机构）进行数据读取、自动判断和数字识别，误差小于±5%。

2. 红外测温准确度

机器人能对模拟的测温点进行红外测温，将机器人测量值与红外测温仪的测量值进行比较，误差小于±5%。

第四节　智能机器人监控后台功能

一、监控后台软件总体功能

1. 后台功能齐全

监控后台应至少包括实时监视、机器人实时状态控制、机器人巡视任务管理、数据查询统计、系统互联、系统配置六个功能模块。

2. 界面操作友好性

系统软件人机界面友好、操作方便，信息显示清晰、直观。

二、实时监视功能

系统后台实时监视应实现实时监视现场设备信息、机器人本体状态以及现场环境等功能。监控后台应能实时采集显示现场设备可见光图像（包括表计读数、注油设备油位、设备位置状态、设备外观）、红外图像、设备噪声等信息。应支持视频的播放、停止、抓图、录像、全屏显示等功能；支持音频信息的录制、回放和可视化展示，展示内容包括声音、波形信息等。应能够实时监视机器人自身状态，包括监视机器人的控制模式、当前位置、巡检轨迹、机内温度、机器人当前运动速度、当前云台的水平和垂直位置以及相机当前倍数、电池状态等信息。应能够实时监视现场环境，包括设备现场的湿度、温度、风速等信息。应能根据告警阈值自动进行数据分析并告警。告警信息应长时报警提示，并支持人工或自动复归。具备通信告警功能，在通信中断、接收的报文内容异常等情况下，上送告警信息。

三、机器人实时状态控制

系统对机器人控制模式分为全自主、人工遥控两种模式。操作后台应提供全自主和人工遥控两种指令下发，要求机器人可自由无缝切换。监控后台应实现控制机器人云台上、下、左、右转动，调节摄像机位置，控制机器人前进、后退、转向，对设备存在的故障或者异常点位进行确认；支持可见光相机变倍和自动聚焦，支持热成像自动和手动聚焦；支持外置补光灯控制、雨刷控制；支持一键返航命令发送。

四、机器人巡视任务管理功能

机器人巡视任务管理界面要包括巡视计划日历和任务配置两部分。巡视计划能以日历的形式展示任务安排情况，可以在任务配置界面编辑巡视任务，制订巡视计划，下发巡视任务。任务配置可根据巡视类型（例行巡视、全面巡视、专项巡视、特殊巡视等）、设备区域、间隔名称、设备类型进行组合筛选，其中专项巡视应按照避雷器表计、SF₆表计、液压表计、红外测温、噪声检测、油位、位置状态等进行详细分类。

五、数据查询统计

数据查询统计应包括巡检点位数据查询、告警信息查询、巡检数据统计和缺陷异常分析等内容，所有报表、报告具备查询、打印、导出等功能，导出功能支持 Excel 或者 Word 格式，对温度、压力等模拟量提供历史曲线展示功能。巡检点查询是基于单个巡检点而非针对巡视任务的一种巡视数据查询方式，通过选择巡检点显示该巡检点的详细历史信息。具备查询设定时间内的巡检点历史信息功能，支持对巡检点进行模糊查询，可显示查询点位总数、可见光信息、红外数据信息、历史曲线、历史存储数据。系统应能在每一个巡视任务结束后，自动生成巡视任务报表。巡视任务报表查询具备设定时间内的巡视任务查询功能，支持以时间、巡视类型、任务名称进行组合筛选。告警信息查询应包括现场设备告警信息与机器人本体告警信息查询两个功能模块。现场设备告警信息查询要具备查询设定时间内的历史告警信息功能，支持对告警信息的设备区域、间隔名称、设备类型、检测类型、告警等级、检测时间段等进行组合筛选。机器人本体告警信息查询具备查询设定时间内的历史告警信息功能，支持对告警信息的告警类型进行筛选。每次巡视任务完毕后，对当次巡视的结果和过程中发现的问题，即各类告警信息，自动生成异常缺陷报表。异常报告具备设定时间内的巡视任务查询功能，支持以检测类型、设备区域、间隔名称、设备类型、告警等级等进行组合筛选。

六、电子地图功能

系统能提供二维电子地图或三维电子地图，实时显示机器人在电子地图上的位置，可实时记录、下传并在本地监控后台上显示智能巡检机器人的工作状态、巡检路线等信息，并可导出。电子地图上可根据任务标定机器人巡视路线轨迹，在任务中应实时反映任务进度。

第五节 变电站机器人巡检技术

一、概述

（一）相关专业标准

(1)《电力安全工作规程 发电厂和变电站电气部分》（GB 26860）。

(2)《电力变压器检修导则》（DL/T 573）。

(3)《变电站机器人巡检系统通用技术条件》（DL/T 1610）。

(4)《变电站机器人巡检技术导则》（DL/T 1637—2016）。

（二）相关专业术语

(1) 可见光巡视（visible inspection）：应用照相机、摄像机等可见光设备对变电站设备进行巡视并记录相关信息的活动。

(2) 红外巡视（infrared inspection）：应用红外热成像仪对变电站设备、导线连接点、线夹、绝缘子等进行温度检测并记录相关信息的活动。

(3) 变电站机器人巡检系统（robot inspection system in substations）：由变电站巡检机器人、本地监控后台、远程集控后台、机器人室等部分组成，能够通过全自主或遥控模式进行变电站巡检作业的系统。

(4) 变电站巡检机器人（robot for the substation inspecting）：由移动载体、通信设备和检测设备等组成，采用遥控或全自主运行模式，用于变电站设备巡检作业的移动巡检装置。

(5) 本地监控后台（local monitoring system）：由计算机（服务器）、通信设备、监控分析软件和数据库等组成，安装于变电站本地用于监控机器人运行的计算机系统。

(6) 远程集控后台（remote centralized control system）：用于集中监控、管理多个变电站机器人巡检系统的计算机系统。

(7) 机器人室（robot room）：安装有充电装置、自动门等设备，可以配合机器人实现变电站巡检机器人全天候自主充电的设施。

(8) 导航设施（navigation facilities）：为变电站巡检机器人进行定位导航而在变电站安装的标识设施。

（三）巡检系统

1. 系统组成

(1) 变电站机器人巡检系统应至少配置变电站巡检机器人、本地监控后台、机器人室，必要时配置导航设施、固定视频监控装置，无人值守变电站宜选配远程集控后台。

（2）变电站巡检机器人应至少配备可见光摄像机、红外热成像仪和声音采集等检测设备，所载检测设备应满足《变电站机器人巡检系统通用技术条件》（DL/T 1610）相关要求。

2．系统功能

（1）变电站机器人巡检系统应具备巡视功能，可制定巡检计划，对变电站设备开展外观检查、表计读取、红外测温、声音检测等巡视工作，或通过人工遥控操作，对指定设备进行现场监视或远程视频指导等工作。

（2）巡检系统应具备数据分析和管理功能，可查询历次巡检计划编制、数据记录和报表生成情况，可获得表计历史数据曲线，可开展设备测温、闸刀分合状态判断、悬挂异物判断、声音判断等缺陷或故障诊断工作，并对异常情况报警。

（3）巡检系统应满足 DL/T 1610 的要求。

二、巡检作业要求

（一）人员要求

（1）作业人员应具有变电站运行维护经验，熟悉电力安全工作规程和有关技术标准。

（2）作业人员应通过变电站机器人系统的相关操作培训和考核。

（3）作业人员应熟悉变电站巡检机器人系统的基本工作原理、技术参数和性能，掌握系统的操作程序和日常维护方法。

（二）设备要求

（1）投入巡检作业的机器人巡检系统应通过型式试验和出厂试验，检测合格。

（2）机器人巡检系统应由专人负责，定期对机器人巡检系统进行维护和保养，确保巡检系统状态正常。

（3）巡检机器人如长期不用，应定期启动，检查设备状态。如有异常现象，应及时调整、维修。

（4）巡检机器人供应商应提供完善的产品用户资料，包括巡检系统软硬件版本信息、出厂检验报告、使用手册等。

（三）环境要求

（1）机器人室应安装牢固，房顶材料应满足阻燃要求，并做好防雨、防台风、防潮等措施。

（2）机器人巡检环境条件应满足 DL/T 1610 的要求。

（3）机器人巡检作业一般在良好天气下进行。

（4）需要在雾、雪、雨、冰雹、大风等恶劣天气或强电磁干扰条件下巡检时，应针对现场气候和工作条件，组织技术讨论，制订可靠的安全措施。

（四）安全要求

（1）巡检作业人员应熟悉机器人在变电站的巡检路线。

（2）巡检作业前，应预先设置紧急情况下巡检机器人的安全策略。

（3）变电站机器人巡检作业应满足 GB 26860 的规定。

（五）作业要求

（1）根据变电站设备运行状态及巡检要求，提前编制机器人的巡检计划，指导巡检工作。

（2）作业前作业人员应提前了解作业现场，必要时应进行现场勘查，确定能否进行作业，并根据巡检计划做好任务规划。

（3）作业前应确认机器人巡检系统各部分工作正常。

（4）作业前应确认机器人电池电量充足，宜准备好必要的备品备件。

三、巡检方式

（一）正常巡检

（1）正常巡检是指运行单位根据变电站巡检计划，安排机器人对站内设备进行周期性的辅助巡检工作。

（2）正常巡检中，变电站巡检机器人一般应完成室外部分各类一次设备的巡视，无法安排机器人安全到达的区域除外；室内电气设备如有需要可单独安排巡视。

（3）各项巡检内容可以单独进行也可以根据需要组合进行，巡检周期可与人工巡检不同，一般宜短于人工巡检。

（4）正常巡检一般无须人工监视，机器人发出报警信号后应及时检查处理。

（5）应定期对机器人巡检数据进行检查与复核。

（二）异常巡检

（1）异常巡检是指运行单位为查明变电站故障点、故障情况、故障原因以及跟踪其他已知的缺陷情况等进行的机器人辅助巡检工作，异常巡检一般在以下情况下进行：

1）设备发生异常，现场情况不明或人员去现场查看存在人身伤害风险时。

2）设备带电运行，但存在尚未消除的缺陷或隐患，需要定期跟踪巡检时。

（2）异常巡检计划应根据具体巡检任务和巡检目的制订。

（3）在（1）中1）的情况下，异常巡检宜全程人工监视，如果现场环境不利于巡检工作继续开展或机器人行为异常，应立即中止巡检。

（三）特殊巡检

（1）特殊巡检是指变电站设备正常运行时，因特殊原因在正常巡检以外安排机器人进行的辅助巡检工作。特殊巡检一般在以下情况下进行：

1）系统大负荷及高温时。

2）设备经过检修、试验、改造或长期停用，重新投入运行及新安装设备投入运行。

3）恶劣天气、自然灾害、外力影响发生时或发生前后。

4）法定节假日和上级通知有重要保供电任务期间。

5）设备操作需要现场监视或远程视频指导时。

6）设备或电网事故，造成变电站处于单进线、单主变压器或单母线等特殊运行方式时。

（2）特殊巡检计划应根据具体巡检任务和巡检目的制订。

（3）特殊巡检宜全程人工监视，同步进行巡检数据检查与复核。如果现场环境不利于巡检工作继续开展或机器人行为异常，应立即中止巡检。

四、巡检内容

（一）正常巡检

以交流 500kV 变电站为例，正常巡检内容见表 2-3-5-1。

（二）异常巡检

以交流 500kV 变电站为例，异常巡检内容见表 2-3-5-2。

（三）特殊巡检

以交流 500kV 变电站为例，特殊巡检内容见表 2-3-5-3。

表 2-3-5-1　　　　　　　　　　　　正 常 巡 检 内 容

巡检设备	巡检项目	巡 检 内 容	巡检手段
主变压器	声音检测	主变压器声音是否异常（参照 DL/T 573 的表 3 和表 4）； 有无放电声	声音传感器
	套管检测 （高压侧、中压侧、低压侧、中性点）	外表是否清洁，有无明显污垢； 外表有无破损现象； 外表有无放电痕迹； 法兰有无锈蚀； 法兰有无裂痕； 升高座是否漏油	可见光摄像机
		套管油位是否正常	可见光摄像机
		套管红外图谱有无异常	红外热成像仪
	引线接头检测	引线有无散股或断股现象	可见光摄像机
		接头有无过热情况	红外热成像仪
	呼吸器检测 （本体、调压装置）	呼吸器硅胶是否变色； 呼吸器油位是否正常； 呼吸器是否漏油	可见光摄像机
	油枕检测	油枕油位是否正常	可见光摄像机
	气体继电器检测 （本体、调压装置）	气体继电器是否漏油	可见光摄像机
	压力释放装置检测	是否渗漏油； 信号杆是否突出	
	油压感应装置检测	是否渗漏油	
	滤油机检测	表计压力是否正常	可见光摄像机
		是否渗漏油	
	冷却系统检测	潜油泵是否渗漏油； 散热片是否渗漏油； 冷却器连接管法兰是否渗漏油	可见光摄像机
	本体及外观检测	外观有无裂痕； 外壳接地是否完好； 器身焊接处、法兰处或阀门是否渗漏油； 器身有无锈蚀	
		主变压器油温计、绕组温度计读数是否正常	可见光摄像机
		器身有无过热现象； 本体、油枕油位红外图谱是否正常	红外热成像仪

续表

巡检设备	巡检项目	巡检内容	巡检手段
高压电抗器	声音检测	电抗器声响是否正常	声音传感器
	套管检测	外表是否清洁，有无明显污垢； 外表有无破损现象； 外表有无放电痕迹	可见光摄像机
		套管油位是否正常	可见光摄像机
		套管红外图谱有无异常情况	红外热成像仪
	引线接头检测	引线有无散股或断股现象	可见光摄像机
		接头有无过热情况	红外热成像仪
	呼吸器检测	呼吸器硅胶是否变色； 呼吸器油位是否正常； 呼吸器是否漏油	可见光摄像机
	气体继电器检测	气体继电器是否漏油	
	压力释放装置检测	是否渗漏油	
	油压感应装置检测	是否渗漏油	
	冷却系统检测	散热片是否渗漏油； 冷却器连接管法兰是否渗漏油	
	本体及外观检测	外观有无裂痕； 外壳接地是否完好； 器身焊接处、法兰处或阀门是否渗漏油； 器身有无锈蚀	
		主变压器油温计、绕组温度计读数是否正常	可见光摄像机
		器身有无过热现象； 本体、油枕油位红外图谱是否正常	红外热成像仪
电流互感器	油位检查（油浸式）	油位是否正常	可见光摄像机
		有无渗漏油现象	可见光摄像机
	气体压力检查（充气式）	压力表指针是否指示在绿色区域	可见光摄像机
	外绝缘检查	外表是否清洁； 外表有无破损现象； 外表有无放电痕迹； 有无渗漏油情况（油浸式）	可见光摄像机
	本体外观检查	有无锈蚀现象	
	温度测试	红外测温是否正常	红外热成像仪
	声音检测	有无异响（有无电磁振动声，放电声等）	声音传感器
	引线接头检查	引线有无散股或断股现象	可见光摄像机
		接头有无过热情况	红外热成像仪

巡检设备	巡检项目	巡检内容	巡检手段
电压互感器	外绝缘检查	外表是否清洁； 外表有无破损现象； 外表有无放电痕迹； 有无渗漏油情况（油浸式）	可见光摄像机
	本体及外观检查	有无锈蚀现象	
	温度测试	红外测温是否正常	红外热成像仪
	声音检测	有无异响（有无电磁振动声，放电声等）	声音传感器
	引线接头检查	引线有无散股或断股现象	可见光摄像机
		接头有无过热情况	红外热成像仪
并联电容器	接头连线检查	引线有无断股或散股现象； 母线排是否锈蚀	可见光摄像机
		接头有无过热现象	红外热成像仪
	高压熔断器检查	是否完好	可见光摄像机
		有无过热现象	红外热成像仪
	绝缘子检查	外表是否清洁； 外表有无破损现象； 外表有无放电痕迹	可见光摄像机
	外观检查	油漆是否脱落； 外壳是否"鼓肚"变形	
		电容器红外测温是否正常	红外热成像仪
	声音检测	有无异响	声音传感器
	TV放电检查	是否渗漏油； 套管有无闪络放电现象； 外观是否完好，器身有无裂纹	可见光摄像机
		红外测温是否正常	红外热成像仪
并联电抗器	声音检测	有无异常声音	声音传感器
	接头连接线检测	引线有无散股或断股现象	可见光摄像机
		接头有无过热现象	红外热成像仪
	绝缘子检测	外表是否清洁； 外表有无破损现象； 外表有无放电痕迹	可见光摄像机
	外观检测	表层有无脱落现象； 本体是否变形； 表面有无烧灼痕迹	
	温度检测	红外测温是否正常	红外热成像仪
断路器	外观检查	外表是否清洁； 外表有无破损现象； 外表有无放电痕迹	可见光摄像机
	引线接头检测	引线有无散股或断股现象	
		接头有无过热情况	红外热成像仪
	声音检测	有无异响	声音传感器
	温度检测	本体及并联电容红外测温是否正常	红外热成像仪

续表

巡检设备	巡检项目	巡检内容	巡检手段
隔离开关	触头检查	触头有无过热现象	红外热成像仪
		分合闸是否到位	可见光摄像机
	引线接头检查	引线有无散股或断股现象	
		接头有无过热情况	红外热成像仪
	传动机构检查	连杆机构有无脱落； 传动拉杆是否变形、锈蚀	可见光摄像机
	绝缘支柱检查	外表是否清洁； 外表有无破损现象； 外表有无放电痕迹	
	外观检查	接地引线是否锈蚀	
	声音检测	有无异常	声音传感器
避雷器	外绝缘检查	外表是否清洁； 外表有无破损现象； 外表有无放电痕迹	可见光摄像机
	引线接头检查	引线有无散股或断股现象	
		接头有无过热情况	红外热成像仪
	本体及外观检查	接地引下线有无松脱、锈蚀； 均压环有无锈蚀、变形； 计数器外观及引线是否完好	可见光摄像机
	泄漏电流检查	泄漏电流监测值是否处于正常范围	可见光摄像机
	声音检测	有无异响	声音传感器
	温度测试	本体红外测温是否正常	红外热像仪
阻波器	引线接头检查	引线有无断股或散股现象	可见光摄像机
		接头有无过热情况	红外热成像仪
	绝缘子检查	有无闪络放电； 拉力绝缘子是否断裂； 支柱绝缘子是否断裂； 耦合电容器绝缘子是否断裂	可见光摄像机
	本体及外观检查	阻波器上有无杂物； 部件有无锈蚀	
		本体红外测温是否正常	红外热成像仪
	声音检测	声音有无异常	声音传感器
母线	绝缘子检查	有无闪络放电； 绝缘子是否断裂、破损； 外表是否清洁、有无明显污垢	可见光摄像机
	线夹检查	线夹是否脱落	
	导线检查	导线有无断股	
	导线杆检查	导线杆是否成直线； 导线杆是否挂有异物	可见光摄像机
	温度检测	红外测温是否正常	红外热成像仪
各类端子箱	本体及外观	各指示灯指示是否正常； 箱门、柜门是否关闭	可见光摄像机
电缆终端	外观	防雷设施是否完好； 绝缘套管是否破损	可见光摄像机

表 2-3-5-2　　　　　　　　　　　　　　　异 常 巡 检 内 容

巡检设备	巡检原因	巡检内容	巡检手段
主变压器、高压电抗器	设备运行故障（跳闸）	是否喷油、严重渗漏油、冒烟或着火	可见光摄像机
		是否存在结构变形或损坏现象	
		套管或引线是否有放电、击穿闪络痕迹	
		油温、油位指示情况	
		雷击故障时检查避雷器计数器动作情况	
		其他异常情况	
	运行缺陷或隐患跟踪巡检	异常声响变化情况	声音传感器
		异常放电变化情况，如套管爬电等	
		漏油变化情况，油位指示变化	可见光摄像机
		异常发热变化情况，油温指示变化	红外热成像仪、可见光摄像机
电流互感器、电压互感器	设备运行故障	是否喷油、严重渗漏油、冒烟或着火	可见光摄像机
		外观结构是否破坏或异常，如伞裙爆裂	
		套管或引线是否有放电、击穿闪络痕迹	
		二次端子箱是否异常	
		油位、相关表计指示是否正常	
	运行缺陷或隐患跟踪巡检	异常放电变化情况，如套管爬电等	声音传感器
		油、气泄漏情况，表计指示变化	可见光摄像机
		异常发热情况，温升或图谱变化	红外热成像仪
并联电容器、并联电抗器	设备运行故障	是否存在冒烟或着火现象	可见光摄像机
		外观结构是否破坏或异常	
		是否有异常声音	声音传感器
	运行缺陷或隐患跟踪巡检	异常放电变化情况	声音传感器
		异常发热变化情况	红外热成像仪
断路器	设备运行故障（跳闸）	是否存在断路器爆炸或瓷套爆裂现象	可见光摄像机
		瓷套、接线板或引线是否存在放电痕迹	
		电气引线是否断线、断股或受损	
		分合闸指示、相关表计指示是否正常	
	运行缺陷或隐患跟踪巡检	外套爬电、接头异常放电变化情况	声音传感器
		本体及接线板、引线异常发热变化情况	红外热成像仪
		分合闸指示情况	可见光摄像机
隔离开关	设备运行故障	闸刀触头受损情况，接触是否正常	可见光摄像机
		分合闸指示是否正常	
		支柱绝缘子外观结构是否正常，有无爆裂	
		闸刀连杆位置、状态是否正常，有无裂纹	
	运行缺陷或隐患跟踪巡检	闸刀触头或接头异常放电变化情况	声音传感器
		闸刀触头或接头异常发热变化情况	红外热成像仪
		分合闸指示情况	可见光摄像机

续表

巡检设备	巡检项目	巡 检 内 容	巡检手段
避雷器	设备运行故障	是否存在避雷器爆炸或外套爆裂现象	可见光摄像机
		外套、接线板或引线是否存在放电痕迹	
		电气引线是否断线、断股或受损	
		计数器指示及外观、接地引线是否正常	
	运行缺陷或隐患跟踪巡检	外套爬电、接头异常放电变化情况	声音传感器
		本体及接头、引线异常发热变化情况	红外热成像仪
		计数器指示值、泄漏电流监测值变化情况	可见光摄像机

表 2 - 3 - 5 - 3　　　　　　　　　　　特 殊 巡 检 内 容

巡检设备	巡检原因	巡 检 内 容	巡检手段
主变压器	过负荷及高温	各油温计、油位计是否在允许范围内	可见光摄像机
		各处有无渗漏情况	可见光摄像机
		各引线接头温度是否在正常范围内	红外热成像仪
		有无异响	声音传感器
	大雪	引线、变压器顶盖有无积雪；套管有无结冰、凝冻、冰雪融化情况	可见光摄像机
	大风	本体及各引线上有无杂物、飘挂物；附近有无易被风吹动飞起的杂物；引线摆动是否在允许范围内；气体继电器防雨罩是否完好	可见光摄像机
	雷雨后	变压器各侧避雷器计数器是否动作；各侧套管有无破损、裂纹及放电痕迹；引线有无脱落和放电痕迹	可见光摄像机
	冰雹后	引线有无断股；套管有无破裂现象	
	大雾、毛毛雨、扬尘	各侧套管有无沿面放电现象	
	检修后投运及新设备投运	各油温计、油位计是否在允许范围内；各处有无渗漏情况	
		各引线接头或检修部位温度是否正常	红外热成像仪
高压电抗器	过负荷及高温	各油温计、油位计是否在允许范围内	可见光摄像机
		各处有无渗漏情况	可见光摄像机
		各引线接头温度是否在正常范围内	红外热成像仪
	大雪	引线、电抗器顶盖有无积雪；套管有无结冰、凝冻、冰雪融化情况	可见光摄像机
	大风	本体及各引线上有无杂物、飘挂物；附近有无易被风吹动飞起的杂物；引线摆动是否在允许范围内	
	冰雹后	引线有无断股；套管有无破裂现象	
	大雾、毛毛雨、扬尘	套管有无沿面闪络现象	
	雷雨后	套管有无破损、裂纹及放电痕迹；引线有无脱落和放电痕迹	
	检修后投运及新设备投运	各油温计、油位计是否在允许范围内；各处有无渗漏情况	
		各引线接头或检修部位温度是否正常	红外热成像仪

巡检设备	巡检项目	巡 检 内 容	巡检手段
并联电容器	高温	各接头有无异常发热现象	红外热成像仪
	大雪	引线有无积雪； 有无结冰、凝冻、冰雪融化情况	可见光摄像机
	大风	设备和导线上有无飘挂物； 有无断线	
	冰雹后	引线有无断股； 外绝缘有无破裂现象	
	大雾、毛毛雨、扬尘	套管有无沿面闪络现象	
	雷雨后	瓷质绝缘有无破损裂纹、放电痕迹	
	电容器投切或异常 （如铁磁谐振）消除后	检查电容器有无烧伤、变形、移位	可见光摄像机
		各部温度是否正常	红外热成像仪
		有无异响	声音传感器
并联电抗器	高温	本体及各接头有无异常发热现象	红外热成像仪
	大雪	设备积雪情况	可见光摄像机
	大风	设备和导线上有无飘挂物； 有无断线、散股或断股现象	
	冰雹后	本体有无倾斜变形、引线有无断股； 表层有无脱落现象	
	大雾、毛毛雨、扬尘	套管有无沿面闪络现象	
	雷雨后	绝缘有无破损裂纹、放电痕迹	
断路器	过负荷及高温	接头有无异常发热现象	红外热成像仪
		有无异响	声音传感器
	大雪	引线有无积雪； 本体有无结冰、凝冻、冰雪融化情况	可见光摄像机
	大风	引线上有无飘挂物； 附近有无易被风吹动飞起的杂物； 引线摆动是否在允许范围内	
	雷雨后	外绝缘有无破损、裂纹及放电痕迹； 引线有无脱落和放电痕迹	
	冰雹后	引线有无断股； 外绝缘有无破裂现象	
	大雾、毛毛雨、扬尘	外绝缘有无沿面放电现象	
避雷器	大雪	本体有无结冰、凝冻、冰雪融化情况； 放电间隙是否存在覆冰情况	可见光摄像机
	大风	引线上有无飘挂物； 附近有无易被风吹动飞起的杂物； 引线摆动是否在允许范围内	
	大雾、毛毛雨、扬尘	外绝缘有无沿面放电现象	
	冰雹后	引线有无断股； 外绝缘有无破裂现象	
	雷电活动或开关操作后	避雷器放电计数器动作是否正常； 避雷器瓷套与计数器有无损坏； 避雷器接地引下线有无烧伤痕迹	
		泄漏电流监测值是否正常	可见光摄像机

续表

巡检设备	巡检项目	巡检内容	巡检手段
其他一次设备	过负荷	接头有无过热现象	红外热成像仪
		充油充气设备压力、油位是否正常	可见光摄像机
		有无异响	声音传感器
	大雪	引线有无积雪； 外绝缘有无结冰、凝冻、冰雪融化情况	可见光摄像机
	大风	母线、引线上有无飘挂物； 设备附近有无易被风吹动飞起的杂物； 引线摆动是否在允许范围内	可见光摄像机
	高温、气候突变	检查压力、油位是否正常	可见光摄像机
		有无渗漏现象	可见光摄像机
	雷雨后	检查外绝缘有无破损、裂纹及放电痕迹	
	冰雹后	引线有无断股； 外绝缘有无破裂现象	
	检修后投运及 新设备投运	接头或外绝缘是否存在异常放电现象	
		接头或检修部位是否存在异常发热现象	红外热成像仪

五、任务规划

（一）基本要求

（1）作业人员事先根据机器人巡检计划进行巡检任务规划，巡检机器人按照任务规划自动执行变电站设备巡检任务。

（2）机器人巡检任务规划应包括巡检区域、巡检路径、巡检任务点、巡检设备、巡检项目、巡检内容、巡检数据处置等方面的内容，保证机器人能够准确执行。

（二）巡检任务点

（1）巡检任务点的布设包括确定拍摄地点、拍摄角度、视场范围、拍摄数量等，确保巡检设备本体科和附属表计处于良好视角，具有足够清晰度。

（2）不同变电站、不同电压等级设备外观结构及尺寸存在差异，巡检任务点应根据现场实际情况确定。以交流 500kV 变电站为例，巡检任务点一般布设原则见表 2－3－5－4。

表 2－3－5－4　　　　　交流 500kV 变电站巡检任务点一般布设原则

巡检设备	巡检内容	取景数	取景要求
主变压器区域			
主变压器	主变压器本体高压侧 A（B、C）相	1	分别以 45°取景，实现本体的全覆盖
	主变压器本体低压侧 A（B、C）相	1	分别以 45°取景，实现本体的全覆盖
	主变压器油枕 A（B、C）相	1	主变压器油枕红外测温应观察可能出现的假油温现象
	主变压器高压套管 A（B、C）相	2	分别以 120°夹角取景，取景内容包含套管上端接线板和下端基座，取景照片以序号区分
	主变压器高压套管油位 A（B、C）相	1	清晰看清油位，读取数数据误差在 ±5% 内
	主变压器中压套管 A（B、C）相	2	分别以 120°夹角取景，取景内容包含套管上端接线板和下端基座，取景照片以序号区分
	主变压器中压套管油位 A（B、C）相	1	清晰看清油位
	主变压器低压套管 I A（B、C）相	2	分别以 120°夹角取景，取景内容包含套管上端接线板和下端基座，取景照片以序号区分
	主变压器低压套管 II A（B、C）相	2	分别以 120°夹角取景，取景内容包含套管上端接线板和下端基座，取景照片以序号区分

续表

巡检设备	巡 检 内 容	取景数	取 景 要 求
主变压器	主变压器低压套管油位 I – IA（B、C）相	1	清晰看清油位
	主变压器低压套管油位 II – 1A（B、C）相	1	清晰看清油位
	主变压器中性点套管 A（B、C）相	2	分别从主变压器低压侧以 120° 夹角取景，取景内容包含套管上端接线板和下端基座，取景照片以序号区分
	主变压器中性点套管油位 A（B、C）相	1	清晰看清油位
	主变压器油面温度计 1A（B、C）相	1	准确识别仪表数字，读取数据误差在 ±5% 内
	主变压器油面温度计 2A（B、C）相		
	主变压器绕组温度计 A（B、C）相		
	主变压器油枕油位计 A（B、C）相		
	主变压器本体 X 号潜油泵 A（B、C）相	4	清晰看到设备情况
	主变压器本体 X 号油流指示计 A（B、C）相	4	清晰看清指针位置
	主变压器呼吸器 A（B、C）相	1	清晰看清硅胶变色情况
	主变压器瓦斯继电器 A（B、C）相	1	清晰看到设备情况
	主变压器取气盒 A（B、C）相	1	清晰看到设备情况
	主变压器风冷控制柜 A（B、C）相	1	清晰看到设备情况
	主变压器端子箱 A（B、C）相	1	清晰看到设备情况
66kV 及 以 下 区 域			
母线	I 段过渡母线	2	分别从母线两端头正下方取景，覆盖母线另一端及母线支柱
	I 段过渡母线绝缘子	4	每组绝缘子一张照片
	I 段过渡母线跨接部分	1（3）	3 个跨接头一张，不满足时一个接头一张
	I 段母线	2	分别从母线两端头正下方取景，覆盖母线另一端及母线支柱
	I 段母线绝缘子	5	每组绝缘子一张照片
	I 段母线跨接部分	2（6）	3 个跨接头一张，不满足时一个接头一张
	II 段过渡母线	2	分别从母线两端头正下方取景，覆盖母线另一端及母线支柱
	II 段过渡母线绝缘子	4	每组绝缘子一张照片
	II 段过渡母线跨接部分	1（3）	3 个跨接头一张，不满足时一个接头一张
	II 段母线	2	分别从母线两端头正下方取景，覆盖母线另一端及母线支柱
	II 段母线绝缘子	5	每组绝缘子一张照片
	II 段母线跨接部分	2（6）	3 个跨接头一张，不满足时一个接头一张
电压互感器	电压互感器本体 A（B、C）相	1	内容包含测温和油位指示
	电压互感器绝缘子	2	分别从两个方向取景
	电压互感器熔断器	2	分别从两个方向取景，将电压互感器熔断器三相包含在一个场景图片中，且同时包含熔断器西侧接头部位
电流互感器	电流互感器本体	1	从两个方向进行取景，取景内容包含电流互感器进、出端接线板和本体，内容包含测温和油位指示
	电流互感器支柱绝缘子	2	分别从两个方向取景，将电流互感器接线盒及绝缘子包含在一个场景图片中

续表

巡检设备	巡 检 内 容	取景数	取 景 要 求
断路器	断路器分合闸指示	1	准确识别分合闸
	断路器 SF$_6$ 压力表	1	准确识别压力数值
	断路器本体	2	分别从两个方向取景，取景内容包含断路器上、下端接线板到整个绝缘子
站用变压器	站用变压器本体高压侧	1	从站用变压器高压两侧以 45°角取景，实现本体的全覆盖
	站用变压器本体低压侧	1	从站用变压器高压两侧以 45°角取景，实现本体的全覆盖
	站用变压器本体油枕	1	包含测温和油位指示
	站用变质器调压装置油枕	1	包含测温和油位指示
	站用变压器油面温度计	1	准确识别仪表数字，读取的数据误差在±5％内
	站用变压器本体瓦斯继电器	1	清晰看到设备情况
	站用变压器本体呼吸器	1	清晰看到呼吸器变色情况
	站用变压器调压装置呼吸器	1	清晰看到呼吸器变色情况
	站用变压器低压侧母排	1	清晰看到设备情况
隔离开关	闸刀本体	2	分别从两个方向取景，将闸刀三相及支柱绝缘子包含在一个场景图片中，同时进行测温和位置判断
	接地闸刀	1	进行位置判断
并联电容器	电容器组本体	4	分别在电容器组四个面进行测温
	电容器电流互感器油位指示	3	清晰看清油位
	电容器串联电抗器	3	分相进行采集，涵盖本体和绝缘子
并联电抗器	电抗器本体	2	分相进行采集，分别从两个方向取景，涵盖本体和绝缘子，并进行测温
	电抗器中性点	1	分别从两个方向取景，涵盖本体和绝缘子，并进行测温
避雷器	避雷器本体	2	从两个方向进行取景，取景内容包含避雷器各相接线板和本体
	避雷器监测器	3	分相采集，内容包含避雷器动作次数和泄漏电流值
公用部分	接线板	各1	根据其连接设备进行命名，归属连接设备的间隔中
	引线接头	各1	根据其连接设备进行命名，归属连接设备的间隔中
220kV 区 域			
母线	Ⅰ段母线	2	分别从母线两端头正下方取景，覆盖母线另一端及母线支柱
	Ⅰ段母线跨接部分	3（9）	3个跨接头一张，不满足时一个接头一张
	Ⅰ段母线绝缘子	7	每组绝缘子一张照片
	Ⅱ段母线	4	分别从母线两端头正下方取景，覆盖母线另一端及母线支柱
	Ⅱ段母线跨接部分	6（18）	3个跨接头一张，不满足时一个接头一张
	Ⅱ段母线绝缘子	16	每组绝缘子一张照片
	Ⅲ段母线	2	分别从母线两端头正下方取景，覆盖母线另一端及母线支柱
	Ⅱ段母线跨接部分	3（9）	3个跨接头一张，不满足时一个接头一张
	Ⅱ段母线绝缘子	7	每组绝缘子一张照片

续表

巡检设备	巡检内容	取景数	取景要求
断路器	断路器分合闸指示	1（3）	根据位置指示的个数进行采集
	断路器储能指示	1（3）	根据储能指示个数进行采集
	断路器 SF$_6$ 压力表	1（3）	根据表计的个数进行采集
	断路器本体 A（B、C）相	2	从两个方向进行取景，取景内容包含断路器上、下端接线板到整个绝缘子
隔离开关	闸刀本体 A（B、C）相	2	对闸刀本体测温和位置判断，测温涵盖闸刀头和尾
	闸刀绝缘子 A（13、C）相	2	从两个方向进行取景，取景内容包含整个绝缘子
接地开关	接地闸刀本体 A（B、C）相	1	对闸刀本体位置判断
	接地闸刀绝缘子 A（B、C）相	2	从两个方向取景，取景内容含整个绝缘子（或无绝缘子）
电压互感器	电压互感器本体 A（B、C）相	2	内容包含测温和油位指示
	电压互感器绝缘子	2	分别从两个方向取景
电流互感器	电流互感器本体 A（B、C）相	2	从两个方向进行取景，取景内容包含电流互感器进、出端接线板和本体，内容包含测温和油位指示
	电流互感器绝缘子 A（B、C）相	2	分别从两个方向取景，将电流互感器接线盒及绝缘子包含在一个场景图片中
避雷器	避雷器本体 A（B、C）相	2	从两个方向进行取景，取景内容包含避雷器各相接线板和本体
	避雷器监测器 A（B、C）相	3	分相采集，内容包含避雷器动作次数和泄漏电流值
500kV 区 域			
母线	Ⅰ段母线	4	分别从母线两端头正下方取景，覆盖三个间隔的母线长度
	Ⅰ段母线跨接部分	2（6）	3个跨接头一张，不满足时一个接头一张
	Ⅰ段母线绝缘子	7	每组绝缘子一张照片
	Ⅱ段母线	4	分别从母线两端头正下方取景，覆盖三个间隔的母线长度
	Ⅱ段母线跨接部分	2（6）	3个跨接头一张，不满足时一个接头一张
	Ⅱ段母线绝缘子	7	每组绝缘了一张照片
断路器	断路器本体断口部分 A（B、C）相	2	由于 500kV 断路器较高，因此分为断路器端口（含接线板部分）和断路器绝缘子两个部分，再分别从两个方向取景
	断路器本体绝缘子部分 A（B、C）相	2	分别从两个方向取景
	断路器分合闸指示 A（B、C）相	1	准确识别分合闸
	断路器液压表 A（B、C）相	1	准确识别压力数值
	断路器 SF$_6$ 压力表 A（B、C）相	1	准确识别压力数值
隔离开关	闸刀本体 A（B、C）相	1	对闸刀本体测温和位置判断，测温含盖刀头和刀尾
	闸刀绝缘子 A（B、C）相	2	从两个方向进行取景，取景内容包含整个绝缘子
接地开关	接地闸刀本体 A（B、C）相	1	对闸刀本体位置判断
	接地闸刀绝缘子 A（B、C）相	2	从两个方向进行取景，取景内容含整个绝缘子（或无绝缘子）
电压互感器	电压互感器本体 A（B、C）相	1	内容包含测温和油位指示
	电压互感器绝缘子 A（B、C）相	2	分别从两个方向取景

续表

巡检设备	巡检内容	取景数	取景要求
电流互感器	电流互感器本体 A（B、C）相	1	从两个方向进行取景，取景内容包含电流互感器进、出端接线板和本体，内容包含测温和油位指示
	电流互感器绝缘子 A（B、C）相	2	分别从两个方向取景，将电流互感器接线盒及绝缘子包含在一个场景图片中
避雷器	避雷器本体 A（B、C）相	2	从两个方向进行取景，取景内容包含避雷器接线板和本体
	避雷器监测器 A（B、C）相	1	分相采集，内容包含避雷器动作次数和泄漏电流值
高压电抗器	高压电抗器本体高压侧	1	分别以 45°角取景，实现本体的全覆盖
	高压电抗器本体低压侧	1	分别以 45°角取景，实现本体的全覆盖
	高压电抗器油枕 A（B、C）相	1	含油位指示
	高压电抗器高压侧套管本体 A（B、C）相	2	从两个方向取景，取景内容包含套管接线板和本体
	高压电抗器高压侧套管油位 A（B、C）相	1	清晰看清油位，读取数据误差在±5%内
	高压电抗器低压侧套管本体 A（B、C）相	2	从两个方向取景，取景内容包含套管接线板和本体
	高压电抗器低压侧套管油位 A（B、C）相	1	清晰看清油位，读取数据误差在±5%内
	高压电抗器油面温度计 A（B、C）相	1	清晰看到设备情况
	高压电抗器相绕组温度计 A（B、C）相	1	清晰看到设备情况
	高压电抗器呼吸器 A（B、C）相	1	清晰看到呼吸器变色情况
	高压电抗器瓦斯继电器 A（B、C）相	1	清晰看到设备情况
	高压电抗器取气盒 A（B、C）相	1	清晰看到设备情况
中性点电抗器	中性点电抗器本体高压侧	1	分别以 45°角取景，实现本体的全覆盖
	中性点电抗器本体低压侧	1	分别以 45°角取景，实现本体的全覆盖
	中性点电抗器油枕	1	含油位指示
	中性点电抗器套管本体	1	分别以 45°角取景，实现本体的全覆盖
	中性点电抗器套管油位	1	清晰看清油位
	中性点电抗器油面温度计	1	准确识别压力数值
	中性点电抗器呼吸器	1	清晰看到呼吸器变色情况
	中性点电抗器瓦斯继电器	1	清晰看到设备情况
	中性点电抗器取气盒	1	清晰看到设备情况
公用部分	接线板	1	清晰看到设备情况
	引线接头	1	清晰看到设备情况

（三）任务规划生成

（1）作业人员在本地监控后台或远程集控后台通过人机交互模式自动生成机器人可执行的巡检任务规划指令文件。

（2）任务规划分为周期性和临时性两类，周期性任务规划可先行制定，重复使用；临时性任务规划根据临时性巡检任务制定。

（3）为方便管理，任务规划宜考虑机器人在单次充电周期内能够完成的巡检工作量，单次巡检任务宜一次完成，尽量避免单次巡检任务中途返回充电。

六、巡检资料整理

（1）机器人巡检作业后，巡检系统监控后台应能自动记录本次巡检数据和相关信息并存档，必要时能自动生成《变电站机器人巡检记录单》（参见表 2-3-5-7）。

（2）巡检作业完成后，应对巡检中发现的异常数据进行核实，及时处理设备缺陷和安全隐患。

（3）宜定期利用巡检系统对巡检数据进行统计分析，了解变电站设备运行状态，制订防范措施。

七、巡检系统定期维护标准

变电站机器人巡检系统定期维护，一般分为例行维护和专业维护两类，前者由变电站作业人员定期进行，后者一般由巡检系统供应商定期进行。运行单位宜根据实际情况与供应商协商确定变电站机器人巡检系统定期维护周期。

表2-3-5-5、表2-3-5-6分别列出了巡检系统例行维护、专业维护一般检查项目和检查标准。

八、巡检记录单

变电站机器人巡检记录单见表2-3-5-7。

表2-3-5-5　　　　　　　　　　　　　　　　　例行维护项目和检查标准

对象	序号	检查维护项目	检查维护标准
巡检机器人	1	机器人外观	外观干净，无明显破损、变形、污渍，表面色泽均匀，无锈蚀现象
	2		外壳密封良好，无受潮、进水现象
	3		零部件匹配良好、连接可靠，各螺栓无松动
	4	冷却风扇	机器人内部冷却风扇运转正常，无异常声音
	5	底盘单元	通过遥控检查机器人行走、转弯、后退等基本移动功能正常
	6	云台	通过遥控检查机器人云台水平旋转、上下俯仰正常
	7	轮胎	无严重磨损、老化现象，无凸包、漏气现象
	8	避障功能	在障碍物前能及时停车报警，碰撞开关及碰撞停止功能正常
	9	可见光摄像机	成像功能正常，画面稳定、清晰，聚焦功能正常
	10	红外热成像仪	成像功能正常，画面稳定、清晰，设备测温结果正常
	11	急停开关	急停开关及紧急停止功能正常
	12	电池电压	机器人采集电池电压数据正常
	13	扬声器及声音采集装置	扬声器正常，声音稳定、清晰、无严重杂音；声音采集装置功能正常，录音稳定、可靠
	14	运行状态	机器人运行状态指示与实际状态一致，指示装置正常
	15	定位功能	定位功能正常，定位误差在规定范围内
	16	控制功能	机器人能正确执行命令，自动和手动控制功能正常
	17	辅助装置	辅助照明、雨刷等辅助装置功能正常
监控后台	1	外观结构	主机、显示器等设备外观良好，无破损、受潮、积灰现象
	2	运行状态	主机、显示器等设备运行状态良好，无过热、频繁死机、断线现象
	3	通信功能	巡检机器人、本地监控后台、远程集控后台间通信正常
	4	监控后台软件	实时数据显示、存储、查询及机器人自主、手控功能正常
	5	数据存储状态	数据存储空间充足，无存储容量告警现象
	6	定位与状态显示	电子地图中机器人定位准确，机器人状态数据显示正常
巡检通道	1	导航轨道	导航轨道无断裂、破损、消磁、松动、移位现象
	2	定位检测点	机器人定位检测点无损坏现象，无妨碍机器人定位的特殊物体
	3	机器人观测视野	机器人与设备之间无妨碍观测的遮挡物，机器人视野不受限制
	4	巡检通道	巡检通道清洁、无遮挡、无积水，无影响机器人行走、定位的物体
机器人室	1	外观结构	无破损，防雨、防风、防潮措施良好，干净整洁、无杂物堆积
	2	温、湿度	室内温、湿度参数符合机器人环境要求，空调功能正常
	3	卷帘门	自动、手动开启关闭功能正常，限位开关信号正常
	4	照明	室内照明开、关正常
	5	充电箱	充电箱电压、电流显示屏及电源指示灯正常
	6	自主充电装置	自主充电座电极铜片无松动、氧化、磨损、破裂、水渍等现象
	7		自主充电座电源线无老化、破裂等现象，连接良好
	8		手动充电、自动充电功能正常

续表

对象	序号	检查维护项目	检查维护标准
辅助设施	1	无级通信信号	检查无线通信信号能够覆盖全站，通信稳定可靠
	2	小型气象站	风速、温湿度传感器运行正常，小型气象站监测数据显示正常
	3	固定式可见光、红外监测装置	变电站固定式可见光、红外监测装置无损坏，监测数据正常
	4	备品备件	备品备件完善，保存条件符合要求

表 2 - 3 - 5 - 6　　　　　　　　　　专业维护项目和检查标准

对象	序号	检查维护项目	检查维护标准
巡检机器人	1	外壳	外观干净，无明显破损、变形、污渍，表面色泽均匀，无锈蚀现象；外壳密封良好，无受潮、进水现象；零部件匹配良好、连接可靠，各螺栓无松动
	2	主控制器	主控制器状态正常
	3	电器组件	电器组件工作正常
	4	磁导航传感器	磁导航传感器感应正常
	5	云台	检查机器人云台水平旋转、上下俯仰正常，机械结构正常、精度高
	6	轮胎	无严重磨损、老化现象，无凸包、漏气现象，可正常使用
	7	避障设备	机器人避障功能正常
	8	可见光摄像机	成像功能正常，画面稳定、清晰，聚焦功能正常
	9	红外热成像仪	成像功能正常，画面稳定、清晰，设备测温结果正常
	10	碰撞开关	碰撞开关功能正常
	11	电池组件	充电容量、电压、电流、损耗正常
	12	驱动单元	机器人正常启动、行走
	13	本体充电机构	机器人本体充电机构正常充电
监控后台	1	检查在任务点能否准确选择待检设备及定位待检部位、获取读数	准确选择待检设备及部位，准确获取表计读数
	2	检查监控后台软件系统是否运行正常	监控后台软件系统运行正常
	3	对监控后台软件系统进行优化、清理	对监控后台软件系统优化、清理正常
	4	检查机器人导航、定位误差，进行误差修正	机器人导航定位误差满足要求，修正误差正常
	5	新增变电站任务点	根据需要，增加巡检任务点
	6	监控后台软件系统升级、补丁修补	监控后台软件系统升级正常
巡检通道	1	磁力线	检查有无消磁、缺失、破损现象
机器人室	1	室内电气设备状态	室内电气设备使用正常
	2	机器人室与机器人联动功能检测	机器人室与机器人联动功能正常
	3	自动门检测	自动门自动、手动开启关闭功能正常，限位开关信号正常
辅助设施	1	网络设备状态检测	全站网络通信正常、信号稳定可靠

表 2-3-5-7　　　　　　　　　　　　　　　　**变电站机器人巡检记录单**

任务编号		巡检日期	
巡检线路			
巡检任务类型			
工作负责人	作业区段		作业时段
变电设备巡检情况			
巡检系统工作情况			

注　1. 巡检任务类型包括变电站巡视、缺陷核实、消缺复查、故障点查找等。

　　2. 变电设备巡检情况指记录巡检机器人在变电站巡检过程中发现的设备缺陷或异常情况。

　　3. 巡检系统工作情况指记录巡检工作过程中机器人本体、监控后台及任务系统发生的异常情况。

第四章

变电站换流站智能机器人巡检系统

第一节　变电站机器人巡检系统通用技术

一、概述

（一）相关技术标准

（1）《包装储运图示标》（GB/T 191）。

（2）《电工电子产品环境试验　第 2 部分：试验方法试验 A：低温》（GB/T 2423.1—2008）。

（3）《电工电子产品环境试验　第 2 部分：试验方法试验 B：高温》（GB/T 2423.2—2008）。

（4）《电工电子产品环境试验　第 2 部分：试验方法试验 Cab：恒定湿热方法》（GB/T 2423.3—2006）。

（5）《电工电子产品环境试验　第 2 部分：试验方法试验 Fc：振动（正弦）》（GB/T 2423.10—2008）。

（6）《外壳防护等级（IP 代码）》（GB 4208）。

（7）《机电产品包装通用技术条件》（GB/T 13384）。

（8）《应用电视摄像机云台通用技术条件》（GB/T 15412—1994）。

（9）《电磁兼容　试验和测量技术　静电放电抗扰度试验》（GB/T 17626.2—2006）。

（10）《电磁兼容　试验和测量技术　射频电磁场辐射抗扰度试验》（GB/T 17626.3—2006）。

（11）《电磁兼容　试验和测量技术　工频磁场抗扰度试验》（GB/T 17626.8—2006）。

（12）《带电设备红外诊断应用规范》（DL/T 664—2008）。

（13）《视频安防监控系统技术要求》（GA/T 367—2001）。

（14）《变电站机器人巡检系统通用技术条件》（DL/T 1610—2016）。

（二）相关专业术语

（1）变电站机器人巡检系统（robot inspection system in substations）：由变电站智能巡检机器人、本地监控后台、远程集控后台、机器人室等部分组成，能够通过全自主或遥控模式进行变电站巡检作业或远程视频巡视和指导的变电站巡检系统。

（2）变电站智能巡检机器人（robot for the substation inspecting）：由移动载体、通信设备和检测设备等组成的，采用遥控或全自主运行模式，用于变电站设备巡检作业的移动巡检装置，简称机器人。

（3）本地监控后台（local monitoring system）：由计算机（服务器）、无线通信设备、监控分析软件和数据库等组成，安装于变电站本地用于监控机器人运行的计算机系统。

（4）远程集控后台（remote centralized control system）：用于集中监控、管理多个变电站的变电站机器人巡检系统的计算机系统。

（5）机器人室（robot room）：安装有充电装置、自动门等设备，可以配合机器人实现变电站智能巡检机器人全天候自主充电的设施。

（6）固定视频监控装置（fixed video surveillance installations）：为弥补变电站智能巡检机器人的检测死角而安装的、能够与机器人协同联动的固定式视频监控装置。

（7）导航设施（navigation facilities）：为变电站智能巡检机器人进行定位导航而在变电站安装的标识设施。

（8）环境信息采集系统（ambient information acquisition system）：由变电站温度传感器、湿度传感器以及风速传感器等环境信息采集终端组成。

（三）系统组成

变电站机器人巡检系统应配置变电站巡检机器人、本地监控后台、机器人室，根据具体需求可配备导航设施、固定视频监控装置，无人值守变电站宜选配远程集控后台。

二、技术要求

（一）使用环境

1. 室内环境条件

（1）环境温度：−5～45℃。

（2）环境湿度：不大于 90%。

2. 室外环境条件

（1）环境温度：−25～45℃。

（2）环境湿度：5%～95%。

（3）最大风速：25m/s。

（4）最大积雪厚度：50mm。

（5）最小涉水深度：100mm。

（二）机器人外观结构

（1）机器人表面应有保护涂层或防腐设计，外表应光洁、均匀，不应有伤痕、毛刺等缺陷，标识清晰。

（2）机器人布置的电气线路应排列整齐、固定牢靠、走向合理，便于安装、维护，并用醒目的颜色和标志加以区分。

（三）机器人功能要求

1. 自主导航定位

机器人应具有按照预先设定路线进行自主行走的功能，应具有按照预先设定的停靠位置进行停靠的功能。

2. 基本检测功能

（1）可见光检测。可见光检测应具备如下功能：

1）机器人应配备可见光摄像机，能对设备外观、开关分合状态及仪表指示等进行采集并将视频实时上传至监控后台。

2）应能存储采集到的视频，支持视频的开始录像、停止录像、播放、停止、重启、抓图、全屏显示等功能。

3）应满足 GA/T 367—2001 附录 B 中一级系统中探测部分的要求。最小光学变焦数 30 倍，上传视频分辨率不小于高清 1080P。

（2）红外检测。红外检测应具备如下功能：

1）机器人应配备在线式红外热成像仪，能对一次设备的本体和接头的温度进行采集，并能将红外视频及温度数据实时传输至监控后台。

2）应能存储采集到的电力设备红外热图，并能从红外热图中提取温度信息。

3）红外检测设备成像像素不低于 320×240；接口方式以太网或 RS-485；其他要求应符合 DL/T 664—2008 中附录 H 中的规定。

（3）噪声检测。噪声检测应具备如下功能：

1）机器人应配置噪声采集设备，能够采集设备噪声，并能够实时上传至监控后台进行分析。

2）应能存储采集到的电力设备声音，并支持音频信息的可视化展示，包括声音的波形、声音的频域信息的展示等。

3）拾音设备灵敏度应不小于－30dB。

3. 防碰撞

机器人应具有障碍物检测功能，在行走过程中如遇到障碍物应及时停止并报警，障碍物移除后应能恢复行走。

4. 自动充电

（1）机器人应具备自动充电功能，在需要充电时能够自主返回充电室，通过与充电室内充电设备配合完成自动充电。

（2）机器人应配备自动门无线通信系统，能够以无线方式与自动充电室自动门控制系统进行通信，对自动门进行控制并接收自动门的反馈信息。

5. 双向语音对讲

机器人应具有双向语音对讲功能，配有音频采集和播放设备，能通过安全的无线通信方式接入，与监控后台之间的全双工双向语音传输。双线语音传输性能应满足远程视频指导的要求。

6. 辅助照明

机器人应具备辅助照明功能，能保证在夜间或阴暗天气下正常运行。

7. 状态指示

机器人应具有状态指示功能，在作业时能提供状态信号。

（四）本地监控后台功能要求

1. 人机交互

（1）机器人控制。应提供手动控制和自动控制两种对机器人的控制方式，并能在两种控制模式间任意切换。手动控制功能可实现对机器人车体、云台、电源、可见光摄像机和红外热像仪的控制操作。自动控制功能能在全自主的模式下，根据事先配置好的固定任务或由用户临时指定的任务，通过机器人各功能单元的配合实现对设备的检测功能。

（2）电子地图。应提供二维或三维电子地图功能，电子地图中应能显示机器人的位置及实时运行状态，包括前进、后退、转动、停止等。

（3）机器人状态信息。应能显示、存储机器人相关信息，包括机器人驱动模块、机器人电源模块和机器人所处环境信息等。

2. 查询展示

（1）事项及查询。应提供实时事项显示和历史事项查询功能，事项应根据报警级别、事项来源等分类显示。

（2）巡检数据及查询。应能存储采集到的可见光图像、红外图像、设备声音等巡检数据，具备查询功能，并对查询到的数据按照设备类型、设备名称、最高温度等进行过滤，同时支持将查询到的数据生成报表进行打印输出。

（3）报表查询。应能自动生成设备缺陷报表、巡检任务报表、设备曲线报表，并能查询一段时间内生成的报表，具有过滤查询结果，支持打印、保存到数据库等功能。

（4）历史曲线及查询。应能查询一段时间内设备温度、表计读数，并以此生成曲线，支持图表设置、曲线图放缩、打印、保存到数据库、生成报表等功能。

3. 缺陷自动分析

（1）自动精确测温。应能自动在包含该设备的红外图像上标注出目标设备的区域，并自动对其温度进行分析。

（2）三相设备对比分析。应能对采集到的三相设备温度进行温差分析，并进行自动判别和异常报警。

（3）仪表自动读取。应能对采集到的仪表设备图像进行分析，自动识别出仪表的读数，进行自动判别和异常报警。

（4）开关分合状态识别。应能对采集到的断路器、隔离开关设备图像进行分析，自动识别出断路器、隔离开关的分合状态。

（5）外观异常识别。应能对采集到的设备图像进行分析，自动识别出设备上存在的悬挂物或设备缺损等情况，进行自动异常报警。

（6）声音异常识别。应能对采集到的设备声音进行分析，自动识别出设备声音的异常变化，进行自动报警。

4. 系统接口

（1）环境信息接口。应提供与环境信息采集系统的通信接口，可采集如环境温度、环境湿度、环境风速等信息，并对红外采集系统进行环境因素的实时修正。

（2）固定视频监控装置接口。应提供与固定视频监控装置的通信接口，具备变电站机器人巡检与固定视频监控装置的联动功能。

（3）远程集控后台接口。应提供与远程集控后台的通信接口，提供远程集控后台对多个变电站进行远程集控的数据要求。

（4）生产管理系统接口。应提供生产管理系统的接口，能从生产管理系统获取设备实时数据，向生产管理系统上报设备状态及缺陷数据等信息。

（5）变电站实时监控系统接口。应提供与变电站实时监控系统接口，获取并展示设备实时数据。

系统应能够向信息一体化平台上送机器人采集的巡检数据和数据分析后的相关信息，满足智能变电站的需求。

（6）远程数据访问接口（Web）。应提供远程数据访问接口，可通过网页方式访问系统采集到的巡检数据和信息。

（7）信息安全。系统数据传输时应采用必要的安全措施。

5. 高级组合功能

（1）远程视频指导功能。具备实时图像远传和双向语音传输功能，可实现就地或远程视频巡视和作业指导。

（2）变电站监控系统配合功能。应能与站内监控系统协同联动，在设备操控时能实时显示被操作对象的图像信息；能与顺序控制系统进行配合，通过图像自动识别断路器、隔离开关和接地开关的分合状态。

（3）支持一站多机功能。应支持一个变电站至少 2 台机器人协同作用的功能，满足面积较大的变电站对多台机器同时巡检的要求。

（五）自动充电室功能要求

自动充电室作为变电站机器人巡检系统中机器人本体的充电设施，应满足如下要求：

（1）自动充电室防护等级应满足变电站智能巡检机器人全天候自主充电的要求。充电室内宜配置自动温湿度调节装置。

（2）自动充电室应配置相应控制系统和自动门，控制系统应通过无线方式与机器人进行双向通信，接收机器人的控制指令并反馈位置状态。自动门应配置人工门禁系统。

（3）自动充电室应配备机器人充电装置或设备，能与机器人配合完成机器人的自动充电。充电装置或设备输入电源要求交流 220V 或 380V，外壳应有良好的接地。

（六）机器人性能要求

1. 运动

（1）在水平地面上的最大速度应不小于 1.2m/s，最大自动行驶速度应不小于 1m/s。

（2）重复导航定位误差不大于 ±10mm。

（3）最小转弯直径应不大于其本身长度的 2 倍。

（4）爬坡能力应不小于 15°。

（5）在 1m/s 的运动速度下，最小制动距离应不大于 0.5m。

（6）机器人移动平台应具备前后直行、转弯、爬坡等基本运动功能。

（7）应能接收监控后台控制指令，并根据监控后台任务设置和操控，实现全自主和遥控巡检。

2. 云台

（1）预置位数量不少于 4000 个。

（2）垂直范围 0°～+90°。

（3）水平范围不超过 ±170°。

（4）机器人云台应至少具有俯仰和水平两个旋转自由度。

3. 通信

（1）机器人的最大遥控距离应不小于 1000m，工作可靠。

（2）两台或两台以上机器人在同一区域内工作时，其控制信号应不相互干扰。

（3）后方控制台应能实时、可靠地接收变电站智能巡检机器人采集的图像、语音、数据等信息并进行处理。

4. 外壳防护

外壳防护性能应至少符合 GB 4208 中 IP55 的要求。

5. 可靠性

（1）机器人的平均无故障工作时间应不少于 2000h。

（2）一次充电续航能力不少于 5h。在续航时间内，整机应稳定、可靠工作。

6. 振动

振动要求应满足正弦：10Hz—55Hz—10Hz，位移幅值 0.15mm，不通电。

7. 电磁兼容

（1）工频磁场抗扰度。应能承受 GB/T 17626.8—2006 中第 5 章规定的稳定持续磁场试验等级为 5 级、1～3s 短时试验等级为 4 级的工频磁场抗扰度试验。

（2）静电放电抗扰度。应能承受 GB/T 17626.2—2006 中第 5 章规定的严酷等级为 3 级的静电放电抗扰度试验。

（3）射频电磁场抗扰度。应能承受 GB/T 17626.3—2006 中 5.1 规定的严酷等级 3 级的射频电磁场抗扰度试验。

三、试验要求

（一）试验条件

机器人试验时应记录环境参数，机器人户内、户外试验条件应满足 DL/T 1610—2016 的 5.1 规定。

（二）机器人外观结构检查

目测检查机器人表面及电气线路，外观结构应满足 DL/T 1610—2016 的 5.2 规定。

（三）机器人环境试验

1. 高温试验

按 GB/T 2423.2—2008 中"试验 Bb"进行，温度为 45℃，试验时间为 2h。

2. 低温试验

按 GB/T 2423.1—2008 中"试验 Ab"进行，温度为 −25℃，试验时间为 2h。

3. 湿热试验

按 GB/T 2423.3—2006 中"试验 Ca"进行，温度为 45℃，湿度为 95%，试验时间为 2h。

（四）机器人功能试验

1. 防碰撞试验

可靠性试验应遵循本标准附录 E 的步骤进行。

2. 自动充电试验

可靠性试验应遵循本标准附录 F 的步骤进行。

3. 双向语音对讲实验

保证机器人和后方控制台距离不低于 1000m，开启双向语音对讲功能，进行模拟通话试验，判断试验结果是否符合 DL/T 1610—2016 的 5.3.5 规定。

4. 辅助照明试验

控制开启辅助照明功能，目测辅助照明状态，判断试验结果是否符合 DL/T 1610—2016 的 5.3.6 规定。

5. 状态指示试验

模拟切换机器人不同状态，目测状态指示变化，判断试验结果是否符合 DL/T 1610—2016 的 5.3.7 规定。

（五）机器人性能试验

1. 运动性能试验

运动性能试验应遵照 DL/T 1610—2016 中附录 A 的步骤进行。

2. 云台旋转角度试验

按照 GB/T 15412—1994 中 5.3.2 的规定进行云台旋转角度试验，判断试验结果是否符合 DL/T 1610—2016 的 5.6.2 规定。

3. 自主导航定位试验

自主导航定位试验应遵循 DL/T 1610—2016 中附录 B 的步骤进行。

4. 通信性能试验

通信性能试验应遵循 DL/T 1610—2016 中附录 C 的步骤进行。

5. 外壳防护性能试验

外壳防护性能试验按照 GB 4208—2008 中第 13 章、第 14 章规定的试验方法，试验结果符合 DL/T 1610—2016 规定。

6. 可靠性试验

可靠性试验应遵循 DL/T 1610—2016 中附录 D 的步骤进行。

7. 振动试验

按 GB/T 2423.10—2008 "试验 Fc" 进行。正弦：10Hz—55Hz—10Hz，位移振幅 0.15mm；扫描时间 10min；扫描循环次数为 2 次。试验后，检验 DL/T 1610—2016 的 5.6 中机器人性能要求所列项目。

8. 电磁兼容试验

（1）工频磁场抗扰度试验。应按照 GB/T 17626.8—2006 第 8 章规定的方法进行，测试时设备内部器件不应损坏，试验后的性能应符合 GB/T 17626.8—2006 第 9 章规定 a 或 b 的要求。

（2）静电放电抗扰度试验。应按照 GB/T 17626.2—2006 第 8 章规定的方法进行，测试时设备内部器件不应损坏，试验后的性能应符合 GB/T 17626.2—2006 第 9 章规定 a 或 b 的要求。

（3）射频电磁场抗扰度试验。应按照 GB/T 17626.3—2006 第 8 章规定的方法进行，测试时设备内部器件不应损坏，试验后的性能应符合 GB/T 17626.3—2006 第 9 章规定 a 或 b 的要求。

四、检验规则

（一）检验分类

检验分型式试验、出厂试验和验收试验三种。检验项目按表 2-4-1-1 的规定进行，检验结束，均应完整保存测试记录或提交检验报告。

表 2-4-1-1　　　　　　　　　　检 验 项 目

序号	试验项目	型式试验	出厂试验	验收试验	技术要求条款	试验方法
1	机器人外观结构	√	√	√	DL/T 1610—2016 的 5.2	DL/T 1610—2016 的 6.2
2	机器人环境试验	√	—	—	DL/T 1610—2016 的 5.1	DL/T 1610—2016 的 6.3
3	防碰撞试验	√	√	√	DL/T 1610—2016 的 5.3.3	DL/T 1610—2016 的 6.4.1
4	自动充电试验	√	√	√	DL/T 1610—2016 的 5.3.4	DL/T 1610—2016 的 6.4.2
5	双向语音对讲试验	√	√	√	DL/T 1610—2016 的 5.3.5	DL/T 1610—2016 的 6.4.3
6	辅助照明试验	√	√	√	DL/T 1610—2016 的 5.3.6	DL/T 1610—2016 的 6.4.4
7	状态指示试验	√	√	√	DL/T 1610—2016 的 5.3.7	DL/T 1610—2016 的 6.4.5
8	运动性能试验	√	√	√	DL/T 1610—2016 的 5.6.1	DL/T 1610—2016 的 6.5.1
9	云台旋转角度试验	√	√	√	DL/T 1610—2016 的 5.6.2	DL/T 1610—2016 的 6.5.2
10	自主导航定位试验	√	√	√	DL/T 1610—2016 的 5.3.1	DL/T 1610—2016 的 6.5.3
11	通信性能试验	√	√	√	DL/T 1610—2016 的 5.6.3	DL/T 1610—2016 的 6.5.4
12	外壳防护性能试验	√	—	—	DL/T 1610—2016 的 5.6.4	DL/T 1610—2016 的 3.5.5
13	可靠性试验	√	—	—	DL/T 1610—2016 的 5.6.5	DL/T 1610—2016 的 6.5.6
14	振动试验	√	—	—	DL/T 1610—2016 的 5.6.6	DL/T 1610—2016 的 6.5.7
15	工频磁场抗扰度试验	√	—	—	DL/T 1610—2016 的 5.6.7.1	DL/T 1610—2016 的 6.5.8.1
16	静电放电抗扰度试验	√	—	—	DL/T 1610—2016 的 5.6.7.2	DL/T 1610—2016 的 6.5.8.2
17	射频电磁场抗扰度试验	√	—	—	DL/T 1610—2016 的 5.6.7.3	DL/T 1610—2016 的 6.5.8.3

注　"√" 表示检验；"—" 表示不检验。

（二）型式试验

有下列情况之一，应进行型式试验：

（1）新产品定型鉴定前。

（2）产品转厂生产定型鉴定前。

（3）正式投产后，如设计、工艺材料、元器件有较大改变，可能影响产品性能时。

（4）产品停产一年以上又重新恢复生产时。

（5）国家技术监督机构或受其委托的技术检验部门提出型式检验要求时。

（6）出厂检验结果与上批产品检验有较大差异时。

（三）出厂试验

出厂试验的内容应包括：

（1）每台产品均应按表2-4-1-1要求进行出厂检验，经质量检验部门确认合格后方能出厂，并应具有记载出厂检验有关数据的合格证明书。

（2）质量证明文件，必要时应附出厂检验记录。

（3）产品说明书。

（4）产品安装图（可含在产品说明书中）。

（5）产品原理图和接线图（可含在产品说明书中）。

（6）装箱单。

（四）验收试验

性能及功能指标验收试验应按照表2-4-1-1的要求逐一进行测试。

五、标志、包装、运输和贮存

（一）标志

机器人应有永久性标牌，标牌的内容至少应包括产品名称、型号、制造商名称、生产日期和出厂编号等。

（二）包装

（1）包装箱应符合GB/T 13384的规定。

（2）包装箱内应附有装箱单、检验合格证、中文使用说明书（包括外观图、各部位名称、功能、规格、各项重要技术指标、操作方法、注意事项及环保要求等）、专用工具及相关的资料。

（3）包装箱上的标志应符合GB/T 191的规定。

（三）运输

包装好的机器人，在运输过程中应避免受潮、受腐蚀与机械损伤。

（四）贮存

存放机器人的室内场所的环境温度宜为0~40℃，相对湿度宜小于80%。

六、机器人性能试验方法

（一）机器人运动性能试验

1. 遥控直行速度试验

遥控直行速度试验按下列步骤进行：

（1）在平整的试验地面上取50m测量区间，划出横向始端线和终端线。

（2）遥控操作机器人，使机器人保持最大速度直线驶过始端线和终端线，记录机器人驶过始端线和终端线

所用时间、计算机器人的单次前进行走速度。

（3）上述试验不得少于2次，计算机器人的平均速度、判断试验结果是否符合DL/T 1610—2016的5.6.1.1规定。

2. 转弯直径试验

转弯直径试验按下列步骤进行：

（1）试验场地为平坦、硬实、干燥、清洁的混凝土或沥青地面，其大小应能允许机器人做全圆周转弯动作。

（2）测量机器人转弯直径。

（3）使机器人处于连续转弯行走状态，画出机器人离转向中心最远点形成的轨迹圆，如图2-4-1-1所示。

（4）在互相垂直的两个方向测量轨迹圆直径，取算术平均值作为试验结果。

（5）机器人左转和右转各测定1次，判断试验结果是否符合DL/T 1610—2016的5.6.1.3规定。

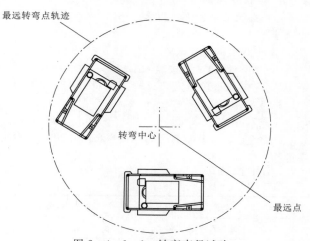

图2-4-1-1 转弯直径试验

3. 爬坡度试验

爬坡度试验按下列步骤进行：

（1）爬坡试验装置示意图如图2-4-1-2所示。

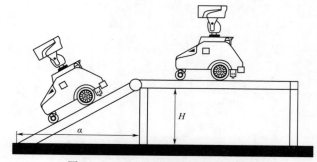

图2-4-1-2 爬坡试验装置示意图

（2）将爬坡试验装置调整至DL/T 1610—2016的5.6.1.4规定的角度。

（3）机器人正对试验装置的斜坡坡道，停在斜坡前沿。

（4）操作机器人直行，使其行走至爬坡试验装置上。

（5）增加5°的坡度，重复步骤（3）和（4）。

（6）直至机器人不能爬上调整后的极限角度。

（7）记录机器人爬坡的极限角度。

4. 制动试验

制动试验按下列步骤进行：

（1）在平整的试验地面上画上停止线。

（2）机器人以 1m/s 的运动速度下行至停止线后停车。

（3）测量机器人超出停止线部分的距离。

（4）取两次试验的算术平均值，判断试验结果是否

符合 DL/T 1610—2016 的 5.6.1.5 规定。

（二）自主导航定位试验

1. 导航定位误差试验

在平整的试验地面上取 50m 测量区间，预先标定导航轨迹和停车点，引导机器人运动，设定 50cm 的停车距离，并在停车位置处画出机器人前边缘的标示，如图 2-4-1-3 所示。

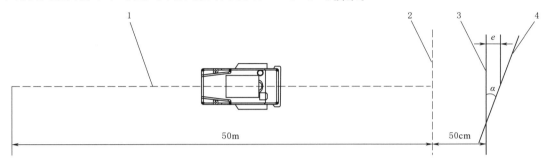

图 2-4-1-3 导航定位误差试验图
1—运行轨迹；2—定位标志；3—标准停车位置；4—实际停车位置

导航定位误差试验按下列步骤进行：

（1）机器人位于导航轨迹上，并使机器人中心线与导航轨迹重合。

（2）机器人启动导航后，使机器人检测到标定停车点后 50cm 后自动停止运动。

（3）沿机器人前边缘画出机器人的停车位置，测量机器人的定位误差 e。

（4）取两次试验的平均值，判断试验结果是否符合 DL/T 1610—2016 的 5.6.1.2 规定。

2. 自主直行速度试验

自主直行速度试验按下列步骤进行：

（1）在平整的试验地面上取 50m 测量区间，预先标定导航轨迹，画出横向始端线和终端线。

（2）操作机器人自主导航行驶，使机器人保持最大速度直线驶过始端线和终端线，记录机器人驶过始端线和终端线所用时间，计算机器人的单次前进行走速度。

（3）上述试验不得少于两次，计算机器人的平均速度，判断试验结果是否符合 DL/T 1610—2016 的 5.6.1.1 规定。

（三）通信性能试验

通信性能试验按下列步骤进行：

（1）在试验地面上取 100m 测量区间，画出控制端线和停车端线。

（2）将后方控制台放置在距离试验场地接近 1000m 的

地方，保障整个试验场地距离后方控制台不大于 1000m。

（3）机器人分别放置在控制端线。

（4）用后方控制台控制机器人，使其运动停止，云台动作，判断试验结果是否符合 DL/T 1610—2016 的 5.6.3.1 规定。

（5）用后方控制台接收机器人采集的图像、语音、数据等信息，判断试验结果是否符合 DL/T 1610—2016 的 5.6.3.3 规定。

（四）可靠性试验

1. 试验条件

（1）场地：平坦的路面。

（2）设施：爬坡试验台。

（3）行走速度：中速。

2. 试验内容

持续工作时间试验内容见表 2-4-1-2。

3. 试验步骤

一次充电持续工作时间试验按下列步骤进行：

（1）遥控操作机器人。

（2）表 2-4-1-2 所列各项试验内容，应在机器人持续工作时间内连续进行，中间不允许补充能量。

（3）判断试验结果是否符合 DL/T 1610—2016 的 5.6.5 规定。

表 2-4-1-2   **持续工作时间试验内容**

试验项目	试 验 方 法	行走方向	试验时间/min
行走	沿 10m×10m 方形轨迹行走	顺时针	10
		逆时针	10
爬坡	按 DL/T 1610—2016 的附录 A 中 A.3 规定的坡度要求	反复进行	10
巡检作业	按本标准的相关规定	连续进行	10

（五）防碰撞功能试验

防碰撞功能试验按下列步骤进行：

（1）在平整的试验地面上取 50m 测量区间，预先标定导航轨迹。

（2）操作机器人自主导航行驶，使机器人保持最大速度，将高 20cm、宽 10cm 的模拟障碍物放置在距离机器人 5m 的行驶道路上，试验机器人能否自动停止行驶，并保证不能接触障碍物。

（3）发送遥控前行和自动导航前行命令，试验机器人能否保持停止状态。

（4）发送自动导航命令，然后移除障碍物，试验机器人能否继续导航行驶。

（5）上述试验不得少于 3 次，判断试验结果是否符合 DL/T 1610—2016 的 5.3.3 要求。

（六）自动充电功能试验

自动充电功能试验按下列步骤进行：

（1）在平整的试验地面上取 50m 测量区间，预先标定导航轨迹，标定充电位置，搭建简易充电设施。

（2）在距离充电位置不小于 10m 的地方模拟启动机器人自主充电命令，试验机器人能否自动在自动充电位置停止行驶，并保证进行自动充电。

（3）上述试验不得少于 3 次，判断试验结果是否符合 DL/T 1610—2016 的 5.3.4 规定。

第二节　施　工　方　案

本章第二节～第七节以新疆±1100kV 昌吉换流站智能机器人巡检系统为例介绍换流站机器人巡检系统工程的"四措一案"。

一、工程施工具体步骤

1. 现场勘查

工程人员需到换流站进行的现场勘查、确认事项及内容和要求见表 2-4-2-1。

表 2-4-2-1　　　　现场勘查、确认事项及内容和要求

序号	事项	内 容 和 要 求
勘 查 事 项		
1	无线网络架设选址和数量	根据变电站实际大小和遮挡物情况进行网络预测试，从而确定布置无线 AP 安置点和数量
2	充电室选址	根据变电站人员需求以及站内设备分布、特征物和巡检便利性等信息选取最优建造位置
3	巡检道路情况	根据道路连通性、台阶高度等决定道路是否需要改造
4	导航可行性分析	根据站内设备分布选取最优导航路径
确 认 事 项		
1	巡检设备数量确认	需与业主确认待巡检设备类型、设备数量及分布情况
2	无线网络架设位置确认	在不破坏站内整体外观情况下与业主确定无线网络架设位置和数量
3	充电室位置确认	在不破坏站内整体外观情况下与业主确定充电室架设位置

2. 巡检方案策划

工程人员根据待巡检设备布局、与业主的沟通情况、道路状况及充电室位置选择最优巡检路线。

3. 网络搭建与测试

（1）工业无线网络搭建。包括无线 AP 架设，光纤、电源等线缆连接和铺设。

（2）网络测试。通过网络专用工具测试换流站网络信号强度和覆盖范围，要求工业无线网络全站覆盖并具有流畅的视频传输带宽。

4. 充电室搭建

充电室搭建分为以下几个步骤：

（1）充电室进站。充电室采用统一定制，整体运输搬运至变电站。专用充电室采用镀锌板和防腐木质结构，经过三层防水、防火、隔潮与隔热等处理，并采用膨胀螺丝安于水泥地面之上，其抗台风等级可达 12 级。充电室底部为充电房基座，基座高度（不含垫层）需达到 250mm，250mm 高度需保证 100mm 高于地面或水泥地面，需满足防积水的要求。智能巡检机器人通过激光雷达定位自主充电装置，当电量不足时，将自动返回充电室与充电座对接实现自主充电，满足智能变电站中机器人长期无人化全自动的运行要求。

（2）设备安装。工程人员根据装配图纸在已选定的位置上进行充电室搭建，搭建好的充电房如图 2-4-2-1 所示。

图 2-4-2-1　整体预制现场搭建的充电房实物图

（3）电气等线缆铺设。根据电气标准在充电室内安装控制柜、空气开关和充电室控制模块，并完成电气连接，最终铺设电缆至厂站控制室。

（4）充电室调试。利用智能巡检机器人完成跟充电室与充电座的对接，实现自主充电。

（5）机器人充电房布置位置图。

1）1号机器人充电房位置（7642交流滤波器与3号继电器室之间空地）如图2-4-2-2所示。

2）2号机器人充电房位置（第二大组交流滤波器场以北靠墙空地）如图2-4-2-3所示。

3）3号机器人充电房位置（备用平抗间与极2户内直流场之间空地）如图2-4-2-4所示。

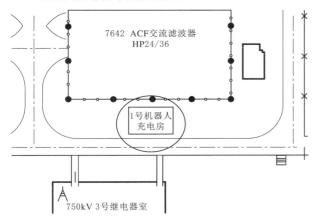

（a）1号机器人充电房规划位置图

（b）1号机器人充电房位置现场照片图

图2-4-2-2 1号机器人充电房

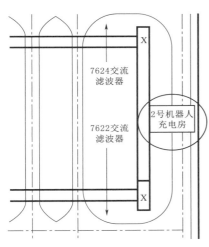

（a）2号机器人充电房规划位置图

（b）2号机器人充电房位置现场照片图

图2-4-2-3 2号机器人充电房

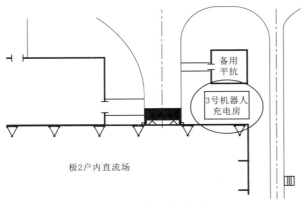

（a）3号机器人充电房规划位置图

（b）3号机器人充电房位置现场照片图

图2-4-2-4 3号机器人充电房

5. 巡检道路铺建

(1) 将巡检线路上的部分草地、石子地面铺建成供机器人行驶的水泥水平路面。

(2) 将巡检线路上的高低不平的台阶路面改建成供机器人行驶的水泥斜坡路面。

6. 客户端配置

(1) 厂站客户端服务器架设。包括数据服务器、本地客户端等设备架设。

(2) 运维站客户端服务器安装。包括操作系统配置、软件运行环境安装。

(3) 运维站客户端服务器架设。包括数据服务器和本地客户端等设备架设。

(4) 运维站远程客户端服务器。可对智能巡检数据远程浏览,是远程遥控机器人完成巡检任务的远程集控客户端。

7. 厂站部署

(1) 工程实施人员。实施人员是具有独立实施能力、策划能力、解决现场问题能力的工程人员,组成2人1组的工程队伍,相互协作工作。

(2) 地图等比构建。地图等比构建的目的是将局部的激光扫描数据拼接成完整的、一致性好的全局地图数据。通过人工遥控巡检车在作业区域采集局部激光数据,事后离线生成全局地图。地图构建会受到多种因素的影

响,包括传感器测量误差、一致性误差(巡检车倾斜、激光扫描到地面等)、移动物体干扰等。采用图形匹配算法、全局松弛算法和基于统计的噪声消除技术获得可用于定位的高精度全局地图。

(3) 巡检路径编辑。

1) 路径规划。通过工程人员现场的实际勘探,综合人工巡检路径、变电站设备安装位置、机器人运动能力三方面因素,初步规划出巡检路径。

2) 路径测量。为保证巡检测量点的准确性,测量的每一条路径,误差都缩小在1cm的精度范围。

3) 巡检路径设定。通过地图路径编辑软件结合人工的方式,计算出最优路径。

4) 巡检路径验证。每一个变电站的巡检路径都会通过巡检车实地验证,保证最优路线的安全可靠。针对不符合的路线,需重新规划,直到满足要求为止。

(4) 巡检点标定。

1) 巡检点是基于巡检路线并需要执行巡检任务的智能巡检机器人停靠点。在综合巡检设备安装位置、智能巡检机器人拍摄角度、智能巡检机器人正光或背光拍摄等多项因素的基础上,首先初步标定巡检点,而后在试运行阶段逐步微调,最终完成最佳的巡检点标定。

规范、高效的设备标定流程如图2-4-2-5所示。

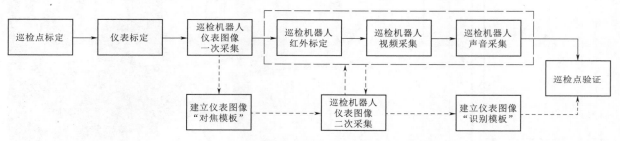

图2-4-2-5 规范、高效的设备标定流程

2) 在巡检点标定时,首先进行仪表的一次采集(仅进行仪表巡检点的标定),将采集的数据传输回后台,在后台进行首次的仪表建模工作,俗称为"对焦模板"的建立,工程现场同步进行除仪表巡检点之外的设备的测量和数据的采集。当"对焦模板"全部建档完成,此时应根据现场情况,选择合适的时间中断当前的巡检任务,通过"对焦模板"进行仪表高分辨率图像采集,完成该任务后,在现场继续之前中断的巡检标点任务,在后台对采集的每一张高分辨率图像建立"识别模板",当非仪表巡检点采集完成后,把所有的巡检点进行统一验证测试。

3) 将该种巡检点测试方式分为仪表巡检点和非仪表巡检点。因为仪表巡检点处理时间长、工序复杂,所以在实施过程中,通过仪表巡检点标定与非巡检点标定同步进行的方式,可以极大地缩短施工时间,提高工作效率。

(5) 巡检设备标定。智能巡检机器人通过设置云台

角度预置位及相机变倍用来进行巡检设备监测标定,以完成日常巡检业务,包括间隔和主变设备的实时视频监控、接头温度的红外监测和预警、多款表计的读数识别等工作。

8. 试运行

智能巡检机器人在日常巡检过程中,监控视频和智能识别结果将实时传送到主控室的服务器中,服务器将自动生成巡检报表;同时,运行人员可以通过服务器客户端对机器人进行远程操作,包括自动任务设定、指定设备巡视、指定区域巡检等,并可对机器人的巡检报表进行审核。

因为项目工期要求紧张,需要业主进行以下方面的配合工作:

(1) 指定专门的技术接口人员协调解决相关问题,并与建设方工程师一起确认充电室位置、走线方式、路面修建等方面的内容。

(2) 为了提高效率,允许建设方实施人员持票,办

理所有站的进站手续。

（3）实施开始前提供所有巡检设备清单，以方便建设方后期调试进行标点。

（4）协调信通公司明确网络接入控制柜位置，并开设机器人专属 IP 端口及地址，方便线缆铺设。机器人在接入内网前会配置防火墙，并绑定网络设备 MAC 地址，无线网络也会设置成非广播模式并加密，安全性可以保证。

（5）协助调整换流站表计的朝向，更换表计的窗口的表面，方便进行标点。

（6）协助机器人所用电的接入工作。

二、工程实施

1. 勘察设计图

基于 ±1100kV 昌吉换流变的初步勘查，对巡检机器人的巡检路面改造，对充电室及无线 AP 位置、服务器客户端进行初步设计，如图 2-4-2-6 所示。

2. 巡视道路修建

本站为激光定位，无须进行轨道修建，需要在上、下路面处加设斜坡，方便机器人通过，斜坡实际位置见表 2-4-2-2，实物如图 2-4-2-7 所示。

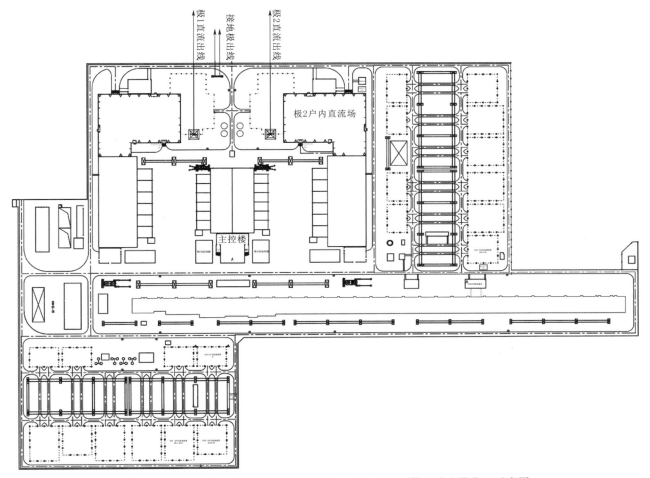

图 2-4-2-6 昌吉换流变整体道路修建、充电室及通信系统安装位置示意图

表 2-4-2-2 昌吉换流变整体道路的斜坡位置

区域	位置	位置描述及作用
GIS 区域		位于 GIS 区域道路两旁。主要功能：套管油位检查

续表

区域	位置	位置描述及作用
降压变区域	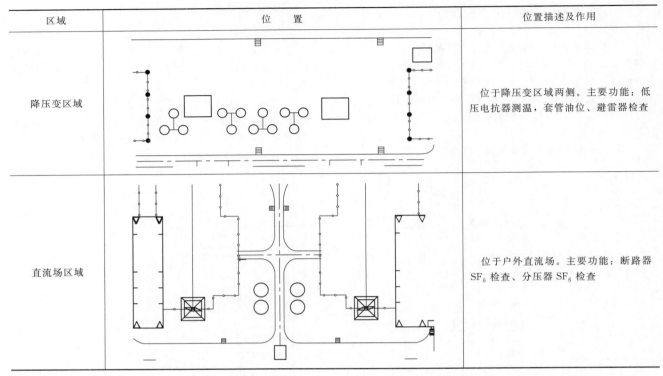	位于降压变区域两侧。主要功能：低压电抗器测温，套管油位、避雷器检查
直流场区域		位于户外直流场。主要功能：断路器 SF$_6$ 检查、分压器 SF$_6$ 检查

图 2-4-2-7 换流站机器人行驶线路上的斜坡实物图

3. 通信设备安装固定

(1) 昌吉换流变通信系统建设工程包括如下内容：

1) AP 通信系统：4 套。

2) 微气象系统：1 套。

3) 本地客户端电脑：1 套。

(2) 微气象及通信 AP 箱安装于主控楼顶，用加固杆和膨胀螺丝固定，位置见表 2-4-2-3。微气象及通信 AP 箱用膨胀螺丝固定，实例如图 2-4-2-8 所示。

(3) 安装质量要求。

1) 所有设备、支架需安装牢固，微气象通信架安装水平，风向传感器正南线朝向南。

2) AP 及天线安装牢固，角度固定，不晃动。

3) 微气象通信架到通信箱线缆需要使用波纹管保护，箱内接线顺畅紧固。

4) 对于非铠装线缆，需要使用 PVC 管对线缆进行保护。

5) PVC 管接头处需要用电工胶带缠绕，防止脱节后损伤线缆。

表 2-4-2-3　　　　　　微气象及通信 AP 箱安装位置一览表

名称	位置	位置描述
主 AP 站	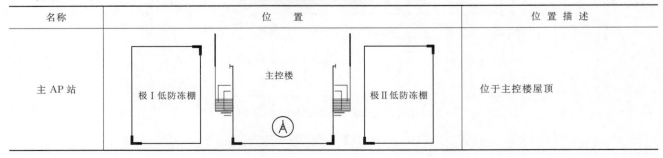	位于主控楼屋顶

续表

名称	位　　置	位置描述
AP1 站	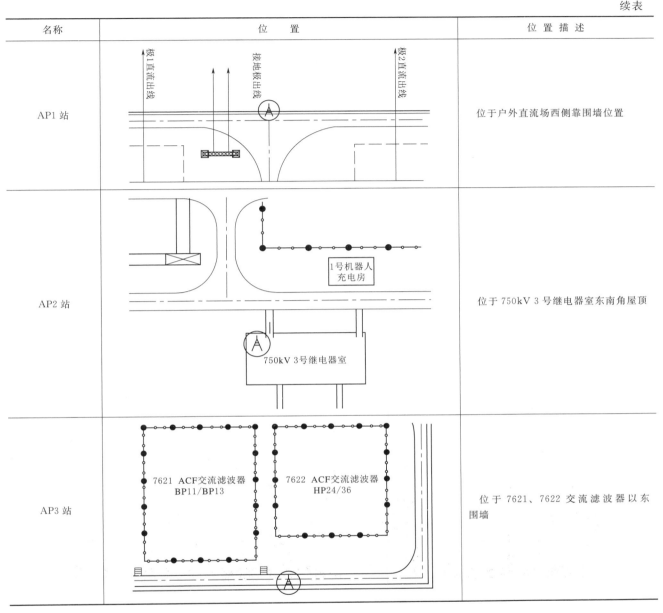	位于户外直流场西侧靠围墙位置
AP2 站		位于 750kV 3 号继电器室东南角屋顶
AP3 站		位于 7621、7622 交流滤波器以东围墙

图 2 - 4 - 2 - 8　微气象及通信 AP 箱用膨胀螺丝固定实例

4．巡检业务部署

建设方工程技术人员在完成换流站内主变、750kV 区域等巡检点标定，完成云台预置位设定后，进行红外及可见光照片拍摄，并将现场拍摄的表计照片进行图像建模，从而进行识别。现场温度由红外热像仪直接读取。

机器人网络设备结构如图 2-4-2-9 所示。

5．巡检点设置

（1）高清拍摄需覆盖全站上空情况，以监测挂空异物，如图 2-4-2-10 所示。

（2）全站一次设备测温需全覆盖，需配置单独的母线测温点。

（3）对于柱形设备，需至少 2 个方向进行高清外观拍摄和红外测温，如图 2-4-2-11 所示。

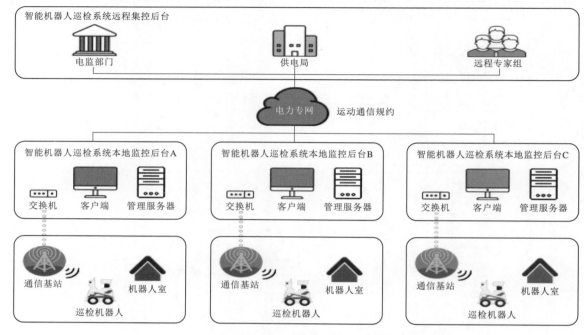

图2-4-2-9 换流站巡检机器人网络设备结构示意图

图2-4-2-10 高清拍摄需覆盖全站上空挂空异物

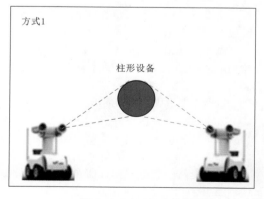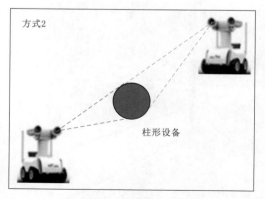

图2-4-2-11 柱形设备2个方向进行高清外观拍摄和红外测温图片

（4）外观拍摄和红外测温可以在同一位置完成时，则两个巡检点合为一个。

（5）对于柱形设备，测温巡检应覆盖绝缘子整个区域，如图2-4-2-12所示。

（6）主变、电抗器、电容器等方形大型设备至少需要3个方向进行高清外观拍摄和红外测温，如图2-4-2-13所示。

（7）3台机器人分别负责区域见表2-4-2-4。

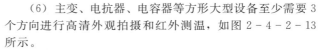

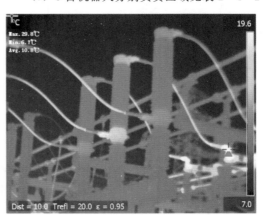

图2-4-2-12 柱形设备测温巡检覆盖绝缘子整个区域

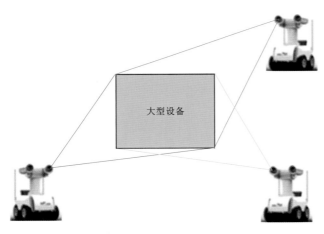

图2-4-2-13 换流站大型设备3方向拍摄示意图

（8）红外测温覆盖率应达到100%，表计覆盖率应达到100%（以现场实际可测表计为准），如图2-4-2-14、图2-4-2-15所示，应能清晰反映设备颜色及位置状态，如图2-4-2-16所示。

（9）充油设备应拍摄地面高清图像，以记录漏油情况。

（10）智能巡检机器人日常巡检业务。包括间隔和主变设备的实时视频监控、接头温度的红外监测和预警、多款表计的读数识别等工作，包括但不限于以下巡检设备，见表2-4-2-5。

表2-4-2-4 3台机器人分别负责区域

机器人编号	所负责的区域
1号机器人	三、四大组交流滤波器场、GIS区域设备
2号机器人	一、二大组交流滤波器场、GIS区域设备
3号机器人	直流区域设备

表2-4-2-5 换流站智能巡检机器人日常巡检业务

名称	是否测温	是否高清	名称	是否测温	是否高清
隔离开关	是	是	避雷器表计	否	是
开关	是	是	电抗器组	是	是
流变	是	是	液位仪表	否	是
压变	是	是	温度表	否	是
接头	是	是	变压器	是	含声音采集
油压	否	是	电容器组	是	含声音采集
SF$_6$表计	否	是			

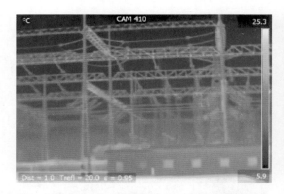

图 2-4-2-14　红外测温覆盖率 100%

（a）指针仪表拍摄示例图

（b）液位仪表拍摄示例图

图 2-4-2-15　表计覆盖率 100%

图 2-4-2-16 设备颜色及位置状态仪表拍摄示例图

6. 系统联调与试运行

机器人在日常巡检过程中，监控视频和智能识别结果将实时传送到主控室的服务器中，根据乌鲁木齐供电公司的需求可自动生成 Word 和 Excel 巡检报表，同时支持对设备分类生产报表（如全站 SF_6 仪表、隔离开关巡视报表）；同时，运行人员可以通过服务器客户端对机器人进行远程操作，包括自动任务设定、指定设备巡视、指定区域巡检等，并可对机器人的巡检报表进行审核，如图 2-4-2-17 所示。本阶段将完成主控室完成各项联调工作，并由公司进行现场运维，实现系统的试运行，同时对变电站运行人员进行培训，最终完成移交。

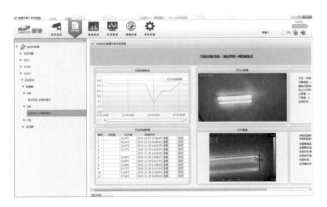

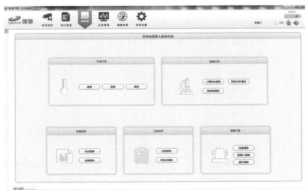

图 2-4-2-17 巡检数据分析及数据报表页面

三、施工

(一) 道路、场坪施工

1. 施工准备

（1）破损的场坪道路面需拆除外运，并对基层进行清理整平，对高度欠缺的用戈壁土回填至基层标高且机械夯实。

（2）根据工程所处位置拟考虑采用商品混凝土浇筑。

2. 模板安装

（1）根据定位放线安装道路模板，模板高度按设计要求。为防止模板跑模，模板外侧采用钢筋固定。模板接口应平整，模板边沿顺直。

（2）模板安装好后应对其侧模的标高、表面平整、通长顺直度进行复查调整。

3. 混凝土浇筑

（1）混凝土振捣。混凝土铺满刮平后先用插入式振捣棒进行振捣，先两侧后中间，混凝土不能有漏振过度振捣现象。再用平板式振捣器复振，低注部分添加混凝土找平，采用振动梁振出原浆，用直尺刮平，混凝土振捣时随时观察侧模的情况，发现问题应及时纠正。

（2）路面压光。待混凝土略干后用磨浆机磨出面层砂浆，再用定制刮尺进行刮平。路面压光要求至少4遍。待混凝土表面无水膜时进行第一遍人工压光，同时处理好边角及细部，要求压实平整，待混凝土开始凝结即进行分遍抹压面层，压光机压光时不得漏压，将面层压平，在混凝土终凝前完成压光。

4. 路面胀缝设置

胀缝留设间距以 15～20m 为宜，在道路与建构筑物衔接处，道路交叉处必须做胀缝。胀缝必须上下贯通。胀缝应与路面中心线垂直；缝壁上下垂直，缝宽一致；缝隙上部应浇灌填缝料，下部应设胀缝板。

5. 路面养护

路面混凝土养护要派专人负责，并在浇筑完成后 12h 内开始，使路面一直保持湿润状态，养护期一般为 14～21d。

6. 质量验收

按照《电力建设施工质量验收及评定规程 第 1 部分：土建工程》（DL/T 5210.1—2005）的 5.24 有关条款进行质量检查。混凝土场坪、道路表面压光后要求混凝土平整、无抹痕、无接头印、无外露石子，颜色均匀一致。

（二）电缆敷设和标识

1. 电缆敷设

（1）原则。可靠、隐蔽、美观、简洁。

（2）线缆除室内和电缆沟部分外，其余部分均以 PVC 管套护。

（3）PVC 管和各类设备之间的最后一截长度超过 50mm，需要使用带塑料外皮的金属波纹管套接，并用相同颜色的胶带缠好接头，避免小动物进入，例如充电房电源输入接头 PVC 管端点到充电房的这一小段。

（4）PVC 管转弯。PVC 管转角均为 90°，转角方式为弯管器弯管，尽量避免使用直角弯头。

（5）室外电缆出口 PVC 管需要做成向下的弯头，避免进水，例如充电房主电源输入口、室外通信箱电缆输入接口。

（6）电源线路两端余量不小于 0.5m，除两端外任意位置都必须被 PVC 管有效包覆。

（7）电源线路敷设必须尽可能隐蔽，与周围已有线路保持距离并有效固定。

（8）电源线缆埋地深度。距离地面 50cm。

（9）所经过墙、孔都必须用防火泥封堵。

2. 标识

（1）电源线标。在电源线接入位置有明确标识，防止意外操作导致系统不能正常运作。

（2）埋地标识。在变电站内室外场地上，如出现地埋电缆（例如充电房的供电线），则必须在电缆埋设路径地面上做明显的"地埋电缆"标识；标识间隔 5m，如出现转弯，则转弯处添加标识。

（三）微气象及通信 AP 箱安装

1. 安装位置选取

微气象及通信 AP 箱安装位置常选取在站内较高的建筑物上，应避开遮挡物，如选在站内主控楼上。在安装施工时涉及作业人员高处作业的，应按照高处作业的相关规定，做好防止坠落与安全的保护措施。

2. 高处作业

凡在坠落高度基准面 2m 以上（含 2m）有可能坠落的高处进行的作业为高处作业，虽然在 2m 以下，但是作业地段坡度大于 45°的斜坡下面或附近有洞、升降口、坑、井、沟的应视为高处作业。

（1）但凡患有高血压、心脏病、贫血病、癫痫以及其他不适于高处做业务的人员不准登高作业。男职工年满五十五周岁、女职工年满四十五周岁以上，经医生证明体质确实较差，不能适应登高作业者，不应登高作业。

（2）严禁酒后作业。

（3）进入施工现场的人员必须戴安全帽。再安全设施不完备的地方进行登高作业是，必须系上安全带。安全带必须拴在主材或垂直上方牢固的结构上，不得拴在附件上。

（4）6 级强风或其他恶劣的气候条件下，禁止登高作业。抢险需要时，必须采取可靠的安全措施，分管领导要现场指挥，确保安全。

（5）冬季及雨雪天登高作业时，要有防滑措施。

（6）在自然光线补助或者夜间进行高处作业时，必须有充足的照明。

（7）气温在 38℃ 以上时应调整作息时间，避高温或适当缩短露天作业时间。气温在 −10℃ 以下进行露天作业时，施工场所应有取暖的休息室。

（8）登高使用梯子时，首先检查梯子不能缺档，放置要牢稳，不得垫高使用。梯子横档间距以 30cm 为宜。使用上端要扎牢，下端要采取防滑措施。单面梯与地面夹角以 60°～70° 为宜，禁止两人同时在梯上作业。人字梯梯脚两端固定，在通道处使用梯子，应有监护或设置围栏。

（9）暴雨、台风、汛期前后，要检查井架、脚手架、机电设备及电源线路，是否发生倾斜、变形、下沉漏雨的现象，一旦发生，应及时修理加固。

（10）内、外脚手架、脚手片的绑扎及材料规格，必须符合建筑安装工程安全技术规程的要求。多层交作业须张布安全网。对作业部位上的孔、洞、沟、平台必须设置牢固的可靠的盖板、栏杆。

（11）凡高处作业与其他作业交叉进行时，必须同时遵守所有的有关安全作业规定。严禁上下垂直作业，必要时设专用防护棚或其他隔离措施。

（12）高处作业使用的工具、零件、材料等必须装入工具袋，上下是手中不得拿物件；必须从指定的线路上下，不准在高处抛掷材料和工具或是其他物品，不得将易滑、易滚的工具随意放置，零星次材料、零部件等一切易坠落物品，需清理干净，防止落下伤人。上下运输大型零件时，必须采取可靠的起吊工具。

3. 安装及布线

微气象与通信线缆敷设同电源线缆敷设相同。安装国定在设计图中位置，且放置于护墙内侧，要求必须安装牢固。

4. 执行标准及验收

安装验收按照《国家电网公司输变电工程施工工艺管理办法》有关条款进行质量检查。

（四）机器人充电室吊装

1. 吊装注意事项

（1）吊装起重设备需经检验检测机构检测合格，并在特种设备安全监督管理部门登记。

（2）吊装起重设备的操作人员和指挥人员应由专人指挥，起重信号简明、统一、畅通、分工明确。

（3）吊装工作应由有经验的专人负责，作业前向参加工作的人员进行安全技术交底，特别是变电站环境，带电设备保持的安全距离如下：220kV，≥3m；110kV，≥1.5m；35kV，≥0.7m。安全监护人时刻注意防止误碰设备。

（4）禁止与工作无关人员在起吊区域内行走或停留。

（5）现场环境有边坡、基坑不稳定，夜间光线不足，吊具索具有隐患，吊挂连接不牢固禁止起吊。

（6）遇有大雪、大雾、雷雨、6级以上大风不得进行起重吊装作业，当场地照明不足时禁止起吊。

2. 吊装施工作业

（1）机器人充电室由公司统一加工组装并运送至施工现场，待起吊。

（2）机器人充电室吊装使用5t随车吊或是汽车吊。安全监护人、负责人需现场监督，检查吊车各项机械、吊绳以车身及支撑情况，安全可靠后方可进行下一项作业内容。

（3）用吊绳将充电室四个起吊挂钩绑接扎实并锁好安全扣；起吊前，应由工作负责人检查悬吊情况及所吊充电室捆绑情况，可靠方可起吊。充电房稍一离地或支撑物，应再次检查悬吊及捆绑情况，认为可靠后，方可继续起吊。

（4）将充电室平稳吊装至建造好的基座，调整好位置后放稳，收起吊绳将吊车安全撤离变电站。

（5）充电室最后需要使用膨胀螺栓固定，作业完成后需清理现场。

（五）巡检机器人施工

1. 施工准备

（1）材料准备。统计巡检点位、巡检路径，确定所需的巡检相关设备及辅助材料。

（2）机具准备。包括巡检机器人、笔记本电脑、支架。

2. 工艺流程

做好基本安全措施→检查巡检机器人本体、功能→检查巡检机器人路径是否有障碍物→参照设备清单开始巡检施工→检验巡检施工效果→试运行及培训→验收。

3. 施工方法

（1）施工人员入场检查巡检机器人本体，按下开关键后，巡检机器人将进行自我检查，检查是否有异常动作、声音。

（2）通过电脑远程控制巡检机器人，检查巡检机器人各项基本功能，进行逐项检查测试。

（3）检查巡检路线是否有障碍物，清理相关的障碍物，以防止阻挡巡检机器人巡检。

（4）根据变电站提供巡检清单，逐一的寻找观测最优点，进行先关信息（红外、高清、视频、声音）的采集。

（5）每次测量完毕后，进行测量点的检验，保证采集点准确无误。

（6）全站巡检点测量完毕后，进行整体的试运行，检测实施效果，同时对变电站人员进行相关的培训，保证能够熟练掌握巡检机器人的操作。

第三节　施工组织措施

一、组织措施结构图

要求在现场以展板公示。

二、职责与分工

1. 项目经理

（1）贯彻执行国家法律、法规、方针、政策、业主和监理要求，代表公司负责履行本工程合同，负责组织施工，保证产品符合业主和监理要求。

（2）负责建立和管理项目部机构，组织制定规章制度并贯彻实施，明确职责范围。建立健全质保体系和安监、环保及文明施工保障体系，保证其良好运行。

（3）组织并保证施工资源投入，对施工过程中的资料档案收集整理负领导责任。

2. 技术负责人

（1）负责项目实施过程中的施工技术、质量管理及安全监督、工程协调等。

（2）负责各工序技术交底，协助总工解决施工过程中的技术问题。

（3）负责设计变更及图纸、设计文件的发放和管理。

（4）贯彻落实公司的程序文件，负责质量三级检验，负责各种质量记录和试验报告的收集整理、审核工作。

3. 安全负责人

负责安全措施、安全制度、安全行为、安全计划的审查和监督等工作。负责安全管理及现场的安全监察，组织各项安全活动，负责施工人员的安全教育和上岗培训，对工器具及机械设备组织检查试验，检查现场的文明施工。

4. 工作负责人

（1）贯彻实施公司质量、项目质量目标，对各分项、分部的施工质量负直接领导责任。

（2）严格按合同要求组织施工生产，管理和督促承包方质量管理工作的落实，将项目质量保证体系要求延伸到各外协力量及分承包方的工作之中。

（3）领导并组织项目质量目标、质量计划、施工方案的贯彻实施。

（4）负责协调各工程专业、各分包单位交叉施工生产中工序交叉及相配合工作，负责公司内部专业公司的机械调配工作。

（5）负责安排和指导施工现场的安全文明施工工作。

（6）对施工工期负直接领导责任，监督落实项目工程进度计划的执行和完成情况。

5. 现场技术员

（1）负责项目实施过程中的施工技术、质量管理及安全监督、工程协调等。

（2）负责各工序技术交底，协助总工解决施工过程中的技术问题。

（3）负责设计变更及图纸、设计文件的发放和管理。

（4）贯彻落实公司的程序文件，负责质量三级检验，负责各种质量记录和试验报告的收集整理、审核工作。

6. 材料负责人

（1）负责物资供方的调查与评定工作。

（2）负责物资验收和发放工作，建立物资登记。

（3）负责进场物资的验证，保存好原始凭证。

（4）负责进场物资的堆放和防护工作，做到存放整齐、准确、安全。

（5）负责存放物资的安全，确保存放物资完好。

7. 资料负责人

（1）负责文件的接收、登记与保管工作。

（2）负责施工资料的收集、整理和保管工作。

（3）负责竣工资料的整编、移交及归档工作。

（4）完成领导交办的其他工作。

第四节 施工技术措施

一、施工前的准备

（一）开工前准备

（1）工程开工前，项目部立即按本工程的施工组织方案配备人员，开展前期准备工作；施工负责人组织相关部门及相关人员进行现场勘察、图纸会审。

（2）技术负责人组织现场工作人员认真学习本方案和国家电网公司电力安全工作规程有关部分及电气装置安装工程电力施工及验收规范，做好技术交底工作。

（3）根据施工图纸及现场条件编制各分项工程《施工作业指导书》，在各分项工程开工前，由技术负责人向施工人员详细交代工程的施工特点、施工工艺、施工方法、技术措施、规范要求、质量标准及验收标准。

（4）工作负责人按项目部的施工方案，合理安排本班组的人员分工和施工进度。

（5）组建质检小组，对本工程质量和进度进行全过程监督、检查。不符合标准和要求的，要提出整改措施和整改时限，定期复查。建立安装记录，对每道工序的检查结果进行登记，并经安装人员和验收人员确认后备案。

（6）清理施工现场全部杂物，道路通畅，夯实平整，并可承受足够吨位的车辆通过，拆除影响车辆转弯的障碍物。

（7）工作负责人检查防火、防雨、防潮、防尘设施是否齐全。

（二）材料准备

（1）开工前按照合同规定、施工图和材料清册，项目部认真核对物资部门供应的设备材料的规格型号、数量、完好状况，按照进度计划有步骤准备工程所需材料运送施工现场。

（2）采用的设备及器材均应符合国家现行技术标准的规定，并应有出厂技术资料、检测报告、合格证。

（3）所有设备、主材的合格证、检验证及出厂技术资料均由资料员在现场开箱验收中统一登记和保存。

（4）根据工作的实际情况准备好工器具，并检查其状态、性能，保证其处于良好的工作状态，并做好记录。

（5）工作负责人应指定专人负责管理并妥善存放好设备材料和工器具，施工现场物品摆放合理、整齐，现场无多余的杂物。

（三）主要质量控制点及措施

质量方针及目标为质量第一、客户至上、诚信取胜、服务至优、遵章守纪、打造品牌。工程竣工一次验收合格；保修服务履约率100%；顾客满意率95%。

（1）建立健全质量管理体系建立以项目经理为首的质量管理网络；项目工地设专职质检员，各施工队设兼职质检员。

（2）认真执行我公司一整套成熟的、行之有效的质量管理制度。

（3）按公司《质量保证手册》《质量体系程序》《质量管理作业文件》的要求，确保质量管理机构有效正常运转。

（4）实行质量检验计划制度。每月根据月度施工计划，编制月度质量验收计划。质检人员应根据计划要求提前做好准备。

（5）强化三级验收管理制度，实行班组自检、施工队复检、项目工地验收的三级质检网络。各级质检人员必须做到不漏检、不错检。对验收不合格的项目要及时整改，决不给工程留下丝毫隐患。

（6）层层建立和落实工程质量责任制。建立从施工队长、班组长到项目经理、技术负责的各级质量责任制，发生质量问题要层层追究责任。

（7）坚持"三会""二查""一考核"（"三会"：施工队每月一次质量分析会，项目工地每周一次质量例会，发现质量问题立即召开现场分析会。"二查"：项目工程质量部每月组织一次质量大检查，专业项目部每周组织一次质量大检查。"一考核"：项目工程质量部一月一次对专业项目部的全面考核）。

（8）在施工过程中，实行"三集一定"（集中领料、集中下料、集中运输、定点放置）工作法，保持良好的施工环境。

（9）强化施工质量、施工工艺的管理，消除施工中的质量通病。增强成品保护意识，防止二次污染，做好专业间工序交接，做到下一道工序不破坏不污染上一道工序的成品。坚决实行谁污染、谁破坏、处理谁的制度。对易造成破坏及污染的项目，施工单位必须制定防止破坏、污染的措施，确保成品、设备不被污染破坏。

（10）施工中做好施工技术记录和施工资料的收集、整理，单位工程验收后将资料移交甲方。工程移交后及时把应提供的资料全部移交完，并做到内容完整、字迹清晰、数据准确的要求。

（11）针对本工程施工特点，做好职工的上岗培训，不合格的不能上岗。特殊工种必须持证上岗，并定期进行复查。

二、施工

（一）水泥砂浆地面

1. 清理基层

将基层表面的积灰、浮浆、油污及杂物清扫掉并洗干净，明显凹陷处应用水泥砂浆或细石混凝土垫平，表面光滑处应凿毛并清刷干净。抹砂浆前 1d 水湿润，表面积水应予排除。

2. 冲筋、贴灰饼

根据墙面弹线标高，用 1∶2 干硬性水泥砂浆在基层上做灰饼，大小约 50mm 见方，纵横间距约 1.5m。有坡度的地面，应坡向地漏一边。如局部厚度薄于 10mm 时，应调整其厚度或将高出的局部基层凿去部分。

3. 配制砂浆

面层水泥砂浆的配合比宜为 1∶2.5，稠度不大于 35mm，强度等级不应小于 M15。使用机械搅拌，投料完毕后的搅拌时间不应少于 2min，要求拌和均匀，颜色一致。

4. 铺抹砂浆

灰饼做好待收水不致塌陷时，即在基层上均匀扫素水泥浆一遍，随扫随铺砂浆。若待灰饼硬化后再铺抹砂浆，则应随铺砂浆随找平，同时把利用过的灰饼敲掉，并用砂浆填平。

5. 找平、压头遍

铺抹砂浆后，随即用刮尺或木杠按灰饼高度，将砂浆找平，用木抹子搓揉压实，将砂眼、脚印等消除后，用靠尺检查平整度。抹时应用力均匀，并后退着操作。待砂浆收水后，随即用铁抹子进行头遍抹平压实至起浆为止。如局部砂浆过干，可用扫帚稍洒水；如局部砂浆过稀，可均匀撒一层 1∶1 干水泥砂（砂需过 3mm 筛孔）来吸水，顺手用木抹子用力搓平，使互相混合。待砂浆收水后，再用铁抹子抹压至出浆为止。

6. 二遍压光

在砂浆初凝后进行第二遍压光，用钢抹子边抹边压，把死坑、砂眼填实压平，使表面平整。要求不漏压，平面出光。有分格的地面，压光后，应用溜缝抹子溜压，做到缝边光直，缝隙明细。

7. 三遍压光

在砂浆终凝前进行，即人踩上去稍有脚印，用抹子压光无抹痕时，用铁抹子把前面留下的抹纹全部压平、压实、压光，达到交活的程度为止。

8. 养护

视气温高低的面层压光交活 24h 内，铺锯末或草袋护盖，并洒水保持湿润，养护时间不少于 14d。

（二）电缆敷设及电缆头制作

（1）敷设前按要求检查型号、规格、电压，电缆外观无损伤，绝缘良好。敷设时电缆不得有铠装压扁、电缆拧绞、护层折裂等未消除的机械损伤。

（2）电缆排管在敷设前应进行疏通，清除杂物。

（3）电缆通道畅通排水良好金属部分的防腐层完整。

（4）电缆放线架应放置稳妥钢轴的强度和长度应与电缆盘重量和宽度相配合。

（5）敷设前应按设计和实际路径计算每根电缆的长度合理安排每盘电缆减少电缆接头。

（6）电缆的最小弯曲半径应大于 20 倍的电缆直径。

（7）制作电缆终端应由经过培训并考试合格的持证人员操作。

（8）制作前应熟悉安装工艺，检查电缆绝缘是否完好，有无受潮，绝缘材料不得受潮。

（9）电缆附件规格应与电缆一致，零件齐全无损坏，密封材料不得失效。

（10）制作终端时，从剥切电缆开始应连续操作直至完成，缩短绝缘暴露时间，剥切电缆时不应伤及线芯及保留的绝缘层，附加绝缘的包绕装配应清洁。

第五节　施工安全措施

一、安全组织措施

（1）工作负责人办理工作票并提前一天将工作票送达运行单位。

（2）全体施工人员必须经过中标建设单位组织的安全考试合格后，方可参加工作，未经安全教育或安全考试不合格人员不准进入施工现场。

（3）严格执行领导及管理人员到岗到位制度，应到岗到位人员及安全监护人没有到达作业现场，不得进行施工作业。

（4）施工作业前由工作负责人和安全监护人一同检查、确认现场安全措施。每天工作前必须重新检查、确认现场安全措施是否发生变动。

（5）施工人员进入工作现场前由到岗到位人员监督召开班前会，工作负责人向全体施工人员进行安全技术、环境保护交底，交代当日工作任务和安全注意事项。

（6）得到运行单位工作许可后，由到岗到位人员监督工作负责人带领施工人员列队进入施工现场，由工作负责人宣读工作票，交代现场安全措施，工作班成员无疑问后履行签字确认手续。

（7）所有施工人员必须遵守换流站安全管理规定。

（8）工作负责人、安全监护人应认真履行监护职责，不得脱岗，若需短时应指定临时负责人。

二、安全技术措施

（1）所有施工人员必须正确使用和佩戴安全防护用品，危险作业前由安全监护人监督，严格进行"三查"活动，"三查"不过关不许工作。

（2）严格安全设施管理，已装设的安全措施，未经运行单位和安全监护人许可严禁移动或拆除。

（3）安全监护人要始终在现场进行巡视检查，发现违章指挥、违章作业及时纠正和考核，发现事故隐患要及时组织消除。

（4）严格服从运行变电站的安全管理规定，由运行人员将所有安全措施布置完成后方可施工，送电前必须对接线回路进行确认。

（5）拆除或移动设备时，防止设备损坏。

（6）与运行值班员沟通做好反事故措施。

（7）现场工作前，现场安全人员应了解现场设备情况及设备周围带电情况，保证施工车辆及工作人员跟周围带电设备的安全距离（表2-4-5-1），施工地点应悬挂"在此工作"标识牌，装设围栏。

表2-4-5-1 设备不停电时的安全距离

电压等级/kV	安全距离/m
66、110	1.50
500	5.00
750	8.00

三、施工危险点安全防范措施

1. 防止触电伤害

（1）对电气设备及线路应实施自动检查或定期检查（如受电盘及分电盘的动作试验、用电设备绝缘情况、接地电阻、自备屋外配电线路等应每年定期检查一次）。

（2）非合格的电气技术人员严禁接拆电气线路、插头、插座、电气设备、电灯等。

（3）电气技术人员必需按照安全操作规程操作电器设备与供电配。

（4）电气设备应有可靠的接地。

（5）一切线路敷设必须按技术规程进行，按规范保持安全距离，距离不足时，应采取有效措施进行隔离防护。

（6）根据不同的环境，正确选用相应额定值的安全电压作为供电电压。安全电压必须由双绕组变压器降压获得。

（7）带电体之间、带电体与地面之间、带电体与其他设施之间、工作人员与带电体之间必须保持足够的安全距离，距离不足时，应采取有效的措施进行隔离防护。

（8）在有触电危险的处所或容易产生误判断、误操作的地方，以及存在不安全因素的现场，设置醒目的文字或图形标志，提醒人们识别、警惕危险因素。

（9）采取适当的绝缘防护措施将带电导体封护或隔离起来，使电气设备及线路能正常工作，防止人身触电。

（10）采用适当的保护接地措施，将电气装置中平时不带电，但可能因绝缘损坏而带上危险的对地电压的外露导电部分（设备的金属外壳或金属结构）与大地作电气连接，减轻触电的危险。

（11）选用合格的电动手工具，妥善保管，正确使用。

（12）电源点应设置漏电开关，每次使用前需测。

（13）发电机、电焊机等金属外壳需可靠接地。

2. 防止物体打击伤害

（1）进入现场的人员戴安全帽。

（2）作业区域临空面必须设置围栏或安全绳，必须系安全。

（3）高处作业人员应佩戴工具袋，较大的工具应系保险绳，用绳、袋等方法传递物品，严禁抛掷。

（4）使用梯子登高作业时，梯脚有可靠的防滑措施，梯顶端与构筑物靠牢或绑牢。防止因梯子的位移而造成的危险。

3. 防火

（1）施工现场消防器材齐全，布置合理，施工现场严禁吸烟，随时注意防火，并使施工人员熟练掌握灭火设备的使用方法。

（2）施工现场使用电气及电动工具必须遵守安全用电规定，严禁私自拉线和接大功率用电设备。

（3）使用氧气、乙炔、电焊机、切割机等带火星的机械时，动火工作应办理动火票，严禁无票工作，进行特种作业的操作人员必须持有特殊工种上岗证。

（4）施工现场氧气、乙炔等气瓶的管理实行定点放置，设置金属防护围栏，氧气、乙炔汽瓶的相隔距离在6m以上，放置区域与动火区域保持安全距离。

4. 防止中毒

进入电缆井、电缆隧道前，应先用吹风机排除浊气，再用气体检测仪检查井内或隧道内的易燃易爆及有毒气体的含量是否超标，并做好记录。电缆沟的盖板开启后，应自然通风一段时间，经测试合格后方可下井沟工作。

5. 防止车辆运输事故伤害

装运超长、超重或重大物件时，应遵守下列规定：

（1）物件中心与车厢承重中心基本一致。

（2）易滚动的物件顺其滚动方向用木楔掩牢并捆绑牢固。

（3）押运人员应加强途中检查，防止捆绑松动；通过山区或弯道时，防止超长部位与山坡或树木碰刮。

第六节 环境保护措施

一、保持现场清洁整齐

（1）施工开始前必须准备好有关设备。施工班组内部要按照每天的作业计划把设备妥善放置到工作现场，做到当天用当天清，保持现场清洁。

（2）工具摆放要求定位管理。试验设备一定要摆放整齐成形，标识清楚，排放有序，并要求符合安全防火标准。现场工具、材料应有专人保管，并做到每天记录检查，严禁随手丢弃。

（3）现场工作间、休息室、工具室要始终保持清洁、卫生、整齐，整个现场要做到一日一清、一日一净。

（4）现场文明施工责任区划分明确，并设有明确标记，便于检查、监督。

（5）施工工序安排合理，衔接紧密，做到均衡施工。

每道工序完成后，要做到"工完、料尽、场地清"。

（6）现场资料档案管理有序，相关施工措施、施工图纸、报告、记录、验收标准等有关技术资料齐全，存放于指定的资料柜内，保管妥善，便于查阅。

（7）施工区内道路畅通，定时维修，清扫；施工作业区域按现场总平面管理办法，实行卫生负责制，落实到部门严格执行。

（8）现场卫生设施、保健设施、饮水设施要自觉保持清洁和卫生。

二、文明施工

（1）加强教育，遵纪守法，尊重当地民俗民规，与当地群众搞好关系，防止不法行为的发生。

（2）现场施工人员必须按规定着装，进入高空作业现场，必须正确佩戴安全帽。

（3）各班组间应协调好工作，密切配合，工作班成员明确工作内容、工作流程、安全措施、工作中的危险点并履行确认手续，相互关心施工安全，服从命令，听从指挥。

三、保护环境

（1）加强对入场员工的环保教育，让员工树立环境保护观念，自觉按环保要求开展工作。项目工地在环保方面进行合理投资。

（2）减少有害气体措施。不允许在工地上燃烧杂物、废油，选用合格的油漆等化工产品。

（3）如施工时车辆及其他设备产生废油，则废油应集中放在有特定标志的油罐中，不乱倒、乱燃。严禁污染当地水源。

（4）采取一切合理措施，避免污染、噪声等，保护工地及周围的环境。

（5）禁止在设备区、控制室用餐，剩菜剩饭要自觉放入指定的垃圾桶内。

（6）自觉保护设备、构件、地面、墙面的清洁卫生和表面完好，防止"二次污染"和设备损伤。

第七节 应 急 预 案

一、安全生产事故应急处理的原则

（1）坚持"安全第一、预防为主，综合治理"的方针，加强电力施工安全管理，落实事故预防和隐患控制措施，防患于未然，做好应对电网大面积停电事件的各项准备工作。

（2）快速反应先期处置，建立健全"上下联动、区域协作"的快速响应机制，加强与相关单位和政府的沟通协调，整合内外应急资源，协同开展电网大面积停电事故处置工作。

（3）应急救援行动优先，先救人，保证人员安全的前提下再组织抢救财产。

二、安全生产事故应急救援方针

安全第一，预防为主；统一指挥，分级负责；救死扶伤，消除危险。

三、应急领导小组职责与分工

1. 项目部安全生产事故应急处理工作小组职责

（1）负责贯彻落实国家有关事故应急救援与处理的法律、法规及公司有关规定。

（2）接受地方政府与上级应急处理指挥部的领导，负责针对特定的对社会有重大影响的自然灾害和突发性公共灾害，如防汛、抗震救灾、预防传染病、突发事件处置等的组织领导，按照公司的要求，开展本工程的抢险、救灾、处置突发性事件等工作，向上级部门通报事故抢险及应急处理进展情况。

（3）负责在建项目安全生产事故应急处理中与社会各界的通信、协调与联系。

（4）结合施工生产的具体情况，编制现场的专项安全事故应急救援与处理方案，组织现场应急处理预案的演习训练和相关知识的培训。对突发的安全生产事故实施应急救援和及时处理。处理的事故范围包括重大人员伤亡、重大设备事故等。

2. 项目部工作人员职责

（1）安全人员负责安全生产事故突发时的卫生防疫和受伤职工群众的救援指导工作。

（2）安全技术人员负责安全生产事故应急处理技术措施的制订及现场指导。

（3）信息员负责安全生产事故应急处理时人力资源的调度。

（4）驾驶员要保证安全生产事故处理时所需的车辆运行正常及特殊设备的运输供应及时。

（5）后勤人员负责项目办公区域安全事故的发生时的人员撤离疏导工作。

（6）安监人员负责本工作场所范围内的专项安全生产事故应急预案制定及负责安全生产事故应急救援物资的准备。

四、应急准备

1. 人员准备

（1）成立项目部安全生产事故应急处理工作小组。

（2）安全监理组织全体项目人员进行安全生产事故应急处理能力的培训，发生不可预见的突发性重大安全隐患时（如高致命性传染病的发生）进行预防及处理措施的紧急公示。

2. 交通、通信、通信联络设备准备

（1）车辆交通准备：项目部指定本单位的应急指挥车辆一辆。

（2）通信运行原则：短途服从长途，下级服从上级，一般服从紧急，一切服从于救援抢险需要。

（3）项目部安全生产事故应急处理工作小组所有成员确保手机 24h 开机。

五、应急响应

1.报警与接警

安全事故发生时，安全生产事故应急处理工作小组成员立即将事故情况如实汇报公司安全生产事故应急处理领导小组，并尽快展开自救方案。项目安全生产事故应急处理小组接到报警立即采取有效措施，组织抢救，防止事故扩大，减少人员伤亡和财产损失。根据事故救援的需要，确定是否同社会有关单位、部门联系，取得社会的援助。

2.现场指挥与控制

事故发生后，安全生产事故应急处理工作小组立即针对事故的类型启动专项应急预案，根据事故的紧急状态、迅速有效地进行应急响应决策。建立现场工作区域，确定重点保护区域和应急行动的优先原则，合理有效的调配和使用应急救援物资，指挥和协调现场的救援活动。

3.通信联络

事故发生后，安全生产事故应急处理工作小组立即利用通信联络设备与公司的安全生产事故应急处理领导小组和社会救援机构取得联系，取得应急救援的外部援助。事故应急处理期间应保持通信联络畅通。

4.事态监测

在应急救援过程中，安全生产事故应急处理工作小组应指派专人对事故进行调查，及时进行动态的监测，为应急救援和应急恢复行动的决策提供准确的信息。

5.人员疏散与安置

在事故发生时，如果需要人员紧急撤离，安全生产事故应急处理工作小组应指派专人组织人员按照既定的疏散路线向指定的疏散区域撤离。如果应急救援工作危险性极大，依据安全预防措施、个体防护等级、事态监测结果等条件，确定应急人员的紧急撤离条件，保证应急人员的安全。

6.医疗与卫生

事故发生后，组织受伤人员的救护、安排卫生防疫的有关工作，同时取得当地急救中心的援助。

7.现场恢复

事故被控制住以后，相应的安全生产事故应急处理工作小组在充分考虑现场恢复过程中潜在的危险，保持事态监测的条件下，开展恢复生产的各项工作。

六、物体打击伤害事故现场应急处置方案

（一）应急领导小组

略。

（二）发生物体打击事故的应急处理程序和措施

1.处理程序

（1）事故发生后先脱离打击物，防止反复打击加重

伤害程度。然后观察伤员受伤情况，伤势轻微者可自行救治。如发现轻伤及以上者必须立即拨打 120 急救中心电话请求援助。在有车辆的情况下，也可立即将伤者直接送往就近医院。

（2）送往医院前发现创伤应先抢救，后固定，再搬运，并注意采取措施，防止伤者加重或感染。

（3）救护工作应尽快交由医务工作者进行。

（4）最后的诊断和判定要由医务人员进行。

2.措施

（1）抢救前先使伤员安静平躺，判断全身情况和受伤程度，如有无出血、骨折和休克等。

（2）外部出血时应立即采取止血措施（最好使用止血带或三角巾），防止失血过多而休克。外观无伤，但呈现休克状态，神志不清或昏迷者，要考虑内脏或脑部受伤的可能。

（3）防止和感染，应用清洁布片覆盖。救护人员不得直接用手接触伤口，更不得在伤口填塞任何东西或随便用药。

（4）搬运时应使伤员平躺在担架上，腰部束在担架上，防止跌下。平地搬运时伤员头部在后，上下坡时头部在上，搬运中应严密观察伤员，防止伤情突变。

（5）肢体骨折可用夹板，木棍或竹竿等将断骨上下方两个关节固定，避免骨折部位移动，减少疼痛，防止伤势恶化。开放性骨折应先止血再固定。

（6）出现颅外伤者，伤员应采取平卧位置，保持气道通畅。若有呕吐，应扶好头部和身体同时侧转，防止呕吐物造成窒息。

七、触电事故应急预案

（一）应急领导小组

略。

（二）发生触电事故的应急处理程序和方案

1.处理程序

触电事故发生时，在场的负责人要立即安排人员向应急领导小组报告，并负责现场指挥抢救伤员，如需外界有关部门救援时，应立即拨打急救中心电话：120。紧急救护的原则是采取积极措施，保护伤员生命，减轻伤情，把事故损失降低到最小。

（1）触电急救必须分秒必争，操作正确。要根据伤情需要迅速联系医院进行救治。在医护人员到来之前，做最大能力的抢救，不得有任何拖延而导致伤员病情加重的行为。

（2）脱离电源，首先要使触电者迅速脱离电源，将触电者与接触的部分带电设备的开关、刀闸或带电设备脱离。在脱离电源的过程中，救治人员即要救人又要保护自己不触电。救治人员不要用手直接触及伤员，要使用绝缘工具、干燥的木棒、木板绳索等不导电的物体解救触电者；救护人员也可以站在绝缘垫上或木板上进行自我保护。如果触电者处于高处，脱离电源后，会有高

处坠落，因此要采取预防措施。

（3）伤员脱离电源后的处理。如果伤员神志清醒，应使其平躺，严密观察，应呼叫伤员或轻拍其肩部，以判断伤员是否丧失神智，禁止摇动伤员头部呼叫伤员。判定伤员神智是否丧失，应在 10s 内用看、听、试的方法后，仍无脉搏动时，可判定呼吸停止，这时应立即用心肺复苏法进行救治。

2. 救治方法

（1）通畅气道。

（2）做人工呼吸。

（3）胸部按压。

在医护人员未接替救治前不能终止救治。

八、火灾应急措施

（一）应急领导小组

略。

（二）发生火灾事故的应急处理程序和方案

1. 发生火灾处理原则

一旦发现火情，项目部全体职工和消防队员，应有条不紊地按照预先制定的扑火方案进行。必须迅速及时地将火扑灭，把损失控制在最低限度。

2. 报警

（1）向内部报警时，报警人员应叙述出事地点、情况、报警人姓名。

（2）向外部报警时，报警人应详细准确报告出事地点、单位、电话、事态现状及报告人姓名、单位、地址、电话。

（3）报警完毕报警员应到路口迎接消防车及急救人员的到来。

3. 救火

（1）组织经培训的作业人员按应急方案立即进行自救，用灭火器灭火，用消防桶提水，使用铁锹铲土等力争在火灾初起阶段，将火扑灭。若事态严重，难以控制和处理，应在自救的同时向专业救援队求助。

（2）在组织扑救的同时，组织人员清理、疏散现场人员和易燃易爆、可燃材料。

（3）疏通事故发生现场的道路，保持消防通道的畅通，保证消防车辆通行及救援工作顺利进行。

（4）值班车做好备勤工作，把受伤人员及时送医院治疗。

4. 现场发生火灾事故后的注意事项

（1）现场出现火险或火灾时要立即组织现场人员进行扑救，救火方法要得当。

（2）油料起火不宜用水扑救，可用泡沫灭火器或采用隔离法压灭火源。

（3）电气设备在起火时，应尽快切断电源。用二氧化碳灭火器灭火，千万不要盲目向电器设备上泼水，这样容易造成触电、短路爆炸等并发性事故。

第八节　变电站机器人巡检系统验收

一、概述

（一）相关技术标准

（1）《带电设备红外诊断应用规范》（DL/T 664）。

（2）《视频安防监控系统技术要求》（GA/T 367—2001）。

（3）《变电站机器人巡检系统验收规范》（DL/T 1846—2018）。

（二）相关专业术语

（1）变电站机器人巡检系统（robot inspection system in substation）：由电站巡检机器人、变电站机器人监控系统、机器人室等部分组成，可通过全自主或遥控模式进行变电站巡检作业或远程视频巡视和指导的变电站巡检系统。

（2）变电站巡检机器人（robot for substation inspection）：由移动载体、通信设备和检测设备等组成，采用遥控或全自主运行模式，用于变电站设备巡检作业的移动巡检装置（简称机器人）。

（3）变电站机器人监控系统（robotic monitoring and control system in substation）：由电站机器人本地监控系统和远程监控系统组成，用于监控变电站巡检机器人运行的计算机系统（简称监控系统）。

（4）变电站机器人本地监控系统（local robotic monitoring and control system in substation）：由监控主机、通信设备、监控分析软件和数据库等组成，安装于变电站本地，用于监控变电站巡检机器人运行的计算机系统（简称本地监控系统）。

（5）变电站机器人远程监控系统（remote robotic monitoring and control system in substation）：安装于运维班驻地等场所，用于监控多个变电站巡检机器人的计算机系统（简称远程监控系统）。

（6）机器人室（robot room）：变电站巡检机器人完成自主充电的场所。

二、验收内容及标准

变电站机器人巡检系统验收内容主要包括技术资料完整性、信息安全指标、性能指标、监控系统应用、施工质量、售后服务、巡检覆盖率和表计数字识别率，但不局限于以上部分。

变电站机器人巡检系统设备巡检查设置可参见 DL/T 1846—2018 附录 A 执行，验收标准可参见 DL/T 1846—2018 附录 B 执行。

三、验收流程

（一）施工单位自验收

（1）变电站机器人巡检系统安装、调试完成后应由施工单位自验收。

（2）施工单位自验收时应符合招标文件协议的规定，确保满足变电站机器人巡检系统的各项技术。

（3）施工单位自验收合格后，应填写自验收报告，向设备运维管理单位提出验收申请。自验收报告参见 DL/T 1846—2018 附录 C 执行。

（二）运维单位预验收

（1）设备运维管理单位接到施工单位验收申请后一周内应组织验收，验收前，由施工单位准备验收报告（施工记录资料、调试报告、定位测试记录、巡检点问题统计表、红外测温报告、培训记录报告、信息安全检测报告）。验收时，由设备运维管理单位组织验收，对验收报告进行现场核对，确认自验收报告的合法性和准确性，应对系统功能、设备性能、运行数据及分析结果进行记录，确认变电站机器人巡检系统符合产品技术文件、工程技术和相应标准规范要求，并参见本规范及相应的验收评价表（DL/T 1846—2018 附录 B）逐项验收，填写预验收报告（DL/T 1846—2018 附录 D）。

（2）预验收报告内容应包括变电站机器人巡检系统概况，技术资料完整性、信息安全指标、性能指标、监控系统应用、施工质量、售后服务、巡检覆盖率和表计数字识别率等验收情况，存在的问题及整改意见等。

（3）施工单位根据预验收记录及预验收报告进行整改，并填写验收问题整改记录。验收问题整改记录可参见 DL/T 1846—2018 附录 E 执行。

（三）试运行

（1）变电站机器人巡检系统通过预验收后应进行不少于一个月的试运行，考核系统功能正确性、运行可靠性、数据准确性，并每周填写试运行记录。试运行记录参见 DL/T 1846—2018 附录 F 执行。

（2）试运行合格后，由设备运维管理单位向省（自治区、直辖市）电力公司提出交接验收申请。

（3）试运行期间，机器人巡视不能代替正常的人工巡视。

（四）交接验收

（1）省（自治区、直辖市）电力公司接到设备运维管理单位验收申请后一周内组织交接验收，对系统功能和技术要求进行确认，合格后向上级单位报送验收报告。

（2）验收报告内容应包括变电站机器人巡检系统概况，技术资料完整性、信息安全指标、性能指标、监控系统应用、施工质量、售后服务、巡检覆盖率和表计数字识别率等验收情况，存在的问题及整改意见等。验收报告参见 DL/T 1846—2018 附录 G 执行。

四、验收要求

（1）变电站机器人巡检系统指标应满足验收评价表要求，对变电站室外设备的巡检覆盖率、设备表计数字识别率应达到 100%。施工单位对验收中发现的问题应立即整改，直至验收合格。

（2）各级单位应依据验收评价表逐台设备、逐个项目验收，逐站填写验收报告。

（3）验收应采用资料审查、监控系统核查、现场测试等方式逐项核实和测试，验收过程应全程录像，并存档。

（4）信息安全验收应与机器人验收同步开展。

五、变电站机器人巡检系统设备巡检点

（一）标准巡检点位配置原则

（1）巡检点位库设备类型包括油浸式变压器（电抗器）、断路器、组合电器、隔离开关、电流互感器、电压互感器、避雷器、并联电容器、干式电抗器、母线及绝缘子、穿墙套管、电力电缆、消弧线圈、高频阻波器、耦合电容器、高压熔断器、接地装置、端子箱及检修电源箱、站用变压器、站用交流电源系统、设备构架、辅助设施、土建设施、独立避雷针、串联补偿装置、中性点隔直（限直）装置 26 类。

（2）识别类型包括表计读取、位置状态识别、设备外观查看（数据自动判断）、设备外观查看（可见光图片保存）、红外测温、声音检测 6 类。

（3）数据保存类型包括红外＋可见光图片、可见光图片、音视频 3 类。

（4）红外测温发热类型包括电流致热型、电压致热型 2 类。

（二）巡检点位设置原则

（1）表计类均应设点，并可识别实际结果。

（2）存在位置状态变化的设备均应设点，并可识别位置状态。

（3）设备外观均应设点，包括户外机构箱、端子箱等，并保证清晰度、完整度，必要时可增加取点。如主变压器元件较多，应对所有元件单独设点。注油设备应对地面设点。根据设备实际情况，设备外观察看可分为主变压器呼吸器硅胶、端子箱、机构箱箱门等可识别以及不可识别。

（4）巡检查应覆盖全站挂空情况，监测挂空异物。

（5）充油设备应拍摄地面高清图像，记录漏油情况。

（6）电气设备以及设备接头均应设点进行红外测温，保证点位清晰度、完整度，并可识别设备以及接头温度。

（7）柱形设备应至少从 2 个方向进行高清外观拍摄和红外测温，测温点总数不少于 2 个，且方向不同。

（8）主变压器、电抗器、电容器等方形大型设备，单侧测温不能完整覆盖，巡检时至少从 3 个方向进行高清外观拍摄和红外测温，以保证各方向均可覆盖。

（9）为保证测温精确性和快速性，可采用红外普测和精确测温相结合。

（10）主变压器声音检测应设多点，结合整体巡检过程进行，保证各方位的声音检测。对于全站一次设备，外观应遵循 360°无死角、全覆盖原则。

变电站机器人巡检系统设备巡检点见表 2-4-8-1～表 2-4-8-26。

表 2-4-8-1　　　　　　　　　　　　　　　油浸式变压器（电抗器）

序号	小 类 设 备	点 位 名 称	识 别 类 型	表计类型	保存类型
1	油浸式变压器（电抗器）本体	油浸式变压器（电抗器）全景	红外测温＋设备外观查看（可见光图片保存）	—	红外＋可见光图片
2	油浸式变压器（电抗器）本体	油浸式变压器（电抗器）地面油污全景	设备外观查看（可见光图片保存）	—	可见光图片
3	油浸式变压器（电抗器）本体	油浸式变压器（电抗器）本体油位	表计读取	油位表	可见光图片
4	油浸式变压器（电抗器）本体	油浸式变压器（电抗器）油温表	表计读取	温度表	可见光图片
5	油浸式变压器（电抗器）本体	油浸式变压器（电抗器）绕组油温表	表计读取	温度表	可见光图片
6	油浸式变压器（电抗器）本体	油浸式变压器（电抗器）噪声采集	声音检测	—	音视频
7	油浸式变压器（电抗器）本体	铁芯、夹件、绝缘子	设备外观查看（可见光图片保存）	—	可见光图片
8	油浸式变压器（电抗器）本体端子箱	油浸式变压器（电抗器）本体端子箱门开合	设备外观查看（可见光图片保存）	—	可见光图片
9	油浸式变压器（电抗器）储油柜	油浸式变压器（电抗器）储油柜全景	红外测温＋设备外观查看（可见光图片保存）	—	红外＋可见光图片
10	油浸式变压器（电抗器）气体继电器	油浸式变压器（电抗器）气体继电器	设备外观查看（可见光图片保存）	—	可见光图片
11	油浸式变压器（电抗器）断流阀	油浸式变压器（电抗器）断流阀	设备外观查看（可见光图片保存）	—	可见光图片
12	油浸式变压器（电抗器）呼吸器	油浸式变压器（电抗器）呼吸器	设备外观查看（数据自动判断）	—	可见光图片
13	油浸式变压器（电抗器）有载	油浸式变压器（电抗器）有载油位	表计读取	油位表	可见光图片
14	油浸式变压器（电抗器）有载	油浸式变压器（电抗器）有载调压挡位表	表计读取	挡位表	可见光图片
15	油浸式变压器（电抗器）有载过滤装置柜	油浸式变压器（电抗器）有载过滤装置柜	设备外观查看（可见光图片保存）	—	可见光图片
16	油浸式变压器（电抗器）冷却系统	油流继电器	表计读取	油位表	可见光图片
17	油浸式变压器（电抗器）冷却系统	油浸式变压器（电抗器）散热片	设备外观查看（可见光图片保存）	—	可见光图片
18	油浸式变压器（电抗器）冷却系统	油浸式变压器（电抗器）冷却器风扇	设备外观查看（而见光图片保存）	—	可见光图片
19	油浸式变压器（电抗器）消防注氮管路	油浸式变压器（电抗器）消防注氮管路	设备外观查看（可见光图片保存）	—	可见光图片
20	油浸式变压器（电抗器）冷却器控制箱	油浸式变压器（电抗器）冷却器控制箱门开合	设备外观查看（可见光图片保存）	—	可见光图片

续表

序号	小 类 设 备	点 位 名 称	识 别 类 型	表计类型	保存类型
21	油浸式变压器（电抗器）排油注氮控制箱	油浸式变压器（电抗器）排油注氮控制箱门开合	设备外观查看（可见光图片保存）	—	可见光图片
22	油浸式变压器（电抗器）智能控制柜	油浸式变压器（电抗器）智能控制柜门开合	设备外观查看（可见光图片保存）	—	可见光图片
23	油浸式变压器（电抗器）排油注氮阀	油浸式变压器（电抗器）排油注氮阀	设备外观查看（可见光图片保存）	—	可见光图片
24	油浸式变压器（电抗器）潜油泵	油浸式变压器（电抗器）潜油泵	设备外观查看（可见光图片保存）	—	可见光图片
25	油浸式变压器（电抗器）气体在线监测仪	油浸式变压器（电抗器）气体在线监测仪	设备外观查看（可见光图片保存）	—	可见光图片
26	油浸式变压器（电抗器）导气管	油浸式变压器（电抗器）导气管	设备外观查看（可见光图片保存）	—	可见光图片
27	油浸式变压器（电抗器）油流继电器油位	油浸式变压器（电抗器）油流继电器油位	设备外观查看（可见光图片保存）	—	可见光图片
28	油浸式变压器（电抗器）套管绝缘子	油浸式变压器（电抗器）套管绝缘子	红外测温＋设备外观查看（可见光图片保存）	—	红外＋可见光图片
29	油浸式变压器（电抗器）套管油位	油浸式变压器（电抗器）套管油位	表计读取	油位表	可见光图片
30	油浸式变压器（电抗器）套管引线接头	油浸式变压器（电抗器）套管引线接头	红外测温＋设备外观查看（可见光图片保存）	—	红外＋可见光图片
31	油浸式变压器（电抗器）套管引线接头	油浸式变压器（电抗器）套管引线接头	红外测温＋设备外观查看（可见光图片保存）	—	红外＋可见光图片
32	油浸式变压器（电抗器）套管油位	油浸式变压器（电抗器）套管油位	表计读取	油位表	可见光图片
33	油浸式变压器（电抗器）套管末屏	油浸式变压器（电抗器）套管末屏	红外测温＋设备外观查看（可见光图片保存）	—	红外＋可见光图片
34	油浸式变压器（电抗器）套管电流互感器端子盒	油浸式变压器（电抗器）套管电流互感器端子盒	红外测温＋设备外观查看（可见光图片保存）	—	红外＋可见光图片
35	油浸式变压器（电抗器）中性点套管	油浸式变压器（电抗器）中性点套管电流互感器端子盒	红外测温＋设备外观查看（可见光图片保存）	—	红外＋可见光图片
36	油浸式变压器（电抗器）中性点接地隔离开关	油浸式变压器（电抗器）中性点接地隔离开关	位置状态识别	—	可见光图片
37	油浸式变压器（电抗器）中性点放电间隙	油浸式变压器（电抗器）中性点放电间隙	红外测温＋设备外观查看（可见光图片保存）	—	红外＋可见光图片
38	油浸式变压器（电抗器）中性点避雷器	油浸式变压器（电抗器）中性点避雷器	设备外观查看（可见光图片保存）	—	可见光图片
39	油浸式变压器（电抗器）中性点避雷器	油浸式变压器（电抗器）中性点避雷器泄漏电流表	表计读取	泄漏电流表	可见光图片
40	油浸式变压器（电抗器）穿墙套管	油浸式变压器（电抗器）穿墙套管	红外测温＋设备外观查看（可见光图片保存）	—	红外＋可见光图片

续表

序号	小 类 设 备	点 位 名 称	识 别 类 型	表 计 类 型	保 存 类 型
41	油浸式变压器（电抗器）油色谱在线监测装置柜	油浸式变压器（电抗器）油色谱在线监测装置柜门开合	设备外观查看（可见光图片保存）	—	可见光图片
42	油浸式变压器（电抗器）油色谱在线监测装置柜	油浸式变压器（电抗器）油色谱在线监测装置接头	设备外观查看（可见光图片保存）	—	可见光图片

表 2－4－8－2　　　　　　　　　　　　断　路　器

序号	小 类 设 备	点 位 名 称	识 别 类 型	表 计 类 型	保 存 类 型
1	断路器本体	断路器机构压力表	表计读取	液压表	可见光图片
2	断路器本体	断路器本体（全景）	红外测温＋设备外观查看（可见光图片保存）	—	红外＋可见光图片
3	断路器本体	断路器加热带	红外测温＋设备外观查看（可见光图片保存）	—	红外＋可见光图片
4	断路器本体	断路器接地引下线	设备外观查看	—	可见光图片
5	断路器	断路器 SF_6 压力表	表计读取	SF_6 压力表	可见光图片
6	断路器	断路器分合闸指示	位置状态识别	—	可见光图片
7	断路器	断路器储能指示	位置状态识别	—	可见光图片
8	断路器	断路器拐臂位置	设备外观查看（数据自动判断）	—	可见光图片
9	断路器	断路器线路侧引线接头	红外测温＋设备外观查看（可见光图片保存）	—	红外＋可见光图片
10	断路器端子箱	断路器端子箱门开合	设备外观查看（可见光图片保存）	—	可见光图片

表 2－4－8－3　　　　　　　　　　　　组　合　电　器

序号	小 类 设 备	点 位 名 称	识 别 类 型	表 计 类 型	保 存 类 型
1	组合电器本体	组合电器本体（全景）	红外测温＋设备外观查看（可见光图片保存）	—	红外＋可见光图片
2	组合电器本体	组合电器本体伸缩节(全景)	红外测温＋设备外观查看（可见光图片保存）	—	红外＋可见光图片
3	组合电器本体	组合电器接地引下线	红外测温＋设备外观查看（可见光图片保存）	—	红外＋可见光图片
4	组合电器	组合电器 SF_6 压力表	表计读取	SF_6 压力表	可见光图片
5	组合电器防爆装置	组合电器防爆装置	设备外观查看（可见光图片保存）	—	可见光图片
6	组合电器断路器	组合电器断路器分合闸指示	位置状态识别	—	可见光图片
7	组合电器隔离开关	组合电器隔离开关分合闸指示	位置状态识别	—	可见光图片
8	组合电器开关接地隔离开关	组合电器开关接地隔离开关分合闸指示	位置状态识别	—	可见光图片
9	组合电器避雷器	组合电器避雷器泄漏电流表（包括动作次数和泄漏电流）	表计读取	泄漏电流表	可见光图片

续表

序号	小 类 设 备	点 位 名 称	识 别 类 型	表计类型	保存类型
10	组合电器避雷器	组合电器避雷器在线检测仪	设备外观查看（可见光图片保存）	—	可见光图片
11	组合电器套管	组合电器套管绝缘子	红外测温＋设备外观查看（可见光图片保存）		红外＋可见光图片
12	组合电器套管	组合电器套管引线接头	红外测温＋设备外观查看（可见光图片保存）	—	红外＋可见光图片
13	组合电器套管	组合电器套管引流线	红外测温＋设备外观查看（可见光图片保存）	—	红外＋可见光图片
14	组合电器套管	组合电器套管均压环	红外测温＋设备外观查看（可见光图片保存）	—	红外＋可见光图片
15	组合电器套管	组合电器套管末屏	红外测温＋设备外观查看（可见光图片保存）	—	红外＋可见光图片
16	组合电器机构箱	组合电器机构箱	红外测温＋设备外观查看（可见光图片保存）	—	红外＋可见光图片
17	组合电器汇控柜	组合电器汇控柜	红外测温＋设备外观查看（可见光图片保存）	—	红外＋可见光图片

表 2 - 4 - 8 - 4　　　　　　　　　　　隔 离 开 关

序号	小 类 设 备	点 位 名 称	识 别 类 型	表计类型	保存类型
1	隔离开关本体	隔离开关本体（含均压环、绝缘子）（全景）	红外测温＋设备外观查看（可见光图片保存）	—	红外＋可见光图片
2	隔离开关本体	隔离开关本体机械闭锁	设备外观查看（可见光图片保存）	—	可见光图片
3	隔离开关	隔离开关分合闸状态	位置状态识别		可见光图片
4	隔离开关	隔离开关导电臂及触头（全景）	红外测温＋设备外观查看（可见光图片保存）		红外＋可见光图片
5	隔离开关	隔离开关引线接头	红外测温＋设备外观查看（可见光图片保存）		红外＋可见光图片
6	隔离开关	接地隔离开关分合闸状态	位置状态识别		可见光图片
7	隔离开关机构箱	隔离开关机构箱（含传动连杆）	设备外观查看（可见光图片保存）	—	可见光图片

表 2 - 4 - 8 - 5　　　　　　　　　　　电 流 互 感 器

序号	小 类 设 备	点 位 名 称	识 别 类 型	表计类型	保存类型
1	电流互感器本体	电流互感器本体（全景）	红外测温＋设备外观查看（可见光图片保存）	—	红外＋可见光图片
2	电流互感器	电流互感器油位（压力）	表计读取	油位表	可见光图片
3	电流互感器	电流互感器地面油污	设备外观查看（可见光图片保存）	—	可见光图片
4	电流互感器	电流互感器引线接头	红外测温＋设备外观查看（可见光图片保存）	—	红外＋可见光图片
5	电流互感器	电流互感器末屏	红外测温＋设备外观查看（可见光图片保存）	—	红外＋可见光图片
6	电流互感器端子箱	电流互感器端子箱门开合	设备外观查看（可见光图片保存）	—	可见光图片

表 2 - 4 - 8 - 6　　　　　　　　　　　　电 压 互 感 器

序号	小 类 设 备	点 位 名 称	识 别 类 型	表计类型	保存类型
1	电压互感器本体	电压互感器本体（全景）	红外测温＋设备外观查看（可见光图片保存）	—	红外＋可见光图片
2	电压互感器	电压互感器油位（压力）	表计读取	油位表	可见光图片
3	电压互感器	电压互感器地面油污	设备外观查看（可见光图片保存）	—	可见光图片
4	电压互感器	电压互感器引线接头	红外测温＋设备外观查看（可见光图片保存）	—	红外＋可见光图片
5	电压互感器	电压互感器 T 形接头	红外测温＋设备外观查看（可见光图片保存）	—	红外＋可见光图片
6	电流互感器	电压互感器电磁单元	红外测温＋设备外观查看（可见光图片保存）	—	红外＋可见光图片
7	电压互感器端子箱	电压互感器端子箱门开合	设备外观查看（可见光图片保存）	—	可见光图片

表 2 - 4 - 8 - 7　　　　　　　　　　　　避 雷 器

序号	小 类 设 备	点 位 名 称	识 别 类 型	表计类型	保存类型
1	避雷器本体	避雷器本体（全景）	红外测温＋设备外观查看（可见光图片保存）	—	红外＋可见光图片
2	避雷器	避雷器泄漏电流表（包括动作次数间泄漏电流）	表计读取	泄漏电流表	可见光图片
3	避雷器	避雷器引线接头	红外测温＋设备外观查看（可见光图片保存）	—	红外＋可见光图片
4	避雷器	避雷器 T 形接头	红外测温＋设备外观查看（可见光图片保存）	—	红外＋可见光图片
5	避雷器	避雷器引下线	红外测温＋设备外观查看（可见光图片保存）	—	红外＋可见光图片

表 2 - 4 - 8 - 8　　　　　　　　　　　　并 联 电 容 器

序号	小 类 设 备	点 位 名 称	识 别 类 型	表计类型	保存类型
1	电容器组	电容器组本体（全景）	设备外观查看（可见光图片保存）	—	可见光图片
2	电容器组	电容器组接头	红外测温＋设备外观查看（可见光图片保存）	—	红外＋可见光图片
3	电容器组	电容器组熔断器	位置状态识别	—	可见光图片
4	电容器组电抗器	电容器组电抗器	红外测温＋设备外观查看（可见光图片保存）	—	红外＋可见光图片
5	电容器组放电线圈	电容器组放电线圈	红外测温＋设备外观查看（可见光图片保存）	—	红外＋可见光图片
6	电容器端子箱	电容器端子箱门开合	设备外观查看（可见光图片保存）	—	可见光图片

表2-4-8-9　　　　　　　　　　干 式 电 抗 器

序号	小 类 设 备	点 位 名 称	识 别 类 型	表计类型	保存类型
1	干式电抗器本体	干式电抗器本体（全景）	红外测温＋设备外观查看（可见光图片保存）	—	红外＋可见光图片
2	干式电抗器本体	干式电抗器本体正下方地面	设备外观查看（不可识别）	—	可见光图片
3	干式电抗器本体	干式电抗器接地引下线	设备外观查看（不可识别）	—	可见光图片
4	干式电抗器	干式电抗器接头	红外测温＋设备外观查看（可见光图片保存）	—	红外＋可见光图片
5	干式电抗器	干式电抗器引线	红外测温＋设备外观查看（可见光图片保存）	—	红外＋可见光图片

表2-4-8-10　　　　　　　　　　母 线 及 绝 缘 子

序号	小 类 设 备	点 位 名 称	识 别 类 型	表计类型	保存类型
1	母线	母线接头（根据设备实际情况，每个母线接头处均应设点，以实际点位为准）	红外测温＋设备外观查看（可见光图片保存）	—	红外＋可见光图片
2	母线绝缘子	母线绝缘子	设备外观查看（不可识别）	—	可见光图片

表2-4-8-11　　　　　　　　　　穿 墙 套 管

序号	小 类 设 备	点 位 名 称	识 别 类 型	表计类型	保存类型
1	穿墙套管金属封板	穿墙套管金属封板（墙外）	红外测温＋设备外观查看（可见光图片保存）	—	红外＋可见光图片
2	穿墙套管金属封板	穿墙套管金属封板（墙内）	红外测温＋设备外观查看（可见光图片保存）	—	红外＋可见光图片
3	穿墙套管	穿墙套管绝缘子（墙外）	红外测温＋设备外观查看（可见光图片保存）	—	红外＋可见光图片
4	穿墙套管	穿墙套管引线接头（墙外）	红外测温＋设备外观查看（可见光图片保存）	—	红外＋可见光图片
5	穿墙套管	穿墙套管绝缘子（墙内）	红外测温＋设备外观查看（可见光图片保存）	—	红外＋可见光图片
6	穿墙套管	穿墙套管引线接头（墙内）	红外测温＋设备外观查看（可见光图片保存）	—	红外＋可见光图片
7	穿墙套管	穿墙套管末屏	红外测温＋设备外观查看（可见光图片保存）	—	红外＋可见光图片

表2-4-8-12　　　　　　　　　　电 力 电 缆

序号	小 类 设 备	点 位 名 称	识 别 类 型	表计类型	保存类型
1	电力电缆本体	电力电缆本体支架	设备外观查看（不可识别）	—	可见光图片
2	电力电缆本体	电力电缆本体	红外测温＋设备外观查看（不可识别）	—	红外＋可见光图片
3	电力电缆终端	电力电缆终端	红外测温＋设备外观查看（不可识别）	—	红外＋可见光图片
4	电力电缆接地箱	电力电缆接地箱门开合	设备外观查看（不可识别）	—	可见光图片

表 2－4－8－13　　　　　　　　　　消　弧　线　圈

序号	小　类　设　备	点　位　名　称	识　别　类　型	表计类型	保存类型
1	消弧线圈本体	消弧线圈全景	红外测温＋设备外观查看（可见光图片保存）	—	红外＋可见光图片
2	消弧线圈本体	消弧线圈地面油污	设备外观查看（可见光图片保存）	—	可见光图片
3	消弧线圈本体	消弧线圈本体油位	表计读取	油位表	可见光图片
4	消弧线圈本体	消弧线圈油温表	表计读取	温度表	可见光图片
5	消弧线圈本体	消弧线圈噪声	声音检测		音视频
6	消弧线圈本体端子箱	消弧线圈本体端子箱	设备外观查看（可见光图片保存）	—	可见光图片
7	消弧线圈储油柜	消弧线圈储油柜（全景）	红外测温＋设备外观查看（可见光图片保存）	—	红外＋可见光图片
8	消弧线圈本体气体继电器	消弧线圈本体气体继电器	设备外观查看（可见光图片保存）	—	可见光图片
9	消弧线圈本体呼吸器	消弧线圈本体呼吸器	设备外观查看（数据自动判断）	—	可见光图片
10	消弧线圈套管	消弧线圈套管绝缘子	红外测温＋设备外观查看（可见光图片保存）	—	红外＋可见光图片
11	消弧线圈套管	消弧线圈套管引线接头	红外测温＋设备外观查看（可见光图片保存）	—	红外＋可见光图片
12	消弧线圈套管	消弧线圈套管引流线	红外测温＋设备外观查看（可见光图片保存）	—	红外＋可见光图片
13	消弧线圈套管	消弧线圈套管末屏	红外测温＋设备外观查看（可见光图片保存）	—	红外＋可见光图片
14	消弧线圈中性点套管	消弧线圈中性点套管绝缘子	红外测温＋设备外观查看（可见光图片保存）	—	红外＋可见光图片

表 2－4－8－14　　　　　　　　　　高　频　阻　波　器

序号	小　类　设　备	点　位　名　称	识　别　类　型	表计类型	保存类型
1	高频阻波器	高频阻波器悬挂绝缘子	设备外观查看（可见光图片保存）	—	可见光图片
2	高频阻波器	高频阻波器（全景）	红外测温＋设备外观查看（可见光图片保存）	—	红外＋可见光图片
3	高频阻波器	高频阻波器引线接头	红外测温＋设备外观查看（可见光图片保存）	—	红外＋可见光图片
4	高频阻波器	高频阻波器隔离开关侧引线接头	红外测温＋设备外观查看（可见光图片保存）	—	红外＋可见光图片

表 2-4-8-15　　　　　　　　　　　　　　　　　耦 合 电 容 器

序号	小 类 设 备	点 位 名 称	识 别 类 型	表计类型	保存类型
1	耦合电容器	耦合电容器本体（全景）	红外测温＋设备外观查看（可见光图片保存）	—	红外＋可见光图片
2	耦合电容器	耦合电容器隔离开关	红外测温＋设备外观查看（可见光图片保存）	—	红外＋可见光图片
3	耦合电容器	耦合电容器套管	红外测温＋设备外观查看（可见光图片保存）	—	红外＋可见光图片
4	耦合电容器	耦合电容器套管接头	红外测温＋设备外观查看（可见光图片保存）	—	红外＋可见光图片
5	耦合电容器	耦合电容器套管引线	红外测温＋设备外观查看（可见光图片保存）	—	红外＋可见光图片
6	耦合电容器	耦合电容器套管末屏	红外测温＋设备外观查看（可见光图片保存）	—	红外＋可见光图片
7	耦合电容器	耦合电容器地面油污	设备外观察看（可见光图片保存）	—	可见光图片
8	耦合电容器	耦合电容器油位表	表计读取	油位表	可见光图片

表 2-4-8-16　　　　　　　　　　　　　　　　　高 压 熔 断 器

序号	小 类 设 备	点 位 名 称	识 别 类 型	表计类型	保存类型
1	高压熔断器	高压熔断器本体	设备外观查看（可见光图片保存）	—	可见光图片
2	高压熔断器	高压熔断器触头	红外测温＋设备外观查看（可见光图片保存）	—	红外＋可见光图片

表 2-4-8-17　　　　　　　　　　　　　　　　　接 地 装 置

序号	小 类 设 备	点 位 名 称	识 别 类 型	表计类型	保存类型
1	接地引下线	接地引下线	设备外观查看（可见光图片保存）	—	可见光图片
2	接地引下线	铜排压接	设备外观查看（可见光图片保存）	—	可见光图片

表 2-4-8-18　　　　　　　　　　　　　　　　端子箱及检修电源箱

序号	小 类 设 备	点 位 名 称	识 别 类 型	表计类型	保存类型
1	检修电源箱	检修电源箱	设备外观查看（可见光图片保存）	—	可见光图片
2	检修电源箱	检修电源箱门开合	设备外观查看（可见光图片保存）	—	可见光图片

表 2-4-8-19　　　　　　　　　　　　　　　　　站 用 变 压 器

序号	小 类 设 备	点 位 名 称	识 别 类 型	表计类型	保存类型
1	站用变压器本体	站用变压器全景	红外测温＋设备外观查看（可见光图片保存）	—	红外＋可见光图片
2	站用变压器本体	站用变压器地面油污(全景)	设备外观查看（可见光图片保存）	—	可见光图片

续表

序号	小 类 设 备	点 位 名 称	识 别 类 型	表计类型	保存类型
3	站用变压器本体	站用变压器本体油位	表计读取	油位表	可见光图片
4	站用变压器本体	站用变压器油温表	表计读取	温度表	可见光图片
5	站用变压器本体	站用变压器噪声检测	声音检测	—	音视频
6	站用变压器本体	铁芯、夹件、绝缘子	设备外观查看（可见光图片保存）	—	可见光图片
7	站用变压器本体端子箱	站用变压器本体端子箱	设备外观查看（可见光图片保存）	—	可见光图片
8	站用变压器储油柜	站用变压器储油柜（全景）	红外测温＋设备外观查看（可见光图片保存）	—	红外＋可见光图片
9	站用变压器本体气体继电器	站用变压器本体气体继电器	设备外观查看（可见光图片保存）	—	可见光图片
10	站用变压器本体呼吸器	站用变压器本体呼吸器	设备外观查看（数据自动判断）	—	可见光图片
11	站用变压器挡位表	站用变压器调压挡位表	表计读取	挡位表	可见光图片
12	站用变压器套管	站用变压器套管绝缘子	红外测温＋设备外观查看（可见光图片保存）	—	红外＋可见光图片
13	站用变压器套管	站用变压器套管引线接头	红外测温＋设备外观查看（可见光图片保存）	—	红外＋可见光图片
14	站用变压器套管	站用变压器套管引流线	红外测温＋设备外观查看（可见光图片保存）	—	红外＋可见光图片
15	站用变压器套管	站用变压器套管油位	表计读取	油位表	可见光图片
16	站用变压器穿墙套管	站用变压器穿墙套管	红外测温＋设备外观查看（可见光图片保存）	—	红外＋可见光图片
17	站用变压器穿墙套管	站用变压器穿墙套管接头	红外测温＋设备外观查看（可见光图片保存）	—	红外＋可见光图片

表 2 - 4 - 8 - 20　　　　　　　　　　站 用 交 流 电 源 系 统

序号	小 类 设 备	点 位 名 称	识 别 类 型	表计类型	保存类型
1	站用变压器进线空气开关	站用变压器进线空气开关分合闸指示	位置状态识别	—	可见光图片
2	站用变压器进线空气开关	站用变压器进线空气开关储能指示	位置状态识别	—	可见光图片
3	站用变压器进线手车开关	站用变压器进线手车位置	位置状态识别	—	可见光图片
4	站用变压器进线隔离开关	站用变压器进线隔离开关分合闸指示	位置状态识别	—	可见光图片
5	站用电馈线	站用电馈线空气开关分合闸指示	位置状态识别	—	可见光图片
6	站用电馈线	站用电馈线空气开关指示灯	位置状态识别	—	可见光图片
7	发电车接口箱电源空气开关	发电车接口箱电源空气开关分合闸指示	位置状态识别	—	可见光图片
8	发电车接口箱电源闸刀	发电车接口箱电源闸刀分合闸指示	位置状态识别	—	可见光图片

表 2 - 4 - 8 - 21　　　　　　　　　　　　　　设 备 构 架

序号	小 类 设 备	点 位 名 称	识 别 类 型	表计类型	保存类型
1	线路门型构架	线路门型构架（全景）	设备外观查看（可见光图片保存）	—	可见光图片
2	线路门型构架	悬式绝缘子	设备外观查看（可见光图片保存）	—	可见光图片
3	构架避雷针	构架避雷针	设备外观查看（可见光图片保存）	—	可见光图片

表 2 - 4 - 8 - 22　　　　　　　　　　　　　　辅 助 设 施

序号	小 类 设 备	点 位 名 称	识 别 类 型	表计类型	保存类型
1	变电站大门	变电站大门	设备外观查看（可见光图片保存）	—	可见光图片
2	红外对射	红外对射	设备外观查看（可见光图片保存）	—	可见光图片
3	电子围栏及围墙	电子围栏（包含整个变电站全部的电子围栏）	设备外观查看（可见光图片保存）	—	可见光图片
4	泡沫喷淋	泡沫喷淋启动气瓶压力表	表计读取	液压表	可见光图片
5	泡沫喷淋	泡沫喷淋气瓶外观	设备外观查看（可见光图片保存）	—	可见光图片
6	泡沫喷淋	泡沫喷淋罐体压力表	表计读取	液压表	可见光图片
7	泡沫喷淋	泡沫喷淋罐体外观	设备外观查看（可见光图片保存）	—	可见光图片
8	泡沫喷淋	主变压器电磁阀	位置状态识别	—	可见光图片
9	消防水泵	消防水泵控制箱门	红外测温＋设备外观查看（可见光图片保存）	—	红外＋可见光图片
10	消防水泵	消防水泵指示	位置状态识别	—	可见光图片
11	消防栓	消防栓外观	设备外观查看（可见光图片保存）	—	可见光图片
12	照明灯	照明灯	设备外观查看（可见光图片保存）	—	可见光图片
13	摄像头	摄像头	设备外观查看（可见光图片保存）	—	可见光图片
14	水位线	水位线指示	位置状态识别	—	可见光图片
15	排水泵	排水泵控制箱门开合	红外测温＋设备外观查看（可见光图片保存）	—	红外＋可见光图片
16	排水泵	排水泵指示	位置状态识别	—	可见光图片

表 2 - 4 - 8 - 23 土 建 设 施

序号	小 类 设 备	点 位 名 称	识 别 类 型	表计类型	保存类型
1	消防室	消防室外观（全景）	设备外观查看（可见光图片保存）	—	可见光图片
2	消防室	消防室门开合	设备外观查看（可见光图片保存）	—	可见光图片
3	设备室	开关室外观（全景）	设备外观查看（可见光图片保存）	—	可见光图片
4	设备室	开关室门开合	设备外观查看（可见光图片保存）	—	可见光图片
5	继电保护室	继电保护室外观（全景）	设备外观查看（可见光图片保存）	—	可见光图片
6	继电保护室	继电保护室门开合	设备外观查看（可见光图片保存）	—	可见光图片

表 2 - 4 - 8 - 24 独 立 避 雷 针

序号	小 类 设 备	点 位 名 称	识 别 类 型	表计类型	保存类型
1	独立避雷器针	独立避雷针（全景）	设备外观查看（可见光图片保存）	—	可见光图片
2	独立避雷器针	独立避雷针节数	设备外观查看（可见光图片保存）	—	可见光图片

表 2 - 4 - 8 - 25 串 联 补 偿 装 置

序号	小 类 设 备	点 位 名 称	识 别 类 型	表计类型	保存类型
1	串联补偿装置电容器组本体	串联补偿装置电容器组本体（全景）	设备外观查看（可见光图片保存）	—	可见光图片
2	串联补偿装置电容器组	串联补偿装置电容器组接头	红外测温＋设备外观查看（可见光图片保存）	—	红外＋可见光图片
3	串联补偿装置金属氧化物限压器（MOV）本体	串联补偿装置金属氧化物限压器本体（全景）	红外测温＋设备外观查看（可见光图片保存）	—	红外＋可见光图片
4	串联补偿装置金属氧化物限压器（MOV）	串联补偿装置金属氧化物限压器引线接头	红外测温＋设备外观查看（可见光图片保存）	—	红外＋可见光图片
5	串联补偿装置火花间隙外壳	串联补偿装置火花间隙外壳（全景）	设备外观查看（可见光图片保存）	—	可见光图片
6	串联补偿装置火花间隙接头	串联补偿装置火花间隙接头	红外测温＋设备外观查看（可见光图片保存）	—	红外＋可见光图片
7	串联补偿装置脉冲变压器	串联补偿装置脉冲变压器	红外测温＋设备外观查看（可见光图片保存）	—	红外＋可见光图片
8	串联补偿装置均压电容器	串联补偿装置均压电容器	红外测温＋设备外观查看（可见光图片保存）	—	红外＋可见光图片
9	串联补偿装置触发控制箱	串联补偿装置触发控制箱	设备外观查看（可见光图片保存）	—	可见光图片

续表

序号	小 类 设 备	点 位 名 称	识 别 类 型	表计类型	保存类型
10	串联补偿装置阻尼电抗器本体	串联补偿装置阻尼电抗器本体（全景）	红外测温＋设备外观查看（可见光图片保存）	—	红外＋可见光图片
11	串联补偿装置阻尼电抗器	串联补偿装置阻尼电抗器引线接头	红外测温＋设备外观查看（可见光图片保存）	—	红外＋可见光图片
12	串联补偿装置阻尼电抗器	串联补偿装置阻尼电抗器引流线	红外测温＋设备外观查看（可见光图片保存）	—	红外＋可见光图片
13	串联补偿装置阻尼电容器本体	串联补偿装置阻尼电容器本体（全景）	红外测温＋设备外观查看（可见光图片保存）	—	红外＋可见光图片
14	串联补偿装置阻尼电容器	串联补偿装置阻尼电容器	红外测温＋设备外观查看（可见光图片保存）	—	红外＋可见光图片
15	串联补偿装置阻尼电容器接头	串联补偿装置阻尼电容器接头	红外测温＋设备外观查看（可见光图片保存）	—	红外十可见光图片
16	串联补偿装置油绝缘电流互感器本体	串联补偿装置油绝缘电流互感器本体（全景）	红外测温＋设备外观查看（可见光图片保存）	—	红外＋可见光图片
17	串联补偿装置油绝缘电流互感器	串联补偿装置油绝缘电流互感器油位	表计读取	油位表	可见光图片
18	串联补偿装置油绝缘电流互感器	串联补偿装置油绝缘电流互感器引线接头	红外测温＋设备外观查看（可见光图片保存）	—	红外＋可见光图片
19	串联补偿装置穿芯式电流互感器本体	串联补偿装置穿芯式电流互感器本体（全景）	红外测温＋设备外观查看（可见光图片保存）	—	红外＋可见光图片
20	串联补偿装置光纤本体	串联补偿装置光纤本体	设备外观查看（可见光图片保存）	—	可见光图片
21	串联补偿装置串补平台	串联补偿装置串补平台(全景)	设备外观查看（可见光图片保存）	—	可见光图片
22	串联补偿装置平台测量箱	串朕补偿装置平台测量箱	设备外观查看（可见光图片保存）	—	可见光图片

表 2－4－8－26　　　　　中性点隔直（限直）装置

序号	小 类 设 备	点 位 名 称	识 别 类 型	表计类型	保存类型
1	中性点隔直（限直）装置本体	中性点隔直（限直）装置本体	设备外观查看（可见光图片保存）	—	可见光图片
2	中性点隔直（限直）装置集装箱	支柱绝缘子	设备外观查看（可见光图片保存）	—	可见光图片
3	中性点隔直（限直）装置集装箱	穿墙套管	设备外观查看（可见光图片保存）	—	可见光图片
4	中性点隔直（限直）装置集装箱	接地点	设备外观查看（可见光图片保存）	—	可见光图片
5	中性点隔直（限直）装置集装箱	主变压器中性点直接接地开关	红外测温＋设备外观查看（可见光图片保存）	—	红外＋可见光图片
6	中性点隔直（限直）装置集装箱	主变压器中性点隔直（限直）开关	红外测温＋设备外观查看（可见光图片保存）	—	红外＋可见光图片

六、变电站机器人巡检系统验收评价表

变电站机器人巡检系统验收评价可按表 2-4-8-27～

表 2-4-8-33 确定。

表 2-4-8-27 技 术 资 料 完 整 性

序号	验收项目及要求	验 收 方 法	验收结果	验收人	厂家确认	验收时间	备注
1	合同副本及技术协议	检查资料					
2	厂家装箱清单表，一式 1 份						
3	厂家说明书，一式 2 份，内容应包括型号、结构、技术参数、执行标准、操作说明、维护说明等						
4	厂家型式试验报告，一式 2 份；试验项目包括外壳防护等级、电磁兼容、工作环境温度试验、静电放电抗扰度试验、射频电磁场抗扰度试验、工频磁场抗扰度试验等						
5	厂家出厂检验报告，一式 2 份；出厂检验项目应包括结构和外观检验、性能指标检验、功能验证检验						
6	厂家出厂合格证，一式 1 份						
7	厂家设计变更说明，包括修改后的安装说明，一式 2 份						
8	厂家备品备件清单，一式 1 份						
9	厂家使用与维护说明光盘，1 张						
10	厂家施工设计方案和竣工图纸						
11	厂家调试报告						

表 2-4-8-28 信 息 安 全 指 标

序号	验收项目及要求	验 收 方 法	验收结果	验收人	厂家确认	验收时间	备注
1	机器人无线通信设备接入点隐藏 SSID	检查无线通信设备 SSID 设置					
2	机器人无线通信设备登录启用强口令：密码长度大于 8 位，由数字、字母大小写与特殊字符组合	检查无线通信设备登录口令设置					
3	机器人无线通信设备 AP 与 AC 匹配启用强口令	检查无线通信设备匹配口令设置					
4	机器人无线通信设备 AP 与 AC 进行 MAC 地址绑定	检查无线通信设备 MAC 地址绑定设置					
5	机器人无线通信设备设定的覆盖范围不应大于其位置到变电站最远位置的距离	检查无线通信设备覆盖范围设置					
6	机器人通信网络不应连接互联网	查看网络拓扑图，检查机器人通信网络与互联网连接情况					
7	主机操作系统具备防病检查功能，应安装防病毒（木马）软件，病毒库和木马库应及时更新	检查防病毒（木马）软件安装情况及防病毒（木马）软件客户端病毒库是否更新至最新日期					
8	主机操作系统、数据库、监控分析软件不存在公用账号	检查是否存在公用账号					

续表

序号	验收项目及要求	验收方法	验收结果	验收人	厂家确认	验收时间	备注
9	操作系统、数据库、监控分析软件管理员及用户等口令复杂度应满足强口令要求	检查口令设置					
10	操作系统应关闭默认共享	检查默认共享开启情况，必须开启默认共享时，检查限制访问对象 IP 设置					
11	应使用安全 U 盘进行数据拷贝	检查安全 U 盘接入情况					
12	监控系统主机、服务器应封闭 USB 端口	检查监控系统主机、服务器 USB 端口封闭情况					
13	移动介质安全接入情况应进行记录	检查移动介质安全接入记录					

表 2-4-8-29　　　　　　　　　　性 能 指 标

序号	验收项目及要求	验收方法	验收结果	验收人	厂家确认	验收时间	备注
1	外壳表面应有保护涂层或防腐设计。外表应光洁、均匀，不应有伤痕、毛刺等其他缺陷，标识清晰	检查机器人外观					
2	所有连接件、紧固件要求有防松措施。连接线应固定牢靠、布局合理、不外露	检查机器人行走传动装置、云台等连接件、紧固件					
3	内部电气线路应排列整齐、固定牢靠、走向合理、便于安装和维护，并用醒目的颜色和标志加以区分；电气系统不得有漏电现象	检查机器人内部电气接线					
4	机器人应配备可见光摄像机、红外热成像仪和声音采集等检测设备，并将所采集的视频和声音上传至监控系统	检查机器人检测设备配置，在变电站现场选取全部检测点进行功能测试					
5	应具有环境温度、湿度和风速采集功能	进行两次温、湿度和风速采样，时间间隔超过 20min，验证采集数据的准确性					
6	机器人具有自主充电功能，应与机器人室内充电设备配合完成自主充电	模拟工作任务结束、工作任务强行中止等情况，检查自主充电功能					
7	机器人应配备夜间辅助照明设备和雨刷器	检查机器人夜间照明设备和雨刷器配置情况，并进行功能检测					
8	机器人应正确接收本地监控系统和近程监控系统的控制指令，实现云台转动、车体运动、自动充电和设备检测等功能，并正确反馈状态信息；应正确检测机器人本体的各类预警和告警信息，并可靠上报	在变电站现场各电压等级及主变压器设备区分别选取不少于两点进行测试					
9	支持遥控拍照、摄像功能，支持定时、定点自动拍照、摄像功能	选取两点通过本地监控系统进行遥控和定时、定点自动拍照、摄像功能测试					
10	可见光摄像机上传视频分辨率不小于 1080P，最小光学变焦倍数为 30 倍，性能满足 GA/T 367—2001 附录 B 一级系统中探测部分的要求，具备遥控手动或自动对焦功能，影像应在本地监控系统中存储	检查、核对可见光摄像装置技术参数，执行遥控巡视，测试遥控手动或自动对焦功能，检查不少于 6 项本地监控系统可见光摄像存储资料					

续表

序号	验收项目及要求	验 收 方 法	验收结果	验收人	厂家确认	验收时间	备注
11	红外热成像仪具备自动对焦功能，分辨率不低于 320×240，接口方式为以太网或 RS-485，热灵敏度不低于 50mK，测温精度不低于 2K。红外影像伪彩显示，可实时显示影像中温度最高点位置及温度值。热成像图数据应在本地监控系统中存储	检查、核对红外摄像装置技术参数，执行遥控巡视，测试遥控手动或自动对焦功能，检查不少于 6 项本地监控系统红外摄像存储资料					
12	机器人可视范围应达到水平+180°～-180°、俯仰角-15°～+90°，水平和俯仰角应同时达到	现场观测机器人云台水平和俯仰角度，在变电站现场选取不少于两点进行可视范围测试					
13	电池供电一次充电续航能力不小于 8h，续航时间内，机器人应稳定、可靠工作	进行机器人持续巡视时间测试					
14	机器人应具备远程与现场语音对讲及喊话功能	现场实际对话测试					
15	机器人室大门应在机器人进出后自动关闭	现场实际模拟检查					

表 2-4-8-30　　　　　　　　监 控 系 统 应 用

序号	验收项目及要求	验 收 方 法	验收结果	验收人	厂家确认	验收时间	备注
		本 地 监 控 系 统					
1	机器人应与本地监控系统进行双向信息交互，信息交互内容包括检测数据和机器人本体状态数据	在变电站现场选取不少于 2 个距离最远、干扰较强的巡检点检查本地监控系统双向信息交互情况					
2	应具备通信告警功能，在通信中断、接收的报文内容异常等情况下，上送告警信息	现场模拟通信中断、报文异常等情况，检测系统告警功能					
3	应具备告警信息自动分类功能，机器人本体告警信息与变电站设备告警信息应显示在不同的告警窗口中	检查本地监控系统画面					
4	支持全自主、人工遥控两种控制模式下的巡检	在本地监控系统中设置不少于 1 项自主巡检任务并执行，人工遥控执行不少于 1 项特巡任务					
5	全自主巡检应包括例行和特巡两种方式。例行方式下，本地监控系统根据预先设定的巡检内容、时间、周期、路线等参数信息，自主启动并完成巡检任务；特巡方式下，由操作人员选定巡检内容并手动启动巡检，机器人可自主完成巡检任务	在本地监控系统中设置不少于 1 项例行自主巡检任务并执行，启动执行不少于 1 项特巡任务					
6	到达预设巡检查时，应自动停止，并对目标设备进行拍照和摄像	选取至少 3 个巡检点，现场检查机器人全自主巡检任务执行情况					
7	支持遥控拍照、摄像功能。支持定时、定点自动拍照、摄像功能，搭载可见光摄像机和红外热成像仪	执行全自主巡检，选取不少于 6 个巡检点测试机器人遥控拍照、摄像功能					
8	应提供二维电子地图或三维电子地图功能，实时显示机器人在电子地图上的位置，可实时记录、下传并在本地监控系统界面上显示机器人的工作状态、巡检路线等信息，并可导出。电子地图上可根据任务标定机器人巡检路线轨迹，在任务中应实时反映任务进度	执行巡检任务，检查本地监控系统实时记录、下传等功能					

续表

序号	验收项目及要求	验 收 方 法	验收结果	验收人	厂家确认	验收时间	备注
9	应提供采集、存储机器人传输的实时可见光和红外视频的功能，并支持视频的播放、停止、抓图、录像、全屏显示等功能	检查、测试本地监控系统图像处理功能					
10	应提供采集、存储机器人传输的红外热成像图的功能，并可从红外热成像图中提取温度信息	检查、测试本地监控系统红外热成像图处理功能					
11	应提供显示、存储机器人相关信息的功能，具体包括机器人驱动模块信息、电源模块信息、自检信息等	检查不少于2项本地监控系统信息记录内容					
12	应提供事项显示功能，事项应根据报警级别、事项来源等分类显示，同时系统应提供历史事项查询功能。事项内容应包括但不限于设备检测报警、实时检测结果显示、机器人异常报警、运行事项显示等	检查、测试本地监控系统事项显示、分析功能					
13	应提供自动生成设备缺陷报表、巡检任务报表等功能，并提供历史曲线展示功能，所有报表具有查询打印等功能，报表可按照设备名称展示所有相关巡检信息	检查、测试本地监控系统报表功能					
14	应具备三相设备对比分析功能。系统应对采集到的三相设备温度进行温差分析，并应自动判别和进行异常报警，报警方式应包括声、光、代码	执行巡检任务，在变电站现场选取不少于6个巡检点进行系统设备温度分析功能检测					
15	本地和远程监控系统的硬件应满足机器人日常巡检的要求，CPU性能高于单核3GHz，内存不小于4G，硬盘容量不小于4T	检查监控系统主机配置参数					
16	机器人应具备自检功能，自检内容包括电源、驱动、通信和检测设备等部件的工作状态。发生异常时应就地驻车、提示、上传信息，根据不同的情况采用不同的安全策略	模拟不少于3项机器人故障状态，检查机器人自检功能及相关信息显示、上传情况					
17	支持一键返航。操作人员通过本地监控系统的特定功能键（按钮）启动一键返航功能，机器人应中止当前任务，按预先设定的策略返回	执行不少于3次巡检任务，测试一键返航功能					
18	具备失去通信信号后的自动返回功能。只要遥测遥控信号出现中断，机器人就按预先设定的策略返回	执行不少于3次工作任务，测试通信中断自动返回功能					
19	应具有电池异常报警、驱动故障报警、检测设备报警、遥控遥测故障报警功能，电池电压报警值应预先设置，在本地监控系统应始终有电池电压显示。报警方式应包括声、光、代码，报警位置应包括机器人本体和监控系统，并自动生成记录	检查本地监控系统电池电压报警值预设功能。现场模拟电池异常报警、驱动故障报警、检测设备报警、遥控遥测故障报警，检测系统异常故障报警、指示等功能					
远 程 监 控 系 统							
1	变电站运维人员驻地（运维站）应安装远程监控系统，实现从运维人员驻地对所覆盖的无人值守变电站机器人运行状态和巡检结果的远程浏览、远程控制	与采购技术规范书核对应安装的远程监控系统数量。在运维站逐站进行远程浏览机器人巡检信息和机器人巡检远程控制测试					

续表

序号	验收项目及要求	验收方法	验收结果	验收人	厂家确认	验收时间	备注
2	远程监控系统应与所覆盖的每座变电站本地监控系统进行双向信息交互，信息交互内容包括检测数据和机器人本体状态数据	检查远程监控系统数据与本地监控系统数据一致					
3	远程监控系统应具备通信告警功能，在通信中断、接收的报文内容异常等情况下，上送告警信息	模拟远程监控系统通信中断、报文异常故障，检测系统告警功能					
4	监控系统应提供远程数据访问接口，可远程浏览所覆盖的每座变电站本地监控系统采集到的巡检数据和信息	登录远程监控系统，检查界面、信息与本地监控系统数据一致					

表 2-4-8-31　　　　　　　　　　　　施　工　质　量

序号	验收项目及要求	验收方法	验收结果	验收人	厂家确认	验收时间	备注
1	机器人项目实施工作流程清晰，各级责任人明确，在合同签订、现场查勘、施工设计、方案审批、施工手续办理等工作环节无延误和推诿扯皮现象	核查机器人项目实施方案、工作计划、工作票、施工方案。根据合同要求的流程和完成时间核查各工作环节办理时间					
2	按照合同要求的时限完成机器人项目验收	核查施工工作票、验收报告，与合同要求的时限对照					
3	室外机器人室应做好防雨、防台风、防潮、防寒等措施，机器人室应安装牢固，房顶采用绝缘材料	现场查看机器人室外观，核查封闭、牢固及通风、防寒情况					
4	磁轨道一般位于所在道路的正中，需要偏离的，偏离后不影响机器人正常运行	现场检查全站磁轨道道路巡视路线设置情况，检查轨道结实、美观、不脱漆、不高出地面					
5	气象站、无线电台等辅助设施应安装在楼顶制高点，安装位置面向设备区，视野开阔，无遮挡，并做好楼顶防水、防台风等预防措施。主控楼顶天线不应对站内人员的健康和生活造成影响（如辐射过大或干扰电视、手机信号等）	现场检查辅助设施安装情况					
6	机器人施工过程中需保持站内环境卫生，施工完成后需将施工产生的垃圾清理干净	检查施工现场					

表 2-4-8-32　　　　　　　　　　　　售　后　服　务

序号	验收项目及要求	验收方法	验收结果	验收人	厂家确认	验收时间	备注
		质　保					
1	设备的质量保证期为验收合格后 36 个月	核查合同资料及技术协议书					
		培　训　服　务					
1	厂家应负责对业主指定的四名人员进行培训至合格为止，并提供培训合格证书	检查合同资料、培训工作开展情况					
2	厂家应提供理论和现场操作培训（含机器人的模拟巡检训练）	检查培训方案及培训资料					
3	厂家应提供维护保养培训	检查培训方案及培训资料					

表 2 - 4 - 8 - 33　　　　　　　　　　　　巡检覆盖率和表计数字识别率

序号	验收项目及要求	验 收 方 法	验收结果	备注
1	变压器本体和接头的温度应生成清晰的红外测温视频图像，外观、表计指示、渗漏油等应生成清晰的可见光视频图像，油位、油温、压力等表计应数字识别，应实现噪声识别	现场执行巡检任务，检查巡检是否覆盖全部巡检点，表计是否能够准确读取数字，抓拍的表计图像是否清晰		
1.1	1号变压器 *			
1.1.1	1号主变变压 220kV 侧套管 A 相油位	现场检测可见光视频、图像，表计数字识别		
1.1.2	1号主变变压 220kV 侧套管 A 相接头	现场检测可见光视频、图像，红外成像测温		
1.1.3	1号主变压器 220kV 侧套管 B 相油位	现场检测可见光视频、图像，表计数字识别		
1.1.4	1号主变压器 220kV 侧套管 B 相接头	现场检测可见光视频、图像，红外成像测温		
1.1.5	1号主变压器 220kV 侧套管 C 相油位	现场检测可见光视频、图像，表计数字识别		
1.1.6	1号主变压器 220kV 侧套管 C 相接头	现场检测可见光视频、图像，红外成像测温		
……	……	……		

注　1. 巡检覆盖率和表计数字识别率验收应以变电站为单位逐台设备、逐项验收，符合条件的在"验收结果"栏中打"√"，不符合条件的在"验收结果"栏中打"×"，并在备注中说明存在的问题，"验收方法"栏应对应验收项目填写"现场检测可见光视频、图像、红外成像测温、表计数字识别"等内容。
　　2. 表格中具体设备名称及其对应的验收方法、验收结果、备注为填写示例。
　　3. 本验收评价表适用于单站使用型、集中使用型变电站机器人巡检系统的验收。
＊　按照变电站机器人巡检系统设备巡检点（DL/T 1846—2018 附录 A）要求结合站内设备实际情况填写检测内容。

七、变电站机器人巡检系统验收报告及相关记录

（一）变电站机器人巡检系统自验收报告

变电站机器人巡检系统自验收报告见表 2 - 4 - 8 - 34。

（二）运维单位变电站机器人巡检系统预验收报告

运维单位变电站机器人巡检系统预验收报告见表 2 - 4 - 8 - 35。

表 2 - 4 - 8 - 34　　　　　　　　　变电站机器人巡检系统自验收报告

单位名称			
机器人型号		使用类型	
机器人编号		生产厂家	
自验收时间		自验收地点（变电站）	
验收责任人		联系电话	
验收情况	主要内容：		
验收意见			单位盖章 年　月　日
验收人员签字			

表 2 - 4 - 8 - 35　　　　　　　　　　**运维单位变电站机器人巡检系统预验收报告**

单位名称			
机器人型号		使用类型	
机器人编号		生产厂家	
验收时间		验收地点（变电站）	
验收责任人		联系电话	

验收情况	主要内容：
验收意见	<div style="text-align:right">单位盖章 年　月　日</div>
验收人员签字	

（三）变电站机器人巡检系统验收问题整改记录

变电站机器人巡检系统验收问题整改记录见表 2 - 4 - 8 - 36、表 2 - 4 - 8 - 37。

（四）变电站机器人巡检系统试运行记录

变电站机器人巡检系统试运行记录见表 2 - 4 - 8 - 38。

（五）省（自治区、直辖市）电力公司变电站机器人巡检系统验收报告

省（自治区、直辖市）电力公司变电站机器人巡检系统验收报告见表 2 - 4 - 8 - 39。

表 2 - 4 - 8 - 36　　　　　　　　**总 体 整 改 情 况**

项目类别	总数	技术资料完整性	信息安全指标	性能指标	监控系统应用	施工质量	售后服务	巡检覆盖率和表计数字识别率
缺失项								
已整改								
未整改								
整改率								

表 2 - 4 - 8 - 37　　　　　　　　**验收问题整改记录**

序号	验收项目及要求	问题记录	整改记录	验收结果	备注

验收人签字：　　　　　　　　验收时间：　　　　　　　　厂家确认签字：

表 2 - 4 - 8 - 38　　　　　　　　　　　**变电站机器人巡检系统试运行记录**

单位名称		使用类型			
机器人型号		生产厂家			
序号	机器人任务运行记录	问题记录	记录人	记录时间	备注

表 2 - 4 - 8 - 39　　　**省（自治区、直辖市）电力公司变电站机器人巡检系统验收报告**

单位名称			
机器人型号		使用类型	
机器人编号		生产厂家	
验收时间		验收地点（变电站）	
验收责任人		联系电话	

验收情况	主要内容：
验收意见	<div align="right">单位盖章 年　月　日</div>
验收人员签字	

第五章

变电站换流站无人机巡检技术

第一节　变电站换流站无人机巡检技术的产生和发展

一、巡检机器人及无人机的发展

1. 巡检机器人及无人机的发展

从 20 世纪 60 年代末期,斯坦福研究院开始致力于移动机器人的研究工作,并且研制出了名为 Shakey 的自主移动机器人。从 2005 年 11 月以来,长春变电站巡检机器人样机开始正式投入使用,为无人值守变电站的推广应用提供了新的监测手段。在短短十几年以来,国内外对巡检机器人都取得了一定的突破。而无人机迄今为止经历了以下三个主要的发展阶段:

(1) 第一阶段为萌芽期。早在 1935 年开始蜂后式无人机出现在人们的眼前,从此人类社会步入了无人机的时代。

(2) 第二阶段为发展期。从 1982 年开始,以色列首创无人机与有人机协同作战,在海湾战争当中发挥了极其重大的作用,引起各个国家的重视,也由此无人机开启了真正的发展之路。

(3) 第三阶段为蓬勃期。从 21 世纪初期,迷你无人机出现在人们的眼前,机型更加小巧,而且性能相比其他无人机而言更加稳定。

当前,要想将无人机应用于变电站巡检相关工作当中,首先技术人员需要根据变电站巡检工作的实际需求开发出无人机自动巡检功能,并且基于图像识别的在线监测以及通过神经网络进行大量训练的智能诊断系统,建立和完善变电站无人机作业管理和技术标准。通过无人机巡检的合理应用,可以大幅度提高巡检工作的工作效率,代替传统人工的方式完成各项作业,极大地降低值班人员在实际工作过程当中所面临的一系列风险。

2. 巡检机器人在运行中存在的问题

(1) 巡检机器人机身笨重行动不便。对于一座敞开式的 500kV 变电站来说,为了保障其安全运行,需要在其内部设置的巡视点位接近 6000 个。巡检机器人由于技术以及材料等各个方面的限制,其本体所具有的机身相对来说比较笨重,而且在行动的过程当中,有诸多因素会对其造成干扰。正常行驶速度一般为 0.5m/s,要想令其在整个变电站进行全面的巡检工作,需要消耗大量的时间,巡检效率极其低下。然而,普通无人机的飞行速度当前已经达到了 20m/s,即使在定位导航模式下,其速度也高达 5m/s。而且无人机机身比较轻盈,拥有灵活的飞行优势,无人机的大量使用将会使得巡检效率得到实质性的提高。

(2) 巡检机器人偏离预测路径。在机器人正式开始巡检任务之前,其相应的位置状态必然会存在一定的偏差,在机器人运行过一段时间之后,初始位置状态的偏离将会被放大很多,甚至会有很大概率地出现偏离预定设定路径的问题。机器人由于其机械结构的限制,其运

动的空间只能是二维平面模式。然而,无人机将是三维立体模式,通过无人机地面基站系统作用的正常发挥,可以建立起变电站电子系统,采用三维坐标系对变电站所有设备巡视点位以及飞行空间建立起相应的数据库,在飞行的过程当中,和数据库之间保持实时通信,利用高精度导航定位技术、视觉导航定位技术等一系列先进的技术进行相应的导航工作。当前,无人机在实际应用的过程中,动态定位精度最高可以达到厘米级,从理论上可以精确地到达变电站的任意位置

(3) 巡检机器人表计读数不准确。对于巡检机器人来说,由于其在行驶的过程当中一般是在一个二维平面进行行驶,因此对于一些地理位置相对来说比较高的设备,红外测温仪和设备呈现一定的夹角,因此,所测到的实际温度往往会在一定程度上低于设备的实际温度,准确性得不到有效的保障。然而,无人机可以完美地避免这些问题。无人机红外测温具有三维立体全方位的优势,可不受二维空间的限制,可以 360°无死角的测温,测温速度快,范围广

3. 未来变电站巡检无人机的发展

随着无人机在输电线路巡视中应用的深入,相关技术人员还需要结合当前已有的无人机技术开发出无人机自动巡视功能。基于图像识别的在线检测以及通过神经网络进行大量训练的智能诊断系统可以使无人机在变电站进行巡检的过程当中实现全自动智能化的运行管控。相信在不久的将来,无人机巡检技术将会变得更加成熟,大量应用于变电站当中。

二、无人机巡检变电站的必要性

随着电网规模快速增长与人员配置的矛盾日益突出,变电站传统的人工巡检模式已难以满足运检精益化管理要求,需要更为智能、快捷、高效的巡检方式,以提高智能变电站日常运维的效率。变电站无人机智能巡检新模式,通过融合无人机巡检技术、RTK 载波相位差分技术、激光点云三维航线规划技术和智能控制技术,提高抗电磁干扰能力和定位精度,确保巡检安全性,可开展变电设备智慧巡视和智能检测。研究无人机智慧维保机巢和图像缺陷识别技术,使无人机具备自动起降巡航、自动更换电池、自动数据传输和自动缺陷识别等功能,突破续航能力限制,可实现无人机自主巡检全覆盖,提升智慧变电站智能运检能力。

随着科学技术的进步和社会经济的高速发展,智能化已经逐渐走进人们的日常生产生活,无人驾驶、智能家居、工业机器人等智能设备应用日益广泛。2017 年,国务院发布《新一代人工智能发展规划》,将无人机融合人工智能上升为国家战略,无人机智能巡检已成为电网发展的必然趋势。2019 年,国家电网公司提出"智慧变电站"试点建设思路,以实现变电站"设备自动巡检"等智能应用,深入推进变电运维管理智能化、现代化,提升变电站安全水平,提高变电站运检质量,大幅增加运维效益。

当前,电网企业内部变电运行、检修缺员严重,电网规模快速增长与人员配置的矛盾日益突出,传统的人工巡检模式已经难以满足运检精益化管理要求,少人值守模式的推广对变电站智能化要求更高需要以智能化建设为突破,减少低端重复作业,实现人力替代,释放密集劳动承载力,全面提升运检质效。变电站采用的"人工为主、机器为辅"的巡视模式,已暴露出人工巡视任务重效率低、机器人应对围栏遮挡策略不足、导航定位上存在的固有缺陷、固定视频检视范围有限等问题,需要补充新型巡视手段,联合人工、视频、机器人巡视,实现变电站设备立体化、智慧化巡视管控。变电设备巡检模式仍然以人工驱动为主,设备状态感知仍然以停电检修试验和传统带电检测为主,缺陷隐患分析判别仍然以人工判识为主,需要探索智能巡检新模式,实现人力驱动向数据驱动巡检模式的转变。

将无人机智能巡检新技术融合进入智慧变电站建设当中,采用稳定的无人机平台搭载高清拍摄云台,利用RTK抗电磁干扰高精定位和三维航迹规划技术,通过无人机精准定位飞行,可完成变电设备智慧巡视和智能检测,建设无人机智慧维保机巢,自动更换电池,突破续航能力限制。研究应用图像缺陷识别系统,可实现变电无人机巡检自主化、智能化全覆盖,提升变电站智能运检能力。

三、无人机巡检变电站的优越性

(1)变电站高压母线、变压器、断路器、隔离开关、穿墙套管、避雷器等设备位置高,地面巡视角度受限,难以发现设备问题,一旦设备出现问题,若不能及时发现并得到妥善处理,势必造成运行设备故障跳闸或强迫停运,对电网造成冲击。

(2)变电站避雷针、避雷线、门型构架、导线、绝缘子设备位置更高,运维人员在无专业升空工具的帮助下根本无法到达,且存在近电高空作业高风险,长期缺乏有效的巡检维护,若高空金属线出现锈蚀、破股、断股、断裂等问题,将直接导致主设备短路,损坏主设备及引发连锁故障。

(3)变电站周边环境监测困难,可能存在树竹、山火、异物悬挂、地基沉降、鸟害聚集、泥石流滑坡等外部风险,若没有第一时间掌握及处置,也可能危及站内设备和电网运行安全。

无人机巡检可以充分利用无人机飞行高度较高,视角更广阔,巡检无死角、无盲区。开展无人机智能巡检,近距离全方位监视变电站运行设备的状态,及时发现缺陷,有效解决巡视不到位的问题,弥补常规巡视监控的不足,提升巡视的全面性,实现变电设备自动化、精准化、快速化巡检。

四、无人机巡检变电站可以解决的问题

1. 解决人工巡检存在的问题

针对目前人工巡检存在的巡视视觉有死角、工作强度大、巡检效率低、作业风险高等问题,利用无人机飞行速度快、高度高、视野广、巡检效率高的特点,可快速对变电站站内设备进行飞行巡视,实时掌握高空"盲区"设备状态,及时发现设备缺陷隐患,规避人工高处作业风险,提升巡视效率,提高设备健康水平。

2. 解决智能机器人巡检存在的问题

变电站配置的智能巡检机器人,虽然解放了部分人工巡检生产力,但由于需要铺装专门巡视轨道,轨迹识别技术不太成熟,存在移动速度缓慢、巡视角度受限、巡视存在死角、巡检效率低等问题,仍然无法彻底解决变电站设备的巡检难题。形成"无人机+机器人+人工"组合巡检模式,可实现设备立体化智能巡检,引导"人工为主,机器为辅"向"机巡为主、人巡为辅"联合巡检模式的转变。

3. 解决变电站设备缺陷识别的问题

变电站巡检无论是人工巡检还是机器人巡检,对于巡检数据的分析,均是通过人工方式查找设备缺陷,这种方式效率极低、工作量极大,容易造成分析人员产生身心疲惫,从而降低缺陷发现率,对设备运行安全造成隐患。通过研究变电站一次设备缺陷的智能识别技术,实现对巡检设备的后端缺陷智能识别,将巡检人员从繁重的缺陷数据分析工作中解放出来,同时提高缺陷发现率,保障设备的安全运行。

第二节 变电站无人机智能巡检技术

智慧变电站无人机智能巡检主要涉及无人机抗强电磁干扰、三维激光点云及航线规划、全自主巡检智能控制、智慧维保机巢、智能缺陷识别等技术的研究及应用。

一、抗电磁干扰高精度定位避障技术

无人机巡检系统装备抗电磁干扰高精度定位避障装置,实现无人机在变电站巡检过程中的抗电磁干扰、高精度定位和自动避障,以及稳定的数据实时传输。

1. 无人机抗电磁干扰关键技术

变电站区域内存在较强的电磁干扰,对无人机的飞行存在较大的影响,因此为了降低变电站电磁干扰对无人机作业的影响,需要从无人机本身和合理规划作业航线两个方面同时开展研究。传统无人机使用GPS进行定位,本身定位误差较大,加上变电站电磁干扰,定位精度进一步下降。因此,将无人机装配双天线RTK及地面基站,同时实时接收GPS卫星定位和RTK多基站精确位置坐标,实时差分处理,降低无人机受外部电磁干扰。同时,测定站内电磁干扰环境和设备空间位置,合理规划无人机作业航线,规避站内重大电磁干扰源和狭窄带电区域作业,在满足巡检质量前提下,保证无人机受到的电磁干扰降到最低。

2. 无人机高精度定位关键技术

变电站内设备品类繁多、布局紧凑、价格昂贵,利

用无人机巡检变电站对定位精度有着较高要求。RTK 载波相位差分技术，是能实时处理两个测量站载波相位观测量的差分方法，将基准站采集的载波相位发给用户接收机，进行求差解算坐标。这是种新的卫星定位测量和地理精准测绘的方法，能够在户外实时得到厘米级定位精度，它采用了载波相位动态实时差分方法，是 GPS 应用的重大里程碑式提升，极大地提高了作业效率和安全。

3. 无人机避障关键技术

无人机装置激光测距雷达避障模块，直接挂载于无人机云台上，更大范围内及时探测无人机与障碍物之间的距离，以此距离为参考协助巡检人员及时调整无人机的飞行参数，同时支持设置一定距离的安全阈值进行避障，具有高自主性、高精度、高可靠性、高动态性、高抗干扰性。同时，利用航线规划设置电子围栏，使无人机与设备保持定的安全距离，保证巡检作业过程中的飞行安全和设备安全，进一步提升无人机变电站智能巡检的安全性。

二、激光三维模型及点云航线规划技术

三维激光点云数据不仅包含目标的坐标信息，同时也包含了目标的高程信息，通过对三维点云数据的处理，可以实现分析、量测、仿真、模拟、监测等功能间。因此，利用三维点云数据进行变电站无人机巡检航线规划，可以很好地解决二维航线规划高程数据缺失导致飞行风险的问题，从而实现变电站无人机的自动、智能、安全巡检。应用变电站高精度激光点云获取方法，建立变电站三维激光点云数据模型，为三维航线规划提供数据基础。

1. 变电设备关键部件自动识别技术

进行变电站一次设备巡检的三维航线规划，需要识别出设备点云中需要进行巡检拍照的关键部件。首先利用非线性滤波优化算法对点云模型进行处理获得优化后的目标点云数据，并提出八邻域深度差算法提取点云边缘；然后利用随机抽样一致性算法对分割后的点云边缘进行检测，并提取所定义的边缘特征以识别零部件。该方法能够实现对典型零部件的识别，几乎无须人工干预，提高了航线规划的效率。

2. 基于激光点云的三维航线规划技术

利用变电站高精度三维激光点云数据，综合考虑多机型飞行能力、飞行安全、作业特点、作业效率、起降条件、相机焦距、安全距离、部件大小、云台角度、机头朝向等因素，进行全自主航线规划，输出高精度地理坐标的航线规划，以供无人机开展自主巡检作业。

3. 航点生成和航线规划技术

基于导入的高精度激光点云数据，自动提取高压母线、变压器、断路器、隔离开关、穿墙套管、避雷器、避雷针、门型构架和绝缘子等关键部件特征量，新建飞行架次完成高精度的智慧航线规划，其中包括拍照点地理坐标、拍照顺序、云台角度、拍摄数量等参量。航线规划完成后，对整条航线进行模拟飞行安全检查审核，对有问题、存在安全隐患的航线、航点进行修正。

三、无人机自主巡检智能控制技术

通过变电站无人机自主巡检智能控制技术实现无人机的智能化操作控制，减少人工操作，降低操作门槛，开展安全检查，保证飞行安全，减少事故率。

1. 基于多传感器融合的无人机控制算法

基于不同的传感器，对环境进行全方位感知，及时、准确的获取无人机位置信息以及设备环境信息。变电站无人机智能巡检时，既要考虑无人机对设备的安全距离，也要考虑相机焦距、分辨率、画幅因素等对图像拍摄质量的影响，以及无人机云台角度和无人机机头朝向等问题。通过可见光、激光雷达等传感器信息技术和无人机控制等关键技术的融合，实现对无人机姿态、云台等的精准控制。

2. 无人机自主巡检智能控制系统

运用无人机低空遥感、RTK 差分定位、多传感器融合和机器学习算法等关键技术，针对变电站巡检作业特点，定制无人机智能巡检控制系统。在变电区域电磁干扰、复杂工况条件下，规划出无人机高精度定位飞行航线，以自主或遥控的方式按照预设航线、位置、角度、焦距飞行巡检，满足变电站不同应用场景的数据采集需求，实现无人机自主巡视和智能控制，减少人工操作，提升巡检效率，降低设备安全风险。

第三节　变电站无人机智慧维保机巢技术和设备缺陷智能识别技术

一、变电站无人机智慧维保机巢技术

无人机智慧维保机巢为无人机提供起降场地、存放、充电、数据传输等条件，为无人机创造全天候恒温湿的存放空间，监测环境状况自动判断适飞条件，具备 AR - tag 降落引导、自动抓取和电池充电等功能，实现无人机自主巡检的精准降落和快速充电。

1. 机巢高速充电技术

机巢设计快速、安全、可靠的接触式充电系统，无人机被机巢成功回收后可不关机在线充电或自动更换电池，并提供维护保养平台。

2. 机巢降落引导技术

机巢设计基于 AR - tag 的多旋翼无人机飞行降落引导系统和基于 RTK 精准定位的降落系统，双重保障无人机即使在无 GPS 网络覆盖的情况下也能精准着陆。

3. 机巢气象监测技术

机巢设计接入气象实时监测数据，包括风速、风向、气温、湿度、气压、降雨量等状态量，超出预设指标自主停止执行任务。机巢内置服务器从互联网同步获取作业覆盖范围内的实时分钟级气象数据，动态调整飞行计划。遇到突发恶劣气候，及时暂停起飞或者召回无人机。

4．维保机巢电气系统

机巢设计顶板开合、平台升降、位置修正、充电卡爪夹持、平台吹扫等电气控制机构，并采用防雨防尘免维护标准设计与制造。

二、基于无人机巡检的设备缺陷智能识别技术

变电站设备缺陷智能识别技术能够自动智能识别变电一次设备存在的缺陷，将巡检人员从繁重的缺陷数据分析工作中解放出来，同时提高缺陷发现率，保障设备的安全运行。

1．构建变电一次设备缺陷库

变电一次设备缺陷库是利用图像深度学习技术进行缺陷智能识别的基础和关键，一方面，以目前人工、机器人巡检形成的海量照片数据为基础构建自有的设备缺陷库；另一方面，伴随无人机巡检采集的变电一次设备图像及缺陷图像，补充到已有的设备缺陷库中。

2．基于无人机巡检变电一次设备缺陷智能识别系统

基于改进的图像分割预处理算法、差异稀疏化的DBN电力设备缺陷识别法、结合深度学习与传统机器学习电力设备缺陷识别法等深度学习关键算法，以及变电站无人机巡检航拍图像的典型业务应用场景，技术人员研发了一套基于无人机巡检变电一次设备缺陷智能识别软件系统。该系统集成变电一次设备缺陷库，多种图像预处理功能和多种基于深度学习关键技术的电力设备特征提取和缺陷识别算法，能够快速对巡视原始数据进行预处理、分类、智能识别，同时辅助人工缺陷识别，并生成巡检报告。

第四节　变电站无人机巡检系统和巡检无人机飞行器控制技术

一、变电站无人机巡检系统基本原理及其优势

无人机行业是集多种学科、多个领域于一身的新型高科技行业。对于跨度极大的输电走廊及多山地带的电力线路的检修和巡线，四轴飞行器有着得天独厚的优势，尤其是在恶劣天气下，无人四轴飞行器可以对灾害高发地带进行重点监测，并时时传回现场数据。同时小型的无人四轴飞行器还可以应用于核电站等高危场所的安检排查工作，而在复杂地形下有足够升力的无人机，可以为电力线路的架设提供极大方便。另外，在无线输电技术成熟之后，四轴飞行器与无线输电技术的结合将彻底解决无人机的动力供应问题。

（一）智能巡检无人机应具备的功能

（1）图像采集分析功能。由于搭载了多项检测设备，例如它的可见光CCD就能采集可见光图像，进而实现设备外观检查，发现设备的异物悬挂、锈蚀等异常现象。而红外热像仪也能记录设备开关闸刀与断路器的现场实际位置，包括油位计位置、表计读数等。另外，红外热像仪对人工检测时设备的热缺陷捕捉非常灵敏，能够通过红外测温来明确设备温度是否异常。

（2）无线传输功能。智能巡检无人机在采集视频信号与音频信号时必须进行智能预处理行为，并将采集信号传输给变电站监控管理中心。另外，无人机也会接收到来自于监控管理中心的各项控制命令，所以巡检机器本体与后台监控中心是时刻保持无线通信及传输功能状态。

（3）视觉导航定位功能。视觉导航定位也是本书探讨的重点。巡检机器可以按照视觉导航预先规划好的轨迹进行进，这也包括直行、停上、转弯等动作。当机器到达指定位置需要进行车身调节时，它就会实施可见光CCD旋转、红外线角度调节、电气仰俯危度调整等动作，保持最佳设备拍摄位置。

（二）巡检无人机整体系统组成

智能巡检无人机通过定期巡检变电站设备来实现变电站正常运维，它的巡检目标主要是通过机器自身视觉、无线通信与人工智能功能来实现自主规律性巡检，达到提高变电站巡检工作自动化程度与工作效率的目的。无人机与巡视机器人在本质上都是为各种电力检测设备提供一个移动式平台，因此可以借鉴巡视机器人的思路研发巡检无人机，并在此基础上进行一定的扩展。考虑到无人机在空中飞行相比地面机器人更适合搭载驱鸟设备进行驱鸟工作，因此可以将驱鸟器、可见光摄像头和红外摄像头运用于无人机上。整体系统包括五大部分。

（1）无人机本体。用于搭载运动摄像机、红外成像仪及驱鸟器，部件包括电机、电调飞控模块、惯性测量单元、CPS模块、动力电池、电源管理模块、遥控图传一体化模块、云台等。飞行器部分可采用四轴飞行器、450mm碳纤维机架。

（2）地面站。用于与无人机进行通信，实现无人机按照设定的航迹及时间进行自主定时飞行。通过地面站中的程序即可设定无人机的巡视策略，具体包括巡视周期和一天之中具体的巡视时间，并与无人机上的飞控模块、惯性测量单元、CPS模块配合设定无人机自主航行的路线。

（3）运动摄像机。用于对变电站内断路器、隔离开关等设备的分合闸位置及各类设备外观进行检查，以判断设备的运行工况。运动摄像机像素可采用1200万，数据传输速率为30Mbit/s，数据传输接口采用AV接口。

（4）红外成像仪。用于对电力设备进行红外成像，通过设备温度间接判断其导电性和绝缘性等运行工况。红外成像仪应采用制冷型红外成像仪，测量范围为$-40\sim550$℃，支持变焦，最大分辨率为2℃，数据传输接口为USB接口。

（5）驱鸟器。用于驱逐变电站中的鸟类，防止电力设备因鸟类或鸟巢造成短路事故。可采用多模式驱鸟器，包括声光及超声波两种驱鸟模式。驱鸟器光线部分采用532nm的棒状绿色激光，声音部分可自定义加载音频，超声波部分采用的频段为$16\sim25$kHz。驱鸟器可通过切

换开关对具体驱鸟模式进行切换,驱鸟器为独立供电,即通过 1.5V 干电池进行供电,并通过支架固定于无人机机架上。

(三) 变电站无人机巡检需要注重的问题

由于变电站巡视与输电巡线在具体工作环境上特点不同,因此在飞行器未来的研究方向上也会有不同的侧重点。对于变电站巡视无人机,需要着重注意以下问题:

(1) 安全性研究。变电站中各种高压带电设备布局复杂,且随着生产用地日趋紧张,未来变电站建设都将朝着紧凑化的方向发展。这种情况下,如何保证飞行器在空间狭小的高压带电场所安全飞行就是一个急需解决的问题。目前的基本思路是在飞行器的巡航路线上规避此类风险,比如在带电场区外围限高飞行等。

(2) 精准定位与控制技术研究。精准控制技术对于飞行器具有至关重要的意义。同时,精准控制技术还将对飞行器其他顶层功能的实现产生重大影响,如避障功能、自动充电功能等都有赖于精准控制的实现。目前消费级无人机多采用 CPS 技术和超声波技术进行定位,而这两种技术均存在较大的测量误差,制约控制精度的进一步提高。由于飞行器与机器人在定位技术上具有一定的共通之处,因此未来对飞行器定位技术的研究可以借鉴机器人的相关技术而飞行器定位技术的发展反过来也将促进机器人技术的发展。

(3) 电源技术研究。目前电池仍是制约飞行器性能提高的瓶颈,主要问题在于缺少充电时间短、体积小、重量轻容量较大使用寿命较长的电池。电池的充电时间和容量直接影响飞行器使用的便捷性,而体积及重量则限制飞行器对其他检测设备的搭载能力。

二、变电站内巡检无人机飞行器控制技术

(一) 变电站巡检无人机飞行器控制关键技术分析

我国的变电站巡检无人机发展起步较晚,但是有良好的发展前景,机器人定位导航、模式识别以及智能分析等技术层面已经有了领先的发展水平,当前的无人机已经融合移动控制、导航以及路径规划、视觉模式识别、多传感器融合电磁兼容、无线控制器等形成了一套一体化的智能型系统,有助于变电站的安全、合理运行,无人机在运行的时候有以下几点关键技术。

1. 巡检无人机导航控制技术

(1) 巡检无人机在视觉导航的时候要注意移动摄像机的安装和运行,通过图像的实时监视和识别,让关联的无人机在实际的位置上实现基础的自主导航和定位。使用视觉导航的技术可以在变电站内获取最大监控信息,针对图像处理计算技术优化计算量,提高系统的实用性,通过巡检无人机的视频导航技术、自主定位、融合环境光照、烟雾等多种因素实现最佳的导航。

(2) 巡检无人机可以利用激光反射光导航技术,利用激光扫描周边的环境,借助系统进行计算反射的接收时间来进行物体与无人机之间的距离,按照距离信息进行导航和定位,有助于巡检无人机的平行运行,提高距

离的分辨率,降低周围环境对巡检无人机的干扰,借助激光的导航技术,巡检无人机可以更准确地获取距离信息,及时累积和定期进行误差校正。在巡检无人机内安装惯性导航系统,使用加速度计、陀螺仪等设备测量无人机的加速度和运动方向,通过速度和位置找寻变电站内的位置和搜集信息,一旦出现位置误差的问题,巡检无人机可以快速地针对误差进行校正,提高巡检无人机的整体运行精度。

2. 巡检无人机自主充电技术

变电站的巡检机器人可以使用磷酸铁锂电池进行供电,由于巡检无人机的运行时间、不间断工作时间不同,对电池供电能力的需求也有不同的要求,为此巡检无人机的自主充电技术显得尤为重要。巡检无人机可以使用接触式自主充电技术,利用机器人本体以反固定接口进行自动定位和连接,采用激光定位的方式进行充电接头的定位,在接触的时候可以精准定位,提高充电的容忍度。巡检无人机还可以使用光能自主充电技术,按照光能转换让无人机进行自主补能,光能技术在应用的时候成本低、技术成熟、光能的转换效率不高,需要在无人机充电的时候调整整体面积,让无人机在移动的时候可以自主充电。巡检无人机利用非接触式自主充电技术,通过无线感应的方式进行能量传输,按照电磁感应、磁共振、微博无线等几种充电的方式实现对无人机的控制,可以让巡检无人机在运行的时候控制功率,简单运行。

3. 巡检无人机无线通信网络技术

巡检无人机在变电控制的时要按照变电站的作业模式进行后台系统的信息交互确保无人机在巡检的时候可以及时与后台系统进行信息交互,为了确保巡检无人机的正常运行要在传输通道内搭建高速,稳定和可靠的无线通道传输通道传输技术有 WiFi、UWB 以及 LiFi 技术。

(1) WiFi 技术采用短距离无线载波信息技术,在变电站内有广泛的覆盖范围,传播速率也变得非常快,在百米内可以提供 11~600Mbit/s 的传输速率,实现网络内高效的信息传输,提高运行效率。

(2) UWB 技术采用无载波通信技术,可以提供高量级的频带宽和极高的通信安全性,虽然传数据的距离较短,但是巡检无人机的室内定位效果得到保障。

(3) LiFi 技术采用可见光谱而非无线电波技术当作载体进行数据传输,应用在巡检无人机中可以突显绿色环保的功效,不占用无线电频带资源,提高无人机信息传输的保密性,突出巡检无人机的信息传输效果。

(二) 变电站巡检无人机飞行控制系统的结构

1. 巡检无人机的飞行控制系统的运行技术

在巡检无人机内飞行科目要优化控制指令,在飞行控制指令内进行纵向线速度、横向线速度以及垂直向就位置的控制,做好飞行信息的控制,将飞行指令输入到轨迹控制器内。根据期望的输入量计算得出总距操纵量,包括轨道的滚转角、俯仰角、偏航角等姿态,使得无人机在飞行的过程中可以根据输入的指令运算得出纵向操纵量、横向操纵量以及尾桨操纵量,这些操纵量能够控

制无人旋转翼的飞行器模型，让无人机在变电站巡检运行的时候取得最佳的效果，反馈到实际的操作系统内。

2. 巡检无人的飞行姿态控制系统

无人机飞行要按照输入的机动飞行命令运行，在变电站内运行的时候要注意飞行的姿态，控制好飞行的姿态，可以让机体在设备检验的时候得到全面控制。姿态控制器的稳定性直接决定了无人飞行器的飞行质量，在实际飞行的过程中，姿态控制要做好误差计算，控制好跟踪效果。按照二阶参考模型、线性控制器神经网络误差补偿器以及姿态逆控制器的进行姿态控制系统的组装和运行，按照线性控制器的作用调节无人机系统的响应性能，以此来减小超调量的调节时间，提高系统的加速度。

3. 巡检无人机的轨迹控制系统运行

无人机飞行器在变电站内要做好检测、搜索以及监视的工作，变电站内的后台工作人员要对无人机的速度和位置进行精确控制，随时掌握无人机的飞行轨迹和反馈回来的信息。为此，在无人机轨迹控制的时候将轨迹控制系统分为快回路、慢回路，根据无人机的姿态稳定性和控制进行飞行轨道的控制，给定通道飞行的操纵量，让无人机的飞行通按照姿态角和角速率达到最高的稳定性，使得轨道的控制系统实现完整的运行和控制。

在轨迹控制器运行的时候计算出准确的期望滚转角、俯仰角等控制变量，消除总距的操纵量，让姿态控制指令作为姿态控制器进行运行，消除轨迹控制系统，力求实现最佳控制效果。

（三）变电站内巡检无人机的变电站巡检功能

1. 变电站内巡检无人机实时数据的曲线

变电站内设备的温度随着负荷变化而发生一定的波动，无人机在巡检的过程中要做好温度趋势的监控，尤其是当变电站内出现老旧设备的时候，巡检无人机要根据温度曲线的变化来进行设备老旧情况的分析，在机器巡检的时候度对变电站设备各个附件的温度情况进行分析，输入MIS系统，方便变电站内的管理人员做好数据存储和查询的功能，借助无人机来提高巡检数据的智能管理。

2. 变电站内巡检无人机自动导航定位功能

巡检无人机综合多种信息技术进行导航和定位，根据传感器搜集信息进行深入分析，掌握变电站内的实际生产情况，通过无人机的信息反馈情况变电站内的人员可以随时了解设备的运行情况。

第五节　构建5G＋无人机变电站智能巡检模式

5G＋无人机变电站智能巡检系统的构建具有极其重要的意义，可以达到对变电站巡检的全覆盖。

一、智能巡检系统的结构与功能

依照国家电网公司变电站的设备管理规范的要求，运行人员在巡视设备的过程当中，需要经历的环节往往较多。不仅如此，当发现缺陷问题之后，还需要进行记录、登记以及上报等工作，以此来协助检修工作人员能够开展检修工作，从而使得检修试验结果更具反馈性。整个过程当中虽然会涉及多个部门，多个相关工作人员，但是实际工作流程仍然需要依照规定的顺序来运转。所以，智能巡检系统对设备巡视、检修的整个过程以及流程，都将会实现顺序控制，这样才能真正做好运行巡视、设备检修的工作节点，最终使各个环节的工作都能够呈现出智能化、规范化的特点，达到最佳的状态。除此之外，还需要切实注重的要点是5G＋无人机变电站智能巡检系统的结构与功能，在构建过程当中，需要运用较为全面的检查监督措施，其目的在于确保系统的科学性以及合理性，并且对可能存在的问题采取有针对性的措施。因此，切实注重智能巡检系统的结构与功能建设是做好5G＋无人机变电站智能巡检系统构建工作的前提因素。

二、无人机巡检数据交换以及分析统计工作

首先分析数据交换工作。要想使得5G＋无人机变电站智能巡检系统得到最为科学的构建，最为重要的措施便是利用巡检管理软件完成与手持器的数据交换。当有关巡检任务下达之后，现有任务流程的规范也会相对流畅，需要切实注重其过程中的安全注意事项，完成相应的情况登记，使相应信息能够下达到实际工作开展流程当中。当巡检工作任务完成之后，还应当更新数据，及时上传到巡检管理软件当中，或者是存储到更新数据库当中。巡检管理软件应当完成与生产管理系统的数据交换，接收生产管理系统所下发的巡检任务，或者是审批意见，其目的在于形成巡检计划、制订巡检任务，这些环节的数据都需要通过增强无人机巡检来得以实现。其次展开分析统计研究。5G＋无人机变电站日常巡检工作或者各项任务完成的数据，应当要输入到巡检管理软件数据库中。通过实际数据的查询，生成设备运行状态、巡检情况等各种报表，从而分析设备的完好性以及巡检工作人员的工作情况。由此可见，做好这些方面的工作，对于变电站智能巡检系统的构建，将会产生极其重要的作用，有关人士需要在这一环节中投入较多的研究精力。

三、系统模型设计工作

变电站智能巡检系统的工作流程控制应当要符合电力系统工作的特点以及工作数据全过程控制的要求，使检修过程更加细化和标准化，这样可以确保整个作业过程，都始终处于可控、在控状态，并且还需要同其他系统保留接口，实现信息共享。变电站智能巡检系统设计应当要借鉴智能电网的特点与优势，并且采用先进、主流与可靠的应用技术，从而确保所设计的检修系统更具科学性。另外，通常情况下运行工作人员需要通过训练系统生成巡检任务，再装到巡检仪当中，并且通过与被巡检设备特殊标志之间的交互作用，形成设备的强制化

目标，其目的在于防止漏检问题出现。除此之外，还需要使巡检仪能够通过巡检过程收集相应的数据，能够智能化地回到巡检系统的服务器中，最终使得5G＋无人机所包含的服务器能够对其中产生的数据展开全面的分析统计。当这些方面的数据都能够得到科学有效的处理，基于5G＋无人机变电站智能巡检系统才能真正得以实现，并且在相应工作开展过程当中，发挥出应有的作用，实现变电站的社会经济效益。所以，注重系统模型设计工作，对于实现变电站科学巡检系统来讲，将会产生不容忽视的作用，应当注重这一环节的研究工作。

第六章

变电站无人机巡检作业

第一节　作业方案

一、工程简介

下面以国网新疆电力有限公司超高压分公司的 19 座 750kV 变电站的 750kV 设备区高空设备无人机巡检作业为例介绍变电站无人机巡检作业。750kV 变电站的 750kV 设备区高空设备无人机巡检作业属于大型作业现场，工序复杂、涉及作业面广、危险点多，为保证作业顺利完成，应编制作业方案。

（一）作业内容

750kV 变电站 750kV 设备区高空设备无人机巡检作业主要包括以下内容：

（1）750kV 哈密变电站 750kV 设备区高空设备（以下省略"750kV"，只提变电站名称；省略"750kV 设备区高空设备"）407 个设备接头，110 根耐张引线，65 根弓子线，131 根引下线以及 17 根避雷线。

（2）烟墩变电站 299 个设备接头，98 根耐张引线，60 根弓子线，95 根引下线以及 14 根避雷线。

（3）库车变电站 320 个设备接头，83 根耐张引线，48 根弓子线，95 根引下线以及 14 根避雷线。

（4）赛里木变电站 119 个设备接头，45 根耐张引线，30 根弓子线，50 根引下线以及 10 根避雷线。

（5）三塘湖变电站 287 个设备接头，84 根耐张引线，54 根弓子线，101 根引下线以及 14 根避雷线。

（6）喀纳斯变电站 173 个设备接头，57 根耐张引线，48 根弓子线，48 根引下线以及 12 根避雷线。

（7）莎车变电站 188 个设备接头，63 根耐张引线，36 根弓子线，62 根引下线以及 14 根避雷线。

（8）塔城变电站 257 个设备接头，77 根耐张引线，45 根弓子线，89 根引下线以及 14 根避雷线。

（9）乌苏变电站 121 个设备接头，53 根耐张引线，39 根弓子线，44 根引下线以及 19 根避雷线。

（10）凤凰变电站 194 个设备接头，67 根耐张引线，48 根弓子线，65 根引下线以及 19 根避雷线。

（11）伊犁变电站 207 个设备接头，68 根耐张引线，39 根弓子线，83 根引下线以及 14 根避雷线。

（12）阿克苏变电站 251 个设备接头，64 根耐张引线，42 根弓子线，68 根引下线以及 14 根避雷线。

（13）巴州变电站 272 个设备接头，77 根耐张引线，45 根弓子线，89 根引下线以及 14 根避雷线。

（14）木垒变电站 230 个设备接头，83 根耐张引线，54 根弓子线，66 根引下线以及 14 根避雷线。

（15）苿苿湖变电站 315 个设备接头，108 根耐张引线，72 根弓子线，100 根引下线以及 21 根避雷线。

（16）和田变电站 174 个设备接头，57 根耐张引线，45 根弓子线，51 根引下线以及 24 根避雷线。

（17）喀什变电站 170 个设备接头，50 根耐张引线，33 根弓子线，70 根引下线以及 8 根避雷线。

（18）巴楚变电站 227 个设备接头，48 根耐张引线，36 根弓子线，71 根引下线以及 7 根避雷线。

（19）吐鲁番变电站 356 个设备接头，60 根耐张引线，48 根弓子线，81 根引下线以及 7 根避雷线。

（二）本期作业工作量

1. 不停电作业工作量

（1）完成工作票填写工作。

（2）完成现场勘查工作。

（3）完成"四措一案"、检修手册、标准作业作卡、业文本编制等工作。

（4）完成检修工器具、机具设备、材料等筹备工作。

（5）完成飞行人员资质核对及报备工作。

（6）完成起飞前空军申请批准工作。

（7）完成现场飞行巡检。

（8）完成航摄图片分类整理、缺陷判定、缺陷定位、缺陷等级识别工作。

2. 南疆片区

（1）完成 750kV 巴州变电站 750kV 设备区高空设备无人机检查维护工作。

（2）完成 750kV 库车变电站 750kV 设备区高空设备无人机检查维护工作。

（3）完成 750kV 阿克苏变电站 750kV 设备区高空设备无人机检查维护工作。

（4）完成 750kV 巴楚变电站 750kV 设备区高空设备无人机检查维护工作。

（5）完成 750kV 喀什变电站 750kV 设备区高空设备无人机检查维护工作。

（6）完成 750kV 莎车变电站 750kV 设备区高空设备无人机检查维护工作。

（7）完成 750kV 和田变电站 750kV 设备区高空设备无人机检查维护工作。

3. 乌鲁木齐周边片区

（1）完成 750kV 吐鲁番变电站 750kV 设备区高空设备无人机检查维护工作。

（2）完成 750kV 凤凰变电站 750kV 设备区高空设备无人机检查维护工作。

（3）完成 750kV 乌苏变电站 750kV 设备区高空设备无人机检查维护工作。

4. 东疆片区

（1）完成 750kV 苿苿湖变电站 750kV 设备区高空设备无人机检查维护工作。

（2）完成 750kV 木垒变电站 750kV 设备区高空设备无人机检查维护工作。

（3）完成 750kV 哈密变电站 750kV 设备区高空设备无人机检查维护工作。

（4）完成 750kV 烟墩变电站 750kV 设备区高空设备无人机检查维护工作。

（5）完成 750kV 三塘湖变电站 750kV 设备区高空设备无人机检查维护工作。

5. 北疆片区

（1）完成 750kV 赛里木变电站 750kV 设备区高空设备无人机检查维护工作。

（2）完成 750kV 伊犁变电站 750kV 设备区高空设备无人机检查维护工作。

（3）完成 750kV 塔城变电站 750kV 设备区高空设备无人机检查维护工作。

（4）完成 750kV 喀纳斯变电站 750kV 设备区高空设备无人机检查维护工作。

二、作业计划

无人机巡检作业计划见表 2-6-1-1。

表 2-6-1-1　　　　　　　　　　　　　　无人机巡检作业计划

计划工作时间	工作地点	工作量及其质量管控措施	安全管控措施
	巴州变电站	（1）对 750kV 变电站 750kV 高空设备区内一次设备接头进行外观检查，作业人员需具备对缺陷的辨识能力。按照下述要求进行检查： 1）每处接头拍摄照片（上、下、左、右四个方位）不少于 4 张，每张照片清晰，且按照项目管理方的要求进行命名、归档。 2）检查一次设备接头时，须注意均压环本体及支腿是否变形、接线板及其附属均压环和连接金具是否变形、连接螺栓是否紧固、管母滑动金具滑动余量是否足够、金属部件是否存在锈蚀。 （2）对 750kV 变电站 750kV 设备区内耐张引线进行外观检查。须按照下述要求进行： 1）每处耐张引线挂点、瓷瓶连接处、均压环等设备连接处拍摄照片（上、下、左、右四个方位）不少于 4 张，每张照片清晰，且按照项目管理方的要求进行命名、归档。 2）检查耐张引线时须注意，绝缘子悬吊系统是否变形、导线悬吊系统是否变形、高空连接金具抱箍是否变形、接线板是否变形、螺栓及销子是否缺失、金属部件是否存在锈蚀、均压环本体及支腿是否变形。 （3）对 750kV 变电站 750kV 设备区内弓子线进行外观检查。须按照下述要求进行： 1）每处弓子线挂点拍摄照片（上、下、左、右四个方位）不少于 4 张，每张照片清晰，且按照项目管理方的要求进行命名、归档。 2）弓子线检查时须注意，绝缘子悬吊系统是否变形、导线悬吊系统是否变形、螺栓及销子是否缺失、金属部件是否存在锈蚀，均压环本体及支腿是否变形。 （4）对 750kV 变电站 750kV 设备区内引下线进行外观检查。按照下述要求进行： 1）每处引下线上下端连接处拍摄照片（上、下、左、右四个方位）不少于 4 张，每张照片清晰，且按照项目管理方的要求进行命名、归档。 2）引下线检查时，须注意连接金具抱箍是否变形、接线板是否变形、连接螺栓是否紧固、金属部件是否存在锈蚀。 （5）对 750kV 变电站 750kV 设备区内避雷线进行外观检查。按照下述要求进行： 1）每处避雷线与构架连接处拍摄照片（上、下、左、右四个方位）不少于 4 张，每张照片清晰，且按照项目管理方的要求进行命名、归档。 2）避雷线检查时须注意，避雷线悬吊系统是否变形、挂点螺栓及销子是否缺失、金属部件是否存在锈蚀	（1）工作负责人办理工作票，并将工作票送达无人机巡检变电站运维室进行审票。 （2）站开展高空设备无人机检查维护人员必须经过国网新疆电力有限公司超高压分公司组织的安全考试，合格后，方可参加工作，未经安全教育或安全考试不合格人员不准进入检修现场。 （3）严格执行领导及管理人员到岗到位制度，应到岗到位人员及安全监护人没有到达作业现场，不得进行巡航作业。 （4）检修作业前由工作负责人和安全监护人一同检查、确认现场安全措施。每天工作前必须重新检查、确认现场安全措施是否发生变动。 （5）检修人员进入工作现场前由到岗到位人员监督召开班前会，工作负责人向本次开展巡航人员进行安全技术、环境保护交底，交代当日工作任务和安全注意事项。 （6）得到运行单位工作许可后，由到岗到位人员监督工作负责人带领作业人员列队进入作业现场，由工作负责人宣读工作票，交代现场安全措施，工作班成员无疑问后履行签字确认手续。 （7）所有巡航人员必须遵守变电站安全管理制度。 （8）工作负责人、安全监护人应认真履行监护职责，不得脱岗。 （9）所有检修人员必须正确使用和佩戴安全防护用品。 （10）严格安全设施管理，已装设的安全措施，未经运行单位和安全监护人许可严禁移动或拆除。 （11）安全监护人要始终在现场进行巡视检查，发现违章指挥、违章作业及时纠正和考核，发现事故隐患要及时组织消除。 （12）正确操作检修机具，采取防护措施，防止人身触电，确保现场的飞行设备不发生损坏。 （13）现场工作前，现场检修人员应了解现场设备情况及设备周围带电情况，保证工作人员跟周围带电设备的安全距离（作业人员工作中正常活动范围与 750kV 设备带电部分的安全距离为 8.0m；设备不停电时作业人员与 750kV 带电设备安全距离为 7.2m），检修地点应悬挂"在此工作"标识牌，装设围栏
	库车变电站		
	阿克苏变电站		
	巴楚变电站		
	喀什变电站		
	莎车变电站		
	和田变电站		
	吐鲁番变电站		
	凤凰变电站		
	乌苏变电站		
	芨芨湖变电站		
	木垒变电站		
	哈密变电站		
	烟墩变电站		
	三塘湖变电站		
	赛里木变电站		
	伊犁变电站		
	塔城变电站		
	喀纳斯变电站		

三、危险点及预控措施

无人机巡检作业区域、现场人员工作任务、危险点　　及预控措施见表 2-6-1-2。

表 2-6-1-2　　　　无人机巡检作业区域、现场人员工作任务、危险点及预控措施

作业区域	区域负责人及工作班成员	工作任务	风险点及预控措施
南疆片区组		(1) 完成 750kV 巴州变电站 750kV 设备区高空设备无人机检查维护工作 (下同，只列变电站名称)。 (2) 库车变电站。 (3) 阿克苏变电站。 (4) 巴楚变电站。 (5) 喀什变电站。 (6) 莎车变电站。 (7) 和田变电站	(1) 作业前应检查无人机各部件是否正常，包括无人机本体、遥控器、云台相机、变电站 750kV 设备区高空设备、存储卡和电池电量等。变电站 750kV 设备区高空设备作业无人机必须配备第一视角 (FPV) 云台相机。 (2) 起飞前先启动遥控器，再启动飞行器。降落后先关闭飞行器，再关闭遥控器。严禁以上顺序逆转进行。 (3) 起飞前必须保证飞行器与飞手保持至少 5m 距离，飞手操作过程中严禁人群站立在飞手两肩平行线前方。 (4) 无人机操作人员平稳匀速控制无人机按预定飞行方案飞行，如遇特殊情况，操控手应控制无人机避让、返航或就近降落，无特殊情况下，多旋翼无人机巡检飞行速度保持匀速飞行，最大速度不大于 10m/s。 (5) 无人机应始终处于现场操作人员操控过程的目视可及的范围内，不得有遮挡；在执行飞行任务区域要注意周边是否有信号塔干扰因素、房屋、树木等，现场情况如有不利飞行因素，操作人员立即停止作业。 (6) 作业过程中现场负责人需时刻向无人机操作人员报告无人机的状态信息，达到飞行预警值时，现场负责人及时通知无人机操作员操作无人机返航。 (7) 开展变电站高空设备无人机巡检作业时，无人机距架空输电线路、架空软母线设备距离应保持最少 2m 的安全距离。 (8) 在飞行过程中，切勿停止电机，否则飞行器将会坠毁，除非发生特殊情况 (如飞行器可能撞上人群)，需要紧急停止电机以最大程度减少伤害。 (9) 南疆片区飞行季节风沙较大，做好风速测量，保证飞行需要的能见度
乌鲁木齐周边组		(1) 吐鲁番变电站。 (2) 凤凰变电站。 (3) 乌苏变电站	(1) 无人机操作人员平稳匀速控制无人机按预定飞行方案飞行，如遇特殊情况，操控手应控制无人机避让、返航或就近降落，无特殊情况下，多旋翼无人机巡检飞行速度保持匀速飞行，最大速度不大于 10m/s。 (2) 现场操作人员操控过程中无人机应始终处于目视可及的范围内，不得有遮挡，在执行飞行任务区域要注意周边是否有信号塔干扰因素、房屋、树木等，现场情况如有不利飞行因素，操作人员立即停止作业。 (3) 作业过程中现场负责人需时刻向无人机操作人员报告无人机的状态信息，达到飞行预警值时，现场负责人及时通知无人机操作员操作无人机返航。 (4) 开展变电站高空设备无人机巡检作业时，应按照《架空输电线路无人机巡检作业安全工作规程》(Q/GDW 11399—2015) 要求，无人机距线路设备距离应保持最少 2m 的安全距离。 (5) 作业前应检查无人机各部件是否正常，包括无人机本体、遥控器、云台相机、变电站 750kV 设备区高空设备、存储卡和电池电量等。变电站 750kV 设备区高空设备作业无人机必须配备第一视角 (FPV) 云台相机。 (6) 起飞前先启动遥控器，再启动飞行器。降落后先关闭飞行器，再关闭遥控器。严禁以上顺序逆转进行。 (7) 起飞前必须保证飞行器与飞手保持至少 5m 距离，飞手操作过程中严禁人群站立在飞手两肩平行线前方。 (8) 在飞行过程中，切勿停止电机，否则飞行器将会坠毁，除非发生特殊情况 (如飞行器可能撞上人群)，需要紧急停止电机以最大程度减少伤害。 (9) 乌鲁木齐周边片区飞行管制空域较多，飞行前做好报备和审批工作

续表

作业区域	区域负责人及工作班成员	工作任务	风险点及预控措施
东疆片区组		(1) 菝菝湖变电站。 (2) 木垒变电站。 (3) 哈密变电站。 (4) 烟墩变电站。 (5) 三塘湖变电站	(1) 无人机操作人员平稳匀速控制无人机按预定飞行方案飞行，如遇特殊情况，操控手应控制无人机避让、返航或就近降落，无特殊情况下，多旋翼无人机巡检飞行速度保持匀速飞行，最大速度不大于10m/s。 (2) 现场操作人员操控过程中无人机应始终处于目视可及的范围内，不得有遮挡，在执行飞行任务区域要注意周边是否有信号塔干扰因素、房屋、树木等，现场情况如有不利飞行因素，操作人员立即停止作业。 (3) 作业过程中现场负责人需时刻向无人机操作人员报告无人机的状态信息，达到飞行预警值时，现场负责人及时通知无人机操作员操作无人机返航。 (4) 开展变电站高空设备无人机巡检作业时，应按照《架空输电线路无人机巡检作业安全工作规程》（Q/GDW 11399—2015）要求，无人机距线路设备距离应保持最少2m的安全距离。 (5) 作业前应检查无人机各部件是否正常，包括无人机本体、遥控器、云台相机、变电站750kV设备区高空设备、存储卡和电池电量等。变电站750kV设备区高空设备作业无人机必须配备第一视角（FPV）云台相机。 (6) 起飞前先启动遥控器，再启动飞行器。降落后先关闭飞行器，再关闭遥控器。严禁以上顺序逆转进行。 (7) 起飞前必须保证飞行器与飞手保持至少5m距离，飞手操作过程中严禁人群站立在飞手两肩平行线前方。 (8) 在飞行过程中，切勿停止电机，否则飞行器将会坠毁，除非发生特殊情况（如飞行器可能撞上人群），需要紧急停止电机以最大程度减少伤害
北疆片区组		(1) 赛里木变电站。 (2) 伊犁变电站。 (3) 塔城变电站。 (4) 喀纳斯变电站	(1) 无人机操作人员平稳匀速控制无人机按预定飞行方案飞行，如遇特殊情况，操控手应控制无人机避让、返航或就近降落，无特殊情况下，多旋翼无人机巡检飞行速度保持匀速飞行，最大速度不大于10m/s。 (2) 现场操作人员操控过程中无人机应始终处于目视可及的范围内，不得有遮挡，在执行飞行任务区域要注意周边是否有信号塔干扰因素、房屋、树木等，现场情况如有不利飞行因素，操作人员立即停止作业。 (3) 作业过程中现场负责人需时刻向无人机操作人员报告无人机的状态信息，达到飞行预警值时，现场负责人及时通知无人机操作员操作无人机返航。 (4) 开展变电站高空设备无人机巡检作业时，应按照《架空输电线路无人机巡检作业安全工作规程》（Q/GDW 11399—2015）要求，无人机距线路设备距离应保持最少2m的安全距离。 (5) 作业前应检查无人机各部件是否正常，包括无人机本体、遥控器、云台相机、变电站750kV设备区高空设备、存储卡和电池电量等。变电站750kV设备区高空设备作业无人机必须配备第一视角（FPV）云台相机。 (6) 起飞前先启动遥控器，再启动飞行器。降落后先关闭飞行器，再关闭遥控器。严禁以上顺序逆转进行。 (7) 起飞前必须保证飞行器与飞手保持至少5m距离，飞手操作过程中严禁人群站立在飞手两肩平行线前方。 (8) 在飞行过程中，切勿停止电机，否则飞行器将会坠毁，除非发生特殊情况（如飞行器可能撞上人群），需要紧急停止电机以最大程度减少伤害。 (9) 北疆片区飞行季节风较大，做好风速测量，防止飞行器失速

第二节　组织措施

一、作业现场管理人员职责

（1）项目经理。是落实高空设备无人机检查维护现场管理职责的第一责任人，在授权范围内代表作业单位全面履行检修承包合同；对作业生产和组织调度实施全过程管理，确保本次检修顺利进行。

（2）项目总工。认真贯彻执行上级和作业单位颁发的规章制度、技术规范、标准。组织编制符合工程实际的实施性文件和检修方案，并在检修过程中负责技术指导和把关。组织各专业技术人员编制任务卡、交底卡、作业卡、风险卡、异动卡、练兵卡等文件，组织项目部安全、质量、技术及环保等专业交底工作。组织编制设备、材料供货计划、技术培训计划并督促实施。

（3）技术专责。认真贯彻执行有关技术管理规定，积极协助项目经理或项目总工做好各项技术管理工作。认真阅读有关设计文件和作业图，在检修过程中发现设备问题及时向项目总工提出。编写和出版各工序检修作业指导书、安全技术措施等技术文件；并在作业过程中负责落实有关要求和技术指导。在工程检修过程中随时进行检查和技术指导，当存在问题或隐患时，提出技术解决和防范措施。

（4）质量专责。积极协助项目经理全面负责项目实施过程中的质量控制和管理工作。认真贯彻执行上级和公司颁发的规章制度、技术规范、质量标准，参与编制符合项目管理实际情况的质量实施细则和措施，并在检修过程中监督落实和业务指导。组织项目部职工学习工程设备检修规程规范。定期检查工程作业质量情况。按照有关要求或档案资料管理办法，收集、审查、整理作业记录表格、试验报告等资料。

（5）安全专责。积极协助项目经理全面负责检修过程中的安全文明作业和管理工作，确保检修过程中的安全。认真贯彻执行上级和公司颁发的规章制度、安全文明作业规程规范，结合项目特点制订安全健康环境管理制度，并监督指导作业现场落实。负责作业人员的安全教育和上岗培训，参加项目总工组织的安全交底。参与有关安全技术措施等实施文件编制，审查安全技术措施落实情况。负责制订工程项目安全工作目标计划。负责编制安全防护用品和安全工器具的购置计划。负责建立并管理安全台账。负责布置、检查、指导检修人员安全开展工作，并协助检修人员提高专业水平，开展各项业务工作。

（6）防疫专责。负责传达、贯彻落实属地政府、上级单位及本单位防疫工作的相关文件指示精神和指令；负责编制、报批项目部级预防新型冠状病毒肺炎预防方案，组织复工前预防新型冠状病毒肺炎防疫培训；编制和报审防疫物资配置计划和资金计划，对到货的防疫物资进行定期检查。

（7）资料员。负责业主、监理文件报审。负责作业项目部内如各类文件的存档及宣传。负责高空设备无人机检查维护记录、报告的汇编、存档、移交。

二、作业现场作业人员职责

（1）工作负责人。是落实每项工作的检修现场第一责任人，对现场组织调度实施全过程管理；负责其作业面现场协调，确保检修工作顺利进行。

（2）安全监护人。协助工作负责人负责其作业的现场安全监护、安全教育，检查工地上的不安全现象，制止违章作业，监督检查指导作业现场落实各项安全措施。

（3）作业班成员。做到熟悉工作内容、工作流程、工艺标准及要求，掌握安全措施，明确工作中的危险点，并履行确认手续。严格遵守安全规章制度、技术规程和劳动纪律，对自己在工作中的行为负责，工作中互相关心、相互监督，做到自保、互保。现场作业人员应有组织、有纪律，听从现场工作负责人的协调安排。正确使用安全工器具和劳动防护用品。按照安全控制卡、质量控制卡的要求进行作业，工作过程中应细致认真，讲作业安全、讲技术工艺、讲作业质量。

第三节　技术措施

一、无人机巡检前的准备工作

（一）技术资料准备

针对 750kV 凤凰等 19 座变电站 750kV 设备区高空设备无人机检查维护的工作量，现场需要仔细核实作业图纸，并结合现场实际情况，组织编制作业方案。

（1）《国网新疆电力有限公司超高压分公司 750kV 凤凰等 19 座变电站 750kV 设备区高空设备无人机检查维护"四措一案"》。

（2）《国网新疆电力有限公司超高压分公司 750kV 凤凰变电站 750kV 设备区高空设备无人机检查维护标准化作业卡》。

（3）《国网新疆电力有限公司超高压分公司 750kV 哈密变电站 750kV 设备区高空设备无人机检查维护标准化作业卡》。

（4）《国网新疆电力有限公司超高压分公司 750kV 烟墩变电站 750kV 设备区高空设备无人机检查维护标准化作业卡》。

（5）《国网新疆电力有限公司超高压分公司 750kV 库车变电站 750kV 设备区高空设备无人机检查维护标准化作业卡》。

（6）《国网新疆电力有限公司超高压分公司 750kV 三塘湖变电站 750kV 设备区高空设备无人机检查维护标准化作业卡》。

（7）《国网新疆电力有限公司超高压分公司 750kV 喀纳斯变电站 750kV 设备区高空设备无人机检查维护标准化作业卡》。

（8）《国网新疆电力有限公司超高压分公司 750kV 莎车变电站 750kV 设备区高空设备无人机检查维护标准化作业卡》。

（9）《国网新疆电力有限公司超高压分公司 750kV 塔城变电站 750kV 设备区高空设备无人机检查维护标准化作业卡》。

（10）《国网新疆电力有限公司超高压分公司 750kV 乌苏变电站 750kV 设备区高空设备无人机检查维护标准化作业卡》。

（11）《国网新疆电力有限公司超高压分公司 750kV 伊犁变电站 750kV 设备区高空设备无人机检查维护标准化作业卡》。

（12）《国网新疆电力有限公司超高压分公司 750kV 阿克苏变电站 750kV 设备区高空设备无人机检查维护标准化作业卡》。

（13）《国网新疆电力有限公司超高压分公司 750kV 巴州变电站 750kV 设备区高空设备无人机检查维护标准化作业卡》。

（14）《国网新疆电力有限公司超高压分公司 750kV 木垒变电站 750kV 设备区高空设备无人机检查维护标准化作业卡》。

（15）《国网新疆电力有限公司超高压分公司 750kV 芨芨湖变电站 750kV 设备区高空设备无人机检查维护标准化作业卡》。

（16）《国网新疆电力有限公司超高压分公司 750kV 和田变电站 750kV 设备区高空设备无人机检查维护标准化作业卡》。

（17）《国网新疆电力有限公司超高压分公司 750kV 喀什变电站 750kV 设备区高空设备无人机检查维护标准化作业卡》。

（18）《国网新疆电力有限公司超高压分公司 750kV 巴楚变电站 750kV 设备区高空设备无人机检查维护标准化作业卡》。

（19）《国网新疆电力有限公司超高压分公司 750kV 吐鲁番变电站 750kV 设备区高空设备无人机检查维护标准化作业卡》。

（20）《国网新疆电力有限公司超高压分公司 750kV 赛里木变电站 750kV 设备区高空设备无人机检查维护标准化作业卡》。

（二）作业工器具准备

向有关部门上报本次工作的工器具计划，并领取工器具。飞行工器具、材料清单见表 2-6-3-1。

表 2-6-3-1　　飞行工器具、材料清单

序号	名　称	数量	规格/型号
1	拍摄内存卡	3	32G
2	读卡器	2	SCRM 330
3	大疆精灵无人机	2	RTK 4 SDK 版
4	大疆精灵 RTK 4 配套电池	30	—
5	电池充电管家	2	官方配置
6	华为平板	2	M6
7	电池收纳箱	2	普通塑料箱
8	网卡	1	移动 5G 网络
9	风速仪	2	手持
10	存储硬盘	2	1T/个
11	笔记本电脑	1	Think-pad/台

大疆精灵多旋翼无人机的外形如图 2-6-3-1 所示，其参数见表 2-6-3-2。

大疆精灵多旋翼无人机是一款小型多旋翼高精度航测无人机，具备厘米级导航定位系统和高性能成像系统，便携易用，并且是无人机中较成熟的多旋翼无人机产品，飞行器系统稳定功能齐全，具有五向感知系统，实现四向避障功能，飞行时长达 30min。

图 2-6-3-1　大疆精灵多旋翼无人机

表 2-6-3-2　　　大疆精灵多旋翼无人机参数

序号	名　称	参　数
1	机身重量（整机）/g	1391
2	轴距/mm	350
3	最大速度/(km/h)	定位模式：50
4	最大起飞海拔/m	6000
5	最大可承受风速/(m/s)	10
6	最大飞行时间/min	30
7	工作温度/℃	0～40
8	云台镜头	24mm 定焦

（三）制订标准化作业程序

（1）提交相关工作计划申请，制订标准化作业程序。

（2）工程作业前，认真核对图纸与实际是否相符。

（3）准备好作业所需工器具、相关材料、相关图纸及相关技术资料。

（4）办理工作票，明确工作范围和工作班成员及工作内容。

（5）开工前确定现场工器具摆放置。

（6）业人员应严格执行标准作业程序、认真履行相应职责。

二、现场勘查

（一）现场基本情况

无人机巡检作业现场基本情况见表 2-6-3-3。

表 2-6-3-3　　无人机巡检作业现场基本情况

序号	变电站	站址	设备名称	数量	单位
1	哈密变	新疆哈密市东北部 16.6km 陶家宫村北立交桥往巴里坤方向 5km	设备接头	407	个
			耐张引线	110	根
			弓子线	65	根
			引下线	131	根
			避雷线	17	根
2	烟墩变	新疆哈密市骆驼圈子镇连霍高速雅满苏（烟墩）立交桥出口 5km 处	设备接头	299	个
			耐张引线	98	根
			弓子线	60	根
			引下线	95	根
			避雷线	14	根

续表

序号	变电站	站址	设备名称	数量	单位
3	库车变	新疆阿克苏地区库车市福阳路北13km处	设备接头	320	个
			耐张引线	83	根
			弓子线	48	根
			引下线	95	根
			避雷线	14	根
4	三塘湖变	新疆哈密市巴里坤县三塘湖镇S232线100km处	设备接头	287	个
			耐张引线	84	根
			弓子线	54	根
			引下线	101	根
			避雷线	14	根
5	喀纳斯变	新疆阿勒泰地区布尔津县窝依莫克乡哈太村额尔齐斯河左岸1.7km处	设备接头	173	个
			耐张引线	57	根
			弓子线	48	根
			引下线	48	根
			避雷线	12	根
6	莎车变	新疆喀什地区莎车县恰热克镇前6km 315国道旁边（山水水泥厂对面）	设备接头	188	个
			耐张引线	63	根
			弓子线	36	根
			引下线	62	根
			避雷线	14	根
7	塔城变	新疆塔城地区和布克赛尔蒙古自治县夏孜盖乡南侧3km处	设备接头	257	个
			耐张引线	77	根
			弓子线	45	根
			引下线	89	根
			避雷线	14	根
8	乌苏变	新疆乌苏市西大沟镇西大沟村329号	设备接头	121	个
			耐张引线	53	根
			弓子线	39	根
			引下线	44	根
			避雷线	19	根
9	凤凰变	新疆昌吉回族自治州玛纳斯县兰州湾乡距玛纳斯县城约8km	设备接头	194	个
			耐张引线	67	根
			弓子线	48	根
			引下线	65	根
			避雷线	19	根
10	伊犁变	新疆伊犁州尼勒克县苏布台乡公安检查站以北1km处	设备接头	207	个
			耐张引线	68	根
			弓子线	39	根
			引下线	83	根
			避雷线	14	根

续表

序号	变电站	站址	设备名称	数量	单位
11	阿克苏变	新疆阿克苏地区阿克苏市阿依库勒镇314过道1041km处（月亮湾度假村附近）	设备接头	251	个
			耐张引线	64	根
			弓子线	42	根
			引下线	68	根
			避雷线	14	根
12	巴州变	新疆库尔勒市塔什店镇紫泥泉收费站河北-巴州工业园区内	设备接头	272	个
			耐张引线	77	根
			弓子线	45	根
			引下线	89	根
			避雷线	14	根
13	木垒变	新疆昌吉州木垒县博斯坦高速出口50km处	设备接头	230	个
			耐张引线	83	根
			弓子线	54	根
			引下线	66	根
			避雷线	14	根
14	芨芨湖变	新疆奇台县准东经济开发区芨芨湖产业园将军路423号	设备接头	315	个
			耐张引线	108	根
			弓子线	72	根
			引下线	100	根
			避雷线	21	根
15	和田变	新疆和田地区和田县朗如乡其干力克村西南方向500m	设备接头	174	个
			耐张引线	57	根
			弓子线	45	根
			引下线	51	根
			避雷线	24	根
16	喀什变	新疆喀什市阿克喀什乡库勒村	设备接头	170	个
			耐张引线	50	根
			弓子线	33	根
			引下线	70	根
			避雷线	8	根
17	巴楚变	新疆喀什地区巴楚县三岔口镇314国道喀什方向8km	设备接头	227	个
			耐张引线	48	根
			弓子线	36	根
			引下线	71	根
			避雷线	7	根
18	吐鲁番变	新疆吐鲁番市葡萄乡葡萄村三组向七泉湖方向2km处（S202公路与Z474公路交叉口）	设备接头	356	个
			耐张引线	60	根
			弓子线	48	根
			引下线	81	根
			避雷线	7	根
19	赛里木变	新疆博尔塔拉蒙古自治州精河县大河沿子镇沙塔公路西200m	设备接头	119	个
			耐张引线	45	根
			弓子线	30	根
			引下线	50	根
			避雷线	10	根

（二）现场勘查记录

现场勘查记录见表 2-6-3-4。

表 2-6-3-4 **现 场 勘 查 表**

勘查单位	施工单位	新疆送变电有限公司	项目单位	新疆电力有限公司超高压分公司	设备维护单位	新疆电力有限公司超高压分公司
工作名称	国网新疆电力有限公司超高压分公司 750kV 凤凰等 19 座变电站 750kV 设备区高空设备无人机检查维护工程					
工作范围	（1）对 750kV 变电站 750kV 设备区内一次设备接头进行外观检查，按照下述要求工作范围进行检查：作业人员需对缺陷具备辨识能力；每处接头拍摄照片（上、下、左、右四个方位）不少于 4 张，每张照片清晰，且按照项目管理方的要求进行命名、归档；一次设备接头检查时，检查均压环本体及支腿是否变形、接线板及其附属均压环、连接金具是否变形、连接螺栓是否紧固、管母滑动金具滑动余量是否足够、金属部件是否存在锈蚀。 （2）对 750kV 变电站 750kV 设备区内耐张引线进行外观检查，按照下述要求工作范围进行检查：作业人员需对缺陷具备辨识能力；每处耐张引线挂点、瓷瓶连接处、均压环等设备连接处拍摄照片（上、下、左、右四个方位）不少于 4 张，每张照片清晰，且按照项目管理方的要求进行命名、归档；张引线检查时，检查绝缘子悬吊系统是否变形、导线悬吊系统是否变形、高空连接金具抱箍是否变形、接线板是否变形、螺栓及销子是否缺失、金属部件是否存在锈蚀，均压环本体及支腿是否变形。 （3）对 750kV 变电站 750kV 设备区内弓子线进行外观检查，按照下述要求工作范围进行检查：作业人员需对缺陷具备辨识能力；每处弓子线挂点拍摄照片（上、下、左、右四个方位）不少于 4 张，每张照片清晰，且按照项目管理方的要求进行命名、归档；弓子线检查时，检查绝缘子悬吊系统是否变形、导线悬吊系统是否变形、螺栓及销子是否缺失、金属部件是否存在锈蚀，均压环本体及支腿是否变形。 （4）对 750kV 变电站 750kV 设备区内引下线进行外观检查，按照下述要求工作范围进行检查：作业人员需对缺陷具备辨识能力；每处引下线上下端连接处拍摄照片（上、下、左、右四个方位）不少于 4 张，每张照片清晰，且按照项目管理方的要求进行命名、归档；引下线检查时，检查连接金具抱箍是否变形、接线板是否变形、连接螺栓是否紧固、金属部件是否存在锈蚀。 （5）对 750kV 变电站 750kV 设备区内避雷线进行外观检查，按照下述要求工作范围进行检查：作业人员需对缺陷具备辨识能力；每处避雷线与构架连接处拍摄照片（上、下、左、右四个方位）不少于 4 张，每张照片清晰，且按照项目管理方的要求进行命名、归档；避雷线检查时，检查避雷线悬吊系统是否变形、挂点螺栓及销子是否缺失、金属部件是否存在锈蚀					
工作内容	1. 南疆片区 （1）完成 750kV 巴州变电站 750kV 设备区高空设备无人机检查维护工作。 （2）完成 750kV 库车变电站 750kV 设备区高空设备无人机检查维护工作。 （3）完成 750kV 阿克苏变电站 750kV 设备区高空设备无人机检查维护工作。 （4）完成 750kV 巴楚变电站 750kV 设备区高空设备无人机检查维护工作。 （5）完成 750kV 喀什变电站 750kV 设备区高空设备无人机检查维护工作。 （6）完成 750kV 莎车变电站 750kV 设备区高空设备无人机检查维护工作。 （7）完成 750kV 和田变电站 750kV 设备区高空设备无人机检查维护工作。 2. 乌鲁木齐周边片区 （1）完成 750kV 吐鲁番变电站 750kV 设备区高空设备无人机检查维护工作。 （2）完成 750kV 凤凰变电站 750kV 设备区高空设备无人机检查维护工作。 （3）完成 750kV 乌苏变电站 750kV 设备区高空设备无人机检查维护工作。 3. 东疆片区 （1）完成 750kV 芨芨湖变电站 750kV 设备区高空设备无人机检查维护工作。 （2）完成 750kV 木垒变电站 750kV 设备区高空设备无人机检查维护工作。 （3）完成 750kV 哈密变电站 750kV 设备区高空设备无人机检查维护工作。 （4）完成 750kV 烟墩变电站 750kV 设备区高空设备无人机检查维护工作。 （5）完成 750kV 三塘湖变电站 750kV 设备区高空设备无人机检查维护工作。 4. 北疆片区 （1）完成 750kV 赛里木变电站 750kV 设备区高空设备无人机检查维护工作。 （2）完成 750kV 伊犁变电站 750kV 设备区高空设备无人机检查维护工作。 （3）完成 750kV 塔城变电站 750kV 设备区高空设备无人机检查维护工作。 （4）完成 750kV 喀纳斯变电站 750kV 设备区高空设备无人机检查维护工作					

续表

勘查单位	施工单位	新疆送变电有限公司	项目单位	新疆电力有限公司超高压分公司	设备维护单位	新疆电力有限公司超高压分公司
现场勘查情况	勘查部位（附照片）如下：					

高空设备　　　　　　　　　高空金具

现场风险情况说明	（1）间隔不停电，带电飞行。 （2）停电范围：无。 （3）严禁作业人员不执行作业票制度，擅自扩大工作范围。 （4）严防走错间隔。 （5）在运行屏工作时严防误碰运行设备及端子排。 （6）遵守无人机飞行速度应不大于 9m/s。 （7）遵守无人机与带电体保持 2m 以上的安全距离
现场工作安全要求	（1）进入现场施工人员必须戴好安全帽，不得在站内吸烟。 （2）现场作业人员必须穿着工作服。 （3）当无人机悬停巡视时，应顶风悬停；若对无人机姿态进行调整时，监护人员要提醒无人机驾驶员注意线路周围的障碍物。 （4）巡视作业时，无人机驾驶员必须始终能看到作业线路，并清楚线路的走向，无人机与杆（塔）元件、导线的距离严禁小于 2m。 （5）当天工作完毕后，应清扫清理现场。 （6）无人机悬停作业时，严禁进入线路内侧进行悬停作业，包括导线与杆（塔）之间，水平排列单回直线杆（塔）中相内侧、三角形排列单回直线杆（塔）中相内侧。 （7）精灵 3 系列无人机，标称图传距离为 800m，标称续航时间为 25min。实际飞行时建议飞行距离在 500m 内

勘查人	施工单位勘查人		项目单位勘查人		设备维护单位勘查人	
审核人	主管单位审核人		监理单位审核人		勘查日期	

三、制订巡检作业规划

（一）南疆片区变电站无人机检查维护工作完成顺序

1. 巴州变电站

（1）完成 750kV 巴州变电站 750kV 设备区高空设备 272 个设备接头，77 根耐张引线，45 根弓子线，89 根引下线以及 14 根避雷线无人机检查维护工作。

（2）制订 750kV 巴州变电站 750kV 设备区高空设备无人机检查维护飞行规划。

（3）制订 750kV 巴州变电站 750kV 设备区高空金具无人机检查维护飞行规划。

2. 库车变电站

（1）完成 750kV 库车变电站 750kV 设备区高空设备 320 个设备接头，83 根耐张引线，48 根弓子线，95 根引下线以及 14 根避雷线无人机检查维护工作。

（2）制订 750kV 库车变电站 750kV 设备区高空设备

无人机检查维护飞行规划。

（3）制订 750kV 库车变电站 750kV 设备区高空金具无人机检查维护飞行规划。

3. 阿克苏变电站

（1）完成 750kV 阿克苏变电站 750kV 设备区高空设备 251 个设备接头，64 根耐张引线，42 根弓子线，68 根引下线以及 14 根避雷线无人机检查维护工作。

（2）制订 750kV 阿克苏变电站 750kV 设备区高空设备无人机检查维护飞行规划。

（3）制订 750kV 阿克苏变电站 750kV 设备区高空金具无人机检查维护飞行规划。

4. 巴楚变电站

（1）完成 750kV 巴楚变电站 750kV 设备区高空设备 227 个设备接头，48 根耐张引线，36 根弓子线，71 根引下线以及 7 根避雷线无人机检查维护工作。

（2）制订 750kV 巴楚变电站 750kV 设备区高空设备

无人机检查维护飞行规划。

（3）制订 750kV 巴楚变电站 750kV 设备区高空设备无人机检查维护飞行规划。

5. 喀什变电站

（1）完成 750kV 喀什变电站 750kV 设备区高空设备 170 个设备接头，50 根耐张引线，33 根弓子线，70 根引下线以及 8 根避雷线无人机检查维护工作。

（2）制订 750kV 喀什变电站 750kV 设备区高空设备无人机检查维护飞行规划。

（3）制订 750kV 喀什变电站 750kV 设备区高空金具无人机检查维护飞行规划。

6. 莎车变电站

（1）完成 750kV 莎车变电站 750kV 设备区高空设备 188 个设备接头，63 根耐张引线，36 根弓子线，62 根引下线以及 14 根避雷线无人机检查维护工作。

（2）制订 750kV 莎车变电站 750kV 设备区高空设备无人机检查维护飞行规划。

（3）制订 750kV 莎车变电站 750kV 设备区高空金具无人机检查维护飞行规划。

7. 和田变电站

（1）完成 750kV 和田变电站 750kV 设备区高空设备 174 个设备接头，57 根耐张引线，45 根弓子线，51 根引下线以及 24 根避雷线无人机检查维护工作。

（2）制订 750kV 和田变电站 750kV 设备区高空设备无人机检查维护飞行规划。

（3）制订 750kV 和田变电站 750kV 设备区高空金具无人机检查维护飞行规划。

（二）乌鲁木齐周边片区变电站无人机检查维护工作完成顺序

1. 吐鲁番变电站

（1）完成 750kV 吐鲁番变电站 750kV 设备区高空设备 356 个设备接头，60 根耐张引线，48 根弓子线，81 根引下线以及 7 根避雷线无人机检查维护工作。

（2）制订 750kV 吐鲁番变电站 750kV 设备区高空设备无人机检查维护飞行规划。

（3）制订 750kV 吐鲁番变电站 750kV 设备区高空金具无人机检查维护飞行规划。

2. 凤凰变电站

（1）完成 750kV 凤凰变电站 750kV 设备区高空设备 194 个设备接头，67 根耐张引线，48 根弓子线，65 根引下线以及 19 根避雷线无人机检查维护工作。

（2）制订 750kV 凤凰变电站 750kV 设备区高空设备无人机检查维护飞行规划。

（3）制订 750kV 凤凰变电站 750kV 设备区高空金具无人机检查维护飞行规划。

3. 乌苏变电站

（1）完成 750kV 乌苏变电站 750kV 设备区高空设备 121 个设备接头，53 根耐张引线，39 根弓子线，44 根引下线以及 19 根避雷线无人机检查维护工作。

（2）制订 750kV 乌苏变电站 750kV 设备区高空设备

无人机检查维护飞行规划。

（3）制订 750kV 乌苏变电站 750kV 设备区高空金具无人机检查维护飞行规划。

（三）东疆片区变电站无人机检查维护工作完成顺序

1. 芨芨湖变电站

（1）完成 750kV 芨芨湖变电站 750kV 设备区高空设备 315 个设备接头，108 根耐张引线，72 根弓子线，100 根引下线以及 21 根避雷线无人机检查维护工作。

（2）制订 750kV 芨芨湖变电站 750kV 设备区高空设备无人机检查维护飞行规划。

（3）制订 750kV 芨芨湖变电站 750kV 设备区高空金具无人机检查维护飞行规划。

2. 木垒变电站

（1）完成 750kV 木垒变电站 750kV 设备区高空设备 230 个设备接头，83 根耐张引线，54 根弓子线，66 根引下线以及 14 根避雷线无人机检查维护工作。

（2）制订 750kV 木垒变电站 750kV 设备区高空设备无人机检查维护飞行规划。

（3）制订 750kV 木垒变电站 750kV 设备区高空金具无人机检查维护飞行规划。

3. 哈密变电站

（1）完成 750kV 哈密变电站 750kV 设备区高空设备 407 个设备接头，110 根耐张引线，65 根弓子线，131 根引下线以及 17 根避雷线无人机检查维护工作。

（2）制订 750kV 哈密变电站 750kV 设备区高空设备无人机检查维护飞行规划。

（3）制订 750kV 哈密变电站 750kV 设备区高空金具无人机检查维护飞行规划。

4. 烟墩变电站

（1）完成 750kV 烟墩变电站 750kV 设备区高空设备 299 个设备接头，98 根耐张引线，60 根弓子线，95 根引下线以及 14 根避雷线无人机检查维护工作。

（2）制订 750kV 烟墩变电站 750kV 设备区高空设备无人机检查维护飞行规划。

（3）制订 750kV 烟墩变电站 750kV 设备区高空金具无人机检查维护飞行规划。

5. 三塘湖变电站

（1）完成 750kV 三塘湖变电站 750kV 设备区高空设备 287 个设备接头，84 根耐张引线，54 根弓子线，101 根引下线以及 14 根避雷线无人机检查维护工作。

（2）制订 750kV 三塘湖变电站 750kV 设备区高空设备无人机检查维护飞行规划。

（3）制订 750kV 三塘湖变电站 750kV 设备区高空金具无人机检查维护飞行规划。

（四）北疆片区变电站无人机检查维护工作完成顺序

1. 赛里木变电站

（1）完成 750kV 赛里木变电站 750kV 设备区高空设备 119 个设备接头，45 根耐张引线，30 根弓子线，50 根引下线以及 10 根避雷线无人机检查维护工作。

（2）制订 750kV 赛里木变电站 750kV 设备区高空设备无人机检查维护飞行规划。

（3）制订 750kV 赛里木变电站 750kV 设备区高空金具无人机检查维护飞行规划。

2. 伊犁变电站

（1）完成 750kV 伊犁变电站 750kV 设备区高空设备 207 个设备接头，68 根耐张引线，39 根弓子线，83 根引下线以及 14 根避雷线无人机检查维护工作。

（2）制订 750kV 伊犁变电站 750kV 设备区高空设备无人机检查维护飞行规划。

（3）制订 750kV 伊犁变电站 750kV 设备区高空金具无人机检查维护飞行规划。

3. 塔城变电站

（1）完成 750kV 塔城变电站 750kV 设备区高空设备 257 个设备接头，77 根耐张引线，45 根弓子线，89 根引下线以及 14 根避雷线无人机检查维护工作。

（2）制订 750kV 塔城变电站 750kV 设备区高空设备无人机检查维护飞行规划。

（3）制订 750kV 塔城变电站 750kV 设备区高空金具无人机检查维护飞行规划。

4. 喀纳斯变电站

（1）完成 750kV 喀纳斯变电站 750kV 设备区高空设备 173 个设备接头，57 根耐张引线，48 根弓子线，48 根引下线以及 12 根避雷线无人机检查维护工作。

（2）制订 750kV 喀纳斯变电站 750kV 设备区高空设备无人机检查维护飞行规划。

（3）制订 750kV 喀纳斯变电站 750kV 设备区高空金具无人机检查维护飞行规划。

四、作业程序及作业标准

（一）无人机开机前的检查

1. 检查无人机及遥控器

检查桨叶是否旋紧、电池是否安装到位、云台保护扣是否卸下、相机 SD 卡是否插入、遥控各操纵杆是否恢复默认以及各结构连接点是否有松动。

2. 无人机起飞前的确认

（1）确认无人机各项数据及功能正常，包括无人机及遥控器电量、GPS 卫星数目、图传及拍照测试、指南针校对等。

（2）确认起飞地点周围环境、飞行路线规划、降落地点等是否符合最低飞行要求。

3. 无人机飞行过程的监控

（1）飞手在飞行过程中注意监控飞机电量、图传及遥控信号强度、飞行数据（高度、距离、提升及平移速度）等。

（2）监护人注意监控飞手周围环境、留意路边车辆及围观群众等。

（3）飞手、监护人需同时监控飞机姿态，判断离带电设备距离及附近的干扰源。

4. 无人机巡检的遵守

（1）遵守无人机视距内飞行。

（2）遵守无人机飞行速度应不大于 9m/s。

（3）遵守无人机与带电体保持 2m 以上的安全距离。

5. 无人机巡检的禁止

（1）飞行过程需平缓稳定，在基本功未成熟时，严禁做复杂飞行动作，尤其严禁接近人。

（2）跨越导线及杆塔需从地线上方通过，禁止从线底通过或穿越相间导线通过。

（3）在接近带电设备 5m 内时需微调靠近并时刻留意图传是否有延时，禁止高速靠近带电设备。

（4）飞行结束后，禁止立即将该电池放入飞机箱内。

6. 无人机巡检的不飞

（1）精神状态不好不飞。

（2）存在安全隐患或没有做好充分准备的飞行器不飞。

（3）人口稠密的上空不飞。

（4）军事、边境等敏感地区不飞。

（5）明确禁止飞行的场所不飞。

（二）检查作业环境的要求

（1）起飞、降落点应选取面积不小于 2m×2m，地势较为平坦，且无影响降落的植被覆盖地面，如现场起飞、降落点达不到要求，应自备一张地毯。

（2）用温湿度计测量，作业相对湿度应不大于 95%。

（3）用风速仪测量，现场风速应不大于 7.9m/s；精细巡视及故障点查找，建议现场风速不大于 5m/s（距地面 2m 高，瞬时风速）。

（4）遇雷、雨天气不得进行作业。

（5）作业时云下能见度不小于 3km。

（6）作业前应落实被巡线路沿线有无爆破、射击、打靶、飞行物、烟雾、火焰、无线电干扰等影响飞行安全的因素，并采取停飞或避让等应对措施。

（7）精细巡视及故障点查找，应保证作业点在视距内，并无遮挡。

（三）无人机外观的检查

（1）无人机表面无划痕，喷漆和涂覆应均匀；产品无针孔、凹陷、擦伤、畸变等损坏情况；金属件无损伤、裂痕和锈蚀；部件、插件连接紧固，标识清晰。

（2）检查云台锁扣是否已取下。

（3）使用专用工具检查旋翼连接牢固无松动，旋翼连接扣必须扣牢。

（4）检查电池外壳是否有损坏及变形，电量是否充裕，电池是否安装到位。

（5）检查显示器、电量是否充裕。

（6）检查遥控器电量是否充裕，各摇杆位置应正确，避免启动后无人机执行错误指令。

（四）无人机功能的检查

（1）启动电源。

（2）查看飞机自检指示灯是否正常，观察自检声音是否正常。

（3）需检查显示器与遥控器设备连接，确保连接正常。

（4）无人机校准后，确保显示器所指的机头方向与飞机方向一致。

（5）操作拍摄设备是否在可控制范围内活动，拍摄一张相片检查 SD 卡是否正常。

（6）显示屏显示 GPS 卫星不得少于 6 颗才能起飞。

（7）检查图传信号、控制信号是否处于满格状态，并无相关警告提示。

（8）将飞机解锁，此时旋翼以相对低速旋转，观察是否存在电机异常、机身振动异常。如有异常，应立即关闭无人机，并将无人机送回管理班组进行进一步检查。

（五）巡检的内容

国网新疆电力有限公司检修公司 750kV 凤凰等 19 座变电站 750kV 设备区高空明确巡检内容如下：

（1）使用无人机对 750kV 变电站 750kV 设备区内一次设备接头进行外观检查，按照下述要求进行检查：作业人员需对缺陷具备辨识能力；每处接头拍摄照片（上、下、左、右四个方位）不少于 4 张，每张照片清晰，且按照项目管理方的要求进行命名、归档；一次设备接头检查时，检查均压环本体及支腿是否变形、接线板及其附属均压环、连接金具是否变形、连接螺栓是否紧固、管母滑动金具滑动余量是否足够、金属部件是否存在锈蚀。

（2）使用无人机对 750kV 变电站 750kV 设备区内耐张引线进行外观检查，按照下述要求进行检查：作业人员需对缺陷具备辨识能力；每处耐张引线挂点、瓷瓶连接处、均压环等设备连接处拍摄照片（上、下、左、右四个方位）不少于 4 张，每张照片清晰，且按照项目管理方的要求进行命名、归档；耐张引线检查时，检查绝缘子悬吊系统是否变形、导线悬吊系统是否变形、高空连接金具抱箍是否变形、接线板是否变形、螺栓及销子是否缺失、金属部件是否存在锈蚀，均压环本体及支腿是否变形。

（3）使用无人机对 750kV 变电站 750kV 设备区内弓子线进行外观检查：按照下述要求进行检查：作业人员需对缺陷具备辨识能力；每处弓子线挂点拍摄照片（上、下、左、右四个方位）不少于 4 张，每张照片清晰，且按照项目管理方的要求进行命名、归档；弓子线检查时，检查绝缘子悬吊系统是否变形、导线悬吊系统是否变形、螺栓及销子是否缺失、金属部件是否存在锈蚀，均压环本体及支腿是否变形。

（4）使用无人机对 750kV 变电站 750kV 设备区内引下线进行外观检查，按照下述要求进行检查：作业人员需对缺陷具备辨识能力；每处引下线上下端连接处拍摄照片（上、下、左、右四个方位）不少于 4 张，每张照片清晰，且按照项目管理方的要求进行命名、归档；引下线检查时，检查连接金具抱箍是否变形、接线板是否变形、连接螺栓是否紧固、金属部件是否存在锈蚀。

（5）使用无人机对 750kV 变电站 750kV 设备区内避雷线进行外观检查，按照下述要求进行检查：作业人员需对缺陷具备辨识能力；每处避雷线与构架连接处拍摄照片（上、下、左、右四个方位）不少于 4 张，每张照片清晰，且按照项目管理方的要求进行命名、归档；避雷线检查时，检查避雷线悬吊系统是否变形、挂点螺栓及销子是否缺失、金属部件是否存在锈蚀。

（六）巡检的方法及要点

针对高空金具和设备的检查维护，在进行无人机检查时，需拍摄以下影像资料：

（1）避雷线金具挂点，如图 2-6-3-2 所示。

（a）避雷线金具挂点（平视拍摄）

（b）避雷线金具挂点（俯视拍摄）

（c）避雷线金具挂点（放大）（一）

（d）避雷线金具挂点（放大）（二）

图 2-6-3-2　避雷线金具挂点

（2）耐张绝缘子高空金具挂点，如图 2-6-3-3 所示。

（3）耐张绝缘子高空金具均压环，如图 2-6-3-4 所示。

（4）悬垂绝缘子串高空金具挂点，如图 2-6-3-5 所示。

（5）悬垂绝缘子串高空金具均压环，如图 2-6-3-6

所示。

（6）π接入耐张绝缘子高空金具挂点，如图 2-6-3-7 所示。

（7）隔离开关支柱绝缘子，如图 2-6-3-8 所示。

（8）接地刀闸，如图 2-6-3-9 所示。

（9）隔离开关，如图 2-6-3-10 所示。

（10）断路器，如图 2-6-3-11 所示。

（a）耐张绝缘子高空金具挂点（平视拍摄）　　　　　　（b）耐张绝缘子高空金具挂点（放大）

图 2-6-3-3　耐张绝缘子高空金具挂点

（a）耐张绝缘子高空金具均压环（左平视拍摄）　　（b）耐张绝缘子高空金具均压环（俯视拍摄）　　（c）耐张绝缘子高空金具均压环（右平视拍摄）

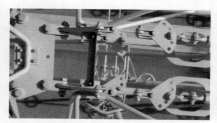

（d）耐张绝缘子高空金具均压环（放大）（一）　　（e）耐张绝缘子高空金具均压环（放大）（二）　　（f）耐张绝缘子高空金具均压环（放大）（三）

图 2-6-3-4　耐张绝缘子高空金具均压环

（a）悬垂绝缘子串高空金具挂点（平视拍摄）　　　　　　（b）悬垂绝缘子串高空金具挂点（放大）

图 2-6-3-5　悬垂绝缘子串高空金具挂点

（a）悬垂绝缘子串高空金具均压环（平视右斜拍摄）　　　（b）悬垂绝缘子串高空金具均压环（平视左斜拍摄）

（c）悬垂绝缘子串高空金具均压环（放大）（一）　　　（d）悬垂绝缘子串高空金具均压环（放大）（二）

图 2－6－3－6　悬垂绝缘子串高空金具均压环

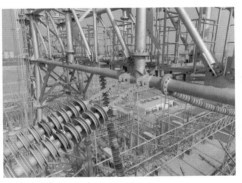

（a）π接入耐张绝缘子高空金具挂点（俯视45°拍摄）　　　（b）π接入耐张绝缘子高空金具挂点（小角度斜侧方俯视拍摄）

（c）π接入耐张绝缘子高空金具挂点（一）　　　（d）π接入耐张绝缘子高空金具挂点（二）

图 2－6－3－7　π接入耐张绝缘子高空金具挂点

（a）隔离开关支柱绝缘子（左平视拍摄）

（b）隔离开关支柱绝缘子（俯视90°拍摄）

（c）隔离开关支柱绝缘子（右平视拍摄）

（d）隔离开关支柱绝缘子（放大）（一）

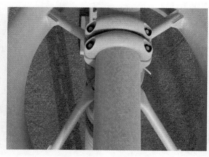

（e）隔离开关支柱绝缘子（放大）（二）

（f）隔离开关支柱绝缘子（放大）（三）

图 2-6-3-8 隔离开关支柱绝缘子

（a）接地刀闸（左平视拍摄）

（b）接地刀闸（俯视90°拍摄）

（c）接地刀闸（右平视拍摄）

（d）接地刀闸（放大）（一）

（e）接地刀闸（放大）（二）

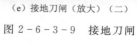

（f）接地刀闸（放大）（三）

图 2-6-3-9 接地刀闸

（a）隔离开关（左平视拍摄）

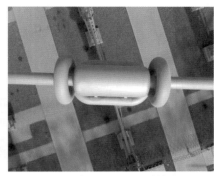

（b）隔离开关（俯视90°拍摄）

（c）隔离开关（右平视拍摄）

（d）隔离开关（放大）（一）

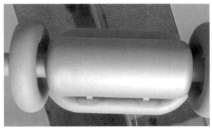

（e）隔离开关（放大）（二）

（f）隔离开关（放大）（三）

图 2-6-3-10　隔离开关

（a）断路器（左平视拍摄）

（b）断路器（俯视90°拍摄）

（c）断路器（右平视拍摄）

（d）断路器（放大）（一）

（e）断路器（放大）（二）

（f）断路器（放大）（三）

图 2-6-3-11　断路器

（七）拍摄的要求

无人机高空拍摄部位和拍摄重点见表2-6-3-5。

多旋翼无人机巡检路径规划的基本原则是：以变电

站进线为站位，面向龙门架先从上至下（从右往左）。

1. 避雷塔拍摄原则

先拍进线避雷线，再拍出线避雷线。

表 2-6-3-5　　　　无人机高空拍摄部位和拍摄重点　　　　　　　　　　　　　　续表

拍摄部位		拍摄重点
避雷塔	避雷线	金具挂点
龙门架高跨线	耐张绝缘子高空金具挂点	销钉
	耐张绝缘子高空金具均压环	销钉、均压环连接
	悬垂绝缘子串高空金具挂点	销钉
	悬垂绝缘子串高空金具均压环	销钉、均压环连接
龙门架出线侧（π接入）高跨线	耐张绝缘子高空金具挂点	销钉
	耐张绝缘子高空金具均压环	销钉、均压环连接
龙门架低跨母线	耐张绝缘子高空金具挂点	金具挂点
	耐张绝缘子高空金具均压环	销钉
	悬垂绝缘子串高空金具挂点	销钉、均压环连接
	悬垂绝缘子串高空金具均压环	销钉

拍摄部位		拍摄重点
间隔设备	隔离开关支柱绝缘子	销钉、锈蚀
	接地刀闸	刀闸是否分到位、安全距离是否足够；连线处断股或锈烂严重
	隔离开关	均压环连接、锈蚀
	断路器	均压环连接、锈蚀

2. 龙门架高跨线拍摄原则

以变电站进线为站位先从右往左拍完耐张、悬垂绝缘子高空金具挂点；从左至右拍耐张绝缘子高空金具均压环，再从右至左拍悬垂绝缘子串高空金具均压环。

3. 间隔设备金具拍摄原则

以完整的 A、B、C 相为例，站位为进线与出线的右侧；将间隔设备以断路器为间隔分至两个区域；从左至右出线侧方向左平拍，从右至左出线侧方向右平拍加 90°俯视拍，依次从 A 相至 C 相（Z 形顺序拍摄）。图 2-6-3-12 所示为间隔设备金具拍摄原则。

4. 典型变电站路径规划与拍摄方法

（1）避雷线路径规划与拍摄方法。断路器、出线高空金具避雷线无人机巡检路径规划如图 2-6-3-13 所示。断路器、出线高空金具避雷线无人机巡检拍摄规则见表 2-6-3-6。

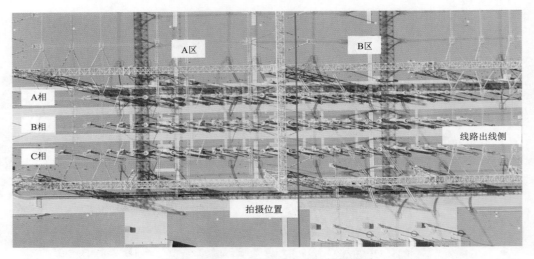

图 2-6-3-12　间隔设备金具拍摄原则

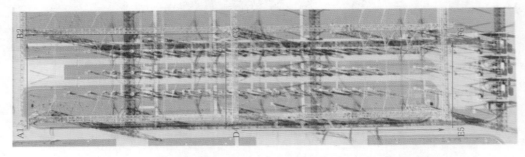

图 2-6-3-13　断路器、出线高空金具避雷线无人机巡检路径规划

表 2 - 6 - 3 - 6　　　　　　　　　　　　　　**断路器、出线高空金具避雷线无人机巡检拍摄规则**

无人机悬停区域	拍摄部位编号	拍摄部位	无人机拍摄位置	拍摄角度（拍照数量/幅）
A	1	左侧避雷线下方架构	平视：高度与避雷线挂点平行或以不大于10°角度仰视、小角度斜侧方拍摄。俯视：云台90°避雷线挂点放置画面中心位置拍摄	平视/俯视（2）
B	2	左侧避雷线上方架构	平视：高度与避雷线挂点平行或以不大于10°角度仰视、小角度斜侧方拍摄。俯视：云台90°避雷线挂点放置画面中心位置拍摄	平视/俯视（2）
C	3	中间避雷线上方架构	平视：高度与避雷线挂点平行或以不大于10°角度仰视、小角度斜侧方拍摄。俯视：云台90°避雷线挂点放置画面中心位置拍摄	平视/俯视（2）
D	4	中间避雷线下方架构	平视：高度与避雷线挂点平行或以不大于10°角度仰视、小角度斜侧方拍摄。俯视：云台90°避雷线挂点放置画面中心位置拍摄	平视/俯视（2）
E	5	右侧避雷线下方架构	平视：高度与避雷线挂点平行或以不大于10°角度仰视、小角度斜侧方拍摄。俯视：云台90°避雷线挂点放置画面中心位置拍摄	平视/俯视（2）
F	6	右侧避雷线上方架构	平视：高度与避雷线挂点平行或以不大于10°角度仰视、小角度斜侧方拍摄。俯视：云台90°避雷线挂点放置画面中心位置拍摄	平视/俯视（2）

（2）龙门架高跨线路径规划与拍摄方法。龙门架高跨线无人机巡检路径规划如图 2 - 6 - 3 - 14 所示。龙门架进线侧高跨线无人机巡检拍摄规则见表 2 - 6 - 3 - 7。

图 2 - 6 - 3 - 14　龙门架高跨线无人机巡检路径规划

表 2 - 6 - 3 - 7　　　　　　　　　　　　　　**龙门架进线侧高跨线无人机巡检拍摄规则**

无人机悬停区域	拍摄部位编号	拍摄部位	无人机拍摄位置	拍摄角度（拍照数量/幅）
A	1	耐张绝缘子串高空金具挂点（C相）	面向金具销钉穿向方向与挂点高度平行，将拍摄位置放其中心；小角度斜侧方拍摄	平视（1）
B	2	耐张绝缘子串高空金具挂点（C相）	面向金具销钉穿向方向与挂点高度平行，将拍摄位置放其中心；小角度斜侧方拍摄	平视（1）
	3	耐张绝缘子串高空金具挂点（B相）	面向金具销钉穿向方向与挂点高度平行，将拍摄位置放其中心；小角度斜侧方拍摄	平视（1）
C	4	耐张绝缘子串高空金具挂点（B相）	面向金具销钉穿向方向与挂点高度平行，将拍摄位置放其中心；小角度斜侧方拍摄	平视（1）
	5	耐张绝缘子串高空金具挂点（A相）	面向金具销钉穿向方向与挂点高度平行，将拍摄位置放其中心；小角度斜侧方拍摄	平视（1）
D	6	耐张绝缘子串高空金具挂点（A相）	面向金具销钉穿向方向与挂点高度平行，将拍摄位置放其中心；小角度斜侧方拍摄	平视（1）
E/F	7	耐张绝缘子串高空金具均压环（A相）	以出线侧（左、俯、右）拍摄面向均压环金具销钉穿向方向拍摄金具整体	平视/俯视（3）

续表

无人机悬停区域	拍摄部位编号	拍摄部位	无人机拍摄位置	拍摄角度（拍照数量/幅）
F/G	8	耐张绝缘子串高空金具均压环（B相）	以出线侧（左、俯、右）拍摄面向均压环金具销钉穿向方向拍摄金具整体	平视/俯视（3）
G/H	9	耐张绝缘子串高空金具均压环（C相）	以出线侧（左、俯、右）拍摄面向均压环金具销钉穿向方向拍摄金具整体	平视/俯视（3）
I	10	耐张绝缘子串高空金具挂点（C相）	面向金具销钉穿向方向与挂点高度平行，将拍摄位置放其中心；小角度斜侧方拍摄	平视（1）
I	11	悬垂绝缘子串高空金具挂点（C相）	面向金具销钉穿向方向与挂点高度平行，将拍摄位置放其中心；小角度斜侧方拍摄	平视（1）
J	12	耐张绝缘子串高空金具挂点（C相）	面向金具销钉穿向方向与挂点高度平行，将拍摄位置放其中心；小角度斜侧方拍摄	平视（1）
J	13	悬垂绝缘子串高空金具挂点（C相）	面向金具销钉穿向方向与挂点高度平行，将拍摄位置放其中心；小角度斜侧方拍摄	平视（1）
J	14	耐张绝缘子串高空金具挂点（B相）	面向金具销钉穿向方向与挂点高度平行，将拍摄位置放其中心；小角度斜侧方拍摄	平视（1）
J	15	悬垂绝缘子串高空金具挂点（B相）	面向金具销钉穿向方向与挂点高度平行，将拍摄位置放其中心；小角度斜侧方拍摄	平视（1）
K	16	耐张绝缘子串高空金具挂点（B相）	面向金具销钉穿向方向与挂点高度平行，将拍摄位置放其中心；小角度斜侧方拍摄	平视（1）
K	17	悬垂绝缘子串高空金具挂点（B相）	面向金具销钉穿向方向与挂点高度平行，将拍摄位置放其中心；小角度斜侧方拍摄	平视（1）
K	18	耐张绝缘子串高空金具挂点（A相）	面向金具销钉穿向方向与挂点高度平行，将拍摄位置放其中心；小角度斜侧方拍摄	平视（1）
K	19	悬垂绝缘子串高空金具挂点（A相）	面向金具销钉穿向方向与挂点高度平行，将拍摄位置放其中心；小角度斜侧方拍摄	平视（1）
L	20	耐张绝缘子串高空金具挂点（A相）	面向金具销钉穿向方向与挂点高度平行，将拍摄位置放其中心；小角度斜侧方拍摄	平视（1）
L	21	悬垂绝缘子串高空金具挂点（A相）	面向金具销钉穿向方向与挂点高度平行，将拍摄位置放其中心；小角度斜侧方拍摄	平视（1）
M/N	22	耐张绝缘子串高空金具均压环（A相）	以出线侧（左、俯、右）拍摄面向均压环金具销钉穿向方向拍摄金具整体	平视/俯视（3）
N/O	23	耐张绝缘子串高空金具均压环（B相）	以出线侧（左、俯、右）拍摄面向均压环金具销钉穿向方向拍摄金具整体	平视/俯视（3）
O/P	24	耐张绝缘子串高空金具均压环（C相）	以出线侧（左、俯、右）拍摄面向均压环金具销钉穿向方向拍摄金具整体	平视/俯视（3）
Q/R	25	悬垂绝缘子串高空金具均压环（C相）	面向金具锁紧销安装侧，小角度斜侧拍摄金具	平视（2）
R/S	26	悬垂绝缘子串高空金具均压环（B相）	面向金具锁紧销安装侧，小角度斜侧拍摄金具	平视（2）
S/T	27	悬垂绝缘子串高空金具均压环（A相）	面向金具锁紧销安装侧，小角度斜侧拍摄金具	平视（2）

注　拍摄角度和拍摄图片张数以能够清晰展示所需细节为目标，根据实际作业环境可进行适当调整。

（3）龙门架出线侧（π接入）高跨线路径规划与拍摄方法。龙门架出线侧（π接入）高跨线无人机巡检路径规划如图2-6-3-15所示。龙门架出线侧（π接入）高跨线无人机巡检路径规则见表2-6-3-8。

（4）龙门架低跨母线路径规划与拍摄方法。龙门架（上侧、下侧）母线金具无人机巡检路径规划如图2-6-3-16所示。龙门架（下侧）母线金具无人机巡检拍摄规则见表2-6-3-9。

图 2-6-3-15 龙门架出线侧（π接入）高跨线无人机巡检路径规划

表 2-6-3-8　　　　　龙门架出线侧（π接入）高跨线无人机巡检路径规则

无人机悬停区域	拍摄部位编号	拍摄部位	无人机拍摄位置	拍摄角度（拍照数量/幅）
A	1	π接入耐张绝缘子串高空金具挂点（C相）	俯视：挂点正上方正对挂点位置拍摄；平视：挂点侧面小角度斜侧方拍摄	俯视/平视（2）
B	2	π接入耐张绝缘子串高空金具挂点（B相）	俯视：挂点正上方正对挂点位置拍摄；平视：挂点侧面小角度斜侧方拍摄	俯视/平视（2）
C	3	π接入耐张绝缘子串高空金具挂点（A相）	俯视：挂点正上方正对挂点位置拍摄；平视：挂点侧面小角度斜侧方拍摄	俯视/平视（2）
D/E	4	π接入耐张绝缘子串高空金具均压环（A相）	以π接入侧（左、俯、右）拍摄面向均压环金具销钉穿向方向拍摄金具整体	平视/俯视（3）
E/F	5	π接入耐张绝缘子串高空金具均压环（B相）	以π接入侧（左、俯、右）拍摄面向均压环金具销钉穿向方向拍摄金具整体	平视/俯视（3）
F/G	6	π接入耐张绝缘子串高空金具均压环（C相）	以π接入侧（左、俯、右）拍摄面向均压环金具销钉穿向方向拍摄金具整体	平视/俯视（3）

注　拍摄角度和拍摄图片张数以能够清晰展示所需细节为目标，根据实际作业环境可进行适当调整。

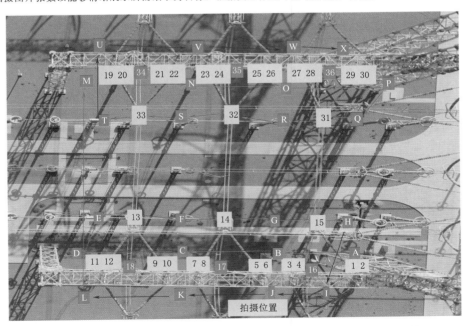

图 2-6-3-16　龙门架（上侧、下侧）母线金具无人机巡检路径规划

表 2 - 6 - 3 - 9　　　　　　　　　　龙门架（下侧）母线金具无人机巡检拍摄规则

无人机悬停区域	拍摄部位号	拍摄部位	无人机拍摄位置	拍摄角度（拍照数量/幅）
A	1	耐张绝缘子串高空金具挂点（A相）	面向金具销钉穿向方向与挂点高度平行，将拍摄位置放其中心；小角度斜侧方拍摄	平视（1）
A	2	悬垂绝缘子串高空金具挂点（A相）	面向金具销钉穿向方向与挂点高度平行，将拍摄位置放其中心；小角度斜侧方拍摄	平视（1）
B	3	耐张绝缘子串高空金具挂点（A相）	面向金具销钉穿向方向与挂点高度平行，将拍摄位置放其中心；小角度斜侧方拍摄	平视（1）
B	4	悬垂绝缘子串高空金具挂点（A相）	面向金具销钉穿向方向与挂点高度平行，将拍摄位置放其中心；小角度斜侧方拍摄	平视（1）
B	5	耐张绝缘子串高空金具挂点（B相）	面向金具销钉穿向方向与挂点高度平行，将拍摄位置放其中心；小角度斜侧方拍摄	平视（1）
B	6	悬垂绝缘子串高空金具挂点（B相）	面向金具销钉穿向方向与挂点高度平行，将拍摄位置放其中心；小角度斜侧方拍摄	平视（1）
C	7	耐张绝缘子串高空金具挂点（B相）	面向金具销钉穿向方向与挂点高度平行，将拍摄位置放其中心；小角度斜侧方拍摄	平视（1）
C	8	悬垂绝缘子串高空金具挂点（B相）	面向金具销钉穿向方向与挂点高度平行，将拍摄位置放其中心；小角度斜侧方拍摄	平视（1）
C	9	耐张绝缘子串高空金具挂点（C相）	面向金具销钉穿向方向与挂点高度平行，将拍摄位置放其中心；小角度斜侧方拍摄	平视（1）
C	10	悬垂绝缘子串高空金具挂点（C相）	面向金具销钉穿向方向与挂点高度平行，将拍摄位置放其中心；小角度斜侧方拍摄	平视（1）
D	11	耐张绝缘子串高空金具挂点（C相）	面向金具销钉穿向方向与挂点高度平行，将拍摄位置放其中心；小角度斜侧方拍摄	平视（1）
D	12	悬垂绝缘子串高空金具挂点（C相）	面向金具销钉穿向方向与挂点高度平行，将拍摄位置放其中心；小角度斜侧方拍摄	平视（1）
E/F	13	耐张绝缘子串高空金具均压环（C相）	以站位侧（左、俯、右）拍摄面向均压环金具销钉穿向方向拍摄金具整体	平视/俯视（3）
F/G	14	耐张绝缘子串高空金具均压环（B相）	以站位侧（左、俯、右）拍摄面向均压环金具销钉穿向方向拍摄金具整体	平视/俯视（3）
G/H	15	耐张绝缘子串高空金具均压环（A相）	以站位侧（左、俯、右）拍摄面向均压环金具销钉穿向方向拍摄金具整体	平视/俯视（3）
I/J	16	悬垂绝缘子串高空金具均压环（A相）	以站位侧面向金具锁紧销安装侧，小角度斜侧拍摄金具	平视（2）
J/K	17	悬垂绝缘子串高空金具均压环（B相）	以站位侧面向金具锁紧销安装侧，小角度斜侧拍摄金具	平视（2）
K/L	18	悬垂绝缘子串高空金具均压环（C相）	以站位侧面向金具锁紧销安装侧，小角度斜侧拍摄金具	平视（2）
M/N	19～23	耐张绝缘子串高空金具挂点（B相）	面向金具销钉穿向方向与挂点高度平行，将拍摄位置放其中心；小角度斜侧方拍摄	平视（1）
M/N	24	悬垂绝缘子串高空金具挂点（B相）	面向金具销钉穿向方向与挂点高度平行，将拍摄位置放其中心；小角度斜侧方拍摄	平视（1）

续表

无人机悬停区域	拍摄部位号	拍摄部位	无人机拍摄位置	拍摄角度（拍照数量/幅）
O	25	耐张绝缘子串高空金具挂点（B相）	面向金具销钉穿向方向与挂点高度平行，将拍摄位置放其中心；小角度斜侧方拍摄	平视（1）
	26	悬垂绝缘子串高空金具挂点（B相）	面向金具销钉穿向方向与挂点高度平行，将拍摄位置放其中心；小角度斜侧方拍摄	平视（1）
	27	耐张绝缘子串高空金具挂点（A相）	面向金具销钉穿向方向与挂点高度平行，将拍摄位置放其中心；小角度斜侧方拍摄	平视（1）
	28	悬垂绝缘子串高空金具挂点（A相）	面向金具销钉穿向方向与挂点高度平行，将拍摄位置放其中心；小角度斜侧方拍摄	平视（1）
P	29	耐张绝缘子串高空金具挂点（A相）	面向金具销钉穿向方向与挂点高度平行，将拍摄位置放其中心；小角度斜侧方拍摄	平视（1）
	30	悬垂绝缘子串高空金具挂点（A相）	面向金具销钉穿向方向与挂点高度平行，将拍摄位置放其中心；小角度斜侧方拍摄	平视（1）
Q/R	31	耐张绝缘子串高空金具均压环（A相）	以站位侧（左、俯、右）拍摄面向均压环金具销钉穿向方向拍摄金具整体	平视/俯视（3）
R/S	32	耐张绝缘子串高空金具均压环（B相）	以站位侧（左、俯、右）拍摄面向均压环金具销钉穿向方向拍摄金具整体	平视/俯视（3）
S/T	33	耐张绝缘子串高空金具均压环（C相）	以站位侧（左、俯、右）拍摄面向均压环金具销钉穿向方向拍摄金具整体	平视俯视（3）
U/V	34	悬垂绝缘子串高空金具均压环（C相）	以站位侧面向金具锁紧销安装侧，小角度斜侧拍摄金具	平视（2）
V/W	35	悬垂绝缘子串高空金具均压环（B相）	以站位侧面向金具锁紧销安装侧，小角度斜侧拍摄金具	平视（2）
W/X	36	悬垂绝缘子串高空金具均压环（A相）	以站位侧面向金具锁紧销安装侧，小角度斜侧拍摄金具	平视（2）

注 拍摄角度和拍摄图片张数以能够清晰展示所需细节为目标，根据实际作业环境可作适当调整。

（5）间隔设备路径规划与拍摄方法。间隔设备路径规划与拍摄方法如图2-6-3-17所示。间隔设备金具无人机巡检拍摄规则见表2-6-3-10。

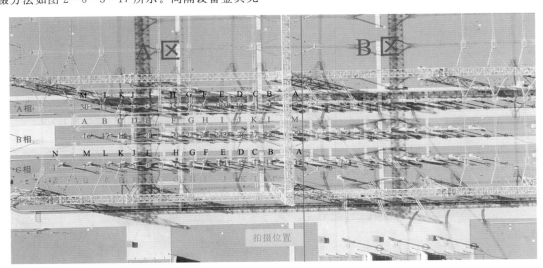

图2-6-3-17 间隔设备路径规划与拍摄方法

表 2 - 6 - 3 - 10　　　　　　　　　　间隔设备金具无人机巡检拍摄规则

飞行区域	无人机悬停区域	拍摄部位编号	拍摄部位	无人机拍摄位置	拍摄角度（拍照数量/幅）
A区/C相	A/N	1	75122 隔离开关支柱绝缘子	以站位侧（左平视、俯－90°、右平视）拍摄均压环金具整体	俯视/平视（3）
	B/M	2	75122 隔离开关支柱绝缘子	以站位侧（左平视、俯－90°、右平视）拍摄均压环金具整体	俯视/平视（3）
	C/L	3	75122 隔离开关	以站位侧（左平视、俯－90°、右平视）拍摄均压环金具整体	俯视/平视（3）
	D/K	4	75122 隔离开关	以站位侧（左平视、俯－90°、右平视）拍摄均压环金具整体	俯视/平视（3）
	E/J	5	751227 接地刀闸	以站位侧（左平视、俯－90°、右平视）拍摄均压环金具整体	俯视/平视（3）
	F/I	6	7512 断路器	以站位侧（左平视、俯－90°、右平视）拍摄均压环金具整体	俯视/平视（3）
	G/H	7	7512 断路器	以站位侧（左平视、俯－90°、右平视）拍摄均压环金具整体	俯视/平视（3）
	H/G	8	751127 接地刀闸	以站位侧（左平视、俯－90°、右平视）拍摄均压环金具整体	俯视/平视（3）
	I/F	9	75121 隔离开关	以站位侧（左平视、俯－90°、右平视）拍摄均压环金具整体	俯视/平视（3）
	J/E	10	751267 接地刀闸	以站位侧（左平视、俯－90°、右平视）拍摄均压环金具整体	俯视/平视（3）
	J/E	11	751267 接地刀闸	以站位侧（左平视、俯－90°、右平视）拍摄均压环金具整体	俯视/平视（3）
	K/D	12	75102 隔离开关	以站位侧（左平视、俯－90°、右平视）拍摄均压环金具整体	俯视/平视（3）
	L/C	13	751027 接地刀闸	以站位侧（左平视、俯－90°、右平视）拍摄均压环金具整体	俯视/平视（3）
	M/B	14	7510 断路器	以站位侧（左平视、俯－90°、右平视）拍摄均压环金具整体	俯视/平视（3）
	N/A	15	7510 断路器	以站位侧（左平视、俯－90°、右平视）拍摄均压环金具整体	俯视/平视（3）
A区/B相	M/A	16	75122 隔离开关支柱绝缘子	以站位侧（左平视、俯－90°、右平视）拍摄均压环金具整体	俯视/平视（3）
	L/B	17	75122 隔离开关	以站位侧（左平视、俯－90°、右平视）拍摄均压环金具整体	俯视/平视（3）
	K/C	18	75122 隔离开关	以站位侧（左平视、俯－90°、右平视）拍摄均压环金具整体	俯视/平视（3）
	J/D	19	751227 接地刀闸	以站位侧（左平视、俯－90°、右平视）拍摄均压环金具整体	俯视/平视（3）
	I/E	20	7512 断路器	以站位侧（左平视、俯－90°、右平视）拍摄均压环金具整体	俯视/平视（3）
	I/E	21	7512 断路器	以站位侧（左平视、俯－90°、右平视）拍摄均压环金具整体	俯视/平视（3）
	H/F	22	751127 接地刀闸	以站位侧（左平视、俯－90°、右平视）拍摄均压环金具整体	俯视/平视（3）
	G/G	23	75121 隔离开关	以站位侧（左平视、俯－90°、右平视）拍摄均压环金具整体	俯视/平视（3）
	F/H	24	751267 接地刀闸	以站位侧（左平视、俯－90°、右平视）拍摄均压环金具整体	俯视/平视（3）
	E/I	25	751267 接地刀闸	以站位侧（左平视、俯－90°、右平视）拍摄均压环金具整体	俯视/平视（3）
	D/J	26	75102 隔离开关	以站位侧（左平视、俯－90°、右平视）拍摄均压环金具整体	俯视/平视（3）
	C/K	27	751027 接地刀闸	以站位侧（左平视、俯－90°、右平视）拍摄均压环金具整体	俯视/平视（3）
	B/L	28	7510 断路器	以站位侧（左平视、俯－90°、右平视）拍摄均压环金具整体	俯视/平视（3）
	A/M	29	7510 断路器	以站位侧（左平视、俯－90°、右平视）拍摄均压环金具整体	俯视/平视（3）
A区/A相	A/M	30	75122 隔离开关支柱绝缘子	以站位侧（左平视、俯－90°、右平视）拍摄均压环金具整体	俯视/平视（3）
	B/L	31	75122 隔离开关	以站位侧（左平视、俯－90°、右平视）拍摄均压环金具整体	俯视/平视（3）
	C/K	32	75122 隔离开关	以站位侧（左平视、俯－90°、右平视）拍摄均压环金具整体	俯视/平视（3）
	D/J	33	751227 接地刀闸	以站位侧（左平视、俯－90°、右平视）拍摄均压环金具整体	俯视/平视（3）
	E/I	34	7512 断路器	以站位侧（左平视、俯－90°、右平视）拍摄均压环金具整体	俯视/平视（3）
	E/I	35	7512 断路器	以站位侧（左平视、俯－90°、右平视）拍摄均压环金具整体	俯视/平视（3）
	F/H	36	751127 接地刀闸	以站位侧（左平视、俯－90°、右平视）拍摄均压环金具整体	俯视/平视（3）
	G/G	37	75121 隔离开关	以站位侧（左平视、俯－90°、右平视）拍摄均压环金具整体	俯视/平视（3）
	H/F	38	751267 接地刀闸	以站位侧（左平视、俯－90°、右平视）拍摄均压环金具整体	俯视/平视（3）

续表

飞行区域	无人机悬停区域	拍摄部位编号	拍摄部位	无人机拍摄位置	拍摄角度（拍照数量/幅）
A区/A相	I/E	39	751267接地刀闸	以站位侧（左平视、俯－90°、右平视）拍摄均压环金具整体	俯视/平视（3）
	J/D	40	75102隔离开关	以站位侧（左平视、俯－90°、右平视）拍摄均压环金具整体	俯视/平视（3）
	K/C	41	751027接地刀闸	以站位侧（左平视、俯－90°、右平视）拍摄均压环金具整体	俯视/平视（3）
	L/B	42	7510断路器	以站位侧（左平视、俯－90°、右平视）拍摄均压环金具整体	俯视/平视（3）
	M/A	43	7510断路器	以站位侧（左平视、俯－90°、右平视）拍摄均压环金具整体	俯视/平视（3）

注 拍摄角度和拍摄图片张数以能够清晰展示所需细节为目标，根据实际作业环境可进行适当调整。

（八）无人机巡检维护及保养

1. 无人机维护

（1）每次飞行结束都要按清单清点设备、材料和工具。

（2）及时把SD卡内的相片及视频移进电脑，避免积压占用过多的内存造成下次使用带来不便。

（3）每次飞行结束后及时检查飞行器完好情况，如螺旋桨、护架等的完好情况，发现有缺陷的要及时更换修复，如不能修复的应暂停使用此飞行器，避免造成对飞行器的继续损坏，必须待修复好无问题后方可继续飞行。

2. 无人机保养

（1）及时清理油污、碎屑，保持各部位清洁。

（2）视需要加注润滑油。

（3）长期储存时，整机使用防尘衣进行防尘，轴承和滑动区域喷洒专用保养油进行防腐蚀和霉菌。

（4）定期保养包含但不限于以下内容：

1）保持机身外观完整无损。

2）保持机身框架完好无裂纹。

3）保持橡胶件状态良好。

4）保持紧固件、连接件稳定可靠。

（5）日常保养包含但不限于以下内容：

1）保持任务载荷设备清洁。

2）保持数据存储空间充足。

3）合理装卸，妥善储存，避免碰撞损坏。

（6）无人机电池保养：

1）每次飞行结束后及时检查电池电量及使用情况，并及时对使用过的电池进行充电并做好充电记录。

2）每次飞行结束后应及时把飞行器的电池拔出，并把电池放在阴凉通风处，使电池在使用后的热量得到充分释放，不能把使用后的电池即放在密闭保温的箱体等环境，避免发生火灾。

3. 无人机电池使用注意事项

（1）充电前应检查电池是否完好，如有损坏或变形现象禁止充电。

（2）充电前核对充电器是否为电池的指定充电器。

（3）环境温度低于0℃或高于40℃时，不应对电池进行充电。

（4）充电区内不应堆放有其他杂物，充电区附近应放置灭火器（如干粉灭火器、沙等用于电方面引起火灾的灭火措施）。

（5）禁止同一充电器连续向多块电池充电，如需要连续充电时应将充电器关闭15min后，才能进行下一块电池充电。

（6）充电完成后，应将充电器电源关闭。

（7）再次检查电池是否完好，将电池放在指定的位置，并在电池充电记录表上填写充电完成时间。

4. 无人机维护保养周期

从设备类的维护保养通用要求考虑，将维护保养工作分为定期维护和日常保养。

定期维护方面，无人机平台主要是依据发动机的维护保养要求，需综合考虑航时或使用年限提出维护保养周期要求，以两者先到时间为准，作为维护保养周期。

第四节　安　全　措　施

一、通用安全措施

1. 一般安全措施

（1）工作负责人办理工作票，并将工作票送达无人机巡检变电站运维室进行审票。

（2）进站开展高空设备无人机检查维护人员必须经过国网新疆电力有限公司超高压分公司组织的安全考试，合格后方可参加工作，未经安全教育或安全考试不合格人员不准进入检修现场。

（3）严格执行领导及管理人员到岗到位制度，应到岗到位人员及安全监护人没有到达作业现场，不得进行巡航作业。

（4）检修作业前由工作负责人和安全监护人一同检查、确认现场安全措施。每天工作前必须重新检查、确认现场安全措施是否发生变动。

（5）检修人员进入工作现场前由到岗到位人员监督召开班前会，工作负责人向本次开展巡航人员进行安全技术、环境保护交底，交代当日工作任务和安全注意事项。

（6）得到运行单位工作许可后，由到岗到位人员监督工作负责人带领作业人员列队进入作业现场，由工作负责人宣读工作票，交代现场安全措施，工作班成员无疑问后履行签字确认手续。

（7）所有巡航人员必须遵守变电站安全管理制度。

（8）工作负责人、安全监护人应认真履行监护职责，不得脱岗。

（9）所有检修人员必须正确使用和佩戴安全防护用品。

（10）严格安全设施管理，已装设的安全措施，未经运行单位和安全监护人许可严禁移动或拆除。

（11）安全监护人要始终在现场进行巡视检查，发现违章指挥、违章作业及时纠正和考核，发现事故隐患要及时组织消除。

（12）正确操作检修机具，采取防护措施，防止人身触电，确保现场的飞行设备不发生损坏。

（13）现场工作前，现场检修人员应了解现场设备情况及设备周围带电情况，保证工作人员跟周围带电设备的安全距离（作业人员工作中正常活动范围与750kV设备带电部分的安全距离为8.0m；设备不停电时作业人员与750kV带电设备安全距离为7.2m），检修地点应悬挂"在此工作"标识牌，装设围栏。

2．无人机巡检应遵守安全规定

（1）遵守无人机视距内飞行。

（2）遵守无人机飞行速度应不大于9m/s。

（3）遵守无人机与带电体保持2m以上的安全距离。

3．做好防感应电措施。

（1）作业前应仔细核对现场和图纸，并与运行人员沟通，防止因人员走错间隔而造成触电事故。

（2）作业时戴好防护用品（绝缘手套、防静电服），穿平底绝缘鞋。

4．防物体打击安全措施

（1）所有进入作业现场的人员，都必须戴好安全帽，扣好帽带，无安全帽者，严禁进入作业作业现场。

（2）多架次、多层作业时，必须设有安全的防护设施或采取隔离措施，防止坠落物品伤人。

（3）金属材料、物品、工器具等禁止放在有坠落危险的地方。

5．防大风措施

（1）每天检修过程中，对现场设备包装箱、易漂浮物及时清理，防止大风引起设备故障。

（2）加强对检修人员的管理，将清理的垃圾倒置规定地点，防止清理的垃圾再次被大风吹至站内，引起设备故障。

（3）每天进场作业前对现场隔离措施和安全标示牌进行检查，将松动的围栏进行加固。

（4）作业人员应随身携带风速仪，针对无人机巡航，4级以上大风应立即停止作业。

6．飞行前后安全注意事项

（1）起飞前先启动遥控器，再启动飞行器。降落后先关闭飞行器，再关闭遥控器。严禁以上顺序逆转进行。

（2）起飞前必须保证飞行器与飞手保持至少5m距离，飞手操作过程中严禁人群站立在飞手两肩平行线前方。

（3）在飞行过程中，切勿停止电机，否则飞行器将会坠毁，除非发生特殊情况（如飞行器可能撞上人群），需要紧急停止电机以最大程度减少伤害。

7．指南针校准须知

（1）指南针校准非常重要，校准结果直接影响飞行安全性。未校准可能导致飞行器工作异常，指南针错误时无法执行返航功能。

（2）请勿在有铁磁性物质的区域校准，如大块金属、磁矿、停车场、桥洞、带有地下钢筋的建筑区域等。

（3）校准时切勿随身携带铁磁物质，如钥匙、手机等。

（4）如果校准后机尾LED指示灯显示红色常亮，则表示校准失败。请重新校准指南针。

（5）校准成功后放在地面上，出现指南针异常，很有可能是因为地面上有钢筋，届时飞手将飞行器更换位置查看异常是否清除。

（6）遇到以下情况，请进行指南针校准：

1）指南针读数异常并且飞行器状态指示灯红黄交替闪烁。

2）在新的飞行场所飞行。

3）飞行器的结构有更改，如指南针的安装位置有更改。

4）飞行器飞行时严重漂移。

8．作业过程安全要求

（1）巡视作业时，若需要跨越杆（塔）检查，必须将无人机升高。从杆（塔）上侧通过后下降进行作业。严禁采用直接从底相、相间、跳线间空隙通过等危及无人机安全的行为。

（2）严禁无人机在变电站（所）、电厂上空大跨度穿越。

（3）无人机严禁在两回线路交叉跨越中间的飞行。

（4）当无人机悬停巡视时，应顶风悬停；若对无人机姿态进行调整时，监护人员要提醒无人机驾驶员注意线路周围的障碍物。

（5）巡视作业时，无人机驾驶员必须始终能看到作业线路，并清楚线路的走向，无人机与杆（塔）元件、导线的距离严禁小于2m。

（6）无人机悬停作业时，严禁进入线路内侧进行悬停作业，包括导线与杆（塔）之间，水平排列单回直线杆（塔）中相内侧、三角形排列单回直线杆（塔）中相内侧。

（7）如遭遇危险情况飞行人员应冷静并服从监护人员的指挥。

二、作业安全风险识别、评估及控制措施

无人机作业安全风险识别、评估及控制措施见表2－6－4－1。

表 2 - 6 - 4 - 1 　　　　　　　　无人机作业安全风险识别、评估及控制措施

序号	作业内容	危 险 点	控 制 措 施
1	作业前的准备工作	作业现场核查不全面、不准确	(1) 确认作业间隔，防止走错间隔。 (2) 不碰触其他带电设备及端子排
		作业任务不清	负责人要在作业前将人员的任务分工，危险点及其控制措施予以详尽的交代
		作业组的工作负责人和工作班成员选派不当	(1) 选派的工作负责人应有较强的责任心和安全意识，并熟练地掌握所承担的检修项目和质量标准。 (2) 选派的工作班成员能安全、保质的完成所承担的工作任务
2	安全、技术措施的实施	不按规定填写、签发、送交工作票	(1) 按有关规程、制度的规定正确填写和签发工作票。 (2) 按有关规程、制度的规定及时送交办理工作票
		未办理工作许可手续，工作班人员即进入工作现场	工作负责人必须在办理许可手续后，方可带领工作班人员进入作业现场
		工作负责人在开工前不认真检查作业现场的安全措施	工作人员在会同工作许可人检查现场所做的安全措施正确完备后，方可在工作票上签名，然后带领工作班成员进入现场
		工作负责人不向工作班成员交代工作现场	(1) 工作负责人应检查工作班成员着装是否整齐，符合要求。安全用具、劳保用品是否佩戴齐全。 (2) 工作班人员列队并面向工作地点，由工作负责人宣读工作票，交代现场安全措施、带电部位和其他注意事项
3	实施作业	非工作需要的情况下，不许单人留在作业现场	所有工作人员（包括工作负责人）不得单独留在作业现场
		工作负责人参与作业，不得违反工作监护制度	专责监护人不得做其他工作
		违反现场作业纪律（说笑、打闹、喝酒等）	(1) 工作负责人需及时提醒和制止影响作业人员精力的言行。 (2) 工作负责人需注意观察工作班成员的精神状态和身体状态，必要时可对作业人员进行适当的调整。 (3) 严禁酒后上岗和在工作中吸烟
		擅自变更现场安全措施	(1) 不得随意变更现场安全措施。 (2) 特殊情况下需要变更安全措施时，必须征得工作许可人的同意，完成后及时恢复原安全措施
		穿越临时遮栏	(1) 临时遮栏的装设需在保证作业人员不能误登带电设备的前提下，方便作业人员进出现场和实施作业。 (2) 严禁穿越和擅自移动临时遮栏
		工作协调不利	(1) 几人同时进行工作时，需互相呼应，协同工作。 (2) 几人同时进行工作，又呼应困难时，应设专人指挥，并明确指挥方式。使用通信工具时需事先检查良好
		误操作	作业过程设专人监护，严禁误动一次安措；无人机作业加强对操作人员培训，熟悉现场作业环境，无人机严禁超越设定安全距离
4	工作终结	办理工作终结手续后，又到设备上工作	(1) 全部工作完毕，办理工作终结手续前，工作负责人应对全部工作现场进行周密的检查，确保无遗留问题。 (2) 办完工作终结手续后，检修人员严禁再触及设备，严禁再开展飞行作业，并全部撤离现场

第五节　环境保护措施

(1) 保护环境及保持生态平衡工作越来越引起社会的高度重视。作为无人机检查维护项目的执行者应该把保护环境及保持生态平衡工作放在首位，坚决执行《建设项目环境保护管理条例》。

(2) 作业开始前必须准备好无人机设备。作业人员要按照每天的作业计划把设备妥善放置到工作现场，做到当天用当天清，保持现场清洁。

(3) 工具摆放要求定位管理。设备一定要摆放整齐成形，标识清楚，排放有序，并要求符合安全防火标准。现场工具、材料应有专人保管，并做到每天记录检查，

严禁随手丢弃。

（4）工作现场要始终保持清洁、卫生、整齐，整个现场要做到一日一清、一日一净。

（5）现场文明施工责任区划分明确，并设有明确标记，便于检查、监督。

（6）巡检工序安排合理，衔接紧密，做到均衡施工。每道工序完成后，要做到"工完、料尽、场地清"。

（7）现场资料档案管理有序，相关巡检措施、报告、记录、验收标准等有关技术资料齐全，存放于指定的资料柜内，保管妥善，便于查阅。

（8）加强教育，遵纪守法，尊重当地民俗民规，与当地群众搞好关系，防止不法行为的发生。

（9）现场作业人员必须按规定着装，疫情防控期间应佩戴口罩进行作业。

（10）加强对入场员工的环保教育，让员工树立环境保护念，自觉按环保要求开展工作。

（11）采取一切合理措施，避免污染、噪声等，保护变电站周围的环境。

（12）自觉保护设备、构件、地面、墙面的清洁卫生和表面好，防止"二次污染"和设备损伤。

（13）现场设置可回收垃圾与不可回收垃圾池，垃圾分类堆放，定期处理。

第六节　应急预案

一、现场防疫应急预案

（一）编制依据

（1）《中华人民共和国传染病防治法》。

（2）《关于印发新型冠状病毒感染的肺炎诊疗方案（试行第六版）的通知》（国家卫健委国卫办医函〔2020〕77号）。

（3）《国家能源局综合司关于切实做好疫情防控电力保障服务和当前电力安全生产工作的通知》（国能综通安全〔2020〕6号）。

（4）《国家能源局关于进一步做好电力建设工程开复工安全管理有关工作的通知》（国能综通安全〔2020〕12号）。

（5）新疆《自治区复工复产企业新冠肺炎疫情防控措施指南（试行）》。

（6）《国家电网有限公司关于做好疫情防控全力恢复建设助推企业复工复产的通知》（国家电网办〔2020〕55号）。

（7）《国家电网有限公司关于做好疫情防控积极推进重点工程建设的通知》（国家电网基建〔2020〕59号）。

（8）国网安监部关于转发《国务院安委会办公室应急管理部关于做好当前安全防范工作的通知》的通知（安监〔2020〕5号）。

（9）《国网基建部关于优化电网建设进度计划和重点工程建设安排的通知》（基建计划〔2020〕7号）。

（10）《国网安监部关于进一步加强电网和城乡配网工程复工安全管控的通知》（安监二〔2020〕7号）。

（11）《国网基建部关于加强基建施工现场新冠肺炎疫情精准防控的指导意见》（基建安质〔2020〕10号）。

（12）国家电网公司《公司关于进一步加强疫情防控的通知》。

（13）《国网新疆电力有限公司建设部关于做好2020年输变电工程复工工作的通知》。

（14）《国网新疆电力有限公司输变电工程复工疫情防控指导意见》。

（15）《国网新疆电力有限公司关于加强基建工程开复工及施工现场新冠肺炎疫情精准防控的指导意见》（新电建设〔2020〕57号）。

（16）《新型冠状病毒防控知识手册》（国家电网有限公司后勤工作部编）。

（17）《电力基建工程新型冠状病毒防控口袋书》（国网新疆电力有限公司建设部编）。

（18）《国网新疆建设分公司关于印发进一步加强新型冠状病毒感染肺炎疫情期间重点工作管控实施方案的通知》。

（19）《国网新疆建设分公司（监理公司）开复工工程疫情防控专项方案》。

（20）《科学精准分区分级做好复工复产疫情防控工作指引》（国家电网有限公司后勤工作部）。

（21）《国网新疆电力有限公司关于印发常态化疫情防控工作指导意见的通知》（新电后勤〔2020〕314号）。

（22）新疆送变电有限公司关于疫情防控相关通知及要求。

（二）信息报备和审核

为做好工作现场人员管控，任何单位和个人到变电站工作，需提前报送到站工作事由、时间、人员轨迹、健康状况、联系方式及交通方式等信息。报送信息需真实有效，不漏报、不错报，出现异常变动时，应随时沟通，不得隐报、瞒报。人员到达变电站之后，将存在更新后的行程资料、核酸检测结果等报送给变电站防疫工作人员方可进站。

本单位收到报送单位及个人报送信息，需仔细核对，核实无误，上报上级部门。经上级部门审批通过信息需及时发往报送单位及个人，告知对应变电站负责人，做到"谁主管，谁负责"，并做到闭环管控。

（三）车辆到站管理

（1）人员及车辆进入变电站在出发前向变电站报备防疫资料（14天行程轨迹、身份证照片、健康码、7天核酸检测报告、飞行执照、空军飞行批准），防疫资料审核无误后方可出发。

（2）车辆确需进站，抵达变电站门口，防疫人员需对车辆及车主进行信息核对，并进行车辆整体消毒（酒精或消毒液）。

（3）司机必须戴口罩，下车后进行全身消毒，进行体温测量，并做好记录，人员离站时，再次测量体温合格并登记离站时间。

（4）车辆进站后停至指定位置，工作结束后，车辆立即开至站外停放。

（5）车辆驾驶员严禁进入主控楼、保安室、仓储库房等。

（四）人员防控措施

（1）疆外进站的要实行"147"政策（3天不出门7天不聚集；第1天、4天、7天三次核酸）；另外疆内进站的但行程码有疆外史的也要实行"147"政策；疆内进站的且行程码无疆外史的，不实行"147"政策。

（2）除被指定高防护等级无人机检查维护负责人外，其他人员不得与站内运维人员、外协厂家、租用车辆司机及作业单位人员接触，作业人员之间需保持1.5m距离，不搞聚集会议。

（3）无人机检查维护现场施行封闭式管理，人员、车辆按时进、出变电站，统一时间，统一路线。运维、检修及作业人员分别在划定的区域内活动，避免与站内人员接触，严禁跨区沟通、交流。

（4）固定人员进站路径。运维人员使用围栏从变电站大门至活动区域进行隔围，并在围栏上张贴路线指示。外来人员从进入变电站大门开始严格按照指定路径进入活动区域和工作区域，检修与作业人员分批分时进入，防止人员之间交叉，增大感染风险。

（5）变电站内实行分区管理，主控楼全程封闭，外来人员（包括保安）禁止进入，主控大门使用门禁封闭。变电站运行库房、车库及检修库房为检修人员准备工作和休息区域，作业人员在变电站外自行安排。区域之间设置隔离围栏分离检修人员活动区域与站内人员活动区域。

（6）运行库房、车库及检修库房里配备消毒剂，无人机检查维护人员安排专人按要求稀释后每日早晚各2次对检修活动区域进行消毒。

（7）杜绝集中召开会议，确需召开的安全交底会，班前班后会采取钉钉、腾讯等软件召开线上会议，且班前会在出发前，班后会在到达后进行。作业现场小范围讨论问题的要选择开敞、通风地方，距离保持在1.5m以上。

（8）工作票应安排专人出发前在公司办理完成或在变电站运维人员指定的区域开具，签发人在办公室签发完毕，与运行人员电话沟通完成接票复核工作。工作票由运维人员打印，工作许可后交由无人机巡检工作负责人履行签字手续，工作班成员签字笔不得交叉使用。

（9）无人机检查维护工作提前确定1名人员固定与作业人员和运维人员接触，应全程穿戴四类防护用品。对于无人机检查维护工作，原则上由参检单位自行完成，自查确认后由工作负责人与总工作负责人电话对接，再由总负责人安排固定对接人员（监管人）前往验收，验收人将结果电话反馈总工作负责人，验收通过后，签发验收单。

（10）待现场所有工作完成，所有人员撤离工作区域，间隔1h，运维人员进行消毒后，开展现场验收工作，发现问题及时记录，待全部验收完成后，统一汇总后交

由现场运检部负责人，运检部审核后转交参检单位和检修中心。

（11）每日工作前对飞行器，工器具等物资进行集中消毒，消毒期间所有工作人员撤离现场。

（五）突发疫情应急措施

（1）发现疫情。一旦发现现场人员存在发热、乏力、干咳等可疑症状，疑似患者附近所有人员做好隔离防护措施，由现场负责人立刻带离工作现场至当地县人民医院。疫情发生后无人机检查维护现场立即停止所有工作，由现场防疫管控小组进行统一安排，启动突发疫情应急措施。

（2）及时汇报。发现可疑症状后，第一时间告知本单位现场疫情防控负责人，由防疫管控负责人汇报疫情防控指挥部，联系当地医院进行应急处置和救援，其他人员接受属地政府防疫指挥部统一协调指挥。

（3）消毒隔离。对该疑似患者工作及生活等相关区域进行消毒，组织与患者接触过的相关人员进行体温测试、体征询问。

（4）思想指导。对患者及相关隔离人员做好思想工作，防止人员思想波动，出现慌乱、逃逸事件。

（5）服从指挥，做好人员管控。现场人员需服从领导指挥，听从安排，遇到问题需及时反馈。现场人员有效沟通，互帮互助，保证现场处置井然有序，应对措施高效开展。

二、现场处置方案

现场处置方案分为无人机特情现场处置方案、交通事故现场处置方案、机械设备事故现场处置方案、触电事故现场处置方案。

（一）编制依据

（1）《中华人民共和国突发事件应对法》。

（2）《中华人民共和国安全生产法》。

（3）《生产安全事故报告和调查处理条例》（国务院493号令）。

（4）《电力调度管理条例》（国务院432号令）。

（5）《电力安全事故应急救援和调查处理条例》（国务院法制办征求意见稿）。

（6）《电力供应与使用条例》（国务院196号令）。

（7）《国家突发公共事件总体应急预案》。

（8）《国家处置电网大面积停电事件应急预案》。

（9）《国家电网公司应急管理工作规定》（国家电网安监〔2007〕110号）。

（10）《新疆维吾尔自治区大面积停电应急预案》。

（二）安全生产事故应急处理的原则

（1）坚持"安全第一、预防为主、综合治理"的方针，加强电力作业安全管理，落实事故预防和隐患控制措施，防患于未然，做好应对电网大面积停电事件的各项准备工作。

（2）快速反应先期处置，建立健全"上下联动、区

域协作"的快速响应机制，加强与相关单位和政府的沟通协调，整合内外应急资源，协同开展电网大面积停电事故处置工作。

（3）应急救援行动优先，先救人，保证人员安全的前提下再组织抢救财产。

（三）安全生产事故应急救援方针

安全第一，预防为主；统一指挥，分级负责；救死扶伤，消除危险。

（四）应急领导小组和职责分工

（1）安全生产事故应急处理工作小组负责贯彻落实国家有关事故应急救援与处理的法律、法规及公司有关规定。接受地方政府与上级应急处理指挥部的领导，负责针对特定的及对社会有重大影响的自然灾害和突发性公共灾害，如防汛、抗震救灾、预防传染病、突发事件处置等的组织领导，按照公司的要求，开展本工程的抢险、救灾、处置突发性事件等工作，向上级部门通报事故抢险及应急处理进展情况。负责在建项目安全生产事故应急处理中与社会各界的通信、协调与联系。

（2）安全生产事故应急处理工作小组结合作业生产的具体情况，编制现场的专项安全事故应急救援与处理方案，组织现场应急处理预案的演习训练和相关知识的培训。对突发的安全生产事故实施应急救援和及时处理。处理的事故范围有：重大人员伤亡、重大设备事故等。

（3）安全员负责安全生产事故突发时的卫生防疫和受伤职工群众的救援指导工作。

（4）安全技术人员负责安全生产事故应急处理技术措施的制定及现场指导。

（5）信息员负责安全生产事故应急处理时人力资源的调度。

（6）汽车司机要保证安全生产事故处理时所需的车辆运行正常及特殊设备的运输供应及时。

（7）后勤人员负责作业区域安全事故的发生时的人员撤离疏导工作。

（8）安监人员负责本工作场所范围内的专项安全生产事故应急预案制定及负责安全生产事故应急救援物资的准备。

（五）应急准备

（1）人力资源的准备，成立项目部安全生产事故应急处理工作小组。

（2）能力、意识的培训，安全监理组织全体项目人员进行安全生产事故应急处理能力的培训，发生不可预见的突发性重大安全隐患时（如高致命性传染病的发生），进行预防及处理措施的紧急公示。

（3）交通、通信、通信联络设备的准备。

（六）应急响应

1. 报警与接警

安全事故发生时，安全生产事故应急处理工作小组成员立即将事故情况如实汇报公司安全生产事故应急处

理领导小组，并尽快展开自救方案。项目安全生产事故应急处理小组接到报警立即采取有效措施，组织抢救，防止事故扩大，减少人员伤亡和财产损失。根据事故救援的需要，确定是否同社会有关单位、部门联系，取得社会的援助。

2. 现场指挥与控制

事故发生后，安全生产事故应急处理工作小组立即针对事故的类型启动专项应急预案，根据事故的紧急状态、迅速有效地进行应急响应决策。建立现场工作区域，确定重点保护区域和应急行动的优先原则，合理有效的调配和使用应急救援物资，指挥和协调现场的救援活动。

3. 通信联络

事故发生后，安全生产事故应急处理工作小组立即利用通信联络设备与公司的安全生产事故应急处理领导小组和社会救援机构取得联系，取得应急救援的外部援助。事故应急处理期间应保持通信联络畅通。

4. 事态监测

在应急救援过程中，安全生产事故应急处理工作小组应指派专人对事故的发生展开事态及影响，及时进行动态的监测，为应急救援和应急恢复行动的决策提供准确的信息。

5. 人员疏散与安置

在事故发生时，如果需要人员紧急撤离，安全生产事故应急处理工作小组应指派专人组织人员按照既定的疏散路线向指定的疏散区域撤离。如果应急救援工作危险性极大，依据安全预防措施、个体防护等级、事态监测结果等条件，确定应急人员的紧急撤离条件，保证应急人员的安全。

6. 医疗与卫生

事故发生后，组织受伤人员的救护、安排卫生防疫的有关工作，同时取得当地急救中心的援助。

7. 现场恢复

事故被控制住以后，相应的安全生产事故应急处理工作小组在充分考虑现场恢复过程中潜在的危险，保持事态监测的条件下，开展恢复生产的各项工作。

三、无人机空中特情现场处置方案

无人机遥摄，是航空应用领域的一个新兴行业，也是高风险的飞行作业。面对种种不可预测的空中特情，需要预设各种现场处置方案。航巡中心在获取突发事件信息后应及时进行汇总分析，必要时会同相关部门、技术人员、厂家进行商议，对突发事件的危害程度、影响范围等进行评估，研究确定应急处置措施。确保处置措施与事件造成危害的性质、程度和范围相适应，最大化保护人身、设备安全。突发应急事件处理活动结束后，负责应急处理相关单位应对处置工作进行评估，并向航巡中心报告。

（一）遇磁场干扰

由于航路上的矿山磁场、高压电力磁场、移动信号磁场等对无人机的干扰，遥摄时会出现实时图传中断、

控制信号消失等险情。此时，应保持无人机悬停，尝试重新进入相机界面，或者调整天线的摆放，重新获取图传。无人机进入高磁场干扰空域，会出现回传信号时弱时强时断时续、指南针误动、App出现干扰提示、飞机稳定出现异常等情况，此时应该切换到姿态模式，迅速脱离磁场干扰区，或采取"一键返航措施"，在无干扰的地方，重新上电后校准指南针。

（二）应急激动失误

出现特情时，飞行人员往往产生应急激动情绪，使自己失去理智，不能正常地处置操作，造成低级错误和不应有的损失。直面特情对飞行人员的心理反应要求是：冷静、认知、判断、评估、决策。处理特情的程序是：观察、决心、对策、脱险、备降。

（三）高压线路包围

在变电站作业存环境中，高压线、避雷线无处不在，在飞行员的监视器中很难发现这些细长的线绳物，但电线杆、高压电塔应该给飞行人员以警示，一旦发现误入线阵，必须立即使无人机悬停，原地垂直跃升至脱离高压线路高度。

（四）电量不足报警

遥摄作业中，作业人员往往忽略电能的储量，特别是在高原和高寒地区，电量消耗会成倍增加。无人机出现低电量报警时，作业人员应当执行紧急降落操作，并通过观察记住周围的地标特征，以便发现临时备降场，并在降落后按照标记找回无人机。冬季在寒冷地区高空飞行遥摄时，应该充分注意电池能耗的衰减因素。

（五）悬停不稳和迷失方向

无人机悬停不稳，可能是卫星信号较差，或指南针干扰导致，应该控制无人机飞离，再选地点悬停观察。如不能恢复平稳，就应返回飞行人员所在机位进行机务检查。无人机在飞行人员视线内迷失航向，可以根据观察调转机头找回航向。如果无人机在视距以外看不见的空域，可以参考监视地图，根据遥控器与无人机的绿色连线调整机头方向。或者使用返航锁定功能，控制无人机进入返航方向，并以此为基准找回机头航向。

（六）应对复杂气象

无人机在空中突遇飓风或紊乱气流时，无法保持悬停姿态和飞行轨迹，此时应马上降低高度，减少航行速度，尽快寻找适宜备降的场地降落，而在温差很大极寒等环境中遥摄，相机镜头极易因凝结水雾而失去结像能力。一旦发生结雾现象，应该飞离造成温差的冷热源，悬停等待水雾消失或返航。在复杂气象条件下飞行，要做好防雷击、防冰雹、防降雨的准备，在遥摄航程中突遇极端天气时，应采取迅速返航、紧急降落或飞离雨区等措施。

四、交通事故及机械伤害、起重伤害现场处置方案

（一）交通事故

事故发生后乘车人员应迅速脱离肇事车辆，发现有伤者，立即拨打120救护项目电话请求救援，也可拦截车

辆抢救伤者，要以最快的速度把伤者送往医院。同时拨打110电话报警，说明事故发生的具体地点。

1. 现场救护

送往医院前发现创伤应先抢救、后固定，再搬运，并注意采取措施，防止伤情加重或污染。现场抢救前先使伤员安静躺平，判断全身情况和受伤程度，如有无出血、骨折和休克等。外部出血时应立即采取止血措施（最好使用绷带或纱布），防止失血过多而休克。外观无伤，但呈现休克状态，神志不清或昏迷者，要考虑内脏或脑部受伤的可能性。为防止伤口感染，应用清洁布片覆盖。救护人员不得直接用手接触伤口，更不得在伤口填塞任何东西或随便用药。

搬运时应使伤员平躺在担架上，腰部束在担架上，防止跌下。平地搬运时伤员头部在后，上楼、下楼、下坡时头部在上，搬运中应严密观察伤员，防止伤情突变。肢体骨折可用夹板、木棍或竹竿等将断骨上下两个关节固定，也可利用伤员身体进行固定，避免骨折部位移动，以减少疼痛，防止伤势恶化。开放性骨折，伴有大出血者，先止血，再固定，并用干净布片覆盖伤口，然后速送医院救治。切勿将外露的断骨推回伤口内。出现颅外伤者，伤员应采取平卧位，保持气道通畅。若有呕吐，应扶好头部和身体同时侧转，防止呕吐物造成窒息。救护工作应尽快交由医务工作者进行，最后的诊断和判定要交由医务人员进行。

2. 现场保护

现场人员应正确保护现场，严防二次事故的发生。做到"一报，二摆"。"一报"：迅速向上级报告事故现场的情况，就近通知医疗机构到现场队受伤人员进行救治。"二摆"：迅速摆放警示标识，白天，在据项目现场来车方向100m外，在夜间，在据项目现场1000m外。同时安排专人，负责外置警戒线，警戒人员可在道路边提示过往车辆减速或停车。禁止警戒人员在路中间拦截提示过往车辆。

事故车辆需移动现场抢救伤员时，需利用砖、石、木等物做好"三点"标记，即前轴轮胎轴心的投影点、后轴轮胎轴心的投影点、外侧轮胎轴心的投影点。

（二）机械伤害、起重伤害

事故发生后应立即停止机械转动及起重机械工作，帮助伤员摆脱机械危害。然后观察伤员受伤情况。伤势轻微者可在现场进行救治。发现轻伤及以上者必须立即拨打120急救项目电话请求援助。在有车辆的情况下，也可立即将伤者直接送往就近医院。送往医院前发现创伤应先抢救、后固定，再搬运，并注意采取措施，防止伤情加重或污染。现场抢救前先使伤员安静躺平，判断全身情况和受伤程度，如有无出血、骨折和休克等。外部出血时应立即采取止血措施（最好使用绷带或纱布），防止失血过多而休克。外观无伤，但呈现休克状态，神志不清或昏迷者，要考虑内脏或脑部受伤的可能性。为防止伤口感染，应用清洁布片覆盖。救护人员不得直接用手接触伤口，更不得在伤口填塞任何东西或随便

用药。

搬运时应使伤员平躺在担架上，腰部束在担架上，防止跌下。平地搬运时伤员头部在后，上楼、下楼、下坡时头部在上，搬运中应严密观察伤员，防止伤情突变。

肢体骨折可用夹板、木棍或竹竿等将断骨上下方两个关节固定，也可利用伤员身体进行固定，避免骨折部位移动，以减少疼痛，防止伤势恶化。开放性骨折，伴有大出血者，先止血，再固定，并用干净布片覆盖伤口，然后速送医院救治。切勿将外露的断骨推回伤口内。出现颅外伤者，伤员应采取平卧位，保持气道通畅。若有呕吐，应扶好头部和身体同时侧转，防止呕吐物造成窒息。救护工作应尽快交由医务工作者进行，最后的诊断和判定要交由医务人员进行。

五、机械设备事故现场处置方案

全体职工必须认真学习有关机械设备的管理制度，工作中认真执行各自岗位的安全操作规程，严格按照危险点控制措施去做，避免机械设备事故的发生。

事故的应急方案如下：

（1）如果发生机械设备事故，在场的负责人要立即安排人员拉闸断电，并向应急领导小组报告，同时负责现场指挥抢救伤员和挽回财产损失，如需外界有关部门救援时，应立即拨打急救电话。

（2）如果发生机械设备事故有人受伤，应组织人员对伤者进行抢救，同时拨打急救电话、说明地点、受伤人数等情况，也可派车将伤员送往较近的有救治能力的医院救治。

（3）有关人员要护好事故现场，以便时候对事故进行调查分析，制订整改措施，避免类似事故重复发生。

六、触电事故现场处置方案

（一）脱离电源

当发生人身触电后，首先要使触电者脱离电源。触电者未脱离电源前现场急救人员不准用手直接拉触电者，以防急救人员触电。为了使触电者迅速脱离电源，急救人员应根据现场条件果断的采取适当的方法和措施。

如果触电地点附近有电源开关或电源插座，应立即将拉开开关或拔出插头，断开电源。但应注意到拉线开关或墙壁开关等只控制一根线的开关，有可能因安装问题只能切断中性线而没有断开电源的相线。

如果触电地点附近没有电源开关或电源插座（头），可用有绝缘柄的电工钳或有干燥木柄的斧头切断电线，断开电源。

当电线搭落在触电者身上或压在身下时，可用干燥的衣服、手套、绳索、皮带、木板、木棒等绝缘物作为工具，拉开触电者或挑开电线，使触电者脱离电源。

如果触电者的衣服是干燥的，又没有紧缠在身上，可以用一只手抓住他的衣服，拉离电源。但因触电者的身体是带电的，其鞋的绝缘也可能遭到破坏，救护人不得接触触电者的皮肤，也不能抓他的鞋。

若触电发生在低压带电的架空线路上或配电台架、进户线上，对可立即切断电源的，则应迅速断开电源，救护者迅速登杆或登至可靠地方，并做好自身防触电、防坠落安全措施，用带有绝缘胶柄的钢丝钳、绝缘物体或干燥不导电物体等工具将触电者脱离电源。

（二）现场急救处理

当触电者脱离电源后，急救者应根据触电者的不同生理反应进行现场急救处理，急救现场人员同时拨打120急救项目电话请求援助。

（1）触电者神志清醒、有意识，心脏跳动，但呼吸急促、面色苍白，或曾一度昏迷、但未失去知觉。此时不能用心肺复苏法抢救，应将触电者抬到空气新鲜，通风良好地方躺下，安静休息1～2h，让他慢慢恢复正常。天凉时要注意保温，并随时观察呼吸、脉搏变化。

（2）触电者神志不清，判断意识无，有心跳，但呼吸停止或极微弱时，应立即用仰头抬颏法，使气道开放，并进行口对口人工呼吸。此时切记不能对触电者施行心脏按压。如此时不及时用人工呼吸法抢救，触电者将会因缺氧过久而引起心跳停止。

（3）触电者神志丧失，判定意识无，心跳停止，但有极微弱的呼吸时，应立即施行心肺复苏法抢救。不能认为尚有微弱呼吸，只需做胸外按压，因为这种微弱呼吸已起不到人体需要的氧交换作用，如不及时人工呼吸即会发生死亡，若能立即施行口对口人工呼吸法和胸外按压，就能抢救成功。

（4）触电者心跳、呼吸停止时，应立即进行心肺复苏法抢救，不得延误或中断。

（5）触电者和雷击伤者心跳、呼吸停止，并伴有其他外伤时，应先迅速进行心肺复苏急救，然后再处理外伤。

（6）发现杆塔上或高处有人触电，要争取时间及早在杆塔上或高处开始抢救。触电者脱离电源后，应迅速将伤员扶卧在救护人的安全带上（或在适当地方躺平），然后根据伤者的意识、呼吸及颈动脉搏动情况来进行前（1）～（5）项不同方式的急救。应提醒的是高处抢救触电者，迅速判断其意识和呼吸是否存在是十分重要的。若呼吸已停止，开放气道后立即口对口（鼻）吹气2次，再测试颈动脉，如有搏动，则每5s继续吹气1次；若颈动脉无搏动，可用空心拳头叩击心前区2次，促使心脏复跳。若需将伤员送至地面抢救，应再口对口（鼻）吹气4次，然后立即用绳索迅速放至地面，并继续按心肺复苏法坚持抢救。

（7）触电者衣服被电弧光引燃时，应迅速扑灭其身上的火源，着火者切忌跑动，方法可利用衣服、被子、湿毛巾等扑火，必要时可就地躺下翻滚，使火扑灭。

（三）现场急救步骤

（1）将受伤的部分包扎固定。四肢的大动脉均紧挨着四肢的骨骼，在包扎固定后，一定要实测一下肢体远端的动脉搏动。如果搏动消失，说明包扎可能过紧，伤致远端血液循环不能循环，应立刻重新减轻包扎压力，否则，时间过长将使肢体广泛坏死而残废。

（2）包扎固定时如可能应使远端的手指或足趾露出一部分，以便随时观察皮肤的颜色变化，并与健康一侧同样部位的色泽进行对比。苍白、紫绀、温度降低均提示血液循环障碍。

（3）检查末梢循环可用手指轻轻地在伤员的指甲上加点压力，然后放松。加压时呈白色，放松后恢复粉红色。如在2s内不能恢复原状，说明循环不足，存在障碍。

（4）开放性骨折的伤口，不要在伤口上涂抹任何药物，不要冲洗或敷及伤口。更不能将断骨推回皮内，在现场不要进行纠正。

抢救者必须保持十分镇静和有条不紊的操作步骤，取得伤员的信任和合作。首先处理危及生命的问题，要确保呼吸道畅通，使心脏和肺的功能正常运行，控制大出血。

待伤员全身情况稳定后，考虑固定搬运，迅速送往医院。

七、火灾事故现场处置方案

（1）发生火灾时，现场人员应立即采取措施组织扑救，并迅速向运行单位报警。

（2）疏散无关人群，并核对人数，积极寻找受伤者，并迅速联系救护人员，对身处火场无法暂时无法脱离的人员，应使用湿毛巾或衣服捂住口鼻并大声呼救。

（3）现场按照预案内容启动应急小组救灾计划，组织开展灭火抢险和自救行动。

（4）在自救行动中，应急自救小组与运行单位、消防部门应保持联系，随时报告灾情变化和自救进展，引导救援人员赴事故地点救灾。

（5）火灾发生初期，现场人员应抓住灭火有利时机，在保证自身安全前提下立即采取措施全力扑救，将火焰消灭在初始阶段或控制住火势。

（6）电力线路或电气设备发生火灾，如果没有及时切断电源，扑救人员身体或所持器械可能触及带电部分而造成触电事故。因此发生火灾后，应该沉着果断，设法切断电源，然后组织扑救，应该特别强调的是，未切断电源前禁止用水浇，应使用沙子或干粉灭火器等灭火器材灭火。

八、夏季防暑现场处置方案

（1）为了保证作业人员的身心健康和生命安全，将中暑时的人员降低到最小，在发生中暑时，能够快速有效地做好紧急救治工作，减轻伤员痛苦。

（2）认真做好中暑预防工作，使全体职工了解预防中暑的有关知识，暑天做到工作场地经常通风换气，多喝水，劳逸结合。

（3）当有人员发生中暑时，在场人员应立即采取紧急措施对中暑人员进行救助，并立即报告应急领导小组。同时视情况严重程度拨打电话请求救助。

第七章

变电站换流站检修作业管理

第一节 五 通 一 措

为进一步提升国家电网公司变电运检管理水平，实现变电管理全公司、全过程、全方位标准化，国网运检部组织 26 家省公司及中国电科院全面总结公司系统多年来变电设备运维检修管理经验，对现行各项管理规定进行提炼、整合、优化和标准化，以各环节工作和专业分工为对象，编制了国家电网公司变电验收、运维、检测、评价、检修管理通用细则《国家电网公司变电验收通用管理规定》《国家电网公司变电运维通用管理规定》《国家电网公司变电检测通用管理规定》《国家电网公司变电评价通用管理规定》《国家电网公司变电检修通用管理规定》及相关细则和反事故措施（简称为"五通一措"）。经反复征求意见，于 2016 年正式发布，用于替代国网总部及省、市公司原有相关变电运检管理规定，适用于公司系统各级单位。

一、检修级别

变电检修管理通细则将检修工作分为四类：A 类检修、B 类检修、C 类检修、D 类检修。

（一）A 类检修

A 类检修指整体性检修。

1. 检修项目

检修项目包含整体更换、解体检修。

2. 检修周期

检修周期按照设备状态评价决策进行。

（二）B 类检修

B 类检修指局部性检修。

1. 检修项目

检修项目包含部件的解体检查、维修及更换。

2. 检修周期

检修周期按 B 类检修说明书要求。

（三）C 类检修

C 类检修指例行检查及试验。

1. 检修项目

检修项目包含本体及附件的检查与维护。

2. 检修周期

检修周期依据设备运行工况，及时安排，保证设备正常功能。

（四）D 类检修

D 类检修指在不停电状态下进行的检修。

1. 检修项目

检修项目包含专业巡视、带电水冲洗、冷却系统部件更换工作、辅助次元器件更换、金属部件。

2. 检修周期

检修周期依据设备运行工况，及时安排，保证设备正常功能。

二、基准周期

（一）基准周期基本规定

（1）基准周期 35kV 及以下 4 年、110（66）kV 及以上 3 年。

（2）可依据设备状态、地域环境、电网结构等特点，在基准周期的基础上酌情延长或缩短检修周期，调整后的检修周期一般不小于 1 年，也不大于基准周期的 2 倍。

（3）对于未开展带电检测设备，检修周期不大于基准周期的 1.4 倍；未开展带电检测老旧设备（大于 20 年运龄），检修周期不大于基准周期。

（4）110（66）kV 及以上新设备投运满 1～2 年，以及停运 6 个月以上重新投运前的设备，应进行检修。对核心部件或主体进行解体性检修后重新投运的设备，可参照新设备要求执行。

（5）现场备用设备应视同运行设备进行检修；备用设备投运前应进行检修。

（二）周期调整

符合以下各项条件的设备，检修可以在周期调整后的基础上最多延迟 1 个年度。

（1）巡视中未见可能危及该设备安全运行的任何异常。

（2）带电检测（如有）显示设备状态良好。

（3）上次试验与其前次（或交接）试验结果相比无明显差异。

（4）上次检修以来，没有经受严重的不良工况。

第二节 变 电 检 测

一、制定变电检测管理规定的目的和内容

1. 目的

为规范国家电网公司（以下简称"公司"）变电检测管理，提高检测水平，保证检测质量，依据国家法律法规及公司有关规定，制定《国家电网公司变电检测通用管理规定》（以下简称"规定"）。

2. 内容

本规定对变电设备检测职责分工、检测分类、检测周期、检测计划、检测准备、检测实施、检测验收、检测报告、检测分析等方面做出规定。

二、变电检测应坚持的原则

变电检测管理坚持"安全第一、统筹安排、分级负责、标准作业、应试必试"的原则。

（1）"安全第一"指检测工作应保证人身、设备安全，不发生人身伤害，不影响设备正常运行。

（2）"统筹安排"指检测计划和工程项目计划结合、二次设备校验和一次设备检测结合、同一间隔设备检测

工作结合，统筹安排，减少间隔或回路设备停电次数和时间。

（3）"分级负责"指一类变电站执行国网评价中心、省评价中心、省检修公司三级检测机制；其他变电站执行省评价中心、运维单位二级检测机制。

（4）"标准作业"指检测工作应全面执行标准化作业，应实现对作业风险、关键环节的有效控制，确保作业全过程安全和质量的可控、能控、在控。

（5）"应试必试"指严格按照周期、标准开展检测工作。

三、适用范围

本规定适用于公司系统 35kV 及以上变压器（电抗器）、断路器、组合电器、隔离开关、开关柜、电流互感器、电压互感器、避雷器、并联电容器、干式电抗器、串联补偿装置、母线及绝缘子、穿墙套管、电力电缆、消弧线圈、高频阻波器、耦合电容器、高压熔断器、中性点隔直装置、接地装置、端子箱及检修电源、站用变、站用交流电源、站用直流电源、构支架、辅助设施、土建设施、避雷针等 28 类设备和设施的检测工作。

四、检测人员基本要求

检测人员在现场检测工作中应高度重视人身安全，针对带电设备、启停操作中的设备、瓷质设备、充油设备、含有毒气体设备、运行异常设备及其他高风险设备或环境等应开展安全风险分析，确认无风险或采取可靠的安全防护措施后方可开展工作，严防工作中发生人身伤害。

第三节　变电检修

一、变电检修几种集中模式比较

随着电力工业的发展，电力系统的检修模式也在逐渐发生变化，目前主要的检修模式有以下几种。

（一）定期检修（time based maintenance，TBM）

定期检修是每隔一个固定的时间间隔或累积了一定的操作次数后安排一次定期的检修计划。当设备数量较少且设备质量水平较一致时，这种检修模式能起到较好的效果。随着电网规模的扩大，设备越来越多，如果继续定期的安排检修计划，人力和物力的不足就逐渐体现出来。而设备制造质量的不同和运行条件的差异，也可能造成设备本身的故障发生概率不尽相同。如果仍然按照固定周期对设备进行固定规模的维护或检修，对某些设备不可避免的会产生"过剩维修"，造成人力和物力的浪费；而对某些设备则有可能造成失修，因为有些早期的故障隐患往往可以通过提早的安排检修消除，避免故障的发生。

（二）状态检修（condition based maintenance，CBM）

状态检修是通过评价设备的状态，合理地制定检修计划。状态检修的实施需要定期的检查设备的状态，通过巡视、检查、试验等手段，或者在有条件的时候通过在线监测、带电检测等获取一定数量的状态量的实际状况，根据这些状态量决定如何安排检修计划，以达到最高的效率和最大的可靠性。

（三）基于可靠性的检修（reliability centered maintenance，RCM）

较状态检修更为复杂的一种检修模式，除考虑设备的状态外，还应考虑设备的风险、检修成本等。状态检修主要是考虑单个设备的情况，而基于可靠性的检修则考虑整个电网的情况，如设备在电网中的重要性、设备故障后的损失和检修费用的比较、设备可能故障对人员安全或环境的影响等因素。

（四）其他检修模式

其他检修模式包括事后检修（break maintenante，BM）也称故障检修（corrective maintenance，CM）及使用至损坏（run to fault，PTF）后检修等。

根据 CIGRE 2000 年在全球范围内对断路器的检修模式的统计，约有 41% 采取的是 TBM，38% 采取的是 CBM，15% 采取的是 RCM，其余 6% 采取其他的检修模式。由此可见，TBM 和 CBM 是目前主流的检修模式，而 RCM 作为一种最为复杂也是最为合理的检修模式，是未来的发展趋势，但是还有待继续研究。根据目前国家电网的发展情况，我们正处于从 TBM 逐渐向 CBM 转变的过程中。对于有条件的地区和设备，应逐步转变到 CBM 的检修模式上来；对于部分运行情况较差的设备或老旧设备，仍应以计划检修 TBM 为主。在现阶段的状态检修实施过程中，国网公司也考虑一定的前瞻性，编制了输变电设备风险评价导则，有条件时可参考风险评价的结果对检修策略进行适当的调整。

二、状态检修

（一）状态检修实施原则

1. 一般原则

（1）状态检修应遵循"应修必修，修必修好"的原则，依据设备状态评价的结果，考虑设备风险因素，动态制定设备的检修计划，合理安排状态检修的计划和内容。

（2）状态检修不是简单的延长设备的检修周期，而是依据状态评价，对设备的检修执行时间进行动态调整。其结果可能是延长也可能是缩短。

（3）状态评价应实行动态化管理。每次检修或试验后应进行一次状态评价。

2. 老旧设备的状态检修实施原则

对于运行 20 年以上的设备，宜根据设备运行及评价结果，对检修计划及内容进行调整。

3. 新投运设备状态检修实施原则

新投运设备投运初期按国家电网公司《输变电设备状态检修试验规程》规定，应安排例行试验，同时还应对设备及其附件（包括电气回路及机械部分）进行全面检查，收集各种状态量，并进行一次状态评价。

（二）状态检修工作内容和基本策略

1. 状态检修工作内容

状态检修工作内容包括停电、不停电测试和试验以及停电、不停电检修维护工作。

2. 设备状态检修的基本策略

（1）根据设备评价结果，制订相应的检修策略。状态检修策略既包括年度检修计划的制定，也包括试验、不停电的维护等。

（2）检修策略应根据设备状态评价的结果动态调整。设备状态分为正常状态、注意状态、异常状态、严重状态。

1）正常状态的检修策略。被评价为正常状态的设备，执行 C 类检修。C 类检修可按照正常周期或延长一年并结合例行试验安排。在 C 类检修之前，可以根据实际需要适当安排 D 类检修。

2）注意状态的检修策略。被评价为注意状态的设备，执行 C 类检修。如果单项状态量扣分导致评价结果为注意状态时，应根据实际情况提前安排 C 类检修。如果仅由多项状态量合计扣分导致评价结果为注意状态时，可按正常周期执行，并根据设备的实际状况，增加必要的检修或试验内容。在 C 类检修之前，可以根据实际需要适当加强 D 类检修。

3）异常状态的检修策略。被评价为异常状态的设备，根据评价结果确定检修类型，并适时安排检修。实施停电检修前应加强 D 类检修。

4）严重状态的检修策略。被评价为严重状态的设备，根据评价结果确定检修类型，并尽快安排检修。实施停电检修前应加强 D 类检修。

（3）检修计划的修订。

1）年度检修计划每年至少修订一次。根据最近一次设备状态评价结果，考虑设备风险评估因素，并参考厂家的要求，确定下一次停电检修时间和检修类别。在安排检修计划时，应协调相关设备检修周期，尽量统一安排，避免重复停电。

2）对于设备缺陷，应根据缺陷的性质，按照有关缺陷管理规定处理。同一设备存在多种缺陷，也应尽量安排在一次检修中处理，必要时，可调整检修类别。

3）C 类检修正常周期宜与试验周期一致。

（4）不停电的维护和试验根据实际情况安排。

三、变电检修管理规定

（一）目的

为规范国家电网公司（以下简称"公司"）变电检修管理，提高检修水平，保证检修质量，依据国家法律法规及公司有关规定，制定《国家电网公司变电检修通用管理规定》（以下简称"规定"）。

（二）内容

本规定对变电检修职责分工、计划管理、检修准备、现场实施、总结、专业巡视、标准化作业、工机具管理、人员培训、检查与考核等方面做出规定。

（三）变电检修管理应坚持的原则

变电检修管理坚持"安全第一、分级负责、精益管理、标准作业、修必修好"的原则。

（1）安全第一。指变电检修工作应始终把安全放在首位，严格遵守国家及公司各项安全法律和规定，严格执行《国家电网公司电力安全工作规程》，认真开展危险点分析和预控，严防人身、电网和设备事故。

（2）分级负责。指变电检修工作按照分级负责的原则管理，严格落实各级人员责任，突出重点、抓住关键、严密把控，保证各项工作落实到位。

（3）精益管理。指变电检修工作坚持精益求精的态度，以精益化评价为抓手，深入工作现场、深入设备部、深入管理细节，不断发现问题，不断改进，不断提升，争创世界一流管理水平。

（4）标准作业。指变电检修工作应严格执行现场检修标准化作业，细化工作步骤，量化关键工艺，工作前严格审核，工作中逐项执行，工作后责任追溯，确保作业质量。

（5）修必修好。指各级变电检修人员应把修必修好作为检修阶段工作目标，高度重视检修前准备，提前落实检修方案、人员及物资，严格执行领导及管理人员到岗到位，严控检修工艺质量，保证安全、按时、高质量完成检修任务。

（四）适用范围

本规定适用于公司系统 35kV 及以上变压器（电抗器）、断路器、组合电器、隔离开关、开关柜、电流互感器、电压互感器、避雷器、并联电容器、干式电抗器、串联补偿装置、母线及绝缘子、穿墙套管、电力电缆、消弧线圈、高频阻波器、耦合电容器、高压熔断器、中性点隔直装置、接地装置、端子箱及检修电源、站用变、站用交流电源、站用直流电源、构支架、辅助设施、土建设施、避雷针等 28 类设备和设施的检修工作。

（五）对检修人员的基本要求

检修人员在现场检修工作中应高度重视人身安全，针对带电设备、启停操作中的设备、瓷质设备、充油设备、含有毒气体设备、运行异常设备及其他高风险设备或环境等应开展安全风险分析，确认无风险或采取可靠的安全防护措施后方可开展工作，严防工作中发生人身伤害。

第八章

变电站换流站检修新技术

第一节　无人机清除构架软母线异物技术

一、无人机清除飘挂物技术

我国南方地区季风气候复杂多变，夏季台风频繁，强风经常把农用薄膜、塑料薄膜、编织带、广告条幅等吹刮到架空输电线路导线上，轻则引起线路放电跳闸，重则绝缘子掉串或断线。台风季节正值电力系统迎峰度夏期间，高压线路往往无法停电，进而无法人工摘除。实现在线路不停电情况下非人工作业方式清除线路飘挂物，迫在眉睫。

（一）无人机喷火清障

输电线路飘挂物一般多为可燃性塑料件和化纤件，譬如风筝、塑料薄膜、编织袋、广告条幅等。可利用飞行器搭载喷火模块后，通过喷洒化学燃料、点火、喷洒助燃等几个步骤，一可以在高压线路不停电情况下，将输电线路上的外来飘挂物彻底燃烧清除。

中国南方电网有限公司广州广电局在全球率先成功研制出了输电线路喷火清障无人机，如图2-8-1-1所示，实现了飞行器从"巡视"到"检修"的延伸发展，切实提升了输电线路运维精益化水平。

图2-8-1-1　喷火清障无人机实物照片

1. 无人机喷火清障作业原理

喷火清障无人机的原理结构如图2-8-1-2所示。

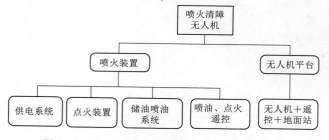

图2-8-1-2　喷火清障无人机的原理结构图

为了提高喷射的准确度和减少飞行器飞行状态的干扰，增加了喷嘴自稳装置，此项结构已经申请机构实用新型专利。喷嘴自稳装置如图2-8-1-3所示。

零件1与零件2用螺旋方式固定；零件2与零件3紧

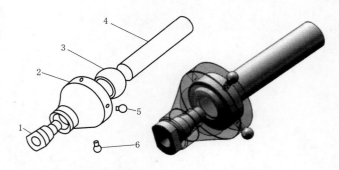

（a）喷嘴自稳装置结构　　　（b）喷嘴3D透视图

图2-8-1-3　喷嘴自稳装置
1—喷嘴；2—旋转头；3—球头万向节；4—固定杆；
5—横向连杆控制头；6—纵向连杆控制头

配连接；零件3与零件4紧配连接；零件5与零件6作为方向连杆的驱动体，零件5与零件6受外部伺服器连杆驱动时，喷嘴可以在一定的范围内实现全角度的摆动。外部驱动由陀螺仪调整修正的比例，从而实现喷头的自稳定。

2. 无人机喷火清除飘挂物作业步骤

（1）作业步骤一：空中向目标物喷洒燃料，如图2-8-1-4所示。

（a）地面视角

（b）无人机视角

图2-8-1-4　作业步骤一：空中喷洒燃料

（2）作业步骤二：点火，如图2-8-1-5所示。

3. 无人机喷火清除飘挂物的同时不会损伤导线的原因

（1）一般的农用薄膜、塑料薄膜的燃点温度是150～200℃，火焰最高温度可达1000℃，所以对于一切燃点低于1000℃的可燃性漂浮物均可采用无人机喷火方式清除。

（a）地面视角　　　　　　　　　（b）无人机视角

图 2-8-1-5　作业步骤二：点火

（2）实际的火舌长度是可以调整的。根据广州局下辖铁塔的大小结构和空气间隙的安全要求，无人机火舌长度可以控制在 5m 之内。

（3）在研发此特种作业方式前，广州供电局输电所已委托一家导线设备的主供货商做了型式试验，验证了该作业方式对导线设备的机械性能和导电性能不产生损伤。导线中熔点最低的是铝，纯铝的熔点是 660℃，但熔化铝却需要几个小时的热积累时间。而火焰温度虽然达到 1000℃，但实际喷火时间只不过几十秒，热积累时间极短，而且在空旷的空中作业，热量迅速散去。因此，火焰不会对导线设备产生损伤。

4. 应用示例

2016 年 7 月 8 日上午，广州供电局输电管理所××运维班巡线员查线时发现 500kV××线 252～253 号塔挡中挂有农用塑料薄膜。时值迎峰度夏负荷高峰期，广州电网负荷再创新高，达 1422.96 万 kW。作为 500kV 重要线路的××线停电十分困难，经研究决定采用无人机带电喷火燃烧处理飘挂物。作业取得圆满成功，既避免了 500kV 重要线路停电，又安全高效地把飘挂物清除，产生了巨大的经济、安全效益，如图 2-8-1-6、图 2-8-1-7 所示。

（a）地面视角　　　　　　　　　（b）无人机视角

图 2-8-1-6　导线上的飘挂物迅速燃烧

（a）地面视角　　　　　　　　　（b）无人机视角

图 2-8-1-7　农用塑料薄膜燃烧完毕（对导线不产生损伤）

（二）无人机搭载激光清障装置

中国南方电网有限公司的无人机搭载激光清障装置开创性地提出采用激光器并搭载高精度稳定云台实现近距离的对架空输电线路进行空中清障作业，从而实现在不停电的情况下，非接触式进行带电清障作业，具有很强的创新性和实用性。

1. 激光器及光学系统工作原理

利用布拉格光纤光栅与增益光纤进行低损耗的熔接，将 n 个 LD 耦合输入振荡级的增益光纤或是通过透镜组将泵浦光直接耦合。增益光纤与利用低损耗熔接的布拉格光纤光栅或双色镜共同组成光纤激光器的谐振腔，在光纤受到泵浦能量激发时，即可输出相应波长的激光。

激光清障系统主要用于清除输电线路上的聚乙烯附着物，其工作原理为激光系统发射绿激光，经光学系统聚焦在聚乙烯薄膜上，使得聚乙烯薄膜在短时间内达到熔点。工作距离为5～10m。系统示意如图2-8-1-8所示。

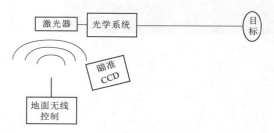

图2-8-1-8　无人机激光清障系统示意图

激光清障系统主要由激光器、光学系统、瞄准CCD（电荷耦合器件图像传感器）及地面无线控制系统四部分组成。激光器首先发射一束弱可见激光用于瞄准指示，地面操作人员通过瞄准CCD返回的视频信号，通过无线控制系统向激光器发出信号，激光器发射强激光将目标烧蚀。

2. 瞄准系统工作原理

无人机搭载激光器进行高空作业时难免会发生抖动，给激光瞄准造成困难。使用基于三轴稳定云台的激光瞄准系统，利用图像识别跟踪技术，将目标点时刻锁定，可以显著提高激光瞄准的稳定性。图2-8-1-9所示为无人机搭载的激光清障装置实物图，图2-8-1-10所示为CCD返回的视频信号，图2-8-1-11所示为激光装置现场清除外飘物现场。

图2-8-1-9　无人机搭载的激光清障装置

图2-8-1-10　CCD返回的视频信号

图2-8-1-11　激光装置现场清除外飘物现场

（三）无人机搭载的电热丝清障装置

当架空地线上存在有较大的附着物时，采用可落线的无人机为载体，搭载接触式清障装置能起到更好的效果。针对较细小的外飘物，如风筝线、钓鱼线等，可通过非落线的方式，利用电热丝清障装置在空中对其进行清除。上述两种方式均是利用电热丝发热原理，将悬挂在导地线上外飘物熔断清除。

1. 接触式电热丝清障装置工作原理

接触式电热丝清障装置搭载在可落线的无人机上。无人机通过顶部的挂钩悬挂在地线上，通过落线行走装置靠近线路附着物，之后使用电热丝清障装置清障。清障完成后，无人机复飞降落到地面。

若搭载在普通无人机上，仅将无人机飞行至外飘物附近处，之后使用电热丝清障装置清障，清障完成后，降落到地面。

如图2-8-1-12所示，以搭载在可落线的无人机为例，系统按功能分为运动机构、机械臂、电热丝清障器、地面测控站等几部分，电热丝清障装置与地面测控站（包括图像显示和机械臂运动控制）组成电热丝清障系统的整体，实现系统清障的功能。

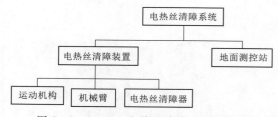

图2-8-1-12　电热丝清障系统电热丝
清障装置原理

电热丝清障系统采取了摇臂方式的机械臂，可以在水平面内旋转，通过一个舵机驱动，通过地面遥控来调整角度用于瞄准障碍物。机械臂上安装有一个摄像头用于观察高空地线上的障碍物的位置，摄像头的视频信息无线传递到地面的显示屏用于辅助瞄准清除障碍物。机械臂的一端安装有用于清除障碍物的电热丝，通过地面遥控电子开关可以控制电热丝是否工作。清障部分采用双层电热丝，清障效果良好，实物如图2-8-1-13所示。图2-8-1-14和图2-8-1-15所示为无人机搭载电热丝清障装置效果图。

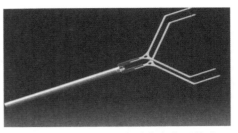

图 2-8-1-13　电热丝清障装置外形

图 2-8-1-14　落线无人机搭载电热丝
清障装置效果图

图 2-8-1-15　无人机搭载电热丝清障
装置效果图

2. 落线机构工作原理

落线机构（图 2-8-1-16）顶部采用整体三角形结构，将整体重心下移，减小飞行中产生的晃动，增加落线的稳定性。落线导轨采用弧形设计，重心下移，同时弧形设计增大了落线范围，减少落线过程中对导线的碰撞。无人机落线巡检线上行走系统包括线上行走轮、线上行走轮驱动电机、电机驱动器、行走速度检测模块以及行走系统接口部件等的硬件、软件系统。

3. 辅助落线机构工作原理

辅助落线机构由两部分组成：一部分是安装在落线机构底部向上拍摄的第一视角摄像头，用于获取地线与挂钩的相对位置，供飞控手判断能否落

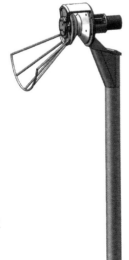

图 2-8-1-16　落线
无人机的落线机构
整体结构

线；另一部分是安装在落线机构落线杆上的双目视觉＋超声系统，用于获取地线与落线机构的距离和相对位置，帮助飞控手充分接近地线。

二、无人机喷药清除鸟巢技术

（一）无人机喷洒清除鸟巢作业原理

鸟巢、蜂巢是输电线路的两种常见危害，应当清除之。运维管理中发现，对一些发展早期或处于暂不危及线路安全稳定运行的鸟巢和蜂巢，可以不清除鸟巢和蜂巢，而是清除"始作俑者"。为此，南方电网公司借鉴无人机田间喷洒农药的事例，探索了一种无人机喷洒药物消除鸟害、蜂害的方式。

无人机喷洒作业早已广泛运用在农用植保方面。农用喷洒无人机多为竖向雾化喷洒，这样有利于高效均匀地覆盖农作物，但对于清除输电杆塔上的鸟巢和蜂巢是很难采用这种往下喷洒的方式作业的。针对电网中鸟巢和蜂巢的喷洒，方式上有些不同，采用水平喷洒的方式则比较适宜。

无人机喷洒药物清除鸟巢原理结构如图 2-8-1-17 所示。

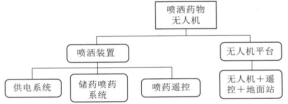

图 2-8-1-17　无人机喷洒药物清除鸟巢原理结构图

（二）具备喷洒驱鸟驱蜂药物的多旋翼无人机

具备喷洒驱鸟驱蜂药物的多旋翼无人机技术参数如下：

（1）多旋翼飞行器搭载喷洒装置、喷洒装置喷射液体驱鸟驱蜂。液体射程不小于 5m，每次满载液量不少于 2.5L。

（2）喷射装置可以快拆，方便连接和加液。

（3）喷头采用自稳结构，当搭载喷洒装置飞行器飞行姿态改变时，喷头自动保持原方向不变。

利用高速涵道风扇和伺服器设计制造了喷洒角度可调的药物远程喷洒装置，并将其整合到无人机平台上，最终形成药物喷洒（驱蜂驱鸟）无人机，如图 2-8-1-18 所示。

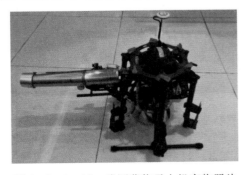

图 2-8-1-18　喷洒药物无人机实物照片

第二节 三相调压器改进及应用

一、主要技术创新点

1. 问题的提出

近几年验收单位对时间继电器、大功率出口继电器以及各种电压继电器的功能校验验收非常严格，但市面上没有专门校核继电器的测试仪，这对调试工作带来了很大的困扰。再加之近几年运行站的间隔扩建和保护换型工程不断增多，一些投运时间久的变电站保护室无单独试验电源屏，调试期间新增装置的直流电源又不能接入站内直流系统，给现场调试工作带来了极大的困难。针对目前调试过程中所遇的问题，新疆送变电有限公司QC小组通过在三相调压器电气结构上、外形上、辅助功能上进行改进和完善，完成了从设计到组装的全过程。不仅新仪器性能得到了很大的提高，同时也更好地解决了工程调试过程中的问题。

2. 电气原理的改进

在调压输入端并接相序监视器，对所接入的三相交流电源的相序进行检测，确保电源接入的正确性；在调压输出端串接过流继电器和隔离变压器，当被测试品内部存在故障时对其进行有效隔离，可以保证设备和试验人员的安全。图 2-8-2-1 所示为三相调压器二次电气回路原理图。

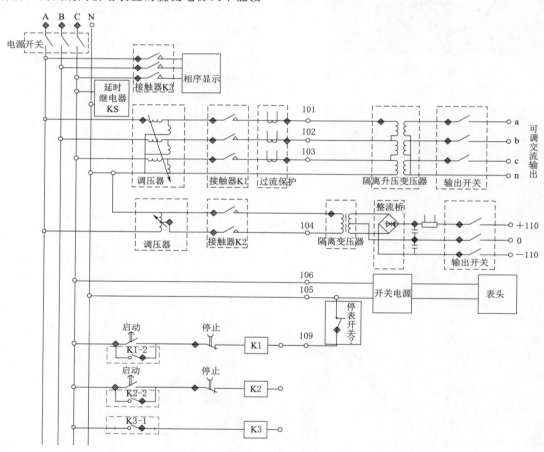

图 2-8-2-1 三相调压器二次电气回路原理图

3. 辅助功能的完善

（1）采用数显仪对电流、电压量进行监视。本仪器设计了三块交流电压表、三块交流电流表、一块直流电压表和一块直流电流表，可以对交、直流输出量进行精确的监视。采用高精度的仪表进行监视不仅满足了规程规范的要求，同时也方便了测试人员对数据的读取。

（2）增加整流功能。本仪器设计了整流的功能，其输出容量可以达到 3kVA。输出的直流电源品质良好，经检测其纹波系数不大于 5％。可以作为直流电源用于设备调试，同时也可以校核各类直流继电器。

（3）增加继电器动作时间测试功能。本仪器增设了一块高精度时间计时器和接点反馈指示灯，可以校核各种类型的时间继电器；采用计时仪 0.01～9999.999s 液晶显示，可以更加精确地监视动作时间。

4. 设备外形的改进

将传统网格式外壳改为密封式铝合金箱体，增加一个散热风扇。通过改进箱体的构造和扇热方式，可以有效地防尘、防沙、防水及对仪器内部元器件的侵蚀，从而增加仪器使用寿命，如图2-8-2-2所示。

（a）控制主机箱

（b）调压输出箱

图2-8-2-2　三相调压器外形

二、效益与应用

该仪器已经在准北750kV变电新建工程调试过程中进行了全站隔离开关动作电压测试，在东郊750kV变电站增容扩建工程调试过程中充当着直流电源进行了试用。经试用各项功能良好，达到了预期的效果。

第三节　便携式电流互感器极性测试

一、主要技术创新点

电流互感器作为电力系统中的重要元件，对于电流信息的实时采集、转换和测量起着重要的作用。电流互感器的极性在实际的应用过程中很重要，因为极性决定了电流保护的采样正确与否、继电保护装置的正确动作与否以及发收功率正确与否，尤其是在高电压等级系统中，差动保护作为供电线路或各元件保护的主保护，一旦极性错误，就有可能导致保护误动或拒动，进而威胁到电网的安全稳定运行。所以正确理解电流互感器极性的意义并掌握其精确测量方法显得尤为重要，为降低测试过程中的误差风险，简化试验流程，方便调试人员进行极性测试工作，研究制作一种新型简易的便携式电流互感器极性测试装置迫在眉睫。

便携式电流互感器测试仪操作简单，测试仪一次输出三组接线，分接到电流互感器A、B、C三相的一次接头。在测试仪主机通过选择按钮选择需测试相别，按下确认按钮，发出合闸导通脉冲信号，户外一次信号发生器接收到该脉冲信号，实现一次回路瞬间导通，通过主机采集反馈的二次信号，即可以确认电流互感器的极性是否正确。

便携式电流互感器测试仪技术关键点及创新点如下：

（1）三相一体式户外接线装置。一次设备接线工作一次完成，通过三相切换按钮实现每一相极性测试工作，减少多人多次接线等步骤，降低工作过程中的风险，提高测试效率。

（2）无线电脉冲。测试电流互感器极性时，只需要操作主机设备的按键，即实现就地一次设备与远方二次

采集设备的通信，通过脉冲导通即可实现电流互感器极性测试操作，该方法简便，测试结果准确。

（3）可充电电池。检测过程无须外接电源且电池电量实时监测，随时充电满足试验要求。

（4）信号加强型天线。独特的信号加强型天线，实现监测主机与户外信号发生器信号可靠连接，大大降低测试过程受继电保护室屏蔽干扰，保证测试结果的准确性。

（5）信号强弱实时监测。通过实时监测主机与户外信号发生器信号强弱来判断检测过程的有效性。

（6）背光功能。通过背光功能，可有效克服黑暗监控室内或较暗天气带来结果显示无法看清问题，方便操作。

二、效益与应用

（1）可以应用于电力系统的电流互感器调试检查工作，减少多次接线多次测试等步骤，降低工作过程中的风险和步骤，方便调试人员进行极性测试工作。

（2）可以作为经验分享和培训学习的工具，提高班组人员设备调试技能，提高设备安全稳定运行水平。

（3）可作为现场电流互感器极性设计是否满足运行要求的鉴定，用于保护误动或拒动等原因的分析与处理。

（4）测试过程中仅需一人在室内即可完成，节约了至少50％人工投入，规范了操作流程，提高了工作效率。

目前，该设备已经在新疆准北750kV变电站调试过程中投入使用，在调试过程中节约了人力物力，大大降低了劳动强度，缩短了工作时间，提高了工作效率。

第四节　海上柔性直流换流站检修技术

一、概述

1. 海上柔性直流换流站特点

海上柔性直流换流站是建在海上的柔性直流换流站，由一个或多个电压源换流器单元、电抗器、变压器、控制、监测、保护、测量和辅助设施等组成，是基于模块化多电平换流器技术的海上柔性直流换流站和基于其他换流器拓扑技术的海上柔性直流换流站。

2. 海上柔性直流换流站基本要求

（1）海上柔性直流换流站的检修范围主要包括海上换流站内电气设备及其辅助系统。

（2）海上柔性直流换流站检修应采用计划、实施、检查、总结循环的方法。检修前做好各项准备工作、制订各项计划和具体措施；检修中落实各项检修、验收工作内容，检修后做好总结及评估工作。

（3）海上柔性直流换流站应根据容量规模、冗余配置、离岸距离、海况环境等因素，结合实际设备情况，选择通达方式，确定维护检修模式。

（4）海上柔性直流换流站检修工作应采取必要措施，防止运行维护过程中人身、设备、电网事故以及污染海

洋等事件的发生。

（5）在进行检修工作时，除应遵守《电力安全工作规程　发电厂和变电站电气部分》（GB 26860）的规定外，还应按照制造方的产品使用维护说明书中的安全指南开展工作。

3. 海上柔性直流换流站一般要求

（1）海上柔性直流换流站一般采用无人值守形式，通过陆上换流站配置的集中控制中心，对海上换流站相关状态（包括系统状态、设备状态、环境参数等）实时远程监控。

（2）海上柔性直流换流站设备一般采用模块化分层分区布置方式，结构紧凑、密闭性高，各设备室带电运行情况下一般不允许进入，考虑海上平台的交通不便，股不必频繁执行现场巡检。

（3）海上柔性直流换流站受海洋水文天气、检修成本等因素的影响，检修工作需在合适的时间窗口内开展，必要时可以适当提前或推迟检修工作。时间窗口是指满足出海检修气候环境条件的连续时间区间。

二、海上柔性直流换流站检修策略

1. 一般规定

（1）海上柔性直流换流站的检修受限于海洋环境、交通运输、作业工具等因素，宜以状态检修为主、临时检修为辅，在条件允许的情况下，可适当延长检修间隔。

1）状态检修是以安全、可靠性、环境、效益等为基础，通过设备状态评价、风险分析、检修决策等手段开展检修工作，达到设备运行安全可靠、检修成本合理的一种检修策略。在状态检修中，对应检修所推荐的两次检修之间的间隔时间称为基准周期。

2）临时检修是未纳入全年检修计划的检修。临时检修对应有三种情况：缺陷检修、改进性检修及故障检修。

（2）海上柔性直流换流站的日常巡检可通过远程监测系统完成，必要时可安排人员到现场检查。

（3）在开展系统停电检修的情况下，可根据实际条件执行相关巡检项目。

2. 状态检修

状态检修按设备在运行中的状态决定是否进行检修工作采用以下策略：

（1）以柔性直流换流站设备检修规模和可停用时间条件，以海上柔性直流换流站的状态评价结果为依据，将柔性直流换流站设备检修等级分为 A、B、C、D 四级，按检修条件划分为：A 级检修为停电和不停电检修，B级、C 级检修为停电检修，D 级检修为不停电检修。

1）A 级检修是指对设备进行整体解体性检查、维修、零部件更换、预防性试验或有特定需求的功能和性能试验、实施全部 A 级检修项目。

2）B 级检修是指对设备进行局部性检查、维修、零部件更换、预防性试验或有特定需求的功能和性能试验。进行 B 级检修时，可根据设备状态评估结果，有针对性

地实施部分 A 级检修项目或定期滚动检修项目。

3）C 级检修是指根据设备的磨损、老化规律，结合设备的消缺需求有重点地对柔性直流换流站设备检修。包括对设备进行常规性检查、清扫、维护、评估、修理、零部件更换、预防性试验或有特定需求的功能和性能试验。C 级检修可实施部分 A 级检修项目或定期滚动检修项目。

4）D 级检修是指设备在不停电状态下进行的带电测试、外观检查和维修，设备主体运行状况良好，结合附属系统或附属设备的消缺需求对其附属系统或附属设备进行检修，除此之外，还可进行根据设备状态的评估结果，可实施部分 C 级检修项目。

（2）新投运的海上柔性直流换流站 1 年内（交流侧220kV 及以上）或满 1～2 年（110kV/66kV），以及停运6 个月以上重新投运前的设备，应进行例行试验同时还应对设备及其附件（包括电气回路及机械部分）进行全面检查，并收集各种状态量进行状态评估，或按实际需求确定检修等级进行检修。

（3）当设备存在下列情形之一时，需要对设备核心部件或主体进行解体性检修或更换：

1）例行试验或诊断性试验表明：设备存在重大缺陷。例行试验是为获取设备状态量，评估设备状态，及时发现事故隐患，定期进行的各种带电检测和停电试验。诊断性试验是在发现设备状态不良或经受了不良工况、受到家族缺陷警示、设备运行了很长时间后为评估设备状态进行的试验。

2）设备受重大家族缺陷警示。

3）依据设备技术文件或运行要求。

4）解体性检修在 A 级、B 级检修中发生。不需对设备核心部件或主体进行解体性的检修对应于 C 级、D 级检修。

（4）设备的状态监测结果有 4 种，即正常状态、注意状态、异常状态和严重状态。

1）正常状态。设备各状态量处于稳定状态、其量值在标准规定的限值（警示值、注意值）之内，安全运行的状态。

2）注意状态。设备一项或多项状态量变化趋势朝接近标准限值的方向发展，但未超过标准规定的限值，还可以继续运行，但在运行中应加强监视的状态。

3）异常状态。设备一项或多项状态量变化较大，其量值已接近或略微超过标准规定的限值，还可以维持运行，但在运行中应加强监视并需适时安排检修的状态。

4）严重状态。设备一项或多项状态量的量值严重超过标准规定的限值而不能持续运行，需立即或尽快安排停电检修的状态。

3. 海上柔性直流换流站设备状态检修策略与推荐检修周期

海上柔性直流换流站设备状态检修策略与推荐检修周期见表 2-8-4-1。

表 2-8-4-1　　　　　　　海上柔性直流换流站设备状态检修策略与推荐检修周期

项　目	设 备 状 态			
	正常状态	注意状态	异常状态	严重状态
检修策略	被评价为"正常状态"的一次设备执行C级检修，在C级检修前，应根据需要适当安排D级检修工作	被评价为"注意状态"的一次设备执行C级检修，如果仅单项状态量评价导致评价结果为"注意状态"时，应根据实际情况提前安排C级检修；如果多项状态量评价导致评价结果为"注意状态"时，可按正常周期执行C级检修，并根据实际情况增加检修和试验内容。在C级检修前，可以根据需要适当加强D级检修中的带电监测工作	对于被评价为"异常状态"的一次设备，应根据评价结果确定检修等级，适时安排检修。实施停电检修前，应适当加强D级检修中的带电监测工作	对于被评价为"严重状态"的一次设备，应根据评价结果确定检修等级，并立即或尽快安排检修。实施停电检修前，应适当加强D级检修中的带电监测工作
推荐检修周期	正常周期或延长一年	不大于正常周期	适时安排	请立即或尽快安排

4. 海上柔性连流换流站检修需求

宜根据远程监控结果，综合分析出海成本、停运损失、海洋环境等因素，在维护需求达到一定阈值或发生严重故障预警后，制订检修方案。

海上柔性连流换流站的检修需求分为Ⅰ、Ⅱ、Ⅲ三类：

(1) Ⅰ类检修需求对应于表2-8-4-1中的设备处于严重状态，需立刻安排运维人员前往海上平台开展检修工作。

(2) Ⅱ类检修需求对应于表2-8-4-1中的设备处于异常状态或注意状态，需适时安排运维人员前往海上平台开展检修工作。

(3) Ⅲ类检修需求对应于表2-8-4-1中的设备处于注意状态或正常状态，可根据具体情况远程解决或者推迟到下一次停电检修期间进行。

5. 海上柔性直流换流站的状态检修逻辑

海上柔性直流换流站的状态检修逻辑如图2-8-4-1所示。其中，设备的状态评价结果应基于在线监测、巡检、带电检测及例行试验、诊断性试验、家族性缺陷等状态信息综合决定。

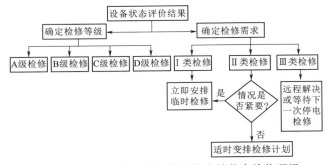

图 2-8-4-1　海上柔性直流换流站状态检修逻辑

三、检修前准备工作

1. 海上柔性直流换流站检修的环境要求

(1) 检修前应掌握海上柔性直流换流站所处海域的潮汐、天气等数据资料。

(2) 在满足海面风速及海浪高度的条件下，才能出海作业，且整个出海期间的海洋环境条件应始终满足要求，否则延迟检修作业。

(3) 遭遇恶劣天气时，检修人员应及时撤回，无法撤回需在海上留宿时，应进行详细记录并随时与系统主控中心保持联系。

(4) 若在某个时间窗口，无法完成该次检修项目任务，应根据海洋气候条件恰当地分解后续出海检修工作。

(5) 对于大型检修工作，若一天无法完成，应连续不间断多日出海作业或留宿海上，直到完成检修工作。

(6) 制订海上检修应急预案，如遇特殊情况，保证检修人员能够安全撤回或留宿在海上平台。

2. 资料准备

检修前应收集拟检修、试验设备的下列资料：

(1) 设备技术文件。

(2) 图纸。

(3) 运行记录。

(4) 缺陷记录。

(5) 检修记录。

(6) 试验报告。

(7) 技改、家族性缺陷信息。

(8) 当地风速、风向、温度、气压等气象要素信息统计。

(9) 所在海域潮汐、流速、流向等水文要信息统计。

(10) 检修报告。

3. 工具、备件及材料准备

应根据检修方案及标准化作业指导书，准备必要的检修工具、试验仪器、备件、材料、船舶、直升机等。

4. 参与检修的人员应具备的条件

(1) 现场作业人员身体状况、精神良好。

(2) 检修人员应掌握设备结构、原理，接受海上作业培训，并取得相应资质证书。

(3) 从事特殊工种的检修人员应持证岗。

(4) 掌握海上柔性直流换流站数据采集与监控、海洋水文信息、通信等系统的使用方法。

(5) 掌握海上柔性直流换流站内各设备及海上应急设施的各种状态信息、故障信号和故障类型，具备判断及解决处理一股故障的能力。

（6）了解海上柔性直流换流站检修的各项规章制度及相关的标准和规程。

（7）了解海上柔性直流换流站所在电网、海事及海洋管理部门的相关规定。

5. 海上柔性直流换流站检修对交通工具的要求

（1）海上柔性直流换流站应根据检修所需人员数量、所在海域水文气象等选择通达方式。

（2）保证交通工具各项性能完好，证照齐全，驾驶人员具备相应资质。

（3）确定供应船舶的船型、主尺度、靠船方式和靠船位置以及系泊系统等。

（4）确定直升机甲板上下梯道的布置、尺寸以及直升机加油和消防系统布置等。

四、换流阀检修项目及试验项目

换流阀的检修项目及试验项目按照《柔性直流输电换流阀检修规程》（DL/T 1833—2018）的有关规定执行。

1. 换流阀检修项目

海上柔性直流换流站换流阀检修项目及要求见表 2 - 8 - 4 - 2。

表 2 - 8 - 4 - 2 **海上柔性直流换流站换流阀检修项目及要求**

| 序号 | 项　　目 | 基准周期 | 检修等级 | | | | 备注 |
			A	B	C	D	
1	外观检查	1个月				√	
2	表面清扫	1年			√		
3	等电位检查	1年			√		
4	一般性检查	3年			√		
5	本体部件故障排查	必要时		√			
6	阀基控制系统故障检修	必要时		√			
7	重要部件更换	必要时	√				

2. 换流阀的试验项目

海上柔性直流换流站换流阀试验项目及要求见表 2 - 8 - 4 - 3。

表 2 - 8 - 4 - 3 **海上柔性直流换流站换流阀试验项目及要求**

序号	试验项目	基准周期	检修级别C级	检修级别D级	试验类别
1	红外检测	1个月		√	例行试验
2	子模块直流电容器的电容测量	3年	√		例行试验
3	子模块内电阻的电阻值测量	3年	√		例行试验
4	子模块功能测试	3年	√		例行试验

续表

序号	试验项目	基准周期	检修级别C级	检修级别D级	试验类别
5	绝缘电阻测量	3年	√		例行试验
6	漏水报警和跳闸试验	1年	√		例行试验
7	内冷水管试验	6年	√		例行试验
8	光缆传输功率测量	必要时	8		诊断性试验
9	绝缘子试验	必要时	9		诊断性试验
10	阀基电子设备功能/性能试验	必要时	10		诊断性试验

限于篇幅，本节仅以换流阀为例介绍有关检修项目和试验项目，海上柔性直流换流站其他设备的检修项目和试验项目读者请参考有关标准。

第五节　直流换流站精益化检修方案

为进一步适应国家电网公司（以下简称"国网"）建设具有中国特色国际领先能源互联网企业的战略目标和电力市场建设发展要求，优化现有的年度检修模式，提高直流工程的能量可用率，国网设备部组织国网直流中心梳理了前期换流站的强迫停运和临时停运情况，开展了换流站检修工作与运行中实际发生故障和出现缺陷的相关性研究，在此基础上提出了基于检修计划统筹、检修模式融合、检修策略优化和检修组织强化的精益化检修思路。按照"安全第一、试点先行、总结提升、稳步推广"的原则，在灵绍、银东直流工程中进行了精益化检修试点，通过统筹基建生产停电需求与检修计划安排、推行"不停检修、轮停检修、陪停检修"、优化影响检修工期的关键检修检测项目和强化检修组织管理等措施，有效缩短了年度检修工期，并经受住了实际运行的考验，提高了直流工程的能量可用率。为保证下一步精益化检修工作顺利实施，国网设备部在充分总结灵绍、银东直流工程精益化检修实施经验的基础上制订本方案。

一、工作思路

按照"运检结合、分区分类、精准施策、合理优化、平行作业、注重质效"的原则，围绕"一提升一降低"（提升能量可用率，降低设备强迫停运率）主线目标，以设备状态精准评价为基础，全面优化检修策略，在确保设备安全运行的前提下，进一步提高检修项目的预见性、针对性和有效性，并通过提早谋划检修任务、优化检修工序、加强组织协调、合理调配检修资源等管理手段，最大限度提升检修效率、优化检修工期，提升直流能量可用率。

二、工作范围及目标

根据"精益检修、一停多用、试点先行、稳步推进"

的工作思路，综合考虑下一步直流工程年度检修、三跨陪停、重要消缺和隐患治理等工作的停电窗口，统筹兼顾精益化检修的科学性、持续性，选定灵绍、昭沂、吉泉、锡泰特高压工程作为精益化检试点，力争7d完成年度检修工作，工程能量可用率达到97%。在试点单位的示范引领下，其他换流站可根据实际情况参照执行，能量可用率按照《国家电网有限公司关于印发提升跨区直流系统能量可用率工作方案的通知》（国家电网设备〔2020〕133号）相关规定计算，工程能量可用率不低于95%。

三、工作方案

以持续提高直流系统可靠性和能量可用率为引领，坚持问题导向、目标导向、结果导向，以"四统筹、四优化"为主要思路，全力做好直流精益化检修工作。

（一）统筹工作安排、优化停电计划

协同国调中心、基建部门执行停电窗口"八统筹"，包括基建工程与生产检修统筹、换流站和线路检修统筹、换流站一次和二次检修统筹、送受端检修统筹、电源开机与电网运行统筹、电力市场交易与检修计划统筹、技改大修与年度检修的统筹、例行检修与重点反措落实的统筹。充分考虑电网安全、电力电量平衡、清洁能源消纳和基建跨越等对跨区直流系统的停电需求，优化年度检修停电窗口，避免直流工程重复停电，提高能量可用率。

（二）统筹作业特点、优化检修模式

分析总结各类现场作业的技术特点及安全管控要求，统筹送端机组出力及受端负荷需求，通过强化停电检修各环节管控，推行"不停检修、轮停检修和陪停检修"，构建科学高效的检修模式。

1. 推行不停检修

合理安排交流滤波器、交流场、外冷等设备在部分停电或不停电的方式下进行检修，压降直流双极集中停电检修时间。

2. 推行轮停检修

结合负荷预测和交易安排，优化直流运行方式，在功率合适的情况下尽量采用阀组轮停、极轮停的方式开展检修，避免或者减小对送电功率影响，在提高可用率的基础上，逐步提升利用率。

3. 推行陪停检修

积极主动做好陪停检修准备工作，建立检修项目储备库，高度关注对侧换流站、直流输电线路、配套电厂与交流线路停电计划安排，在设备非计划停运期间，创造条件开展陪停检修工作。

（三）统筹设备工况、优化修试项目

总结历年运维检修经验，分析设备结构原理，结合2020年试点情况，全面梳理现行检修、检测项目，增加必要性强、技术先进、能够有效发现和解决设备问题的检修项目，精简或调整针对性不强、有效性不高的检修项目，研究构建基于设备运行状态的精益检修技术体系。

1. 针对性开展主通流回路接头检查

特高压换流站约有3000个主通流回路接头，每年按照"十步法"要求检查，工作量大、检修工期长。近年来，在运站已完成主通流回路接头全面排查整改，接头发热问题得到了很大的改善，每年继续开展全面检查，必要性不强、检修效率低。通过红外测温，可有效发现接头发热隐患。若运行期间设备状态良好，红外测温数据正常，年度检修期间可不对主通流回路接头进行直阻测量；若设备测温数据高于允许值，或者横向、纵向比较后偏高，需结合年度检修采用"十步法"进行处理。

2. 改进传统试验方法

换流变阀侧套管引线采用硬管母型式，阀侧套管、绕组相关试验断复引工作量大且工序繁杂，耗时长，且易对金具造成损伤。经过理论分析和实践验证，阀侧套管采用末屏加压方式测量介损及电容量、阀侧绕组采用附加试验线短接三相换流变阀侧a、b套管正接法测量阀侧绕组对网侧绕组和铁芯夹件的电容量和介损值，在无需进行引线拆除的情况下同样可以反映换流变的健康情况。

3. 优化非电量继电器校验周期

当前，气体继电器和油流继电器每三年校验一次，一般采用拆下、校验合格后复装校验合格后替换方式实施，继电器频繁拆装、运输，易造成继电器损坏、法兰面渗油等问题，导致恢复周期长，综合近年来继电器校验情况，基本发现流速不满足定值的问题，后期气体继电器、油流继电器校验周期可按照《气体继电器校验规程》（DL/T 540—2013）规定从3年优化调整为5年。

4. 优化水路接头检查方式

目前，特高压换流站按照每年1/3的比例、对约3000个阀塔水路接头进行力矩检查，工作量大、耗时长，且过度紧固、频繁紧固会导致水路接头密封圈损伤、发生渗漏。综合分析近年来换流站漏水事件，主要原因为接头设计不合理、密封材料选型不当，力矩不足导致接头渗漏仅为个例，且力矩线可直观反映水路接头力矩变化，后续年检期间可将水路接头力矩复测，优化调整为水路接头力矩线检查，发现力矩线偏移后再进行力矩复测和紧固。

5. 优化设备清扫策略

特高压换流阀塔元器件2万余个，直流场支柱绝缘子多达3万余片，清扫工作耗时长，且与检修试验工作交叉，作业风险高、管控难度大。鉴于阀塔外屏蔽集污影响较小，阀厅密封良好、能维持微正压，可延长阀塔外屏蔽罩清灰周期，阀塔内部清灰宜按照每年1/3的比例开展，结合清灰同步开展相应阀塔晶闸管触发试验和均压元件测量，避免清灰造成光纤损坏或接线虚接。针对直流场支柱绝缘子，结合现场污秽测试数据和运行经验确定清扫周期和范围，结合停电进行本体外绝缘清扫。

6. 优化电容测试方法

特高压换流站交、直流滤波器单支电容器多达2万余只，单只电容量准确测量需长时高处作业，且需拆除

防鸟罩、操作繁琐、单只测量偏差较难反应桥臂电容累积测量偏差。参照《输变电设备状态检修试验规程》（Q/GDW 1168—2013），直流滤波器、交流滤波器电容器组仅需开展桥臂电容测量，若设备状况良好，不平衡电流未超过保护定值50%，可不开展单支电容值测量。

（四）统筹效率效益、优化组织管理

强化停电检修各环节管控，采用提早谋划检修任务、优化检修项目和工艺、合理调配检修资源等方式，最大限度提升检修效率、优化检修工期、提高直流能量可用率。

1. 优化管理模式早准备

尽早成立换流站年检组织机构，明确职责分工，充分做好年度检修组织动员工作。根据年度检修工作任务，提前开展方案制订，提早落实设备检修消缺等所需的备品备件、机具及材料，确保不因缺少备品、材料等原因影响检修进度。

2. 加强组织协调增时效

积极与调度部门沟通，提高换流站年度检修操作指令下达效率，尽快完成停电操作及工作许可。根据检修任务安排开展设备运行状态推演，提前准备安全围栏、接地线等设施，缩短安措变更布置时间。提前审核工作票及其安全措施，缩短工作许可及安全交底工作用时，优先保证关键区域开工时间。加强过程管控，对检修中发现的重大问题及时制定处理措施，调整相关设备检修安排。

3. 增加检修力量补短板

优化各工作面作业顺序，对检修试验过程中可能发现设备问题造成工期滞后的工作优先开展。对制约年度检修关键工期的换流变区域、换流阀区域和直流场区域，根据检修区域空间的承载力和交叉作业情况，适当增加人员、机具和试验仪器。

4. 细化交叉作业降风险

加强协调管理，降低换流变、阀厅、直流场设备试验工作对本区域和相邻区域工作面的交叉影响。提前组织相关单位讨论分析交叉作业事项、影响范围及应对措施，梳理并发布高压试验交叉作业影响表和安全管控技术措施。针对时空交叉相互影响的工作面或检修试验项目，提前编排交叉作业时间表，避免开展一项工作导致其他工作处于停工等待状态。

5. 强化过程验收保质量

加强检修过程跟踪协调，控制检修工作质量，早结束的工作面尽早验收，避免将验收工作都累积到最后阶段。将三级验收与带电投运前检查合并开展，专业人员与运行人员共同进行工作验收检查，避免最后集中开展带电前检查。完成验收区域做好安全防护及隔离措施，并通报相关检修作业人员，避免再次进入开展工作。

四、工作要求

（一）强化运维管理、提升设备状态评估能力

充分利用好带电检测、在线监测、智能巡检等技术手段，结合日常巡视、运行数据分析等基础工作，深入挖掘设备状态信息，做好设备状态分析评价工作。充分利用设备状态评价成果，系统总结影响运行指标的各类因素，加强对设备运行、检修策略的精准预判，切实提高年度检修项目的"预见性、针对性、有效性、精准性"，真正实现直流工程检修提质增效。

（二）强化"三级评审"、压紧压实各级管理责任

严格执行年度检修方案"换流站管理单位内审→省公司初审→国网直流中心会审"的三级评审制度。换流站管理单位抓内审，确保检修项目不超期、不过度检修，重要设备、重点项目方案符合现场实际。省公司抓初审，确保方案编制规范、技术正确、措施完备、项目齐全、安排科学。国网直流中心抓会审，确保隐患治理及时、反措整改到位、修试项目合理。

（三）强化隐患治理、建立闭环销号管控机制

高度重视隐患治理工作，利用停电窗口做好设备常见病、多发病、顽固病治理，进一步提升本质安全水平。各单位要按照《国网设备部关于做好2021年直流换流站隐患排查治理工作的通知》（设备直流〔2021〕10号）要求，提前制定本单位隐患排查治理工作方案，各级设备管理专业分管责任人要具体抓、抓具体，建立健全长效考核评价机制，明确责任分工、进度安排和工作要求，加快组织实施，公司发布的重点管控隐患应建立闭环销号管控机制，原则上本年度整改完毕，避免已知隐患导致的直流强迫停运。

（四）强化队伍建设、培育直流设备运检专家

进一步规范运检业务外包管理，加强设备分析、检修试验等核心专业能力建设。各单位要探索运维检修模式由"运检分离""业务外委"向"运检一体""检修自主"转变。充分利用年度检修机会，组织运检人员动手实操，培养自主检修能力，通过"以干促学""压实担子"，助力员工加速成长，尽快提高队伍整体技能水平，培养锻炼一批运维"全科医生"和检修"专科医生"。

（五）强化质量管控、保障检修设备修必修好

建立健全设备检修质量全过程管控机制，按照标准化作业流程，细化作业步骤，严控关键工艺，严格履行检修设备分级验收职责。加大技术监督力度，监督触角要向不停电时段延伸，重点关注物料材质不符、强度不足、镀层厚度不够等突出问题。加大检修投运一次成功率和检修后设备故障率考核力度，杜绝检修投运后因检修质量问题造成的直流闭锁事件，避免因检修项目不到位造成的设备故障。

（六）做好后评估、总结检修工作经验教训

国网直流中心要按照"公平客观、实事求是"的原则组织做好换流站检修后评估工作，全面总结经验，查找问题，进一步提升公司精益化检修管理水平。对于开展精益化检修且完成相应目标的换流站优先考虑作为"红旗换流站"评选对象，对于检修质量不到位、检修项目不完备造成直流工程重复停电、能量可用率降低的换流站进行通报批评。

第六节 直流换流站精益化检修案例

为进一步适应国家电网公司（以下简称"国网"）建设具有中国特色国际领先能源互联网企业的战略目标和电力市场建设发展要求，突破现有的计划检修模式，在国网设备部的统筹安排下，国网直流中心、山东、宁夏公司密切配合，精心组织，2020年10月在银东直流工程开展了精益化检修试点工作，本次试点旨在有效提升直流能量可用率，不断深化换流站检修转型升级，为后续深入开展换流站精益化检修研究提供支撑。截至2020年12月9日，银东直流工程在年度检修后全负荷运行两月，设备运行状态良好，精益化检修思路的可行性得到良好验证。

一、检修整体情况

本次银东直流工程精益化检修试点按照"运检结合、分区分类、精准施策、合理优化、平行作业、注重质效"的原则，围绕"一降低一提升"（降低计划不可用率和提升运行设备可靠性）的目标，将以"两个环节"（直流不停电检修和直流停电检修两个环节）为抓手，以"三层保障"（设备带电检测、设备隐患排查、设备状态评价）为基础，以"四项措施"（检修策略统筹谋划、检修项目合理优化、检修方案统一评审、技术监督全过程管控）为支撑，两站从检修项目安排、作业流程细化、人员、仪器仪表、车辆、检修质量管控方面均进行周密保障，探索"作业项目逐项优化＋人力物力略微增加＋部分作业分散开展"的方法有序进行，其中银川东站投入人员480人，车辆36辆，累计对11461台（套）设备开展例行检修、检测，完成67个操作任务。胶东站投入人员302人，车辆24辆，累计对11559台（套）设备开展例行检修、检测，完成143项操作任务，两站圆满完成精益化检修试点任务，交直流系统均一次送电成功。

根据两站年度检修报完工节点统计，银东直流工程实际年度检修持续时间约为5d，耗时109.8h，较2019年年度检修工期缩短154.2h，直流系统能量可用率提高了1.76%。另外，对银东直流工程今年精益化检修的年检工作量进行检修后评估测算，实施精益化年度检修所需费用较2019年度减少约3.8%。银东直流工程精益化检修工期和费用对比如图2-8-6-1所示。

二、项目优化调整

针对换流站例行的检修、检测项目，本次年度检修项目优化立足设备运行状态，结合银东直流工程十年运维检修经验，在设备部的指导下多次组织国网山东、宁夏公司开展年检项目优化研究和技术论证，坚持"以维代检、回归标准、适度延期、状态优先"的原则，制订出年度检修项目的"5＋2"策略，即5类优化和2类加强。具体如下：

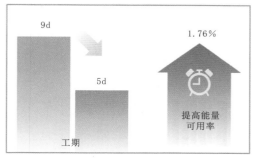
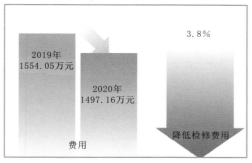

图2-8-6-1 银东直流工程精益化检修工期和费用对比

（1）5类优化：①对可通过在线监测、带电检测手段掌握和发现设备问题的试验项目周期进行优化；②对过度检修可能造成设备隐患的项目，在标准规范周期内的不再缩短周期；③针对具有冗余和有完备预警系统的设备，不进行检修或试验不会对直流安全运行造成严重影响的项目周期进行优化；④对可通过日常运维消缺或直流不停电的情况下进行的检修和试验项目进行优化；⑤对规程规范内未涵盖的且在上一个检修周期内未出现明显缺陷的非必要性项目进行删减。

（2）2类加强：①加强推进不停电项目施工，及早制订大修、技改项目实施计划，避免年度检修期间大型工作集中扎堆开展；②加强设备常见病、多发病、顽固病的治理落实工作，结合"三位一体"运维机制订检修策略精准施策，对照月度例会重大隐患治理清单、防闭锁隐患排查、十八项反措有针对性的开展隐患治理工作，确保切实做到"发现一个问题，解决一类隐患"。

各工作面优化前后检修项目对比如图2-8-6-2所示。

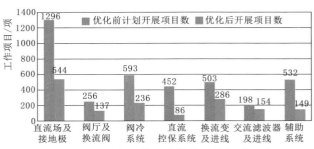

图2-8-6-2 各工作面优化前后检修项目对比

根据上述原则，本次年度检修将原来的9个工作面优化为7个，例行检修项目由原来的3830项优化为1592

项，调减工作项目 2228 项，减少 58.4%。

（一）直流场及接地极区域

检修规定要求开展 1296 项，优化后 2020 年年度检修开展 544 项，减少 58.02% 的工作任务，总体检修时间需 4.5d，较以往检修时间减少 4.5d。

（1）直流场设备主通流回路接头"十步法"检测只检测重点发热隐患部位。

（2）直流滤波器电容测试仅测试桥臂电容，发现问题后再逐个测量单支电容。

（3）直流场设备均压环、支柱绝缘子、接地引下线检查等项目可在停电前通过望远镜或停电后用无人机检查完成。

（4）直流穿墙套管、断路器、接地极在线监测系统、红外监控系统、分压器等 SF_6 充气设备 SF_6 压力检测，发生异常时具有报警监测功能，年检期间不再开展。

（5）电流互感器主机通电检查、通道参数检查等项目可通过运行数据反应，仅通过一次注流试验验证功能正常。

（6）光电流互感器本体接线盒、光纤转接盒密封、光纤尾纤检查等项目多年来未发现设备问题，频繁打开盖检查反而为设备运行埋下隐患，年检期间不再开展。

（7）银川东换流站为户内直流场，户外设备可以每年清扫 1/3，以三年为周期完成全部设备清扫，年检期间不逐台设备开展污秽清扫和憎水性检测。

（二）阀厅及换流阀区域

检修规定要求开展 256 项，优化后 2020 年年度检修需开展 137 项，减少 46.48% 的工作任务，总体检修时间需 4.5d，较以往检修时间减少 4.5d。

（1）换流阀水管接头"十要点"检查只检查原有力矩线是否发生偏移，主通流回路"十步法"检测仅进行重点发热隐患部位检查。

（2）晶闸管触发光纤检查工作结合消缺工作开展。

（3）光纤槽盒防火包检查等项目，因实施效果较差、耗时长且存在安全隐患予以取消。

（4）阀避雷器计数器功能检查、晶闸管元件试验等项目，延长检修周期至每三年一次。

（5）结合往期检修经验，防阀塔漏水检查、阀厅光电流互感器注流试验项目，缩短检修周期至每年一次。

（6）将换流阀塔每年清扫的周期优化为根据盐密、灰密测试数据开展针对性清扫，清扫的周期为每年 1/3。

（三）阀冷系统区域

检修规定要求开展 593 项，优化后 2020 年年度检修期间开展 236 项，减少 60.20% 的任务量，优化后总体检修时间需 4d，较以往检修时间减少 5d。

（1）故障情况下无需直流系统停电即刻进行检修的项目，如阀内冷系统主循环泵轴套油位、氮气稳压装置氮气瓶压力检查等，通过强化运维措施替代，不再结合年度检修进行。

（2）阀内冷系统传感器精度校验、冷却水流量及电导率测量工作，可通过运行参数比对进行验证。

（3）外冷系统电机及风扇检查、管道、阀门及构架检查、清洗工作可以在直流系统不停电情况下轮流交替开展。

（四）直流控保系统

检修规定要求开展 452 项，优化后 2020 年年度检修需开展 86 项，减少 80.97% 的任务量，优化后总体检修时间需 4d，较以往检修时间减少 5d。

（1）屏柜封堵检查、端子排检查、接地检查、光 CT 测量装置检查等项目优化精简，控制保护系统站间通信测试项目可以实时监测，通过强化运维措施替代，不再结合年度检修开展。

（2）控制保护系统逻辑校验，选择重要出口回路全部开展，其余信号校验通过抽检方式开展。

（五）换流变及进线区域

换流变及进线区域共需开展例行检修、检测项目 503 项，优化后，2020 年年度检修需开展 286 项，减少 43.14% 的工作任务，总体检修时间需 4.5d，较以往检修时间减少 4.5d。

（1）套管 SF_6 气体泄漏、换流变本体渗漏检查、呼吸器检查、冷却器功能检查、油色谱在线监测装置检修等，年检期间不再进行，通过强化运维措施替代。

（2）网侧套管已喷涂 PRTV、阀侧套管在阀厅内运行，污秽较少，不再安排定期清扫。

（3）考虑到每年会进行盐密、灰密测试以及回路绝缘试验，因此将套管清洗和接线盒开盖检查等 6 项检修项目由每年一次调整为 3 年一次。

（4）考虑到在线监测可以实时监测套管压力，将阀侧套管渗漏检查、压力检查项目删除。

（六）交流滤波器及进线区域

检修规定要求开展 198 项，优化后 2020 年年度检修需开展 154 项，减少 22.22% 的任务量，以往每大组检修时间需 3d，优化后总体检修时间需 2.5d，较以往检修时间减少 0.5d。

（1）避雷器均压环检查、SF_6 断路器气体管道及表计检查、密度继电器密封情况检查、密度继电器信号检查、隔离开关联锁装置功能检查等，年检期间不再开展，通过强化运维措施替代。

（2）运行中可通过不平衡电流监视，发现问题后及时处理，单组滤波器退出一般不影响直流运行，年检期间不再开展各臂等值电容量测量。

（3）电抗器、电容器、电阻器、避雷器、电流互感器等交流滤波器设备检修工作可以按照每三年一次检修周期开展。

（七）辅助系统（含消防系统、阀厅空调系统）

检修规定要求开展 532 项，优化后 2020 年检修需开展 149 项，减少 71.99% 的任务量，优化后总体检修时间需 4d，较以往检修时间减少 5d。

（1）消防系统的各类阀门检查、压力表检查、消火栓检查等检修项目和空气采样探测器供电电压测量等检测项目不必集中在直流停电大修期间集中开展，可分散到日常运行维护中进行检修和试验。年度检修期间主要针对阀厅、换流变等停电设备的消防设施，如消防喷淋系统喷头、阀厅各类探测器、阀厅联动跳闸等检修项目和泡沫灭火系统、水喷雾系统功能检测的检测试验加强检查和试验。

（2）阀厅、换流变、构架等处的摄像头检查等检修项目和阀厅空调与火灾报警系统联动特性试验功能验证等项目需直流停电进行，除此之外其余项目均可通过强化运维替代，不结合年度检修进行。

（3）工业水及生活水系统稳压泵、室内外给排水管网检查工作可结合日常运维工作开展，无需结合年度检修开展。

（4）视频监控系统、工业水及生活水系统、安防设施、在线监测装置、照明设施等系统所有的检测项目均可在直流不停电情况下开展，因此年度检修期间不再开展此类工作。

三、试验方法优化

本次银东工程精益化检修在大量优化检修项目的同时，对换流变、换流阀等制约整个检修工期的关键作业面的关键因素进行充分研究，对试验方法进行优化研究并推广。

（一）阀侧套管相关试验

按照检测管理规定要求，首检后需按照每年1/3的周期对换流变套管连同绕组开展绝缘测试，包括阀侧对网侧及地、网侧对阀侧及地的绝缘电阻（极化指数）、介损及电容量测试。并按照同样的周期对换流变套管进行套管主绝缘测试，包括套管主绝缘、介损及电容量测试。按照传统的试验方法，开展上述试验时需要对阀侧套管引线断开，由于换流变的阀侧套管均采用硬管母线连接，因此将阀侧套管出线断引非常繁杂，断复引工作量大，同时对金具连接设备造成一定的损伤，换流变阀侧断复引成为制约检修工期的关键因素。

为减少断复引工作带来的影响。针对阀侧套管介质损耗因数和电容量试验，银川东换流站试点采用阀侧不断引从末屏加压开展阀侧套管介质损耗因数和电容量试验，末屏端子加压，电压为2kV（因末屏电压不允许大于2.5kV），套管高压出线端经测量仪器后接地。虽然加压较低，但实践测试数据与从套管端部断引后加10kV电压所测数据基本一致；针对阀侧绕组连同套管试验，试点采用阀侧套管连同绕组介损、电容量测试时采用星接、角接三相并联测试的方式，所测数据除以3后与单台测试数据基本一致，但断复引部位大大减少，无需再解开管母和均压球，断复引工期可由原来单阀组36h缩减至12h。

（二）换流阀预防性试验

按照检测管理规定要求，每三年需对晶闸管元件进行短路检查、阻抗检查、触发检查、保护性触发检查，

其中短路检查、阻抗检查和触发检查属于低压试验，保护性触发检查属于高压试验。对于不同技术路线换流阀，试验难度差异较大：ABB技术路线换流阀进行上述试验时不需要插拔触发回报光纤，低压试验可使用便携式装置进行测试，单个双重阀塔测试所需工期约3h，高压测试时需要更换试验台，单个阀塔测试所需工期（包含低压试验）约6h；西门子、许继技术路线换流阀，开展高低压试验通常需要插拔触发和回报光纤，单个阀塔测晶闸管低压试验约需4.5h，高压试验约需6h。针对西门子技术路线换流阀晶闸管触发试验采用逐个插拔触发光纤方式，积极探索和优化试验方法，开发了VBE模拟信号装置，可通过全回路触发整个阀段方式替代传统的试验模式，单个双重阀塔低压试验所需工期可缩减至2.5h。

四、具体实施情况

经试点，各区域工作面按既定方案基本可以在优化后的计划工期内完成，但直流场、换流阀两个区域工期较为紧张，均比计划多0.5d，见表2-8-6-1。

表2-8-6-1　各工作面检修工期表

序号	工 作 面	计划工期/d	实际工期/d
1	直流场及接地极	4.5	5
2	阀厅及换流阀区域	4	4.5
3	阀水冷系统	4	4
4	直流控制保护系统	4	4
5	换流变及进线区域	4	4
6	交流滤波器及进线区域	4	4
7	辅助系统	4	4

（一）直流场及接地极区域

直流场设备包括3台断路器、20台隔离开关（地刀）、23台电抗器、16台电阻器、4台直流分压器、15台电流互感器、17台避雷器、4支穿墙套管、4组直流滤波器塔等一次主设备检修和预试，以及277个主通流回路金具接头检查、435个支柱绝缘子外绝缘清灰工作。直流场及接地极区域任务量见表2-8-6-2。

1. 人员、机具

分四个工作面六个工作组同时开展，投入检修试验人员21人、清灰人员40人，共计61人，登高车辆（吊车）15辆。其中清灰工作面分两大组，40人，分别开展极Ⅰ、极Ⅱ一次设备外绝缘清洗；试验工作面1组，6人开展极Ⅰ直流分压器、避雷器、滤波器、直流穿墙套管试验，双极直流场光电流互感器一次回路注流试验；一次工作面2组12人，分别开展极Ⅰ、极Ⅱ一次设备常规检修、清扫、二次回路检查；接地极工作面1组3人，开展接地极站检修、检测工作。直流场及接地极区域工作面人员安排如图2-8-6-3所示。

表 2-8-6-2　　　　　　　　　　　　　　　　直流场及接地极区域任务量

序号	工作项目	工作内容	工期/d
1	干式平波电抗器本体、防护罩及并联避雷器检查	双极直流场在运8台平波电抗器表面涂层、紧固带、引线、风道检查、清扫，防雨罩、隔声罩、并联避雷器检查、清扫	2
2	直流断路器本体、操作机构检查，例行试验	直流场中性区域3台直流断路器外观检查、油压力表、液压油、机构箱及温湿度控制装置检查、辅助回路和控制回路外观检查、SF$_6$密度继电器回路绝缘检查。其中1台开展传动机构轴、销、锁扣等部件检查、螺栓、螺母力矩检查、辅助回路和控制回路绝缘检查、储能电机检查、SF$_6$气体湿度测试、主回路电阻测量、分合闸线圈的直流电阻、绝缘电阻测量、脱扣器动作电压、分闸、合闸、合分时间测量	2
3	直流断路器非线性电阻、电容器、电抗器、充电装置检查，例行试验	直流场中性区域3台直流断路器非线性电阻、电抗器外观检查、电容器瓷套、密封性检查，充电装置辅助回路和控制回路绝缘检查。其中1台开展振荡回路电容、电感及回路电阻测量、非线性（放电）电阻试验	1
4	直流隔离开关本体、操作机构检查，例行试验	双极直流场在运20台直流隔离开关触头表面、触指弹簧压紧力、软连接、传动机构轴、销、锁扣等部件润滑情况、连接情况检查，机构箱辅助回路和控制回路外观检查、隔离开关操作和电机检查，主回路电阻测量每次年检开展7台	2
5	直流分压器本体及表计检查，例行试验	双极直流场在运4台直流分压器外观、表计及压力指示、防雨防潮情况、密度继电器信号检查。极Ⅰ2台分压器连接法兰、连接螺栓检查、二次接线端子盒检查、电压限制装置功能验证	1
6	直流避雷器本体及监测器检查，例行试验	双极直流场在运17台直流避雷器本体、法兰、放电计数器、泄漏电流表检查。极Ⅰ及中性线区域9台避雷器开展直流参考电压及在0.75倍参考电压下泄漏电流测量、底座绝缘电阻测量、放电计数器功能检查	3
7	直流滤波器电容器、电抗器、电阻器、电流互感器检查	极Ⅰ2组直流滤波器各组部件外绝缘表面检查、电阻器锈蚀检查、避雷器在线监测泄漏电流表检查，避雷器试验项目参照直流避雷器进行	2
8	直流穿墙套管检查	双极直流场在运4支直流穿墙套管外观检查、伞裙清洗、SF$_6$密度继电器信号回路及绝缘检查、金属安装板、端子箱及加热器检查。极Ⅰ1支穿墙套管末屏检查、SF$_6$气体湿度检测	2
9	光电流互感器	双极直流场在运15支光电流互感器硅橡胶伞裙检查	2
10	特殊性大修	（1）双极直流分压器SF$_6$组分检测。 （2）结合年检对二次线接头连接情况进行检查，并开展主回路11支光电流互感器注流试验。 （3）对双极平抗包封气道进行清理	2
11	清灰	435个支柱绝缘子外绝缘清灰	3
12	接地极电抗器、电容器例行检查	一组电抗器例行检查。 一组电容器例行检查、电容量测量	0.2

图 2-8-6-3　直流场及接地极区域工作面人员安排

2. 交叉作业

直流场检修、试验工作和一次设备清灰工作互相之间存在交叉作业，交叉时长约3d，通过错时错区作业开展工作，不需要登高的简单项目晚上开展方式解决。

3. 相关建议

根据试点情况，直流场及接地极区域总共用时5d，比计划多 0.5d。主要是因为清灰及一次设备试验制约整个区域检修用时，统筹直流场区域检修情况，仍有可优化空间，车辆和试验人员的不足仍是制约工期的主要原因。直流场年度检修建议车辆数量见表 2-8-6-3。

表 2-8-6-3　　　直流场年度检修建议车辆数量

位　置	数量/辆
穿墙套管下方	2
极Ⅰ、极Ⅱ极母线平波电抗器	2
极母线直流分压器、光 CT	2
中性线平波电抗器	1
直流滤波器内	1
站内接地极区域	1
金属回线及双极区域	1
直流场清灰	8
总计	18

因此建议将直流场分为极Ⅰ极母线、极Ⅱ极性线、双极中性区域等三个检修区域三个阶段平行开展检修工作，特种作业车由原来的 15 辆增加至 18 辆，新增 3 个工作面。将人员由 61 人增加至 67 人，新增 1 组试验工作面。直流场优化后流程如图 2-8-6-4 所示。

（1）第一阶段 1.5d 工期，12 名试验人员集中在极Ⅰ极母线设备完成预试和接头检查工作，12 名检修人员和 40 名清灰分布在极Ⅱ极母线和双极中性区域检修、清灰、接头检查工作，预计完成该区域 70% 工作量。

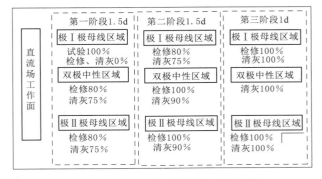

图 2-8-6-4　直流场优化后流程图

（2）第二阶段 1.5d 工期，12 名试验人员分布极Ⅱ极母线和双极中性区域开展接头检查工作，12 名检修人员和 40 名清灰人员按比例 2∶1∶1 分为三组，同时开展极Ⅰ极母线、极Ⅱ极母线、双极中性区域检修和清灰工作。

（3）第三阶段 1d 工期，完成极Ⅰ极母线清灰、极Ⅱ极母线接头检查和清灰、双极中性区域接头检查和清灰剩余工作。

（二）阀厅及换流阀区域

阀厅区域设备包括 12 座阀塔、2 套阀控系统、3880 条水回路检修，部分电极抽查工作，以及 804 个换流阀主通流回路接头、227 个阀厅一次主通流回路接头检查。阀厅及换流阀区域任务量见表 2-8-6-4。

表 2-8-6-4　　　　　　　　　　　　　　　阀厅及换流阀区域任务量

序号	工 作 项 目	工 作 内 容	工期/d
1	晶闸管及散热器例行检查	对双极 12 个换流阀塔晶闸管及散热器外表进行检查，并检查晶闸管与散热器接触是否良好	1.5
2	晶闸管控制、监视单元例行检查	检查双极 12 个换流阀塔晶闸管控制、监视单元外观是否良好、光纤连接是否可靠、防火隔板有无烧灼痕迹	1.5
3	阻尼电容、均压电容例行检查	检查双极 12 个换流阀塔电容有无变形、损坏、鼓包、漏气及接线柱损坏情况、接线是否牢固	1.5
4	阻尼电阻例行检查	检查双极 12 个换流阀塔电阻是否存在变形、损坏或渗漏水痕迹、接线是否牢固	1.5
5	阀电抗器例行检查	检查双极 12 个换流阀塔阀电抗器是否存在变形、损坏及内部金属水管破裂情况，接线板螺栓有无松动	1.5
6	触发光纤例行检查	检查光纤连接是否紧密、标识是否清晰	1.5
7	阀避雷器例行检查	对双极阀避雷器外观伞群进行检查，并对极Ⅰ Y/Y-A、Y/Y-B，极Ⅱ Y/Y-A、Y/Y-B 4 个阀塔避雷器动作计数器功能进行检测	1.5
8	阀塔冷却水管例行检查	检查双极 12 个换流阀塔水管接头有无渗水情况、阀塔进、出水阀门位置是否正确	1.5
9	换流阀塔例行检查	双极 12 个换流阀塔进行清灰；对极Ⅰ Y/Y-A、Y/Y-B，极Ⅱ Y/Y-A、Y/Y-B 4 个阀塔漏水检测装置功能进行验证	2
10	阀厅例行检查	对双极阀厅红外测温系统各元器件进行检查；对阀塔密封性进行检查，并对阀厅内、外墙壁及地面进行清理	2
11	晶闸管元件试验、参数测量	开展极Ⅰ Y/Y-A、Y/Y-B，极Ⅱ Y/Y-A、Y/Y-B 4 个阀塔晶闸管元件试验、参数测量工作	1.5
12	阀冷却水管静压力试验	开展双极换流阀塔静压力试验	0.5
13	消缺项目	极Ⅰ阀 11 模块 02 组件 B 晶闸管 12 报"门极充电故障及晶闸管故障"告警	0.5

1. 人员、机具

分三个工作组 18 人并行开展检修作业，投入 3 辆阀厅作业车。其中换流阀塔例行检查及消缺工作分为两组，每组 6 人分别在两个阀厅同步开展工作；清灰工作分一组，每组 6 人，在非检修试验阀厅独立开展阀塔清扫作业。

2. 交叉作业

虽然上述三个工作组在双极 12 个换流阀塔间穿插交替作业，互不影响，但换流阀检修与换流变检修、消防系统改造、阀厅红外摄像头检查工作存在交叉，制约工期。

3. 相关建议

根据试点，阀厅及换流阀区域总共用时 4.5d，主要因为换流阀检修与换流变检修、消防系统改造、阀厅红外摄像头检查工作存在交叉，受阀厅作业车因素制约较大。因此建议将常规直流两个极分四个区域平行开展，阀厅作业车增加至 4 辆，阀厅区域同时开工工作面从 3 个增加到 4 个，并合理安排阀厅作业车使用时间，同时增派两名车辆维保人员对车况进行管控。

（三）阀水冷系统

阀水冷系统设备包括两套内水冷系统、两套外水冷系统，主循环泵 4 台、补水泵 4 台、原水泵 4 台、冷却塔 6 座、平衡水池 2 个，以及电加热器、主过滤器、离子交换器、脱氧罐、膨胀罐、氮气罐、阀门等设备。阀水冷系统任务量见表 2-8-6-5。

表 2-8-6-5　　　　　　　　　　　　阀水冷系统任务量

序号	工 作 项 目	工 作 内 容	工期/d
1	阀内冷主循环泵同心度测试、主泵电机绝缘、直阻测试、接线端子检查，安全开关检查、手动切换功能检查	开展双极主泵同心度测试，主泵电机绝缘、直阻测试、接线端子检查，安全开关检查、主泵及补水泵手动切换功能检查	3
2	电加热器接线检查	对双极 8 个加热器接线进行检查	2
3	阀内冷水去离子回路检修	开展水处理回路过滤器检查及清洗、离子交换器清洗及树脂更换	2
4	阀冷系统阀门检查	对检修期间操作过的阀门进行检查，核实标记线是否正确	0.5
5	阀冷系统消缺、屏柜清灰及端子紧固、屏柜检查及电池更换	开展就地电源控制柜、控制保护柜等屏柜内部检查、紧固及电池更换	2
6	阀内冷管道、阀门加压试验	开展双极阀内冷管道、阀门加压试验	0.5
7	阀内冷控制保护系统检查及重要试验功能验证	开展阀冷及极控系统间跳闸回路传动	0.5
8	阀外冷系统冷却塔例行检查	双极阀外冷系统 6 座冷却塔冷却盘管除垢、栅栏和集水箱清理	2.5
9	水冷系统控制、测量回路部分二次元器件进行更换	对双极隔离放大模块进行更换，并测试采样正确性	3

1. 人员、机具

分为三个工作组并行开展检修作业，投入 18 人，每组 6 人。其中 1 组人员轮流开展双极阀内冷系统例行检查、检测工作，阀外冷系统检修工作分为 2 组，1 组在室外开展冷却塔、平衡水池清洗，1 组对阀外冷系统就地电源控制盘柜以及管道、法兰进行检查。阀水冷系统工作面人员安排如图 2-8-6-5 所示。

图 2-8-6-5　阀水冷系统工作面人员安排

2. 交叉作业

双极阀水冷系统年度检修工作与换流阀检修存在交叉，主要为配合阀塔水管接头检查及缺陷处理，需开展注、放水以及水管打压。

3. 相关建议

根据试点情况，阀水冷系统检修用时 4d，由于阀水冷系统冗余度较高，按照"以维代检"的工作思路，大部分检修、检测工作可以直流不停电开展。

（四）直流控制保护系统

直流控制保护系统检修主要 4 套极控、2 套直流站控、2 套交流站控、6 套阀保护、6 套极保护及其余接口屏，共计 105 个屏柜的常规检修、保护传动、功能验证、控保主机程序升级等工作。直流控保系统任务量见表 2-8-6-6。

1. 人员、机具

分为五个工作组，投入 14 人。一组 4 人，负责消缺工作，并协调阀厅工作面作业车高空车 1 辆；二组、三组各 2 人，同时开展直流控制保护系统机箱电源维修工作，该工作完成后继续同步开展主控室工作站检修工作；四组 3 人，负责双极直流控保系统功能校验工作；五组 3 人，负责直流测量系统检修工作，并协调直流场、阀厅工作面，配合完成注流试验和光 CT 采样的精度校验。直流控保系统人员安排如图 2-8-6-6 所示。

表 2 - 8 - 6 - 6　　　　　　　　　　直流控保系统任务量

序号	工作项目	工作内容	工期/d
1	双极直流控保系统功能校验	双极直流控保装置逻辑校验、定值检查、跳闸回路检查、端子排检查、光纤检查、开关传动	2
2	直流测量系统检修	双极电磁式电流互感器二次回路接线、绝缘、直阻及接地检查，光 CT 测量装置光纤检查	1
3	非电量保护回路绝缘测试	双极非电量回路绝缘电阻测试	0.5
4	直流系统控制保护主机及相关屏柜端子排检查	开展跳闸回路端子排检查	1
5	直流系统控制保护设备开关量信号核对	开展直流系统控制保护设备开关量信号核对	2
6	直流控保跳闸回路检查，双极跳闸回路继电器检查及开关传动	开展直流控保跳闸回路检查，双极跳闸回路继电器检查及开关传动	0.5
7	电磁式电流互感器二次回路接线、绝缘及接地检查	开展电磁式电流互感器二次回路接线、绝缘及接地检查	0.5
8	服务器、远动装置、直流线路测距装置及各工作站检查，硬盘数据备份及直流控制保护系统软件升级完善	开展服务器、远动装置、直流线路测距装置及各工作站检查，硬盘数据备份及直流控制保护系统软件升级完善	1
9	流变阀侧空载电压计算逻辑的隐患	治理换流变阀侧空载电压计算逻辑的隐患	0.5
10	直流保护中开关刀闸节点未使用 RS 触发器的隐患	治理直流保护中开关刀闸节点未使用 RS 触发器的隐患	0.5
11	特殊大修项目	完成 26 台控制保护主机机箱电源更换	1
12	特殊大修项目	配合完成直流场及阀厅 20 个光 CT 注流试验，检验直流控保系统采样精度	1
13	特殊大修项目	完成主控室 8 台许继工作站更换及调试	1
14	特殊大修项目	HCM200 主机电源风扇故障后仅告警软件修改	2

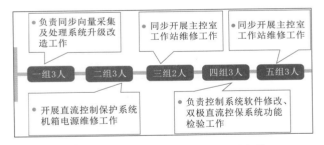

图 2 - 8 - 6 - 6　直流控保系统人员安排

2. 交叉作业

控保系统因配合注流试验工作与直流场、阀厅工作面存在交叉作业，交叉时长约 1d，可通过错时错极方式，在其他工作结束后最后开展此项工作。

3. 相关建议

直流控保设备检修工期主要受限于软件修改单审批、控保功能验证及清灰，软件修改工作可在年检准备阶段做好充分准备。

（五）换流变及进线区域

换流变检修作业面设备包括 12 台换流变、6 只电压互感器、4 台开关、18 台隔离开关（地刀）、17 台避雷器、12 台电容器、4 台电流互感器，以及 214 个主通流回路金具接头检查、12 台换流变水喷淋系统试验。换流变及进线区域任务量见表 2 - 8 - 6 - 7。

表 2 - 8 - 6 - 7　换流变及进线区域任务量

序号	工作项目	工作内容	工期/d
1	套管升高座电流互感器检查	双极在运 12 台换流变网侧、阀侧升高座 CT 测量绝缘电阻、直流电阻	2
2	套管末屏及接线盒检查	双极 12 台换流变套管试验后，检查末屏运行及恢复情况	2
3	在线滤油机滤芯检查及更换	完成极Ⅱ 6 台换流变 12 台在线滤油机滤芯更换	1
4	分接开关电动操作机构功能检查、操作机构箱检查及处理、外部轴系检查及处理	进行双极 12 台换流变有载分接开关操作机构、操作性、轴系检查、消缺	2
5	各阀门密封及开闭情况检查	检查双极 12 台换流变阀门、管路、法兰等部位密封情况	2
6	冷却器冲洗、端子箱清扫、器身清扫、除锈、补漆	（1）清洗双极 12 台换流变冷却器散热翅片。（2）清扫端子箱，换流变器身除锈、补漆	2
7	换流变表计检修	双极换流变压力释放、瓦斯继电器、压力继电器、SF$_6$ 表计、油流继电器二次回路信号测试、绝缘测试、防雨罩检查	2
8	套管试验	双极 12 台换流变网侧套管不解引试验，阀侧套管测微水	2

续表

序号	工作项目	工作内容	工期/d
9	分接开关试验	（1）双极12台换流变有载开关的油击穿电压及微水试验。 （2）双极12台换流变有载分接开关操作试验	2
10	换流变本体试验	无	
11	技改项目	双极换流变需停电安装的自动巡检摄像机	4
12	特殊大修项目	（1）对阀侧封堵情况进行检查、对阀侧封堵等电位线进行检查。 （2）对阀厅、外墙彩钢板叠加部位螺栓固定情况进行检查，并检查阀厅排烟风窗等部位。 （3）对分接开关传动部分紧固螺栓进行检查	2

1. 人员、机具

换流变区域分三个工作面五个工作组同时开展，投入人员14人，车辆2辆。一次工作面分两组，每组6人共用1辆高空车，分别开展极Ⅰ、极Ⅱ换流变例行检修；试验工作面一组，6人1辆高空车，配备介损仪、微水仪、绝缘电阻表等试验仪器，开展双极换流变套管试验；二次工作面分两组，每组4人，分别开展极Ⅰ、极Ⅱ换流变二次回路绝缘检查、信号测试。换流变区域人员安排如图2-8-6-7所示。

2. 交叉作业

换流变预试是影响换流变检修工期优化的决定因素，试验工作需对部分网侧、阀侧套管接头金具断引、复引，试验完成后需进行换流变消磁，同时换流变与阀厅一次、换流阀、水消防系统作业面交叉。换流变试验影响检修示意图如图2-8-6-8所示。

3. 相关建议

根据试点情况，投入车辆和人员相对不足，建议换

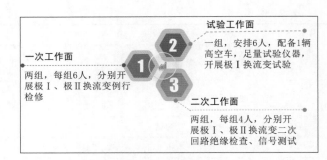

图2-8-6-7　换流变区域人员安排

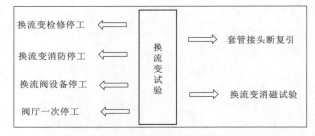

图2-8-6-8　换流变试验影响检修示意图

流变区域投入4辆高空作业车，人员总数由14人增加至28人。试验工作组人员4人1组，2辆车，8人；一次工作面分三组，每组4人，2辆作业车，12人；二次工作面分两组，每组4人，8人。换流变区域年度检修建议车辆数量见表2-8-6-8。

表2-8-6-8　换流变区域年度检修建议车辆数量

位　置	数量/辆
极Ⅰ换流变广场	2
极Ⅱ换流变广场	2

（六）交流滤波器及进线区域

银东直流交流滤波器进线区域共有3大组、14小组滤波器，包括开关20组，刀闸（地刀）48台，电容5112个、80台电抗、60台电阻、40台避雷器、24台电流互感器。交流滤波器及进线区域任务量见表2-8-6-9。

表2-8-6-9　　　　　　　　　　　交流滤波器及进线区域任务量

序号	工作项目	工作内容	工期/d
1	电容器组检查	第一大组交流滤波器场5组电容器组外绝缘表面、渗漏油和变形情况检查	3
2	电抗器检查	第一大组交流滤波器场6组电抗器外绝缘表面情况、隔声罩（帽）检查	1
3	电阻器检查	第一大组交流滤波器场2组电阻器外绝缘表面情况、表面锈蚀、防雨罩检查	1
4	电流互感器检查，例行试验	第一大组交流滤波器场18组电流互感器外部检查及清扫、密封性检查、5组充油电流互感器金属膨胀器检查、油色谱分析、绝缘电阻、电容量及介损测量，5组充气电流互感器微水检测，8组干式电流互感器绝缘电阻测量	3.5
5	断路器检查，例行试验	第一大组交流滤波器场4组断路器例行检查，例行试验	1
6	隔离开关检查	第一大组交流滤波器场4组隔离开关例行检查，例行试验	
7	电容式电压互感器检查	第一大组交流滤波器电容式电压互感器例行检查，例行试验	0.5

序号	工　作　项　目	工　作　内　容	工期/d
8	避雷器检查，例行试验	第一大组交流滤波器场 5 组避雷器外绝缘表面情况、在线监测泄漏电流表状况、放电计数器检查、直流参考电压及在 0.75 倍参考电压下泄漏电流测量、底座绝缘电阻测量、放电计数器功能检查	2
9	特殊大修项目	(1) 7 组并联电容器组不平衡电流互感器油色谱分析，对存在内部放电情况的电流互感器进行更换。 (2) 500kV 交流滤波器保护装置已运行 10 年，装置元件老化，CPU 插件故障率升高，需进行整体维修	3.5
10	消缺项目	5615 交流滤波器 C1 电容器、5625 交流滤波器 C1 电容器不平衡 CT 电流较大，电容器需调平	3

1. 人员、机具

交流滤波器场区域分三个工作面七个工作组同时开展，投入人员 48 人，车辆 7 辆。一次工作面三组，每组 8 人，配备 1 辆高空车、1 辆平台车、1 辆电动叉车，开展第一大组滤波器一次设备常规检修、检查、消缺；试验工作面一组 6 人，配备 1 辆高空车，足量试验仪器，开展第一大组交流滤波器断路器、隔离开关、电容式电压互感器、电流互感器、避雷器试验；二次工作面三组，每组 6 人，开展第二大组交流滤波器保护定检、二次回路检查，三大组滤波器保护装置 CPU 插件维修、更换。交流滤波器及进线区域人员安排如图 2-8-6-9 所示。

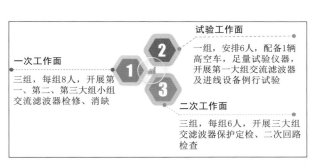

一次工作面
三组，每组 8 人，开展第一、第二、第三大组小组交流滤波器检修、消缺

试验工作面
一组，安排 6 人，配备 1 辆高空车，足量试验仪器，开展第一大组交流滤波器及进线设备例行试验

二次工作面
三组，每组 6 人，开展三大组交流滤波器保护定检、二次回路检查

图 2-8-6-9　交流滤波器及进线区域人员安排

2. 交叉作业

交流滤波器场内部常规检修、消缺工作与例行试验工作有交叉，交叉时长约 2d，可通过错时错组方式解决。

3. 相关建议

由于交流滤波器冗余度较高，按照"以维代检"的工作思路，大部分检修、检测工作可不结合直流停电开展，减少年度检修期间专业人员的承载力，以便更好的服务于直流场、阀厅、换流变等制约工期的区域。

（七）辅助系统（含消防系统、阀厅空调系统）

辅助系统包括阀冷系统、消防系统、空调系统、工业水系统、一体化、视频监控、照明系统等，可考虑对辅助系统检修项目进行梳理，明确需结合直流系统停运开展项目，其他不影响直流系统运行检修项目可安排季度检修。辅助系统需结合停电检修任务量见表 2-8-6-10。

表 2-8-6-10　辅助系统需结合停电检修任务量

序号	系统	项目	周期/年	工期/d	直流系统运行检修风险
1	消防系统	水消防、阀厅消防	1	3	换流变、阀厅消防不可用
2	空调系统	阀厅空调检修	1	3	带电区域不满足检修条件
3	工业水系统	工业水池检修	1	3	消防水池供水不足
4	一体化	阀厅红外检修	1	2	带电区域不满足检修条件
5	视频监控	阀厅及构架摄像头	1	2	带电区域不满足检修条件

1. 人员、机具

消防系统、空调系统、工业水、一体化及视频监控由 5 个工作组并行开展作业，需要阀厅作业车 2 辆、高空作业车 2 辆，投入人员约 32 人。阀厅空调与火灾报警系统联动功能验证试验时，消防组和空调组人员互相配合进行。

2. 交叉作业

消防系统极早期烟感探测器改造工作与阀厅检修工作存在交叉。消防水喷淋功能验证工作安排在换流变检修工作收工之后开展，避免交叉作业。

3. 相关建议

针对阀厅空调风管紧固、传感器检测、风口检查、消缺工作，因需要阀厅作业车，可利用晚上开展，工作时长控制在 4h 内。另外，水喷淋试验低风险项目也可利用晚上开展。

五、管理经验总结

（一）年度检修准备

两站以"提前着手、精益论证、有备无患"为原则，七分准备，三分实施，落实"三个超前"，有序开展各项准备工作。

（1）超前着手方案编制。两站均提前梳理年内各直流系统出现的异常、事故及反措，针对性隐患排查，动态评价重点监测设备状态，提前 6 个月开展检修方案的优化，协调安监、物资、设备、调度等部门解决重大事项，组织换流站、施工单位及设备厂家技术人员，开展为期两周的年度检修方案编制集中办公，提前1个月完成年度检修总体方案及专项工作方案的编制、审批，为年度检修顺利实施搭建"快车道"。

（2）超前开展人员调集。考虑银东直流"双节"期间开展检修，通过对各施工单位工作量和难度系数评估，逐一核实施工单位工作人员数量及资质，对多线作业的外委队伍提前摸底，确定工作人员信息，确保参检人员数量及素质能力满足现场需求，今年胶东站总参检人数302人，较去年增加16.2%，银川东站总参检人数480人，较去年增加6.6%。

（3）超前工器具、材料准备。通过对技改项目、缺项项目、试验项目工作所需物资、仪器及车辆梳理，编制年度物资、机具进场计划，并以"半天"为周期编制阀厅作业车使用计划及各交叉面管控措施，每站备足阀厅作业车4～5辆、高空作业车17～20辆，检修车辆总数较去年约增加18.1%。所需备品备件、工程物资材料超前完成招标采购，全部物资提前10d运抵现场并验收合格。

（二）运行工作管理

为最大化利用首日开工时间，两站严把倒闸操作、票务办理、安措布置相关工作，确保年检首日8：00之前开工。

（1）精细停电倒闸操作。根据停电计划，优化运行人员值班方式，提前编制《停电倒闸操作作业指导书》，指导书细化到倒闸操作的具体内容，提前驻站开展操作演练，提前完成操作票编写，并全过程沙盘推演，明确操作难点、重点和风险点，确保安全高效完成停电操作。

（2）明确票务办理节点。要求各参检单位提前3d进场，开展现场再次踏勘、技术交底、安全交底，确保各施工单位及人员提前进入检修工作状态。开工前1d明确各工作面工作许可人员、许可地点，确保调度开工令下达后，分工作面办理许可手续，以缩短工作许可及安全交底工作用时。优先许可换流变区域、换流阀及阀厅、直流场区域的工作，保证关键区域有效检修时间。

（3）统筹安全措施布置。按照检修工作安排情况，提前编制"安全措施作业卡"，停电前提前布置安全措施，并加强检修人员管控，在工作许可前禁止开展工作，避免误登带电设备。对检修期间方式变化情况进行设备状态推演，提前准备好安全围栏、接地线等设施，缩短安措变更布置时间。开工优化流程如图2-8-6-10所示。

（三）安全质效管控

按照检修复杂程度、项目数量、交叉面多等因素，两站充分发挥横向协同、纵向联动的配合协调机制，在保证安全质量的前提下，不断挖掘管理潜力，优化交叉作业面安排、适当增加车辆/机具方式，开展多专业并行作业。

（1）优化人员入场程序。检修前提前收集参检单位、

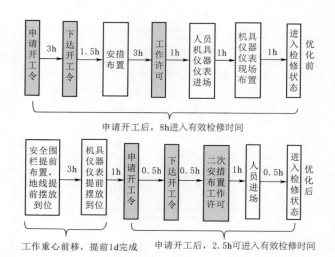

图2-8-6-10　开工优化流程图

参检人员电子化信息。检修现场开设两条入场通道，均设置防疫红外测温点。开工时工作负责人优先入场办理开工手续，检修人员随小组负责人分时、分批入场，每日开工实现人、票同步到位，有力提升了工作效率。

（2）深化现场可视化管控。利用移动监控系统紧盯高风险作业。现场增设检修现场人员智能管控平台，建立"安监部＋稽查队伍＋监控中心"的三级监督体系，开展安全互查。对全部参检人员实施定位追踪，同步实现虚拟电子围栏报警、检修信息统计显示、违章信息曝光等功能，有力提升检修现场人员管控水平。落实大型作业现场标准化布防，实时更新"作战指挥图"，规划交叉作业面，确保现场作业井然有序。

（3）加强交叉作业管控。组织编制《交叉作业管控方案》，梳理并落实主要交叉作业点，对时间性交叉和空间性交叉不同情况，针对性编制管控措施，明确交叉风险点及管控措施，交叉作业各方指定专责人，交叉作业点和关键施工机具按精确到半天编制施工、使用计划，确保精确作业，制作交叉作业展板，保证交叉作业"可控、可追溯"。

（4）严控作业机具风险。围绕高空作业、有限空间作业等风险点，按照日管控作业计划，每日更新各作业面风险点和安全管控措施，每日发布作业流程表、更新现场作业信息展板。严格执行吊车等大型车辆"专人领入，固定路线，固定地点"要求，采用"一车一定"的原则，进行近电距离计算，制订最优大型机械分布图，确保大型车辆、吊装作业精准受控。

（5）过程应急情况预控。编制《应急处置预案》，针对检修工作中的突发异常情况，例如恶劣天气、机具故障、重大设备缺陷等，落实后备措施，确保检修工期。

（6）动态检修进度管理。按作业面和关键作业点编制详细施工计划进度横道图，检修过程及时更新，及时发现落后的工序，及时协调处理。

（7）加强消缺作业管控。严抓问题整改，创新缺陷销号闭环制，提前编制缺陷消除计划方案，落实责任人、

工器具、材料和现场消缺组织措施，将所有缺陷按照缺陷类型、缺陷等级划分，向作业面监管人发放带有编号的"缺陷牌"，缺陷消除后当日交还专人并做好登记；对新发现缺陷，由专人统一登记后发放带有编号的"新增缺陷牌"，缺陷消除当日交还，有效掌握并督促现场缺陷消除进度。同时将缺陷状态以展板形式晾晒，通过每天的现场协调会机会向各级领导展示缺陷消除情况，保证整体缺陷的消除进度及消缺率。

（四）验收工作管理

狠抓检修过程验收工作，严格落实"施工自验收＋现场工作组验收＋公司验收工作组验收"三级验收模式，确保验收质量。

（1）提前做好验收筹划，明确各级人员验收职责，持卡开展三级验收。

（2）加强中间验收组织，各工作面关键节点随工开展验收，分散验收压力。

（3）加强重点项目、关键环节现场见证和复验，重点加强直流场测量回路注流检查，重要跳闸回路传动验证等。

（4）严密送电前、后检查，按照送电前检查表，逐台套核对设备状态，提前做好传动、遥测遥信核对及电源检查。

（5）加强设备送电后特巡，对消缺及改造项目情况进行跟踪，开展全面带电检测和在线监测分析，掌握设备运行状况。

六、后续工作安排

（一）继续开展项目优化研究

（1）以设备状态和缺陷管理为导向，对检修、检测及消缺工序进行进一步优化调整，确保重要缺陷早消除，重大隐患早发现，重点项目早实施。

（2）加强设备状态监控，充分利用好在线监测系统，探索无人机巡视等先进手段，立争在检修前充分暴露设备缺陷，持续优化年度检修策略，动态调整精益检修方案。

（二）制订年度检修典型工期

（1）梳理卡脖子的关键检修设备，考察先进的工器具、仪器设施，优化检修材料准备，进一步提升检修效率。

（2）固化检修工期，对各作业面进度情况进行细化分析和总结提升，使总体工期更科学、更优化。

（三）启动检修制度标准修订

（1）组织运维单位、设备厂家、电科院、国网直流中心等单位，总结试点经验，对现行《直流换流站设备检修规范》《直流换流站检修管理规定》《直流换流站检测管理规定》《输变电设备状态检修试验规程》等企业标准和管理制度进行修订。

（2）结合精益化检修经验，广泛征求各单位意见，推动《±800kV 特高压直流设备预防性试验规程》等行标、国标的修订。

（四）推动检修模式管理变革

推行检修计划"八统筹"（基建与生产统筹、换流站和线路检修统筹、技改大修与年度检修统筹、例行检修与隐患治理统筹、一次和二次检修统筹、送受端站检修统筹、电源开机与电网运行方式统筹、电力市场交易与检修计划统筹），实施"不停检修"、"轮停检修"和"陪停检修"相结合的检修模式，完善备品备件管理，提高检修计划准确性，优化检修项目计划与作业面安排，提升停电窗口利用效率。

（五）建立检修成效评估机制

编制换流站检修后成效评估管理办法，建立检修后成效评估体系，从年度检修"方案执行""任务完成""隐患治理""工艺流程""检修质量""检修效率"等方面科学开展检修成效后评估，进一步提升年度检修质效。

（六）修订应急处置方案预案

制订主设备检修标准化作业工艺，推广典型设备改造与消缺案例，组织编制完善换流变、换流阀、直流转换开关、GIS 等主设备的故障处理预案，编制典型故障处置的标准化作业指导书，加大先进检修工具、装备投入，提高停电检修的时效性和带电检修的安全性。

（七）开展设备健康状态评估

（1）进一步开展换流变压器、套管、分接开关、GIS等关键设备状态监测诊断与预警的新技术研究应用，提升设备状态感知能力和分析预警能力，及时掌握设备运行状态、设备运行规律。

（2）做好直流设备状态影响参数的统计分析，加深对变电设备运行能力的了解，建立科学的数学评价模型和物理诊断模型，以对直流设备状态制订出有效的评价措施。

第九章

变电站换流站带电作业新技术

第一节　概　　述

变电站是电力系统的重要组成部分，它直接影响整个电力系统的安全与经济运行，是联系发电厂和用户的中间环节，起着变换和分配电能的作用。由于变电站空间环境复杂，设备繁多且布置紧凑，不仅给带电作业人员的操作和安全防护增加了很大难度，同时，带电作业人员的专业素质和技能水平也面临巨大挑战。

一、变电带电作业发展历程

国外变电带电作业有近 100 个国家开展过，以美国、日本及欧洲各国发展较好，在作业工具、作业项目以及科研方面都已经形成了完善的体系。美国是带电作业开展最早的国家，目前主要开展变电站带电水冲洗作业；日本主要开展变电站固定式带电水冲洗作业；法国开展的变电带电作业项目比较多，包括更换断路器，更换隔离开关支柱绝缘子、检修母线、处理接头发热等。

国内变电带电作业始于 1952 年。当时供电网架单薄、设备陈旧，同时输变电设备污闪停电事故频发，需要经常停电维护检修，为解决输变电设备停电检修与工农业生产持续用电之间的矛盾，部分地区电力部门的工人和技术人员率先开展了输变电设备不停电检修的探索和研究，通过带电水冲洗和带电机械清扫设备表面污秽的作业方法，解决了一次设备积污严重的问题，有效降低了污秽闪络事故的发生次数，为减少停电检修时间、多发电、多供电起到一定的作用。

带电水冲洗主要采用固定式和移动式两大类带电水冲洗装置。1952 年 8 月鞍山电业局在解决了水冲加压喷嘴等一系列关键问题后开始实际应用；1958 年 11 月，鞍山电业局郑代雨同志编著了中国带电作业最早的科技专著《带电冲洗绝缘瓷瓶》，分别从瓷瓶的污秽和消除、通过水柱的漏泄电流对人身安全的影响、水冲洗中瓷瓶表面漏泄电流对设备安全的影响、各种参数的决定、用水冲洗带电瓷瓶的方法、注意事项和组织分工等 6 个方面介绍了带电水冲洗的安全技术问题。

1978 年 1 月，在水电部武汉高压研究所主持的国际电工委员会第 78 技术委员会国内第一次会议上确定了"变电站水冲洗安全性研究"的课题；1980—1983 年，水电部生产司连续三次召开全国输变电设备带电水冲洗作业工作会议，组织有关单位开展带电水冲洗的科学试验研究工作，编制、修订带电水冲洗作业的相关标准。1984 年 12 月，电力科学研究院王如璋主要起草的《电气设备带电水冲洗导则（试行）》及《电气设备带电水冲洗导则编制说明》由水利电力出版社出版发行，并被列入水电部标准（标准号为 SD 129—84）。1985 年起组织编写的《电业安全工作规程（带电作业部分）》于 1987 年 9 月下旬下发试行；1990 年 8 月全国带电作业标准化技术委员会讨论通过的《带电作业用小水量冲洗工具》（GB

14545—1993）、1991 年能源部正式颁发的《电业安全工作规程（电力线路部分）》（DL 409—1991）和《电业安全工作规程（发电厂和变电所电气部分）》（DL 408—1991）、1992 年 2 月 10 日国家技术监督局发布的《电力设备带电水冲洗规程》（GB 13395—1992）、1993 年 7 月 31 日国家技术监督局发布的《带电作业用小水量冲洗工具（长水柱短水枪）》（GB 1446—1993）等技术标准的制定，对带电水冲洗作业的理论、冲洗设备、冲洗条件、冲洗操作方法等进行了详细的论述，使带电水冲洗作业有了统一的指导性准则。

带电机械清扫主要有气吹作业和机械作业两种作业方式。1952 年，鞍山电业局研制出鬃刷清扫机具进行带电清扫配电设备表面污秽。1983 年，河南洛阳供电局利用绝缘传动部件带动毛刷旋转的原理，成功研制出带动力的电力旋转式带电清扫刷，并应用于部分省市 110kV 刀闸支柱绝缘子带电清扫作业。20 世纪 80 年代末至 90 年代初，我国电网连续几年发生大面积污秽闪络停电事故，加之超高压变电设备对防污闪的更高要求，成功研究开发出新颖的带电清扫机械作业机具，出现了自动清扫装置和便携式清扫机具。

1983 年，武汉供电局与湖南电力中试所、长沙电业局和湘潭电厂合作，成功研制出带电气吹的作业方法，采用压缩空气吹打绝缘子表面污秽达到清扫的目的；此后武汉供电局又研究带电气吹Ⅱ型清扫装置，采用锯末作为清扫介质，作业过程中，锯末介质经喷嘴连续喷射到绝缘子表面从而实现带电清扫的目的。1987 年 9 月下旬，水电部生产司下发试行的《电业安全工作规程（带电作业部分）》中首次新增了带电气吹清扫内容，并正式纳入 1991 年 3 月能源部新颁发的《电业安全工作规程（电力线路部分）》（DL 409—1991）和《电业安全工作规程（发电厂和变电所电气部分）》（DL 408—1991）中。

变电设备本体带电检修作业的发展相对滞后于带电水冲洗和机械清扫作业，而电力先驱们在研究处理设备污秽的同时，同样关注设备本身。这是由于变电设备在运行中受高电压、环境因素和本身缺陷的影响同样会导致事故的发生，这就需要对设备进行相应的检测、维修和更换。从 20 世纪 60 年代中期开始，各地电力部门通过举办现场会、经验交流会、现场表演会等形式，演示和推广了一批变电带电作业项目。如 1966 年 5 月 4—13 日，水电部生产司召开了全国带电作业现场观摩表演大会，这是全国第一次有广泛地区参与表演检阅的现场会，其中切换大型电力变压器带电作业项目首次在观众面前展示，引起了轰动。

通过开展变电设备带电作业的研究和实践，逐步完善了悬式绝缘子劣化、支柱绝缘子泄漏电流、红外测温、充油设备取油样等带电检测手段，开展了带电水冲洗和带电清扫设备、带电更换悬式绝缘子、带电断（接）设备引线、支柱绝缘子机械清扫、阻波器更换等带电检修工作，有效解决高压隔离开关运行中触头易锈蚀、动静触头不能有效接触造成发热等实际问题。同时研制出移动式绝缘升降平台等作业工器具，解决了在管型母线、开关和隔离开关等设备上进行带电作业过程中间隙不足的问题，提高了变电带电作业的安全性。

二、变电带电作业现状

我国在变电带电作业的工具、作业项目及科研方面的体系还不够完善，与多年来输电线路带电作业取得的丰硕成果相比，变电带电作业开展的研究和作业项目都远远落后于输电线路。

国内变电站的设计有多种形式，分别为户外变电站、户内变电站、半户内变电站、地下变电站和移动变电站；一次电气主接线基本类型又分为有母线（单母线、双母线和一个半断路器）接线和无母线（单元、桥形和角形）接线，变电站设备带电作业受变电站形式和主接线形式的影响较大。目前一般户内变电站、半户内变电站、地下变电站和移动变电站的设备均采用 GIS，基本上不具备带电作业条件，变电带电作业目前仅限于户外变电站。

变电站内的设备类型较多，由于电力部门专业分工原因，变电站内的设备均归属变电运维检修单位管理，内部专业分工也较细，一般情况下变电站内设备如红外测温、支柱绝缘子泄漏电流检测、充油设备带电取油样等带电检测及套管补油工作均由变电运维检修单位完成。同时，变电运维检修单位均未设置带电作业班组，对于户外变电站绝缘子的劣化检测、清扫和更换，载流或非载流设备、耦合电容器、电压互感器和避雷器断接引线，阻波器更换、喷涂硅油、隔离开关、油断路器旁路短接等带电作业一般由线路运维检修单位的带电作业班组配合完成。

户外变电站悬式绝缘子一般采用瓷绝缘子或合成绝缘子，这就需要按周期进行瓷绝缘子的劣化和合成绝缘子的憎水性检测。经多年来的不断改进，瓷绝缘子劣化检测虽有提高但还存在一些问题，目前检测方法主要有接触式和非接触式，且都有其局限性，如使用单位对绝缘子劣化检测仪器的研究成果和检测仪器的有效性不清楚，没有权威机构对检测仪器的检定结论，造成目前没有较为可行的检测方法和检测仪器，影响绝缘子劣化检测工作的开展。

户外变电站悬式和支柱绝缘子清扫的主要方法是带电水冲洗和机械清扫，该方法从 20 世纪 50 年代发展至今已逐步形成较为完善的体系，但从全国范围来看，带电清扫工作开展很不平衡。主要原因是受气候环境影响，南方和北方地区有很大差异，降雨量不同造成沉积污秽的程度有轻有重，设备外绝缘清扫工作有多有少，但随着防污闪涂料的广泛应用及喷涂，使得外绝缘清扫工作逐步减少。带电水冲洗作业目前已有一系列的标准和规范，并在全国部分地区广泛开展，一般采用固定式和移动式带电水冲洗装置进行作业，但在实际执行环节上，受到地区环境、气候、水质条件、人员技术水平、安全因素等条件限制和制约，并未得到广泛开展，大部分作

业均由社会化的专业公司进行，普及度较低。带电机械清扫作业由于作业方法相对简单，操作的规范性要求和装置的购置成本也比带电水冲洗作业低，对解决设备积污问题不失为一种好方法，但在推广应用方面还很不够。

户外变电站电气主接线形式有母线的又分为软母线（早期）和管母线（近期），设备检修的内容有所不同，造成带电检修作业所使用的工器具和作业方法也各不相同。目前比较常见的带电检修工作主要有两类：①带电更换或检修设备；②断（接）设备引线。其操作方法与变电站的接线形式、工作习惯、工器具的配置等密切相关。虽然在变电设备带电检修方面开展了大量的研究和实践，但是与输电线路相比较，开展作业的范围、作业的内容都相对较少。其原因：①出于对作业安全的压力和对带电作业认识的不足，一般情况下都尽可能安排停电检修或消缺；②由于变电站的接线方式要比输电线路复杂得多，电气设备布置紧凑，周围存在较多的带电设备，作业过程对安全距离和组合间隙等安全性方面的要求比较严格，限制了作业的方法和程序，作业过程的控制难度相对较大；③开展变电带电作业对作业人员的素质和技术要求较高，而从事变电带电作业的人员大多数是从事输电线路带电作业的，对变电设备不熟悉，造成当前未开展或较少开展的局面。

2007 年，国家电网公司分别从总则、机构及其职责、资质和培训管理、作业及项目管理、工器具管理、技术管理和附则作出规定，制定了《国家电网公司带电作业工作管理规定（试行）》，取代了原有的《带电作业技术管理制度》，为分析带电作业工作现状、掌握带电作业工作的发展理清了工作思路。2011 年 6 月，国家电网公司组织编写并由中国电力出版社出版了《带电作业操作方法　第 3 分册　变电站》，分别按交流和直流共 8 个电压等级、从带电检测、带电检修、带电断（接）引线和带电清扫（洗）四个部分进行介绍，集成了近 60 年来全国变电站带电作业的研究和实践成果，对指导变电站带电作业工作的开展有着重要意义，为作业人员的学习培训提供便利。

2007 年，辽宁带电作业基地建成 220kV、66kV 变电站各一座，两变电站均采用典型设计，双母线接线，软母线连接普通中型布置，一个标准出线间隔及一个母线隔离开关间隔。可满足带电中型水冲洗、带电断接设备母线，处理设备节点发热等项目的培训要求，是国内第一个变电站带电作业培训专用实训场，目前已完成超过 3000 人次的培训取证。

2015—2018 年，国网冀北电力有限公司电力科学研究院和冀北检修公司开展了"110～220kV 变电站带电作业关键技术研究"课题研究，系统地对 110～220kV 典型变电站内的过电压水平、最小安全距离、组合间隙进行了仿真计算，对小间隙硬管母线放电特性进行了试验验证，确定了带电作业各种安全距离，并对带电处理隔离开关等连接件发热故障，垂直分合隔离开关处于断开冷备用状态下检修，软母线引线带电断、接引线，硬（管）

母线带电断、接引线等变电站典型带电作业项目进行了研究，研制出了相应的发热短接装置、绝缘限位伞、万向导线卡线连接钳、履带式自行走垂直升降绝缘平台等相关设备和工具，完成了所有作业项目的工程应用，"110～220kV 变电站带电作业关键技术研究"获 2018 年国家电网公司科技成果二等奖。此项目的完成标志着我国变电站设备检修作业进入全面带电作业的时代。

第二节 变电带电作业方法

本节介绍变电带电作业的分类及其作业原理。通过概念介绍、原理讲解，掌握地电位作业、中间电位作业、等电位作业等带电作业方法的原理。

一、变电带电作业方法分类

在带电作业中，电对人体的作用有两种：①在人体的不同部位同时接触了有电位差（如相与相之间或相与地之间）的带电体时而产生的电流危害；②人在带电体附近工作时，尽管人体没有接触带电体，但人体仍然会由于空间电场的静电感应而产生的风吹、针刺等不舒适之感。经测试证明，为了保证带电作业人员不受到触电伤害的危险，并且在作业中没有任何不舒适之感的安全地进行带电作业，就必须具备三个技术条件：①流经人体的电流不超过人体的感知水平 1mA（1000μA）；②人体体表局部场强不超过人体的感知水平 240kV/m（2.4kV/cm）；③人体与带电体（或接地体）保持规定的安全距离。能够满足上述三个带电作业技术条件的作业方法有多种，其主要的分类方法有以下几种：

（1）按人体与带电体的相对位置来划分。带电作业方式根据作业人员与带电体的位置，分为间接作业与直接作业两种方式。

1）间接作业。间接作业是指作业人员不直接接触带电体，保持一定的安全距离，利用绝缘工具操作高压带电部件的作业。从操作方法来看，地电位作业、中间电位作业、带电水冲洗和带电气吹清扫绝缘子等都属于间接作业。间接作业也称为距离作业，输变配电带电作业工作中都可采用。

2）直接作业。直接作业是指作业人员直接接触带电体进行的作业，在输电线路带电作业中，直接作业也称为等电位作业，在国外也称为徒手作业或自由作业。作业人员穿戴全套屏蔽防护用具，借助绝缘工具进入带电体，人体与带电设备处于同一电位的作业，它对防护用具的要求是越导电越好。这种作业主要应用于输变电带电作业中。

（2）按作业人员的自身电位，可分为地电位作业、中间电位作业、等电位作业三种方式，如图 2-9-2-1 所示。

二、地电位作业

地电位作业是指人体处于地（零）电位状态下，使

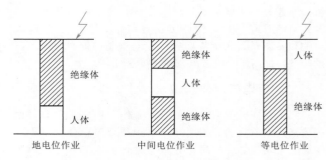

图 2-9-2-1 三种作业方式的区别及特点

用绝缘工具间接接触带电设备，来达到检修目的的方法。其特点是：人体处于地电位时，不占据带电设备对地的空间尺寸。

作业人员位于地面或杆塔上，人体电位与大地（杆塔）保持同一电位。此时通过人体的电流有两条通道：①带电体→绝缘操作杆（或其他工具）→人体→大地，构成电阻通道；②带电体→空气间隙→人体→大地，构成电容电流回路。这两个回路电流都经过人体流入大地（杆塔）。严格地说，不仅在工作相导线与人体之间存在电容电流，另两相导线与人体之间也存在电容电流。但电容电流与空气间隙的大小有关，距离越远，电容电流越小，所以在分析中可以忽略另两相导线的作用，或者把电容电流作为一个等效的参数来考虑。

1. 地电位作业的技术条件

只要人体与带电体保持足够的安全距离，有足够的空气间隙，且采用绝缘性能良好的工具，则通过人体的泄漏电流和电容电流都非常小（微安级），这样小的电流对人体毫无影响，因此，足以保证作业人员的安全。地电位作业法的相对位置为接地体→人体→绝缘体→带电体，人体与接地体基本处于同一电位上，如带电测绝缘子零值、带电挑异物、带电水冲洗、带电机械清扫等都属于地电位作业项目。

但是必须指出的是，绝缘工具的性能直接关系到作业人员的安全，如果绝缘工具表面脏污或者内外表面受潮，泄漏电流将急剧增加。当增加到人体的感知电流以上时，就会出现麻电甚至触电事故。因此，在使用时应保持工具表面干燥清洁，并注意妥当保管防止受潮。另外对于较高电压等级的作业时，由于电场强度高、静电感应严重，还应采取防护电场的措施。如在 330kV 及以上电压等级的带电线路杆塔上及变电站架构上作业时，地电位作业也须穿静电感应防护服、导电鞋等防静电感应措施，220kV 电压等级的带电线路杆塔上及变电站架构上作业时宜穿导电鞋。

2. 地电位作业的等值电路

地电位作业位置示意图及等值电路见图 2-9-2-2。

由于人体电阻远小于绝缘工具的电阻，即 $R_r \ll R$，人体电阻 R_r 也远远小于人体与导线之间的容抗，即 $R_r \ll X_c$，因此在分析流入人体的电流时，人体电阻可忽略不计。设 I' 为流过绝缘杆的泄漏电流，I'' 为电容电流，那么流过人体总电流是上述两个电流分量的矢量和，即

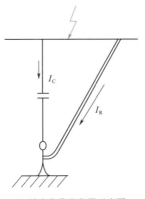 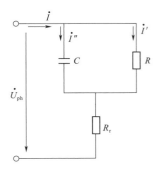

（a）地电位作业位置示意图　　（b）等值电路

图 2-9-2-2　地电位作业位置示意图及等值电路

C、I_C—人体与带电体的电容及电容电流；U_{ph}—相电压；

R、I_R—绝缘工具的电阻及流过它们绝缘电流；R_r—人体电阻

$$i = i' + i''$$

带电作业所用的环氧树脂类绝缘材料的电阻率很高，如绝缘管材的体积电阻率在常态下均大于 $10^{12}\Omega\cdot cm$，制作成的工具的绝缘电阻为 $10^{10} \sim 10^{12}\Omega$。由于绝缘材料的绝缘电阻非常大，流经其泄漏电流也就只有微安级。

间接作业时，当人体与带电体保持安全距离时，人与带电体之间的电容为 $2.2\times10^{-12} \sim 4.4\times10^{-12}$F，表达式为

$$X_C = \frac{1}{\omega C} = \frac{1}{2\pi fC} \approx (0.72 \sim 1.44)\times10^9\,\Omega$$

只要人体与带电体保持安全距离，人与带电体之间空间容抗 X_C 也就很大，其空间电容电流也就只有微安级。间接作业时，$I' + I''$ 的矢量和也是微安级，远远小于人体电流的感知值 1mA，所以带电作业是安全的。

三、中间电位作业

中间电位作业是指人体处于接地体和带电体之间的电位状态，使用绝缘工具间接接触带电设备，来达到其检修目的的方法。其特点是：人体处于中间电位，占据了带电体与接地体之间一定空间距离，既要对接地体保持一定的安全距离，又要对带电体保持一定的安全距离。

当作业人员站在绝缘梯或绝缘平台上，用绝缘杆进行的作业即属中间电位作业，此时人体电位是低于带电体电位、高于地电位的某一悬浮的中间电位。

作业人员通过绝缘平台和绝缘杆两部分绝缘体分别与接地体和带电体隔开，这两部分绝缘体共同起着限制流经人体电流的作用，同时人体还要通过组合间隙来防止带电体通过对人体和接地体发生放电。组合间隙由两段空气间隙组成。

需要指出的是，在采用中间电位法作业时，带电体对地电压由组合间隙共同承受，人体电位是一悬浮电位，与带电体和接地体是有电位差的，在作业过程中要求：

（1）地面作业人员不允许直接用手向中间电位作业

人员传递物品。若直接接触或传递金属工具，由于二者之间的电位差，将可能出现静电电击现象；若地面作业人员直接接触中间电位人员，相当于短接了绝缘平台，不仅可能使泄漏电流急剧增大，而且因组合间隙变为单间隙，有可能发生空气间隙击穿，导致作业人员电击伤亡。

（2）由于空间场强较高，中间电位作业人员需穿屏蔽服，避免因场强过大引起人体的不适感。

（3）绝缘平台和绝缘杆应定期试验，使用时保持表面清洁、干燥，保证其良好的绝缘性能，有效绝缘长度应满足相应电压等级规定的要求，其组合间隙一般应比相应电压等级的单间隙大 20％左右。

1. 中间电位作业的技术条件

当地电位和等电位作业均不宜或不能满足作业要求时，可采用中间电位作业法进行作业，中间电位作业法是介于两者之间的一种方法。它要求人体既要与带电体保持一定距离，也要和大地（接地体）保持一定距离。此时人体的电位是介于地电位与带电体的高电位之间的某一个悬浮电位。

中间电位作业法的相对位置为接地体→绝缘体→人体→绝缘体→带电体，人体通过两部分绝缘体分别与接地体和带电体隔开，由两部分绝缘体限制流经人体的电流，所以只要绝缘操作工具和绝缘平台的绝缘水平满足规定，由绝缘操作工具的绝缘电阻和绝缘平台的绝缘电阻组成的绝缘体，其绝缘电阻值 R_1、R_2 非常大即可将泄漏电流限制到微安级水平。同时，中间电位人员前后两段空气间隙必须达到规定的作业间隙，由两段空气间隙组成的电容回路容抗 X_{C1}、X_{C2} 也就非常大，即可将通过人体的电容电流限制到微安级水平。中间电位作业就可以安全地进行。由于人体电位高于地电位，体表场强也相对较高，应采取相应的电场防护措施，以防止人体产生不适。

2. 中间电位作业的等值电路

中间电位作业位置示意图及等值电路见图 2-9-2-3。

由等值电路可以计算出人体的电位为

$$\dot{U} = \dot{U}_{ph}\frac{j\omega C_2 // R_2}{j\omega C_1 // R_1 + j\omega C_2 // R_2}$$

人体处于地电位与带电体之间的一个悬浮电位，人体只要与带电体和地之间保持足够的绝缘，工作就是安全的。

四、等电位作业

由电造成人体有麻电感甚至死亡的原因，不在于人体所处电位的高低，而取决于流经人体电流的大小。根据欧姆定律，当人体不同时接触有电位差的物体时，人体中就没有电流通过，所以等电位作业是安全的。

当人体与带电体等电位后，假如两手（或两足）同时接触带电导线，且两手间的距离为 1.0m，那么作用在人体上的电位差即该段导线上的电压降。如 LGJ-150 型号的导线，该段电阻为 0.00021Ω，当负荷电流为 200A

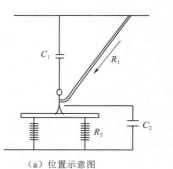

（a）位置示意图

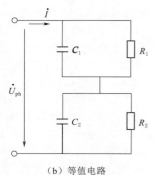

（b）等值电路

图 2-9-2-3 中间电位作业位置示意图及等值电路

U_{ph}—相电压；C_1—人体与导线之间的电容；
C_2—人体与地（杆塔）之间的电容；R_1—绝缘
杆的电阻；R_2—绝缘平台的电阻

时，那么该电位差为 0.042V。设人体电阻为 1000Ω，那么通过人体的电流为 42μA，远小于人的感知电流 1000μA，人体无任何不适感。如果作业人员是穿屏蔽服作业，屏蔽服有旁路分流的作用，那么，流过人体的电流将更小。

从作业原理的分析来看，等电位作业是安全的，但在等电位的过程中，应注意以下几点：

（1）作业人员借助某一绝缘工具（硬梯、软梯、吊篮等）进入高电位时，该绝缘工具性能应良好且保持与相应电压等级相适应的有效绝缘长度，使通过人体的泄漏电流控制在微安级的水平。

（2）组合间隙的长度必须满足相关规程及标准的规定，使放电概率控制在 10^{-5} 以下。

（3）在进入或脱离等电位时，要防止暂态冲击电流对人体的影响。因此，在等电位作业中，作业人员必须穿戴全套屏蔽服，实施安全防护。

1. 等电位作业的技术条件

等电位作业是指借助于绝缘工具使作业人员与带电体处于同一个电位上的作业。作业时人员必须时刻与带电体保持接触。

等电位作业法的相对位置为接地体→绝缘体→人体和带电体，即人体通过绝缘体（工具）与接地体绝缘以后，只要保持足够的安全距离和一定的绝缘强度，就能直接接触带电体进行工作，绝缘工具的绝缘电阻、安全距离的容抗仍起限制流经人体电流的作用。在电路中，当一个导电体各点的电位相等时，导体中就没有电流流过，在等电位作业中，人体与带电体的电位相等，人和带电体可以近似为一个导体，人体各部位没有电位差因此就没有电流流过，人体也就不会发生触电事故，所以等电位作业是安全的。但是带电体上及周围的空间电场强度十分强烈，等电位作业人员必须采用可靠的电场防护措施，使体表场强不超过人体的感知水平。

2. 等电位作业的等值电路

等电位作业在实现等电位的过程中，将发生较大的

暂态电容放电电流，等电位过程中等值电路及放电回路见图 2-9-2-4。

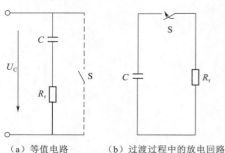

（a）等值电路　　　（b）过渡过程中的放电回路

图 2-9-2-4 等电位过程中等值电路及放电回路

图 2-9-2-4 中，U_C 为人体与带电体之间的电位差，这一电位差作用在人体与带电体所形成的电容 C 上，在等电位的过渡过程中，形成一个放电回路，放电瞬间相当于开关 S 接通瞬间，此时限制电流的只有人体电阻 R_r，冲击电流初始值可由欧姆定律求得

$$I_{ch} = U_C / R_r$$

在等电位作业中，最重要的是进入或脱离等电位过程中的安全防护。在带电导线周围的空间中存在着电场，一般来说，距带电导线的距离越近，空间场强越高。当把一个导电体置于电场之中时，在靠近高压带电体的一面将感应出与带电体极性相反的电荷。当作业人员沿绝缘体进入等电位时，由于绝缘体本身的绝缘电阻足够大，通过人体的泄漏电流将很小。但随着人体与带电体的逐步靠近，静电感应作用越来越强烈，人体与导线之间的局部电场越来越高。

当人体与带电体之间距离减小到场强足以使空气发生游离时，带电体与人体之间将发生放电。当人手接近带电导线时，就会看见电弧发生并产生"啪啪"的放电声，这是正负电荷中和过程中电能转化成声、光、热能的缘故。当人体完全接触带电体后，中和过程完成，人体与带电体达到同一电位。

对于 110kV 或更高电压等级的带电体，冲击电流初始值一般为十几安至数十安。由此可见，冲击电流的初始值较大，因此作业人员必须身穿全套屏蔽服，通过导电手套或等电位转移线（棒）接触导线。如果直接徒手接触导线，则会对人体产生强烈的刺激，有可能引发二次事故或导致电气烧伤。当然，由于冲击电流是一种脉冲放电电流，持续时间短，衰减快，通过屏蔽服可起到良好的旁路效果，使直接流入人体的冲击电流非常小，而且屏蔽服的持续通流容量较大，暂态冲击电流也不会对屏蔽服造成任何损坏。一般来说，采用导电手套接触带电导线，由于身穿屏蔽服的人体相对距带电导线较近，相当于电容器的两个极板较近，感应电荷增多，因此其冲击电流也较大。如果作业人员用电位转移线（棒）搭接，人体可以对导线保持较大的距离，使感应电荷减小，冲击电流也减小，从而避免等电位瞬间冲击电流对人体的影响。

在作业人员脱离高电位时，即人与带电体分开并有

一空气间隙时，相当于出现了电容器的两个极板，静电感应现象同时出现，电容器反复被充电。当这一间隙小到使场强高到足以使空气发生游离击穿时，带电体与人体之间又将发生放电，就会出现电弧并发出"啪啪"的放电声。所以每次移动作业位置时，若人体没有与带电体保持等电位，都会出现充电和放电的过程。当等电位作业人员靠近导线时，如果动作迟缓并与导线保持在空气间隙易被击穿的临界距离，那么空气绝缘时而击穿，时而恢复，就会发生电容与系统之间的能量反复交换。这些能量部分转化为热能，有可能使导电手套的部分金属丝烧断，因此，进入等电位和脱离等电位都应动作迅速。等电位过渡的时间是非常短的，当人手与导线握紧之后，经过零点几微秒，冲击电流就衰减到最大值的 1% 以下，等电位进入稳态阶段。当人体与带电体等电位后，就好像鸟儿停落在单根导线上一样，即使人体有两点与该带电导线接触，由于两点之间的电压降很小，流过人体的电流是微安级的水平，人体无任何不适感。如在断、接引线等电位作业中，等电位作业人员身处绝缘梯上，时常由于导线与带电体时断时连，出现接触不良，发生火花放电现象。建议使用等电位安全带，确保作业人员与导线始终处于同电位状态，进入电场后稳态等电位作业位置示意图及等值电路如图 2-9-2-5 所示。

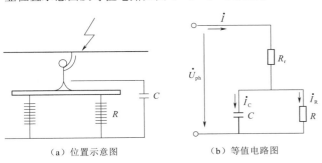

（a）位置示意图　　　　（b）等值电路图

图 2-9-2-5　稳态等电位作业位置示意图及等值电路

C、I_C—人体与带电体的电容及电容电流；U_{ph}—相电压；
R、I_R—绝缘工具的电阻及流过它的绝缘电流；R_r—人体电阻

与地电位分析一样，只要绝缘工具良好，空气间隙足够，其流经人体电流也就极小，远远小于人体感知电流值，作业是安全的。

第三节　带电作业安全技术

一、强电场的防护措施

（一）变电带电作业中的高压电场

经实际检测，在 500kV 线路上，未等电位前头顶场强（屏蔽服处）达 400kV/m，在等电位后，脚尖部分场强可达 700kV/m。而在电位转移过程中，手指—导线极间场强很高，手指体表场强可达 1800～2100kV/m（有效值），因为只有达到这个场强值，空气才会击穿导致火花放电。这里需要强调的是，不论在哪个电压等级上，

在转移电位前手指尖的体表场强都会达到这个值，否则间隙不会被击穿。因而，等电位作业时，不论电压等级高低，都必须采取防护措施。但是，在各电压等级中，电位转移时的放电间隙是不相同的。经实际检测，500kV 线路上电位转移时的火花放电间隙为 300mm，220kV 线路上电位转移时的火花放电间隙则为 130mm，66kV 线路上电位转移时的火花放电间隙则为 40mm。

为了防止火花放电发生在等电位作业人员的裸露部分与导线之间，《电力安全工作规程　变电部分》（Q/GDW 1799.1—2013）规定，等电位人员在进行电位转移前，应得到工作负责人的许可，转移电位时人体裸露部位与带电体最小安全距离见表 2-9-3-1。

表 2-9-3-1　等电位作业转移电位时人体裸露部位
与带电体最小安全距离

电压等级 /kV	35、 66	110、 220	330、 500	±400、 ±500	750、 1000
距离/m	0.2	0.3	0.4	0.4	0.5

工频强电场对人体的影响可以分为短时效应和长期效应。工频强电场对人体的长期效应的严重性，是带电作业人员非常关心的问题，国际上也曾经争论多年。1972 年，苏联在国际大电网会议上提出，经常暴露在高电场的工作人员出现了神经上及心血管功能性病症。这一报告引起了国际上的极大不安，随后一些国家（包括中国）都对高压电场对人身生理影响进行了广泛的研究。

（二）人体在强电场中的感觉

1. 电风感觉

人体电风吹感的大小与电场的强弱有关。经测试证明，人体在良好的绝缘装置上，裸露的皮肤上开始感觉到有微风拂过时的电场强度大约为 240kV/m。电场强度低于 240kV/m 时，人体不会感到电场的存在。因此，现在已普遍把 240kV/m 作为人体对电场的感知水平。

2. 异声感

在交流电场中，当电场强度达到某一数值后，许多人的耳中就会产生"嗡嗡"声。初步分析认为，这是由于交流电场周期变化，对耳膜产生某种机械振动所引起的。

3. 蛛网感

在强电场中，如果人的面部不加屏蔽，也会产生一种特有的"蛛网感"，其感觉是好像面部沾上了蜘蛛网一样的难受。

4. 针刺感

当人穿着塑料凉鞋在强电场下的草地上行走时，只要脚下的裸露部分碰到附近的草尖，就会产生明显的刺痛感。这是由于人体与大地绝缘，与草尖有电位差，造成草尖与人体放电。

（三）高压电场的防护

高压电场中的防护，其目的在于抑制强电场对人体产生的不适感觉，减小工频电场对人体的长、短期生态效应。

1. 控制流经人体的电流

电击对人体的危害程度，主要取决于通过人体电流的大小和通电时间长短，电流强度越大，致命危险越大；持续时间越长，死亡的可能性越大。能引起人体感觉到的最小电流值称为感知电流，交流为 1mA，直流为 5mA。人触电后能自己摆脱的最大电流称为摆脱电流，交流为 10mA，直流为 50mA。在较短的时间内危及生命的电流称为致命电流，一般认为致命电流为 50mA，即 50mA 的电流通过人体 1s，可足以使人致命。各国的试验结果表明，流经人体的长期允许交流电流值为 $80\sim120\mu A$，平均为 $100\mu A$，为安全起见，各国在制定带电作业安全规程时，所规定得流经人体的持续交流电流值都小于 $100\mu A$，我国规定屏蔽服内流经人体的电流不得大于 $50\mu A$。

2. 控制人体表的电场强度

人体皮肤对表面局部场强的电场感知水平为 240kV/m。据研究，当 220kV 导线对地高度为 10m 时，在人未进入电场前，离地面 1.8m 高度处场强为 3.54kV/m，人体进入后，头部场强可达 $63\sim77$kV/m，这个场强比人体进入前增高 $18\sim22$ 倍，但是依然小于电场感知水平，是安全的。带电作业中，在中间电位、等电位或电位转移时，体表场强会远远超过这个值，因此需要采取防护措施。《带电作业用屏蔽服装》（GB/T 6568—2008）中规定，测量人体外露部位（如面部）的体表局部场强不得大于 240kV/m。

（四）屏蔽服的原理

根据法拉第笼原理，在封闭导体内部，电场强度为零。屏蔽服是法拉第笼原理的具体应用，它是用细铜丝或合金丝（如蒙代尔丝和不锈钢丝）在蚕丝上包绕后编织成布，再用这样的布做成的服装，相当于一个柔软的法拉第笼。但是屏蔽服实际为金属网状结构，不可能是全封闭导体，会有部分电场穿透到屏蔽服内部，因此，存在着屏蔽效率的问题。屏蔽服主要作用如下：

（1）屏蔽作用。

（2）均压作用。

（3）分流作用。

（五）屏蔽服的技术要求

带电作业用屏蔽服装是用在强电场下作业的一种特殊工作服，由金属材料和阻燃纤维做成，应有较好的屏蔽性能、较低的电阻、适当的通流容量、一定的阻燃性及较好的服用性能，各部件应经过两个可卸的连接头进行可靠的电气连接，应保证连接头在工作过程中不得脱开。

在等电位作业时必须穿着屏蔽服，控制屏蔽服装内人体表面电场强度不超过 15kV/m，防止电磁波对人体的伤害。

二、有关电流的防护措施

（一）电流对人体的作用

1. 人体对电流的生理反应

人体如被串入闭合的电路中，就会有电流通过。人体电阻 R_r，一般按 1000Ω 计算。人体对工频稳态电流的生理反应可分为感知、震惊、摆脱、呼吸痉挛和心室纤维性颤动。其相应的电流阈值如表 2-9-3-2 所示。

表 2-9-3-2　人体对工频稳态电流产生生理反应的电流阈值　　单位：mA

生理效应	感知	震惊	摆脱	呼吸痉挛	心室纤维性颤动
男性	1.1	3.2	16.0	23.0	100
女性	0.8	2.2	10.5	15.0	100

心室纤维性颤动被认为是电击引起死亡的主要原因。但超过摆脱阈值的电流，也可能致命，因为此时人手已不能松开，使电流继续流过人体，引起呼吸痉挛甚至窒息死亡。上述各阈值并非一成不变，与接触面积、接触条件（湿度、压力、温度）和每个人的生理特性有关；心室纤维性颤动电流阈值与电流的持续时间有密切关系。

电流对人体的伤害主要有电击和电伤两种。

2. 人体对电流的耐受能力

电击和电伤均是在流经人体的电流超过一定阈值后出现的。研究表明：流经人体的电流只要低于某一个水平，如交流电不超过 0.5mA 时，人体不会感到电流的存在，见表 2-9-3-3。因此可以认为，人体对电流有一定的耐受能力。目前，普遍认为 1mA 交流电是人体对电流的感知水平，并把它作为人体耐受电流的安全极限。

表 2-9-3-3　工频电流对人体的作用

电流/mA	通电时间	人体生理反应
0.5	连续通过	没有感觉
0.5～5	连续通过	开始有感觉，于指手腕某处有痛感，可以摆脱电极
5～30	数分钟以内	痉挛，不能摆脱电极，血压升高，是可以忍受的极限
30～50	数秒到数分钟	心跳动不规则，昏迷，血压升高，强烈痉挛，时间过长即引起心室纤维性颤动
50～数百	低于心脏搏动周期	受强烈冲击，但未发生心室纤维性颤动
50～数百	超过心脏搏动周期	昏迷，心室纤维性颤动，接触部位有电流流过的痕迹
超过数百	低于心脏搏动周期	在心脏搏动周期特定的部位触电时，发生心室颤动、昏迷，接触部位有电流通过痕迹
超过数百	超过心脏搏动周期	心脏停止跳动，昏迷，可能致命的电灼伤

表 2-9-3-3 内的 0.5mA 是指一般人对交流电的感知水平。实际上，由于性别、电流频率以及流入人体时电流密度不同，感知水平也不完全相同。如有些文献资料认为，男性和女性对工频电流的感知水平分别为 1.1mA 和 0.8mA，而对直流电的感知水平却分别为 5.2mA 和 3.5mA。还有的资料表明，流入人体的电流密

度达到 0.127mA/m² 时，就会有麻电的感觉。

总之，带电作业中，应采取措施，使在各种操作方式下通过人体的电流小于引起人体伤害电流的最小值，确保人身安全。由于绝缘工具的电阻远远大于人体电阻，将绝缘工具串联在回路中，利用绝缘工具阻断通过人体的电流，绝缘工具的绝缘好坏直接影响人体的安全。

（二）绝缘通道中的泄漏电流

1．绝缘工具的泄漏电流

带电作业中，由各种绝缘杆、绳或者水柱等组成了带电体和接地体之间的各种通道。绝缘材料在内、外因素影响下，也会使通道流过一定的电流，习惯上把这种电流称为泄漏电流。泄漏电流也是一种对人体伤害比较严重的电流，尤其是经绝缘体表面通过的沿面电流。可以通过对绝缘工具表面进行擦拭，使其表面光滑、干燥、洁净，以尽量减少沿面电流。

若绝缘工具受潮，其体积电阻率及表面电阻率将可能下降两个数量级，则泄漏电流将上升两个数量级，达到毫安级水平，会危及人身安全。因此，保持工具不受潮是非常重要的。

普通绝缘工具在湿度超过80％以上的环境中不宜使用，如需带电作业，则必须使用防潮型绝缘工具（防潮绝缘杆、防潮绳、防潮绝缘毯、防潮绝缘服等）。防潮工具内部、表面经过特殊处理，具有在潮湿气候下仍能保持很小的泄漏电流的特性。

普通绝缘工具在雨天是禁止使用的。特殊的雨天操作杆，由于加装了一定数量的防雨罩，使绝缘杆有效长度内的爬电距离增大，并保持少数区段的绝缘不被雨淋湿，所以，整个工具的泄漏电流得到有效控制，一般工作状态下的泄漏电流不会超过几百微安。

2．绝缘子串的泄漏电流

干燥洁净的绝缘子串，其电阻很高，单片绝缘子的绝缘电阻在 500MΩ 以上，其电容很小，单片约为 50pF，故其阻抗值很高，绝缘子串的泄漏电流不会超过几十微安。但当绝缘子受到一定程度的污秽且空气相对湿度较大时，泄漏电流可能达到毫安级。

三、有关安全的其他问题

（一）气象条件

带电作业的安全与气象条件有一定的关系。从国内多年的带电作业实践来看，公认对带电作业安全有影响的因素有气温、风力、湿度、雨、雪、雾及雷电等。

1．气温的影响

气温与安全的关系主要从气温对绝缘工具绝缘性能影响和人体机能影响两方面考虑。高温天气时，绝缘工具的闪络强度会下降，尤其当绝缘工具表面有干态带状污染物的情况下，温度升高，其操作波强度可能降低50％；另外，高温作业易使作业人员疲劳，出汗影响绝缘工器具性能。低温天气时，绝缘工器具的机械强度将会下降，并且低温环境直接影响人体的体力发挥和操作的灵活性与准确性。考虑到我国幅员辽阔，温差太大，

不可能用一个温度满足全国不同地区，故以往的规程均未作统一规定，各地可根据当地实际情况确定进行带电作业的具体温度范围。一般规定温度高于 35℃ 不宜开展带电作业。

2．风力的影响

风力对安全的影响比气温要大一些。当风力过大时，带电作业上下指挥呼叫困难，绳索等工器具难以控制，杆塔、引线的净空尺寸和荷重发生变化。此外，在特定带电作业项目中，风力对安全性也存在不同程度的影响。如在带电水冲洗项目中，风力大于 3 级时水柱易发生散花，影响水冲洗的效果和安全；在断接引线项目中，风力可能影响断接时电弧延伸范围。因此，《电力安全工作规程 变电部分》（Q/GDW 1799.1—2013）规定，风力大于 5 级，不宜进行带电作业。

3．湿度的影响

空气湿度大于80％时不宜进行带电作业。因为空气湿度会影响到绝缘工器具的沿面闪络电压、性能和空气间隙的击穿强度。如绝缘绳，在干燥、清洁条件下，蚕丝、锦纶（丙纶）绳电气性能基本等同，但在淋雨后，其击穿电压会大大下降。受潮后的绝缘绳泄漏电流比干燥时的泄漏电流增大 10～14 倍，对蚕丝绳和锦纶绳而言，湿闪电压分别下降到其原有击穿电压的 26％ 和 33.5％。受潮的绝缘绳因泄漏电流增大，会导致绝缘绳发热，甚至产生明火，易导致人造纤维合成的锦纶、锦纶绳熔断。

4．雨、雪、雾的影响

雨水淋湿绝缘工具时电流会增大，并引发绝缘闪络（如绝缘杆闪络）、烧损、烧断（如绝缘绳熔断），发生人身或设备事故。所以，不仅应严禁在雨天进行带电作业，而且还应要求工作负责人对作业现场是否会突发降雨有足够的预见性，以便及时采取果断措施中断带电作业。

降雪不及时融化的季节，一般对绝缘工具的影响比较小，因为雪是晶体不导电，所以带电作业过程中发生降雪是可以将绝缘工具撤除带电体的；降雪及时融化的季节，雪会很快融化成水，它与空气中的杂质混合在一起，降低绝缘的效果甚至比雨水还要严重。所以，作业途中遭遇降雪融化较快的情况，工作负责人应按降雨的情况应急处理。

雾的成分主要是小水珠，对绝缘工具的影响与雨的相似，只不过是绝缘工具受潮的速度稍慢一些，所以雾天禁止带电作业。

5．雷电的影响

带电作业最小安全距离和绝缘工具最低耐压水平是按浮士德—孟善经验公式设定 5km 外雷电落在线路上后沿导线传播的电压波最大值计算的。也就是说即使远方（5km 外）雷击中导线，由于导线电阻、线间或对地间电容、导线集肤效应、空气介质极化、电晕等影响，雷电波在导线传播中发生变形和衰减，当传输到工作地点时，已衰减到安全值以下，但现场作业时是无法判断落雷点到作业点的距离的，所以为防止雷电对带电作业的安全造成影响，规定听见雷声、看见闪电时不得进行带电

作业。

（二）停用重合闸问题

带电作业有下列情况之一者，应停用重合闸或直流再启动保护，并不得强送电：

（1）中性点有效接地的系统中有可能引起单相接地的作业。

（2）中性点非有效接地的系统中可能引起相间短路的作业。

（3）直流线路中有可能引起单极接地或极间短路的作业。

（4）工作票签发人或工作负责人认为需要停用重合闸或直流再启动保护的作业。禁止约时停用或恢复重合闸及直流再启动保护。

带电作业工作负责人在带电作业工作开始前，应与值班调度员联系。需要停用重合闸或直流再起动保护的作业和带电断、接引线应由值班调度员履行许可手续。带电作业结束后应及时向调度值班员汇报。

在带电作业过程中如设备突然停电，作业人员应视设备仍然带电。工作负责人应尽快与调度联系，值班调度员未与工作负责人取得联系前不准强送电。

（三）停用继电保护的问题

变电站内带电作业，有些项目涉及继电保护停用问题。

（1）在短接开关回路的过程中，回路中的电流互感器被短接，将使电流监测系统发生变化，很可能导致开关误跳闸。因此开关的继电保护应暂停运行。

（2）在带电断接电压互感器以前，应停用有关无电压跳闸的继电保护，以防止开关误动作。

（3）在带电切换主变压器时，应停用变压器一次、二次侧开关的过电流速断保护及差动保护，以防一次、二次侧潮流变化引起开关跳闸。

（4）在同一母线上两个分支线开关外侧环并作业时，电源侧的两分支线开关的跳闸机构均需顶死。

第四节　变电站带电作业工器具及其管理

一、变电站常用及典型专用工具

（一）登高类工器具

登高类工器具（辅助工器具）主要用于作业人员在作业过程中转移作业位置，为高处作业人员提供安全可靠的作业工位，实施具体带电作业操作。如绝缘梯架（平梯、人字梯、蜈蚣梯等）、固定绝缘平台、升降作业绝缘平台等，若具备条件也可使用绝缘斗臂车。登高类工器具（辅助工器具）根据不同功能，采用绝缘板材、绝缘管材、绝缘棒材进行设计、组合、加工，其关键受力及连接部位可选择金属材料，但应根据不同的电压等级计算金属部件的尺寸，使用时注意其电气空间组合间隙。

1. 绝缘人字梯

绝缘人字梯用于 35～220kV 断路器、隔离开关等变电设备的停电检修和带电作业，提供与带电作业设备高度匹配的等电位作业或中间电位的作业的工位或作为检修工作平台等。分为单节和多节两种，大多采用插接连接方式。

2. 绝缘挂梯

绝缘挂梯是用于变电带电作业工作中进出电场的登高工具，主要由搭接挂架（梯头）和绝缘梯主体组成，搭接挂架分为带轮和无轮，绝缘梯主体分为双绝缘管和单绝缘管（蜈蚣梯），并根据电压等级和长度要求由多节插接形式组合而成。

3. 绝缘软梯

绝缘软梯是用于带电作业人员高处作业时进入电场的攀登工具。绝缘软梯由绝缘软梯头架与绝缘软梯组成，软梯头架一般分为单导线用和双分裂导线用。

4. 绝缘自行走升降平台

绝缘自行走升降平台用于变电站带电作业人员升高作业，分为全地形橡胶履带自行走带电作业升降平台和轻型（电瓶）车载式带电作业用升降绝缘平台等。

（二）操作类工器具

操作类工器具用于地电位作业和中间电位作业的带电作业操作，也是有电位差作业人员相互配合的有效工器具。如带电作业操作杆、带电水冲洗喷枪、带电清扫刷等。操作类工器具使用环氧树脂玻璃纤维复合材料制成，具有一定的机械抗弯、抗扭特性以及耐径向挤压、轴向挤压和耐机械老化性能，可采用金属扣件分段连接使用，对人员手持操作部分进行限位警示标志。

绝缘管、棒材根据其制作材料及外形的不同，主要有三类，见表 2-9-4-1，选择时可结合不同电压等级的作业需求，考虑不同长度、外径、重量等因素多段组合。

表 2-9-4-1　绝缘管、棒材分类表

类别	名　称	标准外径系列/mm
Ⅰ	实心棒	10，16，24，30
Ⅱ	空心管	18，20，22，24，26，28，30，32，36，40，44，50，60，70
Ⅲ	泡沫填充管	18，20，22，24，26，28，30，32，36，40，44，50，60，70

注　填充绝缘管其标称外径与空心管系列相同。

操作类工器具在使用过程中还需要根据现场实际作业需求，配置相应辅助小工具，如拔销器、扳手、割刀等，用于进一步拓展此类带电作业的具体实用性功能，解决现场的实际问题。

1. 绝缘操作杆

绝缘操作杆是带电作业人员地电位作业的或中间电位作业的辅助操作工具，包括绝缘操作挑杆、绝缘叉杆、清除接点氧化层操作杆、隔离开关触头打磨操作杆等，可用于地电位作业电工进行绝缘绳过障，螺栓紧固，夹持导线，接点氧化层清除，工器具传递，线夹安装、拆除等带电检修作业。

2. 绝缘清扫操作工具

绝缘清扫操作工具适用于地电位作业电工对绝缘子、瓷柱等进行带电清扫。

使用方法和注意事项如下：

（1）使用前应进行外观检查，并用干净的毛巾对其表面进行擦拭，确定外观良好后，用2500V及以上绝缘电阻测试仪分段检测其表面电阻，阻值应不低于700MΩ。

（2）作业时，人体与带电体的安全距离、绝缘杆的有效绝缘长度应满足安规要求。

（3）进入现场应将绝缘清扫操作工具放置在防潮的苫布或绝缘垫上，以防受潮或表面损伤、脏污。

3. 220kV可调式三角抱杆

220kV可调式三角抱杆用于上方有带电设备的区域内进行设备吊装时，提供承重安全吊点。由不少于三根的立杆组成框架，立杆上端与连接盘固定连接，连接盘上端面与顶盘面活络连接，各立杆下端固定有法兰，法兰下端固定有过渡法兰，过渡法兰下端固定有防滑支脚。在三脚抱杆顶盘增了一个中心吊点，便于挂滑车小绳。最大作业高度9m，高度可调。

使用方法和注意事项如下：

（1）使用前应进行外观检查，并用干净的毛巾对其表面进行擦拭，确定外观良好后，用2500V及以上绝缘电阻测试仪分段检测其表面电阻，阻值应不低于700MΩ。

（2）作业时，人体与带电体的安全距离、绝缘杆的有效绝缘长度应满足安规要求。

（3）进入现场应将三角抱杆放置在防潮的苫布或绝缘垫上，以防受潮或表面损伤、脏污。

（4）根据变电设备的实际布置方式，选择吊装作业的最佳吊点，方便地面调整抱杆位置。

（5）保证三脚抱杆的整个吊装作业构架的着力点由地面承载，抱杆底部由连杆连接形成稳定三角形。

4. 绝缘遥控加油装置

绝缘遥控加油装置用于润滑变电站旋转机构。设备由注油装置、绝缘杆、控制器等组成。

使用方法和注意事项如下：

（1）使用前应进行外观检查，并用干净的毛巾对其表面进行擦拭，确定外观良好后，用2500V及以上绝缘电阻测试仪分段检测其表面电阻，阻值应不低于700MΩ。

（2）作业时，人体与带电体的安全距离、绝缘遥控加油装置中绝缘杆的有效绝缘长度应满足要求。

（3）进入现场应将绝缘遥控加油装置放置在防潮的苫布或绝缘垫上，以防受潮或表面损伤、脏污。

（三）绳索类工器具

绳索类工器具主要用于带电作业过程中各类工器具和材料安全出入强电场的传递，轻小材料和设备及受力结构的临时固定等，是带电作业过程中运用最为广泛的导引、传递及承力工具。如无极绝缘绳、软梯、消弧绳、绝缘绳套、带电跨越绳等。带电作业所使用绳索主要有蚕丝绳（又分生蚕丝绳和熟蚕丝绳）和尼龙绳（又分尼龙丝绳和尼龙线绳），还有绵纶绳和聚氧乙烯绳。从绳索结构可分为绞制圆绳、编织圆绳、编织扁带、环形绳及搭扣带。使用时应根据其使用环境及主要实现功能，充分考虑其电气性能要求、机械载荷要求、受力蠕变伸长特点等，选择正确的材料、编织工艺和规格尺寸，同时要注意对绳索工具的现场防护，防止绳索碾压、受潮。

1. 绝缘绳

绝缘绳用于变电站带电作业中，工具传递、绝缘梯控制、后备保护等。

使用方法和注意事项如下：

（1）使用前应进行外观检查，每股绝缘绳索及每股线均应紧密绞合，不得有松散、分股的现象。绝缘绳索表面应无油渍、污迹等，确定外观良好后，用2500V及以上绝缘电阻测试仪分段检测其表面电阻，阻值应不低于700MΩ。

（2）进入现场应将其放置在防潮的苫布或绝缘垫上，以防受潮或表面损伤、脏污。

（3）绝缘绳索应避免长期阳光直射，避免接触油脂、乙醇、强酸、强碱。

（4）潮湿的绝缘绳索要进行干燥处理，禁止储存在热源附近。

（5）不能超负荷使用绝缘绳。

（6）在传递工具过程中，避免绝缘绳与硬物、尖锐物碰撞刮蹭。

2. 消弧绳

消弧绳在变电站带电断、接空载线路时，起灭弧、分流作用。

使用方法和注意事项如下：

（1）使用前应进行外观检查，消弧绳端部软铜线与绝缘绳的结合部分应紧密绞合，不得有松散、分股的现象。绝缘绳部分表面应无油渍、污迹等确定外观良好后，用2500V及以上绝缘电阻测试仪分段检测其表面电阻，阻值应不低于700MΩ。

（2）进入现场应将其放置在防潮的苫布或绝缘垫上，以防受潮或表面损伤、脏污。

（3）应用万用表表笔插入消弧绳内部，寻找绝缘部分与导线部分的分界处，并做出明显标志。

（4）消弧绳与消弧滑车应可靠连接。

（5）应避免长期阳光直射，避免接触油脂、乙醇、强酸、强碱。

（6）潮湿的消弧绳要进行干燥处理，禁止储存在热源附近。

（四）处理接点发热分流装置

1. 母线与引流线接点发热分流装置

母线与引流线接点发热分流装置用于母线或引流线的接点发热处理。在设备接点发热时，用绝缘引流线将设备短接分流。接点发热分流装置由接引线夹，带护套软铜线组成。

使用方法和注意事项如下：

（1）使用前应进行外观检查，检查线夹有无损坏、卡滞，软铜线有无断股等，确定外观良好后，用万用表检测软铜线导通良好，若使用绝缘操作杆安装，需要用2500V及以上绝缘电阻测试仪分段检测其表面电阻，阻值应不低于700MΩ。

（2）进入现场应将其放置在防潮的苫布或绝缘垫上，以防受潮或表面损伤、脏污。

（3）根据现场接点发热的位置，选择合适长度的软铜线，根据作业点采用适当方式（如等电位作业人员在人字梯上或地电位作业人员在地面）将接引线夹与发热位置两侧软母线、引流线连接牢靠。连接前，应去除连接部分氧化层。

（4）传递过程中，引线不宜过长，应将其盘成圈，放入工具袋内。

（5）若使用绝缘操作杆安装分流装置，应选择相应电压等级的绝缘操作杆。

2. 隔离开关接点发热带电短接装置

采用等电位作业或间接作业时，隔离开关接点发热带电短接装置用于隔离开关或引流线的接点发热处理，由软母线接引线夹、收紧绝缘手柄或绝缘操作杆、伸缩绝缘保护管、带护套软铜线组成。

使用方法及注意事项如下：

（1）使用前应进行外观检查，检查线夹有无损坏、卡滞，软铜线有无断股等，确定外观良好后，用万用表检测软铜线导通良好，若使用绝缘操作杆安装，需要用2500V及以上绝缘电阻测试仪分段检测其表面电阻，阻值应不低于700MΩ。

（2）进入现场应将其放置在防潮的苫布或绝缘垫上，以防受潮或表面损伤、脏污。

（3）根据现场接点发热的位置，连接点位置距离，选择合适长度的软铜线及绝缘保护管，确认线夹与发热位置两侧引流线连接可靠。连接前，清除连接点氧化层。

（4）作业过程中，应确保装置水平传递，保持装置与地面间的安全距离。

（5）若使用绝缘操作杆安装分流装置，应选择相应电压等级的绝缘操作杆。

（五）滑车类工器具

滑车类工器具主要起到传递工器具材料的导向控制作用，并承担一定的机械垂直荷载。

1. 绝缘滑车

绝缘滑车是变电带电作业工作中用于传递工器具及材料，分为单轮绝缘滑车，多轮绝缘滑车，单轮绝缘滑车又分开口、闭口两种。

使用方法和注意事项如下：

（1）使用前应进行外观检查，检查绝缘滑车与绝缘绳是否相匹配，绝缘滑车有无损坏，绝缘轮转动有无卡滞现象，吊钩封口是否完好等。

（2）进入现场应将绝缘滑车放置在防潮的苫布或绝缘垫上，以防受潮或表面损伤、脏污。

2. 消弧滑车

采用等电位作业法，用于变电站断、接引线时，消弧滑车对电容电流进行消弧。

使用方法和注意事项如下：

（1）使用前应进行外观检查，检查消弧滑车与消弧绳是否相匹配，消弧滑车有无损坏，轮转动有无卡滞现象，吊钩封口是否完好等。

（2）进入现场应将消弧滑车放置在防潮的苫布或绝缘垫上，以防受潮或表面损伤、脏污。

（3）根据作业点选择合适位置将消弧滑车与母线连接，确保连接牢固可靠。

（六）防护类工器具

1. 屏蔽服

带电作业用屏蔽服用于在110（66）～750kV、直流±500kV及以下电压等级的电气设备上进行带电作业时，作业人员穿带的屏蔽服装具有屏蔽、均压、分流作用。整套屏蔽服装包括上衣、裤子、手套、短袜、鞋子和面罩。

使用方法和注意事项如下：

（1）屏蔽服装在使用前应进行外观检查，当发现破损和毛刺状时应进行整套衣服电阻测量，符合要求后才能使用，整套屏蔽服装各最远端点之间的电阻值均不得大于20Ω。

（2）等电位电工必须穿全套屏蔽服装（包括帽、衣、裤、手套、袜或导电鞋），且各部连接可靠，才能进入电场。

（3）等电位电工穿好屏蔽服装后，外面不得再穿其他服装，必要时里面应穿阻燃内衣。

（4）屏蔽服装主要作用是屏蔽电场，故严禁将其作载流体使用。如果换阻波器时，不得用屏蔽服装短接阻波器；在中性点非有效接地系统的电气设备上进行带电作业时，不得将其作为单相接地的后备保护。

（5）屏蔽服装应存放在带电作业用工器具库房，避免堆积压放，可用专用包装箱，一套屏蔽服一个箱子保管。

2. 绝缘安全带（蚕丝安全带）

绝缘安全带是变电站带电作业人员高空作业的必备用具，起人身保护的作用。

使用方法和注意事项如下：

（1）安全带在使用前应进行检查，握住安全带背部衬垫的D型环扣，保证织带没有环绕在一起。

（2）穿戴安全带时，要保证所有织带没有缠结，自由悬挂。肩带必须保持垂直，不要靠近身体中心；腿部织带要与臀部两边的搭扣连接。将多余的织带传入调整环中；胸部织带要通过穿套式搭扣连接在一起，胸带必须在肩部以下15cm的地方，多余的长度织带穿入调整环中。

3. 等电位安全带

等电位安全带用于输电和变电的等电位带电作业时的安全防护，由导电安全板带、导电安全绳、铝合金挂钩组成。等电位安全带具有良好的导电性能，能使屏蔽服与导电体有紧密的连接；等电位人员可以放开双手进行操作。

使用方法和注意事项如下：

（1）等电位安全带在使用前应进行外观检查，当发现破损和毛刺状时应进行电阻测量，符合要求后才能使用，电阻值均不得大于20Ω。

（2）等电位电工必须穿全套屏蔽服装（包括帽、衣、裤、手套、袜或导电鞋），且各部连接可靠，作业人员要将等电位安全带扎在屏蔽服外面，等电位安全带要与作业人员穿戴屏蔽服有效完全连接，铝合金挂钩与导电体良好接触才能进入电场。

（3）等电位安全带应存放在带电作业用工器具库房，整齐摆放。

二、带电作业工器具管理

依据《带电作业用工具库房》（DL/T 974）、《带电作业工具、装置和设备预防性试验规程》（DL/T 976）、《1000kV 交流输电线路带电作业技术导则》（DL/T 392）、《±800kV 直流线路带电作业技术规范》（DL/T 1242）、《1000kV 带电作业工具、装置和设备预防性试验规程》（DL/T 1240）等规程规范要求，从事带电作业的生产运行单位，应当做好带电作业工器具全过程管理，为带电作业安全的开展提供基础保证。

带电作业工器具的全过程管理，主要有带电作业工器具配置、带电作业工器具试验、带电作业工器具管理等重要环节。

（一）带电作业工器具配置

1. 基本配置

带电作业工器具的配置是带电作业能力的基础，设备运行管理单位应当结合本单位管理设备的基本情况，确定需要开展的带电作业项目，按照项目实施的标准流程，结合带电作业工器具试验、开展带电作业频次、日常作业过程中正常损耗等因素，进行带电作业工器具不同类别、不同数量的最低标准配置。

2. 补充配置

带电作业工器具的后续补充主要考虑以下几个方面的因素：

（1）带电作业开展过程中正常的损耗，如屏蔽手套、袜子、鞋子、绳索等。

（2）新开展带电作业项目所需配备的新工具。

（3）现场作业人员根据现场实际需求，为提高安全可靠性和现场工作效率新设计的、新改进的工器具。此类工器具的补充需委托有设计及试验能力的制造企业进行合作，经检验检测合格后方可购入使用，纳入带电作业工器具统一管理。

（二）带电作业工器具试验

带电作业工器具定期试验是检验其是否合格的可靠手段，试验合格证是带电作业工器具能够进入带电作业工器具库房和带入工作现场的"通行证"。带电作业工作

人员应当掌握预防性试验和检查性试验标准，熟悉带电作业工器具的试验周期，了解试验方法和原理，明确试验结果的运用。

1. 试验周期

（1）带电作业工器具的设计应符合《带电作业工具基本技术要求与设计导则》（GB/T 18037）的要求，屏蔽服装、绝缘绳索、绝缘杆、绝缘子卡具等应按照《带电作业用屏蔽服装》（GB/T 6568）、《带电作业用绝缘绳索》GB/T 13035、《带电作业用空心绝缘管、泡沫填充绝缘管和实心绝缘棒》（GB 13398）、《带电作业用绝缘子卡具》（DL/T 463）、《带电作业用绝缘工具试验导则》（DL/T 878）等标准要求，通过型式试验及出厂试验。

（2）带电作业工器具型式试验报告有效期不超过5年。

（3）带电作业工器具应定期进行电气试验及机械试验，其试验周期为：

1）电气试验：预防性试验每年一次，检查性试验每年一次，两次试验间隔半年。

2）机械试验：绝缘工具两年一次，金属工具两年一次。

2. 绝缘工具的电气预防性试验项目及标准

绝缘工具的电气预防性试验项目及标准见表2-9-4-2。

表 2-9-4-2　绝缘工具的电气预防性试验项目及标准

额定电压/kV	试验长度/m	1min 工频耐压/kV		3min 工频耐压/kV		15 次操作冲击耐压/kV	
		出厂及型式试验	预防性试验	出厂及型式试验	预防性试验	出厂及型式试验	预防性试验
10	0.4	100	45				
35	0.6	150	95				
110	1.0	250	220				
220	1.8	450	440				
330	2.8	—	—	420	380	900	800
500	3.7	—	—	640	580	1175	1050
750	4.7			—	780	—	1300
1000	6.3			1270	1150	1865	1695
±500	3.2			—	565	—	970
±660	4.8			820	745	1480	1345
±800	6.6			985	895	1685	1530

注　±500kV、±660kV、±800kV 预防性试验采用 3min 直流耐压。

（1）操作冲击耐压试验宜采用 250/2500μs 的标准波，以无一次击穿、闪络为合格。

（2）工频耐压试验以无击穿、无闪络及过热为合格。

（3）高压电极应使用直径不小于 30mm 的金属管，被试品应垂直悬挂，接地极的对地距离为 1.0～1.2m。

接地极及接高压的电极（无金具时）处，以 50mm 宽金属铂缠绕。试品间距不小于 500mm，单导线两侧均压球直径不小于 200mm，均压球距试品不小于 1.5m。

（4）试品应整根进行试验，不准分段。

（5）绝缘工具的检查性试验条件是：将绝缘工具分成若干段进行工频耐压试验，每段 75kV，时间为 1min，以无击穿、闪络及过热为合格。整套屏蔽服装各最远端点之间的电阻值均不得大于 20Ω。

3．带电作业工器具的机械预防性试验标准

（1）静荷重试验：1.2 倍额定工作负荷下持续 1min，工具无变形及损伤者为合格。

（2）动荷重试验：1.0 倍额定工作负荷下操作 3 次，工具灵活、轻便、无卡住现象为合格。

（三）带电作业工器具管理

（1）带电作业工器具应放置于专用的带电作业工具库房内，库房应符合《带电作业用工具库房》（DL/T 974—2018）的要求，带电作业工具库房温度宜为 10～28℃，湿度不应大于 60%。

（2）带电作业工器具应按电压等级及工具类别分区存放。存放在库房的工具可包括金属工器具、硬质绝缘工具、软质绝缘工具、滑车、屏蔽用具、检测仪器等。

1）金属工器具。金属工器具的存放设施应符合承重要求，并便于存取，可采用多层式存放架。

2）硬质绝缘工具。硬梯、挂梯、升降梯等可采用水平式存放架存放，每层宜间隔 30cm 以上，最低层对地面高度不宜小于 20cm，并应符合承重要求，应便于存取。绝缘操作杆等可采用垂直吊挂的排列架，排个杆件间距宜为 10～15cm，每排间距宜为 30～50cm，杆件较长、不便于垂直吊挂时，可采用水平式存放架存放。大吨位绝缘杆可采用水平式存放架存放。

3）软质绝缘工具。绝缘绳索、软梯的存放设施可采用垂直吊挂的构架，绝缘绳索挂钩间距宜为 20～25cm，绳索下端距地面不宜小于 20cm。

4）滑车。滑车和滑车组可采用垂直吊挂构架存放，可根据滑车尺寸、重量、类别分组整齐吊挂。

5）屏蔽服。屏蔽服应放在专用的工具包内，防止导电丝折断。

（3）不应使用损坏、受潮、变形、失灵的带电作业工具。

（4）带电绝缘工具在运输过程中，应装在专用工具袋、工具箱或专用工具车内。

（5）作业现场使用的带电作业工具应放置在防潮的帆布或绝缘物上。

（6）使用绝缘工具前，应用 2500V 绝缘电阻测试仪测量绝缘电阻，绝缘电阻不低于 700MΩ（极间距离 2cm，电极宽 2cm）。

（7）屏蔽服使用前应检查其有无断丝、破损。必要时，用电阻表检查其电阻，分别测量衣、裤、手套、袜子任意两个最远端之间的电阻不得大于 15Ω；整套屏蔽服

（衣、裤、手套、子和鞋）各最远端之间的电阻不得大于 20Ω，鞋电阻不得大于 500Ω。测量方法见《带电作业用屏蔽服装》（GB 6568—2008）。绝缘衣、裤、帽、手套、靴使用前，应检查其有无破（磨）损或网孔等影响绝缘性能的其他异常情况。

（8）带电作业工器具应按规定定期进行试验。

第五节　变电站换流站带电作业用绝缘平台的使用与管理

一、概述

（一）相关技术标准

（1）《电工术语　带电作业》（GB/T 2900.55）。

（2）《电气用热固性树脂工业硬质层压板试验方法》（GB/T 5130）。

（3）《带电作业用绝缘绳索》（GB/T 13035）。

（4）《带电作业用空心绝缘管、泡沫填充绝缘管和实心绝缘棒》（GB 13398）。

（5）《带电作业工具设备术语》（GB/T 14286）。

（6）《高电压试验技术　第 1 部分：一般定义及试验要求》（GB/T 16927.1）。

（7）《带电作业工具基本技术要求与设计导则》（GB/T 18037）。

（8）《电力安全工作规程　发电厂和变电站电气部分》（GB 26860）。

（9）《带电作业用绝缘绳索类工具》（DL 779）。

（10）《带电作业用绝缘工具试验导则》（DL/T 878）。

（11）《带电作业用工具库房》（DL/T 974）。

（12）《带电作业工具、装置和设备预防性试验规程》（DL/T 976）。

（13）《变电站/换流站带电作业用绝缘平台》（DL/T 1995—2019）。

（二）相关技术术语

（1）绝缘平台（insulating platform）：由绝缘材料加工制作或主体材料为绝缘材料，承载带电作业人员并提供主绝缘保护的工作平台。

（2）主绝缘（main insulation）：绝缘平台中用于承担相地电压的绝缘部件，起到主要绝缘的作用，是安全作业的必要条件。

（3）冲击负荷（impact load）：绝缘平台安全带挂点受到高处重物自由落体所承受的冲击力。

（4）定制工作负荷（custom workload）：由用户和生产厂商协商确定的绝缘平台工作负荷。

（三）分类

（1）绝缘平台按结构功能划分，可分为固定支架式和移动升降式。固定支架式应采用脚手架方式将各绝缘材料和连接部件组装而成。移动升降式可由移动底座和多节套装升降平台构成，安装节数可根据平台高度确定，

或采用剪叉结构升降平台。

（2）绝缘平台按承载负荷能力分为Ⅰ级、Ⅱ级、Ⅲ级，可根据作业人员体重和搭载工器具重量选用。

二、技术要求

（一）一般要求

（1）绝缘平台设计和整体组装应符合 GB/T 18037 的规定。

（2）绝缘平台的原材料应通过型式试验。

（3）绝缘平台的硬质绝缘部件采用绝缘板材、管材、异型材、泡沫填充管时，应符合 GB 13398 的规定。

（4）绝缘平台的软质绝缘部件采用承力绝缘绳、防风绝缘绳时，应符合 GB/T 13035 和 DL 779 的规定。

（5）绝缘平台中的金属部件应采用高强度、比重轻的金属材料，一般采用高强度铝合金材料。

（6）绝缘平台中铝合金材料部件表面应进行阳极氧化处理，轴类钢部件表面应有防护镀层，绝缘层压类材料部件表面应采用绝缘漆进行处理。

（7）绝缘平台各部件外形不得有尖锐棱角。

（二）结构高度及主绝缘长度

（1）绝缘平台结构高度及主绝缘长度应符合表 2-9-5-1 的规定。

（2）主绝缘长度应去除金属接头等中间连接装置的长度以及作业人员攀爬或作业过程中短接的长度，金属接头长度包括嵌入在绝缘表面内的部分。

表 2-9-5-1　绝缘平台结构高度及主绝缘长度

额定电压/kV	结构高度/m	有效主绝缘长度/m
110	≥7	≥1.0
220	≥9	≥1.8
330	≥14	≥2.8
500	≥16	≥3.7
750	≥18	≥4.7
1000	≥20	≥6.3
±500	≥15	≥3.2
±660	≥17	≥4.8
±800	≥19	≥6.2

（三）电气性能指标

（1）110～1000kV 电压等级绝缘平台电气性能试验项目及要求，应符合表 2-9-5-2 的规定。

（2）工频耐压及操作冲击耐压试验应无击穿、无闪络、无过热现象。

（3）±500～±800kV 电压等级绝缘平台电气性能试验项目及要求，应符合表 2-9-5-3 的规定。

（4）直流耐压及操作冲击耐压试验中应无击穿、无闪络、无过热现象。

（四）机械性能指标

（1）绝缘平台的机械性能试验项目及标准要求，应符合表 2-9-5-4 的规定。

表 2-9-5-2　变电站绝缘平台电气性能试验项目及要求

额定电压/kV	试验长度/m	工频耐压试验				15 次操作冲击耐压试验		泄漏电流/μA
		型式试验		预防性试验（出厂试验）		型式试验	预防性试验（出厂试验）	
		试验电压/kV	耐压时间/min	试验电压/kV	耐压时间/min	试验电压/kV	试验电压/kV	
110	1.0	250	3	220	1	—	—	≤500
220	1.8	450	3	440	1	—	—	
330	2.8	420	5	380	3	900	800	
500	3.7	640	5	580	3	1175	1050	
750	4.7	860	5	780	3	1400	1300	
1000	6.3	1270	5	1150	3	1865	1695	

表 2-9-5-3　换流站绝缘平台电气性能试验项目及要求

额定电压/kV	试验长度/m	工频耐压试验				15 次操作冲击耐压试验		泄漏电流/μA
		型式试验		预防性试验（出厂试验）		型式试验	预防性试验（出厂试验）	
		试验电压/kV	耐压时间/min	试验电压/kV	耐压时间/min	试验电压/kV	试验电压/kV	
±500	3.2	622	5	565	3	1060	970	≤500
±660	4.8	820	5	745	3	1480	1345	
±800	6.6	985	5	895	3	1685	1530	

表 2-9-5-4　　机械性能试验项目及标准要求

承载级别	额定负荷/N	静负荷/N		动负荷/N		破坏负荷/N	冲击负荷/N
		型式试验	预防性试验（出厂试验）	型式试验	预防性试验（出厂试验）	型式试验	预防性试验（出厂试验）
Ⅰ级	800	2000	960	1200	800	2400	800
Ⅱ级	1200	3000	1440	1800	1200	3600	1200
Ⅲ级	1600	4000	1920	2400	1600	4800	1600

注　冲击负荷为安全带挂点的性能要求。

（2）定制工作负荷的绝缘平台，其机械性能应将定制工作负荷作为额定负荷按照表 2-9-5-4 的关系进行换算。

（3）机械性能试验卸载后，绝缘平台各部件应不发生永久变形和损伤，辅助机构完好。

（五）约束拉线要求

（1）绝缘平台除自身支撑外，应设置绝缘拉线对平台施加约束，绝缘拉线的电气性能要求与平台一致。

（2）平台整体高度超过 10m 时应设置分层拉线，约束位置应在平台顶部和中部。多层升降平台竖起后，每层应设绝缘拉线，拉线对地夹角应不大于 45°。

（3）绝缘拉线每层应不少于 4 根，并在同一平面沿圆周均匀布置。

（六）其他要求

（1）绝缘平台工作区域应具备相间安全限位功能，并设有防高坠围栏，围栏高度应不小于 0.9m。

（2）多节套装平台的节间连接应有防脱落闭锁装置。

三、试验方法

（一）外观检查

（1）按照标准要求检查绝缘平台的结构高度及主绝缘长度。

（2）绝缘平台各部件表面应光滑，绝缘部件应无气泡、褶皱、开裂现象，并应符合 DL/T 1995—2019 的 5.1.3 和 5.1.4 要求；金属部件应无变形、损伤现象，并应符合 DL/T 1995—2019 的 5.1.5 和 5.1.6 要求。

（二）绝缘材料试验

（1）绝缘板材电气和机械试验方法按照 GB/T 5130 中的规定进行。

（2）绝缘管材电气和机械试验方法按照 GB 13398 中的规定进行。

（3）绝缘绳索电气和机械试验方法按照 GB/T 13035 中的规定进行。

（三）整体电气试验

（1）高电压试验方法按照 GB/T 16927.1 的规定进行。

（2）电气性能试验接线如图 2-9-5-1 所示，将绝缘平台组装至工作状态，选取主绝缘部件中长度 L 作为试验段，试验段上下两端分别设置试验电极，上方为高

压电极，下方为接地电极，电极宽度 20mm。

（3）工频耐压和操作冲击试验施加电压应符合表 2-9-5-2 和表 2-9-5-3 的规定。

（4）泄漏电流试验时，将电流表串接入接地电极与接地体之间，施加相应工频电压。

（5）工频耐压和泄漏电流试验施加电压应匀速提升。

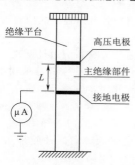

图 2-9-5-1　电气性能试验接线示意图

（四）整体机械性能试验

1．静负荷试验

（1）绝缘平台组装至工作状态，作业平台升至最大高度，拉线对地夹角 45°且处于受力状态，在平台顶端平面施加表 2-9-5-4 中对应负荷的重物，静置 5min。

（2）施加负荷应平稳，不得出现冲击力。

2．动负荷试验

（1）升降式平台将底座固定好，平台降至最低位置，在平台顶端平面施加表 2-9-5-4 中对应负荷的重物，提升平台至最高位置，然后再操作下降至最低位置，反复升降 3 次。

（2）升降过程应平稳，速度不大于 0.5m/s。

（3）试验中应无部件损坏和卡阻现象。

3．破坏负荷试验

（1）绝缘平台组装至工作状态，在平台顶端平面施加表 2-9-5-4 中对应负荷的重物，静置 5min。

（2）施加负荷应平稳，不得出现冲击力。

4．安全带挂点冲击负荷试验

（1）在绝缘平台安全带挂点位置系以能承受冲击负荷的绳索，按表 2-9-5-4 中额定负荷或定制工作负荷值悬挂同样重量的重物。

（2）将试验重物从平台安全带挂点处自由坠落，行程高度 1m，冲击 3 次，每次间隔 3min。

四、检验规则

（一）型式试验

（1）有下列情况之一应进行型式试验，用于型式试验的试样应从生产线中一个批量的产品中随机抽样，但不得少于 3 件，同一批产品少于 3 件则全部抽取。

1）新产品投产或老产品转厂生产的试制定型。

2）正式生产后，产品结构或材料成分有改动时。

3）产品停产一年以上恢复生产时。

4）国家质量监督检验机构出型式试验要求时。

（2）型式试验项目见表 2-9-5-5，不满足表 2-9-5-5 中任一项检验项目时，检验为不合格。

表 2-9-5-5　　　检 验 项 目

序号	检 验 项 目		型式试验	出厂试验	预防性试验
1	外观检查		√	√	√
2	材料电气性能试验		√	—	—
3	材料机械性能试验		√	—	—
4	绝缘平台电气性能试验	工频耐受电压试验	√	√	√
5		操作冲击耐受电压试验	√	√	√
6		泄漏电流试验	√	√	√
7	绝缘平台机械性能试验	静负荷试验	√	√	√
8		动负荷试验	√	√	√
9		破坏负荷试验	√	—	—
10		安全带挂点冲击试验	√	√	√

注　"√"表示应进行的项目，"—"表示不进行的项目。

（二）出厂试验

（1）产品以批为单位进行验收。同一牌号原料、同一规格、连续生产的产品为一批。

（2）产品出厂应逐个进行产品的外观检查，并进行表 4 所列项目的出厂试验。

（3）用户验收可按出厂试验项目进行，也可与生产厂商协商确定验收试验项目。

（三）预防性试验

（1）预防性试验可参照 DL/T 976 进行，试验项目符合表 2-9-5-5 要求。

（2）预防性试验周期为 12 个月。

五、标识、包装、运输与保管

（一）标识

（1）绝缘平台铭牌标识上应包含：工具名称、电压等级、制造单位、制造日期。

（2）平台的绝缘部件上应标出有效绝缘区间。

（二）包装

（1）绝缘平台的包装应用帆布套、塑料套或木箱等进行分段包装，一体式的平台可整体包装。

（2）包装箱内应附有检验合格证及安装使用说明书。

（3）包装箱上应标明制造厂名称、产品的名称、毛重、净重和出厂日期。另外，还应标出"防潮""轻放""勿压""勿碰"等。

（三）运输

（1）绝缘平台在运输过程中，应有防止绝缘材料受潮的措施。

（2）绝缘平台在运输过程中，应妥善固定，设有防止磕碰、划伤的措施。

（四）保管

（1）绝缘平台应置于通风良好、清洁干燥的房间存放，存放时绝缘部件不得直接接触地面，距地面高度不应低于 20cm。

（2）绝缘平台也可存放在带电作业工器具库房，库房条件应符合 DL/T 974 的规定。

第六节　电力用车载式带电水冲洗装置的使用与管理

一、概述

（一）相关技术标准

（1）《机动车运行安全技术条件》（GB 7258）。

（2）《电力设备带电水冲洗导则》（GB/T 13395）。

（3）《带电作业工具设备术语》（GB/T 14286）。

（4）《高电压试验技术　第 1 部分：一般定义及试验要求》（GB/T 16927.1）。

（5）《500kV 变电所保护和控制设备抗扰度要求》（DL/Z 713）。

（6）《汽车用涂层和化学处理层》（QC/T 625）。

（7）《电力用车载式带电水冲洗装置》（DL/T 1468—2015）。

（二）相关技术术语

（1）制水设备（water treatment device）：将低电阻率的原水（如自来水、河水、溪水等）净化为满足输变电设备带电水冲洗用的高电阻率水的设备。

（2）冲洗设备（hot washing device）：用于输变电设备带电水冲洗的作业设备，通过水泵将高电阻率的水经引水管及水枪喷射到绝缘子上冲洗绝缘子表面污秽。

（3）水柱冲击力（water-column hitting power）：水柱对垂直于地面布置的平板水冲洗作用力。

（4）产水率（water treatment efficiency）：制水设备单位时间产出合格净水量与输入原水量的百分比。

（5）产水速度（water treatment speed）：制水设备单位时间产出的合格净水量。

（三）组成

（1）车载式带电水冲洗装置由制水设备、冲洗设备和车载平台组成，类型包括冲洗设备和车载平台组成的车载式冲洗装置、制水设备和车载平台组成的车载式制水装置，以及集成制水设备、冲洗设备和车载平台的车载式水冲洗装置。

（2）制水设备一般由储水容器、净水单元、水泵和控制单元等组成。

（3）冲洗设备一般由储水罐、水泵、阀门、引水管、水枪和控制单元等组成。

（4）车载平台可采用汽车平台、拖拉机平台、摩托车平台、电瓶车平台等。

二、技术要求

（一）工作环境

（1）车载式带电水冲洗装置应在 0～45℃ 的环境温度

下可靠工作。

（2）500kV 变电站带电水冲洗装置的电磁兼容性应满足 DL/Z 713 的规定。

（二）车载平台

（1）车载平台运行安全技术条件应符合 GB 7258、QC/T 625 的规定。

（2）车载平台各总成及零部件应有检验合格标记，车载平台应设置专用接地端子。

（3）车载平台应定期进行车辆年检、保养和维护。

（三）制水设备

1．外观及配置

制水设备的外观及配置要求如下：

（1）制水设备外观应整洁，漆面完整光滑。

（2）储水容器及管路应采用不影响水电阻率的耐腐蚀材料制成，满载时应无渗漏及变形。进水口应设置防尘盖和过滤网，储水容器及管路应设置排污口及检修口。储水容器宜配置水位监测仪和水电阻率测量仪。

2．接地与电气完整性

制水设备应设置专用接地端子。制水设备水泵、金属储水容器、内部金属管道、线缆屏蔽层、控制单元外壳等应进行等电位连接，并与专用接地端子及车载平台可靠连接，接地端子与等电位连接点之间的直流电阻不应大于 50mΩ。制水设备应配备有专用接地线，专用接地线应采用有透明护套的多股软铜线，截面积不小于 25mm²。

3．原水电阻率适应性

对电阻率不小于 $2 \times 10^3 \Omega \cdot cm$ 的原水，制水设备产水电阻率应不小于 $2.0 \times 10^5 \Omega \cdot cm$。

4．产水率

制水设备产水率不宜小于 50%。

5．产水速度

制水设备产水速度不宜小于 30L/min。

（四）冲洗设备

1．外观及配置

冲洗设备的外观及配置要求如下：

（1）水枪应采用耐腐蚀材料制造，水枪部件应加工良好，不应有裂纹、毛刺等缺陷。水枪手握处应设置专用接地端子。水枪阀门应有明确的"开""关"位置标记和限位功能。

（2）引水管表面应光滑、平整，无气泡和裂纹，连接应牢固，无松动和漏水现象。

（3）水泵应有稳压、调压、回水装置、控制阀门、安全阀和压力表。水泵泵体上应有表示旋转方向的标识，出水阀应标注"开""关"指示标记，指示标记应明显易见。水泵的出口处应安装止回阀。

（4）储水罐罐体外观应整洁，漆面完整光滑。储水罐应采用不影响水电阻率的材料制成，满载时应无渗漏及变形，进水口应设置防尘盖。储水罐应设置防荡装置、水满溢流装置和水位监测装置。

（5）控制线缆应采用屏蔽线缆，控制电源应采用隔离、滤波、过电流、漏电及电涌保护等措施。

（6）以水柱绝缘为主的大、中型水枪应配备有专用接地线，专用接地线应采用有透明护套的多股软铜线，截面积不小于 25mm²。

2．水枪喷嘴直径

水枪喷嘴直径允许最大公差不超过 ±0.2mm。

3．水枪阀门操作力矩

额定工作压力下水枪阀门的操作力矩不大于 15N·m。

4．管路系统耐水压强度

以额定工作压力的 1.5 倍进行管路系统耐水压强度试验，管路系统不应渗漏，不应出现裂纹、断裂或影响正常使用的变形。

5．连续运转性能

在额定工况下进行连续运转试验 1h，应满足下列规定：

（1）水枪出口压力达到额定工作压力。

（2）水泵外壳表面温度不应超过 75℃，温升不应超过 35K。

（3）水泵轴封处应密封良好，无线状泄漏现象。

6．水柱绝缘性能

220kV 及以下电压等级的带电水冲洗装置水柱应进行水柱工频耐压试验和泄漏电流试验，试验水柱电阻率为 $1 \times 10^5 \Omega \cdot cm$。

500kV 带电水冲洗装置水柱应进行水柱工频耐压试验、操作冲击耐压试验和泄漏电流试验，试验水柱电阻率为 $2 \times 10^5 \Omega \cdot cm$。

工频耐压试验及操作冲击耐压试验过程中，水柱应无闪络、无击穿。泄漏电流试验中，通过水柱的泄漏电流应小于 1mA。

7．水柱冲击力

冲洗设备在额定工作压力下、冲洗角度为 45°时，试验水柱长度范围内的水柱冲击力宜在 30～300N 之间，试验水柱长度见表 2-9-6-1。

表 2-9-6-1　试验水柱长度

系统标称电压/kV	试验水柱长度/m
10～35	1.0～2.0
66	1.3～2.5
110	1.5～3.0
220	2.1～4.0
500	5.0～10.0

三、试验方法

（一）车载平台

车载平台的检验方法见 GB 7258。

（二）制水设备

1．外观及配置

目视检查制水设备外观质量及配置情况，应满足 DL/T 1468—2015 中 5.3.1 的规定。

2. 接地与电气完整性

目视检查制水设备的接地和等电位连接情况。

以专用接地端子为测试参考点，用导通电阻测试仪测量专用接地端子与制水设备水泵、金属储水容器、内部金属管道、线缆屏蔽层、控制单元外壳等各等电位连接点之间的直流电阻，应满足 DL/T 1468—2015 中 5.3.2 的规定。

3. 原水电阻率适应性

在正式试验前，应做一次预备性检查，检查设备、控制装置和仪器、仪表的工作性能情况，以保证能记录到正确的试验数据。

分别采用电阻率为 $2 \times 10^3 \Omega \cdot cm$、$5 \times 10^3 \Omega \cdot cm$、$1 \times 10^4 \Omega \cdot cm$、$5 \times 10^4 \Omega \cdot cm$ 四种原水进行原水电阻率适应性试验。制水设备处于正常工作状态，每种原水试验时间 30min，每 5min 测量一次原水量、产水量、原水电阻率、产水电阻率。四种原水试验后产出净水的电阻率应符合 DL/T 1468—2015 中 5.3.3 的规定。

4. 产水率

进行产水电阻率试验的过程中，分别测量原水量和产水量，计算产水率，结果应符合 DL/T 1468—2015 中 5.3.4 的规定。

5. 产水速度

进行产水电阻率试验的过程中计算产水速度，结果应符合 DL/T 1468—2015 中 5.3.5 的规定。

（三）冲洗设备

1. 外观及配置

目视检查冲洗设备外观质量及配置，应符合 DL/T 1468—2015 中 5.4.1 的规定。

2. 水枪喷嘴直径

测量水枪喷嘴直径，应符合 DL/T 1468—2015 中 5.4.2 的规定。

3. 水枪阀门操作力矩

关闭水枪上的开关，对水枪加压至额定工作压力，测量水枪开关从关闭至全开的最大操作力矩。水枪阀门的操作力矩应符合 DL/T 1468—2015 中 5.4.3 的规定。

4. 管路系统耐水压强度

将水枪关闭，冲洗设备处于正常工作状态，以额定工作压力的 1.5 倍进行管路系统耐水压强度试验，持续时间 120s。试验结果应符合 DL/T 1468—2015 中 5.4.4 的规定。

5. 连续运转性能

冲洗设备处于正常工作状态，以额定工作压力连续运转 1h，每隔 15min 测量一次水枪出口压力、水泵外壳温度，检查设备泄漏情况，结果应符合 DL/T 1468—2015 中 5.4.5 的规定。

6. 水柱绝缘性能

按照表 2-9-6-1 对应的系统标称电压布置冲洗设备及高压电极，使冲洗设备工作状态下水枪喷嘴至高压电极的距离满足表 2-9-6-1 规定的水柱长度（水柱喷射角度为 45°）。

在额定工作压力下进行水柱绝缘试验，试验项目及参数见表 2-9-6-2。水柱工频耐压、操作冲击耐压和泄漏电流试验电压波形、试验设备（包括测量装置）、试验条件及程序应符合 GB/T 16927.1 的要求。试验结果应符合 DL/T 1468—2015 中 5.4.6 条的规定。

表 2-9-6-2　水柱绝缘试验项目及参数

系统标称电压 /kV	水柱长度 /m	工频耐受电压 /kV	15 次操作冲击耐压 /kV	泄漏电流试验电压 /kV
10	1.0	45（1min）	—	20
35	1.0	95（1min）	—	46
66	1.3	175（1min）	—	80
110	1.5	220（1min）	—	110
220	2.1	440（1min）	—	220
500	5.0	640（5min）	1175	500

7. 水柱冲击力

垂直地面方向布置 13cm（高）×10cm（宽）的测力平板，测力平板精度不大于 0.1N，时间误差不大于 10ms。

在额定工作压力下，按照表 2-9-6-1 对应的试验水柱长度，以冲洗角度 45° 射向测力平板，测量得到测力平板法线方向的稳定水柱 5min 平均冲击力。水柱冲击力应符合 DL/T 1468—2015 中 5.4.7 的规定。水柱冲击力试验布置参见图 2-9-6-1。

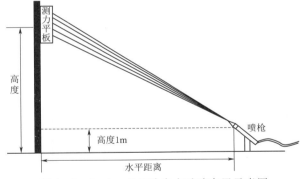

图 2-9-6-1　水柱冲击力试验布置示意图

四、检验规则

（一）型式试验

在下列情况下，应对产品进行型式试验：

（1）新产品投产前的定型鉴定时。

（2）产品的结构、材料或制造工艺有较大改变，影响产品的主要性能时。

（3）型式试验超过 5 年时。

车载平台型式试验项目见 GB 7258。制水设备型式试验项目见表 2-9-6-3，冲洗设备型式试验项目见表 2-9-6-4。

（二）例行试验

制水设备、冲洗设备例行试验按表 2-9-6-3 和表 2-9-6-4 中所规定的试验项目进行，试验周期为一年；车载平台按照国家车辆检验规范执行。

表 2-9-6-3　制水设备型式试验项目

序号	试验项目	型式试验	例行试验	验收试验
1	外观及配置	√	√	√
2	接地与电气完整性	√	√	√
3	原水电阻率适应性	√	√	√
4	产水率	√		√
5	产水速度	√		√

表 2-9-6-4　冲洗设备型式试验项目

序号	试验项目	型式试验	例行试验	验收试验
1	外观及配置	√	√	√
2	水枪喷嘴直径	√	√	√
3	水枪阀门操作力矩	√		
4	管路系统耐水压强度	√	√	√
5	连续运转性能	√		√
6	水柱绝缘性能	√		√
7	水柱冲击力	√	√	√

（三）验收试验

制水设备、冲洗设备验收试验按表 2-9-6-3 和表 2-9-6-4 中所规定的试验项目进行，也可按型式试验进行。车载平台按照国家车辆验收规范执行。

第七节　带电作业用绝缘斗臂车的使用与管理

一、概述

带电作业用绝缘斗臂车通常指能在 10kV 及以上线路上进行带电高空作业，其工作斗、工作臂、控制油路和线路、斗臂结合部都能满足性能指标，并带有接地线的斗臂车。绝缘斗臂车是一种在交通方便且布线复杂的场合进行等电位作业的特殊车辆。

（一）分类

按照绝缘臂的结构，绝缘斗臂车可以分为以下三类：

（1）伸缩式绝缘斗臂车。伸缩式绝缘斗臂车是由一节或者两节金属臂和一节绝缘臂组成，在作业时需要把作业臂完全伸出才能获得足够的绝缘长度并且满足绝缘等级的需要。

（2）折叠式绝缘斗臂车。折叠式绝缘斗臂车是由上绝缘臂和下金属臂组成。折叠式绝缘斗臂车最高可以满足 500kV 的带电作业，而且适用于各种电压等级。折叠式绝缘斗臂车还可以提供较大的作业幅度和跨越障碍的能力。

（3）混合臂绝缘斗臂车。混合臂绝缘斗臂车是由伸缩臂和折叠臂两者组合而成的，既有两者的优点同时也规避了前两者的缺点。外形小巧结构紧凑，作业幅度大。是目前最受欢迎的绝缘斗臂车。

不同的绝缘斗臂车有不同的优势，在进行带电作业时可以根据不同的需求来选择更为合适的车辆。

（二）相关技术标准

（1）《绝缘油　击穿电压测定法》（GB/T 507）（GB/T 507—2002，IEC 156：1995，EQV）。

（2）《电工术语　带电作业》（GB/T 2900.55）（GB/T 2900.55—2016，IEC 60050—651：2014，IDT）。

（3）《高空作业车》（GB/T 9465）。

（4）《带电作业工具设备术语》（GB/T 14286）（GB/T 14286—2008，IEC 60743：2001，MOD）。

（5）《带电作业用工具库房》（DL/T 974）。

（6）《带电作业用绝缘斗臂车使用导则》（DL/T 854—2017）。

（三）相关技术术语

（1）高架装置（elevated device）：具有绝缘斗臂，用于提运工作人员和工具材料到作业位置进行带电作业的装置，不包括运载车辆。

（2）支腿（outrigger）：高架装置工作中用以支承斗臂车，保持或增加斗臂车稳定性的装置。

（3）作业斗（working bucket）：高架装置工作中承载工作人员和工具材料的装置。

注意：配电带电作业用绝缘斗臂车一般配置绝缘作业斗，输电带电作业用绝缘斗臂车一般配置金属作业斗。

（4）吊臂（crane jib）：上臂端部的辅助杆件，用于起吊作业工具材料。

二、一般要求

（1）绝缘斗臂车的操作人员应熟悉绝缘斗臂车的结构原理及性能，通过专门培训机构的理论、操作培训，考试合格并持有上岗证。

（2）绝缘斗臂车使用过程中应进行定期试验、检查、保养和维护，保养和维护的周期可依据使用频率及环境影响（例如污染和天气情况等）确定，也可按照制造厂商的建议执行。

（3）在海拔 1000m 以上地区使用的绝缘斗臂车应具备在高原行驶和作业中不会熄火的性能。

三、绝缘斗臂车的使用

（1）在海拔 1000m 及以下地区，绝缘臂的最小有效绝缘长度应大于表 2-9-7-1 的规定，在海拔大于 1000m 的地区，绝缘臂的最小有效绝缘长度应根据作业区海拔进行修正。

表 2-9-7-1　绝缘臂的最小有效绝缘长度

电压等级 /kV	10	20	35 (66)	110	220	330	500
长度/m	1.0	1.2	1.5	2.0	3.0	3.8	4.0

（2）110kV 及以上输电线路带电作业用绝缘斗臂车应装设泄漏电流监测装置。

（3）绝缘斗臂车的工作位置应选择适当，支撑应稳固可靠，并有防倾覆措施。使用前应在预定位置空，斗试操作一次，确认液压传动、回转、升降、伸缩系统工作正常、操作灵活，制动装置可靠。对于 110kV 及以上输电线路带电作业，还应使斗臂车空斗接触带电体 5min，其泄漏电流最大值不得超过 500μA。试操作符合要求后，才能载人作业。

（4）绝缘斗臂车操作人员应服从工作负责人的指挥，作业时应注意周围环境及操作速度。在工作过程中，绝缘斗臂车的发动机不得熄火（电动驱动型除外）。接近或离开带电部位时，应由工作斗中人员操作，但下部操作人员不得离开操作台。

（5）在使用绝缘斗臂车进行带电作业时，行业人员应小心平稳地操作作业斗和工作臂，避免冲击性移动。

（6）绝缘臂下节的金属部分，在仰起回转过程中与带电体的距离应在带电作业最小安全距离的基础上增加 0.5m。凡具有上、下绝缘段而中间用金属连接的绝缘臂，在作业过程中，作业人员不得接触上、下绝缘段间的金属体。工作中车体应良好接地。

（7）当作业工具、设备等需要临时存放在作业斗内时，这些物品不宜超出作业斗的边沿，并在作业结束后从作业斗中取出。

（8）绝缘斗臂车不得用于推进及挖掘等作业，导线或其他设备也不应搁置在作业斗的边沿。

（9）绝缘斗臂车作业时的承载荷重不得超过额定载荷，车辆承受的力矩不得超出抗倾覆力矩。

四、绝缘部件维护

（一）清洁

（1）绝缘斗臂车的绝缘部件应保持洁净。

（2）绝缘部件表面的轻微污垢可用不起毛的布擦拭干净，严重污渍可采用喷涂合适的溶剂进行擦拭。不应使用带有毛刺或具有研磨功能的擦拭物清洗绝缘部件。

注意：合适的溶剂是指可以有效去除污渍同时不会破坏绝缘部件的绝缘性能清洁剂，例如异丙醇 $[(CH_3)_2CHOH]$。

（3）绝缘部件存在污渍时，可采用水温不超过 50℃、压力不超过 690kPa 的高压热水冲洗。

（二）涂硅或上蜡

（1）绝缘部件的表面应在清洗干燥后进行涂硅或上蜡。

（2）涂刷时，可用蘸有硅料或蜡的洁净布轻轻涂刷，也可采用局部喷涂的方法，喷涂过程中将堆积的硅料或蜡擦掉。

（3）绝缘部件表面的硅或蜡可用专用工具或溶剂清除。

五、检查

（一）一般性要求

（1）绝缘斗臂车的检查宜在车辆经过清洁之后进行。

（2）如果绝缘斗臂车存在故障，应进行处置或维修，并经检验后方可使用。

（二）作业前的检查

（1）作业开始前，作业人员应对绝缘斗臂车进行外观检查和功能检查，并确认绝缘斗臂车是否具备合格的电气试验报告。检查内容有：

1）外观检查是指检查绝缘部件表面是否存在裂缝、绝缘剥落、深度划痕等损伤情况。

2）功能检查是指绝缘斗臂车启动后，在作业斗无人的情况下工作，检查液压缸有无渗漏、异常噪声、工作失灵、漏油、不稳定运动或其他故障。

（2）作业人员应检查备用电源、紧急制动系统以及报警装置是否正常。

（3）对于输电线路带电作业用绝缘斗臂车，作业人员应检查作业斗与作业臂电气连接线的情况，并按照 DL/T 854—2017 中 5.3 的要求进行泄漏电流检测。

（4）作业前，作业人员应检查作业斗，清除可能损坏作业斗或妨碍等电位作业时良好电位连接的物品。

（三）定期检查

（1）绝缘斗臂车每周应进行外观检查和功能检查。

1）外观检查是指检查车辆上的焊缝是否存在裂纹、锈蚀或变形，铰轴点的销轴装置、液压油标高和通风过滤装置、真空保护、通风过滤装置是否正常。

2）功能检查是指检查液压缸的闭锁阀、臂和支腿选择开关是否工作正常。

（2）绝缘斗臂车每年应进行例行检查，除了 DL/T 854—2017 中 7.2 和 DL/T 854—2017 中 7.3.1 所叙述的项目之外，还应进行下列项目检查：

1）结构件的变形、裂缝或锈蚀。

2）轴销、轴承、转轴、齿轮、滚轮、锁紧装置、链条、链轮、钢缆、皮带轮等零件的磨损或变形。

3）气动、液压保险阀装置。

4）气动、液压装置中软管和管路的泄漏痕迹、非正常变形或过量磨损。

5）压缩机、油泵、电动机、发动机的松动、泄漏、非正常噪声或振动、运转速度变缓或过热现象。

6）气动、液压阀的错误动作、阀体外部的裂缝、漏洞以及渗出物附在线圈上。

7）气动、液压、闭锁阀的错误动作和可见损伤。

8）气动、液压装置的洁净程度。

9）在进行 DL/T 854—2017 的 7.2 和 DL/T 854—2017 的 7.3.1 检查期间不易发现的电气系统及部件的损坏或磨损。

10）泄漏监视系统的状况。

a. 真空保护系统的状况。

b. 上下两臂的运行测试。

c. 螺栓和其他紧固件的松紧状况。

d. 生产厂商特别指出的焊缝。

六、预防性试验

（1）绝缘斗臂车应定期进行预防性试验，包括电气试验和机械试验，试验周期为 12 个月。

（2）电气试验项目包括交流耐压试验和泄漏电流试验。绝缘斗臂车的绝缘臂、绝缘斗、绝缘吊臂和整车的电气性能应分别符合表 2—9—7—2 和表 2—9—7—3 的规定。若工作斗为内、外双层绝缘斗时，内、外斗应均按表2-9-7-3进行电气试验。试验以无闪络、无击穿、无过热为合格。

表2-9-7-2　绝缘臂和整车工频耐压

额定电压/kV	1min 工频耐压试验		交流泄漏电流试验		
	试验距离 L/m	试验电压/kV	试验距离 L/m	试验电压/kV	泄漏电流/μA
10	0.4	45	1.0	20	
20	0.5	80	1.2	40	
35	0.6	95	1.5	70	
66	0.7	175	1.5	70	≤500
110	1.0	220	2.0	126	
220	1.8	440	3.0	252	
500	3.7	580	4.0	580	

表2-9-7-3　绝缘部件的定期电气试验

测试部位	试验类型	试验电压/kV	试验距离 L/m	泄漏电流值/μA
下臂绝缘部分	1min 工频耐压	45	—	—
绝缘斗	1min 层向工频耐压	45	—	—
	表面交流泄漏电流	20	0.4	≤200
	1min 表面工频耐压	45	0.4	—
绝缘吊臂	1min 工频耐压	45	0.4	—

（3）绝缘斗臂车交流耐压试验及泄漏电流试验项目及布置情况应满足下述要求。

1）具有泄漏电流报警系统的斗臂车上臂的电气试验。

a. 进行试验的斗车按图2-9-7-1所示布置。

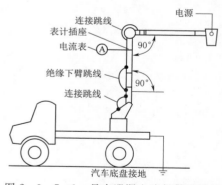

图2-9-7-1　具有泄漏电流报警系统的斗臂车上臂电气试验示意图

b. 在整个试验期间，绝缘下臂或底盘的绝缘系统应短接，拐臂处也应短接。连接跳线应为截面积32mm² 以上的宽铜带。

c. 在整个试验期间，上臂末端的所有导电部分应短接。可进行等电位作业的斗臂车应将金属内斗插入外斗中，并短接。

d. 在整个试验期内，通过绝缘臂部分的液压管路应充满液压油。

e. 汽车底盘应接地。

f. 在正式试验之前，应检查金属监视"检验"带与插座的连接情况，电流表的接线柱与地之间用屏蔽电缆连接。

g. 试验电源为交流电源。

2）无泄漏电流报警系统的斗臂车上臂的电气试验。

a. 斗臂车试品按图2-9-7-2布置（伸缩壁的绝缘部分应按照情形伸展开）。

b. 在整个试验期间，绝缘下臂部分或底盘的绝缘系统应短接，扶手也应短接。接地引下线的截面积应为32mm² 以上的宽铜带。

c. 在整个试验期间，上臂末端的所有导电部分应短接。

d. 在整个试验期间，通过绝缘臂部分的液压管路应充满液压油。

e. 汽车底盘应通过电流表接地，车轮和支腿（如果使用）应用绝缘材料垫起来。

f. 电流表与汽车底盘和地之间用屏蔽电缆连接。

g. 试验电源为交流电源。

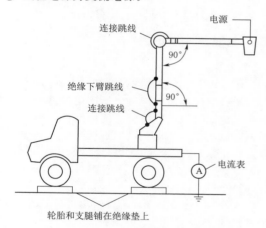

图2-9-7-2　无泄漏电流报警系统的斗臂车上臂电气试验示意图

3）绝缘下臂或底盘绝缘系统的电气试验。

a. 斗臂车试品按图2-9-7-3布置。

b. 确认绝缘下臂和底盘绝缘系统已短接。

c. 在整个试验期间，通过绝缘臂部分的液压管路应充满液压油。

d. 汽车底盘通过电流表接地，车轮和支腿（如果使用）应用绝缘材料垫起来。

e. 电流表与汽车底盘和地之间用屏蔽电缆连接。

f. 试验电源为交流电源。

4）绝缘工作斗的层向耐压试验。

a. 工作斗的层向耐压试验见图2-9-7-4。绝缘内斗放入金属制成的容器中，内斗应搁在容器底部的大平板电极上，容器和内斗应充满水或导电液体（最大电阻率为50Ω·m），液面距内斗顶部的距离为200mm。

b. 高压电极悬挂在内斗中，加压要求见表2-9-7-3。

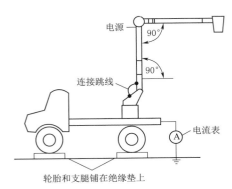

（a）绝缘下臂的试验

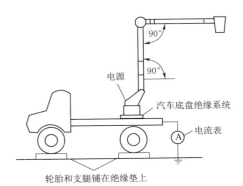

（b）底盘绝缘系统的试验

图2-9-7-3　绝缘下臂或汽车底盘绝缘系统电气试验示意图

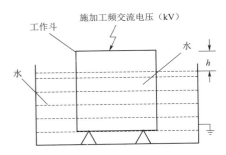

图2-9-7-4　绝缘工作斗的层向耐压试验

5）外斗的电气试验。

a. 如果外斗是绝缘的，则应定期做外斗电气试验。外斗的电气试验参见图2-9-7-5。

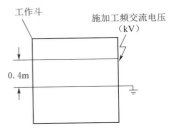

图2-9-7-5　绝缘外斗或内斗表面泄漏试验

b. 表面耐受试验应该在外斗的外表面进行。试验中，

两个电极的布置距离为0.4m，如图2-9-7-5所示。加压要求见表2-9-7-3。

（4）绝缘斗臂车高架装置内的液压油应进行击穿强度试验，试验按照GB/T 507的规定进行。

（5）机械试验项目为额定荷载全工况试验，试验周期为12个月。额定荷载全工况试验即按作业斗的额定荷载加载，按全工况曲线图全部操作3遍。若上下臂和斗以及汽车底盘、外伸支腿均无异常，则试验通过。

七、维修

（1）绝缘斗臂车的修理、重新装配应遵循GB/T 9465中的技术要求，并经由具备修理资格的单位完成。

（2）绝缘斗臂车的所有维护和修理记录应妥善保存。

（3）如果维修工作涉及斗臂车的绝缘部件、平衡系统或影响稳定性以及高架装置中机械、液压或电气系统的完整性，绝缘斗臂车应在维修之后按照GB/T 9465的技术要求进行型式试验或出厂试验。

八、运输和停放

（一）运输

（1）绝缘斗臂车在进行运输或自驶时，应将所有门锁关好，所有设备处于牢固的固定或绑扎状态。

（2）作业斗应回复到行驶位置。带吊臂的绝缘斗臂车，吊臂应卸掉或缩回。上臂应折起，下臂应降下，上、下臂均应回复到各自独立的支撑架上。伸缩臂应完全收回。上、下臂应固定牢靠，以防止在运输过程中由于晃动并受到撞击而损坏。

（3）绝缘斗臂车在行进过程中，应关闭高架装置的液压操作系统。

（4）绝缘斗臂车在运输和贮存过程中可采用防潮保护罩对绝缘臂和作业斗进行保护。

（二）停放

（1）绝缘斗臂车应停放在专用车库中，车库要求满足DL/T 974的要求。

（2）重要的仪器设备不宜长期存放在斗臂车上。

第八节　500kV交流输变电设备带电水冲洗作业技术

一、概述

（一）相关技术标准

（1）《电力设备带电水冲洗导则》（GB/T 13395）。

（2）《带电作业工具设备术语》（GB/T 14286）。

（3）《电业安全工作规程（发电厂和变电所电气部分）》（DL 408）。

（4）《电业安全工作规程（电力线路部分）》（DL 409—1991）。

（5）《电力用车载式带电水冲洗装置》（DL/T 1468）。

（6）《500kV交流输变电设备带电水冲洗作业技术规范》（DL/T 1467—2015）。

（二）相关技术术语

（1）单枪冲洗（single jet washing）：单支水枪以一冲多回方式对绝缘子串进行冲洗。

（2）单枪交替冲洗（single jet alternating washing）：单支水枪以一冲多回方式对双联绝缘子串或同相相距较近的两串绝缘子相同位置交替往复冲洗。

（3）双枪交替冲洗（double jets alternating washing）：两支水枪错开站位，以一冲多回冲洗方式对多联串绝缘子相同位置交替往复冲洗。

（4）多枪同步冲洗（quadruple jets synchronous washing）：多支（三支或四支）水枪在绝缘子及套管周围均匀分布站位，对变电站支柱绝缘子及套管进行同步冲洗。

（5）组合绝缘悬吊冲洗（suspension washing of combined insulation）：输电线路绝缘子采用水柱与绝缘工具的组合绝缘冲洗时，以绝缘绳索悬吊绝缘杆及水枪进行冲洗。

（6）组合绝缘滑板冲洗（skateboard washing of combined insulation）：输电线路绝缘子采用水柱与绝缘工具的组合绝缘冲洗时，以绝缘板依托被冲洗绝缘子滑动并支撑绝缘杆及水枪进行冲洗。

（7）制水设备（device for water treatment）：将低电阻率的原水（如自来水、河水、溪水等）净化为满足输变电设备带电水冲洗用的高电阻率水的设备。

（8）冲洗设备（device for hot washing）：用于输变电设备带电水冲洗的作业设备，通过水泵将高电阻率的水经引水管及水枪喷射到绝缘子上冲洗绝缘子表面污秽。

二、技术要求

（一）人员要求

（1）带电水冲洗人员应身体健康，无妨碍作业的生理和心理障碍，具有变电站和输电线路的基本知识，掌握带电作业的基本原理和操作方法，熟悉冲洗设备的适用范围和使用方法。带电水冲洗人员应会紧急救护法、触电急救法和心肺复苏法。带电水冲洗人员应经过专门的培训考核和操作考核，并持有上岗证。

（2）工作负责人（监护人）应具有输变电设备带电水冲洗作业实际工作经验，熟悉设备状况，具有一定组织能力和事故处理能力，经过专门的培训考核和操作考核，并具有上岗证。

（二）气象条件

（1）带电水冲洗应在天气良好的条件下进行，风速大于8m/s（4级）、气温低于0℃，雨天、雪天、雾天不宜进行带电水冲洗作业。

（2）作业过程中若遇天气突然变化，有可能危及人身或设备安全时，应立即停止工作。

（三）设备要求

（1）带电水冲洗装置成检验合格，车载式带电水冲洗装置应满足DL/T 1468的规定。

（2）带电水冲洗装置应良好接地，以水柱绝缘为主

的大水冲及中水冲用水枪应配备专用接地线，专用接地线应采用有透明护套的多股软铜线，截面积不小于25mm²。

（3）500kV输变电设备带电水冲洗的水电阻率应不小于 $2 \times 10^5 \Omega \cdot cm$。每次冲洗前应测量水电阻率，测量时应从水枪出口处取水样进行测量。

（四）冲洗要求

（1）应根据现场情况采用合适的冲洗方法。500kV变电设备宜采用多枪同步冲洗，500kV输电线路单串绝缘子宜采用单枪冲洗，500kV输电线路双联绝缘子串或同相相距较近的两串绝缘子宜采用单枪交替冲洗，500kV输电线路多联绝缘子串宜采用双枪交替冲洗。

（2）冲洗时应进行回扫，防止被冲洗设备表面出现污水连线，尽量避免冲洗过程中出现起弧或减少起弧的程度。500kV变电设备宜采用一冲三回方式冲洗，输电设备宜采用一冲多回方式冲洗。冲洗中应注意冲洗角度，减少冲洗死角、死区。

（3）500kV输变电设备带电水冲洗应根据水柱长度、被冲洗设备直径及与邻近设备距离选择合适的喷嘴直径。以水柱绝缘为主的输电线路绝缘子和变电设备绝缘子带电水冲洗时宜采用中水冲或大水冲方式。输电线路绝缘子采用水柱与绝缘工具的组合绝缘冲洗时，可采用小水冲、组合绝缘悬吊冲洗或组合绝缘滑板冲洗方式。

（4）冲洗前应严格校核水枪、冲洗设备与被冲洗设备及邻近设备的距离和方位，水柱绝缘、水柱与绝缘工具的组合绝缘长度不应小于5m，冲洗设备与邻近带电设备的距离应满足DL 408、DL 409—1991的规定。水柱与绝缘工具的组合绝缘冲洗装置应满足DL 409—1991中8.6.5、8.6.6的规定。

（5）对于上下层布置的设备应先冲下层，后冲上层，并要注意冲洗角度，垂直冲洗角度应小于60°。冲洗时应尽量避免将水溅到邻近设备上，防止邻近绝缘子表面溅闪。

（6）垂直安装及倾斜安装的设备宜自下而上冲洗，水平安装的设备宜自导线侧向接地侧冲洗。

（7）冲洗时应注意风向，应先冲下风侧设备，后冲上风侧设备，并在冲洗过程中注意风向及风速的变化，及时进行调整或暂停冲洗。

（8）当相邻设备高度不等，且不会因风向原因导致较高设备发生溅闪时，宜先冲洗较低设备，后冲洗较高设备，并采取防溅闪措施。

（9）当相邻设备距离过近或可能引起大面积溅湿时，宜采取同时冲洗的作业方式。

（10）当冲洗瓷件1/3段以下时，设备瓷件顶部即产生局部电弧，宜立即停止冲洗。当已冲洗部分占被冲洗瓷件2/3高度以上，被冲瓷件顶部出现局部电弧时，水柱应迅速指向局部电弧，迫使电弧熄灭并加强水柱回扫。

（11）冲洗时，若水柱冲洗到金属锈蚀处，应迅速回扫，截断污水连线。

（12）带电水冲洗时严禁用水枪枪口对准人或其他带

电设备。水枪及引水管带压时，操作人员不应离开水枪及冲洗控制装置。冲洗过程中水枪及引水管出现渗漏现象影响安全及水柱压强时，应立即停止作业。

（13）冲洗时，严禁对设备端子箱、二次接线盒、操作机构箱、压力释放阀、气体继电器等进行冲洗，防止进水。

（14）冲洗时应注意监视储水容器水位，不得在冲洗时对储水容器注水。冲洗单个设备过程中不得换人或换水枪，冲洗完毕换人、换水枪时要关闭水枪，以防水柱冲到或溅到设备上发生闪络危险。

（15）现场带电水冲洗工作负责人、监护人和操作人员之间应制定统一的口令、手势。

三、限制冲洗条件

（1）带电水冲洗作业前应了解输变电设备的外绝缘污秽度，绝缘子临界盐密应符合 GB 13395 的规定，超过临界盐密时，不应进行带电水冲洗。

（2）避雷器及密封不良的设备不宜进行带电水冲洗。

（3）断路器处于热备用状态时，断口及均压电容瓷套不应进行带电水冲洗。

（4）输电线路绝缘子串良好绝缘子片数少于 23 片时，不应进行带电水冲洗。

（5）输变电设备非正常运行（如母差保护停用等）、倒闸操作时，不应进行带电水冲洗作业。

（6）被冲洗设备布置比较密集，或位置、角度比较特殊，使冲洗作业人员冲洗时不能良好观察被冲洗设备或存在邻近设备溅闪危险时，不宜进行带电水冲洗。

四、冲洗作业前准备

（1）作业前，应组织现场踏勘，根据现场踏勘结果编制"三措"（组织措施、技术措施和安全措施）方案，并经单位批准后实施。

（2）冲洗前，冲洗人员应与运行人员确认安全技术措施的落实情况，包括设备及继电保护是否处于正常运行状态、设备绝缘是否良好、是否有漏油或裂纹设备、是否有零值或低值绝缘子、是否有断路器处于热备用状态、设备的端子箱是否密封良好等，确认无误后方可组织冲洗。发现有不符合冲洗条件的，不应进行带电水冲洗。

（3）冲洗前，需对安全工器具、个人防护用具等进行检查，确保满足冲洗要求。

（4）冲洗前，应检查冲洗装置、引水管及水枪接头的连接及固定状况，防止引水管及接头渗漏、引水管摆动。同时应测试水枪出口水电阻率，并做好记录。

（5）冲洗前，冲洗人员应调整水泵压强及水柱射程。试水时，枪口向下，不得将水枪对准被冲洗设备绝缘部分。

（6）冲洗前，应测量风速、风向，合理确定冲洗设备顺序和人员站位，校核安全距离及绝缘长度。

五、安全要求

（1）变电设备带电水冲洗时，作业车辆进入工作现场时应由专人带领并做好监护工作。

（2）变电设备带电水冲洗时，作业区域应进行安全围护，设置围栏和警示标志牌。

（3）变电设备带电水冲洗时，作业人员应穿戴防水服、绝缘靴、绝缘手套和防水安全帽。

（4）输电设备带电水冲洗时，作业人员应穿戴全套屏蔽服和导电鞋。

（5）作业时应设专人监护，监护人应由具备一定实践经验和应变能力的技术人员担任。

（6）冲洗时受现场客观条件限制而导致无法按操作要求执行时，应立即停止冲洗，做好相应的补救措施后方可继续冲洗。如不符合冲洗条件或有疑问时不得冲洗。

（7）冲洗方案中应有应急预案。操作过程中，工作负责人（监护人）应随时注意现场状况，如发生意外情况，应立即指挥操作人员采取应变措施。

六、变电设备带电水冲洗方法

（一）500kV 单柱设备

500kV 单柱设备（支柱绝缘子、电容式电压互感器等）宜采用一冲三回、四枪同步冲洗方式，整个绝缘子冲洗不少于 21s。典型冲洗方法如图 2-9-8-1 所示，图 2-9-8-1 中数字部分表示冲洗顺序，箭头方向表示冲洗方向，密集箭头区域冲洗不少于 2s，非密集箭头区域冲洗不少于 1s。

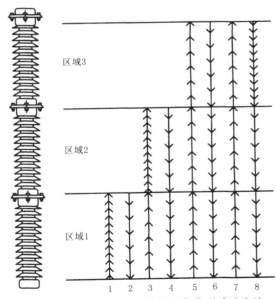

图 2-9-8-1　500kV 单柱设备典型冲洗方法

（二）500kV 并列双柱设备

500kV 并列双柱设备（隔离开关）支柱绝缘子宜采用一冲三回、四枪同步冲洗方式，每个支柱绝缘子两支水枪，整个绝缘子冲洗不少于 21s。典型冲洗方法参考图

2-9-8-1。

（三）500kV大直径套管

500kV大直径套管（电流互感器、GIS套管等）宜采用一冲三回、四枪同步冲洗方式，整个绝缘子冲洗不少于21s。典型冲洗方法参考图2-9-8-1。

（四）500kV断路器

500kV断路器带电水冲洗按冲洗顺序包括支柱绝缘子冲洗、横向套管冲洗、支柱绝缘子回扫三个阶段，整个冲洗过程应在支柱绝缘子底部上枪、下枪。

500kV断路器的支柱绝缘子冲洗阶段，宜采用一冲三回、四枪同步冲洗方式，冲洗时间不少于17s。典型冲洗方法如图2-9-8-2所示。

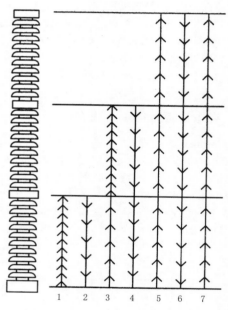

图2-9-8-2　500kV断路器支柱
绝缘子典型冲洗方法

500kV断路器的横向套管冲洗阶段，将四支水枪分为两组，每组两支水枪同步冲洗，由中间至外侧分别冲洗两次，冲洗时间不少于6s。典型水枪布置如图2-9-8-3所示，典型冲洗方法如图2-9-8-4所示。

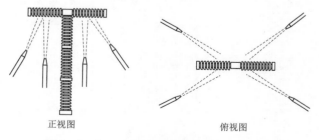

正视图　　　　　俯视图

图2-9-8-3　500kV断路器横向套管冲洗
作业典型水枪布置

500kV断路器的支柱绝缘子回扫阶段，宜采用由上至下、反向一冲三回、四枪同步冲洗方式，支柱绝缘子回扫时间不少于7s。典型冲洗方法如图2-9-8-5所示。

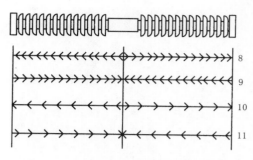

图2-9-8-4　500kV断路器横向套管典型冲洗方法

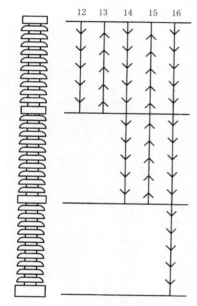

图2-9-8-5　500kV断路器支柱绝缘子
回扫典型冲洗方法

七、冲洗效果评价

（1）冲洗后从被冲洗设备上流下的水应为清水。

（2）冲洗后的瓷件或玻璃绝缘子表面光洁明亮，无残留污迹、污垢（局部难除的污秽除外）。

（3）全部设备冲洗完毕后，冲洗人员至少监视设备15min，没有出现污水滴落、局部起弧现象，方可收拾冲洗工具，撤离现场。

八、冲洗方法验证和冲洗人员操作考核

（一）500kv输变电设备带电水冲洗操作考核设备

（1）500kV变电设备带电水冲洗操作考核宜包括单柱支柱绝缘子、双柱并列支柱绝缘子（隔离开关）、电容式电压互感器、断路器、大直径电流互感器及GIS套管等设备，设备的布置间距应模拟500kV变电设备典型布置工况，施加500kV相电压，如图2-9-8-6所示。

（2）500kV输电线路带电水冲洗操作考核宜包括单联悬垂绝缘子串、双联悬垂绝缘子串、四联悬垂绝缘子串、V型悬垂绝缘子串、双联耐张绝缘子串、四联耐张绝

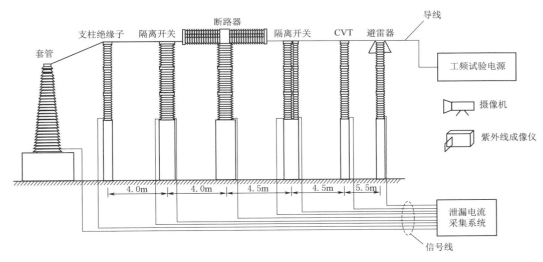

图 2-9-8-6　500kV 变电设备带电水冲洗操作考核典型布置

缘子中等，绝缘子串布置应模拟输电线路绝缘子串典型工况，绝缘子串施加 500kV 相电压。

（3）500kV 输变电设备带电水冲洗操作考核工频试验电源额定电流不宜小于 2A，并采用泄漏电流、紫外放电、冲洗视频同步监测冲洗过程。泄漏电流监测系统测量范围为 1mA～2A，精度应不低于 3%。紫外成像仪响应时间不大于 5ms，数字摄像机的分帧精度不大于 20ms。

（二）冲洗方法和冲洗人员操作考核流程

500kV 输变电设备带电水冲作业冲洗方法和冲洗人员操作考核流程包括绝缘子染污、绝缘子冲洗、冲洗过程监视、绝缘子残余污秽测量、考核结果评定。

（三）考核合格判据

（1）冲洗方法考核合格判据：在各污秽度等级下，冲洗过程中不发生闪络；各设备表面残余盐密值低于 0.02mg/cm²，盐密值、灰密值残余百分比小于 10%；紫外线及视频摄像观测被冲设备及邻近设备不出现超过设备绝缘长度 1/4 的电弧放电。

（2）冲洗人员考核合格判据：各污秽度等级下冲洗人员所在组冲洗方法考核合格；视频摄像监测同组人员"开枪"时间差不大于 2s；视频摄像监测冲洗过程中各枪最大不同步长度小于被冲设备绝缘长度的 1/6。

第九节　变电带电作业管理

一、现场勘察

现场勘察结果是判定工作必要性和现场装置是否具备带电作业条件的主要依据。带电作业班组在接受变电站带电作业任务后，应根据任务难易和对作业设备熟悉程度，决定是否需要查阅资料和勘察现场，现场勘察应填写现场勘察记录。

现场勘察应查看变电站作业设备的各种间距、邻近间隔、交叉跨越、需要停电的范围（配合部分停电已满足临近带电作业要求）、缺陷部位及其严重程度和作业现场的条件、环境、地形状况及其他影响作业的危险点。并结合查阅资料情况确定作业方法、所需工（器）具及做出是否需要停用重合闸的决定。根据勘察结果，做出能否进行带电作业、采用何种作业方法及必要的安全措施等决定。

作业开工前，工作负责人或工作许可人若认为现场实际情况与原勘察结果可能发生变化时，应重新核实，必要时应修正、完善相应的安全措施，或重新办理工作票。

常规变电带电作业项目的现场勘察主要内容如下。

1. 断、接引线勘察内容

（1）勘察导线截面，是否适合挂梯作业。

（2）勘察断、接点距离地面的高度和位置。

（3）勘察作业点对接地体的距离、组合间隙和相邻导线的距离。

（4）勘察作业点的上、下方有无跨越导线。

（5）勘察本次作业的断、接点有否与其他设备的引流线同时连接在同一个设备线夹上。

（6）根据勘察结果绘制勘察记录并附照片，标明危险点位置。

2. 带电短接勘察内容

（1）勘察带电短接设备的相位，是否与调度所发指令一致。

（2）勘察导线截面，准备与导线截面相符合的短接线作业卡具。

（3）勘察作业点距离地面的高度和位置，是否适合人字梯作业。

（4）勘察作业点对接地体的距离、组合间隙和相邻导线的距离。

（5）勘察作业点的上、下方有无跨越导线以及有无侧方导线。

二、作业危险点分析

由于变电站设备紧凑，带电作业人员作业安全距离小，进行危险点分析过程中要提前进行周密、细致现场勘测，合理摆放作业工具，科学规划作业人员作业路径等，对每个步骤涉及的危险点进行分析，并对应存在的风险制订控制措施。

（1）变电站带电断、接引作业危险点分析重点应从安全距离不足、是否带负荷断引（带电断引时，检查隔离开关确已断开，检查手柄闭锁可靠）、是否带地线接引（带电接引时，检查隔离开关在开位，并确无接地）、消弧绳及消弧滑车与连接处接触电阻是否过大、绝缘工具是否受潮、有无高处坠落等进行分析。

（2）变电站带电处理接点发热作业危险点分析重点应从短接线提升过程是否发生短路、人体是否串入电路（分流线一端安装好后，安装另一端时应防止人体串入电路）、绝缘工具是否受潮、有无高处坠落等进行分析。

三、工作票办理

（一）工作票的选用

根据现场勘察结果、作业方法判断作业过程中人员、工具及材料与设备带电部分的安全距离来选用工作票。人员、工具及材料与设备带电部分的安全距离见表 2-9-9-1，邻近或交叉其他电力线路工作的安全距离见表 2-9-9-2，带电作业时人身与带电体间的安全距离见表 2-9-9-3。

表 2-9-9-1　人员、工具及材料与设备带电部分的安全距离

电压等级/kV	非作业安全距离/m	作业安全距离/m
10 及以下	0.7	0.7（0.35）
20、35	1.0	1.0（0.6）
66、110	1.5	1.5
220	3.0	3.0
500	5.0	5.0
±50 及以下	1.5	1.5
±500	6.0	6.8
±800	9.3	10.1

注　1. "非作业安全距离"是指人员在带电设备附近进行巡视、参观等非作业活动时的安全距离（引自 GB 26860—2011 中的表1"设备不停电的安全距离"）；"作业安全距离"是指在厂站内或线路上进行检修、试验、施工等作业时的安全距离（引自 GB 26860—2011 中的表2"人员工作中与设备带电部分的安全距离"和 GB 26859—2011 中的表1"带电线路杆塔上工作与带电导线最小安全距离"）。

　　2. 括号内数据仅用于作业中人员与带电体之间设置隔离措施的情况。

　　3. 未列出的电压等级，按高一档电压等级安全距离执行。

　　4. 13.8kV 执行 10kV 的安全距离。

　　5. 数据按海拔 1000m 校正。

表 2-9-9-2　邻近或交叉其他电力线路工作的安全距离

电压等级/kV	10 及以下	20、35	66、110	220	500	±50	±500	±660	±800
安全距离/m	1	2.5	3	4	6	3	7.8	10	11.1

注　1. 表中未列电压等级按高一挡电压等级安全距离。

　　2. 表中数据是按海拔 1000m 校正的。

表 2-9-9-3　带电作业时人身与带电体间的安全距离

电压等级/kV	10	35	63（66）	110	220	500	±500	±800
距离/m	0.4	0.6	0.7	1.0	1.8（1.6）*	3.4（3.2）**	3.4	6.8***

注　表中数据是根据设备带电作业安全要求提出的。

*　220kV 带电作业安全距离因受设备限制达不到 1.8m 时，经单位分管生产负责人或总工程师批准，并采取必要的措施后，可采用括号内 1.6m 的数值。

**　海拔 500m 以下，取 3.2m，但不适用 500kV 紧凑型线路；海拔在 500～1000m 时，取 3.4m。

***　不包括人体占位间隙。

在变电站内与邻近或交叉其他带电设备最小距离大于表 2-9-9-1 规定的作业安全距离且小于表 2-9-9-2 规定距离的工作，选用第二种工作票。

在变电站内的高压设备带电作业，人员作业时与邻近带电设备距离大于表 2-9-9-3 规定距离，且小于表 2-9-9-1 规定的作业安全距离范围内的作业，需选用带电作业工作票。

在同一厂站内，依次进行的同一电压等级、同类型采取相同安全措施的带电作业可共用同一张带电作业工作票。

（二）工作票启用

1. 工作票填写

（1）若一张工作票下设多个分组工作，每个分组应分别指定分组工作负责人（监护人），并使用分组工作派工单。分组工作负责人（监护人）宜具备工作负责人资格。

（2）填写工作班人员，不分组时应填写除工作负责人以外的所有工作人员姓名。工作班分组时，填写工作小组负责人姓名，并注明包括该小组负责人在内的小组总人数；工作负责人兼任一个分组负责人时，应重复填写工作负责人姓名。

（3）同一工作人员在同一段时间内被列为多张工作票的工作人员时，应经各工作负责人同意，并在每张工作票的备注栏注明人员变动情况。

（4）工作票总人数包括工作负责人及工作班所有人员。

（5）工作要求的安全措施应符合现场勘察的安全技术要求和现场实际情况，并充分考虑其他必要的安全措施和注意事项。

2. 办理工作票时应注意

（1）带电作业工作票签发人和工作负责人、专责监护人应由具有带电作业实践经验的人员担任。工作负责人、专责监护人应具备带电作业资格。

（2）带电作业应设专责监护人。监护人不应直接操作，其监护的范围不应超过一个作业点。复杂的带电作业应增设监护人。

（3）工作许可人和工作负责人不得相互兼任。

（三）工作票签发

（1）工作票由工作票签发人审核无误后签发。

（2）不直接管理本设备的外单位办理需签发的工作票时，应实行"双签发"，先由工作负责人所在单位签发，再由本设备运维单位会签。

（四）工作票接收

需停用线路重合闸或退出再启动功能的带电作业工作票，应在工作前一日送达许可部门。

（五）工作许可

（1）厂站内的检修工作，工作许可人在完成施工作业现场的安全措施后，应与工作负责人手持工作票共同

到作业现场进行安全交代，完成以下许可手续后，工作班组方可开始工作。

1）工作许可人会同工作负责人到现场再次检查所做的安全措施与工作要求的安全措施相符。

2）工作许可人对工作负责人指明工作地点保留的带电设备部位和其他安全注意事项，确认安全措施满足要求后，会同工作负责人在工作票上分别确认、签名。

（2）已许可的工作票，一份应保存在工作地点并由工作负责人收执，另一份由工作许可人收执和按值移交。

四、作业指导书编制

作业指导书是对涉及现场作业的作业人员进行标准化作业提供正确指导的作业活动程序文件，一般应包括基本信息、作业前准备、风险评估、作业过程、作业记录、作业终结等要求，根据作业内容的需要指导书中还可包含记录表格。现以变电站带电拆、接母线引流线作业为例进行介绍，详见表2-9-9-4。

表2-9-9-4　　　　　　　　变电站带电拆、接母线引流线作业指导书

编号：_____

班组名称	带电班		专业名称	变电带电	作业类型	检修类

一、作　业　要　求

作业人员标准	人员数量（最低标准）	6人
	人员技能等级（最低标准）	初级工及以上并持有相关有效证件

作业环境标准	作业时段（最佳标准）	日间开展
	作业环境包括多项，应结合实际作业列出对作业环境的要求。如：作业地形、相邻空间、密闭空间、交通作业安全、作业天气等	作业地形：除水田等大面积湿地外的平原、山地、丘陵均可开展。 相邻空间：作业区域满足带电作业最小组合间隙及最小作业安全距离要求。 交通作业安全：交通密集区应设安全围栏等警示标识。 作业天气：雷、雨、雪、雾等天气或湿度大于80%，风速大于10m/s，不宜开展带电作业，根据季节特点，夏季应尽量避开35℃以上的高温天气时段或在此温度下连续工作不超过2h

二、作　业　流　程　及　标　准

（一）作　业　前　准　备

序号	准备项	准备次项	准备项内容
1	生产用具	安全工器具及个人防护用品	安全帽（按人数选用）、全身式安全带、防坠器、屏蔽服、脚扣（按工作需要选用）、绝缘传递绳、绝缘绳套、绝缘滑车、绝缘软梯（按工作需要选用）、个人后备保护装置（含绳套、滑车、八字扣）、绝缘操作杆、消弧绳、绝缘独脚梯（按工作需要选用）、绝缘人字梯（按工作需要选用）、绝缘挂梯（按工作需要选用）、急救药包（箱）
2		工器具	个人工具（按工作需要选用）、套筒板书、活动扳手、防潮垫布、翻转滑车、梯头（飞车）、消弧滑车
3		材料	0号砂纸、干净的毛巾
4		仪器仪表	温湿度仪、风速仪、绝缘检测仪、万用表

班组名称	带电班	专业名称	变电带电	作业类型	检修类

（二）作 业 过 程

序号	作 业 内 容	作 业 标 准
1	工作许可	执行变电站带电作业工作票许可手续，宣读工作票、安全交代、人员分工并签字确认
2	核实作业现场	（1）核对间隔双重名称。 （2）检查仪器仪表性能、试验标签在有效期内。 （3）生产用具（包含安全工器具及个人防护用品、工器具）外观检查、性能、试验标签检查。 （4）绝缘工具使用2500V绝缘电阻表或绝缘检测仪进行分段绝缘检测（电极宽2cm，极间宽2cm），阻值应不低于700MΩ。 （5）屏蔽服使用万用表测量最远端两点电阻不大于20Ω。 （6）核实现场作业环境、天气条件（湿度小于80%，风速小于10m/s）满足现场作业要求。 （7）刀闸在断开位置，母线至刀闸之间的引线无接地。 （8）核实刀闸二次控制电源回路空开在分闸位置
3	进入作业位置	（1）绝缘操作杆最小有效绝缘长度：110kV，1.3m；220kV，2.1m；500kV，4.0m。绝缘承力工具、绝缘绳索最小有效绝缘长度：110kV，1.0m；220kV，1.8m；500kV，3.7m。 （2）使用软梯应遵守有下列情况之一者，应经验算合格，并经厂（局）主管生产领导（总工程师）批准后才能进行：①在孤立挡距的导、地线上的作业；②在有断股的导、地线上的作业。 （3）使用硬梯应做好风绳控制，防止硬梯倾倒。 （4）登高前，安全带、软梯、防坠落装置分别冲击试验。 （5）高处作业全程不得失去安全带保护，无打滑、踏空；吊物绳、安全带无缠绕、勾卡现象。 （6）转移电位前必须得到工作负责人许可，转移电位时电位转移时人体裸露部位与带电体的距离不小于：110～220kV，0.3m；330～500kV，0.4m。进入等电位动作正确迅速果断。 （7）组合间隙不小于：110kV，1.2m；220kV，2.1m；500kV，3.9m
4	带电拆、接引流线	（1）带电断、接空载线路，应遵守以下规定： 1）带电断、接空载线路时，应确认需断、接线路的另一端断路器和隔离开关确已断开，接入线路侧的变压器、电压互感器确已退出运行后，方可进行。禁止带负荷断、接引线。 2）带电断、接空载线路时，作业人员应戴护目镜，并应采取消弧措施。消弧工具的断流能力应与被断、接的空载线路电压等级及电容电流相适应。 3）在查明线路确无接地、绝缘良好、线路上无人工作且相位确定无误后，方可进行带电断、接引线。 4）带电接引线时未接通相的导线及带电断引线时已断开相的导线，将因感应而带电。为防止电击，应采取措施后方可触及。 5）不应同时接触未接通的或已断开的导线两个断头。 （2）绝缘操作杆有效绝缘长度不小于：110kV，1.2m；220kV，2.1m。 （3）绝缘承力工具有效绝缘长度不小于：110kV，1.0m；220kV，1.8m。 （4）等电位作业全程人体与接地体的安全距离不得小于：110kV，1.0m；220kV，1.8m。组合间隙不小于：110kV，1.2m；220kV，2.1m。与邻相导线保持安全距离不小于：110kV，1.4m；220kV，2.5m。 （5）引线上、下用控制绳或绝缘操作杆控制其摆动幅度。 （6）拆除的引线用绳索拴牢固定。 （7）母线侧引流线线夹安装前应清除导线表面氧化层

班组名称	带电班		专业名称	变电带电	作业类型	检修类
5	退出作业位置	（1）检查导线上有无遗留物。 （2）高处作业全过程不得失去安全带保护，无打滑、踏空；吊物绳、安全带无缠绕、勾卡现象。 （3）转移电位前必须得到工作负责人许可，转移电位时电位转移时人体裸露部位与带电体的距离不小于：110～220kV，0.3m；330～500kV，0.4m。退出等电位动作正确迅速果断。 （4）组合间隙不小于：110kV，1.2m；220kV，2.1m；500kV，3.9m				
6	工作终结	核实作业已完成，安全措施已拆除并恢复作业前状态，现场已清理，人员已撤离，办理工作终结手续				

五、施工方案编制

工作方案应根据现场勘察结果，依据作业的危险性、复杂性和困难程度，制订有针对性的组织措施、安全措施和技术措施。主要包括编制依据、工程概况、组织措施、技术措施、安全措施、环境保护及控制措施、事故应急措施等。

六、作业现场组织

作业现场组织包括组织、指挥和协调等内容，是工作负责人的主要职责，是确保工作班成员能遵守安全规程并按照作业方案的要求具体实施的重要保障。如组织工作班全体成员召开班前会，对全体工作班成员进行安全交代，交代清楚作业任务及作业过程涉及的风险和控制措施，并逐一签字确认。指挥各工作小组负责人或施工作业人员按分工要求开展作业，根据施工安全及工艺要求指挥作业施工器具、设备（绝缘平台、绝缘操作杆、控制绳、消弧绳等）操作人员操控作业施工器具、设备。协调作业所需相关资源（人员、设备、工具、材料等），作业过程中协调各工作小组之间相互配合。

根据现场施工难易程度和复杂程度，一些大型带电作业，涉及多个班组的配合，需制订详细的工作方案，建立相应的组织保障机构，明确相关人员的具体职责。按照现场安全管控的要求，涉及多个班组的大型带电作业，部门领导或专职管理人员要到作业现场监督、指导工作，帮助协调在工作负责人职权范围之外的作业所需相关资源。

第十章

变电站换流站状态检修试验

第一节　概　述

一、电力设备状态检修

（一）设备检修的等级

一般情况下，电力系统的电气设备都是按照规定的检修期进行检修（或维护、调试、试验）的，其周期为固定的一年或几年。现今以电力设备检修规模和停用时间为原则，将检修分为 A、B、C、D 四个等级。其中，A级、B级、C级是停电检修，D级主要是不停电检修。

A级检修是指电力设备整体性的解体检查、修理、更换及相关试验。同时 A 级检修时进行的相关试验，也包含所有 B 级停电试验项目。

B级检修是指电力设备局部性的检修，主要组件、部件的解体检查、修理、更换及相关试验。同样 B 级检修时进行的相关试验，也包括所有例行停电试验项目。

C级检修是指电力设备常规性的检查、试验、维修，包括少量零件更换、消缺、调整和停电试验等。在这里，C级检修时进行的相关试验即例行停电试验。

D级检修是指电力设备外观检查、简单消缺和带电检测。

定期检修存在两个方面的不足：一是设备存在潜在的不安全因素时，因未到检修时间而不能及时排除隐患；二是设备状态良好，但已到检修时间，就必须检修，检修存在很大的盲目性，造成人力、物力的浪费，检修效果也不好。

（二）状态检修的定义

状态检修是指根据先进的状态监测和诊断技术提供的设备状态信息，判断设备的异常，预知设备的故障，并根据预知的故障信息合理安排检修项目和周期的检修方式，即根据设备的健康状态来安排检修计划，实施设备检修。

状态检修是企业以安全、可靠性、环境、成本为基础，通过设备状态评价、风险评估，检修决策，达到运行安全可靠，检修成本合理的一种检修策略。

（三）状态检修的优势

状态检修可以减少不必要的检修工作，节约工时和费用，使检修工作更加科学化。但是，目前状态检修工作实施的阻力也很大：一些管理部门在例行的检查工作中强调对规程的执行，电气设备没有按照检修期进行检修要进行考核（在评比中扣分）；一些管理者本着小心谨慎的态度，按部就班的执行规程规定，使状态检修不能很好地执行。

状态检修就是设备的运行状况在一定时期内有可靠的保证措施及依据的情况下，适当延长或缩短检修周期，根据设备的运行工况和绝缘状态进行检修的一种做法。

虽然也有一些生产厂家的产品出厂后，按设备的使用寿命运行，规定不允许检修，这一般限于少数的国外的进口设备和一些合资企业产品。

（四）状态监测

状态检修是根据设备的运行状况进行检修，是有目的工作，因此状态检修的前提是必须要做好状态检测。

状态检测有两个主要功能：一是及时发现设备缺陷，做到防患于未然；二是为主设备的运行管理提供方便，为检修提供依据，减少人力、物力的浪费。由此可见，状态检测是状态检修的必要手段。

有了状态检测，有关专家在办公室就能很方便地浏览到所管变电站任一设备的当前和历史状态，并能迅速地对设备的未来状态进行预测。对于存在故障隐患的设备就可以组织相应级别的电力公司甚至包括设备制造厂在内的有关专家在网上远程诊断，决定该不该检修，何时检修，对什么部位进行检修。

状态检测主要包括以下三个方面内容。

（1）变电站现场元件。各种传感器（包括压力、温度、湿度、电压、电流、位移等）、采集器、集中器、现场后台软件及主屏等。

（2）通信通道（可与调度自动化共用）。譬如光纤、载波、无线扩频，在网络覆盖允许的情况下，也可使用当前流行的 ADSL 线路加上 VPN 路由器通过加密的方式，在变电站和调度中心之间实现一个虚拟专网。

（3）省、市级电力专家分析系统平台。通过采集各有关单位的实际管理方式，编写大众化的管理程序，在各有关单位之间实现资源和状态的共享，实现远程诊断。

二、状态检修规范

状态检修是一件复杂的系统工程，需要建立一整套的管理体制、方法机制、技术手段、保障体系等规范来实现设备的状态检修。

（一）管理体制

管理体制主要关注的是状态检修工作所需要的组织形式以及组织形式的相关职责、分工，状态检修的主要工作流程体系，包括组织体系、工作流程、绩效评估等，比如当前国家电网公司提出的状态检修三级评价体系的流程体系。

（二）方法机制

方法机制是指状态检修工作所运用的机理和方法，比如针对各类电力设备开展状态评价需要运用的检测方法、状态量定义以及评估方法、评价模型等。其主要体现为一系列的试验规程、评价导则、技术导则、检修工艺导则等。

方法机制研究内容包括：针对不同的电力设备类型，研究这些设备故障模式，状态检修管理模式适用性的研究，设备特征量及状态量的定义、状态量的采集方法及存储方法的研究、状态检修评估、诊断方法的研究、状态检修评估管理流程的研究等。

（三）技术手段

技术手段是指在进行状态评价工作中，通过相关的技术手段实现相关的检测方法和评估过程。目前应用比较多的是国家电网公司提出的基于状态量评分加权的设备状态评价方式。当然也存在别的可能更好的一些评价方法，每种方法都有自身的优点和局限性，为了更好地实现专业化、标准化的状态检修管理，参考现有的各个行业的安全评价方法，采取多种状态评价方法相结合的技术手段来实现状态评价。

（四）保障体系

保障体系是指为保证状态检修工作顺利开展所需要的辅助工作，比如装置入网检测、运维；标准文件制定；状态检修工作仿真模拟、人员培训等内容。

按照以上思路，以管理机制、方法体制、技术手段和保障体系为基本框架，形成电力设备状态检修系专家统软件的评估模型、分析模型，作为软件开发的总体技术路线。

三、状态检修试验

（一）预防性试验与状态检修试验的区别

现行的电力设备预防性试验规程是 DL/T 596—2021，现行的输变电设备状态检修试验规程是 DL/T 393—2021。

DL/T 393—2021 与 DL/T 596—2021 相比，DL/T 596 主要立足于预防性试验，是为了发现运行中设备的隐患，预防发生事故或设备损坏，对设备进行的检查、试验或检测。预防性试验包括停电试验、带电检测和在线监测。DL/T 393 是基于设备状态、综合考虑安全可靠性、环境、成本等要素，合理安排检修的一种检修策略的称为状态检修而进行的试验，而不是简单地强调现场试验。比如对断路器、隔离开关等有机械操作的设备功能检查放到了很重要的位置。但更主要的是，本规程把状态检修的思想贯彻在规程的各个环节而且采纳了适当放宽停电的例行试验加强带电检测的技术思路。本标准将试验分为例行试验和诊断性试验。例行试验通常按周期进行，诊断性试验只在诊断设备状态时根据情况有选择地进行。例行试验是为获取设备状态量，评估设备状态，及时发现事故隐患，定期进行的各种带电检测和停电试验。需要设备退出运行才能进行的例行试验称为停电例行试验。而诊断性试验是在巡检、在线监测、例行试验等发现设备状态不良，或经受了不良工况，或受家族缺陷警示，或连续运行了较长时间，为进一步评估设备状态进行的试验。

为有效进行例行试验和诊断性试验，开展设备巡检和例行检查是必要的。

巡检是为掌握设备状态对设备进行的巡视和检查。例行检查是定期在现场对设备进行的状态检查，含各种简单保养和维修，如污秽清扫、螺丝紧固、防腐处理、自备表计校验、易损件更换、功能确认等。

规程要求在设备运行期间，应按规定的巡检内容和巡检周期对各类设备进行巡检。巡检内容还应包括设备技术文件特别提示的其他巡检要求。巡检情况应有书面或电子文档记录。在雷雨季节前，大风、降雨（雪、冰雹）、沙尘暴及有明显震感（烈度 4 度及以上）的地震之后，应对相关设备加强巡检；新投运的设备、对核心部件或主体进行解体性检修后重新投运的设备，宜加强巡检；日最高气温 35℃ 以上或大负荷期间，宜加强红外测温。

状态检修试验包括例行试验和诊断性试验两大块。例行试验规定有基准周期，通常都按周期进行例行试验项目；诊断性试验只在诊断设备状态时根据实际情况有选择地进行。

（二）状态检修试验的注意事项

（1）若存在设备技术文件要求但行业标准和国家电网公司企业标准《输变电设备状态检修试验规程》未涵盖的检查和试验项目，按设备技术文件要求进行。若设备技术文件要求与标准要求不一致，按严格要求执行。

（2）110（66）kV 及以上新设备投运满 1～2 年，以及停运 6 个月以上重新投运前的设备，应进行例行试验，1 个月内开展带电检测。对核心部件或主体进行解体性检修后重新投运的设备，可参照新设备要求执行。

（3）现场备用设备应视同运行设备进行例行试验；备用设备投运前应对其进行例行试验；若更换的是新设备，投运前应按交接试验要求进行试验。

（4）如经实用考核证明利用带电检测和在线监测技术能达到停电试验的效果，经批准可以不做停电试验或适当延长周期。

（5）500kV 及以上电气设备停电试验宜采用不拆引线试验方法，如果测量结果与历次比较有明显差别或超过《规程》规定的标准，应拆引线进行诊断性试验。

（6）二次回路的交流耐压可用 2500V 绝缘电阻表测量绝缘电阻代替。

（7）在进行与环境温度、湿度有关的试验时，除专门规定的情形之外，环境相对湿度不宜大于 80%，环境温度不宜低于 5℃，绝缘表面应清洁、干燥。若前述环境条件无法满足时，可按"易受环境影响状态量的纵横比分析"进行分析。详见本章第四节"设备状态量的评价和处置原则"。

（8）除特别说明，所有电容和介质损耗因数一并测量的试验，试验电压均为 10kV。

（三）基于设备状态的周期调整

1. 可适当进行周期调整的情况

《规程》给出的基准周期适用于巡检周期和例行试验周期的一般情况。在下列情况下基于设备状态可适当进行周期调整：

（1）对于停电例行试验，各单位可依据自身设备状态、地域环境、电网结构等，酌情延长或缩短基准周期，调整后的基准周期一般不小于 1 年，也不大于《规程》所列基准周期的 1.5 倍（DL/T 393），大于基准周期的 2 倍（Q/GDW 1168）。

（2）对于未开展带电检测设备，试验周期不大于基准周期的 1.4 倍；未开展带电检测老旧设备（大于 20 年运龄），试验周期不大于基准周期。

（3）对于巡检及例行带电检测试验项目，试验周期即为《规程》所列基准周期。

（4）同间隔设备的试验周期宜相同，变压器各侧主进开关及相关设备的试验周期应与该变压器相同。

2. 可延迟试验的条件

符合以下各项条件的设备，停电例行试验可以在上述周期调整后的基础上最多延迟1个年度：

（1）巡检中未见可能危及该设备安全运行的任何异常。

（2）带电检测（如有）显示设备状态良好。

（3）上次例行试验与其前次例行（或交接）试验结果相比无明显差异。

（4）没有任何可能危及设备安全运行的家族缺陷。

（5）上次例行试验以来，没有经受严重的不良工况。

3. 需提前试验的情形

有下列情形之一的设备，需提前或尽快安排例行或/和诊断性试验：

（1）巡检中发现有异常，此异常可能是重大质量隐患所致。

（2）带电检测（如有）显示设备状态不良。

（3）以往的例行试验有朝着注意值或警示值方向发展的明显趋势；或者接近注意值或警示值。

（4）存在重大家族缺陷。

（5）经受了较为严重不良工况，不进行试验无法确定其是否对设备状态有实质性损害。

（6）如初步判定设备继续运行有风险，则不论是否到期，都应列入最近的年度试验计划，情况严重时，应尽快退出运行，进行试验。

（四）解体性检修的适用原则

存在下列情形之一的设备需要对设备核心部件或主体进行解体性检修，不适宜解体性检修的，应予以更换：

（1）例行或诊断性验表明存在重大缺陷的设备。

（2）受重大家族缺陷警示，需要解体消除隐患的设备。

（3）依据设备技术文件之推荐或运行经验，达到解体性检修条件的设备。

四、相关技术标准

（1）《闪点的测定 宾斯基-马丁闭口杯法》（GB/T 261）。

（2）《石油产品运动黏度测定法和动力黏度计算法》（GB/T 265）。

（3）《绝缘油 击穿电压测定法》（GB/T 507）。

（4）《石油和石油产品及添加剂机械杂质测定法》（GB/T 511）。

（5）《三相同步电机试验方法》（GB/T 1029）。

（6）《电力变压器 第 1 部分：总则》（GB/T 1094.1）。

（7）《电力变压器 第 3 部分：绝缘水平、绝缘试验和外绝缘空气间隙》（GB/T 1094.3）。

（8）《电力变压器 第 6 部分：电抗器》（GB/T

1094.6）。

（9）《电力变压器 第 10 部分：声级测定》（GB/T 1094.10）。

（10）《圆线同心绞架空导线》（GB/T 1179）。

（11）《电缆和光缆绝缘和护套材料通用试验方法》（GB/T 2951）（所有部分）。

（12）《石油产品闪点和燃点的测定 克利夫开口杯法》（GB/T 3536）。

（13）《液压绝缘材料 相对电容率、介质损耗因数和直流电阻率的测量》（GB/T 5654）。

（14）《气体分析 微量水分的测定 第1部分：电解法》（GB/T 5832.1）。

（15）《气体分析 微量水分的测定 第2部分：露点法》（GB/T 5832.2）。

（16）《气体中微量水分的测定 第3部分：光腔衰荡光谱法》（GB/T 5832.3）。

（17）《石油产品对水界面张力测定法（圆环法）》（GB/T 6541）。

（18）《电力用油（变压器油、汽轮机油）取样方法》（GB/T 7597）。

（19）《运行中变压器油水溶性酸测定法》（GB/T 7598）。

（20）《运行中变压器油和汽轮机油水分含量测定法（库仑法）》（GB/T 7600）。

（21）《运行中变压器油、汽轮机油水分测定法（气相色谱法）》（GB/T 7601）。

（22）《变压器油、汽轮机油中 T501 抗氧化剂含量测定法 第 1 部分：分光光度法》（GB/T 7602.1）。

（23）《变压器油、汽轮机油中 T501 抗氧化剂含量测定法 第 2 部分：液相色谱法》（GB/T 7602.2）。

（24）《变压器油、汽轮机油中 T501 抗氧化剂含量测定法 第 3 部分：红外光谱法》（GB/T 7602.3）。

（25）《变压器油、汽轮机油中 T501 抗氧化剂含量测定法 第 4 部分：气质联用法》（GB/T 7602.4）。

（26）《运行中汽轮机油破乳化度测定法》（GB/T 7605）。

（27）《旋转电机噪声测定方法及限值 第 1 部分：旋转电机噪声测定方法》（GB/T 10069.1）。

（28）《高压开关设备六氟化硫气体密封试验方法》（GB/T 11023）。

（29）《额定电压 110kV（$U_m=126kV$）交联聚乙烯绝缘电力电缆及其附件 第 1 部分：试验方法和要求》（GB/T 11017.1）。

（30）《加抑制剂矿物油在水存在下防锈性能试验法》（GB/T 11143）。

（31）《润滑油泡沫特性测定法》（GB/T 12579）。

（32）《变压器油维护管理导则》（GB/T 14542）。

（33）《金属覆盖层 覆盖层厚度测量 X 射线光谱方法》（GB/T 16921）。

（34）《高电压试验技术 第 3 部分：现场试验的定义

及要求》（GB/T 16927.3）。

（35）《绝缘油中溶解气体组分含量的气相色谱测定法》（GB/T 17623）。

（36）《额定电压 220kV（U_m＝252kV）交联聚乙烯绝缘电力电缆及其附件　第 1 部分：试验方法和要求》（GB/T 18890.1）。

（37）《架空线路绝缘子　标称电压高于 1000V 交流系统用悬垂和耐张复合绝缘子定义、试验方法及接收准则》（GB/T 19519）。

（38）《隐极同步发电机定子绕组端部动态特性和振动测量方法及评定》（GB/T 20140）。

（39）《型线同心绞架空导线》（GB/T 20141）。

（40）《旋转电机　旋转电机定子绕组绝缘　第 2 部分：在线局部放电测量》（GB/T 20833.2）。

（41）《发电机定子铁芯磁化试验导则》（GB/T 20835）。

（42）《互感器　第 5 部分：电容式电压互感器的补充技术要求》（GB/T 20840.5）。

（43）《互感器试验导则　第 1 部分：电流互感器》（GB/T 22071.1）。

（44）《户内和户外用高压聚合物绝缘子一般定义、试验方法和接收准则》（GB/T 22079）。

（45）《污秽条件下使用的高压绝缘子的选择和尺寸确定　第 1 部分：定义、信息和一般原则》（GB/T 26218.1）。

（46）《变压器油、汽轮机油酸值测定法（BTB 法）》（GB/T 28552）。

（47）《绝缘油中腐蚀性硫（二苄基二硫醚）定量检测方法》（GB/T 32508）。

（48）《柔性直流输电线路检修规范》（GB/T 37013）。

（49）《电气装置安装工程　母线装置施工及验收规范》（GB 50149）。

（50）《建筑结构检测技术标准》（GB/T 50344）。

（51）《六氟化硫气体密度继电器校验规程》（DL/T 259）。

（52）《变压器油中金属元素的测定方法》（DL/T 263）。

（53）《矿物绝缘油腐蚀性硫检测法　裹绝缘纸铜扁线法》（DL/T 285）。

（54）《发电机定子绕组端部电晕检测与评定导则》（DL/T 298）。

（55）《电网在役支柱绝缘子及瓷套超声波检测》（DL/T 303）。

（56）《带电设备紫外诊断技术应用导则》（DL/T 345）。

（57）《变压器油带电倾向性检测方法》（DL/T 385）。

（58）《电力设备局部放电现场测量导则》（DL/T 417）。

（59）《电力用油体积电阻率测定法》（DL/T 421）。

（60）《绝缘油中含气量测定方法　真空压差法》（DL/T 423）。

（61）《电力用油透明度测定法》（DL/T 429.1）。

（62）《电力用油颜色测定法》（DL/T 429.2）。

（63）《电力用油油泥析出测定方法》（DL/T 429.7）。

（64）《电力用油中颗粒度测定方法》（DL/T 432）。

（65）《高压直流接地极技术导则》（DL/T 437）。

（66）《现场绝缘试验实施导则　绝缘电阻、吸收比和极化指数试验》（DL/T 474.1）。

（67）《现场绝缘试验实施导则　介质损耗因数 tanδ 试验》（DL/T 474.3）。

（68）《现场绝缘试验实施导则　交流耐压试验》（DL/T 474.4）。

（69）《现场绝缘试验实施导则　避雷器试验》（DL/T 474.5）。

（70）《接地装置特性参数测量导则》（DL/T 475）。

（71）《发电机环氧云母定子绕组绝缘老化鉴定导则》（DL/T 492）。

（72）《气体绝缘金属封闭开关设备现场耐压及绝缘试验导则》（DL/T 555）。

（73）《高压开关设备和控制设备标准的共用技术要求》（DL/T 593）。

（74）《带电设备红外诊断应用规范》（DL/T 664）。

（75）《绝缘油中含气量的气相色谱测定法》（DL/T 703）。

（76）《架空输电线路运行规程》（DL/T 741）。

（77）《电力变压器绕组变形的频率响应分析法》（DL/T 911）。

（78）《六氟化硫气体酸度测定法》（DL/T 916）。

（79）《六氟化硫气体密度测定法》（DL/T 917）。

（80）《六氟化硫气体中可水解氟化物含量测定法》（DL/T 918）。

（81）《六氟化硫气体中矿物油含量测定法（红外光谱分析法）》（DL/T 919）。

（82）《六氟化硫气体中空气、四氟化碳、六氟乙烷和八氟丙烷的测定　气相色谱法》（DL/T 920）。

（83）《六氟化硫气体毒性生物试验方法》（DL/T 921）。

（84）《油浸式变压器绝缘老化判断导则》（DL/T 984）。

（85）《电力设备金属光谱分析技术导则》（DL/T 991）。

（86）《电气设备用六氟化硫（SF₆）气体取样方法》（DL/T 1032）。

（87）《电力变压器绕组变形的电抗法检测判断导则》（DL/T 1093）。

（88）《高压电气设备额定电压下介质损耗因数试验导则》（DL/T 1154）。

（89）《六氟化硫电气设备分解产物试验方法》（DL/T 1205）。

（90）《气体绝缘金属封闭开关设备带电超声局部放电检测应用导则》（DL/T 1250）。

（91）《串联补偿装置用火花间隙》（DL/T 1295）。

（92）《海底充油电缆直流耐压试验导则》（DL/T 1301）。

（93）《变压器油中糠醛含量的测定　液相色谱法》（DL/T 1355）。

（94）《输电线路检测技术导则》（DL/T 1367）。

（95）《变压器油再生与使用导则》（DL/T 1419）。

（96）《矿物绝缘油中金属钝化剂含量的测定　高效液相色谱法》（DL/T 1459）。

（97）《标称电压高于 1000V 交、直流系统用复合绝缘子憎水性测量方法》（DL/T 1474）。

（98）《发电机定子绕组内冷水系统水流量超声波测量方法及评定导则》（DL/T 1522）。

（99）《发电机红外检测方法及评定导则》（DL/T 1524）。

（100）《油浸式电力变压器局部放电的特高频检测方法》（DL/T 1534）。

（101）《电力变压器用真空有载分接开关使用导则》（DL/T 1538）。

（102）《油浸式交流电抗器（变压器）运行振动测量方法》（DL/T 1540）。

（103）《矿物绝缘油中金属铜、铁含量测定法　旋转圆盘电极发射光谱法》（DL/T 1550）。

（104）《6kV～35kV 电缆振荡波局部放电测试方法》（DL/T 1576）。

（105）《六氟化硫分解产物的测定　红外光谱法》（DL/T 1607）。

（106）《气体绝缘金属封闭开关设备局部放电特高频检测技术规范》（DL/T 1630）。

（107）《电力设备 X 射线数字成像检测技术导则》（DL/T 1785）。

（108）《油浸式电力变压器、电抗器局部放电超声波检测与定位导则》（DL/T 1807）。

（109）《电力用矿物绝缘油换油指标》（DL/T 1837）。

（110）《六氟化硫气体密度测定法（U 型管振荡法）》（DL/T 1988）。

（111）《架空输电线路杆塔结构设计技术规定》（DL/T 5154）。

（112）《电力变压器试验导则》（JB/T 501）。

（113）《高压交流电机定子线圈及绕组绝缘耐电压试验规范》（JB/T 6204）。

（114）《隐极同步发电机转子气体内冷通风道检验方法及限值》（JB/T 6229）。

（115）《隐极式同步发电机转子匝间短路测定方法》（JB/T 8446）。

（116）《A 型脉冲反射式超声波探伤仪通用技术条件》（JB/T 10061）。

（117）《建筑基桩检测技术规范》（JGJ 106）。

（118）《承压设备无损检测　第 3 部分：超声检测》（NB/T 47013.3）。

（119）《输变电设备状态检修试验规程》（DL/T 393—2021）。

五、相关技术术语和符号

（一）术语

1. 状态检修（condition based maintenance）

基于设备状态并综合考虑电网及环境安全的一种设备检修策略。

（1）设备状态（equipment condition）。设备在额定运行条件下保持安全、稳定运行能力的一种综合性表述。状态良好表示设备在运行中发生故障的风险很低；危急状态表示设备在短时间内有较高故障或事故风险。

（2）检修（maintenance）。为评估、保持或提升设备状态，针对设备开展的巡检、带电检测、停电试验以及检查、保养和修复等工作。

2. 巡检（inspection）

通过非接触的方式，对运行设备的外观、表计示值（如油温、油位等）、噪声、气味、温度等进行的检查或检测。巡检包括人工巡检、智能巡检和线上巡检。

（1）人工巡检（manual inspection）。由作业人员在设备近旁安全位置开展的巡检，又称线下巡检。

（2）智能巡检（intelligent inspection）。基于机器人、无人机、直升机、卫星等平台技术及人工智能技术开展的巡检。

（3）线上巡检（online inspection）。通过网络远程遥控视频、红外热像等设备，或通过网络调阅智能巡检、在线监测及电网测控等数据，以检查设备是否存在异常的巡检方式。

3. 带电检测（live test）

在运行状态下，由作业人员对设备状态量进行的现场检测或取样。带电检测包括例行带电检测和诊断性带电检测两类。

（1）例行带电检测（routine live test）。以评估设备状态为目的，对运行设备定期开展的带电检测。

（2）诊断性带电检测（diagnostic live test）。以诊断缺陷为目的，对疑似存在缺陷的运行设备开展的专项带电检测。

4. 停电试验（outage test）

在退出运行的状态下，由作业人员对设备状态进行的现场检测试验。停电试验包括例行停电试验和诊断性停电试验两大类。

（1）例行停电试验（routine outage test）。以评估设备状态为目的，对设备定期开展的停电试验（以下简称"例行试验"）。

（2）诊断性停电试验（diagnostic outage test）。以诊断缺陷为同的，对疑似存在缺陷的设备开展的专项停电试验（以下简称"诊断性试验"）。

5. 在线监测（online monitoring）

在运行状态下，应用专门装置对设备状态量进行的自动持续测量。通常，测量数据或基于测量数据的分析结果现场自动上传至主站。

6. 状态量（condition indicator）

直接或间接反映设备状态的数据、波形、图像、声音及现象等，通常需通过巡检、带电检测、在线监测或/和停电试验获取。

7. 初值（initial value）

数值型状态量的初始值。通常为设备出厂、交接或投运初期的检测/试验值。若因检修使初值发生了非缺陷性改变，则应以检修后的检测/试验值作为新的初值。初值差定义见下式：

$$初值差（\%）=\frac{当前检测/试验值-初值}{初值}\times100\%$$

8. 注意值（attention value）

界定数值型状态量正常与否的经验值。若状态量的当前检测/试验结果不符合注意值要求，表示设备可能存在或可能发展为某种缺陷。

9. 警示值（warning value）

界定具有指纹属性的数值型状态量正常与否的临界值。若状态量的当前检测/试验结果不符合警示值要求，表示设备极有可能存在相关缺陷。

10. 指纹（fingerprint）

反映设备固有属性的状态量的一次检测/试验结果，通常与设备役龄无关。形式上可以是数值、曲线或图像等。原始指纹系指出厂、交接或投运初期提取并留存的指纹。

11. 同比分析（analysis by comparing with itself）

通过与设备自身历次的检测/试验结果比较来分析状态量当前检测/试验结果的一种方法。

12. 互比分析(analysis by comparing with each other)

通过与其他同型设备的检测/试验结果比较来分析状态量当前检测/试验结果的一种方法。单一数值型状态量的互比分析中，互差定义见下式：

$$互差（\%）=\left|\frac{待分析设备状态量-参考设备状态量}{参考设备状态量}\right|\times100\%$$

13. 比值分析法（ratio analysis）

通过相同检测/试验环境下同型设备间状态量的比值分析设备状态的一种方法。

14. 热点（hot spot）

运行状态下设备或其部件温度明显高于临近区域的点域，其温度称为热点温度。

15. 跟踪分析（tracking analysis）

应用巡检、带电检测或/和在线监测等可用技术手段对疑似存在缺陷的设备予以持续关注，直至故障风险消除或获得停电检修机会。

16. 家族缺陷（family defect）

由设计、材质、工艺、安装等共性因素导致的缺陷。实践中，若同型号、同批次设备的某一缺陷发生率显著高于行业平均水平，通常为家族缺陷。其中，严重影响设备状态的家族缺陷称为重大家族缺陷。

17. 不良工况（severe operating condition）

可能导致设备缺陷的各种非常规工况。如短路故障、过电压、过负荷、过励磁、直流偏磁、谐波超标、线路舞动以及地震、覆冰、暴风（雨、雪）、冰雹、高温、沙尘暴等。

18. 关联状态量（associated condition indicator）

与同一缺陷存在因果关系的两个及以上状态量彼此互为关联状态量；与同一缺陷存在因果关系的不良工况与状态量，后者称为前者的关联状态量。

19. 基准周期（benchmark interval）

巡检、例行带电检测及例行停电试验的基本时间间隔。通常巡检的基准周期按变电站、换流站及输电线路的电压等级进行分档，例行带电检测及例行停电试验的基准周期则按设备所属系统的电压等级进行分档。

20. 轮试（routine test in turn）

设备或部件数量较大时的一种试验安排策略。方法是分批次逐年试验，一个周期内全部试验一次。如某批次试验中发现异常，例行试验宜尽快扩展到其余全部设备或部件。

21. 抽检（sampling test）

设备或部件数量极大时的一种试验安排策略。方法是从同一家族（或批次）中随机或按代表性抽取少样本进行试验，据以判断整个家族（或批次）设备或部件是否符合要求。

（二）符号

（1）AC：alternating current，交流电。

（2）ADSS：all-dielectric self-supporting optical fiber cable，全介质自承式光缆。

（3）DC：direct current，直流电。

（4）DSC：differential scanning calorimetry，差示扫描量热法。

（5）GIL：gas insulated line，气体绝缘线路。

（6）GIS：gas insulated switchgear，气体绝缘组合电器。

（7）HGIS：hybrid gas insulated switchgear，混合式气体绝缘组合电器。

（8）IED：intelligent electronic device，智能电子设备（以下简称"电子设备"）。

（9）IGBT：insulated gate bipolar transistor，绝缘栅双极型晶体管。

（10）OLTC：on-load tap changer，有载分接开关。

（11）OPGW：optical fiber composite overhead ground wire，光纤复合架空地线。

（12）SOE：sequence of event，事件顺序记录。

（13）SVC：static var compensator，静止无功补偿器。

（14）SVG：static var generator，静止无功发生器。

（15）TSC：thyristor switched capacitor，晶闸管开关控制电容器。

（16）U_m：交流系统最高线电压有效值。

（17）U_0/U：电缆额定电压，其中 U_0 为电缆导体与金属屏蔽或金属护套之间的设计电压，U 为导体与导体之间的设计电压。

（18）U_r：设备额定电压（交流：有效值；直流：幅值）。

（19）UPFC：unified power flow controller，统一潮流控制器。

（20）VBE：valve base electronics，阀基电子装置。

（21）XLPE：cross linked polyethylene，交联聚乙烯。

六、总体要求

（一）作业人员

作业人员的基本要求如下：

（1）具有相应的作业资质，熟知作业全程的安全和技术要求。

（2）作业负责人还应具备设备状态分析的专门知识。

（二）仪器仪表及设备

1. 一般性要求

仪器仪表及设备的一般性要求如下：

（1）所有仪器仪表及设备应建有台账，并经检验合格。

（2）仪器仪表的量程及准确级、设备的功能特性应满足作业和安全要求。

2. 定期校验

仪器仪表及设备均应定期校验或检测：

（1）应定期校验测量用仪器仪表，校验期不大于校验有效期，校验结果应符合实际作业要求。如仪器仪表有多个挡位，应对实际应用的所有挡位进行校验。

（2）暂无校验标准的专用测量/测试仪器，宜遵循制造厂推荐的方法和周期进行校验。

（3）应定期检测试验设备的各项实际使用功能，其技术状态应符合作业和安全要求。检测周期为2年或自定。

（三）巡检

1. 基本要求

巡检的基本要求如下：

（1）应遵循DL/T 393—2021的4.1及4.2各项要求。

（2）实际巡检周期可在基准周期的基础上根据当地设备状态及其运行环境进行适度调整，但最长不宜超过两倍基准周期，且需经设备管理者审核批准。

（3）如应用了智能巡检，或支持线上巡检，且达到或接近达到人工巡检的实际效果，则可免去或简化人工巡检，或延长人工巡检周期。

（4）夏季高温时段或重负荷运行期间，宜加强红外热像一般检测。经历8级以上大风、暴雨/雪、重雹或5级以上地震之后，应适时巡检一次。

（5）新投运或解体维修后重新投运的设备，宜在投运12～24h期间巡检一次。

（6）经历了严重不良工况的设备，应适时巡检一次。

2. 异常处理

异常原因分析可遵循DL/T 393—2021的4.7所述方法，并按以下原则处理：

（1）若原因明确，且适宜带电处理，应及时处理；若不适宜带电处理，且未达到危急状态，应跟踪分析；若故障风险持续增加，应及时安排停电检修。

（2）若原因不明确，在保证作业人员安全的前提下，宜应用带电检测、在线监测（如有）并结合不良工况、家族缺陷等查明原因；若原因仍未能明确，宜从可能的原因中选择故障风险最高的按（1）所述原则处理。

（四）带电检测

1. 基本要求

带电检测的基本要求如下：

（1）应遵循DL/T 393—2021的4.1及4.2各项要求。

（2）例行带电检测项目应定期进行，实际执行周期可在基准周期的基础上根据当地设备状态及其运行环境进行适度调整，但最长不宜超过两倍基准周期，且需经设备管理者审核批准。

（3）若说明条款附注"有条件时"，意为非必须，视条件及需求选择进行。

（4）诊断性带电检测项目根据设备状态分析需要选择进行。

（5）对处于跟踪分析状态的设备，视跟踪需求确定带电检测项目及时间间隔。

（6）有条件时，新投运的交流220kV及以上、直流±160kV及以上设备，宜在3个月内进行一次例行带电检测。

2. 异常处理

异常原因分析可遵循DL/T 393—2021的4.7所述方法，并按以下原则处理：

（1）若原因明确，且适宜带电处理，应及时处理；若不适宜带电处理，且未达到危急状态，应跟踪分析，等待有停电机会时再行处理；若故障风险持续增加，应及时安排停电检修。

（2）若原因不明确，列出可能的原因，从诊断性带电检测项目中选择关联状态量做进一步检测，并结合在线监测、不良工况、家族缺陷（如有）等查明原因；若原因仍未能明确，宜从可能的原因中选择故障风险最高的按（1）所述原则处理。

（五）在线监测

1. 基本要求

在线监测的基本要求如下：

（1）不增加被监测设备的故障风险，或这种风险极低。

（2）监测原理清晰，对相关缺陷/故障反应灵敏，监测数据异常时自动告警。

（3）监测装置可长期持续稳定运行，故障率及误告警率低。

如不满足上述基本要求，不宜推广应用。

2. 监测信息调阅

通过线上巡检等方式定期（周期同巡检或自定）调阅在线监测信息，注意变化态势，如有告警，应及时调阅，核查告警原因，并按时效要求进行处理。

3. 异常处理

根据具体异常情况或告警提示，结合出现异常前的不良工况记录（如有）、巡检及带电检测记录等，遵循DL/T 393—2021 的 4.7 所述分析方法综合评估设备状态，并遵循 4.4.2 所述原则进行处理。

（六）停电试验

1. 基本要求

停电试验包括例行试验和诊断性试验两个部分，基本要求如下：

（1）应遵循 DL/T 393—2021 的 4.1 及 4.2 各项要求。

（2）进行耐压试验前应先进行低电压下的绝缘测试，以评估缺陷扩大的风险。

（3）行与绝缘油相关的试验时，油温不宜低于 5℃。

（4）现场重新注油或充气后，应按设备技术要求静置足够时间再进行相关检测或试验，如未明确，对于充油设备可按下列要求执行 750kV（AC）、±660kV（DC）宜不少于 96h，500kV（AC）、±400kV/±500kV（DC）宜不少于 72h，220kV/330kV（AC）、±320～±100kV（DC）宜不少于 48h，110kV 及以下（AC）、±100kV 以下（DC）宜不少于 24h；对于充气设备宜不少于 24h，其中气体湿度检测宜在 24h 后进行。

（5）停电试验期间一并进行活动部件润滑、表面清洁、螺栓紧固、防腐修补、表计检查、老化及耗损件更换等保养性工作。

2. 例行试验

（1）周期。例行试验（含停电才能进行的保养性工作，见 DL/T 393—2021 的 4.6.1 e）的实际执行周期可在基准周期的基础上根据当地设备状态及其运行环境进行整批调整及逐台调整，总计不超过 8 年（不含宽限期），且需经设备管理者审核批准。周期调整说明如下：

1）实际执行周期＝基准周期＋整批调整＋逐台调整＋宽限期≤9 年。其中：

基准周期：通常为 3 年，另有说明的除外；

整批调整：0～3 年，基于整批设备的总体状态及其运行环境确定，见 DL/T 393—2021 的 4.6.2.2，这里整批可以是全部设备或其子集；

逐台调整：基于具体设备的实际状态进行逐台调整，有增有减，见 DL/T 393—2021 的 4.6.2.3 和 4.6.2.4；

宽限期：受停电计划限制，且设备状态允许，实际执行时间最长可延迟 1 年。

2）如有停电试验机会，且停电时间不受试验影响，对 1 年以上未进行停电试验的设备宜进行一次例行试验。

3）现场备用设备参照运行设备执行。备用或停运超过 6 个月的设备投运前应进行例行试验，备用或停运超过 5 年的设备投运前应进行例行试验，同时宜进行诊断性试验，试验全部符合要求方可投运。

4）对于数量较大的设备或部件，如适用，宜采用轮试。若轮试中发现异常，并怀疑是家族缺陷时，应按DL/T 393—2021 的 4.6.2.4 的要求及时对未轮试部分进行试验。

5）对数量极大的设备或部件，通常采用抽检的方式。如抽检发现异常，应加倍抽样数量再检，如仍有异常，宜进行全面检测或更换。

（2）可整批延长实际执行周期的情形。符合下列各项条件的设备子集，实际执行周期可整批延长最多 3 年：

1）投运未满 30 年。

2）总体运行情况及运行环境良好，缺陷及故障率低，无家族缺陷。

3）巡检、带电检测或/和在线监测应用规范，设备常见的主要缺陷可得到及时监控。

（3）可进一步延迟试验的情形。符合下列各项条件的设备，可在（2）的基础上进一步延长 1～2 年：

1）巡检中未见需要停电处理的重大异常。

2）带电检测、在线监测（如有）显示设备状态良好。

3）历次例行试验结果均与初值或原始指纹相近，同比及互比无明显差异。

4）上次例行试验以来，未经历严重不良工况。

5）无重大家族缺陷警示。

（4）需提前试验的情形。有下列情形之一的设备，应提前或尽快安排停电试验：

1）交流 220kV 及以上、直流 ±160kV 及以上设备新投运满 1 年，其他设备新投运满 3 年，或解体维修之后投运满 1 年的设备。

2）巡检、带电检测或在线监测发现异常，且无法带电处理，跟踪分析判定在正常周期内有较大可能发展为危急状态的设备。

3）经历了严重不良工况，在运行状态下无法确认其状态的设备。

4）受重大家族缺陷警示，需要停电试验以排查是否存在同类缺陷的设备。

（5）免除例行试验的条件。应用巡检、带电检测或/和在线监测，达到与例行试验相同或相近的效果，可免除例行试验，或在（1）的基础上进一步延长例行试验周期，以提高设备的可用率水平。

3. 诊断性试验

进行诊断性试验之前应先对设备状态进行评估，以确定诊断性试验的项目安排。存在下列情形之一的宜进行诊断性试验：

（1）经历了重大不良工况，或受重大家族缺陷警示；或出现状态量异常，例行试验尚不能明确设备是否存在缺陷。

（2）设备解体维修后，或长期备用的设备投运前，需要确定是否具备投运条件。

4. 异常处理

异常原因分析可遵循 DL/T 393—2021 的 4.7 的分析方法，并按以下原则处理：

（1）例行试验异常，应结合不良工况及家族缺陷等明确异常原因；若原因不明，应列出可能的原因，依次选择关联状态量进行诊断性试验。

（2）如诊断性试验仍未能明确异常原因，宜通过检修予以发现并消除，或更换新设备。

（七）设备状态分析

1. 单一状态量分析

下列五种方法适用于单一状态量分析：阈值分析法——通过与注意值/警示值比较进行判断；指纹分析法——通过与原始指纹比较进行判断；同比分析法（以下简称"同比"）；互比分析法（以下简称"互比"）；比值分析法。

应用时应遵循以下原则：

（1）有警示值要求的状态量宜采用阈值分析法，如不符合警示值要求，可判定为缺陷。

（2）具有指纹属性的状态量宜采用指纹分析法，如与原始指纹差异显著，可判定为缺陷。

（3）有注意值要求的状态量宜采用阈值分析法，如怀疑受到环境影响，可应用比值分析法（按照附录 A 所述方法执行）。如不符合注意值要求，宜结合关联状态量进行进一步分析。

（4）几乎所有状态量均适用于同比及互比分析，如差异显著，宜结合关联状态量查明原因。其中，差异显著与否可采用显著性差异判据进行甄别（见 DL/T 393—2021 的附录 B）。

2. 多状态量综合分析

下列原则适用于多状态量综合分析：

（1）若有两个及以上关联状态量同时出现异常，可以确定存在与之相关的缺陷。

（2）若发生重大不良工况，可能会导致某种缺陷，此时，如果关联状态量出现异常，可以确定存在前述缺陷。

（3）如多个状态量异常，但彼此间没有关联关系，宜按故障风险高低次序逐一排查、处理。

（4）对于更为复杂情形，运宜应用大数据，通过与缺陷案例库比对的方法进行分析。

3. 解体检修及更换决策

决策应遵循以下原则：

（1）若同批次设备的缺陷率明显高于行业平均水平，宜整批次返厂检修或全部更换。

（2）若设备已知或疑似存在种缺陷，且这种缺陷有较大故障隐患，应以综合成本最低为原则，选择解体修复或更换。

（3）其他更为复杂的情形，宜通过建模定量决策，建模思路见 DL/T 393—2021 的附录 C。

（八）通用试验项目

1. 高压绝缘电阻测量

评估高压绝缘的基本状态时适用，应用时应遵循以下要求：

（1）绝缘电阻定义为绝缘电阻表开始测量至计时 60s 的读数；吸收比为计时 60s 与 15s 的读数之比值；极化指数为计时 600s 与 60s 的读数之比值。

（2）除另有说明外，宜采用输出电压 5000V、量程大于或等于 100GΩ、短路电流大于或等于 1mA 的绝缘电阻表进行测量。

（3）相对湿度超过 70% 或测量结果异常时，处于测量回路的外绝缘表面泄漏电流宜予以屏蔽。当屏蔽困难时，可用酒精或丙酮等对外绝缘表面进行清洁处理。

（4）绝缘电阻通常会随温度增加而降低，除特别说明外，本文件所列注意值均指 20℃ 的绝缘电阻值。对于油纸绝缘，在进行同比及互比分析时，可按下式修正到同一温度（但这种修正存在较大不确定性，因此最好在相近温度下测量并比较）：

$$R_2 = R_1 \times 1.5^{(t_1 - t_2)/10}$$

式中　R_2、R_1——温度 t_1、t_2 时的绝缘电阻。

（5）设备正常时，即绝缘没有受潮或老化，绝缘电阻不应低于注意值，且同比及互比不应明显偏低（有可比数据时适用），否则，应结合关联状态量作进一步分析。

2. 绕组电阻测量

评估绕组的基本状态时适用，应用时应遵循以下要求：

（1）宜采用直流电阻测试仪、电桥或其他适宜的方法进行测量。如有铁芯，测量时宜使铁芯的磁化极性保持一致；非测量绕组（如有）为开路状态；变压器高压绕组的测量电流不宜超过 10A。

（2）绕组电阻受温度影响，在进行同比及互比分析时，应按下式修正到同一温度：

$$R_2 = R_1 \left(\frac{k + t_2}{k + t_1} \right)$$

式中　R_2、R_1——温度为 t_2、t_1 时的电阻值；

　　　k——常数，与材料有关，铜材为 235，铝材为 225。

（3）设备正常时，修正到同一温度后，绕组电阻的初值差绝对值通常应在 1% 以内，最大不应超过 2%。如测量结果不满足要求，应查明原因。

（4）对于带铁芯绕组，完成测量后宜进行消磁处理。

3. 回路电阻测量

评估导电回路电接触状态时适用，应用时应遵循以下要求：

（1）宜采用回路电阻测试仪进行测量。如被测回路的额定电流小于 100A，测量电流宜为额定电流；如大于 100A，则测量电流可为 100A 至额定电流之间的任何值。

（2）回路电阻无适宜的温度修正公式，为便于同比或互比，尽可能在相近温度下测量。

（3）如被测回路中包含开关触头，条件许可时，宜操作几次开关，并比较回路电阻的变化，不应有增大趋势。

（4）设备正常时，回路电阻应符合设计要求或设备技术要求，且同比及互比无明显偏大。如测量结果不满足要求，应查明原因。

4. 绝缘介质损耗因数（以下简称"介损"）测量

分析绝缘介质受潮或劣化时适用，应用时应遵循以下要求：

（1）宜采用介质损耗测试仪进行测量。除特别说明外，测量电压均为 10kV、50Hz 的正弦波。需要规避现场工频干扰时，测量电压频率也可稍高或稍低于 50Hz。

（2）优先采用正接线法，不适宜正接线法时可采用反接线法。

（3）温度对介损有影响，但无适宜的温度修正公式，因此，同比及互比宜限于相近温度下的测量值之间。除特别说明外，本文件所列注意值均指20℃时的测量值。

（4）通常应一并测量电容量。

（5）当相对湿度超过70％或测量结果异常时，宜对处于测量回路的外绝缘表面泄漏电流予以屏蔽。若屏蔽困难，宜用酒精或丙酮等对外绝缘表面进行清洁处理。

（6）设备正常时，介损不应超过注意值，且同比及互比不应明显偏大，电容量初值差的绝对值不应超过警示值，否则，应结合关联状态量作进一步分析。

5. 频域介电谱检测

分析绝缘介质受潮状态时适用，应用时应遵循以下要求：

（1）宜采用频域介电谱检测仪进行测量。试验接线及要求类同于绝缘介损测量，测量频率宜涵盖1mHz～1kHz，测点宜不少于18个并按对数大致均匀分布。

（2）当相对湿度超过70％或测量结果异常时，宜对处于测量回路的外绝缘表面泄漏电流予以屏蔽。若屏蔽困难，宜用酒精或丙酮等对外绝缘表面进行清洁处理。

（3）设备正常时，频域介电谱曲线与相近温度下的原始指纹曲线相比应无明显向上、向右偏移，介损最小值无明显增大。如有适用的含水量定量分析方法，则要求含水量应无明显增加并符合设备技术。否则，应结合关联状态量作进一步分析。

6. 红外热像检测

定量检测设备或部件表面热场及热点温度时适用，应用时应遵循以下要求：

（1）采用红外热像仪进行检测，要求红外热像仪的热灵敏度达到或优于0.04K（30℃时）、准确度达到或优于±2℃（或2％读数），分辨率不低于320×240像素。

（2）户外精确检测宜在阴天或日落之后进行，风速宜小于1.5m/s。不论户内或户外，检测时应避开其他热辐射源的干扰。

（3）对于电流致热或综合致热型热点，宜在负荷水平较高时进行，分析时应考虑检测前一段时间内负荷电流的影响；对电压致热型热点，分析时应注意电压波动的影响。

（4）设备正常且工况相近时，设备表面的温度分布特征应无改变，各部件及电气连接处的热点温度同比及互比应无明显偏大，且最热点温度低于安全限值。否则，应跟踪分析，达到危急状态时应及时处理。

（5）详细检测及评定方法，调相机按照DL/T 1524的要求执行，其他设备按照DL/T 664的要求执行。

7. 紫外成像检测

检测表面异常放电时适用（有条件时），应用时应遵循以下要求：

（1）采用紫外成像仪进行检测，要求紫外成像仪支持紫外光和可见光的自然叠加，能够清晰观测异常放电的形态和所在位置。

（2）检测时风速宜低于3级，并应避开其他光源的干扰。重点检测干式变压器及干式电抗器绝缘表面、调相机定子绕组端部、接地端子、阀塔电气连接件等易发生电场畸变或电位悬浮的部位，也可用于检测绝缘子表面以及架空（连接）导线等。

（3）设备正常时，应无异常放电，如放电从无到有、从弱变强、从偶尔转连续、从电晕发展为流注或局部电弧等。宜通过同比、互比进行分析。必要时，在容易激发异常放电的天气条件下复测一次。其他按照DL/T 345的要求执行。

8. 电抗器电感值测量

检测电抗器基本状态时适用，应用时应遵循以下要求：

（1）采用数字电桥或其他适宜方法进行测量，测量电压应尽可能接近理想正弦波且为额定频率。

（2）对于空心电抗器，可在幅值不高于额定电压的任何电压下测量；如有铁芯，宜在额定电压下测量，如条件所限，也可在低于额定电压下测量，为了便于同比分析，后续测量宜在同一电压幅值下进行。其他按照GB/T 1094.6的要求执行。

（3）电抗器正常时，电感值具有指纹属性，初值差的绝对值不应大于2％。如测量结果不满足要求，应查明原因。

9. 电容器电容量测量

检测电容器基本状态时适用，应用时应遵循以下要求：

（1）采用数字电桥或其他适宜方法进行测量，测试电压应尽可能接近理想正弦波，且幅值不超过电容器额定电压。

（2）应在规定的测量频率下测量，如无规定，宜在工作频率或临近工作频率下进行测量。为了进行同比分析，后续测量宜在同一频率下进行。

（3）电容器正常时，电容量具有指纹属性，初值差的绝对值不应大于3％，或符合设计要求。对于电容型套管等设备，初值差不应超过一个屏击穿引起的变化量；对于无熔丝的电力电容器，初值差不应超过一个串联段击穿所引起的变化量。如测量结果不符合要求，应修复或更换。

10. 电阻器电阻值测量

检测电阻器基本状态时适用，应用时应遵循以下要求：

（1）采用数字电桥或其他适宜方法在工作频率或直流下进行测量。测量电流不宜超过电阻器额定电流的10％，如在工作频率下测量，后续测量宜保持同一频率。

（2）为了同比及互比分析，宜将测量值修正到同一温度（如有适宜的修正方法）。

（3）电阻器正常时，电阻值的初值差绝对值不应大于注意值，且互比不应有明显差异。如测量结果不符合要求，应修复或更换。

11. 交流耐压试验

检验设备的交流电压耐受能力时适用，应用时应遵循以下要求：

（1）除另有规定外，耐压幅值为出厂耐压值的80％，耐压时间与出厂时一致。

（2）试验前，应先进行低电压下的绝缘测试，以评估耐压试验可能使缺陷扩大的风险。

（3）对绕组绝缘进行外施交流耐压时，被试绕组短接后加压，其他绕组短接并与外壳连接后一并接地。

（4）试验电压应尽可能接近理想正弦波，对试验电压的监测宜在高压端进行，并以峰值/$\sqrt{2}$作为试验电压值，其他按照 GB/T 16927.3 及 DL/T 474.4 的要求执行。

（5）油浸式电力变压器（含换流变压器）及电抗器外施交流耐压的试验电压频率应在 40Hz 以上；感应耐压时，如试验电压频率超过 100Hz，耐压时间需按下式进行折算（除另有规定外，其他设备交流耐压时试验电压频率可为 10～500Hz 之间任意值）：

$$t=\begin{cases}60 & f\leqslant100 \\ \dfrac{6000}{f} & 100<f\leqslant400 \\ 15 & 400<f\leqslant500\end{cases}$$

式中　t——耐压时间，s；
　　　f——试验电压频率，Hz。

（6）除另有规定外，耐压过程如下：从 20% 耐压值及以下开始，平稳升至约 50%、75% 的耐压值时短暂停顿（不超过 1min），若无异常，继续以 1% 耐压值/s～2% 耐压值/s 的速度匀速升至 100% 耐压值。耐压结束后，迅速将电压降至最低并切断电源。如同时进行局部放电量检测，应先迅速降至测量电压，测量完成之后再按前述要求切断电源。

（7）耐压过程中若出现试验电压闪变或被试设备内部发出异常声响，应立即中止试验。

（8）设备正常时，耐压过程无异常，局部放电量（如检测）不应超过注意值，且耐压后绝缘电阻不应有明显下降（相比耐压前），否则，应查明原因并修复。

12. 直流耐压试验

检验设备的直流电压耐受能力时适用，应用时应遵循以下要求：

（1）除另有规定外，耐压幅值为出厂耐压值的 80%，耐压时间与出厂时一致。

（2）试验前，应先进行低电压下的绝缘测试，以评估耐压试验可能使缺陷扩大的风险。

（3）除另有规定外，试验电压的波纹系数不应大于 3%，其他按照 GB/T 169273 的要求执行。

（4）除另有规定外，耐压过程如下：从 20% 耐压值及以下开始，平稳升至约 50%、75% 的耐压值时短暂停顿（不超过 1min），若无异常，继续以 1% 耐压值/s～2% 耐压值/s 的速度匀速升至 100% 耐压值。耐压结束后，应迅速将电压降至最低并切断电源。如同时进行局部放电量检测，应先迅速降至测量电压，测量完成之后再按前述要求切断电源。

（5）耐压过程中若出现试验电压闪变或被试设备内部发出异常声响，应立即中止试验。

（6）设备正常时，耐压过程无异常，局部放电量（如检测）不超过注意值，且泄漏电流（如测量）稳定，不随耐压时间明显增长，同比及互比应无明显偏大。否则，应查明原因并修复。测量泄漏电流时宜屏蔽处于测量回路的外绝缘表面泄漏电流及电晕电流，若泄漏电流屏蔽困难，宜清洁外绝缘表面以减少其影响。

13. 通信光纤检查

评估通信光纤的基本状态时适用，应用时应遵循以下要求：

（1）确认停运之前通信正常，否则应修复。

（2）调阅通信光强的监视值（如适用，方法咨询制造厂），确认其符合设备技术要求，且同比及互比无明显偏低。

（3）如未配置光强监测功能，且光纤受到过可能导致损伤的触碰或弯折，宜用光通量计检测受影响光纤的衰减值，检测结果应符合设备技术要求，且满足衰减不超过 3dB 的要求。复原前应清洁光纤端面。

（4）如运行环境污染较重，宜用光纤端面检测仪检查光纤端面，如需清洁，应用专业光纤端面清洁器清洁或更换光纤。

（5）因检测或清洁需要而拔下的光纤插头应小心复原到位，并进行测试以确保通信正常。如检测结果不满足要求，应修复或更换老化部件。

14. 激光供能模块检测

评估激光供能模块的工作状态时适用，应用时应遵循以下要求：

（1）调阅激光管工作电流及光能受端的供电电压（如适用，方法咨询制造厂），确认其符合设备技术要求，且同比及互比无明显异常。

（2）有停电检测机会时，设置激光供能模块，使其处于额定工作状态，在光能受端测量光功率，与初值比，衰减值应在制造厂规定的限值之内，且互比无明显偏低。

如检测结果不满足要求，应修复或更换老化部件。

15. 二次回路绝缘电阻测量

评估二次回路的绝缘状态时适用，应用时应遵循以下要求：

（1）工作电压为 100～500V 的二次回路，宜采用输出电压 500V 或 1000V、量程大于或等于 500MΩ 的绝缘电阻表；工作电压低于 100V 的二次回路，宜采用输出电压 250V 的绝缘电阻表。

（2）测量前应断开与设备的连接，用绝缘电阻表测量线芯与屏蔽层（屏蔽管）间的绝缘电阻；如为多芯线缆或捆扎在一起的线缆，应逐根测量，测量时非测量线芯应与屏蔽层（屏蔽管）连接在一起。其他要求见 DL/T 393—2021 的 4.8.1。

（3）正常时，绝缘电阻不应低于 2MΩ，且在相近测量条件下同比及互比无明显偏低。

七、作业记录及报告

（一）作业记录

巡检、带电检测、停电试验等宜在现场完成记录。记录可以是纸质文档，也可以是电子文档，或两种文档的组合。

对于记录中显见异常的状态量，应在现场予以核实。

此外，记录还应包括作业人员姓名、作业用仪器仪表名称和编号、作业时的环境温度、湿度及大气压力。如有热点温度检测，还应记录检测时及前1h的负荷电流及日照变化情况。

（二）报告

1. 报告内容

（1）巡检、带电检测、停电试验均应及时出具报告。在线监测（如有）未发现设备异常时，出具报告的周期自定，发现异常时应及时出具报告。

（2）报告宜包括以下四个部分：

1）既往状态概述。扼要说明本次作业前的设备状态，包括曾出现的异常及排查或修复情况，经历的不良工况、家族缺陷（如有）及上次报告的主要结论等。

2）本次作业记录。附原始记录（见 DL/T 393—2021 的 5.1）或摘录。

3）设备状态分析。见 DL/T 393—2021 的 4.7。

4）结论及建议。见 DL/T 393—2021 的 5.2.2。

（3）巡检未见异常时，巡检报告可以简化。

2. 结论及建议

（1）带电检测（含巡检、在线监测）报告中，设备状态可分为良好、正常、异常和危急四类，可基于以下原则判定，同时给出例行停电试验的周期调整建议。

1）良好：符合 DL/T 393—2021 的 4.6.2.3 要求。

2）正常：不完全符合 DL/T 393—2021 的 4.6.2.3 要求，也未见明显异常。

3）异常：有 DL/T 393—2021 的 4.6.2.4 所列场景之一，按 DL/T 393—2021 的 4.3.2、4.4.2 及 4.5.3 给出处置建议。

4）危急：异常持续加重，有随时发生故障或事故的可能。

（2）停电试验报告中，设备状态可分为良好、正常和缺陷三类，可基于以下原则判定：

1）良好：符合 DL/T 393—2021 的 4.6.2.3 要求。

2）正常：不完全符合 DL/T 393—2021 的 4.6.2.3 要求，也未见明显异常。

3）缺陷：发现异常，此种情况宜给出缺陷部位、性质、严重程度及检修方案建议。

第二节　交流设备状态检修试验

一、油浸式电力变压器和电抗器

（一）巡检

油浸式电力变压器和电抗器巡检项目及要求见表2-10-2-1。其中，电抗器仅执行适用项目。

表 2-10-2-1　　　　油浸式电力变压器和电抗器巡检项目及要求

项　目	基准周期	基本要求	说　　明
本体检查	（1）330kV 及以上：2 周。（2）220kV：1 个月。（3）110kV/66kV：3 个月	无异常	本体检查内容及要求如下： （1）基础无位移、沉降等异常。 （2）设备标识、接地标识、相序标识等齐全、清晰。 （3）出线无位移、散股、断股；线夹无裂纹、滑移；绝缘护套（如有）无破损。 （4）油箱等无明显锈蚀。 （5）油箱及油（水，如为水冷）管路无变形，无渗漏油（水，如为水冷）。 （6）油箱、铁芯及夹件的接地线连接完好。 （7）无异常声响及振动
高压套管检查		见 DL/T 393—2021 的表 57	DL/T 393—2021 的 6.12.2
储油柜及呼吸器检查		无异常	储油柜及呼吸器检查内容及要求如下： （1）油位指示正常，符合铭牌上标示的油位-温度曲线关系。 （2）呼吸器外观完好，呼吸畅通；油封及油位正常。 （3）硅胶潮解变色未超过2/3；自动干燥型呼吸器（如是）电源及工作指示正常
气体继电器检查		无异常	气体继电器检查内容及要求如下： （1）外观无异常，防雨罩（如有）完好。 （2）无渗漏油或渗漏油痕迹。 （3）集气盒内应无气体，如有且为非缺陷原因，应将集气排尽
压力释放装置检查		无异常	压力释放装置检查内容及要求如下： （1）外观无异常，防雨罩（如有）完好。 （2）压力释放阀防护网（如有）完好，安全气道无堵塞。 （3）未见喷油痕迹

续表

项 目	基准周期	基本要求	说 明
测温装置检查		无异常	测温装置检查内容及要求如下： （1）外观无异常，表盘密封良好，未见进水及凝露。 （2）温度示值同比及互比无异常。如有两个测温装置，温度示值相差应在5℃之内。 （3）现场温度示值应与远方终端一致，如属不同数据源，彼此相差不应超过5℃
冷却系统检查		无异常	1. 风冷及自冷系统检查内容及要求 （1）冷却系统外观无异常，散热器无附着物或严重积污。 （2）各组散热器的进、出油阀门处于打开状态。 （3）连接管道无渗漏油，特别关注潜油泵（如有）负压区。 （4）控制箱内无凝露或积水；电源指示正常；热电偶控制器手动正常。 （5）油流继电器指示正常；潜油泵、风机运转平稳，无异常声响及振动。 （6）冷却器开启组数及运行状态与当前控制策略一致。 2. 水冷系统检查内容及要求 （1）水泵、冷却水管路及散热器外观无异常，无渗漏水现象。 （2）压差继电器、压力表、温度表、流量表指示正常，指针无抖动。 （3）冷却塔水位、水温等运行参数在正常范围。 （4）阀门开启正确，电动机、水泵运转平稳，无异常声响及振动
有载分接开关检查	（1）330kV及以上：2周。 （2）220kV：1个月。 （3）110kV/66kV：3个月	无异常	有载分接开关检查内容及要求如下，可能会因制造厂或型号的不同有所差异： （1）储油柜油位正常，无渗漏油或渗漏油痕迹。 （2）气体继电器（如有）集气盒内无气体，如有且为非缺陷原因，应将集气排尽。 （3）分接位置就地指示与远方终端一致。 （4）对于三相分体式变压器，各相的分接位置一致。 （5）机构箱电源指示正常，密封良好，无积水或积水痕迹：加热、驱潮装置运行正常。 （6）在线滤油装置（如有）工作方式设置正确：电源、压力表指示正常，无渗漏油；按其技术要求检查滤芯，达到使用寿命的滤芯应及时更换。 （7）如有机会，宜静听调压过程，应无异常声响
智能控制柜/ 汇控柜检查		无异常	智能控制柜/汇控柜检查内容及要求如下： （1）基础稳固，外观无异常，柜门锁闭正常。 （2）柜体无明显锈蚀，如有漆层，应无龟裂及剥落。 （3）柜门密封良好，打开正常；柜内无积水。 （4）柜内照明设施完好；线缆进出口封堵状态良好；如有通风口，滤网完好，无堵塞。 （5）加热除湿装置外观无异常，如符合启动条件，应确认其处于工作状态。 （6）空调设备（如有）外观无异常，如符合启动条件，应确认其处于工作状态。 （7）辅助回路及控制回路二次线缆连接、敷设无异常。 （8）柜内各IED通信正常，就地指示灯/屏（如有）显示正常，无告警信息
中性点设备检查		无异常	中性点设备检查内容及要求如下： （1）各设备及部件外观、电气连接及接地线无异常。 （2）放电间隙（如有）外观无异常，并检查有无放电痕迹。 （3）中性点电阻（如有）无过热烧损现象。 （4）隔离开关、电流互感器、电抗器、电容器、避雷器等设备（如有）见相应章节的巡检内容及要求。 （5）控制器（如有）电源指示正常，无告警信号

续表

项　目	基准周期	基本要求	说　明
消防装置检查	（1）330kV 及以上：2 周。 （2）220kV：1 个月。 （3）110kV/66kV：3 个月	无异常	消防装置检查内容及要求如下： （1）水喷淋、泡沫喷雾、消防炮等灭火装置外观完好，阀门位置正确，管道压力正常，密封件良好，无渗漏现象。 （2）感温电缆、火焰探测器等监测装置外观无异常，工作状态正确。 （3）排油装置、充氮灭火装置（如有）排油管、注氮管、法兰、排气旋塞和排油阀无渗漏现象。 （4）消防柜/控制柜电源指示正常。 （5）后台监控信号正常，无异常报警。 （6）消防装置说明文件要求的其他检查（如有）无异常
红外热像一般检测		温度无异常	DL/T 393—2021 的 4.8.6
运行监控信息调阅	同上及告警时	（1）记录不良工况信息。 （2）在线监测信息（如有）无异常	通过线上巡检等方式调阅下列运行监控信息（如有）： （1）避雷器动作次数及日期。 （2）出口或近区短路电流幅值、持续时间及日期。 （3）过励磁电压、持续时间及日期。 （4）超过限值要求的直流偏磁电流、持续时间及日期。 （5）过负荷水平、持续时间及日期。 （6）有载分接开关动作次数及日期。 （7）在线监测信息

（二）带电检测

油浸式电力变压器和电抗器例行带电检测项目及要求见表 2-10-2-2 和表 2-10-2-3。其中，电抗器仅执行适用项目。

表 2-10-2-2　油浸式电力变压器和电抗器例行带电检测项目及要求

项　目	基准周期	基本要求	说　明
油中溶解气体分析（主油箱及真空 OLTC 油箱）	（1）330kV 及以上：3 个月。 （2）220kV：半年。 （3）110kV/66kV：1 个月	见 DL/T 393—2021 的 表 189 序号 2	除定期检测外，下列情形应进行检测： （1）新投运或解体维修后重新投运，在投运后的第 1 天、4 天、10 天、30 天各进行一次。 （2）气体继电器有信号，或内部疑似有异常声响时进行一次。 （3）经历了出口及近区短路、严重过励磁、直流偏磁等不良工况后进行一次。 如气体含量呈现增长趋势，或检测出乙炔，即使符合注意值要求，也应跟踪分析；如同时存在（3）项所列事实之一，或局部放电带电检测异常，宜尽快安排停电检修。烃类气体含量较高时，应检查总烃产气速率是否符合要求。其他见 DL/T 393—2021 的 12.2.3
油中水分检测（主油箱及真空 OLTC 油箱）		见 DL/T 393—2021 的 表 189 序号 4	DL/T 393—2021 的 12.2.5
红外热像精确检测	（1）330kV 及以上：半年。 （2）220kV：1 年。 （3）110kV/66kV：自定	（1）储油柜及套管油位无异常。 （2）油箱及各附件温度无异常	DL/T 393—2021 的 4.8.6
铁芯及夹件接地电流测量		接地电流≤100mA；或初值差≤50%（注意值）	采用钳形电流表进行测量（优先选用抗干扰型）。测量时钳口应完全闭合，同时尽量让接地线垂直穿过钳口平面。测量期间，沿接地线上下移动并轻微转动钳口，观察测量值，应无较大变化。夹件独立引出接地的，应分别测量铁芯及夹件的接地电流。如测量值超过注意值，应结合油中溶解气体等关联状态作进一步分析。必要时，可临时在接地线中串联电阻以限制接地电流幅值，等待有停电机会时修复，期间应跟踪分析

续表

项　目	基准周期	基本要求	说　明
水质检测 （水冷适用）	（1）330kV 及以上：半年。 （2）220kV：1 年。 （3）110kV/66kV：自定	（1）目视水样无油膜及固体杂质。 （2）7.0≤pH≤8.5（注意值）。 （3）总硬度≤300mg CaCO₃/L（注意值或符合设备技术要求	仅水冷系统适用。 对水冷系统的水进行取样检测。如水质检测结果不符合要求，应更换符合要求的水或对现有水进行处理，并查明异常原因
绝缘油检测	（1）330kV 及以上：1 年。 （2）220kV 及以下：2 年	见 DL/T 393—2021 的表 189 序号 1、3、5、6	DL/T 393—2021 的 12.2
高压套管例行带电检测	—	见 DL/T 393—2021 的表 58	DL/T 393—2021 的 6.12.3

表 2-10-2-3　　　　　油浸式电力变压器和电抗器诊断性带电检测项目及要求

检 测 项 目	基本要求	说　明
绝缘油诊断性试验	见 DL/T 393—2021 的表 189	DL/T 393—2021 的 12.2
局部放电带电检测	不应检测到放电性缺陷	油中溶解气体分析有放电性缺陷，或经历了出口及近区短路、严重过励磁、直流偏磁等不良工况，或受家族缺陷警示，排查放电性缺陷时适用。 可采用特高频法、超声波法及高频脉冲电流法进行检测。其中，特高频法可按照 DL/T 1534 的要求执行，超声波法可按照 DL/T 1807 的要求执行，高频脉冲电流法是应用高频小电流传感器采集铁芯及夹件接地引线，或/和中性点接地引线中的高频电流来实现对局部放电的检测，具体可参考检测仪器的技术说明文件。实践中，可只应用其中一种方法，也可联合应用。如有两种及以上检测方法均提示有放电性缺陷，应结合油中溶解气体，密切跟踪分析，必要时安排停电检修
中性点接地线直流电流测量	（1）不应引起异常噪声或振动。 （2）不超过制造厂允许值的 70%（注意值）	无直流隔离装置，出现持续异常声响或振动，或临近的变压器出现直流偏磁时适用。 采用钳形直流电流表进行测量。测量时钳口应完全闭合，同时尽量让接地线垂直穿过钳口平面，期间沿接地线上下移动并轻微转动钳口，测量值应无较大变化。如直流电流分量超过注意值，或声响及振动明显增大，应尽快在中性点安装直流隔离装置。长时间异常振动或声响后，应进行油中溶解气体分析，如有异常，宜尽快安排停电检修
声级及振动检测	（1）声级及振动符合设备技术要求。 （2）同比及互比应无显著偏大	疑似声响或振动异常，需要定量分析声级及振动时适用。 分别采用便携式声级计及振动计进行检测。如噪声及振动具有间歇性，应在严重时段进行。检测时，应记录分接位置、中性点接地电流的直流分量、系统电压、负荷电流及冷却系统运行情况等。其他按照 GB/T 1094.10 及 DL/T 1540 的要求执行。如声级或振动超过设备技术要求，应结合关联状态量尽快查明并排除诱因
有载分接开关机械特性检测	（1）驱动电机电流波形与原始指纹无明显差异。 （2）调节过程声响无异常	排查有载分接开关机械性缺陷时适用，在调节分接位置时实施： （1）采集驱动电机电流波形，并与相同工况下的原始指纹进行对比，电流幅值、持续时间及波形等主要特征应无明显改变。 （2）有条件时宜同步记录邻近油箱壁的机械振动信号，用以辅助分析。 （3）有条件时宜通过多次检测以涵盖不同的分接位置。 如上述检测发现异常，宜尽早安排停电试验以查明原因并修复
高压套管诊断性带电检测	见 DL/T 393—2021 的表 59	DL/T 393—2021 的 6.12.3

（三）停电试验

项目及要求见表 2-10-2-4 和表 2-10-2-5。其中，电抗器仅执行适用项目。试验时应注意以下几点：

（1）试验宜在顶层油温介于 5～50℃ 时进行，并记录顶层油温。

（2）除特别说明外，有关绕组的试验均包括出线套管或出线电缆。

（3）低压试验前应进行充分放电。

表 2-10-2-4　　　　　　　油浸式电力变压器和电抗器例行试验项目及要求

项 目	基准周期	基 本 要 求	说 明
例行检查		无异常	例行检查内容及要求如下： （1）气体继电器：整定值符合运行规程要求，且动作正确。 （2）压力释放装置：检测开启压力，初值差不应超过 ±10% 或符合设备技术要求。 （3）测温装置：检查停运前的测温数据，应在合理范围内。如有疑问，可与标准温度计进行比对，误差应在 ±2.5℃ 之内或符合设备技术要求。 （4）冷却系统：逐一检测控制策略的全部选项，均应正确响应，否则应予修复。强油水冷系统应按制造厂规定的方法和要求进行检测。 （5）储油柜及胶囊：检测呼吸器中是否有绝缘油，如有，可判定为胶囊破裂，应予更换。如呼吸器无异常而储油柜油位低时，可打开储油柜上部呼吸器管道连接法兰，用细长探油尺小心探测胶内部，如油尺显示有油，可判定胶囊破裂，应予更换，否则可判定为油位计发生故障，应予修复或更换。 （6）智能控制柜（汇控柜）：工作电源、线缆、温控及湿控设备（如有）无异常；各 IED 工作状态无异常。清洁或更换滤网（如有）。 （7）二次回路：外观完好，绝缘电阻不小于 2MΩ，其他见 DL/T 393—2021 的 4.8.15。 （8）潜油泵、风机：外观完好，绝缘电阻同比及互比应无明显偏低
有载分接开关例行检测	3 年	无异常	有载分接开关例行检查内容及要求如下，除定期检测外，如有停电检测机会且运行超过 1 年，宜进行（1）和（2）两项检测： （1）手动操作无异常；就地电动和远方各操作 1 个循环，应顺畅无卡滞。必要时，进行 DL/T 393—2021 的 6.1.2.8 中（1）和（3）两项检测。 （2）检查紧急停止功能以及限位装置，应符合设备技术要求。 （3）水平轴、垂直轴和万向轴状态良好，齿轮盒稳固，内部轴承无锈蚀，密封良好，操作分接开关过程中，传动轴系应无异常声响。 （4）检查动作特性并测量切换时间。切换时间测量可采用直流法或交流法，直流法测量电流宜大于或等于 3A，交流法测量电压宜大于或等于 500V，同一测量方法测量的切换时间与初值比应无明显改变。有条件时一并测量过渡电阻，初值差不应超过 ±10%。 （5）绝缘介质检测：充油型见表 DL/T 393—2021 的 189 序号 3、4；充气型见表 DL/T 393—2021 的 196 序号 1；真空有载分接开关应进行油中溶解气体分析。 如上述任何一项有异常或不符合要求，应查明原因，必要时吊芯检查
中性点设备检测		无异常	中性点设备检测应根据配置选择进行： （1）电阻器（如有）：外观无异常，阻值符合设计要求。 （2）放电间隙（如有）：外观无异常，间隙距离符合设计要求。 （3）隔离开关、电流互感器、电抗器、电容器、避雷器等设备（如有）参考相应章节的例行试验内容及要求。 （4）控制器（如有）：外观无异常，测控功能符合设备技术要求
绕组绝缘电阻测量		绝缘电阻≥10000MΩ（注意值）。 或者： 220kV 及以上： （1）绝缘电阻≥3000MΩ（注意值）。 （2）极化指数≥1.5（注意值）。 110kV 及以下： （1）绝缘电阻≥3000MΩ（注意值）。 （2）吸收比≥1.3（注意值）	采用 5000V、短路电流不低于 3mA、量程不小于 100GΩ 的绝缘电阻表进行测量。测量时，铁芯、油箱及非测量绕组接地，被测绕组短路。电缆及封闭管母线出线侧绕组的绝缘电阻可在中性点测量。其他应按照 DL/T 393—2021 的 4.8.1 及 DL/T 474.1 的要求执行

续表

项　目	基准周期	基本要求	说　明
铁芯及夹件绝缘电阻测量		≥100MΩ（新投运≥1000MΩ）（注意值）	夹件独立引出接地的，应分别测量铁芯对夹件及地和夹件对地绝缘电阻。其中，铁芯与夹件间采用1000V绝缘电阻表，铁芯对地、夹件对地采用2500V（投运10年以上采用1000V）绝缘电阻表进行测量。其他应按照DL/T 393—2021的4.8.1及DL/T474.1的要求执行
绕组电阻测量	3年	相电阻|初值差|≤2%（警示值）；或线电阻|初值差|≤1%（警示值）	采用直流电阻测试仪进行测量。有中性点引出线时，应测量各相绕组电阻；若无，可测量各线端电阻，然后可按附录D换算至相电阻。分析时应扣除原始差异，其他见DL/T 393—2021的4.8.2。如测量结果不满足要求并怀疑是温度影响所致，可进行三相比对分析，如三相电阻大小次序未改变且互差不超过2%，可判定为正常。 绕组电阻除按周期测量外，当无励磁调压开关改变分接位置，或有载分接开关进行解体维修后，或更换套管后，也应测量一次
绕组介损及电容量测量		（1）介损（20℃，注意值）： 1）750kV/550kV：≤0.005。 2）330kV/220kV：≤0.006。 3）110kV及以下：≤0.008。 （2）电容量|初值差|≤3%（警示值）	应逐个绕组进行测量，其他应按照DL/T 393—2021的4.8.4及DL/T 474.3的要求执行。测量时，铁芯、油箱及非测量绕组应接地。对于封闭式电缆出线，可仅对非电缆出线侧绕组进行测量。必要时，宜根据变压器绕组结构，对电容量进行分解分析，见DL/T 393—2021的附录E
高压套管例行试验	—	见DL/T 393—2021的表60	DL/T 393—2021的6.12.4

表 2 - 10 - 2 - 5　　　　油浸电力变压器和电抗器诊断性试验项目及要求

项　目	基　本　要　求	说　明
电压比测量	|初值差|≤0.5%（警示值）	解体维修后，或经历了出口及近区短路、严重过励磁或直流偏磁等不良工况，或受相关家族缺陷警示，或无励磁开关改变分接位置后，排查绕组缺陷时适用。 采用变比测试仪进行测量。对于三绕组变压器，只需测两对绕组的电压比；对于配置了有载分接开关的三绕组变压器，宜测量带有载分接开关绕组对其他两绕组的电压比，且测量应涵盖所有分接位置，并由电动装置调节。其他应按照JB/T 501的要求执行
空载电流及损耗检测	（1）单相变压器相间互差<10%（注意值）；三相变压器的两个边相互差<10%（注意值）。 （2）同比无明显增大	长时间过励磁、高负载率运行，或受家族缺陷警示，或排查铁芯及绕组缺陷时适用。 宜在低压绕组加压，其他绕组开路。试验电压为尽可能接近理想正弦波的工频电压（50Hz），幅值尽可能接近额定值。试验电压与接线宜与上次检测保持一致。其他按照JB/T 501的要求执行
负载损耗及短路阻抗检测	（1）负载损耗： 1）单相变压器相间互差<10%（注意值）；三相变压器的两个边相互差<10%（注意值）。 2）同比无明显增大。 （2）短路阻抗：|初值差|≤1.6%（警示值）	经历了出口及近区短路、严重过励磁或直流偏磁等不良工况，或油中溶解气体分析异常，或受相关家族缺陷警示，排查磁屏蔽不良或绕组缺陷时适用。 在最大分接位置进行测量，负载损耗检测时的试验电流不应低于额定电流的25%，并尽量接近额定电流；短路阻抗检测时的试验电压不应低于380V。各项试验条件及分接位置（如有分接开关）宜与上次检测保持一致。其他应按照DL/T 1093的要求执行
绕组频率响应检测	频率响应曲线同比无明显改变	更换绕组后，或运输及安装过程受到冲击，或经历了出短路、严重过励磁、直流偏磁等不良工况，排查绕组变形缺陷时适用。 采用变压器绕组频率响应测试仪对各绕组逐一进行检测，基本要求如下： （1）检测频率范围应涵盖1kHz～1MHz。 （2）测量前，应断开套管出线，并使之远离套管。 （3）使用专用线缆及线夹，根据变压器绕组的联结组别进行接线。同型变压器应采用相同接线、相同分接位置并在后续检测中保持不变。若带有平衡绕组，宜将其接地端断开。 如同比有明显差异，应检查接线并重测一次，仍有明显差异时应结合关联状态量查明原因。详细可按DL/T 911的规定进行

项　目	基 本 要 求	说　明
扫频短路阻抗检测	各频点短路阻抗｜初值差｜≤2%（注意值）	更换绕组后，或运输及安装过程受到冲击，或经历了出口短路、严重过励磁、直流偏磁等不良工况，排查绕组变形缺陷时适用。 采用扫频阻抗测试仪器，或扫频信号发生器与宽频功率放大器联合进行检测，频率应覆盖10Hz～1kHz，相邻测点的频率间隔不宜大于10Hz。试验接线同短路阻抗检测，通过试验获得短路阻抗随频率变化曲线。要求各频点短路阻抗均符合要求，否则，应结合关联状态量查明原因
绕组频域介电谱检测	（1）与原始指纹比无明显向上偏移；介损最小值无明显增大。 （2）含水量符合设备技术要求	需要评估主绝缘受潮或老化状态时适用。 采用频域介电谱测试仪进行检测。对于双绕组变压器，测试仪输出电压施加于高压侧，在低压侧测量响应电流；对于三绕组变压器，测试仪输出电压施加于中压侧，将高压侧和低压侧连接在一起测量响应电流。其他应按照DL/T 393—2021的4.8.5及DL/T 474.3的要求执行
外施交流耐压试验	出厂耐压值的80%，过程无异常	直接检验主绝缘强度时适用。 对于分级绝缘变压器，应仅对中性点和低压绕组进行；对于全绝缘变压器，应对各侧绕组分别进行。其他应按照DL/T 393—2021的4.8.11及GB/T 1094.3的要求执行
长时感应耐压及局部放电试验	（1）耐压过程无异常。 （2）$1.58U_r/\sqrt{3}$下放电量≤250pC（注意值）	直接检验绕组绝缘强度并定量检测局部放电水平时适用。 试验前，应根据变压器结构选择合适的接线方式和分接位置，以满足相间及对地的耐压试验要求。现场可采用单相加压方式。如有条件，宜同步进行局部放电监测，见DL/T 393—2021的6.1.2.5。其他应按照DL/T 393—2021的4.8.11及GB/T 1094.3的要求执行
电抗器电感值测量	｜初值差｜≤2%（警示值）	DL/T 393—2021的4.8.8
绝缘纸聚合度检测	聚合度≥250（注意值）	运行超过30年或长期高负载率运行，或糠醛判断存在严重老化，且有取样机会时适用。 检测纸样宜分别从引线绝缘、垫块、绝缘纸板等处小心提取，其他应按照DL/T984的要求执行，要求聚合度不小于250。如检测结果不满足要求，宜退役
整体密封性能检测	0.035MPa气压持续时间24h，无渗漏	解体维修后或密封重新处理后适用。 检测时应带冷却器。采用气泵在储油柜顶部施加0.035MPa气压，持续时间24h，其他应按照GB/T 1094.1的要求执行。对专门为满足液体膨胀而设计的波纹式油箱，检测前应征询制造厂意见。如发现渗漏油，应对渗漏处进行处置，并重新进行整体密封性能检测
振荡型操作波试验	出厂操作冲击耐压值的80%，过程无异常	检验纵绝缘及主绝缘强度时适用。 试验电压施加于变压器低压绕组，非被试绕组应以适当的方式在一点接地。试验电压为出厂操作冲击耐压值的80%，具体波形应符合GB/T 16927.3的要求，试验程序应按照GB/T 1094.3的要求执行。要求试验过程无电压突降或其他异常，否则，应查明原因
油流速测量	符合设备技术要求	顶层油温多个测点间差距较大时适用。 采用超声流量计进行测量，测量结果符合设备技术要求，且同比及互比无明显差异

续表

项　目	基　本　要　求	说　明
有载分接开关诊断性检测	符合设备技术要求	例行检测发现异常，或受家族缺陷警示，或达到制造厂要求的吊检条件时适用。 (1) 动、静触头的接触状态良好，无烧蚀及变色。 (2) 触头间的接触压力同比无明显减小，且符合设备技术要求。 (3) 绝缘件紧固良好，洁净，无损伤及碳化。 (4) 电气连接件紧固良好，且导通状态良好。 (5) 分接开关在箱盖上的固定状态良好。 (6) 转轴灵活无卡滞，螺钉、开口销紧固良好。 (7) 测量切换开关主触头的接触电阻，不应大于 $500\mu\Omega$。 (8) 绝缘介质试验。充油型见 DL/T 393—2021 的表 189，充气型见 DL/T 393—2021 的表 196。 (9) 采用数字电桥或其他适宜方法测量各过渡电阻阻值，初值差不应超过 ±10%。 (10) 需要确认切换时序时，测量切换过程的复合波形，与原始指纹相比应无明显差异。 (11) 对于真空型，若切换开关或选择开关触头有电弧痕迹，应检测真空开关与转换触头的动作配合情况，其他应按照 DL/T 1538 的要求执行，同比应无明显变化。同时，对真空灭弧室断口间进行幅值为 4 倍额定电压、时间为 60s 的工频耐压试验，应无击穿等异常。如上述任何一项有异常或不符合要求，应修复后再投运
无励磁分接开关诊断性检测	符合设备技术要求	运行中发现异常，或受家族缺陷警示，或运行超过 3 年且有检测机会时适用。 (1) 动、静触头的接触状态良好，无烧蚀及变色。 (2) 触头间的接触压力同比无明显减小，且符合设备技术要求。 (3) 绝缘件紧固良好，洁净、无损伤及碳化。 (4) 电气连接件紧固良好，且导通状态良好。 (5) 转轴灵活无卡滞，螺钉、开口销紧固良好。 (6) 前述各项检查正常后，应测量分接开关每一分接位置的接触电阻，测量结果应符合设备技术要求，且同比及互比无明显偏大。 如上述检测任何一项有异常或不符合要求，应修复后再投运
高压套管诊断性试验	见 DL/T 393—2021 的表 61	DL/T 393—2021 的 6.12.4

二、气体绝缘电力变压器和电抗器

（一）巡检

气体绝缘电力变压器和电抗器巡检项目及要求见表 2-10-2-6。其中，电抗器仅执行适用项目。

（二）带电检测

项目及要求见表 2-10-2-7 和表 2-10-2-8。其中，电抗器仅执行适用项目。

表 2-10-2-6　　　　气体绝缘电力变压器和电抗器巡检项目及要求

项　目	基准周期	基本要求	说　明
本体检查	3 个月	无异常	本体检查内容及要求如下： (1) 基础无位移、沉降等异常。 (2) 设备标识、接地标识、相序标识等齐全、清晰。 (3) 出线无位移、散股、断股；线夹无裂纹、滑移；绝缘护套（如有）无破损。 (4) 箱体及管路等无明显锈蚀。 (5) 压力继电器外观无异常。 (6) 铁芯及夹件的接地线连接完好。 (7) 无异常声响及振动
高压套管检查（如有）		见 DL/T 393—2021 的表 57	DL/T 393—2021 的 6.12.2

续表

项　目	基准周期	基本要求	说　明
气体密度继电器检查		无异常	气体密度继电器检查内容及要求如下： （1）外观无异常，指示清晰，示值在正常范围。如为相对压力表，宜同时记录大气压力，分析时需考虑大气压力对示值的影响。 （2）现场示值应与远方一致（如远传）
压力释放装置检查（如有）		无异常	压力释放装置检查内容及要求如下： （1）防雨措施（户外）完好。 （2）防护网完好，安全气道无堵塞
测温装置检查		无异常	DL/T 393—2021 的 6.1.1.6
冷却系统检查	3 个月	无异常	冷却系统检查内容及要求如下： （1）散热器无附着物或严重积污。 （2）各组散热器的进出气阀门处于打开状态。 （3）冷却系统控制箱内部无凝露或积水，电源指示正常，热电偶控制器手动正常。 （4）风机、气泵开启及运行状态与当前控制策略一致
有载分接开关检查		无异常	有载分接开关检查内容及要求如下： （1）有载分接开关分接位置就地指示与远方终端一致。 （2）机构箱电源指示正常，密封良好，无积水或积水痕迹；加热、驱潮装置运行正常。 （3）气体密度继电器外观无异常，示值在正常范围。 （4）如有机会，静听调压过程，应无异常声响
智能控制柜/汇控柜检查		无异常	DL/T 393—2021 的 6.1.1.9
中性点设备检查		无异常	DL/T 393—2021 的 6.1.1.10
红外热像一般检测		温度无异常	DL/T 393—2021 的 4.8.6
运行监控信息调阅	同上及告警时	（1）记录不良工况信息。 （2）在线监测信息（如有）无异常	DL/T 393—2021 的 6.1.1.12

表 2-10-2-7　　气体绝缘电力变压器和电抗器例行带电检测项目及要求

项　目	基准周期	基本要求	说　明
气体试验	（1）330kV 及以上：半年。 （2）22kV 及以下：1 年。	见 DL/T 393—2021 的表 196（适宜带电检测的项目）	DL/T 393—2021 的第 13 章
红外热像精确检测		箱体及各附件温度无异常	DL/T 393—2021 的 4.8.6
铁芯及夹件接地电流测量		≤100mA 或初值差≤50%（注意值）	DL/T 393—2021 的 6.1.2.3
高压套管例行带电检测	—	见 DL/T 393—2021 的表 58	DL/T 393—2021 的 6.12.3

表 2-10-2-8　　气体绝缘电力变压器和电抗器诊断性带电检测项目及要求

项　目	基本要求	说　明
局部放电带电检测	不应检测到放电性缺陷	DL/T 393—2021 的 6.1.2.5
中性点接地线直流电流测量	（1）不引起异常噪声或振动。 （2）不大于制造厂允许值的 70%（注意值）	DL/T 393—2021 的 6.1.2.6
声级及振动检测	（1）声级及振动符合设备技术要求。 （2）同比及互比应无显著偏大	DL/T 393—2021 的 6.1.2.7
有载分接开关机械特性检测	（1）驱动电机电流波形与原始指纹无明显差异。 （2）调节过程声响无异常	DL/T 393—2021 的 6.1.2.8
高压套管诊断性带电检测	见 DL/T 393—2021 的表 59	DL/T 393—2021 的 6.12.3

（三）停电试验

项目及要求见表2-10-2-9和表2-10-2-10。其中，电抗器仅执行适用项目。试验时应注意以下几点：

（1）除特别说明外，有关绕组的试验均包括出线套管或出线电缆。

（2）低压试验前应进行充分放电。

表2-10-2-9　　　　　　　　　气体绝缘电力变压器和电抗器例行试验项目及要求

项　目	基准周期	基　本　要　求	说　明
例行检查	3年	无异常	例行检查内容及要求如下： （1）气体密度继电器：校核整定值并确认动作正确。 （2）压力释放装置：检测开启压力，初值差的绝对值不超过10%或符合设备技术要求。 （3）测温装置：检查停运前的测温数据，应在合理范围。如有疑问，可与标准温度计进行比对，误差应在±2.5℃之内或符合设备技术要求。 （4）冷却系统：逐一检测控制策略的全部选项，均应正确响应，否则应予修复。 （5）智能控制柜（汇控柜）：检查工作电源、电缆、温控及湿控设备（如有），应无异常；检查各IED的工作状态，如有告警应排查原因；清洁或更换滤网（如有）。 （6）二次回路：外观完好，绝缘电阻不小于2MΩ，其他见DL/T 393—2021的4.8.15
有载分接开关例行检测		无异常	DL/T 393—2021的6.1.3.3
中性点设备检测		无异常	DL/T 393—2021的6.1.3.4
绕组绝缘电阻测量		≥5000MΩ（注意值）	DL/T 393—2021的6.1.3.5
铁芯及夹件绝缘电阻测量		≥100MΩ（新投运≥1000MΩ）（注意值）	DL/T 393—2021的6.1.3.6
绕组电阻测量		相电阻|初值差|≤2%（警示值）。或线电阻|初值差|≤1%（警示值）	DL/T 393—2021的6.1.3.7
绕组介损及电容量测量		（1）电容量|初值差|≤3%（警示值）； （2）介损≤0.006（注意值）	DL/T 393—2021的6.1.3.8
气体试验		见DL/T 393—2021的表196	DL/T 393—2021的第13章

表2-10-2-10　　　　　　　　　气体绝缘电力变压器和电抗器诊断性试验项目及要求

项　目	基　本　要　求	说　明
电压比测量	|初值差|≤0,5%（警示值）	DL/T 393—2021的6.1.3.9
空载电流及损耗检测	（1）两个边相互差<10%（注意值）。 （2）同比未见明显增大	DL/T 393—2021的6.1.3.10
负载损耗及短路阻抗检测	（1）负载损耗： 1）两个边相互差<10%（注意值）。 2）同比无明显增大。 （2）短路阻抗：|初值差|≤1.6%（警示值）	DL/T 393—2021的6.1.3.11
绕组频率响应检测	频率响应曲线同比无明显改变	DL/T 393—2021的6.1.3.12
扫频短路阻抗检测	各频点短路阻抗|初值差|≤2%（警示值）	DL/T 393—2021的6.1.3.13
外施交流耐压试验	出厂耐压值的80%，过程无异常	DL/T 393—2021的6.1.3.15
长时感应耐压及局部放电试验	$1.58U_r/\sqrt{3}$下放电量≤100pC（注意值）	DL/T 393—2021的6.1.3.16
电抗器电感值测量	|初值差|≤2%（警示值）	DL/T 393—2021的4.8.8
整体密封性检测	相对漏气速率≤0.5%/年（注意值）	DL/T 393—2021的13.8
振荡型操作波试验	出厂操作冲击耐压值的80%，过程无异常	DL/T 393—2021的6.13.19
高压套管诊断性试验	见DL/T 393—2021的表61	DL/T 393—2021的6.12.4

三、干式电力变压器和电抗器

（一）巡检

干式电力变压器和电抗器巡检项目及要求见表 2-10-2-11。其中，电抗器仅执行适用项目。

（二）带电检测

干式电力变压器和电抗器例行带电检测项目及要求见表 2-10-2-12，干式电力变压器和电抗器诊断性带电检测项目及要求见表 2-10-2-13。

（三）停电试验

干式电力变压器和电抗器例行试验和诊断性试验项目及要求见表 2-10-2-14、表 2-10-2-15，干式电抗器诊断性试验项目及要求见表 2-10-2-16。试验时应注意以下几点：

（1）除特别说明外，有关统组的试验均包括出线套管或出线电缆。

（2）低压试验前应进行充分放电。

表 2-10-2-11　　　　　　　　干式电力变压器和电抗器巡检项目及要求

项　目	基准周期	基本要求	说　明
外观检查	3 个月	无异常	外观检查内容及要求如下： （1）基础无位移、沉降等异常。 （2）设备标识、接地标识、相序标识等齐全、清晰。 （3）出线无位移、散股、断股，线夹无裂纹、滑移，绝缘护套（如有）无破损。 （4）金属部件表面无明显锈蚀。 （5）绝缘表面无开裂、流胶，无放电痕迹，支撑条无明显移位或脱落，通风道无堵塞。 （6）接地线位置及连接状态无异常。 （7）电抗器包封与支架间紧固带无松动、断裂，包封间导风掉条无松动、脱落。 （8）无异常声响及振动，无异味。 （9）消弧线圈控制装置无异常
测温装置检查		无异常	DL/T 393—2021 的 6.1.1.6
风冷装置检查（如有）		无异常	风冷装置外观无异常，风机运行平稳，无异常声响及振动
红外热像一般检测		温度无异常	DL/T 393—2021 的 4.8.6
紫外成像和/或超声检测	半年	无异常放电	DL/T 393—2021 的 4.8.7
运行监控信息调阅	同上及告警时	（1）记录不良工况信息。 （2）在线监测信息（如有）无异常	DL/T 393—2021 的 6.1.1.12

表 2-10-2-12　　　　　　　　干式电力变压器和电抗器例行带电检测项目及要求

项　目	基准周期	基本要求	说　明
红外热像精确检测	半年	绕组及铁芯等温度无异常	DL/T 393—2021 的 4.8.6
紫外成像检测		无异常放电	DL/T 393—2021 的 4.8.7

表 2-10-2-13　　　　　　　　干式电力变压器和电抗器诊断性带电检测项目及要求

检测项目	基本要求	说　明
声级检测	符合设备技术要求	DL/T 393—2021 的 6.1.2.7

表 2-10-2-14　　　　　　　　干式电力变压器和电抗器例行试验项目及要求

项　目	基准周期	基本要求	说　明
例行检查	3 年	无异常	例行检查内容及要求如下： （1）测温装置：检查停运前的测温数据，应在合理范围。如有疑问，可与标准温度计进行比对，误差应在 ±3℃ 之内或符合设备技术要求。 （2）风冷系统：逐一检测控制策略的全部选项，均应正确响应，否则应予修复。 （3）智能控制柜（汇控柜）：检查工作电源、线缆、温控及湿控设备（如有），应无异常；检查各 IED 的工作状态，如有告警应排查原因；清洁或更换滤网（如有）。 （4）二次回路：外观完好，绝缘电阻不小于 2MΩ，其他见 DL/T 393—2021 的 4.8.15

续表

项 目	基准周期	基 本 要 求	说 明
绕组绝缘电阻测量		≥5000MΩ（注意值）	DL/T 393—2021 的 6.1.3.5
铁芯及夹件绝缘电阻测量	3 年	≥100MΩ（新投运≥1000MΩ）（注意值）	DL/T 393—2021 的 6.1.3.6
绕组电阻测量		相电阻｜初值差｜≤2%（警示值）；或线电阻｜初值差｜≤1%（警示值）	DL/T 393—2021 的 6.1.3.7

表 2 - 10 - 2 - 15　　　　　干式电力变压器诊断性试验项目及要求

项 目	基 本 要 求	说 明
电压比测量	｜初值差｜≤0.5%（警示值）	DL/T 393—2021 的 6.1.3.5
空载电流及损耗检测	（1）两个边相互差<10%（注意值）。（2）同比未见明显增大	DL/T 393—2021 的 6.1.3.10
长时感应耐压及局部放电试验	$1.1U_m/\sqrt{3}$ 下放电量≤50pC（注意值）	DL/T 393—2021 的 6.1.3.16

表 2 - 10 - 2 - 16　　　　　干式电抗器诊断性试验项目及要求

项 目	基 本 要 求	说 明
电抗器电感值测量	｜初值差｜≤2%（警示值）	DL/T 393—2021 的 4.8.8
干式电抗器匝间绝缘试验	高、低电压下响应波形无明显异常	有下列情形之一适用：表面出现明显破损、脱落或龟裂，有放电痕迹或憎水性能下降严重；整体或局部出现异常温度升高；出现异常声响或振动；受家族缺陷警示。宜采用高频脉冲振荡法。试验持续时间为 60s，试验电压的初始峰值应为出厂试验值的 80%，振荡频率不大于 100kHz，且试验时间内应产生不少于 3000 个规定幅值的过电压。要求与标定电压（一般不超过 20%全电压）对比，全电压的波形特征、振荡频率和包络线衰减速度均无明显改变，且三相之间无明显差异；试验过程无异常声响及振动

四、SF₆ 断路器

（一）巡检

SF₆ 断路器设备巡检项目及要求见表 2 - 10 - 2 - 17。其中，外绝缘部分见 DL/T 393—2021 的 10.1。

（二）带电检测

SF₆ 断路器例行带电检测项目及要求见表 2 - 10 - 2 - 18 和表 2 - 10 - 2 - 19。若表 2 - 10 - 2 - 19 中气体试验不适宜带电检测，宜将其作为停电试验的一部分。

表 2 - 10 - 2 - 17　　　　　SF₆ 断路器设备巡检项目及要求

项 目	基准周期	基本要求	说 明
本体外观检查	（1）330kV 及以上：2 周。（2）220kV：1 个月。（3）110kV/66kV：3 个月	无异常	本体外观检查内容及要求如下：（1）基础无位移、沉降等异常。（2）设备标识、接地标识、相序标识等齐全、清晰。（3）出线无位移、散股、断股，线夹无裂纹、滑移。（4）支架、横梁无明显锈蚀，螺栓无松脱。（5）并联电容器（如有）无渗漏。（6）罐式断路器加热带（如有）电源正常，如符合启动条件，应处于正常工作状态。（7）无异常声响及振动
气体密度表检查		密度符合设备技术要求	气体密度表检查内容及要求如下：（1）外观无异常，指示清晰，示值在正常范围。如为相对压力表，应记录大气压力，分析时考虑大气压力对示值的影响。（2）现场示值与远方一致（如远传）

项　目	基准周期	基本要求	说　明
智能控制柜/汇控柜检查		无异常	智能控制柜/汇控柜检查内容及要求如下： (1) 柜体基础稳固，外观无异常，柜门锁闭正常。 (2) 柜体无明显锈蚀，如有漆层，应无龟裂及剥落。 (3) 柜门打开正常，密封良好，柜内无凝露、积水。 (4) 柜内照明完好；线缆进出口封堵状态良好；如有通风口，滤网完好，无堵塞。 (5) 分、合闸指示与实际位置相符。 (6) 带电显示装置与线路实际带电情况相符。 (7) 加热除湿装置（如有）外观无异常，如符合启动条件，应处于正常工作状态。 (8) 空调设备（如有）外观无异常，如符合启动条件，应处于正常工作状态。 (9) 辅助回路及控制回路二次线缆连接、布线无异常。 (10) 柜内各 IED 通信正常，就地指示灯/屏（如有）显示正常，无告警信息
操动机构检查	(1) 330kV 及以上：2 周。 (2) 220kV：1 个月。 (3) 110kV/66kV：3 个月	无异常	1. 液压机构检查 液压机构检查内容及要求如下： (1) 机构外观无异常。 (2) 读取高压油压表指示值，应在正常范围。 (3) 液压系统各管路接头及阀门无渗漏现象，各阀门位置、状态正确。 (4) 通过油箱上的油标观察油箱内的油位，应在最高与最低油位标识线之间。 (5) 记录油泵电机打压次数（如适用），应在正常范围。 (6) 机构储能指示处于"储满能"状态。 (7) 分合位置指示器到位，且和断路器实际位置一致。 (8) 记录操作次数。 2. 弹簧机构检查 弹簧机构检查内容及要求如下： (1) 机构外观无异常。 (2) 机构传动部件无锈蚀、裂纹，机构内轴、销无破裂、变形，锁紧垫片无松动。 (3) 缓冲器无漏油痕迹，固定轴正常。 (4) 分、合闸弹簧无裂纹、断裂、锈蚀等异常。 (5) 机构储能指示处于"储满能"状态（合闸状态）。 (6) 分合位置指示器到位，且和断路器实际位置一致。 (7) 记录操作次数。 3. 气动机构检查 气动机构检查内容及要求如下： (1) 机构外观无异常。 (2) 气压表压力值在正常范围。 (3) 空压系统各管路接头及阀门外观良好，各阀门位置、状态正确。 (4) 储气罐排水至无水雾喷出为止。如排水过程中出现气压下降导致气泵启动，应停止排水，待气泵停止后再继续。如为自动排水（污），应在打压完成后自动启动。 (5) 记录气泵电机打压次数（如适用），应在正常范围内。 (6) 分合位置指示器到位，且和断路器实际位置一致。 (7) 记录操作次数。 4. 操作检查 如长期未操作，宜在有操作机会时进行操作检查
红外热像一般检测		温度无异常	DL/T 393—2021 的 4.8.6
运行监控信息调阅	同上及告警时	(1) 记录开断故障电流情况。 (2) 在线监测信息（如有）无异常	通过线上巡检等方式调阅下列运行监控信息（如有）： (1) 开断故障电流的幅值、持续时间及日期。 (2) 分、合操作及日期。 (3) 在线监测信息

表 2-10-2-18　　　　　　　　　　　　SF$_6$ 断路器例行带电检测项目及要求

项　目	基　准　周　期	基　本　要　求	说　　明
红外热像精确检测	(1) 330kV 及以上：半年。 (2) 220kV 及以下：1 年	温度无异常	DL/T 393—2021 的 4.8.6
局部放电带电检测（罐式）	(1) 330kV 及以上：1 年。 (2) 220kV：2 年。 (3) 其他；自定	不应检测到放电性缺陷	排查罐式断路器放电性缺陷时适用。 采用特高频法、超声波法或其他适宜方法。其中，特高频法按照 DL/T 1630 的要求执行，超声波法按照 DL/T 1250 的要求执行。实践中，可多种方法联合应用。如某一种方法检测到了放电性缺陷，宜用另一种方法予以核实。如两种及以上检测方法持续显示有放电性缺陷，应适时安排停电检修

表 2-10-2-19　　　　　　　　　　　　SF$_6$ 断路器诊断性带电检测项目及要求

项　目	基　本　要　求	说　　明
气体试验	见 DL/T 393—2021 的表 196（适宜带电检测的项目）	DL/T 393—2021 的第 13 章
操动机构状态带电检测（如配置）	各状态量同比及互比无明显差异	需要确认操动机构状态时适用（有条件时）。 有分、合闸操作机会时，全程记录分、合线圈电压及电流波形和/或触头行程特性曲线，以及分合闸时间及储能时间，同比及互比应无明显差异，否则应跟踪分析，差异特别明显时，应查明原因，如属缺陷应适时安排检修

（三）停电试验

项目及要求见表 2-10-2-20 和表 2-10-2-21。

其中，外绝缘部分见 DL/T 393—2021 的 10.3。

表 2-10-2-20　　　　　　　　　　　　SF$_6$ 断路器例行试验项目及要求

项　目	基准周期	基　本　要　求	说　　明
例行检查和测试	3 年	无异常	1. 例行检查项目及要求 （1）金属件无锈迹，如有应进行防腐处理。 （2）操动机构无渗漏等异常，如有应修复；按力矩要求检查并紧固各螺栓。 （3）轴、销、锁扣及机械传动部件无变形、松脱等异常，如有应修复。 （4）操动机构内、外无积污，积污严重时宜进行清洁。 （5）按设备技术要求对操动机构轴承等活动部件进行润滑。 （6）检查缓冲器，应符合设备技术要求。 （7）检查防跳跃装置，应符合设备技术要求。 （8）检查联锁和闭锁装置，应符合安全联锁和闭锁要求。 2. 例行测试项目及要求 （1）采用 500V 绝缘电阻表测量分、合闸线圈对地绝缘电阻，应大于 10MΩ。 （2）采用数字电桥或其他适用方法测量分、合闸线圈电阻，初值差不应超过 ±2%。 （3）检查储能电动机，应能在 85%～110% 的额定电压下正常工作。如有条件，宜检测储能电动机工作电流及储能时间，同比应无明显差异或符合设备技术要求。 （4）辅助回路和控制回路线缆完好，电缆绝缘电阻不小于 2MΩ，其他见 DL/T 393—2021 的 4.8.15。 （5）在 85%～110% 额定电源电压范围，合闸脱扣器应可靠动作；在 65%～110% 额定电源电压范围（直流）或 85%～110% 额定电源电压范围（交流），分闸脱扣器应可靠动作；低于 30% 额定电源电压时，脱扣器不应脱扣。 3. 液（气）压操动机构还应进行的检查或试验 （1）检查机构操作压力（气压、液压）的整定值，并对机械安全阀进行校验。 （2）检测分、合闸及重合闸操作时的压力下降值，应符合设备技术要求。 （3）在分、合闸位置分别进行操动机构的泄漏试验，应符合设备技术要求。 （4）进行防失压慢分试验和非全相合闸试验，应符合设备技术要求

项　目	基准周期	基　本　要　求	说　明
时间特性检测	3 年	警示值［单断口仅进行（1）和（2）］： （1）相间合闸不同期：≤5ms。 （2）相间分闸不同期：≤3ms。 （3）同相各断口合闸不同期：≤3ms。 （4）同相各断口分闸不同期：≤2ms。 （5）合、分、合-分、分-合-分时间符合设备技术要求，且同比无明显改变	宜采用开关特性测试仪在额定电源电压下进行测试。要求合、分闸指示正确；辅助开关动作正确；合、分闸时间，合、分闸不同期，合-分及分-合-分时间均满足警示值要求或符合设备技术要求，且同比无明显改变。检测结果异常时，应结合分、合闸线圈电流波形及行程特性曲线作进一步分析
主回路绝缘电阻测量		≥5000MΩ（注意值）	分别测量分闸状态下断口间及合闸状态下主回路对地的绝缘电阻。如有多个断口，应逐一测量各断口间的绝缘电阻。其他应按照 DL/T 393—2021 的 4.8.1 及 DL/T 474.1 的要求执行
主回路电阻测量		（1）初值差≤20%（注意值）或符合制造厂要求。 （2）同比及互比无明显偏大	在合闸状态下测量进、出线之间的回路电阻。如长期未操作，可操作几次再进行测量。其他应按照 DL/T 393—2021 的 4.8.3 及 DL/T 593 的要求执行
断口并联电容器检测（如有）		（1）电容量｜初值差｜≤3%（警示值）。 （2）介损： 1）油浸纸：≤0.005（注意值）。 2）膜纸复合：≤0.0025（注意值）。 3）陶瓷电容：同比及互比无明显偏大	对于瓷柱式断路器，与断口一起检测；对于罐式断路器，如具备单独检测条件，宜单独检测，否则，在分闸状态下与断口一起检测，如对测量结果存疑，可将电容器拆解下来独立进行检测。其他应按照 DL/T 393—2021 的 4.8.4 及 DL/T 474.3 的要求执行
合闸电阻及预接入时间测量（如有）		（1）电阻值｜初值差｜≤5%（注意值）。 （2）预接入时间符合设备技术要求	采用数字电桥或其他适宜方法对合闸电阻的阻值进行测量；预接入时间按制造厂提供的方法进行测量。若不解体无法测量，则只在解体维修时进行
智能终端检测（如有）		符合设备技术要求	测试内容及要求如下： （1）逐一检查全部开入、开出，应无异常。 （2）就地与远方各进行一次分、合操作，要求动作正确、状态指示正确，通信正常。 （3）按 DL/T 393—2021 的 4.8.13 对通信光纤进行检测。 （4）通过线上巡检方式调阅告警信息，如有，应查明并消除告警原因。重新投运前，所有异常应予以排除
气体试验		见 DL/T 393—2021 的表 196	DL/T 393—2021 的第 13 章

表 2－10－2－21　　SF₆ 断路器诊断性试验项目及要求

项　目	基　本　要　求	说　明
机械行程特性及动态回路电阻测试	（1）机械行程特性与原始指纹相比无明显改变。 （2）动态回路电阻与原始指纹比变化在允许范围内	受家族缺陷警示，或开断过短路电流后适用。 　采用电压、电流、位移等传感器及波形记录仪搭建测试系统，或采用专用测试设备，记录整个分、合闸过程中触头行程及主回路电阻。测试电流宜大于 100A，采样速率不小于 10kSa/s。若因故无法在正常分、合操作下进行动态回路电阻测试，可通过慢分工装进行不同行程下的静态接触电阻测量来代替，具体测量方法可咨询制造厂。 　基于动态回路电阻及 $\sum I_P^{1.8}$（I_P 为开断故障电流峰值）评估触头烧损情况，烧损严重时应安排检修
交流耐压试验	出厂耐压值的 80%，过程无异常	解体维修之后，或受家族性缺陷警示，需要直接确认主绝缘强度时适用。耐压试验包括相对地（合闸状态）和断口间（罐式、瓷柱式定开距断路器，分闸状态）两种方式。其他应按照 DL/T 393—2021 的 4.8.11 及 DL/T 593 的要求执行

五、真空断路器

（一）巡检

项目及要求见表2-10-2-22。其中，外绝缘部分见DL/T 393—2021的10.1。

（二）带电检测

项目及要求见表2-10-2-23和表2-10-2-24。

（三）停电试验

项目及要求见表2-10-2-25和表2-10-2-26。其中，外绝缘部分见DL/T 393—2021的10.3。

表2-10-2-22　真空断路器设备巡检项目及要求

项　目	基准周期	基本要求	说　明
本体外观检查	（1）220kV：1个月。（2）110kV/66kV：3个月	外观无异常	DL/T 393—2021的6.4.1.2
智能控制柜/汇控柜检查		无异常	DL/T 393—2021的6.4.1.4
操动机构检查		无异常	DL/T 393—2021的6.4.1.5
红外热像一般检测		温度无异常	DL/T 393—2021的4.8.6
运行监控信息调阅	同上及告警时	（1）记录开断故障电流情况。（2）在线监测信息（如有）无异常	DL/T 393—2021的6.4.1.6

表2-10-2-23　真空断路器设备例行带电检测项目及要求

项　目	基准周期	基本要求	说　明
红外热像精确检测	1年	温度无异常	DL/T 393—2021的4.8.6

表2-10-2-24　真空断路器诊断性带电检测项目及要求

项　目	基本要求	说　明
操动机构状态带电检测（如配置）	各状态量同比及互比无明显差异	DL/T 393—2021的6.4.2.3

表2-10-2-25　真空断路器例行试验项目及要求

项　目	基准周期	基本要求	说　明
例行检查和测试	3年	无异常	DL/T 393—2021的6.4.3.2
时间特性检测		警示值［单断口仅进行（1）和（2）］：（1）相间合闸不同期：≤5ms。（2）相间分闸不同期：≤3ms。（3）同相各断口合闸不同期：≤3ms。（4）同相各断口分闸不同期：≤2ms。（5）合、分、合-分、分-合-分时间符合设备技术要求，且同比无明显改变	DL/T 393—2021的6.4.3.3
主回路绝缘电阻测量		≥3000MΩ（注意值）	DL/T 393—2021的6.4.3.4
主回路电阻测量		（1）初值差≤20%或符合制造厂要求。（2）同比及互比无明显偏大	DL/T 393—2021的6.4.3.5
断口并联电容器检测（如有）		（1）电容量｜初值差｜≤3%（警示值）。（2）介损（20℃）：1）油浸纸：≤0.005（注意值）。2）膜纸复合：≤0.0025（注意值）。3）陶瓷电容：同比及互比无明显偏大	DL/T 393—2021的6.4.3.6
智能终端功能测试（如有）		符合设备技术要求	DL/T 393—2021的6.4.3.8

表2-10-2-26　真空断路器诊断性试验项目及要求

项　目	基本要求	说　明
机械行程特性曲线测试	机械行程特性曲线与原始指纹相比无明显改变	DL/T 393—2021的6.4.3.9
交流耐压试验	出厂耐压值的100%，过程无异常	解体维修之后，或受家族缺陷警示，需要直接确认绝缘强度时适用。耐压试验包括相对地（合闸状态）、断口间（分闸状态）和相邻相间（三相体式）三种方式。其他应按照DL/T 393—2021的4.8.11及DL/T 593的要求执行。如耐压过程中出现异常，缺陷排除前不应投运

六、隔离开关及接地开关

（一）巡检

项目及要求见表2-10-2-27。其中，支柱绝缘子部分见DL/T 393—2021的10.1。

（二）带电检测

项目及要求见表2-10-2-28及表2-10-2-29。

（三）停电试验

项目及要求见表2-10-2-30和表2-10-2-31。其中，支柱绝缘子部分见DL/T 393—2021的10.3。

七、电流互感器

（一）说明

绝缘类型包括油纸绝缘（以下简称"油纸"）、气体绝缘（以下简称"充气"）、树脂浸纸绝缘（以下简称"干式"）及聚四氟乙烯缠绕绝缘等，凡试验项目后附注绝缘类型的，仅该类型适用。

（二）巡检

项目及要求见表2-10-2-32。其中，外绝缘部分见DL/T 393—2021的10.1。

表2-10-2-27　　隔离开关和接地开关巡检项目及要求

项　目	基　准　周　期	基本要求	说　　明
外观检查	(1) 330kV及以上：2周。 (2) 220kV：1个月。 (3) 110kV/66kV：3个月	外观无异常	外观检查的内容及要求如下： (1) 基础无位移、沉降等异常。 (2) 设备标识、接地标识、相序标识等齐全、清晰。 (3) 构架无锈蚀、变形，焊接部位无开裂；连接螺栓无松动；接地无锈蚀，连接紧固。 (4) 合、分闸位置指示正确，"五防"装置完好无缺失。 (5) 导电臂、导电带及传动部件无变形、断片、断股，连接螺栓紧固。 (6) 引弧触头完好，无缺损或移位。 (7) 接线端子或导电基座无过热变色、变形，连接螺栓紧固。 (8) 连接卡、销、螺栓等附件齐全，无锈蚀、缺损。 (9) 拉杆过死点位置正确，限位装置符合设备技术要求。 (10) 机械闭锁盘、闭锁板、闭锁销无锈蚀、变形，闭锁间隙符合设备技术要求。 (11) 底座部件无歪斜、锈蚀，连接螺栓紧固。 (12) 均压环无变形、歪斜、锈蚀，连接螺栓紧固。 (13) 引流线弧垂满足运行要求，无散股、断股；两端线夹无变形、松动、裂纹、变色、滑移；连接螺栓无锈蚀、松动、缺失
机构箱检查		无异常	机构箱检查内容及要求如下： (1) 机构箱体固定可靠，锁闭正常；无变形、锈蚀；接地良好。 (2) 柜门打开正常，柜门密封圈无异常，柜内无积水，开口封堵状态良好。 (3) 辅助回路及控制回路二次线缆连接、敷设无异常
红外热像一般检测		温度无异常	DL/T 393—2021的4.8.6
在线监测信息调阅（如有）	同上及告警时	无异常	DL/T 393—2021的4.5.2

表2-10-2-28　　隔离开关及接地开关例行带电检测项目及要求

项　目	基　准　周　期	基　本　要　求	说　明
红外热像精确检测	(1) 330kV及以上：半年。 (2) 220kV及以下：1年	(1) 触头区域≤90℃（注意值）。 (2) 出线接头≤80℃（注意值）。 (3) 热点温度同比及互比无异常	DL/T 393—2021的4.8.6

表2-10-2-29　　隔离开关及接地开关诊断性带电检测项目及要求

项　目	基　本　要　求	说　　明
驱动电机电流波形测量	与原始指纹比无明显差异	排查卡滞缺陷时适用（如有条件）。 有分、合闸操作机会时，全程记录分、合闸过程中驱动电机的电流，并将之与原始指纹相比，两者的幅值及时域分布特征应无显著差异

表 2 - 10 - 2 - 30 隔离开关及接地开关设备例行试验项目及要求

项 目	基准周期	基本要求	说 明
例行检查	3 年	无异常	例行检查内容及要求如下： （1）接地连接良好。 （2）操动机构内、外无严重积污，必要时进行清洁；各活动部件无磨损腐蚀。 （3）各部位紧固螺栓无缺失或松动。 （4）动、静触头无严重损伤、烧蚀，否则应予以更换；如脏污严重应清洁。 （5）弹簧触指压紧力应符合设备技术要求，否则应予更换。 （6）加热器及电源正常，如符合启动条件，应处于正常工作状态。 （7）按设备技术要求对轴承等活动部件进行润滑。 （8）二次回路外观完好，绝缘电阻不小于 2MΩ，其他见 DL/T 393—2021 的 4.8.15。 （9）闭锁装置功能正常。 （10）就地和远方各操作 2 次，传动部件应灵活无卡滞
主回路绝缘电阻测量		≥3000MΩ（注意值）	DL/T 393—2021 的 6.4.3.4
主回路电阻测量		（1）初值差≤20% 或符合制造厂要求。 （2）同比及互比无明显偏大	DL/T 393—2021 的 6.4.3.5

表 2 - 10 - 2 - 31 隔离开关及接地开关设备诊断性试验项目及要求

项 目	基 本 要 求	说 明
触头镀银层厚度检测	≥20μm（新投运），≥5μm（运行中）	有停电机会，且自上次检测以来累计操作 100 次以上，或回路电阻超标时适用。 采用 X 射线荧光镀层测厚仪或具有镀银层测厚功能的便携式光谱仪等进行触头镀银层厚度检测。 其他应按照 GB/T 16921 的要求执行。如检测结果不符合要求，应更换
超 B 类（B 类）接地开关辅助灭弧装置回路电阻测量	（1）初值差≤20% 或符合制造厂要求。 （2）同比及互比无明显偏大	有停电机会，且自上次检测以来累计操作 100 次以上时适用。 在合闸状态下测量进、出线之间的电阻。如长期未操作，可操作几次再进行测量。其他应按照 DL/T 393—2021 的 4.8.3 及 DL/T 593 的要求执行
传动机构轴销材质分析	不锈钢或铝青铜；或者其他符合设备技术要求的材质	从未检测且有停电机会，或更换相关部件后适用。 可采用 X 射线荧光光谱分析仪进行不锈钢材质检测。其他应按照 DL/T 991 的要求执行。如分析结果不符合要求，应更换合格部件

表 2 - 10 - 2 - 32 电流互感器巡检项目及要求

项 目	基准周期	基 本 要 求	说 明
外观检查	（1）330kV 及以上：2 周。 （2）220kV：1 个月。 （3）110kV/66kV：3 个月	外观无异常	外观检查的内容和要求如下，对于电子式，略去没有或无法检测的内容： （1）基础无位移、沉降等异常，底座、支架无变形。 （2）设备标识、接地标识、相序标识等齐全、清晰。 （3）出线连接牢固，无移位、断股及过热变色。 （4）末屏接地线（如有）连接牢固，无位移。 （5）法兰、屏蔽罩等金属件外观无异常，无明显锈蚀。 （6）无渗漏油痕迹（油纸）。 （7）二次接线盒关闭紧密，线缆进出口密封良好。 （8）无异常声响及振动
红外热像一般检测		温度无异常	DL/T 393—2021 的 4.8.6

续表

项　目	基准周期	基　本　要　求	说　　明
油位检查（油纸）	（1）330kV 及以上：2 周。 （2）220kV：1 个月。 （3）110kV/66kV：3 个月	在正常范围	油位检查内容及要求如下： （1）通过油位显示装置（如有）或应用红外热像（如适用）检查油位，应在正常范围，无渗漏油及渗漏痕迹。 （2）未见膨胀器顶起上盖等异常现象。 　在记录油位时（图示或照相），应同时记录环境温度及当前负荷电流
气体密度表检查（充气）		在正常范围	气体密度表检查内容及要求如下： （1）外观无异常，指示清晰，示值在正常范围。如为相对压力表，应记录大气压力，分析时应考虑大气压力对示值的影响。 （2）如测量值已远传，则现场示值应与远方一致
独立式合并单元检查 （如有）		无异常	独立式合并单元检查内容及要求如下： （1）机箱外观无异常，线缆连接状态无改变。 （2）就地指示灯/屏（如有）显示正常，无告警指示。 （3）通过线上巡检的方式调阅相关告警信息，如有，按要求进行处理
二次电流检查	3 个月	无异常	通过线上巡检的方式调阅二次电流，同一台电流互感器的冗余输出及同一出线不同电流互感器的输出应保持一致
在线监测信息调阅（如有）	同上及告警时	无异常	DL/T 393—2021 的 4.5.2

（三）带电检测

项目及要求见表 2-10-2-33 和表 2-10-2-34。若表 2-10-2-34 中绝缘油试验及气体试验不适宜带电检测，应将其作为停电试验的一部分。

（四）停电试验

项目及要求见表 2-10-2-35 和表 2-10-2-36。其中，外绝缘部分见 DL/T 393—2021 的 10.3。

八、电子式电流互感器

（一）说明

包括有源（一次传感器为罗氏线圈及低功率线圈）和无源（一次传感器为光纤）两类。凡试验项目后附注类型的，仅该类型适用。电子设备指一次转换器及合并单元等。

（二）巡检

项目及要求见表 2-10-2-37。其中，外绝缘部分见 DL/T 393—2021 的 10.1。

（三）带电检测

项目及要求见表 2-10-2-38 和表 2-10-2-39。若表 2-10-2-39 中气体试验不适宜带电检测，应将其作为停电试验的一部分。

表 2-10-2-33　　　　　　　　　　电流互感器例行带电检测项目及要求

项　目	基准周期	基　本　要　求	说　　明
红外热像精确检测	（1）330kV 及以上：半年。 （2）220kV 及以下：1 年	温度无异常	DL/T 393—2021 的 4.8.6
相对介损检测（电容型） （具备条件时适宜）	（1）330kV 及以上：1 年。 （2）220kV 及以下 2 年	（1）|相对介损|≤0.003（注意值）。 （2）电容|初值差|≤3%（注意值）	DL/T 393—2021 的 6.12.3.2

表 2-10-2-34　　　　　　　　　　电流互感器诊断性带电检测项目及要求

项　目	基　本　要　求	说　　明
绝缘油试验（油纸）	见 DL/T 393—2021 的表 191	DL/T 393—2021 的第 12 章
气体试验（充气）	见 DL/T 393—2021 的表 196 （适宜带电检测的项目）	DL/T 393—2021 的第 13 章
局部放电带电检测	不应检测到放电性缺陷	排查放电性缺陷时适用。 　采用高频脉冲电流法或其他适宜方法进行检测。怀疑有放电性缺陷且适宜带电取样时，宜结合气体分解物检测（充气）或油中溶解气体（油纸）一并进行分析。如两种检测方法均持续提示存在放电性缺陷，应密切跟踪分析，必要时安排停电检修

表 2-10-2-35　　　　　　　　　　　　电流互感器例行试验项目及要求

项　目	基准周期	基　本　要　求	说　明
绝缘电阻测量		（1）一次绕组对地：≥3000MΩ（注意值）；一次绕组间（如有）：≥100MΩ（注意值）。 （2）末屏对地：≥1000MΩ（如可测，注意值）。 （3）二次绕组间及对地：≥100MΩ（注意值）；或同比及互比无明显偏低	采用5000V绝缘电阻表测量一次绕组对地绝缘电阻；如有两个一次绕组，采用1000V绝缘电阻表测量两个一次绕组间的绝缘电阻；采用1000V绝缘电阻表测量二次绕组之间及对地绝缘电阻，测量时，被测绕组短路，非被测绕组接地；采用1000V绝缘电阻表测量末屏对地绝缘电阻（如有且可测）。其他应按照DL/T 393—2021的4.8.1及DL/T 474.1的要求执行
介损及电容量测量（电容型）	3年	（1）电容量|初值差|： 1）220kV及以上：≤3%（警示值）。 2）110kV/66kV：≤5%（警示值）。 （2）介损（20℃，注意值）： 1）聚四氟乙烯缠绕绝缘：≤0.005。 2）其他绝缘如下： | 电压等级	介损
---	---
750kV	≤0.005
500kV	≤0.006
330kV/220kV	≤0.007
110kV及以下	≤0.008		DL/T 393—2021的4.8.4
独立式合并单元检测（如有）		符合设备技术要求	独立式合并单元检测内容及要求如下： （1）基本状态检查：启动正常，指示灯/屏（如有）显示正常。 （2）通信光纤检测：见DL/T 393—2021的4.8.13。 （3）激光供能模块检测（如有）：见DL/T 393—2021的4.8.14。 （4）告警信息检查：调阅告警信息，如有，应逐一查明并消除告警原因
绝缘油试验（油纸）	3年或自定	见DL/T 393—2021的表191	DL/T 393—2021的第12章
气体试验（充气）		见DL/T 393—2021的表196	DL/T 393—2021的第13章

表 2-10-2-36　　　　　　　　　　　　电流互感器诊断性试验项目及要求

项　目	基　本　要　求	说　明
末屏介损测量（电容型）	≤0.015（注意值）	末屏绝缘电阻不满足要求时适用。 采用介质损耗测试仪进行测量，测试电压为2kV。其他应按照DL/T 393—2021的4.8.4及DL/T 474.3的要求执行
频域介电谱检测（电容型）	（1）与原始指纹比无明显向上偏移，介损最小值无明显增大。 （2）含水量符合设备技术要求	排查油纸或干式绝缘受潮或老化时适用。 采用频域介电谱检测仪进行检测。测试仪输出电压施加于一次绕组，二次绕组连接在一起接入电流测量端。其他见DL/T 393—2021的4.8.5
高电压介损测量（电容型）	（1）随电压变化不超过±0.0015（注意值）。 （2）额定电压下符合DL/T 393—2021的表35介损要求	排查主绝缘缺陷时适用。 采用电桥法或其他适宜方法进行测量。测试电压应尽可能接近理想正弦波，频率为50Hz，幅值从10kV逐渐升至额定电压，期间测量主绝缘介损，获得介损随电压的变化曲线。其他应按照DL/T 1154的要求执行
绕组电阻测量	（1）一次：同比及互比无明显偏大。 （2）二次（如有）：|初值差|≤2%（警示值）	排查绕组缺陷时适用。 分别测量一次绕组二次绕组的电阻。其中，一次绕组电阻的测量见DL/T 393—2021的4.8.3；二次绕组电阻的测量见DL/T 393—2021的4.8.2，如有多个二次绕组，应逐一测量

项　目	基　本　要　求	说　明
电流比校核	符合设备技术要求	有下列情形之一适用： (1) 二次电流检查发现异常。 (2) 对绕组进行了维修或更换，或进行了交流耐压或局部放电试验。 (3) 对独立式合并单元进行维修或更换。 (4) 出现了可能影响电流比的其他情形。 在 5%～100% 额定电流范围内选择任一幅值的标准工频电流，从一次侧注入，测量各二次侧输出，如有合并单元，应以合并单元输出为最终的二次侧输出，以此校核电流比。用于计费计量时，应同时校核相位差。其他应按照 GB/T 22071.1 的要求执行
交流耐压试验	(1) 一次：出厂耐压值的 80%，过程无异常。 (2) 二次（如有）：2kV，过程无异常	需要直接确认主绝缘强度时适用。 一次绕组对地的耐压幅值为出厂试验值的 80%，时间为 60s；二次绕组对地、末屏对地（电容型）的耐压幅值为 2kV，时间为 60s，可用 2500V 绝缘电阻表代替。其他应按照 DL/T 393—2021 的 4.8.11 及 GB/T 22071.1 的要求执行
局部放电试验	$1.2U_m/\sqrt{3}$ 下放电量： (1) 气体及油纸绝缘：≤20pC（注意值）。 (2) 干式绝缘：≤50pC（注意值）。 (3) 聚四氟乙烯绝缘：≤20pC（注意值）	排查放电性缺陷时适用。 如有条件，与交流耐压一并进行。其他应按照 DL/T 417 的要求执行

表 2-10-2-37　　　　　　　　　　电子式电流互感器巡检项目及要求

项　目	基准周期	基本要求	说　明
外观检查		外观无异常	外观检查的内容和要求如下： (1) 基础无位移、沉降等异常，底座、支架无变形。 (2) 设备标识、接地标识、相序标识等齐全、清晰。 (3) 出线连接牢固，无移位、断股及过热变色。 (4) 法兰、屏蔽罩等金属件外观无异常，无明显锈蚀。 (5) 无异常声响及振动
红外热像一般检测	(1) 330kV 及以上：2 周。 (2) 220kV：1 个月。 (3) 110kV/66kV：3 个月	温度无异常	DL/T 393—2021 的 4.8.6
气体密度表检查（充气）		在正常范围	DL/T 393—2021 的 6.7.2.4
电子设备检查		无异常	电子设备检查内容及要求如下： (1) 屏蔽壳体或机箱外观无异常，线缆连接状态无改变。 (2) 就地指示灯/屏（如有）显示正常，无告警指示。 (3) 激光供能模块（如有）的检查见 DL/T 393—2021 的 4.8.14a)。 (4) 通过线上巡检的方式调阅相关状态信息，如有异常或告警，按要求进行处理
二次电流检查		无异常	DL/T 393—2021 的 6.7.2.6
在线监测信息调阅（如有）	同上及告警时	无异常	DL/T 393—2021 的 4.5.2

表 2-10-2-38　　　　　　　　　电子式电流互感器例行带电检测项目及要求

项　目	基准周期	基本要求	说　明
红外热像精确检测	(1) 330kV 及以上：半年。 (2) 220kV 及以下：1 年	温度无异常	DL/T 393—2021 的 4.8.6

表 2-10-2-39　　　　　　　　电子式电流互感器诊断性带电检测项目及要求

项　目	基　本　要　求	说　明
气体试验（充气）	见 DL/T 393—2021 的表 196（适宜带电检测的项目）	DL/T 393—2021 的第 13 章
局部放电带电检测	不应检测到放电性缺陷	DL/T 393—2021 的 6.7.3.2

（四）停电试验

项目及要求见表 2-10-2-40 和表 2-10-2-41。其中，外绝缘部分见 DL/T 393—2021 的 10.3。

九、电磁式电压互感器

（一）说明

包括油浸式绝缘（以下简称"油浸式"）、气体绝缘（以下简称"充气"）及干式绝缘等类型。凡试验项目后附注绝缘类型的，仅该类型适用。

（二）巡检

项目及要求见表 2-10-2-42。其中，外绝缘部分见 DL/T 393—2021 的 10.1。

（三）带电检测

项目及要求见表 2-10-2-43 和表 2-10-2-44。其中，若表 2-10-2-44 中绝缘油式验及气体试验不适宜带电检测，应将其作为停电试验的一部分。

表 2-10-2-40　　　　　　　　　　电子式电流互感器例行试验项目及要求

项 目	基准周期	基 本 要 求	说 明
一次统组绝缘电阻测量		（1）一次绕组对地：≥3000MΩ（注意值）。 （2）一次绕组间（如有）：≥100MΩ（注意值）	采用 5000V 绝缘电阻表测量一次绕组对地绝缘电阻；如有两个一次绕组，采用 1000V 绝缘电阻表测量两个一次绕组之间的绝缘电阻。其他应按照 DL/T 393—2021 的 4.8.1 及 DL/T 474.1 的要求执行
光纤绝缘子直流泄漏电流测量		初值差≤20% 或符合设备技术要求	排查光纤绝缘子绝缘缺陷时适用。 采用可调压直流电源，施加于光纤绝缘子的两端，平稳升压，直至电压达到 40kV（低电压等级可降低测量电压），持续 5min，记录此时的泄漏电流，期间，泄漏电流不应随时间呈现增加态势。测量前，应屏蔽高压引线电晕电流及光纤绝缘子外护套绝缘表面漏电流
电子设备检测	3 年	符合设备技术要求	电子设备检测内容及要求如下： （1）基本状态检查：启动正常，指示灯/屏（如有）显示正常。 （2）通信光纤检测：见 DL/T 393—2021 的 4.8.13。 （3）激光供能模块检测（如有）：见 DL/T 393—2021 的 4.8.14。 （4）告警信息检查：调阅告警信息，如有，应逐一查明并消除告警原因
电流比校核		符合设备技术要求	有下列情形之一适用： （1）二次电流检查发现异常。 （2）对一次转换器进行了维修或更换。 （3）出现了可能影响电流比的其他情形。 在 5%～100% 额定电流范围内选择任一幅值的标准工频电流，从一次侧注入，测量各二次侧输出，以此校核电流比。用于计费计量时，应同时校核相位差。其他应按照 GB/T 22071.1 的要求执行
气体试验（充气）	3 年或自定	见 DL/T 393—2021 的表 196	DL/T 393—2021 的第 13 章

表 2-10-2-41　　　　　　　　　　电子式电流互感器诊断性试验项目及要求

项 目	基 本 要 求	说 明
二次绕组绝缘电阻测量（有源）	≥100MΩ（注意值）；或同比及互比无明显偏低	需排查二次绕组缺陷时适用。 采用 250V 绝缘电阻表测量二次绕组之间及二次绕组对屏蔽壳的绝缘电阻。测量时，被测绕组短路，非测量绕组与屏蔽壳连接。其他应按照 DL/T 393—2021 的 4.8.1 及 DL/T 474.1 的要求执行
绕组电阻测量	（1）一次：同比及互比无明显偏大。 （2）二次（有源）：|初值差|≤2%（警示值）	需排查绕组缺陷时适用。 分别测量一次绕组和二次绕组（有源）电阻。其中，一次绕组电阻的测量见 DL/T 393—2021 的 4.8.3；二次绕组电阻的测量见 DL/T 393—2021 的 4.8.2，如有多个二次绕组，应逐一测量
交流耐压试验	（1）一次：出厂耐压值的 80%，过程无异常。 （2）二次（有源）：2kV，过程无异常	DL/T 393—2021 的 6.7.4.9
局部放电试验	$1.2U_m/\sqrt{3}$ 下放电量： （1）气体绝缘：≤20pC（注意值）。 （2）干式绝缘：≤50pC（注意值）	DL/T 393—2021 的 6.7.4.10

表 2－10－2－42 电磁式电压互感器巡检项目及要求

项 目	基 准 周 期	基本要求	说 明
外观检查	（1）220kV：1 个月；（2）110kV/66kV：3 个月	外观无异常	外观检查的内容和要求如下： （1）基础无位移、沉降等异常，底座、支架无变形。 （2）设备标识、接地标识、相序标识等齐全、清晰。 （3）出线连接牢固，无移位、断股及过热变色。 （4）屏蔽罩等金属件外观无异常，无明显锈蚀。 （5）无渗漏油痕迹（油浸式）。 （6）二次接线盒关闭紧密，线缆进出口密封良好。 （7）无异常声响及振动
红外热像一般检测		温度无异常	DL/T 393—2021 的 4.8.6
油位检查（油浸式）		在正常范围	DL/T 393—2021 的 6.7.2.3
气体密度表检查（充气）		在正常范围	DL/T 393—2021 的 6.7.2.4
独立式合并单元检查（如有）		无异常	DL/T 393—2021 的 6.7.2.5
二次电压检查	3 个月	二次电压无异常	通过线上巡检的方式调阅二次电压，同一台电压互感器的冗余输出应保持一致，且测量值在合理范围
在线监测信息调阅（如有）	同上及告警时	无异常	DL/T 393—2021 的 4.5.2

表 2－10－2－43 电磁式电压互感器例行带电检测项目及要求

项 目	基 准 周 期	基 本 要 求	说 明
红外热像精确检测	1 年	温度无异常	DL/T 393—2021 的 4.8.6

表 2－10－2－44 电磁式电压互感器诊断性带电检测项目及要求

项 目	基 本 要 求	说 明
绝缘油试验（油浸式）	见 DL/T 393—2021 的表 191	DL/T 393—2021 的第 12 章
气体试验（充气）	见 DL/T 393—2021 的表 196（适宜带电检测的项目）	DL/T 393—2021 的第 13 章
局部放电带电检测	不应检测到放电性缺陷	DL/T 393—2021 的 6.7.3.2

（四）停电试验

项目及要求见表 2－10－2－45 和表 2－10－2－46，其中，外绝缘部分见 DL/T 393—2021 的 10.3。

表 2－10－2－45 电磁式电压互感器例行试验项目及要求

项 目	基准周期	基本要求	说 明
绕组绝缘电阻测量	3 年	（1）一次：≥3000MΩ（注意值）。 （2）二次：≥100MΩ（注意值）。 （3）同比及互比无明显偏低	一次绕组采用 2500V 绝缘电阻表进行测量（如可测），二次绕组采用 1000V 绝缘电阻表进行测量。测量时，被测绕组短路，非被测绕组开路接地。其他应按照 DL/T 393—2021 的 4.8.1 及 DL/T 474.1 的要求执行
介质损耗因数测量（油浸式）		（1）主绝缘（串级式）：≤0.02（注意值）；主绝缘（非串级式）：≤0.005（注意值）。 （2）支架绝缘：≤0.05（注意值）	可以采用常规法，或末端屏蔽法。采用常规法时，一次绕组短路后施加测量电压，全部二次绕组短路后连接在一起接入测量端进行测量；采用末端屏蔽法时，一次绕组首端施加测量电压，末端接入屏蔽，全部二次绕组末端连接在一起接入测量端进行测量。其他应按照 DL/T 393—2021 的 4.8.4 及 DL/T 474.3 的要求执行
独立式合并单元检测（如有）		符合设备技术要求	独立式合并单元检测内容及要求如下： （1）基本状态检查：启动正常，指示灯/屏（如有）显示正常。 （2）通信光纤检测：见 DL/T 393—2021 的 4.8.13。 （3）告警信息检查：调阅告警信息列表，如有，应逐一查明并消除告警原因。 （4）电压比校核：见 DL/T 393—2021 的 6.9.4.6

续表

项 目	基准周期	基本要求	说 明
绝缘油试验（油浸式）	3 年或自定	见 DL/T 393—2021 的表 191	DL/T 393—2021 的第 12 章
气体检测（充气）		见 DL/T 393—2021 的表 196	DL/T 393—2021 的第 13 章

表 2-10-2-46　　　　　　　电磁式电压互感器诊断性试验项目及要求

项 目	基 本 要 求	说 明
绕组电阻测量	|初值差|≤2%（警示值）	排查绕组缺陷时适用。 分别测量一次绕组和二次绕组的电阻，其他见 DL/T 393—2021 的 4.8.2
电压比校核	符合设备技术要求	有下列情形之一适用： （1）二次电压检查发现异常。 （2）对绕组进行了维修或更换，或进行了交流耐压或局部放电试验。 （3）对独立式合并单元进行了维修或更换。 （4）出现了可能影响电压比的其他情形。 在 50%～100% 额定电压范围内选择任一幅值的标准工频电压，施加于一次侧，测量各二次侧输出，如有独立式合并单元，应以合并单元输出为最终的二次侧输出，以此校核电压比。用于计费计量时，应同时校核相位差。其他应按照 GB/T 22071.1 的要求执行
交流耐压试验	（1）一次：出厂耐压值的 80%，过程无异常。 （2）二次：2kV，过程无异常	需要直接确认绝缘强度时适用。 采用感应耐压方式，耐压幅值为出厂试验值的 80%，如受二次绕组额定热极限限制，则按实际能够达到的电压值执行，其他见 DL/T 393—2021 的 4.8.11；二次绕组之间、二次绕组对地的试验电压为 2kV，耐压时间为 60s，可用 2500V 绝缘电阻表代替
局部放电试验	$1.2U_m/\sqrt{3}$ 下放电量： （1）油浸式/充气：≤20pC（注意值）。 （2）干式绝缘：≤50pC（注意值）	排查放电性缺陷时适用。 如有条件，与交流耐压一并进行。其他应按照 DL/T 417 的要求执行
空载电流和励磁特性检测	（1）符合设备技术要求。 （2）同比无明显变化	解体维修、交流耐压及局部放电试验之后，或继电保护等有要求时适用。 试验电压应为 50Hz 正弦波，可施加于一次绕组或二次绕组，具体要求如下： （1）对于全绝缘结构，测量 $0.2U_r$、$0.5U_r$、$0.8U_r$、$1.0U_r$、$1.2U_r$ 下的空载电流；安装于中性点有效接地系统，增加 $1.5U_m/\sqrt{3}$ 测点；安装于中性点非有效接地系统的半绝缘结构，增加 $1.9U_m/\sqrt{3}$ 测点。其中，$1.0U_r$ 及以上测点的测量时间不应超过 10s。 （2）励磁特性应符合设备技术要求，各测点的空载电流与初值相应无明显变化（在 10% 以内）。如测量结果不满足上述要求，在排除缺陷之前不宜投运

十、电容式电压互感器

（一）说明

包括油浸式绝缘（以下简称"油浸式"）和气体绝缘（以下简称"充气"）两类。凡试验项目后附注绝缘类型的，仅该类型适用。

（二）巡检

项目及要求见表 2-10-2-47。其中，外绝缘部分见 DL/T 393—2021 的 10.1。

表 2-10-2-47　　　　　　　电容式电压互感器巡检项目及要求

项 目	基 准 周 期	基本要求	说 明
外观检查		外观无异常	DL/T 393—2021 的 6.9.2.2
红外热像一般检测		温度无异常	DL/T 393—2021 的 4.8.6
油位检查（油浸式）	（1）330kV 及以上：2 周。	在正常范围	DL/T 393—2021 的 6.7.2.3
气体密度表检查（充气）	（2）220kV：1 个月。 （3）110kV/66kV：3 个月	在正常范围	DL/T 393—2021 的 6.7.2.4
独立式合并单元检查（如有）		无异常	DL/T 393—2021 的 6.7.2.5
二次电压检查	3 个月	无异常	DL/T 393—2021 的 6.9.2.3
在线监测信息调阅（如有）	同上及告警时	无异常	DL/T 393—2021 的 4.5.2

（三）带电检测

项目及要求见表 2-10-2-48 和表 2-10-2-49。若表 2-10-2-49 中绝缘油试验及气体试验不适宜在带电状态下进行，可将其作为停电试验的一部分。

（四）停电试验

项目及要求见表 2-10-2-50 和表 2-10-2-51。

其中，外绝缘部分见 DL/T 393—2021 的 10.3。

十一、电子式电压互感器

（一）巡检

项目及要求见表 2-10-2-52。其中，外绝缘部分见 DL/T 393—2021 的 10.1。

表 2-10-2-48　电容式电压互感器例行带电检测项目及要求

项　目	基　准　周　期	基　本　要　求	说　　明
红外热像精确检测	（1）330kV 及以上：半年。 （2）220kV 及以下：1 年	温度无异常	DL/T 393—2021 的 4.8.6

表 2-10-2-49　电容式电压互感器诊断性带电检测项目及要求

项　目	基　本　要　求	说　　明
绝缘油试验（油浸式）	见 DL/T 393—2021 的表 191	DL/T 393—2021 的第 12 章
气体试验（充气）	见 DL/T 393—2021 的表 196（适宜带电检测的项目）	DL/T 393—2021 的第 13 章
局部放电带电检测	不应检测到放电性缺陷	DL/T 393—2021 的 6.7.3.2

表 2-10-2-50　电容式电压互感器例行试验项目及要求

项　目	基准周期	基　本　要　求	说　　明
δ 端子对地绝缘电阻测量	3 年	≥1000MΩ（注意值）	采用 1000V 绝缘电阻表进行测量。其中，二次绕组绝缘电阻包括二次绕组之间和二次绕组对地的绝缘电阻。若因产品结构原因不便测量可不测量。其他应按照 DL/T 393—2021 的 4.8.1 及 DL/T 474.3 的要求执行
二次绕组绝缘电阻测量		（1）≥100MΩ（注意值）。 （2）同比及环比无明显偏低	
分压电容器试验（可测时）		（1）电容量|初值差|≤2%（警示值）。 （2）介损（20℃，注意值）： 1）油纸绝缘：≤0.005。 2）膜纸复合：≤0.0025。 （3）极间绝缘：≥5000MΩ（注意值）	采用 5000V 绝缘电阻表测量分压电容器极间绝缘电阻；采用介质损耗测试仪测量分压电容器的电容量及介损。多节串联时应分节独立测量。其他应按照 DL/T 393—2021 的 4.8.4 及 DL/T 474.3 的要求执行
独立式合并单元检测（如有）		符合设备技术要求	DL/T 393—2021 的 6.9.4.4
气体试验（充气）	3 年或自定	见 DL/T 393—2021 的表 196	DL/T 393—2021 的第 13 章

表 2-10-2-51　电容式电压互感器诊断性试验项目及要求

项　目	基　本　要　求	说　　明
绝缘油试验（油浸式）	见 DL/T 393—2021 的表 191	DL/T 393—2021 的第 12 章
二次绕组电阻测量	|初值差|≤2%（警示值）	二次电压异常，或受家族缺陷警示，需排查二次绕组缺陷时适用。采用电桥或直流电阻测试仪进行测量，测量电流不宜超过 1A。若因产品结构原因不便测量可不测量。其他见 DL/T 393—2021 的 4.8.2
交流耐压及局部放电试验	（1）出厂耐压值的 80%，过程无异常。 （2）1.2U_m/$\sqrt{3}$ 下放电量≤10pC（注意值）	需直接确认主绝缘强度时适用。可采用谐振耐压方式，试验前 δ 端子接地（如有）。试验电压为出厂试验值的 80%，耐压时间为 60s，其他应按照 DL/T 393—2021 的 4.8.11 及 GB/T 20840.5 的要求执行。如有条件，宜一并检测局部放电
电磁单元感应耐压试验	出厂耐压值的 80%，过程无异常	需直接确认电磁单元绝缘强度时适用。试验前先将电磁单元与电容分压器拆开，若因产品结构原因在现场无法拆开，可不进行本项试验。试验电压为出厂试验值的 80%，耐压时间为 60s，如有跨接载波附件的保护间隙应短接。其他应按照 DL/T 393—2021 的 4.8.11 及 GB/T 20840.5 的要求执行

续表

项　目	基　本　要　求	说　　明
阻尼装置检查	符合设备技术要求	二次电压异常，或受家族缺陷警示，或电磁单元进行了解体维修后适用。检测阻尼装置各元件（电感、电容及电阻）的参数值，同比及互比应无明显变化。必要时，测量阻尼回路电流，应符合设备技术要求
电压比校核	符合设备技术要求	有下列情形之一适用： （1）二次电压检查发现异常。 （2）对分压电容器或电磁单元进行了维修或更换，或进行了交流耐压或局部放电试验。 （3）对独立式合并单元进行维修或更换。 （4）出现了可能影响电压比的其他情形。 在50%～100%额定电压范围内选择任一幅值的标准工频电压，施加于一次侧，测量各二次侧输出，如有独立式合并单元，应以合并单元输出为最终的二次侧输出，以此校核电压比。用于计费计量时，应同时校核相位差。其他应按照GB/T 22071.1的要求执行

表2-10-2-52　　　　　　　　　　　　　电子式电压互感器巡检项目及要求

项　目	基准周期	基本要求	说　　明
外观检查	（1）330kV及以上：2周。 （2）220kV：1个月。 （3）110kV/66kV：3个月	外观无异常	DL/T 393—2021的6.9.2.2
红外热像一般检测		温度无异常	DL/T 393—2021的4.8.6
气体密度表检查（充气）		在正常范围	DL/T 393—2021的6.7.2.4
电子设备检查		无异常	DL/T 393—2021的6.8.2.3
二次电压检查		无异常	DL/T 393—2021的6.9.2.3
在线监测信息调阅（如有）	同上及告警时	无异常	DL/T 393—2021的4.5.2

（二）带电检测

项目及要求见表2-10-2-53和表2-10-2-54。若绝缘油试验及气体试验不适宜带电状态下进行，可将其作为停电试验的一部分。

（三）停电试验

项目及要求见表2-10-2-55和表2-10-2-56。其中，外绝缘部分见DL/T 393—2021的10.3。

表2-10-2-53　　　　　　　　　　　　电子式电压互感器例行带电检测项目及要求

项　目	基　准　周　期	基本要求	说　　明
红外热像精确检测	（1）330kV及以上：半年。 （2）220kV及以下：1年	温度无异常	DL/T 393—2021的4.8.6

表2-10-2-54　　　　　　　　　　　　电子式电压互感器诊断性带电检测项目及要求

项　目	基　本　要　求	说　　明
气体试验（充气）	见DL/T 393—2021的表196（适宜带电检测的项目）	DL/T 393—2021的第13章
局部放电带电检测	不应检测到放电性缺陷	DL/T 393—2021的6.7.3.2

表2-10-2-55　　　　　　　　　　　　　电子式电压互感器例行试验项目及要求

项　目	基准周期	基　本　要　求	说　　明
分压电容器试验 （电容分压，或阻容分压可测时）	3年	（1）电容量|初值差|≤2%（警示值）。 （2）介损（20℃，注意值）： 1）油纸绝缘：≤0.005。 2）膜纸复合：≤0.0025。 （3）极间绝缘：≥5000MΩ（注意值）	采用5000V绝缘电阻表测量分压电容器极间绝缘电阻。采用介质损耗测试仪测量分压电容器的电容量及介损。多节串联时应分节独立测量。其他应按照DL/T 393—2021的4.8.4及DL/T 474.3的要求执行
电子设备检测（如有）		符合设备技术要求	DL/T 393—2021的6.8.4.3
气体试验（充气）	3年或自定	见DL/T 393—2021的表196	DL/T 393—2021的第13章

表 2 - 10 - 2 - 56　　　　　　　　**电子式电压互感器诊断性试验项目及要求**

项　目	基　本　要　求	说　明
交流耐压及局部放电试验	（1）出厂耐压值的 80％，过程无异常。 （2）$1.2U_m/\sqrt{3}$ 下放电量：≤10pC（注意值）	DL/T 393—2021 的 6.10.4.5
电压比校核	符合设备技术要求	有下列情形之一适用： （1）二次电压检查发现异常。 （2）对分压器进行了维修或更换，或进行了交流耐压或局部放电试验。 （3）对一次转换器进行维修或更换。 （4）出现了可能影响电压比的其他情形。 在 50％～100％ 额定电压范围内选择任一幅值的标准工频电压，施加于一次侧，测量各二次侧输出，校核电压比。用于计费计量时，应同时校核相位差。其他应按照 GB/T 22071.1 的要求执行

十二、高压套管

（一）说明

包括油纸绝缘（以下简称"油纸"）、气体绝缘（以下简称"充气"）、油纸与气体混合绝缘（以下简称"油气"）、树脂浸纸绝缘（以下简称"干式"）及聚四氟乙烯缠绕绝缘等类型。凡项目后附注类型的，仅该类型适用；附注"电容型"，仅电容型绝缘结构适用。

（二）巡检

项目及要求见表 2 - 10 - 2 - 57。其中，瓷套及外绝缘部分见 DL/T 393—2021 的 10.1。

（三）带电检测

项目及要求见表 2 - 10 - 2 - 58 和表 2 - 10 - 2 - 59。若表 2 - 10 - 2 - 59 中的气体试验不适宜带电状态下进行，可将其作为停电试验的一部分。

（四）停电试验

项目及要求见表 2 - 10 - 2 - 60 和表 2 - 10 - 2 - 61。其中，瓷套部分见 DL/T 393—2021 的 10.3。

表 2 - 10 - 2 - 57　　　　　　　　**高压套管巡检项目及要求**

项　目	基准周期	基本要求	说　明
外观检查	（1）330kV 及以上：2 周。 （2）220kV：1 个月。 （3）110kV/66kV：3 个月	外观无异常	外观检查的内容和要求如下： （1）设备标识、相序标识等齐全、清晰。 （2）出线连接牢固，无移位、断股及过热变色。 （3）末屏及接地线连接正常（如可观测）。 （4）法兰、屏蔽罩等金属件无明显锈蚀。 （5）无渗漏油或渗漏痕迹（油纸型）；无填充物溢出。 （6）无异常声响
红外热像一般检测		温度无异常	DL/T 393—2021 的 4.8.6
油位检查（油纸）		在正常范围	DL/T 393—2021 的 6.7.2.3
气体密度表检查（充气）		在正常范围	DL/T 393—2021 的 6.7.2.4
在线监测信息调阅（如有）	同上及告警时	无异常	DL/T 393—2021 的 4.5.2

表 2 - 10 - 2 - 58　　　　　　　　**高压套管例行带电检测项目及要求**

项　目	基准周期	基　本　要　求	说　明
红外热像精确检测	（1）330kV 及以上：半年。 （2）220kV 及以下：1 年	温度无异常	DL/T 393—2021 的 4.8.6
相对介损检测（具备条件时，电容型适用）	（1）330kV 及以上：1 年。 （2）220kV：2 年	（1）｜相对介损｜≤0.003（注意值）。 （2）电容｜初值差｜≤3％（注意值）	宜选择同母线下同相的电容型设备为参考设备，优先选择同型设备，之后保持不变。测量时，连续采集多组数据，以均值作为测量值。其中，电容｜初值差｜≈｜$(k-k_0)$｜/ k_0×100％，式中 k_0 及 k 分别表示被测设备及参考设备电容电流基波首次测量值的比值及当前测量值的比值。测量及分析时注意空气湿度的影响

表 2 - 10 - 2 - 59 高压套管诊断性带电检测项目及要求

项 目	基 本 要 求	说 明
气体试验（充气/油气）	见 DL/T 393—2021 的表 196（适宜带电检测的项目）	DL/T 393—2021 的第 13 章
穿墙套管局部放电带电检测	不应检测到放电性缺陷	排查放电性缺陷时适用。 采用高频脉冲电流法或其他适宜方法进行检测。怀疑有放电性缺陷且适宜带电取样时，宜结合 SF₆ 气体分解物检测（充气及油气混合），或油中溶解气体（油纸或油气混合）一并进行分析。如两种检测方法持续提示存在放电性缺陷，应密切跟踪分析，必要时安排停电检修

表 2 - 10 - 2 - 60 高压套管例行试验项目及要求

项 目	基准周期	基 本 要 求	说 明
绝缘电阻测量	3 年	(1) 主绝缘：≥10 000MΩ（注意值） (2) 末屏对地：≥100MΩ（注意值）	主绝缘采用 5000V 绝缘电阻表进行测量，末屏对地绝缘电阻（如可测）采用 1000V 绝缘电阻表进行测量。其他应按照 DL/T 393—2021 的 4.8.1 及 DL/T 474.1 的要求执行
电容量和介损测量（电容型）	3 年	(1) 电容量（警示值）： 1) 220kV 及以上：｜初值差｜≤3%。 2) 110kV/66kV：｜初值差｜≤5%。 (2) 介损（20℃，注意值）聚四氟乙烯缠绕≤0.005；其他绝缘如下： <table><tr><td>电压等级</td><td>介 损</td></tr><tr><td>750kV</td><td>≤0.005</td></tr><tr><td>500kV</td><td>≤0.006</td></tr><tr><td>330kV/220kV</td><td>≤0.007</td></tr><tr><td>110kV 及以下</td><td>≤0.008</td></tr></table>	采用介质损耗测试仪进行测量。对于变压器套管，测量时，被测套管所属绕组短路加压，其他绕组短路接地。若不便断开高压出线且测量仪器负载能力不足，则试验电压可加在套管末屏的试验端子（如有），套管高压出线端通过引线接入测量系统，此时，试验电压应在末屏许可值以下（通常为 2000V）。环氧树脂浸纸套管介损受温度影响较大，宜尽可能在接近 20℃ 的环境下进行测量，分析时应考虑温度的影响。其他应按照 DL/T 393—2021 的 4.8.4 及 DL/T 474.3 的要求执行
气体试验（充气/油气）	3 年或自定	见 DL/T 393—2021 的表 196	DL/T 393—2021 的第 13 章

表 2 - 10 - 2 - 61 高压套管诊断性试验项目及要求

项 目	基 本 要 求	说 明
绝缘油试验（油纸/油气混合）	见 DL/T 393—2021 的表 192	DL/T 393—2021 的第 12 章
末屏介损检测（如可测）	≤0.015（注意值）	DL/T 393—2021 的 6.7.4.4
频域介电谱检测（电容型）	(1) 与原始指纹比无明显向上偏移，介损最小值无明显增大。 (2) 含水量符合设备技术要求	排查电容型套管绝缘受潮或老化缺陷时适用。 采用频域介电谱检测仪进行检测。检测仪输出电压施加于套管出线，末屏接地线接入电流测量端，保护线用于屏蔽测量回路的套管表面泄漏电流。其他见 DL/T 393—2021 的 4.8.5
高电压介损检测（电容型）	(1) 随电压变化在 ±0.0015 内（注意值）。 (2) 在额定电压下介损不超过注意值（DL/T 393—2021 的表 60）	排查主绝缘缺陷时适用。 采用电桥法或其他适宜方法进行测量。测试电压应尽可能接近理想正弦波，频率为 50Hz，幅值从 10kV 逐渐升至额定电压，对于未拆卸的变压器或电抗器套管，最大测试电压以中性点套管绝缘水平为限。升压期间，测量主绝缘介损，获取介损随电压的变化曲线。如果测试电压为其他频率，后续测量也应在该频率下进行，以便比较。其他应按照 DL/T 1154 的要求执行
交流耐压及局部放电试验	(1) 交流耐压：出厂试验值的 80%，时间 60s。 (2) 1.05Uₘ/√3 下放电量：≤10pC（注意值）	直接确认绝缘强度、排查放电性缺陷时适用。 变压器或电抗器套管需拆下并安装在专门的油箱中进行。如同时进行局部放电检测，耐压完成后，将试验电压迅速降至 1.05Uₘ/√3，记录该电压下的放电量。其他应按照 DL/T 393—2021 的 4.8.11 及 DL/T 417 的要求执行

十三、金属氧化物避雷器

(一) 巡检

项目及要求见表 2-10-2-62。其中，瓷套及外绝缘部分见 DL/T 393—2021 的 10.1。

(二) 带电检测

项目及要求见表 2-10-2-63。

表 2-10-2-62 金属氧化锌避雷器巡检项目及要求

项　目	基准周期	基本要求	说　明
外观检查	（1）330kV 及以上：2 周。 （2）220kV：1 个月。 （3）110kV/66kV：3 个月	外观无异常	外观检查的内容和要求如下： （1）基础无位移、沉降等异常，底座、支架无变形。 （2）设备标识、接地标识、相序标识等齐全、清晰。 （3）法兰、屏蔽罩等金属件无明显锈蚀。 （4）出线、接地线连接牢固，无位移、断股，无过热变色。 （5）无异常声响
红外热像一般检测		温度无异常	DL/T 393—2021 的 4.8.6
持续电流表检查（如有）		无异常	持续电流表应无锈蚀或进水，指示清晰、稳定，数据合理；相近工况下，持续电流同比及互比应无明显增大。分析时注意系统电压及环境湿度等因素影响。如运行中持续电流无合理原因异常增大，宜跟踪分析
放电计数器检查		记录计数器示数	放电计数器外观无异常。记录放电计器示数
在线监测信息调阅（如有）	同上及告警时	无异常	DL/T 393—2021 的 4.5.2

表 2-10-2-63 金属氧化物避雷器例行带电检测项目

项　目	基准周期	基本要求	说　明
红外热像精确检测	（1）330kV 及以上：半年。 （2）220kV 及以下：1 年	温度无异常	DL/T 393—2021 的 4.8.6
阻性电流测量	1 年（宜雷雨季前）	同比及互比无明显偏大	采用避雷器阻性电流测试仪进行测量，宜选择同母线、同相别电压互感器提供参考相位。测量时钳口应完全闭合，尽量让接地线垂直穿过钳口平面，使测量值保持稳定。要求测量值同比、互比无明显偏大，否则应跟踪分析。分析时应注意外绝缘表面泄漏电流对测量电流的影响

(三) 停电试验

项目及要求见表 2-10-2-64 和表 2-10-2-65。其中，瓷套及外绝缘部分见 DL/T 393—2021 的 10.3。

220kV 及以下，如开展了阻性电流带电检测或在线监测，且数据正常，则可仅进行底座绝缘电阻测量和放电计数器功能检测。

表 2-10-2-64 金属氧化物避雷器例行试验项目及要求

项　目	基准周期	基本要求	说　明
底座绝缘电阻测量	3 年	≥100MΩ（注意值）	采用 2500V 绝缘电阻表进行测量。其他 DL/T 393—2021 的 4.8.1
放电计数器功能检测		动作正常	采用放电计数器检测仪进行检测，要求计数功能正常，远传正常（如有）。其他应按照 DL/T 474.5 的要求执行
直流参考电压测量		（1）｜初值差｜≤5%（注意值）。 （2）多支并联时｜互差｜≤2%（注意值）	如开展了阻性电流带电检测，则 220kV 及以下可不进行本项测量。对于单相多节串联结构，应逐节进行。采用可调直流电源，施加于单节避雷器的两端，平稳升压，直至漏电流达到直流参考电流，此时，避雷器两端电压即为直流参考电压。如直流参考电压与极性有关，取低值。然后将电压降至 0.75 倍直流参考电压的初值，测量流过避雷器的漏电流。如果漏电流与极性有关，取高值。测量前，应屏蔽高压引线的电晕电流及外护套绝缘表面的漏电流。如测量结果不符合要求，宜更换。
0.75 倍直流参考电压下漏电流测量		（1）≤50μA 或初值≤30%（注意值）。 （2）同比及互比无明显偏大	上述试验中，直流参考电流宜与出厂试验时一致，通常为 1～5mA，后续测量应在同一直流参考电流下进行，并在测量结果中注明

表 2-10-2-65　　　　　　　　金属氧化物避雷器诊断性试验项目及要求

项　目	基　本　求	说　明
均压电容器电容量测量 （如有）	（1）|初值差|≤3%（注意值）。 （2）符合设备技术要求	排查均压电容器缺陷时适用。 单相多节串联结构，应逐节进行，其他见 DL/T 393—2021 的 4.8.9

十四、耦合电容器

（一）巡检

项目及要求见表 2-10-2-66。其中，瓷套及外绝缘部分见 DL/T 393—2021 的 10.1。

（二）带电检测

项目及要求见表 2-10-2-67。

（三）停电试验

项目及要求见表 2-10-2-68 和 2-10-2-69，其中，瓷套及外绝缘部分见 DL/T 393—2021 的 10.3。

表 2-10-2-66　　　　　　　　耦合电容器巡检项目及要求

项　目	基　准　周　期	基本要求	说　明
外观检查	（1）330kV 及以上：2 周。 （2）220kV：1 个月。 （3）110kV/66kV：3 个月	外观无异常	DL/T 393—2021 的 6.7.2.2
红外热像一般检测		温度无异常	DL/T 393—2021 的 4.8.6
在线监测信息调阅（如有）	同上及告警时	无异常	DL/T 393—2021 的 4.5.2

表 2-10-2-67　　　　　　　　耦合电容器例行带电检测项目及要求

项　目	基准周期	基本要求	说　明
红外热像精确检测	（1）330kV 及以上：半年。 （2）220kV 及以下：1 年	温度无异常	DL/T 393—2021 的 4.8.6

表 2-10-2-68　　　　　　　　耦合电容器例行试验项目及要求

项　目	基准周期	基　本　要　求	说　明
绝缘电阻测量	3 年	（1）电容器极间：≥5000MΩ（注意值）。 （2）低压端：≥100MΩ（注意值）	采用 5000V 绝缘电阻表测量极间绝缘电阻；采用 1000V 绝缘电阻表测量低压端对地绝缘电阻。多节串联时应分节测量。其他应按照 DL/T 393—2021 的 4.8.1 及 DL/T 474.1 的要求执行
介损及电容量测量		（1）电容量|初值差|≤2%（警示值）。 （2）介损： 1）油纸绝缘：≤0.005（注意值）。 2）膜纸复合：≤0.025（注意值）	DL/T 393—2021 的 4.8.4

表 2-10-2-69　　　　　　　　耦合电容器诊断性试验项目及要求

项　目	基　本　要　求	说　明
交流耐压试验	试验电压为 80% 出厂耐压值，时间为 60s，过程无异常	DL/T 393—2021 的 4.8.11
局部放电试验	$1.1U_m\sqrt{3}$ 下：≤10pC	

十五、组合电器及气体绝缘线路

（一）巡检

项目及要求见表 2-10-2-70。

（二）带电检测

项目及要求见表 2-10-2-71 和表 2-10-2-72。

（三）停电试验

项目及要求见表 2-10-2-73 和表 2-10-2-74。

表 2-10-2-70　　　　　　　　组合电器及气体绝缘线路巡检项目及要求

项　目	基准周期	基本要求	说　明
外观检查	（1）330kV 及以上：2 周。 （2）220kV：1 个月。 （3）110kV/66kV：3 个月	外观无异常	外观检查的内容和要求如下： （1）基础无位移、沉降等异常。 （2）设备标识、接地标识、相序标识等齐全、清晰。 （3）出线及连接件无移位、断股及烧蚀等异常；接地线连接正常。 （4）金属外壳无锈蚀，伸缩节的伸缩量（同时记录环境温度）符合设备技术要求。 （5）压力释放装置无破损、变形。 （6）无异常声响和振动

项　目	基准周期	基本要求	说　明
红外热像一般检测	（1）330kV 及以上：2 周。 （2）220kV：1 个月。 （3）110kV/66kV：3 个月	温度无异常	DL/T 393—2021 的 4.8.6
气体密度表检查		示值在正常范围	DL/T 393—2021 的 6.4.1.3
智能控制柜/汇控柜检查		无异常	DL/T 393—2021 的 6.4.1.4
断路器操动机构检查		分合位置、储能状态等正常	DL/T 393—2021 的 6.4.1.5
电流互感器二次电流检查	（1）无源：同上。 （2）其他：半年	无异常	DL/T 393—2021 的 6.7.2.6
电压互感器二次电压检查		无异常	DL/T 393—2021 的 6.9.2.3
运行监控信息调阅	同上及告警时	（1）记录断路器开断故障电流情况。 （2）在线监测信息（如有）无异常	DL/T 393—2021 的 6.4.1.6

表 2－10－2－71　组合电器及气体绝缘线路例行带电检测项目及要求

项　目	基　准　周　期	基　本　要　求	说　明
红外热像精确检测	（1）330kV 及以上：半年。 （2）220kV 及以下：1 年	（1）温度无异常。 （2）同类间隔互比热点温度无异常	隔室壳体热点温度及等电位连接片温度无异常；同类隔室的热点温度及壳体不同部位的温差互比无明显差异。分析时注意负荷电流及日照的影响。其他见 DL/T 393—2021 的 4.8.6
气体试验	（1）330kV 及以上：1 年。 （2）220kV 及以下：2 年	见 DL/T 393—2021 的表 196（适宜带电检测的项目）	DL/T 393—2021 的第 13 章
局部放电带电检测	（1）330kV 及以上：半年。 （2）220kV：2 年。 （3）其他：自定	不应检测到放电性缺陷	可采用特高频法、超声波法或气体分解物法等进行测量。采用特高频法时，外置传感器应放置在盆式绝缘子外沿处，如有金属屏蔽且无预置的特高频信号引出时，可在浇注开口处进行检测，其他应按照 DL/T 1630 的要求执行；采用超声波法时，传感器通过耦合剂吸附在壳体上，有条件时宜多点布置，其他应按照 DL/T 1250 的要求执行；采用气体分解物法时应注意吸附剂的影响。实践中，各种方法可单独或联合应用。如仅用一种检测方法检测到了放电性缺陷，宜用另一种检测方法予以核实；如两种及以上检测方法持续检测到了放电性缺陷，应尽快安排检修

表 2－10－2－72　组合电器及气体绝缘线路诊断性带电检测项目及要求

项　目	基　本　要　求	说　明
断路器操动机构状态带电检测	各状态量同比及互比无明显差异	DL/T 393—2021 的 6.4.2.3
GIS/GIL 外壳振动检测	同比及互比无明显异常	壳体存在异常振动时适用。 采用振动测量仪进行测量。检测时，将振动传感器通过耦合剂固定在待检隔室的外壳上，必要时适当移动，以寻找振动最严重的点位，记录其振幅及频谱等。如振动具有间歇性，应选择在严重时段进行。如检测结果明显高于其他同类隔室，应找出原因

续表

项　目	基　本　要　求	说　　明
GIS/GIL 外壳超声探伤	焊缝和焊道无明显瑕疵	排查外壳及焊接缺陷时适用。 采用超声探伤仪进行探测，超声探伤仪应符合 JB/T 10061 的规定。耦合剂应具有良好的透声性和浸润性，可选用甘油、浓机油或糨糊等。探测方法应按照 NB/T 47013.3 的要求执行。如探测到缺陷，应根据缺陷部位及性质给出修复建议
X 射线照相检查	（1）隔离开关及接地开关分、合闸完全到位。 （2）外壳焊缝与焊道无明显瑕疵。 （3）无紧固件松动等结构性异常	需要确认外壳焊接状态及内部部件形态时适用。 采用 X 射线成像系统进行检查，检查前应根据被检设备大小、内部结构、外壳材料及厚度等确定合适的发射功率，并按照使用说明做好辐射防护。检查内容可包括：①隔离开关及接地开关分、合闸是否到位；②外壳焊缝与焊道是否存在明显瑕疵；③有无结构件变形、紧固螺栓松动、屏蔽罩及吸附剂罩移位等结构性缺陷。具体检查内容根据需要确定。其他应按照 DL/T 1785 的要求执行。如检查中发现缺陷，应根据缺陷部位及性质给出修复建议

表 2-10-2-73　　　　　　　　　　　组合电器及气体绝缘线路例行试验项目及要求

项　目	基准周期	基　本　要　求	说　　明
主回路对地绝缘电阻测量	3 年	≥5000MΩ（注意值）	采用 5000V 绝缘电阻表进行测量。其他应按照 DL/T 393—2021 的 4.8.1 及 DL/T 474.1 的要求执行。 如有异常，宜逐段测试。通过比较，在初步确定绝缘电阻异常下降的位置后，可结合气体湿度检测作进一步分析。必要时，打开异常部位，查找并排除异常原因
主回路电阻测量		（1）初值差≤20% 或符合制造厂要求。 （2）同比及互比无明显偏大	在合闸状态下进行测量。如接地开关导电杆与外壳绝缘，可临时解开接地连接，利用回路上两组接地开关的导电杆直接测量主回路电阻；如接地开关导电杆与外壳不能分开，可分别测量导体和外壳的并联电阻 R_0 和外壳电阻 R_1，然后通过公式 $R = R_0 R_1/(R_1 - R_0)$ 计算主回路电阻。若 GIS 母线较长、间隔较多，宜分段测量。其他应按照 DL/T 393—2021 的 4.8.3 及 DL/T 593 的要求执行。如测量结果不符合要求，应缩短测量回路以便定位并修复
气体试验		见 DL/T 393—2021 的表 196	DL/T 393—2021 的第 13 章
各部件例行停电试验	—	见各部件	具体包括如下，对其中不便开展例行停电试验的部件，可按 DL/T 393—2021 的 4.6.2 所述原则取较长周期。 （1）电流互感器、电压互感器、金属氧化物避雷器例行停电试验。 （2）断路器、隔离开关及接地开关等例行停电试验。 （3）快速接地开关分、合闸时间测量。 （4）断路器、隔离开关及接地开关之间联锁功能检查。 各部件试验项目及要求见本文件相关设备部分，如试验中出现异常或有不符合要求的项目，应查明并消除原因

表 2-10-2-74　　　　　　　　　　组合电器及气体绝缘线路诊断性试验项目及要求

项　目	基　本　要　求	说　　明
主回路交流耐压试验	出厂耐压值的 80%，过程无异常	需要直接确认绝缘强度时适用。 试验电压为出厂试验值的 80%，时间为 60s，试验方法应按照 DL/T 555 的要求执行。试验前，应将金属氧化物避雷器与主回路断开，电压互感器是否断开咨询制造厂意见。耐压结束后，恢复试验前断开的连接，并施加最高运行电压、持续 5min 进行老练试验。 耐压试验前宜安装击穿定位装置。如发生击穿，不论是否为自恢复放电，均应打开发生击穿的隔室进行检查，确认放电部位。有绝缘损伤或有闪络痕迹的绝缘部件应予以更换

项　目	基　本　要　求	说　　明
局部放电试验	不应检测到放电性缺陷（$1.2U_r/\sqrt{3}$ 下测量）	排查放电性缺陷时适用。 宜与主回路交流耐压试验一并进行。其中，局部放电检测仪应具有基频设置功能，测量时应根据实际谐振频率进行基频设定，其他应按照 DL/T 417 的要求执行。如检测到放电性缺陷，可采用特高频法、超声法和/或气体分解物法进行联合定位，必要时解体检查放电原因并修复
主回路雷电冲击耐压试验	出厂耐压值的 80％，过程无异常	有条件且需直接确认绝缘强度时适用。 优先采用非振荡波形，如条件达不到，也可采用振荡波形。正、负极性的雷电冲击耐压试验应分别考核，各极性按照下列程序加压： （1）在约 50％ 试验电压下进行试验回路调整，使电压波形满足试验要求。 （2）在 80％ 的试验电压下加压 1 次，进行试验设备的效率校准。 （3）在 100％ 试验电压下连续施加 3 次，各次之间的时间间隔不应少于 5min。 若雷电冲击耐压试验中发生击穿或试验电压出现闪变，宜应用行波法或气体分解物法等定位故障隔室，解体并确定故障原因，修复后重新进行各项试验
各部件诊断性试验	见各部件	—

十六、串联电容补偿装置

（一）巡检

项目及要求见表 2-10-2-75。其中，支柱绝缘子等外绝缘部分见 DL/T 393—2021 的 10.1。

（二）带电检测

项目及要求见表 2-10-2-76。

（三）停电试验

项目及要求见表 2-10-2-77 和表 2-10-2-78。其中，外绝缘部分见 DL/T 393—2021 的 10.3。

表 2-10-2-75　　　　　串联电容补偿装置巡检项目及要求

项　目	基准周期	基本要求	说　　明
外观检查	（1）330kV 及以上：2 周。 （2）220kV：1 个月	无异常	外观检查的内容和要求如下： （1）平台外观无异常，基础无沉降；设备区标识、相序标识等齐全、清晰。 （2）设备区入口锁闭，围栏完整、无破洞、无锈蚀，爬梯在平台下平放且上锁固定。 （3）设备区下方的地面上无油渍，无瓷片及金属碎片等异物。 （4）设备区各主要设备，包括旁路开关、隔离开关、串联电容器、限压器、阻尼装置、火花间隙及光纤柱等无可见异常，无附着物；设备区无异常声响
红外热像一般检测		温度无异常	DL/T 393—2021 的 4.8.6
保护小室检查		无异常	对保护小室进行如下检查： （1）空调工作模式、出风模式、温度等设置正确，小室内无积水。 （2）电源正常，机柜、机箱等外观无异常，进出线缆连接正常。 （3）保护及测控设备工作正常，就地指示灯、显示屏等显示正常，无告警信息
在线监测信息调阅（如有）	同上及报警时	无异常	DL/T 393—2021 的 4.5.2

表 2-10-2-76　　　　　串联电容补偿装置例行带电检测项目及要求

项　目	基准周期	基　本　要　求	说　　明
红外热像精确检测	（1）330kV 及以上：半年。 （2）220kV：1 年	限压器、电容器等各部件温度无异常	DL/T 393—2021 的 4.8.6

表 2 - 10 - 2 - 77　　　　　　　　　串联电容补偿装置例行试验项目及要求

部件	项目	基准周期	基本要求	说　明
平台检查	例行检查	3 年	无异常	例行检查内容及要求如下： （1）抽检平台各支撑件的紧固螺栓，如有松动，应按力矩要求紧固所有螺栓。 （2）检查各电气连接件是否牢固，必要时进行紧固处理。 （3）检查平台各支柱绝缘子，应无裂纹或破损，必要时进行探伤检查（见 DL/T 393—2021 的 10.3.5）。 （4）对平台出现锈蚀的地方进行防腐处理
	平台供电模块检测		符合设计要求	平台供电模块具体检测内容及要求如下： （1）激光供能模块：见 DL/T 393—2021 的 4.8.14。 （2）电流互感器供能模块：测量二次绕组对一次绕组的绝缘电阻（见 DL/T 393—2021 的 4.8.1），要求大于 100MΩ。测量二次绕组电阻（见 DL/T 393—2021 的 4.8.2），要求初值差的绝对值小于或等于 2%。 （3）采用上述两种方式联合供电的电源模块，检测两种供电模式的自动切换功能，应符合设计要求，且面板指示灯及 SOE 显示信息正确。 如检测结果不满足要求，应修复或更换
串联电容器单元	极对壳绝缘电阻测量	3 年	≥2000MΩ（注意值）	采用 2500V 绝缘电阻表逐台进行测量，其他见 DL/T 393—2021 的 4.8.1
	电容量测量		｜初值差｜≤3%（警示值）	采用数字电桥或专用测量仪器逐台进行测量。除按周期定期测量外，新投运半年至 1 年，或不平衡电流接近或达到允许上限时，也宜测量 1 次。其他见 DL/T 393—2021 的 4.8.9。如测量结果不符合要求，宜进行更换
限压器	限压器例行试验	3 年	见 DL/T 393—2021 的表 64	DL/T 393—2021 的 6.13.3
火花间隙	均压及并联电容器电容量测量	3 年	｜初值差｜≤3%（警示值）	采用数字电桥或其他适宜方法进行测量。测量前应断开均压电容器的接线，以及并联电容器（如有）与火花间隙触发箱的接线。测量结束后应原样恢复并确认连接可靠。如测量结果不符合要求，宜进行更换
	高压套管试验		见 DL/T 393—2021 的表 60	DL/T 393—2021 的 6.12.4
	限流电阻器电阻测量（如有）		｜初值差｜≤10%（注意值）	采用数字电桥或其他适宜方法进行测量，其他见 DL/T 393—2021 的 4.8.10。如测量结果不符合要求，应修复或更换
	触发控制系统功能检查		功能正常	强制触发型适用。其他应按照 DL/T 1295 的要求执行，检查内容及要求如下： （1）采用临时电源为触发控制系统供电，确认自检及启动正常。 （2）测试火花间隙触发控制系统与串补控制保护系统之间的通信功能，要求测试过程中数据传输稳定，无异常报文。 （3）由串补控制保护系统向火花间隙触发控制系统发送触发指令，火花间隙触发控制系统收到触发指令后应正确动作（发出触发脉冲并输出相关报文）
旁路开关	例行试验	3 年	见 DL/T 393—2021 的表 20	DL/T 393—2021 的 6.4.3

部件	项　目	基准周期	基本要求	说　明
阻尼装置	电抗器绕组电阻测量	3年	|初值差|≤2%（注意值）	DL/T 393—2021 的 4.8.2
	阻尼电阻器电阻测量（如有）		|初值差|≤10%（注意值）	采用数字电桥或其他适宜方法进行测量，如与限压器等封装在瓷套内无法单独测量，可不测量。其他见 DL/T 393—2021 的 4.8.10。如测量结果不符合要求，需修复或更换
	限压器试验（如有）		见 DL/T 393—2021 的表 64	DL/T 393—2021 的 6.13.3
	间隙距离测量（如有）		符合设备技术要求	有间隙的适用。测量方法及要求如下： （1）采用标准件测量。将标准件塞进间隙中，应不紧也不松，以稍感拖滞为宜。 （2）采用卡钳和游标卡尺测量。先将卡钳打开并塞进间隙中，卡钳两脚与电极轻微触碰，以稍感拖滞为宜，然后反复调整卡钳测量点，找到间隙最小的两点。然后用游标卡尺测量卡钳两脚间的距离得到间隙距离。 如间隙距离不满足要求，应调整并重新测量
隔离开关	隔离开关例行试验	3年	见 DL/T 393—2021 的表 30	DL/T 393—2021 的 6.6.3
电流互感器	电流互感器例行试验	3年	见 DL/T 393—2021 的表 35/表 40（电子式）	DL/T 393—2021 的 6.7.4/6.8.4
	数据采集单元测试		与互感器输出一致	利用标准电流源或其他试验装置模拟电流互感器输出，通过人机界面观察显示的测量值，差异应符合设计要求

表 2－10－2－78　　　　　　　　串联电容补偿装置诊断性试验项目及要求

部件	项　目	基　本　要　求	说　明
串联电容器单元	不平衡电流估算	符合设备技术要求	更换电容器后，或需确认不平衡电流时适用。 基于测量获得的元件参数，采用理论计算的方法对不平衡电流进行估算。如估算结果超过不平衡电流允许上限的 50%，宜进行调整
	极对壳交流耐压试验	出厂耐压值的 75%，过程无异常	需直接确认电容器绝缘强度时适用。 外施交流电压，幅值为出厂耐压值的 75%，持续时间 60s。其他见 DL/T 393—2021 的 4.8.11。耐压过程中应无绝缘击穿、电压闪变及放电声响等异常，否则应予以更换
	极间交流耐压及局部放电试验	（1）出厂耐压值的 75%，过程无异常。 （2）放电量：≤50pC（注意值）	排查极间绝缘缺陷时适用。 采用谐振耐压方式，极间耐压值应为出厂耐压值的 75%，耐压时间 60s。耐压过程中应无绝缘击穿、电压闪变及放电声响等异常，放电量不超过注意值，否则应予以更换
阻尼装置	电抗器电感值测量	|初值差|≤3%（警示值）	DL/T 393—2021 的 4.8.8
火花间隙	间隙距离测量	在设计值±0.5mm 内（警示值）	火花间隙发生自触发等异常，或有停电检查机会时，应确认火花间隙距离。方法见 DL/T 393—2021 的 6.16.3.10
	通信光纤检测	（1）符合设备技术要求。 （2）衰减：≤3dB（注意值）	DL/T 393—2021 的 4.8.13
旁路开关	旁路开关诊断性试验	见 DL/T 393—2021 的表 21	DL/T 393—2021 的 6.4.3
隔离开关	隔离开关诊断性试验	见 DL/T 393—2021 的表 31	DL/T 393—2021 的 6.6.3
电流互感器	电流互感器诊断性试验	见 DL/T 393—2021 的表 36/表 41（电子式）	DL/T 393—2021 的 6.7.4/6.8.4

十七、并联电容器装置

（一）巡检

项目及要求见表 2-10-2-79。其中，外绝缘部分见 DL/T 393—2021 的 10.1。

（二）带电检测

项目及要求见表 2-10-2-80。

（三）停电试验

项目及要求见表 2-10-2-81 和表 2-10-2-82。其中，外绝缘部分见 DL/T 393—2021 的 10.3。

表 2-10-2-79　　　　并联电容器装置巡检项目及要求

项　目	基准周期	基本要求	说　明
外观检查	（1）330kV 及以上：2 周。 （2）220kV：1 个月。 （3）110kV/66kV：3 个月	外观无异常	巡检时，具体要求说明如下： （1）基础无位移、沉降等异常，底座、支架无变形。 （2）设备标识、接地标识、相序标识等齐全、清晰。 （3）出线、接地线连接牢固，无位移、断股及过热变色。 （4）电容器无渗漏油、无鼓肚，金属外壳表面无严重锈蚀。 （5）串联电抗器表面无明显破损，无放电痕迹；油浸式电抗器无渗漏油。 （6）放电线圈外壳无裂纹，油浸式放电线圈无渗漏油。 （7）若并联电容器安装于室内，室内温度应符合设计要求
红外热像一般检测		温度无异常	DL/T 393—2021 的 4.8.6
避雷器持续电流表检查		无异常	DL/T 393—2021 的 6.13.1.3
电抗器室内运行温度检查		≤40℃或符合设计要求	—
电容器室内运行温度检查		代号　最高　24h 平均 A　40℃　30℃ B　45℃　35℃ C　50℃　40℃ D　55℃　45℃	
在线监测信息调阅（如有）	同上及告警时	无异常	DL/T 393—2021 的 4.5.2

表 2-10-2-80　　　　并联电容器装置例行带电检测项目及要求

项　目	基　准　周　期	基　本　要　求	说　明
红外热像精确检测	（1）330kV 及以上：半年。 （2）220kV 及以下：1 年	电容器等各部件温度无异常	DL/T 393—2021 的 4.8.6

表 2-10-2-81　　　　并联电容器装置例行试验项目及要求

项　目	基准周期	基　本　要　求	说　明
电容器极对壳绝缘电阻测量	3 年	≥2000MΩ（注意值）	采用 2500V 绝缘电阻表测量高压并联电容器、集合式电容器极对壳的绝缘电阻；对于有 6 支套管的三相集合式电容器，应同时测量相间绝缘电阻。其他见 DL/T 393—2021 的 4.8.1
电容器电容量测量		（1）|初值差|≤3%（警示值）。 （2）额定值的 96%～108%	采用数字电桥或其他适宜方法进行测量。测量时可不拆连接线，但应逐台测量，其他见 DL/T 393—2021 的 4.8.9。除按周期测量外，有下列三种情形之一也宜测量 1 次： （1）新投运半年至 1 年内。 （2）自上次测量又投切超过 1000 次。 （3）经历了严重谐波工况。 如测量结果不符合要求，宜进行更换
串联电抗器线圈电阻测量		|初值差|≤2%（警示值）	DL/T 393—2021 的 4.8.2
放电线圈电阻测量		|初值差|≤2%（警示值）	

项　目	基准周期	基　本　要　求	说　明
避雷器例行停电试验	3 年	见 DL/T 393—2021 的表 64	DL/T 393—2021 的 6.13.3
电流互感器例行停电试验		见 DL/T 393—2021 的表 35/表 40（电子式）	DL/T 393—2021 的 6.7.4/6.8.4

表 2 - 10 - 2 - 82　　　　　并联电容器装置诊断性试验项目及要求

项　目	基　本　要　求	说　明
电容器极间耐压及局部放电试验	（1）出厂耐压值的 75%，过程无异常。 （2）在 75% 出厂值下：≤50pC（注意值）	确认电容器绝缘强度时适用。 在电容器极间施加工频电压，耐压值为出厂耐压值的 75%，持续时间 10s。如有条件，同步检测局部放电。其他应按照 DL/T 393—2021 的 4.8.11 及 DL/T 417 的要求执行。如果试验结果不满足要求，应予以更换。新的单体电容量及更换后整组电容量均应符合设备技术要求
非全密封集合式电容器绝缘油试验（充油型）	见 DL/T 393—2021 的表 194	DL/T 393—2021 的第 12 章
串联电抗器电感值测量	|初值差|≤2%（警示值）或符合设备技术要求	DL/T 393—2021 的 4.8.8
串联电抗器匝间绝缘试验	无匝间放电	DL/T 393—2021 的 6.3.3.3
放电线圈变比测量（如有）	|初值差|≤1%（警示值）或符合设备技术要求	当放电线圈用于电容器保护时，电容器（含集合式电容器）发生保护动作，应采用变比测试仪对放电线圈变比进行测量。如果试验结果不满足要求，应予以修复或更换

十八、静止无功发生器

（一）巡检

项目及要求见表 2 - 10 - 2 - 83。其中，外绝缘部分见 DL/T 393—2021 的 10.1。

（二）带电检测

项目及要求见表 2 - 10 - 2 - 84。

（三）停电试验

项目及要求见表 2 - 10 - 2 - 85 和表 2 - 10 - 2 - 86。例行试验应在 SVG 投运半年至 1 年之间进行 1 次，之后按周期要求进行。其中，外绝缘部分见 DL/T 393—2021 的 10.3。

表 2 - 10 - 2 - 83　　　　　　　SVG 巡检项目及要求

项　目	基准周期	基本要求	说　明
连接电抗器检查		无异常	连接电抗器及升压变压器检查内容及要求如下： （1）基础无位移、沉降等，底座、支架无变形。 （2）设备标识、接地标识、相序标识等齐全、清晰。 （3）连接电抗器表面无明显破损，无放电痕迹。 （4）油浸式升压变压器外壳无漏油，油位在正常范围
升压变压器检查（如有）		无异常	
换流链检查		无异常	DL/T 393—2021 的 7.1.1.2
水冷系统检查	（1）330kV 及以上：2 周。 （2）220kV：1 个月。 （3）110kV/66kV：3 个月	无异常	水冷系统检查内容及要求如下： （1）水冷系统水泵室空调工作正常，温度在 15～35℃ 之间或符合设计要求。 （2）水冷系统水泵运转正常，阀门正确，水循环管路无渗漏。 （3）水冷系统表计外观正常。水的电导率、压力、流量及温度在正常范围。 （4）风机运转平稳，无异常声响，滤网无严重积尘；风机启、停组数与控制室显示一致
运行监控信息调阅		无异常	DL/T 393—2021 的 7.1.1.3
红外热像一般检测		温度无异常	DL/T 393—2021 的 4.8.6

表 2-10-2-84　　　　　　　　　　　　**SVG 例行带电检测项目及要求**

项 目	基 准 周 期	基 本 要 求	说 明
红外热像精确检测	(1) 330kV 及以上：半年。 (2) 220kV 及以下：1 年	各部件温度无异常	DL/T 393—2021 的 4.8.6

表 2-10-2-85　　　　　　　　　　　　**SVG 例行试验项目及要求**

项 目	基准周期	基 本 要 求	说 明
换流链节间连接电阻检测		(1) ≤20μΩ（注意值）。 (2) 同比及互比无明显偏大	DL/T 393—2021 的 7.1.3.5
换流链功能检查		(1) 供能系统工作正常。 (2) IGBT 能按指令正确开通和关断。 (3) 换流链与控制系统间通信正常	宜采用换流链专用检测设备进行换流链功能检查，检查内容及要求如下： (1) 对换流链进行通电检查，要求换流链内部电子电路取能、工作及指示全部正常。 (2) 通过控制系统进行开通和关断操作，要求 IGBT 能按照指令正确开通和关断。换流链与控制系统之间的通信正常。 (3) 如检查结果不满足要求，应查明并排除异常原因
冷却水管路密封性检测（如有）	3 年	1.2 倍的运行压力 30 min 无渗漏	DL/T 393—2021 的 7.1.3.10
升压变压器试验（如有）		见 DL/T 393—2021 的表 4	DL/T 393—2021 的 6.1.3
连接电抗器例行试验		见 DL/T 393—2021 的表 14	DL/T 393—2021 的 6.3.3
避雷器例行试验		见 DL/T 393—2021 的表 64	DL/T 393—2021 的 6.13.3
启动电阻值测量		|初值差|≤5%（警示值）	采用数字电桥或其他适宜方法进行测量，必要时按 DL/T 393—2021 的公式（4）修正到同一温度后进行比较。如测量结果不满足要求，应修复或更换
通信光纤检查		(1) 符合设备技术要求。 (2) 衰减：≤3dB（注意值）	DL/T 393—2021 的 4.8.13

表 2-10-2-86　　　　　　　　　　　　**SVG 诊断性试验项目及要求**

项 目	基 本 要 求	说 明
直流电容器电容量测量	|初值差|≤3%（警示值）	排查电容器内部缺陷时适用。 采用数字电桥或其他适宜方法进行测量，测量频率宜为 100Hz 左右，并在同一测量频率下进行比较。其他见 DL/T 393—2021 的 4.8.9。如检查结果不满足要求，宜进行更换
换流链对地交流耐压试验	出厂耐压值的 80%，过程无异常	需要确认换流链对地绝缘强度时适用。 将换流链短接，在换流链对地之间施加交流电压，试验电压为出厂耐压值的 80%，时间为 60s，要求过程无异常。其他见 DL/T 393—2021 的 4.8.11。
连接电抗器诊断性试验	见 DL/T 393—2021 的表 16	DL/T 393—2021 的 6.3.3
避雷器诊断性试验	见 DL/T 393—2021 的表 65	DL/T 393—2021 的 6.13.3

十九、静止无功补偿器

（一）巡检

项目及要求见表 2-10-2-87。其中，外绝缘部分见 DL/T 393—2021 的 10.1。

（二）带电检测

项目及要求见表 2-10-2-88。

（三）停电试验

项目及要求见表 2-10-2-89 和表 2-10-2-90，例行试验在 SVC 投运半年至 1 年应进行 1 次，之后按周期进行。其中，外绝缘部分见 DL/T 393—2021 的 10.3。

二十、统一潮流控制器

（一）巡检

项目及要求见表 2-10-2-91。其中，外绝缘部分见 DL/T 393—2021 的 10.1。

（二）带电检测

项目及要求见表 2-10-2-92。

表 2 - 10 - 2 - 87　　　　　　　　SVC 巡检项目及要求

项　目	基　准　周　期	基本要求	说　明
外观检查	（1）330kV 及以上：2 周。 （2）220kV：1 个月。 （3）110kV/66kV：3 个月	无异常	外观检查及要求如下： （1）阀厅巡检要求见 DL/T 393—2021 的 7.1.1.2。 （2）基础无位移或沉降，底座及支架无变形。 （3）设备标识、接地标识、相序标识等齐全、清晰。 （4）控制保护系统电源正常；各调节、保护、VBE 运行正常，无告警及跳闸信息；信号指示及数值显示正常；就地控制保护系统温度、湿度正常，控制柜内无积尘。 （5）引线无松股或断股，固件无松动，法兰无裂纹，无异常放电、声响、振动及气味。 （6）油浸式互感器（如是）油位正常，无渗漏油
水冷系统检查		无异常	DL/T 393—2021 的 6.18.1.3
运行监控信息调阅		无异常	DL/T 393—2021 的 7.1.1.3
红外热像一般检测		温度无异常	DL/T 393—2021 的 4.8.6

表 2 - 10 - 2 - 88　　　　　　　　SVC 例行带电检测项目及要求

项　目	基　准　周　期	基　本　要　求	说　明
红外热像精确检测	（1）330kV 及以上：半年。 （2）220kV 及以下：1 年	各部件温度无异常	DL/T 393—2021 的 4.8.6

表 2 - 10 - 2 - 89　　　　　　　　SVC 装置例行试验项目及要求

项　目	基准周期	基　本　要　求	说　明
晶闸管元件级检测		符合设备技术要求	DL/T 393—2021 的 7.1.3.8
冷却水管路密封性检测		1.2 倍运行压力 30min 无渗漏	DL/T 393—2021 的 7.1.3.10
TSC 电容器、滤波电容器电容量测量	3 年	|初值差|≤3%（警示值）	DL/T 393—2021 的 4.8.9
SVC 滤波器电抗器线圈电阻测量		|初值差|≤2%（警示值）	DL/T 393—2021 的 4.8.2
避雷器例行试验		见 DL/T 393—2021 的表 64	DL/T 393—2021 的 6.13.3
通信光纤检查		（1）符合设备技术要求； （2）衰减：≤3dB（注意值）	DL/T 393—2021 的 4.8.13

表 2 - 10 - 2 - 90　　　　　　　　SVC 装置诊断性试验项目及要求

项　目	基　本　要　求	说　明
均压电容的电容量测量	|初值差|≤3%（警示值）	DL/T 393—2021 的 4.8.9
均压电阻的阻值测量	|初值差|≤3%（警示值）	DL/T 393—2021 的 4.8.10
阀交流耐压试验	出厂耐压值的 80%，过程无异常	DL/T 393—2021 的 6.18.3.5

表 2 - 10 - 2 - 91　　　　　　　　UPEC 巡检项目及要求

项　目	周　期	基本要求	说　明
红外热像一般检测		温度无异常	DL/T 393—2021 的 4.8.6
IGBT 阀检查		无异常	DL/T 393—2021 的 7.2.1
串联变压器检查	（1）330kV 及以上：2 周。 （2）220kV：1 个月。 （3）110kV/66kV：3 个月	无异常	DL/T 393—2021 的 6.1.1
晶闸管旁路开关检查		无异常	DL/T 393—2021 的 7.1.1
水冷系统检查（包括控制柜）		无异常	DL/T 393—2021 的 7.3.1
运行监控信息调阅		无异常	DL/T 393—2021 的 7.2.1.2

表 2 - 10 - 2 - 92　　　　　　　　　　　UPFC 例行带电检测项目及要求

项　目	周　期	基本要求	说　明
红外热像精确检测	(1) 330kV 及以上：半年。 (2) 220kV 及以下：1 年	各部件温度无异常	DL/T 393—2021 的 4.8.6
紫外成像检测	半年	无异常放电	DL/T 393—2021 的 4.8.7

（三）停电试验

项目及要求见表 2 - 10 - 2 - 93 和表 2 - 10 - 2 - 94。

其中，外绝缘部分见 DL/T 393—2021 的 10.3。

表 2 - 10 - 2 - 93　　　　　　　　　　　UPFC 例行试验项目及要求

项　目		基准周期	基本要求	说　明
IGBT 阀例行试验			见 DL/T 393—2021 的表 109	DL/T 393—2021 的 7.2.3
串联变压器例行试验			见 DL/T 393—2021 的表 4	DL/T 393—2021 的 6.1.3
晶闸管旁路开关例行试验			见 DL/T 393—2021 的表 106	DL/T 393—2021 的 7.1.3
水冷系统例行试验		3 年	见 DL/T 393—2021 的表 113，其中冷却水电导率测量要求为：25℃ 时不超过 0.5μS/cm（注意值）	DL/T 393—2021 的 7.3.4
启动电阻值测量			|初值差|≤3%（警示值）	采用数字电桥或其他适宜方法进行测量，测量频率宜为 50Hz 或临近 50Hz，为了同比分析，尽量在相同或相近温度下测量，或者将测量结果修正到同一温度（如有适宜的温度修正方法）。其他见 DL/T 393—2021 的 4.8.10
阀电抗器例行试验	绕组对地绝缘电阻测量		≥10000MΩ（注意值）	DL/T 393—2021 的 6.1.3.5
	绕组电阻测量		|初值差|≤2%（警示值）	DL/T 393—2021 的 6.1.3.7

表 2 - 10 - 2 - 94　　　　　　　　　　　UPEC 诊断性试验项目及要求

项　目	基本要求	说　明
串联变压器外施耐压及局部放电试验	(1) 出厂试验值的 80%。 (2) $1.5U_m/\sqrt{3}$ 下放电量：≤300pC（注意值）	需要直接确认主绝缘强度，或排查放电性缺陷时适用。 耐受电压为出厂试验值的 80%，时间按 DL/T 393—2021 的式（5）确定。局部放电检测仅在网侧绕组端对地外施耐压试验时进行。试验过程如下：被试相首末端连接在一起施加试验电压，其余所有非被试端子直接接地。试验电压为单相交流电压，波形应为尽可能接近理想正弦波，频率应在 40～500Hz 之间。施加电压顺序为：①网侧绕组端对地短时工频耐受电压；②$1.5U_m/\sqrt{3}$、30min，在此阶段测量局部放电，要求局部放电量小于或等于 300pC；③$1.1U_m/\sqrt{3}$、5min，在此阶段测量局部放电，要求局部放电量小于或等于 100pC
IGBT 阀支架对地交流耐压试验	出厂耐压值的 100%，过程无异常	需要确认 IGBT 阀支架对地绝缘强度时适用。 将所有 IGBT 阀模块短接，在 IGBT 阀端对地之间施加交流电压，试验电压为出厂耐压值的 100%，时间为 30min，要求过程无异常。其他见 DL/T 393—2021 的 4.8.11

二十一、高压开关柜

（一）巡检

项目及要求见表 2 - 10 - 2 - 95。其中，外绝缘部分见 DL/T 393—2021 的 10.1。

（二）带电检测

项目及要求见表 2 - 10 - 2 - 96。

（三）停电试验

项目及要求见表 2 - 10 - 2 - 97 和表 2 - 10 - 2 - 98。其中，外绝缘部分见 DL/T 393—2021 的 10.3。

表 2-10-2-95　　　　　　　　　　　　　　**高压开关柜巡检项目及要求**

项　目	基准周期	基本要求	说　明
外观检查	（1）330kV 及以上：2 周。 （2）220kV：1 个月。 （3）110kV/66kV：3 个月	外观无异常	外观检查内容及要求如下： （1）柜体稳固，无变形、锈蚀；柜门锁闭正常；各类标识齐全、清晰。 （2）照明及温控装置工作正常，风机运转正常。 （3）电流表、电压表示值在正常范围。 （4）闭锁盒、"五防"锁具闭锁良好，锁具标号正确、清晰。 （5）储能状态指示正常，带电显示及开关分、合闸状态指示正确。 （6）电缆连接牢固，外观无异常；电缆出口封堵完好，无开裂、封堵不严等异常。 （7）充气式开关柜气体压力在正常范围。 （8）配电室内除湿机或空调工作模式正确，温度低于 50℃，湿度在 70% 以下。 （9）柜内无异味和放电声
电子设备检查（如有）		无异常	电子设备检查内容及要求如下： （1）屏蔽壳体或机箱外观无异常，进出线缆连接正常。 （2）工作电源正常，通信功能正常，数据无异常。 （3）就地指示灯/屏（如有）显示正常，无告警信息
红外热像一般检测（如可测）		温度无异常	DL/T 393—2021 的 4.8.6
在线监测信息调阅（如有）	同上及告警时	无异常	DL/T 393—2021 的 4.5.2

表 2-10-2-96　　　　　　　　　　　　　　**高压开关柜例行带电检测项目及要求**

项　目	基准周期	基本要求	说　明
暂态地电压测量	（1）330kV 及以上：半年。 （2）220kV：1 年。 （3）110kV/66kV：2 年/自定	相对值：≤20dBmV（注意值）	采用暂态地电压检测仪进行测量。测量需在设备投入运行 30min 之后进行，如有雷电活动应停止测量。相对值为测量值与背景值之差，其中背景值系指开关室内远离高压开关柜的非带电金属件上（如金属门窗等）的测量值。为了互比分析，同一变电站内所有高压开关柜宜采用同一台（或型号）检测仪。如发现异常，可通过同比或互比并结合其他局部放电检测方法进行综合分析。如确认为局部放电，宜进行跟踪分析，如故障风险持续增加，宜安排停电检修
超声波检测		不应检测到放电性缺陷	采用非接触式空气耦合超声波局部放电检测仪进行检测，检测应在可能存在放电性缺陷的邻近位置进行，检测时仔细调整传感器的方向及位置，以俘获最大超声波信号。发现有疑似放电信号时，可通过同比或互比并结合其他局部放电检测方法进行综合分析。如确认为局部放电，宜进行跟踪分析，如故障风险持续增加，宜安排停电检修
特高频检测		不应检测到放电性缺陷	采用特高频局部放电检测仪进行检测。检测需在设备投入运行 30min 之后进行，并在有雷电活动时禁止。检测时应注意排除干扰信号，发现有疑似放电信号时，可通过同比或互比并结合其他局部放电检测方法进行综合分析。如确认为局部放电，宜同步进行局部放电源定位，并进行跟踪分析，如故障风险持续增加，宜安排停电检修

表 2-10-2-97　　　　　　　高压开关柜例行试验项目及要求

项　　目	基准周期	基　本　要　求	说　　　明
常规检查	3 年	无异常	常规检查内容及要求如下： （1）各元件固定、连接牢固，外观无异常，无发热变色。 （2）活门、手车轨道无异常。 （3）压力释放装置无异常，释放出口无障碍物。 （4）触头盒、支柱绝缘子、穿板套管（包括等电位线）等外观完好、清洁
带电显示装置检查		带电显示正确、清晰，绝缘状态良好	带电显示装置检查内容及要求如下： （1）外观完好，显示清晰，显示结果与设备实际带电状态一致。 （2）带电显示装置的传感单元、显示单元、联锁信号输出单元及附件无异常，功能及性能符合设备技术要求
主回路电阻测量		（1）初值差≤20%（注意值），或符合制造厂要求。 （2）同比及互比无明显偏大	使整段母线的开关柜断路器均处于合闸状态，采用回路电阻测试仪测量进、出线之间的电阻。如回路中的断路器长期未操作，可操作几次再进行测量。其他应按照 DL/T 393—2021 的 4.8.3 及 DL/T 593 的要求执行
主回路对地绝缘电阻测量（有条件时）		≥1000MΩ（注意值）或符合设计要求	使整段母线的开关柜断路器均处于合闸状态，采用 2500V 绝缘电阻表测量主回路对地绝缘电阻。如测量结果不符合要求，再逐段测试，以确定异常的部位，必要时，打开异常部位作进一步分析并消除异常原因
主回路交流耐压试验（有条件时）		出厂耐压值的 80%，过程无异常	使整段母线的断路器均处于合闸状态，试验电压逐次加于各相对地及相间，试验前，应将避雷器及带电显示装置与主回路断开。试验电压取 DL/T 593 规定的交流耐压值以及电流互感器、电压互感器（如未断开）交流耐压值中的最小值。如耐压过程发生击穿，应找到击穿位置，修复或更换击穿部件。与耐压前相比，耐压后绝缘电阻不应有显著下降
断路器操动机构动作电压检测		见 DL/T 393—2021 的 6.21.3.7	断路器操动机构动作电压检测内容及要求如下： （1）电源电压在 85%～110% 额定电源电压范围时，合闸脱扣器应可靠动作；在 65%～110% 额定电源电压范围（直流）或 85%～110% 额定电源电压范围（交流）时，分闸脱扣器应可靠动作；当电源电压低于 30% 额定电源电压时，脱扣器不应脱扣。 （2）若为电磁机构，合闸电磁铁线圈通流时的端电压达到操作电源额定电压的 80%（关合峰值电流等于或大于 50kA 时为 85%）时应可靠动作
断路器时间特性检测		（1）合闸时间与分闸时间同比无异常。 （2）分、合闸不同期符合设备技术要求	DL/T 393—2021 的 6.4.3.3
断路器主回路对地绝缘电阻测量		≥3000MΩ（注意值）	DL/T 393—2021 的 6.4.3.4
断路器主回路电阻测量		（1）初值差≤20%（注意值），或符合制造厂要求。 （2）同比及互比无明显偏大	DL/T 393—2021 的 6.4.3.5
断路器交流耐压试验		出厂耐压值的 80%，过程无异常	DL/T 393—2021 的 6.4.3.10
二次回路对地绝缘电阻测量		≥2MΩ	DL/T 393—2021 的 6.4.8.15
"五防"性能检查		符合设备技术要求	"五防"性能检查包括以下内容（仅进行可实施部分）： （1）防止误分、误合断路器。 （2）防止带负荷拉、合隔离开关。 （3）防止带电（挂）合接地（线）开关。 （4）防止带接地线（开关）合断路器。 （5）防止误入带电间隔。 要求各项功能正确，否则应修复

续表

项 目	基准周期	基 本 要 求	说 明
气体湿度检测（仅对充气柜、SF$_6$断路器开关柜，有条件时）	3年	见 DL/T 393—2021 的表 196 序号 1	DL/T 393—2021 的 13.3
气体密度表校验（仅对充气柜、SF$_6$断路器开关柜，有条件时）		见 DL/T 393—2021 的表 196 序号 6	DL/T 393—2021 的 13.7

表 2-10-2-98　　　　　　　　　　高压开关柜诊断性试验项目及要求

项 目	基本要求	说 明
二次回路交流耐压试验	耐压值 1kV，应无击穿	全部或部分更换辅助回路及控制回路线缆后适用。可采用 2500V 绝缘电阻表测量 1 次二次回路对地绝缘电阻代替
断路器行程特性曲线及动态回路电阻测试	应符合设备技术要求	DL/T 393—2021 的 6.4.3.9
整体局部放电试验	无放电性缺陷	有条件时，排查空气绝缘开关柜内放电性缺陷时适用。试验原理、方法及判据见 DL/T 393—2021 的附录 F

二十二、调相机

（一）巡检

项目及要求见表 2-10-2-99。

（二）带电检测

项目及要求见表 2-10-2-100 和表 2-10-2-101。

（三）停电试验

项目见表 2-10-2-102 和表 2-10-2-103。

表 2-10-2-99　　　　　　　　　　调相机巡检项目及要求

项 目	基准周期	基本要求	说 明
红外热像一般检测		温度无异常	DL/T 393—2021 的 4.8.6
运行监控记录调阅		定时抄录	通过线上巡检的方式定期调阅调相机运行监控记录，查验监控数据（如定子绕组温度等）的变化态势。如有告警，应及时调阅并按 DL/T 393—2021 的 4.5.3 所述原则进行处理
集电环（滑环）电刷检查	1周	无异常	集电环（滑环）电刷检查内容及要求如下： （1）集电环室通风良好，空气滤网清洁、无堵塞。 （2）所有连接导线外观完好，无过热变色。 （3）电刷压紧弹簧无异常，电刷在刷握内无跳动、打火、摇动或卡涩。 （4）电刷刷辫完整，与电刷连接良好，未触碰机构件等。 （5）电刷磨损均匀，且在允许范围；边缘无剥落。 （6）集电环、刷握和刷架上无明显积污及碳粉积聚，碳粉收集装置正常
外冷水系统检查		无异常	外冷水系统包括空冷机组的外水冷系统及水冷机组的外部冷却系统，其检查内容及要求如下： （1）冷却水回路各阀门、管路连接完好，无变形，无渗漏水。 （2）冷却水供水电动阀、电机及供电电源无异常，自动排气阀外观无异常。 （3）冷却器进、出水阀全开，手动泄压阀关闭。 （4）冷却器进、出口测压阀全开，压力正常；冷却水流量正常。 （5）循环泵、补水泵外观无异常，如正在运行，应平稳无异响。 （6）水温度表、水压表外观无异常，示值（如有）在正常范围，且与远方一致
轴承冷却系统检查		无异常	轴承冷却系统检查内容及要求如下： （1）整个油管路及阀门等无渗漏油现象。 （2）油箱油位计外观无异常，示值在正常范围。 （3）进出冷却器的油阀门全开。 （4）润滑油泵运行平稳无异常；顶轴油泵、输送泵外观无异常，工作时运行平稳正常。 （5）油管路各温度、压力、流量表计外观及示值（如有）无异常且与远方一致。 （6）充油阀、排油阀全关。 （7）蓄能器储能正常（如有）。 （8）循环过滤器差压正常

项　目	基准周期	基本要求	说　明
定转子冷却系统检查		无异常	对于空冷机组，通过线上巡检的方式调阅后台数据，确认冷风、热风温差正常，风温均匀。双水内冷机组的检查内容及要求如下： （1）调阅远方数据，水质（pH、电导率、含铜量）符合要求。 （2）进出定子、转子的水温、水压、流量表计外观正常（如有），示值与远方一致。 （3）内冷水系统循环水泵运行平稳，无异响。 （4）内冷水系统管路及阀门等无渗漏水，各阀门位置正确。 （5）定子水箱及转子水箱的水位正常
中性点设备检查		无异常	中性点设备检查内容及要求如下： （1）隔离开关触头清洁，无放电痕迹；控制方式及工作位置与运行要求一致。 （2）设备柜内清洁，各设备无异常；信号指示正确，外壳接地良好
控制柜检查	1周	无异常	控制柜检查内容及要求如下： （1）控制柜标识齐全、清晰。 （2）漆层（如有）完好，柜体无明显锈蚀。 （3）柜门锁闭正常，密封及封堵良好。 （4）柜内加热及驱潮装置外观正常，无凝露或积水。如达到启动条件，应处于正常工作状态。 （5）柜内照明完好，电源指示正常，各类装置及电子设备稳固，无松动、脱落。 （6）柜内各级指示灯/屏（如有）指示正常，无报警信息；与主站通信正常
在线监测装置检查		无异常	在线监测装置检查内容及要求如下： （1）屏蔽壳体或机箱外观无异常，进出线缆无过度弯折或松脱。 （2）电源供电正常，就地指示灯/屏（如有）显示正常，无告警信息。 （3）通信功能正常
消防装置检查		无异常	消防装置检查内容及要求如下： （1）外观完好，各连接部件状态良好，阀门位置正确。 （2）气体灭火装置气瓶压力正常，管道及阀门无泄漏。 （3）水喷淋灭火装置，管道压力正常，密封件良好，无渗漏现象。 （4）消防柜与控制柜电源指示正常。 （5）报警器或装置无报警信号，测试蜂鸣器（检修时），应正常工作

表 2-10-2-100　　　　　　　　　调相机例行带电检测项目及要求

项　目	基准周期	基 本 要 求	说　明
红外热像精确检测	1个月	集电环、封闭母线等温度无异常	DL/T 393—2021 的 4.8.6
集电环（滑环）电刷电流测量	1个月	（1）各电刷基本均匀。 （2）同比无明显异常	采用钳形电流表进行测量（优先选用抗干扰型）。测量时钳口应完全闭合。如测量结果异常，宜跟踪分析，如故障风险持续增加，宜安排停电检修
油例行检测	3个月	无异常	DL/T 393—2021 的 12.3.2
水质检测	3个月	（1）外冷水质（注意值，25℃）： 1）pH：7～9。 2）电导率：$\leqslant 3\mu S/cm$。 （2）内冷水质（注意值，25℃）： 1）pH：7～9。 2）定子冷却水电导率：$\leqslant 2\mu S/cm$。 3）转子冷却水电导率：$\leqslant 5\mu S/cm$。 4）含铜量：$\leqslant 20\mu g/L$	水质检测内容及要求如下： （1）水样表面应无裸眼可见的油膜及固体杂质。 （2）水样的 pH、电导率及含铜量应符合要求

表 2 - 10 - 2 - 101 　　　　　　　　　　　　　　　　调相机诊断性带电检测项目及要求

项　目	基　本　要　求	说　　明
局部放电带电检测	无异常放电	受家族缺陷警示，或排查定子放电性缺陷时适用。 采用脉冲电流法，具体应按照 GB/T 20833.2 的规定执行。如有异常，应跟踪分析，如故障风险持续增加，宜安排停电检修
声级及振动检测	符合设备技术要求，未明确者： (1) 声级水平≤105dB（注意值）。 (2) 振动水平（注意值）： 1) 转子轴振：≤125μm。 2) 轴瓦：≤7.5mm/s。 3) 定子端部绕组（有条件时）：≤250μm。 4) 定子机座：≤15μm。 (3) 同比或互比无明显增大	初判声响或振动异常，需要定量分析噪声及振动水平时适用。 采用声级计在隔声罩外侧水平距离1m、高度1.2m 的位置测量声级水平；采用振动传感器测量振动水平。如噪声及振动具有间歇性，应在严重时段进行。检测方法应按照 GB/T 10069.1 的要求执行
转子匝间短路检测	无短路故障	有条件时，诊断转子匝间短路故障适用。 采用预装的气隙磁通传感器进行检测。通过实时记录的气隙磁通与原始指纹进行对比，如果出现明显差异，可判定转子匝间存在短路故障

表 2 - 10 - 2 - 102 　　　　　　　　　　　　　　　　调相机例行试验项目及要求

项　目	基准周期	基　本　要　求	说　　明
例行检查	1 年	无异常	例行检查的内容和要求如下： (1) 定子绕组：统组端部无变形，绑扎牢固，端部绝缘无破损；用内窥镜检查出槽口，无脏污和电晕痕迹；引出线固定及连接状态、中性点设备固定状态及母线连接状态无异常；若定子绝缘电阻不满足要求，应找出原因并及时处理。 (2) 定子铁芯：定子基础板的把合螺栓和固定楔无松动；齿压板和铁芯背部无松动；定子铁芯穿芯螺杆紧力及绝缘检测无异常；定子分瓣连接位置检查无异常。 (3) 转子绕组：盘车检查转子所有零部件固定良好；检查转子槽楔及阻尼槽外观，应无磕碰、磨损及油污。若转子绝缘电阻或匝间短路检测结果不满足要求，应找出原因并及时处理。 (4) 测温装置：检查停运前的测温数据，应在合理范围；如有疑问，可采用与标准温度计比对或依据制造厂推荐的方法进行校验，差异应在±3℃之内或符合设备技术要求；测量二次回路绝缘电阻，应大于2MΩ，其他见 DL/T 393—2021 的 4.8.15。 (5) 冷却系统：逐一检测控制策略的全部选项，冷却系统应正确响应，否则应予修复；测量二次回路绝缘电阻，应大于2MΩ，其他见 DL/T 393—2021 的 4.8.15。 (6) 控制柜/智能控制柜：光纤按 DL/T 393—2021 的 4.8.13 进行检测；测量二次回路绝缘电阻，应大于2MΩ，其他见 DL/T 393—2021 的 4.8.15
定子绕组绝缘电阻测量	1 年	(1) 绝缘电阻（≤40℃时）≥500MΩ（注意值）。 (2) 吸收比≥1.6 或极化指数≥2.0（注意值）。 (3) 同比及互比无明显降低	额定电压10.5kV 及以上时，采用5000V 绝缘电阻表对定子绕组各相对地及相间绝缘电阻进行测量；水内冷定子绕组采用专用绝缘电阻表，各相或各分支单独测量，其他见 DL/T 393—2021 的 4.8.1
定子绕组电阻测量	3 年	各相或各分支电阻： |初值差|≤2% 或 |互差|≤1%（警示值）	测量时绕组表面温度与周围环境温度之差不宜超过±2℃，其他见 DL/T 393—2021 的 4.8.2
转子绕组绝缘电阻测量	1 年	(1) ≥50MΩ（注意值）。 (2) 同比及互比无明显降低	采用500V 绝缘电阻表（例行试验时）或2500V 绝缘电阻表（一并代替交流耐压时）测量转子绕组对地绝缘电阻

续表

项　目	基准周期	基　本　要　求	说　明
转子绕组电阻测量	3 年	｜初值差｜≤2%（警示值）	采用直流电阻测试仪或其他适宜方法进行测量，测量时绕组表面温度与周围环境温度之差不应超过±2℃，其他见 DL/T 393—2021 的 4.8.2
励磁回路所连接设备绝缘电阻测量	1 年	≥2MΩ（注意值）	采用 500V 绝缘电阻表（例行试验时）或 2500V 绝缘电阻表（一并代替交流耐压时）进行测量。测量不包括调相机转子
轴承座绝缘电阻测量	1 年	≥100MΩ（注意值）	安装前、后采用 500V 绝缘电阻表测量轴承座对地绝缘电阻
灭磁开关绝缘电阻测量	1 年	≥50MΩ（注意值）	采用 2500V 绝缘电阻表测量灭磁开关分闸状态下断口之间和合闸状态下主回路与地之间的绝缘电阻

表 2－10－2－103　　　　　　　　　　　　调相机诊断性试验项目及要求

项　目	基　本　要　求	说　明
定子绕组端部手包绝缘检测	（1）泄漏电流＜20μA 或表面电位≤2000V（注意值）。 （2）泄漏电流或表面电位同比及互比无明显偏大	解体维修后或排查定子绕组端部手包绝缘缺陷时适用。 　对绕组端部手包绝缘逐个进行检测。方法：将定子绕组端部手包绝缘部位用锡箔纸包覆，并通过 100MΩ 电阻串接微安表后接地，在绕组端部施加额定直流电压，此时微安表电流应小于 20μA（如采用表面电位杆测量，表面电位应小于 2000V）。水冷调相机可在通水条件下进行试验。试验前、后要测量绕组的绝缘电阻并记录绕组温度。其他应按照 JB/T 6204 的规定执行
定子铁芯磁化试验	正交电流≤100mA（注意值）	检修或更换定子铁芯后，或排查定子铁芯缺陷时适用。 　采用电磁铁芯故障检测仪或其他适宜方法进行检测，采用常规圆周向励磁方式，通过在铁芯和机座上绕励磁线圈，外施工频电压，使定子铁芯轭部产生 4% 空载磁场的磁通量。在此条件下测量全部定子齿的 QUADRATURE 电流（正交电流或交轴电流）。其他应按照 GB/T 20835 的规定执行。如测量结果不满足要求，应进行常规铁芯磁化试验
定子槽部线圈防晕层对地电压测量	≤10V（注意值）	检测元件电位升高，槽楔松动或防晕层修复后适用。 　对定子绕组施加额定工频电压，采用高内电压表测量定子槽部线圈防晕层对地电压。如有条件，可同时采用超声波法检测槽内局部放电
定子绕组端部电晕检测	（1）同比及互比无明显增大。 （2）$1.0U_r$ 电压下光子数≤2000（注意值）	解体维修或更换后，或排查定子绕组端部绝缘缺陷时适用。 　定子绕组逐相施加 $1.0U_r$ 的工频电压，在距绕组端部不超过 4m 的位置使用紫外成像仪检测定子绕组端部及并连环之间的光子数，测量时注意避免其他光源干扰。其他应按照 DL/T 298 的要求执行
定子绕组端部整体模态及引线固有频率测量	（1）固有频率范围（警示值）： （2）端部整体模态振型符合设备技术要求	解体维修或更换后，或需要测量定子端部整体模态及引线固有频率时适用。 　采用多点激振单点拾振法进行测量，按照 GB/T 20140 的规定执行。引线固有频率的测点位置主要是励磁侧绕组端部相引线的轴向和切向（必要时加测径向）；端部整体模态振型及固有频率的测点位置应在非出线端和励磁绕组端部锥体内截面上，沿圆周均匀布置，测点数至少 16 个。加速度传感器应刚性固定在相应的测点位置上
定子绕组直流耐压及泄漏电流测量	（1）耐压幅值： （2）试验要求： 1）泄漏电流初值差≤30% 且互差≤100%；或泄漏电流≤20μA（注意值）。 2）泄漏电流随电压大致线性增加。 3）电压保持不变时，泄漏电流无明显增加。 4）试验期间无闪络、击穿现象。 5）耐压前后绝缘电阻无明显变化	解体维修后，或排查定子绕组绝缘缺陷时适用。 　在停机后清除污秽前的热状态下进行。若处于备用状态，可在冷态下进行。除定期试验外，解体维修前、后及更换绕组后也应进行。 　采用直流高压电源分别对各相进行。测量泄漏电流的表计应接在高压侧，并对出线套管表面漏电予以屏蔽。水内冷调相机汇水管如有绝缘，应采用低压屏蔽法接线；汇水管直接接地者，应在不通水和引水管吹净条件下进行。试验时，从 0 开始平稳升压，并按每级 $0.5U_r$ 分阶段升高，每阶段停留 60s，并记录泄漏电流值

固有频率范围子表：

支撑形式	引线固有频率	整体椭圆固有频率
刚性支撑	≤95Hz 或≥108Hz	≤95Hz 或≥110Hz
柔性支撑	≤95Hz 或≥108Hz	≤95Hz 或≥112Hz

耐压幅值子表：

例行试验	$2.0U_r$
局部更换绕组后	$2.5U_t$

项　目	基　本　要　求	说　明
定子开路时灭磁时间常数测量	符合设备技术要求或|初值差|≤10%（注意值）	需要重新测定灭磁时间常数时适用。 对灭磁过程中灭磁电流进行录波，记录发出灭磁命令到励磁电流衰减到5%的时间。要求灭磁时间常数符合设备技术要求
定子绕组交流耐压试验	出厂耐压值的80%，无击穿和电压闪变	解体维修前及更换绕组后，或需排查定子绕组绝缘缺陷时适用。 解体维修前的耐压试验应在停机后清除污秽前热状态下进行；若处于备用状态时，即在冷状态下进行。水内冷调相机的耐压试验应在通水的情况下进行，若制造厂另有要求，按制造厂要求进行。试验电压频率应为50Hz，耐压幅值为出厂值的80%（全部更换组后应为100%），耐压时间为60s。试验时应平稳升压，从50%升至100%耐压值的时间宜为10～15s，耐压期间应同时测量泄漏电流。其他见DL/T 393—2021的4.8.11
定子绕组绝缘老化鉴定	符合运行要求	运行超过20年，或怀疑绕组绝缘严重老化时适用。 具体鉴定方法应按照DL/T 492的要求执行，达到更换条件的，应予以更换
转子绕组交流阻抗和功率损耗测量	（1）静态及额定转速下： 1）交流阻抗|初值差|≤5%（注意值）。 2）功率损耗|初值差|≤10%（注意值）。 （2）不同转速下： 每隔300r/min的阻抗差≤阻抗最大值的5%	解体维修后，或排查转子绕组匝间绝缘缺陷时适用。 用单相调压器通过电刷和滑环向转子绕组施加交流电压，采用转子交流阻抗测试仪自动读取电压、电流、阻抗和功率损耗值。测量分别在膛外（静止状态）及膛内（静止状态、连续或每次300r/min递增至额定转速）进行。测量时，电压峰值不应超过额定励磁电压。为便于比较，后续试验电压及转速应保持一致，且尽量在相同环境下进行。如为连续测量，任意转速下阻抗均不应有明显突变。其他应按照JB/T 8446的要求执行
转子绕组重复脉冲响应试验	（1）特征信号波形应接近一条水平直线。 （2）与原始指纹波形无明显差异	转子绕组解体维修后，或排查转子绕组匝间绝缘缺陷时适用。 采用重复脉冲法（RSO）进行测量。测量时，通过RSO匝间短路测试仪在转子绕组的两端同时注入一个重复的陡前沿低电压脉冲，测量转子绕组两端的特征信号波形。在膛内进行试验时，转子绕组需与励磁回路断开。其他应按照JB/T 8446的要求执行
轴电压测量	（1）$U_1 \approx U_2 + U_3 < 10V$（注意值）。 （2）$U_1$同比及互比无明显差异。 （3）$1.1U_3 > U_1$，且$U_2 > 0$	解体维修后，或轴电流在线监测异常时，或排查轴承绝缘缺陷时适用。 在额定电压、额定转速及空载状态下测量。测量前，用高内阻交流电压表先测定轴两端电压U_1，然后将轴一端与轴承座短接并接地，测量另一端轴对轴承座电压U_2（即油膜电压）和该轴承座对地电压U_3。具体测量方法应按照GB/T 1029的要求执行
转子气体内冷通风道检测（空冷）	见JB/T 6229	解体维修后，或怀疑通风道存在堵塞缺陷时适用。 检测方法及要求应按照JB/T 6229的要求执行。如测量结果不符合要求，应查明原因并修复
内部冷却水路密封性检测（水冷）	（1）定子冷却水路：施加出厂试验压力24h，压降≤1%（警示值）。 （2）转子冷却水路：施加出厂试验压力12h，压降≤5%（警示值）	解体维修或密封修复后适用。 对定子绕组，可采用高压氮气通过减压阀向冷却水路施加压力，压力值为出厂试验值，持续时间24h；对转子绕组，宜采用水压试验法，压力为出厂试验值，持续时间12h
内部冷却水流量检测（水冷）	与同类平均值比不低于10%（注意值）	解体维修时适用。 对于定子内冷水系统，可采用超声波流量法，测量各线棒、引线和出线套管的冷却水流量，测量时内冷水按正常（运行时）的压力循环。方法应按照DL/T 1522的要求执行；对于转子内冷水系统，采用量具法测量，在水压0.1MPa下，用量具测量两极对应位置各路冷却水持续15s的水流量。测量后，应对水路进行正、反冲洗

续表

项 目	基 本 要 求	说 明
检温计校验及绝缘电阻测量	(1) 与标准温度计比|误差|≤3℃（注意值）。 (2) 绝缘电阻≥2MΩ（注意值）	有检测机会并对检温计测量结果存疑时适用。 检测对象包括埋入式温度计及水内冷定子绕组引水管出水温度计。检测内容包括绝缘电阻及准确度校核两项。采用250V绝缘电阻表测量测温元件对地绝缘电阻，测量之后应进行放电处理；采用与标准温度计比对的方法校验检温计的准确度
相序测定	与电网的相序一致	试验在空载特性试验时进行。空载试验完成后，调相机额定转速运行，分断励磁断路器，用功率分析仪检查剩磁电压，用相序表测定相序。测定方法应符合GB/T 1029的规定
温升试验	符合设备技术要求	定子绕组更换后或冷却系统变更后适用。 采用直接负载法测量，测量方法应符合GB/T 1029的规定。如测量结果不符合设备技术要求，应查明原因并修复

第三节 直流设备状态检修试验

一、晶闸管换流阀

（一）巡检

项目及要求见表2-10-3-1。

（二）带电检测

项目及要求见表2-10-3-2。

（三）停电试验

项目及要求见表2-10-3-3。若无渗漏水及因积尘引起的放电，红外热像精确检测温度无异常，且晶闸管冗余数充足，周期可延长1年（即个别调整为1年）。

表2-10-3-1 晶闸管阀巡检项目及要求

项 目	基 准 周 期	基本要求	说 明
阀厅巡检	（1）±320kV及以上：1周。 （2）±320～±100kV：2周。 （3）±100kV以下：1个月	无异常	阀厅巡检内容及要求如下： （1）阀塔构件外观无异常，无倾斜及脱落。 （2）阀塔冷却水管连接正常，无脱落或漏水。 （3）阀厅相对湿度不超过60%，温度在20～35℃，或在设计范围内。通风正常。 （4）阀体各部位无烟雾、异味、异响和振动，阀电抗器表面无放电及碳化痕迹。 （5）阀厅关灯，在阀厅巡视通道上对阀的外观进行观察（可借助夜视仪），无异常。 （6）阀侧套管外观无异常
运行监控信息调阅		无异常	通过线上巡检的方式调阅下列监控信息（如有）： （1）阀监控设备工作正常。 （2）故障晶闸管的数量及位置。 （3）触发保护的晶闸管位置。 （4）阀避雷器动作次数。 （5）进出水温度、流量、压力和电导率。 （6）过负荷电流及持续时间。 （7）漏水检测装置动作信息。 （8）火灾报警系统异常信息。 （9）其他在线监测信息。 如有告警等，应按相应的响应时效要求及时到现场核查、处理
红外热像一般检测		各部件温度无异常	DL/T 393—2021的4.8.6

表2-10-3-2 晶闸管阀例行带电检测项目及要求

项 目	基 准 周 期	基 本 要 求	说 明
红外热像精确检测	（1）±320kV及以上：3个月。 （2）±320～±100kV：半年。 （3）±100kV以下：1年	各部件温度无异常	DL/T 393—2021的4.8.6
紫外成像检测		无异常放电	DL/T 393—2021的4.8.7

表 2－10－3－3　　晶闸管阀例行试验项目及要求

项　　目	基准周期	基本要求	说　　明
阀本体漏水检测装置功能测试	3 年	漏水检测装置功能正常	采用人工注水的方式模拟漏水故障，检验阀控设备上有无告警信号。当注水量达到告警上限前应正确告警，正确告警后再重复测试一次。测试结束后，手动复归告警
阀本体及附属设备清扫	1～3 年（视污秽情况）	（1）屏蔽罩及底盘金属外框明亮清洁。 （2）元器件及固定框架清洁无积尘。 （3）悬吊绝缘子及冷却水管清洁无积尘	采用专用清洁用具进行清扫，清扫过程应小心用力，清扫完成后，所有清扫用具均应带离现场。期间如有误触误碰，应及时报告
阀本体及附属设备检查及处理	3 年	无异常	阀本体及附属设备检查及处理内容及要求如下： （1）所有电气件连接形态完好，无松动。 （2）阀电抗器表面无过热变色，无碳化点。 （3）连接水管、阀门及接头无渗漏水，螺栓紧固标记线清晰，无错位。 （4）光纤槽外观完好，无光纤脱出；绑扎带均双重配置且状态良好；防火封堵严密。 （5）光纤排列如初，未见断纤；光缆接头锁扣到位；备用光纤保护帽齐全。 （6）各支撑绝缘件清洁、干燥，无破损及电蚀痕迹。 （7）晶闸管控制单元以及反向恢复器保护单元（如有）外观无异常，插紧到位，与插座端了连接完好。 （8）组件电容和均压电容外壳无鼓起，连接牢固，金属部分无锈蚀。 （9）阀避雷器及其配置的电子单元无异常。 （10）各晶闸管硅堆、碟片弹簧压紧螺栓、晶闸管硅堆压装紧固螺钉应与压力板在同一平面上，并采用检查碟片弹簧弹性形变的专用工具进行校核（新安装和更换之后）。 （11）采用超声波抽检长棒式绝缘子，要求无裂纹（受家族缺陷警示或有感地震后适用）。 上述检查中发现异常，应及时处理
通流回路及元器件连接状态检测	3 年	（1）紧固标记清晰，未松动。 （2）回路电阻值与初值比无明显增大	通流回路及元器件应连接良好，接头无氧化、变色；紧固标记清晰、无错位松动，否则应按力矩要求进行紧固并标记；每个阀塔抽检不少于 3 个主回路接头，测量其回路电阻，方法及要求见 DL/T 393—2021 的 4.8.3。如发现异常，应加倍抽样量再检，如仍有异常，宜全检
均压电极抽检及处理	3 年	（1）水中部分体积减小量≤20%（注意值）。 （2）O 形密封圈弹性良好无裂纹	每个阀塔每次抽检上部和下部各 1 只，内容及要求如下： 拆下冷却水管内的均压电极，检查水垢附着情况，若无明显水垢，采用专用抹布蘸清水均匀擦拭；若存在明显水垢，用细砂纸轻而均匀地磨除水垢。若电极的水中部分体积减小超过 20%，应连同 O 形密封圈一起更换，同时加倍抽检量再查，如仍有异常，宜全查
通信光纤检查	1～3 年（视运行情况）	（1）符合设备技术要求。 （2）衰减≤3dB（注意值）	DL/T 393—2021 的 4.8.13
阀电抗器绕组电阻测量	3 年	｜初值差｜≤2%（警示值）	采用直流电阻测试仪对阀电抗器绕组电阻值进行测量，其他见 DL/T 393—2021 的 4.8.2
晶闸管元件级检测	3 年	符合设备技术要求	晶闸管元件级检查宜采用制造厂提供的专用测试设备，一次抽检至少一个单阀，其检测内容及要求如下： （1）短路检测：检测每个晶闸管元件级承受正反向电压的能力，应符合制造厂要求，且同比及互比应无明显差异。 （2）阻抗检测：检测均压电容和电阻有无短路或开路，电容量和电阻值应符合制造厂规定，且同比及互比应无明显差异。 （3）触发检测：检测每个晶闸管级的低电压触发能力，应符合制造厂要求，且同比及互比应无明显差异。 （4）保护性触发检测：应符合制造厂要求。 如发现异常，宜全部检测

续表

项　目	基准周期	基本要求	说　明
组件电容电容量测量（如有）	3 年	符合设备技术要求	一次抽检至少一个单阀的所有组件电容。采用数字电桥或其他适宜方法进行测量，其他见 DL/T 393—2021 的 4.8.9。如测量中发现有不符合要求的，宜全部测量
冷却水管路密封性检测	3 年	1.2 倍额定运行压力下无渗漏	在停泵状态下，对冷却水管路施加 1.2 倍（运行 10 年以上宜为 1.05～1.1 倍）的额定运行压力，持续 30min；如制造厂另有要求，按制造厂要求进行。之后进行如下检查： （1）检查每个阀塔主水路的密封性，应无渗漏。 （2）检查冷却水管路、接头和各个通水元件，应无渗漏。 （3）测试漏水检测装置，要求正确动作。 （4）检查水系统的压力、流量、温度、电导率等表计，应无异常，示数合理。 （5）检查滤网的过滤性能，符合要求。 只有在漏水情况下才宜紧固相应的连接头，有力矩要求的应遵循。紧固后仍然渗漏者应更换。加有乙二醇的冷却水，按设备技术要求执行
阀避雷器检测	（1）计数器：3 年。 （2）本体：必要时。	DL/T 393—2021 的表 64	DL/T 393—2021 的 6.13.3

二、柔性直流换流阀

（一）巡检

项目及要求见表 2-10-3-4。

（二）带电检测

项目及要求见表 2-10-3-5。

（三）停电试验

项目及要求见表 2-10-3-6。若无渗漏水及因积尘引起的放电，且红外热像精确检测温度无异常，IGBT 冗余数充足，周期可延长 1 年（即个别调整为 1 年）。

表 2-10-3-4　　　　　　　　　　　柔性直流换流阀巡检项目及要求

项　目	基准周期	基　本　要　求	说　明
阀厅检查		无异常	DL/T 393—2021 的 7.1.1.2
运行监控信息调阅	（1）±320kV 及以上：1 周。 （2）±320～±100kV：2 周。 （3）±100kV 以下：1 个月	无异常	通过线上巡检的方式调阅下列监控信息（如有）： （1）故障子模块数量及位置。 （2）各子模块监测信号。 （3）阀避雷器动作次数。 （4）进出水温度、流量、压力及电导率。 （5）过负荷电流及持续时间。 （6）漏水检测装置动作信息。 （7）火灾报警系统异常信息。 （8）阀厅红外监测信息。 （9）其他在线监测信息。 如有告警等异常，应按相应的响应时效要求及时到现场核查、处理
红外热像一般检测		各部件温度无异常	DL/T 393—2021 的 4.8.6

表 2-10-3-5　　　　　　　　　　　柔性直流换流阀例行带电检测项目及要求

项　目	基　准　周　期	基　本　要　求	说　明
红外热像精确检测	（1）±320kV 及以上：3 个月。 （2）±320～±100kV：半年。 （3）±100kV 以下：1 年	各部件温度无异常	DL/T 393—2021 的 4.8.6
紫外成像检测（有条件时）		无异常放电	DL/T 393—2021 的 4.8.7

表 2－10－3－6　　　　　　　　柔性直流换流阀停电试验（维护）项目及要求

项　目	基准周期	基　本　要　求	说　　明
阀本体漏水检测装置功能测试	3 年	漏水检测装置功能正常	DL/T 393—2021 的 7.1.3.2
阀本体及附属设备清扫		（1）屏蔽罩及底盘金属外框明亮清洁。 （2）元器件及固定框架清洁无尘。 （3）悬吊绝缘子及冷却水管清洁无尘	DL/T 393—2021 的 7.1.3.3
阀本体及附属设备外观检查及处理		无异常	阀本体及附属设备外观检查及处理内容及要求如下： （1）支柱绝缘子及拉杆绝缘子外观无异常，伞裙无破损，紧固件位置正常。 （2）连接水管、阀门及水接头无渗漏水，螺栓紧固标记线清晰、完整，无错位。 （3）光纤槽外观完好，无光纤脱出；绑扎带均双重配置且状态良好；防火封堵严密。 （4）光纤排列如初，未见断纤；光缆接头锁扣到位；备用光纤保护帽齐全。 （5）各电气元件的支撑绝缘件清洁、干燥。 （6）载流母线及母排连接完好，模块间、阀塔层间连接母线无异常，螺栓紧固无松脱。 （7）等电位线连接牢固，无松脱或缺失。 （8）模块组件中的元件无异常，螺栓无松动，无放电痕迹，无氧化现象。 （9）直流电容器外壳无鼓起，金属部分无锈蚀，连接部位牢固。 （10）阀模块外罩及屏蔽罩表面光洁，无积污，无渗漏水痕迹，无杂物。 如有异常或不符合要求，应修复
通流回路及元器件连接状态检测		（1）紧固标记清晰，未松动。 （2）回路电阻值≤20μΩ（注意值）	DL/T 393—2021 的 7.1.3.5
均压电极抽检及处理		（1）水中部分体积减小量≤20%（注意值）。 （2）O 形密封圈弹性良好无裂纹	DL/T 393—2021 的 7.1.3.6
通信光纤检查（含备用）		（1）符合设备技术要求。 （2）衰减：≤3dB（注意值）	DL/T 393—2021 的 4.8.13
换流阀子模块功能和性能测试		符合设备技术要求	抽取不少于 3%（需覆盖每个桥臂及每个阀塔）的子模块，采用制造厂提供的专用测试设备进行测试，要求如下： （1）IGBT 及其驱动检查：IGBT 应能正确开通和关断。 （2）阀电子电路检查：阀电子电路工作正常，功能正确。 （3）旁路开关性能检查：旁路开关动作准确、可靠。 （4）旁路晶闸管触发检查：符合制造厂要求。 如有缺陷，应加倍抽检量再检，如仍有缺陷，宜全检
直流电容器电容量测量		符合设备技术要求	抽取不少于 1%（覆盖每个桥臂的每个阀塔）的子模块，采用数字电桥或其他适宜方法进行测量，其他见 DL/T 393—2021 的 4.8.9。如测量中检出不符合要求的，应加倍抽检量再检，如仍然检出不符合要求的，宜全检
冷却水管路密封性检测		1.2 倍额定运行压力下无渗漏	DL/T 393—2021 的 7.1.3.10

三、阀水冷系统

（一）巡检

项目及要求见表 2-10-3-7。

（二）带电检测

项目及要求见表 2-10-3-8。

（三）在线监测

项目及要求见表 2-10-3-9，实际配置可以有所不同。

（四）停电试验

项目及要求见表 2-10-3-10 和表 2-10-3-11。所有例行试验在投运半年至 1 年应进行一次，之后按周期进行。

表 2-10-3-7　　　　　　　　　　　　　阀水冷系统巡检项目及要求

项　　目	基准周期	基本要求	说　　明
外观及状态检查		无异常	外观及状态检查内容及要求如下： （1）基础无位移、沉降等异常。 （2）标识、标志齐全。 （3）内水冷设备的室内温度正常，符合设备运行要求。 （4）主泵电机无异常声响及振动，油杯油位正常，无渗漏油及渗漏水现象。 （5）冷却塔风扇无异常声响及振动，旋转方向正确；无漏水、溢水现象。 （6）水处理回路离子交换罐无漏水、溢水现象；膨胀罐压力正常，阀门处无气体泄漏；膨胀罐水位监测装置显示正常。 （7）法兰处各螺栓紧固标记线无错位；水管道无异常振动，无漏水、溢水现象。 （8）阀门位置正确，指示清晰；无渗漏滴水现象。 （9）电源及控制保护柜线缆排列整齐、无松脱，线缆管道封堵完好；盘柜外壳及框架可靠接零或接地；电源开关名称及编号清晰，位置正确。 （10）风机法兰、阀门、接口、丝堵、排水栓处无渗水现象
传感器及表计检查		示值在正常范围	传感器及表计检查内容及要求如下： （1）传感器接头无松动、无渗漏水现象。 （2）表计外观无异常，显示清晰，示值在正常范围；就地示值与远传数据一致。 （3）冗余表计的示值互差满足设计要求
管道、法兰及阀门检查	1 周	无异常	管道、法兰及阀门检查内容及要求如下： （1）管道及法兰应无移位、变形，无异常振动。 （2）管道、法兰连接处及排泄阀无渗漏水现象。 （3）连接螺栓应无松动。 （4）阀门位置与运行方式相符。 （5）阀门位置指示装置和闭锁装置状态（如有）正常
主循环泵检查		无异常	主循环泵检查内容及要求如下： （1）轴套油位在油位线附近，或符合设备技术要求。 （2）无渗漏油和渗漏水现象。 （3）运行平稳，无异常噪声或振动。必要时采用噪声振动测试仪进行测量。 （4）主循环泵进、出口压力表外观无异常，压力及压力差在正常范围。 （5）主循环泵漏水检测装置无异常报警
过滤器检查		无异常	过滤器检查内容及要求如下： （1）罐体密封性能良好，无渗漏及溢水现象。 （2）过滤器固定螺栓无松动、脱落，内部无异响。 （3）主过滤器前、后压差表外观无异常，压力及压力差在正常范围
加热器检查		无异常	加热器检查内容及要求如下： （1）加热器电源回路正常。 （2）法兰连接处无渗漏、溢水现象
稳压系统检查		无异常	稳压系统检查内容及要求如下： （1）膨胀罐、氮气罐压力表外观无异常，压力在正常范围。 （2）膨胀罐液位计外观无异常，液位在正常范围，就地示值与远传数据一致。 （3）管道接头及排气阀应无泄漏。 （4）查看高位水箱（如有）液位计，液位在正常区间

项　目	基准周期	基本要求	说　明
去离子装置检查		无异常	去离子装置检查内容及要求如下： （1）罐体外观完好，无明显锈蚀，无渗漏、溢水现象。 （2）内冷水电导率表计外观良好，电导率在正常范围
除氧装置检查		无异常	除氧装置检查内容及要求如下： （1）罐体外观完好，应无明显锈蚀，无渗漏、溢水现象。 （2）溶解氧仪（如有）外观良好，含氧量在正常范围
补水装置检查		无异常	补水装置检查内容及要求如下： （1）补水泵电源正常。 （2）补水回路阀门位置正确，无漏水现象。 （3）补水泵外观完好，各密封位置无漏水现象。 （4）补水箱液位计外观无异常，液位在正常范围
空冷器检查		无异常	空冷器检查内容及要求如下： （1）空冷器本体外观无异常，无锈蚀，无漏水现象。 （2）空冷器风扇电机转速、转向正常，运行平稳，无异常声响及振动。 （3）空冷器风机叶片无变形及破损，运行噪声正常。 （4）空冷器进出口、补水、排污等阀门位置正确
电机及风扇检查	1周	无异常	电机及风扇检查内容及要求如下： （1）电机及风扇轴承润滑正常，运行平稳，无阻塞及异常声响。 （2）风扇叶片无变形或破损，运行噪声正常。 （3）传动装置（皮带）无撕裂、滑脱等异常，不过紧或过松。 （4）防雨罩无破损、锈蚀、进水等异常
冷却塔检查		无异常	冷却塔检查内容及要求如下： （1）冷却塔本体无变形、破损、锈蚀及漏水等异常。 （2）冷却塔风扇电机的转速及转向正常，运行平稳，无异常声响及振动。 （3）冷却塔风机叶片无变形或破损，运行噪声正常。 （4）喷淋管及喷嘴无堵塞及破损，水流均匀，进、回水无溢流和吸空现象。 （5）蛇形管无结垢及裂纹等异常。 （6）冷却水进出口、补水、排污等阀门位置指示正确，阀门闭锁装置正常。 （7）风机接线盒、安全开关密封及防雨情况良好，内部接线无过热老化及松动。 （8）冷却塔皮带无松动、脱落。 （9）冷却塔回水池排水通畅，无异物堵塞。 （10）冷却塔格栅无变形、漏水及溢水
高压泵、喷淋泵 及排污泵检查		无异常	高压泵、喷淋泵及排污泵检查内容及要求如下： （1）安全开关在合上位置。 （2）电源开关应打至"自动"方式。 （3）外观无锈蚀，防护罩无破裂。 （4）高压泵、喷淋泵运行平稳，无异常噪声、振动。 （5）机械密封位置无渗漏水。 （6）喷淋泵出口水流稳定，无空转、反转现象。 （7）主、备用喷淋泵自动切换和手动切换功能正常
软化及反渗透单元检查		无异常	软化及反渗透单元检查内容及要求如下： （1）设备室内无异常，温、湿度正常。 （2）回路管道及法兰连接处、表计与管道连接处、阀门无渗漏。 （3）查看反渗透单元前后压力表，压力差在正常范围。 （4）软化及反渗透单元出水水质符合设计要求

续表

项 目	基准周期	基本要求	说 明
加药系统检查		无异常	加药系统检查内容及要求如下： （1）加药泵外观无异常，运行正常，无异常声响及振动，无焦煳味和锈蚀，无渗漏水。 （2）加药罐内药量充足。 （3）排放阀、抽吸阀等阀门位置正确。 （4）加药泵抽取药剂的频率和剂量应在正常范围
砂滤系统检查		无异常	砂滤系统检查内容及要求如下： （1）循环泵运转正常、平稳，无异常声响，密封良好，轴封无漏水。 （2）滤砂应清洁无杂物，两端压差符合规定。 （3）砂滤罐过滤功能正常，自动、手动功能正常。 （4）电导率测量功能正常，电导率测量值在正常范用
平衡水池、盐池和盐水池检查		无异常	平衡水池、盐池和盐水池检查内容及要求如下： （1）外观无异常，无残破，无明显泄漏。 （2）平衡水池水位在正常范围。 （3）盐池中的盐量充足，盐水池水位正常，盐池和盐水池无明显水位差
红外热像一般检测	1周	温度无异常	DL/T 393—2021 的 4.8.6
就地动力电源柜检查		无异常	就地动力电源柜检查内容及要求如下： （1）柜门锁闭正常，柜门密封良好，电缆孔洞封堵严密；通风格窗未堵塞，通风良好。 （2）柜内照明正常，无积水、凝露现象，加热器、温控器投入正常。 （3）无告警信号，无异常声响。 （4）柜内状态指示正确，与设备实际状态一致。 （5）电源开关位置正常，各类控制把手在正确位置。 （6）端子接线无脱落，无异常打开的端子。 （7）变频器或软启动器面板显示正常，信号指示灯正常，控制方式在正常位置。 （8）软启动器风扇运行正常，无脱落现象。 （9）散热器风扇运行正常，无异常声音或停转现象，滤网无堵塞。 （10）元器件及电缆外观正常，电气连接处无烧煳或变色痕迹
控制保护盘柜检查		无异常	控制保护盘柜检查内容及要求如下： （1）柜门锁闭正常，柜门密封良好，电缆孔洞封堵严密；通风格窗未堵塞，通风良好。 （2）柜内照明正常，无积水、凝露现象，加热器、温控器投入正常。 （3）无告警信号，无异常声响。 （4）电源开关位置正常，各类控制把手在正确位置。 （5）主机外观正常，紧固件无松动，无异响；风扇运行正常，各状态指示灯指示正常。 （6）柜内状态指示正确，与设备实际状态一致。 （7）元器件及电缆无老化现象，电气连接处无烧煳或变色痕迹。 （8）端子接线无脱落，无异常打开的端子。 （9）散热器风扇运行正常，无异常声音或停转现象，滤网无堵塞
在线监测信息调阅（如有）	同上及告警时	无异常	DL/T 393—2021 的 7.3.3

表 2-10-3-8　　　　　　阀水冷系统带电检测项目及要求

项 目	基准周期	基本要求	说 明
红外热像精确检测	（1）±320kV 及以上：3 个月。 （2）±320kV 以下：半年	各部件温度无异常	对主循环泵、反洗泵、高压泵及喷淋泵的电机和轴承、风机电机、变频器、动力电源柜开关、动力电缆、接触器以及控制保护柜等进行检测，其他见 DL/T 393—2021 的 4.8.6

项　目	基准周期	基　本　要　求	说　　明
主循环泵振动检测（运行泵）	1年	（1）新校准≤0.06mm（注意值）。 （2）运行中≤0.1mm（注意值）	采用振动测试仪进行测量。如测结果不符合要求，应查明原因
电机三相电流测量	3年	各相电流互差≤10％	采用钳型电流表测量各相电流，测量时钳口应完全闭合，并稍做移动，确认测量值稳定。同比无异常，三相互差满足要求

表 2-10-3-9　　　　　　　　　　　　　阀水冷系统在线监测项目

在线监测项目	基本要求	说　　明
阀内水冷主回路流量监测		通过线上巡检的方式定期调阅阀内水冷主回路流量及其变化态势，流量接近保护定值时应予以关注。当收到流量低于保护定值的告警时，应按时效要求到现场进行处理
阀内水冷主回路压力监测		通过线上巡检的方式定期调阅阀内水冷主回路压力及其变化态势，压力接近保护定值时应予以关注。当收到压力低于保护定值的告警时，应按时效要求到现场进行处理
阀内水冷水温监测		通过线上巡检的方式定期调阅阀内水冷水温及其变化态势，水温接近保护定值时应予以关注。当收到水温高于保护定值的告警时，应按时效要求到现场进行处理
阀内水冷渗漏监测		通过线上巡检的方式定期调阅阀内水冷泄漏/渗漏状态。当收到泄漏/渗漏告警时，应按时效要求到现场进行处理
主循环泵故障监测		通过线上巡检的方式定期调阅主循环泵的工作状态。当收到下列告警时，应按时效要求到现场进行处理。 （1）在运主循环泵异常停运。 （2）主循环泵运行期间阀内水冷主回路流量或阀内水冷主回路压力低于正常范围。 （3）在运主循环泵出现电源回路故障。 （4）在运主循环泵电机或轴承过热
阀内水冷水电导率监测	（1）被监测的状态量均在正常范围。 （2）被监测的部件均无异常	通过线上巡检的方式定期调阅阀内水冷水的电导率及其变化态势，电导率接近保护定值时应予以关注。当收到电导率高于保护定值的告警时，应按时效要求到现场进行处理
去离子回路流量监测		通过线上巡检的方式定期调阅去离子回路中的流量及其变化态势，流量接近保护定值时应予以关注。当收到流量低于保护设定值的告警时，应按时效要求到现场进行处理
膨胀罐/高位水箱液位监测		通过线上巡检的方式定期调阅膨胀罐/高位水箱的液位及其变化态势，液位接近保护定值时应予以关注。当收到液位低于保护定值的告警时，应按时效要求到现场进行处理
膨胀罐氮气压力监测		通过线上巡检的方式定期调阅膨胀罐内的氮气压力及其变化态势，压力接近保护定值时应予以关注。当收到压力低于保护定值的告警时，应按时效要求到现场进行处理
阀内水冷传感器故障监测		通过线上巡检的方式定期评估阀内水冷传感器的工作状态，如任一传感器的测量值明显偏离合理范围，应及时核查。当收到传感器故障告警时，应按时效要求到现场进行处理
单套阀冷控制保护系统故障监测		通过线上巡检的方式定期调阅单套阀冷控制保护系统的工作状态。当收到下列告警时，应按时效要求到现场进行处理。 （1）处理器板卡故障。 （2）输入、输出板卡故障。 （3）通信板卡故障。 （4）装置断电

在线监测项目	基本要求	说　明
阀外自动补水异常监测	（1）被监测的状态量均在正常范围。 （2）被监测的部件均无异常	通过线上巡检的方式定期调阅阀外水冷自动补水系统的工作状态。当收到下列告警时，应按时效要求到现场进行处理。 （1）工业水池水位低于设置水位定值。 （2）外水冷处理设备发生故障。 （3）外水冷控制单元发生故障。 （4）原水泵发生故障
喷淋泵故障监测		通过线上巡检的方式定期调阅喷淋泵的工作状态。当收到下列告警时，应按时效要求到现场进行处理。 （1）在运喷淋泵异常停运。 （2）喷淋泵运行期间流量低于正常范围。 （3）在运喷淋泵出现电源回路故障
冷却塔风机故障监测		通过线上巡检的方式定期调阅冷却塔风机的工作状态。当收到下列故障告警时，应按时效要求到现场进行处理。 （1）在运冷却塔风机异常停运。 （2）在运冷却塔风机出现电源回路故障
阀外水冷水池液位监测		通过线上巡检的方式定期调阅阀外水冷水池的液位及其变化态势，液位接近保护定值时应予以关注，当收到液位低于保护定值的告警时，应按时效要求到现场进行处理
盐池水位监测		通过线上巡检的方式定期调阅盐池的水位及其变化态势，水位接近保护定值时应予以关注。当收到水位低于保护定值的告警时，应按时效要求到现场进行处理
反渗透单元压差监测		通过线上巡检的方式定期调阅反渗透单元压差及其变化态势，压差接近保护定值时应予以关注。当收到压差高于保护定值的告警时，应按时效要求到现场进行处理
风冷系统风机故障监测		通过线上巡检的方式定期调阅风冷系统风机的工作状态。当收到下列告警信息时，应按时效要求到现场进行处理。 （1）在运风冷系统风机异常停运。 （2）在运风冷系统风机出现电源回路故障
交流电源故障监测		通过线上巡检的方式定期调阅交流电源的工作状态。当收到任一交流电源回路故障告警时，应按时效要求到现场进行处理
直流电源故障监测		通过线上巡检的方式定期调阅直流电源的工作状态。当收到任一直流电源回路故障告警时，应按时效要求到现场进行处理

表 2－10－3－10　　　　　　　　　　　阀水冷系统例行试验项目及要求

项　目	基准周期	基本要求	说　明
电机绕组对地绝缘电阻测量	1年	（1）主循环泵电机：≥500MΩ（注意值）；其他电机：≥100MΩ（注意值）。 （2）同比及互比无显著差异	采用500V/1000V绝缘电阻表进行测量，其他见 DL/T 393—2021 的 4.8.1。测量对象包括主循环泵电机、补水泵电机、高压泵电机、喷淋泵电机、排污泵电机、砂滤循环泵电机、反洗泵电机、加药泵电机、空气压缩机电机、冷却塔风机电机等
电机绕组电阻测量	1年	各相电阻|初值差|≤2%（警示值）	采用直流电阻测试仪进行测量，其他见 DL/T 393—2021 的 4.8.2。测量对象包括主循环泵电机、补水泵电机、高压泵电机、喷淋泵电机、排污泵电机、砂滤循环泵电机、反洗泵电机、加药泵电机、空气压缩机电机、冷却塔风机电机等
电加热器对地绝缘电阻测量	3年	≥2MΩ（注意值）	采用1000V绝缘电阻表测量电加热器对地绝缘电阻
电加热器电阻测量	3年	|初值差|≤5%（注意值）	DL/T 393—2021 的 4.8.10
电动阀电机绕组对地绝缘电阻测量	3年	（1）≥500MΩ（注意值）。 （2）同比及互比无显著差异	采用500V/1000V绝缘电阻表进行测量，其他见 DL/T 393—2021 的 4.8.1

项　目	基准周期	基本要求	说　明
传感器准确度校验	3 年	符合设计要求	采用冗余传感器之间比对的方法进行简单校验。如有条件，宜在测量范围内校验多个值。如简单校验时发现互差较大，宜进一步与标准温度计进行比对校验，不合格的应更换
管道、阀门加压试验	3 年	1.2 额定运行压力下无渗漏	在停泵状态下，施加 1.2 倍（运行 10 年以上宜为 1.05～1.1 倍）的额定运行压力，持续 30min，要求管道、阀门及接头无任何渗漏水现象
动力电缆绝缘电阻测量	3 年	≥50MΩ·km（注意值）	采用 1000V 绝缘电阻表测量动力电缆芯线对地及芯线间（多芯适用）的绝缘电阻，测量对象包括动力柜及控制柜内的动力电缆。测量及分析时，注意高湿环境下电缆端部泄漏电流对测量结果的影响
冷却水电导率测量	1 年	满足设备技术要求，若无则为 25℃时，≤0.3μS/cm（注意值）	采用电导率仪进行测量，取样过程应规范，避免样本被污染。测量结果应符合设备技术要求，如未明确，则要求 25℃时电导率不宜大于 0.3μS/cm
外冷水水质检测	根据水质监测结果 1～3 年	(1) 6.8≤pH≤8.0（注意值）。 (2) 总硬度：≤300mg CaCO₃/L（注意值）。 (3) 氯化物：≤125mg/L（注意值）	分别采用水质 pH、总硬度及氯化物测定仪进行测量，取样过程应规范，避免样本被污染。如水质任一项指标不符合要求，应处理合格后再使用

表 2-10-3-11　　阀水冷系统诊断性试验项目及要求

项　目	基　本　要　求	说　明
主循环泵同心度测量	径向和轴向偏差≤0.2mm（注意值）	采用百分表进行测量，如测量结果不符合要求，应查明原因并修复

四、油浸式换流变压器

（一）巡检

项目及要求见表 2-10-3-12。

（二）带电检测

项目及要求见表 2-10-3-13 和表 2-10-3-14。

（三）停电试验

项目及要求见表 2-10-3-15 和表 2-10-3-16。

试验时应注意以下几点：

（1）基本要求一栏中所述电压等级系指网侧系统电压。

（2）试验宜在顶层油温宜介于 5～50℃时进行，并记录顶层油温。

（3）除特别说明外，有关绕组的试验均包括出线套管或出线电缆在内。

（4）低压试验前应进行充分放电。

（5）部分项目在阀侧执行比较困难，可作为诊断性项目，仅在怀疑有缺陷时进行。

表 2-10-3-12　　油浸式换流变压器巡检项目及要求

项　目	基　准　周　期	基本要求	说　明
本体检查	网侧系统电压： (1) 330kV 及以上：2 周。 (2) 220kV：1 个月。 (3) 110kV/66kV：3 个月	无异常	DL/T 393—2021 的 6.1.1.2
高压套管检查		见高压套管	DL/T 393—2021 的 6.1.2.2
储油柜及呼吸器检查		无异常	DL/T 393—2021 的 6.1.1.3
气体继电器检查		无异常	DL/T 393—2021 的 6.1.1.4
压力释放装置检查		无异常	DL/T 393—2021 的 6.1.1.5
测温装置检查		无异常	DL/T 393—2021 的 6.1.1.6
冷却系统检查		无异常	DL/T 393—2021 的 6.1.1.7
有载分接开关检查		无异常	DL/T 393—2021 的 6.1.1.8
智能控制柜/汇控柜检查		无异常	DL/T 393—2021 的 6.1.1.9
中性点设备检查		无异常	DL/T 393—2021 的 6.1.1.10
消防装置		无异常	DL/T 393—2021 的 6.1.1.11
红外热像一般检测		温度无异常	DL/T 393—2021 的 4.8.6
运行监控信息调阅		记录不良工况信息	DL/T 393—2021 的 6.1.1.12

表 2 - 10 - 3 - 13   油浸式换流变压器例行带电检测项目及要求

项 目	基 准 周 期	基 本 要 求	说 明
油中溶解气体分析	网侧系统电压： (1) 330kV 及以上：3 个月。 (2) 220kV 及以下：半年	见 DL/T 393—2021 的表 189 序号 2	DL/T 393—2021 的 6.1.2.2
油中水分检测		见 DL/T 393—2021 的表 189 序号 4	DL/T 393—2021 的 12.2.5
红外热像精确检测	网侧系统电压： (1) 330kV 及以上：半年。 (2) 220kV：1 年。 (3) 110kV/66kV：自定	(1) 储油柜油位无异常。 (2) 各部件温度无异常	DL/T 393—2021 的 4.8.6
铁芯及夹件接地电流测量		≤100mA；或|初值差|≤50%（注意值）	DL/T 393—2021 的 6.1.2.3
绝缘油例行检测	网侧系统电压： (1) 330kV 及以上：1 年。 (2) 220kV 及以下：2 年	见 DL/T 393—2021 的表 189 序号 1、3～7	DL/T 393—2021 的 12.2

表 2 - 10 - 3 - 14   油浸式换流变压器诊断性带电检测项目及要求

项 目	基 本 要 求	说 明
绝缘油诊断性试验	见 DL/T 393—2021 的表 189	DL/T 393—2021 的 12.2
局部放电带电检测	不应检测到放电性缺陷	DL/T 393—2021 的 6.1.2.5
中性点接地线直流电流测量	(1) 不引起异常噪声或振动。 (2) 不超过制造厂允许值的 50%（注意值）	DL/T 393—2021 的 6.1.2.6
声级及振动检测	(1) 声级及振动不超过设备技术要求。 (2) 同比及互比应无显著偏大	DL/T 393—2021 的 6.1.2.7
有载分接开关机械特性检测	无异常	DL/T 393—2021 的 6.1.2.8

表 2 - 10 - 3 - 15   油浸式换流变压器例行试验项目及要求

项 目	基 准 周 期	基 本 要 求	说 明
例行检查	3 年	无异常	DL/T 393—2021 的 6.1.3.2
有载分接开关例行检测		无异常	DL/T 393—2021 的 6.1.3.3
中性点设备检测		无异常	DL/T 393—2021 的 6.1.3.4
绕组绝缘电阻测量	(1) 网侧：3 年。 (2) 阀侧：必要时	绝缘电阻≥10000MΩ（注意值）。或者：330kV 及以上： 1）绝缘电阻≥3000MΩ（注意值）。 2）极化指数≥1.5（注意值）。 220kV 及以下： 1）绝缘电阻≥3000MΩ（注意值）。 2）吸收比≥1.3（注意值）	DL/T 393—2021 的 6.1.3.5
铁芯及夹件绝缘电阻测量	3 年	≥100MΩ（新投运 >1000MΩ）（注意值）	DL/T 393—2021 的 6.1.3.6
绕组电阻测量	(1) 网侧：3 年。 (2) 阀侧：必要时	相电阻|初值差|≤2%（警示值）； 或线电阻|初值差|≤1%（警示值）	DL/T 393—2021 的 6.1.3.7
绕组介损及电容量测量	(1) 网侧：3 年。 (2) 阀侧：必要时	(1) 介损（20℃，注意值）： 1）750kV/500kV：≤0.005。 2）330kV/220kV：≤0.006。 3）110kV 及以下：≤0.008。 (2) 电容量|初值差|≤3%（警示值）	DL/T 393—2021 的 6.1.3.8
高压套管例行试验	3 年	见 DL/T 393—2021 的表 60	DL/T 393—2021 的 6.12.4

表 2-10-3-16　　　油浸式换流变压器诊断性试验项目及要求

项　　目	基　本　要　求	说　　明
电压比测量	|初值差|≤0.5%（警示值）	DL/T 393—2021 的 6.1.3.9
空载电流及损耗测量	（1）单相变压器相间互差<10%（注意值）；三相变压器的两个边相互差<10%（注意值）。 （2）同比未见明显增大	DL/T 393—2021 的 6.1.3.10
负载损耗及短路阻抗检测	（1）负载损耗： 1）单相变压器相间互差<10%（注意值）；三相变压器的两个边相互差<10%（注意值）。 2）同比无明显增大。 （2）短路阻抗：|初值差|≤2%（警示值）	DL/T 393—2021 的 6.1.3.11
绕组频率响应检测	频率响应曲线同比无明显改变	DL/T 393—2021 的 6.1.3.12
扫频短路阻抗检测	各频点短路阻抗|初值差|≤2%（警示值）	DL/T 393—2021 的 6.1.3.13
绕组频域介电谱检测	（1）与原始指纹比无明显向上偏移，介损最小值无明显增大。 （2）含水量符合设备技术要求	DL/T 393—2021 的 6.1.3.14
阀侧外施交流耐压试验	（1）出厂耐压值的80%，过程无异常。 （2）放电量≤500pC（注意值，具备条件时）	DL/T 393—2021 的 6.1.3.15
网侧中性点交流耐压试验	出厂耐压值的80%，过程无异常	DL/T 393—2021 的 6.1.3.15
长时感应耐压及局部放电试验	（1）耐压过程无异常。 （2）$1.58U_r/\sqrt{3}$ 下放电量≤250pC（注意值）	DL/T 393—2021 的 6.1.3.16
电抗器电感值测量	|初值差|≤2%（警示值）	DL/T 393—2021 的 4.8.8
纸绝缘聚合度检测	聚合度≥250（注意值）	DL/T 393—2021 的 6.1.3.17
整体密封性检测	0.035MPa 气压持续时间 24h 无渗漏	DL/T 393—2021 的 6.1.3.18
振荡型操作波试验	出厂操作冲击耐压值的80%，过程无异常	DL/T 393—2021 的 6.1.3.19
油流速测量	符合设备技术要求	DL/T 393—2021 的 6.1.3.20
有载分接开关诊断性检测	符合设备技术要求	DL/T 393—2021 的 6.1.3.21
无励磁分接开关诊断性检测	符合设备技术要求	DL/T 393—2021 的 6.1.3.22
高压套管诊断性试验	见 DL/T 393—2021 的表 61	DL/T 393—2021 的 6.12.4

五、平波电抗器

（一）巡检

项目及要求见表 2-10-3-17。

（二）带电检测

项目及要求见表 2-10-3-18 和表 2-10-3-19。

（三）停电试验

项目及要求见表 2-10-3-20 和表 2-10-3-21。

表 2-10-3-17　　　平波电抗器巡检项目及要求

项　　目	基　准　周　期	基本要求	说　　明
外观检查	（1）±320kV 及以上：2 周。 （2）±320～±100kV：1 个月。 （3）±100kV 以下：3 个月	无异常	外观检查应包括以下各项： （1）基础无位移、沉降等异常。 （2）设备标识、接地标识等齐全、清晰。 （3）均压环、防雨罩外观无异常。 （4）出线无位移、散股、断股，线夹无裂纹、滑移。 （5）金属部件表面无明显锈蚀。 （6）绝缘表面无开裂、流胶及放电痕迹，支撑条无移位或脱落，通风道无堵塞（干式）。 （7）电抗器包封与支架间紧固带无松动或断裂，包封间导风撑条无松动或脱落（干式）。 （8）接地线位置及连接状态无异常
高压套管检查（油浸式）		见高压套管	DL/T 393—2021 的 6.12.2
储油柜及呼吸器检查（油浸式）		无异常	DL/T 393—2021 的 6.1.1.3
气体继电器检查（油浸式）		无异常	DL/T 393—2021 的 6.1.1.4
压力释放装置检查（油浸式）		无异常	DL/T 393—2021 的 6.1.1.5
测温装置检查（油浸式）		无异常	DL/T 393—2021 的 6.1.1.6
风冷装置检查（如有）		无异常	DL/T 393—2021 的 6.3.1.3
红外热像一般检测		温度无异常	DL/T 393—2021 的 4.8.6
在线监测信息调阅（如有）	同上及告警时	无异常	DL/T 393—2021 的 4.5.2

表 2-10-3-18   **平波电抗器例行带电检测项目及要求**

项　目	基准周期	基本要求	说　明
油中溶解气体分析（油浸式）	(1) ±320kV 及以上：3 个月。 (2) ±320～±100kV：半年。 (3) ±100kV 及以下：1 年	见 DL/T 393—2021 的表 190 序号 2	DL/T 393—2021 的 6.1.2.2
油中水分检测（油浸式）		见 DL/T 393—2021 的表 190 序号 4	DL/T 393—2021 的 12.2.5
红外热像精确检测（油浸式）	(1) ±320kV 及以上：半年。 (2) ±320kV 以下：1 年	(1) 储油柜油位无异常。 (2) 各部件温度无异常	DL/T 393—2021 的 4.8.6
红外热像精确检测（干式）		温度无异常	DL/T 393—2021 的 4.8.6
紫外成像检测（干式）		无异常放电	DL/T 393—2021 的 4.8.7
铁芯及夹件接地电流测量（油浸式）		≤100mA（注意值）或 初值差 ≤50%	DL/T 393—2021 的 6.1.2.3
绝缘油例行检测（油浸式）	(1) ±320kV 及以上：1 年。 (2) ±320kV 以下：2 年	见 DL/T 393—2021 的表 190 序号 1、3～7	DL/T 393—2021 的 12.2

表 2-10-3-19   **平波电抗器诊断性带电检测项目及要求**

项　目	基本要求	说　明
绝缘油诊断性试验（油浸式）	见 DL/T 393—2021 的表 189	DL/T 393—2021 的 12.2
局部放电带电检测	不应检测到放电性缺陷	DL/T 393—2021 的 6.1.2.5
声级及振动检测（油浸式）	(1) 声级及振动不超过设备技术要求。 (2) 同比及互应无显著偏大	DL/T 393—2021 的 6.1.2.7

表 2-10-3-20   **平波电抗器例行试验项目及要求**

项　目	基准周期	基本要求	说　明
例行检查	3 年	无异常	DL/T 393—2021 的 6.1.3.2
绕组绝缘电阻测量（油浸式）	3 年	≥10000MΩ（注意值）；或≥3000MΩ 且极化指数≥1.5（注意值）	DL/T 393—2021 的 6.1.3.5
铁芯及夹件绝缘电阻测量（油浸式）	3 年	≥100MΩ（新投运≥1000MΩ）（注意值）	DL/T 393—2021 的 6.1.3.6
绕组电阻测量	3 年	|初值差|≤2%（警示值）	DL/T 393—2021 的 6.1.3.7
绕组介损及电容量测量（油浸式）	3 年	(1) 介损（20℃，注意值）： 1) ±500kV 及以上：≤0.005。 2) ±500～±200kV：≤0.006。 3) ±200kV 以下：≤0.008。 (2) 电容量|初值差|≤3%（警示值）	DL/T 393—2021 的 6.1.3.8
高压套管例行试验（油浸式）	3 年	见 DL/T 393—2021 的表 60	DL/T 393—2021 的 6.12.4

表 2-10-3-21   **平波电抗器诊断性试验项目及要求**

项　目	基本要求	说　明
绕组频率响应检测（油浸式）	频率响应曲线同比无明显改变	DL/T 393—2021 的 6.1.3.12
绕组频域介电谱检测（油浸式）	(1) 与原始指纹比无明显向上偏移，介损最小值无明显增大。 (2) 含水量符合设备技术要求	DL/T 393—2021 的 6.1.3.14
电抗器电感值测量	|初值差|≤2%（警示值）	采用电压、电流法在 50Hz 下测量，测量电流宜不小于 1A。其他可见 DL/T 393—2021 的 4.8.8。如测量结果不符合要求，应结合关联状态量查明原因
纸绝缘聚合度检测（油浸式）	聚合度≥250（注意值）	DL/T 393—2021 的 6.1.3.17
整体密封性检测（油浸式）	无油渗漏	DL/T 393—2021 的 6.1.3.18
振荡型操作波试验	耐受，无异常	DL/T 393—2021 的 6.1.3.19
高压套管诊断性试验（油浸式）	见 DL/T 393—2021 的表 61	DL/T 393—2021 的 6.12.4

六、高压直流断路器

（一）巡检

项目及要求见表2-10-3-22。其中，外绝缘部分见DL/T 393—2021的10.1。

（二）带电检测

项目及要求见表2-10-3-23。

（三）停电试验

项目及要求见表2-10-3-24和表2-10-3-25。

表 2-10-3-22　　　　　　　高压直流断路器巡检项目及要求

项　目	基准周期	基本要求	说　明
外观检查		无异常	本体及设施的外观检查内容及要求如下： （1）基础无位移、沉降等异常。 （2）设备标识、接地标识等齐全、清晰。 （3）阀厅内清洁无杂物，墙体无裂纹。 （4）阀厅温度、湿度在正常范围。 （5）各部件无烟雾、异味、异响和振动。 （6）无漏水现象，避雷器、管母、阀厅地面、墙壁无水迹。 （7）阀厅大门、穿墙套管孔洞、排烟窗密闭良好
运行监控信息调阅	（1）±320kV及以上：2周。 （2）±320～±100kV：1个月。 （3）±100kV以下：3个月	记录不良工况信息	通过线上巡检的方式按周期调阅下列监控信息等： （1）主站各事件列表中的故障列表信息。 （2）故障电力电子模块位置信息及数量，确认损坏数量小于冗余数。 （3）耗能支路MOV动作次数。 （4）进、出水温度、流量、压力和电导率。 （5）漏水检测装置动作信息。 （6）火灾报警系统异常信息。 （7）快速机械开关储能电容电压。 （8）转移支路充电电容电压。 如有告警，应按响应时效要求及时到现场核查、处理
红外热像一般检测		温度无异常	DL/T 393—2021的4.8.6

表 2-10-3-23　　　　　　　高压直流断路器例行带电检测项目及要求

项　目	基　准　周　期	基　本　要　求	说　明
红外热像精确检测	（1）±320kV及以上：3个月。 （2）±320～±100kV：半年。 （3）±100kV以下：1年	各部件温度无异常	DL/T 393—2021的4.8.6
紫外成像检测		无异常放电	DL/T 393—2021的4.8.7
气体绝缘设备气体试验	1年或自定	见DL/T 393—2021的表196（适宜带电检测的项目）	DL/T 393—2021的第13章

表 2-10-3-24　　　　　　　高压直流断路器例行试验项目及要求

项目		基准周期	基　本　要　求	说　明
本体及附属设备清扫		1～3年（视污秽情况）	（1）屏蔽罩及底盘金属外框明亮清洁。 （2）元器件及固定框架清洁无积尘。 （3）绝缘子及冷却水管清洁无积尘	DL/T 393—2021的7.1.3.3
本体及附属设备外观检查及处理			无异常	DL/T 393—2021的7.2.3.2
主支路及元器件连接状态检查			紧固标记清晰，未松动	主支路及元器件的连接状态良好，紧固标记清晰、无松动。如有松动，应按力矩要求紧固松动螺栓；接头无氧化及变色
主支路快速机械开关	主回路电阻测量	3年	（1）初值差≤20%（注意值），或符合制造厂要求。 （2）同比及互比无明显偏大	DL/T 393—2021的6.4.3.5
	动作一致性检测		（1）符合设备技术要求。 （2）同比及互比无明显差异	宜与通信测试一并进行。对快速机械开关整机进行零电流分闸、慢分（如有）、合闸以及重合闸（如有）操作，每项操作至少进行5次，测量主支路快速机械开关各个断口触头达到额定开距的时间，应稳定一致，符合设备技术要求

续表

项　目		基准周期	基　本　要　求	说　　明
电力电子模块性能测试		3 年	无异常	采用制造厂提供的专用测试设备进行抽样测试，抽样量宜不少于每层（级）一个阀段（阀组），测试内容及要求如下： （1）测试电力电子模块的开通和关断，应准确可靠。 （2）测试旁路开关动作，应准确可靠。 如发现缺陷，应加倍抽检量再测，仍然发现有缺陷，宜全检
转移支路（负压耦合式）	电抗器绕组电阻测量	3 年	|初值差|≤2％（警示值）	DL/T 393—2021 的 4.8.2
	电抗器电感值测量		|初值差|≤3％（警示值）	DL/T 393—2021 的 4.8.8
	电容器电容量测量		|初值差|≤3％（警示值）	DL/T 393—2021 的 4.8.9
转移支路（机械式）	充电电容和储能电容测量	3 年	|初值差|≤2％（警示值）	DL/T 393—2021 的 4.8.9
	振荡电感绕组电阻测量		|初值差|≤3％（警示值）	DL/T 393—2021 的 4.8.2
	各串、并联电阻值测量		|初值差|≤3％（警示值）	DL/T 393—2021 的 4.8.10
转移支路（混合式）	阀本体漏水检测装置测试（如有）	3 年	漏水检测功能正常	DL/T 393—2021 的 7.1.3.2
	均压电极抽检及处理（如有）		（1）水中体积减小量≤20％（注意值）。 （2）O 形密封圈弹性良好无裂纹	DL/T 393—2021 的 7.1.3.6
	冷却水管路密封性检测（如有）		1.2 倍额定运行压力下无渗漏	DL/T 393—2021 的 7.1.3.10
主供能变压器、供能及层间变压器	统组绝缘电阻测量	3 年	≥1000MΩ（注意值）	DL/T 393—2021 的 6.1.3.5
	统组电阻测量		|初值差|≤2％（警示值）	DL/T 393—2021 的 6.1.3.7
	电压比测量		|初值差|≤1.0％（警示值）	DL/T 393—2021 的 6.1.3.9
	套管介损测量		见 DL/T 393—2021 的表 60	DL/T 393—2021 的 6.12.4.3
	气体试验（充气式）		见 DL/T 393—2021 的表 196	DL/T 393—2021 的第 13 章
通信光纤检查		3 年	（1）符合设备技术要求。 （2）衰减≤3dB（注意值）	DL/T 393—2021 的 4.8.13

表 2-10-3-25　　　　　　　　　高压直流断路器诊断性试验项目及要求

项　　目	基　本　要　求	说　　明
供能及层间变压器密封性检测（充气式）	相对漏气速率≤0.5％/年（注意值）	DL/T 393—2021 的 13.8
主供能变压器对地直流耐压试验	一次：出厂耐压值的80％，过程无异常	DL/T 393—2021 的 4.8.12
额定及小电流分断试验	（1）正确动作，无器件损坏。 （2）开断时间符合设备技术要求，且同比及互比无明显差异	高压直流断路器所有部件皆处于运行状态，水冷系统（如有）与实际运行工况一致，且试验前应达到热平衡（在 5min 内出阀冷却介质温度变化不超过 1℃）。 开断50％额定电流以及不小于额定电流的电流值，每个方向各3次，要求各部均正确响应动作指令，没有误动或拒动现象，无器件损坏；开断时间应满足设备技术要求

七、直流转换开关及旁路开关

（一）巡检

项目及要求见表 2-10-3-26。其中，外绝缘部分见 DL/T 393—2021 的 10.1。

（二）带电检测

项目及要求见表 2-10-3-27。其中，绝缘子部分见 DL/T 393—2021 的 10.2。

（三）停电试验

项目及要求见表 2-10-3-28 和表 2-10-3-29。其中，绝缘子部分参见 DL/T 393—2021 的 10.3。

表 2 - 10 - 3 - 26　　　　　　　　直流转换开关及旁路开关巡检项目及要求

项　目	周　期	基本要求	说　明
外观检查	(1) ±320kV 及以上：2 周。 (2) ±320～±100kV：1个月。 (3) ±100kV 以下：3 个月	无异常	外观检查内容及要求如下： (1) 基础无位移、沉降等异常。 (2) 设备标识、接地标识等齐全、清晰。 (3) 各电气连接线牢固，出线无位移、散股、断股，线夹无裂纹、滑移。 (4) 支架、横梁无明显锈蚀；螺栓无松脱。 (5) 非线性（放电）电阻、电抗器（如有）、电容器等元件外观无异常，无过热变色；电容器无渗漏或鼓肚；非线性（放电）电阻喷口无异常；充电装置无异常（如有）
气体密度表检查		密度符合设备技术要求	DL/T 393—2021 的 6.4.1.3
智能控制柜/汇控柜检查		无异常	DL/T 393—2021 的 6.4.1.4
操动机构检查		无异常	DL/T 393—2021 的 6.4.1.5
红外热像一般检测		温度无异常	DL/T 393—2021 的 4.8.6
在线监测信息调阅（如有）	同上及告警时	无异常	DL/T 393—2021 的 4.5.2

表 2 - 10 - 3 - 27　　　　　　　　直流转换开关及旁路开关带电检测项目及要求

项　目	基 准 周 期	基 本 要 求	说　明
红外热像精确检测	(1) 长期通流：3 个月。 (2) 短期通流：合闸后 1h	各部件温度无异常	DL/T 393—2021 的 4.8.6

表 2 - 10 - 3 - 28　　　　　　　　直流转换开关及旁路开关例行试验项目及要求

项　目	基准周期	基 本 要 求	说　明
断路器例行试验	3 年	见 DL/T 393—2021 的表 20	DL/T 393—2021 的 6.4.3
非线性（放电）电阻检测（仅转换开关适用）	3 年	(1) 直流参考电压|初值差|≤3%（注意值）。 (2) 漏电流≤50μA 或初值差≤30%（注意值）	DL/T 393—2021 的 6.13.3.4
振荡回路元件参数测量（仅转换开关适用）	3 年	(1) 电抗器绕组电阻|初值差|≤2%（警示值）。电抗器电感值|初值差|≤3%（警示值）。 (2) 电容量|初值差|≤3%（警示值）。 (3) 阻尼电阻|初值差|≤5%（警示值）	电抗器绕组电阻测量见 DL/T 393—2021 的 4.8.2；电容量测量见 DL/T 393—2021 的 4.8.9。必要时可进一步测量电抗器电感值，方法见 DL/T 393—2021 的 4.8.8。测量值同比均应无明显变化，如不符合要求，应查明原因或更换

表 2 - 10 - 3 - 29　　　　　　　　直流转换开关及旁路开关诊断性试验项目及要求

项　目	基 本 要 求	说　明
断路器诊断性试验	见 DL/T 393—2021 的表 21	DL/T 393—2021 的 6.4.3
振荡回路特性测量	符合设备技术要求	DL/T 393—2021 的附录 G

八、直流电流互感器（零磁通型）

（一）巡检

项目及要求见表 2 - 10 - 3 - 30。其中，外绝缘部分见 DL/T 393—2021 的 10.1。

（二）带电检测

项目及要求见表 2 - 10 - 3 - 31 和表 2 - 10 - 3 - 32。若表 2 - 10 - 3 - 32 中的绝缘油试验不适宜带电检测，可将其作为停电试验的一部分。

表 2 - 10 - 3 - 30　　　　　直流电流互感器（零磁通型）巡检项目及要求

项　目	基　准　周　期	基本要求	说　明
外观检查	（1）±320kV 及以上：2 周。 （2）±320～±100kV：1 个月。 （3）±100kV 以下：3 个月	外观无异常	DL/T 393—2021 的 6.7.2.2
红外热像一般检测		温度无异常	DL/T 393—2021 的 4.8.6
油位检查（油纸）		在正常范围	DL/T 393—2021 的 6.7.2.3
独立式合并单元检查（如有）		无异常	DL/T 393—2021 的 6.7.2.5
二次电流检查		无异常	通过线上巡检的方式调阅二次电流，同一台直流电流互感器的冗余输出及同一出线不同电流互感器的输出应保持一致
在线监测信息调阅（如有）	同上及告警时	无异常	DL/T 393—2021 的 4.5.2

表 2 - 10 - 3 - 31　　　　　直流电流互感器（零磁通型）例行带电检测项目及要求

项　目	基　准　周　期	基　本　要　求	说　明
红外热像精确检测	（1）±320kV 及以上：半年 （2）±320kV 以下：1 年	温度无异常	DL/T 393—2021 的 4.8.6

表 2 - 10 - 3 - 32　　　　　直流电流互感器（零磁通型）诊断性带电检测项目及要求

项　目	基　本　要　求	说　明
绝缘油中试验（油纸）	见 DL/T 393—2021 的表 191	DL/T 393—2021 的第 12 章
局部放电带电检测	不应检测到放电性缺陷	DL/T 393—2021 的 6.7.3.2

（三）停电试验

项目及要求见表 2 - 10 - 3 - 33 和表 2 - 10 - 3 - 34。

其中，外绝缘部分见 DL/T 393—2021 的 10.3。

表 2 - 10 - 3 - 33　　　　　直流电流互感器（零磁通型）例行试验项目及要求

项　目	基准周期	基　本　要　求	说　明
一次绕组绝缘电阻测量	3 年	≥3000MΩ（注意值）	DL/T 393—2021 的 6.7.4.2
介损及电容量测量		（1）电容量|初值差|≤−3%（警示值）。 （2）介损≤0.006（20℃，注意值）	DL/T 393—2021 的 4.8.4
独立式合并单元检测		符合设备技术要求	DL/T 393—2021 的 6.7.4.3
绝缘油试验（油纸）	3 年或自定	见 DL/T 393—2021 的表 191	DL/T 393—2021 的第 12 章

表 2 - 10 - 3 - 34　　　　　直流电流互感器（零磁通型）诊断性试验项目及要求

项　目	基　本　要　求	说　明
频域介电谱检测（油纸）	（1）与原始指纹比无明显向上偏移；介损最小值无明显增大。 （2）含水量符合设备技术要求	DL/T 393—2021 的 6.7.4.5
绕组电阻测量	（1）一次：同比及互比无明显偏大。 （2）二次：|初值差|≤2%（警示值）	DL/T 393—2021 的 6.7.4.7
电子单元补偿功能检测	补偿波形符合设备技术要求	二次电流检查发现异常，或对电子单元进行了维修或更换后适用。按制造厂说明书进行检测，补偿波形应符合设备技术要求
电流比校核	符合设备技术要求	有下列情形之一适用： （1）二次电流检查发现异常。 （2）对绕组进行了维修或更换。 （3）对独立式合并单元进行维修或更换。 （4）出现了可能影响电流比的其他情形。 在 5%～100% 额定电流范围内选择任一幅值的标准直流电流，从一次侧注入，测量各二次侧输出，如配置了独立式合并单元，应以独立式合并单元输出为最终的二次侧输出，以此校核电流比。 其他应按照 GB/T 22071.1 的要求执行

项 目	基 本 要 求	说 明
直流耐压试验	(1) 一次：出厂耐压值的 80%，过程无异常。 (2) 二次：试验电压为 2kV，过程无异常	DL/T 393—2021 的 4.8.12

九、电子式直流电流互感器

（一）巡检

项目及要求见表 2-10-3-35。其中，外绝缘部分见 DL/T 393—2021 的 10.1。

（二）带电检测

项目及要求见表 2-10-3-36。

（三）停电试验

项目及要求见表 2-10-3-37 和表 2-10-3-38。其中，外绝缘部分见 DL/T 393—2021 的 10.3。

表 2-10-3-35　　　　电子式直流电流互感器巡检项目及要求

项 目	基 准 周 期	基 本 要 求	说 明
外观检查	(1) ±320kV 及以上：2 周。 (2) ±320~±100kV：1 个月。 (3) ±100kV 以下：3 个月	外观无异常	DL/T 393—2021 的 6.8.2.2
红外热像一般检测		温度无异常	DL/T 393—2021 的 4.8.6
电子设备检查		无异常	DL/T 393—2021 的 6.8.2.3
二次电流检查		无异常	DL/T 393—2021 的 7.8.1.2
在线监测信息调阅（如有）	同上及告警时	无异常	DL/T 393—2021 的 4.5.2

表 2-10-3-36　　　　电子式直流电流互感器例行带电检测项目及要求

项 目	基 准 周 期	基 本 要 求	说 明
红外热像精确检测	(1) ±320kV 及以上：半年。 (2) ±320kV 以下：1 年	温度无异常	DL/T 393—2021 的 4.8.6

表 2-10-3-37　　　　电子式直流电流互感器例行试验项目及要求

项 目	基准周期	基 本 要 求	说 明
光纤绝缘子直流泄漏电流测量	3 年	初值差≤20% 或符合设备技术要求	DL/T 393—2021 的 6.8.4.3
电子设备检测		符合设备技术要求	DL/T 393—2021 的 6.8.4.4
电流比校核（无源）		符合设备技术要求	有下列情形之一适用： (1) 二次电流检查发现异常。 (2) 一次传感器（光纤）受到了磕碰、振动或被更换。 (3) 对一次转换器进行维修或更换。 (4) 出现了可能影响电流比的其他情形。 在 5%~100% 额定电流范围内选择任一幅值的标准直流电流，从一次侧注入，测量各二次侧输出，以此校核电流比。其他应按照 GB/T 22071.1 的要求执行
火花间隙检查（有源）		符合设备技术要求	如有火花间隙，查看间隙外观，应无异常，如有积尘，清洁间隙表面，并确认间隙距离符合设备技术要求

注　工作原理上分有源（一次传感器为分流器）和无源（一次传感器为光纤）两类。凡试验项目后附注类型的，仅该类型适用。电子设备指一次转换器及合并单元等。

表 2-10-3-38　　　　电子式直流电流互感器诊断性试验项目及要求

项 目	基 本 要 求	说 明
电流比校核	符合设备技术要求	DL/T 393—2021 的 7.8.3.3
直流耐压试验	出厂耐压值的 80%，过程无异常	DL/T 393—2021 的 4.8.12
激光供能模块检测（有源）	符合设备技术要求	DL/T 393—2021 的 4.8.14

十、直流电压互感器（分压器）

（一）巡检

项目及要求见表2-10-3-39。其中，外绝缘部分见DL/T 393—2021的10.1。

（二）带电检测

项目及要求见表2-10-3-40和表2-10-3-41。若表2-10-3-41中的绝缘油试验和气体试验不适宜带电检测，可将其作为停电试验的一部分。

（三）停电试验

项目及要求见表2-10-3-42和表2-10-3-43。

表2-10-3-39　　　　　　　直流电压互感器巡检项目及要求

项　目	基　准　周　期	基　本　要　求	说　明
外观检查	（1）±320kV及以上：2周。 （2）±320～±100kV：1个月。 （3）±100kV以下：3个月	外观无异常	DL/T 393—2021的6.9.2.2
红外热像一般检测		温度无异常	DL/T 393—2021的4.8.6
油位检查（油浸式）		在正常范围	DL/T 393—2021的6.7.2.3
气体密度表检查（充气）		在正常范围	DL/T 393—2021的6.7.2.4
独立式合并单元检查		无异常	DL/T 393—2021的6.7.2.5
二次电压检查		无异常	通过线上巡检的方式调阅二次电压，同一台直流电压互感器的冗余输出应保持一致，且测量值在合理范围
在线监测信息调阅（如有）	同上及告警时	无异常	DL/T 393—2021的4.5.2

表2-10-3-40　　　　　　　直流电压互感器例行带电检测项目及要求

项　目	基　准　周　期	基　本　要　求	说　明
红外热像精确检测	（1）±320kV及以上：半年。 （2）±320kV以下：1年	温度无异常	DL/T 393—2021的4.8.6

表2-10-3-41　　　　　　　直流电压互感器诊断性带电检测项目及要求

项　目	基　本　要　求	说　明
绝缘油试验（油浸式）	见DL/T 393—2021的表191	DL/T 393—2021的第12章
气体试验（充气）	见DL/T 393—2021的表196（适宜带电检测的项目）	DL/T 393—2021的第13章
局部放电带电检测	不应检测到放电性缺陷	DL/T 393—2021的6.7.3.2

表2-10-3-42　　　　　　　直流分压器例行试验项目及要求

项　目	基准周期	基　本　要　求	说　明
电压限制装置检查	3年	符合设备技术要求	按制造厂提供的检查方法和要求进行。也可采用不超过1000V的绝缘电阻表施加于电压限制装置的两个端子，应能识别出电压限制装置的响应
分压电阻及电容测量		（1）电阻值|初值差|≤2%（警示值）；电容量|初值差|≤2%（警示值）。 （2）或阻抗值|初值差|≤2%（警示值）	采用数字电桥或其他适宜方法分别测量分压器高压臂和低压臂的电阻值和电容量，如不便分开测量，可测量阻抗值替代。测量时，宜将处于测量回路的外绝缘表面泄漏电流予以屏蔽。如试验结果不符合要求，应进行电压比校核
独立式合并单元检测（如有）		符合设备技术要求	DL/T 393—2021的6.7.4.3
气体试验（充气）	3年或自定	见DL/T 393—2021的表196	DL/T 393—2021的第13章

表 2-10-3-43　　　　　　　　　直流分压器诊断性试验项目及要求

项　目	基　本　要　求	说　明
绝缘油试验（油浸式）	见 DL/T 393—2021 的表 191	DL/T 393—2021 的第 12 章
电压比校核	符合设备技术要求（注意值）	有下列情形之一适用： （1）二次电压检查发现异常 （2）进行了耐压或局部放电试验。 （3）对独立式合并单元进行维修或更换。 （4）出现了可能影响电压比的其他情形。 在 50%～100% 额定电压范围内选择任一幅值的直流电压，施加于一次侧，测量各二次侧或合并单元输出（有合并单元时），校核电压比。如果是阻容分压器，有条件时，宜同时校核 1～2.5kHz 任一频率下的电压比，直流电压和交流电压的电压比应一致
直流耐压试验	出厂耐压值的 80%，过程无异常	DL/T 393—2021 的 4.8.12

十一、滤波器及中性线母线电容器

（一）巡检

项目及要求见表 2-10-3-44。其中，外绝缘部分参见 DL/T 393—2021 的 10.1。

（二）带电测量

项目及要求见表 2-10-3-45。

（三）停电试验

项目及要求见表 2-10-3-46 和表 2-10-3-47。其中，外绝缘部分见 DL/T 393—2021 的 10.3。

表 2-10-3-44　　　　　　　滤波器及中性线母线电容器巡检项目及要求

项　目	基　准　周　期	基本要求	说　明
外观检查	（1）AC 330kV/DC±200kV 及以上：2 周。 （2）AC 220kV/DC±200～±100kV：1 个月。 （3）AC 110kV/DC±100kV 以下：3 个月	外观无异常	外观检查内容及要求如下： （1）基础无位移、沉降等异常。 （2）设备标识、接地标识等齐全、清晰。 （3）高压引线、接地线连接正常，无移位、断股、烧蚀。 （4）电容器外观无异常，无渗漏油，外壳无鼓起。 （5）电抗器外观无异常，线圈绝缘表面无裂纹、碳化和变色。 （6）电阻器的空气进出口（如有）无堵塞。 （7）电流互感器的油位（油纸）或密度表示值（充气）在正常范围。 （8）无异常声响及振动
红外热像一般检测		温度无异常	DL/T 393—2021 的 4.8.6
在线监测信息调阅（如有）	同上及告警时	无异常	DL/T 393—2021 的 4.5.2

表 2-10-3-45　　　　　　　滤波器及中性线母线电容器例行带电检测项目及要求

项　目	基　准　周　期	基本要求	说　明
红外热像精确检测	（1）AC 330kV/DC±200kV 及以上：3 个月。	温度无异常	DL/T 393—2021 的 4.8.6
紫外成像检测	（2）AC 220kV/DC±200kV 以下：半年	无异常放电	DL/T 393—2021 的 4.8.7

表 2-10-3-46　　　　　　　滤波器组及中性线母线电容器例行试验项目及要求

项　目	基准周期	基　本　要　求	说　明
例行检测及维修	3 年	无异常	在停电状态下，对主要部件进行检查，具体要求如下： （1）电容器：更换渗漏油的电容器，但若轻微渗漏，可根据制造厂指导予以修复。如出现外壳鼓起、变色或者运行中红外热像检测显示温度异常，则予以更换。 （2）电抗器：线圈内外表面无碳化、变色及电弧烧蚀痕迹；修复局部剥落的保护漆；检查接地线，如出现腐蚀应予修复。 （3）电阻器：外观无异常，清洁进出气口。 （4）按力矩要求检查并紧固螺栓
电容器组电容量测量		｜初值差｜≤2%（警示值）	DL/T 393—2021 的 4.8.9

表 2 - 10 - 3 - 47 滤波器及中性线母线电容器诊断性试验项目及要求

项　目	基　本　要　求	说　明
电抗器参数测量	(1) 绕组电阻|初值差|≤2% （警示值）。 (2) 电抗值|初值差|≤3% （警示值）	线圈表面有异常放电或碳化痕迹时适用。 参数包括电抗器的绕组电阻和电抗器的电感值，测量前需打开影响测量的接线，电感值宜在额定/固定频率下测量。其他见 DL/T 393—2021 的 4.8.2 和 4.8.8
单台电容器电容量测量	(1) |初值差|≤3% （注意值）。 (2) 与额定值之差在 -5%～10% 之间（注意值）	整组电容量超过注意值，或退出运行前不平衡电流超过运行保护定值的 50% 时适用。 测量前需打开影响测量的接线，并宜在额定/固定频率下测量。其他见 DL/T 393—2021 的 4.8.9
电阻器电阻值测量	|初值差|≤3% （警示值）	外观检测异常或需要测定阻值时适用。 测量前需打开影响测量的接线，其他见 DL/T 393—2021 的 4.8.10
电流互感器诊断性试验	(1) 绝缘电阻≥1000MΩ （注意值）。 (2) 电流比校核符合设备技术要求	DL/T 393—2021 的 6.7.4
金属氧化物避雷器停电试验	见 DL/T 393—2021 的表 64 和表 65	DL/T 393—2021 的 6.13.3

十二、高压直流套管

（一）说明

包括油纸绝缘（以下简称"油纸"）、气体绝缘（以下简称"充气"）、油纸与气体混合绝缘（以下简称"油气"）等类型。凡试验项目后附注类型的，仅该类型适用。

（二）巡检

项目及要求见表 2 - 10 - 3 - 48。

表 2 - 10 - 3 - 48 高压直流套管巡检项目及要求

项　目	基　准　周　期	基本要求	说　明
外观检查	(1) ±320kV 及以上：2 周。 (2) ±320～±100kV：1 个月。 (3) ±100kV 以下：3 个月	外观无异常	DL/T 393—2021 的 6.12.2.2
红外热像一般检测		温度无异常	DL/T 393—2021 的 4.8.6
油位检查（油纸、油气）		在正常范围	DL/T 393—2021 的 6.7.2.3
气体密度表检查（充气、油气）		在正常范围	DL/T 393—2021 的 6.7.2.4
在线监测信息调阅（如有）	同上或告警时	无异常	DL/T 393—2021 的 4.5.2

（三）带电检测

项目及要求见表 2 - 10 - 3 - 49 和表 2 - 10 - 3 - 50。

若表 2 - 10 - 3 - 50 中的气体试验不适宜带电检测，可将其作为停电试验的一部分。

（四）停电试验

项目及要求见表 2 - 10 - 3 - 51 和表 2 - 10 - 3 - 52。

表 2 - 10 - 3 - 49 高压直流套管例行带电检测项目及要求

项　目	基　准　周　期	基　本　要　求	说　明
红外热像精确检测	(1) ±320kV 及以上：半年。 (2) ±320kV 以下：1 年	温度无异常	DL/T 393—2021 的 4.8.6

表 2 - 10 - 3 - 50 高压直流套管诊断性带电检测项目及要求

项　目	基　本　要　求	说　明
气体试验（充气、油气）	见 DL/T 393—2021 的表 196 （适宜带电检测的项目）	DL/T 393—2021 的第 13 章
穿墙套管局部放电带电检测	不应检测到放电性缺陷	DL/T 393—2021 的 6.12.3.3

表 2 - 10 - 3 - 51　　高压直流套管例行试验项目及要求

项　目	基准周期	基　本　要　求		说　明
绝缘电阻测量	3 年	(1) 主绝缘：≥10000MΩ（注意值）。 (2) 末屏对地：≥1000MΩ（注意值）		DL/T 393—2021 的 6.12.4.2
电容量和介损测量（电容型）	3 年	(1) 电容量（警示值）： 1) ±200kV 及以上：|初值差|≤3%。 2) ±200kV 以下：|初值差|≤5%。 (2) 介损（20℃，注意值）：		DL/T 393—2021 的 6.12.4.3
		电压等级	介损	
		±500kV 以上	≤0.005	
		±500～+320kV	≤0.006	
		±320（含）～±100kV	≤0.007	
		±100kV 以下	≤0.008	
气体试验（充气、油气）	3 年或自定	见 DL/T 393—2021 的表 196		DL/T 393—2021 的第 13 章

表 2 - 10 - 3 - 52　　高压直流穿墙套管诊断性试验项目及要求

项　目	基　本　要　求	说　明
绝缘油试验（油纸、油气）	见 DL/T 393—2021 的表 192	DL/T 393—2021 的第 12 章
末屏介损检测（有测量端子）	≤0.015（注意值）	DL/T 393—2021 的 6.7.4.4
频域介电谱检测（电容型）	(1) 与原始指纹比无明显向上偏移，介损最小值无明显增大。 (2) 含水量符合设备技术要求	DL/T 393—2021 的 6.12.4.4
直流耐压及局部放电试验	(1) 耐压：出厂耐压值的 80%，过程无异常。 (2) 局部放电量：≤20pC（1.05U_m 下，注意值）	需直接确认绝缘强度、排查放电性缺陷时适用。 采用可调直流试验电源，耐受电压为出厂试验值的 80%，持续 60s，其他见 DL/T 393—2021 的 4.8.12。 如试验不符合要求，应修复或更换
套管中的电流互感器试验	(1) 绝缘电阻测量。 (2) 电流比校核。 (3) 极性测试	DL/T 393—2021 的 7.8/7.9

十三、直流场金属氧化物避雷器

（一）巡检

项目及要求见表 2 - 10 - 3 - 53。

（二）带电检测

项目及要求见表 2 - 10 - 3 - 54。

（三）停电试验

项目及要求见表 2 - 10 - 3 - 55。

表 2 - 10 - 3 - 53　　直流场金属氧化锌避雷器巡检项目及要求

项　目	基　准　周　期	基本要求	说　明
外观检查	(1) ±320kV 及以上：2 周。 (2) ±320～±100kV：1 个月。 (3) ±100kV 以下：3 个月	外观无异常	DL/T 393—2021 的 6.13.1.2
红外热像一般检测		温度无异常	DL/T 393—2021 的 4.8.6
持续电流表检查		无异常	DL/T 393—2021 的 6.13.1.3
放电计数器检查		记录计数器示数	DL/T 393—2021 的 6.13.1.4
在线监测信息调阅（如有）	同上及告警时	无异常	DL/T 393—2021 的 4.5.2

表 2 - 10 - 3 - 54　　直流场金属氧化物避雷器例行带电检测项目及要求

项　目	基　准　周　期	基本要求	说　明
运行中持续电流检测	(1) ±320kV 及以上：半年。 (2) ±320kV 以下：1 年（雷雨季前）	同比及互比无明显增大	红外测温偏高，怀疑其存在问题时适用。 未预装持续电流表时，采用钳形直流电流表进行测量。测量时钳口应完全闭合，同时尽量让接地线垂直穿过钳口平面，期间沿接地线上下移动并轻微转动钳口，测量值应无较大变化。分析时应注意环境湿度影响
红外热像精确检测		温度无异常	DL/T 393—2021 的 4.8.6

表 2 - 10 - 3 - 55　　　　　　　　直流场金属氧化物避雷器例行试验项目及要求

项　目	基准周期	基　本　要　求	说　明
底座绝缘电阻测量	3 年	≥100MΩ（注意值）	DL/T 393—2021 的 6.13.3.2
放电计数器功能检测	3 年	动作正常	DL/T 393—2021 的 6.13.3.3
直流参考电压测量	3 年	（1）|初值差|≤5%（注意值）。 （2）多支并联时|互差|≤2%（注意值）	DL/T 393—2021 的 6.13.3.4
0.75 倍直流参考电压下漏电流测量	3 年	（1）≤50μA 或初值差≤30%（注意值）。 （2）同比及互比无明显偏大	

第四节　直流电源状态检修试验

一、巡检

项目及要求见表 2 - 10 - 4 - 1。

二、带电检测

项目及要求见表 2 - 10 - 4 - 2 和表 2 - 10 - 4 - 3。

三、在线监测

在线监测为可选项，遵循 DL/T 393—2021 的 4.4 要求，项目及要求见表 2 - 10 - 4 - 4，实际配置可以有所不同。

表 2 - 10 - 4 - 1　　　　　　　　站用直流电源设备巡检项目及要求

项　目	基　准　周　期	基本要求	说　明
蓄电池检查	变电站/换流站系统电压： （1）AC 330kV 及以上/DC ±200kV 及以上：2 周。 （2）AC 220kV/DC ± 200 ~ ±100kV：1 个月。 （3）其他：3 个月	无异常	蓄电池检查内容及要求如下： （1）蓄电池室门窗严密，房屋无渗漏水；室内照明及消防设备完好，无杂物堆放。 （2）蓄电池室温度在 15～30℃ 或符合设计要求，相对湿度低于 80%，通风正常。 （3）蓄电池组外观清洁，电气连接无松动及锈蚀，蓄电池支架接地完好。 （4）蓄电池外壳无裂纹，无鼓肚及漏液；安全阀无堵塞、密封良好。 （5）蓄电池单体电压在合格范围，未欠充电或过充电。 （6）蓄电池单体内阻在合格范围（如监测）。 （7）蓄电池巡检采集单元运行正常
充电装置检查		输入和输出正常	充电装置检查的内容及要求如下： （1）交流输入电压、直流输出电压及电流均在正常范围。 （2）充电装置声音无异常，运行指示灯正常，无告警。 （3）充电模块均流满足设备技术要求（如监测）。 （4）风冷式模块风扇无异常，达到启动条件时应正常运行，滤网无过度积灰
直流屏（柜）检查		无异常	直流屏（柜）检查的内容及要求如下： （1）直流屏（柜）和各直流回路的标志清晰、齐全。 （2）各支路的运行监视信号指示正常，直流断路器分合位置正确。 （3）柜内母线、引线防短路绝缘护套完好，无破损。 （4）直流屏（柜）通风散热无异常，防止小动物侵入的封堵完好。 （5）柜门与柜体之间等电位软铜线（要求不小于 4mm² ）连接正常。 （6）各元件接线紧固，外观无异常，无异常声响，无过热、异味、冒烟

续表

项　目	基　准　周　期	基本要求	说　明
在线监测装置检查	变电站/换流站系统电压： （1）AC 330kV 及以上/DC ±200kV 及以上：2 周。 （2）AC 220kV/DC ±200～ ±100kV：1 个月。 （3）其他：3 个月	无异常	在线监测装置检查的内容及要求如下： （1）机箱、屏柜及线缆等外观无异常。 （2）各监测装置运行正常，通信正常。 （3）就地指示灯（屏）显示正常，无告警信息
监控系统检查		无告警信息	监控系统检查的内容及要求如下： （1）监控系统运行正常，通信正常，无告警信息。 （2）三相交流输入、充电机直流输出和直流母线电压正常。 （3）蓄电池组电压、充电模块输出电压和浮充电流正常。 （4）温度、接地电阻等其他监控状态量均在正常范围
直流断路器、熔断器检查		无异常	直流断路器、熔断器检查的内容及要求如下： （1）标志齐全、清晰，连线无松动或断线，温度无异常。 （2）直流断路器外观无异常，无跳闸信号；熔断器无熔断。 （3）两段直流母线之间的断路器或隔离开关处于正确位置
电缆检查		无异常	电缆检查的内容及要求如下： （1）标志牌清晰、齐全。 （2）敷设路径无异常，电缆护套无破损。 （3）蓄电池接线端子绝缘防护罩位置及外观无异常。 （4）接头接触良好，无过热
红外热像一般检测（适用时）		蓄电池单体温度无异常	DL/T 393—2021 的 4.8.6
在线监测信息调阅	同上及告警时	无异常	DL/T 393—2021 的 8.3

表 2-10-4-2　　　　　　　　　　直流电源设备例行带电检测项目及要求

项　目	基准周期	基　本　要　求	说　明
蓄电池内阻测试	6 月	（1）蓄电池内阻无明显变化。 （2）单只蓄电池内阻初值差≤10%（注意值）	采用蓄电池单体内阻测试仪按顺序逐一对蓄电池单体的内阻进行测试。测试时，正确连接测试电缆，防止造成短路、接地和断路故障。如内阻明显增大，应予以更换
蓄电池单体电压测量	1 月	（1）浮充电压在制造厂规定的范围。 （2）同比无明显变化	采用电压表，按顺序逐一对蓄电池单体电压进行测量。测试时，正确连接测试电缆，防止造成短路、接地和断路故障。如测量结果不满足要求，应查明原因或更换
充电装置定期轮换	6 月	备用充电机无异常	直流电源备用充电机（如有）每半年轮换 1 次，备用充电机工作应无异常
红外热像精确检测（适用时）	6 月	（1）蓄电池单体温度同比及互比无异常。 （2）蓄电池单体温度在允许范围	DL/T 393—2021 的 4.8.6

表 2-10-4-3　　　　　　　　　　直流电源设备诊断性带电检测项目及要求

项　目	适用场景	基本要求	说　明
蓄电池负载能力测试	怀疑蓄电池组容量不足时	不影响系统正常运行	可采用周期自动、本地操作或远程操作等多种方式，由监控系统顺序完成带负载测试，依次执行调节充电装置输出电压，控制放电装置启动和停止，恢复系统运行方式等操作。自动记录供电测试时间、电流等参数，应符合带负载能力要求

表 2 - 10 - 4 - 4 直流电源设备在线监测项目

监测项目	基本要求	说 明
直流系统电压监测及绝缘电阻监测	(1) 直流系统电压正常。 (2) 无绝缘缺陷	通过线上巡检的方式定期调阅下列监测数据，关注其变化态势，应无异常： (1) 直流系统母线电压。 (2) 正、负母线对地直流电压，正、负母线对地交流电压。 (3) 正、负母线对地绝缘电阻及支路对地绝缘电阻。 如有直流系统电压及绝缘电阻异常告警，应按时效要求查明原因
绝缘状态监测	绝缘电阻正常，无接地故障	通过线上巡检的方式定期调阅下列监测信息： (1) 单极一点或多点接地。 (2) 两极同支路同阻值接地，两极同支路不同阻值接地。 (3) 两极不同支路同阻值接地，两极不同支路不同阻值接地。 如有接地告警，应按时效要求查明原因
母线电压监测	母线电压在正常范围	通过线上巡检的方式定期调阅直流系统母线电压监测数据，应无过电压（大于或等于110%标称电压）或欠电压（小于或等于90%标称电压）。 如母线电压有过电压或欠电压告警，应按时效要求查明原因
交流窜电监测	无交流窜电故障	通过线上巡检的方式定期调阅直流系统中的交流电压幅值，应低于告警值（通常要求有效值小于10V）。 如有交流窜电故障告警，应按指示的故障支路尽快查明原因
直流互窜监测	无直流窜电故障	通过线上巡检的方式定期调阅直流绝缘监测装置的运行状态。 当有直流互窜故障告警，应按指示的故障支路尽快查明原因
蓄电池组监测	蓄电池组无异常	通过线上巡检的方式定期调阅以下部分或全部状态量： (1) 蓄电池组的实时电压值。 (2) 蓄电池组的环境实时温度值。 (3) 蓄电池组的实时电流值。 (4) 蓄电池单体的实时电压值。 (5) 蓄电池（或标示电池）单体的实时温度值。 (6) 蓄电池单体的内阻值。 当有上述状态量异常告警，应按告警时效要求尽快查明原因
充电模块监测	充电模块无异常	通过线上巡检的方式定期调阅以下部分或全部状态量： (1) 充电模块的实时交流输入电压值。 (2) 充电模块的直流输出电压值。 (3) 充电模块的直流输出电流值。 (4) 充电模块的输出纹波电压值。 当有上述状态量越限告警时，应按告警时效要求尽快查明原因

四、停电试验

项目及要求见表 2 - 10 - 4 - 5 和表 2 - 10 - 4 - 6。

表 2 - 10 - 4 - 5 直流电源设备例行试验项目及要求

项目	基准周期	基本要求	说 明
蓄电池核对性充放电	(1) 新安装。 (2) 投运前4年：2年。 (3) 投运4年后：1年	不低于额定容量的80%（注意值）	1. 单组阀控蓄电池组 (1) 蓄电池组不退出运行，也不进行全核对性放电，用 I_{10}（10h率放电电流）放出其额定容量的50%。 (2) 在放电过程中，蓄电池组的端电压不应低于 1.95V×N（蓄电池单体只数）。 (3) 放电后，立即用 I_{10} 进行恒流限压充电—恒压充电—浮充电，反复放充 2~3 次，蓄电池容量可以得到恢复。 (4) 若有备用蓄电池组替换时，该组蓄电池宜进行全核对性放电。 2. 两组阀控蓄电池组 (1) 一组运行，另一组退出运行进行全核对性放电。 (2) I_{10} 恒流放电，当整组电压下降到 1.8V×N 或单体电压低于 1.8V 时，停止放电。 (3) 隔 1~2h 后，再用 I_{10} 进行恒流限压充电—恒压充电—浮充电，反复放充 2~3 次，蓄电池容量可以得到恢复。 (4) 若经过三次全核对性放充电，仍达不到其额定容量的80%以上，则应安排更换

项　目	基准周期	基　本　要　求	说　　明
充电装置参数测量	3 年	（1）稳压精度≤±0.5%（注意值）。 （2）稳流精度≤±1%（注意值）。 （3）纹波系数≤0.5%（注意值）。 （4）均流不平衡度≤5%（注意值）	充电装置参数测量内容及要求如下： （1）稳压精度测量：当交流电源电压在标称值的85%～120%内变化、直流输出电流在额定值的0%～100%内变化时，直流输出电压在调节范围内任一数值上应保持稳定，稳压精度 $\delta_U=(U_M-U_Z)/U_Z\times100\%$ 不应大于规定值。其中，U_Z 为交流输入电压为额定值且负载电流为50%的额定电流时输出电压的测量值；U_M 为输出电压的极限值。 （2）稳流精度测量：当交流电源电压在标称值的85%～120%内变化、直流输出电压在调节范围内变化时，直流输出电流在额定值的20%～100%内任一数值上应保持稳定，稳流精度 $\delta_I=(I_M-I_Z)/I_Z\times100\%$ 不应大于规定值。其中，I_Z 为交流输入电压为额定值且充电电压在调整范围内的中间值时充电电流测量值；I_M 为充电电流的极限值。 （3）纹波系数测量：当交流电源电压在标称值的85%～120%内变化、电阻性负载电流在额定值的0%～100%内变化时，直流输出电压在调节范围内任一数值上的纹波系数 $\delta=U_{PP}/2U_{DC}\times100\%$ 不应大于规定值。其中，U_{PP} 为输出电压交流分量峰峰值；U_{DC} 为直流输出电压平均值
绝缘监测装置校验	3 年	符合设备技术要求	根据实际配置，通过模拟直流系统各种典型故障，逐一校验监测数据的准确度和告警的可靠性。常用校验项目有：精度校验、一点接地校验、两点接地校验、双极接地校验、电容影响校验、交流窜电校验、直流窜电校验、蓄电池接地校验等

表 2 - 10 - 4 - 6　　　　　　　　直流电源设备诊断性试验项目及要求

项　目	基　本　要　求	说　　明
直流电源保护级差配合测试	直流断路器上、下级配置合理	新建或改造的直流电源系统适用。 在进行级差配合试验时，可采用直接短路法或小电流估算法。对直流馈线屏和直流分电屏位置处的直流断路器，宜采用小电流估算法估算短路电流及判断级差配合特性，即在本级直流断路器负荷侧连接可调负载，根据戴维南定律，通过改变可调负载产生的小电流估算出真实短路电流，进而判断出保护电器的级差配合特性
蓄电池解体试验	符合电池设计要求	新投运，或发生蓄电池故障需要进行特性分析时适用。 解体前检查壳体有无破裂、漏液或鼓起，接线端子有无腐蚀，安全阀有无漏液等异常。测量电池内阻、开路电压及电池质量。解体时，将蓄电池槽、盖分离，观察极群状况，汇流排有无断裂，汇流排与极板极耳处的连接情况，观察极柱与汇流排、极柱与端柱的连接情况有无断裂、虚焊假焊现象；分别取下正、负极板，观察极板表面是否有裂纹、变形，进行极板厚度和汇流排截面积等测量。必要时，可进行极板合金含量和电解液成分分析

第五节　接地装置状态检修试验

一、接地网

（一）巡检

项目及要求见表 2 - 10 - 5 - 1。

（二）带电检测

项目及要求见表 2 - 10 - 5 - 2 和表 2 - 10 - 5 - 3。

二、直流接地极（站）

（一）巡检

项目及要求见表 2 - 10 - 5 - 4。现场巡检周期根据在线监测的应用情况在 1～3 个月调整。外绝缘部分见 DL/T 393—2021 的 10.1。

表 2-10-5-1　　　　　　　　　　　　　　接地网巡检项目及要求

项目	基准周期	基本要求	说明
接地线检查	（1）AC 330kV 及以上/DC ±200kV 及以上：3 个月。 （2）其他：1 年（宜雷雨季前）	无异常	检查站内所有高压设备、智能控制柜（汇控柜）、电子设备外壳（明确要求不接地的除外）等接地线与接地网的连接状态，要求连接牢固，无位移、断裂及严重腐蚀等异常
地基检查		平整，无沉降	站区地基平整，无沉降与开裂，站区周边无冲刷、滑坡等异常

表 2-10-5-2　　　　　　　　　　　　　接地网例行带电检测项目及要求

项　目	基　准　周　期	基本要求	说　明
设备接地引下线导通电阻测量	（1）AC 330kV 及以上/DC ±200kV 及以上：1 年。 （2）其他：3 年	（1）≤200mΩ（注意值）。 （2）同比及互比无明显偏大	采用数字电桥或其他适宜方法测量相邻两设备接地引下线间的电阻，其他应按照 DL/T 475 的要求执行，要求小于或等于 200mΩ 或符合设计要求。如果测量结果明显偏大，分别测量该两设备与另一相邻设备接地引下线间的电阻，以判断接地引下线电阻偏大的设备，超过 400mΩ 时应查明原因
接地网接地阻抗测量	6 年	（1）符合设计要求。 （2）同比无明显增大	酸性土壤按基准周期定期测量，一般土壤按 2 倍基准周期定期测量。 采用接地网接地阻抗测量仪进行测量，测试电流应为频率 40~60Hz、幅值大于或等于 3A 的正弦波，分析时应充分考虑分流系数以及土壤湿润度的影响。其他应按照 DL/T 475 的要求执行

表 2-10-5-3　　　　　　　　　　　　接地网诊断性带电检测项目及要求

项　目	基本要求	说　明
跨步电位差及接触电位差测量	符合设计要求	接地网开挖检查或/和修复后适用。 检测方法可按照 DL/T 475 的要求执行，测量结果应符合设计要求
开挖检查	无严重腐蚀及结构解体	若接地网接地阻抗、接地引下线导通检查、跨步电位差及接触电位差任意一项不满足要求，或怀疑接地网被严重腐蚀时，应进行本项目。 开挖后应修复被腐蚀或不合要求的部分，恢复之后，应进行接地阻抗、跨步电位差及接触电位差测量，测量结果应符合设计要求

表 2-10-5-4　　　　　　　　　　　　　接地极及线路巡检项目及要求

项　目	巡检方式	基准周期	基本要求	说　明
安防信息调阅	线上巡检	（1）无告警：1 周。 （2）有告警：立即	无异常	根据配置情况，通过线上巡检的方式调阅下列部分或全部信息： （1）极址大门锁闭正常，无变形或破坏现象。 （2）电子围栏完好，未见侵入等异常。 （3）监控摄像头信号正常，后台画面清晰，能正常切换。 （4）接地极设备外观无异常
在线监测信息调阅		（1）无告警：1 周。 （2）有告警：立即。 （3）单极大地回路运行时	无异常	DL/T 393—2021 的 9.2.3
一般性检查	线下巡检	1~3 个月	无异常	一般性检查内容及要求如下： （1）设备基础无沉降、滑移，底座、支架牢固且无歪斜。 （2）设备标识、接地标识等齐全、清晰，外观无异常。 （3）出线及连接件无移位、断股及过热变色。 （4）接地线连接牢固，无位移或断裂，黄绿标识清晰。 （5）金属件无明显锈蚀，防腐层无龟裂或脱落。 （6）充油设备无渗漏油或渗漏痕迹。 （7）无异常声响及振动

项 目	巡检方式	基准周期	基本要求	说 明
红外热像一般检测			温度无异常	DL/T 393—2021 的 4.8.6
电抗器检查			无异常	电抗器检查内容及要求如下： (1) 线圈表面无龟裂、烧焦、电弧及爬电痕迹等异常。 (2) 线圈和冷却槽上无杂物、鸟窝等。 (3) 并联避雷器护套、法兰、引线无异常
电容器检查			无异常	电容器检查内容及要求如下： (1) 无渗漏油，无鼓肚。 (2) 绝缘件无破损，金属件无锈蚀
隔离开关检查			无异常	隔离开关检查内容及要求如下： (1) 触头及出线无过热、变色等异常。 (2) 分、合闸位置正常，与指示一致。 (3) 底座无变形、裂纹，连接螺栓无锈蚀、脱落等异常。 (4) 机构箱无受潮凝露，除湿装置工作正常
电流互感器检查			无异常	电流互感器检查内容及要求如下： (1) 光纤接线盒盖密封良好，封堵严密、防雨罩安装紧固。 (2) 二次侧电流合理，通信正常
站用变压器检查			无异常	站用变压器检查内容及要求如下： (1) 外观无异常。 (2) 无异常声响及振动
开关柜及配电柜检查	线下巡检	1~3 个月	无异常	开关柜及配电柜检查内容及要求如下： (1) 柜门关闭正常，未变形，柜体密封良好，螺栓连接紧密。 (2) 带电显示状态指示正确。 (3) 蓄电池外观清洁、正常，无渗漏液，无膨胀。 (4) 监控装置（如有）运行正常，无告警信号。 (5) 充电模块交流输入电压、直流输出电压和电流显示正确，风扇运转正常，无告警信号，无明显噪声或异常发热。 (6) 直流母线电压、蓄电池组浮充电压值在规定范围，浮充电流值符合规定。 (7) 屏柜内各元件标识齐全、清晰，开关、操作把手位置正确。 (8) 监控装置显示正负母线对地绝缘平衡
馈电电缆检查			无异常	馈电电缆检查内容及要求如下： (1) 电缆本体无变形，无过度弯折。 (2) 外护套无破损、龟裂现象。 (3) 电缆无明显烧焦痕迹或焦煳味。 (4) 电缆孔洞封堵良好
检测井、渗水井、引流井检查			无异常	检测井、渗水井、引流井检查具体内容及要求如下： (1) 检测井、渗水井的混凝土构件完好，井沿明显高于周围地面。 (2) 检测井、渗水井内无异物，渗水井周边的地面高度不能高于渗水井的排水孔。 (3) 检测井上方的盖板完好，无缺失或破损。 (4) 抽查检测井内传感器及传输电缆，应外观完好，无破损等异常现象。 (5) 引流井电缆压接头与引流棒之间连接良好，无脱焊。 (6) 标识牌、标桩完好、无缺失，标识信息清晰、正确。 检测井、渗水井、引流井上设置有防护栏和警示标志，且标志完好。 如上述检查中发现问题或缺陷，应适时修复

续表

项　目	巡检方式	基准周期	基本要求	说　明
消防系统检查	线下巡检	1～3个月	无异常	消防系统检查内容及要求如下： （1）外观无异常。 （2）系统运行正常，无告警。 （3）压力在正常范围
安防系统检查			无异常	安防系统检查内容及要求如下： （1）电子脉冲围栏外观完好，无悬挂物；电源指示正常；现场测试工作正常。 （2）监控摄像头、红外热像传感器固定良好，无异物遮蔽，表面清洁，信号线缆无破损，镜头活动范围及焦距调节范围未受限，图像质量符合要求
接地极场地检查			无异常	接地极场地检查的具体内容如下： （1）地面无杂草、垃圾；围墙完好。 （2）大门可正常锁闭和打开，未见撬、砸等侵犯痕迹
特殊巡检		需要时	无异常	单极大地回线或双极不平衡方式运行时： （1）入地电流、渗水井水位、水温无异常（可线上或线下）。 （2）无异常声响（可线上或线下）

（二）带电检测

项目及要求见表2-10-5-5。

（三）在线监测

项目及要求见表2-10-5-6，实际配置可以有所不同。

（四）停电试验

项目及要求见表2-10-5-7和表2-10-5-8。其中，隔离开关、直流电流互感器见DL/T 393—2021的6.6、7.8和7.9等有关章节，外绝缘部分见DL/T 393—2021的10.3。

表2-10-5-5　　　　　　　　接地极例行带电检测项目

项　目	基准周期	基本要求	说　明
红外热像精确检测	（1）±200kV及以上：半年。 （2）±200～±100kV：1年。 （3）其他：自定	温度无异常	宜在单极大地回线或双极不平衡方式下进行，内容及要求如下： 　对电抗器、电容器、站用变压器、开关柜、配电柜、馈电电缆及附属设备、各出线连接件等进行红外热像精确检测，各类设备或部件的热点温度应在限值以下。其他应按照DL/T 664及DL/T 393—2021的4.8.6的要求执行
接地极电流分布检测	3年	符合设计要求	在单极大地回路或双极不平衡方式下进行。采用大口径钳形直流电流表对接地极线路和元件馈电电缆的电流分布进行检测，设第i根馈电电缆的电流为I_i，N为馈电电缆根数，则第i根电缆的分流系数为$\eta_i = I_i \sum\limits_{j=1}^{N} I_j$。要求与初值比，$\eta_i$（$i=1～N$）不应有明显变化或符合设计要求

表2-10-5-6　　　　　　　　直流接地极及线路在线监测项目

在线监测项目	基本要求	说　明
红外热像测温	监测数据在合理范围，无异常温升	通过线上巡检的方式定期调阅下列状态量： （1）红外热像传感器的温度监测数据应在正常范围，必要时，用便携式红外热像仪到现场进行比对测量，差异在允许范围。 （2）极址导流电缆入地电流应大致相等，差异在正常范围。 （3）井水位及水温监测数据在合理范围。 如收到上述监测量的异常告警，应按时效要求到现场进行处理。此外，每年或按制造厂要求对传感器进行一次校准
极址导流电缆入地电流监测	监测数据在合理范围，无异常告警	
井水位及水温监测	监测数据在合理范围，无异常告警	

表 2-10-5-7　　　　　　　　　　　　　　　　接地极例行试验项目及要求

项　目	基准周期	技术要求	说　明
测量井水位、水温	3 月/1 年	符合设计要求	如有在线监测，周期为 1 年；如无，周期为 3 个月。现场检测井水位和水温，均应在正常范围，如有在线监测，应进行比对校正
接地极接地电阻测量	6 年	符合设计要求	采用电流注入法，即电流表—电压表法，主入电流应为直流电流，可由试验电源提供，也可采用系统运行时流经接地极的不平衡电流或单极大地回路运行时的入地电流。其他应按照 DL/T 437 的要求执行，测量布线应按照 DL/T 475 的要求执行
极址电容测量	3 年	|初值差|≤3%（注意值）	DL/T 393—2021 的 4.8.9
极址电感测量	3 年	(1) |初值差|≤3%。 (2) 与额定值差异在 ±5% 内	DL/T 393—2021 的 4.8.8
紧固螺栓力矩检查	1 年	符合设计要求	按力矩要求逐一检查导线、母线连接件等的紧固螺栓，如有松动应按力矩要求紧固，紧固后进行标记，确保连接良好。力矩检查方法及要求应符合 GB 50149 的规定
出线连接件电接触状态检查	1 年	符合设计要求	出线连接件电接触状态检查内容及要求如下：测量各出线连接件的接触电阻，不应大于 15μΩ。如接触电阻明显偏大，应打磨并清洁接头，紧固后复测，复测符合要求后做好紧固位置标记。其他应按照 DL/T 393—2021 的 4.8.3 的要求执行

表 2-10-5-8　　　　　　　　　　　　　　　　接地极诊断性试验项目及要求

项　目	技术要求	说　明
跨步电位差及接触电位差测量	符合设计要求	电流分布改变，或接地电阻明显增加，或接地极开挖修复后适用。在接地极有直流电流通过时进行。该直流电流可以是系统运行中流经接地极的不平衡电流或是单极大地回路运行时的入地电流。如果系统在停运中，可采用直流电源注入（推荐 50A）方式。其他应按照 DL/T 475 的要求执行
开挖检查	符合设计要求	极址接地电阻或馈电电缆的电流分布不符合设计要求时适用。先局部开挖查验，如发现异常，应全部开挖并修复。要求不得有断裂、松脱及严重腐蚀，如腐蚀截面程度达到或超过原截面积的 1/4 应予以更换

第六节　站内绝缘子及绝缘护套状态检修试验

一、巡检

项目及要求见表 2-10-6-1。

二、带电检测

项目及要求见表 2-10-6-2。

三、停电试验

项目及要求见表 2-10-6-3 和表 2-10-6-4。

表 2-10-6-1　　　　　　　　　　　　　　　　站内绝缘子巡检项目及要求

项目	基准周期	基本要求	说　明
外观检查	(1) AC 330kV 及以上/DC ±200kV 及以上：2 周。 (2) AC 220kV/DC ±200~ +100kV：1 个月。 (3) 其他：3 个月	外观无异常	外观检查内容及要求如下：(1) 外绝缘：表面无附着物。如为瓷质护套，应无裂纹及残破；如为复合护套或有防污闪涂层，应无龟裂及严重电蚀；如为树脂绝缘，应无碳化物及裂纹。如有辅助伞裙，应无击穿、残破及严重变形。(2) 法兰及金具：无锈蚀，均压环（帽）安装稳固、无偏斜，法兰与绝缘件的胶装部位完好，防水胶无开裂、起皮、脱落等异常现象。(3) 支柱绝缘子：基础无沉降和位移，固定螺栓无松动或缺失。(4) 斜拉绝缘子：基础无上拔，张力正常，无明显松弛。(5) 悬式绝缘子：锁紧销无脱位或缺失

表 2-10-6-2　　　　　　　　　站内绝缘子及绝缘护套例行带电检测项目及要求

项　目	基准周期	基本要求	说　明
红外热像精确检测	（1）AC 330kV 及以上/DC ±200kV 及以上：半年。 （2）其他：1 年	温度无异常	DL/T 393—2021 的 4.8.6

表 2-10-6-3　　　　　　　　　　站内绝缘子及绝缘护套例行试验项目及要求

项　目	基准周期	基　本　要　求	说　明
例行检查	3 年	无异常	例行检查内容及要求如下： （1）清扫绝缘子表面积污。对于复合绝缘及防污闪涂层的绝缘子，清扫与否可根据积污及憎水性检测结果自定。 （2）检查支柱绝缘子与法兰的胶装，若有裂纹应及时处理或更换。 （3）更换或处理锈蚀的螺栓或金属件，按力矩要求检查各螺栓。 （4）检查防污闪涂层，如有龟裂或破损应进行补涂或复涂。 （5）采用 2500V 绝缘电阻表测量辅助伞裙（如有）黏接面的绝缘电阻，应无显著下降。 （6）检查复合外绝缘的蚀损情况，严重时宜更换
复合外绝缘/防污闪涂层憎水性检测		优于 HC5 或符合设计要求（注意值）	可在现场进行，不清理积污层。采用喷壶在距离被检测绝缘子约 25cm 处，以与绝缘表面垂直的角度人工喷水 5 次，每次喷水量为 0.7～1.0mL，喷射水流的散开角为 50°～70°，其他应按照 DL/T 1474 的要求执行，要求憎水性等级优于 HC5，即总的湿润面积小于被检测区域面积的 90%。降至 HC6 时宜更换（复合绝缘子）或复涂（防污闪涂层）
站内盘形瓷绝缘子瓷击穿检测		火花间隙法或耐压法检测正常；或绝缘电阻≥500MΩ（注意值）	俗称"零值"检测。带电状态下可采用火花间隙法，参见 DL/T 393—2021 的 11.1.2.8；停电状态下可采用耐压法及绝缘电阻法。如采用绝缘电阻法，宜用 5000V 绝缘电阻表测量盘形瓷绝缘子的内绝缘电阻，测量时，应对绝缘子表面泄漏电流予以屏蔽，测量结果应大于 500MΩ

表 2-10-6-4　　　　　　　　　　站内绝缘子及绝缘护套诊断性试验项目及要求

项　目	基　本　要　求	说　明
支柱绝缘子/瓷套超声波探伤检测	无明显的裂纹或点状缺陷	经历了 5 级以上地震，或强台风，或受家族缺陷警示，需要确认瓷件有无裂纹时适用。 采用超声探伤仪进行探测，超声探伤仪应符合 JB/T 10061 的规定。耦合剂应具有良好的透声性和浸润性，可选用甘油、浓机油或糨糊等。内部缺陷（内部点状、裂纹等）可采用纵波斜入射法进行检测；表面缺陷（表面点状、裂纹等，一般深度不超过 9mm）可采用爬波法进行检测。其他应符合 DL/T 303 的规定，要求瓷件无可探测的裂纹或缺陷。 如探测到瓷件存在缺陷时，宜进行更换
耐压试验	出厂试验值的 90%，时间 60s，过程无异常	确认绝缘强度时适用。 耐压幅值为出厂耐压值的 90%，时间为 60s。变电站、换流站交流场适用交流耐压，其他见 DL/T 393—2021 的 4.8.11；换流站直流场适用直流耐压，其他见 DL/T 393—2021 的 4.8.12
现场污秽度检测	符合设计要求	雨季前，有停电机会时适用。 抽取绝缘子 3～5 只（串），从每只（串）绝缘子的上、中、下部各选择 2 个伞（盘）进行污秽取样，测量等值盐密及灰密，按 GB/T 26218.1 确定现场污秽度。如邻近的变电/换流站或线路已有检测结果，可直接采用，不再重复检测。如现场污秽度等级超过设计标准，应重新校核外绝缘爬距

第七节　电力电缆状态检修试验

一、巡检

项目及要求见表 2-10-7-1。电缆通道采用机器人巡检时，务必注意机器人电池的安全。

二、带电检测

项目及要求见表 2-10-7-2 和表 2-10-7-3。

三、停电试验

项目及要求见表 2-10-7-4 和表 2-10-7-5。

表 2－10－7－1　　　　　　　　　　　　　　　电力电缆巡检项目及要求

项　目	基　准　周　期	基本要求	说　　明
本体外观检查		外观无异常	本体外观检查内容如下： （1）电缆标识、接地标识、相序/正负极标识等齐全、清晰。 （2）本体无过度弯曲、过度拉伸，外护套无损伤，充油电缆无渗漏油等异常。 （3）抱箍、夹具和衬垫无锈蚀、破损、缺失及螺栓松动等情况。 （4）电缆防火槽盒、防火涂料、防火阻燃带等无脱落、破损等情况。 （5）无异常声响或气味。 （6）充油电缆油压告警系统无异常，油压在规定范围
红外热像一般检测		温度无异常	DL/T 393—2021 的 4.8.6
终端及中间接头外观检查		外观无异常	终端及中间接头外观检查内容及要求如下： （1）终端运行标识齐全，构架外观无异常，无影响其安全运行的植物及堆砌物等。 （2）终端杆塔及围栏外观无异常，无严重锈蚀。 （3）终端及中间接头外观无异常，无损伤、变形及移位，防水密封良好。 （4）油压值（如有）正常，无渗漏油。有补油装置的终端其油位应在规定范围。 （5）终端外绝缘表面无附着物。如为瓷套管，应无裂纹及残破；如为复合套管或有防污闪涂层，应无龟裂及严重电蚀。 （6）法兰盘与终端尾管、支架、终端套管应紧固良好，无锈蚀。 （7）线夹无弯曲、锈蚀、灼伤及滑移，紧固螺栓无锈蚀、松动、螺母缺失。 （8）无放电等异常声响。夜间巡视或紫外成像检测时，应无异常放电
接地装置检查	（1）AC 220kV 及以上/DC ±100kV 及以上：2 周。 （2）AC 110V 和 66kV/DC ±100～±30kV：1 个月。 （3）AC 35kV/DC ±30kV 以下：3 个月	外观无异常	接地装置检查内容及要求如下： （1）目标识清晰、无脱落。 （2）接地线、回流线及护层过电压限制器完好，连接牢固。 （3）接地箱外观及密封良好，接地连接无异常，无严重锈蚀。 （4）接地装置与接地线端子紧固螺栓无锈蚀或残缺。 （5）接地线与终端尾管、接地箱、接地极之间紧固良好，无锈蚀。 （6）短路故障后检查护层过电压限制器，应无烧熔现象，接地箱内连接排应接触良好
支架外观检查		外观无异常	支架外观检查内容及要求如下： （1）支架外观无异常，固定装置无松动、脱落现象。 （2）金属支架无明显锈蚀，接地连接无异常；复合支架无明显老化
路径及通道检查		无异常	1. 电缆沟、排管及工井、直埋敷设检查内容及要求如下： （1）电缆沟盖板、电缆井盖齐全、完整，封盖严密，盖板及井盖能正常开启。 （2）电缆工（竖）井、电缆沟内无杂物、淤泥、渗漏油，无有毒、可燃气体，无异味。 （3）电缆沟、排管、工（竖）井上方无违建及堆积物，沟体无塌陷、变形。 （4）孔洞封堵严密，保护电缆所填砂及砂石混凝土护层无破损。 （5）路径及通道保护范围内无挖掘或施工痕迹，标桩完整无缺失。 2. 电缆隧道检查内容及要求如下： （1）隧道墙体无裂纹、渗漏水。 （2）电缆排列整齐，固定可靠。 （3）隧道内照明、通风和排水装置无异常。 （4）隧道内防火设施、涂料及防火墙完好

续表

项　目	基　准　周　期	基本要求	说　　明
电子设备检查	（1）AC 220kV 及以上/DC ±100kV 及以上：2 周。 （2）AC 110V 和 66kV/DC ±100～±30kV：1 个月。 （3）AC 35kV/DC±30kV 以下：3 个月	无异常	配置有电子设备时，进行下列各项检查： （1）各类传感器外观无异常。 （2）屏蔽壳体或机箱外观无异常，进出线缆无过度弯折或松脱。 （3）电源供电正常，就地指示灯/屏（如有）显示正常，无告警信息。 （4）通信功能正常，数据无异常
海底电缆路由区域巡查		无异常	采用出海巡查或无人机视频巡查等方式，确认海底电缆路由区域内无船只抛锚、施工、捕捞、养殖等影响海底电缆安全运行的行为或事件
在线监测信息（如有）调阅	同上及告警时	无异常	DL/T 393—2021 的 4.5.2
防风防汛检查	（1）雨季、台风来临之前。 （2）强降雨或台风过后	无异常	风雨季前后应进行如下检查： （1）雨季、台风来临之前，应完成已发现隐患点的治理，并对电缆桥、终端场、隧道等进行隐患排查，如发现隐患应提前采取防控措施。 （2）进入汛期后，强降雨或连续阴雨后，应对电桥、终端场、隧道等进行隐患排查，发现问题及时处理

表 2－10－7－2　　　　　　　　　　　　电力电缆例行带电检测项目及要求

项　目	基　准　周　期	基　本　要　求	说　　明
单芯电缆金属屏蔽层（金属护套）接地电流带电检测	（1）AC 220kV 及以上/DC±100kV 及以上：半年； （2）AC 110kV 以下/DC±100kV 以下：1 年或自定	（1）交流电缆： 1）≤100A（注意值）。 2）≤负荷电流的 20%（注意值）。 3）同比无明显变化。 4）互比最大/最小≤3（注意值）。 （2）直流电缆：同比及互比无明显变化	带电检测电缆金属屏蔽层或金属护套接地电流。采用钳形电流表检测时，应做好绝缘防护工作，佩戴绝缘手套，以防突发短路时危及作业人员安全。如检测结果不符合要求，应查明原因
红外热像精确检测		（1）终端及中间接头：互比热点温度差＜2K（注意值）。 （2）导体及电气连接件：互比热点温度差＜6K（注意值）	电缆终端、中间接头同部位相间/极间温差超过 2K 时应跟踪分析，超过 4K 时宜安排停电检查；导体连接部分、线夹同部位相间/极间温差超过 6K 时应跟踪分析，超过 10K 时宜安排停电检查。其他应按照 DL/T 393—2021 的 4.8.6 及 DL/T 664 的要求执行
油压示警系统信号检测	6 个月	信号正常	充油电缆适用。检查油压示警系统信号装置。合上试验开关时，应能正确发出相应的示警信号。如有异常，应查明原因

表 2－10－7－3　　　　　　　　　　　　电力电缆诊断性带电检测项目及要求

项　目	基　本　要　求	说　　明
局部放电带电检测	不应检测到放电性缺陷	排查电缆本体、终端及中间接头放电性缺陷时适用。 可采用高频脉冲电流法，通过高频电流传感器取样（耦合接地线中的高频电流）或电容耦合取样（在电缆本体外护层外缠绕金属箔作为耦合电极）。要求没有源自电缆及其附件的局部放电信号，否则，应跟踪分析，如故障风险持续增加，宜安排停电检修
X 射线成像检测	无可探测的损伤	DL/T 393—2021 的 11.2.3.12
电缆油分析	见 DL/T 393—2021 的表 193	DL/T 393—2021 的 12.2
紫外成像检测	无异常放电	DL/T 393—2021 的 4.8.7

续表

项 目	基 本 要 求	说 明
海底路由状态检查	与初始状态相比无明显改变	路由区域发生海啸、地震，或其他可能影响海底电缆安全的事件后适用。检查内容包括：海底电缆路由坐标（含两侧登陆段）测量；海底电缆埋设深度检查；海底电缆路由障碍物检查；海底电缆裸露和悬空情况检查；海底电缆路由地形地貌测量等。如路由状态发生明显改变，应进行电缆故障风险评估并确定修复方案

表 2－10－7－4　　　　　　　　　　电缆及附件例行试验项目及要求

类别	项 目	基准周期	基 本 要 求	说 明
交联聚乙烯	外护层绝缘电阻测量	6 年	≥0.5MΩ·km（注意值）	采用输出电压不大于2500V的绝缘电阻表分段测量金属护套或金属屏蔽层对地绝缘电阻，要求不小于0.5MΩ·km，即绝缘电阻测量值（MΩ）乘以被测电缆长度（km）不小于0.5MΩ·km。如测量结果不满足要求，应判断是否已破损进水。判断破损进水的方法：用万用表测量绝缘电阻，然后调换表笔重复测量，如果调换前后的绝缘电阻差异明显，可初步判断已破损进水。如判断不是进水，应结合关联状态量进一步排查绝缘电阻低的原因
	接地及交叉互联系统检测		无异常	接地及交叉互联系统检测具体内容和要求如下： （1）电缆护套、绝缘接头外护套、绝缘夹板对地直流耐压试验：试验前将护层过电压保护器断开，在互联箱中将另一侧所有电缆金属护套都接地，然后在每段电缆金属屏蔽或金属护套与地之间加5kV（投运后）/10kV（投运前）直流电压，时间为60s，不击穿。 （2）护层过电压保护器检测：护层过电压保护器的直流参考电压应符合设备技术要求；采用1000V绝缘电阻表测量护层过电压保护器及引线的对地绝缘电阻，应大于或等于10MΩ。 （3）互联箱闸刀（或连接片）接触电阻和连接位置检查：排查互联箱缺陷时适用。在密封互联箱之前，采用数字电桥或其他适宜方法测量闸刀（或连接片）的接触电阻，要求不大于20μΩ，或符合设备技术要求。闸刀（或连接片）连接位置应正确无误，如发现连接错误重新连接后应重测闸刀（或连接片）的接触电阻。 （4）接地电阻测量：排查接地装置缺陷时适用。采用三极法进行测试，电缆接头井、终端场的接地电阻应满足设计要求，且同比应无明显变化。注意近期降水的影响
充油	油压警示系统检测	6 年	（1）示警系统功能正常。 （2）二次电缆绝缘电阻≥2MΩ（注意值）	检查油压示警系统信号装置，合上试验开关应能正确发出示警信号。测量控制电缆芯对地（屏蔽层）绝缘电阻，方法见DL/T 393—2021的4.8.15
	压力箱检测		见 DL/T 393—2021 的表193	压力箱检测内容和要求如下： （1）供油特性：供油量不应小于供油特性曲线所代表的标称供油量的90%。 （2）油击穿电压：≥50kV，测量方法应符合GB/T 507的规定。 （3）油介损：≤0.005，在油温为90℃的测试条件下进行测量，方法应符合GB/T 5654的规定
	接地及交叉互联系统检测		无异常	DL/T 393—2021 的 11.2.3.3
油纸	主绝缘电阻测量	6 年	（1）陆地电缆：≥1000MΩ·km（注意值）。 （2）海底电缆： 1）AC 110kV 及 DC±50kV 及以上：≥500MΩ·km（注意值）。 2）AC 110kV 或 DC±50kV 以下：≥50MΩ·km（注意值）。 （3）同比及互比无明显偏低	采用2500V及以上绝缘电阻表进行测量。测量时宜屏蔽端部外绝缘泄漏电流，无法屏蔽的，应清洁绝缘表面，以减少外绝缘泄漏电流对测量结果的影响。测量结果应符合要求，且同比无显著下降，互比无显著偏低
	接地及交叉互联系统检测		无异常	DL/T 393—2021 的 11.2.3.3

表 2-10-7-5　　　　　　　　　　　电缆及附件诊断性试验项目及要求

类别	项 目	基 本 要 求	说 明
交联聚乙烯	主绝缘介损测量	≤0.002 或≤1.3 倍初值（注意值）	评估主绝缘老化状态时适用。 可在工频电压下测量，也可在 0.1Hz 低频电压下测量，测量电压为 U_0。具体要求如下： （1）工频电压下电缆主绝缘的介损小于 0.002，或 0.1Hz 低频电压下介损的初值差小于 30%。 （2）同比及互比（如有可比数据）未见明显偏大。 如测量结果不满足要求，宜结合关联状态量查明原因
	铜屏蔽层和导体电阻比测量	|初值差|≤20%（注意值）	需要判断屏蔽层是否出现腐蚀或者重做终端或接头后适用。 采用数字电桥或其他适宜方法进行测量。在相同温度下分别测量铜屏蔽层和导体的电阻，屏蔽层电阻和导体电阻之比具有指纹属性，应无明显改变。 如比值增大，可能是屏蔽层出现腐蚀；比值减少，可能是附件中的导体连接不良
	交流电缆主绝缘交流耐压试验	耐压过程无异常	确认交流电力电缆主绝缘强度时适用。 通常采用谐振耐压法，频率宜为 20～300Hz，应分别对每一相进行。35kV 电压等级，试验电压为 2.0U_0（或 1.6U_0）；110kV（66kV）电压等级，试验电压为 1.6U_0；220kV 及以上电压等级，试验电压为 1.36U_0，时间均为 5min（或 60min）。试验时，非被试导体和金属屏蔽应一起接地，被试电缆两端应与电网其他设备断开，电缆终端三相间应留有足够的安全距离，避雷器、电压互感器应临时拆除。对于金属屏蔽层一端接地，另一端装有护层电压保护器的单芯电缆，应将护层电压保护器暂时短接。对于交流 66kV 及以上电力电缆，可同步进行局部放电检测和介损测量。如不具备试验条件，可施加正常系统相对地电压 24h 方法替代。其他见 DL/T 393—2021 的 4.8.11。 敷设条件比较差的新投运电缆，具备条件时，3 年内宜开展一次主绝缘交流耐压试验，试验电压和程序同交接试验
	直流电缆主绝缘直流耐压试验	（1）极性电缆：施加与运行极性一致的直流试验电压 1.16U_0，1h，主绝缘不击穿。 （2）回流电缆：25kV，1h，主绝缘不击穿。 （3）耐压过程无异常，泄漏电流不随耐压时间明显增长	确认主绝缘强度时适用，一般投运 1 年内首检，新安装终端或接头后也应进行。 试验前应对被试电缆放电 5h，试验过程及要求应符合 DL/T 1301 和 4.8.12 的规定。相近条件下，泄漏电流同比增量不应大于 10%，且在耐压过程中不随耐压时间明显增加。耐压试验结束后应对被试电缆用专用放电装置进行充分放电，时间不少于 24h。其他应按照 GB/T 37013 的要求执行
	局部放电试验	无异常放电	排查交流电力电缆放电性缺陷时适用。 可与主绝缘耐压试验一并进行，方法见 DL/T 393—2021 的 11.2.2.5，也可在施加振荡波的情形下进行。其中，35kV 及以下电力电缆振荡波试验应符合 DL/T 1576 的规定，更高电压等级电力电缆的振荡波试验应取得经验后再进行
	X 射线成像检测	无可探测损伤	施工或运行中受到破坏性外力作用后适用。 采用 X 射线成像仪进行检测。测量时，应按照使用说明做好辐射防护等安全措施。检测范围限于可能受伤的部位，根据现场条件确定成像板安装位置并调节成像仪电压，获取电缆本体及附件内部的层结构图像。其他应按照 DL/T 1785 的规定执行，要求无可探测的损伤。 如检出损伤，可通过标定确定损伤的尺寸，评估风险，确定修复计划

续表

类别	项　目	基　本　要　求	说　明
交联聚乙烯	取样材料分析	无可探测异常	评估电力电缆绝缘状态时适用。 　　从待评估的电力电缆截取一段，制备分析样品，分别对外护套、屏蔽层及主绝缘进行测试分析。其中，电缆结构尺寸、机械性能、绝缘热延伸及绝缘热收缩等常规项目，可按照不同电压等级电缆产品标准和 GB/T 2951（所有部分）的要求进行。评估老化状态时，可取样进行热性能及介电性能分析，方法如下： 　　（1）差式扫描量热法（DSC）。采用差式量热扫描仪对取自不同位置的电缆绝缘样品进行检测。检测时，选取合适的温度范围以及升温和降温速率、恒温时间，获得 DSC 曲线。根据 DSC 曲线中的图谱特征、位置等信息，判断电缆运行过程中曾经耐受的温度范围。 　　（2）显微观察法。按 GB/T 11017.1 和 GB/T 18890.1 等标准中要求进行 XLPE 绝缘的微孔杂质试验、半导电屏蔽层与绝缘层界面的微孔与突起，采用透射光、显微镜进行检查，判断是否有超过尺寸、数量要求的微孔、杂质、突起等。使用显微镜可直接观测主绝缘内部可能存在的电树枝形态。染色后通过显微观察可以有效检测电缆主绝缘内部可能存在的水树枝形态，并对老化状态作出评估。 　　（3）红外光谱分析法。使用红外光谱仪进行检测，获得红外光谱图，通过检测特征官能团含量来评估电缆绝缘老化及受潮程度
	接地系统及交叉互联系统	无异常	DL/T 393—2021 的 11.2.3.3c）及 d）
充油	电缆及附件内的绝缘油检测	见 DL/T 393—2021 的表 193	DL/T 393—2021 的第 12 章
	主绝缘直流耐压试验	（1）耐电幅值： 见下表 （2）耐压过程无异常，泄漏电流无持续增加，与初值比无明显增大	充油电缆失去油压修复后、重做终端及接头后及排查主绝缘缺陷时适用。 　　对于充油电缆，耐压幅值应根据电缆的额定电压及雷电冲击耐受电压选取；对于油纸绝缘电缆，耐压幅值应根据电缆的额定电压选取，未明确的，应按出厂耐压值的 80% 选取，耐压时间为 5min。耐压时应一并测量泄漏电流。要求耐压过程无异常，泄漏电流同比及互比无明显偏大，且不随耐压时间明显增大。其他见 DL/T 393—2021 的 4.8.12
	接地及交叉互联网系统检测	无异常	DL/T 393—2021 的 11.2.3.3c）及 d）

（1）耐电幅值：

U_0	雷电冲击	直流电压
48kV	325kV	165kV
	350kV	175kV
64kV	450kV	225kV
	550kV	275kV
127kV	850kV	425kV
	950kV	475kV
	1050kV	510kV
190kV	1050kV	525kV
	1175kV	585kV
	1300kV	650kV
290kV	1425kV	715kV
	1550kV	775kV
	1675kV	840kV

续表

类别	项 目	基 本 要 求	说 明
油纸	主绝缘直流耐压试验	(1) 耐压幅值： U_0/U / 直流耐压 21kV/35kV / 105kV 26kV/35kV / 130kV (2) 耐压过程无异常，泄漏电流无持续增加，与初值比无明显增大	DL/T 393—2021 的 11.2.3.14
	接地及交叉互联系统检测	无异常	DL/T 393—2021 的 11.2.3.3c) 及 d)

第八节 绝缘油与调相机油状态检修试验

一、一般要求

取样应遵循 GB/T 7597 的规定，取样量根据试验项目确定。对于少油设备，应明确最大取油量，并在取样前、后观察油位，须在允许范围。对于没有取样阀或孔的全密封充油设备，或制造厂明确禁止取油样的设备，如需分析油样，应征询制造厂意见。

尽可能在油温高于 60℃时取样，并记录取样时的油温。

二、绝缘油试验

项目及要求见表 2-10-8-1～表 2-10-8-6。通常，表 2-10-8-1 序号 1～6 为例行试验，7～20 为诊断性试验。

三、调相机油试验

调相机油例行试验项目及要求见表 2-10-8-7。

表 2-10-8-1　　油浸式电力变压器/电抗器/换流变压器绝缘油试验项目及要求

序号	项 目	基 本 要 求	说 明
1	外观和颜色检测	(1) 外观：透明、无沉淀物和悬浮物。 (2) 颜色：淡黄色或黄色。 (3) 色度：≤5（碘色度法）或≤2.0（三刺激值法）	透明度检测应按照 DL/T 429.1 的规定执行，颜色测定应按照 DL/T 429.2 的规定执行。 如油透明度变差，颜色呈深黄色，或色度不符合要求，应按照 DL/T 1419 的要求对油进行再生处理或换为新油
2	油中溶解气体分析	 子项目 / 新投运 / 运行中（注意值） 乙炔 / 未检出或痕量（<0.1μL/L） / 330kV 及以上：≤1μL/L　220kV 及以下：5μL/L 氢气 / ≤10μL/L / ≤150μL/L 总烃 / ≤10μL/L / ≤150μL/L 总烃绝对产气率 / — / ≤12mL/d 总烃相对产气率 / — / ≤10%/月 氢气绝对产气率 / — / ≤10mL/d	采用气相色谱仪进行检测，分析方法可按照 GB/T 17623 的规定执行。对于油浸式电力变压器和电抗器，如烃类气体或氢气含量较高，应计算产气速率。计算公式如下： $$\gamma_a = \frac{C_{\Sigma 2} - C_{\Sigma 1}}{\Delta t} \times \frac{m}{\rho}$$ $$\gamma_r = \frac{C_{\Sigma 2} - C_{\Sigma 1}}{C_{\Sigma 1}} \times \frac{1}{\Delta t} \times 100\%$$ 式中 γ_a——绝对产气速率，mL/d； 　　γ_r——相对产气速率，%； 　　$C_{\Sigma 1}$——上次所测油中总烃（或某种气体）浓度，μL/L； 　　$C_{\Sigma 2}$——本次所测油中总烃（或某种气体）浓度，μL/L； 　　Δt——两次取样的时间间隔，在公式 γ_a 中为 d，在公式 γ_r 中为月； 　　m——设备总油重，t； 　　ρ——油的比重，t/m³。 如油中溶解气体分析异常，包括超过注意值要求，或有明显增长态势，应跟踪分析并结合关联状态量查明原因，如故障风险持续增加，宜安排停电检修

序号	项 目	基 本 要 求			说 明
3	击穿电压检测	(1) 主油箱：			采用专用试样杯进行测定，具体方法应符合 GB/T 507 的要求。 如击穿电压不符合要求，应查明原因，同时按照 DL/T 1419 的要求对油进行再生处理或换为新油
		电压等级	新投运	运行中（警示值）	
		750kV	≥70kV	≥65kV	
		500kV	≥65kV	≥55kV	
		330kV	≥55kV	≥50kV	
		220～66kV	≥45kV	≥40kV	
		35kV	≥40kV	≥35kV	
		(2) 有载分接开关油箱： 1) 有在线滤油：≥40kV。 2) 无在线滤油，OLTC 在中性点处：≥30kV。 3) 无在线滤油，OLTC 在其他位置：≥40kV			
4	水分检测	(1) 主油箱：			采用库仑法（GB/T 7600）或气相色谱法（GB/T 7601）进行测定。 如水分不符合要求，应查明原因，同时按照 DL/T 1419 的要求对油进行再生处理或换为新油
		电压等级	新投运	运行中（注意值）	
		330kV 及以上	≤10mg/L	≤15mg/L	
		220kV	≤15mg/L	≤25mg/L	
		110kV 及以下	≤20mg/L	≤35mg/L	
		(2) OLTC 油箱： 1) 有在线滤油：≤30mg/L（注意值）。 2) 无在线滤油：≤35mg/L（注意值）			
5	介损（90℃）检测	(1)			采用专用试验池进行测定，测试温度一般为 90℃。其他应按照 GB/T 5654 的规定执行。 如介损不符合要求，表明绝缘油受到污染或老化，应按照 DL/T 1419 和 DL/T 1837 的要求对油进行再生处理或换为新油
		电压等级	新投运	运行中（注意值）	
		500kV 及以上	≤0.005	≤0.020	
		330kV 及以下	≤0.010	≤0.040	
6	酸值检测	(1) 新投运：≤0.03mg/g（以 KOH 计）。 (2) 运行中：≤0.10mg/g（以 KOH 计，注意值）			采用沸腾乙醇抽出样油中的酸性组分，再用氢氧化钾乙醇标准溶液滴定，具体按照 GB/T 28552 要求执行。 如酸值不符合要求，应按照 DL/T 1419 和 DL/T 1837 的要求对油进行再生处理或换为新油
7	水溶性酸值检测	(1) 新投运：pH≥5.4。 (2) 运行中：pH≥4.2（注意值）			采用比色法（GB/T 7598）进行测定。 如水溶性酸值不符合要求，应按照 DL/T 1419 和 DL/T 1837 的要求进行再生处理或换为新油
8	油中含气量检测				采用气相色谱法（DL/T 703）或真空压差法（DL/T 423）进行检测。 如油中含气量不符合要求，应按照 DL/T 1419 的要求进行真空脱气处理或换为新油
		新投运	运行中（注意值）		
		≤1%（V/V）	750kV：≤2%（V/V） 330kV/500 kV：≤3%（V/V）		
9	界面张力（25℃）检测	(1) 新投运：≥35mN/m。 (2) 运行中：≥25mN/m（注意值）			采用圆环法（GB/T 6541）进行检测。 如界面张力不符合要求，应按照 DL/T 1419 和 DL/T 1837 的要求对油进行再生处理或换为新油
10	抗氧化剂含量检测	≥新油初值的 60% 且≥0.08%（注意值）			油色改变或酸值偏高时适用。 可采用分光光度法（GB/T 7602.1）、液相色谱法（GB/T 7602.2）、红外光谱法（GB/T 7602.3）或气质联用法（GB/T 7602.4）等进行测量。 如抗氧化剂含量减少，应按规定添加新的抗氧化剂。添加之前，应咨询制造厂意见
11	体积电阻率（90℃）测量	(1) 新投运：≥60GΩ·m。 (2) 运行中： 1) 500kV 及以上：≥10GΩ·m（注意值）。 2) 330kV 及以下：≥5GΩ·m（注意值）			检验绝缘油老化或污染时适用。应按照 GB/T 5654 及 DL/T 421 所述方法进行测量。 如体积电阻率不符合要求，应按照 DL/T 1419 的要求对油进行再生处理或换为新油

续表

序号	项目	基本要求	说明
12	油泥与沉淀物检测	≤0.02%（m/m）（注意值）	界面张力小于25mN/m时适用。按照GB/T 511、DL/T 429.7所述方法进行测定。 如检测结果不符合要求，应按照DL/T 1419和DL/T 1837的要求对油进行再生处理或换为新油
13	颗粒污染度测定	（1）新投运： 750kV：≤2000颗/100mL。 500kV：≤3000颗/100mL。 换流变压器：≤1000颗/100mL。 （2）运行中： 750kV：≤3000颗/100mL（注意值）	排查磨损污染，或受家族缺陷警示时适用。采用最小可测量粒径不大于5μm的自动颗粒计数仪或显微镜进行测定（DL/T 432）。 如颗粒数超过注意值，应关注颗粒数变化，必要时对金属成分及含量进行分析。消除污染原因后，宜按照DL/T 1419的要求对油进行过滤处理或换为新油
14	油的相容性检测	相容，无异常	补充新油前适用。宜补充同牌号的油，若不能确定补充油与运行油完全相同，应按照GB/T 14542所述方法进行油的相容性检测。 如相容性检验不合格，不得混合适用
15	糠醛含量检测	（1）糠醛含量（注意值）： <table><tr><td>运行年数</td><td>≤10 年</td><td>10～15 年</td><td>15～20 年</td></tr><tr><td>参考含量</td><td>≤0.2mg/L</td><td>≤0.4 mg/L</td><td>≤0.75mg/L</td></tr></table>（2）严重老化：≥4mg/L（警示值）	运行超过25年，或长期重载，需要评估绝缘老化状态时适用。 可采用液相色谱法（DL/T 1355）进行检测，按照DL/T 984进行分析。分析时，注意滤油对测量结果的影响
16	腐蚀性硫检测	（1）定性：非腐蚀性。 （2）定量：二苄基二硫醚≤5mg/kg（注意值）	依据GB/T 32508或DL/T 285进行测定。 如腐蚀性硫（二苄基二硫醚）不符合要求或显示腐蚀性，应按照DL/T 419的要求对油进行再生处理、添加金属钝化剂或换为新油
17	金属钝化剂含量检测	≥350mg/kg（注意值）	依据DL/T 1459进行测定。 如金属钝化剂含量不符合要求，应补加金属钝化剂
18	闪点（闭口）检测	≥135℃且同比下降不超过10℃（注意值）	依据GB/T 261进行测定。 如闪点（闭口）不符合要求，应查明设备是否存在严重过热缺陷、放电性缺陷或补错油等，应按照DL/T 1419和DL/T 1837的要求进行真空脱气处理或换为新油
19	油中金属含量检测	同比或互比无明显差异	依据DL/T 263或DL/T 1550进行测定。 绝缘油明显劣化，或存在严重过热缺陷时进行本项目。通常油中铜、铁、银、锌含量不大于0.5mg/kg，如超过0.5mg/kg，宜查明原因
20	带电倾向度检测	符合设备技术要求	依据DL/T 385进行测定。 对壳式变压器，带电倾向度应小于500pC/mL（20℃），如不符合要求，应添加金属钝化剂或换为新油。此外，对油带电倾度较高的强油循环设备，宜降低潜油泵转速

表 2-10-8-2　　　　　　　　　　　　油浸式平波电抗器绝缘油试验项目及要求

序号	项目	基本要求	说明
1	外观和颜色检测	（1）外观：透明、无沉淀物和悬浮物。 （2）颜色：淡黄色或黄色。 （3）色度：≤5（碘色度法）或≤2.0（三刺激值法）	透明度检测应按照DL/T 429.1的规定执行，颜色测定应按照DL/T 429.2的规定执行。 如油透明度变差，颜色呈深黄色，或色度不符合要求，应按照DL/T 1419的要求对油进行再生处理或换为新油

序号	项　目	基　本　要　求	说　明
2	油中溶解气体分析	<table><tr><td>子项目</td><td>新投运</td><td colspan="1">运行中（注意值）</td></tr><tr><td>乙炔</td><td>未检出或痕量（<0.1μL/L）</td><td>330kV 及以上：≤1μL/L 220kV 及以下：5μL/L</td></tr><tr><td>氢气</td><td>≤10μL/L</td><td>≤150μL/L</td></tr><tr><td>总烃</td><td>≤10μL/L</td><td>≤150μL/L</td></tr><tr><td>总烃绝对产气率</td><td>—</td><td>≤12mL/d</td></tr><tr><td>总烃相对产气率</td><td>—</td><td>≤10%/月</td></tr><tr><td>氢气绝对产气率</td><td>—</td><td>≤10mL/d</td></tr></table>	采用气相色谱仪进行检测，分析方法可按照 GB/T 17623 的规定执行。对于油浸式电力变压器和电抗器，如烃类气体或氢气含量较高，应计算产气速率。计算公式如下：$$\gamma_a = \frac{C_{\Sigma 2} - C_{\Sigma 1}}{\Delta t} \times \frac{m}{\rho}$$ $$\gamma_r = \frac{C_{\Sigma 2} - C_{\Sigma 1}}{C_{\Sigma 1}} \times \frac{1}{\Delta t} \times 100\%$$ 式中　γ_a—绝对产气速率，mL/d； 　　　γ_r—相对产气速率，%； 　　　$C_{\Sigma 1}$—上次所测油中总烃（或某种气体）浓度，μL/L； 　　　$C_{\Sigma 2}$—本次所测油中总烃（或某种气体）浓度，μL/L； 　　　Δt—两次取样的时间间隔，在公式 γ_a 中为 d，在公式 γ_r 中为月； 　　　m—设备总油重，t； 　　　ρ—油的比重，t/m³。 如油中溶解气体分析异常，包括超过注意值要求，或有明显增长态势，应跟踪分析并结合关联状态查明原因，如故障风险持续增加，宜安排停电检修
3	击穿电压检测	<table><tr><td>电压等级</td><td>新投运</td><td>运行中（警示值）</td></tr><tr><td>±660kV 及以上</td><td>≥70kV</td><td>≥65kV</td></tr><tr><td>±660～±320kV（含）</td><td>≥65kV</td><td>≥55kV</td></tr><tr><td>±320～±200kV（含）</td><td>≥55kV</td><td>≥50kV</td></tr><tr><td>±220～±50kV（含）</td><td>≥45kV</td><td>≥40kV</td></tr><tr><td>±50kV 以下</td><td>≥40kV</td><td>≥35kV</td></tr></table>	采用专用试样杯进行测定，具体方法应符合 GB/T 507 的要求。 如击穿电压不符合要求，应查明原因，同时按照 DL/T 1419 的要求对油进行再生处理或换为新油
4	水分检测	<table><tr><td>电压等级</td><td>新投运</td><td>运行中（注意值）</td></tr><tr><td>±220kV 及以上</td><td>≤10mg/L</td><td>≤15mg/L</td></tr><tr><td>±220～±100kV（含）</td><td>≤15mg/L</td><td>≤25mg/L</td></tr><tr><td>±110kV 及以下</td><td>≤20mg/L</td><td>≤35mg/L</td></tr></table>	采用库仑法（GB/T 7600）或气相色谱法（GB/T 7601）进行测定。 如水分不符合要求，应查明原因，同时按照 DL/T 1419 的要求对油进行再生处理或换为新油
5	介损（90℃）检测	<table><tr><td>电压等级</td><td>新投运</td><td>运行中（注意值）</td></tr><tr><td>±320kV 及以上</td><td>≤0.005</td><td>≤0.02</td></tr><tr><td>±330kV 以下</td><td>≤0.01</td><td>≤0.04</td></tr></table>	采用专用试验池进行测定，测试温度一般为 90℃。其他应按照 GB/T 5654 的规定执行。 如介损不符合要求，表明绝缘油受到污染或老化，应按照 DL/T 1419 和 DL/T 1837 的要求对油进行再生处理或换为新油
6	酸值检测	（1）新投运：≤0.03mg/g（以 KOH 计）。 （2）运行中：≤0.10mg/g（以 KOH 计，注意值）	采用沸腾乙醇抽出样油中的酸性组分，再用氢氧化钾乙醇标准溶液滴定，具体按照 GB/T 28552 要求执行。 如酸值不符合要求，应按照 DL/T 1419 和 DL/T 1837 的要求对油进行再生处理或换为新油
7	油中含气量检测	（1）新投运：≤1%（V/V）。 （2）±320kV 及以上：≤2%（V/V，注意值）	采用气相色谱法（DL/T 703）或真空压差法（DL/T 423）进行检测。 如油中含气量不符合要求，应按照 DL/T 1419 的要求进行真空脱气处理或换为新油

表 2‑10‑8‑3　　　　　　　　　　　　　互感器/分压器绝缘油试验项目及要求

序号	项　目	基　本　要　求	说　明
1	外观和颜色检测	(1) 外观：透明、无沉淀物和悬浮物。 (2) 颜色：淡黄色或黄色。 (3) 色度：≤5（碘色度法）或≤2.0（三刺激值法）	透明度检测应按照 DL/T 429.1 的规定执行，颜色测定应按照 DL/T 429.2 的规定执行。 如油透明度变差，颜色呈深黄色，或色度不符合要求，应按照 DL/T 1419 的要求对油进行再生处理或换为新油
2	油中溶解气体分析	电流互感器： (1) 乙炔：AC 330kV 及以上/DC±200kV 及以上：≤1pL/L（注意值）；AC 220kV 及以下/DC±200kV 以下：≤2μL/L（注意值）。 (2) 氢气：AC 330kV 及以上/DC±200kV 及以上：≤150μL/L（注意值）；AC 220kV 及以下/DC±200kV 以下：≤300μL/L（注意值）。 (3) 总烃：≤100μL/L（注意值） 电压互感器/分压器： (1) 乙炔：AC 330kV 及以上/DC±200kV 及以上：≤2μL/L（注意值）；AC 220kV 及以下/DC±200kV 以下：≤3pL/L（注意值）。 (2) 氢气：≤150μL/L（注意值）。 (3) 总烃：≤100μL/L（注意值）	采用气相色谱仪进行检测，分析方法可按照 GB/T 17623 的规定执行。对于油浸式电力变压器和电抗器，如烃类气体或氢气含量较高，应计算产气速率。计算公式如下： $$\gamma_a = \frac{C_{\Sigma 2} - C_{\Sigma 1}}{\Delta t} \times \frac{m}{\rho}$$ $$\gamma_r = \frac{C_{\Sigma 2} - C_{\Sigma 1}}{C_{\Sigma 1}} \times \frac{1}{\Delta t} \times 100\%$$ 式中　γ_a——绝对产气速率，mL/d； 　　　γ_r——相对产气速率，%； 　　　$C_{\Sigma 1}$——上次所测油中总烃（或某种气体）浓度，μL/L； 　　　$C_{\Sigma 2}$——本次所测油中总烃（或某种气体）浓度，μL/L； 　　　Δt——两次取样的时间间隔，在公式 γ_a 中为 d，在公式 γ_r 中为月； 　　　m——设备总油重，t； 　　　ρ——油的比重，t/m³。 如油中溶解气体分析异常，包括超过注意值要求，或有明显增长态势，应跟踪分析并结合关联状态量查明原因，如故障风险持续增加，宜安排停电检修
3	击穿电压检测	AC 750kV/DC±660kV 及以上：≥65kV（警示值）； AC 500kV/DC±660~±320kV（含）：≥55kV（警示值）；AC 330kV/DC±320~±200kV（含）：≥50kV（警示值）；AC 220~66kV/DC±200~±50kV（含）：≥40kV（警示值）； AC 35kV/DC±50kV 以下：≥35kV（警示值）	采用专用试样杯进行测定，具体方法应符合 GB/T 507 的要求。 如击穿电压不符合要求，应查明原因，同时按照 DL/T 1419 的要求对油进行再生处理或换为新油
4	水分检测	AC 330kV 及以上/DC±200kV 及以上：≤15mg/L（注意值）；AC 220kV/DC±200~±100kV：≤25mg/L（注意值）； AC 110kV 及以下/DC±100kV 以下：≤35mg/L（注意值）	采用库仑法（GB/T 7600）或气相色谱法（GB/T 7601）进行测定。 如水分不符合要求，应查明原因，同时按照 DL/T 1419 的要求对油进行再生处理或换为新油
5	介损（90℃）检测	AC 330kV 及以上/DC±200kV 及以上：≤0.02（注意值） AC 220kV 及以下/DC±200kV 以下：≤0.04（注意值）	采用专用试验池进行测定，测试温度一般为 90℃。其他应按照 GB/T 5654 的规定执行。 如介损不符合要求，表明绝缘油受到污染或老化，应按照 DL/T 1419 和 DL/T 1837 的要求对油进行再生处理或换为新油

表 2‑10‑8‑4　　　　　　　　　　　　　高压套管绝缘油试验项目及要求

序号	项　目	基　本　要　求	说　明
1	外观和颜色检测	(1) 外观：透明、无沉淀物和悬浮物。 (2) 颜色：淡黄色或黄色。 (3) 色度：≤5（碘色度法）或≤2.0（三刺激值法）	透明度检测应按照 DL/T 429.1 的规定执行，颜色测定应按照 DL/T 429.2 的规定执行。 如油透明度变差，颜色呈深黄色，或色度不符合要求，应按照 DL/T 1419 的要求对油进行再生处理或换为新油

序号	项 目	基 本 要 求	说 明
2	油中溶解气体分析	（1）乙炔：AC 330kV 及以上/DC ±200kV 及以上：≤1μL/L（注意值）；AC 220kV 及以下/DC ±200kV 以下：≤2μL/L（注意值）。 （2）氢气：≤500μL/L（注意值）。 （3）总烃：≤150μL/L（注意值）	采用气相色谱仪进行检测，分析方法可按照 GB/T 17623 的规定执行。对于油浸式电力变压器和电抗器，如烃类气体或氢气含量较高，应计算产气速率。计算公式如下：$$\gamma_a = \frac{C_{\Sigma 2} - C_{\Sigma 1}}{\Delta t} \times \frac{m}{\rho}$$ $$\gamma_r = \frac{C_{\Sigma 2} - C_{\Sigma 1}}{C_{\Sigma 1}} \times \frac{1}{\Delta t} \times 100\%$$ 式中 γ_a—绝对产气速率，mL/d； γ_r—相对产气速率，%； $C_{\Sigma 1}$—上次所测油中总烃（或某种气体）浓度，μL/L； $C_{\Sigma 2}$—本次所测油中总烃（或某种气体）浓度，μL/L； Δt—两次取样的时间间隔，在公式 γ_a 中为 d，在公式 γ_r 中为月； m—设备总油重，t； ρ—油的比重，t/m³。 如油中溶解气体分析异常，包括超过注意值要求，或有明显增长态势，应跟踪分析并结合关联状态量查明原因，如故障风险持续增加，宜安排停电检修
3	击穿电压检测	AC 750kV/DC ±660kV 及以上：≥65kV（警示值）； AC 500kV/DC +660~±320kV（含）：≥55kV（警示值）； AC 330kV/DC ±320~±200kV（含）：≥50kV（警示值）； AC 220kV 及以下/DC ±200~±50kV（含）：≥40kV（警示值）； AC 35kV/DC +50kV 以下：≥35kV 以下（警示值）	采用专用试样杯进行测定，具体方法应符合 GB/T 507 的要求。 如击穿电压不符合要求，应查明原因，同时按照 DL/T 1419 的要求对油进行再生处理或换为新油
4	水分检测	AC 330kV 及以上/DC±200kV 及以上：≤15mg/L（注意值）； AC 220kV/DC ±200~+100kV：≤25mg/L（注意值）； AC 110kV 及以下/DC ±100kV 以下：≤35mg/L（注意值）	采用库仑法（GB/T 7600）或气相色谱法（GB/T 7601）进行测定。 如水分不符合要求，应查明原因，同时按照 DL/T 1419 的要求对油进行再生处理或换为新油
5	介损（90℃）检测	AC 330kV 及以上/DC ±200kV 及以上：≤0.02（注意值）； AC 220kV 及以下/DC ±200kV 以下：≤0.04（注意值）	采用专用试验池进行测定，测试温度一般为 90℃。其他应按照 GB/T 5654 的规定执行。 如介损不符合要求，表明绝缘油受到污染或老化，应按照 DL/T 1419 和 DL/T 1837 的要求对油进行再生处理或换为新油

表 2-10-8-5　　充油电力电缆绝缘油试验项目及要求

序号	项 目	基 本 要 求	说 明
1	外观和颜色	（1）外观：透明、无沉淀物和悬浮物。 （2）颜色：淡黄色或黄色。 （3）色度：≤5（碘色度法）或≤2.0（三刺激值法）	透明度检测应按照 DL/T 429.1 的规定执行，颜色测定应按照 DL/T 429.2 的规定执行。 如油透明度变差，颜色呈深黄色，或色度不符合要求，应按照 DL/T 1419 的要求对油进行再生处理或换为新油

序号	项 目	基 本 要 求	说 明
2	油中溶解气体分析	(1) 可燃气体：≤1500μL/L（注意值）。 (2) 氢气：≤500μL/L（注意值）。 (3) 甲烷：≤200μL/L（注意值）。 (4) 乙炔：≤0.5μL/L（注意值）。 (5) 乙烷：≤200μL/L（注意值）。 (6) 乙烯：≤200μL/L（注意值）。 (7) 一氧化碳：≤100μL/L（注意值）。 (8) 二氧化碳：≤1000μL/L（注意值）	采用气相色谱仪进行检测，分析方法可按照 GB/T 17623 的规定执行。对于油浸式电力变压器和电抗器，如烃类气体或氢气含量较高，应计算产气速率。计算公式如下： $$\gamma_a = \frac{C_{\Sigma 2} - C_{\Sigma 1}}{\Delta t} \times \frac{m}{\rho}$$ $$\gamma_r = \frac{C_{\Sigma 2} - C_{\Sigma 1}}{C_{\Sigma 1}} \times \frac{1}{\Delta t} \times 100\%$$ 式中 γ_a——绝对产气速率，mL/d； γ_r——相对产气速率，%； $C_{\Sigma 1}$——上次所测油中总烃（或某种气体）浓度，μL/L； $C_{\Sigma 2}$——本次所测油中总烃（或某种气体）浓度，μL/L； Δt——两次取样的时间间隔，在公式 γ_a 中为 d，在公式 γ_r 中为月； m——设备总油重，t； ρ——油的比重，t/m³。 如油中溶解气体分析异常，包括超过注意值要求，或有明显增长态势，应跟踪分析并结合关联状态量查明原因，如故障风险持续增加，宜安排停电检修
3	击穿电压检测	(1) 压力箱：≥50kV（警示值）。 (2) 电缆及附件：≥45kV（警示值）	采用专用试样杯进行测定，具体方法应符合 GB/T 507 的要求。 如击穿电压不符合要求，应查明原因，同时按照 DL/T 1419 的要求对油进行再生处理或换为新油
4	水分检测	(1) AC 330kV 及以上/DC ±200kV 及以上：≤15mg/L（注意值）。 (2) 其他：≤25mg/L（注意值）	采用库仑法（GB/T 7600）或气相色谱法（GB/T 7601）进行测定。 如水分不符合要求，应查明原因，同时按照 DL/T 1419 的要求对油进行再生处理或换为新油
5	介损（90℃）检测	≤0.005（注意值）	采用专用试验池进行测定，测试温度一般为 90℃。其他应按照 GB/T 5654 的规定执行。 如介损不符合要求，表明绝缘油受到污染或老化，应按照 DL/T 1419 和 DL/T 1837 的要求对油进行再生处理或换为新油

表 2 - 10 - 8 - 6   非全封闭集合式电容器绝缘油试验项目及要求

序号	项 目	基 本 要 求	说 明
1	外观和颜色检测	(1) 外观：透明、无沉淀物和悬浮物。 (2) 颜色：淡黄色或黄色。 (3) 色度：≤5（碘色度法）或≤2.0（三刺激值法）	透明度检测应按照 DL/T 429.1 的规定执行，颜色测定应按照 DL/T 429.2 的规定执行。 如油透明度变差，颜色呈深黄色，或色度不符合要求，应按照 DL/T 1419 的要求对油进行再生处理或换为新油

序号	项　目	基　本　要　求	说　明
2	油中溶解气体分析	（1）乙炔：≤2μL/L（注意值）。 （2）总烃：≤150μL/L（注意值）	采用气相色谱仪进行检测，分析方法可按照 GB/T 17623 的规定执行。对于油浸式电力变压器和电抗器，如烃类气体或氢气含量较高，应计算产气速率。计算公式如下： $$\gamma_a = \frac{C_{\Sigma 2} - C_{\Sigma 1}}{\Delta t} \times \frac{m}{\rho}$$ $$\gamma_r = \frac{C_{\Sigma 2} - C_{\Sigma 1}}{C_{\Sigma 1}} \times \frac{1}{\Delta t} \times 100\%$$ 式中　γ_a——绝对产气速率，mL/d； 　　　γ_r——相对产气速率，%； 　　　$C_{\Sigma 1}$——上次所测油中总烃（或某种气体）浓度，μL/L； 　　　$C_{\Sigma 2}$——本次所测油中总烃（或某种气体）浓度，μL/L； 　　　Δt——两次取样的时间间隔，在公式 γ_a 中为 d，在公式 γ_r 中为月； 　　　m——设备总油重，t； 　　　ρ——油的比重，t/m³。 如油中溶解气体分析异常，包括超过注意值要求，或有明显增长态势，应跟踪分析并结合关联状态查明原因，如故障风险持续增加，宜安排停电检修
3	击穿电压检测	≥35kV（警示值）	采用专用试样杯进行测定，具体方法应符合 GB/T 507 的要求。 如击穿电压不符合要求，应查明原因，同时按照 DL/T 1419 的要求对油进行再生处理或换为新油
4	水分检测	≤25mg/L（注意值）	采用库仑法（GB/T 7600）或气相色谱法（GB/T 7601）进行测定。 如水分不符合要求，应查明原因，同时按照 DL/T 1419 的要求对油进行再生处理或换为新油
5	介损（90℃）检测	≤0.04（注意值）	采用专用试验池进行测定，测试温度一般为 90℃。其他应按照 GB/T 5654 的规定执行。 如介损不符合要求，表明绝缘油受到污染或老化，应按照 DL/T 1419 和 DL/T 1837 的要求对油进行再生处理或换为新油

表 2-10-8-7　　　　　　　　　调相机油例行试验项目及要求

项　目	基准周期	基　本　要　求	说　明
外观及颜色检测	1个月	清澈透明，淡黄色或黄色	DL/T 393—2021 的 12.2.2
运动黏度检测		变化不超过±10%（40℃，注意值）	采用 GB/T 265 所述方法进行检测，测定值不应超过油标号值的±10%，如 32 号油，应在 32mm²/s±3.2mm²/s 之间。如运行黏度不符合要求，应对油进行再生处理或换为新油
水分检测		≤100mg/L（注意值）	DL/T 393—2021 的 12.2.5
破乳化度检测	3个月	≤30min（54℃，注意值）	采用 GB/T 7605 所述方法进行检测，优质油的破乳化时间不超过 8min，运行中应在 30min 之内。如抗乳化性能不符合要求，应对油进行再生处理或换为新油
酸值检测		≤0.2mg/g（以 KOH 计，注意值）	DL/T 393—2021 的 12.2.7
液相锈蚀检测		无锈蚀	定期或怀疑锈蚀风险增大时适用。采用 GB/T 11143 所述方法进行检测。如液相锈蚀不符合要求，应对油进行再生处理或换为新油
开口闪点检测		≥180℃，且同比下降不超过 10℃（注意值）	定期或怀疑闪点偏低时适用。采用克利夫兰开口杯法进行检测（GB/T 3536）。如开口闪点不符合要求，应对油进行再生处理或换为新油
颗粒污染度测定		优于 8 级（注意值）	DL/T 393—2021 的 12.2.14
泡沫特性检测		泡沫倾向/泡沫稳定性（注意值）： （1）≤500mL/10mL（24℃）。 （2）≤50mL/10mL（前 93.5℃）； ≤500mL/10mL（后 24℃）	定期或怀疑油中存在过多泡沫时适用。按照 GB/T 12579 所述的方法进行检测。如泡沫特性变差，应进行再生处理或换为新油

第九节　SF₆ 气体及混合气体状态检修试验

项目及要求见表 2-10-9-1。对于 GIS 等具有金属封闭外壳的充气设备，可带电取气样进行试验；对于其他设备，若不适宜带电取样，应在停电状态下进行试验。

对于混合气体或其他绝缘气体，序号 2、4 的注意值指标见设备技术要求。

样气可从充放气阀门上提取，即应用配套接头将采样装置和设备的充放气阀门连接取样。其他应按照 DL/T 1032 的要求执行。

表 2-10-9-1 SF₆ 气体及混合气体试验项目及要求

序号	项目	基本要求	说明
1	气体湿度检测（20℃）	气体湿度要求（注意值）： **隔室类别 / 新充气 / 运行中** 气体绝缘变压器 — 箱体及开关隔室：≤125μL/L / ≤220μL/L 气体绝缘变压器 — 电缆及其他隔室：≤220μL/L / ≤375μL/L GIS/HGIS/GIL — 灭弧室：≤150μL/L / ≤300μL/L GIS/HGIS/GIL — 其他隔室：≤250μL/L / ≤500μL/L SF₆ 断路器：≤150μL/L / ≤300μL/L 气体绝缘互感器：≤250μL/L / ≤500μL/L 气体绝缘有载分接开关：≤150μL/L / ≤300μLZL 气体绝缘套管：≤150μL/L / ≤300μL/L	采用电解法（GB/T 5832.1）或露点法（GB/T 5832.2）或光腔衰荡光谱法（GB/T 5832.3）进行测量。除按周期检测之外，下列情形之一应进行一次气体湿度检测： （1）新投运 48h 至 2 周期间检测 1 次，与交接时的检测结果相比，如有明显增加，应跟踪分析，直至检测结果稳定且符合 DL/T 393—2021 的表 196 要求。 （2）补气前及补气后 1~3d 各检测 1 次，对比湿度的变化，如补气前湿度接近或超过表 196 要求，补气 2~3 周后再检测 1 次，确认气体湿度符合 DL/T 393—2021 的表 196 要求。 （3）若有未修复的气体泄漏缺陷，应跟踪分析，直至泄漏缺陷消除。 （4）若有气体湿度超标的家族缺陷，应及时检测 1 次，以确认其状态。 如测量结果不符合要求，2~3d 后再检测 1 次，如仍不符合要求，应根据严重程度给出跟踪分析或停电检修的建议
2	气体分解物检测	（1）SF₆ 气体：SO₂≤1μL/L（注意值）；H₂S≤1μL/L（注意值）；CF₄ 增量≤10%（注意值）。 （2）其他气体：符合设备技术要求	排查放电性缺陷时适用。具体场景包括有异常响声，异常跳闸，或基于声、电方法的带电检测发现了局部放电信号，或受家族缺陷警示等。有电弧分解物隔室除外。 分析方法应符合 DL/T 1205 和 DL/T 1607（红外光谱法）的规定。如样气中检出超过注意值的二氧化硫（SO₂）及硫化氢（H₂S），表示内部有了局部放电，相隔 24h 再测 1 次（严重时，宜缩短间隔），如前述分解物还在持续增加，表示内部局部放电仍在持续中。 分析时注意吸附剂的影响，吸附剂会吸附分解物
3	气体漏点侦寻	无可侦寻的泄漏点	AC 500kV/750kV、DC±500kV/±660kV 设备宜定期进行；其他设备宜在气体密度降低，或补气间隔小于 2 年时适用。 采用 SF₆ 气体泄漏成像仪或其他漏点侦寻技术，对隔室本体，特别是各密封接口处进行漏点侦寻，应无可探测的泄漏点。 如发现漏点，且相对漏气速率大于 1%/年，宜尽快处理

续表

序号	项 目	基 本 要 求	说 明
4	气体密度及成分分析	(1) SF_6 气体成分要求（注意值）： 表见下方	需要确认气体质量时适用。 分析方法应符合 DL/T 916（酸度）、DL/T 917 或 DL/T 1988（密度）、DL/T 918（可水解氟化物）、DL/T 919（矿物油）、DL/T 920（空气、四氟化碳）、DL/T 921（毒性生物试验）、DL/T 1205 及 DL/T 1607（气体分解物）的相关规定
5	气体密度表校验	符合设备技术要求	示值异常的表及达到抽检周期的表适用。 可带电检验的，每站每 3 年进行一次抽检；不可带电校验的，有停电机会且超过 3 年未校验也进行一次抽检。抽检比例为 10%，但不少于 5 只。 通过充放气阀门将 0.2 级绝对式压力表（标准表）与气体密度表（待检表）并列与隔室联通，记录标准表的压力，并将修正到 20℃的压力值与气体密度表示值进行比对（相对压力应加当前环境大气压力），准确级应达到 2.5 级或符合设备技术要求。具体可按照 DL/T 259 的要求执行。如对现场比对结果存疑，应抽取 3 只在实验室进行模拟环境下（−40～60℃）的准确级校验，不应低于 2.5 级或符合设备技术要求。 如抽检中发现缺陷，应加倍抽检量再检，再检仍然发现有缺陷，宜全检
6	密封性检测	相对漏气速率≤0.5%/年（注意值）	漏气缺陷修复后，或需要定量检测密封性时适用。 根据设备结构特征选择适宜的检测方法，如局部包扎法等。其他应符合 GB/T 11023 的规定，要求相对漏气速率不超过 0.5%/年
7	气体成分比例检测（混合气体适用）	符合设备技术要求	混合气体绝缘设备补气之后适用。 采用气体成分分析仪对主要气体（如 SF_6、N_2）含量进行检测，确认其比例符合设备技术要求。如不符合，应根据比例失调程度酌情处理

序号 4 气体成分表：

气体成分	新投运	运行中
四氟化碳（CF_4）	增量 ≤5%m/m	增量 ≤10%m/m
空气（O_2+N_2）	≤0.05%m/m	≤0.2%m/m
可水解氟化物	≤1.0μg/g	≤1.0μg/g
矿物油	≤10μg/g	≤10μg/g
毒性（生物试验）	无毒	无毒
密度（20℃，0.1013MPa）	6.15g/L	6.15g/L
气体纯度（体积分数）	≥99%	≥97%
酸度	≤0.3μg/g	≤0.3μg/g
杂质组分（CO、CO_2、HF、SO_2、SF_4、SOF_2、SO_2F_2 等）	不应持续增加	

(2) 其他气体：符合设备技术要

第十一章

电网智能运检技术

第一节　电网智能运检概述

一、电网智能运检特征和体系架构

（一）电网智能运检的必要性

目前，我国电网运营着全世界电压序列跨度最大（380V～1000kV）、输配电线路最长（最长直流线路达到3100km）、地形地貌最复杂（从西部高山峻岭到东部沿海地区）、气候变化最多样（寒带、温带、亚热带、台风、沙尘暴等）、各种发电方式（传统火电、水电，新能源太阳能光伏、光热发电，风能发电，海洋潮汐能发电，地热发电等）和多种输电方式并存（交流、直流、柔直）的电网。电网运行维护检修业务是保障电网设备安全和大电网安全运行的核心环节，电网运检系统肩负着设备的运维检修、质量监督和安全管理重任，对保障大电网安全运行起着非常重要的作用。

当前，电网运检仍然面临着多重因素的影响，设备质量问题仍是当前困扰之一。输电通道环境极其复杂，外力因素时刻威胁设备安全；电网设备增长迅速与人员基本稳定的矛盾加大了运检任务难度；传统的运检模式难以适应时代发展及电网发展要求。因此，迫切需要信息化技术与电网运检业务的创新融合来提升运检效率效益，保障电网设备安全运行。

智能运检核心是以"大云物移智"等信息通信新技术与传统运检业务融合为主线，开展智能运检关键技术应用，推动运检体系的自动化、智能化、集约化变革，强力支撑国家电网公司建设具有卓越竞争力的世界一流能源互联网企业的新时代战略目标。

（二）电网智能运检特征

2016年12月，国家电网公司发布了《智能运检白皮书》，提出了智能运检的概念，这就是：以"大云物移智"等新技术为支撑，以保障电网设备安全运行、提高运检效率效益为目标，具有本体及环境感知、主动预测预警、辅助诊断决策及集约运检管控功能，是实现运检业务和管理信息化、自动化、智能化的技术、装备及平台的有机体。

智能运检以电网运行的安全性、可靠性、经济性为前提，全面推进现代信息技术与运检业务集约化的深度融合，具备设备状态全景化、数据分析智能化、运检管理精益化、生产指挥集约化这四个特征（简称"四化"特征），从而大幅提升设备状态管控力和运检管理穿透力。

（三）电网智能运检体系架构

电网智能运检的建设应紧紧围绕国家电网公司"168"战略工作的内在要求，以实现电网更安全、运检更高效、服务更优质为目标，主动适应国家和公司两个层面的"互联网＋"战略、电网发展及体制变革需求。

应用"大云物移智"等新技术，以电网运检智能化分析管控系统（简称"管控系统"）全面融合运检专业多源系统数据，发挥集约化生产指挥中枢作用，以推动现代信息通信技术与传统运检技术融合为主线，以智能运检九大典型技术领域为重点，以设备、通道、运维、检修和生产管理智能化为途径，全面构建智能运检体系，全面提升设备状态管控力和运检管理穿透力，大力支撑公司坚强智能电网建设，引领世界范围的智能运检管理模式变革。电网智能运检体系架构如图2-11-1-1所示。

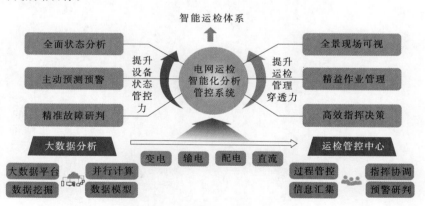

图2-11-1-1　电网智能运检体系架构图

二、电网智能运检重点内容

《智能运检白皮书》提出，到2021年，初步建成智能运检体系。突破传统运检模式在信息获取、状态感知及人力为主作业方式等方面的困局，全面提升设备状态感知能力、主动预测预警能力、辅助诊断决策及集约运检管控能力，全面提高运检效率和效益。

《智能运检白皮书》中明确以智能运检九大典型技术领域为重点，以关键信息技术为支撑，构建"二维互动感知—四类融合分析—三层集约管控"的智能运检体系。

（一）二维互动感知

实现设备本体与传感器一体化技术、基于物联网的互联感知技术等两个维度的设备状态信息互动感知。

1. 基于"一体化、标准化、模块化"的智能化设备

推进设备本体与状态传感器一体化融合设计制造，提升设备自感知、自诊断能力，实现设备状态全面可知、可控。从设备运检角度提出海量、常用、主要设备的设计、制造、基建等环节标准化典型需求，推进设备模块化设计制造，同类设备、模块之间可替换技术路线的实现，大幅减少运维检修工作难度。

2. 基于物联网的设备状态及运检资源感知体系

依托射频识别（RFID）、二维码、智能芯片等智能识别技术，结合各类设备状态传感器、在线监测装置、智能穿戴、移动终端、北斗定位等感知手段，构建电网设备及运检资源物联网，实现电网设备、运检资源信息互联互通，建立统一数据模型，实现设备识别、状态感知、资源展示无缝衔接，有力支撑全面设备状态管控和资源实时配置。

（二）四类融合分析

实现环境预警数据、立体巡检数据、不停电检测数据、设备评价大数据的深度融合分析。

1. 基于环境监测的通道预测预警体系

深化气象、雷电、覆冰、山火、台风、地质灾害、外力破坏等通道环境的实时监测预警系统建设，结合现场巡检、在线监测、自动气象站等现场数据，进行实时订正和联合分析，实现多系统海量数据融合，推进大尺度预警信息微观化研究和应用，有效提升通道环境预测预警精度。

2. 基于智能装备的立体巡检体系

应用直升机、无人机、巡检机器人等智能装备，构建全方位、多角度的线路、变电站立体化巡检体系。建立直升机、无人机巡检数据中心，实现巡检数据的实时录入和智能分析，建立变电站设备状态远程监控系统，实现巡检信息收集自动化、巡检结果处理智能化，逐步减少人工巡视直至完全改变传统巡检方式。

3. 基于不停电检测的状态检修技术

开展成熟检测技术深化应用和不停电检测新技术探索，建立基于设备不停电检测的体系和技术标准。通过不停电检测，基本掌握设备状态，准确预测设备隐患/故障，通过停电试验，完成设备深度评估，优化制订检修策略，大幅降低设备停电时间，大幅减少检修资源投入，实现社会效益和经济效益的全面提升。

4. 基于大数据分析的评价诊断辅助决策技术

通过大数据分析技术在运检专业的深化应用，融合海量视频、图像、设备信息、运检业务、通道环境信息、调度系统等多源数据，在数据挖掘基础上，建立动态评价、预测预警、故障研判等分析模型，实现数据驱动的设备状态主动推送，提高设备状态评价诊断的智能化和自动化水平。

（三）三层集约管控

实现指挥决策层、业务管理层、现场作业层的集约管控。

1. 基于管控系统的生产指挥决策体系

应用"大云物移智"等新技术，依托管控系统信息汇集、数据分析及信息流转功能，构建基于管控系统及运检管控中心的生产指挥决策体系，精确掌握设备实时状态全景，全面管控运检业务及资源，实现决策指令、现场信息在运检管控中心和作业现场实时交互，大幅提升运检管控决策科学性，提高现场作业执行效率。

2. 基于移动作业的全流程业务管控

构建以移动作业为基础，以变电专业的验收、运维、检测、评价、检修和输电专业移动巡检为主线的全业务过程管控体系，通过各个环节 App 和移动终端的全面应用，实现物资采购、基建、运维、检修、退役等各环节在信息系统及模块间的数据联动贯通。实现作业数据移动化、信息流转自动化，显著提升运检作业现场管理穿透力。

3. 基于新技术、新装备的现场作业效率提升

在设备标准化、智能化基础上，利用图像智能识别、3D 打印、机械臂等新技术、新装备，优化传统运检现场工作方式，实现立体化运维、安全高效带电作业、智能工厂化检修等方面的升级，有效提升运检效率，推进运检现场工作智能化。

三、电网智能运检核心关键技术

信息化代表新的生产力和新的发展方向，已经成为引领创新和驱动转型的先导力量。在电网智能运检领域，大数据技术、云计算技术、物联网技术、移动互联技术、人工智能技术（简称"大云物移智"技术）是最为核心的关键技术。

（一）大数据技术

1. 面向设备状态评估的历史知识库

对设备状态相关的状态监测、带电检测、试验、气象、运行以及设备缺陷和故障记录等海量历史数据进行多维度统计分析和关联规则挖掘，从电压等级、设备厂家、设备类型、运行年限、安装地区等多个层面和多个维度揭示设备状态变化的统计分布规律、设备缺陷和故障的发生规律及设备状态的关联变化规则，形成基于海量数据挖掘分析的历史知识库，为设备家族性缺陷分析、状态评价、故障诊断和预测提供支撑，为状态检修辅助决策提供依据。

2. 设备状态异常的快速检测

电网设备在实际运行过程中，受到过负荷、过电压、突发短路、恶劣气象、绝缘劣化等不良工况和事件的影响，设备状态会发生异常变化，这些异常运行状态如不能及时发现并采取有效措施，会导致设备故障并造成巨大的经济损失。从不断更新的大量设备状态数据中快速发现状态异常变化是设备状态大数据分析的重要优势。

目前，一些研究采用聚类分析、状态转移概率和时间序列分析等方法进行状态信息数据流挖掘，实现设备状态异常的快速检测，取得了一定的效果，基于高维随

机矩阵、高维数据统计分析等方法建立多维状态的大数据分析模型，利用高维统计指标综合评估设备状态变化，也展现了良好的应用前景。

3. 设备状态的多维度和差异化评价

由于电网设备的分布性和电网的复杂性，要对电网设备进行全面和准确的状态评价，需要考虑电网运行、设备状态以及气象环境等不同来源的数据信息，同时结合设备当前和历史状态变化进行综合分析。近年来，考虑多参量的设备状态评价方法受到较多的关注，主要利用预防性试验、带电检测、在线监测的数据结合故障记录、家族缺陷等对设备整体健康状态进行分析，采用的方法包括累积扣分法、几何平均法、健康指数法等简单数学方法以及模糊理论、神经网络、贝叶斯网络、证据推理、物元理论、层次分析等智能评价方法。但现有方法主要基于某个时间断面的数据对设备状态进行评价，大数据的主要优势是通过融合分析实时和历史数据，实现多维度、差异化评价。

4. 设备状态变化预测和故障预测

设备状态变化预测是从现有的状态数据出发寻找规律，利用这些规律对未来状态或无法观测的状态进行预测。传统的设备状态预测主要利用单一或少数参量的统计分析模型（如回归分析、时间序列分析等）或智能学习模型（如神经网络、支持向量机等）外推未来的时间序列及变化趋势，未考虑众多相关因素的影响。大数据分析技术可以挖掘设备状态参数与电网运行、环境气象等众多相关因素的关联关系，基于关联规则优化和修正多参量预测模型，使预测结果具备自修正和自适应能力，提高预测的精度。

设备故障预测是状态预测重要环节，主要通过分析电网设备故障的演变规律和设备故障特征量与故障间的关联关系，结合多参量预测模型和故障诊断模型，实现电网设备的故障发生概率、故障类型和故障部位的实时预测。目前的研究主要采用贝叶斯网络、Apriori 等算法挖掘故障特征量的关联关系，进而利用马尔科夫模型、时间序列相似性故障匹配等方法实现不同时间尺度的故障预测。

5. 设备故障智能诊断

对已发生故障或存在征兆的潜伏性故障进行故障性质、严重程度、发展趋势的准确判断，有利于运维人员制订针对性检修策略，防止设备状态进一步恶化。传统的故障诊断方法主要基于温度分布、局部放电、油中气体以及其他电气试验等检测参量，采用横向比较、纵向比较、比值编码等数值分析方法进行判断。

（二）云计算技术

1. 异构资源的整合优化

云计算可以充分整合电力系统现有的业务数据信息与计算资源，建立业务协同和互操作的信息平台，满足智能运检对信息与资源的高度集成与共享的需要。与网格计算采用中间件屏蔽异构系统的方法不同，云计算利用服务器虚拟化、网络虚拟化、存储虚拟化、应用虚拟化与桌面虚拟化等多种虚拟化技术，将各种不同类型的资源抽象成服务的形式，针对不同的服务用不同的方法屏蔽基础设施、操作系统与系统软件的差异。例如，云计算的基础设施层采用经过虚拟化后的服务器资源、存储资源与网络资源，能够以基础设施即服务（IaaS）的方式通过网络被用户使用和管理，从而可以更有效地屏蔽硬件产品上的差异。

2. 基础设施资源的自动化管理

云计算主要以数据中心的形式提供底层资源的使用，从一开始就支持广泛企业计算，普适性更强。因此，云计算更能满足智能运检信息平台中数据中心建设的需要。同时云计算技术的扩容非常简单，可以直接利用闲置的 X86 架构的服务器搭建，且不要求服务器类型相同，大幅降低建设成本，并借助虚拟化技术的伸缩性和灵活性，提高资源的利用率。云计算技术通过将文件复制并且储存在不同的服务器，解决了硬件意外损坏这个潜在的难题。另外，几乎所有的软件和数据都在数据中心，便于集中维护，且云计算对用户端的设备要求最低，几乎不存在维护任务。

3. 海量电网数据的可靠存储

在智能电网不断建设的背景下，运检相关信息的数据量是非常巨大的。智能运检使状态监测数据向高采样率、连续稳态记录和海量存储的趋势发展，远远超出传统电网状态监测的范畴。不仅涵盖一次系统设备，还囊括了二次系统设备；不仅包括实时在线状态数据，还包括设备基本信息、试验数据、运行数据、缺陷数据、巡检记录等离线信息。数据量极大，且对可靠性和实时性要求高。云计算采用分布式存储的方式来存储海量数据，并采用冗余存储与高可靠性软件的方式来保证数据的可靠性。云计算系统中广泛使用的数据存储系统之一是 Google 文件系统（GFS）。GFS 将节点分为 3 类角色：主服务器（master server）、数据块服务器（chunk server）与客户端（client）。

（1）主服务器是 GFS 的管理节点，存储文件系统的元数据，负责整个文件系统的管理。

（2）数据块服务器负责具体的存储工作，文件被切分为 64MB 的数据块，保存 3 个以上备份来冗余存储。

（3）客户端提供给应用程序的访问接口，以库文件的形式提供。客户端首先访问主服务器，获得将要与之进行交互的数据块服务器信息，然后直接访问数据块服务器完成数据的存取。由于客户端与主服务器之间只有控制流，而客户端与数据块服务器之间只有数据流，极大地降低了主服务器的负载，并使系统的 I/O 高度并行工作，进而提高系统的整体性能。

因此，云计算可以满足智能电网信息平台对海量数据存储的需要，可以在一定规模下达到成本、可靠性和性能的最佳平衡。

4. 各类电网数据的高效管理

电网数据广域分布、种类众多，包括实时数据、历史数据、文本数据、多媒体数据、时间序列数据等各类结构化和半结构化数据，各类数据查询与处理的频率及性能要求也不尽相同。云计算的数据管理技术能够满足智能电网信息平台对分布的、种类众多的数据进行处理和分析的需要。以作为云计算中数据管理技术的 Big Table 为例，Big Table 是针对数据种类繁多、海量的服务请求而设计的，这正符合上述智能电网信息平台的特点与需要。与传统的关系数据库不同，Big Table 把所有数据都作为对象来处理，形成一个巨大的分布式多维数据表，表中的数据通过一个行关键字、一个列关键字以及一个时间戳进行索引。Big Table 将数据一律看成字符串，不作任何解析，具体数据结构的实现需要用户自行处理，这样可以提供对不同种类数据的管理。另外，采用时间戳记录各类数据的保存时间，并用来区分数据版本，可以满足各类数据的性能要求，具有很强的可扩展性、高可用性以及广泛的适用性。因此，云计算能够高效地管理智能运检信息中类型不同、性能要求各异的各类多元数据。

（三）物联网技术

1. 在输变电设备状态监测方面

智能运检对输变电设备运维与管控提出了新要求，以状态可视化、管控虚拟化、平台集约化、信息互动化为目标，实现设备运行状态可观测、生产全过程可监控、风险可预警的智能化信息系统。功能需求包括电网系统级的全景实时状态监测、电网设备全寿命周期状态检修、基于态势的最优化灵活运行方式、及时可靠地运行预警、实时在线仿真与辅助决策支持、电网装备持续改进等。

输变电设备在线监测与故障诊断是智能运检建设的重要组成部分。物联网作为"智能信息感知末梢"，可监测的内容主要包括气象条件、覆冰、导地线微风振动、导线温度与弧垂、输电线路风偏、铁塔倾斜、污秽度等。设备监测不仅包含电网装备的状态信息，如设备健康状态、设备运行曲线等，还包含电网运行的实时信息，如机组工况、电网工况等。

将物联网技术引入到设备故障诊断中，一方面，利用无线传感器网络强大的信息采集能力，可大大提高设备的在线监测水平，获取更多在线监测信息；另一方面，利用射频识别技术，物联网也可以为设备的故障诊断提供巡检信息，将这些信息与设备本体属性进行关联，获取设备的预防性试验和缺陷等信息。借助智能信息融合诊断方法，综合分析和处理物联网中各方面的信息，实现更为准确的诊断，有利于提高诊断系统的可靠性，从而有利于电网安全稳定运行。

2. 在输变电设备智能巡检方面

电网设备智能巡检主要借助电网设备上安装的射频识别标签，记录该设备的数据信息，包括编号、建成日期、日常维护、修理过程及次数，此外还可记录设备相关地理位置和经纬度坐标，以便构建基于地理信息系统的电网分布图。在电力巡检管理方面，通过射频识别、全球定位系统、地理信息系统及无线通信网，监控设备运行环境，掌握运行状态信息，通过识别标签辅助设备

定位，实现人员的到位监督，指导巡检人员按照标准化与规范化的工作流程进行辅助状态检修与标准化作业等。

物联网利用强大而可靠的通信网络，不仅可以将在线监测信息、巡检信息实时、准确地传送到信息平台中，还可以将诊断结果及时地发送给相关工作人员，以便对设备进行维修，确保故障诊断的实时性。

3. 在设备全寿命管理方面

资产全寿命周期成本管理是指从资产的长期效益出发，全面考虑资产的规划、设计、建设、购置、运行、维护、改造、报废的全过程，在满足效益、效能的前提下使资产全寿命周期成本最小的一种管理理念和方法。

电网资产全寿命周期管理是安全管理、效能管理、全周期成本管理在资产管理方面的有机结合，是立足我国基本国情，深入分析电网企业的技术特征和市场特征，总结电网资产管理实践、适应新的发展要求提出来的科学方法。国际大电网会议在 2004 年提出要用全寿命周期成本来进行设备管理，鼓励制造厂商提供产品的全生命周期成本（LCC）报告。

电子标签是物联网的内核，应用电子身份标签，可以建立包括人员、物资、设备、装备、身份管理体系，在设备制造阶段即建立设备档案库，并逐步增加设备运输、仓储、安装、试验、验收、投运、巡视、检修、拆除（位移）、退役等过程信息，支撑设备全寿命周期管理。通过人员、装备电子标签的定位识别，实现运检资源的合理调配和运检进度管控；通过设备身份智能检测与识别技术，实现对设备的快速定位，支撑设备巡检和历史数据查询，支撑备品备件、工器具、仪器仪表的出入库智能管理；通过各类传感器监测电网设备的全景状态信息，并与设备本体属性进行关联，评估设备状态并预估寿命，为周期成本最优提供辅助决策等功能，实现电力资产全寿命周期管理。

4. 在生产过程现场安全管控方面

电力运维和检修工作中，因人员误入间隔或带电区域导致的人身、设备事故时有发生。通过物联网技术、带电感知技术的研究和现场应用，可以实现作业前安全风险区域划分，作业期间实施过程管控，实现室内、室外条件下运维检修人员和电网设备的精确定位，对误入间隔、误入带电区域等情况进行预判和预警，有效提高现场安全管控水平。

（四）移动互联技术

1. 移动快速识别

设备巡视、检修、维护、增容扩建现场管理等工作的模式多是工作人员携带图表到现场查询，用图表记录巡检、检修、试验信息、设备运行状况及设备缺陷，回到班组后再将现场作业信息的结果录入 PMS2.0 系统中或以纸质文档保存。随着电网设备数量的增加和规模的扩大，巡检环境也更加复杂，传统巡检方式面临着巡检操作过于依赖巡检人员的经验与状态、纸笔记录对环境要求较高、巡检的真实性依赖于巡检人员自觉、巡检数据不易于保存与查阅、不能对人员设备实行信息化管理

等问题，很容易出现漏巡、漏记、补记、不按时或定时巡检和修试，不按章理巡视、检修和试验，纸质图表较难维护更新带来数据的准确性无法保证等诸多不足与人为失误因素。

运检人员在进行设备巡视和检修时，需要确定当前设备的各项基础信息、历史运行数据以及缺陷数据等。巡检人员通过以上技术手段结合智能移动终端，就能快速获取设备 ID，然后利用此 ID 快速从服务器查询出所需的各类数据信息，从而加快巡视和检修工作速度，提高工作效率。

采用基于图像识别的仪器仪表读数识别技术能让移动智能终端具备通过拍照或视频实时识别设备读数的能力，在班组巡视过程中遇到需要抄录的数据项时，可快速自动读取设备读数，避免手工录入，节省录入时间，配合头戴式增强现实智能移动设备能极大弥补设备录入数据不方便的短板，增强头戴式智能移动设备的实用价值。

此外，为运检管控中心和各级管理人员提供作业进展情况、人员轨迹、现场风险信息、作业质量信息，通过移动作业终端获取人员的实时位置，与历史轨迹比对，对工作人员的到岗到位情况进行检查。利用高精定位技术，特别是基于北地基增强的高精定位技术能将定位精度提升至厘米级，终端能精确获取当前位置，可用于引导、规划巡检人员的行进路径，管理和监督巡检人员的到岗到位状态，能提高巡检效率和质量。

2．即时通信与专家会商

通过移动终端可以实现与运检指挥中心的值班人员、设备部等相关部门的技术管理支撑人员的即时通信和实时穿透收取消息。指挥中心可以指定推送到特定单位、特定手机，App 收到后可进行回复，反馈现场问题，并且通过接单的方式实现 App 工作的派发。

将智能语音技术（TTS/STT）运用于一线员工实时通信中，班组成员可直接使用 STT 技术将自身的语音转换为文本，从而达到快速录入如巡视结果、缺陷以及隐患的描述信息等文本信息。如遇紧急情况自己无法判断故障或问题时，可以与专家组现场组会沟通，互发语音、文字、图片、短视频等。此外，还可添加联系人、组建群组、收发群组信息及个人信息等。此外，手持式智能移动终端或者头戴式智能移动终端，通过应用增强现实技术，班组成员可通过终端屏幕查看叠加在真实设备中的辅助显示信息，也可用于远程专家系统、培训系统以及巡视系统中。

3．缺陷及故障等的快速诊断

部分专业设有状态监测典型案例库，可以供移动终端随时调用，而且案例库是开放式的大数据库，内容可不断更新完善。通过终端的专家系统模块，可将异常图谱跟专家系统典型案例库中的典型图谱进行比对来辅助判断，解决问题。班组成员通过智能移动终端实现设备缺陷识别，并能够快速查找设备及部件资料以及历史缺陷信息的资料，自动标注缺陷位置、生成缺陷描述信息，

帮助班组成员快速录入缺陷信息。

4．专业任务匹配与安排

通过班组移动作业平台，分专业开展不同作业任务，进而可以对多专业的工作情况直接掌控。

（五）人工智能技术

1．输变电设备巡检及输电通道风险评估

综合利用直升机、无人机、巡线（巡检）机器人、视频、图像等对输变电设备本体和输电通道环境进行立体巡检和风险评估将成为未来电网巡检的主要手段。目前，对于立体巡检获得的海量可见光图片及视频、红外图像、激光扫描三维图像和遥感图像，主要通过人工方式用肉眼分辨筛选出缺陷位置、缺陷类型和输电通道环境变化情况，效率低下且重复工作量巨大。图像识别是新一代人工智能技术最具应用价值并且应用效果最好的领域之一，国家电网公司在输电本体和通道缺陷、防外破图像识别，变电开关刀闸位置、表计识别等方面均有很多尝试，并取得了不错的效果，对提高一线班组数据分析辨别效率有极大帮助。因此，基于图像识别、知识图谱构建及推理等新一代人工智能算法，有效处理立体巡检获得的图像及视频数据，准确识别出输变电设备本体的缺陷和输电线路通道的潜在风险，可以大幅提高输变电设备巡检和输电通道风险评估的精度和效率。

2．电网主要灾害预警预报

电网主要灾害的成灾机理非常复杂，对灾害发生可能性和严重程度的预警、预测需综合考虑气象参数、地形地貌特征和线路自身结构特性等的耦合影响，无法用传统的方法建立考虑全部影响因素的物理和数学模型。因此，有必要结合已有电网主要灾害事故记录，避开对成灾机理的解析模型研究，利用深度学习算法及跨媒体分析推理技术等挖掘主导影响因素，建立影响参数和灾害特征之间的映射关系，基于小样本深度学习技术，完善基于气象—监测—线路结构—灾害发生—破坏程度等环节的一体化灾害智能预警模式，解决目前由于灾害数据稀缺而导致预警精度不足问题。

3．输电线路无人机智能巡检

目前的无人机巡检需要多名技术人员配合操作，对操作人员的技术水平有着较高的要求，在复杂线路巡检过程中增加了由于操作失误而引发安全事故的风险，因此需要开展无人机的自主巡航和主动遮障等技术的研发。无人机的设备识别和故障识别受到拍摄视角、背景环境等多重因素的影响，需要开展适用于复杂环境背景的输电线路无人机多场景目标自动识别研究，开展自主巡检策略研究，实现对重点区域异常部件/部位的多视角自主检测。

4．输电线路设备故障智能诊断和状态评估

我国输电线路目前积累了大量多源异构的故障、缺陷及隐患数据，亟须突破常规深度学习只针对二维空间语义信息建模的限制，对现有海量数据进行智能融合和深层特征提取，对输电线路的潜在缺陷进行深层识别和评估，并重点解决老旧线路运行状态评估的难题。

5．现场高效作业与安全风险智能预警

作业现场存在小型分散、作业点多面广、安全监管难、人身安全风险大等问题，需要研究通过视频抓取、图像识别、跨媒体感知、智能穿戴、机器智能学习、计算机视觉等技术，实现现场作业风险管控、作业工器具在线安全诊断、作业人员行为智能感知、作业风险智能预警、作业模拟真实场景在线培训等，减少人工差错，增强现场作业安全和效率，提升现场作业的标准化、自动化、智能化水平。

四、电网运检智能分析管控系统

2016 年，国家电网有限公司提出以智能运检技术发展规划为指导，积极适应"互联网＋"为代表的发展新形态，应用"大云物移智"等新技术，融合多源数据，建立管控系统，有力支撑生产管理智能化，实现数据驱

动运检业务创新发展和效率提升，全面推动运检工作方式和生产管理模式的革新。

（一）功能定位

电网运检智能分析管控系统与电网智能运检体系的关系如图 2-11-1-2 所示，设备智能化、通道智能化、运维智能化和检修智能化是智能运检体系的主体，生产管理智能化是智能运检体系的中枢。管控系统作为数据分析和生产指挥平台，主要具有生产指挥、数据分析、智能研判、通道环境预警、可视化等功能；PMS 系统作为基础信息和业务流转平台，主要具有基础台账信息采集、日常业务数据流转等功能。PMS 系统和输变电状态监测系统、机器人系统等多套信息系统共同支撑运检日常业务的开展。管控系统通过汇集 PMS 系统等运检业务系统的数据，深化应用，提升设备状态管控力和运检管理的穿透力。

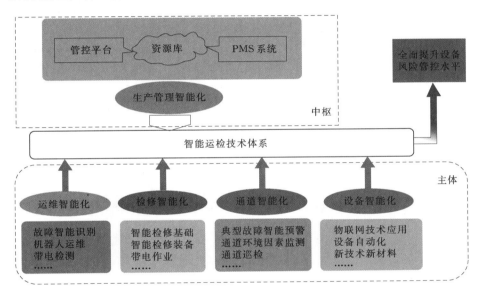

图 2-11-1-2　电网运检智能分析管控系统与电网智能运检体系的关系图

（二）总体架构

管控系统采用"两级部署、三级应用"的总体架构，总部与省（市）公司之间纵向贯通，电网运检智能分析管控系统主体架构如图 2-11-1-3 所示。不同于 PMS、输变电状态监测等系统的传统 BS 架构，管控系统采用分布式云存储与云计算，融合 PMS、状态监测、山火、覆冰、雷电、气象等多套信息系统数据，具有大数据分析能力，同时充分利用电力物联网建设成果，具有实时交互可视化能力。管控系统具备开放性与可扩展性，支持各网省公司个性定制，可满足从总部、省公司、地市/检修公司，到基层班组各级人员不同的需要，全面、高效支撑运检业务。

（三）主要功能及实现

按照国家电网有限公司顶层设计，以提质增效为目标，充分利用公司已有信息化成果，不重复录入数据，不增加一线人员工作量，依托"大云物移智"新技术，

以数据驱动全面状态分析、主动预测预警、精准故障研判，通过集约指挥实现全景现场可视、精益作业管理、高效指挥决策，实现运检管理精益化、生产指挥集约化、设备状态全景化、数据分析智能化。

1．设备精细管理

（1）设备台账基础管理。构建以设备为中心，通过同步 PMS2.0 台账数据，对设备按电压等级、运维单位、生产厂家、设备类型、数量、分布情况、关键参数等进行多维度统计、分析以及多种形式展示，使设备统计和管理更加便捷直观。

（2）输电三维 GIS 应用。搭建高清三维 GIS 平台，开展输电线路参数化建模。此外三维 GIS 平台具有距离测量、面积测量、三跨分析等功能，支撑电网设备故障分析、远程查勘等业务的开展。

依托卫星影像、激光雷达扫描数据、无人机/直升机航拍影像等形成三维 GIS 地图，在三维 GIS 地图中搭建输电线路及杆塔三维模型，形成输电三维平台。通过接

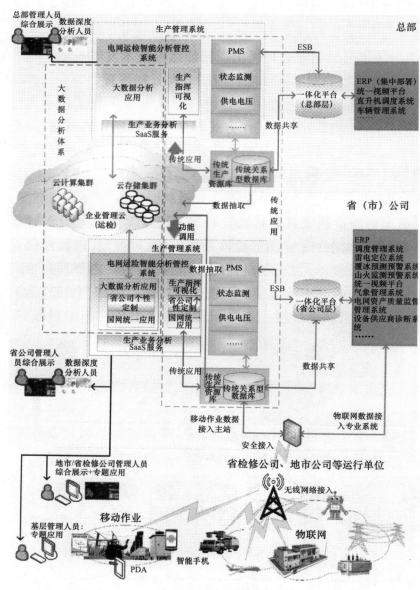

图 2-11-1-3　电网运检智能分析管控系统主体架构图

入状态监测数据、卫星山火遥感信息、雷电监测数据、通道可视化监控信息等，实现线路及通道状态实时监测；通过接入带高程信息的气象数据，可实现不同地形地貌条件下气象预测预报结果的直观展示，为线路及通道防灾减灾、巡视或检修任务安排、应急抢险等提供参考；通过融入河流水系、路网信息等，可实现输电线路交叉跨越的快速智能分析，为运维单位针对性开展"三跨"（跨越铁路、高速公路、重要输电线路）隐患点的排查、巡检等提供参考。

通过接入与电网相关联的实时气象网格数据，将网格数据与设备坐标位置进行关联，可实现乡镇电力管理站、变电站（换流站）/线路的未来 3 天逐小时温度、风速、降雨等气象预报服务，为一线人员针对性开展现场作业提供辅助支撑。预报精度为 3km×3km，局部区域可

达 1km×1km，是常规天气预报精度的 9 倍以上。

2. 状态智能分析

获取运检专业的设备试验、在线监测、缺陷等数据，调控专业的运行工况数据，外部的气象环境数据，开展多维分析；建立设备状态智能评价模型，融合多源数据，智能评价设备状态，提出辅助决策建议，提升设备状态智能分析水平。

（1）缺陷分析。管控系统以图形化方式按设备类型、设备厂家、运行年限等统计分析设备缺陷情况，支持关联查看设备各种信息、同类缺陷分析等功能。

通过同步 PMS2.0 数据，将设备缺信息按照设备类型、电压等级、运维单位、生产厂家、缺陷数量、缺陷等级、发生时间、分布情况等进行统计、展示，直观展现缺陷总体情况。同时，根据缺陷等级、发现时间，进

行消缺情况分析，展示未消缺陷的同时，为检修计划的制定等提供参考。

通过进一步对缺陷数据进行挖掘，从缺陷表中抽取设备类型、生产厂家、缺陷性质、缺陷部位、缺陷原因数据，并进行多维度关联匹配，实现同类设备缺陷、同厂家设备缺陷、同类缺陷原因缺陷等的快速分析，为运维单位针对性开展缺陷排查、隐患整改，以及家族性缺陷分析等提供参考。

（2）在线监测分析。管控系统直观展示不同电压等级、不同类型在线监测装置信息，分析在线监测装置运行工况，支持时间、空间等多维信息统计和实时告警数据查看。

通过分析状态监测系统各类装置的数据回传频率，判断是否出现数据中断、数据延迟，装置长时间不在线等情况，为运维单位针对性开展故障装置消缺、保障电网设备监测实时性等提供依据。同时，还可以根据在线监测装置台账，匹配故障率较高的在线监测装置生产厂家、运行年限等，为不同类型监测装置运行维护、新增装置采购等提供支撑。

通过对实时数据进行挖掘，根据实际情况设置预告警阈值、设备状态分析模型（如覆冰拉力等值换算模型、油色谱三比值或大卫三角形评价模型、导线舞动评价模型）等，实现设备状态的实时分析和发展趋势判断。

此外，通过将在线监测数据与GIS地图结合，将监测装置与地图坐标、线路杆塔及变电站位置相匹配，直观展现故障、告警在线监测装置的分布，便于直观展现当前装置运行情况。

3. 负载率分析

针对变压器、线路，按输电、变电、配电专业，分析最大负荷、负载率、重过载时长、轻载比例等信息，支持按时间、单位等维度查阅以及分析同期对比。

管控系统通过接入调度实时负荷数据，并根据PMS2.0设备基础台账中的额定负载或输送功率，判断电网设备是否存在重载、过载情况，根据设备负荷变化的时间规律，可重点排查长期重过载的情况，同时关联PMS2.0中对应设备的缺陷情况、历史故障、状态评价结果以及监测试验数据，便于运维单位重点针对存在缺陷、状态评价为异常的重过载设备开展设备运维、检修以及扩容改造等。

4. 状态智能评价

融合设备台账等静态数据、巡视记录等准动态数据和状态监测等动态数据，搭建设备状态评价和趋势预测大数据分析模型，开展覆冰、山火、雷电、洪涝、台风等环境信息与设备状态信息关联分析，智能分析评价设备状态，支持辅助决策。

通过接入PMS2.0状态评价数据，一方面，根据新投设备情况、设备检修情况、缺陷情况等，统计分析状态评价工作开展情况，直观展现是否存在应评价而未评价的情况，提升状态评价工作管理水平。另一方面，可在管控系统中建立状态评价大数据模型，以设备为中心，

通过分析接入的各类试验检测数据、巡检记录、缺陷及故障、在线监测数据等，结合设备设计参数，按照输变电设备状态评价导则中各状态量判断依据建立评价库，实现设备状态在线评估，判断设备劣化程度或级别。

（四）故障智能诊断

融合保护动作、调度运行、在线监测、分布式行波等数据，关联查看故障设备履历、现场视频等信息，实现故障定位和故障原因初步分析，为快速处置提供决策建议。

1. 故障信息判别

首先管控系统需要判断真实跳闸信息，将调度开关实时变位信息、停电检修计划、开关负荷数据接入管控系统，并对所有数据进行解析，以标准格式存入数据库中。当管控系统接收到开关合转分信号后，分析该信号是否与停电检修计划匹配，如匹配则为计划停电，分析结束。如不匹配，则根据合转分时间查找对应开关此时刻之前的负荷值，高于限值则判定为故障，否则为误发信号。

2. 故障点定位及故障原因识别

故障诊断主要分为两个方面：一方面是故障定位，另一方面是故障原因分析。

（1）对于故障定位，可通过接入变电站保护测距、线路行波测距、雷电定位系统、输电线路山火监测数据等，将故障数据与线路杆塔位置进行匹配，综合判断具体的故障点或故障区段。对于安装有保护测距、线路行波测距装置的，优先利用测距信息判断故障点。针对部分测距信息无法采集的线路故障，则可利用雷电定位系统、输电线路山火监测数据、在线监测异常信息等，通过外部信息辅助开展故障定位。

（2）引起输电线路故障的原因主要有雷击、风偏、污闪、山火、鸟害、异物短路、外力破坏等。故障线路运行的恶劣环境因素尤其气象要素，是导致故障的主因，给电力系统安全运行带来巨大安全隐患。如今电力系统调度中的设备甚为先进，再加上环境监测系统、气象监测系统、污秽监测系统及视频监控系统等的不断被引入，已可实现对输电线路运行的外部环境状况以及电力系统的运行状态的实时监测，这为故障诊断及故障影响要素分析提供了技术支撑以及信息来源。因此，在进行输电线路故障原因辨识分析研究中考虑气象因素的影响是可行的，也是十分必要的。

3. 故障外部特征

自然灾害引发的输电线路故障具有如下特点：受自然气象变化规律影响很大，跳闸事件发生的时间相对集中，具有一定的规律。故障规律是对故障发生可能性的一种衡量，对于原因辨识提供一定依据。根据各种线路故障原因的外部特征分析，除了天气、时段和季节特征外，不同故障发生与地形条件、风力、温度、湿度也具有一定的关系。由于气压、湿度、温度可对空气密度、碰撞电离及吸附过程产生影响，故而间隙临界击穿电压随之改变影响了故障发生的可能性。

（1）天气特征。天气与输电线路的故障发生之间存在一定的关系，输电线路故障的发生时常伴随着恶劣的天气状况，如雷雨、大风、雪、雾等，因此利用现代电力系统所得的污秽监测设备、雷电监测设备、气象预警设备以及其他外部环境监测设备所得的实时监测信息可为故障原因的辨识分析提供数据来源和技术支撑。所统计的故障样本中，故障发生时刻的天气有晴天、阴天、多云、阴雨、雨夹雪、雷雨、大风、大雾等，案例将其划分为五类：晴朗、雷雨、雨雾（阴雨、毛毛雨、大雾等）、阴云（阴天、多云）以及大风，在图 2-11-1-4 中分别用数字 1～5 所表示在纵坐标上。案例数据包含

105 个样本，横坐标表示故障样本的序号，故障类型分为雷击、风偏、鸟闪、污闪、树闪以及山火，并用不同颜色表示。

各种类型的故障都具有较为明显的天气特征，尤其雷击故障以及污闪故障与相应的天气几乎呈现一对一的特征，说明这两种故障的发生与天气具有极大的相关性。因此，天气特征可作为输电线路故障辨识的有效特征。

（2）季节月份特征。在四季分明地区的气象灾害也相应具有明显的季节特性。图 2-11-1-5 分别给出了不同故障原因类型发生时刻所对应的一年 12 个月的分布情况。

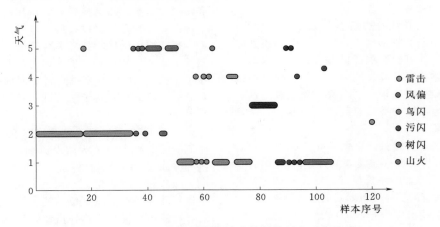

图 2-11-1-4　输电线路故障外部特征之天气特征

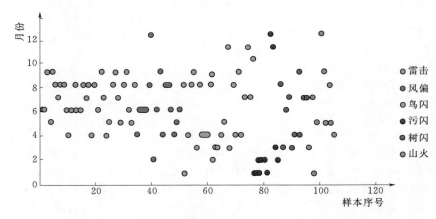

图 2-11-1-5　输电线路故障外部特征之季节月份天气特征

总体看来，发生故障的峰值月份出现在 4—9 月。雷击以及风偏故障主要集中在夏季前后，因夏季多发雷雨等强对流天气；污闪均发生在温度相对较低、降雨少、污秽积累严重的冬季；在春秋季节发生鸟害和山火，其中鸟闪在 3 月、4 月以及 8—11 月发生较多，分别对应筑巢期以及候鸟迁徙；树木故障多集中于降雨量多，生长快速地春夏时节。因此，季节月份也可作为故障原因辨识的有效特征。

（3）时段特征。按照小时将一天划分为 24 个时段，针对 6 种故障类型样本。所对应的故障发生时段统计情况如图 2-11-1-6 所示。

雷击跳闸多发生于日间，分布较为均匀，汇集于 8：00—20：00，这与雷电活动特征基本相符；在鸟害故障中，凌晨 2：00—7：00 发生较多，与鸟类清晨觅食习性一致；而污闪故障夜间以及凌晨相对较多，对应气温较低、空气湿度大，利于绝缘子表面的污秽层湿润，而分布不似理论分析的集中程度是因为故障样本的不完备。树闪故障以及山火故障多集中温度较高的中午及下午时段。为了统计计算方便，也可将故障时间进一步划分为四个时段：清晨（5：00—9：00）、白天（10：00—16：00）、晚上（17：00—22：00）、午夜（23：00—4：00）。

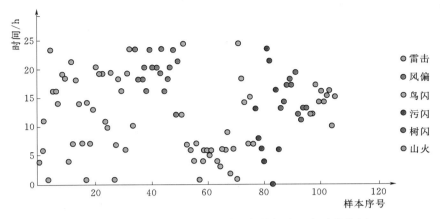

图 2 - 11 - 1 - 6 输电线路故障外部特征之昼夜时段特征

4. 故障内部特征

了解故障内部特征主要方法是解析故障录波图。故障类型不同，录波图反映出的信息也不同，从中主要得出两类故障信息：一是观测所得的故障前后各相电压和电流的波形变化信息，以及跳闸后的重合闸是否成功等直接信息；二是由录波数据进行分析计算而获得的间接信息。

（1）故障相重合闸特征。重合闸是基于故障线路被跳开后，故障点的绝缘性能能否快速恢复而决定是否能重合成功，具体统计结果如图 2 - 11 - 1 - 7 所示，纵坐标表示重合闸情况，重合成功为 1，重合不成功为零。雷击、鸟粪所导致的故障在跳闸后空气的绝缘性能由于电弧熄灭而瞬间恢复，所以重合闸多为成功；而风偏、污闪及山火故障后其主要环境因素在短期内无法得到改善，因此重合闸不易成功。而树闪故障则根据短路的物体不同而表现不同特性，不具有明显特征，因此重合闸特性也可用于故障原因的辨识。

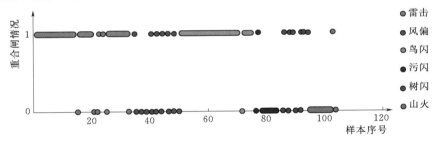

图 2 - 11 - 1 - 7 输电线路故障内部特征之故障相重合闸特征

（2）故障相电流非周期分量特征。由于非线性的过渡电阻会引入谐波，因此山火、树闪这两种非金属性接地故障分量中往往含有丰富谐波，而雷击、污闪等含量极少。三次谐波在单相接地故障中的特征相较其他次谐波更为突出，因此选用三次谐波作为高频谐波的表征。同时鉴于故障发生瞬间线路电流值以及外界有无能量注入情况不同，部分故障类型的故障相电流存在一定的衰减直流分量。因此，通过对故障相电流提取直流含量及三次谐波分量进行特征分析与验证。鉴于故障发生初期故障信号中大量的高频暂态分量的考虑，选取故障发生时刻半个周波后的录波数据进行分析，高频分量多衰减殆尽，因此显著减小暂态分量对待求参数的影响。通过对故障样本的计算分析，得出样本的故障相电流直流含量以及三次谐波含量情况分别如图 2 - 11 - 1 - 8 和图 2 - 11 - 1 - 9 所示。

从数据统计可看出，雷击接地故障的故障相电流直流衰减含量较多，而山火故障所对应含量均少于 9%；与之相反，山火故障的高次谐波含量要比近似金属性故障的三次谐波含量多得多，一般大于 10%，结果与理论分析相符合。

除上述故障内部特征外，通过对故障录波数据进行解析，还可以实现故障相电流过零点畸变特征挖掘和故障过渡电阻特征挖掘。如山火故障相电流所得到的高频分量在从故障开始时刻至故障结束期间的每个过零点附近都有较大的波形值，而雷击故障仅在故障开始及故障结束时刻存在波动，在故障期间其值都维持在很小的值，无较大波动。

利用故障后线路两端录波器所得电压、电流的采样数据及线路参数，可实现过渡电阻瞬时值的求解。雷击、风偏、鸟害、污闪这几种金属性接地短路故障的过渡电阻均值都较小，一般都在 10Ω 下，属于低阻故障；过渡非金属性异物短路故障的过渡电阻均值相对较大，普遍介于 15～50Ω 之间，属于中阻故障；而山火故障的过渡电阻均值相较于其他故障要大得多，普遍大于 100Ω，可称为高阻故障。

5. 故障特征自适应调整

当故障发生时，利用基于历史信息建立的辨识模型对

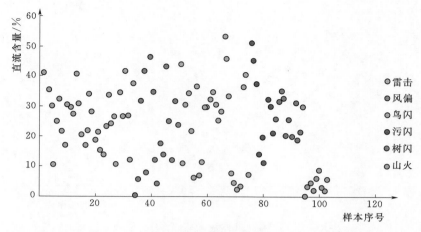

图 2-11-1-8　输电线路故障内部特征之故障相电流直流含量特征

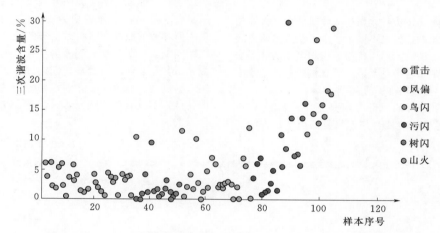

图 2-11-1-9　输电线路故障内部特征之故障相三次谐波含量特征

故障原因进行判别，故障处理结束后，需要将发生的故障作为标准故障类型录入历史故障数据库，并将实际的故障原因与模型判别结果进行对比，对比结果作为是否修改模型训练库的依据。

如果判别结果有所偏差，那么随即修改实际的故障原因模型训练库的样本集，加入该次故障的实际特征数据进行重新训练，得到修正后的辨识模型，从而能够自主学习，适应环境的变化，更加准确地辨识故障原因。如果判别结果与实际结果没有偏差，则不需要修改训练库中的样本，而是记录该故障特征及故障原因，然后经过一定的时间再对训练样本数据库进行更新。通过这种方法可以达到淘汰较老数据，增进新数据的目的，从而使辨识模型能够适应环境的潜移默化。识别算法自更新原理如图 2-11-1-10 所示。

（五）运检过程管控

通过运检管控中心，应用管控系统，可有效掌握各项工作关键节点信息，特别是针对现场作业管控。通过移动视频监控设备，在管控系统实现作业现场与管理人员语音视频互联互通，并关联工作票、管控方案等信息，开展运检作业远程管控和技术诊断、指导，延伸运检作业风险管

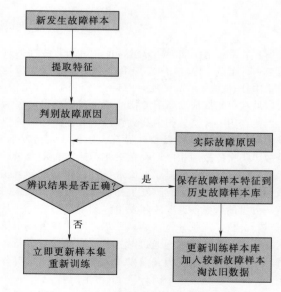

图 2-11-1-10　识别算法自更新原理图

控的深度和广度，解决春秋检点多面广，管理人员无法面面俱到的问题，使风险管控更加到位。

运检过程管控重点是作业内容、风险等级与PMS2.0中工作票、管控方案、设备相关信息以及现场视频等的关联匹配，匹配方法通常通过线路名称、作业时间等关键字段进行搜索匹配，即可实现作业相关信息的全量快速展示。

（六）输电线路通道风险评估

利用三维GIS平台，开展雷电、山火、覆冰等风险评估，融合视频、图像、无人机等信息，实现输电通道状态风险管控。

1. 雷电监测预警

建立雷电监测预警中心，对110kV及以上骨干网架实现雷电监测高精度全覆盖，管控系统根据雷电监测数据，结合线路分布，开展重要输电通道提前30min～1h的雷电预警，为针对性开展巡检工作提供支撑。

2. 覆冰预测预警

建立覆冰预测预警中心，覆冰预测预警精度达到全网3km×3km、典型微地形区域0.5km×0.5km，管控系统将电网覆冰预测预警精确到杆塔，提高冬季防冰抗冰的能力。

3. 山火监测预警

建立山火监测预警中心，开展输电线路山火同步卫星广域实时监测，管控系统结合线路分布分析影响范围并及时预警，为现场异常快速处置提供有效支撑。

4. 台风监测预警

建立台风监测预警中心，实现国家电网公司东部沿海地区110kV及以上电压等级电网台风监测全面覆盖，实现0.5km×0.5km分辨率台风风场预报，将台风灾害预警信息发布时间间隔缩短至1h，面向电网输变电设备提供专业、快速、可靠、有效的台风监测预警服务。

5. 通道可视化

管控系统基于三维GIS，融合直升机、无人机、视频、图像等数据，实现全方位、多角度输电通道可视化，便于有针对性地开展风险管控。

（七）项目精益管理

管控系统可获取PMS系统项目计划数据和ERP系统项目实施数据，对大修、技改、城市配网等项目，按前期、招标采购、合同签订、施工、投运、结算等直观环节，进行实施情况管控，并对滞后项目自动提醒和预警，提高项目精益管理水平。

第二节 电网状态感知技术

一、带电检测技术

（一）电网状态感知技术

电网状态感知是应用各种传感、量测技术实现对状态的准确、全面感知，用于评估设备运行状态，实现对设备状态的精准管控。电网状态感知包括对设备本体以及外部环境通道的状态感知，是构成电网智能运检应用的数据基础，电网状态感知技术的应用对于保障电网及设备的安全运行有重要意义。目前已有一批成熟技术在实际中得到应用，发现了大量设备缺陷及外部威胁，对保障电网及设备的安全运行起到了重要作用。

（二）带电检测技术

电力设备带电检测是指在不停电状态下利用检测装置对高压电气设备状态进行检测，从而掌握设备运行状态。该方法一般采用便携式设备在带电状态下进行检测，有别于安装固定监测装置进行长期连续的在线监测。带电检测是发现设备潜伏性缺陷的有效手段，是预防设备故障的重要措施之一。

二、红外热像检测技术

（一）红外热像仪基本原理

自然界中，一切温度高于绝对零度（−273.16℃）的物体都会辐射出红外线，辐射出的红外线（简称红外辐射）带有物体的温度特征信息。通过对设备红外辐射量的检测可实现对设备温度的测量，基于设备温度的横向、纵向对比可实现设备运行状态诊断。

电磁波谱中比微波波长短、比可见光波长长（$0.75pm < x < 1000\mu m$）的电磁波就是红外辐射。实际的物体都具有吸收、辐射、反射、穿透红外辐射的能力。吸收是指物体获得并保存来自外界的红外辐射能力；辐射是指物体自身发出红外辐射的能力；反射是指物体弹回来自外界的红外辐射的能力；透射是指来自外界的红外辐射经过物体穿透出去的能力。

实际物体的辐射由两部分组成：自身辐射和反射环境辐射。光滑表面的反射率较高，容易受环境影响（反光）；粗糙表面的辐射率较高。电力设备的红外检测，实质是对设备（目标）发射的红外辐射进行探测及显示的过程。设备发射的红外辐射功率经过大气传输和衰减后，由检测仪器光学系统接收并聚焦在红外探测器上，并把目标的红外辐射信号功率转换成便于直接处理的电信号，经过放大处理，以数字或二维热图像的形式显示目标设备表面的温度值或温度场分布。红外测温原理示意图如图2-11-2-1所示。

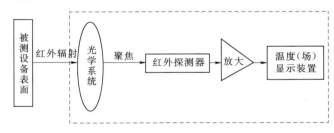

图2-11-2-1 红外测温原理示意图

（二）电网设备发热故障分类

从红外检测与诊断的角度可将高压电气设备的发热故障分为外部故障和内部故障。

（1）外部故障是指裸露在设备外部各部位发生的故障（如长期暴露在大气环境中工作的裸露电气接头故障、设备表面污秽以及金属封装的设备箱体涡流过热等）。从设备的热图像中可直观地判断是否存在热故障，根据温度分布可准确地确定故障的部位及故障严重程度。

（2）内部故障则是指封闭在固体绝缘、油绝缘及设备壳体内部的各种故障。由于这类故障部位受到绝缘介质或设备壳体的遮挡，通常难以直观获得故障信息。但是依据传热学理论，分析传导、对流和辐射三种热交换形式沿不同传热途径的传热规律（对于电气设备而言，多数情况下只考虑金属导电回路、绝缘油和气体介质等引起的传导和对流），并结合模拟试验、大量现场检测实例的统计分析和解体验证，也能够获得电气设备内部故障在设备外部显现的温度分布规律或热（像）特征，从而对设备内部故障的性质、部位及严重程度作出判断。

（三）电气设备发热原因

电气设备发热原因可分为以下几类。

1. 电阻损耗（铜损）增大故障

电力系统导电回路中的金属导体都存在相应的电阻，因此当通过负荷电流时，必然有一部分电能按焦耳-楞次定律以热损耗的形式消耗掉。如果在一定应力作用下导体局部拉长、变细，或多股绞线断股，或因松股而增加表面层氧化，均会减少金属导体的导流截面积，从而造成增大导体自身局部电阻和电阻损耗的发热功率。电力设备载流回路电气连接不良、松动或接触表面氧化会引起接触电阻增大，该连接部位与周围导体部位相比，就会产生更多的电阻损耗发热功率和更高的温升，从而造成局部过热。

2. 介质损耗增大故障

除导电回路以外，固体或液体（如油等）电介质也是许多电气设备的重要组成部分，该种介质在交变电压作用下引起的损耗，通常称为介质损耗。由于绝缘电介质损耗产生的发热功率与所施加的工作电压平方成正比，而与负荷电流大小无关，因此称这种损耗发热为电压效应引起的发热，即电压致热型发热故障。即使在正常状态下，电气设备内部和导体周围的绝缘介质在交变电压作用下也会有介质损耗发热。当绝缘介质的绝缘性能出现故障时，会引起绝缘介质的介质损耗（或绝缘介质损耗因数）增大，导致介质损耗发热功率增加，设备运行温度升高，该种原因引起的设备发热温升通常仅有几摄氏度，所以对于测量装置要求较高。介质损耗的微观本质是电介质在交变电压作用下将产生两种损耗：一种是电导引起的损耗；另一种是由极性电介质中偶极子的周期性转向极化和夹层界面极化引起的极化损耗。

3. 铁磁损耗（铁损）增大故障

由绕组或磁回路组成的高压电气设备，由于铁芯的磁滞、涡流效应而产生的电能损耗称为铁磁损耗或铁损。由于设备结构设计不合理、运行不正常，或者由于铁芯材质不良，铁芯片间绝缘受损，导致出现局部或多点短路现象，可分别引起回路磁滞或磁饱和或在铁芯片间短路处产生短路环流，增大铁损并导致局部过热。另外，对于内部带铁芯绕组的高压电气设备（如变压器和电抗器等），如果出现磁回路漏磁，还会在铁制箱体产生涡流发热。由于

交变磁场的作用，电器内部或载流导体附近的非磁性导电材料制成的零部件有时也会产生涡流损耗，因而导致电能损耗增加和运行温度升高。

4. 电压分布异常和泄漏电流增大故障

有些高压电气设备（如避雷器和输电线路绝缘子等）在正常运行状态下有一定的电压分布和泄漏电流，当出现故障时会改变其分布电压和泄漏电流的大小，导致其表面温度分布异常。此时的发热虽然仍属于电压效应发热，但发热功率由分布电压与泄漏电流的乘积决定。

（四）红外检测要求

1. 一般检测环境要求

检测时应尽量避开视线中的遮挡物，环境温度一般不低于5℃，相对湿度一般不大于85%；天气以阴天、多云为宜，夜间图像质量为佳；不应在雷、雨、雾、雪等气象条件下进行，检测时风速一般不大于5m/s；户外晴天要避开阳光直接照射或反射进入仪器镜头，在室内或晚上检测应避开灯光的直射，宜闭灯检测；检测电流致热型设备，最好在高峰负荷下进行，如不满足，一般也应在不低于30%的额定负荷下进行，同时应充分考虑小负荷电流对测试结果的影响。

2. 精确检测环境要求

风速一般不大于0.5m/s；设备通电时间不少于6h，最好在24h以上；检测应在阴天、夜间或晴天日落2h后；被检测设备周围应具有均衡的背景辐射，应尽量避开附近热辐射源的干扰，某些设备被检测时还应避开人体热源等的红外辐射；避开强电磁场，防止强电磁场影响红外热像仪的正常工作。

3. 飞机巡线检测基本要求

除满足一般检测的环境要求和飞机适航的要求外，还应满足以下要求：禁止夜航巡线，禁止在变电站和发电厂等上方飞行；飞机飞行于线路的斜上方并保证有足够的安全距离，巡航速度以50~60km/h为宜；红外热成像仪应安装在专用的带陀螺稳定系统的吊舱内。

（五）现场操作方法

1. 一般检测

仪器在开机后需进行内部温度校准，待图像稳定后方可开始工作。一般先远距离对所有被测设备进行全面扫描，发现有异常后，再有针对性地近距离对异常部位和重点被测设备进行准确检测。仪器的色标温度量程宜设置在环境温度如10~20K的温升范围。有伪彩色显示功能的仪器，宜选择彩色显示方式，调节图像使其具有清晰的温度层次显示，并结合数值测温手段，如热点跟踪、区域温度跟踪等手段进行检测。应充分利用仪器的有关功能，如图像平均、自动跟踪等，以达到最佳检测效果。环境温度发生较大变化时，应对仪器重新进行内部温度校准，校准方法按仪器的说明书进行。作为一般检测，被测设备的辐射率一般取0.9。

2. 精确检测

检测温升所用的环境温度参照物应尽可能选择与被测设备类似的物体，且最好能在同一方向或同一视场中选

择。在安全距离允许的条件下，红外仪器宜尽量靠近被测设备，使被测设备（或目标）尽量充满整个仪器的视场，以提高仪器对被测设备表面细节的分辨能力及测温准确度，必要时，可使用中、长焦距镜头，线路检测一般需使用中、长焦距镜头。为了准确测温或方便跟踪，应事先设定几个不同的方向和角度，确定最佳检测位置，并可做上标记，以供复测用，提高互比性和工作效率。正确选择被测设备的辐射率，特别要考虑金属材料表面氧化对选取辐射率的影响。将大气温度、相对湿度、测量距离等补偿参数输入，进行必要修正，并选择适当的测温范围。记录被检设备的实际负荷电流、额定电流、运行电压，被检物体温度及环境参照体的温度值。

（六）红外热像仪分类和应用

1. 手持式、便携式红外热像仪

手持式、便携式红外热像仪在电力设备带电检测中已经广泛使用，具有灵活、使用效率高、诊断实时的优点，是目前常规巡检普测和精确测温的主要使用方式。

2. 连续监测式红外热像仪

连续监测式红外热像仪主要用于无人值守变电站、重点设备的连续监测，以红外热成像和可见光视频监控为主，智能辅助系统为辅，具有自动巡检、自动预警、远程控制、远程监视以及报警等功能。连续监测式红外热像仪主要分为固定和移动式。固定式为定点安装，可实现重点设备的长时间连续监测，运行状态变化预警。移动式的优势是布点灵活，可监测设备覆盖全面，适合隐患设备的后期分析监测、缺陷设备检修前的运行监测。

3. 线路巡检车载式

车载红外监控系统主要应用于城市配网和沿道路旁的架空线路检测，可大幅提高巡检效率。

4. 机载吊舱式红外热像仪

小型无人机（主要指旋翼型无人机）搭载小型红外热像仪可实现测温、拍照、录像、存储等基本巡检工作；单次飞行可实现少量杆塔巡检工作。中型无人机主要搭载6～8kg吊舱完成巡检工作，配合出色的飞控可以实现超视距3～4km范围内的线路巡检任务，可搭载高清相机和热像仪，可叠加地理信息坐标、定位杆塔、实时测温分析等。大型无人机可搭载20kg及以上设备完成数十千米范围内的线路巡检工作，红外、紫外、可见光数据可以通过地面控制站实时传输，地面数据分析系统可系统化处理采集到的所有数据。直升机巡检系统主要依靠30kg左右的光电吊舱设备对超高压、特高压线路进行巡检，可记录红外、紫外、可见光等数据。

5. 巡检机器人红外热像仪

变电站智能巡检机器人集机电一体化、多传感器融合、磁导航、机器人视觉、红外检测技术于一体，解决了人工巡检劳动强度大等问题。通过对图像进行分析和判断，及时发现电力设备的缺陷、外观异常等问题。

三、局部放电检测技术

局部放电是电气设备在故障发展初期最为重要的表现特征之一，当设备存在局部放电时，通常会同时产生各类信号，包括特高频信号、超声波信号、高频信号等，针对不同的设备类型及放电原因，选择对应检测方法即可实现对设备局部放电的准确检测。

（1）特高频和超声波局部放电检测技术主要应用于GIS设备、开关柜、配网架空线路等的局部放电检测。

（2）特高频局部放电检测装置一般由特高频传感器、信号放大器、检测仪主机及分析诊断单元组成。特高频局部放电检测技术基本原理是通过特高频传感器对电气设备局部放电时产生的特高频电磁波（300MHz～3GHz）信号进行检测，通过特征分析判断电气设备内部是否存在局部放电以及诊断局部放电类型、位置及严重程度，实现局部放电检测。在开关柜设备中，当内部存在局部放电时，开关柜中局部放电产生的特高频信号将向四周发散传播，并通过开关柜的缝隙传播出来，利用特高频传感器可实现开关柜局部放电的检测。在GIS设备中，由于其同轴结构，使得电磁波能在GIS管道内进行长距离传播，通过GIS设备的浇注孔或内置传感器可检测出设备内部局部放电。由于其频带范围高，可有效地抑制背景噪声，如空气电晕等。由于通信、广播等类型的干扰信号有固定的中心频率，因而可用带阻法消除其影响。另外，还可通过在不同位置测到的局部放电信号的时延差来对局部放电源进行定位，此时通常需要应用示波器配合完成。

（3）高频局部放电检测技术主要应用于变压器、电缆等的局部放电检测。

（4）暂态地电压局部放电检测技术主要应用于开关柜等的局部放电检测。

四、输电线路在线监测技术

（一）输电线路在线监测的内容

输电线路在线监测技术是指直接安装在输电线路设备上可实时记录设备运行状态特征量的测量系统及技术，是实现状态监测、状态检修的重要手段。随着现代通信技术的成熟与推广，输电线路在线监测技术取得了长足进步，一系列输电线路在线监测系统相继出现，如输电线路杆塔倾斜在线监测、覆冰在线监测、微气象在线监测、导线舞动在线监测、视频/图像在线监测等，有效提高了现有输电线路的运行安全水平。

（二）输电线路在线监测系统的一般流程

输电线路在线监测系统的一般流程是：监测装置实时完成输电线路设备状态、环境信息的采集；通过通信模块及通信网络发送至各级监测中心；监测中心专家利用各种修正理论模型、试验结果和现场运行结果判断输电线路的运行状况，并及时给出信息，从而有效防止各类事故的发生。输电线路在线监测系统典型架构如图2-11-2-2所示。

五、卫星遥感技术

（一）遥感和卫星遥感

（1）广义地讲，各种非接触的、远距离的探测和信息

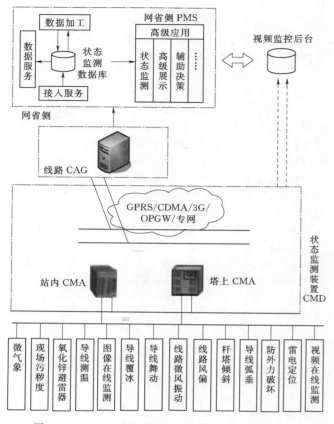

图 2-11-2-2　输电线路在线监测系统典型架构图

获取技术就是遥感；狭义上讲，遥感主要指从远距离、高空以及外层空间的平台上，利用可见光、红外、微波等探测仪器，通过摄影或扫描、信息感应、传输和处理，从而识别地面物质的性质和运动状态的现代化技术系统。

（2）卫星遥感作为一门新兴的对地观测综合性技术，相较于传统技术，具有探测范围广、采集速度快、采集信息量大、获取信息条件受限制少等一系列优势，它的出现和发展大大拓宽了人类探知的能力和范围。

（二）遥感卫星技术应用

近年来卫星遥感技术在电网运检领域的应用发展迅速，主要包括电网山火、地质灾害、电网气象等方面的探测和预防应用。

1. 基于卫星遥感的山火探测技术

输电线路山火跳闸是影响其安全稳定运行的重要因素，在山火高发时段，各运维单位投入大量的人力物力开展线路巡视、重点区段蹲守和山火现场监控等工作，但这种工作方式存在工作效率低、投入大等问题。随着遥感技术不断发展、影像分辨率不断提高以及计算机信息处理技术的不断增强，利用遥感卫星对输电线路走廊区域的监测数据进行山火风险评估，可以大范围有效获取监测区域状况，具有快速获取地面宏观信息、准确判定火险高危区域的特点。将红外探测仪安装在卫星上，对地面进行大面积的热点监测。然而，安装在卫星上的红外探测器受环境的影响很大，如探测角度、云层厚度、大气层垂直结构以及

地形等。环境、气候因素会影响卫星红外遥感的探测结果，引起误判。为解决这个问题，可采用各种数据处理方法来提高分析结果的可靠性，如时域动态分析法、三通道合成法、遥感卫星上下文火点识别法等。

2. 基于光学卫星遥感的地质灾害识别技术

利用遥感技术可以不断地探测到地质灾害发生的背景与条件等大量信息，事先圈定出地质灾害可能发生的地区、时段及危险程度；在地质灾害发展过程中，利用卫星和航空遥感图像对其进行长、中期动态监测分析，可以不断监测地质灾害的进程和态势，及时把信息传送到抗灾部门，有效地进行抗灾；在地质灾害发生后，利用遥感技术可以迅速准确地查出地质灾害地点、范围、程度，为减灾防灾对策的制订提供技术支持。

在光学遥感成像时，由于各种因素的影响，使得遥感图像存在一定的几何变形和辐射量失真现象，变形和失真影响了图像的质量和使用，必须进行消除或削弱。简单说，几何变形是指图像上的像元在图像坐标系中的坐标与其在地图坐标系等参照坐标系中的坐标之间的差异，消除这种差异的过程称为几何纠正。利用传感器观测目标的反射和辐射能量时，传感器得到的测量值与目标的光谱反射率或光谱辐射强度等物理量不相同，这是由于测量值中包含了太阳的位置和角度条件、大气条件所引起的失真，消除图像数据中辐射所含失真的过程称为辐射量校正。在卫星图像数据提供给用户使用之前，一般都经过辐射量校正和一定的几何纠正，在实际应用中应根据具体情况加以相应处理。一般遥感数据预处理流程如图 2-11-2-3 所示。

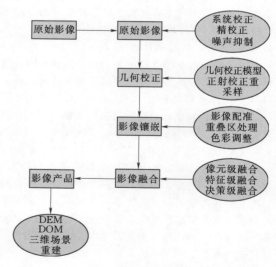

图 2-11-2-3　一般遥感数据预处理流程图

3. 基于雷达卫星遥感的地质灾害探测技术

雷达遥感是利用卫星或航空航天器主动发射电磁波微波到地面，再通过传感器接收地面反射的电磁波而成像的新一代遥感技术。利用雷达遥感技术可以实现不受天气气候和白天黑夜影响的全天候对地遥感，容易产生不缺失的时间序列雷达遥感图像。合成孔径雷达（SAR）

是 20 世纪 50 年代末研制成功的一种微波遥感器。它利用载有雷达的飞行平台的运动来得到长的合成天线，由此获得高分辨率的图像。SAR 与传统的光学遥感器相比，其优点主要在于具备全天候、全天时工作能力，穿透力强，采用侧视方式一次成像面积大，成本低，SAR 的纹理特性能获取其他遥感系统所难见的断层，有利于研究地表构造和预测新矿源，分辨率高且不受平台高度或距离的影响，这点对于几百千米乃至上千千米高的卫星遥感系统尤为重要。

通过两幅或两幅以上的雷达遥感图像进行相位干涉处理的技术，称为合成孔径雷达干涉测量技术（InSAR），InSAR 是获取高精度地面高程信息的前沿技术之一。作为 InSAR 技术的延伸，差分干涉测量技术（D - InSAR）可以用于监测地表微小形变，它的发展为非接触式监测提供了新的思路，其监测范围大、精度高、全天候、全天时等独特优点对输电线路地质灾害形变监测具有十分重要的意义。

差分干涉测量技术（D - InSAR）是对两幅以上的干涉图或对一幅干涉图加一幅地面数字高程模型（DEM）图进行再处理的一种技术，它可以有效地去掉地形、轨道基线距离等对相位的影响。在包含有地形信息和地面位移信息的干涉图中，由地面高程引起的干涉条纹与基线距有关，而由地面变化引起的干涉条纹与基线距无关，所以可以用差分的方法消除由地形引起的干涉条纹。D - InSAR 技术目前主要应用于城市地面沉降监测、滑坡、地震形变测量以及冰川移动监测等。为了提取地表形变信息，必须把参考面相位以及地形因素从原始干涉图中去掉，即二次差分干涉。常用的 D - InSAR 技术有二轨法、三轨法和四轨法。无论是二轨法、三轨法还是四轨法，D - InSAR 技术都是通过去除干涉相位中的地形相位来获取最终的变形相位。D - InSAR 技术处理流程一般包括影像裁剪、图像配准及重采样、干涉与滤波、相位差分、相位解缠、地理编码，如图 2 - 11 - 2 - 4 所示。

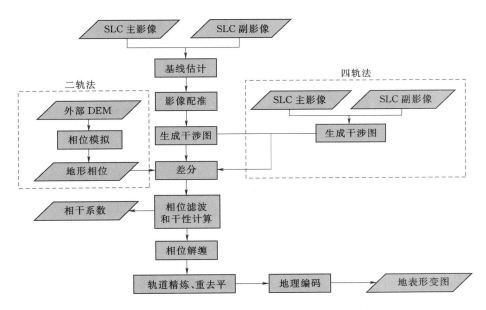

图 2 - 11 - 2 - 4　D - InSAR 技术处理流程图

4. 基于卫星遥感的输电通道巡视技术

与基于直升机或无人机的输电线路巡检技术相比，目前基于卫星遥感的输电通道巡视研究较少，这是因为卫星遥感的空间和时间分辨率不足以满足定期输电通道巡视需求。近年来卫星遥感发展迅速，光学卫星空间分辨率达到黑白 2m，彩色优于 8m，重访周期在 1 周左右；合成孔径雷达（SAR）卫星空间分辨率达到 1m，可全天候获取微波波段地物目标信息。因此，卫星遥感与电力运检的交叉应用研究日益丰富。

从业务应用层面，国家电网有限公司开发了输电通道卫星遥感巡视系统，2017 年，在浙江嘉湖密集通道湖州区段、新疆哈密天中线区段开展了多时相卫星遥感巡视技术应用，同时在汛期对湖南江城线等区段开展了洪涝灾害监测预警研究。

输电通道卫星遥感巡视关键技术路线如图 2 - 11 - 2 - 5 所示，主要包括遥感影像预处理、环境信息智能提取和多时相环境变化监测 3 个核心环节。

卫星遥感原始数据缺少必要的地理、光谱信息，无法直接用于输电通道环境巡视。因此，卫星遥感影像预处理是开展实际巡视应用的第一步，旨在将卫星遥感原始数据处理成具备经纬度信息、去除几何与大气畸变的可用基础影像，用于后续的环境隐患识别。

卫星遥感数据分为光学和合成孔径雷达（SAR）两大类，二者预处理技术有所不同。对于光学卫星遥感数据，预处理流程主要包括几何校正（地理定位、几何精校正、正射校正等）、辐射校正（传感器校正、大气校正

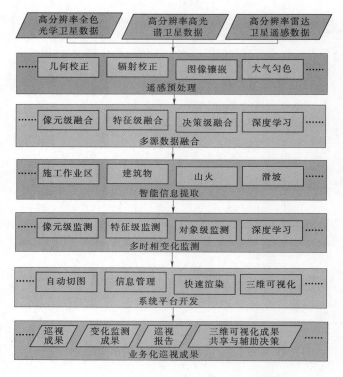

图 2-11-2-5　输电通道卫星遥感巡视关键技术路线

及太阳地形校正等）、图像融合、图像镶嵌、图像裁剪和去云及阴影处理 6 个方面。对于 SAR 数据，预处理流程主要包括几何校正、辐射校正、多视、斑点噪声滤波和相对配准步骤。

输电通道环境信息智能提取技术是输电通道卫星遥感巡视技术体系的核心，其本质是高分辨率卫星遥感智能图像识别技术。在预处理后的卫星遥感影像基础上，如何提取合适的特征，构建有效的分类识别算法，是输电通道环境信息智能提取的关键。

第三节　移动作业技术和实物 ID 技术

一、移动作业技术

（一）概述

随着智能运检技术的全面推广和应用，传统的"PC 端＋服务器"模式已经不能满足日益增长的电网运检业务需求。更加小型化、智能化的移动终端以及智能可穿戴设备被越来越多地应用在巡检、抢修以及日常办公业务当中。移动端及相关设备与移动应用作为电力企业内部作业与外部服务的延伸，极大地拓展了各级管理人员的工作范围，也为基层班组开展现场作业提供极强的辅助支撑。

目前智能化移动终端设备主要包括智能可穿戴设备，手持式终端，移动监控设备等。

（二）智能可穿戴设备

可穿戴技术是一种可以穿在身上的微型计算机系统，具有简单易用、解放双手、随身佩戴、长时间连续作业和无线数据传输等特点。可穿戴技术可以延伸人体的肢体和记忆功能，它的智能化在物理空间上表现为以用户访问为中心。可穿戴设备在变电站带电作业中具有广泛的应用空间，一方面可穿戴设备可以提供大量现场数据，为电网的管理、分析和决策提供实时、准确的海量数据支撑；另一方面为生产作业一线人员提供基于行为告警的智能化作业工具，保障变电站带电作业安全、标准、高效、智能，可以预见可穿戴设备将对电网的安全生产带来前所未有的深刻影响力。

1. 智能头盔

典型的可穿戴计算系统大多使用微型的头戴显示器（Head Mounted Display，HMD）作为显示设备，具备良好的可穿戴性和便携性，可为用户提供与桌面显示器相近的显示效果，适合信息浏览。在电力行业，智能头盔以电力系统的标准安全头盔为基础，加装高清摄像头，同时集成通信、芯片加密、本地存储、GPS 等模块的方式，实现高清视频的现场采集存储、内外网音视频交互以及设备位置定位的功能。主要应用在站内检修、高处作业等不方便携带其他设备，而又急需远方支援的作业环境。内部设计上，在头盔后部布置了主要的控制运算和处理单元。部分传感器和通信天线等布置在外壳上可见的适当位置。头盔式音视频单兵设备还可扩展声音采集、含氧量采集、红外测温、测距等模块，以实现更加复杂的监视功能。同时，还支持以 WiFi 无线网络为基础的定位功能（室内定位）。可穿戴头盔软件支持多线程工作模式，可以实现多种监视、采集和传输任务的协同。巡检作业集中监视和控制软件是巡检作业管理系统的核心，完成巡检作业任务管理、作业过程集中监视、数据采集和存储等功能，服务器端提供数据、图像和声音的显示存储、管理、查询和统计功能。智能安全帽的体系架构如图 2-11-3-1 所示。

智能安全帽在电网业务中的应用如下：

（1）到货验收。利用智能安全帽的测距和拍摄功能，对物资材料的图像和相关参数进行记录。同时，与相关信息系统中数据进行比对，实现物资到货的辅助验收和记录。测量和图像数据也会及时发回数据中心，实现物资资料的实时采集。

（2）智能巡检。智能安全帽可以配合手机 APP 实现巡检工作的智能化。使用运检智能安全帽的红外成像功能采集变压器运行状态下红外图谱，红外图谱经服务器端分析判断后，再通过手机 APP 反馈设备的当前状态，实现巡检工作的自动化、智能化。同时还可以通过安全帽上的可见光摄像头拍摄实物照片，形成设备的实物照片图库，为图像识别分析等高级功能应用搭建基础平台。

（3）与智能手表、手环等配合。配合智能手环上的血压、脉搏监测传感器，智能头盔可以有效监测工作人员的体征状态，对于体征状态出现异常的工作人员，智能

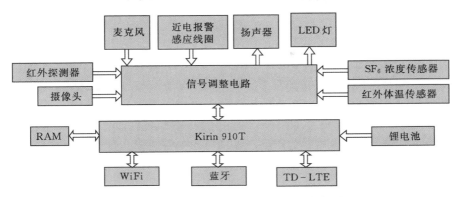

图 2-11-3-1 智能安全帽体系架构框图

头盔可以提供闪烁、报警等提示信息，避免人员疲劳作业。同时，智能手表、手环还可以充当智能头盔的第二块显示屏，方便工作人员开展设备参数、运行规程等与现场图像联动的资料查阅工作。

2. 智能眼镜

智能眼镜具有使用方便、体积轻巧、功能强大的特点受到公众的普遍关注，智能眼镜的出现也为电网运维的新工具开发提供了新的思路。智能眼镜在电网业务中的应用如下：

（1）现场运检人员佩戴智能眼镜，在辨识出设备后，后台能及时将设备参数、历史检修记录、运行状态等信息推送给现场运检人员，并通过智能眼镜有效地展现给现场运检人员。

（2）当佩戴智能眼镜的运检人员碰到无法独立解决的现场技术问题时，可以通过智能眼镜向监控中心寻求技术指导。监控中心工作人员通过回传的现场视频以及现场工作人员的音频判断技术难题的解决办法，并通过语音的方式进行技术指导。

3. 智能服装

智能服装与传统作业工装相比，虽然在外观造型及色彩应用方面没有很大区别，其明显优势在于服装功能的开发。设计师通过引入现代信息化技术，赋予了服装更人性化、智能化及科技化的功能。现代设计师所设计的智能服装都具备一定的科技性，给人带来新的体验，但从功能角度来看，其实用性较弱，仅适用于特殊行业的人群。如宇航员所穿戴的服装就属于典型的智能服装，具备强大、多样的功能，如控制压力、输送氧气等；智能防火服，除能降低外界火源对消防人员的身体危害外，也能帮助消防人员与外界指挥人员沟通，有效提升消防人员的工作效率。

在电力系统中，智能服装应用目前还未大量推广，但在基层一线现场已经有班组在应用相关产品——降温服，通过把小型压缩机、水泵整合起来制成一套冷凝循环系统，降温服的水温、水量都可调解，温度可控制为16～28℃。在闷热、高温的环境下穿上以后，体感气温能降低 10℃以上。作业人员的工作时间可以延长一倍，对预防中暑还有一定效果。

（三）手持式移动终端

手持式移动终端作为移动互联网在电网企业和电力工程中的具体应用，极大地促进了电网企业的发展与技术革新。在实际应用中，移动终端作为办公室工作的延伸，极大拓展了一线工作人员的工作范围，并利用手持式终端的摄像头、4G 通信、GPS 等模块，进一步提高业务开展质效。

1. 手持式移动终端的主要类型

（1）普通移动终端。普通移动终端即为市面上的各类手机、平板等移动终端。普通移动终端更加普适化，在软硬件设计上具有较强的通用性和广泛性。硬件上通常采用金属/玻璃/塑料机身，搭配双摄像头、蓝牙、type-c/micro-usb 数据/充电接口、4G/WiFi、GPS/北斗定位等标准设备，软件上采用厂商定制的 Android 系统，系统定制化程度相对定制移动终端较低，用户对于系统的控制权限也较低。总体设计上也以轻薄、高性能为主，对于工业上的常用的 RFID、USB 接口等往往需要购买额外的连接和转换设备。普通移动终端造价费用低、普适性强，往往应用于舒适环境下的普通移动办公以及变电站内的巡检工作。但普通移动终端电池普遍偏小，耐摔耐污防水程度也较低，在线路巡线、超长时间使用方面存在短板。

（2）定制移动终端。定制移动终端指的是系统和硬件均采用高度定制化方式生产的移动终端。定制移动终端一般是为某个项目或者某个企业专门设计生产的，系统功能及安全防护可根据用户需求高度定制，比如对充电接口的数据传输功能进行限制，蓝牙、WiFi 接入点限制，开机自动启动验证及安全服务，双系统，专用设备驱动加载，主服务器远程控制、操作监视等，此类功能和安全策略必须通过系统层高度定制化才能实现。

定制移动终端相当于普通移动终端的"加固"版本，采用了更加严苛的外观设计和性能设计，对于设备的耐高温高压、防高处摔落、防磁防干扰、防水防尘、续航存储等也提出了更高要求。在功能上则与普通的移动终端没有太大区别，都能实现音视频交互和数据文本传输。手持式便携音视频单兵设备主要应用在酷暑、高寒、高海拔等气候环境恶劣，普通移动终端难以长时间稳定运行的环境中。定制移动终端与普通移动终端存在较大的软硬件区别，通常更厚更重，系统也更加复杂。

2. 手持式移动终端的主要业务

（1）电力生产运维管理。运维检修人员可以利用移动终端，从主站业务系统下载离线巡视、检修作业内容，便捷并且准确地开展巡视和检修工作。在作业过程中，记录作业相关信息如作业地点、作业时间、操作设备信息等，同时对操作的具体步骤和巡检发现的异常情况及潜在隐患进行记录。巡检、检修操作结束后，将现场操作人员记录的信息回传到主站业务系统，同时闭环整个巡检流程，从而对巡检作业实现全过程管控。输电巡视以移动 GIS 为支撑，结合 GPS、RFID 等定位技术，在智能移动终端上可进行电网设备查询、定位、路径规划、导航、轨迹记录、标准化作业、远程专家等作业，巡视过程中可结合大数据，进行设备运行监控和故障预判分析。

（2）电力营销应用。传统的电力营销以纸质材料为媒介，需要客户经理和电力用户携带相应材料进行接洽，烦琐且材料容易丢失。移动电力营销终端可实现业扩增容、抄表缴费、用电检查、移动售电、客户服务等功能，同时对关键指标和主要业务进程进行管挖，具有可视化、信息化、直观化等优点。

（3）电力抢修服务。居民用户和一般工商业用户在出现停电等故障时，可通过智能手机端的抢修软件与电力公司取得联系，填写具体的故障类型、位置住址、联系方式等信息，生成抢修工单；电力公司抢修人员可以根据手持终端接到的工单，初步判断故障原因，并根据用户位置信息调配抢修车辆，从而缩短抢修服务时间，简化抢修服务流程。

（4）物资管理。电网企业存在备品备件等物资统一管理的特点，不同厂家、不同型号、不同规格采用 PDA 结合条码、二维码、RFID 等采集手段，自动识别和采集数据。

（5）机房运维管理。信息通信机房工作频繁，对机房运维管理是信息通信运维工作的重要内容，可以利用条形码或二维码等方式，对机房内的设备、线路进行识别，对机房内工作人员操作进行记录。通过智能移动终端对条形码和二维码进行扫描识别，与后台信息维护单元无线连接，从而将设备或线路的详细信息显示在移动终端上，也便于信息更新，可以将标签打印设备与移动终端连接，直接打印最新信息的标签，移动终端普及后，甚至可以不必打印，简化标签管理的复杂性。

（四）移动监控设备

1. 移动视频监控设备

移动视频监控设备是一类特殊的移动终端，主要用于视频监控。由于视频传输流量大、传输效率要求高、对硬件负载压力大，因此需要专用的终端来实现需求。移动监控设备的硬件依赖专业定制的箱体、高清摄像头、芯片、通信传输模块等实现。通过在风险作业现场架设专用的移动云台，实现指挥中心对作业现场的远程管控。通过 PC 端操作现场的摄像头，全方位观察作业现场的可

能存在的危险点和风险因素，同时也可以监控现场作业过程中是否有违章现象，可以随时通过远程呼叫及时提醒。

2. GIS 局部放电重症监护系统

（1）GIS 局部放电重症监测系统硬件由两部分组成：一是用于局部放电信号接收的特高频电流传感器、超声波传感器、高频电流传感器；二是用于采集、存储、通信和数据初步分析的数据采集前端主机。传感器常规监测传感器包括 3 个特高频、4 个超声波传感器，也可根据监测设备实际情况自由组合传感器的数量，以满足现场局部放电在线监测的具体应用要求。特高频检测带宽为 $300\sim1500MHz$；超声波检测带宽为 $20\sim300kHz$。数据采集前端主机主要功能是数据处理及向服务器上传数据，其中 FPGA 经 AD 转换完毕后进行数据采集，核心板对数据实现数据处理、存储及通信。

（2）重症监测系统软件安装在数据处理云服务器上，数据采集前端主机通过 3G/WiFi 将监测数据传输至系统软件，系统软件对上传的监测数据进行采集与解析，并通过前端网页对解析后的数据进行查询、展示和分析，为判断 GIS 绝缘状态提供依据。系统软件主要包含信息管理、数据查询、用户中心和系统管理 4 个部分。

1）信息管理主要包括网站信息管理、数据采集前端主机信息管理、被测 GIS 设备信息管理、监测测点信息管理和信道信息管理。

2）数据查询主要包括报警数据、历史数据和发展趋势查看，通过对各个监测点历史数据信息的查询以及多个监测点不同时间的图谱对比，为用户判断局放类型、信号发展趋势提供参考。

3）用户中心主要实现不同用户的权限管理及密码管理功能。

4）系统管理主要实现密码修改以及日志查询等。

（3）GIS 局部放电重症监测系统（简称重症监测系统）综合应用特高频（UHF）、超声波（AE）和高频电流（HFCT）检测原理对运行中的 GIS 进行短期实时局部放电在线监测，并且可对发生的局放信号诊断分析，能够及早发现电力设备内部存在的绝缘缺陷。该系统具备以下功能：

1）能够同时开展局部放电的多技术综合监测。

2）可显示局部放电的特征图谱，如 PRPD、PRPS 图谱等，且具有数据远传功能，可将检测图谱上传至云监控平台，通过 PC/移动终端可实时远程查看。

3）具有局部放电神经网络深度学习诊断功能，可准确诊断放电类型以及判断严重程度，为状态检修提供科学依据。

二、电力设备实物 ID 技术

（一）电网实物资产统一身份编码的作用

电网实物资产统一身份编码（Identity，ID）建设是国家电网有限公司一项重大基础工程，通过实物 ID 固化物料、设备、资产间的分类对应关系，贯通电网资产各阶

段管理中存在的项目编码、WBS（Work Breakdown Structure）编码、物料编码、设备编码、资产编码等各类专业编码，实现实物资产在规划计划、采购建设、运维检修和退役报废全寿命周期内信息共享与追溯，提升公司资产精益化管理水平。

（二）电网实物 ID 标签

1. 二维码标签

二维码又称二维条码，常见的二维码为 QR Code，QR 全称 Quick Response，是一个近几年来移动设备上超流行的一种编码方式，它比传统的条形码（Bar Code）能存更多的信息，也能表示更多的数据类型。二维条码/二维码（2-dimensional bar code）是用某种特定的几何图形按一定规律在平面（二维方向上）分布的黑白相间的图形记录数据符号信息的；在代码编制上巧妙地利用构成计算机内部逻辑基础的"0""1"比特流的概念，使用若干个与二进制相对应的几何形体来表示文字数值信息，通过图像输入设备或光电扫描设备自动识读以实现信息自动处理；它具有条码技术的一些共性，每种码制有其特定的字符集；每个字符占有一定的宽度；具有一定的校验功能等，同时还具有对不同行的信息自动识别功能及处理图形旋转变化点。

2. RFID 标签

RFID 是一种非接触式的自动识别技术，它通过射频信号自动识别目标对象并获取相关数据，识别工作无须人工干预，可工作于各种恶劣环境。RFID 技术可识别高速运动物体并可同时识别多个电子标签，操作快捷方便，在超市中频繁使用。RFID 电子标签分有源标签、无源标签、半有源半无源标签三类，其工作原理为标签进入磁场后，接收解读器发出的射频信号，凭借感应电流所获得的能量发送出存储在芯片中的产品信息（Passive Tag，无源标签或被动标签），或者主动发送某一频率的信号（Active Tag，有源标签或主动标签）；解读器读取信息并解码后，送至中央信息系统进行有关数据处理。

3. 电网资产实物 ID 编码构成

目前国家电网有限公司二维码码制采用 QR 码，纠错

等级采用 H（30%）级别。电网实物 ID 由国家电网公司统一管理，其配套使用二维码实物 ID 和 RFID 标签，由使用单位自行组织安装和维护。实物 ID 标签分为二维码标签和 RFID 标签两种类型，同一设备的两种标签实物 ID 编码相同。

电网实物资产实物 ID 是电网资产的终身唯一编号，由 24 位十进制数据组成，代码结构由公司代码段、识别码、流水号和校验码四部分构成，编码构成如图 2-11-3-2 所示，标注二维码标签的产品铭牌如图 2-11-3-3 所示。

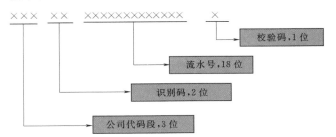

图 2-11-3-2　电网资产实物 ID 编码构成规定

图 2-11-3-3　标注二维码标签的产品铭牌

4. 电网资产实物 ID 编码管理

实物 ID 由国家电网有限公司统一管理，其配套使用 RFID 和二维码实物 ID 标签，如图 2-11-3-4（a）和（b）所示，二维码标签中部为二维码本体，下侧为实物 ID 编码；RFID 标签表面应印制二维码及实物 ID 编码信息。

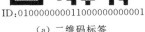

（a）二维码标签

（b）RFID 标签

图 2-11-3-4　配套使用的 RFID 和二维码实物 ID 标签

实物 ID 标签由使用单位自行组织安装和维护。实物 ID 标签和电网资产一一对应，安装在资产实物本体上，采取物资采购申请源头赋码、供应商设备名牌和实物 ID

标签一体化安装，已投运资产设备由资产实物管理部门赋码安装。对于用于线路杆塔、高空设备等特殊情况下可采用主、副标签形式，主标签安装于电网资产本体，

副标签安装于电网资产附近易于运维检修且不影响使用的位置，且主副标签应保持信息一致。

（三）电网实物 ID 技术框架

基础架构遵循国家电网有限公司"一平台、一系统、多场景、微应用"的整体技术规划，新增的功能采用微应用的开发技术要求，技术开发架构应基于国家电网有限公司应用系统统一开发平台（SG - UAP）进行开发，基于国网云平台进行部署。

基于全业务统一数据中心架构要求，结合各单位现有系统与支撑资产实物 ID 的信息化微应用建设要求，在处理域访问技术方面，基于服务总线、消息中间件以及统一数据访问服务等技术实现实物 ID 建设相关业务数据库访问。

对于实物 ID 建设分析应用，遵照全业务统一数据中心分析技术框架整体要求，数据源采用定时抽取、同步复制、实时接入、文件采集等方式进行数据获取，并通过统一分析服务实现基于实物 ID 的资产全寿命周期专题分析。

（四）电网实物 ID 技术应用

电网设备以实物 ID 为索引，贯通电网实物资产信息在规划设计、物资采购、工程建设、运行维护、退役处置等各业务环节的信息，提高基于数据的电网资产精细化管理水平，服务和支撑资产全寿命周期管理深化建设。

1. 设备质量信息分析

将设备在监造、出厂试验、抽检、建设安装、运维检修等各环节发现的质量问题，相关专业人员通过扫描实物 ID 提报到质量信息平台，实现各环节的质量信息填报入口统一化，实现设备全寿命周期质量问题的综合分析，为招标环节供应商质量评价提供基础数据。

2. 电子签章单体收发货

通过扫描实物 ID 自动进入电子签章签收模块，线上实时完成实物 ID 信息核查、货物交接单、到货验收单、投运单、质保单、结算单据的签署，将线下纸质单据转化为线上电子单据管理，简化和规范业务流程，有效提高了内外部人员的业务协作效率，保障了实物 ID 源头管控质量。

3. 交接试验报告结构化录入

调试单位人员利用微应用扫描实物 ID 编码标签，获取设备相关信息，实现对工程设备的调试报告、试验报告等信息维护功能，并对调试报告、试验报告数据进行结构化存储。

4. 移动巡检功能应用

（1）巡视签到确认。巡视人员通过扫码，确认已经巡视过的设备，同时确保值守或者保电时，运行人员到岗到位。

（2）现场查看维护设备信息。保证运行人员快速调阅监测数据、设备参数、缺陷/隐患记录、故障记录、运行记录等信息。

5. 设备生命大事记分析

基于实物 ID 追溯设备投运前端环节信息，将规划、采购、生产、验收、运维等重要节点信息引用至 PMS2.0 生命大事记模块，以实物 ID 为主线，开展基于生命周期的综合统计分析，初步实现以物资采购批次为维度，统计分析同批次设备在运行过程中发生的缺陷、故障，对出现问题较多的供应商进行评价，对同批次其他设备状态评价提供参考意见，彻底打通了设备制造、建设及运检环节的信息壁垒，真正实现信息可追溯，为智能运检大数据分析提供有力支撑。

6. 电网设备智能盘点

以单条输电线路、单个变电站、单条 10kV 线路、单个小区为单元，根据管理要求定期推送盘点任务，根据巡视运维周期灵活安排盘点时间，将资产盘点工作化整为零，进一步探索智能盘点结果的财务决策作用，结合大数据技术与电网资产管理的融合，降低资产管理风险，提升资产基础管理的质量和效率。

7. 资产健康指数测算

通过实物 ID 建设获取资产设备的运行信息、故障信息、缺陷信息以及外部环境信息（地理位置、其他导致设备停运的因素），通过电网资产健康评估模型预测设备未来停运的概率，为电网设备检修计划提供决策依据。未来可使用物联网监控获得更多的实时数据，利用深度学习算法提高预测的准确度。

第四节　运检数据处理技术

一、运检大数据处理流程和国网大数据平台

（一）运检大数据处理流程

运检大数据处理基本流程如图 2 - 11 - 4 - 1 所示。

运检大数据处理流程一般包括数据采集、数据整合、数据清洗、数据存储等步骤。其中数据采集基于大数据的设备特征量和缺陷或故障模式之间的相关关系，实现设备关键特征量优选，确定需抓取的数据类别，制订数据抓取策略，从 PMS、主站系统、调度系统等信息平台获取数据；数据整合通过对多元数据集成技术，实现多元离线数据、实时数据和视频信息数据的集成整合，形成设备状态分析数据档案，为充分利用这些数据资源实现设备集中监控、设备状态评价、故障诊断等应用奠定基础；数据清洗首先检测出异常数据，再对检测出的异常数据进行处理，通过基于统计与趋势分析、相关因素分析等技术，实现数据清洗；最终形成可信赖数据，实现在运检大数据平台的有效存储，为下一步高级应用及分析提供基础。

（二）国网大数据平台

（1）随着智能电网的建设与发展，电力设备状态监测、生产管理、运行调度、环境气象等数据逐步推动电力设备状态评价、诊断和预测向基于全景状态的综合分析方向发展。然而，影响电力设备运行状态的因素众多，爆发式增长的状态监测数据加上与设备的状态密切相关

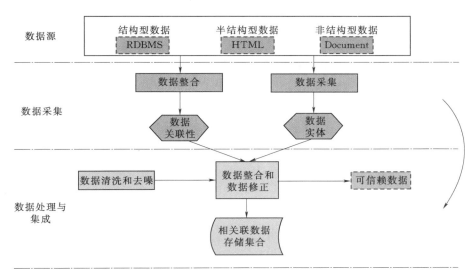

图 2-11-4-1　运检大数据处理基本流程

的电网运行，电网运检数据具备数据来源多、数据体量大、类型异构多样、数据关联复杂等特征，属于典型大数据，传统的数据处理和分析技术无法满足要求，亟须借助大数据技术开展数据的处理、分析、融合，支持设备状态评估、风险预警、决策指挥等。

（2）智能运检的大数据分析主要是指获取大量设备状态、电网运行和环境气象等电力设备状态相关数据，基于统计分析、关联分析、机器学习等大数据挖掘方法进行融合分析和深度挖掘，从数据内在规律分析的角度挖掘出对电力设备状态评估、诊断和预测有价值的知识，建立多源数据驱动的电力设备状态评估模型，实现电力设备个性化的状态评价、异常状态的快速检测、状态变化的准确预测以及故障的智能诊断，全面、及时、准确

地掌握电力设备健康状态，为设备智能运检和电网优化运行提供辅助决策依据。

（3）国网大数据平台于 2015 年在国网山东、上海、江苏、浙江、安徽、福建、湖北、四川、辽宁电力及国网客服中心 10 家试点单位实施，取得了集技术、平台、应用于一体的系统成果与技术创新，在多源数据统一存储、计算资源动态分配与隔离、统一数据对外访问等方面实现了技术创新，首次设计出电网企业一体化全业务模型，模型运行效率与精度同传统方式相比有较大提升，为公司各专业基于平台开展大数据分析与应用提供便捷手段。

（4）国家电网公司大数据平台架构如图 2-11-4-2所示。

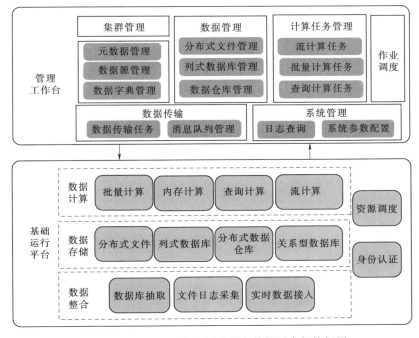

图 2-11-4-2　国家电网公司大数据平台架构框图

国网大数据平台分为基础运行平台和管理工作平台，基础运行平台提供数据存储、计算、整合能力；管理工作平台提供基础运行平台的配置和运行管理功能。国网大数据平台对外提供的能力如下：

1）应用安全管理。提供平台各业务应用的定义、身份标识、资源配额等管理能力。

2）数据存储。提供分布式文件、列式数据库、分布式数据仓库、关系型数据库等数据存储能力。

3）数据计算。提供批量计算、内存计算、查询计算、流计算等计算能力和资源共享、隔离能力。

4）数据管理。提供元数据管理和分布式数据管理

能力。

5）数据整合。提供离线数据抽取、实时数据接入等数据整合能力。

6）作业任务调度。定时调度平台数据传输任务、各类计算任务执行。

（5）大数据平台存储计算组件实现全业务的量测数据、非结构数据的统一存储和分析计算，逐步实现一次存储，多处使用。采用 HBASE 存储用采、调度、输变电、计量、供电电压等采集量测数据，采用 HDFS 存储文档、音视频等非结构化数据，如图 2-11-4-3 所示。

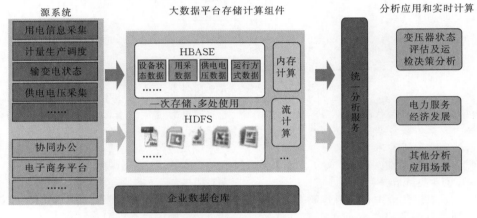

图 2-11-4-3 国家电网公司大数据平台数据采集、存储计算和分析应用

二、运检数据采集技术

运检数据采集主要根据需抓取的数据类别，制订数据抓取策略，从 PMS 系统、主站系统、调度系统等信息平台获取数据，主要包括了跨时区数据集成、跨系统数据集成以及视频信息数据融合。

（一）数据抓取方式

基于大数据分析的设备状态评估所需要的数据包括基础技术参数、巡检和试验数据、带电检测和在线监测数据、电网运行数据、故障和缺陷数据、气象信息等，完全涵盖能够直接反映与间接反映设备状态的信息。数据抓取方法主要有以下几种：

（1）XML 文件方式。

（2）远程浏览方式。

（3）数据中心+E 文件方式。

（4）消息邮件+E/G 文件方式。

（5）消息邮件+WF 文件。

（6）告警直传方式。

（二）跨区实时数据集成方法

为充分利用电力设备的实时运行数据，设备状态监测平台需要进行实时数据的跨区集成。传统的方法有以下两种：

（1）采用耦合性较强的数据接口方式，即设备状态监测平台直接与各专业子系统主站进行数据交互。这种方式对各主站系统的影响较大，当有实时数据刷新时主站系统都要调用数据接口进行数据交互。当数据接口有

变化时，主站系统又需要进行接口升级。特别是对于稳定性和可靠性要求很高的调度自动化系统来说，这种方式的实用性较差。

（2）采用耦合性较弱的文件传输方式，即通过制定某种数据标准规范，各专业子系统主站周期性生成符合该种标准规范的数据文件，并传输给设备状态监测平台。这种方式可以减少对各主站系统的影响，但数据的实时性较差。特别是对于部署在电网安全区的调度自动化，周期性生成数据文件并通过物理隔离器传送到电网安全Ⅲ区，整个过程耗时较长。

针对传统方法的缺点，提出了基于实时数据库的电力设备实时运行数据集成应用方法，根据调度自动化的电网运行数据和在线监测数据的特点采用了以下方法进行集成。

1. Ⅰ区电网运行数据的集成

设备状态监测平台部署在电网安全Ⅲ区，与调度自动化系统之间需要通过物理隔离器进行通信。通过在电网安全Ⅰ区和Ⅲ区分别部署一套实时数据库来实现集成应用。

2. Ⅲ区在线监测数据的集成

由于各个在线监测系统的后台软件系统各自独立、互不兼容，使用时需要反复在不同系统之间切换，效率低下。当设备厂家不断增多时，将会给实际使用人员带来巨大麻烦，严重影响各系统的可用性。另外，目前各在线监测系统部署分散，有的部署在各变电站，有的部署在各区县局，有的甚至部署在厂家。各单位部署部门

也各不相同，造成信息分散、难以有效利用的局面。

整合站端在线监测数据有两个方案。第一个方案是设备状态检修分析系统直接与各专业在线监测系统主站通信，采用界面集成等方式接入在线监测数据。此方案若成功接入一套专业在线监测系统，则可接入其涵盖的站端在线监测设备。但此方案存在建模多头维护、台账一致性问题，数据可用性低。如果协调各厂家配合，按照标准规约、建模规范进行系统主站改造，则需要制定多系统台账变更/维护的管理规定规范各系统运维策略，后期需要投入大量的精力进行管控和协调，工作量大，项目工期长。第二个方案是在站端采用 IEC 61850 实现在线监测数据的整合。此方案的数据可用性高，可形成自动化运维过程，后期管控压力小。在站端采用已成熟应用的 IEC 61850 实时接入各在线监测装置的数据，并保存到站端实时数据库。通过周期上传、变化上送、总召等方式实现站端在线监测数据的上传，在线监测数据统一保存至主站端实时数据库。主站端实时数据库为设备数据一体化管理平台的进一步应用提供实时数据服务。整个过程的数据交互都是基于 IEC 61850 和实时数据库接口标准，在实际工程管理中可以减少针对各类在线监测系统数据接口规范的协调工作。

（三）跨系统数据集成方法

运检大数据平台以 ECIM 模型为标准，基于适配器模式，建立多层数据仓库的模型集成框架。数据集成框架主要分为关系数据适配器、实时数据适配器、XML 适配器、协议适配器、统一模型管理器五大组件。

通过建立基于 ECIM 模型的统一模型框架，统一了调度 SCADA 系统、子站在线监测系统，生产管理系统台账，形成多维度的主模型，并存储于集成框架的数据仓库中。同时，建立的主模型又分为多个层级：系统集成层、变电站接入层、站端接入层、数据集中接入层。该方式可以灵活的集成异构系统、多变电站、多站端接入装置、站端多个数据集中装置等不同层次关系的异构数据，实现多层次的数据仓库体系。

而数据集成方式则通过关系数据视频器、实时数据适配器、协议适配器 XML 适配器实现。

（四）视频信息融合方法

视频信息集成了变电、输电等多种图像视频的应用，在监控后台集中展示和分析，实现了多视角、多方位、全面而客观地展现电网的运行状态。传输方式上，输电杆塔上涉及多种传输方式，输电隧道视频、变电站内视频则采用从多个第三方厂家集成的方式，集成方式多样，给集成带来一定的难度。不同时期、不同厂家建设的视频系统、摄像头等，传回的码流存在一定的私有码流，在系统集成、新摄像头接入时带来一定问题。

1. 视频信息流压缩技术

RTSP（Real Time Streaming Protocol）是用来控制声音或影像的多媒体串流协议，并允许同时多个串流需求控制，传输时所用的网络通信协定并不在其定义的范围内，服务器端可以自行选择使用 TCP 或 UDP 来传送串流内容，它的语法和运作跟 HTTP1.1 类似，但并不特别强调时间同步，所以比较能容忍网络延迟。

H.264 视频压缩技术有低码率、图像质量高、容错能力强、网络适应性强的特点。与其他现有的视频编码标准相比，在相同的带宽下 H.264 视频压缩技术提供更加优秀的图像质量。通过该标准，在同等图像质量下的压缩效率比以前的标准（MPEG2）提高了 2 倍左右。

另外，H.264 编解码技术的另一优势就是具有很高的数据压缩比率，在同等图像质量的条件下，H.264 的压缩比是 MPEG-2 的 2 倍以上，是 MPEG-4 的 1.5～2 倍。压缩技术将大大节省网络数据流量和视频稳定性，具备占用带宽少，清晰度高的特点。

2. 私有码流融合技术

由于电网视频监控系统在不同的建设时期选用了不同的技术和不同厂家的产品，导致了标准不统一、技术路线不一致等问题。以输电视频监控所使用的摄像产品来说，每个厂家都针对 RTSP 流的压缩进行了特殊的优化，往往需要使用厂家的解码器才能对视频数据进行解码，给视频集成带来一定难度。在研究 H.264 视频压缩技术细节后，提出厂家提供的码流必须支持 H.264 Baseline Profile，不得包含私有数据格式，音频编解码统一采用 ITU-TG711，解决 RTSP 私有码流集成的问题。编解码的具体要求为：

（1）编码模式：应支持双码流编码模式，即实时流（主码流）和辅码流；辅码流支持 3GPP 流封装。

（2）分辨率：实时流的视频分辨率应至少达到 4CIF，辅码流的视频分辨率应支持 CIF、QCIF 或 QVGA。

（3）码流带宽：实时流带宽至少为 128kbit/s～4Mbit/s，辅码流带宽至少为 64kbit/s～1Mbit/s。

（4）封装格式：实时流和辅码流支持 PS 流封装。

3. 跨系统的视频信息集成技术

输电视频监控通过整合各厂家、各类接入方式的视频监测数据进行集中化展现和控制。

采用 RTMP（Real Time Messaging Protocol）实时消息传送协议作为播放器和服务器之间音频、视频和数据传输协议，采用统一 SDK 进行云台控制视频信息和控制信息数据流向。三种接入方式如下：

（1）视频接入单元接入，通过 WiFi 传输的视频数据接入就近变电站内的输电接入单元，视频接入单元接入与状态监测子站无缝集成，将数据接入综合数据网将传输回视频监控平台。

（2）3G4G 方式的专网接入，视频信号使用专网手机卡，通过 APN 通道接入内网，传输到输电监控平台。

（3）独立视频服务器接入，将已完成建立单独的视频服务器通过综合数据网将视频信息传输到视频监测平台。

正由于上述集成方式复杂，接口往往难以统一，系统在充分调研需求的基础上，和集成厂家开展了多次技术交流，统一了 3G、WiFi 接入摄像头的接口，功能上实现了电源控制、云台控制、告警、获取播放地址等应用功能。统一 SDK 后视频前端装置具有两个 IP 地址，一个

IP 地址归球机电源控制单元所有，视频服务软件可通过规约解析软件向视频前端装置发送电源控制指令，规约解析软件与视频前端装置之间通信采用 UDP 协议并遵循国网输电线路状态监测系统通信规约。另一个 IP 地址归球机所有，视频监控系统只有通过球机电源控制单元给球机上电后，才可以通过这个 IP 地址按照 ONVIF 协议控制球机浏览实时视频。

三、运检数据整合技术

运检数据整合首先需要对采集到的半结构化、非结构化运检数据进行处理，并对运检数据规范化处理，为电网设备状态评价、故障诊断、风险预警等高级应用提供基础，在此基础上根据高级应用对需要用到的基础数据开展相关关系分析，优选关键特征量，最终形成每个高级分析应用数据集合。

四、运检数据清洗技术

运检数据分别来自不同的信息系统，其获取方式也不尽相同，由于大量台账、缺陷、巡检、试验等数据通过人工录入的方式进入系统，以及停电试验、在线监测、带电检测等数据因为检测仪器的稳定性和可靠性不满足要求，不可避免存在部分异常数据，该部分数据影响了大数据分析的准确性，大大降低运检数据的实用性。为了提高运检数据应用效果，保证分析结果可靠，必须通过数据校验和无效数据剔除即数据清洗技术提升数据质量。

数据校验和无效数据剔除的前提是异常检测，首先检测出数据中的异常点，再进一步对异常点进行校验和剔除。目前异常检测的主要目的是找出数据中没有统计意义的或无法进行数据质量提升的数据。这些异常数据的情况主要包括：①某段时间内无数据上传，导致存在大量无记录空白区域；②某段时间内上传数据始终不变，与被监测设备状态明显不符的值，或存在明显错误区域；③存在不合理数据（负值和超量程数据）；④由于干扰、测量设备故障等情况下出现的奇异值；⑤数据中存在一定比例随机噪声，导致数据的直观趋势不明显；⑥与其他数据相比存在矛盾的数据。

对典型区域、同类同型输变电设备、同厂家监测装置的状态数据等进行统计分析，得出数据的分布特征，再根据发布特征，重新对数据进行校验。校验方法包括基于 MCD 稳健统计分析的数据校验模型、基于动态阈值的数据校验模型、基于知识发现的在线监测的注意值计算方法、基于相关因素分析的数据校准模型和置信度分析模型等。

第五节 电网故障诊断和风险预警技术

一、电网故障定位技术

（一）智能化的电网故障定位技术

故障准确诊断和风险及时预警是保障电网安全运行的重要环节之一，传统的故障诊断和风险预警主要基于运检人员现场查勘和经验判断，工作效率低，及时性不高，不利于快速恢复供电和电网抗灾应急决策。随着信息新技术、新装备的发展，使得电网故障快速诊断、风险综合智能评估成为现实。

故障定位技术根据其采用的定位信号分为稳态量定位法和暂态量定位法。稳态量定位法的原理是以测量到的线路故障电流及电压信号为基础，根据线路及系统负荷等参数，利用长线传输方程、欧姆定律、基尔霍夫定律列出电压及电流方程，求解故障位置。暂态量定位方法以暂态故障行波分量为基础，当系统内某条线路出现故障时，故障点产生的电压或电流波以接近光速在整个输电网传输，在传输过程中，经过阻抗不连续的位置如变压器、母线和其他使线路阻抗发生变化的节点时发生反射和折射，安装在线路或变电站内的暂态信号检测装置检测到行波信号后，根据电压或电流行波传输时间和线路拓扑等数据进行计算，确定故障发生的位置。

（二）输电线路网络行波技术

电力系统发生故障、雷击或倒闸等操作时会产生暂态行波信号，变电站内母线或输电线路等位置安装的行波采集装置可检测到行波信号，其中包含有丰富的故障信息（包括故障发生时间、故障位置、故障类型等）。网络行波测距系统包括线路检测装置、变电站系统分站后置机、地市子站、省主站等，各地市的线路故障行波信息和结果只存在其本地数据库中，对于跨区域线路无法实现双端定位，地市线路故障行波信息传送至省主站后，由主站进行统一分析、统一管理，可实现跨区线路双端定位等功能。

统一平台作为系统数据存储、分析的中心点；分站安装于各地市公司，作为系统运维管理支撑点及行波数据中转站，分站非必需，可以不建。子站安装于各变电站或线路铁塔，主要起到行波型号采集的作用。

国家电网公司对输电线路故障跳闸十分重视，在各种规程中均提出，无论跳闸是否重合成功，必须找到故障点，并分析故障原因。对于地形复杂的中西部地区，由于输电线路通道资源十分紧张，存在大量经过崇山峻岭及无人区的输电线路，在故障定位不准确的情况下，故障查找十分困难。因此网络行波测距系统由于其相较传统定位技术在定位精度上的优势，被视为破解线路运维难题的重要技术手段。

（三）输电线路分布式行波技术

分布式行波技术采用的是分布式故障测距方法，对于故障电流行波的检测采用多点分布式检测方法，由安装在输电线路上的监测装置检测导线故障电流行波传输时间实现。通过沿输电线路安装若干个检测装置进行电流行波波头检测，利用故障电流行波到达时间进行故障定位。监测节点可以沿线分布部署，利用故障电流行波及其折、反射波的波头到达时间获得波速信息，提高测距精度，减少洞穴和盲区，消除系统运行方式的变化、线路参数的变化、过渡电阻造成的测量精度不准确，简化分析计算。

二、电网故障诊断技术

电网的故障诊断主要是对于电网设备的故障诊断。目前常用的电网设备故障诊断方法是通过例行试验、在线监测、带电检测、诊断性试验进行综合分析判断，主要的思路是融合设备的化学试验、电气试验、巡检、运行工况、台账等各种数据信息，建立故障原因和征兆间的数学关系，从而通过计算推导主要设备的潜伏性故障。具体诊断方法有基于设备故障树诊断方法、基于多算法融合的设备故障诊断模型、基于案例规则推理的设备故障诊断模型。

故障树分析（Fault Tree Analysis，FTA）又称事故树分析，是安全系统工程中最重要的分析方法。事故树分析是指从一个可能的事故开始，自上而下、一层层地寻找事件的直接原因和间接原因，直到基本原因，并用逻辑图把这些事件之间的逻辑关系表达出来。

三、电网灾害风险评估及预警技术

（一）冬季寒潮和输电线路覆冰风险预警技术

冬季输电线路覆冰灾害严重影响电网安全。针对电网的大面积覆冰灾害，利用现有的气象数值预报工作模式开展覆冰风险预警，同时结合输电线路覆冰在线监测数据开展覆冰气象预报与导线覆冰厚度预测，结合实际线路的设计参数开展覆冰风险评估。整个预警流程可分为寒潮预报、导线覆冰监测、覆冰增长特性分析、基于高度变化的覆冰模型修正、覆冰风险评估及预警5个环节。

（二）雷雨季节输电线路雷击风险评估技术

在高压和超、特高压输电线路运行的总跳闸次数中，由于雷击引起的跳闸次数占40%～70%，尤其是在多雷、土壤电阻率高、地形复杂的山区，雷击输电线路而引起的事故率更高，雷电已成为影响输电线安全稳定运行的主要影响因素。因此，输电线路防雷评估一直是输电线路运行管理的重要内容。

输电线路雷电定位系统经过多年发展和建设，已具备开展塔位级雷击风险智能评估的基础条件，可以提供精确的塔位级落雷密度和雷电波形参数。通过电网生产管理系统PMS、电网三维GIS信息系统等多个系统的信息融合和数据提取，可以在准确获知线路与杆塔设备参数的基础上，结合所处地理环境落雷特征，实现线路雷击风险的评估。基于电网信息化水平的大幅提升，实现线路各基杆塔雷击风险的差异化评估，为制订线路防雷差异化改造方案提供基础。

（三）台风灾害监测预警技术

根据台风中心距离线路的直线垂直距离进行预警。假设设定预警距离值为L，当台风中心位置离线路直线垂直距离大于L时，为台风灾害远距离告警区；当小于L时，为台风灾害短距离临近告警区；当台风灾害处于

短临告警区域时，结合输电线路杆塔抗风特性数据库及1km×1km台风气象预报结果，发出台风灾害越限告警。当预报台风路径接近输电线路通道时，系统开始对台风中心附近的输电杆塔塔材应力开展计算，根据计算结果按照危险等级划分标准，给出不同的预警等级。

由于输电杆塔构件应力设计值与杆塔材质、荷载分布有关，需要提前收集重要输电通道线路杆塔全部塔型的设计文件资料，包含计算所需的必要参数，再进行应力分布计算，并提前将不同风速作用下的应力分布结果存入数据库。

根据线路通道的重要等级，不同等级线路的阈值设定方法不同。对于重要通道线路，按照杆塔受力分析，针对杆塔塔材受力情况分级预警。对于非重要通道线路，当线路区段风速超过设计风速80%时，发出蓝色级风偏风险预警；当线路区段风速超过设计风速90%时，发出黄色级风偏风险预警；当线路区段风速超过设计风速100%时，发出橙色级风偏风险预警；当线路区段风速超过设计风速110%时，发出红色级风偏风险预警。对于重要通道线路，当线路区段风速超过设计风速100%时，发出蓝色倒塔风险预警；当线路区段风速超过设计风速105%时，发出黄色倒塔风险预警；当线路区段风速超过设计风速110%时，发出橙色倒塔风险预警；当线路区段风速超过设计风速115%时，发出红色倒塔风险预警。

（四）地质灾害监测预警技术

由于地质灾害成灾机理非常复杂、影响因素众多且影响权重不一，无论从监测或预警的角度都不能依托某一类型的监测数据进行决策。目前输电走廊地质灾害监测、预警、评估和治理主要依赖于地质灾害相关监测数据，获取这些数据的方法包括卫星遥感、无人机遥感、地质雷达、地表传感等各类技术手段。因此，输电通道地质灾害监测的总体思路是：利用多波段、多空间的各类传统及先进监测技术手段，对目标区域和点位进行持续监测，并通过对多类监测数据的分析和验证，获得经济性、准确性兼具的输电走廊地质灾害监测，构成"天、空、地"地质灾害监测体系。

（1）"天"。卫星遥感，指D-InSAR监测。

（2）"空"。航空遥感，指机载LiDAR监测。

（3）"地"。地面监测，指光纤传感技术。

（五）输电线路舞动预警技术

1. 主要影响因素

（1）舞动经常发生在每年的冬季至翌年初春，多伴随冻雨或雨夹雪的天气。

（2）发生舞动的气温大多在-6～0℃范围内，导线上覆冰多为雨凇形式。

（3）发生舞动的导线覆冰厚度一般在2～25mm范围内，且为偏心覆冰。导线偏心覆冰厚度约15mm，覆冰断面形状为新月形（或D形），是非常典型的易于舞动的覆冰类型。

（4）风激励是导线舞动的另一必要条件。通常线路

舞动时的风速一般在 4~25m/s 内，风向与线路夹角大于 45°。

（5）线路结构参数，如张力、弧垂、挡距长度、导线分裂数等均会对线路舞动产生影响。相同环境条件下，分裂导线比单导线更易发生舞动，分裂导线大挡距更易于舞动。

（6）在易于形成平稳层流大风，且当线路走向与风向夹角大于 45° 的开阔地带线路更容易起舞，其他具有风场加速效应的峡谷、迎风山坡、垭口等微地形区域也是容易发生舞动的地区。

（7）线路舞动是一种低频、大幅值振荡的形式，持续时间由数小时到数天不等，可能造成的危害有线路停电跳闸、断线、杆塔结构受损甚至倒塔等，停电时间长、抢修恢复困难。

2. 输电线路舞动预测预警及风险评估的目标

针对上述特点，可以确定输电线路舞动预测预警及风险评估的目标如下：

（1）输电线路是否发生舞动，即舞动发生的概率。

（2）线路舞动的受损风险，即线路舞动的危害。

3. 架空输电线路舞动预警系统的建设

在大量历史舞动事件的数据分析以及多因子关联特征建模的基础上，结合气象数值预报技术与电网 GIS 信息系统，利用舞动数值仿真计算和智能算法实现线路舞动的预测预警。

（六）输电线路通道山火预警技术

输电通道的山火预警可以分为山火天气预报、山火发生预报和山火行为预报等三种形式。山火天气预报不考虑火源因素，只是预报天气条件引起火灾可能性的大小；山火发生预报是综合考虑天气条件、可燃物的干燥程度和火源出现规律等因子来预测预报火灾发生的可能性；山火行为预报是指当火灾发生后，预测预报山火的蔓延速度和方向、释放的能量、火的强度以及灭火工作的难易程度等。输电线路走廊山火风险评估属于山火发生预报的范畴。

（七）输电线路通道树障风险评估及预警技术

清理树障已成为保障电力设施安全运行的一项重要工作。近年来，随着输电线路在线监测技术的发展，无人机巡检、倾斜摄影和激光雷达扫描逐步应用于架空输电线路走廊树障监测，提高了线路运维单位树障隐患及时感知和预知能力，支撑、指导运维单位及时开展树障消除措施。

（八）绝缘子污秽变化和风险评估技术

绝缘子的污闪是一个复杂的过程，通常可分为积污、受潮、干区形成、局部电弧的出现和发展四个阶段。为了防止发生绝缘子大面积污闪事故，通的做法是开展绝缘子盐密变化的长期监测，通过绝缘子盐密测量和数据分的方法，研究积污发展规律和特征，制订合理的清洗策略。目前广泛采用的污秽评估方法是基于污秽在线监测装置及人工盐密、灰密测试结果，按照阈值法进行污秽等级判断；或者采用喷水法，通过观察水滴在被测设备表面的形态实现污秽等级的划分。但该方法耗时耗力，不能满足大规模快速评价的要求。国网四川省电力公司基于聚类分析的污秽风险评估方法，按照污秽变化规律、分级策略、风险评估，通过对污秽在线监测装置监测数据进行分类结果实现了不同污秽等级的快速评价。

四、电网气象环境预测预报技术

（一）电网气象环境预测预报技术特点

不同于国家气象部门的数值预测预报主要是针对人口密集地区和大众气象需求，电网气象环境的预报系统需根据预报区域的地理、天气、气候特征，结合电网特殊需求，对模式的动力、物理过程和气象观测资料同化等方面进行局地化调试和完善，以期获得针对电网需求的关键气象要素的预报结果。随着数值天气预报技术的快速发展和计算机速度的不断提升，数值天气预报的精度不断提升，且越来越多地应用于电网气象环境领域。

（二）电网气象预报方法

电网气象预报使用的数值天气预报技术的原理是将描写天气运动过程的大气动力学和热力学的偏微分方程组进行数值离散化，然后获取反映大气当前动力和热力状况的初始场和边值场，并输入离散化偏微分方程组进行数值求解，在计算的同时添加各种微尺度物理过程的参数化方案，然后利用观测数据对计算进行同化和订正，最终得到随时间演化的未来预报场。

（三）电网气象预报模型

数值天气预报的技术流程目前已形成了成熟的、可移植的集成模型，即数值天气预报模式。数值天气预报模式分为两种：一种是大尺度的全球模式，另一种是中尺度的区域模式。全球模式的目标是求解全球的天气状况。区域模式的目标在于求解局地几百几千千米范围的局地天气状况。区域模式一般采用格点差分计算方法，并从全球模式的预报场中提取背景场进行动力降尺度，其预报精度依赖于全球模式的预报精度，但由于区域模式的分辨率较全球模式更为精细化，且能吸收更多的包括雷达等观测数据，因此预报结果较全球模式更为精确，目前较为著名的区域模式包括美国的 WRF、MM5、MPAS 等。随着大规模集群计算能力的提升，观测站点的增加、数值计算方法和气象理论的深入研究，数值天气预报的准确度不断攀升。电网气象环境属于局地区域预报，需要的主要是区域模式。数值天气预报技术主要包含数据输入及预处理、主模式、后处理三个部分，如图 2-11-5-1 所示。

（四）气象环境预测预报应用

使用数值天气预报技术可以对电网气象环境要素，如降水量、风速、风向、气温等要素进行定点、定时、定量预报，提升气象信息的实用性和可靠性。

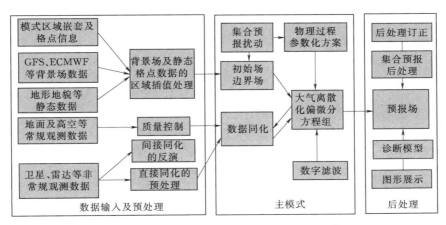

图2-11-5-1　区域数值天气预报技术集成体系

第六节　变电设备智能化技术

智能化高压设备在组成上通常包括三个部分：①高压设备；②传感器或/和执行器，内置或外置于高压设备或设备部件；③智能组件，通过传感器或/和执行器，与高压设备形成有机整体，实现与主设备相关的测量、控制、计量、监测、保护等全部或部分功能。随着新材料、新技术的发展，利用光、电等多种物理效应，具有高灵敏度、高稳定性、高可靠性的新型传感器技术以及新型结构原理的一次设备应用在电网设备中，实现电网设备的智能控制、运行与控制状态的智能评估等智能化功能。通过电网设备的感知功能、判断功能及行之有效且可靠的执行功能，使电网设备达到最佳运行工况。本节主要介绍常见的几类智能化设备。

一、快速开关型变阻抗节能变压器

短路故障是造成电力变压器损坏、威胁电网安全的重要因素。目前广泛采用高阻抗变压器和限流电抗器来抑制短路电流的危害，但同时也带来了损耗增加、母线电压波动大的问题。为解决该问题，国家电网有限公司成功研制了世界首台10kV快速开关型变阻抗节能变压器和变压器快速变阻抗改造装置，通过了国家变压器质量监督检验中心的型式试验、特殊试验以及现场人工三湘短路试验考核，并挂网运行。

（一）原理和结构

快速开关型变阻抗节能变压器将限流电抗器与变压器进行一体化设计，通过开关控制电抗器投切。变阻抗变压器的单相原理如图2-11-6-1所示，结构如图2-11-6-2所示，改造变压器限流的空心电抗器和快速开关置于变压器高压套管中，串接于变压器高压侧绕组。新研制变阻抗变压器的限流空心电抗器置于变压器箱体内，快速开关置于油箱外侧，串联于变压器高压绕组与中性点之间。当变阻抗变压器正常工作的时候，并联模块中的快速开关闭合，限流电抗器和电容器被短路，变

阻抗变压器此时就相当于一个普通变压器，并不会产生很大的损耗。当系统发生短路故障时，通过检测系统发现故障，则并联模块中快速开关断开，限流电抗器正常串联于变压器中，此时变阻抗变压器就相当于一个高阻抗变压器，从而起到故障时减小短路电流的作用。因此，变阻抗变压器可以实现变压器的短路阻抗的自主调节。该方案起到了高阻抗变压器的限制短路电流的效果，当系统正常运行的时候，可以通过快速开关闭合短路限流电抗器，减小变压器的阻抗，从而减小电力系统的无功损耗，改善电能质量。该项产品不仅可用于新生产变压器，也可用于在运变压器抗短路能力提升改造。

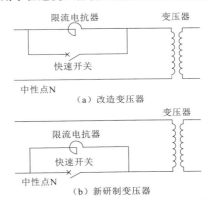

图2-11-6-1　变阻抗变压器的单相原理图

（二）快速开关开断技术

传统断路器大多数存在开断时间长的缺点，断路器固有分合闸时间为40～80ms，对于50Hz交流系统而言，短路后5～10ms内电流达到冲击电流最大值。为了保护电力变压器等其他设备，需要控制限流电抗器的设切开关在较短时间内将电抗器投入，降低通过变压器的短路电流。

采用基于电磁斥力机构的改进型快速开关作为限流电抗器投切的快速开关，要求在故障发生后迅速动作，实现快速分闸并达到额定开距。电磁斥力机构是一种利用涡流原理制作的快速操动机构，结构原理如图2-11-6-3所示，主要包括真空灭弧室、电磁力斥力机构和永

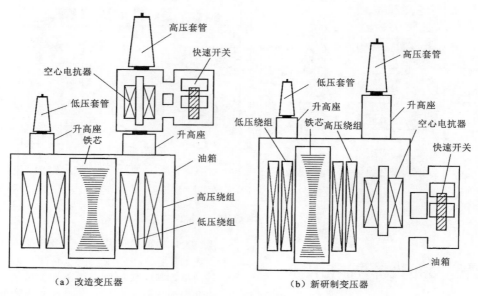

（a）改造变压器　　　　　　　（b）新研制变压器

图 2-11-6-2　变阻抗变压器结构示意图

磁保持机构。真空灭弧室动触头经过传动杆与金属斥力盘、保持动铁芯连接。在合闸位置时，永磁体产生的永磁力将运动铁芯可靠地保持在合闸位置，进而通过传动杆将斥力盘和动触头保持在合闸位置。对永磁斥力机构的真空快速开关动作特性的研究主要包括金属盘尺寸质量、外接电路参数等因素对分闸运动的影响，并根据计算结果制作了样机。实验结果证明该快速开关能在 5ms 之内可靠分闸，动作分散度小于 0.2ms，且满足准确快速投切限流电抗器的要求。

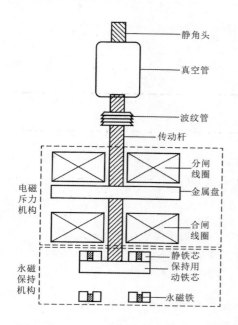

图 2-11-6-3　基于永磁斥力机构的快速
开关结构原理图

（三）变阻抗变压器保护技术

继电保护主要分为主保护和后备保护两种。主保护是在故障发生的第一时间内进行的保护动作，而后备保护则是在主保护失效或者不动作的时候发生的保护行为。变压器一般采用纵差保护作为其主保护，其工作原理是比较被保护设备各侧电流的相位和幅值大小。以发生三相短路故障为例，当发生区外故障时，纵差保护不会发生动作；当发生区内故障时，纵差保护会正确动作。故障发生前后变阻抗变压器的阻抗并不相同，这种阻抗变化会直接影响到继电保护的灵敏性。因此，普通变压器适用的过电流保护并不适用于变阻抗变压器，其灵敏度无法满足要求。为此提出了自适应后备保护方法，其基本原理为设计一个自适应元件，该元件能在线实时监测系统的运行方式和发生短路故障的故障类型，进而改变电流保护的电流整定值。自适应元件可在线检测系统的运行方式，自适应后备保护可自动适应系统运行方式的变化，使得断路器不会发生拒动或者误动，并使后备保护灵敏度不变，增大保护范围。变阻抗变压器正常工作时，不会因为投切的电抗器值太大而导致过电流保护的保护范围减小。三相短路和相间短路时后备保护灵敏度不发生变化，且发生不同类型故障时的保护范围基本相同。此外，该方法可在线整定保护的定值，便于运行人员进行整定。

该变压器抗短路能力强，短路电流限制深度超过 40%，短路电动力下降 64%，极大提供了变压器耐受短路电流的能力。减少了对下级母线短路的电流供给，提供了下级电网设备的可靠性。正常工作时，不增加系统阻抗，损耗低；减少了对无功补偿装置容量的要求；改善母线电压质量。可自动抑制空载变压器投切过程中的励磁涌流。该技术和产品既可用于新造变压器，也可用于老旧变压器改造。

二、多参量全光纤传感 110kV 变压器

状态监测是智能变压器的重要组成部分，通过传感技术，实现变压器运行状态的实时在线监控、故障诊断、实现状态检修，减少人力维护成本，提高设备可靠率。随着技术的发展，具有一体化监测技术的新型变压器成为研究热点。

（一）原理和结构

光纤传感器能够测量的量非常广泛，包括温度、压力、应变、振动、超声等物理量，具有极高的泛用性。光纤传感器在变压器的状态在线监测方面具有很高的应用价值。

国家电网有限公司研制了基于光纤的各类传感器，以及光纤、光纤传感器及其附属组件在变压器内部的稳定性和可靠性，研究光纤温度、振动、压力、超声波局部放电传感器在变压器内部布置和安装方式，最终，研制了 110kV 全光纤传感变压器样机，并通过了型式试验和特殊试验考核，于 2018 年挂网运行。

（二）光纤传感器选用

基于法布里泊（F-P）滤波器的光纤局部放电超声波检测传感器及其对应的解调装置，可实现变压器内部绝缘故障的有效监测。

基于光纤光栅的光纤压力传感器及其对应的解调装置，可实现变压器压靴动态压紧力的在线监测。

基于光纤光栅传感技术的准分布式光纤光栅串温度传感器应用于变压器绕组撑条，可实现变压器绕组温度场的准分布式测量；基于悬臂梁的光纤振动传感器，可实现变压器内部振动的有效测量。

（三）研制关键技术

研制关键技术主要包括如何保证光纤、光纤传感器及其附属组件在变压器内部的稳定性和可靠性，光纤温度、振动、压力、超声波局部放电传感器在变压器内部布置和安装方式，全光纤传感功能的 110kV 变压器的研制。

（1）光纤温度传感器。分别在高压侧和低压侧线圈的绕组垫块中安装温度传感器用于监测变压器绕组热点温度，在绕组撑条中安装光纤光栅串温度传感器用于测量变压器纵向温度场分布。

（2）光纤振动传感器。光纤振动传感器被固定在铁芯上夹件的特制基座上，该基座与铁芯夹件垂直且紧密连接（刚性连接），铁芯上的振动能够不受阻挡的直接传递到传感器上。传感器与底座结构不脱落，传感器底座与上夹件刚性连接。

（3）光纤压力传感器。通过光纤绕组动态压力传感器可实现变压器绕组变形的实时监测。实际应用过程中，在变压器三个绕组分别对称安装两个压力传感器。安装时先选择合适的绝缘垫片，并在上面开槽，用于放置绕组动态压力传感器，再将带有传感器的垫片放置到上压板与绕组之间或下托板与绕组之间，预紧后完成安装。

（4）光纤局部放电超声传感器。通过封装结构保证局部放电传感器能方便安装在支架上，并在三个方向上限位，防止传感器被油流冲动，在支架上面不同方向开槽能实现传感器对各个方向上局部放电信号的监测。在高压侧引线支架上面安装三个局部放电探头对准 A、B、C 三个套管引线接头处，可以监测套管及引线部位局部放电。将传感器安装在引线支架上或者安装在绕组垫块中可以测量绕组局部放电。

三、750kV 磁控式可控并联电抗器

在现有的电力网络中，用于无功功率补偿的并联电抗器容量多是不可调节的，不能完全满足超高压和特高压电网稳定、安全和经济运行的需求。磁控式可控并联电抗器具有控制灵活、响应速度快和平滑调节系统无功功率的优点，可实现真正的柔性输电；还可抑制工频过电压和操作过电压，降低线路损耗，大大提高系统的稳定性和安全性。

（一）原理和结构

磁控式可控电抗器的基本原理是利用铁磁材料磁化曲线的非线性关系，通过改变铁磁材料的饱和度调节电抗器的电感值和容量，具体是利用交直流混合励磁的特性来改变铁芯的饱和程度。根据两个铁芯柱的工作特性可分为空载状态、半饱和状态和极限饱和状态三个工作状态。根据电网中监测到参数的变化，系统自动控制晶闸管的触发角，改变电抗器铁芯中的直流励磁电流大小，通过控制铁芯的饱和度来改变铁芯中的磁导率，进而调节电抗器的输出容量。

磁控式可控电抗器整个系统中三个部分构成：①可控电抗器本体部分；②带有晶闸管整流器的整流及滤波装置；③测量控制及二次保护装置。图 2-11-6-4 为磁控式可控电抗器主电路结构图。

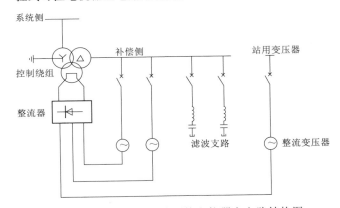

图 2-11-6-4　磁控式可控电抗器主电路结构图

（二）电抗器本体设计

（1）电抗器铁芯。铁芯采用单相四柱式结构，进口高导磁、低损耗优质晶粒取向冷轧硅钢片叠积，采用五级全斜接缝，充分应用自动理料技术，保证铁芯的剪切和叠积质量。

（2）电抗器绕组。绕组排列由内向外一次为：控制绕组、补偿绕组和网侧绕组。网侧绕组是与系统母线直

接相连的绕组，三相绕组的连接方式为中性点直接接地的星形接线；三相控制绕组采用两串三并的结构，连接后引出两个端子，一个端子与励磁系统的直流输出侧的正极相连，另一个端子与励磁系统的直流输出侧的负极相连，调节直流电源电压和绕组中的直流电流以改变铁芯的饱和度；补偿绕组是本体的第三绕组，为励磁系统提供交流电源。

（3）防漏磁结构。采用传统的器身磁屏蔽结构，无法满足有效的控制磁漏的需求。采用在主铁芯两侧分别置框型副轭的磁分路结构，能有效地控制产品漏磁，降低附加损耗及局部过热的可能。

（三）励磁系统设计

图 2-11-6-5 为 750kV 磁控式可控电抗器系统平面图，采用自励磁和外励磁结合的励磁方式。外励磁方式是由外接电源给励磁系统供电，可靠性受外接电源的影响较大，与自励磁方式相比可靠性较低。自励磁方式是由本体的补偿绕组取能给励磁系统供电，不依赖站用电系统，运行可靠性高。

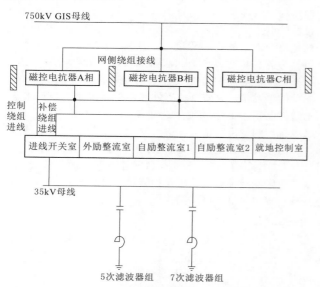

图 2-11-6-5　750kV 磁控式可控电抗器系统平面图

自励磁系统由整流变压器和晶闸管整流器构成，励磁系统的交流电源取自可控高抗本体的补偿绕组，整流器的直流输出端与本体控制绕组相连。为提高装置运行的可靠性，可设置多套自励磁整流单元在线冗余。开关站自励磁系统包括两套励磁单元，每套励磁单元均有独立的整流变压器和整流器，任一套励磁单元中设备的故障不影响另一套系统的正常运行，两套系统可采用一主一备的运行方式，也可两套并联运行。

外励磁系统作为装置启动时的预励磁和备用励磁，结构和自励磁系统相同，由整流变压器和整流器构成，励磁系统的交流电源取自站用电系统，整流器的直流输出端与高抗控制绕组相连。外励磁系统与自励磁系统无须通过断路器或者接触器进行切换，而是用过触发或封锁脉冲来切换。

补偿绕组除提供自励磁电源外，还可以连接滤波器或并联电容器组，一方面给系统提供无功功率，增大可控高抗的调节范围；另一方面可为本体运行中产生的主要次谐波提供流通路径，减少流入系统的谐波分量，减少可控电抗器对系统的谐波污染，提高系统的电能质量。

（四）谐波处理

磁控式可控电抗器基于磁放大原理，交流电流经整流后供给控制绕组进行直流励磁，铁芯中含有直流分量的磁通，因此在整个系统中由于整流和直流励磁，会使电流中含有谐波分量。谐波主要以 3 次、5 次、7 次为主体，谐波分量的大小随饱和程度的不同而变化。可控高抗本体的补偿绕组为角接结构，不仅为控制绕组提供电源，也为 3 次谐波电流提供流通通道，消除网侧绕组 3 次谐波电流。5 次和 7 次滤波器投入运行后，滤波效果较好，谐波电流总畸变率满足 3% 的要求。

四、智能配变台区

智能配变台区建设是智能电网的重要建设内容之一，是减少用户停电、提高供电可靠性和提升电能质量的重要手段，是社会各界感知和体验坚强智能电网建设成果的最直接途径。

（一）智能配变台区现状

配变台区一般是指涵盖配电变压器高压桩头到用户的供电区域，通常由配电变压器、智能配电单元、低压线路及用户侧设备组成。按照应用场合主要有柱变台区、箱式变电站台区和配电室台区类型，农村以柱变台区居多，城市以配电室、箱式变压器类型台区居多。

作为配网的"最后一公里"，受制于低压电网的复杂性以及电网建设两头薄弱的现状，主要带来如下影响，存在以下诸多困难，主要原因：

（1）台区设备类型和数量多，分散于小区不同位置，户变关系调整后资产管理容易偏差和遗漏，需要人工普查，需要耗费大量的人力物力。

（2）因低压网络结构复杂，且缺乏实时的全面监测，发生用电故障后，抢修人员获取故障时间滞后且现场定位故障点时间长，导致总的抢修时间长，严重制约服务质量提升。

（3）供电半径和负荷容量分配不合理导致用户侧低电压问题；台区运行监控不到位导致停电原因不明、抢修不及时问题；现场运行的部分变压器存在三相负载不均衡和过载问题，已经严重影响了供电服务质量。

（4）部分台区因前期规划或用电负荷变更，存在三相不平衡、低电压、重载等异常情况，但缺乏有力的监测及调节手段。

（5）电能替代及智能充电桩、分布式电源、配电室环境监测等系统均独立部署，缺乏统一监测，不利于精益化管理。

目前，仅实现配电变压器及 0.4kV 配电柜的就地监测和保护，监测范围窄，并且无法通过系统查看和管理。配电变压器及用户数据通过电能表采集上传至用电信息采集系统，但采样周期大于 1h，不满足主动式、实时性的抢修要求。图 2-11-6-6 为台区监控现状架构。

（二）智能配变台区系统

在配电自动化主站系统上增加智能配用电综合管控功能模块，在居民小区内部署新型台区终端，对配电变压器、用户表箱进行实时监测和故障分析，每个配电台区由台区智能终端进行数据集中，并统一经无线或光纤通道接入配用电管控模块。图 2-11-6-7 为总体建设思路。

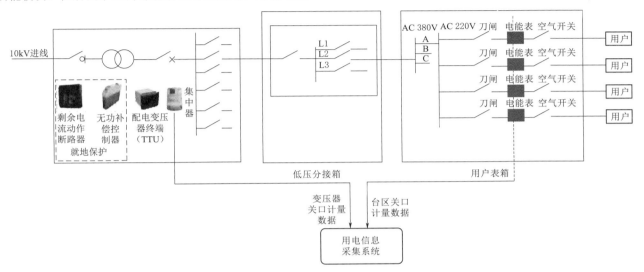

图 2-11-6-6　台区监控现状架构图

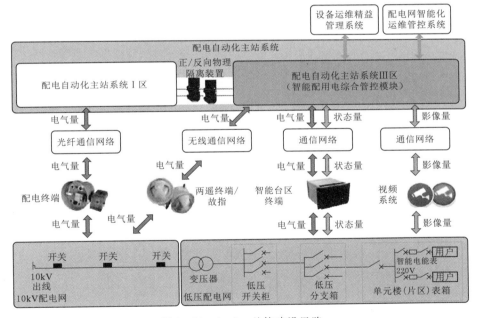

图 2-11-6-7　总体建设思路

1. 配电室监测技术方案

（1）按配电变压器数量配置台区智能终端。

（2）进线柜监测，对进线断路器三相电压直接采集，三相电流通过加装 TA 进行采集并接入智能台区终端。

（3）出线柜监测，配置多功能三相表计，采集电压、电流及断路器开关位置信号，并通过 RS485 总线接入智能台区终端。

（4）配电室内配置环境传感装置，包括温湿度传感器、电缆沟水位传感器，通过 485 通信电缆接入台区智能终端。

（5）变压器本体温度监测，通过 RS485 总线接线方式将温度传感器接入台区智能终端。

（6）无功补偿装置具备自动补偿功能，记录无功功率状况，通过 RS485 总线接入台区智能终端。

2. 低压表箱技术方案

在每一层楼用户电能表箱集中区进线塑壳断路器处配置1台分布式台区终端，实现表箱总进线三相电压、三相电流及用户出线侧电压量的采集，主要实现电表箱的负荷用户停电告警，电压过高、过低告警，路径信号注入。图2-11-6-8为低压表箱技术方案。

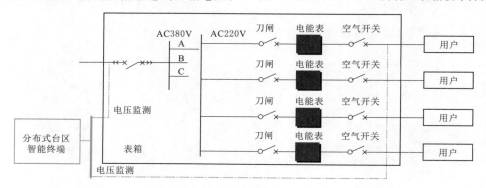

图2-11-6-8 低压表箱技术方案

3. 通信技术方案

图2-11-6-9为通信技术方案，台区内终端的通信根据小区无线覆盖情况、分支箱和表箱位置，灵活选用微功率无线、低压电力载波、RS485总线、光纤通信方式，当环境复杂时，如存在地面阻隔时，可采用多种通信方式相结合。

（三）智能配变台区的应用

智能配电台区的建设针对关键点开展，分为配电变压器和表箱两级，配电变压器侧按配电室、箱式变电站和柱上台变类型建设。当小区为重要供电用户时，可选择增加低压分支箱的监测接入。每个台区配置智能台区终端，实现对台区的监测，数量与变压器一致，安装于配电变压器旁边。用电范围内有多台变压器时，由每台台区终端独立对其所属区内信息集中监测并上送主站系统。在每台用户电能表箱旁配置1台分布式台区终端，实现对表箱总进线及用户线路的电气量监测及故障判定，如图2-11-6-10所示。

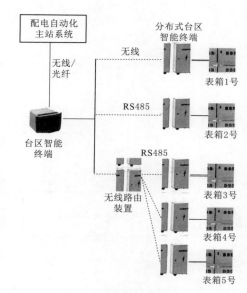

图2-11-6-9 通信技术方案

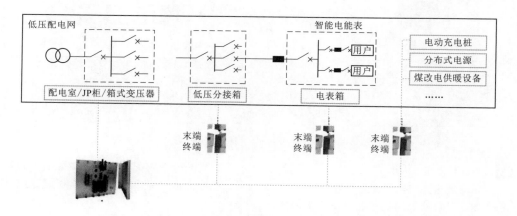

图2-11-6-10 智能配变台区总体技术方案

结合智能配变终端的应用，基于分布式感知，边缘计算、云决策和多模协同组网等新技术，综合运用新一代配电自动化主站系统/智能配用电综合管控平台、智能配变终端、分布式感知终端、手持式移动运维终端等核心产品，构建基于物联网的中低压一体化监测管控系统，具备低压配网数据监测及状态感知、故障研判、风险预警、拓扑识别与分析、电动汽车充电管理等功能，支撑主动式低压配电网设备管控、精益化运维、电能质量分析与优化、新能源接入与消纳服务。智能配变台区建设目标如下：

（1）实现通过配电自动化系统对低压供电半径监测和管理的覆盖，实现配网"最后一公里"的实时监测，10kV变电站—线路—配电变压器—用户的供电状态的全景式监测。

（2）支撑台区设备资产有序管理，具备台区户表拓扑关系识别，相位识别，表箱终端自注册功能。

（3）实现低压故障的实时告警、快速定位、停电事件主动推送问题，并结合抢修派单，实现低压故障主动式故障抢修，减少因低压故障引起的用户拨打95598。

（4）实现智能配电室的环境及安防状态的监测及预警，低压主设备的状态监测及预警，配电变压器运行状态监测及预警。

参 考 文 献

[1] 刘振亚. 智能电网技术 [M]. 北京：中国电力出版社，2010.

[2] 李超英，王瑞琪，宋海涛，等. 智能配电网运维管理 [M]. 北京：中国电力出版社，2016.

[3] 郑波，郭艳红，杨少鲜. 我国无人机产业发展现状及趋势特点 [J]. 军民两用技术产品，2014（8）：12-14.

[4] 陈黎. 战争新宠儿——军用无人机现状及发展 [J]. 国防科技工业，2013（6）：58-59.

[5] 郑波，汤文仙. 全球无人机产业发展现状与趋势 [J]. 军民两用技术产品，2014（8）：8-11.

[6] 刘国高，贾继强. 无人机在电力系统中的应用及发展方向 [J]. 东北电力大学学报，2012，32（1）：53-56.

[7] 李磊. 无人机技术现状与发展趋势 [J]. 硅谷，2011（1）：46.

[8] 常于敏. 无人机技术研究现状及发展趋势 [J]. 电子技术与软件工程，2014（1）：242-243.

[9] 李力. 无人机输电线路巡线技术及其应用研究 [D]. 长沙：长沙理工大学，2012.

[10] 厉秉强，王骞，王滨海，等. 利用无人直升机巡检输电线路 [J]. 山东电力技术，2010，172（1）：1-4.

[11] 汤明文，戴礼豪，林朝辉，等. 无人机在电力线路巡视中的应用 [J]. 中国电力，46（3）：35-38.

[12] 王柯，彭向阳，陈锐民，等. 无人机电力线路巡视平台选型 [J]. 电力科学与工程，2014，30（6）：46-53.

[13] 李春锦，文泾. 无人机系统的运行管理 [M]. 北京：北京航空航天大学出版社，2011.

[14] 孙毅. 无人机驾驶员航空知识手册 [M]. 北京：中国民航出版社，2014.

[15] 张祥全，苏建军. 架空输电线路无人机巡检技术 [M]. 北京：中国电力出版社，2016.

[16] 周安春. 电网智能运检 [M]. 北京：中国电力出版社，2020.

[17] 邵瑰玮. 超特高压输电线路运行维护及检修技术 [M]. 北京：中国电力出版社，2016.

[18] 华北电力科学研究院有限责任公司，北京电机工程学会，国家电网公司华北分部. 紧凑型输电技术与应用 [M]. 北京：中国电力出版社，2017.

[19] 中国电力建设企业协会. 电力建设科技成果选编（2014年度）[M]. 北京：中国电力出版社，2015.

[20] 徐建中，赵成勇. 架空线路柔性直流电网故障分析与处理 [M]. 北京：中国电力出版社，2019.

[21] 本书编委会. 架空输电线路无人机巡检应用技术 [M]. 北京：中国电力出版社，2020.

[22] 国家电网有限公司. 输电电缆运检 [M]. 北京：中国电力出版社，2020.

[23] 葛雄，金哲，刘志刚，等. 超、特高压输电线路无人机巡检典型案例分析 [J]. 电工技术，2017（9）：100-103.

[24] 国家电网公司运维检修部. 架空输电线路无人机巡检影像拍摄指导手册 [M]. 北京：中国电力出版社，2018.

[25] 国家电网公司运维检修部. 架空输电线路无人机巡检作业安全工作规程 [M]. 北京：中国电力出版社，2015.

[26] 苏奕辉，梁伟放. 架空输电线路隐患、缺陷及故障表象辨识图册 [M]. 北京：中国电力出版社，2017.

[27] 李春锦，文泾. 无人机系统的运行管理 [M]. 北京：北京航空航天大学出版社，2011.

[28] 辛愿，刘鹏. 论我国民用无人机领域的立法规制 [J]. 职工法律天地，2018（8）：105.

[29] 刘季伟. 论民用无人机"黑飞"的法律规制 [D]. 青岛：山东科技大学，2017.

[30] 程建登. 特高压直流运维技术体系研究及应用 [M]. 北京：中国电力出版社，2017.

[31] 中国南方电网有限责任公司. 架空输电线路机巡技术 [M]. 北京：中国电力出版社，2019.

[32] 国网天津市电力公司. 输变电工程建设管理工作手册 [M]. 北京：中国电力出版社，2015.

[33] 国网新疆电力公司. 脉动天山 新疆750kV电网建设与发展 [M]. 北京：中国电力出版社，2016.

[34] 全国输配电技术协作网. 2017带电作业技术与创新 [M]. 北京：中国水利水电出版社，2017.

[35] 《架空输电线路施工与巡检新技术》编委会. 架空输电线路施工与巡检新技术 [M]. 北京：中国水利水电出版社，2021.

[36] 郝旭东，王昆林. 《带电作业人员培训考核规范》（T/CEC 529—2021）辅导教材 变电分册 [M]. 北京：中国电力出版社，2022.

[37] 刘振亚. 国家电网公司输变电工程标准工艺（四）典型施工方法（第三辑）特高压专辑 [M]. 北京：中国电力出版社，2014.

[38] 国家电网公司基建部. 国家电网公司输变电工程标准工艺（四）典型施工方法（第四辑）[M]. 北京：中国电力出版社，2015.